고생물학개론

Introduction to Paleobiology and the Fossil Record

Michael J. Benton · David A.T. Harper 지음

김종헌 · 고영구 · 김정률 · 박수인
서광수 · 이병수 · 이성주 · 이창진 옮김

WILEY 박학사

Introduction to Paleobiology and the Fossil Record

Michael J. Benton & David A. T. Harper

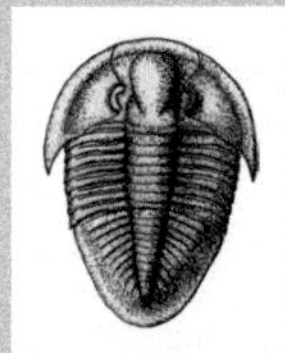

역자 서문

지질학의 중요한 목표 중의 하나가 지구의 역사를 해석하는 것이다. 지구의 역사는 대부분 암석권에 남아 있는 기록에서 찾아내고 있는데, 이 기록 중에서 시간과 환경을 해석하는 핵심적인 내용은 고생물의 유물과 유적인 화석이 가지고 있다. 화석은 보통 퇴적층에서 발견되며, 무척추동물, 척추동물, 식물, 미생물 등 그 종류가 아주 다양하다. 현생 생물과 유사한 종류도 많지만 전혀 다른 종류도 많이 발견된다. 화석은 모든 암석에서 쉽게 발견할 수 있는 것도 아니고 설사 발견된다고 해도 완전한 모습으로 산출되는 것보다는 부분적으로 발견되거나 파괴 또는 변형된 것들이 많다. 이러한 화석을 찾아내기도 어렵지만 연구하는 과정 또한 매우 어렵다. 화석을 연구하고 분류하기 위해서는 예전에 살던 모습으로 복원해야 하는데, 너무 많은 세월이 지나고 우리가 전혀 경험해 보지 못한 환경에서 살던 생물이어서 그 작업이 상상할 수 없을 만큼 아주 복잡하고 어렵다. 화석을 연구하기 위해서는 오랜 시간과 전 지구적 조사 공간 및 수많은 전문가가 필요하다. 유럽과 북아메리카의 경우 고생물에 대한 연구가 수백 년 동안 이루어졌기 때문에 전문가의 수가 많으며, 다양한 전문지와 서적이 출판되었으나 국내의 경우 연구 기간이 50여 년밖에 안 되고 전문가도 많지 않아서 다양한 고생물을 연구하고 서적으로 출판하는 데 한계가 있다.

본 역자들은 이러한 한계를 극복하는 길은 대학에서 고생물학에 대한 지식을 널리 보급하고 후학을 많이 양성하는 것이 최선의 길이라는 것을 인식하고 세계적으로 잘 알려진 고생물학책인 『고생물학개론(Introduction to Paleobiology and the Fossil Record)』(Benton and Harper, 2008)를 번역하여 출판하고자 한다. 이 책에는 대학생, 과학 교사, 전문가에게 필요한 지식이 포함되어 있고, 지식의 수준은 아주 초보적인 내용에서 최근 이론까지 연속적으로 제시되어 있다. 그리고 아직 밝혀지지 않은 내용과 첨단 과학 이야기를 별도로 해설하고 있어서 경험하지 못한 내용을 충분히 이해할 수 있도록 배려하고 있다. 현재 중 · 고등학교 교과서와 대학 지구과학 교재의 지질학 부분에 필요한 내용, 보완해야 할 내용, 질의 응답해야 할 내용 등을 폭넓게 다루었다. 역자들이 고생물학책을 개발하려고 노력했다가 이 책의 내용에 반해 번역으로 방향을 돌렸다는 것을 고백한다. 이 책을 번역하는 과정에서 역자들이 심혈을 기울여 노력했으나, 원서의 사소한 오류와 역자의 짧은 소견과 실수로 잘못된 부분이 있을 것이라고 예상한다. 출판 후 독자 여러분께서 애정과 관심을 가지고 수정 · 보완해야 할 부분을 적극적으로 지적해 주시기를 진심으로 기대한다.

이 책에 대한 번역서의 중요성을 인정하고 출판을 결심한 박학사 구본하 사장님께 진심으로 감사드린다. 그리고 원고의 오류를 줄이기 위해 열심히 윤독해 준 공주대학교 대학원생들에게 감사드리며, 좋은 책을 만들기 위해 열심히 노력한 출판사 편집진 여러분께도 감사드린다.

2014년 8월
역자 일동

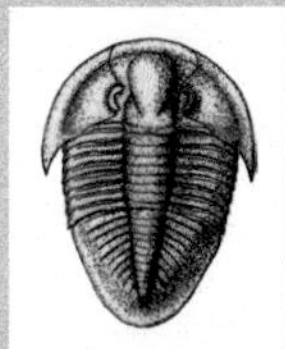

저자 서문

생명의 역사는 과거 35억 년간의 화석에 기록되어 있다. 우리는 다음 세 가지 이유 때문에 오랜 기간에 대하여 이해가 필요하다. (1) 지질시대의 생명과 환경은 미래에 세계가 어떻게 변할지에 대한 정보를 주고 있다. (2) 절멸한 식물과 동물은 예전에 살았던 모든 종의 99%에 육박하므로 우리는 생명 계통수의 진정한 한계를 이해하기 위해 절멸된 동식물에 대하여 연구할 필요가 있다. (3) 절멸한 생물이 현생 식물이나 동물이 할 수 없는 놀랄 만한 일들을 했기 때문에 그것들의 형태와 기능의 한계를 평가하고 탐구할 필요가 있다.

매주 놀랄 만한 새로운 화석을 발견하여 발표하고 있다—1톤이 나가는 쥐, 인류의 소형종, 세계에서 가장 큰 전갈, 깃털이 달린 공룡. 여러분이 신문에서 이러한 내용을 읽지만 이러한 비정상적인 동물들이 꼭 들어맞을 더 큰 물질의 체계가 어디에 있을까? 화석을 연구해서 놀랄 만한 생명체들을 보여 줄 수 있으며, 그들 중 일부는 공상 과학자가 꾸는 가장 험악한 꿈(또는 악몽)보다 훨씬 더 경이로운 것도 있다. 사실 고생물학이 육지와 바다의 경치를 번갈아 가며 끝도 없이 보여 주는 일반적인 내용처럼 보이지만 그중에는 현재 살고 있는 식물 및 동물과 전혀 다른 내용들을 포함하기도 한다.

과거 40년은 고생물학적 연구의 폭발 시기였다. 화석 증거가 진화의 비율, 대량멸종, 퇴적암 연계층에 대한 고정밀 연대 측정, 공룡과 캄브리아기 절지동물류에 대한 고생물학, 석탄기 석탄-늪지 식물군의 구조, 지질시대의 분자들, 석유와 가스 탐사, 인류의 기원과 같은 대형 과제 연구에 사용되고 있다. 지질학자, 화학자, 진화 생물학자, 생리학자는 물론 지구물리학자와 천문학자의 학술적 기여로 자연과학의 학제 간의 협력이 활발해지면서 고생물학자들이 엄청난 혜택을 받았을 뿐 아니라 정량적 접근 방법이 활성화하면서 많은 연구 분야가 도움을 받고 있다.

현재 고생물학 교과서들이 주요 화석군을 기재하거나 생명 역사 여행을 안내하기도 한다. 이 책에서 필자들은 학생들에게 현대 고생물학의 흥미진진한 맛을 보여 주고 싶다. 우리는 무척추동물이나 공룡에만 국한하지 않고 식물화석, 생흔화석, 대진화, 고생물지리학, 생층서학, 대량멸종, 시간에 따른 생물 다양성, 미화석까지 포함하는 모든 영역의 고생물학 내용을 제시하려고 노력했다. 가능한 부분에서는 고생물학자가 갈등을 빚고 있는 문제를 어떻게 해결하며, 아는 것과 모르는 것을 보여 주려고 했다. 이것은 현대 고생물학 연구의 활동과 활력을 보여 준다. 이 항목들의 많은 것이 박스 내에 포함되어 있으며, 일부는 마지막 문장에 첨가하기도 했고, 많은 항목에서 새로운 연구를 보여 주기 위해 아이콘(다음 쪽 하단에 열거함)으로도 표시했다.

이 책은 고생물학 과정을 이수하는 대학 지질학과 및 생물학과 1학년과 2학년 학생을 위해 만들어졌다. 또한 생명의 기원에 대한 최근 과학적 증거, 생명의 역사, 대량멸종, 인류 진화와 그와 관련된 주제에 관심을 가진 예리한 아마추어와 일반인을 위한 과학의 입문서로도 사용될 수 있다고 확신한다.

✲ 감사의 글

필자는 원고를 읽고 귀중한 조언과 건설적인 의견을 주셔서 중요한 내용을 수정하도록 인도해 주신 다음의 전문가 여러분께 감사드린다. Jan Audun Rasmussen (Copenhagen), Mike Bassett(Cardiff), Joseph Botting(London), Simon Braddy(Bristol), Pat Brenchley(formerly Liverpool), Derek Briggs(Yale), David Bruton(Oslo), Graham Budd(Uppsala), Nick Butterfield(Cambridge), Sandra Carlson(Davis), David Catling(Bristol), Margaret Collinson(London), John Cope(Cardiff), Gilles Cuny(Copenhagen), Kristi Curry Rogers(Minnesota), Phil Donoghue(Bristol), Karen Dybkjær(Copenhagen), Howard Falcon-Lang(Bristol), Mike Foote(Chicago), Liz Harper(Cambridge), John Hutchinson(London), Paul Kenrick(London), Andy Knoll(Harvard), Bruce Liebermann(Kansas), Maria Liljeroth(Copenhagen), David Loydell(Portsmouth), Duncan McIlroy(St John's), Paddy Orr(Dublin), Alan Owen(Glasgow), Kevin Padian(Berkeley), Kevin Peterson(Dartmouth), Emily Rayfield(Bristol), Ken Rose(New York), Marcello Ruta(Bristol), Martin Sander(Bonn), Andrew Smith(London), Paul Taylor(London), Richard Twitchett(Plymouth), Charlie Wellman(Sheffield), Paul Wignall(Leeds), Rachel Wood(Edinburgh), Graham Young(Winnipeg), Jeremy Young(London).

필자는 이 책이 완성하는 데 방향을 잡아 준 슈너(Stephanie Schnur)와 하이든(Rosie Hayden)과 함께 프란시스(Ian Francis), 샌더슨(Delia Sanderson)에게 감사하며, 송고를 정리한 앤드루(Jane Andrew)와 편집 과정을 이끌어 준 미시나(Mirjana Misina)에게 감사한다. 마지막으로 협조와 인내로 필자를 보필한 필자들의 아내인 마리(Mary Benton)와 마우린(Maureen Harper)에게 특히 감사한다.

벤턴(Mike Benton)
하퍼(David Harper)
2008년 2월

✲ 글상자의 종류

이 교재 전체에 특별한 주제를 담은 글상자 다섯 가지가 있는데, 각자 다음과 같은 다른 아이콘으로 구분하고 있다.

 뜨거운 주제/토론

 고생물학적 도구

 예외적이고 새로운 발견

 정량적 방법

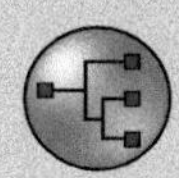 진화 파생도/분류

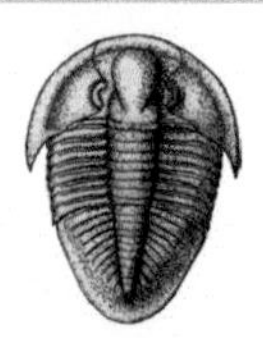

차례

Introduction to Paleobiology and the Fossil Record

제 1 장
과학으로서 고생물학

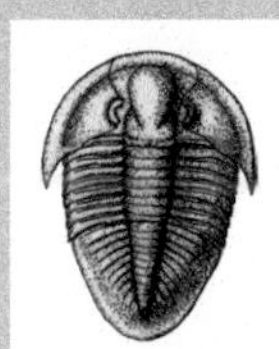

학습 키포인트

- 고생물학의 중요한 가치는 유구한 시간을 통해서 생명의 역사를 보여 주고 있다는 것이다—만약 화석이 없다면 이 역사는 숨겨져 있을 것이다.
- 고생물학은 오늘날 우리의 성인, 멀리 떨어진 다른 세상, 기후와 생물 다양성의 변화, 진화의 모양과 속도, 암석의 연대 측정과 깊은 관련성을 가지고 있다.
- 고생물학은 자연과학의 일부이며, 주요 목적은 과거 생명의 역사를 재구성하는 것이다.
- 지질시대의 생명의 역사를 재구성한 것에 대하여 몇몇 학자들은 순전히 상상에 불과하다고 거부하고 있지만, 심사숙고해 보면 생명의 역사를 재구성하는 것은 시험해 볼 가설이며 세계를 이해하기 위한 다른 노력과 마찬가지로 과학적이라 할 수 있다.
- 과학은 일반적으로 수학처럼 절대적인 확신으로 그 자체를 한정 짓는 것이 아니라 시험하는 가설로 이루어져 있다.
- 화석에 대한 고전적이고 중세적인 견해는 가끔 마술적이고 불가사의한 것이었다.
- 16세기와 17세기의 관찰 결과 화석이 지질시대의 식물과 동물의 유해라는 것을 알았다.
- 1800년까지, 많은 과학자는 절멸 아이디어를 받아들였다.
- 1830년까지, 대부분의 지질학자는 지구가 아주 오래되었다고 믿었다.
- 1840년까지, 유구한 시간의 주요 구분, 층서적 기록은 화석을 이용하여 설정하였다.
- 1840년까지, 화석은 생명의 역사에서 어떤 방향성을 보여 준 것으로 보이며, 1860년까지 진화로 생명의 역사를 설명하였다.
- 고생물학 연구는 새로운 화석을 발견하는 것과 정량적인 방법을 사용하여 고생물학, 고지리학, 대진화, 생명과 유구한 시간의 계통수에 대한 질문에 답하는 것을 포함하여 아주 다양하다.

모든 과학은 물리학이 아니면 우표 수집하는 것이다.

러더퍼드(Sir Ernest Rutherford, 1871~1937), 노벨상 수상자

과학자들은 무엇이 과학이고 무엇이 아닌지에 대하여 논쟁해 왔다. 러더퍼드(Ernest Rutherford)는 수학이나 물리학이 아닌 학문에 대하여 비하하는 생각을 가지고 있어서 생물학과 지질학(고생물학 포함)을 '우표 수집'과 같이 자세히 기록하고 이야기를 만드는 정도로만 생각했다. 그러나 정말 그럴까?

고생물학에서 가장 많은 비평은 지질시대 식물과 동물의 재구성에 집중되어 있다. 확실히 아무도 공룡의 색깔이 무엇인지, 그들이 무슨 소리를 냈는지를 알지 못한다. 티라노사우루스(*Tyrannosaurus*)가 얼마나 많은 알을 낳았는지, 그 새끼가 자라서 성체가 되기까지 얼마나 오래 걸리는지, 암놈과 수놈 간에 어떤 차이가 있었는지를 고생물학자는 어떻게 알아낼 수 있을까? 지질시대의 동물이 어떻게 사냥을 했었는지, 무는 힘이 얼마나 강했었는지, 어떤 종류의 먹이를 먹었는지를 누가 어떻게 알아낼 수 있을까? 우리가 그 시간으로 돌아갈 수도 없고 무슨 일이 일어났었는지 볼 수도 없기 때문에 지질시대 동식물의 재구성은 모두 추측일 뿐이다.

이러한 것은 고생물학에 대한 질문인데, 놀랍게도 대부분이 화석에서 그 질문에 대한 답을 얻을 수 있다. 지질시대 유기체의 유해인 **화석**은 뼈 모양, 나뭇잎이나 조개껍데기로 남아 있는 암석의 일부로 보일지 모르지만 잘 훈련된 과학자에게 그들의 비밀을 모두 털어놓는다. 지질시대의 생명을 다루는 **고생물학**은 범죄 현장을 조사하는 것처럼 여기저기에 흩어진 단서를 찾아내어 연구하는 학문이다. **고생물학자**는 이 단서를 이용하여 지질시대의 식물이나 동물 또는 같은 시기에 한 장소에서 생장한 **동물군**과 **식물군**에 관한 내용을 해석하고 있다.

이 장에서는 고생물학의 연구 방법을 탐구하는 데 공룡이 영화에서 어떻게 묘사되었는가를 시작으로, 화석으로부터 만들어지는 추론의 많은 종류까지 폭넓게 다루게 될 것이다.

✲ 현대 세계에서 고생물학

고생물학의 용도가 무엇인가? 수십 년 전에는 주된 목적이 암석의 연대 측정이었다. 많은 고생물학 교과서에서 그 주제를 실용 용어이면서 산업에 공헌한 것으로 정당화했다. 그 외에 다른 사람들은 화석이 아름다워서 찾아서 수집한다고 했다. 그러나 그 이상의 중요성이 있다. 사람들이 고생물학에 정성을 쏟아야 하는 여섯 가지 이유를 분류하여 제시하고자 한다.

1. 기원. 사람은 생명이 어디에서 왔으며, 인류가 어디에서 왔고 지구와 우주가 어디에서 왔는지 알고 싶어 한다. 이것은 수천 년 동안 철학, 종교, 과학에 던져 온 질문인데 고생물학자들이 그 문제를 푸는 열쇠를 가지고 있다. 과거 2세기 이상 고생물학, 지구과학, 천문학의 경이적인 진전에도 불구하고 종교적 근본주의 신념을 가진 많은 사람은 기원에 대한 모든 자연적 설명을 부정하고 있다—이 논쟁은 엄청나게 중

요하다.

2. 다른 세계에 대한 호기심. 가상 환상 과학 소설은 우리 주위에서 볼 수 있는 것과는 전혀 다른 세상을 알려 준다. 딴 세상을 보는 다른 방법은 고생물학을 공부하는 것이다—과거에 살았던 동식물은 현재와 전혀 다르다(9~12장 참조). 육상동물의 크기가 코끼리보다 10배나 크고 대기 중의 산소의 함량이 현재보다 훨씬 많으며, 잠자리가 바다 갈매기 크기와 비슷하고, 미생물로만 된 세계, 또는 아프리카에 2종 또는 3종의 인류가 생존했던 시기를 상상해 보자.

3. 기후와 생물 다양성 변화. 지성인과 정치인까지도 모두 지구의 기후 변화와 생명의 미래를 걱정하고 있다. 현대 세계를 공부해서 배울 수 있는 것도 많지만 수백 년 또는 수천 년 이후의 미래 변화에 대한 핵심적 증거는 과거 변화를 연구함으로써 얻을 수 있다(20장 참조). 예를 들면 2억 5000만 년 전, 지구는 심각한 전 지구적 온난화를 겪었다. 대기 중의 산소의 함량이 적어지고 산성비가 내렸으며, 95%의 생물종이 죽었다. 이것이 미래에 대한 최근 논쟁과 연관될 수 있을까?

(a)

(b)

그림 1.1 사람들은 화석 수집을 좋아한다. 많은 고생물학 전문가들은 수백만 년 전에 죽은 동물과 식물에서 오는 아름다움을 발견하는 즐거움 때문에 야외조사를 한다. 와이오밍(Wyoming)의 신생대 에오세의 작은 물고기 화석(a)의 많은 양에 놀라움을 금치 못한다. 호박 속에 보존된 잠자리 화석(b)에서 정교하고 자세한 부분까지 관찰할 수 있다. (Sten Lennart Jakobsen 제공.)

4. 진화의 형태. **생명 계통수**는 설득력이 있으며 모두를 포괄하는 개념이다—살아 있거나 멸종된 모든 종은 서로 연관성이 있으며, 그 관계는 가지가 많은 큰 나무와 같이 모두 연결되어 결국 선캄브리아 시기의 한 종으로 귀착된다는 생각(8장 참조). 생물학자들은 오늘날 지구에 얼마나 많은 종이 있으며, 생명이 어떻게 그렇게 다양화되었는지, 다양화와 멸종의 본성과 비율이 어떠한지를 알고 싶어 한다. 살아 있는 유기체만을 연구하여 진화의 거대한 양상을 이해할 수 없다.

5. 멸종. 화석은 멸종이 하나의 정상적인 현상이라는 것을 보여 준다. 어떤 종도 영원히 계속 생존하는 것은 없다. 만약 화석 기록이 없다면 우리는 인간의 상호작용으로 멸종이 일어났다고 생각할지 모른다.

6. 암석의 연대 측정. 암석의 연대 측정에 화석을 사용하는 학문인 **생물층서학**은 오랜 시간을 이해하는 데 필요한 하나의 중요한 도구이며, 석유와 광물 자원을 찾는 도구로 경제 지질학자들뿐만 아니라 여러 과학적 연구에 폭넓게 사용되고 있다. 방사성 연대 측정법은 암석 표본의 나이를 몇백만 년 단위로 정확히 제시하지만 이 방법은 어떤 특정한 암석에만 사용할 수 있다. 화석은 현대 층서학의 핵심에 있으며, 경제적 산업적 응용뿐만 아니라 국지적 그리고 전 지구적 규모의 지구 역사를 이해하는 데 매우 중요하다.

✲ 과학으로서 고생물학

과학이란 무엇인가?

당신이 비행기를 타고 여행을 하면서 최근에 발행된 「내셔널지오그래픽(National Geographic)」에서 빙하시대의 생명에 관한 내용을 읽는 것을 옆 사람들이 본다고 가정하자. 옆 사람 중의 한 여자가 매머드와 검치(sabertooth)에 대해 누가 어떻게 알 수 있었으며, 그것의 색깔을 어떻게 알아냈느냐고 하면서 그것은 과학이 아니라 미술 작품의 하나가 아니냐고 질문한다면 당신은 어떻게 대답하겠습니까?

과학은 진실성에 관한, 즉 정확한 사실, 계산, 증명에 관한 것이라고 생각한다. 타임머신을 타고 2만 년 전으로 돌아가 매머드와 검치를 직접 볼 수 없는 것은 분명하다. 그러니 고생물학적 재구성이 과학적이라고 어떻게 주장할 수 있겠는가?

이 질문에 다음 두 가지로 답할 수 있다. 첫 번째는 분명하지만 약간 우회하는 답이고 두 번째는 질문의 핵심을 찌르는 답이다. 멸종된 매머드의 색깔을 정당화하기 위하여 당신의 첫 번째 대답은 다음과 같을 것이다. “자, 우리가 이 놀랄 만한 골격구조와 세계 박물관에 있는 다른 화석들을 모두 발굴하는 것이라고 대답하는 것이다—이것은 질문을 멈추게 하는 효과는 있을지 모르지만 동물 그 자체의 질문에 대한 답변은 아니다—얼마나 거대했는가? 현생 동물 중 어떤 종류와 가장 가까운가? 언제 살았는가?” 오래전부터 사람들은 우리가 어디에서 왔으며, 우리의 성인은 무엇인가에 대한 의문을 가졌다. 그리고 별에 대하여, 아기의 탄생 과정에 대하여, 무지개의 끝에 무엇이 있는지에 대하여 의문을 가져왔다. 첫 번째 답변은 비록 그 의문에 대한 가장 좋은 답변 자료를 항상 가지고 있는 것은 아니지만, 우리는 끊임없는 호기심에 끌리고 있으며, 세상에 관하여 무엇인가 발견하려고 노력하는 감각을 가지고 있기 때문이라고 말하는 것이다.

두 번째 답변은 **과학** 자체의 본성을 생각하는 것이다. 과학은 확실성과 증명 가능한 것만인가?

수학과 물리학에서는 이것이 진리일지 모른다. 즉, 달까지의 거리를 재고, 파이(pi)값을 계산하거나, 지구의 조석에 미치는 달의 영향을 설명하는 방정식을 유도하는 것이다.

(a) (b)

그림 1.2 과학사에서 중요한 그림. (a) 베이컨(Sir Francis Bacon, 1561~1626)은 과학에서 귀납법을 확립했고, (b) 포퍼(Karl Popper, 1902~1994)는 과학자들이 가설연역법을 적용한다고 설명했다.

이 측정과 증명은 세대를 거치면서 시험되었고 개선되었다. 그러나 이 접근이 자연과학의 모든 일은 아니다. 여기에 두 가지 접근 방법, 즉 귀납법과 연역법이 있다.

유명한 영국 변호사이고 정치인이자 과학자인 베이컨(**그림 1.2a**)은 과학에서 **귀납법**을 확립했다. 자연 현상을 정확히 관찰하고 그 결과를 끈기 있게 모아야만 설명이 명백해진다고 주장했다. 탐구자는 관찰 속에서 공통적인 양상을 발견하고 이 양상을 설명이나 자연의 법칙으로 정리한다는 것이다. 베이컨은 모든 것에 대한 끊임없는 호기심 때문에 죽음을 맞이했던 것으로 잘 알려져 있다. 1626년 겨울에 여행을 하면서 눈과 얼음을 가지고 고기를 보전하는 실험을 하고 있었다. 그는 닭을 사 가지고 닭 안쪽에 넣을 눈을 모으기 위해 마차 밖으로 나갔다. 그는 폐렴에 걸려서 후에 죽었다. 한편 닭은 일주일 후에도 먹을 수 있을 만큼 신선했는데 그의 실험이 증명된 셈이다.

자연 세계를 위한 다른 접근은 일련의 관찰이 필연적인 결과를 가리킨다는 **연역법**이다. 이것은 고전적인 논리의 일부로 아리스토텔레스(Aristotle, 384~322 BCE)와 다른 그리스 철학자들의 논리로 돌아간다. 획일화된 논리의 형태는 다음과 같다.

모든 사람은 죽게 되어 있다.
소크라테스는 인간이다.

따라서 소크라테스도 죽음을 피할 수 없다.

연역법은 수학의 핵심적 접근 방법이며, 수사 활동에서도 이 연역법을 사용한다.

칼 포퍼(Karl Popper, 1902~1994)는 과학 활동 방법을 **가설귀납법**으로 설명했다. 포퍼(**그림 1.2**)는 자연과학의 대부분에서 증명이 불가능하다고 주장했다. 과학자가 하는 일은 **가설**을 세우는 일이며 그 원인을 추측하여 설명해 내는 것이다. 가설의 한 예로 '검치호(劍齒虎)인 스밀로돈(*smilodon*)은 전적으로 육식동물이었다'를 들 수 있다. 이 가설은 증명될 수 없어서 찍소리도 못하고 폐기되었다. 이와 같이 대부분의 자연과학자가 하는 일을 **가설 검증**이라 부른다. 그들은 어떤 가설을 증명하기보다는 **반박**하고 오류를 입증하려고 한다. 고생물학자들은 그 가설을 확인하고 **확증**하기 위하여 스밀로돈을 계속 관찰해 왔다. 스밀로돈은 길고 날카로운 이빨을 가졌고 뼈에 이빨로 물린 자국이 있으며, 화석화된 스밀로돈의 똥에 다른 포유동물의 뼈 등이 발견된다. 스밀로돈이 전적으로 고기만 먹었다는 가설을 반박하는 증거는 한 스밀로돈 골격의 위 부근 또는 배설물에서 발견한 나뭇잎 단 한 건뿐이다.

과학은 물론 이것보다 훨씬 더 복잡하다. 과학자들도 인간이고 다른 사람과 마찬가지로 여러 가지 영향과 편견을 받기 때문에 과학자들은 새로운 아이디어를 받아들이는 데 아주 소극적이다. 그들은 정치적 사회적 신념 때문에 다른 여러 가지 해석보다는 한 가지 해석을 더 선호한다. 쿤(Thomas Kuhn, 1922~1996)은 정상적 과학의 시간과 과학적 변혁의 시간 사이에 과학적 소통을 주장했다. 과학적 변혁 또는 **근본적 변혁**은 전체 새로운 아이디어가 과학의 한 분야를 침범한 때이다. 처음에는 그 아이디어를 받아들이지 못하고 대항하지만 일부 지지자가 강력히 변호하면서 그 아이디어를 받아들이는 단계를 거치게 되면 모든 사람이 받아들이게 된다. 이것은 오래된 자명한 이치로 요약된다—사람들은 새로운 아이디어에 직면하면 처음에는 거부하지만 시간이 지나면서 그 아이디어를 받아들이게 되고 그 후에는 처음부터 모두 알고 있었던 듯 말한다.

고생물학에서 근본적인 변혁의 좋은 예는 알바레스 등(Alvarez et al., 1980)의 논문에서 시작되었다. 그는 이 논문에서 6500만 년 전에 운석이 지구에 충돌하여 공룡을 비롯한 많은 생물이 멸종했다는 가설이다. 이 아이디어를 증거로 폭넓게 받아들이는 데는 10년 이상 걸렸다. 다른 예를 들면 종교적 근본주의자들이 '창조설'을 과학 속으로 넣으려는 최근 시도는 실패할 것이다. 왜냐하면 증거를 엄격하게 검사하지 않았기 때문이다. 그리고 새로운 이론에 대한 증거가 기존 이론의 증거를 압도할 때에만 근본적인 변화가 일어나기 때문이다.

과학은 세상이 어떻게 움직이는지에 대한 호기심이다. 과학으로부터 일부 지식을 배제하려 하거나 한 과학이 다른 과학 분야보다 '더 과학적'이라는 것은 바보 같은 생각이다. 거기에 수학이 있으면 과학도 있다. 자연과학에는 증명할 수 없는 것이 있을 수 있지만 검증할 가설이 있다는 것이 핵심이다. 그러면 가설은 어디서 왔으며, 정말로 완전히 추측일까?

추정, 가설, 검증

사실과 추정이 있다. '그 화석의 길이는 6인치이다'는 사실이다. '그것은 지질시대 고사리류이다'는 추측이다. 그러나 '추정'이라는 말이 문제이다. 왜냐하면 그것은 마치 고생물학자가 술을 한 잔 들고 담배를 피우면서 바보같이 갈피를 잡지 못하면서 하는 말처럼 들리기 때문이다. 그러나 추정은 가설연역법의 틀 속에서 구축된 것이다.

추정은 **가설**과 그 가설의 출처에 대한 문제를 우리에게 던져 준다. 정말 잘 알려지지 않은 가설들이 수백만 개가 넘는데 삼엽충은 어떨까? 여기서 몇 가지를 소개하면 다음과 같다. '삼엽충은 치즈로 만들어졌다', '삼엽충은 인간의 조상이었다', '삼엽충이 아직 앨라배마(Alabama)에 살아 있다', '삼엽충은 달에서 왔다.' 이러한 말은 쓸 수 없는 가설이며, 서류로 기록된 적도 없다. 어떤 것은 재고의 여지도 없이 폐기되어야 할 것도 있다—인간과 삼엽충이 같은 시대에 살지 않았으며, 아무도 앨라배마에서 살아 있는 삼엽충을 본 적도 없다. 분명히 어떤 발견으로 이 가설들을 찍소리 못하게 만들 것이다. 삼엽충 화석들이 살아 있는 게와 곤충의 표피와 조직 및 구조를 보임으로써 삼엽충이 치즈로 만들어지지 않았다는 것은 증명되었다. '삼엽충이 달에서 왔다'는 것은 검증할 수 없는(엉뚱한) 가설이다.

그래서 가설은 최근 관찰 근거에 맞고 검증될 것으로 그 범위를 좁혀 놓아야 한다. 삼엽충에 관한 유용한 가설은 다음과 같다. "삼엽충은 현생 노래기와 같이 다리를 움직이면서 걸었다." 이것은 삼엽충이 만들어 놓은 흔적을 연구하고, 화석에서 다리의 배열을 점검하며, 삼엽충과 비슷한 현생종의 걸음걸이를 연구하여 검증할 수 있다. 그러므로 **가설은 합리적이고 검증할 수 있어야 한다.** 이것은 아직까지 추정처럼 들린다. 다른 자연과학도 그럴까?

물론 그렇다. 자연과학은 가설을 검증하는 방법을 사용한다. 어떤 지질학자가 금강석의 원자 구조에 또는 지구의 핵과 맨틀의 경계나 마그마 방에 그의 손가락을 넣을 수 있을까? 우리는 캐나다와 북유럽 대부분이 얼음으로 덮였을 때 매머드가 맨해튼과 런던을 걸었다거나 6500만 년 전에 운석이 충돌했다는 사실을 100% 증명할 수 있는가? 마찬가지로 화학자가 전자를 우리에게 보여 줄 수 있고, 천문학자가 분광학적으로 연구해 온 별의 조성을 확정할 수 있으며, 물리학자가 에너지의 양자(量子)를 보여 줄 수 있을까? 그리고 생화학자가 DNA의 이중나선 구조를 보여 줄 수 있을까?

그래서 '추정'이라는 단어는 혼동을 줄 수 있으므로 '**정보 추론**'이 더 적합하다고 본다. 멸종된 동물의 겉모습과 행동을 재구성하는 것은 토성의 대기를 재구성하는 것과 같이 과학에서는 아주 정상적인 활동이다. 땅에 놓여 있는 브라키오사우루스(*Brachiosaurus*)의 뼈와 그것을 재구성하여 영화에서 움직이는 영상 사이에 있는 일련의 관찰과 추측은 염색체의 생화학적 결정학적 관찰과 DNA의 구조 모형을 창조하는 것 사이에 있는 일련의 관찰과 추측과 같은 것이다. 두 가설(브라키오사우루스의 영상과 이중나선 구조)이 틀릴지도 모르지만 두 경우의 모델이 사실과 잘 들어맞는다는 것이다. 비평가는 그 가설에 대한 반박 자료를 마련하여 더 잘 들어맞는 가설을 제시해야 한다. 반박과 의심은 과학의 수문장이다—바보 같은 가설은 빨리 쓸어내 버리고 남아 있는 가설에 비평을 가해야 한다.

사실과 공상—그 경계가 어디인가?

어느 과학에서와 같이 고생물학에도 확실성의 수준이 있다. 화석 골격은 공룡의 모양과 크기를 보여 주고, 그 암석은 공룡이 언제 어디서 살았는지를 보여 주며, 함께 산출된 화석은 그 시대의 동물과 식물을 보여 준다. 이러한 것들이 **사실**이라고 할 수 있다. 고생물학자가 좀 더 깊이 들어가 볼까? 고생물학자는 땅에 있는 뼈를 이용하여 지질시대의 유기체가 걷고 움직이는 모습을 재구성하는 일련의 절차, 즉 다음에서 설명할 3단계를 구상할 수 있다.

첫 번째 단계는 골격을 짜 맞추는 **재구성**이다. 고생물학자 대부분은 이것이 할 만한 가치가 있는 일이며, 뼈를 분류하여 실제 모습으로 짜 맞추는 데 있어서 어림짐작으로 하지 않는다고 믿는다. 다음 단계가 근육을 재구성하는 것이다. 이것은 고도의 추측으로 보이지만 모든 현생 척추동물(개구리, 도마뱀, 악어, 새, 포유동물)이 동일한 종류의 근육을 아주 많이 가지고 있어서 공룡도 그러했으리라고 보고 있다. 또한 근육이 붙어 있었던 자국이 뼈에 남아 있다. 그래서 모형 제작 점토를 이용하거나 가상적으로 컴퓨터를 이용하여 근육을 골격에 붙이는 작업을 해서 몸의 형태를 만들어 낸다. 심장, 간, 눈알, 혀와 같은 연조직(soft tissue)은 매우 드물게 화석으로 보전되기 때문에(놀랍게도 연조직이 예외적으로 보전되는 경우, 3장 참조) 현재 살고 있는 유사 동물로 그 크기와 위치를 짐작할 수 있다. 피부도 어림짐작만으로 만드는 것이 아니다. 미라로 된 공룡 표본에서 피부의 비늘 배열이 보이기도 한다.

두 번째 단계는 지질시대의 짐승에 기초 생물학을 적용하는 것이다. 이빨로 그 짐승이 무엇을 먹었는지를 알고, 턱 모양으로 그 짐승이 어떻게 먹었는지를 안다. 또한 팔다리뼈로 공룡이 어떻게 움직였는지를 알 수 있고, 관절을 조정하여 팔다리의 움직임, 근육의 수축과 신장을 계산할 수 있다. 더 나아가서 미세한 이동 양상도 알아낼 수 있다. 공룡과 걷기(**글상자 1.2** 참조)와 같은 기록물에 나오는 걷고, 뛰고, 헤엄치고, 날아가는 모든 영상은 정밀한 계산, 모형 제작, 현생 동물과의 비교를 기반으로 만든 것이다. 턱과 팔다리의 움직임은 물리 법칙(중력, 지레의 원리 등)에 따라야 한다. 그래서 이 폭넓은 고생물학과 생물역학적 시도는 합리적이고 사실적이다.

세 번째 단계는 색, 무늬, 번식 방법, 소리를 포함한다. 화석 자료에서 찾을 수 없지만 이것도 상상으로 만들어낸 것이 아니다. 고생물학자들은 현생 동물과 비교를 하여 그 특징을 추정해 낸다. 디플로도쿠스(*Diplodoctus*)의 피부는 어떤 색깔이었을까? 그것은 거대한 초식동물이었다. 현생 코끼리와 코뿔소와 같은 현생 초식동물은 두껍고 회색을 띠며 주름 잡힌 피부를 가지고 있다. 그래서 고생물학자들은 디플로도쿠스의 피부를 두껍고 회색을 띠며 주름 잡힌 피부로 표현하고 있다. 화석에는 색깔에 대한 아무런 증거가 없으나 생물학적인 지식으로 표현하고 있다. 번식 방법은 어떠했을까? 공룡 알 둥지에 대해서 여러 가지 예가 있는데 고생물학자들은 일부 공룡에 대하여 얼마나 많은 알을 낳고 그 알들이 어떻게 배열되어 있는지 알고 있다. 어미가 새끼를 돌보았다는 설도 있고 아니라는 설도 있다. 그러나 공룡과 가까운 현생 동물인 새와 악어를 보면 어미가 돌보는 수준이 다르다. 1993년 몽골에서 육식 공룡 오비랍토르(*Oviraptor*)가 자기의 알둥지 위에 앉아 있는 한 표본을 발견했다. 이것이 알을 품고 있는 것처럼 보이지만 실제로는 알을 낳고 있는 모습에 더 가깝다(**글상자 1.1**)

텔레비전에서 소리를 내며 걷는 공룡, 가는 다리를 가진 삼엽충이 가볍게 뛰어가는 모습을 보거나 잡지의 삽화에 그려진 그림을 볼 때 그것이 단순한 환상이나 추측만으로 된 것일까? 아마 지금쯤은 여러분과 함께 가는 여행 동반자에게 상당히 많은 연구를 바탕으로 합리적인 해석을 했다고 말할 수 있을 것이다. 여러분이 처음에 상상했던 것보다 몸체의 모습이 이론적으로 정확하며, 털과 다리의 움직임이 사실과 같을 것이고, 색, 소리, 행동도 많은 증거를 바탕으로 표현되었다고 생각할 것이다.

고생물학과 이미지의 역사

과학에 관한 논쟁과 고생물학에서 검증은 오랜 역사를 가지고 있다. 이것은 지질시대 생명체의 이미지 역사에서 볼 수 있다. 처음에, 고생물학자는 그들이 관찰한 화석을 그대로 그렸다. 그런 후에 고생물학자는 화석의 깨진 부분과 상한 부분을 복원하거나 골격 구조를 자연스러운 자세로 표현하여 완벽한 화석을 보여 주려고 노력했다. 1820년대에 많은 이미지가 이렇게 그려졌기 때문에 일부 이미지는 과학적이 아닌 것도 있을 것이다.

그러나 일부 고생물학자들은 그들이 생각하는 지질시대의 생명을 과감히 보여 주고 있다. 결국 이것이 고생물학의 목표 중의 하나가 아닐까? 고생물학자가 그려 내는 것을 지휘하지 않으면 누가 할 것인가? 멸종된 동물과 식물에 대한 그림은 1820년대에 시작되었다(**그림 1.4**). 1850년대 일부 고생물학자들은 과거의 상태와 똑같이 그려 내기 위해서 미술가와 함께 작업했으며, 박물관의 입체 모형도 그들과 함께 제작했다. 박물관이 성장하고 인쇄술이 발달하면서 1900년대에는 지질시대의 경관과 생물을 대부분 천연색으로 그려 냈는데 이것은 유명한 고생물학자의 지도하에 기술 좋은 미술가가 그려 낸 것이다. 20세기를 거치면서 움직이는 공룡이 할리우드 영화에 등장한 것은 꽤 오래되었지만 더욱 실제와 같이 표현할 수 있는 기술, 즉 컴퓨터가 만들어 낸 작품이 나왔다. 즉, 처음에 ≪쥐

글상자 1.1 알 도둑인가 좋은 어미인가?

어떤 가설들이 얼마나 극적으로 변할 수 있는가! 1920년대 미국 아메리카자연사박물관 원정대가 몽골에 갔을 때 공룡 알을 포함한 둥지를 발견했다. 이 둥지들은 모래 속에서 발견되었는데 각 둥지마다 20~30개의 소시지 모양의 알들이 중심을 향하여 둥그렇게 배열되어 있었다. 둥지 주위에는 뿔을 가진 초식 공룡인 프로토케라톱스(*Protoceratops*)와 약 2m 길이의 깡마른 육식 공룡의 골격 구조가 발견되었다. 육식 공룡은 긴 목, 좁은 두개골, 이빨이 없는 턱, 긴 발가락을 가진 강한 앞발을 가지고 있었다. 오스본(Osborn, Henny Fairfield, 1857~1935, 유명한 고생물학자, 미국 아메리카자연사박물관장)이 이 수각룡을 '알 도둑'의 뜻을 가진 오비랍토르(*Oviraptor*)라고 이름 지었다. 이러한 내용으로 디오라마가 제작되어 미국아메리카자연사박물관에 전시되었고 이 내용이 디오라마 사진과 함께 책과 잡지에 실려 세계에 널리 알려졌다. 알과 둥지를 보호하려고 노력하는 착하고 작은 프로토케라톱스를 위협하는 비열한 알 도둑이 오비랍토르였다고.

1993년 미국 아메리카자연사박물관은 다른 원정대를 몽골에 보냈으며, 오비랍토르에 대한 해석을 다시 하게 되었다. 연구자들은 더 많은 둥지를 발견하고 많은 공룡 알을 채취하였으며, 놀라운 것은 완전한 오비랍토르의 골격 구조가 공룡 알 둥지 위에 앉아 있는 것을 발견하였다(그림 1.3). 그 골격 구조는 둥지를 보호하는 것처럼 그 앞발을 뻗어 둥지의 외곽을 감싸고 몸은 둥지 위를 구부려서 덮고 있는 모습을 하고 있었다. 연구자들은 알을 실험실로 가지고 와서 X선 촬영을 한 결과 알을 뚫고 나오지 못한 새끼 하나를 발견했다. 그들은 심혈을 기울여 알 껍질을 분해하고 퇴적물을 제거한 후 알 속에 남아 있는 불완전한 작은 뼈를 꺼냈다－프로토케라톱스 새끼였을까? 아니었다! 그것은 오비랍토르 새끼였으며, 둥지를 품고 있는 어미가 새끼를 부화하고 있었거나 어미와 둥지를 매장한 모래 폭풍으로부터 새끼를 보호하고 있었던 것이다.

강력한 또 다른 증거로, 캐나다와 중국 과학자의 연구팀이 몽골과 중국 경계 부근의 오비랍토르 둥지에서 또 다른 오비랍토르를 발견했다.

이러한 발견에 대해서 더 알고 싶으면 노렐(Norell et al., 1994, 1995), 동과 큐리(Dong & Currie, 1996), http://www.blackwellpublishing.com/paleobiology/를 읽어 보라.

라기 공원≫(1993)이 나왔고 그다음에 ≪공룡과 함께 걷기≫(1999)가 나온 후 지금은 매년 수백 개의 영화와 다큐멘터리가 나오고 있다(글상자 1.2). 일부 고생물학자들은 영화와 텔레비전의 다큐멘터리에 사실과 상상이 혼합되어 있다고 불평하고 있지만 그들은 박물관에서 같은 기술을 사용하여 전시하고 있지 않은가!

수 세기를 지나면서 지질시대 생물의 재구성의 느린 진화는 하나의 규율로 고생물학 성장에 영향을 주었다. 초기 과학자들은 화석을 어떻게 생각했을까?

그림 1.3 알을 보호하면서 둥지 위에 앉아 있는 오비랍토르의 일종인 인게니아(*Ingenia*)의 골격 구조 모형. 이 모형은 베이 스테이트 화석(Bay State Fossil)의 복사 표본이다.

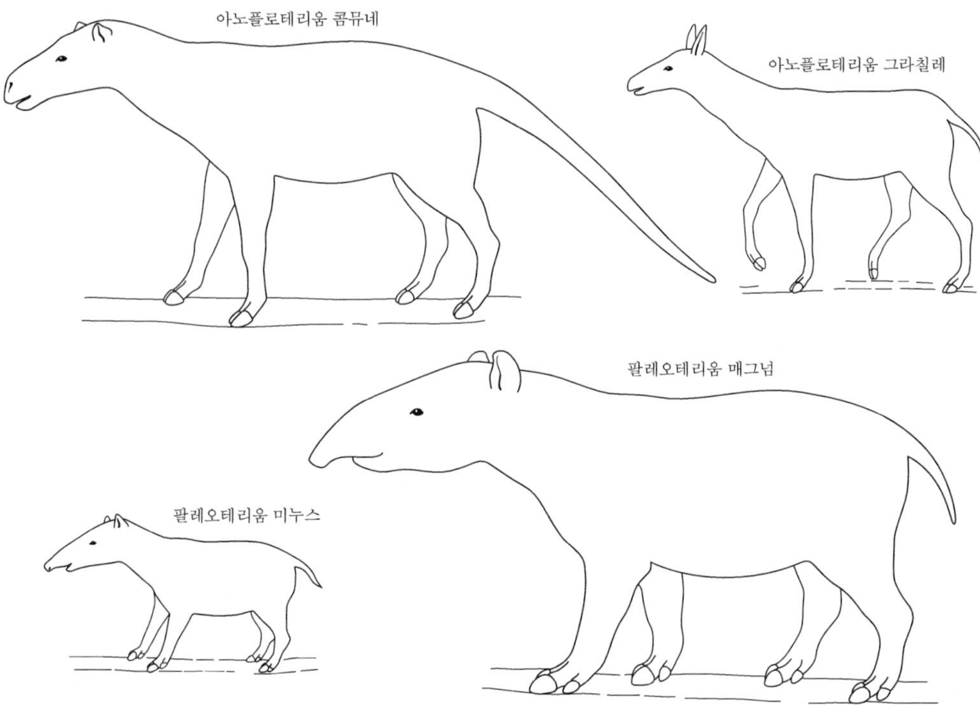

그림 1.4 초기 포유동물 화석의 재구성. 이 그림은 퀴비에(Georges Cuvier)의 지도로 1820년대와 1830년대에 로릴라드(Charles Léopold Laurillard)가 그렸다. 이 그림은 아노플로테리움(*Anoplotherium*) 두 종과 팔레오테리움(*Paleotherium*) 두 종을 나타내고 있으며, 퀴비에가 파리 분지(Paris Basin)의 제3기 퇴적층에서 채취하여 재구성한 표본을 기초로 그렸다. [Cuvier(1834~1836)를 수정.]

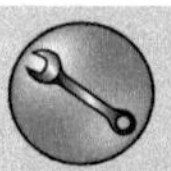

글상자 1.2 지질시대의 짐승 애니메이션

공룡과 지질시대 생명에 대한 모든 사람의 생각이 바뀐 것은 1993년이었다. 스필버그(Steven Spielberg)의 영화 ≪쥐라기 공원≫이 처음으로 CGI(Computer Generated Imagery, 전자 애니메이션 테크닉) 신기술을 사용하여 진짜 같은 애니메이션을 만들었다. 오래된 공룡 영화들은 등에 마분지 장식을 붙인 점토 모형이나 도마뱀을 사용해 왔었다. 이것들은 아주 형편없었으며 고생물학자들의 감수를 정확히 받지도 않았다. 1993년까지 공룡은 평면적인 그림이나 입체적인 박물관 모형 정도로 재구성되었다. 그 후 CGI는 최상급의 천연색 동영상을 만들었다.

≪쥐라기 공원≫의 엄청난 성공의 뒤를 이어, 런던 BBC에 있던 하인스(Tim Haines)는 공룡에 대한 다큐멘터리 시리즈를 만들어 내는 데 새로운 CGI 기술을 사용하기로 결정했다. 해가 거듭되면서 탁상용 컴퓨터가 더욱 성능이 좋아져서 CGI 소프트웨어가 더욱 정교해졌다. 전에 수백만 달러였던 것이 지금은 수천 달러밖에 안 된다. 이 결과 1999년과 2000년에 ≪공룡과 함께 걷기≫ 시리즈가 만들어져 상영되었다.

이 시리즈의 성공에 이어 하인스와 그 팀은 2001년에 처음 상영된 ≪짐승과 같이 걷기≫라는 후속편 제작으로 옮겨 갔다. 거기에는 6개의 프로그램이 있었는데 각 프로그램에 6~7마리의 주요 짐승들이 포함되어 있었다. 이 짐승들은 고생물학자와 미술가의 자문을 받아 자세히 연구된 후 정확하게 측정된 점토 모형(축소 모형)으로 만들어졌다. 이것이 애니메이션의 기초가 되었다. 그 축소 모형을 레이저 촬영한 후 가상 '고정 모델'로 전환했는데 이것으로 컴퓨터에서 달리기, 걷기, 뛰기 등의 가상적 행동을 표현하게 되었다.

그 모델들이 개발되고 있는 동안 BBC 영화팀은 배경 경치를 촬영하기 위해 전 세계를 돌아다녔다. 적절한 지형, 기후적 느낌, 식물을 가진 장소를 찾았다. 지질시대의 포유동물들이 물을 튀기며 지나갔던 곳 또는 가지를 잡았던 곳을 찾고 그 행동(물을 튀기는 것, 가지를 잡는 움직임)을 촬영했다. 그다음에 CGI 회사의 프레임스토어(Framestore) 촬영소에서 그 경치와 가상 짐승을 결합시켰다. 이것은 아주 어려운 작업이었다. 왜냐하면 그늘과 반사가 첨가되어야 동물과 배경의 상호작용이 잘 나타나기 때문이다. 만약 동물들이 숲 속을 뚫고 지나간다면 그 동물들이 나무와 숲 뒤로 사라져야 하며, 근육이 피부 아래에서 움직여야 한다(그림 1.5). 이 모든 것이 CGI 프로그램에서 반자동적으로 영상화될 수 있다.

CGI 효과는 현재 영화, 광고, 교육에서 흔하게 사용한다. 1990년에 시작하여 현재 이 산업에 수천 명이 고용되어 일하고 있으며, 그들 중에 많은 사람이 주요 텔레비전 회사와 박물관에서 고생물학적 복원 작업을 하는 정식 직원으로 일하고 있다.

CGI에 관해서 좀 더 알아보고자 한다면 http://www.blackwellpublishing.com/paleobiology/에 접속하여 검색해 보라.

그림 1.5 ≪짐승과 같이 걷기≫(2001)에 나오는 검치 스밀로돈(*Smilodon*). 이 동물 모형은 LA에 있는 란초라브리아(Rancho La Brea)에 잘 보전된 완벽한 골격 구조를 가지고 복원했으며, 머리털과 행동은 그 화석에 대한 연구와 현생 큰 고양이와의 비교 연구를 바탕으로 재구성한 것이다. (Tim Hains 제공, 이미지 © BBC 2001.)

✲ 이해 단계

화석 초기 발견

화석은 일부 암석에서 아주 흔하게 나오며, 가끔 매력적이고 아름다운 화석도 발견된다. 옛날 사람들이 이러한 화석을 수집했을 가능성이 있다. 그리고 바다의 생명체인 조개껍데기가 왜 높은 산에서 발견되며, 완전하게 보존된 물고기 표본이 어떻게 지층 내에서 발견되는지를 이상하게 생각했을 것이다. 선사시대의 사람들은 화석을 수집하여 그 의미를 이해하지 못하고 장식품으로만 사용했을 가능성이 크다.

고대 학자의 화석에 대한 일부 추론은 현대 학자의 관점에서 볼 때 매우 합리적이다. 크세노파네스(Xenophanes, 576~480 BCE)와 헤로도토스(Herodotus, 484~426 BCE)와 같은 고대 그리스 학자는 어떤 화석은 해양생물이며, 이것은 해양의 초기 위치를 나타내는 증거라고 했다. 그러나 다른 고대와 중세 학자들은 다른 견해를 가지고 있었다.

매력적인 돌 화석

로마와 중세 시대에는 화석을 신비적이거나 매혹적인 물체라고 생각했다. 화석 상어 이빨은 혀 모양과 비슷하다 해서 '혀 돌'의 뜻을 가진 글로소페트라(*glossopetrae*)라고 불렸으며, 많은 사람들이 상어 이빨 화석을 뱀의 석화(石化)된 혀라고 생각했다. 이 생각으로 글로소페트라를 뱀의 독이나 다른 독을 방지하는 데 사용할 수 있을 것이라고 믿었다. 그 이빨은 위험을 막는 부적으로 가지고 다녔으며, 음료수 속에 있을지도 모르는 독을 중화시키기 위해서 그 속에 담그기까지 했다.

대부분의 화석은 식물이나 동물처럼 보이는 것으로 인식하고 있었으나 지구 내에서 작용하는 '조형력(造形力)'에 의해서 만들어진다고 생각했다. 16세기와 17세기 학자들은 이 해석이 포함된 책을 썼다. 예를 들면 영국인 플롯(Robert Plot, 1640~1696)은 암모나이트의 생성 원인에 대하여 "다른 방향에서 발사된 두 개의 소금이 서로 방해하면서 나선형을 만들었다."라고 주장했다. 이 해석을 지금 생각해 보면 웃기는 주장이지만 그 당시에는 다음과 같이 설명하기 어려운 문제를 가지고 있었다. 즉, 그러한 표본이 바다에서 얼마나 멀리 떨어져서 발견되었는지, 현생 동물과 왜 달랐는지, 왜 흔하지 않은 광물로 이루어져 있었는지에 대한 것이다.

조형력에 대한 아이디어가 1720년대까지 넓게 퍼져 나갔지만 당시에 독일 뷔르츠부르크(Wurzburg)에 있었던 과장된 사건들이 마지막 일격을 가했다. 대학 교수인 베링거(Johan Beringer, 1667~1740) 화석 수집가가 주변 지역에서 가지고 온 '화석' 표본을 기재하고 삽화를 그리기 시작했다. 그러나 그 수집가가 베링거의 학술적 경쟁자에게 매수되어 약한 석회암을 조각하여 조개껍데기, 꽃, 나비, 새, 물고기와 같은 '화석'을 만들도록 했다는 것이 밝혀졌다(그림 1.6). 그곳에는 돌 판에 새겨진 한 쌍의 짝짓는 개구리, 점성술의 상징, 히브리 성서 편지까지도 포함되어 있었다. 베링거는 그 표본들이 위조되었다는 증거에 반발하여 그의 저서인 『뷔르츠부르크 산 암석 기재(Lithographiae Wirceburgensis)』(1726)를 출판했으나 곧바로 엄중한 진실을 깨달았다.

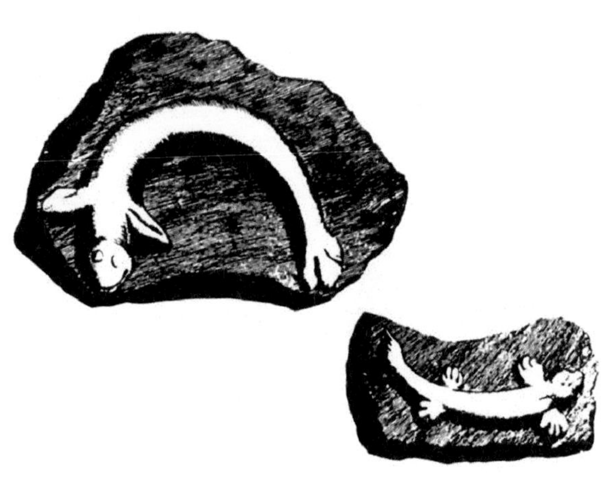

그림 1.6 가짜 돌: 1972년 뷔르츠부르크의 베링거 교수에 의해 기재된 유명한 '화석' 2개: 그는 이 표본이 지질시대의 진짜 동물이며, 태양 광선의 작용으로 결정되어 암석 속에 남아 있었다고 믿었다.

화석으로서의 화석

베링거의 가짜 화석으로 조형력에 대한 논쟁은 끝났지만 훨씬 오래전에 화석에 대하여 정확히 해석하고 있었다. 뛰어난 과학자이자, 발명가이며, 예술가인 레오나르도 다빈치(Leonardo da Vinci, 1452~1529)는 현생 동물과 식물, 현재의 강과 바다를 관찰한 내용을 이용하여 이탈리아의 고산지대에서 발견되는 바다 조개껍데기 화석을 설명했다. 그는 조개껍데기 화석을 지질시대 조개의 유해라고 해석했으며, 바다가 당시에 이 지역을 덮고 있었다고 주장했다.

후에 스테노(Nicolaus Steno 또는 Niels Stensen, 1638~1686)는 거대한 현생 상어의 머리를 해부하여 그 이빨이 화석(**그림 1.7**)과 같다는 것을 보여 주면서 글로소페트라의 진면목을 명확히 설명했다. 스테노와 같은 시대 학자인 훅(Robert Hooke, 1625~1703)도 조잡한 현미경을 사용하여 현생 나무와 나무 화석의 세포 조직을 비교하고 현생 연체동물과 연체동물 화석의 껍데기에 있는 결정질 층을 비교하여 자세히 기록하였다. 이 단순한 기록물로 화석에 대한 신비한 생각이 얼마나 학술적 기반이 없이 설명되었가를 보여 주었다.

그림 1.7 화석이 지질시대의 유해라는 것을 나타내는 스테노의 유명한 전시물. 그는 해부한 상어 머리와 예전에 글로소페트라 또는 혓바닥돌이라고 불렀던 두 개의 이빨 화석을 보여주었다. 그 화석은 분명히 현생 상어의 이빨과 같다.

멸종 아이디어

훅은 18세기 동안 뜨겁게 논쟁했던 주제인 **멸종** 아이디어에 단서를 준 최초의 학자 중의 하나였다. 북아메리카에서 마스토돈(*mastodon*) 화석이 발견되기 시작하던 1750년대와 1760년대에 그 논쟁이 조용하게 활기를 띠기 시작했다. 야외 지질 조사원들은 해부 전문가에게 연구를 의뢰하기 위하여 큰 이빨과 뼈를 파리와 런던으로 보냈다(그 당시에 북아메리카에서는 과학의 중요한 연구를 전문적으로 수행할 수 없었기 때문에 적절한 조치였다). 1768년 헌터(William Hunter)는 '아메리카 무적자'는 현생 코끼리와는 물론 매머드와도 아주 다르며, 분명히 멸종된 동물이고 더구나 육식동물이라고 기록했다. "그리고 만약에 이 동물이 정말로 육식동물이라면 우리가 학자로서 그것을 유감스럽게 생각할지 몰라도 내가 믿는 어느 것도 의심할 수 없다."면서 "인간으로서 마스토돈 전체가 멸종했다는 것을 하늘에 감사할 뿐이다."

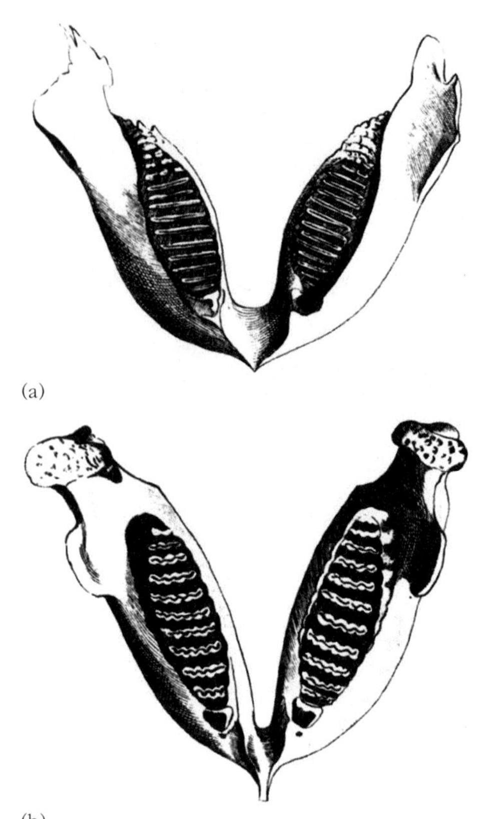

그림 1.8 멸종 증명: 매머드의 아래턱(a)과 현생 인도코끼리의 아래턱(b)에 대한 퀴비에의 비교. (Eric Buffetaut 제공.)

라고 서술했다.

프랑스의 위대한 자연과학자 퀴비에(Georges Cuvier, 1769~1832)가 멸종의 진실을 증명했다. 그는 시베리아의 매머드와 북아메리카의 마스토돈은 독특한 종이며 현생 아프리카와 인도코끼리와 다르다는 것을 보여 주었다(그림 1.8). 퀴비에는 그의 연구를 파리 분지에 있는 에오세 포유동물 퇴적지까지 확장하여 말과 닮은 동물(그림 1.4 참조)의 골격을 기재했으며, 주머니쥐, 육식동물, 새, 파충류 화석 모두가 현생종과 현저하게 다르다는 것을 밝혔다. 그는 마스트리히트(Maastricht)의 중생대 악어류, 익룡, 해룡 모사사우루스에 대해서도 기재하였다.

퀴비에는 **비교해부학**의 아버지라고 불리기도 한다. 그는 모든 유기체가 공통 구조를 공유하고 있다는 것을 알고 있었다. 예를 들면 코끼리가 살아 있든 화석이든 간에 모두 어떤 해부학적 특징을 공유하고 있다는 것을 보여 주었다. 그의 공개 시범은 유명하게 되었다. 그는 이빨과 뼈만 가지고도 동물을 복원할 수 있다고 주장했으며 시범에서 항상 성공적이었다. 1800년 이후에 퀴비에는 멸종의 진실성을 확립하였다.

지질시대의 방대함

많은 고생물학자들은 퇴적암과 그 속에 포함된 화석이 길고 긴 시간의 역사를 기록하고 있다는 것을 인식하고 있다. 18세기 후반까지 과학자들은 성서로 계산한 지구의 나이 6000~8000년을 받아들였다. 이 견해가 도전을 받으면서 1830년대까지 많은 사람이 지구의 나이는 상상할 수 없을 만큼 길다고 생각했다.

지질시대와 시기는 1820년대와 1830년대를 거치면서 명명되었으며, 지질학자들은 화석을 이용하여 세계 모든 주요 퇴적층을 층서적으로 구분할 수 있었다. 이러한 연구와 시도는 지질시기를 이해하는 층서학을 세우는 중요한 단계가 되었다.

✲ 화석과 진화

진보론(Progressionism)과 진화

1820년대와 1830년대의 화석 기록에 대한 지식은 단편적인 것이었으며, 고생물학자들은 지질시대 초기의 단순한 유기체에서 후에 복잡한 형태로 변한 **진보**가 있었는지에 대해 논쟁하였다. 영국의 대표적인 지질학자 라이엘(Charles Lyell, 1797~1875)은 반진보론자였다. 그는 오랜 기간 동안의 화석 기록을 살펴보면 한 방향의 변화보다는 변화가 윤회한다는 것을 더 믿었다. 그는 인간 화석이 실루리아기 지층에서 발견되었다거나 공룡이 조건이 적절하다면 미래 어느 때라도 다시 나올 것이라고 해도 놀라지 않았을 것이다.

진보론은 **진화**의 아이디어에 연결되어 있다. 진화에 대한 진지한 연구는 18세기 프랑스 자연과학자들을 중심으로 시작되었는데 그중 대표적인 학자는 뷔퐁(Comte de Buffon, 1707~1788)과 라마르크(Jean-Baptiste Lamarck, 1744~1829)였다. 라마르크는 '대형 존재의 사슬' 또는 스칼라(Scala, 이탈리아 밀란의 대형 오페라하우스)식 자연이라는 대규모 진화 모형을 가지고 진보론의 현상을 설명하였다. 그는 모든 생물, 즉 식물과 동물은 살아 있든 멸종되었든 모두 시간에 따라 하부의 단순한 것에서 상부의 복잡한 것으로 유도하는 방향의 사다리와 연결되어 있다고 믿었다. 라마르크는 스칼라가 사다리보다는 움직이는 계단 승강기에 더 가깝다고 주장했다. 시간에 따라 오늘날 유인원에서 인간으로 변해 나가고 오늘날 인간이 천사의 수준으로 올라갈 운명이라고.

다윈의 진화론

다윈(Charles Darwin, 1809~1882)은 종(種)이 변하지 않는다는 종래의 이론을 폐기하고 1830년대에 **자연선택** 진화론을 발전시켰다. 다윈은 종에 포함된 개체들이 현저한 변화를 보이며, 각 종의 본질을 대표하는 고정된 중심 '형(type)'이 없다는 것을 알았다. 또한 그는 오늘날 모든 종들이 과거에 다른 종에서 진화해 왔다는, 즉 공통 자손(common descent)에 의한 진화를 강조했다. 그가 풀어야 할 문제는 종에 포함된 변화를 어떻게 동력화하여 진화의 변화를 만들어 내는가를 설명하는 것이었다.

다윈은 맬서스(Thomas Malthus, 1766~1834)가 1798년에 출판한 책에서 그 해법을 발견했다. 맬서스는 그 책에서 인구는 식량 공급보다 더 급격히 증가하는 경향이 있으며, 강한 사람만 살아남을 수 있다고 서술했다. 다윈은 그러한 원리가 모든 동물에 다 적용된다는 것과 살아남은 개체는 먹이를 얻기에 가장 적합하고 건강한 새끼를 낳을 것이라는 것 그리고 그들의 특별한 **적응**이 유전될 것이라는 것을 깨달았다. 이것이 자연선택에 의한 진화론이며, 현대 진화론의 핵심이다.

이 이론은 다윈이 처음 그 아이디어를 공식화하고 21년이 지난 후 『종의 기원(On the Origin of Species)』(1859)으로 출판되었다. 지연된 까닭은 공격에 대한 다윈의 두려움과 아무도 부정할 수 없는 많은 증거와 사실을 포함한 뛰어난 연구 자료를 구축하기 위한 열망 때문이었다. 사실 대부분의 학자들은 1859년에 펴낸 공통 자손에 의한 진화 아이디어를 받아들였으나 자연선택을 이해하거나 받아들이는 학자는 거의 없었다. 다윈의 자연선택에 의한 진화설은 20세기 초 현대 유전학이 시작되고 1930년대와 1940년대 '현대 통합'이라는 운동 속에서 '자연사'와 융합된 후부터 완전히 정립되었다.

✲ 고생물학의 오늘

공룡과 화석 인류

19세기 고생물학의 대부분은 경이적인 새로운 발견이 주를 이루고 있다. 수집가들이 전세계로 퍼져 나가면서 지구에 있는 지질시대 생물에 관한 지식이 엄청나게 증가했다. 대중들은 예나 지금이나 공룡에 대한 환상적인 새로운 발견에 예민하게 반응해 오고 있다. 1920년대와 1930년대에 영국과 독일에서는 분리된 공룡 뼈를 기재하고 잠정적으로 옛 모습을 복원했다(**그림 1.9**). 1850년대 영국에서 새로운 화석이 발견되고 그 지역의 지질시대 서식 환경을 드라마틱하게 새롭게 복원하면서 첫 번째 공룡 열풍에 기름을 부었다. 그러나 **그림 1.9**에서 보는 것처럼 놀라운 짐승이 그 모습을 드러낸 것은 1870년대 유럽과 북아메리카에서 완전한 골격이 발견되면서부터이다. 시조새(*Archaeopterix*) 첫 번째 표본이 1861년 발견되었다. 여기에 불과 2년 전에 다윈이 예언했던 진짜 '잃어버린 고리(missing link)'가 있었다.

다윈은 고생물학이 진화에 대한 결정적 증거를 마련하리라고 기대했다. 그는 화석을 더욱 많이 찾으면서 화석이 공통 자손의 특색을 보이면서 길게 순서대로 정렬되기를 기대하였다. 시조새가 환상적인 출발이었다. 북아메리카 제3기층의 포유동물 화석에 대한 연구비가 풍부해지면서 더 많은 증거들을 발견했다. 마시(Othniel Marsh, 1831～1899)와 코프(Edward Cope, 1840～1897)는 공룡을 찾는 데 최대의 라이벌이었는데 엄청난 수의 포유동물 골격을 발견했다. 그 골격에는 5000만 년 전의 네 발가락을 가진 히라코테륨(*Hyracotherium*)을 필두로 한 발가락을 가진 현대의 큰 형태까지 수많은 말 골격이 포함되어 있었다. 그들의 표본은 오랜 기간의 진화 추세를 나타내는 전형적인 예로 인정받았다.

이 무렵에 인류 화석도 발견되기 시작했다. 예를 들면 1856년 네안데르탈인의 불완전한 유해, 1895년에 직립원인(*Homo erectus*) 화석이다. 1924년 아프리카에서 초기 인류의 조상인 '남쪽 유인원' 오스트랄로피테쿠스(*Australopithecus*)의 첫 번째 표본을 발견하면서 인류 진화에 대한 지식에 대변화가 일어나기 시작했다.

그림 1.9 오웬(Richard Owen)의 영감과 상상을 기반으로 그린 이 그림은 공룡의 모양이 거의 포유동물과 같았다. (Eric Buffetaut 제공.)

최초 생명의 증거

진화 척도의 다른 끝에서 고생물학자들은 생명 진화에서 가장 초기 단계를 이해하는 데 엄청난 진보를 달성해 왔다. 캄브리아기 화석이 1830년대부터 보고되었지만 1909년 캐나다의 버제스 셰일(Burgess Shale)에서 엄청난 양의 다양한 부드러운 몸체를 가진 동물 화석을 발견한 것은 경이적인 것이었다. 이 화석들은 다른 지역에서 전혀 알려지지 않은 것 이었다. 북부 그린란드의 시리우스 파세트(Sirius Passett)와 중국 남부의 청지앙(Chengjiang)에서 전자보다 약간 더 오래되었거나 비슷한 동물 화석이 발견되었다는 것은 캄브리아기가 생명의 역사에서 가장 주목할 만하다는 것을 입증한다.

여러 해 동안 선캄브리아 시대의 더 오래된 화석을 찾아오다가 1950년경에 와서야 진전을 보았다. 1947년에 오스트레일리아에서 처음으로 부드러운 몸체를 가진 에디아카라(Ediacara) 화석들이 발견되었고 그 후 지구 여러 곳에서 이와 같은 화석을 발견하였다. 1960년 이후에는 기능이 뛰어난 현미경을 이용하여 더 오래되고 더 단순한 형태의 생명체를 발견하였으며, 현재는 약 30억 년 생명 역사의 모습을 이해하게 되었다(8장 참조).

대진화

화석 수집이 현대 고생물학의 중요한 역할 중의 하나이며, 경이적인 새로운 발견이 계속되고 있다. 더불어 고생물학자는 큰 규모의 진화, 즉 **대진화**를 이해하는 데 크게 공헌해왔다. 대진화는 진화의 속도, 종분화(speciation)의 본질, 대량멸종의 시기와 범위, 생명다양성, 긴 시간 규모를 포함한 다른 주제를 연구하는 분야이다(6장과 7장 참조).

대진화를 연구하려면 시간 규모와 화석종에 대한 뛰어난 지식을 가지고 있어야 한다(3장 참조). 지질시대 생명의 지식인 **화석 기록**에 대한 이 두 가지 관점에 대한 우리의 지식이 완벽하지 않다. 어떤 연구에서도 화석을 이용하여 1만 년이나 10만 년 이하의 오차로 연대를 구하지 못했다. 더욱이 화석이 이전의 생물 모습으로 완전하게 산출되는 것이 아니기 때문에 화석종에 대한 우리의 지식이 불확실할지도 모른다. 고생물학자들은 화석 식물과 동물 종에 대하여 1% 또는 50%를 아는지, 90%를 아는지 판단하려고 한다. 뛰어난 아메리카 고생물학자 보우코트(Athur J. Boucot)는 그의 폭넓은 경험을 토대로 볼 때 15%가 합리적인 수치라고 생각했다. 그것은 물론 일반적인 수치일 뿐이다—지식은 화석 종의 그룹에 따라 다르다. 어떤 그룹은 다른 그룹보다 훨씬 많이 알려져 있다.

고생물학 연구의 모든 분야도 마찬가지지만, 특히 대진화 연구는 정량적인 접근이 필요하다. 한두 개의 표본을 관찰한 후 바로 결론을 짓거나 어떤 화석종이 시간에 따라 어떻게 변하는지 추측하는 것은 바람직하지 않다. 고생물학적 자료를 분석하는 데 여러 가지 정량적인 접근 방법이 있다[이것들의 좋은 단면을 보려면 하머와 하퍼(Hammer & Harper, 2006)를 참조]. 최소한도, 모든 고생물학자는 화석 표본을 합리적인 방법으로 묘사하려면 간단한 **통계학**을 공부해야만 하고(**글상자** 1.3), 어떤 단순한 가설들을 통계학적으로 먼저 검증해야 한다.

고생물학적 연구

오늘날 대부분의 고생물학적 연구는 성능이 우수한 컴퓨터, 전자 주사 현미경, 지구화학 분석 장비, 전문 도서를 잘 갖춘 도서관, 실험 기술자, 사진사, 미술가를 갖추고 있는 대학과 박물관 같은 과학 연구 기관의 **전문가**들에게 연구비를 주면서 이루어진다. 그러나 연구비를 받지 않으면서도 열성적인 **비전문가**가 중요한 일을 하여 새로운 화석 산지와 표본들을 발견하기도 하는데 많은 비전문가가 어떤 화석에 대해서는 전문적인 지식과 기술을 가지고 있다.

고생물학 연구 과제는 많은 사람의 협동도 중요하지만 행운과 노력이 얼마나 중요한가를 보여 준다. 그 전형적인 예는 지질학자 월컷(Charles Walcott)이 1909년에 환상적인 버제스 셰일 동물군을 발견한 경우이다. 그 발견은 다소 우연한 것이었다. 월컷과 그의 부인이 말을 타고 캐나다 로키산맥을 지나고 있었는데 그녀의 말이 셰일 판 위에 넘어졌다. 이 셰일은 '레이스 달린 게'인 마렐라 스플렌더스(*Marrella splendens*)를 아름답게 보

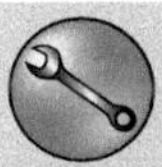

글상자 1.3 고생물학 통계학

현대 고생물학은 정량적인 방법을 많이 사용한다. 기능이 뛰어난 초소형 컴퓨터를 이용하여 대용량 배터리를 사용해야 하는 통계와 그래픽 기술이 가능해졌다(Hammer & Harper, 2006). 분류 연구에서 넓게 사용하는 두 개의 간단한 예를 소개하면, 첫째 정밀한 자료를 요약하고 전송하는 것이고, 둘째 가설을 검증하는 것이다.

완족동물의 일종인 디엘라스마(*Dielasma*)는 영국 북부 페름기 산호초 퇴적층의 돌로마이트와 석회암에서 흔하게 발견된다. 이 표본들은 현생 개체군일까? 그리고 그것들은 모두 한 종일까? 그렇지 않으면 여러 종일까? 한 장소에서 나오는 표본의 개체군을 판별하기 위하여 폭과 길이를 측정하여 그래프에 나타냈다(그림 1.10a). 이 그래프로 표본은 한 종이며, 전형적인 단일 개체군이라는 가설을 증명할 수 있다. 만약에 그 표본들이 두 개의 종이라면 그 두 종의 성장 과정을 보여 주는 두 개의 최대점이 비슷한 크기로 분리되어 나타났을 것이다.

그림 1.10의 그래프에서 보면 이 표본들이 사실 단일 종이지만 그 빈도선이 작은 것 쪽으로 쏠려 있는 것으로 보아서 새끼 때 죽은 것의 비율이 높았다는 것을 암시한다. 이것은 크기 등급에 산출 빈도를 합하여 누적빈도곡선으로 나타낼 때 확인된다(그림 1.10b). 이 개체군이 정상 분포에서 벗어나는 정도를 검증하는 것은 가능하다. 정상 분포는 평균과 일치하는 단일 최대점을 가진 '종' 모양의 대칭 곡선이고 그 폭은 평균에 대한 표준편차를 나타낸다.

디엘라스마의 성장 양상을 생각해 보는 것은 흥미롭다. 그 껍데기가 균일한 비율로 성장했을까? 그렇지 않으면 한 방향으로 더 빨리 성장했을까? 그 껍데기가 모든 방향으로 균일한 비율로 성장했다는 가설이 있는데 두 측정치를 대수눈금 그래프에 점을 찍어 보면 선이 그려지는데 그 선의 경사가 동일하다. 따라서 그 모양이 동일 비율로 성장했다는 것을 알 수 있다.

두 번째 연구에서 척추동물의 작은 조각(이빨, 비늘, 작은 뼈)으로 된 수천 개의 표본을 영국의 중기 쥐라기 퇴적지에서 퇴적물을 체로 쳐서 골라내었다. 이 중에 500개의 표본을 무작위로 골라낸 후 이빨과 뼈를 분류학적 그룹으로 구분하였다: 그 결과는 그림 1.11a와 같은 파이 도표로 나타내었다. 500개의 표본을 다시 다른 항목 즉 뼈와 이빨의 형태나 화석 생성 등급(그림 1.11b, c)으로도 분류할 수 있다. 상대적으로 더 많은 수각룡(육식 공룡) 이빨 표본을 이용하여 그것들이 어리고 늙은 동물의 동일 개체군을 나타내는지, 또는 그것들이 여러 종에서 왔는지를 시험할 수도 있다. 이빨의 길이와 폭을 측정하여 빈도선(그림 1.11d)을 그려 보면 표본 내에 두 개의 종을 나타내는 두 개의 개체 집단이 존재한다는 것을 나타낸다.

전하고 있었다. 5년간 계속된 야외조사 기간 동안 월컷은 60,000종 이상을 채집했는데 이것들이 지금은 워싱턴 디시(D.C.)에 있는 미국 국립자연사박물관에 보관되어 있다. 월컷은 많은 연구자와 함께 이곳을 집중적으로 연구하여 이전에 알려지지 않은 부드러운 몸체를 가진 동물 화석을 엄청나게 발견하였다. 그 일이 성공한 것은 새로운 기술, 즉 고해상도 현미경, 전자주사현미경, X선 사진, 납작한 화석을 입체적으로 복원할 수 있는 현미

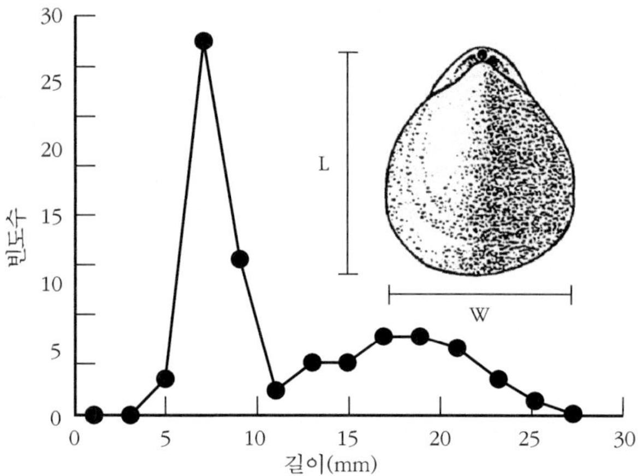

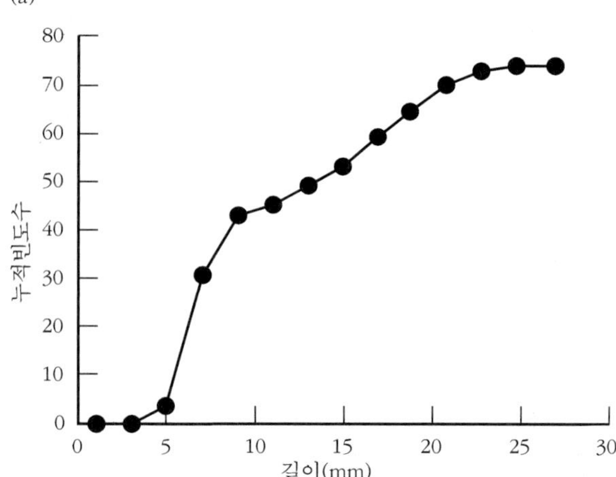

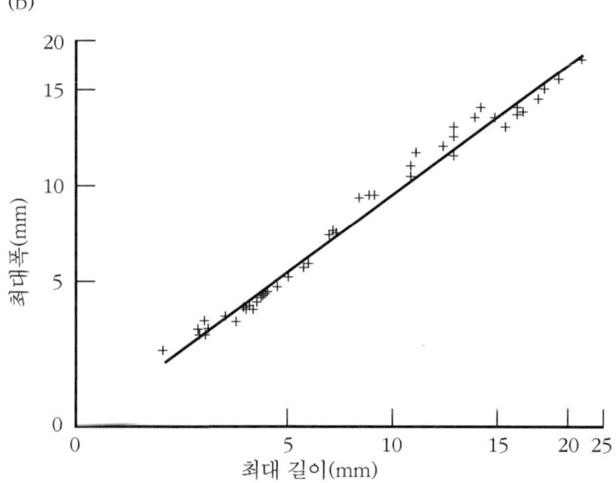

경 덕분이었다. 더불어 섬세한 화석을 정성껏 복원하고 정밀한 그림과 기재를 하는 일에 수천 시간이 투입되었기 때문에 가능할 수 있었다. 전체적으로, 특별히 버제스 셰일 동물군을 채집하고 기재하고 해석하는 데 수십만 달러의 정부와 개인 자금이 지원되었다.

버제스 셰일 동물군은 극적이고 유별난 예이며, 대부분의 고생물학적 연구는 아주 평범하다. 연구자와 학생들이 흥미 있는 화석을 찾아내기 위하여 얇은 판으로 쪼개고, 고랑을 파고, 심해저에서 가져온 퇴적물에서 화석을 뽑아내는 데 끝없는 시간을 보낸다. 실험실 작업 역시 지루하고 오랜 시간이 걸린다. 고생물학에서 성공적인 연구자는 다른 학문과 마찬가지로 끝없는 인내와 지구력이 필요하다.

현대 고생물학적 탐험은 전 세계로 진출해서 정성껏 협상하고, 계획하며, 자금 조달을 해야 한다. 일반적 원정은 미화 20,000달러에서 100,000달러 정도가 들고 야외 현장 고생물학자는 정부 과학 프로그램, 미국지리학협회와 쥐라기 재단과 같은

그림 1.10 페름기 완족동물 디엘라스마의 통계적 연구. 모든 표본의 최대 길이(L)와 최대폭(W)을 재서 그래프화하여 그 분포(a, b)를 보면 작은 것이 대부분이고 큰 것은 매우 적었다. 이것은 대부분 새끼 상태에서 죽은 것으로 해석할 수 있다. 길이와 폭을 함께 그래프화해서 비교해 보면 점들이 직선 분포($y=0.819x+0.262$)를 나타낸다. 원자료를 대수 그래프 b에 점으로 나타내 보면 전체적으로 선의 경사(α)가 거의 같으므로 이 동물군은 동일 종의 관계로 생각된다.

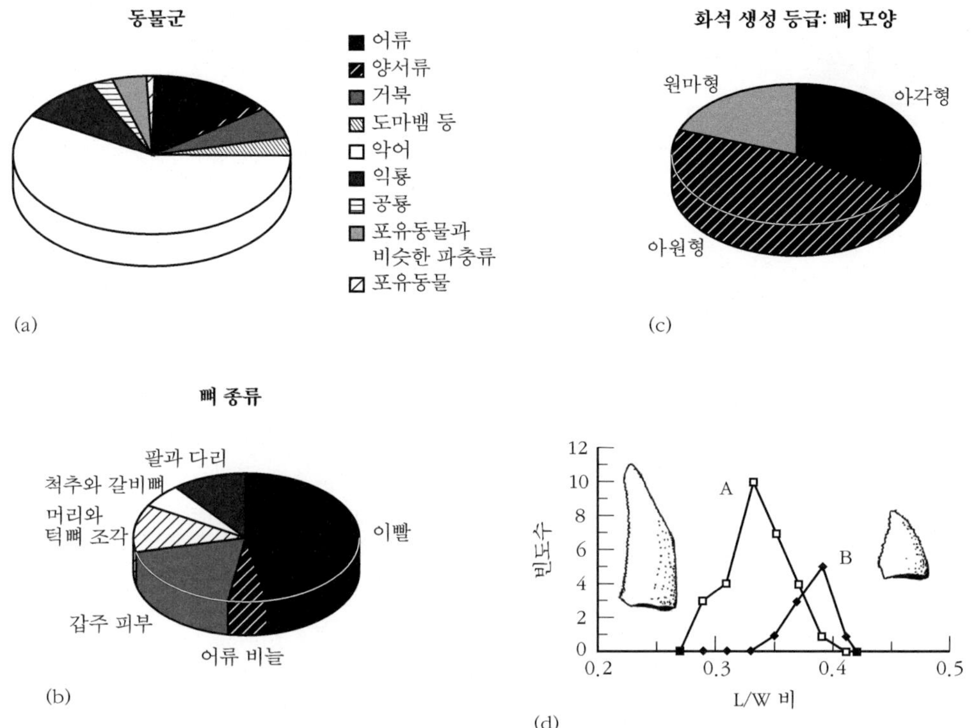

그림 1.11 영국산 중기 쥐라기 척추동물군 비교. 이 동물군에 있는 주요 척추동물 그룹의 비율을 파이 도표(a)로 보여 준다. 그 표본은 다시 뼈의 종류별(b)과 화석 생성 등급(c)으로 구분할 수 있는데 이것은 운반량을 반영한다. 수각룡 이빨의 규격이 통계적으로 완전히 다른(이빨-검사) 두 개의 빈도선(d)을 보여 주므로 두 가지의 서로 다른 형태가 섞여 있음을 지시한다.

민간 기관, 또는 동호인과 다른 후원자로부터 자금을 어떻게 모을 것인지를 계획하는 데 많은 시간을 보내야 한다. 전형적으로 잘 알려진 예가 마다가스카르(Madagascar)의 백악기 층에서 산출되는 공룡과 다른 화석 집단을 장기간 연구하는 프로그램이다(**글상자 1.4**).

야외 조사는 폭넓은 관심을 끌지만 대부분의 고생물학적 연구는 실험실에서 이루어진다. 고생물학자는 이유야 어떻든 화석을 연구하는 데 집중하고 있는데 다른 과학과 마찬가지로 그들이 가진 기술의 폭이 넓다. 고생물학자는 화석을 보전하는 방법을 이해하고 화석을 이용하여 지질시대의 기후와 대기를 해석하기 위해서 화학자와 함께 연구한다. 고생물학자는 지질시대의 동물들이 어떻게 움직이는지 이해하기 위해 공학자와 물리학자와 함께 연구하고, 지질시대의 생물이 어떻게 살았는지 그리고 그들이 어떻게 서로 연관되어 있는지를 이해하기 위해 생물학자와 함께 연구한다. 고생물학자는 진화와 사건의 모든 종류의 측면을 연구하고, 지질시대의 유기체 분포와 생체 역학을 이해하기 위하여

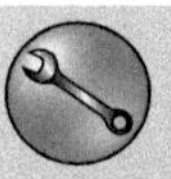

글상자 1.4 마다가스카르의 거대 공룡

새로운 화석종을 발견하고 그것을 세상에 알릴 때 여러분은 어떻게 합니까? 한 예로서 마다가스카르의 후기 백악기층에서 최근에 발견한 공룡을 선정하여 그 과정을 단계별로 이야기하려고 한다. 1880년대에 영국과 프랑스 원정대가 분리된 공룡 화석을 채집한 적이 있었으나 주요 채집 노력은 거기에 무엇이 있는지를 알기 위한 것이었다. 1993년 이후, 뉴욕주립대학교 스토니브룩(SUNY-Stony Brook)의 크라우스(David Krause)가 이끄는 팀이 미국과학재단과 미국지리학회의 자금 지원을 받아 아홉 번의 야외 조사 계절 동안 마다가스카르를 조사했다. 이 조사 결과 상부 백악기층에서 괄목할 만한 새로운 새, 포유동물, 악어, 공룡 화석을 발견했다.

1998년 원정의 주요 발견 중의 하나는 거의 완벽한 티타노사우루스(*Titanosaurus*) 용각류를 발견한 것이다. 이 거대한 초식 공룡은 전 세계적으로 산출되었지만 특히 남아메리카와 인도에서 잘 산출되는 것으로 알려졌고 마다가스카르에서는 1896년 분리된 뼈만 보고된 적이 있었다. 그 새로운 화석들은 마하장가 분지(Mahajanga Basin)의 언덕 사면에 있는 약 7000만 년 전의 마에바라노층(Maevarano Formation)에서 발견되었다. 그 땅이 거칠고 밖으로 노출되어 있어서 이글거리는 태양 아래에서 뼈들을 파내었다. 그 발견의 첫 번째 단서는 일련의 척추동물 꼬리 부분이었으나 팀의 보고서에 따르면 "언덕 사면으로 파고들어 갈수록 더 많은 뼈가 발견되었다."라고 썼다. 골격 구조의 거의 모든 부분, 즉 코끝에서 꼬리 끝까지 잘 보존되어 있었다. 뼈를 발굴하여 회반죽으로 조심스럽게 씌워서 미국으로 운반하였다.

실험실로 가지고 와서 뼈를 잘 닦아낸 후 펼쳐 놓았다(그림 1.12). 로저스(Kristi Curry Rogers)는 그녀의 박사 논문으로 이 거대한 공룡을 연구했으며 2001년에 뉴욕주립대학교 스토니브룩에서 그 논문을 완성했다. 로저스와 그녀의 동료인 포스터(Cathy Foster)는 2001년 이 새로운 용각류 이름을 라페토사우루스 크라우세이(*Rapetosaurus krausei*)라고 지었다. 이 화석은 세계 다른 지역에서 보고된 티타노사우루스와 다른 것으로 판명되었다. 이 표본은 거의 완벽한 상태인 점이 특이하며, 2004년에 로저스와 포스터가 기재한 두개골이 독특하다. 이 공룡의 이름은 마다가스카르의 신화에 나오는 전설적인 거인 '라페토(Rapeto)'에서 유래되었다. 라페토사우루스 크라우세이는 지금까지 발견된 티타노사우루스 중에서 가장 완벽하게 잘 보전된 것이다.

로저스는 현재 미네소타 과학박물관에서 척추동물학과장이자 큐레이터로 있으면서 용각류 공룡의 해부학과 상호 관계 그리고 공룡 뼈의 미세 구조에 관해서 계속 연구하고 있다. 로저스에 관한 내용은 http://www.blackwellpublishing.com/paleobiology에서 읽어 볼 수 있다. 라페토사우루스에 관해서 더 알고 싶으면 로저스와 포스터(Curry Rogers & Foster, 2001, 2004)와 http://www.blackwellpublishing.com/paleobiology에서 찾을 수 있다.

수학자와 함께 연구한다. 또한 고생물학자는 지질시대의 환경과 기후, 암석의 층서와 연대 측정을 이해하기 위하여 지질학자와 함께 연구한다.

그러나 수 세기 동안 연구해 왔음에도 불구하고 고생물학자가 배워야 할 내용이 너무

(a)

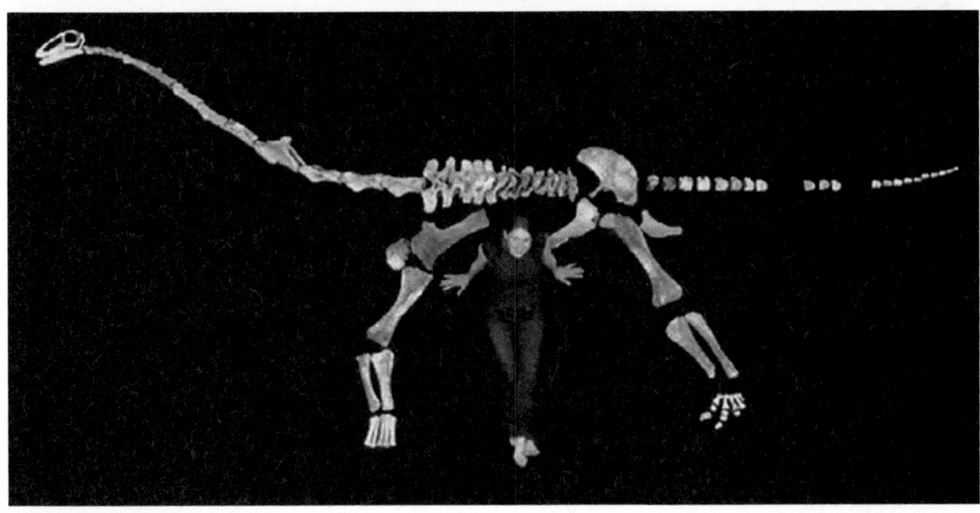
(b)

그림 1.12 가장 완벽한 티타노사우루스. 라페토사우루스를 마다가스카르에서 발견: (a) 거대 공룡 골격을 발굴한 동료들과 함께 있는 로저스(앞줄 오른쪽). (b) 실험실에서 처리한 후 전체 골격을 펼쳐 놓을 수 있다—이것은 어린 용각류라서 그 종류처럼 크지 않다. (Kristi Curry Rogers 제공.)

많은 것 같다. 우리는 완전한 생명 계통수를 모른다. 우리는 얼마나 빨리 다양화가 일어날 수 있는지, 어떤 그룹은 폭발적으로 증가하지만 다른 그룹은 그렇지 못한 까닭이 무엇인지 알지 못한다. 멸종과 대량멸종의 법칙을 알지 못한다. 무생물에서 어떻게 생명체가 나올 수 있는지 알지 못한다. 5억 년 전 그렇게 많은 생명체가 골격을 가진 까닭이 무엇인지 알지 못한다. 4억 5000만 년 전 생명체가 육지로 이동한 까닭을 알지 못한다. 공룡이 무엇을 했는지 알지 못한다. 침팬지와 인간의 공통조상이 서로 비슷한 것과 인간 진화 계열이 분열된 까닭과 세계를 지배할 만큼 빨리 진화한 까닭을 알지 못한다. 이러한 것들이 진정으로 새로운 세대가 이 역동적인 학술 분야에 들어오도록 촉진하고 있는 것이다!

복습 문제

1. 지질시대의 딱정벌레의 운동 속도와 형태를 결정하기 위해서 어떤 종류의 증거를 찾아야 할까? 단, 딱정벌레의 다리를 포함한 몸 전체 화석과 화석화된 흔적을 가지고 있다고 가정한다.

2. 다음 내용 중 어느 것이 검증되고 탈락될 수 있는 과학적 가설에 속하는가? 그리고 어느 것이 비과학적 내용인가? 과학적 가설은 항상 정확할 필요는 없다는 점을 주목하라. 비과학적 내용이 옳을지 모르지만 검증될 수 없다.

- 식물 레피도덴드론은 석탄기에서만 알려져 있다.
- 검치 고양이 스밀로돈은 식물 잎을 먹었다.
- 티라노사우루스 렉스는 거대했다.
- 시조새는 두 개의 종이 있는데 하나는 다른 것보다 컸다.
- 진화는 일어나지 않았다.
- 새와 공룡은 공통조상을 가진 가까운 종류였다.

3. 과학자들은 신중해야 하며, 결코 반박을 받으면 안 된다고 생각하는가? 그렇지 않으면 옳다고 생각되는 내용을 발표하지만 새로운 증거를 바탕으로 부인될 수도 있다고 생각하는가?

4. 고생물학이 새로운 화석의 발견으로 발전했는가? 그렇지 않으면 진화와 지질시대의 환경에 관한 새로운 아이디어를 제안하고 검증함으로써 발전했는가?

5. 정부가 고생물학적 연구에 세금을 투자했는가?

더 읽을거리

Briggs, D.E.G. & Crowther, P.R. 2001. *Palaeobiology II*. Blackwell, Oxford.

Bryson, B. 2003. *A Short History of Nearly Everything*. Broadway Books, New York.

Buffetaut, E. 1987. *A Short History of Vertebrate Palaeontology*. Croom Helm, London.

Cowen, R. 2004. *The History of Life*, 4th edn. Blackwell, Oxford.

Curry Rogers, K. & Forster, C.A. 2001. The last of the dinosaur titans: a new sauropod from Madagascar. *Nature* **412**, 530–4.

Curry Rogers, K. & Forster, C.A. 2004. The skull of *Rapetosaurus krausei* (Sauropoda: Titanosauria) from the Late Cretaceous of Madagascar. *Journal of Vertebrate Paleontology* **24**, 121–44.

Dong Z.-M. & Currie, P.J. 1996. On the discovery of an oviraptorid skeleton on a nest of eggs at Bayan Mandahu, Inner Mongolia, People's Republic of China. *Canadian Journal of Earth Sciences* **33**, 631–6.

Foote, M. & Miller, A.I. 2006. *Principles of Paleontology*. W.H. Freeman, San Francisco.

Fortey, R. 1999. *Life: A Natural History of the First Four Billion Years of Life on Earth.* Vintage Books, New York.

Hammer, O. & Harper, D.A.T. 2005. *Paleontological Data Analysis*. Blackwell, Oxford.

Kemp, T.S. 1999. *Fossils and Evolution*. Oxford University Press, Oxford.

Mayr, E. 1991. *One Long Argument; Charles Darwin and the Genesis of Modern Evolutionary Thought*. Harvard University Press, Cambridge, MA.

Palmer, D. 2004. *Fossil Revolution: The Finds that Changed Our View of the Past.* Harper Collins, London.

Rudwick, M.J.S. 1976. *The Meaning of Fossils: Episodes in the History of Paleontology.* University of Chicago Press, Chicago.

Rudwick, M.J.S. 1992. *Scenes from Deep Time: Early Pictorial Representations of the Prehistoric World.* University of Chicago Press, Chicago.

✣ 참고문헌

Alvarez, L.W., Alvarez, W., Asaro, F. & Michel, H.V. 1980. Extraterrestrial causes for the Cretaceous-Tertiary extinction. *Science* **208**, 1095–108.

Beringer, J.A.B. 1726. *Lithographiae wirceburgensis, ducentis lapidum figuatorum, a potiori insectiformium, prodigiosis imaginibus exornatae specimen primum, quod in dissertatione inaugurali physico-historica, cum annexis corollariis medicis*. Fuggart, Wurzburg, 116 pp.

Briggs, D.E.G., Erwin, D.H. & Collier, F.J. 1994. *The Fossils of the Burgess Shale*. Smithsonian Institution Press, Washington.

Curry Rogers, K. & Forster, C.A. 2001. The last of the dinosaur titans: a new sauropod from Madagascar. *Nature* **412**, 530–4.

Curry Rogers, K. & Forster, C.A. 2004. The skull of *Rapetosaurus krausei* (Sauropoda: Titanosauria) from the Late Cretaceous of Madagascar. *Journal of Vertebrate Paleontology* **24**, 121–44.

Darwin, C.R. 1859. *On the Origin of Species by Means of Natural Selection, or the Preservation of Favoured Races in the Struggle for Life*. John Murray, London, 502 pp

Gould, S.J. 1989. *Wonderful Life. The Burgess Shale and the Nature of History.* Norton, New York.

Hammer, O. & Harper, D.A.T. 2005. *Paleontological Data Analysis*. Blackwell, Oxford.

Hunter, W. 1768. Observations on the bones commonly supposed to be elephant's bones, which have been found near the river Ohio, in America. *Philosophical Transactions of the Royal Society* **58**, 34–45.

Norell, M.A., Clark, J.M., Chiappe, L.M. & Dashzeveg, D. 1995. A nesting dinosaur. *Nature* **378**, 774–6.

Norell, M.A., Clark, J.M., Dashzeveg, D. et al. 1994. A theropod dinosaur embryo and the affinities of the Flaming Cliffs Dinosaur eggs. *Science* **266**, 779–82.

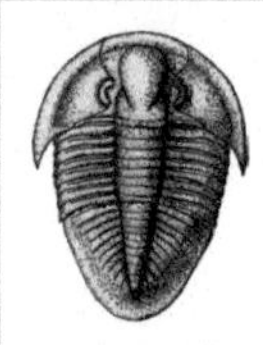

제 2 장 시간과 공간에서 화석

학습 키포인트

- 미술가가 원근법을 재발견한 시대인 르네상스 동안 과학자들은 지질학적 사건의 순서와 계통을 연구하기 시작했다.
- 암층서는 실질적으로 모든 지질학적 연구를 기반으로 암석 단위를 확립한 것이다. 암석 단위는 지질도와 주상도에 열거되어 있다.
- 생층서는 화석대를 이용한 대비를 기반으로 확립한 것이며, 현재는 일련의 정량적인 기술을 사용하여 탐구하고 있다.
- 시간층서는 세계 표준 층서로 지질학적 시간을 야외 모식단면에서 사용 가능한 간격으로 구분한 것이다.
- 윤회층서와 계통 층서는 생물학적 변화를 이해할 수 있는 명확한 체계를 제공할 수 있다.
- 지질 연대 측정은 일련의 현대 정량적 기술로 현재 이전의 시간을 연 단위로 측정하는 절대 연령에 기초를 두고 있다.
- 고생물지리학은 판구조론과 지형 모델을 제시하고 검증하는 기초 자료를 제공한다.
- 지형의 변화에 따라 동물군과 식물군이 이동하기도 하며, 주요 그룹이 확산되거나 멸종되기도 한다.
- 지질시대를 통해서 대륙이 주기적으로 합쳐지고 나누어지면서 기후와 다양성에 변화에 영향을 주었다.
- 산맥에서 산출된 화석은 지구조 운동의 시기와 성인을 규정하는 데 매우 중요하다. 화석 자료를 가지고 유한 변형과 열 성숙을 예측할 수 있다.

지구는 아주 오래되었으며, 대륙과 대양은 시간에 따라 주기적으로 변화되어 왔다. 초기 고생물학자들은 이러한 사실을 몰랐기 때문에 한 세상을 살았던 삼엽충과 공룡을 보여 주면서 생명의 전체 역사를 상대적으로 짧은 시간으로 묶으려고 노력하였다.

그러나 지구에 있는 생명은 40억 년 이상 진화해 왔으며, 지구에는 오고 갔던 화석 집단과 이곳에서 저곳으로 움직였던 대륙에 대한 복잡한 역사가 남겨져 있다. 시간과 공간을 통해서 화석 유기체의 분포를 그릴 만큼 정확하고 믿을 만한 지리적 시간적 체제를 어떻게 개발할 것인가? 다행히 고지리학자들과 층서학자들은 현재 컴퓨터를 이용한 일련의 첨단 기술력을 갖추고 지질시대를 통해 대륙, 해양, 생물군의 분포를 기재하는 모델 구축을 위한 대승적 합의를 마련해 놓고 있다.

화석은 산맥을 구성하는 암석의 **유한 변형**과 **열 성숙**에 대한 정보를 저장하고 있어서 이 산맥의 지구조적 역사를 재구성할 수 있다. 열 성숙 정보는 암석에 대한 열 성숙 정도와 탄화수소 탐험에서 가스와 오일 창을 알아낼 수 있다. 어떤 경우에는 생물 껍데기 화석이 동위원소와 지화학적 정보를 가지고 있어서 지구적 기후 변화를 알아낼 수도 있다.

✲ 근거

토스카나의 6대 특징적 관점은 토스카나가 유체였을 때 2개, 상승하여 말랐을 때 2개, 깨졌을 때 2개로 분류할 수 있다. 내가 많은 장소를 조사한 자료를 근거로 토스카나와 관련된 사실을 증명하며, 더 나아가서 전 세계 여러 나라에서 연구한 다양한 연구물을 기반으로 이 증명을 확인하고자 한다.

스테노(Nicolaus Steno, 1669)
한 고체 내에 있으면서 자연 과정에 의하여 둘러싸인
한 고체 덩어리에 관한 스테노 박사 논문의 시작 부분에서 발췌한 글

시공간에 있는 화석의 분포를 기재하고, 분석하여 해석하기 전에 동식물 화석은 층서학적인 맥락에서 서술되지 않으면 안 된다. 암석층서학은 지질학자, 특히 고생물학자가 시공간적 틀에서 화석 표본의 위치를 정확하게 기록하는 핵심적인 일이다. 이 일은 이탈리아산 좋은 포도주 한 병처럼 그 포도주가 토스카나의 햇빛이 가득하고 부드러운 청색을 띠는 경치와 르네상스를 연상하게 하는 것과 다름없다.

레오나르도의 유산

현대 층서학의 기원은 레오나르도 다빈치와 그의 그림으로 거슬러 올라갈 수 있다. 덴마크의 박식가 스테노(Nicolaus Steno 또는 Niels Stensen)가 17세기 후반에 북부 이탈리아에 머물면서(15쪽 참조) 지층이 뒤집혀진 적이 없으면 오래된 지층이 나중에 된 지층보다 아래에 있다는 간단한 사실을 확립했다(그림 2.1a). 이것을 **지층누중**의 법칙이라고 하며 모든 층서학 연구에 기초로 삼고 있다. 이와 함께 스테노는 퇴적물이 수평으로 퇴적되기 때문에 수평으로 동일 지층을 추적할 수 있으며, 가끔 상당히 먼 거리까지 추적할 수 있다는 것을 실험적으로 입증하였다. 이 사실이 지금 우리에게 간단한 개념으로 보이지만 한때 땅이 조각난 적도 있기 때문에 모든 지층에 적용되지는 않는다. 그러나 이것이 다빈치와 무슨 관계인가?

레오나르도 다빈치(1452~1519)는 많은 일에서 유명하며, 과학에 대한 그의 공헌을 돌이켜 보면 정말로 참신하다. 그의 미술품에서 다빈치는 스테노보다 약 200년 앞선 르네상스 시대에 지질학적 원리를 제시하였다(Rosenberg, 2001). 토스카나 언덕에 대한 그의 그림에서 측방 연속성과 누중의 개념을 담고 있는 분명한 층서를 그려 내고 있다. 그리고 스테노보다 1세기 이후에 아르뒤노(Giovanni Arduino)는 누중의 개념을 이용하여 알프스 산맥의 이탈리아 쪽에서 3개의 다른 암체를 구분하였다. 이 세 암체는 후기 고생대 바리스칸 조산운동 때 변형된 오래된 결정질 기반암, 이 기반암을 부정합으로 덮고 있는 알프스 조산운동 때 변형된 중생대 석회암, 이 두 암체를 다시 부정합으로 덮고 있는 주로 역암으로 된 잘 굳지 않은 쇄설성 암석으로 구성되어 있다. 이 세 암체는 제1계, 제2계, 제3계로 구분된다. 마지막 용어는 현재까지 유지되고 있으며, 백악기를 잇는 지질시대의 기(period)로 공식화되어 있다(그림 2.1b). 이 세 구분은 유럽에서 같은 양상을 보이는 암석의 순서를 기재하는 데 폭넓게 사용되었지만 이탈리아 반도를 남북으로 뻗어 있는 아페닌(Apennines) 산맥의 표준 층서에는 시간 대비를 할 필요가 없었다(∵ 모식지).

현재 여러 가지 층서학 종류가 있다. 예를 들면 암석학을 이용한 암석층서학, 화석을 이용한 생층서학, 드러스트 판과 같은 지구조 단위를 이용한 지구조층서학, 지자기극을 이용한 지자기층서학, 화학 조성을 이용한 화학층서학, 불연속을 이용한 타지성층서학, 지진 자료를 이용한 지진층서학, 퇴적 경향을 이용한 윤회층서학과 순차층서학이다. 비록 윤회층서학과 순차층서학이 최근에 들어와 화석군을 이용한 기후와 환경 해석에 크게 사용되고 있지만 처음 두 층서학은 고생물학 연구에서 가장 중요하게 사용되고 있다. 이 장에서는 암석층서학, 생층서학, 시간층서학에 집중하고자 한다.

땅에서: 암층서학

층서학의 모든 관점은 암석 자체에서 출발한다. 암석의 순서와 연속성 또는 암층서는 시간에 따른 생물학적 지질학적 변화를 연구하는 건물의 벽돌과 같다. 층서학의 기초 자료는 어떤 지역의 암층서를 확정하고 이것을 지도로 나타내게 된다. 암석층서 단위는 암석의 종류를 기초로 나누어진다. 어떤 지역의 지질을 이해하고 지도로 나타낼 수 있는 암석의 단위는 **층**(Formation)이며 기본적인 암석 기재 단위이다. 이 층을 규정하는 데 두께와

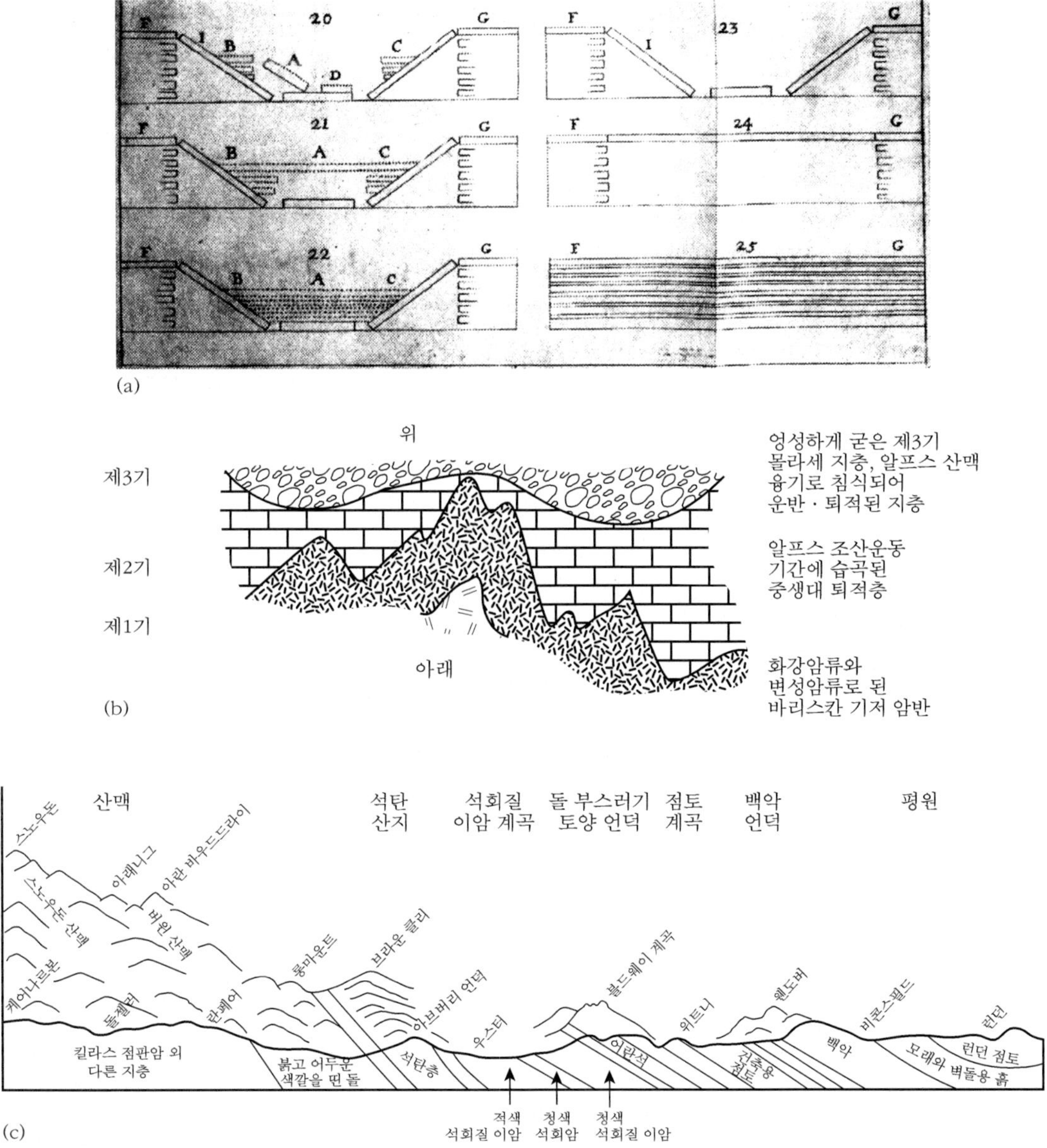

그림 2.1 (a) 지층의 퇴적, 침식, 붕괴 과정(25, 24, 23)과 뒤따라 일어나는 퇴적, 침식, 붕괴 과정(22, 21, 20)을 나타내는 스테노의 도표. 이 도표는 지층누중뿐 아니라 부정합의 개념도 나타내고 있다. (b) 1760년 북부 이탈리아 아페닌 산맥에서 처음 기재한 아르뒤노의 제1계, 제2계, 제3계. 이 구분은 스테노의 지층누중의 법칙을 기반으로 해서 만들었다. (c) 런던에서 웨일스까지 가로지르는 윌리엄 스미스의 가상 지질단면도. 이 단면도는 영국과 웨일스의 첫 번째 지질도를 만드는 데 기반이 되었다. 말을 타고 조사해서 얻은 자료가 화석에 의한 대비 법칙을 공식화하는 데 도구가 되었다. [(a)는 Steno(1669)로부터, (c)는 Sheppard, T. 1917. *Proc. Yorks. Geol. Soc.*, **19**에 근거.]

는 무관하다. 한 층은 한 가지 또는 여러 가지의 서로 관련된 암석으로 구성되며, 그 층 위와 아래층의 종류가 전혀 다르다. 이 층은 일반적으로 그 층이 잘 발달된 지역의 이름을 붙인다. **층원**(member)은 층의 일부로 특징적인 성질을 가지고 있다. 한편 공통적인 성질을 가진 인접한 연속적인 층을 **층군**(group)으로 정의한다. 층군 여러 개가 묶이면 **누층군**(supergroup)이 된다. 모든 층서의 단위는 그 층서가 잘 발달된 지역의 **모식단면**(type section)이나 참조 단면(reference section)에서 정의해야만 한다. 불행히도 많은 암층서 단위 전체의 두께가 노출된 경우가 아주 드물다. 전체의 층을 한 번에 정의하지 못하고 한 모식지(type locality)에서 여러 개의 **표준층서**(stratotype)을 찾아 개별적으로 정의한 후 이것들을 서로 엮어 전체의 층서를 만들어 낸다. 이러한 모식단면들은 야드자(yardstick)나 화석의 완모식(holotype)처럼 각각의 층서 단위를 위한 기준 단면으로 사용된다. 이 표준층서들은 일련의 연속적인 암석에서 두 암층의 경계인 특정한 층준으로 규정된다. 특별한 경우 층서 주상도에 표시된다. 한 층의 하부 경계는 아래층의 상부 경계와 일치하며, 표준층서의 경계는 미리 정확히 정의될 필요가 있다.

지도와 단면도에 표현된 층서는 시간에 따른 생물학적 지질학적 변화를 감지할 수 있도록 제시되기 때문에 지구 역사를 해석하는 토대가 된다. 층서는 간단하지만 효과적인 절차이다. 일련의 지층은 가끔 결층이나 **부정합**에 의해 나누어진다. 이 경계면은 습곡과 융기를 받은 오랜 지층과 그 위에 퇴적된 새로운 지층 사이에서 만들어진다. 보통 오래된 지층과 새로운 지층 사이에는 분명한 차이가 나지만 가금 지층이 정합적으로 쌓여 있어 화석을 연구해 보아야만 두 지층 사이의 시간적인 공백을 알아낼 수 있다.

초기 지질학자들은 지구의 나이가 많지 않다고 생각했지만 스코틀랜드 과학자 허턴(James Hutton, 1726~1797)은 산이 융기해서 침식하고 이 퇴적물이 강으로 운반되어 바다에 쌓이는 긴 윤회 과정을 강조했다. 그리고 이러한 과정이 지구 역사를 통해서 수도 없이 계속되어 왔다고 주장했다. 그는 저서 『지구의 이론(Theory of the Earth)』(1795)에서 지질학적 시간은 "시작의 자취도 없고—끝도 예측할 수 없다."라고 썼다. 허튼의 증거의 예는 남부 스코틀랜드 베릭셔(Berwickshire)의 식카포인트(Sicca Point)에 있는 유명한 부정합이다. 이 부정합을 경계로 가파르게 경사진 실루리아기 잡사암 위를 거의 수평에 가까운 데본기 사암층(Old Red Sandstone)이 덮고 있다. 허튼은 부정합 아래에 엄청난 지질학적 시간을 지닌 '더 오래된 세계의 유적'을 인식하고 있었다. 이것은 지구를 생물계와 평형을 이루면서 살아 있는 생명체와 같다는 최근 가이아 가설에 앞선 개념이며, 동력적이고 변화하는 시스템을 가진 현재 지구의 개념에 대한 길을 닦은 것이다. 비록 지구가 실제로 살아 있는 생명체는 아니지만 이 개념은 현재 지구계 과학의 기초를 이루고 있다.

화석의 용도: 생층서학의 발견

층서학에서 화석의 역할에 대한 지식은 영국의 스미스(William Smith), 프랑스의 퀴비에(Georges Cuvier)와 브롱냐르(Alexandre Brongniart)의 연구로 추적해 갈 수 있다. 스미스(1769~1839)는 영국에서 운하 건설하는 과정에서 암석의 종류에 따라 화석군과 화석의 **조합**이 달라진다는 것을 실감하였다. 웨일스에서 런던까지 횡단하면서 스미스는 점점 더 젊어지는 암석을 만나게 되었으며, 암석의 변화에 따라 화석의 종류도 달라진다는 것을 알게 되었다. 웨일스의 전기 고생대 지층에서 산호와 함께 삼엽충이 우세한 화석군이 나오고 계속 이어지는 중생대의 두꺼운 지층에서 암모나이트가 주로 나오다가 마지막으로 이어지는 런던 분지의 제3기층에서 연체동물의 화석이 산출된다는 것을 스미스는 기록하고 있다(그림 2.1c). 그 뒤에 프랑스의 퀴비에는 당시의 연체동물 연구를 선도하던 최고 전문가 브롱냐르(Alexandre Brongniart, 1770~1849)와 함께 주로 육상 척추동물군을 이용하여 파리 분지에 있는 제3기층을 대비하고 선후관계를 밝혔다. 이 척추동물군은 층서상에서 분리되어 나타나는데 생물학적인 격변을 암시하고 있다.

이러한 초기 연구들은 생층서학적 대비를 위한 기반을 만들었다. 넓은 의미에서 고생대는 해양 무척추동물인 완족류, 삼엽충, 필석; 중생대는 암모나이트, 벨렘나이트, 해양 파충류, 공룡; 신생대는 포유동물과 이매패와 복족류와 같은 연체동물이 생층서학적 대비의 중요한 화석으로 사용되었다. 이 개념은 후에 필립스(Phillips, John, 1800~1874)가 확대 발전시켰는데, 그는 화석과 생명체가 절멸된 사건을 경계로 세 개의 큰 대(Era), 즉 고생대(오래된 생명체의 시대), 중생대(중간 단계의 생명체의 시대), 신생대(현생 생명체의 시대)를 설정했다. 현재는 진화 계통선을 따라서 화석의 형태적 변화가 세부적으로 잘 연구되어 있어서 종과 아종의 수준에서 지질시대를 구분하고 있다. 그리고 화석의 폭넓은 변화를 이용하여 더욱 정확한 지층 대비를 할 수 있게 되었다(이하 내용 참조).

생층서학: 지층 대비의 방법

생층서학은 화석을 기반으로 지층의 순서를 정하고 그것을 층서 **대비**에 이용하는 것이다. 화석이나 화석 조합의 층서 범위를 측정하는 것이 **생존대**(biozone)이며, 이 대는 생층서의 실질적인 단위이다. 그러나 그러한 생존대를 사용하는 것이 문제가 없는 것은 아니다. 생존대로 정한 유기체를 정확히 동정하기 어려운 데다가 한 화석이나 한 화석 조합으로 전 지구적 층서 범위를 정하기는 불가능하다. 좀 희박하지만 화석이 침식 운반 작용을 받아 더 나중에 된 지층으로 가서 퇴적될 수도 있기 때문이다. 그럼에도 불구하고 지층의 연대 측정을 위해서는 화석이 가장 좋은 도구이며, 생층서는 지층의 상대 연대를 측정하거나 지층을 대비할 때 가장 정확한 방법으로 알려져 있다. 지층을 대비하기 위해 화석을 조합대(assemblage zone)나 생존기간대(range zone)로 배열한다.

생존기간대(그림 2.2)에는 여러 가지 종류가 있는데 이 중 일부가 잘 사용된다. 생존기

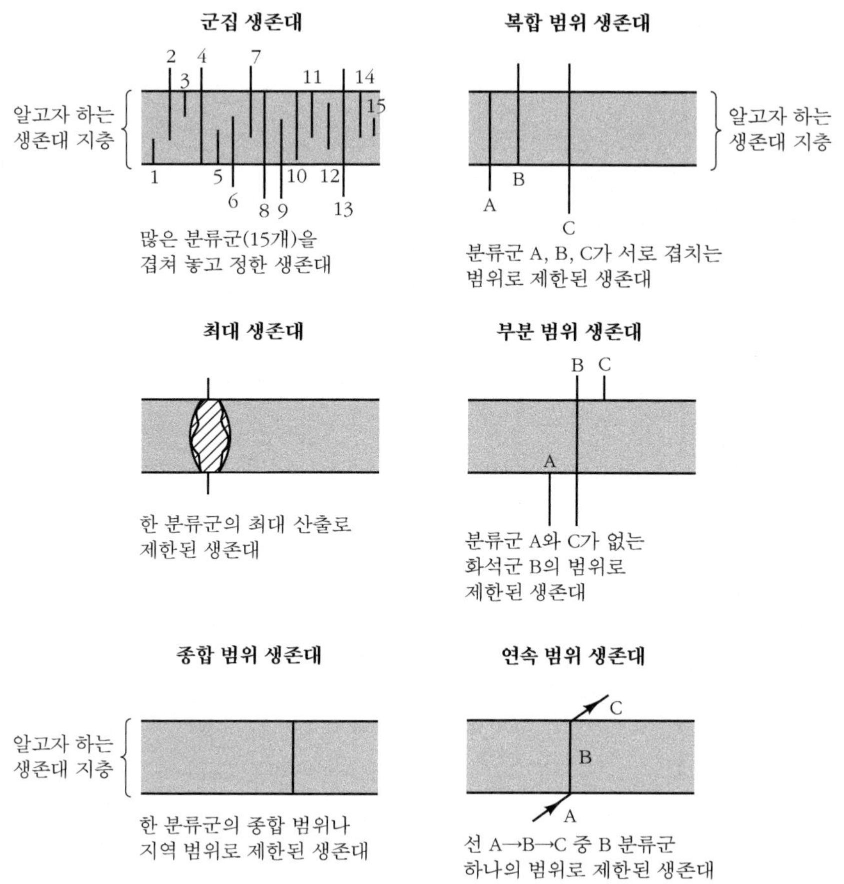

그림 2.2 생층서학의 실행 단위인 생존대의 주요 종류. [Holland(1986)에 근거.]

간대의 개념은 오펠(Albert Oppel, 1831~1865)의 연구에 기반을 두고 있다. 오펠은 특징적인 화석종의 조합으로 지층을 대로 구분하였다. 그는 유럽을 가로지르는 쥐라기 단면에서 계속적으로 산출되고 아주 특징적인 암모나이트에 중점을 두어 33개의 대를 분류하였다. 현재는 60개가 넘는 대가 알려져 있다. 이 대는 도르비니(Alcide d'Orbigny, 1802~1857)가 쥐라계를 더 세분할 때 지역에 따라서 명칭을 변화시키면서 수정하였으며, 퀀스테트(Fredrich Quenstedt, 1809~1889)가 더욱 발전시켰다. 비록 스미스가 거의 50년 이전에 화석의 중요성을 알고 있었지만 오펠은 현대 층서학의 기반을 다지는 현대적이고 정밀한 방법을 만들었다.

한 화석대(**글상자 2.1**)의 범위는 어떤 특정한 지층의 단면에서 화석이 처음 발견된 층준에서 마지막 발견된 층준까지의 시간, 또는 **처음 나타난 자료**와 **마지막 나타난 자료** 간의 시간이다. 어느 한 단면에서 전 지구적 화석대의 수직 범위가 나타난다고 볼 수는 없지만

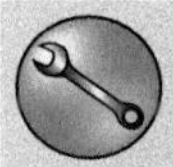

글상자 2.1 화석대

화석대를 알고 사용하는 것은 생층서 대비의 기본이다. 이상적인 화석대를 만들려면 화석 집단이 (1) 빠르게 진화했고, (2) 상(相)과 생물지리구를 가리지 않고 전체적으로 널리 퍼져 분포했으며, (3) 상대적으로 흔했어야 하고, (4) 쉽게 구분할 수 있어야 한다. 후기 고생대 대형 동물상에서는 필석이 화석대를 만드는 데 가장 이상적인 화석이고, 중생대에서는 암모나이트가 가장 유용하다. 효율적인 화석대는 상대적으로 짧은, 수십만 년의 정확도를 가진 지질학적 기간으로 대비할 수 있어야 하며, 전 세계 어떤 종류의 상대(facies belt)에도 구애받지 않고 멀리 넓게 분포되어야 한다. 실제로 이와 같은 이상적인 화석대는 없다. 대부분 장거리 대비는 혼합된 상(相)을 가진 복합적인 동물군을 사용하기도 한다.

예를 들면, 오르도비스기와 실루리아기 암석에서 심해상(深海相)은 진화의 속도가 빠르고 넓게 분포하는 필석을 사용하여 대비한다. 이 화석은 삼엽충과 완족동물이 훨씬 더 흔한 천해 대륙붕 퇴적물에는 아주 드물다. 이러한 특징을 감안하여 필석과 패각류 동물상 두 가지를 모두 가진 혼합된 상(相)으로 심해에서 천해까지 대비하는데 대륙붕 하부와 대륙사면 연계층에서는 이 두 가지 상이 서로 맞물려 나타난다. 중생대 바다에서 얕은 바다에 살았던 암모나이트와 저서성 이매패와 복족류는 함께 대비에 사용될 수 있다. 미화석은 탄화수소 탐사에서 지층 대비에 폭넓게 사용되고 있다. 시추 표본에서 사용할 수 있는 암석의 양이 한정되어 있어서 석유회사에서는 와편모충류, 포자, 화분과 함께 유공충과 방산충을 포함한 일련의 미화석을 이용하여 지층을 대비하고 있다.

공간과 시간에 대한 간단한 그래프(**그림 2.3**)에서 암모나이트 또는 필석과 같은 이상적인 화석대를 짧은 시간 간격과 넓은 공간적 분포를 가진 얇고 평행한 띠 모양으로 표현할 수 있다. 사실 매우 적은 수의 화석만이 이와 같은 이상적인 화석대의 특성에 접근할 수 있다. 대부분의 분포는 특별한 생명 환경을 나타내는 암석 상(相)으로 어떤 정도를 나타낸다. 전형적인 이매패 또는 복족류와 같은 더욱 전형적인 시상화석은 시간의 제약을 크게 받지 않지만 특정한 환경을 지시하는 상(相)을 나타낸다.

대부분의 경우 해야 할 일이다. 암층서에 대응되는 용어로 이 범위를 **생존대**라고 한다. 이 대는 생층서학적 단위가 되는데 암층서학에서 사용하는 층(formation)과 유사한 것이다. 이 대는 특정한 화석이 잘 산출되고 지층이 연속적으로 잘 노출된 곳에서 만들어질 수 있어서 모식지에 있는 표준층서나 기준 표준층서 단면에서 이 대가 설정된다. 생존대가 설정되면 정량적인 기술을 사용하여 지층의 두께와 시간과의 관계를 알아내며, 지역끼리 서로 대비하기도 한다(**글상자 2.2**).

이와 같이 생존대를 설정할 수 있지만 화석 기록이 너무 불완전하고 화석의 수가 너무 적기 때문에 생존대의 층서 범위를 검토해 보아야 한다. 층서 범위는 **시그노-립스 효과**(Signor-Lipps effect, Signor & Lipps, 1982)에 의하여 영향을 받을 수 있다. 시그노-립스

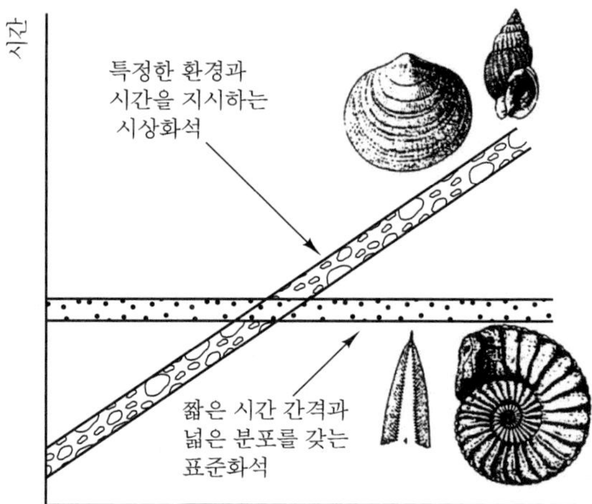

그림 2.3 공간과 시간에서 본 전형적인 화석대와 화석상의 모습.

글상자 2.2 정량적 생층서학

정량적 생층서학은 라이엘(Charles Lyell, 1797~1875) 연구로 거슬러 올라가 살펴볼 수 있다. 그는 유럽 북서부의 제3기 분지에서 산출되는 연체동물과 포유동물 동물군에 대하여 현재 우리가 방사성 붕괴 곡선이라고 부르는 것과 비슷한 그래프를 그렸다. 그는 살아 있는 분류군의 비율이 암석에 기록된 것보다 훨씬 뒤로 가면서 얼마나 변화했는지를 알기 위하여 현재로부터 시간을 거슬러 추적하는 '진화 역행'을 보려고 노력했다. 멸종 형태에 대한 현재의 비율이 그가 생각한 것보다 시간적으로 훨씬 더 오래된 암석에서 감소했다는 것을 알고 제3계를 구분할 때 이것을 적용하였다. 예를 들면 구(舊)플라이오세 지층에는 오늘날 살아 있는 연체동물의 50%, 포유동물의 10%만 포함되어 있는 반면에 신(新)플라이오세 지층에는 각각 80%와 90%가 포함되어 있었다. 이러한 비율은 제3기 지층을 정량적으로 대비하는 방법으로 사용되었다. 최근에 일련의 정량적이고 컴퓨터를 기반으로 하는 기술이 탄화수소와 광물 탐사에 적용되고 있다(Hammer & Harper, 2005). 세 가지—그래프 대비, 서열, 등급과 조정—가 여기서 개략적으로 다루어진다.

정밀한 수치를 기반으로 하는 대비 방법이 쇼(Alan Shaw)에 의해 개발되었는데 1950년대 그가 석유회사에 다닐 때 만들어 낸 방법이다. 유전이나 가스전의 암석은 정확하게 대비되어야 하는 것이 매우 중요하다. 그래서 지질학자들은 생층서를 기반으로 건층을 정해 놓고 있다(**그림 2.4a**). 쇼 방법의 그래프 대비는 두 개의 측정된 단면에서 화석의 산출 층준 범위가 필요하다. 화석종의 처음과 마지막 산출 자료가 측정된 층서 단면에 그림으로 표시되고 이것이 두 번째 단면에서도 표시된다. 일반적으로 흔한 분류군만 표시된다. 두 개의 변량(變量) 사이의 동시 분포를 평면상에 그림으로 나타낼 때 x축을 따라 단면 A를 그리고 y축을 따라 단면 B를 그린다. 처음과 끝의 화석 산출 상황이 xy 좌표에 표시된다—예를 들면 x 좌표는 단면 A에 있는 종을 산출층준 순으로 나다내고 y 좌표는 단면 B

(다음 쪽에 계속됨)

에서 종을 산출층준 순으로 나타낸다. 이렇게 하면 한 회귀선(regression line)이 만들어지는데 처음과 끝 출현 좌표 모두를 만족시킨다. 층서 대비의 이 선은 두 단면에 있는 모든 수준을 정확하게 부합시키는 내삽법(interpolation)에 사용될 수 있다. 다른 실제 단면들에 대하여 이 그래프를 대비함으로써 복합 표준 단면을 구축하고 개선할 수 있다.

생층서학자들도 1800년대 후반에 고고학자들이 설정한 기술을 사용한다. 서열은 변화도를 분석하기 위하여 고안한 정렬 집합 기술이다. 보통 변화도는 임시적이지만 생층서학적이고 환경적인 자료를 서열에 따라 만들어진다. 생층서학자들은 층서적 분포도 위에 생물의 층서적 범위를 넣는 경향이 있다. 서열은 원자료 행렬을 뒤섞어 층서적 상위 분류군은 행렬판의 왼쪽, 층서적으로 낮은 것은 오른쪽으로 배열하는 것이다. 이 배열된 자료에서 어떤 층서적인 변화도가 분명하게 보이므로(그림 2.4b) 생층서학적 해석이 가능해진다.

순위와 조정은 일련의 생층서적 사건을 순서대로 나열하고 사건 간의 층서적 간격을 예상하는 방법이다. 이 기술은 노두 또는 유정의 층서 단면에서 미터 단위로 처음과 마지막 출현만 측정하는 것이다. 여러 가지 경우 중에서 상대적으로 비슷한 생층서적 출현 범위가 많은 단면을 선정한 다음 사건 간의 거리를 잰다(그림 2.4c).

초기 오르도비스기 삼엽충의 출현 범위에 대한 자료는 다음 웹사이트에서 볼 수 있다. http://www.blackwellpublishing.com/paleobiology. 이 자료는 순위와 조정, 서열, 그래프 대비를 위해 분석되고 조정될 것이며, 정확한 간격도 계산될 것이다(Hammer & Harper, 2005).

효과란 층서적 범위가 한 종의 실제 생존기간보다 훨씬 짧다. 즉 한 종의 마지막 화석을 발견할 수 없다는 것이다. 그래서 분류상에서 없어진 시점이 실제로 생물이 사라진 시점보다 더 이르다고 본다. 시그노-립스 효과는 특히 대량멸종과 연관성이 있는데 이 시점의 차이가 갑자기 일어나는 대량멸종 사건을 점이적으로 나타나도록 만들 수 있을 것이다. 정확하게 채취된 표본에 대한 구간 추정을 설정하기 위하여 통계적인 기술을 사용하면 분류상 사라진 시점을 좀 더 연장할 수 있다.

많은 종류의 동물과 식물군이 생층서학적 대비에 사용된다(그림 2.5). 필석과 암모나이트는 가장 잘 알려져 있고 믿을 만한 생존대를 가진 거화석이며, 그들 화석대는 각각 100만 년과 2500년의 짧은 기간을 가지고 있다. 가장 독특한 화석대는 돼지의 화석대인데 인류 유적이 나오는 동아프리카 지역의 제4기 암석에서 시간대를 구분하는 데 사용하고 있다. 코노돈트, 와편모충류, 유공충, 식물 화분과 같은 미화석 집단이 널리 사용되고 있고, 특히 석유 탐사에 유용하게 사용된다. 미화석은 시추 표본과 암석 부스러기와 같은 작은 표본에서도 많은 양의 화석을 발견할 수 있고 많은 그룹이 지구 전체로 널리 퍼져 나타나고 빨리 진화하기 때문에 퇴적암에서 화석대를 설정하는 데 많이 사용하고 있다. 단 하나의 결점은 암석과 퇴적물에서 미화석을 분리해 낼 때 산 처리와 박편을 포함한 독특한 기술을 사용해야 한다는 점이다.

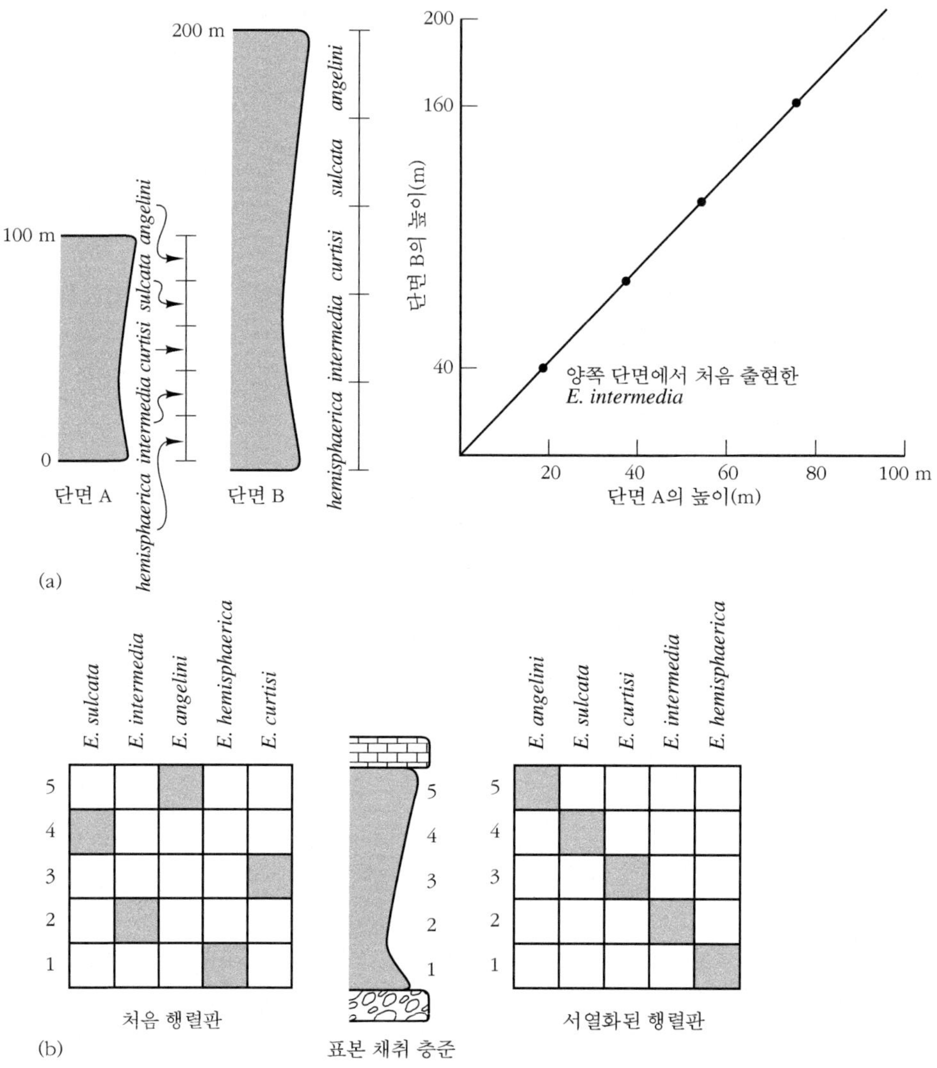

그림 2.4 (a) 가상적이고 단순한 요소를 통해 최대 효과를 이루려는 그래프 대비를 실루리아기 완족동물 에오코엘리아(*Eocoelia*)의 5개 분명한 연대종(chronospecies)을 층서적 분포에 적용했다. 5개의 종은 위로 가면서 *E. hemisphaerica*, *E. intermedia*, *E. curtisi*, *E. sulcata*, *E. angelini*이다. 처음 4개는 중부와 상부 란도버리(Llandovery)에 걸쳐 있고 마지막 것은 하부 웬록(Wenlock)에 속한다. 이 종들의 범위를 두 개의 단면에 그려 넣었으며, 각 종(種)이 처음 출현한 점을 *xy* 좌표에 표시하였다. *xy* 좌표에서 모든 점을 통과하는 직선은 두 단면의 각 부분 간에 정확하게 대비되었음을 뜻한다. 이 간단한 예에서는 모든 점이 직선상에 놓이지만 실제로 분산되어 있는 자료점에서는 회귀선을 찾아야 한다. (b) 생층서학적 자료의 서열. 한 층시 단면에 있는 5개의 층준에서 에오코엘리아 5종을 채취했다. 그 자료를 모아서 임의로 층서적 도표를 만들었다. 서열은 자료 입력을 극대화하여 행렬판 내에서 사선 방향으로 지나가는 어떤 변화도를 설정하려고 하는 것이다. 서열화된 행렬판은 에오코엘리아(*Eocoelia*) 종의 층서적 순서를 나타내어 하부 실루리아기 층의 대비에 폭넓게 사용되고 있다. 대부분 서열은 규모가 크고 복잡한 자료 행렬판에서 시작하는데 처음에는 어떤 구조인지를 전혀 파악할 수 없는 자료들이다.

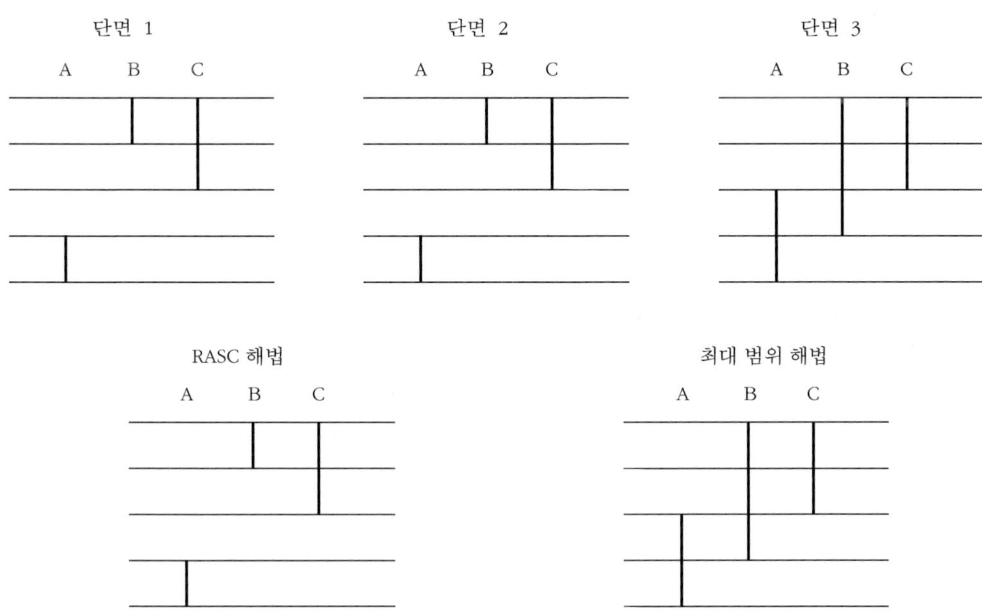

그림 2.4 **(계속)** (c) 순위와 조정 방법은 기존 자료를 기초로 하여 다음 단면에 가장 비슷하게 나타날 해법을 예측하는 것이다. 세 개의 단면(1~3)에서 비슷한 분포가 많은 단면이 RASC 해법으로 된다. 처음 두 개는 비슷하기 때문에 세 번째 것을 제치고 순위와 조정 해법이 된다. 이것이 다른 방법으로 구축될지도 모르는 최대 범위 해법과 다르다. [(c)는 Hammer와 Harper(2005)에 근거.]

지질시대의 구분: 시간층서

지질시대는 1790년에서 1840년(표 2.1) 사이에 영국, 프랑스, 독일 지질학자들이 구분했다. 그 구분은 실제적인 이유 때문에 만들어졌다—첫 번째 계 중의 하나는 석탄계(석탄을 포함하고 있는 지층)인데 석탄은 초기 실업가들이 혈안이 되어 찾았던 암석이었다! 1830년대의 이 석탄 탐사 광풍 속에서 머치슨(Murchison, Roderick, 1792~1871)과 세지윅(Sedgwick, Adam, 1785~1873)은 하부 고생대에 대하여 협력하기도 하고 논쟁하기도 했다. 웨일스에 있는 단면에서 세지윅은 캄브리아계, 머치슨은 실루리아계라고 명명했다. 이 두 계 사이의 지층에 대하여 논쟁이 붙었는데 머치슨은 '하부 실루리아계', 세지윅은 '상부 캄브리아계'로 주장했다. 이 논쟁은 1879년에 랩워스(Lapworth, Charles, 1842~1920)가 오르도비스계로 명명하면서 해결되었다. 아이러니하게도 오르도비스계는 지질계통 중에서 가장 길며 가장 다양한 암석으로 구성되어 있지만 1960년에 국제 공동체가 정식으로 받아들였다.

지질학적 계의 원래 정의가 가진 문제는 계 간의 경계가 부정합이라는 점이다. 초기 연구자들에게는 부정합이 계 사이의 시간 공백을 설명하는 데 아주 편리했으며, 더욱이 지

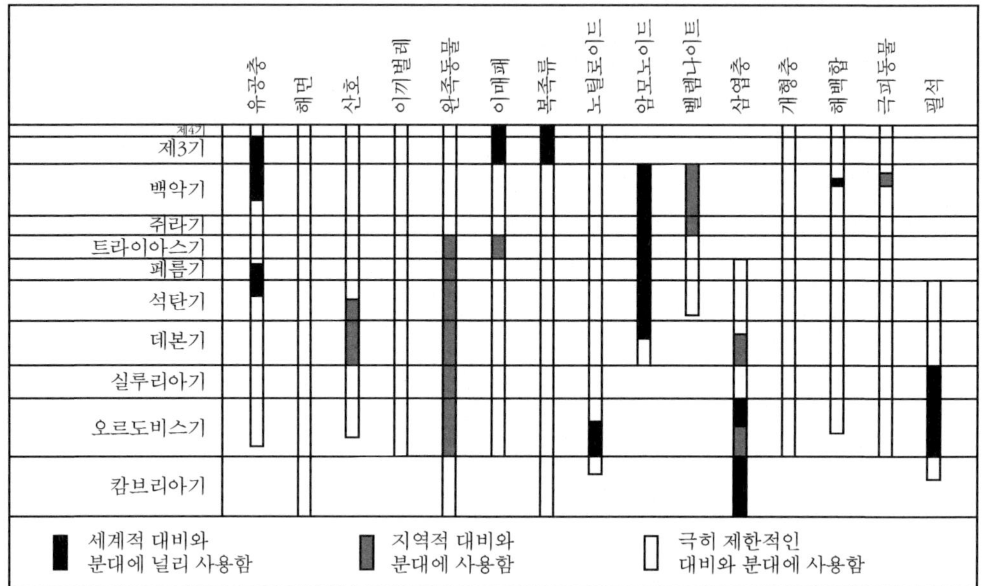

그림 2.5 생층서학적으로 유용한 주요 무척추 화석군의 지질시대에 따른 대략적인 층서 범위. (여러 연구 자료를 이용하여 재구성.)

표 2.1 지질학적 계의 설립: 계, 명명자, 원 모식지. 미시시피계와 펜실베이니아계는 각각 하부와 상부 석탄계에 해당하며, 또한 각각 1870년에 윈첼(Alexander Winchell), 1891년에 윈첼(Henry Shaler Winchell)이 미시시피 계곡과 펜실베이니아 주에 노출되어 있는 암석을 기반으로 명명하였다. 고제3계와 신제3계는 각각 하부 제3계와 상부 제3계와 대체적으로 일치한다.

계	명명자, 시기	원 모식지
캄브리아계	세지윅(Sedgwick), 1835	북부 웨일스(Wales)
오르도비스계	랩워스(Lapworth), 1879	중부 웨일스
실루리아계	머치슨(Muchison), 1835	남부 웨일스와 웰시(Welsh) 연변부
데본계	머치슨과 세지윅, 1840	남부 잉글랜드
석탄계	코니베어와 필립스 (Coneybeare and Phillips), 1822	북부 잉글랜드
페름계	머치슨, 1841	서부 러시아
트라이아스계	알베르티(Alberti, Von), 1834	독일
쥐라계	훔볼드(Humboldt, Von), 1795	스위스
백악계	달로이(D'Halloy), 1822	프랑스
제3계	아르뒤노(Arduino), 1760	이탈리아
제4계	데누아예(Desnoyers), 1829	프랑스

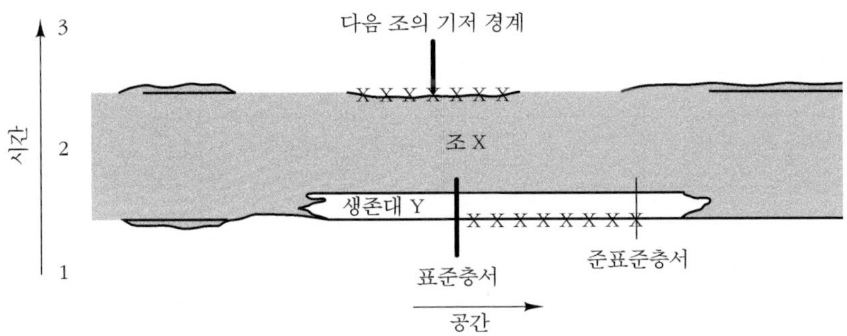

그림 2.6 모든 지층에 적용할 수 있는 표준층서와 준표준층서의 정의에 필요한 주요 개념도. 어떤 조(stage) X의 기저가 화석대 Y의 기저와 일치하는 적절한 모식단면을 나타내며, 이것은 이 조의 기저를 대비하는 데 사용할 수 있다. 표준층서는 항상 보존되어야 하며, 지층을 가로질러 표본을 더 채취하려면 준표준층서가 나오는 단면을 사용하여야 한다. 조의 바닥은 XXX로 표시되어 있다.(Temple, J.T. 1988. *J. Geol. Soc. London.,* **145**에 근거.)

구의 역사의 주요 구분이 전 지구적, 대재난에 의해 나누어진다는 것이다. 불행히도 이러한 부정합 중에서 많은 부정합이 지역적인 결층, 예를 들면 유럽에서만 결층이고 다른 곳에서는 결층이 아닌 것으로 밝혀졌다. 대부분의 계의 기저(基底)는 층서적 결층을 나타내고 있으며 그 결층은 계의 경계를 전 지구적으로 대비할 만한 기반이 조성되어 있지 않았다는 것을 의미한다.

모든 계의 경계는 국제지질학연맹(IUGS)의 연구진이 연구하고 있다. 국제 대비를 위한 각 계의 기저의 잠재력을 최대화해야 한다. 그래서 계의 전통적인 기저는 다양하고 풍부한 동물군과 식물군을 포함한 연속적인 퇴적층 내의 간격에 설정해야 한다. 이곳은 지리학적으로 정치적으로 접근할 수 있어야 하며, 보존하고 보호할 수 있어야 한다. 이 단면은 변성 작용과 지각변동을 이상적으로 피해 온 곳이다(**그림** 2.6). IUGS 사업에 대한 자세한 내용은 http://www.blackwellpublishing.com/paleobiology)에서 읽을 수 있다.

시간층서학 또는 세계적 표준층서학은 모든 층서학적 개념 중에서 가장 중요한 원리 중의 하나이다. 초, 분, 시간과 같은 매일 시간 간격은 원자시계가 알려 주는 세계표준시에 기준을 두고 있다. 기와 세 같은 지질시대 단위는 훨씬 더 길고 일정하지 않다. 시간 간격을 결정할 수 있는 단 하나의 기준은 암석 순서 그 자체에 있다. 실루리아계를 정한 모식지의 모식단면에 있는 암석이 그 계가 퇴적된 시간 간격이며, 실루리아기의 국제 기준이 된다. 시간층서 간격의 기저는 모식지에 있는 유일한 **모식단면**에서 정의하며, **황금못**(golden spike)* 또는 표시점의 개념을 사용한다(Holland, 1986). 사용 가능한 모식단면이 되려면 모든 보편적인 기준을 만족해야 하는 것은 당연하다. 암석 단면의 한 점 그리고

* [역자 주] 미국의 동서 횡단 철도를 놓을 때 동쪽과 서쪽에서 해 오던 공사가 서로 만나는 장소 표시점.

<table>
<tr><th colspan="3">시간층서</th><th>암층서</th><th>생층서</th></tr>
<tr><th>통 또는 세</th><th>조 또는 기</th><th>시간대</th><th>층과 층원</th><th>필석 생물대</th></tr>
<tr><td rowspan="9">웬록
(Wenlock)</td><td rowspan="3">호메리안
(Homerian)</td><td rowspan="2">글리돈
(Gleedon)</td><td>머치웬록 석회암층
(Much Wenlock
Limestone Formation)</td><td>루덴시스(ludensis)</td></tr>
<tr><td>콜부룩데일층의 페어리층원
(Farley Member of Coalbrookdale Formation)</td><td>나사(nassa)</td></tr>
<tr><td>위트웰
(Whitwell)</td><td rowspan="5">콜부룩데일층
(Coalbrookdale Formation)</td><td>룬드그랜아이(lundgreni)</td></tr>
<tr><td rowspan="6" colspan="2">셰인우디안
(Sheinwoodian)</td><td>엘레세(ellesae)</td></tr>
<tr><td>린나르손아이(linnarssoni)</td></tr>
<tr><td>리기두스(rigidus)</td></tr>
<tr><td>리까르토낸시스
(riccartonensis)</td></tr>
<tr><td rowspan="2">빌드워스층
(Buildwas Formation)</td><td>머치존아이(murchisoni)</td></tr>
<tr><td>센트리푸구스(centrifugus)</td></tr>
</table>

그림 2.7 층서 연구의 예: 영국 슈롭셔(Shropshire)의 웬록 에지(Wenlock Edge)를 따라 발달된 웬록통(Wenlock Series)의 모식층 단면의 암층서, 생층서 시간층서의 기록과 정의. 이것은 웬록세(Wenlock Epoch)를 실루리아기의 세 번째 시간 구분으로 국제 표준화한 것이다.

지질시대의 한순간을 나타내는 황금못은 이론적으로 단면에 나타나야 한다. 실제로 그 못은 보통 연구 자료에서 충분히 입증된 전형적이고 분명한 한 화석 계통에서 최초로 출현한 시점과 일치한다. 경계를 가로질러서 나타나는 모든 화석의 범위는 그 단면과 다른 지역의 단면과 대비하기 위한 보조 자료로 자세히 기록하고 있다. 모식층과 황금못을 설정하는 것은 국제적 동의가 필요하지만 간혹 동의를 얻기가 어렵기도 하다(**글상자 2.3**). 동의를 얻은 층준은 모식층에서 **세계표준단면점**(GSSP)이 된다.

웬록세(Wenlock Epoch)는 웬록통의 모식단면에서 정의한 지질시대의 최초 간격 중의 하나이다(**그림 2.7**). 층과 층원을 설정하면서 암층서가 처음으로 이 역사적인 모식지에서 만들어졌다. 필석군의 생존 범위를 기반으로 지층을 연속적으로 추적하면서 필석 화석대를 세부적으로 구분하였다. 결국 두 개의 시간대와 함께 하나의 조(stage)를 설정하였다. 이것은 웬록 시기를 정하는 국제 기준으로 남아 있다. 지질시대를 논할 때 일반적으로 초기, 중기, 후기와 같은 용어를 사용하지만 암석을 다룰 때는 상부, 중부, 하부와 같은 용어를 사용하는 것이 더 적절하다.

순차층서학: 해침과 해퇴를 사용함

북아메리카 석유 지질학자들은 1960년대에 **순차층서학**이라는 새로운 시스템을 발달시켰

글상자 2.3 오르도비스계: 변동하는 계

오르도비스계는 세지윅의 캄브리아계와 머치슨의 실루리아계가 중복된 지층에 대한 논쟁을 극복한 랩워스와 함께 논쟁 속에서 태어났다(본문 참고). 영국 전문가들(예: Fortey et al. 1995)의 최선의 노력에도 불구하고 영국 국내 외의 많은 전문가들이 다음과 같이 주장하였다—영국의 전통적인 통(series)과 조(stage)가 전 세계적으로 사용되고 있더라도—그것들은 단지 특정 지역에 국한된 패각류를 기반으로 하거나, 어떤 지층은 비정합(퇴적암의 위와 아래 퇴적 시기 간격이 작으며, 암석이 놓인 상태가 서로 비슷하다. 반면에 부정합은 퇴적 시기의 간격이 엄청나게 크다)으로 덮여 있기도 하며, 어떤 경우는 이웃하는 통과 겹쳐 있는 경우도 있다는 것이다. 더욱이 주요 지층의 단면 노출이 아주 나쁘기도 하다는 것이다. 국제적으로 연구할 명확한 시간층서를 갖추기 위해서는 새로운 모식단면에서 시간층서를 정의할 필요가 있다.

첫째, 1980년대에 전 세계에서 최고로 실력 있는 전문가들이 모여 오르도비스기 층서학국제분과(International Subcommission on Ordovician Stratigraphy)를 만들어 고생대 화석대를 구축하는 가장 효과적인 화석인 코노돈트와 필석을 이용하여 시간층서를 위한 기초 모식층을 대비한다는 것을 결정하였다. 둘째, 오르도비스계를 세 개의 통, 즉 하부, 중부, 상부로 구분하고, 셋째, 전 세계적으로 사용될 수 있는 조의 새로운 세트를 정의하기 위하여 새로운 모식단면을 찾아야 했다. 그 첫 번째가 1987년에, 마지막이 2007년에 승인되었다. 이것은 충돌 없이 승인된 것은 아니다. 전 세계로부터 온 전문가들이 그들 자신의 모식단면을 지키고 자기 나라의 자존심을 위해 회의 때 큰 소리를 내며 충돌했으며, 더욱 많은 연구비를 받기 위한 접근이 투표에 영향을 주었다. 그럼에도 불구하고 합의가 도출되었으며, 남중국(히르나티안, Hirnantian)의 강가와 서부 뉴파운드랜드(트레마도시안, Tremadocian)의 해안가와 같은 다양한 모식단면을 기반으로 모든 새로운 조(stage)가 설정되었다. 히르나티안과 트레마도시안과 같은 예전 이름이 약간의 수정을 거쳐 그대로 사용되기도 했고 스웨덴에 있는 모식지를 기초로 프로이안(Floian)과 샌드비안(Sandbian)과 같은 것은 새롭게 설정되었다. 이렇게 새롭게 만들어진 계는 오르도비스기의 지구시스템에 기재하고, 분석하며, 모델화하는 데 훨씬 더 정확한 시간 규모를 제공하고 있다(그림 2.8).

오르도비스계와 그 생물군과 오르도비스기층서학국제분과의 연구에 대한 더 많은 정보는 http://www.blackwellpublishing.com/paleobiology와 이와 연결되어 있는 국제지질학대비프로그램(International Geological Correlation Program) 사업 503 '오르도비스기 고지리와 고기후(Ordovician Paleogeography and Paleoclimate)'의 홈페이지에서 볼 수 있다.

는데 이것은 부정합을 강조하는 접근 방법이다. 1960년대 초기에 슬로스(Larry Sloss)는 오래된 북아메리카 대륙의 현생이언(Phanerozoic Eon) 암석이 부정합으로 여섯 개의 윤회층으로 구분된다고 밝혔다(그림 2.9). 이것은 지구 역사 5억 년을 통해서 북아메리카 전 대륙이 주요 해수면 변화를 받으면서 만든 거대한 규모의 윤회층이다. 이러한 대규모 윤회층 속에서 소규모 연계층들이 확인되고 있다. **해침**(육지로 바다 물이 들어올 때) 기간

세계			영국		북아메리카	
계	통	조	통	조	통	조
오르도비시안	상부 오르도비시안	히르난티안	아쉬질리안	히르난티안	신신나티안	가마치안
		카티안		라우테이안 카우트레이안 푸스길리안		리티몬디안 메이스빌리안 에덴이안
			카라도시안	스트레포르디안 췌네이안 버렐리안	모하우키안	촤트필디안 GSSP 투리니안
		샌드비안		오레루시안	화이트록키안	차쥐안
	중부 오르도비시안	다리윌리안	란비르니안	란데이리안		
				아베레이드디안		구분 안 된
		다평기안	아레니기안	펜니안		
				휘트란디안	?	레인저리안
	하부 오르도비시안	플로이안			아이벡시안	블랙힐시안
				모리두니안		투리안
		트레마도시안	트레마도시안	미그네인티안		스테어시안 스쿨록키안
				크레싸기안		GSSP

그림 2.8 국제적으로 새롭게 받아들여진 오르도비스계의 발전된 현재 상태. 새로운 국제 통과 조가 북아메리카와 영국 그리고 아일랜드에서 사용하는 시간층서 구분과 대비되어 있다. GSSP, 국제표준 단면과 표준 점.

동안 퇴적되고 **해퇴**(육지에서 바닷물이 물러날 때) 퇴적이 일어나지 않는다는 원리가 퇴적암 속에 기록되어 있다는 사실이 순차층서학의 기반이 된다.

해침과 해퇴를 구분하는 선은 지진파의 분석표에 나타날지도 모르는 여러 가지 종류와 정도를 나타내는 부정합으로 표시된다. 대부분의 주요 연계층 경계는 기후 변동이나 해저 확장 과정과 관련된 전 지구적 **해수면 변화**에 의해서 발생되는 동시에 연계층들 역시 지역적인 지구조 운동으로 만들어지는 경우가 많다. 엑손 기업의 연구팀은 1980년대에서 1990년대 동안 순차층서학 개념을 확장시켜서 현생이언 전체에 대한 전 지구적 해수면 변화 곡선을 만들었다. 부정합 경계 안쪽에 있는 연속층에서 기록한 내용이 탄화수소 탐사에 가치가 있는 것으로 밝혀졌는데, 부정합 경계는 지진지구물리하을 이용하여 그 깊이를 확인할 수 있었다.

순차층서학자들은 그들 자신의 전문 용어를 개발해 왔다(그림 2.10). **연계층**(sequence)

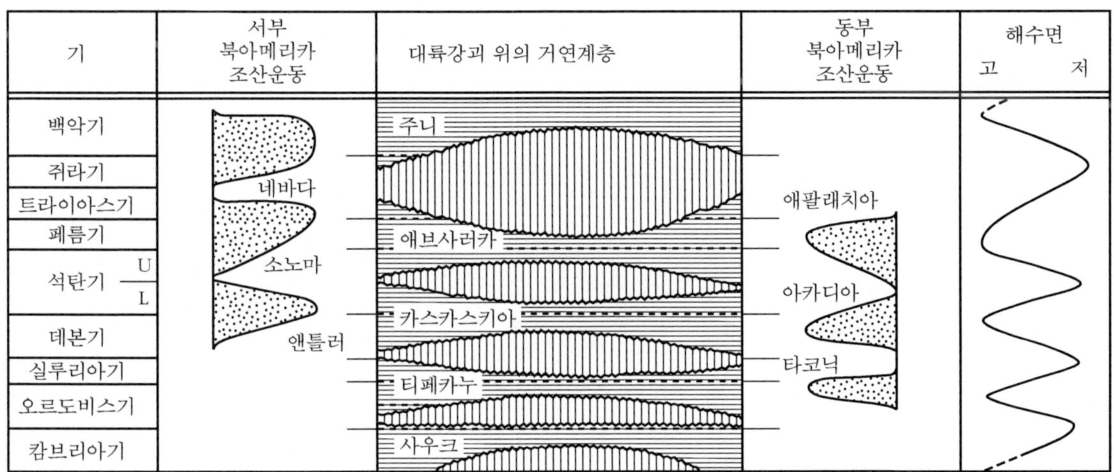

그림 2.9 북아메리카 현생이언 층서: 이와 같이 큰 암석 그룹 또는 현대 계통층서학에 기반을 두고 만든 '거연계층'은 엑손(Exxon) 회사가 설정하였다. (여러 가지 자료에 근거.)

이란 부정합으로 경계가 지워지는 비슷한 지층의 한 단위이다. 연계층들은 개별적인 **시스템 영역**(system tracts)으로 구분될 수 있는 일반 퇴적 과정과 연계된 삼차원적 암상 조합으로 쌓여 있다. 연계층의 구조는 수면 변화이든 지각변동이든, 또는 둘 다이든 간에 해수면 변화에 의해 조절되며, 퇴적물로 들어 찬 공간을 **수용공간**(accommodation space)이라 한다. 퇴적물 공급이 증가하여 생기는 정상적 해퇴와 기저면이 내려가서 생기는 강제 해퇴 둘 다 해수면 변동에 의해 생기는데 여기서 **기저 수준**(base level)이란 퇴적이 중단되고 침식이 일어나는 바로 위의 면을 말한다. 해침은 기저 수준이 올라가면서 생기는데 이때 물론 기저 수준의 상승 속도가 퇴적 속도를 초과한다. 여기에는 여섯 종류의 기저 수준면이 있다. 지표 부정합(subaerial unconformity), 강제 해퇴 기저면(basal surface of forced regression), 침식 해퇴면(regressive surface of marine erosion), 최대 해퇴면(maximum regressive surface), 최대 범람면(maximum flooding surface), 협곡 표면(revinement surface) 등이 있다. 처음 세 개는 기저 수준이 떨어지는 것과 연관되어 있고 마지막 세 개는 기저 수준이 올라가는 것과 연관되어 있다. 마지막으로 시스템 영역의 변화이다(**그림** 2.10). 최하점(lowstand), 해침, 최고점(highstand), 해수면 하강 단계, 해퇴 시스템 영역. 해수면의 변화는 지질시대를 통해서 해양생물에 큰 영향을 미쳤으며, 순차층서학이 이러한 영향을 기록하는 틀을 제공하였다(**글상자** 2.4). 예를 들면 패각류 껍데기가 모여 있는 것은 최대 범람면에 층서적으로 집중된 것과 관련이 있다. 즉, 퇴적 작용이 아주 서서히 일어나는 가장 깊은 물속이거나 최고점 시스템 영역의 최상부에 쌓여 있을 것이다. 단단한 땅에 살던 생명체는 범람면을 좋아한다. 이 생명체에는 구멍을 뚫고 들어가 사는 동물과 산호와 같이 껍질로 구성된 동물도 포함된다. 더욱이 해침에 의하여

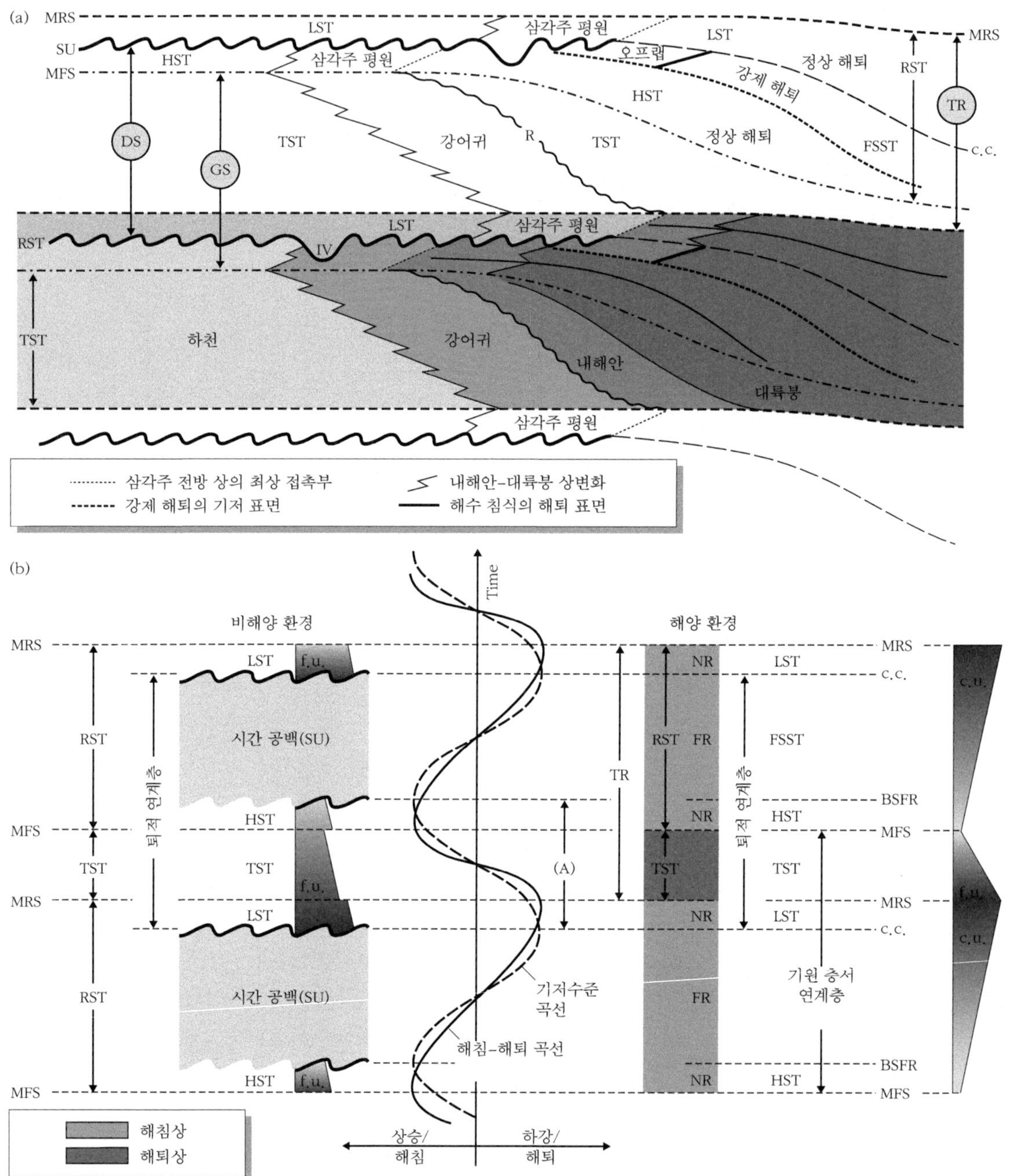

그림 2.10 기저 수준과 해침-해퇴 곡선과 연관하여 정의한 연계층, 시스템 영역, 층서적 표면: 비해양에서 해양을 가로지르는 지층 구조 단면(a)이 비해양에서 해양 부분을 가로지르는 순차층서(b)와 연관성을 보인다. (A) 퇴적 증가(기저 수준이 올라감): BSFR=강제 해퇴 기저선, c.c.=대비된 정합, c.u.=상향 조립화, DS=퇴적 연계층, FR=강제 해퇴, FSST=해퇴 단계 시스템 영역, f.u.=상향 세립화, GS=초기 층서적 연계층, HST=최고점 시스템 영역, IV=감입(incised) 계곡, LST=최하점 시스템 영역, MFS=최대 범람면, MRS=최대 해퇴면, NR=정상 해퇴, R=협곡 면, RST=해퇴 시스템 영역, SU=지표 부정합, TR=해침-해퇴 연계층, TST=해침 시스템 영역. (Catuneanu, O., 2002. *J. African Earth Sci.*, **35**에 근거.)

글상자 2.4 계통과 화석

켄터키 상부 오르도비스기 암석의 해침-해퇴층을 연구하여 8개의 완족동물 화석 생물상(biofacies)을 발견하였다(Holland & Patzkowsky, 2004). 이 군집이 생물상에 따라 명확히 구분되지는 않았지만 수심에 따라 변하는 경향이 있었고, 지질시대에 따른 종의 상대적인 양에 변화가 있었다. 애팔래치아 분지의 켄터키 지역 오르도비스기 지층을 가로지르는 순차층서학적 틀에 이 화석군의 발달도를 나타낼 수 있다. **그림 2.11**은 주요 단면 중의 하나인 프랑크포트(Frankfort) 복합 단면의 암석층서와 순차층서에 DCA(detrended correspondence analysis) 축 1을 추가한 것이다. DCA 축은 가장 얕은 수중 환경에서 서로 군체를 이루는 분류군에 대한 내용을 대신한 것이다. 이 축의 가치는 해침 시스템 영역과 최고 범람면보다 최고점 시스템 영역에서 더 작다. 그 까닭은 상대적으로 심해 분류군이 더 많기 때문이다. 단면에서 동물군의 변화를 보면 분류군의 분포는 해수면 변화와 퇴적물 공급에 의존적인 생태적 요인에 의해 조절된다는 것을 알 수 있다. 동물군에서 두드러진 변동은 해퇴와 해침 동안에 일어났는데 이는 이 집단이 깊이에 의존적이라는 것을 의미한다.

이 연구에서 사용된 자료는 http://www.blackwellpublishing.com/paleobiology/에서 볼 수 있다.

대륙이 침수되면 얕은 물에 사는 생물이 생장하면서 생물 다양성이 증가한다. 반대로 해퇴가 일어나면 생장하는 생물이 줄어들기 때문에 주요 멸종과 연관시켜 왔다. 그럼에도 불구하고 몇몇 학자는 그러한 다양한 변화가 인위적이라고 주장해 왔다. 해침으로 만들어진 지층은 대륙 주변에 넓게 분포하고 있어서 화석을 쉽게 채취할 수 있다. 해퇴인 경우는 반대이다. 그러나 화석 채취만 가지고는 지질시대를 통한 생물 다양성의 변화를 명확하게 설명할 수 없다. 해수면 변화와 해양생물의 형성과 파괴가 해양생물군의 성인과 멸종을 조절한다는 학설도 감안해야 한다(Peters, 2005).

윤회층서학: 주기 발견

제4기 지질학자들은 현대 기후 변화가 천문학적 변화의 반복된 주기를 따른다고 보는 경향이 있다. 이러한 짧은 기간의 양상을 미란코비치 주기라고 부르는데 시베리아 수학자 미란코비치(Milutin Milankovitch, 1879~1958)의 이름을 딴 것이다. 이 주기는 우주에서 지구의 덧셈효과(additive effect)에 의하여 만들어지며(**그림 2.12a**), 지구의 퇴적 작용 양상에 직접적으로 영향을 미친다. 다음 세 가지 종류의 주요 운동이 지구에서 일어난다. **이심률**(거의 원-타원인 지구의 공전 궤도의 모양에서 생기는 변화, 10만 년 주기), **황도경사**(지구 자전축의 흔들림, 4만 1000년 주기), **세차운동**(태양에 대한 지구 자전축의 방향 변화, 2만 3000년 주기). 층서 기록에서 보면 주기적으로 교대되는 암상, 예를 들면 석회암과 석회질 셰일이 연속적으로 나타나는 것을 알 수 있는데 미란코비치 과정에 의하여 생기는 것인지도 모른다. 지층 대비를 위한 가치를 떠나서 그러한 주기가 분류군의 생성

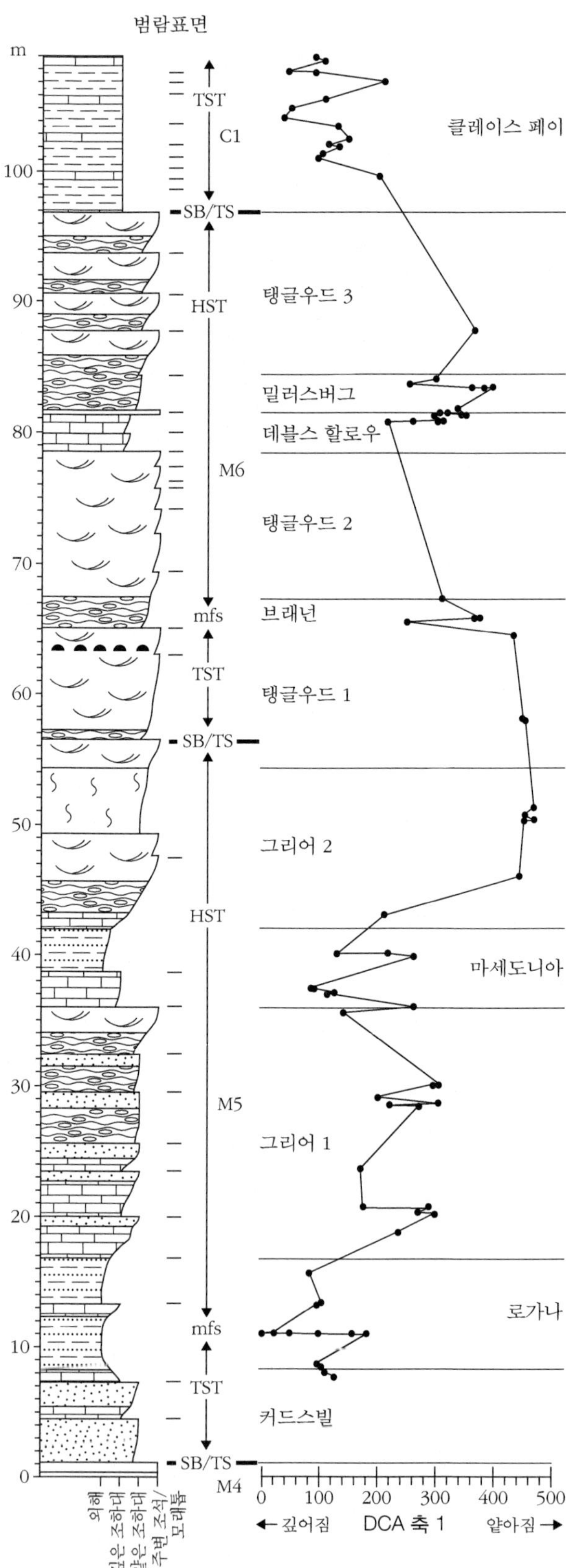

그림 2.11 DCA 축 1 표본값을 프랑크포트 복합 단면에 표시하였다. mfs=최대 범람면, HST=최고점 시스템 영역, SB/TS=연계층 경계와 해침 표면을 합한 것, TST=해침 시스템 영역. [Holland와 Patzkowsky(2004)로부터.]

및 멸종과 함께 공동 조성과 구조에 영향을 주었을지도 모른다.

가장 광범위하고 주목할 만한 지층이 상부 백악기 백색 석회암 상에서 발견되는데 10분의 1미터 크기의 호층을 가진 지층이 영국 남부에서 코카서스까지 약 3,000km 거리에 뻗쳐 있다. 한 윤회층서학적 틀을 탄소동위원소 탐사 결과와 함께 잘 설정된 암모나이트, 이매패, 유공충 생물대와 서로 대비함으로써 결과가 분명하고 복합적인 층서를 제시하게 되었다(**그림 2.12b**). 어두운 색을 띠는 석회질 셰일은 차고 습한 기후에서 최대의 이심률과 최소의 세차운동을 하는 기간 동안 퇴적된 것이라고 해석한 연구도 있다(Gale et al., 1999).

지질시대표: 상용 언어

만약 우리가 지구에서 일어나는 변화와 비율을 이해하려면 지질학자들은 우리가 암석을 대비하고 연구할 때와 같은 언어를 사용해야 한다(**글상자 2.5**). 최근 수년 동안 층서학이 급격한 발전(Gradstein & Ogg, 2004)을 하면서 새로운 지질시대표인 GTS 2004(Gradstein et al., 2004)를 발간하게 되었다. 90개의 현생이언 경계 중에서 50개 이상이 모식단면(GSSPs)에서 적절하게 정의되어 있고 새로운 지질시대표가 최첨단 방사성 연대 측정 기술, 새로운 통계 도구와 함께 궤도 조율과 같은 새로운 층서 방법을 사용하고 있다(**그림 2.13**). 비록 전통적인 층서학적 방법이 지질 주상도의 기반을 구축하고 주요 생물학적 사건의 순서를 이해하는 데 기초가 되었지만 정확한 방사성 연대 측정 자료를 이용하여 많은 종류의 생물학적 과정의 속도를 정할 수 있게 되었다. 모든 의견이 전체적으로 활용되

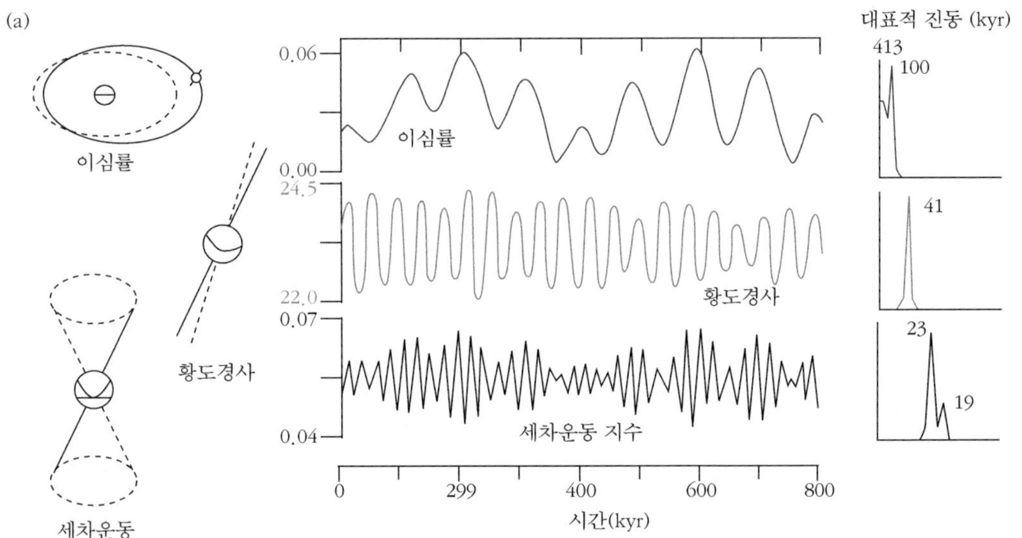

그림 2.12 (a) 이심률, 황도경사, 세차운동의 관계를 보여 주는 미란코비치 진동.

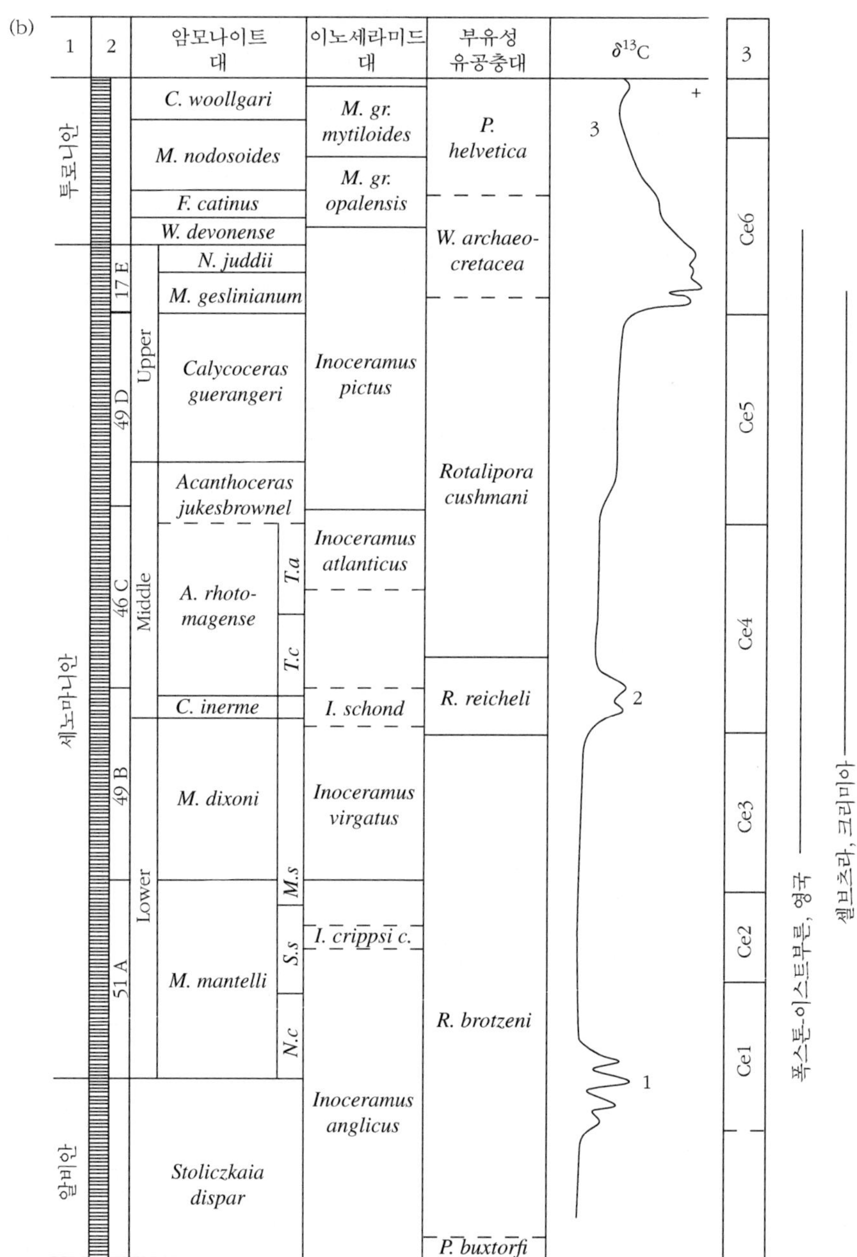

그림 2.12 **(계속)** (b) 상부 백악기 백악상 세노마니아 조(Cenomanian Stage)의 층서학적 개략도. 세로 칸 1, 조; 세로 칸 2, 윤회층서; 세로 칸 3; 연계층. [Gale 등(1999)으로부터.]

글상자 2.5 크로노스 신 계획

많은 연구 그룹이 지질학적 시간 간격을 달리 정하고 지질학적 자료를 분석하는 방법을 서로 달리해서 수많은 종류의 지질시대표가 나와 있다. Chronos(그리스어 '시간') 과업은 하나의 웹 통로를 통해서 다양한 지질시대표와 분석 도구를 중앙 집중화하는 웹 기반 신계획이다. 이 계획은 연대 층서 시스템보다는 연대 측정에 중점을 두기 때문에 어떤 사건의 상대적 순서보다는 방사성 연대 측정 시기를 기준으로 하고 있다. 이 프로그램은 여러분의 지질시대표를 만들 수도 있고 기존에 출판된 자료와 비교할 수도 있다. 이 기능은 여러분 자신의 연대 범위표를 구축하는 기회와 함께 이를 정확하게 대비하는 효과를 얻을 수 있어 많은 재미있는 기회를 열고 있다. 이 계획은 실질적인 진전이 있을 것으로 보는데, 왜냐하면 진화 선을 따라서 형태적 변화 속도와 생물군 성인의 정확한 시간을 정할 수 있고, 절멸과 복원 비율과 같은 생물학적 과정의 정확한 시간과 비율을 측정할 수 있기 때문이다.

더 많은 정보는 http://www.blackwellpublishing.com/paleobiology/에서 찾을 수 있다.

지 않고 단지 의견으로 끝난 것도 많다. 예를 들면 GTS2004는 제3기와 제4기를 IUGS의 허락을 받지 않고 연대층서 주상도에서 빼 버렸다. 그러나 이 용어는 현재 광범위하게 사용되고 있으며, 문서에 깊이 새겨져 있다. 그래서 가까운 미래에 우리의 층서 도표에서 사라지지 않을 것 같다.

✲ 고생물지리학

사람은 섬이 아니며, 그 자체가 전부가 아니다. 모든 사람은 대륙의 일부이며, 주체의 일부이다.
만약 육체 한 덩어리가 바다로 쓸려 간다면
유럽이 더 작다.
마치 절벽이 있었던 것처럼,
마치 친구 또는 그대 자신의 영지였던 것처럼.

듄(John Dunne)『명상』(1624)

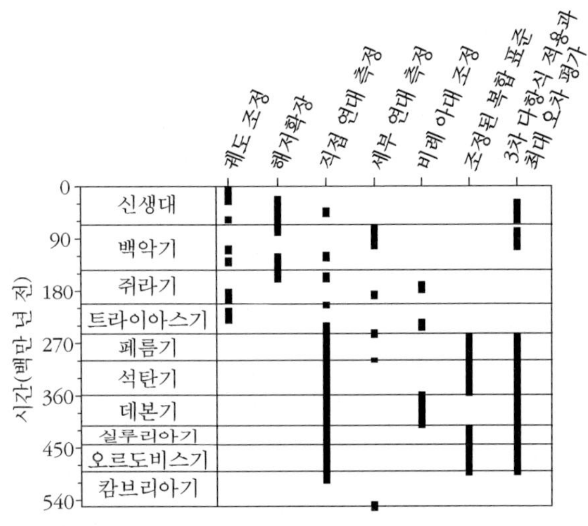

그림 2.13 지질시대표 2004(GTS2004) 구축에 사용할 수 있는 최근 여러 가지 방법

모든 생명체는 정해진 지리적 범위를 가지고 있다. 그 범위가 크든 작든 기후와 위도를 포함한 다양한 요소에 의해 영향을 받는다. 1800년대 중반에 다윈(Charles Darwin, 1809~1882)과 월리스(Alfred Russel Wallace, 1823~1913)는 갈라파고스 섬과 동인도에 대한 심도 있는 연구에서 **생물지리학 영역**의 본질을 재구성하였다. 오늘날 지구는 6개의 주요 영역(신북구, 구북악구, 신열대구, 에티오피아, 동양, 오스트랄라시아)으로 구분되는데 이것은 1800년대 후반에 스클레이터(Philip Sclater)와 월리스가 연구한 내용을 기반으로 한 것이다.

그러나 별도 생물지리 단위는 동물군과 식물군으로 정의하고 있다. 영역은 전 세계적으로 넓게 분포된 **세계적** 종과는 달리 한정된 지역으로 국한된 **지역적**(좁은 또는 넓은 지역) 종으로 구분되었다. 대륙의 상대적 배치와 위치가 지질시대를 통해서 계속 변해 오면서 거기에 적합한 동물군과 식물군 영역을 구축해 왔다. 고생물학적 자료는 대륙이동을 설명하는 데 도구로 이용되었다. 아프피카, 남아메리카, 인도, 남극, 오스트레일리아의 외부 모양이 서로 잘 맞음. 인도, 남극, 오스트레일리아(**그림 2.14**)는 명확히 일치하지도 않

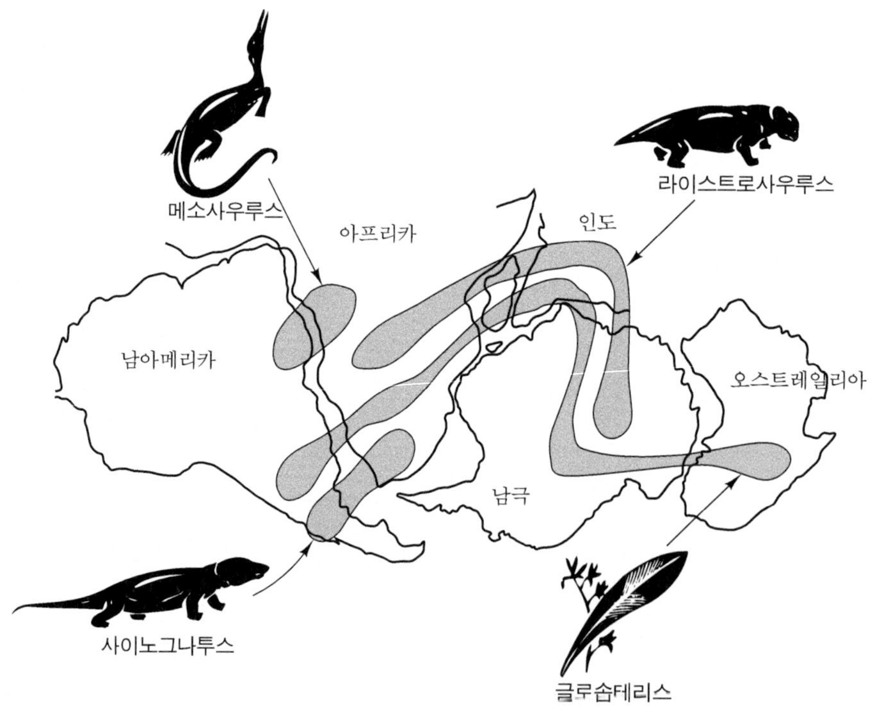

그림 2.14 글로솝테리스와 메소사우루스 및 곤드와나 대륙의 석탄기와 페름기 분포. 곤드와나 대륙이 서로 맞물려 있고 동물군과 식물군 화석이 남빈구 대륙을 가로질러 연결되어 있다는 것이 페름기~트라이아스기부터 남아메리카, 아프리카, 인도, 남극, 오스트레일리아로 나뉘어졌었다는 것을 베게너와 다른 학자들에게 제시하고 있다. (Smith, P., 1990. *Geoscience Canada*, **15**에 근거.)

고 이들 대륙에서 산출되는 화석과 암석도 잘 들어맞지 않는다. 1900년대 초 독일 과학자 베게너(Alfred Wegwner, 1880~1930)는 대륙이 액체로 된 핵 위에서 지구 표면을 떠다닌다고(이때 대양에 대한 언급은 없었다) 발표했다. 그 후 50여 년이 지난 후 해저확장설과 판구조론이 그의 이론(Wegener, 1915)을 입증했다. 이러한 자료가 오늘날까지 계속 누적되어 고지리적 분석을 가능하게 하였다(Forteyb & Cocks, 2003). 전산화된 고지리적 시스템을 구축함으로써 판의 운동을 자세히 알게 되었다. 고지도 사업(Paleomap Project)과 같은 연구는 지구의 과거를 깊이 있게 알아내면서 지구의 미래까지도 탐구하고 있다(더 자세한 내용은 http://www.blackwellpulishing.com/paleobiology를 참조).

동물군과 식물군 울타리

여러 가지 종류의 **울타리**가 지질시대를 통해서 생물지리학적 영역을 구분해 왔다. 첫 번째 대형 몸체를 가진 유기체인 후기 신원생대 에디아카라 동물군이 이미 그들 자신의 영역에서 생장하고 있었다. 심프슨(George Gaylord Simpson, 1902~1984)은 통로를 세 종류로 구분했다. (1) 항상 열려 있는 **복도**, (2) 제한된 접근만 허용하는 **여과**, (3) 가끔 열리는 **복권식 경마 노선**. 대륙에서는 울타리가 산맥, 내해(inland sea) 또는 열대 우림이 될 수도 있다. 해양 동물군의 경우는 광대하고 깊은 대양, 빠른 해류 또는 육지에 의하여 분리될 수도 있다. 일반적으로 대부분의 해양 동물군의 고유종은 깊이에 따라 감소하는 경향이 있다. 많은 세계적 동물군은 깊은 대륙붕과 대륙사면 환경에 있다. 그러나 해양 분지에서는 특별한 동물들이 군체를 이루면서 서식하기도 한다.

만약 울타리가 올라가서 생물학적 반응이 빠르게 일어나면 동물군이나 식물군 영역이 상대적으로 빠르게 나뉠지도 모른다. 예를 들면 이미 존재하던 육지 영역과 그 주변 대륙붕 영역에 있던 퇴적분지가 융기해서 나누어지고 고립되는 경우가 있으며 바다에서도 지협(isthmus)의 형성으로 같은 효과가 일어날 가능성도 있다.

어떤 경우에는 어떤 유기체의 울타리가 발달하여 다른 유기체에 통로를 제공하기도 한다. 300만 년 전 파나마 지협이 나타나면서 북아메리카와 남아메리카를 연결했지만 그와 동시에 태평양과 인도양을 갈라놓았다. 이 사건 전에는 남아메리카는 약 7000만 년간 북아메리카로부터 격리되어 있었으며, 독특한 유대류(marsupial), 빈치류(edentate), 유제류(ungulate), 설치류(rodent)로 구성된 포유동물군이 다양하게 분화하면서 번성하였다. 그러나 파나마 지협이 만들어지면서 두 대륙 사이에 육교 또는 통로를 제공하여 많은 육상수상 생물들이 이 지협을 통하여 자유롭게 남북을 왕래하게 되었다(**그림 2.15**). **아메리카 대규모생물교류**(GABI)는 북아메리카 동물군이 남아메리카로 들어가게 하여 남아메리카 대륙의 특징적인 포유동물의 수를 감소시켰다(Webb, 1991). 남아메리카 포유동물도 북아메리카에서 같은 방법으로 영향을 주었으며, 현재까지 성공적으로 살아남은 종류를 살펴보면 빈치류(armadillo), 주머니쥐(opossum), 호저(porcupine)이다.

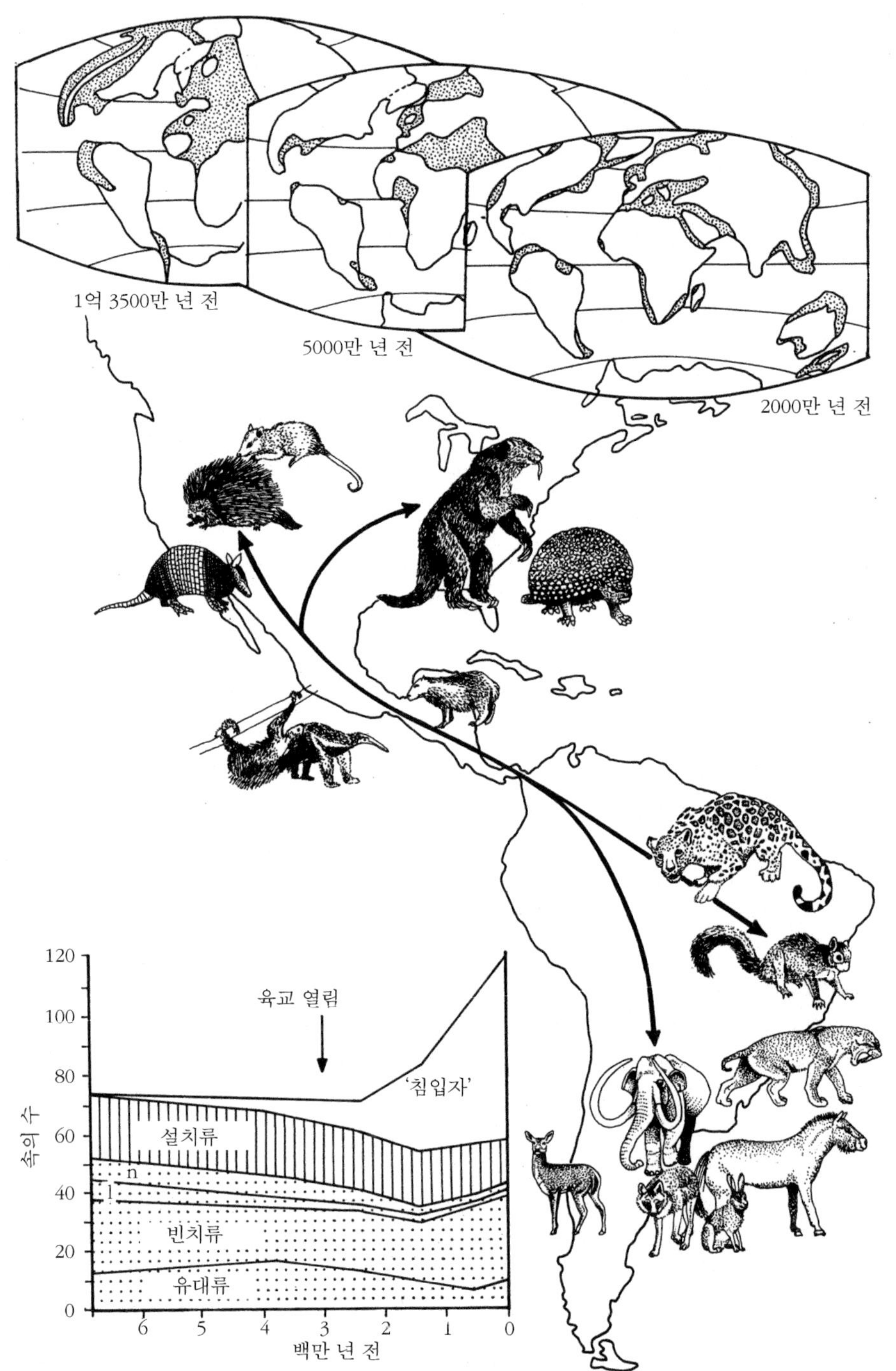

그림 2.15 파나마 지협의 출현은 카리브 해의 천해 저서성 생물의 확산과 함께 남북 아메리카의 육상 척추동물 간의 아메리카대규모생물교류(GABI)를 증진시켰다. l=리톱테른스(litopterns, 신생대 포유류의 일종), n=노토운굴라테스(notoungulates, 신생대 유제류의 일종). [Benton(2005)에 근거.]

파나마 지협의 출현으로 카리브해의 해양 동물군에 변화를 일으켰다. 놀랍게도 그렇게 많은 종이 멸종되지 않았으며, 연체동물이 다양하게 분화되어 있었다(Jackson et al., 1993). 육교와 해양 울타리가 출현하면서 카리브 지역에 영양분 용승을 일으켜 왔을 것이며, 이것이 종 다양성의 증가로 이어졌을 것으로 본다. 밸런타인(Valentine, 1973)은 해령, 호상열도, 수렴대, 단층대를 포함한 일련의 판구조적 지질과 그것들이 생물 분포에 미치는 영향에 대하여 관심을 가지고 연구해 왔었다. 확장하는 해령, 변환단층, 섭입대와 같은 지구조적 지형이 해양 동물군에 대한 울타리를 만들었으며, 판 중앙부를 가로질러 선상으로 분출한 화산섬들은 동물과 식물이 대양 전체로 퍼져 나가는 것을 돕은 일련의 징검다리 돌 역할을 했다. 그러나 지구조와 생물 영역 사이에 더 중요한 관계가 있을 것이다. 지질시대를 통해서 대륙이 갈라지는 것과 생물의 영역 사이에는 놀랄 만한 상호 관계가 있다. 대륙이 여러 개로 분산되는 기간은 오르도비스기와 백악기처럼 생물 영역이 증가하는 시기였다.

섬 생물지리학: 단독과 고립?

현대 대양에는 섬들이 산재해 있다. 대부분 단명하는 연쇄 화산이며, 움직이는 열점이나 앞으로 섭입될 중앙 해령 위에서 발달되어 있다. 그러나 어떤 것은 이웃하는 대륙에서 떨어져 나온 대륙 조각도 있다. 지각의 가벼운 조각들은 보통 후에 산맥에 갇히게 되는데 중요한 고생물학적 자료를 포함하고 있다. 현재 섬들의 생물지리학은 복잡해서 현대 섬을 기반으로 한 모델을 지질시대의 예에 적용할 수 없다(**글상자 2.6**).

많은 섬들과 호상열도는 수많은 생물학적 역할을 한다. 대부분의 섬들과 호상열도는 대륙으로부터 떨어져 있으며, 종분화(speciation)의 중요한 기지 역할을 한다. 여러 일련의 섬들은 디딤돌 역할을 하면서 이동의 중요한 부분을 담당하는데 여러 종과 그 유충들이 대륙에서 다른 섬으로 수백 또는 수천 년 이상 이동하기도 한다. 척추동물 고생물학자인 매케나(Malcon McKenna)는 옛날 배에 실는 것을 가지고 재미있는 비유를 소개했다. 움직이는 다양한 섬들이 '노아의 방주'처럼 여러 위도로 이동하여 동물과 식물을 진화하도록 하였다는 것이다. 이것은 당시에 살던 모든 종류의 번식할 수 있는 생명을 한 쌍씩 배에 실어 아라라트 산 정상에 정박하였다는 노아의 성경적 배의 이야기와 비슷하다. 인도 대륙이 짝수 발가락을 가진 우제류와 홀수 발가락을 가진 기제류와 함께 곤드와나에서 아시아 대륙으로 이동한 것이 하나의 가능한 예이다. 이 섬들은 '바이킹의 장례선'[원래 죽은 병사의 영혼을 모신 발할라(Valhalla)]과 같이 다른 지역의 화석군을 새로운 지역으로 운반하는 기능을 했을지도 모른다. 애팔래치아 산맥의 메구마(Meguma) 지역에 있는 곤드와나 캄브리아기 삼엽충 화석군과 플로리다에 있는 오르도비스기 삼엽충 화석군이 동일 고위도 지역에서 산출되며 둘 다 북아메리카 대륙으로 합쳐져 있는 것은 놀랄 만한 예이다.

글상자 2.6 분석 방법

넓은 의미의 용어로, 극피동물은 생물지리분석의 두 가지 주요 유형이 넓게 사용되고 있고 유사성 분기(cladistic) 방법 또는 전통적 분기 방법에 기초를 두고 있다(Hammer & Harper, 2005). 계통발생적 방법이 과거 생물지리적 양상을 연구하는 데 사용되고 있다. 세 번째 기술인 **영역 분기학**이 빠르게 발달하고 있으며 지질학적 자료와는 별도로 분류 기반 분기도가 영역 분기도로 바뀌고 있다. 단순한 용어로 지리적 영역은 분류 기반 계통수의 가지로 그려질 수 있다. 분기적 방법은 분류학적 분기학에서 파생 형질과 본질적으로 유사한 새로운 지역적 특수성으로 특징지어진 세부 영역의 창출로 분산되었다는 가설에 기반을 두고 있다. 분기도에 있는 분기점들이 해침과 관련된 분류군의 확장 범위를 나타내는 것만은 아니다.

유사성 방법은 항상 분류군의 유무에 기반을 두고 지점 간의 유사지수에서 시작하거나 지점 전체의 유기체의 상대적인 양만을 가지고 시작한다(제4장). 조사 장소에서 거리와 유사성을 수없이 많이 측정한다. 일반적으로 사용하는 계수 몇 개를 소개하면 다음과 같다.

$$\text{주사위 놀이 계수}=2A/(A+B+C)$$

$$\text{자카드(jaccard) 계수}=A/(A+B+C)$$

$$\text{단순 매칭 계수}=(A+D)/(A+B+C+D)$$

$$\text{심프슨 계수}=A/(A+B)$$

A는 임의의 두 개의 표본에 대한 일반 분류군의 수, B는 표본 1에 있는 분류군의 수, C는 표본 2에 있는 분류군의 수, D는 두 개의 표본에 없는 분류군의 수, E는 B 또는 C의 더 작은 값.

지점 간의 유사성이나 거리 지수를 기초로 해서 하나의 계통수가 가장 높은 유사성이나 가장 가까운 거리에 있는 지점이 먼저 연결될 수 있다. 첫 번째 집단을 고려하기 위해서 거리와 유사성 계수를 재계산할 경우, 나머지 지점이나 속(genera)은 모든 자료가 계통수에 포함될 때까지 집단으로 묶인다. 여기서 가장 높은 유사성을 가지거나 더 가까운 거리 지수를 가진 첫 번째 집단은 가장 중요하며, 후에 연결된 집단은 중요성이 더욱더 떨어진다.

섬 생물군은 많은 지역적인 종을 가지고 있으며, 그 종은 원래 하나 또는 그 이상의 대륙에서 온 것이어서 다양한 경우가 많다. 그러한 현재의 섬들을 연구하는 것은 아주 매혹적이며 갈라파고스나 알다브라(Aldabra)와 같은 섬들은 생물학자가 '진행 중인 진화'를 관찰하는 중요한 장소가 되고 있다. 고생물학자가 지질지대를 통하여 그러한 섬의 역할을 이해하는 것은 정말 힘들다. 생존기간이 짧고 지구조적으로 활동적인 지역에 있는 자연적인 성질 때문에 빨리 없어지거나 파괴된다.

지질학적 고생물학적 의미: 자료 이용

대륙이동설에 대한 초기 증거의 대부분은 1940년대와 1950년대에 광범위하게 모아졌지만 대부분 고생물학적인 내용이었다. 고생물학적인 자료는 지질시대를 통한 대륙의 움직임을 자세하게 이해하기 위해서 지금도 중요하다. 베게너는 대륙이 단순히 해양 지각을 밀어제치고 지나갔다고 했다. 그러나 1960년대 동안 해저확장 개념을 가진 판구조론, 대륙 지각 밑으로 섭입하는 해양 지각, 대륙 지각 간의 충돌이 밝혀지면서 하나의 원리를 마련하였다. **판구조론** 혁명의 초기 단계인 1960년대 중반에, 윌슨(Tuzo Wilson, 1966)은 지질시대의 바다 길의 흔적이 북반구의 전기 고생대 암석에서 발견될 것이라고 예언했다. 북아메리카와 유럽의 완족동물, 삼엽충, 필석의 화석군이 애팔래치아 산맥과 칼레도니아 산맥의 연결부를 경계로 서로 분리되어 있다. 이것과 몇 개의 다른 증거를 근거로 윌슨은 훨씬 오래된 대양인 초기 대서양[현재 용어 이아페투스(Iapetus)]을 가정했는데 이 대양은 실루리아기 이전에 북아메리카와 유럽 대륙 사이에 존재했을 것으로 보았다. 그는 실루리아기~데본기에 두 대륙이 서로 합쳐졌고 그 대양이 닫혀 있었다고 판단했다.

윌슨의 고전적 연구는 유럽과 북아메리카 대륙 사이에 대양이 열리고 닫힌 그림을 그렸다(그림 2.16a). 이아페투스 대양이 후기 선캄브리아기 기간에 처음 열렸고 캄브리아기 기간에 발달하였다. 캄브리아기 후기에 가장 넓게 열려서 4,000km 이상 벌어졌다. 다만 부유성 필석만이 이아페투스 양쪽에 서로 비슷한 종류가 발견된다. 그러나 대양이 닫히면서 코노돈트와 같은 헤엄치는 동물이 활동했으며(McKerrow & Cock, 1976), 그 후에는 활동적인 동물 그리고 마지막에는 삼엽충과 완족동물과 같은 저서성 동물이 생장했다(그림 2.16b). 후기 실루리아기까지 이아페투스 대양이 점점 좁아져 수백 km로 되었으며, 저서성 개형충이 생장했다. 데본기까지 대양은 거의 완전히 닫혔으며, 유럽과 북아메리카 사이에서 유사한 종의 담수 물고기가 생장했다. 콕스와 포티(Cocks & Fortey, 1982)는 곤드와나, 발티카, 아발로니아를 구분하는 대양들로 된 모형을 가지고 대양을 기술했다. 후기 캄브리아기~초기 오르도비스기 기간에 더 작은 아발로니아가 떨어져 나와 발티카와 함께 북쪽인 로렌시아 쪽으로 향했다(그림 2.16c, d). 노이만(Neuman, 1984)은 이아페투스 대양 안쪽에 다른 곳에서는 볼 수 없고 특별한 동물군을 가진 것으로 추측되는 영역을 작은 섬들로 표시했다. 더욱 흥미로운 것은 발티카가 대륙 끝에 있는 이러한 여러 가지 영역을 모아 적도 쪽으로 움직이면서 반시계 방향으로 돌았다(Torsvik et al., 1991). 분기적 기술과 유사성 기술은 모두 이아페투스 대양 안팎의 엄청난 분포 자료를 분석하고 이 모든 분석 결과를 이용하여 복잡한 대양 시스템의 최신 고지리학적 재구성을 폭넓은 용어로 확정하였다(Harper et al., 1996)(그림 2.16e). 마지막으로 어떤 영역은 논쟁 중에 있는데 아르헨티나 프리코르딜레라(Argentine Precordillera)의 경우 이들 영역이 위도를 거슬러 이동하면서 동물군의 구(province)가 바뀌었다는 것이다(Astini et al., 1995)(그림 2.16f). 그러나 이 증거는 논쟁 중에 있다. 동물군 교체에 대한 견해는 쇄설성 저콘에 대한

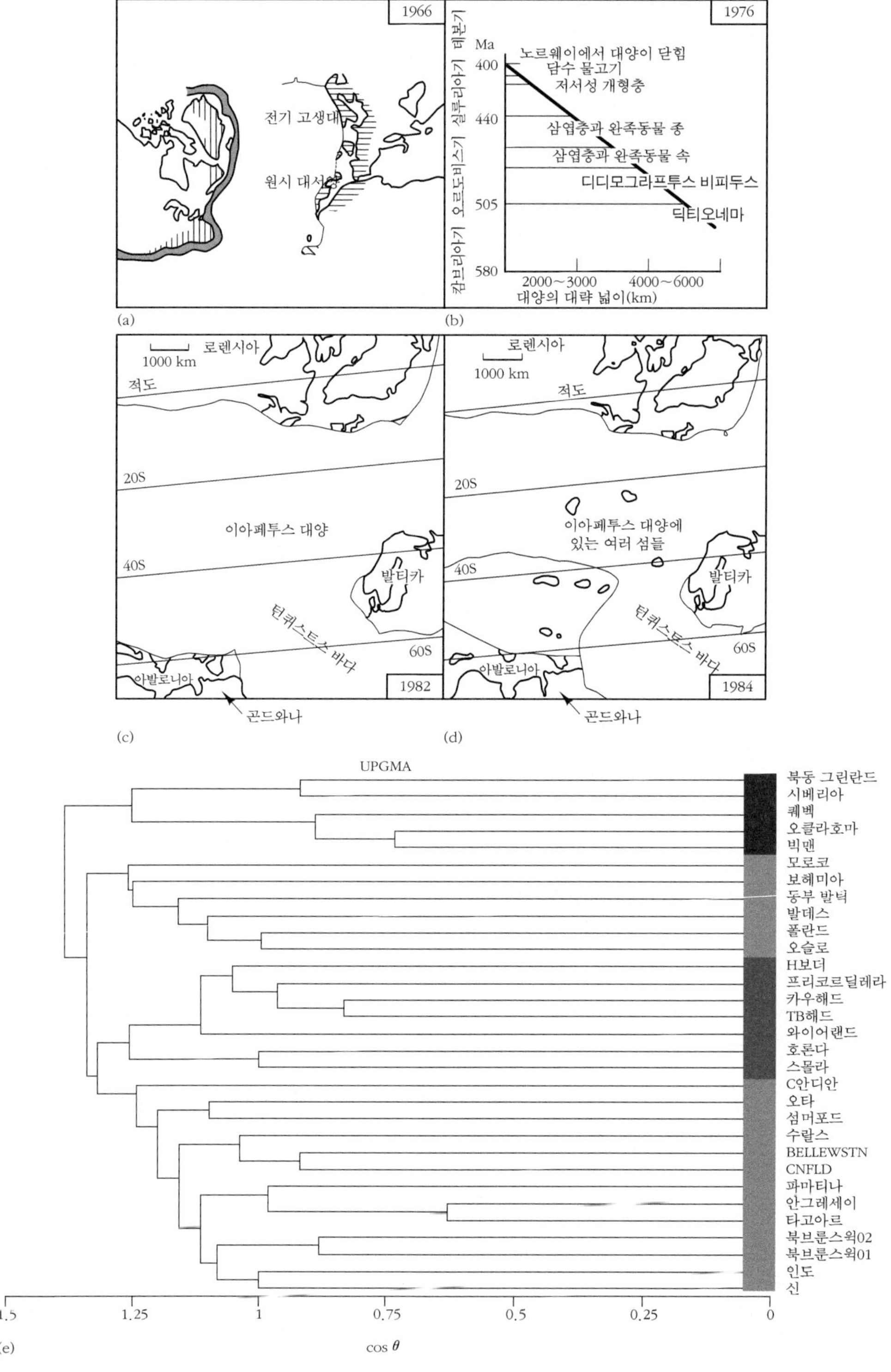
1966
전기 고생대
원시 대서양
1976
Ma
400
440
505
580
캄브리아기 오르도비스기 실루리아기 데본기
노르웨이에서 대양이 닫힘
담수 물고기
저서성 개형충
삼엽충과 완족동물 종
삼엽충과 완족동물 속
디디모그라프투스 비피두스
딕티오네마
2000~3000
4000~6000
대양의 대략 넓이(km)
(a)
(b)
로렌시아
1000 km
적도
20S
40S
60S
이아페투스 대양
발티카
턴퀴스트스 바다
아발로니아
곤드와나
1982
이아페투스 대양에 있는 여러 섬들
1984
(c)
(d)
UPGMA
북동 그린란드
시베리아
퀘벡
오클라호마
빅맨
모로코
보헤미아
동부 발틱
발데스
폴란드
오슬로
H보더
프리코르딜레라
카우헤드
TB헤드
와이어랜드
호론다
스몰라
C안디안
오타
섬머포드
수랄스
BELLEWSTN
CNFLD
파마티나
안그레세이
타고아르
북브룬스윅02
북브룬스윅01
인도
신
1.5
1.25
1
0.75
0.5
0.25
0
(e)
cos θ

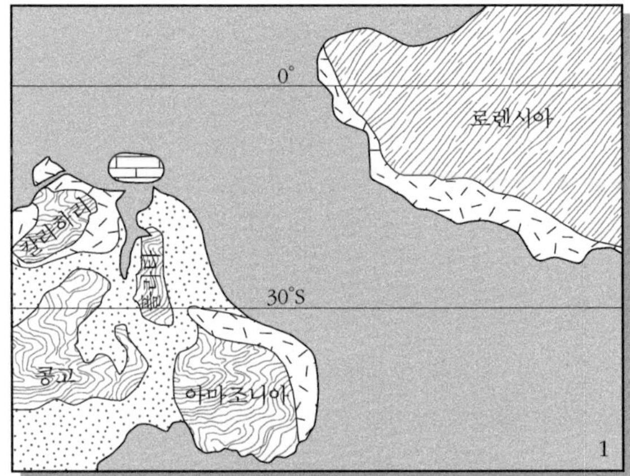

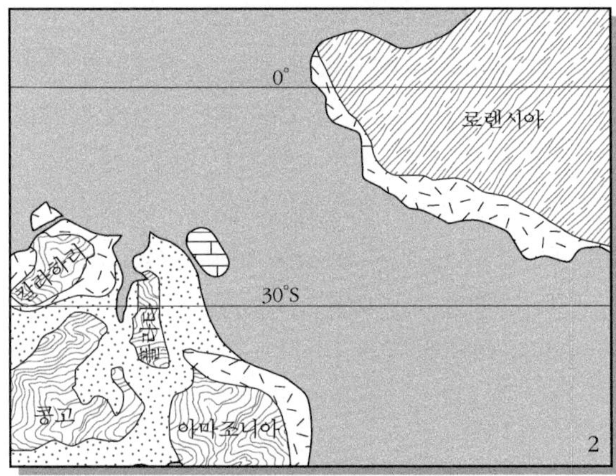

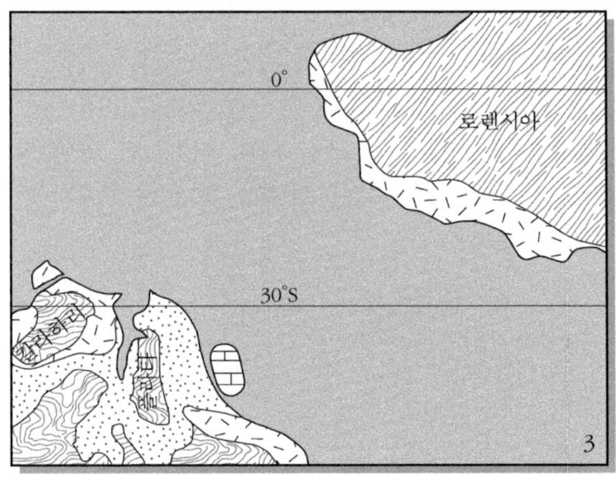

쿠야니아 층군
브라질리아노/범아메리카 대
그렌빌리안 대
선 그렌빌리안(트랜스아마조니안/비르니안/에버니안) 조산대
선 그렌빌리안(트랜스아마조니안/비르니안/에버니안 제외) 조산대

(f)

그림 2.16 **(두 쪽 연속)** 초기 고생대 이아페투스 대양과 그 동물군의 발달에 대한 견해의 변화: (a, c, d) 고지리학적 재구성, (b) 폐쇄된 대양에서 생장하는 생물의 활동 범위, (e) 이아페투스의 동물군 분석과 초기 오르도비스기 완족동물군(색을 칠한 칸에서 아래로 가면서 저위도구, 고위도구, 저위도 주변구, 고위도 주변구를 나타낸다), (f) 세 개의 단계(1~3 단계)에서 프리코르딜레라 영역의 이동 상태. 이아페투스 영역의 오르도비스기 완족동물 분포 자료 모음은 다음 웹사이트에서 볼 수 있다; http://www.blackwellpulishing.com/paleobiology. 이 자료는 집단 분석을 포함한 일련의 다변량(多變量) 기술을 사용하여 분석하고 조정한 것이다 (Hammer & Harper, 2005). [(a)~(d)는 Harper, D.A.T., 1992. *Terra Nova*, **4** 로부터, (f)는 Finney(2007)에 근거.]

지질 연대 측정 연구로 완전히 지지를 받지 못했다. 이 연구에서 프리코르딜레라가 곤드와나 대륙에 그 기원을 가지고 있다는 것을 보여 주는데 저콘을 공급한 기반암이 곤드와나 대륙에 노출되어 있다(Finney, 2007). 이 경우에 동물군 자료는 다른 설명이 필요할 것이다.

고지리학적 연구를 세심하게 진행하다 보면 어떤 대륙은 전에 여러 개의 조각으로 분리되어 있던 땅이 서로 합쳐진 것이 있다. 지질도를 작성해 보면 양쪽이 각기 다른 **암석**으로 분리된 선인 주 **단층대**가 두드러진다. 전형적인 예가 북아메리카 코르딜레라인데 여러 지역이 모자이크되어 대륙의 서쪽 해안에 달라붙어 있지만 저위도에서 이동되어 온 것으로 보인다. 고생물학자들이 중생대에 분리된 지역에 있던 소위 북방(낮은 다양성)과 테티스해(남부, 높은 다양성) 해양 무척추 동물군을 확인했다. 북아메리카 코르딜레라를 동서 방향으로 횡단해서 조사해 보면 북쪽으로 가면서 초기 쥐라기 테티스 해 동물군으로 치환되어 있다. 어떤 동물군은 놀랍게도 1,300km를 넘게 이동했을지도 모른다(**그림 2.17**).

생물지리학과 기후 변화는 생물 다양성의 양상을 변화시켰다. 넓은 의미에서 저위도에서는 높은 동물군 다양성이 나타나고 적도에서 극으로 갈수록 생물 다양성이 감소한다. 현재 이매패, 이끼벌레, 산호, 유공충 동물군을 연구해 보면 적도로 갈수록 다양성이 현저하게 증가하며, 많은 냉수 종은 종 변화가 느리기 때문에 극과 온대 지역의 동물들은 적도 지방의 같은 동물보다 더 큰 경우가 많다. 그러나 이것은 생장 비율이 양쪽 지역에서 같다는 조건에서 그럴듯할 뿐이다. 아닐지도 모른다. 오늘날 진실이면 과거에도 진실이다(**글상자 2.7**).

많은 연구자들은 판 모양이 변화하고 판의 분산과 집합 사이의 변동이 지질시대에 따른 생물 다양성에 영향을 주고 있다고 발표해 왔다. 예를 들면 초기 오르도비스기의 해양 동물군의 엄청난 확산은 곤드와나 대륙의 분산과 관계가 있으며, 페름기 말기의 절멸 사건이 판게아의 형성과 일치한다. 현재 생물 다양화 작용은 중생대 후기에서 현재까지 일어난 초대륙의 분산과 연결된다(**그림 2.18**).

✲ 습곡대의 화석

하나의 형편없는 화석이라도 하나의 좋은 가설을 만들 만한 가치가 있다.

루돌프 트륌피(Rudolf Trümpy), 저명한 알프스 지질학자

산매의 변형대에서 산출된 화석은 아주 드물지만 매우 중요하다. 이 화석이 지각변동을 받아 변성되어서 보전 상태가 불량하기 때문에 상대적으로 아주 적은 고생물학자 만이 이러한 화석을 연구한다. 습곡 지대나 조산대에서 화석을 발견하기는 아주 어렵다. 비록 화석 그 자체가 형태적으로 크게 중요하지는 않지만 이곳에서 발견된 화석이 연대와 지

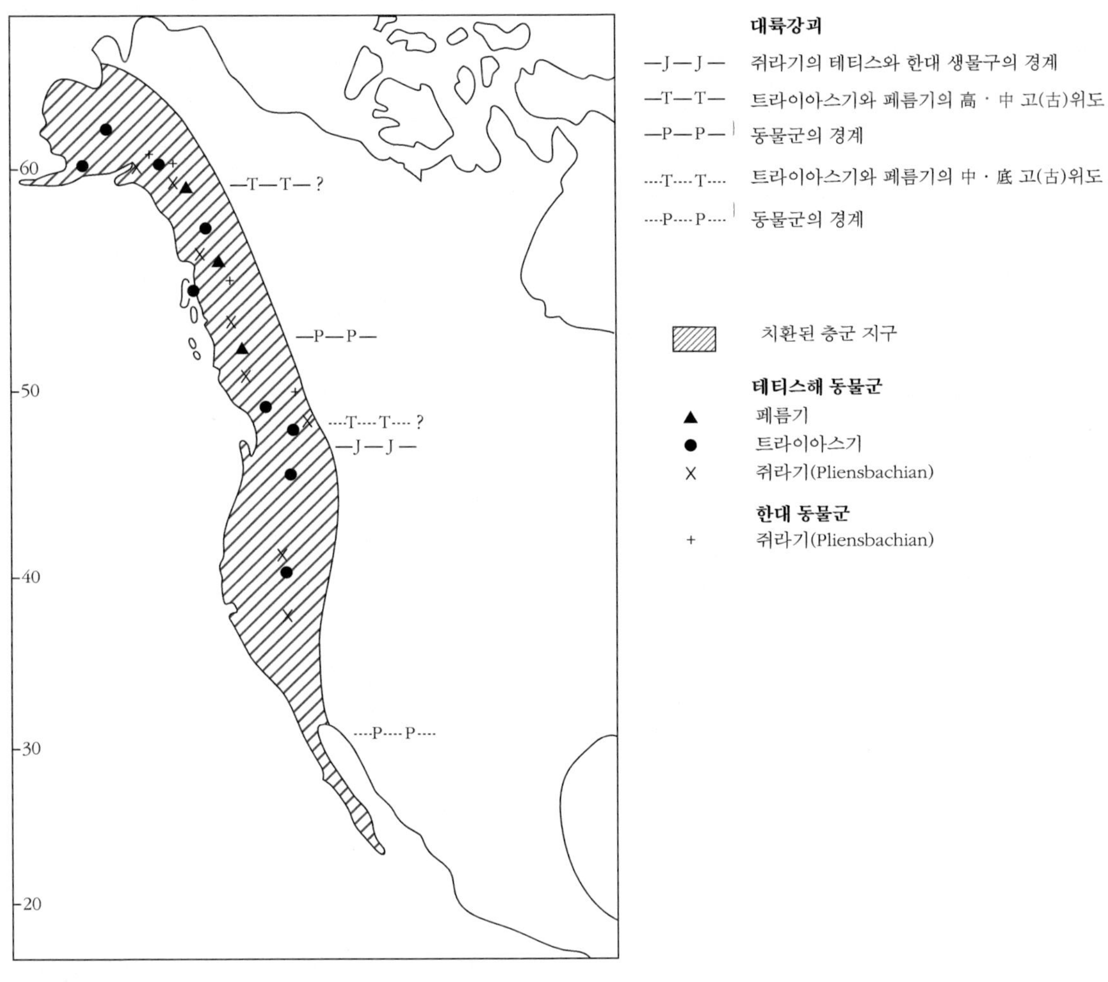

그림 2.17 대륙강괴에서 변화하는 생물구의 경계와 북아메리카 코르딜레라 대산맥의 층군에 있는 치환된 동물군. 페름기, 트라이아스기, 쥐라기 동안 대륙강괴에 가정한 위도 경계가 치환된 층군의 북부 이동을 지시하고 확인한다. 코르딜레라 층군의 암모노이드 분포 자료는 http://www.blackwellpulishing.com/paleobiology에서 볼 수 있다. 이 자료는 집단 분석을 포함한 일련의 다변량(多變量) 기술을 사용하여 분석하고 조정한 것이다[또한 Hammer와 Harper(2005)를 참조하라]. (Hallam, A., 1986. *J. Geol. Soc.,* **143**으로부터.)

리적 정보를 제공하기 때문에 지구조적 모델을 만드는 데 기본적으로 아주 중요하다. 1세기 전에 드러스트 대의 화석이 많은 연계층을 동정하여 스위스 알프스, 스코틀랜드의 북서 고지대, 스칸디나비아 칼레도니아 산맥으로 이어지는 지각의 거대한 수평 이동을 알아내었다(**글상자 2.8**). 많은 산맥에서 화석 자료는 암석의 순서를 정하는 데 믿을 만한 연대를 제공했다. 방사성 연대 시계와는 달리 화석은 퇴적 후에 작용하는 열과 지구조적 사건으로 그 종류가 달라지지는 않는다.

글상자 2.7 지질시대에 따른 위도별 다양성 변화

오늘날 열대지방에는 특별히 많은 수의 종(種)를 가진 작은 지역인 소위 **열점** 주위에 다양한 생물로 가득 차 있다. 이것이 현대에만 나타나는 현상인가? 최근 연구에서 위도 경사가 과거 6500만 년간 극적으로 심하게 변화해 왔으며, 적도지방의 생물 확산은 해양과 육상 환경에서 상대적으로 종이 풍부한 그룹 소수를 기반으로 한다고 제시하고 있다. 이것의 일부는 진화적 상승으로 또 다른 일부는 기후 변화로 심하게 변화했을 수도 있다. 진화에서 포식자는 먹이 공격에 더욱더 치명적인 방법을 적용하고 먹이는 방어에 더 좋은 방법으로 빠르게 진화한다. 이러한 종류의 **상승** 또는 **무장 경쟁**이 많은 상황에서 발생해 왔고, 과거 1500만 년간 열대 해양에서 발생해 왔을 것이다. 더욱이 같은 기간 동안에 일어나 전 지구적 기후 변화가 열대를 인도서태평양(Indo West Pacific, IWP)센터처럼 일련의 다양한 열점으로 나누었는지도 모른다. 지질시대에 있었던 열점이 보전되리라는 것은 믿기 어렵다. 우리가 과거 다양성을 아는 방법은 지질시대를 통해서 이러한 열점에 대한 표본 채취를 적절하게 해 왔는지 안 해 왔는지에 따라 결정될 것이다.

다른 다양성 위도 경사는 최근 경향을 확인하기도 한다. 예를 들면 과거 1억 년간의 다양성 연구에서 마크윅(Markwick, 1998)은 악어가 오늘날보다 위도상으로 더 넓게 퍼져 있었다는 것을 발견했다. 현대 악어는 미국 남부에서 브라질, 아프리카, 인도, 오스트레일리아에 걸친 좁은 열대 지방에서 서식하는 것으로 알려졌다. 중생대와 신생대에서 산출된 많은 악어 화석은 북아메리카와 유럽 전역에서 보고되었지만 가장 많이 발견된 곳은 역시 고(古)적도 부근이다. 그러므로 지구의 적도와 따뜻한 기후대는 오늘날보다 2배 더 넓으며, 과거 1억 년간을 지나오면서 지구 전체의 기온이 냉각되었다고 본다. 어쨌거나 악어는 적도 부근에 가장 많았고, 현재도 많으며 그들의 다양성은 열대지방에서 멀어질수록 감소한다고 본다.

고생대 초기 동안에 발달된 애팔래치아-칼레도니아 산맥 벨트는 북아메리카와 유럽의 커다란 조각을 포함하고 있지만 복잡한 역사와 구조를 이해한 것은 최근이다. 그 벨트는 부분적으로 고생물학적 자료에 의하여 구분되고 연구되어 왔다. 예를 들면 1870년대에 스코틀랜드 남부 고지대에 대한 복잡한 지질구조와 층서에 대한 랩워스(Lapworth, Charles)의 연구는 필석 동물군의 계열에 대한 결과에 기반을 두었다. 최근 스코틀랜드 중부의 고지대 연변 복합체에서 초기 오르도비스기를 지시하는 화석(완족동물, 삼엽충, 미화석)이 많이 발견되었는데 이 복합체는 이전에 로렌시아 대륙의 신원생대 달라드(Dalradian)누층군에 포함되어 있었다. 이것은 이 암석이 로렌시아 대륙의 연변을 따라 발달되었던 퇴적분지에 퇴적되었다는 것을 의미한다. 화산섬과 소대륙들과 같은 대양 영역은 고대 대륙에서 바다 쪽으로 발달되었으며, 그 성인에 대하여 '의심스럽다'고 표현했던 곳이다. 많은 경우에 그 화산섬과 소대륙들이 원래 어떤 대륙에 붙어 있었는지 분명하지 않다. 그 고지대 연변 복합체는 의심스러운 영역이었다. 더욱이 함께 발달될 수 없었

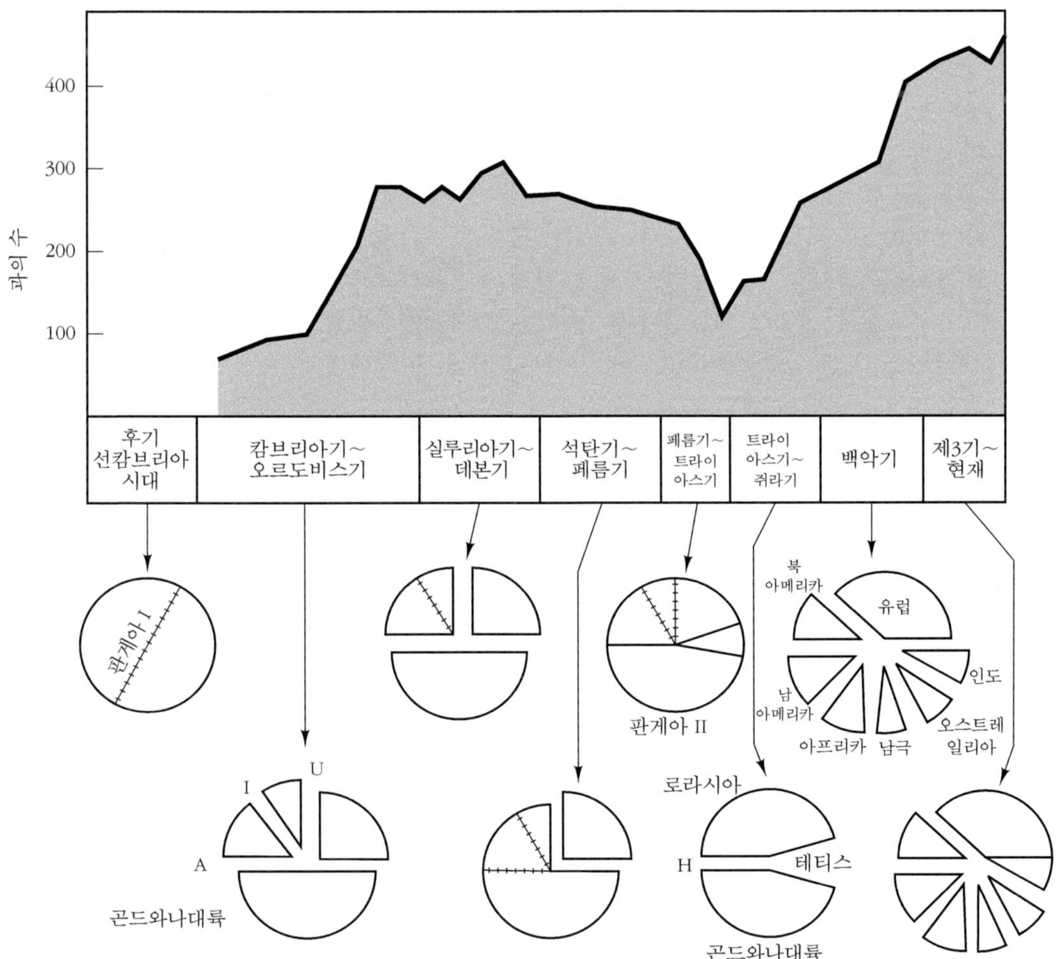

그림 2.18 판의 상대적 배치와 관련하여 지질시대에 따른 골격을 가진 저서성 생물의 유전적 다양성 변화: 높은 다양성은 대륙이 가장 많이 분열했을 때와 분명히 일치하는데 예를 들면 오르도비스기, 데본기, 백악기~신생대이다. A, 선애팔래치아-바리스칸 대양(pre-Appalachian-Variscan Ocean); H, 히스패닉 코리도(Hispanic Corridor); I, 이아페투스 대양(Iapetus Ocean); U, 선우랄리안 대양(pre-Uralian Ocean). (Smith, P., 1990. *Geoscience Canada*, 15에 근거.)

는데, 첫째로 초기 오르도비스기 동안 라디안은 변형되면서 융기하고 있었고 둘째로 고지대 연변 분지에는 달라드 쇄설암이 부족했다. 어떤 과학자는 달라드누층군이 곤드와나에서 왔으며, 오르도비스기 후기까지 북아메리카의 지질역사와 아무런 관계가 없다고까지 말했다. 그러나 이것은 개인적인 생각일 뿐이다. 새로운 구조적 자료에 의하면 고지대 연변 복합체는 달라드누층군의 일부였으며 항상 로렌시아 강괴와 밀접하게 연결되어 있었다는 것이다(Tanner & Sutherland, 2007). 칼레도니아와 다른 지역에서 하퍼와 파커

(Harper & Parker, 1989)는 고생물학적 자료를 근거로 아일랜드를 지나는 일련의 층군을 기술하였다. 어떤 층군은 북아메리카와 아발로니아의 연변에 발달한 반면 중앙 아일랜드에서는 소규모의 층군들이 그들의 독특한 동물군을 가지고 이아페투스 대양 그 자체 내에서 발달하였다.

우리는 고생물학적 자료를 사용하여 뒤범벅이 된 구조의 성인을 추적하고 지질시대의 산맥을 다시 조립할 수 있다. 그렇다면 화석으로 판의 이동과 조산대 내에 있는 개별 드러스트 층의 이동과 같은 지구조 과정의 비율을 이해할 수 있을까? 반다 호상열도(Banda Arcs)는 오스트레일리아 북쪽 대륙 연변을 따라 발달된 훨씬 젊은 산맥의 일부이다(Harper, 1998). 유공충을 이용한 특별한 층서를 정하여 멀리 이동한 드러스트 복합체의 움직임을 알아내었다. 드러스트 층은 1년에 62.5~125mm의 비율로 발달하였으며 전체적으로 그 산맥은 1년에 15mm 비율로 융기하였다.

화석은 지구조 운동의 비율뿐 아니라 시기를 이해할 수 있어서 구조지질학자들에게도 큰 가치가 있다. 구조지질학자들은 습곡과 단층으로 된 암석을 연구하며, 암석이 어떻게 변형되었는지를 정확히 이해하려고 한다. 만약 구조지질학자들이 원래 대칭인 화석이 한쪽 방향으로 수축되거나 신장되었다면 그 모양을 가지고 작용한 지구조력의 강도를 정확히 알아낼 것이다. 유명한 예가 소위 '데라볼 나비(Delabole butterfly)'이며, 영국 데본(Devon)의 데라볼 마을에 살던 석공들이 지질시대의 나비라고 생각했기 때문에 붙여진 이름이다. 사실 넓게 펼쳐진 모양의 화석은 완족동물 스피리퍼(**그림 12.7 참조**)이며, 그것들이 암석에 굳어진 자세에 따라 구부러지고 다양하게 신장된 모양으로 나타난다. 그 화석은 데본기 퇴적암에 있으며 바리스칸 조산운동에 의해 구부러지고 신장되어 있다. 바리스칸 조산운동은 석탄기에 유럽 남부와 중앙부에 영향을 주었던 대규모 조산운동이다. 화석을 측정하여 대규모 조산운동이 작용한 힘을 재구성할 수 있다.

이러한 변형된 화석군은 분류 고생물학자에게는 커다란 가치가 없다. 컴퓨터를 기반으로 하는 그래픽 기술은 현재 '변형되지 않은' 표본에만 적용할 수 있다. 예를 들면 휴스와 젤(Huges & Jell, 1992)은 히말라야 산맥의 융기 기간에 땅의 움직임에 의하여 변형되어 온 카슈미르(Kashmir) 지역에서 변형되지 않은 캄브리아기 삼엽충에 그러한 기술을 적용하였다(**그림 2.19**). 기존 연구에서 이들 삼엽충을 7종으로 구분하였다. 지각변동의 영향으로 통계상 그리고 도형상에서 삭제된 것은 단 1종이었다. 이 연구에서 휴스와 젤은 기존 연구보다 더 정확하게 삼엽충을 분류했으며 그것들이 인도와

그림 2.19 히말라야산 변형된 캄브리아기 삼엽충. (Nigel Hughes 제공.)

글상자 2.8 스칸디나비아 칼레도니아 산맥

산맥들은 모든 종류의 흥미진진하고 중요한 화석군의 원천이다. 스칸디나비아 칼레도니아 산맥도 예외는 아니다. 이 산맥은 300km의 폭을 가지고 노르웨이 북쪽에서 남서쪽으로 약 1800km를 뻗쳐 있다. 그 산맥은 발트 판과 아발로니아 판들(영국 웨일스, 북아메리카 동부, 중앙 유럽 북부)의 충돌로 끝난 윌슨사이클(윌슨(Wilson, J. Tuzo)의 이름을 땄으며, 한 지질시대의 대양이 열리고, 닫히고, 그에 따른 파괴) 동안에 발달했다. 초기 고생대에 고위도에서 저위도로 이동하는 동안 발티카는 반시계 방향으로 돌면서 발트 동물군을 가진 발트 강괴 주변 층군을 포획하고 다음으로 이아페투스 대양 내에 있는 지역적인 특수성을 가진 분류군 섬 층군을 포획하였으며, 마지막으로 북아메리카 동물군을 가진 로렌시아 판의 연변부에 있던 섬 복합체들을 통합하였다(Harper, 2001). 그래서 드러스트 지층이 쌓여 있는 산맥은 이아페투스 해양과 그 주변 영역의 생물지리적 역사를 엄청나게 저장하고 있다(그림 2.20). 더욱이 후기 실루리아기에서 데본기 기간 동안 산맥이 융기하면서 만들어진 주변 분지에는 빼어난 전갈 동물군을 포함한 주목할 만한 해양 연변 생물군을 다량 포함하고 있다. 스코틀랜드의 경우 주변 분지들은 초기 육상 절지동물과 식물 화석을 포함하고 있다. 그래서 판의 충돌과 거대한 산맥의 탄생이 모두 파괴적인 과정만은 아니었다. 오르도비스기 대규모 생물 다변화 사건은 지역 특수성과 다양한 동물군을 포함한 고(古)대양에 대한 결정적인 증거를 발견해서 알게 되었는데 이 증거가 이 대산맥 속에 보전되어 있다. 한편 그 후에 만들어진 육상 분지에서 육상식물이 발달했다는 결정적인 증거도 이 대산맥 속에 포함되어 있다.

북 중국의 종들과 어떤 연관성이 있었는지를 밝혔다.

화석의 실제 색이 어떤 지역의 지질역사를 이해하는 데 도움을 줄까? **열성숙도**의 조사는 현재 석유 탐사의 일상적 기술이 되었다. 많은 미화석군의 색이 고온도(paleo-temperature)의 변화에 따라 변한다. 열로 유발되는 색 범위의 상한은 조산대의 변성대를 지도로 표시하는 데 유용하다는 것이 증명되었다. 특히 코노돈트는 열에 대한 유용한 지시자이다. 코노돈트의 색은 밝은 황색에서 회색, 흑백색, 투명한 색까지 있으며, 코노돈트 색깔 변화 지수(CAI 값)는 1에서 8까지 나오고, 온도 범위는 60℃에서 600℃까지 나타낸다. 필석을 포함한 탄소 유기체도 역시 색깔의 변화를 보이는데 이것은 식물체에서 온 비트리나이트(vitrinite, 석탄의 초기 성분)의 영향이다. 이러한 변화가 아크리타크류(acritarchs, 분류상 위치가 분명치 않은 해산 화석 단세포 생물의 하나)에 대하여 자세히 기록되어 있는데, 아크리타크류의 색깔 변화 지수(AAI)가 1에서 5까지이다. 포자와 화분이 포자 색지수(SCI)를 가지고 있으며, 색깔 범위는 무색에서 연황색을 거쳐 흑색까지 나온다. 인산질 초소형 완족동물과 키틴질동물과 같은 그룹은 비슷한 양상을 보이지만 그것들의 색깔과 고온도의 관계를 정확하게 계산하지 못하고 있다. 고온도는 보통 2.5km에서 3.5km 사이에 묻혀 있는 석유와 가스 창을 예측할 수 있어서 탄화수소 탐사에 중요하게 사용되고 있다.

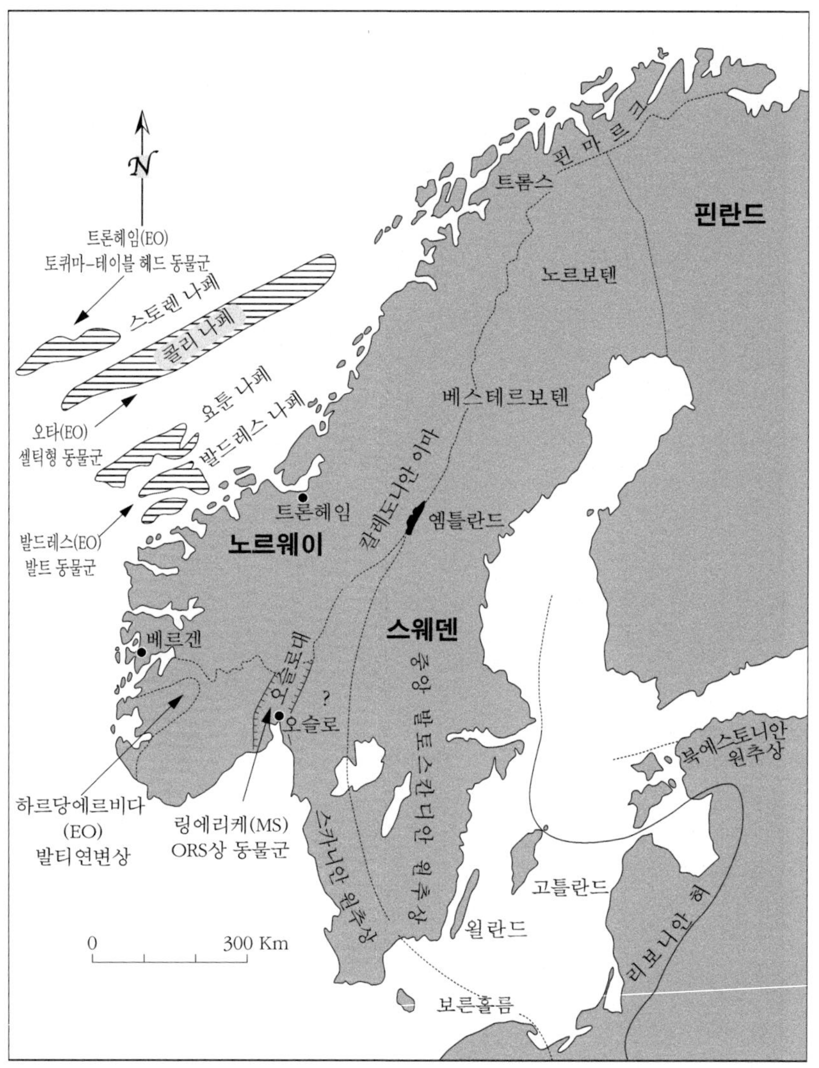

그림 2.20 다양한 드러스트 층 복합체 일부의 이동 이전의 위치를 보여 주는 스칸디나비아 칼레도니아 영역. 초기 오르도비스기(EO) 동안 더 높은 드러스트 층의 바다 쪽 상부(스토렌 나페, Storen Nappe)는 북아메리카 연변 동물군을 포함하는 반면, 이 드러스트 층의 하부(콜리 나페, Koli Nappe)는 셀트형(해양성) 동물군을 포함하고 있다. 내프 층의 하부(발드레스 나페, Valres Nappe)는 발트 동물군을 가지고 있다. 웬록-러들로(Wenlock-Ludlow, MS) 몰라세(molasse) 퇴적층(고(古)적색사암상, Old Red Sandstone(ORS) Facies) 연변부는 기가 막힌 해양 연변 동물군을 가지고 있는데 예를 들면 링거리케(Ringcrike)이다.

표 2.2 열성숙도의 여러 측정치. 코노돈트의 색깔 변화 지수(CAI)는 비트리나이트 반사율과 화분의 반투명 지수와 함께 석유와 가스 창 및 변성 등급과 변성대와 연관된다. (Jones, G.L., 1992. Terra Nova 4.)

CAI	색깔	고(古) 온도(℃)	평균 온도(℃)	비트리나이트 반사율	화분 화석 반투명 지수	열 변화 지수	변성도	변성대
1	연황색	50~80	65	0.8	1~5	1.5	↑	속성 작용대
						2.0	석유와 가스	
1.5	매우 연한 갈색	50~90	70	0.7~0.85	5~5ur	2.5	창	
2	갈색-어두운 갈색	60~140	100	0.85~1.3	5~6		↓	
2.5		85~180	135			2.7	건조한 가스	
3	매우 어두운 흑갈색	110~200	160	1.4~1.95	5ur~6	3.2		
3.5		150~260	205			3.5		
4	밝은 흑색	190~300	245	1.95~3.6	6	4.0		
4.5		230~340	285			5.0		
5	진한 흑색	300~400	330	3.6	6ur~7	저녹색편암상 녹니석/백운모		안치대 (Anchizone)
5.5	어두운 회색-흑색	310~420	365					
6	회색	350~435	400			녹색편암상-규질점토암		천성대 (淺成帶)
6.5	회색-백색	425~500	460					
7	불투명한 흰색	480~610	550			고녹색편암상 흑운모-석류석		
7.5	반투명	>530						중심도대 (中深度代)
8	투명한 결정	>600				석류석		

⚜ 복습 문제

1. 우리가 오늘날 사용하고 있는 층서학 체계는 과거 200년 이상 자료를 모아 온 것이고 암석층서학과 생층서학을 기반으로 하고 있다. 그것들이 앞으로 200년 이상 지층 대비를 위해서 중요하게 사용될 수 있을까?
2. 윤회층서학이 중생대와 신생대층에서 긴 거리와 정확한 대비를 위한 중요한 도구로 사용되는 사례가 빠르게 늘고 있다. 무엇이 수천 km를 추적할 수 있는 이러한 미세 규모의 반복되는 퇴적층을 만들었을까?
3. 동물과 식물 화석의 분포는 지질시대를 통해서 우리 행성의 변화하는 지형을 분석하는 믿을 만한 방법을 제공해 왔다. 그러나 어떤 화석군들은 다른 것들보다 더 도움이 된다. 어떤 종류의 동식물 화석이 가장 분명한 생지리학적 신호를 제공하는가? 그리고 왜 그런가?
4. 섬들은 독특한 생태계를 가지고 있으며, 그러한 환경을 가지고 있는 것이 화석 기록에서 발견된다. 생물 다양성의 발달과 해양과 육상생물군의 진화를 이해하기 위해서 이 섬들이 얼마나 중요한가?
5. 산맥 내의 화석들은 가끔 먼 거리에서 산출되어서 접근하기 어렵고 단층대에 있어서 보전상태가 불량하기 때문에 발견하고 채집하기 어렵다. 이러한 화석을 채집하고 연구하는 것이 왜 중요한가?

⚜ 더 읽을거리

Ager, D.V. 1993. *The Nature of the Stratigraphical Record*, 3rd edn. John Wiley & Sons, Chichester, UK. (Provocative and stimulating personal view of the stratigraphic record.)

Benton, M.J. (ed.) 1993. *Fossil Record 2*. Chapman & Hall, London. (Massive compilation of diversity change through time at the family level.)

Brenchley, P.J. & Harper, D.A.T. 1998. *Palaeoecology: Ecosystems, Environments and Evolution*. Chapman & Hall, London. (Readable paleoecology text with chapter devoted to paleobiogeography.)

Briggs, D.E.G. & Crowther, P.R. (eds) 1990. *Palaeobiology – A Synthesis*. Blackwell Scientific Publications, Oxford. (Modern synthesis of many aspects of contemporary paleontology.)

Briggs, D.E.G. & Crowther, P.R. (eds) 2003. *Palaeobiology II – A Synthesis*. Blackwell Publishing, Oxford. (Modern and updated synthesis of most aspects of contemporary paleontology; completely revised with new material.)

Bruton, D.L. & Harper, D.A.T. (eds) 1992. Fossils in fold belts. *Terra Nova* **4** (thematic issue). (Collection of papers on the importance and use of fossils in mountain belts.)

Cox, B.C. & Moore, P.D. 2005. *Biogeography. An Ecological and Evolutionary Approach*, 7th edn. Blackwell Publishing, Oxford. (Up-to-date review of biogeography, past and present, and its biological significance.)

Cutler, A. 2003. The Seashell on the Mountaintop. *A Story of Science, Sainthood, and the Humble Genius who Discovered a New History of the Earth*. Heinemann, London. (Accessible account of the life of Steno.)

Doyle, P. & Bennett, M.R. (eds) 1998. *Unlocking the Stratigraphical Record. Advances in Modern Stratigraphy*. John Wiley & Sons, Chichester, UK. (Multiauthor text covering all the main areas of modern stratigraphic practice.)

Fortey, R.A. & Cocks, L.R.M. 2003. Palaeontological evidence bearing on global Ordovician-Silurian continental reconstructions. *Earth Science Reviews* **61**, 245–307. (Comprehensive review of the use of paleontological data in early Paleozoic geographic reconstructions.)

Gradstein, F., Ogg, J. & Smith, A. 2004. *A Geologic Time Scale 2004*. Cambridge University Press, Cambridge. (Current in a series of snapshot reviews of the geological time scale.)

Hammer, Ø. & Harper, D.A.T. 2005. *Paleontological Data Analysis*. Blackwell Publishing, Oxford. (Overview of many of the numerical techniques available to paleontologists; linked to software package, PAST.)

Lieberman, B.S. 2000. *Paleobiogeography: Using Fossils to Study Global Change, Plate Tectonics and Evolution*. Plenum Press/Kluwer Academic Publishers, New York. (New, particularly numerical, approaches to the study of paleobiogeography and its wider significance.)

Valentine, J.W. 1973. *Evolutionary Paleoecology of the Marine Biosphere*. Prentice-Hall, Englewood Cliffs, New Jersey. (Visionary study of the marine biosphere through time.)

참고문헌

Astini, R.A., Benedetto, J.L. & Vaccari, N.E. 1995. The early Paleozoic evolution of the Argentine Precordillera as a Laurentian rifted, drifted, and collided terrane; a geodynamic model. *GSA Bulletin* **107**, 253–73.

Benton, M.J. 2005. *Vertebrate Palaeontology*. Wiley-Blackwell, Oxford.

Cocks, L.R.M. & Fortey, R.A. 1982. Faunal evidence for oceanic separations in the Palaeozoic of Britain. *Journal of the Geological Society, London* **139**, 465–78.

Crame, J.A. 2001. Taxonomic diversity gradients through geologic time. *Diversity and Distributions* **7**, 175–89.

Finney, S.C. 2007. The parautochthonous Gondwanan origin of the Cuyania (greater Precordillera) terrane of Argentina: a re-evaluation of evidence used to support an allochthonous Laurentian origin. *Geologica Acta* **5**, 127–58.

Fortey, R.A. & Cocks, L.R.M. 2003. Palaeontological evidence bearing on global Ordovician-Silurian continental reconstructions. *Earth Science Reviews* **61**, 245–307.

Fortey, R.A., Harper, D.A.T., Ingham, J.K., Owen, A.W. & Rushton, A.W.A. 1995. A revision of Ordovician series and stages from the historical type area. *Geological Magazine* **132**, 15–30.

Gale, A.S., Young, J.R., Shackleton, N.J., Crowhurst, S.J. & Wray, D.S. 1999. Orbital tuning of Cenomanian marly chalk successions: towards a Milankovitch time-scale for the Late Cretaceous. *Philosophical Transactions of the Royal Society, London A* **357**, 1815–29.

Gradstein, F.M. & Ogg, J.G. 2004. Geologic Time Scale 2004 – why, how, and where next? *Lethaia* **37**, 175–81.

Gradstein, F., Ogg, J. & Smith, A. 2004. *A Geologic Time Scale 2004*. Cambridge University Press, Cambridge.

Hammer, Ø. & Harper, D.A.T. 2005. *Paleontological Data Analysis*. Blackwell Publishing, Oxford.

Harper, D.A.T. 1998. Interpreting orogenic belts: principles and examples. *In* Doyle, P. & Bennett, M.R. (eds) *Unlocking the Stratigraphical Record. Advances in Modern Stratigraphy*. John Wiley & Sons, Chichester, UK, pp. 491–524.

Harper, D.A.T. 2001. Fossils in mountain belts. *Geology Today* **17**, 148–52.

Harper, D.A.T., MacNiocaill, C. & Williams, S.H. 1996. The palaeogeography of early Ordovician Iapetus terranes: an integration of faunal and palaeomagnetic constraints. *Palaeogeography, Palaeoclimatology, Palaeoecology* **121**, 297–312.

Harper, D.A.T. & Parkes, M.A. 1989. Palaeontological constraints on the definition and development of Irish Caledonide terranes. *Journal of the Geological Society, London* **146**, 413–15.

Holland, C.H. 1986. Does the golden spike still glitter? *Journal of the Geological Society, London* **143**, 3–21.

Holland, S.M. & Patzkowsky, M.E. 2004. Ecosystem structure and stability: Middle Ordovician of central Kentucky, USA. *Palaios* **19**, 316–31.

Hughes, N.C. & Jell, P.A. 1992. A statistical/computer-graphic technique for assessing variation in tectonically deformed fossils and its application to Cambrian trilobites from Kashmir. *Lethaia* **25**, 317–33.

Hutton, J. 1795. *Theory of Earth with Proofs and Illustrations*. William Creech, Edinburgh.

Jackson, J.B.C., Jung, P., Coates, A.G. & Collins, L.S. 1993. Diversity and extinction of tropical American mollusks and emergence of the Isthmus of Panama. *Science* **260**, 1624–26.

Lieberman, B.S. 2000. *Paleobiogeography: Using Fossils to Study Global Change, Plate Tectonics and Evolution*. Plenum Press/Kluwer Academic Publishers, New York.

Markwick, P.J. 1998. Fossil crocodiles as indicators of Late Cretaceous and Cenozoic climates: implications for using palaeontological data in reconstructing palaeoclimate. *Palaeogeography, Palaeoclimatology, Palaeoecology* **137**, 205–71.

McKerrow, W.S. & Cocks, L.R.M. 1976. Progressive faunal migration across the Iapetus Ocean. *Nature* **263**, 304–6.

Neuman, R.B. 1984. Geology and paleobiology of islands in the Ordovician Iapetus Ocean. *Bulletin of the Geological Society of America* **95**, 1188–201.

Peters, S.E. 2005. Geologic contraints on the macroevolutionary history of marine animals. *Proceedings of the National Academy of Sciences, USA* **102**, 12326–31.

Rosenberg, G.D. 2001. An artistic perspective on the continuity of space and the origin of modern geologic thought. *Earth Sciences History* **20**, 127–55.

Signor, P.W. & Lipps, J.H. 1982. Sampling bias, gradual extinction patterns, and catastrophes in the fossil record. *In* Silver, L.T. & Schultz, P.H. (eds) Geological implications of impacts of large asteroids and comets on Earth. *Geological Society of America Special Paper* **190**, 291–6.

Steno, N. 1669. *De solido intra solidum naturaliter contento dissertationis prodomus [Forerunner of a Discourse on Solids Naturally Contained Within Solids]*. Typographia sub signo Stellae, Florence.

Tanner, P.W.G. & Sutherland, S. 2007. The Highland Border Complex, Scotland: a paradox resolved. *Journal of the Geological Society* **164**, 111–16.

Torsvik, T.H., Ryan, P.D., Trench, A. & Harper, D.A.T. 1991. Cambrian-Ordovician paleogeography of

Baltica. *Geology* **19**, 7–10.

Valentine, J.W. 1973. *Evolutionary Paleoecology of the Marine Biosphere*. Prentice-Hall, Englewood Cliffs, New Jersey.

Webb, S.D. 1991. Ecogeography and the Great American Interchange. *Paleobiology* **17**, 266–80.

Wegener, A. 1915. *Die Entstehung der Kontinente und Ozeane [Origin of Continents and Oceans]*. Sammlung Vieweg 23, 94 pp.

Wilson, J.T. 1966. Did the Atlantic close and then re-open? *Nature* **211**, 676–81.

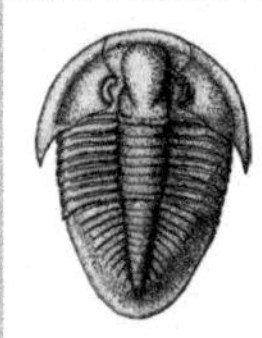

제 3 장
화석생성론과 화석 기록의 질

학습 키포인트

- 경질부를 가진 식물과 동물은 화석 기록으로 가장 흔히 보존된다.
- 연질부는 일반적으로 쉽게 부패하지만 빠른 매몰이나 초기 광물화 작용은 부패를 막아 예외적으로 화석으로 보존되는 경우가 있다.
- 운반 또는 다짐 작용 동안 물리 화학적 과정은 경질부를 손상시킬 수 있다.
- 식물은 광충 조직, 탄화된 인상, 교결된 캐스트(cast) 또는 경질부로 보존될 수 있다.
- 화석 기록의 정확도와 질에 대한 논쟁이 오랫동안 있어 왔다.
- 화석 기록은 암석의 기록에 명백하게 영향을 받는다. 예를 들면 생물 종의 다양성이 증가하고 감소하는 것으로 보이는 것은 해수면이 상승하고 하강하는 것으로 인식될 수 있다.
- 시간이 지남에 따라 생물종의 다양성과 암석 기록의 비슷한 변화는 최소한 국지적인 해수면의 변화와 같은 제3의 요인에 의한 것이다.
- 정량적 연구는 화석 기록에 대한 지식이 개선되고 있음을 나타낸다.
- 고생물학자는 두 데이터 사이의 일치성을 확인하기 위하여 서로 독립된 관계인 계통수(系統樹)와 화석 기록을 활용할 수 있으며, 화석 기록이 생물의 진실한 역사를 말한다는 확신을 가질 수 있다.

생명의 원인을 이해하기 위해 우리는 우선 죽음의 과정을 알아야 한다…. 나 역시 인체의 자연적인 부패와 변질을 관찰해야만 했다. 어둠은 아무런 장애 요소가 되지 않았다. 교회의 뜰은 한때 아름다움과 건강의 땅이었으나 벌레를 위한 음식이 되어 버린 생명을 잃은 육신의 저장고였을 뿐이었다. 이제 나는 부패의 과정과 원인에 대해 실험하며 여러 밤과 낮을 지하 납골당과 시체 안치소에서 시간을 보내게 되었다.

셸리(Mary Shelley)『**프랑켄슈타인**』(1813)

유기체가 암석 속에서 화석화되기 전에 일어나는 모든 과정을 포함하는 **화석생성론**(taphonomy)에 대한 고생물학적 연구는 엽기적이라고 생각될 수도 있다. 사실상, 화석생성론을 연구하는 학자들이 사용하는 분석적 연구 방법은 범죄 과학에도 사용되고 있다. 사체를 검시하는 범죄 수사요원은 얼마나 오래전에 사체가 매장되었느냐는 질문을 받게 될 것이다. 범죄 과학자는 부패하지 않은 살점이 남아 있는지, 뼛속에 지방이 남아 있는지, 머리카락과 손톱과 같은 잔존물의 상태는 어떠한지 등의 부패 상태를 살핀다. 그러나 보다 완벽한 분석 기술이 있다. 예를 들면 뼈를 화학적으로 분석하여 **희토류 원소**(스칸듐, 이트륨 및 란탄족 15종에 속하는 원소들)를 측정하여 정확한 사망시점을 측정할 수 있다. 이러한 범죄 과학 기법은 고고학자뿐만 아니라 조금만 시간을 거슬러 올라가면 고생물학자에게도 활용될 수 있다.

화석 기록의 질도 이와 연관되어 있다. 부패와 화석이 소실된 후에 과연 무엇이 남아 있을까? 고생물학자들은 암석 기록을 신뢰할 수 있을까? 또, 어떻게 단편적인 화석 기록으로부터 대규모의 진화 방식을 이해할 수 있을까? 고생물학자들은 식물 또는 동물 전체를 복원할 때 세심한 주의를 기울여야 하며, 소수의 뼛조각이나 나뭇가지만을 가졌을 때 생체역학적인 이해가 필요하다. 많은 화석종이 없는 상태에서 진화와 다양성의 변화 경향을 이해하는 데에도 매우 세심한 주의를 필요로 한다. 이와 관련하여 과학자들 사이에 화석이 생명의 역사를 사실적으로 말해 준다는 주장과 거의 쓸모가 없다는 뜨거운 논쟁이 있다. 우리는 우선 화석생성론에 대하여 알아볼 것이며 생물이 살았을 당시부터 전형적인 화석으로 나타날 때까지의 변화를 알아보고, 고생물학적인 폭넓은 의미에 대하여 깊이 고찰할 것이다.

✲ 화석의 보존

화석화 작용

식물이나 동물이 죽으면, 반드시 화석으로 보존되는 것은 아니다. 화석으로 보존되려면 사체로부터 화석까지의 변화가 일어나는 전형적인 여러 단계의 과정을 거친다(그림 3.1).

1. 식물이나 동물의 연질부의 부패
2. 경질부의 운반 및 깨짐
3. 경질부의 매몰 및 변질

드물게 연질부가 보존이 되는 경우도 있는데, **예외적인 보존**이 이러한 예이다. 과거 생물체의 복원에 결정적 단서가 된다.

화석은 두 가지 종류가 있다. 식물이나 동물의 일부분 또는 완전한 유해인 **체화석**과 버로우(burrow)와 발자국과 같은 과거 생물이 활동한 흔적인 **생흔화석**이 그것이다. 이 책의

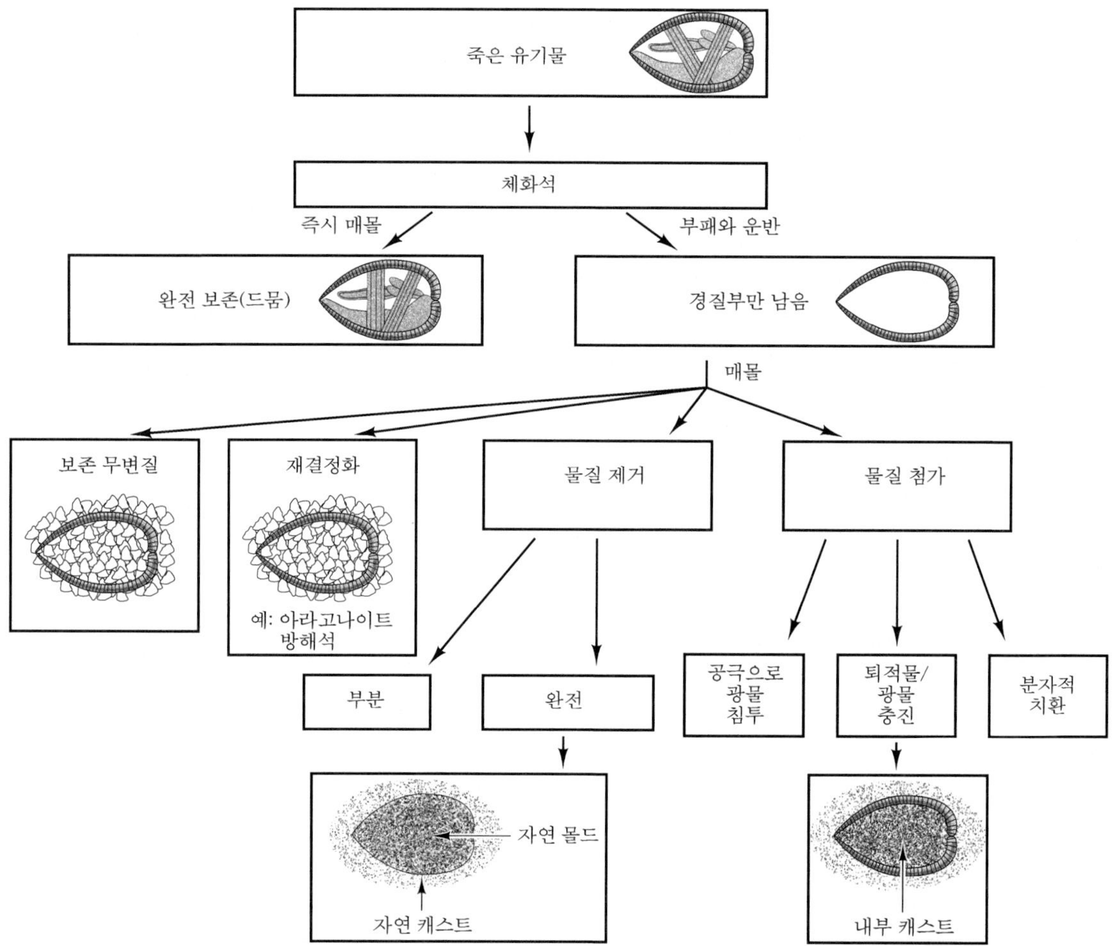

그림 3.1 죽은 이매패가 어떻게 화석이 되는지를 나타낸 그림. 생물의 죽음과 보존 사이에 일어나는 일련의 다양한 과정.

대부분의 경우 '화석'은 일반적으로 '체화석'을 의미한다. 생흔화석은 19장에서 별도로 다루어진다.

경질부와 연질부

화석은 멸종한 동물과 식물의 껍데기, 뼈, 목질 조직과 같은 경질부인 경우가 전형적이다. 대부분의 경우, 동물이나 식물이 살아 있을 당시에 몸을 지탱하는 데 이용되었던 **골격**이 화석으로 보존된다. 그럼에도 불구하고 골격은 멸종한 생물의 외형에 관한 중요한 정보를 준다. 왜냐하면 그들이 생물의 윤곽과 근육의 위치를 보여 줄 수 있고, 나무의 목질

표 3.1 원생생물, 식물 및 동물의 광물화 물질. 가장 흔한 산출은 XX로 표시 되었고 덜 흔한 산출은 X로 표시되었음.

아라고나이트	무기적				유기적				
	탄산염	방해석	인산염	규산	철산화물	키틴	셀룰로오스	콜라겐	케라틴
원핵생물	XX	X	X		X		X		
조류	XX	XX		X		X	XX		
고등식물		X		X	X		XX		
원생생물		XX		XX	XX	X	X		
균		X	X		X	XX	XX		
해면동물	X	XX		XX	X			XX	
자포동물	XX	XX				X		X	
태선동물	XX	XX	X			XX		X	
완족류		XX	XX			XX		X	
연체동물	XX	X	X	X	X	X		X	
환형동물	XX	XX	XX		X	X		XX	
절지동물		XX	XX	X	X	XX		X	
극피동물		XX	X	X				XX	
척삭동물		X	XX		X		X	XX	XX

부는 줄기 전체와 식물의 잎이 일부 섬세하게 보존되기 때문이다. 화석 기록은 경질부를 갖는 생물 쪽으로 편협된다. 오늘날 특정한 해양 환경에서는 연질부로 이루어진 생물이 거의 60%에 달하며, 이들은 정상적인 환경에서 화석으로 보존될 수 없다.

화석으로 보존될 수 있는 식물이나 동물의 경질부는 매우 다양하다(**표** 3.1). 탄산칼슘, 규산염, 인산염 및 산화철과 같은 무기질 광물질들이 이에 속한다. 탄산칼슘($CaCO_3$)은 유공충, 일부 해면, 산호, 선태식물, 완족류, 연체동물, 여러 절지동물 및 극피동물의 껍데기를 이룬다. 규산(SiO_2)은 방산충과 해면의 골격을 이루며 보통 **인회석**($CaPO_4$)으로 이루어진 인산염은 전형적으로 척추동물의 뼈, 코노돈트, 일부 완족류 및 벌레의 골격을 이룬다. 또한 식물의 리그닌(lignin), 셀룰로오스(cellulose), 스포로폴레닌(胞粉質, sporopollenin), 그리고 동물의 키틴(chitin), 콜라겐(collagen) 및 케라틴(keratin)과 같은 유기적 경질 조직도 있으며 이들은 독립적으로 존재하거나 광물화된 조직과 공존하기도 한다.

부패

부패 과정은 죽는 순간부터 시작하여 유기체가 완전히 사라지거나 광물화가 항상 부패를 중단시키지는 않지만 **광물화**될 때까지 계속된다. 만약 광물화 작용이 초기에 일어난다면 경질부와 연질부의 매우 상세한 모습이 보존되며 소위 예외적인 보존이 이루어진다. 대부분의 경우처럼 광물화가 느리게 이루어진다면 부패 과정은 모든 연질부를 제거하거나 치환하고 경질부도 영향을 줄 것이다.

부패 과정은 사체가 다른 유기체를 위한 먹이의 유용한 근원이 되기 때문에 일어난다. 큰 동물이 죽은 식물이나 동물의 조직을 먹을 때 그 과정을 **부식**(scavenging)이라고 하며, 박테리아나 균(fungi)과 같은 세균류들이 동식물의 사체를 변질시키는 것을 **부패**(decay)라고 한다. 잘 알려진 '부식'의 예로서는 하이에나와 독수리가 있으며, 그들은 덩치 큰 동물의 사체의 살점을 먹는다. 이들의 식사가 끝나면 딱정벌레와 같은 더 작은 부식동물들이 남은 살점을 먹을 것이다. 일반적으로 모든 동물의 살점은 하루 정도면 완전히 사라진다. 부패는 세 가지의 요소에 의존된다.

부패를 조절하는 첫째 요인은 산소의 공급이다. 산소가 아주 풍부한 **산화** 환경에서는 다음 식에서와 같이 탄소와 산소가 미생물에 의해서 이산화탄소와 물로 변환됨으로써 미생물은 죽은 동물이나 식물의 유기탄소를 분해한다.

$$CH_2O + O_2 \rightarrow CO_2 + H_2O$$

미생물에 의한 부패는 산소가 없는 **혐기성** 환경에서도 일어나며, 이런 경우 질산염, 이산화망간, 산화철 또는 황산염이 부패가 일어나게 하는 데 필요하다.

부패를 조절하는 두 번째 요인은 온도와 pH이며 아마도 이것이 가장 중요한 요소일 것이다. 높은 온도는 부패의 속도를 빠르게 한다. 모든 퇴적물의 경우처럼 pH가 중성일 때 부패의 속도가 빠른데, 그 이유는 이것이 미생물의 호흡에 이상적인 환경을 만들기 때문이다. 부패는 토탄층이 형성되고 있는 산성을 띤 늪지대에서와 같이 비정상적인 pH 조건에 의하여 속도가 느려진다. 토탄이나 갈탄에 보존된 화석은 흔히 그을린 가죽처럼 황갈색을 띠며 상당량의 연질부가 보존된다. 예를 들면 북유럽의 '소택지 사체들(bog bodies)'은 피부와 내부 기관까지 보존되어 있으며, 독일 에오세 가이젤탈 퇴적층(Geiseltal deposit)의 갈탄에서 발견된 규화된 화석에서는 피부와 근육의 섬유질까지 보존된 경우도 있다.

세 번째 부패 요인은 초기에 부패가 일어나기 쉬운 매우 **불안정한**(labile) 것으로부터 부패에 대한 저항이 매우 높은 것까지 변하는 유기탄소의 성질이다. 동물의 대부분 연질부는 빨리 분해되는 분자 구조를 가진 탄소의 형태인 **휘발성 물질**(volatiles)로 이루어져 있다. **내열성 물질**(refractories)로 불리는 또 다른 유기 탄소는 분해가 거의 일어나지 않으며 셀룰로오스와 같은 많은 식물 조직을 포함한다.

부식과 부패 과정의 일반적인 마지막 단계는 연질 부분이 완전하게 사라진 식물과 동물의 사체이다. 드물게 그 연질부의 일부가 보존되는 경우도 있지만 그것은 예외적인 보존의 예이다.

예외적인 보존

표 3.2에 많은 예외적 보존의 예들이 있다. **라거슈테텐**(Lagerstätten)으로 불리는 시대가 다른 특정한 화석이 산출되는 지층은 수백 개의 주목할 만한 화석 시료를 산출하며 어떤 경우에는 연질부가 보존된다. 매우 장관인 경우 유기탄소의 불안정한 형태로 구성된 근육과 같은 연한 조직이 보존되기도 한다. 그러나 일반적으로 키틴이나 셀룰로오스와 같은 부패에 더 강한 연한 조직이 화석으로 보존된다. 식물과 동물 조직은 휘발성 물질의 양에 의존한 순서로 부패되고, 부패 과정은 광물화 작용(minerallization)에 의해서만 중단된다(그림 3.2). 화석화 작용의 과정에서는 부패의 속도와 매몰 전 광물화 작용의 속도 사이의 경쟁을 생각하는 것이 가능하며, 이 두 속도의 교차점이 어느 특정한 화석의 보존의 질을 결정한다.

매몰된 연질부의 초기 광물화 작용은 (1) 매몰 속도, (2) 유기물의 종류, (3) 염분(그림 3.3a)에 따라서 황철석, 인산염 또는 탄산염을 얻게 된다. 매몰된 이후에 일어나는 물리화학적 변화를 **속성 작용**(diagenesis)이라고 한다. 연질부의 초기 속성 작용으로 일어나는 황철석화 작용(그림 3.3b)은 빠른 매몰, 퇴적물의 낮은 유기물 함량 및 황산염의 존재에 의해 우세해진다. 초기 속성 작용으로 일어나는 인산염화 작용(그림 3.3c)은 유기물 함량이 많고 천천히 매몰될 때 일어난다. 탄산염(그림 3.3d)에 연질부의 보존은 유기물 함량이 높은 퇴적물에서 빠른 매몰에 의해 우세하다. 염분의 농도가 낮은 경우 능철석이 퇴적되며, 염분의 농도가 높은 경우에는 탄산염이 방해석의 형태로 쌓인다. 흔치 않은 경우에 유기체가 호박(그림 3.3e)이나 아스팔트 같은 물질에 빨리 휩싸이고 보존되는 경우 부패와 광물화 작용이 일어나지 않는다.

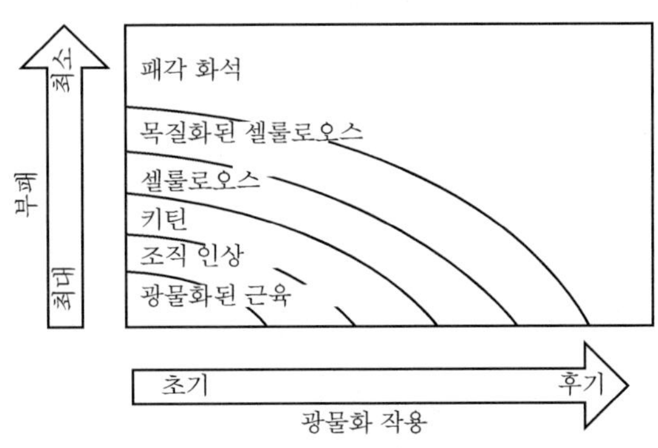

그림 3.2 부패와 광물화 작용의 상대적인 비율은 보존될 수 있는 조직의 종류를 결정한다. 부패율이 최소이고 광물화 작용이 매우 일찍 일어나는 경우에는 매우 불안정한 근육 조직이 보존될 수 있다. 부패가 최고조에 달하고 광물화 작용이 늦게 일어나는 경우에는 패각과 같은 비유기적 조직이 보존된다. [Allison(1988)에 근거.]

연한 조직의 광물화 작용은 세 가지 방법으로 일어난다. 드물기는 하지만 연질부는 인산염으로 세밀하게 치환되거나 복제된다. **광충 작용**(鑛充作用, permineralization)은 생물체가 죽은 후 단 몇 시간 이내에 매우 초기에 나타나며, 셀룰로오스나 키틴처럼 내구성이 강한 조직뿐만 아

표 3.2 세계적으로 유명한 라거슈테텐(예외적인 보존의 예)

라거슈테텐	시대	위치
선캄브리아 시대		
두샨투오 지층	6억 년 전	중국 구이저우 성
에디아카라 언덕	5억 6,500만 년 전	남오스트레일리아
캄브리아기		
마오티안샨 셰일, 쳉지앙	5억 2,500만 년 전	중국 윈난 성
에뮤베이 셰일	5억 2,500만 년 전	남오스트레일리아
시리우스 파셋	5억 1,800만 년 전	그린란드
하우스레인지	5억 1,000만 년 전	미국 서부 유타
버제스 셰일	5억 500만 년 전	캐나다 브리티시 컬럼비아
'오르스텐'	5억 년 전	스웨덴
오르도비스기		
슘셰일	4억 3,500만 년 전	남아프리카
실루리아기		
루들로 본베드	4억 2,000만 년 전	영국 슈롭셔
데본기		
라이니아 처트	4억 년 전	스코틀랜드
훈스뤼크 슬레이트	3억 9,000만 년 전	독일 라인란트-팔츠
길보아	3억 8,000만 년 전	미국 뉴욕
고고층, 카노윈드라	3억 6,000만 년 전	오스트레일리아 뉴사우스웨일스
석탄기		
메이존 크리크	3억 년 전	미국 일리노이
해밀톤 채석장	2억 9,500만 년 전	미국 캔자스
트라이아스기		
카라타우	2억 1,300만~1억 4,400만 년 전	카자흐스탄
쥐라기		
포시도니엔쉬퍼, 홀쯔마덴	1억 6,000만 년 전	독일 뷔르템버거
라 볼트서론	1억 6,000만 년 전	프랑스
졸렌호펜 석회암	1억 4,900만 년 전	독일 바바리아
백악기		
이시안층	1억 2,500만 년 전	중국 랴오닝 성
라스 호이아스	1억 2,500만 년 전	스페인 쿠엥카
크라토층	약 1억 1,700만 년 전	북동 브라질
시아고우층	약 1억 1,000만 년 전	중국 간쑤 성
산타나층	약 1억 년 전	북동 브라질
아우카 마후에보	8,000만 년 전	아르헨티나 파타고니아
에오세		
그린리버층	5000만 년 전	미국 콜로라도/유타/와이오밍
몬트 볼카	4,900만 년 전	이탈리아
메셀 오일 셰일	4,900만 년 전	독일 헤센
런던 클레이	5,400만~4800만 년 전	영국
플로리선트층	3,400만 년 전	미국 콜로라도
올리고세~마이오세		
도미니카 호박	3,000만~1000만 년 전	도미니카 공화국
리버슬레이	2,500만~1500만 년 전	오스트레일리아 퀸즐랜드
마이오세		
클라키아 화석층	2,000만~1700만 년 전	미국 아이다호
애시폴 화석층	1,000만 년 전	미국 네브래스카
플라이스토세		
란초 라브레아 타르 피트	20,000년 전	미국 캘리포니아

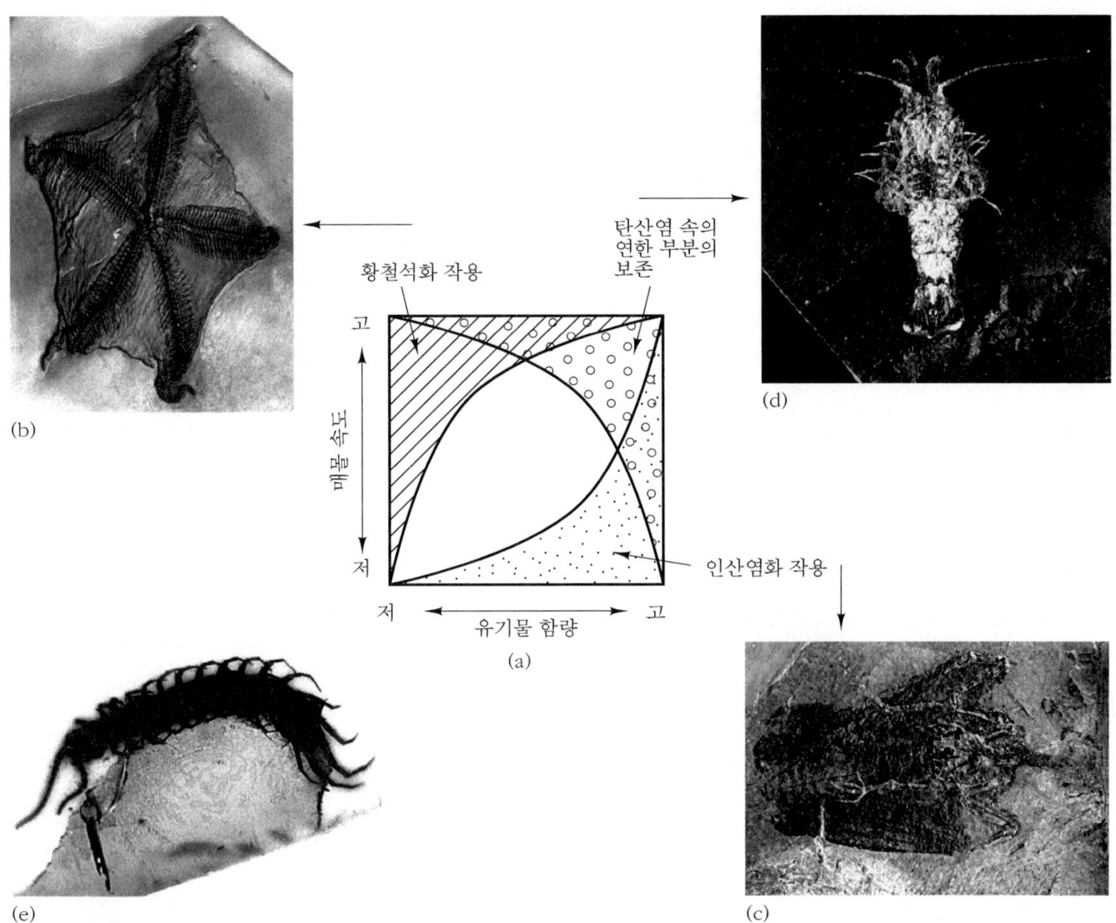

그림 3.3 예외적인 보존의 조건. (a) 매몰 속도와 유기체의 유기물 함량은 광물화 작용의 특성을 결정한다. 황철석화 작용은 빨리 매몰된 유기물 함량이 낮은 유기체에 일어나며 작은 벌레의 연질부가 그대로 보존될 수 있고, 독일의 전기 데본기 지층인 훈스뤼크쉬퍼가 그 예이다(b). 인산염화 작용은 중간 정도의 속도로 매몰되고 유기물 함량이 높은 유기체에 일어나며, 스웨덴의 캄브리아기 지층에서 산출된 아그노스티데스(*Agnostides*)의 예처럼 삼엽충의 다리가 보존되기도 한다(c). 캐나다 실루리아기 초기의 군집 산호 파보시테스(*Favosites*)의 폴립과 같은 탄산염(매몰 속도가 높고 유기물 함량이 높음) 내에 보존된 연한 부분(d). 부패 과정이 전혀 없다면 발트 해 연안의 어느 지역에서 발견된 호박 속의 파리처럼 작은 동물들은 물질의 소실 없이 유기적으로 보존될 것이다(e). [(a)는 Allison(1988)에 근거, (b)는 Phil Wilby 제공, (c)~(e)는 Derek Briggs 제공.]

니라 근섬유(**그림 3.3b**)와 같은 매우 유연한 조직도 보존한다. 연질부의 광물화 작용의 가장 일반적인 형태는 인산염, 탄산염 또는 황철석의 코팅(피복, 被覆)이나, 때때로 박테리아의 활동(**글상자 3.1**)에 일어난다. 광물질 코팅 현상은 완전하게 사라져 버린 연한 조직의 완벽한 복제를 보존한다. 연질부 광물화 작용의 마지막 세 번째 형태는 퇴적물의 다짐

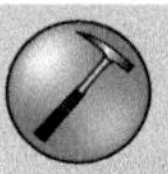

글상자 3.1 근육과 미생물의 예외적인 보존

근육 조직이 남아 있는 동물 화석의 예는 많이 있다. 그 시대 범위는 캄브리아기까지 거슬러 올라가며 긴 지질학적 시간에 비추어도 시료의 보존 상태가 양호하다. 아주 좋은 예는 예일대학과 브리스톨 대학의 브릭스(Derek Briggs)와 동료들(2005)에 의해서 제시된 독일의 상부 쥐라기 지층에서 제시된 투구게의 화석의 보고이다. 바덴-뷔르템베르그(Baden-Württemberg)의 누스프리겐(Nuspligen)에 있는 플라텐칼크(Plattenkalk) 지층에서 발견된 메소리뮬루스 왈치(*Mesolimulus walchi*, 그림 3.4a) 표본은 현생의 투구게와 아주 비슷하다. 그 화석 산지는 1893년부터 얕은 물에서 살았던 생물인 악어, 물고기, 부리와 내장의 내용물까지 남아 있는 암모나이트 및 노틸로이드, 갑각류, 절지류, 인접한 연안으로부터 씻겨 온 보존 상태가 양호한 육상식물 및 물속으로 떨어진 익룡과 같은 정교한 화석의 근원지로 알려져 왔다.

표본들은 슈투트가르트에 있는 박물관의 발굴 동안에 수집되었고, 자원봉사지인 후거(Rolf Hugger)에 의해서 발견되었으며, 그는 투구게의 넓은 머리 실드(head shield)의 주요 근육들이 보존된 것을 보고 놀라지 않을 수 없었다. 화학 분석 결과 그 근육들은 인산칼슘(인회석)으로 치환되어 있었고, 먹이를 누르고 소화 기관으로 옮기거나 다리를 움직이게 하며 몸을 구부리는 등 다양한 기능을 갖고 있었다. 전자현미경하에서는 근섬유가 완벽하게 드러났고(그림 3.4b), 고배율로 살펴본 결과 구모양의 구균(球菌)(그림 3.4d)과 나선균이 근육에 부착된 것으로 보였다. 이 구균과 나선균들은 아마도 투구게가 죽은 직후에 투구게의 근육 조직을 먹었던 미생물이며 이러한 현상을 **생물막**(biofilm)이라고 한다.

근육 조직은 생물의 사후에 빨리 분해되는 것으로 잘 알려져 있다. 실험에 따르면 이 투구게의 근육 조직은 하루나 수 주일 내에 인회석으로 치환이 되었음을 알 수 있다. 화석을 함유한 석회암이 퇴적될 당시 해저는 탄산칼슘으로 포화 상태였으며 pH는 인회석이 생성될 정도로 약간 낮았을 것이다. 아마도 죽은 투구게의 등딱지는 미생물이 근육 조직으로 성찬을 시작하였고 인회석이 침전될 정도로 국부적으로 pH를 낮추었던 보호 지붕의 역할을 하였다. 일부의 칼슘 인산염은 근육 조직의 부패로부터 왔겠지만 대부분은 주변의 퇴적물로부터 왔다.

누스플링겐(Nusplingen) 화석에 대한 참고 자료는 http://www.blackwellpublishing.com/paleobiology/에서 찾을 수 있다.

작용의 초기에 일어나는 조직 캐스트의 생성이다. 조직 캐스트의 예로는 유기체의 형태를 보존하고, 유기체가 납작해지거나 용해됨을 방지하는 규질 또는 석회질 단괴이다.

화석의 집적 상태는 또한 화석 라거슈테텐의 성질을 결정한다. 화석군집은 퇴적물의 운반과 분급의 과정에 의해 화석이 쌓인 시층을 형성하고 유해가 모이는 **집중**에 의해 만들어진다. 또한 부식과 부패 및 속성 작용의 과정에서 파손을 막는 방법으로 동식물 유해의 화석화 작용인 보존이 화석군집을 만들기도 한다(그림 3.5). 예외적으로 보존된 화석군집은 주로 보존 과정에서 생성된다. 바다와 호수 같은 특정 퇴적 환경은 퇴적물이

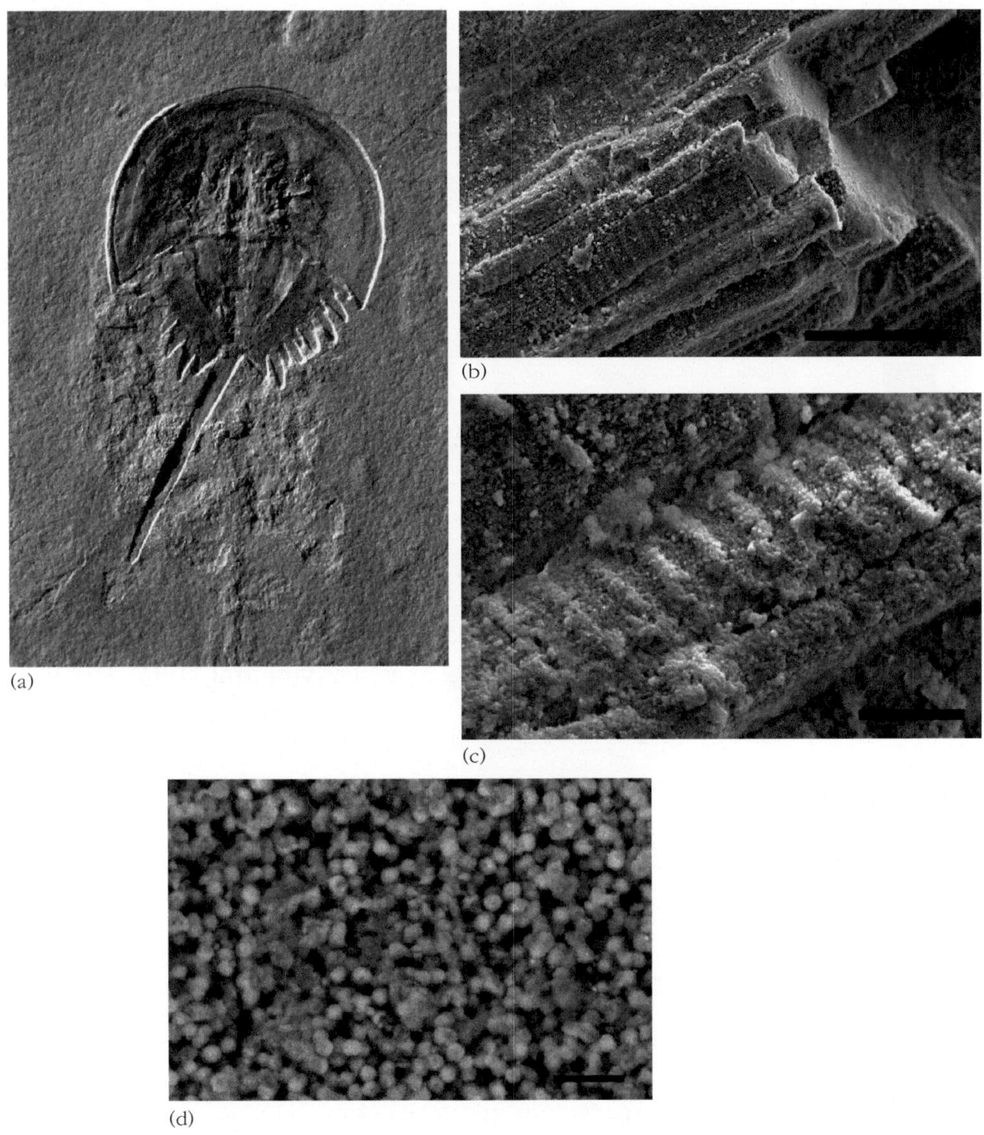

그림 3.4 근육이 예외적으로 보존된 쥐라기의 투구게인 메소리물루스 왈치(*Mesolimulus walchi*): (a)는 머리에 둥근 모양의 전체절과 중간 부분에 근육 조직이 보존되어 있다. (b) 근섬유, (c) 초창기 부패로 인한 띠 모양의 근섬유, (d) 근섬유로 연결된 작은 구균들. 축척: 20mm(a), 50㎛(b), 10㎛(c, d). (Derek Briggs 제공.)

보통 혐기성이며 물이 정체되고, 사체를 부식하는 동물이 없다. **옵류션 퇴적층**(obrution deposits)이라고 하는 다른 상황에서는 퇴적 속도가 매우 빨라서 사체가 동시에 매몰되며, 이는 빠르게 이동하는 하도나 삼각주 전면 그리고 퇴적물의 질량류가 쌓이는 다른 경

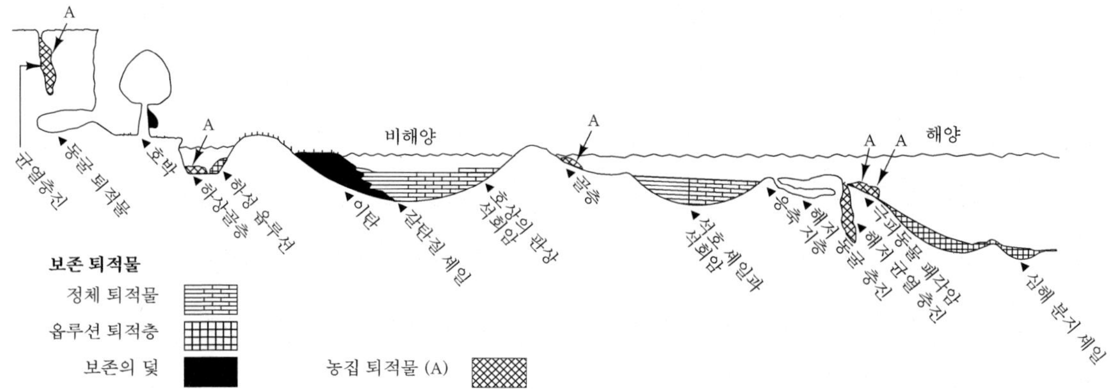

그림 3.5 예외적인 화석의 보존이 가능한 지역을 보여 주는 이상적인 단면도. 대부분은 보존 퇴적물이며 일부는 농축 퇴적물이다. [Seilacher 등(1985)에 근거.]

우에 일어난다. 매몰이라고 불리는 순간적인 보존이 일어나는 어떤 특정 조건은 **보존의 덫**(conservation trap)으로 불린다. 이에는 나무껍질에서 스며나오는 화석화된 수지이며 곤충을 포함하기도 한 **호박**(amber)과 동물과 식물이 빠지게 되면 거의 완벽한 형태의 시체가 보존되는 타르 구덩이와 이탄층이 있다.

파괴와 운반

부식과 부패의 과정 이후에 남아 있는 경질부는 더 이상의 변형 없이 매몰되거나 파괴되기도 하고 운반되기도 한다. 여러 가지의 파괴 과정이 있다(**그림** 3.6). 이들은 물리적으로 해체(disarticulation), 파쇄(fragmentation), 마모(abrasion)가 있으며 화학적으로는 생물에 의한 생물 침식(bioerosion), 용식 작용(corrosion), 용해(dissolution)가 있다.

여러 개의 부분으로 이루어진 골격은 구성 부분으로 나누어지는 **해체**가 일어날 수 있다. 예를 들면 단단한 껍데기를 가진 벌레나 척추동물의 뼈는 포식자나 파도나 해저의 해류에 의해서 분해될 수 있다(**그림** 3.6a). 해체는 부식 직후나 뼈와 뼈를 연결하는 근육이 부패된 다음 일어난다. 해백합의 경우 해체는 단 몇 시간 이내에 일어나며, 그 이유는 분리된 골격을 이어 주는 인대가 빨리 부패하기 때문이다. 삼엽충과 척추동물에서 호기성 또는 혐기성 박테리아에 의한 부패는 연결 조직이 완전히 제거되는 데 수 주일에서 수 개월이 걸린다.

골격은 또한 여러 개의 조각으로 **파쇄**되기도 하며 개개의 패각이나 뼈 또는 목질부의 조각은 약한 부분을 따라 더 작은 조각으로 분해된다(**그림** 3.6b). 파쇄는 포식자와 뼈를 부수는 하이에나 또는 집게발톱으로 패각을 가진 먹이를 싹둑싹둑 잘라먹는 게와 같은 부식자에 의해서도 일어난다.

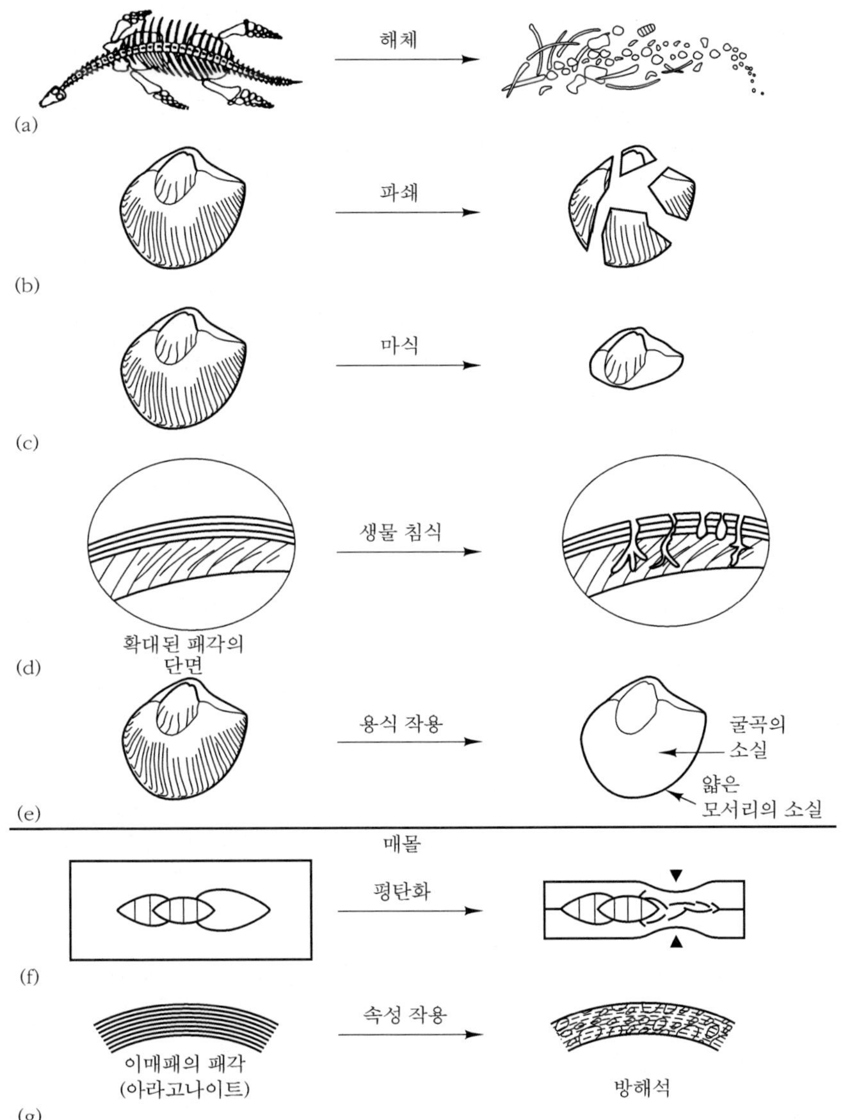

그림 3.6 화석의 파손과 속성 작용의 과정. 죽은 사체는 부식 또는 운반에 의해서 해체(a) 또는 파쇄(b), 물리적 운동에 의한 마식(c), 보링 생물에 의해 생물 침식(d), 또는 퇴적암 속에서 용액에 의해 용해된다(e). 매몰 이후, 표본은 퇴적물의 하중에 의해서 평탄화되거나(f), 방해석에 의한 아라고나이트의 치환 작용(g) 등과 같은 여러 가지의 화학적 속성 작용을 받는다.

대부분의 파쇄는 물리적인 운반 과정에서 일어난다. 뼈와 패각들은 그들이 물이나 바람에 의해 운반될 때 서로 부딪히거나 암석과 충돌한다. 파도의 작용은 이들을 자주 작은 모래 크기로 심하게 파쇄할 것이다.

패각과 뼈 및 목질부는 서로서로 또는 퇴적물 입자와 부딪히면서 물리적으로 갈리거나 연마에 의하여 **마식**(abrasion)되기도 한다. 마식은 표면의 섬세한 표면을 제거하고 조각의 모서리를 둥글게 한다(**그림 3.6c**). 표본의 밀도, 해류의 에너지, 주변 퇴적물 입자의 크기 및 노출된 시간에 따라서 마식되는 정도가 다르다. 보통 다공질의 표본보다 밀도가 큰 표본은 마식에 대한 저항력이 크고, 주변 퇴적물 입자의 크기가 크면 골격이 빨리 마식되는 경향이 있다.

특정 환경에서 패각, 뼈, 목질부는 해면, 조류 그리고 이매패 등의 보링하는 생물에 의해서 골격 물질이 제거되는 **생물 침식 작용**을 받기도 한다(**그림 3.6d**). 미세하게 보링하는 해면과 조류는 생물(숙주)이 살아 있는 동안에도 생물의 석회질 패각을 화학적으로 녹여서 작은 보링 네트워크를 만든다. 이러한 활동은 생물체가 죽어서도 계속 진행되며 어떤 패각화석은 표본의 절반 이상을 제거한 보링으로 가득 찬 경우도 있다. 어떤 보링 생물들은 통나무 속으로 먹어 들어가며, 생물의 내부 구조까지 아주 심하게 변화시키기도 한다.

매몰이 되기 전후에 골격 물질은 일반적으로 용식되거나 용해된다(**그림 3.6e**). 많은 골격 내부의 광물은 화학적으로 불안정하며 사체가 퇴적물 표본 위에 놓여 있는 동안 그리고 매몰 후 얼마의 시간이 지나서 분해된다. 탄산염은 약한 산성을 띠는 물에 쉽게 부식되고 용해된다. 가장 안정된 골격을 이루는 광물은 규질과 인산염이다.

매몰과 변화

동물과 식물의 유해는 전형적으로 부식, 부패, 분해 및 운반된 이후에 매몰된다. 물에 의해서 퇴적물들이 쓸려 내려오거나 바람에 의해서 유해가 퇴적물로 덮음으로써 표본은 점점 더 깊이 매몰된다. 매몰이 진행되는 동안이나 매몰 후에 표본은 화학적으로 또는 기계적으로 변화된다.

가장 일반적인 물리적 변화는 매몰된 표본 위에 퇴적된 퇴적물의 무게로 표본이 평평해지는 것이며 이것은 매몰 직후부터 진행된다. 이러한 힘은 퇴적층의 층리면에서 표본을 평평하게 만든다. 평평해지는 정도는 표본의 강도에 따라 다르다. 가장 먼저 붕괴되는 부분은 가장 얇은 골격과 내부에 가장 큰 공간이 있는 골격이다. 단단한 골격의 압착에는 더 큰 힘이 필요하다. 예를 들면 암모나이트는 연체부가 부패된 이후에 모래나 물이 채워질 수 있는 넓은 빈공간(격실, chamber cavity)을 지닌다. 이 부분이 먼저 붕괴되고(**그림 3.6f**) 패각은 단단하기 때문에 깨진다. 나머지 격실들은 좀 더 작으며 완전히 둘러싸여 기계적으로 더 강하기 때문에 나중에 압착된다. 통나무와 같은 식물 화석은 보통 단면이 거의 원형이며, 그들이 매몰되면 납작해져서 타원형의 단면을 갖게 된다. 나무의 목질부는 유연하기 때문에 일반적으로 깨지지 않지만 왜곡될 수는 있다.

이들은 속성 작용의 예이며, 속성 작용은 화석을 함유하고 있는 암석들 속으로 용융 상태의 화학 물질이 통과함으로써 매몰 직후 초기(예: 평탄화와 일부 화학적 변화) 또는 수

글상자 3.2 변형된 화석의 반변형 작용

몇몇의 화석들은 심하게 변형되고 왜곡되었을 수도 있으며, 따라서 그들은 원래 모양을 유지하고 있지 못하다. 이러한 왜곡은 압착 또는 속성 작용의 결과일 것이다. 그러나 그들은 변성 작용을 지시한다. 즉, 단층, 습곡 그리고 조산 운동과 같은 지구조 활동과 연관되어 있다. 만약에 이암이 높은 압력 하에서 습곡 작용을 받는다면 이것은 슬레이트로 변할 것이며, 암석 속에 있던 화석들은 늘어지거나 왜곡될 것이다. 대칭적인 모양을 하고 있는 화석(예: 그림 3.7)은 원래의 대칭성이 소실되는 방향으로 늘어나기 때문에 화석이 변형되었다는 사실을 확연히 알 수 있다. 많은 수의 화석이 각각 다른 방향으로 배열된 지층에서는 모든 화석이 암석 속에서 동일한 힘을 받기 때문에 각각 다른 방향으로 변형될 것이다.

'변형의 과정을 되돌린다.'라는 의미를 가진 반변형 작용(retrodeformation)의 과정을 통해 화석을 원래 모양으로 되돌리는 것이 가능하다. 일반적으로 하나 또는 여러 개의 화석들이 이차원의 평면에 그 윤곽들이 그림으로 그려져 있다면 컴퓨터 프로그램을 이용하여 변형된 모양을 조작함으로써 가장 쉽게 원래의 대칭성을 복원할 수 있다. 또한 이 방법으로 화석이 복원된 정도와 방향을 계산할 수도 있으며 화석을 변형시킨 지구조 운동의 특징에 대해서도 알 수 있다.

먼 과거의 지층으로 갈수록 변성 작용과 지구조 운동을 받았을 가능성이 높기 때문에 오래된 지층일수록 변형된 화석이 흔하게 산출된다.

다음의 주소에서 화석의 복원에 대한 참고 자료를 찾을 수 있다. http://www. blackwellpublishing.com.paleobiology/.

천~수백만 년이 지난 후에 일어날 수 있다. 후기 속성 작용의 예는 매몰된 지 수백만 년 이후에 일어나는 판구조 운동과 변성 작용에 의한 여러 종류의 변형을 들 수 있다(**글상자 3.2**).

패각 속의 탄산염 광물들은 아라고나이트, 방해석(Mg의 함량이 높은 것과 낮은 것 두 가지 형태가 있음), 아라고나이트와 방해석의 조합 광물 등 네 가지 형태로 나타난다. 가장 일반적인 속성 작용은 아라고나이트의 방해석으로의 변환이다. 매몰 후 퇴적물 속의 공극유체(pore fluid)는 탄산칼슘으로 불포화된 상태이며 아라고나이트는 완전히 용해되어 패각 모양의 빈 공간이 형성될 것이다. 이후에 탄산칼슘으로 불포화된 공극유체가 빈 공간의 방해석을 결정화시키며 패각의 완벽한 복제품(replica)을 만든다. 아라고나이트가 방해석으로 치환되는 과정은 매우 흔하게 일어나며, 패각의 결정질 구조의 변화로 쉽게 찾을 수 있다(**그림 3.6g**). 아라고나이트 바늘의 규칙적인 층은 크고 불규칙적인 방해석 결정 스페리 칼사이트(sparry calcite)로 바뀌거나 작고 불규칙적인 방해석 결정 미크라이트(micrite)로 바뀐다.

탄산염 결핵체(carbonate concretions)의 형성은 흔히 나타나는 속성 작용의 현상이며, $CaCO_3$(방해석) 또는 $FeCO_3$(능철석)이 퇴적물 속에 농축된 것이다. 탄산염 결핵체의 형

그림 3.7 (a) 완족류 에오플렉토돈타(*Eoplectodonta*) 변형의 수많은 예: 아일랜드의 실루리아기 지층에서 산출된 지구조 운동을 받은 이암. (b) 히말라야(부탄)에서 산출된 캄브리아기의 빌링셀라(*Billingsella*)의 변형된 표본(약 폭 20mm), (c) 원래 모양으로 반변형된 표본.

성은 매몰 과정의 초기에 일어나며, 이러한 사실은 밀폐된 화석이 부서지지 않고, 결핵체의 형성으로 압착으로부터 보호된 사실로부터 알 수 있다. 탄산염 결핵체는 산소가 거의 없는 환경의 바다에서 퇴적된 흑색 셰일에 흔히 생긴다. 흑색 셰일에는 유기탄소가 많으며 이들이 매몰되면 박테리아에 의한 무산소 부패가 시작된다. 이러한 과정은 퇴적물 속에 산화물의 양을 감소시키고 칼슘 또는 철 이온과 결합하여 탄산염 또는 능철석 농집체를 형성하는 중탄산이온을 생성한다. 이 농집체들은 칼슘과 철 이온이 많은 유기체의 잔해 주변에서 빠르게 결핵체로 성장한다.

무산소 해양 퇴적물에서 일어나는 또 다른 초기 속성 광물에는 황철석(FeS_2)이 있다. 이것은 얕게 매몰된 퇴적물에서 미생물에 의한 환원의 무산소 과정의 산물로도 형성된다.

황철석은 빨리 매몰된 근육과 같은 연질부를 치환하며 적절한 화학적 환경에서 경질부를 치환하기도 한다. 예를 들면 목질부는 황철석으로 치환되며, 용해된 아라고나이트나 방해석으로 이루어진 패각은 완전히 황철석으로 치환된다. 두 가지 경우 모두 원래의 골격 구조는 소실된다.

인산염은 척추동물의 뼈나 골격의 주요 구성 성분이다. 때때로 유기 인산염 덩어리는 미생물에 의한 부패로 변형되며, 미생물의 부패는 퇴적물 속으로 인산염 이온을 흘려보낸다. 이들은 칼슘 이온과 결합하여 인회석을 형성하여 용융된 석회질 패각을 완전히 치환할 수 있다. 다른 경우에 미생물에 의한 부패 과정은 연질부 또는 연질부로만 이루어진 생물체를 통째로 인산염으로 치환할 수도 있다. 생물의 배설물(분석) 또한 인산염화될 수 있다. 이러한 경우 인회석은 유기체 자체와 유기물이 농집된 주변으로부터 생성되며, 치환은 원래의 골격 구조의 일부나 전부를 파괴한다.

식물의 보존

식물의 보존은 동물에서 보는 것과 몇 가지 다른 점이 있기 때문에 별도로 다룬다. 식물은 일반적으로 이암, 실트암, 셰일과 같은 세립질 퇴적암에 압착된 상태로 보존된다. 그러나 예외적으로 아주 이상적인 환경하에서 3차원의 보존이 이루어지기도 한다. 식물 화석은 크게 네 가지 형태의 보존 방식이 있다(Schopf, 1975). 세포의 광충 작용, 탄화 압축, 자생 보존 그리고 경질부 보존(**그림** 3.8)이 그것이다.

세포의 광충 작용 또는 **석화**(石化) **작용**(petrifaction)에 의하여 보존된 화석(**그림** 3.8a)은 아주 섬세한 조직까지 남아 있을 수 있지만 유기물은 사라진다. 식물체는 침전되어 빈 공간을 채우고 일부 조직을 치환하는 용액 상태의 규산염, 탄산염 그리고 철화합물과 같은 용액 상태의 광물로 침투되었다. 세포의 광충 작용의 예는 데본기의 라이니 처트(Rhynie Chert)와 애리조나(Arizona) 화석림(Petrified Forest)의 트라이아스기 나무들이 있다. 세포의 광충 작용의 예로서 가장 많이 연구된 것은 **석탄구**(石炭球, coal balls)이다. 석탄구는 탄산염 암석에 식물 파편들이 농집된 종종 둥근 공 모양이나 불규칙한 모양을 이루는 덩어리로 주로 석탄기 역청탄과 함께 발견된다. 북아메리카와 유럽에서 엄청난 양의 석탄구가 수집되었으며, 조직의 단면은 놀랄 정도의 세부 조직을 보였다.

두 번째로 흔한 식물 화석의 보존은 **탄화 압축**(coalified compression)이다. 이것은 식물체 내의 가용 성분이 빠져나오고 식물체가 쌓여진 퇴적물에 의해 압착되어 생성된다. 비휘발성 잔유물은 검은색의 탄질 물질로 부서진 잎사귀, 줄기와 뿌리 그리고 드물게 나타나는 꽃, 열매, 씨, 구과, 포자와 화분으로부터 생긴다. 탄화 압축은 주로 상업적인 가행 탄층이나 실트암이나 세립질 사암에 형성된 얇은 막의 형태로 산출된다(**그림** 3.8b).

세 번째로 흔한 식물 화석의 보존은 **자생 보존**(authigenic preservation) 또는 몰딩(molding)과 캐스팅(casting)을 포함하는 **시멘트화 작용**이다. 철 또는 탄산염 광물은 식물체 주변에서 시멘트화되며 내부 구조는 완전히 파괴된다. 시멘트화된 광물은 정확한 식물 표본의 내부와 외부 캐스트를 만들며, 내부의 빈 공간은 광물로 채워짐으로써 식물의 줄기나 열매의 완벽한 복제품 또는 몰드를 만들기도 한다. 식물의 자생 보존의 예는 일리노이(Illinois)의 메이존 강(Mazon Creek)과 남부 웨일스(South Wales) 탄전의 철광석 결

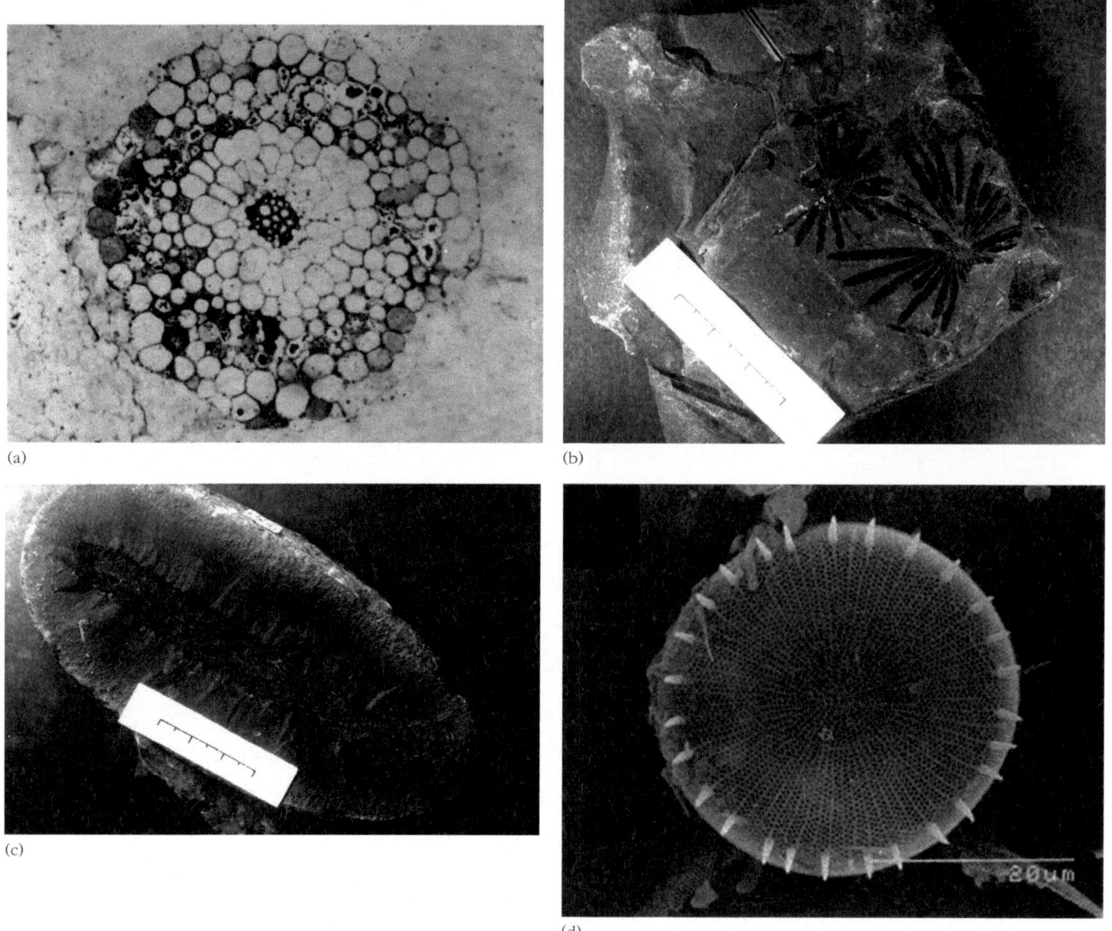

그림 3.8 식물 화석의 다양한 보존 형태. (a) 광충 작용, 라이니 처트(전기 데본기, 스코틀랜드)에서 산출된 규화된 식물 줄기(×50). (b) 탄화 압축, 웨일스 지방의 후기 석탄기 지층에서 산출된 아눌라리아(*Annularia*)의 잎(×0.7). (c) 자생 보존, 웨일스 지방의 후기 석탄기 지층에서 산출된 레피도스트로부스(*Lepidostrobus*)의 몰드(×0.5). (d) 직접 보존, 원래의 실리카 속에 보존된 규조 화석(축척 20㎛). [(a)는 Dianne Edwards 제공, (b)~(c)는 Chris Cleal 제공, (d)는 David Ryves 제공.]

핵체이다(그림 3.8c).

식물 보존의 네 번째 방법은 식물의 경질부가 그대로 보존되는 경우이다. 특히, 몇몇의 미식물은 변화되지 않은 상태로 남아 살아 있을 때와 동일한 모습으로 광물화된 조직을 가진다. 석회질 골격을 가진 석회질 산호 조류(coralline algae)나 규질 세포벽을 가진 규조토가 좋은 예이다.

✲ 화석 기록의 질

기록의 불완전성

화석 기록 연구의 초창기부터 고생물학자들은 화석 기록의 불완전성에 대하여 관심을 가져왔다. 유명한 다윈(Charles Darwin)은 1859년 『종의 기원』에서 지질 기록의 불완전성에 대하여 기술했으며, 그는 여러 생물학적, 지질학적 이유로 모든 생물과 모든 종의 소수 표본도 화석으로 보존되지는 않는다는 것을 명확하게 이해하였다. 1972년 라우프(David Raup)는 그의 논문에서 화석 기록을 불완전하게 만드는 모든 원인을 설명하였으며, 그 원인은 생물체와 화석으로서의 생물체의 보존을 사이에 놓고 일련의 필터(filters)로 생각될 수 있다.

1. **해부학적 필터**: 경질부를 가진 생물체가 일반적으로 화석으로 잘 보존된다. 벌레나 해파리 같은 연질부로만 이루어진 생물은 보존되는 경우가 드물다.
2. **생물학적 필터**: 행동과 개체 수의 크기에 대한 문제이다. 쥐와 같은 생물체는 판다(pandas)와 같은 동물보다 화석으로 남을 가능성이 훨씬 높다. 또한 쥐는 판다보다 생존 기간이 짧아서 더 많은 수가 죽기 때문에 더 많은 화석으로 보존될 가능성이 높다.
3. **생태학적 필터**: 서식 장소에 관한 문제이다. 예를 들면, 얕은 바다에 살던 동물이나 강 또는 호숫가에 살던 식물은 날짐승이나 물로부터 멀리 떨어진 곳에서 살던 생물보다 퇴적물 속에 매몰될 가능성이 더 높다.
4. **퇴적학적 필터**: 일부 환경은 퇴적 작용이 주로 일어나며, 그곳에서 유기체는 매몰될 가능성이 높다. 산기슭이나 해빈은 주로 침식 작용의 지역으로서 암석 기록에 남아 있을 가능성이 매우 낮다. 반면에 수심이 얕은 석호나 호수는 전형적으로 퇴적 작용이 일어나는 장소이다.
5. **보존 필터**: 유기체가 일단 퇴적물에 매몰되면 경질부가 살아남기 위한 화학적 환경이 필수적이다. 만약에 산성을 띠는 물이 퇴적물로 지나가면 살점과 뼈 및 패각은 파괴될 것이다. 또한 흐르는 강과 같이 퇴적물이 지속적으로 쌓이고 재동되면 골격은 물리적인 움직임에 의해서 닳아 없어지거나 파손될 것이다.
6. **속성 작용 필터**: 암석이 만들어진 이후에 화석은 계속 쌓이는 퇴적물 밑으로 매몰된다. 수천 년 혹은 수백만 년이 지난 다음 암석은 광물질이 녹아 있는 물에 의해서 변형될 것이며, 이러한 작용은 생물학적 분자를 광물학적 분자로 치환하여 화석을 증대시키거나 화석을 파괴할 것이다.
7. **변성 작용 필터**: 수백만 년이 경과하는 동안 판구조 운동은 화석을 함유한 암석에 열이나 압력을 가할 것이다. 이러한 변성 과정은 이암을 셰일로, 석회암을 대리암으로 변화시킨다. 화석은 이러한 악조건을 견뎌 내거나 파괴될 것이다.

8. 연직 운동 필터: 거의 모든 화석은 화석이 매몰된 바로 그 퇴적암 속에 있다. 매몰이란 암석이 더 젊은 암석에 덮이고 더 깊이 가라앉음을 의미한다. 판구조 운동은 화석을 함유한 지층을 표면으로 노출시키기도 하고 영원히 묻혀 눈에 띄지 않을 수도 있다.
9. 사람 필터: 화석은 사람에게 발견되거나 수집되어야 한다. 의심의 여지없이 매몰되고 다시 지표로 노출된 대다수의 화석은 해안 절벽 아래에서 물에 의해 씻겨 나가거나, 사막의 모래폭풍에 의해 사라진다. 어떤 사람은 화석을 찾고 수집한 다음 자신의 집에 수집해 두기도 한다. 물론 화석은 축적된 고생물학적 지식의 일부가 되기 이전에 박물관에 등록되어야 한다. 채집된 많은 화석은 쓰레기장에 버려지기 전에 어떤 사람의 침실에서 썩어 간다.

이러한 화석화의 어려운 과정에도 불구하고 한 유기체가 화석으로 보존되었다는 것은 놀라운 일이다.

전 세계적으로 박물관에 수집된 화석이 수백만 개가 넘는 사실은 고생물학자들의 부단한 노력의 증거이다. 또한 방대한 지질학적 시간과 엄청난 수의 생물이 지구상에 생존했었다는 사실을 반영하기도 한다.

편견과 타당성

1972년 라우프(Daid Raup)는 그의 논문에서 화석 기록은 불완전할 뿐만 아니라 **편견**이 있다고 주장하였다. 이것은 화석의 분포가 시간과 무관한 것이 아니라 오래된 암석일수록 상태가 더 나빠짐을 의미한다. 그 증거로 이론적 증거와 관찰적 증거가 있으며 이론적 증거가 설득력이 있다. 위에서 기술된 마지막 두세 가지 필터는 시간과 관계가 있으며, 오래된 암석일수록 기록에서 화석을 제거할 가능성이 크다. 세월이 지날수록 고기의 화석이 다량 포함된 지층은 변성되거나, 보다 젊은 암석에 덮이거나 침강하여 맨틀 속으로 섭입되거나, 침식되어 사라질 가능성이 더 높다. 암석에 화석이 오래 머물수록 위 과정에 의한 화석의 파괴 가능성이 더 높다. 고생물학자들은 지속적인 정보의 소실을 이미 잘 알고 있다. 만약 마이오세의 석호 퇴적층에서 화석을 채집하려고 한다면 패각은 풍부하고 훌륭하게 보존되었으며, 불과 한두 시간 내에 수천 개의 조개껍데기를 찾을 수 있을 것이다. 하지만, 캄브리아기의 동일한 환경에서 쌓인 퇴적층에서 화석을 채집하려고 한다면 화석이 아주 드물게 발견되고, 대부분 변성 작용으로 왜곡되거나, 암석에서 채집하기 힘들 것이다.

그러나 다른 학자들은 위와 같은 편견은 특별한 연구의 특정한 수준에만 적용된다고 한다. 마이오세 지층에서 캄브리아기 지층에서 보다 더 많은 수의 조개껍데기를 채집하고 더 많은 수의 종을 동정할 수 있을 것이다. 그러나 만약 종이나 표본보다는 과나 속을 고려하고, 단 하나의 채석장보다는 전체 대륙에서의 화석을 고려한다면, 대표성은 거의 균등할 것이다. 결국, 하나의 표본에서 종이나 속을 동정할 수 있으며 이 경우에는 많은 수의 표본이 필요하지 않다.

벤턴(Mike Benton)과 동료들은 2000년 연구에서 라우프에 의해서 제기된 화석 기록에 대한 일시적 편견은 아마 척도(scaling)의 문제일 것이라고 생각하였다. 오래된 암석일수록 화석 기록이 지속적으로 소멸한다는 라우프의 주장은 사실이다. 그렇다고 해서 더 큰 척도의 연구(coarser-scale studies)에서도 기록이 정밀할까? 벤턴과 동료들은 계통수에 발표된 1,000개의 표본을 대상으로 분기-층서 측정법(clade stratigraphy measures, **글상자 3.3**)을 적용하였다.

계통수는 계통수의 다른 영역에서 분지된 형태를 나타냈으며 그들의 연대는 제3기, 중생대 그리고 고생대로 나타냈다. 1,000개의 계통수는 약 200개의 계통수로 이루어진 다섯 개의 시간 구역으로 구분하였고, 계통수가 화석 기록과 얼마나 대등한지를 평가하였다. 다른 기준을 적용하여 계통수들은 고생대에서 신생대까지 아주 이상적인 측정치를 보여 주었다(**그림** 3.9). 따라서 벤턴과 동료들은 이것이 화석 기록의 샘플링은 지난 5억 년 동안의 대규모 척도에서도 역시 좋다(또는 나쁘다)는 것을 확증하는 것이라고 주장했다. 일반적으로 분기도는 속과 과 수준의 분류 수준으로 그려졌으며 평균 700만 년의 조(stages) 단위의 시간 규모로 그려졌다.

벤턴과 동료들의 연구 결과로 고생물학자들은 석탄기나 신생대의 연구에서 얻어진 자료가 캄브리아기에 대한 연구에 도움이 될 수 있다는 안도감을 갖게 되었다. 하지만 과연 우리가 화석 기록에서 정확하게 측정할 수 있는 것은 무엇이며 그것이 실제와 얼마나 가까울까?

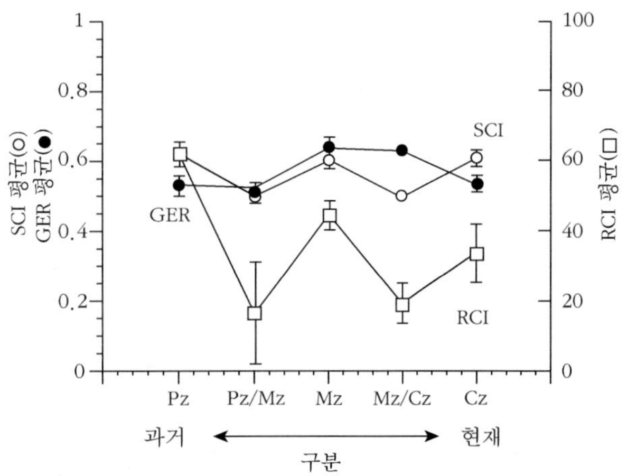

그림 3.9 1,000개의 분기도에 속한 데이터를 다섯 개의 지질학적 시간 구분 단위에 나타낸 층서학적 일관성 지수(SCI)의 평균값, 상대적인 완전 지수(RCI) 및 차이 초과율(GER). SCI와 GER은 시간에 지남에 따라 변화가 없는 반면에 RCI는 고생대에서 신생대로 갈수록 그 값이 작아진다. 그러나 RCI는 완전히 지질학적 시간에 의존하기 때문에 본 연구의 연구 방법으로 좋지 않다. Pz: 고생대에만 나타난 분기도, Pz/Mz: 고생대와 중생대에 걸친 분기도, Mz: 중생대에만 나타난 분기도, Mz/Cz: 중생대와 신생대에 걸친 분기도, Cz: 신생대에만 나타난 분기도. [Benton 등(2000)에 근거.]

보존적 편견 또는 공통 원인?

많은 고생물학자들은 화석과 암석 기록 사이의 밀접한 관계를 알고 있다. 예를 들면 갑작스럽게 나타난 화석을 포함하는 두꺼운 퇴적층은 시간 간격을 의미하며, 그 시간 간격에 대한 고생물학적 기록은 특히 잘 기록된다. 화석 기록이 암석 기록에 크게 영향을 받는다는 것은 어떤 의미일까?

피터스와 푸트(Peters & Foote, 2000)는 명명된 지층(표준 암석 단위; 25쪽 참조)의 수와 명명된 화석의 다양성 사이에 상당한

글상자 3.3 분기-층서 측정법(Clade-stratigraphic metrics)

고생물학자들은 생물의 역사에 대한 두 가지 출처의 자료를 갖는다. 암석 속의 화석과 진화론적 계통수가 그것이다. 진화론적 계통수가 분자 생물학적 또는 형태학적 자료로부터 분석적 접근법을 이용하여 생성되면, 화석의 연대와 계통수의 모양 사이의 직접적인 연결은 불가능할 것이다. 만약 그렇다면 화석의 순서와 계통수의 일치를 비교하는 것이 더 유용할 것이다. 두 가지가 일치한다면 두 가지 모두 맞는 이야기를 하지만, 그렇지 않으면 화석이나 계통수 또는 두 가지 모두 틀린 이야기를 한 것이다.

계통발생학과 화석 기록의 비교를 위한 측정 방법은 매우 다양하다. 가장 간단한 예로서 스피어만 등급 상관 계수(Spearman rank correlation coefficient, SRC)가 있다. 이것은 단순히 두 수열의 순서를 비교하는 **비매개변수** 측정이다. 만약 두 수열에서 순서가 충분히 유사하면 상관 계수는 통계학적으로 의미가 있는 것이지만, 그렇지 않으면 SRC는 중요하지 않은 결과를 의미한다. 그림 3.10a의 계통수에서 **분지점**(nodes, branching point)이 바닥으로부터 AB 또는 CD 점까지 1, 2, 3, 4와 같은 수로 매겨질 수 있다(AB와 CD 중 어느 것이 시대가 앞서는지는 알 수 없으며, 시계열에서 오직 하나 또는 다른 것만을 이용할 수 있다). 만약 가장 오래된 화석이 1, 2, 3, 4 순서이면 두 수열(분기와 화석)은 명백하게 일치한다는 의미이며 이때 SRC의 값은 +1로서 완벽한 양의 상관 관계이다. 그러나 화석의 순서가 1, 2, 4, 3?의 순서이면 충분히 상관이 있다고 할 수 있을까? 아니면 그렇지 않을까? 극소수의 경우 SRC 테스트가 결정적이지 못한 경우도 있지만 10 이상인 경우 유용한 결과를 줄 수 있다. 노렐과 노바체크(Norell & Novacek, 1992)는 초기 연구에서 포유류 분기도의 75%가 화석의 순서와 일치한다는 사실을 알았다. 분기와 화석 순서의 SRC 테스트가 실패한 경우는 화석 기록이 빈약한 것으로 예상되는 영장류와 같은 집단이다.

분기도와 지질시대 및 화석 산출을 비교하는 또 다른 방법은 층서적 일치 지수(stratigraphic consistency index, SCI), 상대적 완전 지수(relative completeness index, RCI) 및 차이 초과율(gap exess ratio, GER)이 있다.

- SCI(Huelsenbeck, 1994)는 분기도의 분지점이 알려진 화석 기록과 얼마나 잘 맞느냐를 평가한다. 분지점의 연대는 분지점 위 자매군의 알려진 가장 오래된 화석으로 매겨진다. 각 분지점(그림 3.10a)은 그 분지점 바로 아래에 있는 분지점과 비교된다. 상위의 분지점이 하위의 분지점보다 나이가 어리거나 같으면 분지점은 층서적으로 일치한다고 불린다. 만약에 하위 분지점이 젊다면 상위 분지점은 층서적으로 일치하지 않는다. 분기도의 SCI는 층서적으로 일치된 분지점의 합과 불일치된 분지점의 합의 비율을 비교한다. SCI 값은 알려진 화석 기록과 전적으로 반대인 사건의 순서를 의미하는 분기도를 통하여 모든 분지점이 층서적 기대치를 갖는 직선에 놓이는 분기도를 지시할 수 있다.
- RCI(Benton & Storrs 1994)는 분지점 간의 실질적인 시간 간격과 알려진 가장 오래된 화석 이전의 추정된 간격을 고려한다. 자매종은 정의에 의해 직접 공통조상으로부터 기원하였고, 그 조상으로부터 분산되었다. 따라서 두 자매군은 본질적으로 동시대에 출발한 화석 기록을 가져야 한다. 사실상 한 가계의 가장 오래된 화석은 자매 가계의 가장 오래된 화석보다 더 오래되었을 것이다. 이 두 가지 가장 오래된 화석 사이의 시간 간격을 유령 범위(ghost range) 또는 최소 분기 추정 간

(다음 쪽에 계속됨)

극(minimal cladistically-implied gap)이라고 한다. RCI(그림 3.10b)는 유령의 범위와 알려진 범위의 비율을 평가하며 그 값이 높은 것은 유령 범위가 짧은 것을 의미하며 화석 기록이 양호하다.

- GER(Wills, 1994)은 분기도 모양이 유령 범위를 최소화와 최대화되게 수정될 경우 특정한 예에서의 유령 범위의 실제 비율과 유령 범위의 가능한 상대적 최소와 최대 규모를 비교하는 RCI의 수정판이다. 이는 결과를 모든 가능한 결과의 맥락에 두고, 특정한 분기도 모양을 고려하여 계통수와 화석 기록의 일치를 평가한다.

위 방법들은 이용하여 서로 상반되는 분기학적 이론의 층서적 가능성을 평가할 수 있다. 만약, 어느 한 계통수가 매우 짧은 유령의 시간 범위를 갖고 다른 하나는 그 시간이 매우 크면 전자가 더 신빙성이 있다는 의미이다. 그리고 많은 수의 분기도 표본은 다른(다양한) 형태의 서식지 또는 화석군의 연구에 있어서 그 표집의 질과 화석 보존에 대한 일반적인 내용을 알게 해 준다. 예를 들면 벤턴 등(Benton et al., 2000)은 해양생물과 육상생물의 화석을 분기도와 비교해 보았을 때 그리고 척추동물과 극피동물의 비교에서도 전반적으로 차이가 없음을(해양의 환경이 육지보다 화석을 더 잘 보존할 수 있는 환경이라는 추정에도 불구하고) 발견하였다. 벤턴 등(2000), 해머와 하퍼(Hammer & Harper, 2006) 그리고 http://www.blackwellpublishing.com/paleobilogy/를 참조하라.

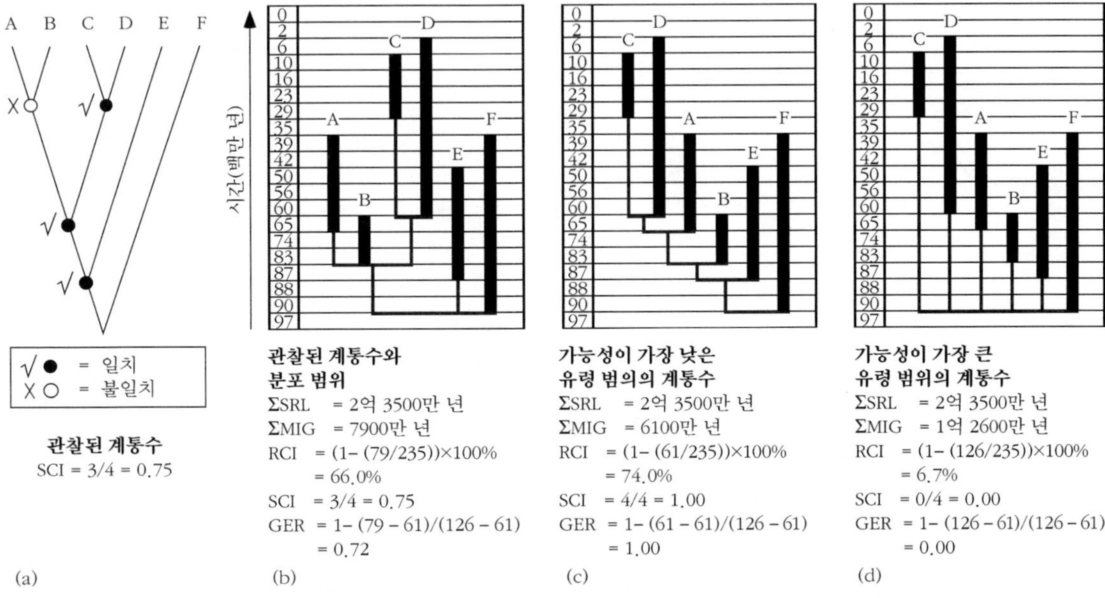

그림 3.10 분기 층서 측정법. 시간을 종축으로 한 분기도의 일치도 계산. SCI는 분기도의 불일치에 대한 일치의 비율이다. RCI=1(ΣMIG/ΣSRL)이며 여기서 MIG는 추정 간격의 최솟값 또는 유령 범위이며, SRL은 알려진 화석 기록의 표준 범위 길이이다. GER=1(MIG−G_{min})/(G_{max}−G_{min})이며, 여기서 G_{min}은 주어진 출현 시점의 분포에 대한 가능한 유령 범위의 합의 최솟값이고 G_{max}는 최댓값이다. (a) (b)의 분포 범위에 따라 계산된 SCI의 관찰된 계통수. (b) RCI의 값이 66.0%인 층서 범위의 분포와 관찰된 계통수. GER은 (c)와 (d)에서 계산한 G_{min}과 G_{max}로 유도되었다. (c) 가능한 MIG 또는 G_{max}를 산출하기 위해 재배열된 (b)로부터 유도된 층서 범위. [벤턴 등(2000)에 근거.]

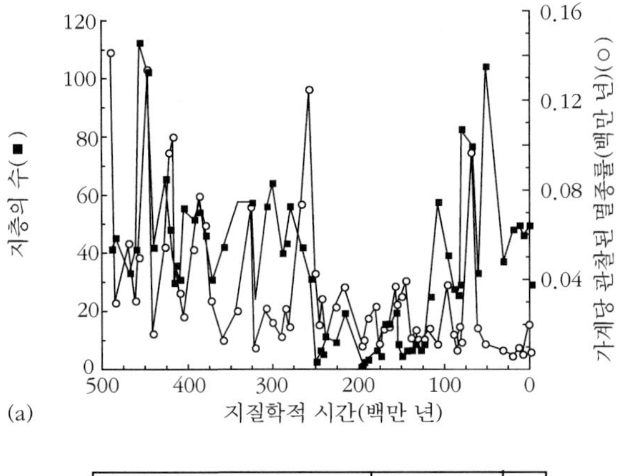

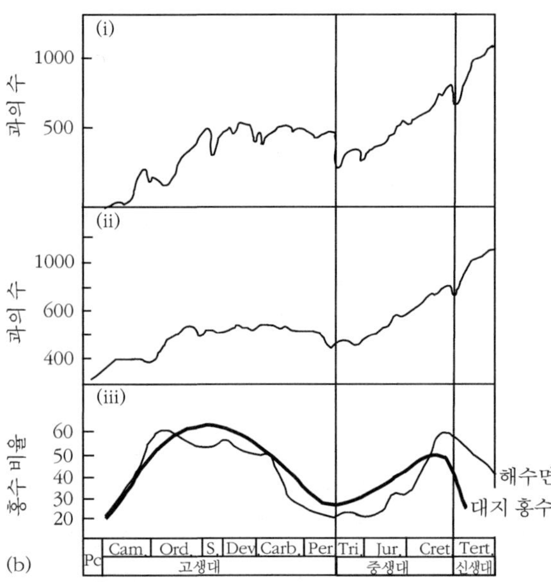

그림 3.11 화석 기록이 암석 기록의 영향을 받을까? (a) 지난 5억 년 동안 해성층과 멸종률을 나타낸 그래프. 암석 곡선과 화석 곡선이 매우 유사한 경향을 보임. (b) 셉코스키의 분석에 따른 해양 동물의 과의 수를 나타낸 그래프(i)과 벤턴의 그래프(ii), 현생누대 동안의 해수면 곡선(가는 실선)과 대지 홍수 비율(굵은 실선). 지난 1억 년 동안 해수면 곡선과 다양성의 근접에 주목하라. [(a)는 Peters와 Foote(2002)에, (b)는 Smith(2001)에 근거.]

연관 관계가 있음을 알았다. 시간에 따라 해성층이 나타나고 사라지는 것을 그래프로 작성해 보았을 때(그림 3.11a) 시간에 따른 해양생물의 출현과 멸종률이 그래프와 잘 들어맞았다. 그들은 화석의 출현과 소멸은 암석의 출현과 소멸에 의해 조절된다고 결론지었다. 이와 같은 경우 시간에 따른 생물의 다양성, 멸종, 또는 출현은 생물학적 변화의 신호라기보다는 지질학적 신호로 받아들여진다. 다시 말해서 화석 기록은 생물 진화의 기록이라기보다는 고생물학자를 위한 충격적이고 음울한 관찰이라는 것이다. 이것이 1972년 라우프(Raup)가 주장했던 **보존 편견 가설**(preservation bias hypothesis)로 지질학이 우리가 보는 화석 기록을 조절한다는 견해이다.

만약 지질이 화석 기록을 통제한다면 지층이 출현하고 사라지는 것은 어떤 의미를 갖는가? 스미스(Smith, 2001)는 많은 해성층의 기록은 전 지구적인 상대적 해수면의 높이와 관계가 있음을 보여 주었다. 과거 6억 년 동안의 해수면 변화 곡선(그림 3.11b)은 해저 확장, 판구조 운동 및 상대적인 빙하의 양(현재와 같이 극빙하의 양이 많으면 평균 해수면의 높이는 낮아진다)을 반영하는 주요 상승과 하강을 보인다. 스미스(2001)는 해수면 곡선과 해양생물의 다양성(그림 3.11b)을 나타내는 곡선과 상당 부분 매우 유사하다는 사실을 알아냈다. 명백하게 생물의 다양성이 떨어지면 해수면의 높이도 함께 낮아졌으며, 올라가면 역시 두 곡선이 평행선을 이루는 것이 명백했다. 그러나 지난 1억 년 동안 해수면의 높이는 낮아졌으나 생물의 다양성은 극적으로 증가하였다. 그것은 전반적인 것은 알 수 없지만 아마도 어떤 특별한 이유 때문이라고 생각된다.

이 모든 것은 무슨 의미일까? 첫 번째 결론은 지질학이 고생물학을 유도한다는 것이다. 즉, 화석 기록은 퇴적암의 총부피와 해수면에 밀접하게 영향을 받는다는 의미이다. 그러나 해수면과 퇴적암의 부피가 제3의 요인에 의해서 영향을 받는다면 어떻게 될까? 아마도 화석이 희귀한 시대와 낮은 퇴적 속도는 어떤 의미를 가질 것이다. 예를 들면 전 지구적인 격변 이후, 천해의 해성층이 퇴적되는 속도는 대규모의 해퇴로 매우 느릴 것이고, 동시에 생물의 개체수 역시 희박해질 것이다. 또한 많은 수의 암석, 특히 어떠한 석회암은 풍부한 패각과 생물의 파편으로 이루어져 있다. 지질학자들은 화석이 없는 지층보다 화석이 풍부한 지층에 이름을 붙이는 경향이 있어서 인간에 의한 요인 역시 존재한다. 이러한 화석들이 생물층서와 암석 단위의 구분을 위한 기초를 제공한다.

이러한 사실들을 고려할 때 많은 고생물학자와 지질학자는 암석이 화석의 산출에 영향을 미치거나 화석이 암석의 분포에 영향을 미치는 것이 아니라 화석과 암석이 제3의 원인에 종속된다는 제3의 원인을 선호한다. 이러한 현상은 피터스(Peters, 2005)에 의해 **공통 원인 가설**(common cause hypothesis)이라고 명명되었다.

제3의 원인은 판구조 운동과 장기간에 걸쳐서 일어나는 해수면의 변화와 연관이 있는 것으로 보이는데, 아마도 해수면이 높으면 해양생물의 다양성이 증가하고 해수면이 낮으면 해양생물의 다양성이 낮아지는 것으로 보인다. 공통 원인 가설은 보존 편견 가설보다 암석과 화석 기록 관계를 더 잘 설명해 주는 것 같다(Raup, 1972; Smith, 2001; Peters & Foote, 2002). 두 가지 관점을 구분하는 것은 매우 어렵지만, 광범위한 해양생물의 자료에서 화석과 암석 기록 사이의 상호 관계가 있음에도 불구하고, 이것이 '고생대'와 '현대'로 구분할 때 그 내용이 일치하지 않는 것을 보였다(Peters, 2008).

지질학적 기록에서 위기의 시기는 공통 원인 가설과 보존 편견 가설의 검증을 제공할 것이다. 피터스와 푸트(Peters & Foote, 2002)가 보여 준 것과 같이 일반적으로 지질학적 층의 숫자는 대량멸종 이후에 감소한다. 예를 들면 페름기와 트라이아스기의 경계(PTB)와 백악기와 제3계의 경계(KT)의 대량멸종 전에 화석을 포함하고 있는 지층이 매우 많으며, 화석은 풍부하고 다양하다. 이 두 사건 이후에는 층의 숫자뿐만 아니라 화석의 수도 급감했다. 자세히 연구해 보면 몇몇의 예들은 보존 편견 가설보다는 공통 원인 가설을 더 지지하는 것 같다. 대량멸종을 통한 화석의 다양성과 풍부함이 급감하는 동안에 샘플링은 일정하다(즉, 시간 간격을 지니는 유사한 암상에서 화석 함유 지역의 동일한 숫자). 보존 편견 가설은 채집된 층이나 산지의 숫자에 따라 화석의 다양성과 풍부함이 증가하다가 감소할 것으로 예측할 것이다. 화석의 풍부성과 화석 산지 수가 일정하거나 증가하는 동안 화석의 다양성이 감소하는 반대의 경우를 찾는 것은 화석 신호가 건재하다는 것을 제시한다(Wignall & Benton, 1999; Benton et al., 2004).

보존 편견 가설과 공통 원인 가설 간의 논쟁은 암석 속의 화석, 즉 기록으로 남겨진 화석만을 의미한다. 그러나 고생물학자들은 화석이 진정한 과거의 반영인가? 라는 좀 더 깊이 있는 의문에 관심을 가지고 있다.

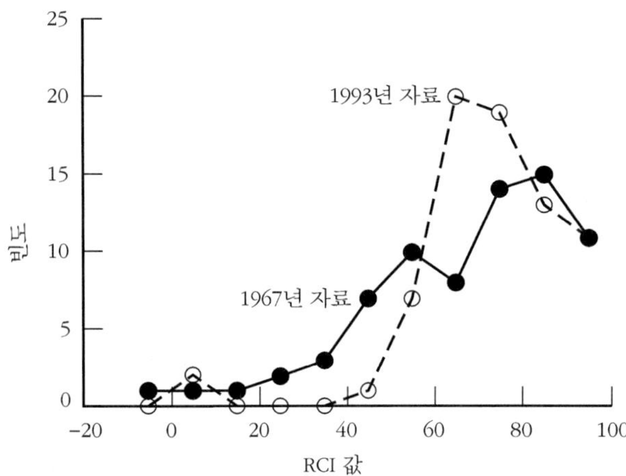

그림 3.12 고생물학적 지식은 1967년부터 1993년 사이의 26년 동안 약 5% 정도 증가하였다. 1993년의 데이터에 따르면 사족동물의 화석 기록의 상대적 완전 지수(RCI)가 1967년보다 5% 이하의 차이가 나타난다. 이 그림에서 암석 속의 화석의 출현 순서와 분기도의 분지점 순서를 비교하였다. 2019년까지 그래프가 5% 오른쪽으로 이동(100% 완전함)할까? [Benton과 Storrs(1994)에 근거.]

샘플링과 실존

화석 표본을 채집할 때 고생물학자는 어떤 일을 하는가? 그들은 생명의 역사에 관한 더 나은 지식의 체계를 세울 수 있을까? 아니면 단지 불완전하고 오류가 많은 화석 기록을 샘플링하는 방법을 개선하는 정도일까? 1994년 벤턴과 스토르스(Benton & Storrs)의 연구는 시간이 지남에 따라 샘플링 방법이 점점 개선되고 있음을 보여 주었다. 분기–층서 측정법(**글상자 3.3**)을 활용하여 1967년과 1993년 사이의 고생물학적 지식이 어떻게 변해 왔는지 비교하였고, 26년 동안 약 5%의 개선이 있었음을 알 수 있다(**그림 3.12**). 정적인 분기도에 표시하였을 때 최소한 1993년의 화석 기록이 1967년의 화석 기록보다 5% 정도 더 일치하는 것으로 이해되었다. 새로 발견된 화석들은 차이를 증가(유령 범위의 증가)시키는 것이 아니라 그 차이를 채웠다(유령 범위의 감소). 결론적으로 26년이 지난 2019년 즈음에는 모든 것을 알게 될 것이라는 하나의 결론이 가능하지만 결코 유령의 시간이 완전히 사라지지는 않을 것이며, 새로운 발견이 매우 드물게 유령의 범위를 옮겨 주는 수확체감의 법칙(law of diminishing returns)이 있다. 소위 라자루스 분류군(Lazarus taxa, **글상자 3.4**)으로 불리는 유령의 범위와 그들의 표지에 대한 전체적인 연구가 있다.

모든 이러한 연구는 화석 기록에 대한 우리의 지식에 살펴본 것이며 다음과 같이 **화석 기록**이라는 용어의 세 가지 의미가 있다.

1. 암석 중의 화석에 대한 지금까지의 우리의 지식(일반적 의미)
2. 암석 중의 화석에 대한 궁극적인 우리의 지식(모든 화석이 채집되어 왔을 경우)
3. 과거에 실제로 무엇이 살았을까?

우리가 지금까지 보아 왔듯이 딱딱한 경질부가 없거나 적절하지 않은 장소에서 서식한 많은 종은 결코 화석으로 남을 수 없다. 따라서 고생물학자들은 화석 기록의 단절을 메우기를 간절히 원하며 그것은 **그림 3.12**와 같은 결과로 나타난다. 그러나 과거 어느 한때 살았던 생물의 실재와 우리가 알고 있는 사실은 얼마나 가까울까?

글상자 3.4 라자루스 분류군, 엘비스 분류군 및 죽은 분기의 보행

실존하지 않거나 시대와 장소를 잘못 이해하고 있는 화석에 대한 전문 용어가 있다. 시카고 대학의 제블론스키(David Jablonski)는 1983년 현재에는 생존하지만 과거 한때 멸종되었다고 생각된 종이나 속에 **라자루스 분류군**(Lazarus taxa)이라는 용어를 사용하기 시작하였다. 라자루스는 성경에서 죽었다가 예수에 의해서 다시 살아난 사람의 이름을 딴 것이다. 생물종은 멸종했다가 다시 출현하는 것은 불가능한 일이다. 따라서 라자루스 분류군은 상부 지층이나 하부 지층에서 생물종의 화석이 잘 보존되지 않아서 화석 기록이 시간 간격을 두고 나타난 것으로 생각된다. 스미소니언 연구소의 어윈(Doug Erwin)과 캘리포니아대학의 드로서(Mary Droser)는 1993년 멸종했다가 생물학적으로 서로 연관되지 않은 종이지만 형태적으로 아주 유사한 종이 그 종을 대체한 경우 이를 **엘비스 분류군**(Elvis taxa)으로 부르기 시작했다. 엘비스 분류군은 면밀한 해부학적인 연구가 수행되지 않는 경우 라자루스 분류군으로 오인될 수 있다.

이에 맞서 제블론스키는 2002년 대량멸종 이후 곧 멸종한 생물종을 일컬어 **죽은 분기의 보행**(dead clade walking)이라는 용어를 사용하였다. 그는 많은 수의 생물종이 대량멸종 직후에도 살아남아 있다가 곧 사라진다는 것을 알게 되었다. 그들은 대량멸종의 큰 사건은 견뎌 냈으나 진화를 이어 나갈 정도의 회복력은 이미 상실한 것이었다.

홉킨스(Claude Hopkins)가 그의 저서 『과학적 광고(Scientific Advertising)』(1923)에서 말한 바와 같이 "적절한 이름은 그것 자체가 광고이다."

초자연적인 능력 없이 그것을 평가하기는 너무 어려운 일이다. 어느 날 고생물학자는 화석 기록(의미 1 또는 2)을 생명의 역사를 푸는 열쇠로 믿을 것이다. 하지만 다른 날은 화석 기록이 과거에 살았던 생물의 일부만 남아 있기 때문에 생물의 역사(의미 3)를 이해하는 것이 너무 힘들어서 절망에 빠질 것이다.

그럼에도 불구하고 대부분의 고생물학자와 다른 과학자들은 화석 기록(의미 1)이 생물의 역사를 이해하는 데 대체로 옳은 단서를 제공한다고 인정한다. 이런 약간 낙관적인 관점의 증거로서 그들은 경이로움의 결여를 지적할 것이다. 만약에 화석 기록을 터무니없이 생명의 역사를 갖는 양호한 상태라고 해석한다면 마이오세 지층에서 쥐라기 공룡의 화석과 함께 인간의 화석을 찾을 수 있을 것이라고 기대할 것이다. 1830년 라이엘(Charles Lyell)의 기대에도 불구하고 우리는 그렇게 생각하고 있지는 않다. 사실상 시간 범위에 추가되는 새로운 화석의 발견은 거의 항상 유령의 범위를 메워 준다. '교과서를 새로 쓸 가장 오래된 인류 화석'이라는 과장된 표현을 언론에서 사용한다고 하더라도 새로운 발견은 거의 항상 기대되었던 시간과 공간을 벗어나지 않는다.

아마도 분기-층서 측정법(**글상자 3.3**)은 화석 기록과 실제를 비교하는 가장 좋은 방법이다. 단도직입적으로 말해서 화석이 DNA 분석에 기반을 둔 100가지 현생종의 계통수와 밀접히 들어맞는다면 화석 기록(의미 1)은 실존(의미 3)을 바르게 나타낸다.

이것이 전적으로 결정적인 설명일 수는 없지만, 화석 기록에 의한 계통수와 현생 생물의 계통수 사이의 일치성이 많을수록 고생물학자는 아마도 화석이 생명의 역사의 진실한 이야기를 하고 있다는 확신이 커질 것이다.

복습 문제

1. 인체의 중요한 경질부와 연질부 조직을 요약하시오. 어느 것이 더 부패가 잘되며 또 어느 것이 부패에 가장 저항력이 강한가?
2. 다음 화석 중 더 완전하게 이해될 수 있는 것을 고르고 그 이유를 말하시오. (공룡과 개구리, 연체동물과 환형동물, 새와 박쥐, 육상 달팽이와 대합)
3. 나무가 죽은 다음 잎, 열매, 가지, 줄기 그리고 뿌리의 다양한 부분에서 단계적으로 어떤 일이 일어날까? 각각의 요소는 얼마나 오랫동안 존재하고 그들은 어디에서 끝날까?
4. 캄브리아기의 화석들은 마이오세의 화석들보다 왜 그 수가 적으며 보존 상태가 나쁜가?
5. 새로운 화석종을 발견하기 위한 계획을 수립할 때 성공을 보장하기 위하여 당신은 어떻게 탐사 계획을 세울 것인가?

더 읽을거리

Allison, P.A. & Briggs, D.E.G. 1991. *Taphonomy: Releasing the Data Locked in the Fossil Record.* Plenum Press, New York.

Briggs, D.E.G. 2003. The role of decay and mineralization in the preservation of soft-bodied fossils. *Annual Review of Earth and Planetary Sciences* **31**, 275–301.

Briggs, D.E.G. & Crowther, P.R. 2001. *Palaeobiology; A Synthesis*, 2nd edn. Blackwell Publishing, Oxford.

Donovan, S.K. 1991. *The Processes of Fossilization*. Belhaven Press, London.

Hammer, O. & Harper, D.A.T. 2005. *Paleontological Data Analysis*. Blackwell Publishing, Oxford.

Hopkins, C. 1923. *Scientific Advertising*. Lord & Thomas, New York.

Schopf, J.M. 1975. Modes of plant fossil preservation. *Review of Palaeobotany and Palynology* **20**, 27–53.

참고문헌

Allison, P.A. 1988. The role of anoxia in the decay and mineralization of proteinaceous macrofossils. *Paleobiology* **14**, 139–54.

Benton, M.J. & Storrs, G.W. 1994. Testing the quality of the fossil record: paleontological knowledge is improving. *Geology* **22**, 111–14.

Benton, M.J., Tverdokhlebov, V.P. & Surkov, M.V. 2004. Ecosystem remodelling among vertebrates at the Permian-Triassic boundary in Russia. *Nature* **432**, 97–100.

Benton, M.J., Wills, M. & Hitchin, R. 2000. Quality of the fossil record through time. *Nature* **403**, 534–7.

Briggs, D.E.G., Moore, R.A., Shultz, J.W. & Schweigert, G. 2005. Mineralization of soft-part anatomy and invading microbes in the horseshoe crab *Mesolimulus* from the Upper Jurassic Lagerstatte of Nusplingen, Germany. *Proceedings of the Royal Society, London B* **272**, 627–32.

Darwin, C.R. 1859. *On the Origin of Species by Means of Natural Selection, or the Preservation of Favoured Races in the Struggle for Life*. John Murray, London, 502 pp.

Huelsenbeck, J.P. 1994. Comparing the stratigraphic record to estimates of phylogeny. *Paleobiology* **20**, 470–83.

Norell, M.A. & Novacek, M.J. 1992. The fossil record: comparing cladistic and paleontologic evidence for vertebrate history. *Science* **255**, 1690–3.

Peters, S.E. 2005. Geologic constraints on the macroevolutionary history of marine animals. *Proceedings of the National Academy of Sciences USA* **102**, 12326–31.

Peters, S.E. 2008. Environmental determinants of extinction selectivity in the fossil record. *Nature* **453**, in press.

Peters, S.E. & Foote, M. 2002. Determinants of extinction in the fossil record. *Nature* **416**, 420–4.

Raup, D.M. 1972. Taxonomic diversity during the Phanerozoic. *Science* **177**, 1065–71.

Schopf, J.M. 1975. Modes of plant fossil preservation. *Review of Palaeobotany and Palynology* **20**, 27–53.

Seilacher, A., Reif, W.-E., Westphal, F., Riding, R., Clarkson, E.N.K. & Whittington, H.B. 1985. Extraordinary fossil biotas: their ecological and evolutionary significance. *Philosophical Transactions of the Royal Society B* **311**, 5–23.

Smith, A.B. 2001. Large-scale heterogeneity of the fossil record, implications for Phanerozoic biodiversity studies. *Philosophical Transactions of the Royal Society B* **356**, 1–17.

Wignall, P. & Benton, M.J. 1999. Lazarus taxa and fossil abundance at times of biotic crisis. *Journal of the Geological Society of London* **156**, 453–6.

Wills, M.A. 1999. Congruence between phylogeny and stratigraphy: randomization tests. *Systematic Biology* **48**, 559–80.

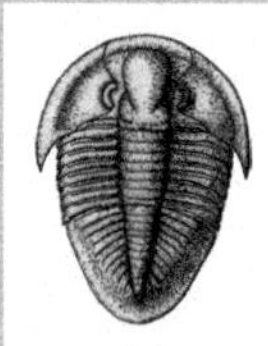

제 4 장
고생태와 고기후

학습 키포인트

- 화석 생물들은 기본적인 진화의 증거를 제공한다. 그들은 또한 고대의 동물과 식물 군집들(communities)의 복원을 가능하게 한다.
- 고생태학자들은 단일 화석 생물들을 연구하거나(개체고생태학) 화석 군집들의 성분과 구조를 연구한다(군집고생태학).
- 화석 생물들의 고생태는 그들의 서식지와 함께 생존 전략과 영양섭취 방식(섭식) 면에서 기재될 수 있다. 사실 모든 화석 생물들은 다른 화석 생물들과 그들을 둘러싼 환경과 서로 작용한다.
- 개체 집단들과 고군집들(paleocomunities)은 다양한 통계학적 기법으로 분석될 수 있다.
- 진화적 고생태학은 시간에 따른 고군집들의 구조와 성분 변화를 기록한다.
- 밤바치 거대 조합(Bambachian megaguilds, 유사한 적응 전략을 지닌 생물군)은 그 수와 구성원에 있어서 뚜렷한 변화가 있어 왔다. 시간에 따른 저서생물이 사는 깊이와 높이(tiering), 포식의 강도 그리고 시간에 따라 축적된 패각 성분의 변화 등.
- 생태학적 사건은 중요도에 따라 분류되고 등급이 정해진다. 생물 다양성 사건과 무관한 사건은 분리될 수 있다.
- 고기후는 기후에 민감한 생물군과 퇴적물, 그리고 안정동위원소에 기초하여 기재될 수 있다.
- 기후는 어느 정도 다른 수준의 진화적 변화를 일으키는 중요한 요소가 되어 왔다.
- 생물과 환경 사이의 피드백 회로는 가이아 가설이 일부 지질시대에 유용한 모델임을 보여 준다.

내가 세상에 어떻게 비춰질지 나는 모르지만, 엄청난 진실의 대양이 모두 미발견 상태로 내 앞에 놓여 있는 동안, 나는 해변에서 놀며 가끔씩 보다 더 매끄러운 자갈이나 조개껍데기를 줍는 소년에 지나지 않았을 것이다.

뉴턴(Sir Isaac Newton, 1727)

✻ 고생태학

해빈의 자갈과 패각은 그들의 근원에 대한 단서를 우리에게 제공한다. 고생물학자들은 그 같은 제한된 정보에 근거하여 고대의 생활방식과 현장을 복원할 수 있고, 이것이 고생태학의 기초이다. **고생태학**(paleoecology)은 생물, 화석 생물들의 시간, 동식물 개체들의 생활방식은 물론이고, 그들의 상호 관계와 그들을 둘러싼 환경도 함께 연구한다. 우리는 지구 생물의 진화에 대해 상당량 알고 있으나 생물의 생활방식과 서로의 상호작용에 대해서는 아는 것이 비교적 적다. 고생태학은 의심할 여지없이 고생물학의 보다 흥미로운 한 분야이다. 과거 생태계와 그곳에 살던 생물의 복원은 커다란 즐거움이 될 수 있다. 그러나 공룡이나 필석과 같은 멸종한 동물들이 진정 어떻게 살았는지 우리가 제대로 알아낼 수 있을까? 버제스(Burgess) 셰일의 기이한 동물들이 어떻게 어울려 살았고, 그 같은 군집들이 환경 변화에 어떻게 적응해 살았을까?

예외적인 고대 군집들을 살펴보기 위한 과거로의 여행은 불가능하므로 과거의 복원을 위해서 우리는 여러 가닥의 간접 증거와 추론에 의존해야만 한다. 이 추론의 요소는 일부 고생물학자들이 고생태학을 과학의 주류에서 제외되도록 유발시켰는데, 그 같은 주제는 강의실보다는 학술적 모임에서 더 잘 논의되었다. 그러나 최근 생겨난 수치와 통계학적 기법은 고생태학이 실제로 다른 과학 분야와 크게 다르지 않다는 가설의 틀을 정하고 평가하는 데 도움이 된다.

역시 아주 최근에 고생태학은 행성의 장기 변화를 조사하는 데 있어서 아주 광범위하고 중요한 발전을 해 왔다. 시간에 따른 생태학적 자료는 이제 진화하는 행성의 생태계 모델링에 기초가 되고 있다. 영향력이 있는 러브록(James Lovelock)의 저술은, 2세기 전 허턴(James Hutton)의 의심스럽던 이론에 지나칠 정도로 반향하여, 지구 자체는 하나의 초유기체(supeorganism)의 모델이 될 수 있다고 하였다. **가이아**(Gaia) 개념은 행성을 생물학적, 화학적 및 물리학적 과정들이 면밀히 평형을 이룸으로써 환경을 조절할 수 있는 살아 있는 생물체라고 기술한다. 시간에 따른 생태학적 변화와 과정 모두는 생물 다양성의 변화 못지않게 중요한 것으로 여겨져 왔다. 이들 연구는 비교적 새로운 분야인 진화 고생태학의 일부에 속한다.

고생태학적 조사는 다량의 탐정 작업이 요구된다. 현생군집에서 무엇이 일어나는지를 이해하는 것은 비교적 쉽다(**그림 4.1**). 생태학자들은 동식물의 서식지 적응, 생물들끼리와 그들의 환경과의 상호작용, 나아가 군집 내 에너지와 물질의 흐름에 관심을 둔다. 생태학자들은 또한 개체 집단, 군집, 생태계 등 다양한 수준의 생물을 연구한다. 현생군집의 표본을 추출하여 생물군의 정확한 풍부성과 생체량(biomass)의 추정값을 구하고, 군집의 다양성과 영양 구조를 추론한다. 그러나 화석 동식물들은 그들의 생활환경에 보존되어 있지 않다. 연질부와 연체(soft-bodied) 생물들은 대개 부식동물에 의해 제거되는 반면에 경질부는 노출되어 있는 동안 다른 곳으로 운반되거나 침식된다(3장 참조). 현생

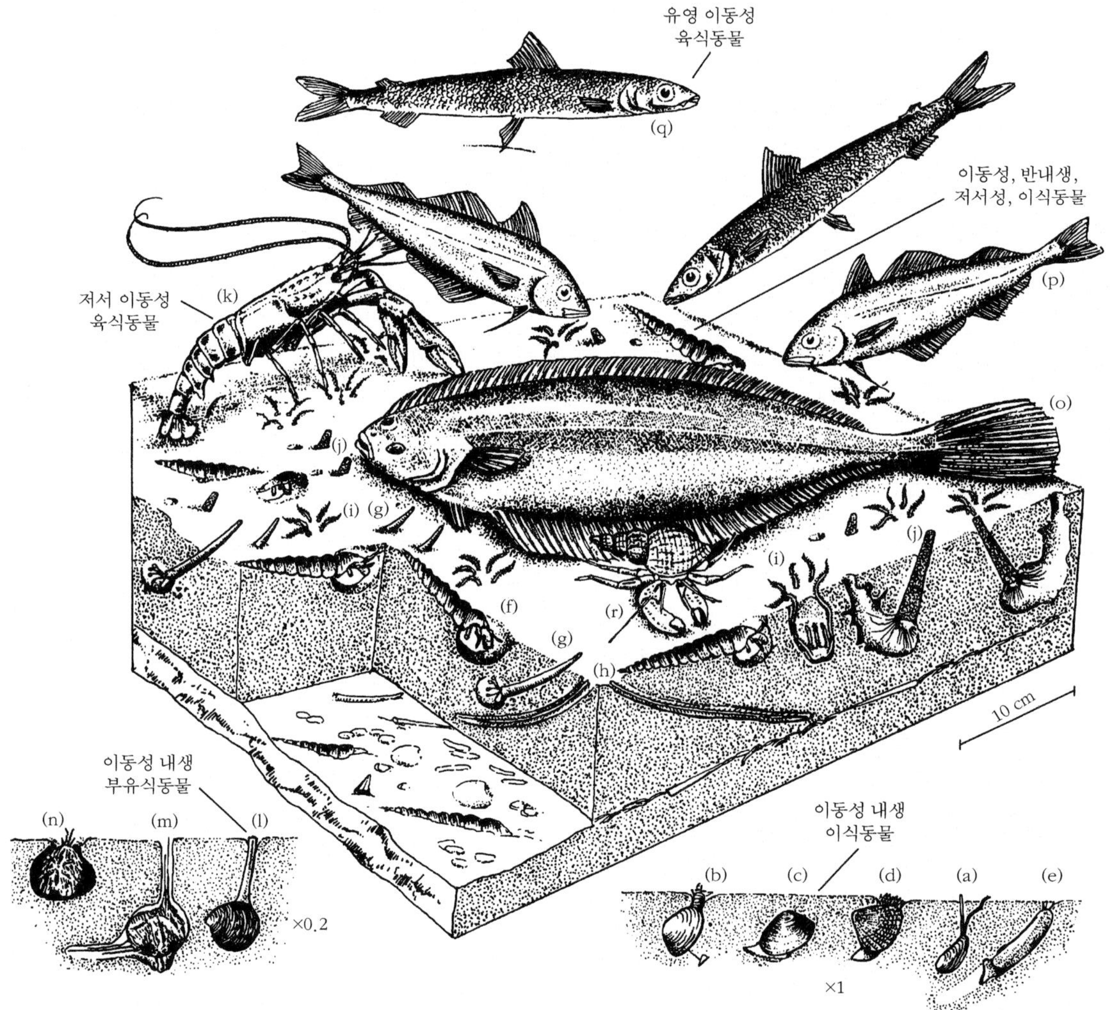

그림 4.1 아일랜드해 연안의 현생 이질–사질 해양 군집 생물들의 생활방식. 서식 영역: (a)~(e), (l)=이매패류, (f)=복족류, (g)=굴족류, (h), (j)=환형동물, (i)=불가사리류, (k), (r)=갑각류, (m), (n)=극피동물, (o)~(q)=어류. [McKerrow(1978)로부터.]

연안 군집(그림 4.1)에서 벌레와 같은 연체생물은 경골(어류)이나 패각(조개) 동물들의 연질부와 함께 순식간에 사라질 것이다. 경골어류와 같은 다골격 생물들은 분해되고, 둘 이상의 패각을 갖는 동물들은 분절(disarticulation)될 것이다. 그들이 매우 빨리 퇴적물 속에 묻히게 되며 때때로 서관(棲管, burrow), 발자국과 함께 보존된다. 더욱이 환경에 따라서 보존이 더 잘 되기도 한다. 흔히, 해양 환경은 육지환경에 비해 보존율이 더 높다.

비록 화석 집단에 이 같은 정보 부재가 있다 해도, 고생태학 연구는 반드시 신뢰할 수 있고 건전한 분류학적 근거를 가져야 한다. 즉, 화석은 제대로 동정되어야 한다. 그리고 많은 고생태학적 추론이 현생 유사체와 직접 비교하는 **현재주의**(actualism)나 **동일과정설**(uniformitarianism)에 근거를 두겠지만, 지질시대를 통해 환경 일부는 변하고 그에 따라 생물의 생활방식과 서식지도 변한다. 예를 들면, 남조류에 의해 침전된 탄산염 누층인 '스트로마톨라이트(疊層石) 세계(stromatolite world)'와 같은 일부 생태계는 선캄브리아 시대 후기의 대부분 동안 존재하였고, 그 후 현생누대 중에는 주요 멸종 사건 이후에만 그리고 짧은 기간 동안만 존재하였다(Bottjer, 1998). 그래도 소수의 기초적인 원칙은 사실(참)이다. 생물은 넓거나 좁은, 특정 환경에 적응하거나 제한된다. 더욱이 대부분이 특정 생활방식을 고수하고, 모두 다 직 · 간접적으로 다른 생물에게 의존하는 어떤 형태를 취한다. 이러한 원리를 고대 동식물의 생태학 연구에 적용하는 것 또한 유효하다.

고생태학 연구에는 주된 두 가지 영역이 있다. **개체고생태학**(paleoautecology)은 문자 그대로 하나의 개체에 대한 생태학이고, **군집고생태학**(paleosynecology)은 군집에 대한 생태학이다. 예를 들면, 개체생태학은 하나의 산호 종에 대한 상세한 기능과 생활을 다루고, 군집생태학은 종들과 그들의 주변 환경 사이의 상호 관계를 포함하여 산호초 전체의 성장과 구조에 관심을 가진다. 개체 그룹에 대한 개체생태학에 대해서는 분류를 다룬 장에서 논의한다. 대다수 연구에서 화석 동식물의 기능은 현생 생물과의 상사 또는 상동 관계나 일련의 실험과 모델링 기법을 통해 설정한다. 그러나 이들 비교와 모델에 대한 가장 중요한 검토는 지질학적 증거에 의해 이루어진다. 이 장에서는 고생태학(군집생태학)에 있어서의 군집 양상, 과거 생태계 복원에 유용한 도구 및 생태계 내 생물들이 어떻게 어우러져 사는가에 초점을 맞추었다.

화석생성론적 제약: 암설을 통한 횡적 이동

앞서 언급한 바와 같이, 대개의 화석 군집은 퇴적물 속에 매몰되어 보존되기 전에 뒤죽박죽인 상태이다. 동식물 군집의 사후 부패와 분해는 결과적으로 연체생물들의 손실을 가져오는데, 여러 판과 껍데기로 된 무척추동물이 붕괴되면 연질 조직은 부패되어 사라진다(3장 참조). 이 과정이 진행되지 않았다면, 화석화 과정에서 운반과 다짐작용 중에 정보가 손실되기도 한다. 반면에, 사체 군집이 점령한 곳은 구성원이 바뀔 수 있는데, 다른 곳에서 떠밀려 온 물체에 의해 동식물 파편이 그곳에 보충되기 때문이다. 그래서 이 시간평균화(time averaging) 과정은 수백 년 넘은 집단의 다양성을 인위적으로 향상시킨다. 그러나 옛 군집을 일정 수준 신뢰할 수 있고 정확하게 재현하기 위해, 우리는 화석 집단에 의존할 수 있는가? 고생물학자들은 다양한 정밀도로 할 수 있음을 안다.

현생 집단에 대한 사체(死體) 집단의 유사성(fidelity)은 다른 방법으로 접근할 수 있다. 텍사스 해안을 따라 있는 코파나(Copana)만과 라구나 마드레(Laguna Madre)의 현생 및 사체동물군에 대한 일련의 정밀 연구에서, 스태프(George Staff)와 동료들(예: Staff et al.,

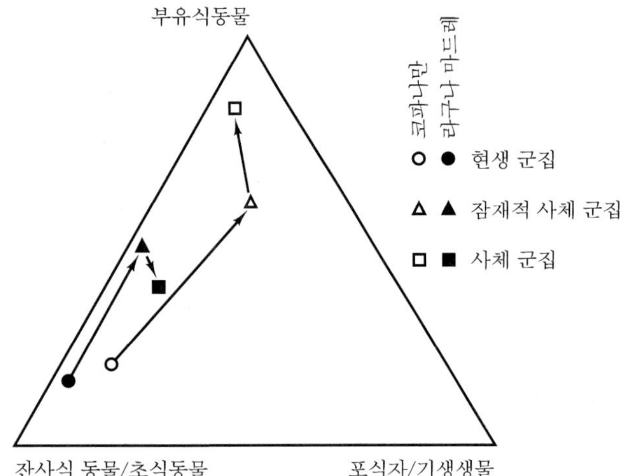

그림 4.2 현생 집단으로부터 사체 집단으로의 전이. 텍사스 연안의 2개 현생 해양 집단에서 유형이 다른 생물의 상대적 비율이 변한다. 현생 집단은 잔사식 동물(detritivores)과 초식 동물이 수적으로 우점하고, 사체 집단은 부유식 동물이 우점한다. [Staff 등(1986)에 근거.]

1986)은 수년간 표본을 채집하여 다양한 연안 군집의 화석생성론(taphonomy)이 고생태학적으로 얼마나 중요한가에 대해 논의하였다. 현생 군집의 대부분의 동물들은 보통 보존되지 않지만, 보존 잠재력(preservation potential)이 있는 대다수의 동물들(주로 패각을 갖는)은 사실상 화석화되었다. 실제로 현생 집단에서보다 사체 집단에서 더 발견되었는데, 그곳에서 분명 시간평균화의 효과가 중요하였다. 부유식 동물들과 내생 동물들이 가장 잘 보존되었다(**그림 4.2**). 수적 풍부성과 다양성의 측정보다 생체량과 분류학적 성분의 측정이 군집 구조 이해에 가장 좋은 추정값이고, 보다 안정한 성인 인구의 측정이 군집 구조의 가장 현실적인 모니터이다.

화석생성론적 손실을 측정하는 다른 방법은 예외적으로 보존된 화석광맥층(Lagerstätte, 기이한 화석들이 이례적으로 보존된 퇴적층)을 통해 조사하는 것이다. 휘팅턴(Whittington, 1980)과 동료들은 완족류, 태형류(이끼벌레류), 복족류, 이매패류, 두족류, 산호, 극피동물과 같은 친숙한 캄브리아기 이후의 극소수 골격동물과 함께, 연체(soft-bodied) 동물들이 지배적인 캄브리아기 중기의 버제스 셰일 동물군을 상세하게 재조사하였다. 더욱 중요한 것은, 버제스 심해 동물군이 인산질인 완족류, 단순한 극피동물과 연체동물, 삼엽충으로 구성된, 보다 전형적인 캄브리아기 집단과는 전혀 다르다는 점이다. 버제스 동물군 중에 서로 다른 독특한 생물이 많지만(10장 참조), 무엇보다 환형동물과 새예동물의 비율이 높아 다른 차원의 보다 특유한 복원이 필요하다(**그림 4.3**).

이 중요한 화석생성론적 제약들은 지칭되어야만 하고, 다른 고생태학적 분석에 반드시 고려되어야 하며, 표본조사법을 주의 깊게 선택함으로써 부분적으로 계산될 수 있다. 퇴적물 속에 놓인 화석들의 자세와 함께 크기-빈도 히스토그램(아래), 파손 정도, 개체들의 분절, 파쇄와 관련된 다양한 방법은, **현지성**(autochthonous)(제자리에) 집단을 **타지성**(allochthonous)(운반된) 집단으로부터 분리하는 데 유용한 기준을 낳게 한다(제4장 참조). 과거 집단이 화석이 되어 가는 과정을 기재하는 수많은 용어도 생겨났다. 현생 군집 또는 **생물 군집**(biocoenosis)은 죽고 부패한 이후 **유해 군집**(遺骸群集, thanatocoenosis)으로 전이된다. **보존 군집**(taphocoenosis)은 종국에 보존된 최종 산출물이다. 덧붙여 **생**

명 군집(life assemblage)은 그들 거주지에서 취한 본래의 방향을 여전히 간직하고, **이웃 군집**(neighborhood assemblages)은 그들의 본래 서식지에 가까운 반면, **운반 군집**(transported assemblages)은 운반되어 깨지고 마모된 뼈와 패각들을 포함한다.

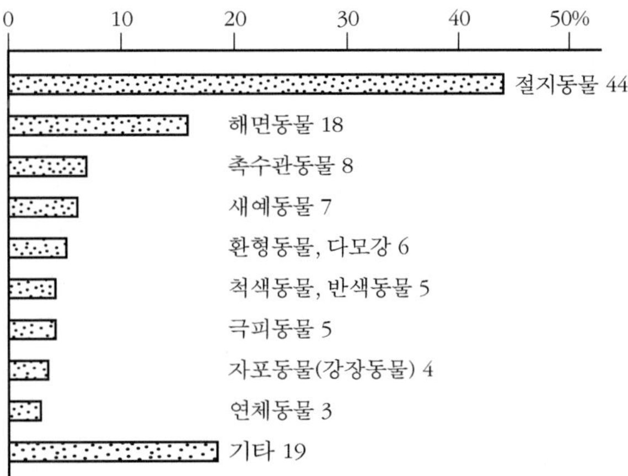

그림 4.3 캄브리아기 중기 버제스 셰일에 보존된 생물 조사. 새예동물, 환형동물, 다양한 절지동물군과 같은 많은 그룹은 인산질인 완족류와 삼엽충이 지배적인, 보다 전형적인 캄브리아기 중기 동물군에서는 드물게 나타난다. [Whiltington(1980)으로부터.]

개체 집단: 개체들의 그룹은 차이가 날 수 있는가?

개체 집단은 군집의 집짓기 벽돌이고, 극적인 군집과 생태계 구조 변화의 도화선이 될 수 있다. **개체군**(population)은 자연에서 나타나는 것으로 같은 시기에, 같은 장소에 살며 제약 없이 교배가 이루어지는 동식물 집합체이다. 하나의 **생태계**(ecosystem, 종들이 공동으로 사는 모든 개체군) 안에는 **핵심종**(keystone species)이 있을 것이다. 그들은 생태계의 형태 형성을 돕고, 그들이 사라지면 대규모적인 변화가 촉발될 수 있다. 고전적인 핵심종은 코끼리이다. 코끼리는 나무를 쓰러뜨리고 일정한 식물을 먹고 살므로 넓은 아프리카의 하나의 풍경을 만드는데, 코끼리가 사라지면 전체적인 풍경도 달라진다. **점유종**(incumbent species)은 수백만 년 동안 같은 생태학적 적소(niche)에 살면서 많은 생태계의 안정성을 더한다. 예를 들면, 공룡과 포유류는 대략 같은 시기에 나타났지만 중생대 전반에 걸쳐 육상을 지배한 자는 공룡이었다. 포유류는 제한된 적소에 살았고[식충동물, 곡물식동물(seed eaters), 잡식동물로서], 앞서 점유하던 공룡이 멸종한 뒤에서야 광활한 생태 공간에 방산할 수 있었다.

개체 집단의 역학과 구조는 과거의 군집이 어떻게 기능하였고, 집단이 실제로 제자리의 것인지 아니면 운반된 것인지를 정할 수 있는 단서를 제공해 준다. 완족류 각(殼)의 길이 측정과 같은 '측정'은 각의 크기(때로는 시대)에 대한 대리로서 선택된 것이다. 빈도표에 들어간 이들 자료는 별개의 등급 간격에 기초한 것으로, **크기-빈도 히스토그램**, **다각형**이나 심지어 **누적 도수다각형**(cumulative frequency polygons)으로 표현된다(**그림 4.4**). 오른쪽의 점차 상승하는 곡선(긴 꼬리가 왼쪽으로 향하는)은 높은 유아 사망률(infant mortality)을 나타내는데, 이는 대다수 무척추동물 군집에서 전형적이다. 정규곡선(가우시안)은 정상 상태의 군집이거나 운반된 집단인 반면 왼쪽의 하강하는 곡선(긴 꼬리가 오른쪽으로 향하는)은 노년 사망률(senile mortality)을 나타낸다. 그러나 사망률 양상은 **생**

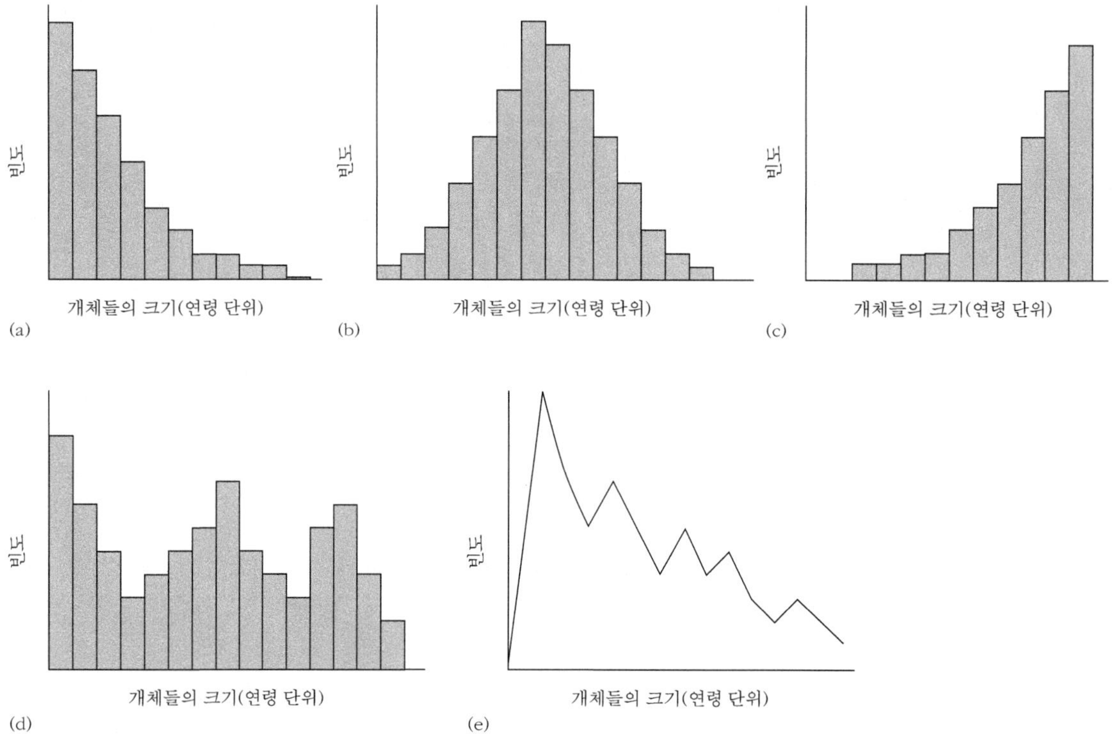

그림 4.4 도식적인 크기-빈도 히스토그램: (a) 긴 꼬리가 오른쪽으로 향하는 것으로 유아 사망률이 높은 많은 무척추동물의 개체 집단에서 전형적이다. (b) 정상 분포로 정상 상태나 운반된 집단에서 전형적이다. (c) 긴 꼬리가 왼쪽으로 향하는 것으로 노년 사망률이 높은 것이 특징이다. (d) 다봉 분포, 계절적인 산란 양상을 보이는 개체 집단의 특징이다. (e) 진폭이 감소하는 다봉 분포, 탈피를 통해 성장하는 개체군에서 나타난다.

존 곡선(survivorship curves)에서 가장 잘 드러나는데, 생존자 수는 성장 간격으로 표현된 것이다(**그림 4.5**). 크기 빈도와 생존 곡선은 한 개체의 생활방식, 서식지와 생활사에 관한 많은 정보를 담고 있다(**글상자 4.1**). 예를 들면, 조숙하고 작지만 무수한 자손을 생산하는 종을 '***r* 전략가**(strategists)'라고 한다. 반면에 '***K* 전략가**'는 증식률이 낮은 장기 생존하는 종이다. 두 가지 전략가는 다음 식으로 나타낼 수 있는 스펙트럼의 양 끝에 해당한다.

$$dN/dt = rN[(K-N)/K]$$

여기에서 K는 개체 집단의 수용력 또는 개체 집단의 최대 크기이다. N은 실제 개체군의 크기이고, r은 개체군 크기의 내적 증가율을, t는 시간 단위이다.

그래서 N이 K에 근접하면 개체군의 성장률은 오른쪽으로 하강하고, 개체군은 안정한 평형 상태에 이른다. 이러한 개체군은 **평형종**(K 전략가)이 지배적인 보다 안정한 환경에 전형적인 것이다. 이와 달리 **기회종**(opportunistic species)은 높은 성장률을 보이는 보다

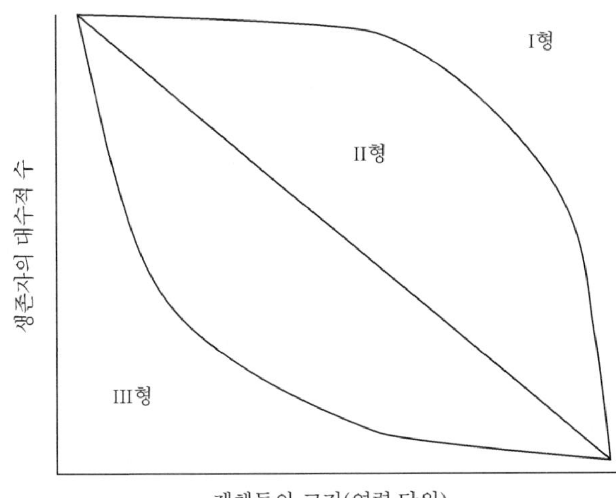

그림 4.5 도식적인 생존 곡선: I형은 연령 증가에 따라 사망률이 증가하고, II형은 일정한 사망률을 보이며, III형은 연령 증가에 따라 사망률이 감소한다.

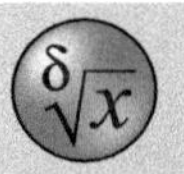

글상자 4.1 페름기 턴스톨 힐(Tunstall Hills)에서 산출된 테레브라툴리드류 완족류 디엘라스마(*Dielasma*)

매끈한 테레브라툴리드(terebratulide)류 완족류 디엘라스마(*Dielasma*)는 영국 북동부 선덜랜드의 페름기 초들(reefs)과 연관된 석회암과 고회암에 흔하다. 완족류 껍데기의 단순한 길이 측정 자료로 성장 전략을 결정할 수 있을까? 하나의 표본은 개체군에 연이은 두 집단(cohorts)의 존재를 암시하는 쌍봉 양상(bimodal pattern)을 보인다. 전반적인 생존 곡선은 아마 안정된 평형 환경에서 연령 증가에 따른 사망률의 증가를 암시한다(그림 4.6). 그러나 이 같은 현상은 페름기의 초 주변 환경에서만 나타나는 것만은 아니다. 또 다른 표본은 서로 다른 형태의 곡선을 보이는데, 어느 것은 아마 덜 안정된 환경의 높은 유아 사망률을 입증하는가 하면, 반면에 종 모양의 곡선을 보이는 개체 집단은 매몰되기 전에 운반과 분급이 이루어졌음을 암시한다. 다음 링크에서 데이터 세트의 선정이 가능하다. http://www.blackwellpublishing.com/paleobiology/.

불안정한 환경에서 번성한다(*r* 전략가).

서식지와 적소: 거주지와 점유

모든 현생과 화석 생물들은 그들이 살고 있는 서식지(habitat) 또는 그들의 생활방식인 적소(niche)에 따라 분류할 수 있다. 현생 생물들은 해발 고도가 9km에 근접하는 에베레스트 산꼭대기에서 수심 10km가 넘는 태평양의 마리아나 해구에 이르는 환경 범위를 차지하고 있다. 더욱이 아주 기이한 서식지에 사는 호극성 균을 인지해 낸 것은 지구 생명체의 환경 범위 이해를 상당히 확장시킨 일이다. 다수의 물리, 화학 및 생물학적 요인은

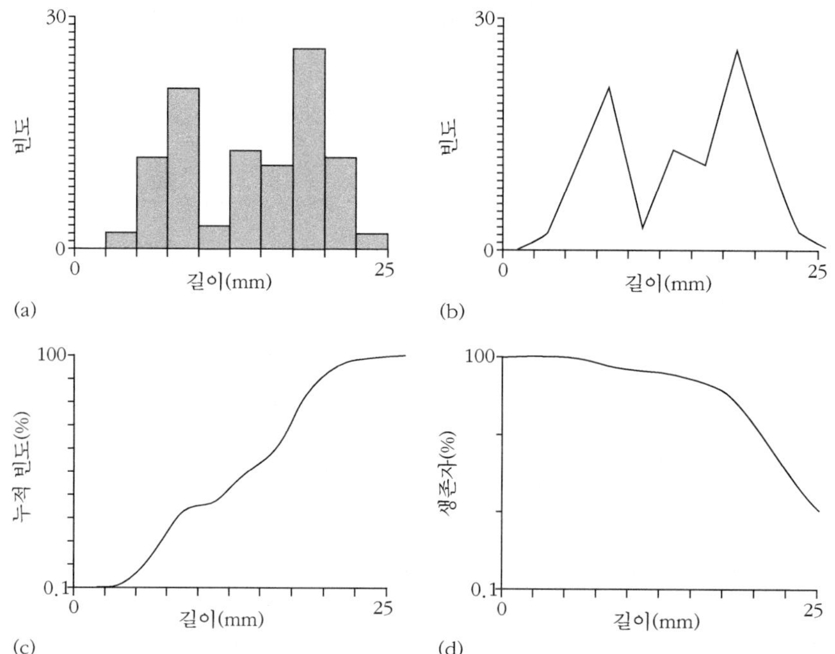

그림 4.6 (a) 크기-빈도 히스토그램, (b) 다각형, (c) 누적 빈도 다각형, (d) 생존 곡선. 선덜랜드 턴스톨 힐의 페름기 초 퇴적층에서 산출된 *Dielasma*의 결합된 102개 껍데기 표본에 대한 것이다. [Hammer와 Harper(2005)로부터.]

생물의 환경을 특징짓게 한다. 불행히도, 극소수만이 화석 기록에서 알 수 있다.

가장 풍부하고 다양한 일부 군집은 암석질 해안이 매우 다양하고 광범하게 연구된 동물군을 붙들고 있는 조간대에서 서식한다. 예를 들면, 스코틀랜드 오론세이(Oronsay) 섬의 노출된 파도가 강타하는 대지 위 250mm^2 방형구 안에 거의 2,000개체가 살고 있다는 기록이 있다. 불행히도 지질 기록에는 극소수의 암석질 해안만이 남아 있는데, 그곳은 고기의 섬(paleo-islands)과 연관되어 있으며, 흥미롭고 특이한 생물군과 퇴적물이 존재한다(Johnson & Baarli, 1999).

대다수의 동물 화석은 넓은 심도와 조건 범위를 점하는 해양 퇴적물에서 발견된다. 해양 저서동물의 분포는 주로 수심, 산소 공급과 온도에 의해 통제된다. 주요 심도 범위와 원양성 환경은 **그림 4.7**에 소개된 바와 같다. 덧붙여, **투광대**(photic zone)는 빛이 뚫고 들어가는 수심이다. 이는 물의 순도(purity)와 염분에 따라 달라지고 최고의 조건에서 수심 100m까지 확장된다. 육상 환경은 주로 습도와 온도에 의해 통제되고, 생물은 북극의 툰드라에서 열대의 무성한 숲에 이르기까지 넓은 환경에서 서식한다.

생물은 해양 환경에서 다양한 생활방식으로 살아간다(**그림 4.8**). 상부의 표층수에는

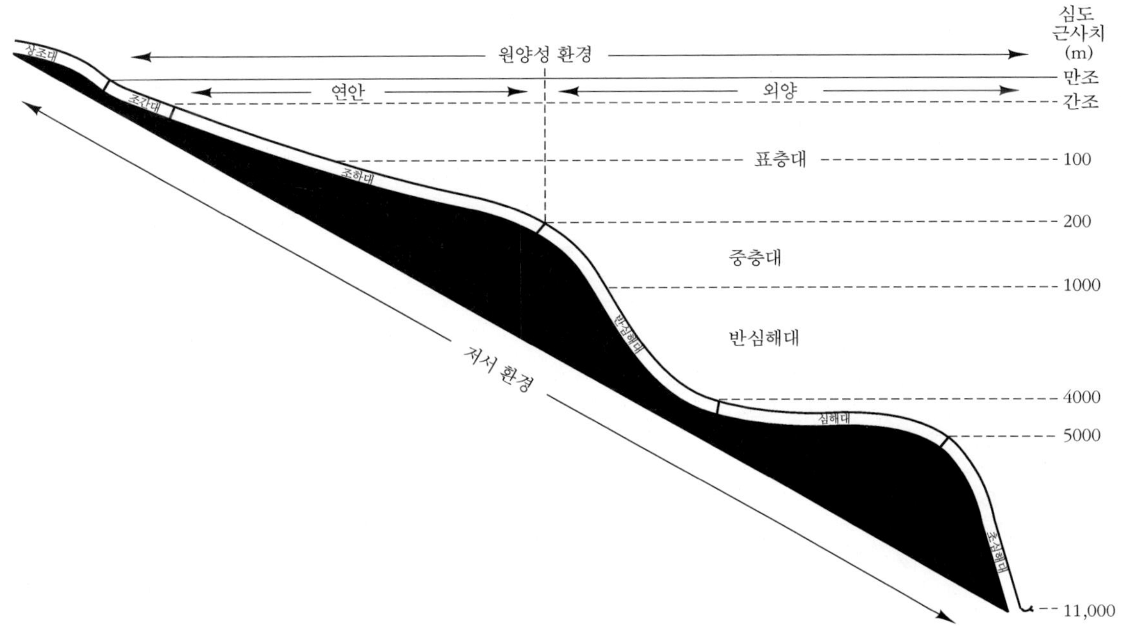

그림 4.7 해양 환경의 분류와 심도 범위, 주요 저서 영역의 개략적인 위치. [Ager(1963)에 근거.]

떠 사는 **부유생물**(plankton)이 있고, **유영생물**(nektonic organisms)은 다양한 깊이의 물속에서 헤엄치며 살아간다. 해저 위나 속에 사는 **저서생물**(benthos) 중에는 해저를 가로질러 다니는 저서 유영생물과 다양한 구조에 부착해 사는 저서 고착생물이 있다. **내생생물**(infaunal organisms)은 퇴적물-물 접촉면 아래에 살고, **외생생물**(epifauna)은 접촉면 위에 산다.

군집의 대다수 구성원은 먹이, 빛과 공간을 놓고 어느 형태든지 경쟁하는 관계에 있다. 열대 우림의 성층은 빛을 받기 위한 상부 엽층의 경쟁을 반영하고, 습하고 어두운 조건에 적응한 식물은 하층부가 발달한다. 해양 군집도 이와 유사한 성층 관계 또는 **티어링**(tiering, 해저면 위 저서생물의 수직 생활공간)을 보이는 것이 특징인데, 마치 조밀한 곳에서 공간 활용을 극대화하려는 맨해튼의 고층 건물처럼 지질시대(**그림 4.9**)를 거치면서 더 높고 정교해진다. 하부층은 전형적으로 고생대의 완족동물과 산호류가 차지하고, 상부층에는 해백합이 들어 있다. 그러나 중생대와 신생대 동물군은 보다 많은 연체동물을 기반으로 하부는 외생 이매패류와 완족동물이, 상부는 태형동물(이끼벌레류)과 해백합류가 점유한다.

생흔화석 무리를 보면 내생의 수직 계층을 이루는 것을 알 수 있다(19장 참조). 오시치와 보트제(Ausich & Bottjer, 1982)는 퇴적물-물 접촉면 아래로 수심이 증가함에 따라 0~−60mm, −60~−120mm, −120mm~−1m의 세 수준으로 나누었다. 고생대 최초기 동

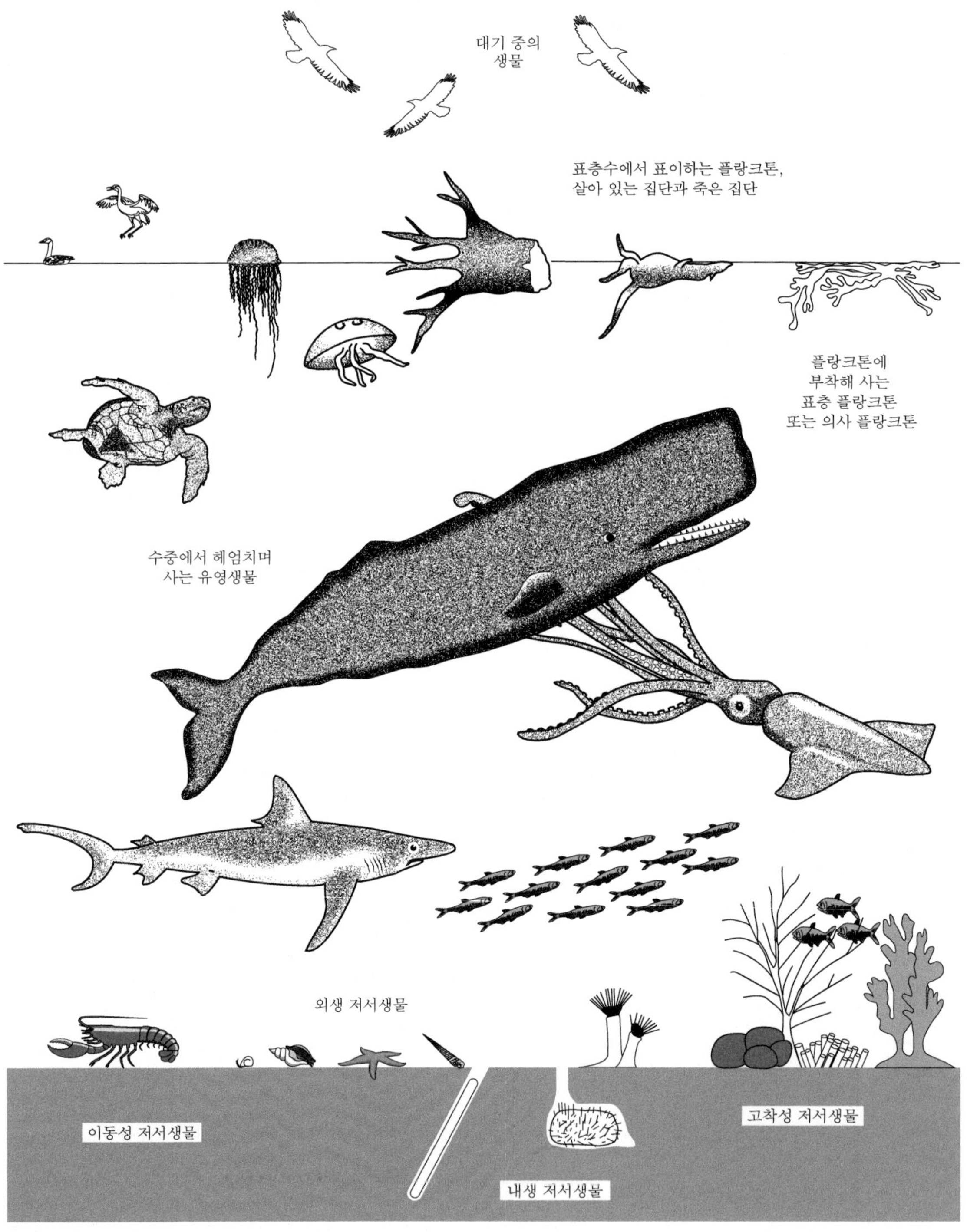

그림 4.8 수면 위, 수면, 수중 그리고 물밑의 기저 등 다양한 해양 생활방식. [Ager(1963)에 근거.]

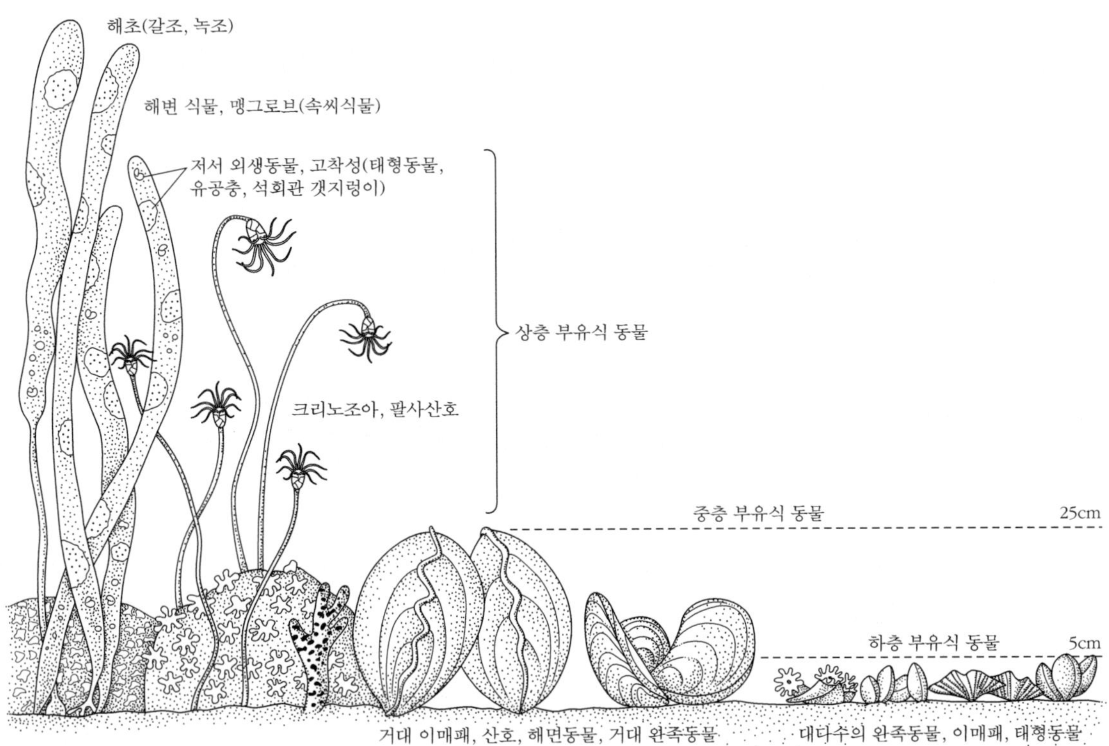

그림 4.9 해양 저서 외생 군집의 수직 분포. 생흔화석 집단으로 작성한 내생의 수직 분포는 **글상자 10.5**에 논의되어 있다. [Copper(1988)로부터.]

안에는 단층만이 일관되게 나타났고, 두 번째 층이 나타난 것은 실루리아기 말에, 세 번째 층은 석탄기에 나타났다. 계층의 형성은 또한 멸종 사건에 의해 선택적으로 영향을 받았으며, 백악기 이후에는 경골어류의 포식 때문에 500mm 이상의 깊이에는 드물다.

영양 구조: 먹이사슬의 밑바닥 또는 꼭대기는?

먹이 피라미드(food pyramids)는 생태계의 기초를 이루는데, 극히 풍부한 제1차 생산자로부터 비교적 적은 포식자로 이어지는 생물 사이에 먹이사슬을 통한 에너지 흐름으로 정의한다. 기본적인 영양 섭취 또는 섭식 전략은 수없이 많다(**그림 4.10**). 완족동물, 태형동물, 해면동물과 같은 부유식 동물들의 예를 포함하여 몇 가지 해양 **먹이사슬**(기본적으로 어느 생물이 무엇을 먹는가)이 기록으로 입증되어 왔다. 이들 생물은 주로 식물성 플랑크톤과 다른 유기질 쇄설물을 먹는다. 부유식 섭식은 특히 고생대 저서생물이 취하는 흔한 방법이다. 극피동물과 같은 중생대와 신생대 동물군은 쇄설물을 더 많이 섭취(잔사식)하고, 먹이사슬은 일반적으로 더 길고 복잡하다(**그림 4.11**).

화석 집단의 먹이사슬이 어떠한지를 복원하는 일이 처음에는 다소 쉬워 보일런지 모른

1	2 초식동물	3 이식동물	4 부유식 동물	5 육식동물	서식 장소와 활동성	
제1차 생산	제1차 소비자	제1차, 제2차 소비자	제1차, 제2차 소비자	제2차, 제3차 소비자		
					부유 및 유영	
					유영성 저서생물	외생
					얕은 곳	내생
					깊은 곳	능동적 또는 수동적

식물 플랑크톤
해수면
퇴적면

그림 4.10 영양 그룹, 구성원의 활동성 및 서식 장소. 1=제1차 생산자: 표층수의 식물 플랑크톤과 남조류(a) 및 저서 조류(b). 2=초식동물: 복족류. 3=이식동물: 이식 복족류(a)와 얕은 내생 이매패(b). 4=부유식 동물: 반내생, 족사로 부착하는 이매패(a), 얕은 내생 이매패(b), 해백합(c), 외생 이매패(d)와 깊은 내생 이매패(e). 5=육식동물: 유영 어류(a), 유영-저서 어류(b), 외생 복족류(c)와 내생 복족류(e). [Brenchley와 Harper(1998)로부터.]

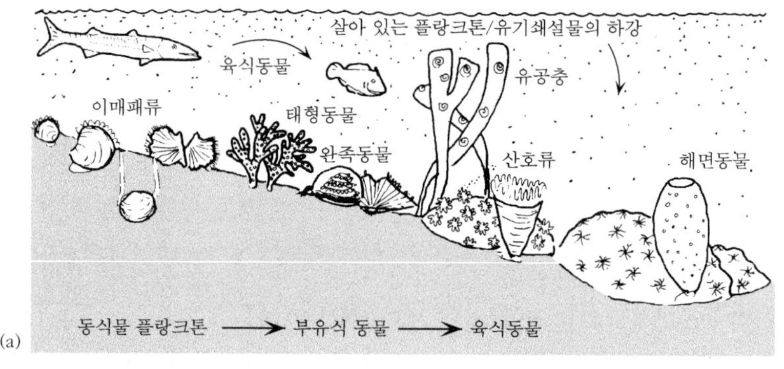

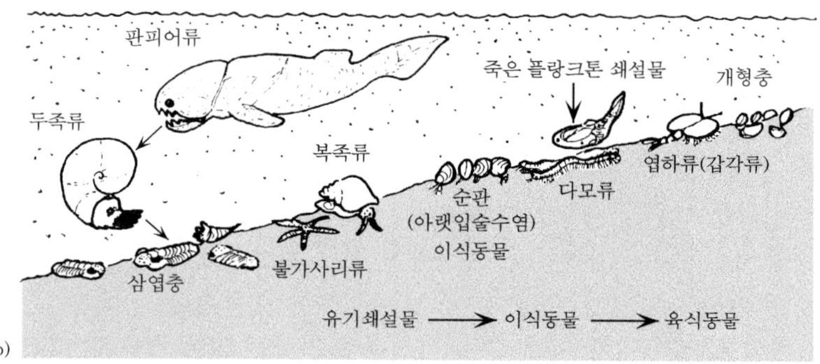

그림 4.11 두 가지 다른 먹이사슬 군집의 복원: (a) 먹이수집 방식이 다른 다양한 부유식 동물들로 이루어진 부유식 먹이사슬 군집(이매패의 먹이수집은 점액질 올가미나 강모로, 태형동물과 완족동물은 완(腕, lophophores)으로, 유공충은 섬모로, 산호는 촉수로, 해면동물은 편모로). (b) 잔사식 먹이사슬 군집은 다양한 유형의 저서 이식동물과 유영 육식동물이 주류를 이룬다. 두족류와 판피어류가 대표적이다. [Copper(1988)로부터.]

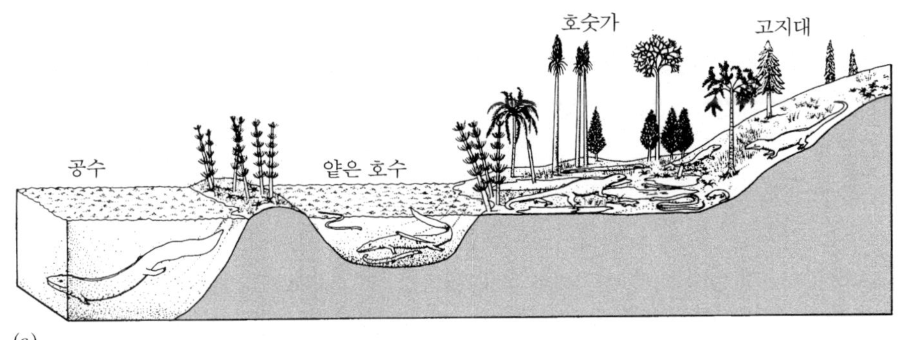

그림 4.12 (a) 체코슬로바키아 니라니의 석탄기 말의 호성 복합체 내와 그 주변의 영양 구조. (b) 영국 북동부의 페름기 말의 생초 복합체에서 드러난 영양 구조. [(a) Benton(1990)에 근거, (b)는 Hollingworth와 Pettigrew(1988)로부터.]

다. 그러나 그 일은 말처럼 쉽지 않다. 양서류가 지배적인 가장 극적인 호성층 화석의 한 예가 체코슬로바키아의 석탄기 상부 지층에서 연구되었다(그림 4.12a). 니라니(Nýřany) 호 복합체의 생물을 복원한 호수 생태계는 세 개의 주요 군집으로 되어 있다. 어류와 다양한 양서류가 지배적인 공수(空水, open-water) 호수 군집, 양서류, 작은 어류, 육상식물과 다른 식물 쇄설물로 된 얕은 호수와 습지/호수 군집, 마지막으로 미룡류(microsaur, 작고 원시적인 양서류)와 원시 파충류로 이루어진 육지 주변 군집. 이들 군집 각각의 먹이사슬을 동물들의 이빨(먹이를 갈기에 적합한 초식동물의 이빨인가 아니면 베기에 적합한 육식동물의 이빨인가?)과 현생 친족들과의 면밀한 비교 연구를 통해 알아냈다. 예를 들면, 가시가 난 극어류와 같은 공수 환경의 어류는 플랑크톤을 먹지만 먹이사슬의 꼭대기에 있는 양서류의 공격을 받는다. 이와 연관된 육상 환경에서 식물체는 곤충, 다족 배각류(노래기), 달팽이와 벌레 등과 같은 다양한 무척추동물의 먹이가 된다. 이들은 작은 양서류의 먹이와 영양원이고, 다시 작은 양서류는 큰 양서류와 파충류의 먹이가 된다.

해양 먹이 그물의 좋은 예로 북부 유럽 페름기 말의 체크쉬타인(Zechstein) 생초 퇴적상(生礁 堆積相, reef facies)을 들 수 있다. 체크쉬타인 저서동물은 다양한 완족동물들이 지배적이고 그 위에는 팬(fan)과 꽃병 모양의 태형동물이 놓인다(Hollingworth & Pettigrew, 1988). 두 그룹 모두 고착성 여과식 동물이다. 줄기가 있는 극피동물은 드물고 최상층을 점유한다. 이매패류와 복족류와 같은 연체동물들은 중요한 이식동물과 초식동물(grazers)이다. 가장 큰 포식자의 하나인 저서 가오리, 자나사(*Janassa*)의 이빨은 가공할 만한 무기로 저서 고착성 패각을 으깰 수 있다.

거대 조합

생물을 거대 조합에 배정하는 일은 화석 군집의 구성 요소를 분류하고 이해하는 또 다른 방법이다. **조합**(guilds)이란 군집 내에 함께 나타나는 생물의 기능이 유사한 그룹을 말한다. **거대 조합**(megaguilds)은 삶의 지위(예: 얕은, 활발한, 내생 굴착동물)와 섭식 유형(예: 부유식 동물)의 조합에 근거한, 단순한 적응 전략의 범위를 일컫는다. 고생물학자 일부는 이 같은 범주에 대해 조합이라는 용어를 사용한다. 그러나 이들 범주는 이른바 밤바치 거대 조합(Bambachian megaguild) 내에서 어쩌면 훌륭한 생태학적 구분이었다. 밤바치 거대 조합은 미국의 고생물학자 밤바치의 이름을 붙인 것으로 이 개념을 그가 처음으로 사용하였다(Bambachi, 1983). 거대 조합은 장기적인 생태 변화의 평가에 효과적인 수단이 되었다.

제한 요인

한 생물의 생태학적 적소는 **제한 요인**(limiting factors)의 거대 범위에 의해 결정되는데, 많은 제한 요인은 암석 기록 속에 보존되지 않는다(**그림 4.13**). 해양생물의 주요 제한 요인은 빛, 산소 수준, 온도, 염분, 수심과 기질(또는 기층, substrate) 등이다(Pickerill & Brenchley, 1991).

빛은 제1차 생산자들의 주요 에너지원이어서 규조, 와편모류, 코콜리드와 남조류는 빛에 의존하고 보통 투광대에 서식한다. 생물학적 생산성은 수심 10~20m에서 최대로 나타난다. 사실상 모든 진핵생물은 물질대사 과정에 산소가 필요해서, 작은 생물은 확산으로, 큰 생물은 아가미나 허파로 산소를 흡수한다. 잘 그려진 전 세계 해양의 산소-수심 단

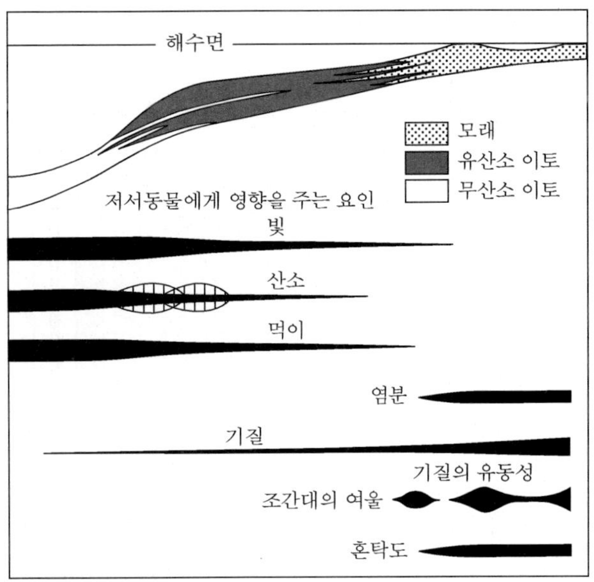

그림 4.13 생물의 분포에 미치는 여러 요인들의 상대적 중요성을 나타내는 해안에서 분지에 이르는 횡단면. [Brenchley와 Harper(1998)로부터.]

면도를 보면, 산소 수준은 일반적으로 수심 100～500m에서 감소하는데, 이 구간에서 유기물에 의해 흡수되는 산소량은 1차적인 산소 생산을 초과한다. 이 **저산소대**(oxygen minimum zone, OMZ)에서 산소는 최저치에 이른다. 산호, 극피동물, 연체동물, 다모류, 해면동물과 같은 많은 생물들은 이 범위에서 극적으로 감소한다.

해양 환경의 산소 수준은 어느 생물이 어디에 사는지를 결정하는 데 중요하다. **유산소**(normoxic) 환경의 산소 농도는 >1.0 mlL^{-1}, **저산소**(hypoxic) 환경은 0.1～1.0 mlL^{-1}, **무산소**(혐기성) 환경은 <0.1 mlL^{-1}이다. 산소가 빈약한 환경에서는 생물 다양성이 현저히 감소하지만 아주 특이하게 이 환경에 적응하여 사는 생물이 있다. 종이가리비(paper pecten, 예: *Dunbarella* 속)라는 납작한 조개와 납작한 벌레의 편평한 몸통이 그 예인데, 이 둘의 증가된 표면적은 산소의 확산을 돕는다.

온도는 가장 중요한 제한 요인의 하나이다. 대다수 해양 동물은 **변온동물**로 주변 환경과 체온이 같으며, 서식 온도 범위는 −1.5～30℃이다. 대양의 수온은 수온 약층의 기저까지 꾸준히 감소한다. 수온 약층은 수심 약 1,000m에서 수온이 급격히 감소하여 약 6℃에 도달하는 층을 말한다. 대양저의 수온은 거의 2℃를 넘지 않는다. 또한 온도는 위도에 따라 다르고 생물의 넓은 지리적 분포에 확실히 영향을 준다. 그래서 양극지방의 생물은 일반적으로 열대지방의 생물과 전혀 다르다.

염분 또한 생물의 분포를 조절한다. 대부분의 해양 동물들은 **같은 염분**(isotonic)의 해수에 사는데, 넓은 염분 범위(**광염성**, euryhaline)보다는 30～40‰의 좁은 염분 범위(**협염성**, stenohaline)에 산다. 대체로 정상적인 해수에는 암모나이트, 벨렘나이트, 완족동물, 산호, 극피동물, 저서 유공충과 같은 협염성 그룹이 특징적이다. 기수(반담수)에는 주로 이매패류, 갑각류, 개형충, 소형 저서 유공충 등으로 된 다양성이 낮은 집단이 사는 반면에 함수에는 다양성이 아주 낮은 소수의 이매패류, 복족류, 개형충 등이 집단을 이룬다.

수심은 해양 생물의 분포를 규제하는 요인의 하나로, 가장 빈번히 인용되곤 한다(**그림 4.14**). 수심의 직접적인 영향은 유체 정역학적(hydrostatic) 압력이긴 하나 다른 많은 물리, 화학적 요인도 수심과 관련이 있다. 예를 들면, 일반적으로 퇴적물의 입도와 수온은 수심 증가에 따라 감소한다. 유체 정역학적 압력이 보통 생물의 껍데기와 연질 조직을

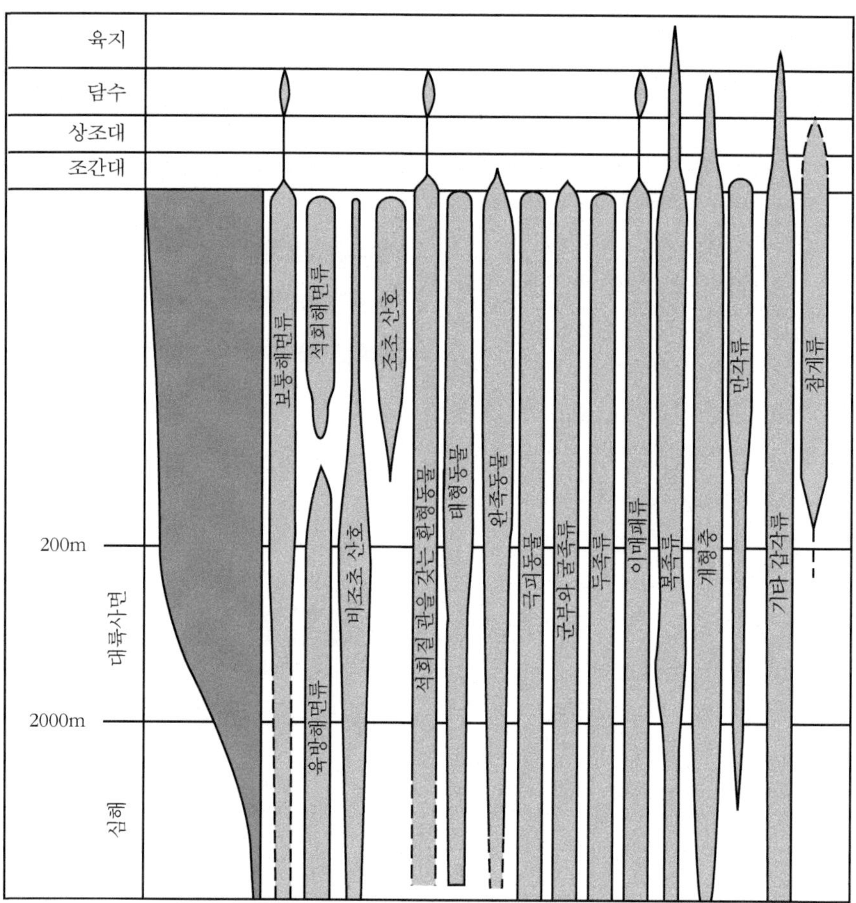

그림 4.14 수심 경사도를 가로지른 현생 생물의 분포. [Brenchley와 Harper(1998)로부터.]

왜곡시키지는 않으나, 어류, 앵무조개와 같이 몸 안에 가스 주머니를 갖고 있는 생물에게 극적인 영향을 줄 수 있다. 유체 정역학적 압력 외에 수심은 또한 탄산칼슘의 용해도를 조절할 수 있어서, 냉수에는 용해된 이산화탄소(CO_2)가 더 많이 들어 있어 탄산염의 용해가 수월하다. 세계 대양의 이른바 보상 심도에서 탄산염 물질은 용해되기 시작한다. **탄산염 보상 심도**(carbonate compensation depth, CCD) 아래에서 탄산칼슘의 용해는 공급을 초과하고, 수심 약 4~5km에는 방해석이 보존되지 않는다. 아라고나이트의 수심은 더 얕아서 **아라고나이트 보상 심도**(ACD)는 1~2km 범위이다. CCD와 ACD는 위도에 따라 변해서 고위도에서는 얕아지며, 두 변수는 지질시대에 따라 변해 왔다. 수심 자체가 생물의 분포에 미치는 영향은 적지만, 수심 관련 요인들로 과거 해양 군집의 수심을 복원할 수 있다.

마지막으로, 기질의 상태, 퇴적률과 혼탁도는 저서생물의 분포에 극적으로 영향을 끼친다(Brenchley & Pickerill, 1993). 생물들에게는 복합적인 생태학적 필요조건이 충족되어야 한다. 즉, 특정 입도, 특정 유기물의 유형을 선호하는 부류가 있고, 심지어 **화학적 신호**(chemotaxic)에 반응하기도 한다. 복잡한 화석생성론적 피드백 과정도 있어서, 그 예로 껍데기로 덮힌 층과 같은 생물 기원 기질은 새로운 군집이 부착하는 장소가 될 수 있다. 개괄적인 연안환경 내의 군집 분포와 입도 사이의 폭넓은 대비를 보면, 다양성은 이질 모래에서 가장 높고, 사질 이토는 중간 정도, 순수한 모래는 낮으며 부드러운 이토에서는 사실상 영(0)이다. 더욱이 퇴적물이 수프 같은 이토인가, 분산된 모래인가, 굳은 땅인가, 딱딱한 땅인가에 따라 동물군의 분포가 달라질 것이다.

고군집

고군집(古群集, paleocommunities)은 일련의 특정 환경 조건이나 제한 요인과 관련시켜 복원한 생물 집단이다. 해양 화석 군집에 적용되는 많은 개념과 기법은, 1800년대 말에서 1900년대 초에 연구한 덴마크 과학자 페테르센(Carl Petersen)과 같은 생물학자의 연구에 근거한다. 그는 스칸디나비아 해안 주변의 저서 군집을 인지해 냈다. 기질과 같은 다른 요인도 영향력이 있지만 군집 분포의 주된 통제 요인은 수심이었다.

고생물학자들은 이 같은 현대 해양생물학의 견해를 뒤늦게 받아들였다. 석탄기 집단에 대한 소수의 선구자적 연구가 있었으나, 고전적인 연구는 1960년대의 치글러(Alfred Ziegler)에 의해 이루어졌고, 그는 생물학자의 연구 방법을 고생물학자들의 관심사 안에 실질적으로 끌어들였다. 그는 웨일스와 웨일스 접경지역의 하부 실루리아기 암석에서 수심과 관련시킨, 5개의 완족동물 우점 군집을 식별하였다(12장 참조). 고지리와의 완벽한 조화를 통해 동쪽의 조간대에서 서쪽의 대륙붕 심부와 대륙사면까지 이들 군집들은 뻗혀 있다. 이 전체 시스템은 개정되었고 지금은 **저서 군집대**(benthic assemblage zone)로 널리 알려졌다(그림 4.15). 이들 대들은 넓은 범위의 동물군 및 퇴적학적 데이터에 의해 정의되었고, 기질 유형과 난류의 정도를 근거로 더 세분될 수도 있다(Brett et al., 1993).

화석 군집의 기재

가장 단순한 일인데도 제대로 해 내기가 매우 어려울 때가 가끔 있다. 100년 이상 고생물학자들은 특정 장소에서 종의 목록을 작성해 왔으나 종들의 상대적 풍부성이 입증되지 않으면 종의 목록은 생태 연구에 도움이 되지 않는다. 어느 종이 우점하고(가끔 한 종이 전체 표본의 50% 이상을 차지하기도 한다.) 어느 종이 드문지(5% 미만)를 알 필요가 있다. 빈도 히스토그램 그래프로 도해하고, 횡단 선, 방형구 또 더 흔하게는 각 단위 층별이나 대량 표본으로부터 얻은 데이터를 기초로, 각 생물의 절대적 및 상대적 풍부성을 입증하는 것은 이제 보다 흔한 일이 되었다.

집계의 관례가 문제로 남는다. 많은 생물 중에 얼마나 많은 개체가 주어진 집단 내에

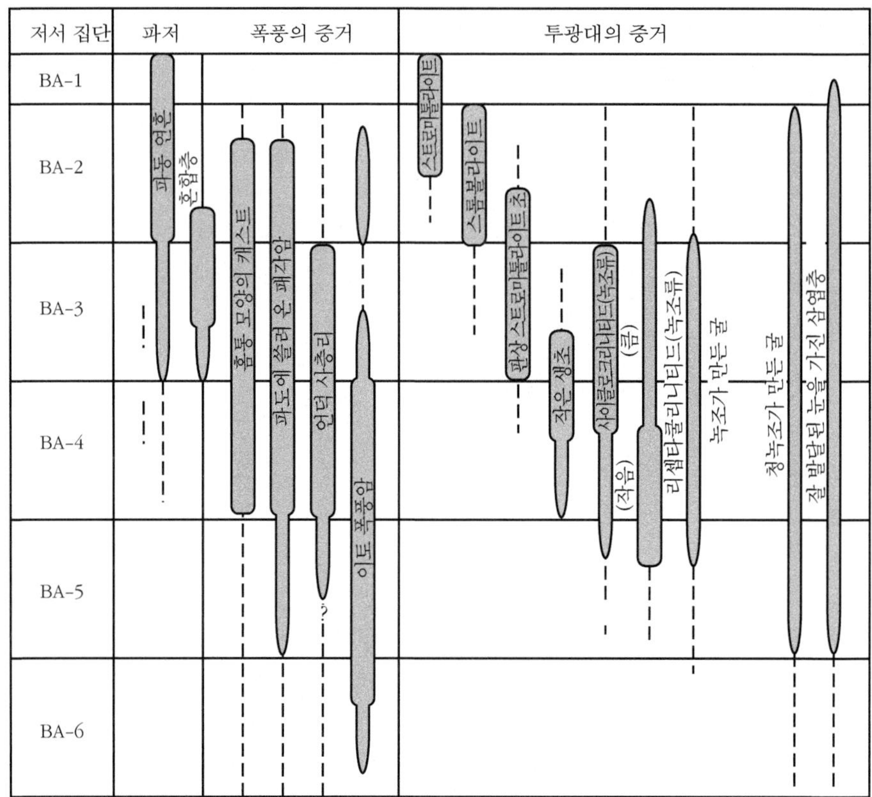

그림 4.15 실루리아기 해양 저서 군집대와 식별 기준. [Brenchley와 Harper(1998)로부터.]

실제로 나타나는지 계산하는 것은 비교적 간단하다. 패각이 하나인 종(예: 복족류)은 한 개로 세고, 두 개인 종(예: 이매패류와 완족동물)은 가장 흔한 패각(우각 또는 좌각, 배각 또는 복각)을 결합된 패각 수에 추가하여 계산한다. 개형충, 삼엽충과 같은 탈피하는 동물, 군체를 이루는 동물, 쉽게 부서지고(예: 태형동물) 많은 골격으로 된(예: 해백합과 척추동물) 동물들은 보다 특별한 계산법이 필요하다. 이들 기본 데이터는 히스토그램과 원그림의 밑바탕이 되고, 이로써 과거 육상과 해양 군집을 보다 사실적으로 그려 내게 된다. 원(미가공된)수치 데이터는 극히 유용해서 다양성, 우점도(優點度, dominance), 균등성의 변수와 분류학적 특이성으로 바뀔 수도 있다(**글상자 4.2**). 이들로 고군집의 구성원과 구조를 개관할 수 있고, 다른 유사한 집단과의 수치적 비교도 가능하다. 이러한 접근 방법들은 무척추 고생태학 연구에 있어서는 일상적인 것이 되었으나, 일반적으로 표본의 크기가 아주 작은(소표본) 척추동물에 대해 이 방법들을 적용하기란 아주 어렵다.

고군집 구조의 정밀 분석은 여러 특정 군집 유형들을 인지하게 하였다. **선구 군집**(pioneer communities)은 새로운 생태 공간에 막 들어온 것으로, 아주 풍부한 기회 종 하나

글상자 4.2 생태학적 통계학과 충분한 표본 채집: 당신은 충분히 확보하였는가?

고생물학적 표본의 적정성을 평가하기란 종종 어려운 일이다. 일부 학자는 300개 정도의 표본이면 화석 집단에 대한 아주 정확한 조사가 가능하다고 말한 바 있다. 흔히 연구자들은 희박화 곡선(rarefaction curve)을 그린다(그림 4.16). 이 곡선은 10개의 표본을 취하고 각 표본의 종의 수를 식별하면 간단히 그려진다. x축에 10개 표본을 표시하고, y축에는 종의 누적 수를 표시한다. 추가적인 수집에도 추가되는 종의 수가 없는 포인트에서 곡선은 안정되고, 안정된 곡선은 표본의 크기(양)를 고정하는데, 그 크기는 존재하는 대다수의 종을 계산하기에 적정한 것이 된다.

화석 군집의 양상을 기재하는 데 여러 가지 통계학적 방법이 쓰였다. 한 집단에서 수집된 종의 수가 집단의 다양도에 대한 개략적인 길잡이가 되지만, 대부분의 경우 확실히 표본이 많으면 많을수록 다양성은 더 커진다. 다양도의 측정은 보통 표본 크기에 대하여 표준화된다. 소수의 풍부한 요소로 된 군집의 우점도 값은 높은 반면, 종들이 동등하게 나타나면 우점도 값은 낮다. 균등도(evenness)는 흔히 우점도의 반대이다.

$$\text{마르갈레프(Margalef) 다양도} = S - 1 / \log N$$

$$\text{우점도} = \sum(n_i / N)^2$$

$$\text{균등도} = 1 / \sum(p_i)^2$$

여기에서, S는 종의 수, N은 표본의 수, n_i는 i번째 종의 수 그리고 p_i는 i번째 종의 상대 빈도이다.

고군집과 그의 분포를 분석하는 데 많은 수리적 기법이 사용되어 왔다. 표현 방법(12장 참조)은 유사도 조사, 존재나 부재의 원데이터 행렬 또는 각 지점별 화석의 수(치)적 풍부성으로부터 유도된 거리 행렬에 기초하였다. 군집 분석(cluster analysis)은 생태학 연구에 많이 사용되는데, 클러스터링 기법과 함께 광범한 거리와 유사도 측정이 있다. R–모드 분석은 변수들을 클러스터하는 데 많은 고생태 연구에서 분류군(taxa)이 그것이다. 반면에 Q–모드 분석은 사례들(cases)을 클러스터하는데 그것은 보통 위치(장소)와 군집이다(그림 4.17).

예를 들면, 중국 남부의 오르도비스기 말에 완족동물이 우점한 집단이 집단 분석에 의해 조사되어, 여러 생태 그룹으로 나뉜 예가 있다(Hammer & Harper, 2005). 이 데이터는 http://www.blackwellpublishing.com/paleobiology/에 있다.

나 둘에 의해 지배될 수 있다. 이와 달리 오래된 보다 안정한 **평형 군집**(equilibrium communities)은 거의 동등하게 풍부한 동물들이 비교적 높은 다양성을 갖는 것이다. 생물들 사이의 생태학적 관계 역시 군집 발달에 있어서 하나의 중요한 부분이다(**글상자 4.3**).

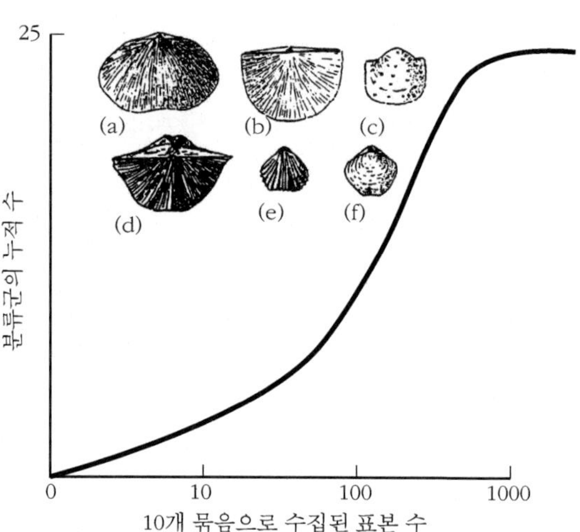

그림 4.16 프랑스 북부 데본기 중기의 완족동물이 우점하는 자료에 기초하여 그린 희박화 곡선. 주요 완족동물 유형: (a) *Shizophoria*, (b) *Doubillina*, (c) *Ptoductella*, (d) *Cyrtospirifer*, (e) *Rhidiorhynchus*, (f) *Athyris*. 곡선은 약 300 표본에서 안정되어 그 정도가 동물군의 조사에 충분한 표본 수임을 제시한다. 배율은 모두 약 ×0.5.

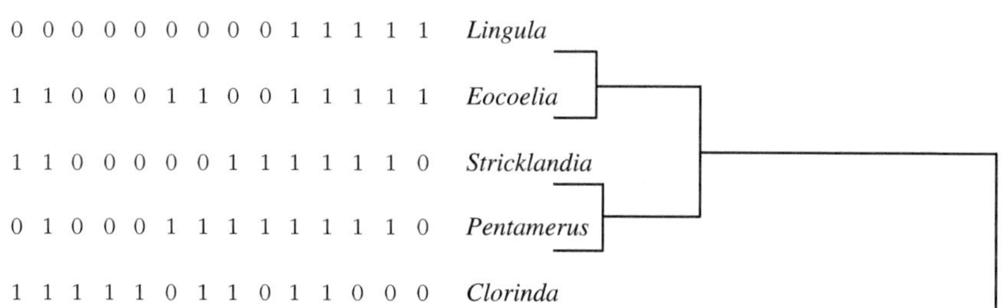

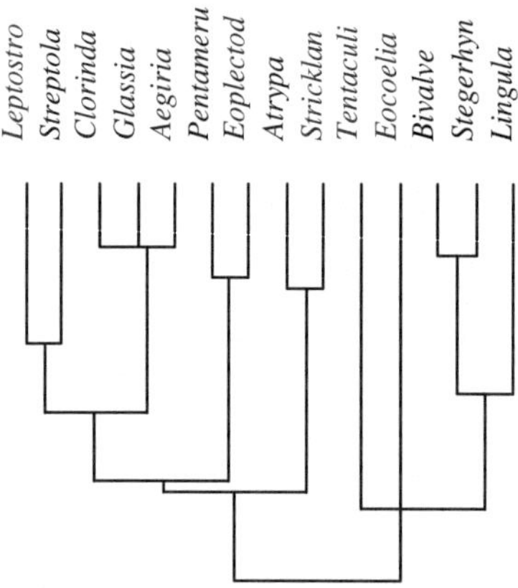

그림 4.17 두 가지 방식의 군집 분석. R-모드는 속들(아래)을 클러스터하고, Q-모드는 군집 유형(오른쪽)을 클러스터한다. 원데이터 행렬은 그림의 가운데에 있다. 이 데이터는 천해 생물상(*Lingula*와 *Eocoelia* 군집), 대륙붕 중부~심부(*Pentamerus*와 *Stricklandia* 군집)와 외대륙붕~대륙사면(*Clorinda* 군집) 집단의 실제를 가리킨다.

글상자 4.3 생태학적 상호작용

동식물들은 지질시대를 통해 광범위한 관계를 맺어 왔다. 생태학자들은 이들의 안배를 이익(gain, +), 손실(loss, −), 중립(neutrality, 0)으로 분류하였다. **대립적**(antagonistic) 안배는 **항생**(antibiosis, −, 0), **착취**(exploitation, 0, +)와 **경쟁**(competition, 0, 0)을, 공생은 **편리공생**(commensalism, +, 0)과 **상리공생**(mutualism, +, +)을 포함한다.

어류의 대량 폐사는 와편모류의 번성 탓으로 여겨져 왔음에도 불구하고 항생은 실증하기 어렵다. 알버타(Alberta)의 백악기 말기 지층에서 나온 스트루티오미무스(*Struthiomimus*)의 뒤틀린 골격은 스크리크린(strychnine) 중독으로 죽어서 그런 것으로 믿는 고생물학자들이 있다.

착취는 포식과 기생을 포함한다. 주로 해양 파충류가 연체동물의 패각을 깨문 흔적이 곳곳에 남아 있는가 하면, 쥐라기 어룡의 위 내용물 중에서 벨렘나이트가 확인되기도 하였다. 이에 더하여 화석식물을 갉아 먹은 다양한 흔적들도 보고되었다. 데본기 판상산호 플류로딕티움(*Pleurodictyum*)과 벌레 히세테스(*Hicetes*) 사이의 관계는 많은 고생물학자들을 감쪽같이 속였다. 이것이 복합(compound) 생물이었을까? 사실 벌레는 기생동물이었을 것이다. 이들의 예는 유럽 곳곳에서 흔하고 거의 모든 플류로딕티움의 표본은 중심부에 기생 벌레를 갖는다.

화석 기록에서 경쟁의 잔재를 관찰하기란 쉽지 않다. 그러나 피각 형성(encrusting) 태형동물은 보통 해저 위에서 공간과 먹이를 놓고 경쟁한다. 원구류(어류)인 사이클로스톰(cyclostome)과 케일로스톰(cheilostome) 분기군(clade)(12장 참조) 사이의 경쟁은 고생대 이후 척삭동물문의 역사에 후자에 유리하도록 영향을 미쳤다. 피각 태형동물은 또한 그들의 기질을 충실하게 복제할 수 있어서, 연체(soft-bodied)동물 또는 아라고나이트질 연체동물(mollusk)의 인상을 남긴다. 이 **생물학적 매몰**(bioimmuration) 과정은 다른 것이 발견되지 않는 생물의 보존에 유용한 수단이다.

편리공생은 화석 기록에 나타나는 가장 흔한 관계의 하나인데, 외생 동물군은 부착과 지지를 위해 보다 큰 생물을 이용하는 것이 그중의 하나이다. 작고 미성숙한 완족동물 프로덕토이드(productoid)는 해백합 줄기를 가시로 움켜쥐어 부착하고, 예전에 벌레 스피로비스(*Spirobis*)라고 알려졌던 마이크로콘키드(microconchids)는 흔히 석탄기 비해성 이매패류의 출수류(exhalent currents) 가까이에 부착한다. 가장 극적인 몇 가지 예가 데본기 완족동물 스피리페리드(spiriferide)의 껍데기로부터 보고되었다. 에이저(Derek Ager, 웨일스 대학교, 스완지)는 완족동물의 출수류 가까이에 무리를 이룬, 스피로비스(마이크로콘키드)로 시작하여 헤데렐라(*Hederella*)와 팔레샤라(*Paleschara*) 그리고 마지막으로 판상 산호, 아울로포라(*Aulopora*)로 이어지는 외생 동물군의 천이(succession)를 보고하였다(그림 4.18).

시간에 따른 고군집의 발달

군집은 의심할 여지없이 시간과 함께 변한다. 환경 변동, 동식물의 이주(이입과 이출), 종의 진화와 멸종, 공진화적(coevolutionary) 변화와 같은 요인들은 군집의 구성원과 구조를 바꾸어 놓을 것이다. 그러나 군집의 구성원들이 단단히 연계되어 함께 진화하거나 그

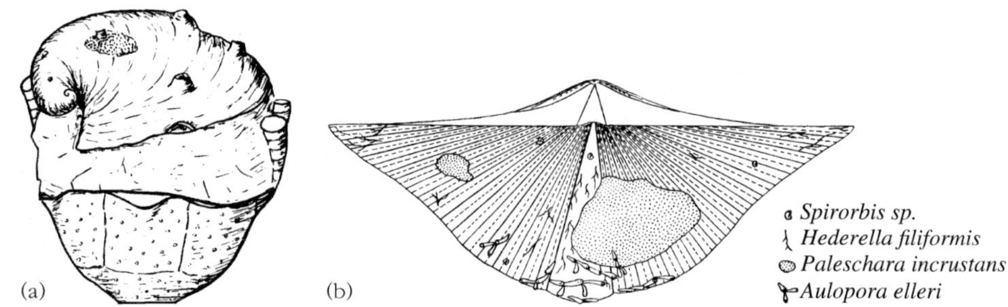

그림 4.18 (a) 복족류, 플라티세라스(*Platyceras*)와 데본기 해백합의 편리공생, (b) 입수류 또는 출수류에 인접한 스피노시르티아(*Spinocyrtia iowensis*)의 완각(brachial valve) 날개에 주로 위치한 외생 동물군. [Ager(1963)에 근거.]

보다는 진화가 우연한 임의의 과정은 아닐까? 처음 형성된 현생 군집은 초기에는 교체와 불안정성이 높지만 나중에는 거의 변화 없이 안정해져 평형이 극상 군집으로 향한다. 군집의 변화가 **엘턴**(Eltonian) 모델(장기 예측이 가능한)을 따르는가, **글리슨**(Gleasonian) 모델(단기의, 급격한 변화와 불안정성)을 따르는가 아니면 이 둘 모두인가에 대해서는 생태학자들 사이에 논란의 여지가 있다. 제4기, 주로 홀로세 군집에서 얻은 증거는 단기 쪽을 암시한다(Davis et al., 2005). 종은 기후 변화 기간 중에 멸종하거나 인접 지역으로 이주해 나가 군집 구조가 파괴된다. 그러나 보다 유리한 기후 중에는 본래의 군집으로 돌아와 합류한다(Bennett, 1997). 그러나 쥐라기와 백악기 중의 공룡이나 실루리아기 중의 완족동물 펜타메리드(pentameride)와 같은 그 자리에 있던 분류군이 지배적인 고군집은 수십 또는 수백만 년 동안 지속된다(Sheehan, 2001).

시대에 따른 군집 변화의 모델을 시험할 수 있는 큰 잠재성에도 불구하고 상세한 연구는 비교적 적은 편이다. 몇몇 고생물학자들은 **연계된 전환**(coordinated turnover) 이후에 **정체**(정지, stasis)로 이어져 단기간에 많은 종들이 사라지고 다른 기능적으로 그리고 분류학적으로 유사한 종으로 대체되는 양상을 인지하였다. 어떤 경우에 동요들에 의해 반복적으로 재집합하여 구조가 나타나긴 하지만, 새로운 집단들은 200만~800만 년 동안 그들의 구조를 유지할 것이다. 그 반대로 애팔래치아의 오르도비스기 해양 집단은 환경 변동과, 집단 내 동물들의 구성원과 우점도에 있어서의 비연계 변화 사이에 강한 유대 관계가 있음을 보여 준다. 소규모의 생물도 이러한 양상을 보인다. 주로 태형동물과 에드리오아스테로이드(edrioasteroids) 등의 피각생물(encrusters)이 왕자갈(cobbles) 위에 구축하는 오르도비스기 고군집은 처음에는 다양성이 낮은 개척자 군집이, 그 다음엔 다양성이 높은 무리, 마지막으로 맨 나중의 지배자 한 종으로 이루어진 집단이 나타난다(Wilson, 1985). 왕자갈이 뒤집어지는 것과 같은 환경적 동요는 재착생(recolonization)을 일으켜서 군집 내의 높은 다양성을 유지시킨다. 분명히 어떤 경우에는 엘턴(Eltonian) 모델을 적용할 수 있고, 다른 경우에는 글리슨(Gleasonian) 모델을 적용할 수 있을 것이다.

진화 고생태학

대다수 동식물 그룹의 시간 흐름에 따른 생물 다양성 추세는 1970년대부터 꽤 정확하게 입증되어 왔다. 그러나 이 같은 믿기 힘든 분류학적 다양화의 토대가 되는 일련의 생태적 변화가 있고, 그러한 변화들 각각은 분리되었을 것임에 틀림없다. 예를 들면, 새로운 적응 전략(밤바치 거대 조합)의 진화, 즉 조합 수의 확대를 통해 생태 공간의 이용에 있어서 현저한 변화가 있었고, 기질의 위와 아래 양쪽에서 생활 범위의 수직 성층화(tiering)가 가속화되었다. 시간이 가면서 동식물은 새로운 서식지에 살기 위한 혁신적인 방식을 발전시켰다. 흥미롭고 비교적 새로운 진화 생물학 분야는 대규모적인 생태 양상과 지질시대의 추세를 다루는 것이다. 예를 들면, 왜 캄브리아기 먹이사슬은 그리 짧고 조합이 극소수이며 퇴적물 위아래로 분리되는 성층 수준이 그리 제한적일까? 해양 환경에서 셉코스키(Sepkoski, 1981)가 현생누대 생물계를 다음과 같이 세 개 동물군으로 구분한 일은 많은 고생태 연구의 본보기가 되었다. 캄브리아기 동물군(삼엽충, 무관절 완족동물, 원시

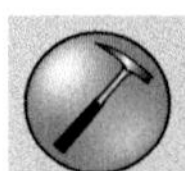

글상자 4.4 화학 합성 환경

현대의 대양의 어둡고, 차가운 깊은 물속에서 탄화수소 유출과 열수공에 의한 생명 유지 장치에 달라붙어 생존하는 아주 기이한 몇몇 생명체를 알게 된 것은 경이롭고 새로운 발견이 아닐 수 없다. 독특하게도 그들은 빛을 볼 수 없고, 먹이사슬은 빛과 탄소가 아닌 열수공에서 나오는 황화물에 기초한다. 그들 기이한 생물체의 화석 대응물 탐색이 이루어지고 있다. 캠벨(Kathleen Campbell)과 동료들은 이 기이한 군집 유형의 분포를 수년간 탐사하고 있다(Campbell, 2006). 그녀는 동굴군의 열쇠유형(key types), 생물 지표(biomarkers)와 그들의 지화학 및 구조적 환경에 근거하여 화석의 40가지 예를 발견하였다. 선캄브리아 시대의 열수공과 연관된 그 같은 군집에는 미생물이 집단으로 살았고, 첫 번째 화학 합성 후생생물 집단이 발견된 것은 실루리아기의 표본이었다. 이 생물들은 낯선 것들이다. 거대한 무관절 완족동물이 우랄산맥의 괴상 화산성 황화물에 큰 이매패류, 충관상구조(蟲管狀構造, worm tubes)와 함께 나왔다(그림 4.19). 보편적으로 쥐라기 이전의 열수공 동물군은 멸종한 완족동물, 단판류, 이매패류와 복족류가 지배적이고, 쥐라기 이후의 동물군은 현존하는 이매패류와 복족류의 과들(families)이 살았다. 현생 열수공 유출 동물군은 고유종과, 고생대와 중생대에 살던 생물로부터 진화한 것이거나 현생누대에 주기적으로 그 곳에 이주해 온 일부 무척추 그룹일 가능성이 있다. 흔치 않지만 화학 합성의 세계는 그들만의 규율과 진화 체계를 갖는 또 다른 생태계로, 지구의 과거와 현재의 생물 다양성에 기여한다. 또한 빨리 진행되는 주요 환경 변화 기간 중에, 이 생태계는 빛과 유기 영양에 의존하는 다른 생태계의 환경 변화를 피해 살아남은 일부 안정한 생존자들을 공급하지 않았을까?

그림 4.19 과거 열수공 위치에서 찾은 일부 화석들. 모든 표본은 황철석화되었고 황화광물의 기질 속에 보존되어 있다. (a) 복족류: 캘리포니아 하부 쥐라계 피게로아(Figueroa) 황화물층에서 산출된 *Francisciconcha maslennikovi*. (b) 사이프러스 상부 백악계 메미(Memi) 황화물층에서 산출된 충관상구조. (c) 이매패: 러시아 시베이(Sibay) 중부 데본계 황화물층에서 산출된 *Sibaya ivanovi*. (d, e) 러시아 하부 실루리아계 야만 카시(Yaman Kasy) 황화물층에서 산출된 화석: 단판류 *Themoconus shadlunae*(d)와 베스티멘티페라(vestimentiferan) 충관상구조 *Yamankasia rifeia*(e). 축척 막대: (a)와 (b)는 5mm , (c)~(e)는 20mm. (Crispin Little 제공.)

극피동물과 연체동물), 고생대 동물군(유관절 완족동물, 태형동물, 산호, 해백합과 같은 부유식 동물들) 및 현대 동물군(극피동물, 복족류, 이매패류, 갑각류, 경골어류, 상어와 같은 잔사식 동물들).

시간에 따른 군집과 서식지 변화

고생태학자 대부분은 산중 호수(mountain lakes)로부터 심해의 낯선 화학 합성 환경(글상자 4.4)에 이르기까지 광범위한 과거 군집의 역동성과 실상을 재구성하기 위해 연구한다. 화석생성 과정에서 큰 손실이 있었음에도 불구하고 주요 구성원, 구성원 간의 관계와 주변 환경을 묘사하는 실제 그대로의 복원이 가능하다. 대부분의 지질시대 동안 미생물은 지구의 유일한 거주자였다. 에디아카라 생물군은 에디아카라계 기저(6억 3000만 년 전)에 나타났으나 대부분의 구성원은 캄브리아기가 시작될 무렵 사라졌다. 매케로(McKerrow, 1978)는 최초로 현생누대 군집들의 개괄적인 발전 과정을 요약하였다(20장 참조). 그의 각 발전 과정은 필연적으로 정성적인 것이었지만 이제는 시간에 따른 군집 변화를 더 정확하게 다룬 정량적인 접근이 많아졌다. 최초의 바다 풍경 복원 중 하나로 헨리(Henry de la Beche, 1830) 경이 그린 두리아 안티오키르(*Duria antiquior*)의 수채화는 쥐라기 초기의 바다 생물을 묘사한 것이었다. 그것은 상징적인 그림이었으나 그럼에도 불구하고 현대 진화 동물군의 포식자와 먹이 사이의 관계를 과학적이고, 그래프로 도해한 것이었다. 오늘날 쥐라기의 환경 범위에 대해 우리는 더 많은 것을 알고 있다.

쥐라기 공원과 심해 세계

쥐라기 환경은 고생대 동물군 이후의 초기 발달 단계를 보여 주는 광범위한 군집과 서식지이다. 그림 4.20은 당시의 환경, 생활방식과 섭식 전략을 선택적으로 보여 주는 그림들이다. 그림들은 과학적 지식이 결핍되었다 하여 비난 받아왔는데, 그들은 실제 역사적 사례에 기초한 것이다. 이제 이 같은 복원을 위해서는 수치 데이터가 유효하다. 예를 들면, 두 개의 퇴적층, 즉 뉴어크(Newark) 누층군과 포시도니아(Posidonia) 셰일은 쥐라기 초기의 육상과 해양 환경에 살던 생물들을 엿볼 수 있는 중요한 창(window)이다.

뉴어크 누층군과 이와 상응하는 미국 동부의 지층에서 새롭게 발견된 중요한 자료를 통해, 트라이아스기 말과 쥐라기 초 사이에 우연한 몬순이 휩쓸고 간 로렌시아의 건조 내지 습윤한 육상에 살던 생물들이 그림으로 생생히 그려졌다. 올슨(Olsen)과 동료들(1978, 1987)은 먹이사슬의 꼭대기에 있는 크고 작은 육식성 수각류와 함께 커다란 초식성 용각류 및 몇몇 초기 장갑(armored) 형태 등 다양한 공룡 군집을 기재하였다. 육상 수각류 대부분은 화산 쇄설물층 속에 보존되었으나, 인접 하성 퇴적상에는 악어가 들어 있었다. 호성 퇴적상에는 구과류, 소철류, 양치류와 석송류 등 다양한 식물군이 보존되었다. 재빠르게 헤엄치는 전골어류(全骨魚類, holostean)가 호수에서 순찰을 돌았고 숲에는 현대적인 형태의 곤충들(7개 목)이 아주 많이 살았으며 호숫가 얕은 곳에는 갑각류가 헤엄쳐 다녔

그림 4.20 변하는 쥐라기 환경. 쥐라기 전기: (a) 모래, (b) 이질 모래, (c) 역청질 이토 군집. 쥐라기 후기: (d) 이토, (e) 초, (f) 석호 군집. [McKerrow(1978)로부터.]

을 것으로 보인다.

포시도니아 셰일은 독일 즈바비안 알프스(Swabian Alps)의 홀츠마덴(Holzmaden) 마을 가까이에 노출되어 있다. 이 셰일층은 역청탄질이나 타르와 같은 암석인데, 기저로 향하면서 극피동물과 척추동물이, 최상부에는 두족류 화석이 많이 들어 있다. 자일라허(Seilacher, 1985)와 동료들은 예외적으로 보존된 화석광맥(Lagerstätte)을 많이 함유하는 이 층이 정체층(stagnation deposit)이었고 해저의 완벽에 가까운 무산소 조건에서 화석이 축적되어 분해자의 공격이 거의 없었음을 입증해 보였다. 저서생물은 드물다. 정체된 해저 위에 살 수 없는 피각(encrusting)과 와상(recumbent)의 완족동물, 이매패류, 해백합과 갯지네(sepulids)는 표류하는 통나무, 암모나이트 패각과 떠다니거나 헤엄치는 생물에 부착한다. 훌륭하게 보존된 어룡, 수장룡과 함께 유영성인 암모나이트, 콜레오이드(coleoids, 무각 두족류)가 우점동물인데, 이들은 현재 유럽의 여러 박물관에 전시되어 있다. 포시도니아(*Posidonia*)와 함께 극피동물 다이아데모이드(diademoid), 족사를 가진(byssate) 완족동물 등 소형의 단형(monotypic) 군집이 일부 층준에서 특징적으로 나타난다. 이들의 저서 착생(colonizations)은 폭풍에 의해 촉진되었을 것이고, 짧은 기간 동안 담수 조건이 형성되기도 했을 것이다.

시간에 따른 생태 양상과 추이 변화

지난 6억 년 동안 동식물 군집은 확대되고 다양해졌다(글상자 4.5). 요약하면 밤바치 거대 조합은 갈수록 크게 증가하여 캄브리아기 진화 동물군은 9 거대 조합, 고생대 14 거대 조합, 현대 20 거대 조합에 이른다. 캄브리아기의 초점은 에오크리노이드(eocrinoids, 멸

글상자 4.5 시간에 따른 생태 공간의 점유

시간 흐름에 따라 분류군의 다양성은 증가해 왔지만, 생활방식의 수도 증가하였을까? 이를 조사하는 한 가지 방법은 세 개 진화 동물군의 경계를 지나면서 밤바치 거대 조합(Bambach, 1983)에서 나타난 생활방식의 증가를 지도로 그려 내는 것이다. 시간에 따라 거대 조합의 수가 증가하는 추세이거나, 더 많은 분류군이 각각의 거대 조합에 밀려들어 가 군집화가 증대되는 추세를 보인다. 그러나 밤바치 구조 내에 새로운 조합과 적소가 발달함에 따라 늘어난 구성원을 부양하기 위해, 모종의 미세 조정과 가르기(쪼개짐)가 거대 조합 내에 있었음이 틀림없다. 새로운 데이터로 이를 시험할 수 있을까, 왜 여러 가지 생활방식의 수와 중요성이 시간에 따라 변했을까? 밤바치와 동료들(Bambach et al., 2007)은 에디아카라기 말엽의 한 가지에 대해 연구하여, 그로부터 현세와 신제3기 동물군의 생활방식이 90개 이상 증가한 현상을 보고하였다(그림 4.21d). 고생대와 신제3기 사이에 운동성, 내생동물화와 포식성에 있어서의 증가가 있었다. 그래서 팽창된 포식과 증가된 생물 교란 작용은 생물을 더욱 복잡한 생태계에 새롭게 도전하고 가담하도록 적응시켰을 것이다.

캄브리아기 진화 동물군

원양성	부유식	초식	육식
	삼엽충		

표생동물군	부유식	이식	초식	육식
이동성		삼엽충 개형충 단판강	단판강 개형충	삼엽충
고착성 저면	무교강 유교강			
고착성 직립	에오크리노이데아			
곡상	? 하이올리타			

내생동물군	부유식	이식	육식
천해 비활성			
천해 활성	무교강	삼엽충 '다모류'	'다모류'
심해 비활성		(빗금)	(빗금)
심해 활성			

(a)

고생대 진화 동물군

원양성	부유식	초식	육식
	필석 텐타쿨리토이데아 (연체동물)		두족강 판피류 퇴구강(투구게, 광익류) 코노돈트 연골어류

표생동물군	부유식	이식	초식	육식
이동성	이매패	무악어류 단판강 복족류 개형충	성게강 복족류 개형충 연갑아강(새우, 가재) 단판강	두족강 연갑아강 불가사리강 삼엽충
고착성 저면	유교강 좌불가사리강 이매패 무교강 산호 협후강(태형동물) 경골해면강			
고착성 직립	해백합 산호 협후강 보통해면강 블라스토이데아 바다능금강(원시 극피동물) 육방해면강			
곡상	유교강 하이올리타 산호 불가사리강 텐타쿨리토이데아			

내생동물군	부유식	이식	육식
천해 비활성	이매패 로스트로콘키아 (연체동물)		
천해 활성	이매패 무교강	삼엽충 이매패 다모류	퇴구강(투구게, 광익류) 다모류 코노돈트
심해 비활성		(빗금)	(빗금)
심해 활성		이매패	

(b)

그림 4.21 밤바치 거대 조합. 현대 동물군에는 거의 모든 생활방식이 나타나고(c), 캄브리아기 동물군(a)과 고생대 동물군(b)은 소수의 생활방식이 기질에 나타난다. (d) 생활방식의 수는 시간에 따라 꾸준히 증가하였다.

	부유식	초식	육식
원양성	연갑아강(새우, 가재) 복족류 포유류	경골어류 포유류	경골어류 연골어류 포유류 파충류 두족강

현대
진화 동물군

표생동물군	부유식	이식	초식	육식
이동성	이매패 해백합	복족류 단판강	복족류 다판강 단판강 개형충 성게강	두족강 연갑아강 성게강 불가사리강 두족강
고착성 저면	이매패 유교강 산호 만각류 나후강(태형동물) 협후강(태형동물) 다모류			
고착성 직립	나후강(태형동물) 협후강(태형동물) 산호 육방해면강 보통해면강 석회 해면류			
곡상	복족류 이매패 불가사리강 산호			

내생동물군	부유식	이식	육식
천해 비활성	이매패 성게강 복족류	이매패	이매패
천해 활성	이매패 다모류 성게강	이매패 성게강 해삼류 다모류	복족류 연갑아강 다모류
심해 비활성	이매패		
심해 활성	이매패 다모류 연갑아강	이매패 다모류	다모류

(c)

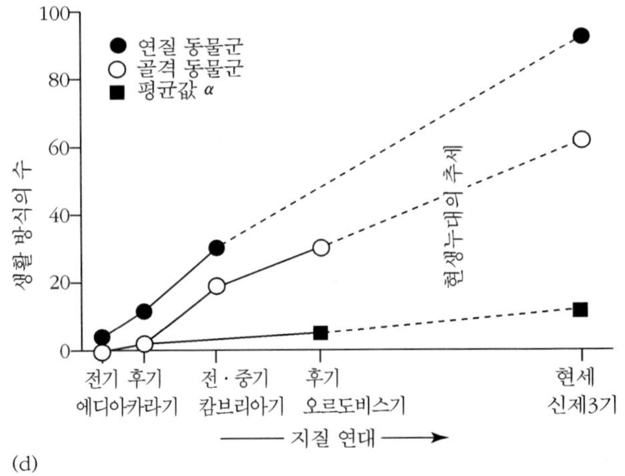

● 연질 동물군
○ 골격 동물군
■ 평균값 α

생활 방식의 수

0, 20, 40, 60, 80, 100

현생누대의 추세

전기 후기
에디아카라기

전 · 중기
캄브리아기

후기
오르도비스기

현세
신제3기

—— 지질 연대 ——→

(d)

그림 4.21 **(계속)**

종한 극피동물), 삼엽충과 같은 부유식이거나 이식하는, 고착성이거나 이동성 해양 동물들에 맞춰진다. 개체의 형태는 그들의 군집 구성원과 구조가 그랬던 것처럼 약간의 가소성(plastic)이 있다. 당시 생태 공간에는 그리 많지 않은 강(class) 수준의 분류군이 살았다(그림 4.21). 그러나 오르도비스기 동안 완족동물, 이끼벌레, 산호, 해백합과 같은 부유식 동물들이 수적으로 우세한 거대 조합이 확대되었다. 고생대 동물군의 특징은 고착 생물들이 우세하다는 것이다. 이와 달리 현대 동물군에는 이식하는 이동성 동물들의 **단계적 증가**(escalation) 또는 경쟁의 심화와 최초의 강력한 무장 경쟁에 연루된 동물들이 지배적이다. **무장 경쟁**(arms race)이란 생태학자가 포식자와 먹이 사이의 격해지는 상호작용을 기재할 때 쓰는 용어이다.

현생누대를 통해 해양 동물군이 먼 바다로 이동해 갔던 것 같다. 즉, 새로운 군집과 분류군이 연안의 고에너지 환경에 나타난 뒤에 더 깊은 바다로 이주해 간 것으로 보인다. 그래서 더 오래된 초기의 그룹들은 더 깊은 서식지에 특징적으로 나타난다. 예를 들면, 오르도비스기의 방산(radiation) 중에 전형적인 고생대 동물군(완족동물, 태형동물과 해백합)의 구성원들이 확장하여 보다 깊은 서식지로 이주한 반면에 얕은 바다는 현대 동물군(이매패와 복족류)의 구성원이 차지하게 되었다. 왜 그리된 것일까? 연안의 특히 황량한 서식지가 혁신적인 군집과 분류군을 심해로 내몬 것인가, 또는 혁신적인 생물은 어느 수심에서 생겨나며, 천해 환경의 생물은 멸종에 대한 저항력이 더 크고 쉽게 깊은 바다로 이주할 수 있는가(Jablonski & Bottjer, 1990)? 두 가지의 조합이었을 것 같다.

더 많은 생물들이 굴착 생활방식에 적응하고 저서동물들이 여과식으로부터 이식으로 전환하면서, 해양 환경에서 저서생물의 (생활 범위의)성층의 높이, 복잡성과 성층의 가속화는, 특히 중생대와 신생대 동물군에 있어서 내생동물의 성층의 깊이와 복잡성의 증대와 일치한다. 캄브리아기 진화 동물군은 거의 해저 표면만을 점령하였으나 오르도비스기 해백합은 해저 위 1m 이상 생활 범위를 발달시켰고, 퇴적물 속으로의 굴착도 이미 시작되었다. 처음에는 녹색식물들이 우세했던 육상 환경은 여러 가지 절지동물, 달팽이와 함께 고생대 중–후기의 다양한 양서류는 중생대에는 식물들, 종국에는 꽃식물로 이어지는 다양화와 함께 변했고, 오늘날에 이르러 열대 우림에서 볼 수 있는 높고, 정교한 엽층이 형성되었다.

현대 동물군은 상당히 특수한, 무장 경쟁 생물들이 특징이다(Harper, 2006). 이른바 중생대 해양 혁명기에 경골어류, 갑각류, 해양 파충류, 불가사리와 같은 포식자들은 패각을 으깨고 여는 방식을 더욱 발달시켜 나갔다. 현대의 세계는 매우 위험한 장소이므로 잠재적 먹이인 패각은 생존을 위해서 보다 두껍고 더 정교한 장식과 더 작은 입(開口, apertures)을 발달시키고(글상자 4.6), 기동력을 키우고 더 깊이 굴착하는 등의 더욱 교활한 회피 전략을 마련해야만 했다. 불행하게도 완족동물, 일부 이매패, 극피동물과 같은 많은 외생동물 그룹이 극심한 포식과 더 많이 생물 교란된 해저에 노출되면 안전을 담보하기 어려웠다. 먹이가 더 무장하고 잘 회피할수록 사냥꾼들은 무기를 더욱 발전시켰다.

글상자 4.6 패각의 축적

다양한 껍데기의 축적은 퇴적 환경에 대한 커다란 정보를 제공해 줄 뿐 아니라 시간에 따른 생산성의 대리인 역할을 할 수 있다(Kidwell & Brenchley, 1994). 더욱이 석회질 골격을 생산하고 파괴하는 생물의 다양성과 생태에 있어서의 진화적 변화는, 이들 축적의 특성이 현생누대를 통해 변했을 가능성을 암시한다. 오르도비스기~실루리아기, 쥐라기와 신제3기의 해성 규질 쇄설성 암석들로부터 얻은 데이터는 오르도비스기~실루리아기의 완족동물이 지배적인 얇은 층으로부터 신제3기의 연체동물이 지배적인 더 많고 두꺼운 패각층으로, 빽빽한 생쇄설물의 두께가 크게 증가하였음을 알 수 있다(그림 4.22). 쥐라기 패각층들은 주 구성원이 고생대 속성을 갖느냐, 현대의 속성을 갖느냐에 따라 두께가 각기 다르다. 이는, 현생누대 패각층 두께는 속성 작용이나 해저 위의 화석생성론적 조건의 변화가 아니라 생물기원 쇄설물의 생산자 자체의 진화에 의해 조절되었음을 시사한다. 생물기원 쇄설물의 생산자란, 첫째, 보다 내구력이 있는 저유기질 골격 그룹, 둘째, 고에너지 환경에서 생태학적으로 크게 성공한 그룹, 셋째, 보다 높은 속도로 탄산염을 생산하는 그룹 등이다. 이러한 결과는, (1) 복제와 대사 출력은 저서 군집에서 시간이 흐를수록 증가하였고, (2) 저서 집단에서 시간평균화(time everaging)의 규모는 현대 그룹들의 증대된 경질부 내구력 때문에 증가했음을 가리킨다. 그러나 새로운 데이터는, 완족동물은 연체동물만큼이나 내구력이 있었을 것이나 그들의 군집은 그리 많은 패각을 그저 생산하지 않았음을 말해 준다. 시간에 따른 패각층의 빈도와 두께는 단순히 생물 집단들 사이의 상대적인 생물학적 생산성 때문인지도 모른다.

이 같은 단계적 확대와 증가된 생활 범위의 성층 세트와 함께 현대 동물군은 캄브리아기 동물군 및 고생대 동물군과는 아주 다르다. 아마 생태계 전체가 고생대 동물군의 대지를 넘어 생물 다양성이 지속적으로 확대되어 가는 방식으로 기능하였을 것이다.

생물 다양성과 달리 분류군의 수를 세고 모니터할 수 있는 곳에서 생태계 변화를 기재하고 정량화하기란 더욱 어렵다. 몇 가지 변화는 다른 것에 비해 더 중요하므로 열

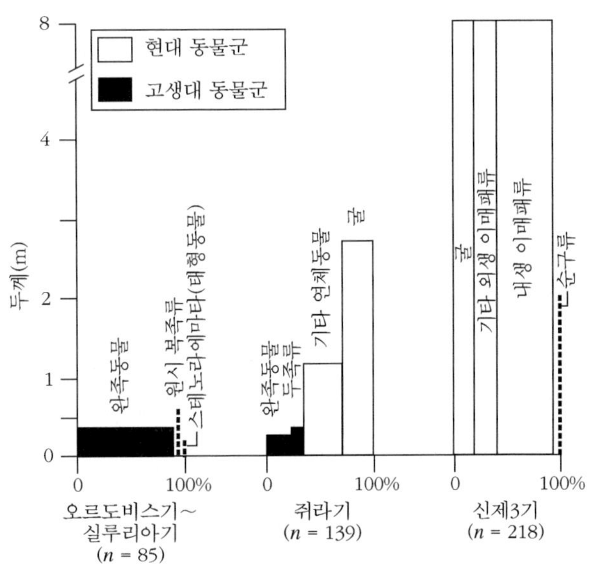

그림 4.22 오르도비스기~실루리아기, 쥐라기와 신제3기 중에 축적된 패각층의 두께. 두꺼운 껍데기층들은 현대 동물군, 주로 이매패류가 형성한 것이다. [Kidwell과 Brenchley(1994)로부터.]

표 4.1 생태 변화의 계층 수준과 그들의 신호

수준	정의	신호
첫 번째	• 한 생태계의 출현/소멸	• 환경의 최초 착생
두 번째	• 한 생태계 내의 구조 변화	• 생태적으로 우점하는 상위 분류군의 첫 출현 또는 그들의 변화 • 후생동물 생초들(reefs)의 소실/출현 • 밤바치 거대 조합의 출현/소멸
세 번째	• 설정된 한 생태 구조 내 군집형의 수준 변화	• 군집형의 출현과/또는 소멸 • 수직 성층 복잡성의 증가와/또는 감소 • 밤바치 거대 조합 내의 채우기 또는 솎음
네 번째	• 군집 수준의 변화	• 고군집들의 출현과/또는 소멸 • 한 분기군 내의 분류군 변화

쇠, 즉 동정할 수 있는 특징을 지닌 일련의 수준을 설정하는 것이 한 가지 방법이 되겠다(Droser et al., 2000). 네 가지 등급(ranks) 또는 고생태학적 수준(levels)이 식별되었는데, 이를테면 첫 번째 등급은 전체 생태계의 출현과 소멸에 근거한 것이고, 두 번째는 지배적인 분류군의 출현과 소멸에 근거한 것이며, 세 번째는 밤바치 거대 조합의 농도(짙고 얕음) 차이에 의한 것이고, 네 번째는 군집의 단순한 출현과 소멸에 근거한 것이다(표 4.1). 현생누대 동안에 모든 등급의 생태적 변화가 나타난다. 에디아카라 생물군은 분명한 첫 번째 변화이고, 캄브리아기의 폭발과 오르도비스기의 방산은 두 번째, 세 번째와 네 번째 변화와 관련이 있다. 페름기 말의 대량멸종 사건 이후의 회복은, 해양 동물군의 성층이 사라졌을 때 잔존하던 밤바치 거대 조합에 분류군이 추가된 교과서적인 예이다. 주요 대량멸종 사건들은 생태학적으로도 등급이 매겨져 있다(글상자 4.7).

✲ 고기후

> 예상치보다 더 많은 실제적인 탄소 방출의 감축이 이루어지지 않는다면 그린란드의 빙상은 50년 이내에 사라질 것이며, 새로운 빙하기의 도래와 같은 거역할 수 없는 변화가 뒤따를 것이다.
>
> **아난(Kofi Annan), 전 유엔 사무총장(2004)**

지난 6억 년 동안 지구는 적어도 다섯 차례의 빙하기와 간빙기가 교차했고, 그중 대부분의 시간은 간빙기였다(그림 4.23). 선캄브리아 시대는 비교적 차가운 기후가 오랜 시간

글상자 4.7 멸종 사건과 생태학

우리는 이제 현생누대 5대 멸종 사건들 간의 방대한 데이터를 갖고 있지만, 분류군 계산이 과연 각 멸종의 강도에 대한 훌륭한 안내자가 되겠는가? 아마 아닐 것이다. 각 사건에는 저마다의 생태학적 차원이 있다. 맥기(George McGhee)와 동료들(2004)은 각 사건의 생태학적 강도에 등급을 매겼는데 그 강도의 높낮이는 분류군 계산에 의한 등급과는 사실상 다르다. 첫째, 현생누대에 다섯 차례 있었던 생물 다양성 위기의 생태학적 충격은 모두 유사하지 않았다(**표 4.2**). 둘째, 생태학적 강도에 의한 생물 다양성 위기의 등급화는 사건의 분류학적 강도와 생태학적 강도가 서로 다르다는 것을 보여 준다. 아주 현저한 차이를 보이는 것은 백악기 말의 생물 다양성 위기인데, 분류학적 다양성의 상실은 최저이지만 생태학적으로는 상위 두 번째 등급이다. 오르도비스기 말의 생물 다양성 위기는 빙하작용에 의한 지구 한랭화와 관련이 있다. 그로 인해 주로 해양생물이 곧바로 사라졌으나, 멸종 사건으로 어떠한 핵심 분류군이나 진화 특성도 제거되지 않아, 생태적 충격은 가장 작았다. 이 같은 양자 간 강도의 차이는 생태계의 유지 측면에서 볼 때, 한 생태계에서 종의 생태학적 중요성은 적어도 종의 다양성만큼 중요하다는 사실을 분명하게 강조하는 것이다. 우점 그리고/또는 핵심 분류군의 선택적 제거는 생태학적으로 생물 다양성 위기에 가장 큰 타격을 주는 특징이다. 고도의 생태적 가치를 지닌 분류군의 핵심 보존 전략은 전 지구적으로 진행 중인 생물 다양성 감소에 미치는 생태학적 영향을 최소화하는 것이다.

표 4.2 다양성 위기에 미치는 생태학적 충격의 분류

충격 범주	생태학적 영향
범주 I	멸종으로 기존 생태계가 붕괴되고 새로운 생태계로 대체
범주 II	기존 생태계가 분열되었으나 회복되고 멸종 후 대체되지 않음
하위 범주 IIa	분열로 인해 생태계의 주요 구성원이 영구적으로 소실
하위 범주 IIb	멸종 후 새로운 분기군에 재설정된 일시적 분열, 멸종 전 생태계 체계

지속되었을 것으로 보인다. 지구는 일반적으로 5개 기후대로 구분된다. 다습한 열대(겨울이 없고 평균기온이 18℃ 이상), 건조한 아열대(증발이 강수를 초과), 난대(겨울이 온화한), 냉온대(겨울이 혹독한) 그리고 극지대(여름이 없고 평균기온이 18℃ 이하). 그런데 이들 기후대가 과거 시대에도 인지될 수 있고 장단기 기후 변화의 모델링에 이용될 수 있을까? 다양한 지질학적 및 고생물학적 준거는 시간에 따른 기후대의 식별에 도움을 주었다(**그림 4.24**). 특수한 퇴적암은 기후 식별에 도움이 되는데, **칼크리트**(calcretes, 탄산칼슘이 풍부한 토양)와 증발암(증발된 염류)은 건조 기후를, **낙하석**(dropstnes, 녹은 빙산 바닥에서 떨어져 나와 해저 퇴적물 속에 빠진 암석)과 **빙성암**(전진하는 빙하의 뒤

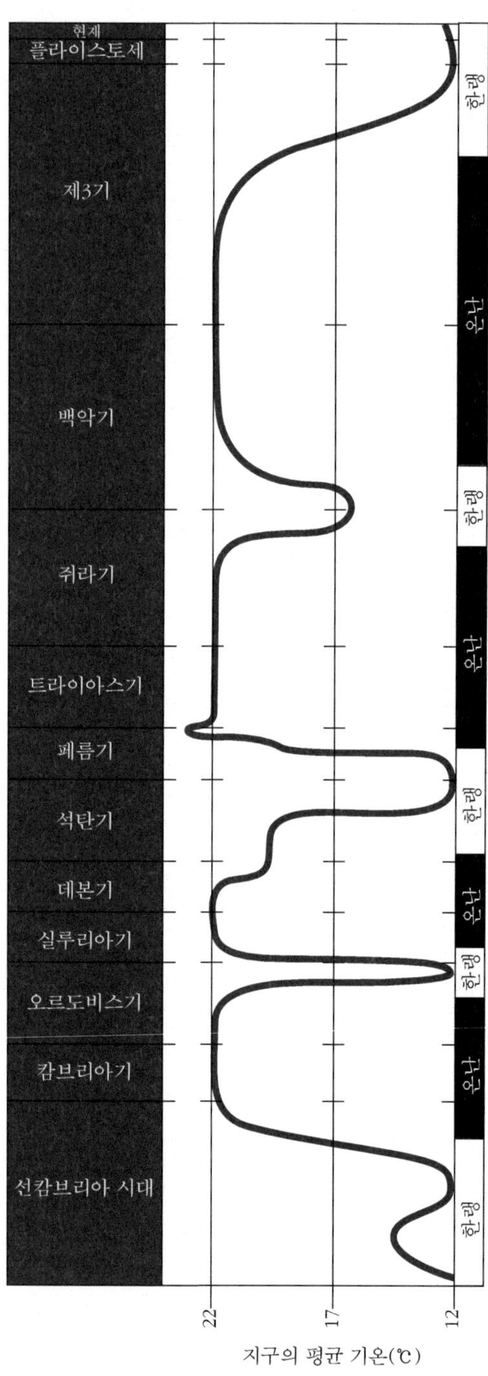

그림 4.23 빙하기와 간빙기가 교대하는 지질 시대의 기후 변화. (Christopher Scotese 제공.)

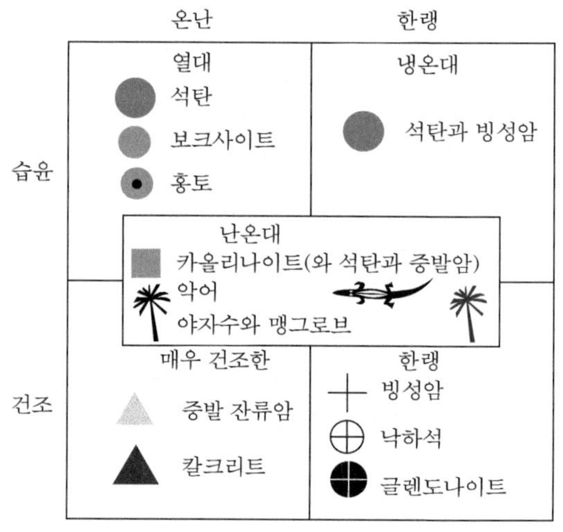

그림 4.24 기후와 기온의 핵심 지시자들. (Christopher Scotese 제공.)

쪽에 남겨진 암석과 모래)은 극지 조건을 가리킨다. 이들 준거는 스코티지(Christopher Scotese)와 동료들이 완성한 시간에 따른 기후와 고지리 복원의 기초가 되었다(http://www.blackwellpublishing.com/paleobiology/). 시간에 따른 범세계적 기후 변화는 이제 어느 정도 신뢰할 만한 도면으로 그려낼 수 있다.

시간에 따른 기후 변동

단기 추이

기후 변동은 대개 100kyr(=10만 년) 이내의 단기적 현상이다. 기후 변화에 대한 지표에서의 반응은 매우 빨라서 대기와 대양의 표층수는 수일에서 2~3년 내에 이루어지고 대양저의 심층수와 육상식물은 수백 년 만에 변화한다. 그러나 빙하와 이에 따른 해수면 변화는 수백만 년에 걸쳐 일어난다. 현세의 강수와 기온 변화는 인류의 사사건건에 영향을 주고 플라이오세 말과 플라이스토세 중 인류 진화의 방향에도 영향을 주었음이 거의 확실하다. 많은 단기 기후 변동은 밀란코비치 주기와 관계가 있다고 여겨졌는데, 이는 지구 궤도의 이심률, 기울기와 세차 운동으로 20~400kyr의 주기로 야기된 기후 변화와 퇴적 작용의 양상을 가리킨다. 이들 단기 추세는 종 분화 수준의 진화 및 생태계 구성원과 구조의 국지적 변화와 연관되어 있다(**글상자 4.8**).

장기 추이

앞서 언급한 바와 같이 지구는 지난 9억 년 동안 적어도 다섯 차례의 빙하기와 간빙기(**글상자 4.9**)가 교차했다(Frakes et al., 1992). 이들 대주기는 멸종, 해수면, 화산활동의 변화 양상과 비교되었다(**그림 4.26**). 또한 이들 변수는 초대륙의 통합과 분열에 대비되기도 했다. 해양 환경에서 다음 두 가지 극단적인 상태가 나타났다.

1. 빙하기 중에는 무성층, 불안정한 대양, 차가운 지표수(2~25℃)와 저층수(1~2℃)가 특징이고, 이와 함께 저층수의 빠른 순환, 풍부한 산소와 용승류 지역의 높은 생산성이 나타난다.
2. 반면에, 온난기의 대양은 안정하고, 성층이 더 잘 이루어지며, 지표수는 12~25℃, 저층수는 10~15℃ 범위이다. 저층수의 흐름이 느려 산소가 희박하고 생산성도 대체로 낮다.

멸종은 이 같은 대양의 상태 변화와 연관성이 있다.

글상자 4.8 기후 변화와 화석의 크기

기후와 환경 변화가 멸종과 종 분화를 조절하였다는 강력한 증거는 있으나, 그들이 생물의 크기에도 직접적인 영향을 주었을까? 슈미트(Daniela Schmidt)와 동료들(2004)은 여러 대양 시추 프로그램에 의해 확보되어 연대 측정이 잘 된 지난 700만 년 동안의 시추 핵에서 부유성 유공충을 찾아 크기 변화를 조사하였다. 그들은 백악기~고제3기 경계에서 크기가 격감하여, 많은 크기가 큰 분류군이 사라지고 이 멸종 사건 이후에도 고위도 분류군은 계속해서 작은 채로 남아 있음을 알아냈다. 그러나 크기 변동은 저위도 집단에서 나타났다(**그림 4.25**). 첫 번째 단계(6500만~4200만 년 전)는 소형이 특징이고, 두 번째 단계(4200만 년~1200만 년 전)는 중간의 크기 변동을 보이는 반면에, 세 번째 단계(1200만 년 전~현재)는 전형적인 현생 집단의 특징인 비교적 큰 분류군으로 이루어져 있다. 크기 증가는 현저한 위도와 온도 기울기 및 높은 다양성을 보였던 전 지구적인 한랭화(에오세와 신제3기)에 대비되었다. 팔레오세와 올리고세의 보다 작은 크기 변화는 생산성의 변화와 관련이 있었던 것으로 보인다. 그래서 크기 변화는 위도 기울기, 표층수의 온도 기울기와 같은 외적 요인과 강력하게 대비된다는 진화적 변화의 불변의 한 모델을 신생대 부유성 유공충은 적극 지지한다.

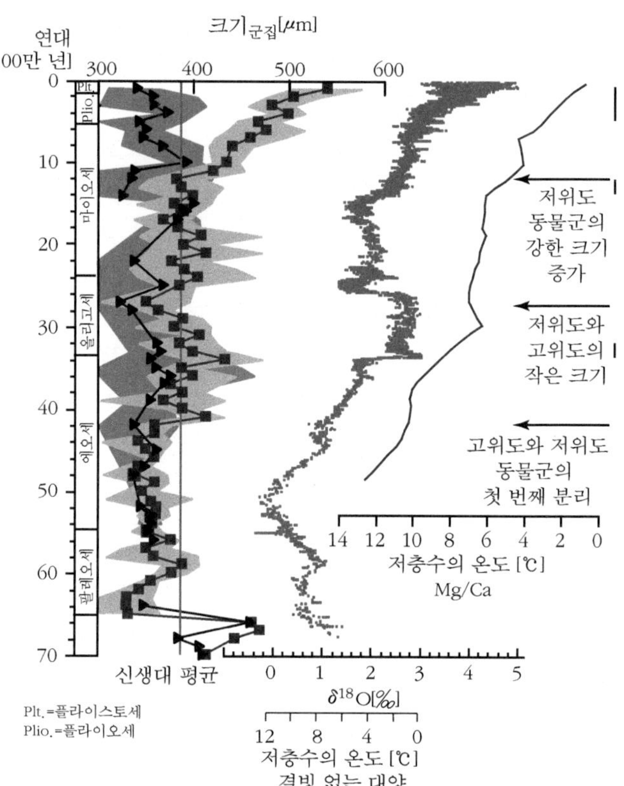

그림 4.25 산소 동위원소와 Mg:Ca 비로부터 구한 온도 분포와 비교한 지난 700만 년 동안 고위도와 저위도에서 산출된 부유성 유공충의 크기 변화. 세 단계가 인지되었다. 첫 번째 단계(6500만~4200만 년 전)는 소형 유공충이, 두 번째 단계(4200만 년~1200만 년 전)는 중간 크기의 분류군이, 세 번째(1200만 년 전~현재)는 대형 유공충이 특징적이다. 크기 증가는 전 지구적 한랭화 간격들과 대비되었다. (Daniela Schmidt 제공.)

이들 주요 기후 변동에 더하여 일련의 주요 멸종 사건들(일부는 외계에 기인, 운석 충돌과 같은)은 수백만 년 이상의 주요 기후 변화를 가속화시켰다. 그러한 사건들로 인하여 해양 및 육상 생태계의 주요 구조조정과 함께 분류군의 커다란 멸종을 초래되었다. 일반적으로 온난기의 생물은 멸종에 아주 민감하다. 종들은 보다 전문화하여 환경 변화에 더욱 노출되었다.

진화에 미치는 영향

종 분화와 기후 변화 사이의 관련성은 다소 논란의 여지가 있으나 소진화는 많은 화석 계통에서 분명하게 드러난다(Benton & Pearson, 2001). 일반적으로, 해양 플랑크톤은 점진적 진화를 하지만 해양 무척추와 척추동물은 단속 평형의 양상을 보인다. 더욱이, 단주기로 변동하는 환경의 생물은 점진적 진화에 집착하는 반면에 장주기로 변동하는 환경의 생물은 형태적인 안정에 집착한다(Sheldon, 1996). 이러한 형태적 변화에 대한 저항성은 오르도비스기의 삼엽충, 플라이오세의 연체동물 등의 많은 계통에서 두드러지게 나타난다.

예컨대 밀란코비치 주기와 연관된 단기 기후 변동은 해양 및 육상 군집의 재형성을 방해할 수도 있고, 촉진할 수도 있다. 어떤 경우에 단기 기후 변동은 국지적 멸종과 방산을

글상자 4.9 고온도: 동위원소로 구한다?

과거에 지구가 진정 얼마나 뜨겁고 추웠는가를 알아낼 수 있을까? 산소 안정동위원소는 고온도계로서뿐 아니라 과거 대양의 염분과 빙하의 규모를 추정하는 데 극히 유용하다. 산소는 가장 가벼운 ^{16}O, ^{17}O 그리고 가장 무거운 ^{18}O 등 세 가지 동위원소가 있다. 지질학적 연구에 $^{18}O:^{16}O$의 비(比, ratio)가 가장 많이 쓰인다. 방해석이 해수로부터 침전되었을 때 $^{18}O:^{16}O$의 비가 온도 증가에 따라 커진다. 이 비는 또한 표준해수(standard mean ocean water, SMOW)나 피디(Peedee) 벨렘나이트 표준(PDB)에 의해 표준화된다. 벨렘나이트란 사우스 캐롤라이나의 백악기 피디층에서 산출된 *Belemnitella americana*를 말한다. $\Delta^{18}O$값에서 1‰가 달라지면 약 4~5℃의 온도 변화가 일어난다. 불행하게도 모든 껍데기가 주변 해수와 평형 상태에서 침전되지 않는다. 일부 생물의 생명유지 효과(vital effects)는 이 과정(침전)을 저해한다. 더욱이 속성 작용도 동위원소 데이터에 영향을 줄 수 있다. 이러한 이유로 산호, 석회질 조류와 극피동물은 좋은 결과를 주지 않는 반면 완족동물, 이매패류와 유공충은 유용한 데이터를 낸다. 덧붙여, 가장 가벼운 동위원소는 우선적으로 수증기와 강우에서 발견된다. 빙하기 중에 눈과 얼음은 ^{16}O의 저장소 역할을 할 수 있어서 대양 속의 ^{16}O는 격감하게 된다. 그래서 빙하시대 중에는 대양의 ^{18}O의 양이 많아지는 것이 특징이다. 이 간단한 모델은 지난 100만 년 이상의 기후 변화를 이해하고 그것과 밀란코비치 주기와의 관련성을 이해하는 기초를 이룬다.

산소 동위원소의 데이터 세트는 http://www.blackwellpublishing.com/paleobiology/에 있는 시계열 분석(time series analysis)에 이용 가능하다.

가져올 수 있는데, 실루리아기의 코노돈트와 필석 동물군이 그 예이다.

기후는 확실히 보다 큰 규모의 진화 양상을 초래할 수 있다. 예를 들면, 캄브리아기 폭발–골격 생물의 다양화 및 조초 생물과 포식자의 최초 출현이 특징인–은 점증하는 온난 기후 및 해수면 상승과 연관이 있다. 석탄기 전기 육상 사지동물의 방산과, 최초로 형성된 광범위한 숲에, 보다 서늘한 기후와 확대된 육지에서 일어난 큰 비행 곤충의 다양화는 대기 중의 산소량 증가와 대비되어 왔다(Berner et al., 2000).

예컨대 생물 그 자체의 기원, 광합성의 발달과 후생동물의 출현 등 완전히 새로운

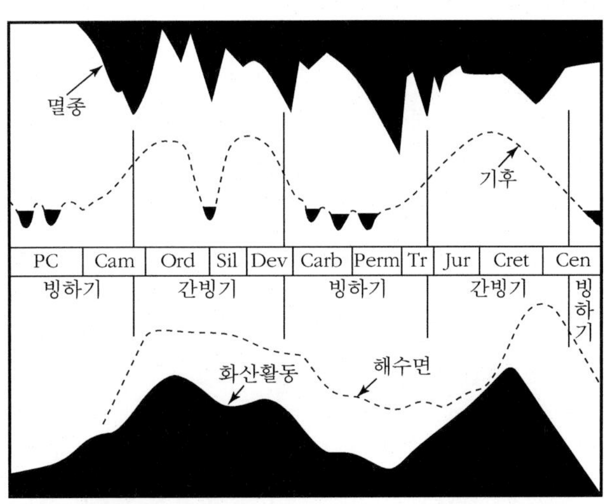

그림 4.26 해수면 및 화산활동의 강도 변화와 함께 도해한 시간에 따른 기후 변화. (여러 자료에 근거)

글상자 4.10 눈덩어리 지구

명백한 증거로 보아 신원생대 후기에 다수의 빙하시대가 전 지구적인 규모로 펼쳐졌음을 알 수 있다(Hoffman et al., 1998). 호프만과 동료들은 빙성암이 적도 부근에 밀접한 연관성을 갖고 나타난다는 사실로부터 그 당시 지구는 사실상 눈으로 덮여 있었다고 생각했다. 이러한 데이터는 1960년대에 최초로 할랜드(Brian Harland)가 발의하고 뒤이어 1980년대에 커쉬빙크(Joe Kirschvink)가 "눈덩어리 지구"라고 명명한 지구 모델을 뒷받침한다. 그러나 저위도 빙하의 고생물학적 데이터는 전 지구적 눈덩어리에 대한 그저 단선의 증거 이상을 말해 준다. 이들 빙성층을 소위 덮개 탄산염암(cap carbonates)이 거의 덮고 있다. 이 탄산염암의 퇴적은 대기 중에 이산화탄소 농도가 높고 해수가 탄산칼슘으로 과포화된, 극심한 간빙기 조건에서 이루어졌음을 암시한다. 그러한 조건은 지구를 눈덩어리 상태에서 벗어나는 데 필요한 '높은 온도'에 의해 고취되었다(그림 4.27). 온실가스인 이산화탄소가 대기 중에 축적(buildup)된 믿기지 않는 일은 액상수(liquid water)의 부재와 중단된 풍화작용의 직접적인 결과였다. 이 축적은 지표를 영원한 동토로부터 근본적으로 구해 냈다. 그러나 빙성층과 덮개 탄산염암은 또한 ^{13}C 동위원소를 크게 격감시켰다. 이는 생물학적 생산성이 매우 낮아 보다 가벼운 ^{12}C 동위원소가 제거되고 선택적으로 ^{13}C 동위원소가 풍부해질 수 없었음을 의미한다. 그리고 마지막으로 호상 철광층(BIFs)은 눈덩어리 지구 당시의 특징 중 하나로, 무산소 조건에서 쌓인 해성층의 잔재이다. 일부 호상 철광층은 빙하에 실려 온 낙하석(dropstone)과 연관된 것조차 있다. 물론 모두가 이 가설에 동의하지는 않는다. 어떤 이들은 '죽 덩어리(slushball) 지구'를 생각해 내기도 하고 다른 이들은 심지어 전 지구적 빙하의 가능성을 전면 부정하기도 한다. 그러나 '얼고 녹는' 일들이 생물 진화의 방식에 크게 영향을 준 것은 확실하다. 확실히, 얼음 아래 심부에 살아 있는 화산 분기공과 다른 극한 환경과 무관하게 생물 진화는 진행되었을 것이다. 그러나 후생동물의 생존 증거는 눈덩어리 지구 직후에 나타난 것 같다.

생물과 조직의 등급이 나타나는 것과 같은 최대의 사건들 일부는 기후 변화와 관련되었을 수 있다. 앞의 두 가지 사건은 탄소를 토대로 한 생물의 진화에 유리한, 안정된 시생대 지각과 보다 서늘한 기후 조건과 관련이 있다. 후생동물은 '눈덩어리 지구'(글상자 4.10) 당시 거의 전 지구를 덮은 빙하가 쇠퇴한 뒤에 나타나 다양해진 반면에, 골격생물은 캄브리아기 전기의 온난한 기후 그리고 산소량이 한층 높아졌을 때 방산하였다.

생물학적 피드백

만일 기후가 진화를 이끈다면 생물 자체는 기후 변화를 이끌 수 있었을까? 극소수의 사람들은 인류가 기후에 영향을 줄 수 있는지에 대해 의문시하고, 모든 사람은 어떻게 산업 국가들이 화석 연료를 연소하고 있고 온실가스를 대기 중으로 방출하고 있는지를 알고 있다. 지구 온난화로 기후대가 1세기에 약 100km 극 쪽으로 이동하므로 아한대(cold

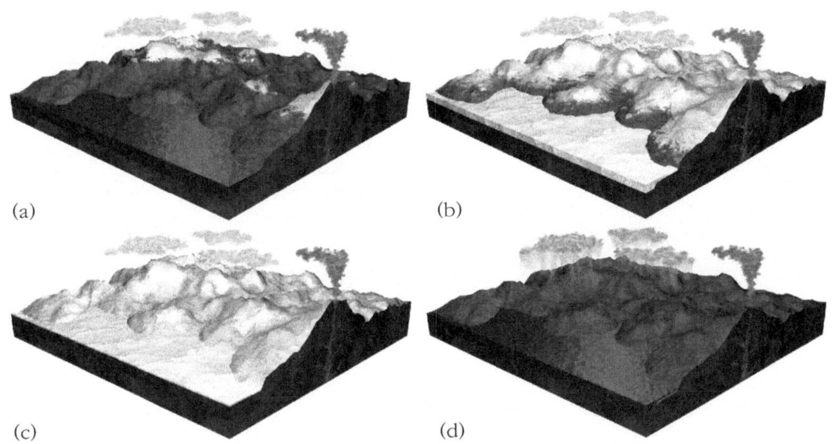

그림 4.27 눈덩어리 지구의 시나리오: (a) 대륙들은 적도 근처에 있는 가운데, 강수의 증가로 대기 중의 CO_2가 제거되고, 기온 하강에 따라 극지방의 얼음이 널리 퍼지기 시작한다. (b) 알베도(태양 에너지의 반사) 효과로 더욱 기온이 하강하여 얼음은 계속 산재된다. (c) 기온의 반전을 촉발하는 화산 활동으로 인해 대기 중에 CO_2가 증가. (d) 간빙기가 돌아오고 빙하는 퇴각한다. (Jørgen Christiansen과 Svend Stouge 제공.)

temperate)와 극지방의 동식물은 이에 영향을 받을 것이다(Wilson, 1992). 그럼에도 불구하고 수많은 장기 기후 변화 모델이 생물로부터의 피드백의 역할과 관계되어 있다. 예를 들면, 가이아설은 지구를 살아 있는 체계로 취급하는 매력적인 모델이다. 지구의 생물, 대기와 대양 사이의 끊임없는 상호작용은 지구를 제어하는 데 도움이 된다. 이 발상은 결코 새로운 것이 아니다. 지질학의 아버지라 불리는 허턴(James Hutton, 1726~1797)은 일찍이 지구를 일종의 초유기체(superorganism)라고 묘사한 바 있다. 눈덩어리 지구의 연이은 빙하시대나 백악기의 지속적인 고온 기후와 같이 지구의 기후가 통제 불능일 것 같은 시기가 지구 역사 중에 있었다. 그럼에도 불구하고 선캄브리아 시대의 가장 두드러진 몇몇 기후 변화는 가이아에 의해 모델링될 수 있다(**그림 4.28**). 고생대 전기 이래 광합성 생물과 소비자의 다양화는 온실가스의 감소에 수반하여 산소량이 증가하였다. 그러한 모델은 생물이 지표 기온의 꾸준한 상승을 억제해서, 지구 기후에 활발히 안정적인 영향을 주도록 촉진한다. 이와 같은 방식으로 고생대 후기의 광범위한 석탄 소택지와 숲도, 다양해진 육상식물이 대기 중의 산소량을 조율하게 하여 차가운 기후의 시간 길이에 기여하였다. 당시의 그 같은 상황은 기후의 조절자로서 오늘날 우림의 중요성을 예고하는 것이기도 하다.

지구의 생명체는 회복력이 있으며, 긴 지질시대 동안 극단적인 기후 변화에도 불구하고 생물학적 피드백을 통해 자신의 환경을 보존하고 조절할 수 있었을 것이다.

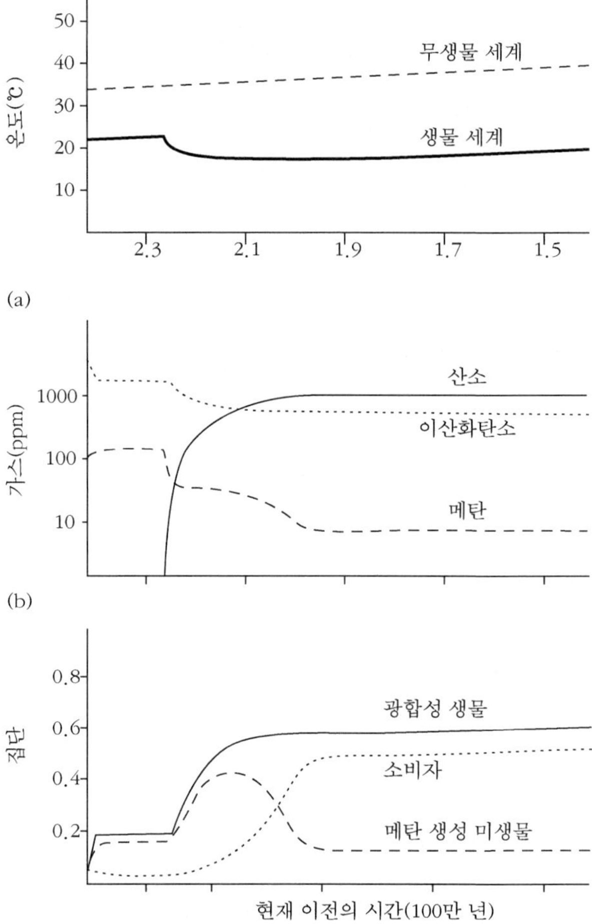

그림 4.28 선캄브리아 시대의 가이아와 생물권의 진화: (a) 생물계와 무생물계의 기후 변화, 산소의 출현으로 온도가 급감한다. (b) 대기 가스의 조성비 변화. (c) 생태계 구성원의 변화: 광합성 생물과 메탄 생성 미생물(methanogens) 모두, 산소가 출현할 때 증가하기 시작하나 메탄 생성 미생물은 결국 하향하여 그 양이 매우 낮아진다(개체군은 전체 개체군의 1/10과 비례관계). [Lovelock(1998)으로부터.]

⚜ 복습 문제

1. 현생 군집들의 생활방식은 매우 다양하다. 현생 군집 내에 현대 동물군의 구성원이 우선적으로 많지만 여전히 고생대(부유식) 동물군의 구성원도 들어 있다. 그들이 선호하는 서식지의 유형을 예측할 수 있겠는가?
2. 현생 개체군의 크기 분포는 서로 다른 여러 가지로 나타난다. 화석 군집도 크기 빈도 양상(양식)이 나타난다. 어느 유형의 과정이 한때 살았던 종의 본래의 개체군 다각형(population polygons)을 변형시킬 수 있겠는가?
3. 고군집들은 시간이 갈수록 생태 공간이 확대되면서 다양성이 증가되었다. 그렇다면 다양성은 고생대 중에 최고조에 이르렀는데 현대 동물군에서도 여전히 증가하고 있는 것처럼 보이는 이유는 무엇인가?

4. 대규모의 생태 변화들은 분류군의 주요 다양성 변화와는 별개인 것처럼 보인다. 이것이 정당한 관찰인가 아니면 우리의 데이터가 이것을 제대로 검증할 만큼 정밀하지 못한 것인가?
5. 지구는 과거 극단적인 기후 변화를 겪어 왔다. 가이아설이 이 같은 기후 변화를 설명하는 데 도움이 되겠는가? 또다시 다른 눈덩어리 지구가 도래할까?

더 읽을거리

Bennett, K.D. 1997. *Evolution and Ecology: The Pace of Life*. Cambridge University Press, Cambridge, UK. (Relationship between ecology and evolution from a Quaternary perspective.)

Brenchley, P.J. & Harper, D.A.T. 1998. *Palaeoecology: Ecosystems, Environments and Evolution*. Routledge. (Readable textbook on most aspects of current paleoecology.)

Briggs, D.E.G. & Crowther, P.R. (eds) 1990. *Palaeobiology – A Synthesis*. Blackwell Scientific Publications, Oxford. (Modern synthesis of many aspects of contemporary paleontology.)

Copper, P. 1988. Paleoecology: paleoecosystems, paleocommunities. *Geoscience Canada* **15**, 199–208. (Concise but informative integration of the main concepts of paleocommunity ecology.)

Cronin, T.M. 1999. *Principles of Paleoclimatology. Perspectives in Paleobiology and Earth History*. Columbia University Press, New York.

Frakes, L.A., Francis, J.E. & Syktus, J.I. 1992. *Climate Modes of the Phanerozoic*. Cambridge University Press, Cambridge, UK. (Overview of ancient climates through time.)

Lovelock, J. 1998. *The Ages of Gaia*. Bantam Books, New York. (Stimulating discussion of the Gaia hypothesis.)

Vermeij, G.J. 1987. *Evolution and Escalation. An Ecological History of Life*. Princeton University Press, Princeton, NJ. (Fundamental text on the influence of predation on the history of life.)

Vrba, E.S. 1996. Climate, heterochrony, and human evolution. *Journal of Anthropological Research* **52**, 1–28. (Important paper relating hominid evolution to climate change.)

Wilson, E.O. 1992. *The Diversity of Life.* Belknap Press, University of Harvard, Cambridge, MA. (Excellent discussion of modern and past biodiversity and the problems that the Earth's ecosystems now face.)

참고문헌

Ager, D.V. 1963. *Principles of Paleoecology*. McGraw-Hill, New York.

Ausich, W.I. & Bottjer, D.J. 1982. Tiering in suspension-feeding communities on soft substrata throughout the Phanerozoic. *Science* **216**, 173–4.

Bambach, R.K. 1983. Ecospace utilization and guilds in marine communities through the Phanerozoic. *In* Tevesz, M.J.S & McCall, P.L. (eds) *Biotic Interactions in Recent and Fossil Communities*. Plenum Press, New York, pp. 719–46.

Bambach, R.K., Bush, A.M. & Erwin, D.H. 2007. Autecology and the filling of ecospace: key metazoans radiations. *Palaeontology* **50**, 1–22.

Bennett, K.D. 1997. *Evolution and Ecology: The Pace of Life*. Cambridge University Press, Cambridge,

UK.

Benton, M.J. 1990. *Vertebrate Palaeontology*. Chapman and Hall, London.

Benton, M.J. & Pearson, P.N. 2001. Speciation in the fossil record. *Trends in Ecology and Evolution* **16**, 405–11.

Berner, R.A., Petsch, S.T., Lake, J.A. et al. 2000. Isotope fractionation and atmospheric oxygen: implications for Phanerozoic O_2 evolution. *Science* **287**, 1630–3.

Bottjer, D.J. 1998. Phanerozoic non-actualistic paleoecology. *Geobios* **30**, 885–93.

Brenchley, P.J. & Harper, D.A.T. 1998. *Palaeoecology: Ecosystems, Environments and Evolution.* Routledge.

Brenchley, P.J. & Pickerill, R.K. 1993. Animal–sediment relationships in the Ordovician and Silurian of the Welsh Basin. *Proceedings of the Geologists' Association* **104**, 81–93.

Brett, C.E., Boucot, A.J. & Jones, B. 1993. Absolute depths of Silurian benthic assemblages. *Lethaia* **26**, 25–40.

Brett, C.E., Ivany, L.C. & Schopf, K.M. 1996. Coordinated stasis: an overview. *Palaeogeography, Palaeoclimatology, Palaeoecology* **127**, 1–20.

Campbell, K.A. 2006. Hydrocarbon seep and hydrothermal vent paleoenvironments and paleontology: past developments and future research directions. *Palaeogeography, Palaeoclimatology, Palaeoecology* **232**, 362–407.

Copper, P. 1988. Paleoecology: paleoecosystems, paleocommunities. *Geoscience Canada* **15**, 199–208.

Davis, M.A., Thompson, K. & Grime, J.P. 2005. Invasibility: the local mechanism driving community assembly and species diversity. *Ecography* **28**, 696–704.

Droser, M.L., Bottjer, D.J., Sheehan, P.M. & McGhee, G.R. Jr. 2000. Decoupling of taxonomic and ecologic severity of Phanerozoic marine mass extinctions. *Geology* **28**, 675–8.

Frakes, L.A., Francis, J.E. & Syktus, J.I. 1992. *Climate Modes of the Phanerozoic*. Cambridge University Press, Cambridge, UK.

Hammer, Ø. & Harper, D.A.T. 2005. *Paleontological Data Analysis*. Blackwell Publications, Oxford, UK.

Harper, E.M. 2006. Dissecting post-Palaeozoic arms races. *Palaeogeogeography, Palaeoclimatology, Palaeoecology* **232**, 322–43.

Hoffman, P.F., Kaufman, A.J., Halverson, G.P. & Schrag, D.P. 1998. A Neoproterozoic snowball Earth. *Science* **281**, 1342–6.

Hollingworth, N. & Pettigrew, T. 1988. Zechstein reef fossils and their palaeoecology. *Palaeontological Association Field Guides to Fossils* **3**, 75.

Hollingworth, N. & Pettigrew, T. 1998. *Zechstein Reef Fossils and their Palaeoecology*. Palaeontological Association, London.

Jablonski, D. & Bottjer, D.J. 1990. The origin and diversification of major groups: environmental patterns and macro-evolutionary lags. *In* Taylor, P.D. & Larwood, G.P. (eds) *Major Evolutionary Radiations*. Systematics Association Special Volume 42. Clarendon Press, Oxford, UK, pp. 17–57.

Johnson, M.E. & Baarli, B.G. 1999. Diversification of rocky-shore biotas through geologic time. *Geobios* **32**, 257–73.

Kidwell, S.M. & Brenchley, P.J. 1994. Patterns in bioclastic accumulations through the Phanerozoic: changes in input or in destruction. *Geology* **22**, 1139–43.

Lovelock, J. 1998. *The Ages of Gaia*. Bantam Books, New York.

McGhee, G.R. Jr., Sheehan, P.M., Bottjer, D.J. & Droser, M.L. 2004. Ecological ranking of Phanerozoic biodiversity crises: ecological and taxonomic severities are decoupled. *Palaeogeography, Palaeoclimatology, Palaeoecology* **211**, 289–97.

McKerrow, W.S. 1978. *Ecology of Fossils*. Duckworth Company Ltd., London.

Olsen, P.E., Remington, C.L., Cornet, B. & Thomson, K.S. 1978. Cyclic change in Late Triassic lacustrine communities. *Science* **201**, 729–32.

Olsen, P.E., Shubin, N.H. & Anders, M.H. 1987. New Early Jurassic tetrapod assemblages constrain Triassic-Jurassic tetrapod extinction event. *Science* **237**, 1025–8.

Pickerill, R.K. & Brenchley, P.J. 1991. Benthic macrofossils as palaeoenvironmental indicators in marine siliciclastic environments. *Geoscience Canada* **18**, 119–38.

Schmidt, D.N., Thierstein, H.R. & Bollmann, J. 2004. The evolutionary history of size variation of planktic foraminiferal assemblages in the Cenozoic. *Palaeogeography, Palaeoclimatology, Palaeoecology* **212**, 159–80.

Seilacher, A., Reif, W.-E. & Westphal, F. 1985. Sedimentological, ecological and temporal patterns of fossil Lagerstätten. *Philosophical Transactions of the Royal Society B* **311**, 5–23.

Sepkoski, J.J. Jr. 1981. A factor analytical description of the Phanerozoic marine fossil record. *Paleobiology* **7**, 36–53.

Sheehan, P.M. 2001. The history of marine biodiversity. *Geological Journal* **36**, 231–49.

Sheldon, P.R. 1996. Plus ça change – a model for stasis and evolution in different environments. *Palaeogeography, Palaeoclimatology, Palaeoecology* **127**, 209–27.

Staff, G.M., Stanton, R.J. Jr., Powell, E.N. & Cummins, H. 1986. Time-averaging, taphonomy, and their impact on paleocommunity reconstruction: death assemblages in Texas bays. *Bulletin of the Geological Society of America* **97**, 428–43.

Twitchett, R.J. 2006. Palaeoclimatology, palaeoecology and palaeoenvironmental analysis of mass extinction events. *Palaeogeography, Palaeoclimatology, Palaeoecology* **232**, 190–213.

Whittington, H.B. 1980. The significance of the fauna of the Burgess Shale, Middle Cambrian, British Columbia. *Proceedings of the Geologists' Association* **91**, 127–48.

Wilson, E.O. 1992. *The Diversity of Life.* Belknap Press, University of Harvard, Cambridge, MA.

Wilson, M.A. 1985. Disturbance and ecological succession in an Upper Ordovician cobble-dwelling hardground fauna. *Science* **228**, 575–7.

제 5 장
대진화와 계통수

학습 키포인트

- 자연선택에 의한 진화는 다윈이 선보인 핵심적인 과학 모델이며 생물학의 모든 분야에서 되풀이해서 사실로 확인되었다.
- '지적 설계'나 평평한 지구에 대한 믿음과 같은 자신들의 종교적 신념을 고취하려는 창조론자의 시도는 검증이 불가능하므로 과학이 아니다.
- 종의 분화는 장벽이 생기거나, 기존에 교배되던 개체군의 일부가 격리될 때 자주 나타난다.
- 진화는 종의 계통 내에서(계통 점진설)와 종이 분화할 때(단속 평형설) 모두에서 일어나는데, 전자는 외해(外海, open ocean)에 사는 무성생식 미생물 중에서 가장 일반적이고, 후자는 환경과 지리적 장벽에 갇힌 유성생식 생물 중에서 가장 일반적이다.
- 자연선택과 무관한 종의 선택 과정이 있을 수 있겠지만 그 예를 찾기는 어렵다.
- 생명의 진화는 단일 분기의 계통발생수로 나타나는 것 같다.
- 분기학은 조상으로부터 물려받은 형질의 공유(상동 관계) 여부에 기초한 계통발생의 복원 방법이다.
- 분자 서열은 계통수 복원과 연대 측정의 부가적인 증거가 된다.
- DNA는 매머드와 같은 화석에서 추출되었지만, 고대의 화석에서는 추출되지 않았다.

과거 지구에 살던 모든 생물은 어느 한 원시 형태의 후손일 것이고, 처음 호흡하는 생물로 이어진다…. 이 같은 생명관은 장엄한 것이니 … 이 행성이 만유인력의 법칙에 따라 돌아가고 있던 중에, 처음의 아주 단순한 것에서 가장 아름답고 경이롭고, 무한히 다양한 모습으로 진화해 왔고, 지금도 진화하고 있다.

다윈(Charles Darwin)『**종의 기원**』(1859)

150년 전에 다윈은 진화 생물학의 기틀을 세웠다. 진화에 대해 논의한 수필, 책자와 웹사이트가 수백만 건이나 되지만 다윈의 자연선택에 의한 진화론을 위조한 사람은 아무도 없다. 그래서 마치 뉴턴의 법칙이 거의 모든 현대 물리학 분야의 심장부에 서 있는 것처럼 진화론은 현대 생물학과 고생물학의 중심에 서 있다. 그러나 다윈을 자신들의 정치적, 사회적 그리고 종교적 관점의 지지자나 반대자로 이용하려는 다수의 특별한 관심 그룹에 의해 진화론은, 놀랍게도 제대로 인용되기도 하고 잘못 인용되기도 한다. 그래서 다윈이 말한 것이 무엇이고, 그의 통찰이 현대 과학에 어떤 영향을 미쳤으며, 고생물학이 그의 기초로서 어떻게 현대 진화론에 의존하는가를 이해하는 것이 중요하다.

다윈의 『종의 기원(1859)』은 진화의 메커니즘으로서의 **자연선택**(natural selection), 때로는 적자생존에 관한 사례집으로 흔히 받아들여졌다. 다윈의 시대 이래로 실험실과 야외에서 진화에 관한 연구가 이루어졌고, 고생물학자들은 진화의 원리를 이용하여 종이 어떻게 기원하는가를 이해하려고 하였다. 종의 기원은 다윈의 두 번째 주제의 핵심인데, 그것은 흔히 분기 계통수로 표현되는 **계통발생**(phylogeny) 또는 진화의 양상이다. 생물은 하나의 공통 줄기로부터 종이 계속 갈라져 수백만 종으로 다양해졌다는 것이 다윈의 견해이다(**그림 5.1**). 실제로 그는 모든 현생과 과거 생물은 계통발생수(tree) 맨 아래 처음 기원한 한 점까지 되돌아갈 수 있다고 제안하였다. 현대의 증거는 이 놀랄 만한 통찰이

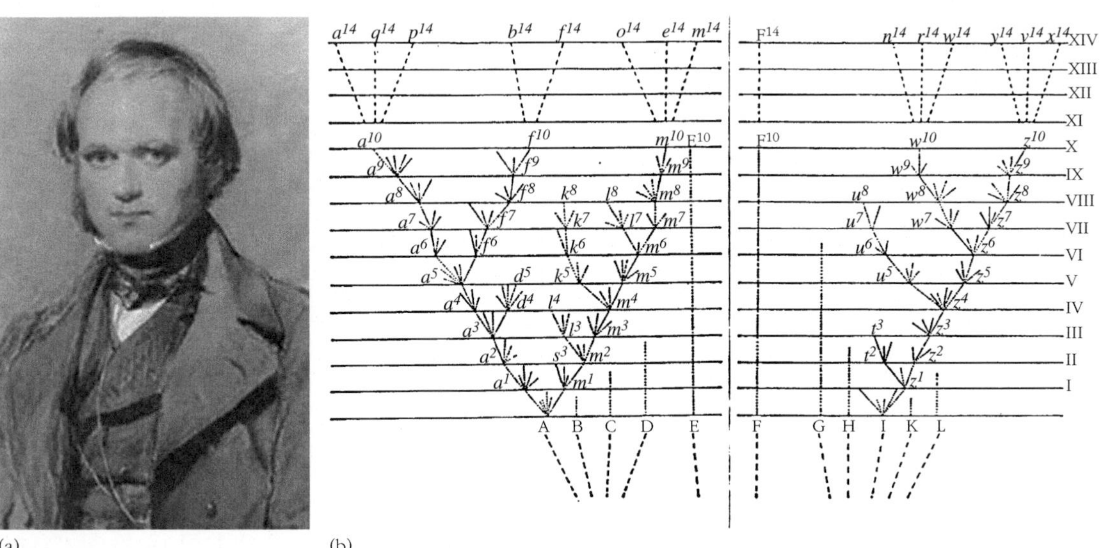

그림 5.1 (a) 찰스 다윈. (b) 『종의 기원』(1859)에 유일하게 실린 도해, 분기도. 이 그림은 두 개 종(A와 I)이 시간에 따라 어떻게 분기하고 방산하는지를 보여 준다. 단위 I~XIV는 길이가 다양한 시간 간격이고, 소문자(a, b, c)는 신종을 나타낸다.

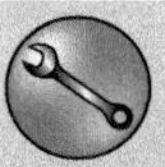

글상자 5.1 화석의 명명, 기재 및 분류

생물은 하나의 **포괄적 계층**(inclusive hierarchy)으로 조직화된다. 작은 것(종)은 보다 큰 범주로 묶고, 그들은 다시 더 큰 범주로 묶는다. 초기 박물학자들은 쉽게 넓은 그룹(예: 벌, 박쥐, 도마뱀, 풀 또는 달팽이)을 식별할 수 있었고, 각 그룹 안에는 종이라고 하는 서로 다른 많은 형태가 있음을 인식하였다. 생물은 종들의 임의적인 집합체로 이루어지지 않았다. 종의 그룹 사이의 유사성이 시사하는 두 가지 것은, 첫째, 분류체계가 작성될 수 있고 그래서 사람들이 식별과 특정 형태를 혼란 없이 논의할 수 있으며, 둘째, 포괄적 계급이 무언가를 의미할 것 같다고 생각한 것이다.

분류학(taxonomy)은 생물들의 형태와 관계를 연구한다. **계통 분류학**(systematics)은 분류학과 진화 과정을 다루는 보다 넓은 과학이고, **분류**(classification)는 생물의 학명을 정하고 자연적 계급을 식별하는 일을 말한다. 화석을 처음으로 기재할 때, 연구자는 반드시 이름을 붙여야 한다. 생물학자와 고생물학자는 린네(Carl Gustav Linnaeus, 1707~1778)의 명명 원리(수정판)를 이용한다. 그는 계통 분류학의 창시자로 여겨지는 스웨덴의 박물학자이자 과학자이다. 자연의 명백한 계급 질서는 신(god)의 마음을 반영하는 것이라고 린네는 믿었다. 그 당시 다른 사람들은 사물을 아주 다른 각도로 보았고, **진화**나 시간에 따른 변화의 가능성을 점치기도 했다.

린네의 명명 원리에 따르면 종명은 호모 사피엔스(*Homo sapiens*)와 같이 속명과 종명을 병기한다. 속명과 종명은 고대 라틴어와 그리스어에 기초하고 이탤릭체로 쓰며, 종명 뒤에는 저자명과 발간 연대를 덧붙인다. 만일 나중에 다른 사람이, 예컨대 유사성의 새로운 관찰을 이유로, 기존의 종을 다른 속에 편입한다면 저자명과 연대는 괄호로 묶어야 한다. 여러 종명이 같을 때 나중에 붙여진 종명은 처음 종명의 **동명이물**(synonyms)로 취급된다.

신종이 설정되었을 때는 **모식 표본**(type specimen)이 지정되고, 그 표본은 후속 연구자들이 볼 수 있도록 박물관이나 대학교와 같은 특정 연구소에 보관된다. 신종은 **특징**(diagnosis)으로 짧게 적어 정의하는데, 이는 그 화석의 뚜렷하고 구별되는 특성을 강조하여 적은 행(lines)으로 기술하는 것을 말한다. 사진, 그림과 측정값을 곁들여 낱낱이 적는 기재(description)와 함께 지리 및 층서 분포에 관한 정보도 적시한다.

현생 동식물과 같이 화석도 계급 체계로 분류하는데, 즉 종은 속 안에, 속들은 과 안에, 계속해서 목, 강, 문, 계 그리고 도메인(domain) 등의 상위 계급 안에 각각 소속된다.

사실임을 보여 준다.

다윈의 분기도는 린네가 100년 전에 발견한 생물의 자연적 계급을 처음으로 설명한 것이기도 하다(**글상자 5.1**). 이 포괄적인 분기 계급은 **계통수**(tree of life)를 확립하려는 여러 현대적 연구의 기초가 된다. 100만이 넘는 현대의 다양한 종부터 35억 년 전 선캄브리아 시대의 단일 가상 종까지 모든 절멸 종과 현생종을 연계시키는 하나의 거대한 진화 나무가 계통수이다. 생물학자와 유전학자가 실험실이나 야외에서 연구하는 보다 규모가 작고 단기간의 모든 과정에 대해 일컫는 **소진화**(microevolution)와 구별하기 위해, 계통수와 수천~수백만 년 이상의 과정에 대해 연구하는 진화의 고생물학적 측면을 **대진화**(macroevolution)라고 부른다.

✲ 자연선택에 의한 진화

1838년 9월 28일 밤은 다윈에게 중요한 날이다. 다윈이 진화의 퍼즐에 빠진 한 조각인 자연선택을 깨달았던 것이다. 그는 자신의 자서전(Darwin, 1859)에 다음과 같이 적고 있다.

> 나는 오락하듯 맬서스(Thomas Malthus)의 인구론을 읽었는데, 그가 밝힌 생존 경쟁의 진가를 인정할 준비가 되어 있었다. 다시 말해, 오랜 기간 여러 곳에서 동식물의 행동을 지속적으로 관찰해 본 결과 생존 경쟁의 의미를 깨닫게 된 것이다. 이들 환경에서 유리한 변이들은 보존되고 그렇지 않은 변이들은 파기되는 경향이 있을 거라는 영감을 얻었다.

그 날 다윈은 단순한 분기 진화수(tree)를 그의 노트에 그렸고, 종의 기원에 실린 단 하나의 그림(**그림 5.1b** 참조)이 보다 정교한 버전이다.

다윈은 자신의 생각과 관찰 결과를 결합함으로써 번득이는 영감을 얻었다.

- 그는 5년 동안 영국의 탐사선 비글(Beagle) 호를 타고 세계를 일주하면서 생물의 거대한 다양성을 두루 접해 보았다. 그는 생물이 왜 그리 다양할까—자신이 방문한 각각의 섬에 사는 식물과 새들이 왜 서로 다를까 자문하였다.
- 그는 시간과 공간 사이의 관계를 입증할 증거를 보았다—남아메리카에서 그는 현생종의 분명한 근연종(relatives)인, 멸종한 땅 나무늘보와 아르마딜로의 거대한 뼈를 보았고, 갈라파고스의 여러 섬과 그 밖의 곳에서 식물, 파충류와 새들의 종들 사이에 밀접한 유사성이 있음을 보았다.
- 그는 암석 중의 화석 기록과, 화석은 시간이 지나면서 변하고, 오랜 암석 중의 단순한 형태로부터 플라이오세와 플라이스토세의 현대적인 형태로의 발전이 있었을 거라고 이해하고 있었다.
- 맬서스는 자신의 책 『인구의 원리에 관한 에세이』(1798)에서 인구는 식량 공급보다 더 빠르게 증가한다고 논하였고, 다윈은 이 개념을 자연의 세계에 적용하여 생식률이 필요 이상으로 높다고 보았다.

그리하여, 1838년 9월에 다윈은 이전의 많은 사상가들이 언급했던 진화의 개념을 이해하게 되었고, 생물은 영원히 정적인 것이 아니라 종은 변하고 그 변화는 멈추지 않는다고 주장하였다. 그는 현대의 지리적 변이에 대한 풍부한 이해력을 갖고 있었다. 갈라파고스 제도의 여러 섬에는 각기 서로 다른 일련의 작은 조류 종들이 살고 있는데 왜 그럴까? 다윈은 자문하였다. 나아가 이웃 섬들의 조류 종들은 멀리 떨어진 섬의 종보다 왜 더 유사할까?

그래서 다윈의 첫 번째 통찰력은 생물이 만일 창조된 것이라면 예상 외로 더 다양하다는 것이고, 두 번째는 멸종한 것이든 현생이든 모든 종은 그들의 관계를 볼 수 있고 하나의 조상으로 거슬러 올라갈 수 있는 하나의 거대한 진화 수(tree)로 연계될 수 있다는 것이다. 이들은 패턴을 기술적으로 관찰한 것이다.

그러나 다윈은 그의 세 번째 통찰력으로 사람들 사이에 기억되는데, 그것은 자연선택의 원리이다. 자연선택은 생물의 다양성과 그들 사이의 분기 역사를 설명하는 과정이다. 환경에 가장 잘 적응한 생물만이 살아남아 많은 수의 유전적 형질이 후세대로 전해지고 덜 적응한 생물은 제거되는 경향이 있다. 다윈은 집념어린 논리적 사례를 내보였고 그것은 다음과 같은 깔끔한 일련의 진술로 요약될 수 있다.

1. 거의 모든 종은 생존하여 성숙한 개체수보다 더 많은 자식을 낳는다(맬서스의 원리).
2. 생존한 새끼는 생존을 위해 가장 잘 적응해 가려는 경향이 있다(보다 큰 새끼, 빠른 성장, 둥지에서 더 시끄럽고, 포식자로부터 민첩하게 도피하고, 질병에 덜 취약한 등의).
3. 형질은 부모로부터 자식에게 전해진다. 그래서 생존을 보장하는 형질(크기, 공격성, 민첩성, 질병으로부터 자유로운 … 등)은 후손에게 전해지는 경향이 있다.
4. 이들 생존의 특성은 세대가 거듭될수록 증가한다. 그 변화는 거침없는 것이어서 치타는 먹이를 잡기에 충분할 만큼 빨리 달리지만 시속 2,000km까지 달리지는 않는다. 꼭 그럴 필요가 없고 그럴 경우 몸통이 산산조각 날 것이기 때문이다.

이 관찰들 각각은 엄청난 수의 관찰에 의해 지지될 수 있다. 1번 항에 대해 부연하면, 대부분의 동식물은 수백, 수천 또는 수백만 개체의 자식을 낳는다. 만약 각 멜론의 씨가 자라서 멜론 나무가 되거나 대구 알 모두가 성체가 된다면 멜론과 대구는 머지않아 지표를 덮고 수백 미터 깊이까지 쌓일 것이다. 2번 항과 관련하여 한배의 강아지들이나 어린 새들의 둥지를 관찰하고, 부모의 관심을 사기 위해 새끼들이 서로 어떻게 경쟁하는지를 보라. 3번 항의 예로 네 부모와 아이들을 관찰하고, 유전적 형질의 증거를 찾아보라. 1~3번 항으로부터 4번 항이 어떻게 드러나는지 고찰하라. 자연선택에 의한 진화는 한편으로 꽤 단순하기도 하고 또한 다소 복잡하기도 하며, 자주 잘못 이해되거나 잘못 전해지기도 한다(글상자 5.2).

다윈의 『종의 기원』(1859) 속에 모든 것이 다 들어 있고 아주 잘 묘사되어 있다. 이 절의 결론으로 다윈이 자연선택에 대해 역설한 부분을 살펴보자.

> 자연선택은 날마다 매 시간 세심히 검토되고 있다고 말할 수 있다. 전 세계를 통틀어 변이 하나하나마다 그것이 아무리 하찮은 것이라도, 그것을 거부하는 일은 나쁜 일이며 보존하고 덧쌓아 가는 일은 좋은 일이다. 기회가 되면 언제든 어디에서든, 각 생물의 발전을 생

글상자 5.2 지적 설계의 어리석음

일찍이 철학자들은 세계를 이해하고 그것이 어디서 비롯되었는지를 탐색하였다. 동시에 다수의 학자들이 지구가 평평하다고 언쟁하는가 하면, 다른 부류들은 우주 공간에서 지구는 고정되어 있고 지구 주위를 태양과 행성들이 돌고 있다고 언쟁하였다. 이러한 관점이 사실이 아님이 입증되어 거부된 때가 500년 전쯤이다.

대다수의 종교는 소위 창조 신화를 지지하는데, 신화는 지구가 어떻게 생겨났고 생명체가 어떻게 생겨나 많아졌는지에 대한 가공의 이야기가 주된 줄거리로 되어 있다. 창조 신화로 가장 유명한 것 중 하나가 성경의 창세기로, 신이 최초의 남자 아담과 그다음에 최초의 여자 이브를 어떻게 창조했는지가 담겨 있다. 오래전부터 성경, 코란이나 다른 종교 경전의 모든 문장을 문자적으로 해석하여 진실로 받아들이는 근본(원리)주의자들은 진화론과 과학과 현대 세계를 두루 반대하는 운동을 전개해 왔다. 현재도 기독교와 이슬람교 근본주의자들이 서로 다른 세상에서 들고 나서고 있고, 두 종교의 열성 신자들이 정치 체제, 언론과 때로는 심지어 폭력을 써서 자신들의 견해를 남에게 내보이기 위해 애쓰는 것을 우리는 보고 있다.

창조론은 지구와 생명체가 약 7,000년 이전에 창조되었고, 장기간의 시간 척도와 관련된 과학 분야(예: 지질학, 천문학, 우주론)와 진화론(모든 생물과학과 의학 분야)은 틀렸다고 보는데, 특히 미국에 널리 확산되어 있다. 수년간 과학자들의 조롱이 있은 뒤, 창조론은 **지적 설계**(intelligent design, ID)라는 이름으로 탈바꿈하였는데, 생물은 매우 단순하여 틀림없이 지적 존재에 의해 창조되었을 것이라는 견해를 지적 설계는 피력한다. 지적 설계의 지지자들은 그들의 신념을 강경 노선(우리가 주변에서 보이는 만물은 그들이 창조되었던 모습 그대로이고, 창조는 단지 몇 천 년 전에 이루어졌다)에서 자유 노선(큰 핵심 동식물 그룹은 창조되었고, 그것은 아마도 아주 오랜 시간 전에 이루어졌으며, 종들 사이의 진화는 일부 있었을 것이다)으로 표적을 바꾸고 있다. ID를 포함한 다른 부류의 창조론들은 검증 가능한 가설이 없고 증거도 없어서 신뢰할 만한 진화론의 대안이 될 수 없다.

하나의 예로, 많은 ID의 지지자들은 박테리아의 편모를 증거로 이용한다. **편모**(flagellum)란 박테리아를 이동시키기 위해 채찍과 같은 방식으로 물을 내리치는 얇은 구조이다. 편모는 여러 가지 성분으로 구성되었고, 보통 양성자 펌프(농도 차이에 의한 수소 이온의 흐름)로 움직인다. 생물의 구조는 매우 복잡해서 진화될 수 없고 통째로 창조된 것이 틀림없다는 중요한 증거의 하나로 ID의 지지자들은 편모를 채택했다. 편모는 단지 전체로서 기능하고, 만일 어느 부분이 제거되면 기능이 멈춤을 의미하는 **최소의 복잡성**(irreducible complexity)의 좋은 예가 편모라고 설파한다. ID의 쐐기돌인 최소의 복잡성은 입증되지 않았고, 그 분야 연구자의 상상력의 실패작이 아닌가 한다.

진화론에 대해 더 읽어 볼 만한 문헌으로는 다윈(Darwin, 1859), 리들리(Ridley, 1996), 푸투이마(Futuyma, 2005), 바턴 등(Barton et al., 2007)과 http://www.blackwellpublishing.com/paleobiology/이 있고, 진화와 지적 설계의 증거 부재에 대한 명쾌한 설명은 내셔널 아카데미 프레스(2008)를 참조하기 바란다.

물의 유기적과 무기적 조건과 관련시켜 조용하게 목석같이 연구한다.

✲ 진화와 화석 기록

종 분화

종(species)은 흔히 지리적으로 제한된 개체군과 종족으로 나뉘는 아주 다양한 수많은 개체들로 구성된다. 모든 사람은 하나의 종 호모 사피엔스(*Homo sapiens*)에 속하지만 사람들은 저마다 다르다. 사람과 사람 사이의 유전적인 그리고 물리적인 변이의 폭은 무척 큰데, 그것은 대체로 지리적 분포와 연관된 것처럼 보인다. 시간에 따른 변이도 있었는데, 호모 사피엔스의 아종인 호모 사피엔스 네안데르탈렌시스(*H. s. neanderthalensis*)가 그것이다. 네안데르탈인은 다부지고 육중한 체구였고 3만 년 전 유럽의 빙하시대에 적응해 살았던 것으로 보인다. 모든 종은 지리적 변이를 보이며, 화석 기록이 훌륭한 곳에서 변이의 시기도 파악할 수 있다.

그렇다면 종이란 무엇인가? 가장 일반적인 정의는 **생물학적 종**(=생물종, biological species or biospecies) 개념으로, 이는 자연에서 교배가 이루어지고 생육 가능한 자손을 낳는 모든 개체를 의미한다. 그래서 모든 현대인은 교배가 가능하고 생식력을 갖춘 아이들을 낳으므로 모두 하나의 종에 속한다. 늑대와 사육 견(집 개)도 외형이 아주 다양하지만 교배가 가능하므로 둘은 한 종, 카니스 루푸스(*Canis lupus*)에 속한다. 그러나 사육 견은 아종 카니스 루푸스 파밀리아리스(*C. l. familiaris*)에, 유럽 늑대는 아종 카니스 루푸스 루푸스(*C. l. lupus*)에 속하며 그 밖에도 세계 타지에는 여러 가지 아종의 늑대가 있다. 다른 예로, 물리적 변이가 그리 크지 않은 개구리와 새의 종들이 있는데, 그들은 서로 닮아 보이지만 울음소리에 의해 구별되며, 울음소리가 다른 개구리나 새와는 짝짓기를 하지 않는다.

국지적 개체군은 대부분 **유전자 풀**(gene pool, 개체군의 모든 개체들이 지닌 유전 물질의 전반적인 배열)이 약간 다른 동종의 타 개체군으로부터 격리되어 '자치구'를 형성하는 것 같다. 서식지를 벗어나 우연히 딴 곳을 배회한 개체들이 이웃 개체군의 구성원과 교배함으로써 **유전자 유동**(gene flow)이 일어나 종의 응집력은 유지된다. 이 과정은 인류가 사는 지구로부터 곤충이 사는 아주 작은 숲에 이르기까지 아주 다양한 규모의 영역에서 일어난다.

종들은 상당하거나 극히 작은 물리적 변이를 가질 수 있고, 유전자 유동에 의해 형질을 공유할 수도 있다. 그렇다면 종들은 어떻게 갈라질까? 개체군이 갈라져 두 개의 종을 형성하는 과정을 **종 분화**(speciation)라고 하며, 여기에는 여러 가지 모델이 있다. 가장 설득력 있는 모델은 **이소성**(異所性, allopatric) 또는 **지리적 모델**로, 1940년대에 마이어(Ernst Mayr)가 지리적 장벽의 설정에 기초하여 제안하였다. 개체군은 분리될 수 있고, 유전자유동은 새로운 긴 물줄기, 새로운 산맥, 심지어 주요 도로의 빌딩과 같은 개체군 사이의 유전적 교류를 차단하는 장벽에 의해 막힌다고 마이어는 언급했다. 장벽 양쪽의 개체군은 다음 두 가지 이유로 다양해질 것이다.

1. 예전의 온전한 종의 유전자 영역 일부가 이제 분리되었기 때문에 각 개체군 또는 개체 집단 세트는 다른 유전자 풀로 성장하기 시작할 것이다.
2. 장벽 양쪽에서의 선택의 압력은 그저 미미할 수도 있겠지만 달리 작용할 것이다.

분리는 **유전자형**(genotype, 한 개체, 개체군 또는 종의 유전자 성분)과 **표현형**(phenotype, 외적 형질)의 다양화를 야기할 수 있다.

종 분화의 이소적 모델은 두 가지 주요 형태로 설명한다. 먼저 대칭형(그림 5.2a)은 조상 종이 분포하는 지리적 영역의 거의 가운데가 분리되는 것으로 두 자손 종은 같은 크기의 개체군으로 성장하기 시작한다. 비대칭형(그림 5.2b)으로 분리될 때 더욱 극적인 효과가 나타난다. 여기서 작은 개체군(아마 섬에 격리된)은 모종(母種, parent species)과는 관계없이 진화하여 계속해서 변하지 않을까 생각된다. 보다 작은 개체군은 마이어가 말한

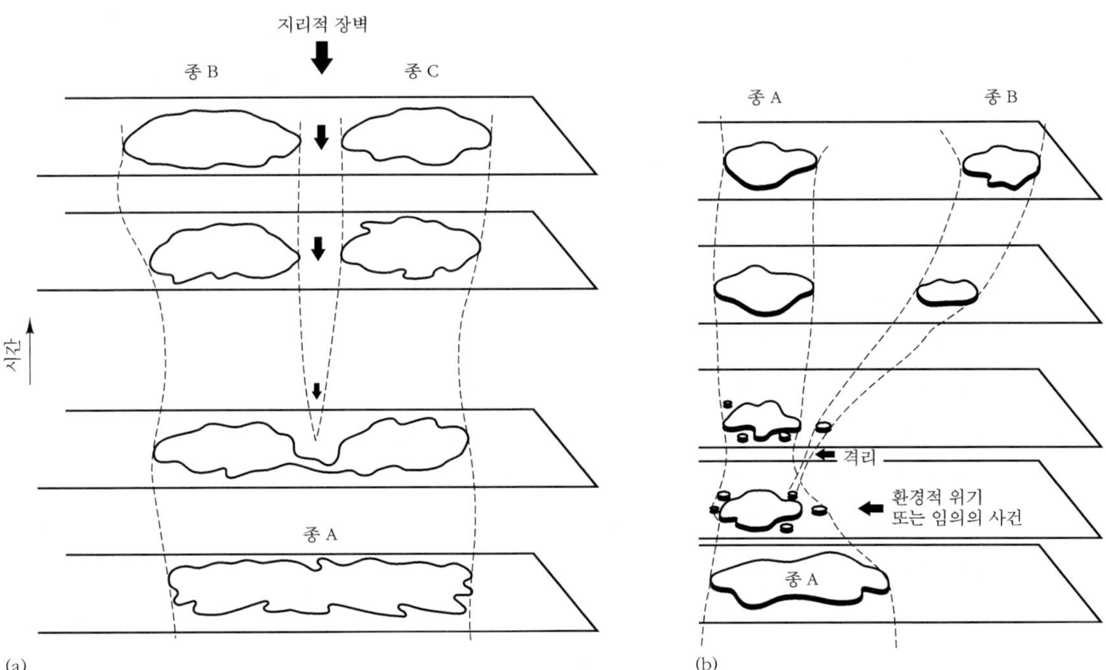

그림 5.2 이소성 종 분화 모델: (a) 대칭형(모종이 지리적 장벽에 의해 거의 반씩 둘로 구분된), (b) 비대칭형(주변의 작은 개체군이 장벽에 의해 격리된). 첫 번째의 경우 두 신종이 생기고, 두 번째의 경우 모종이 변함없이 그대로 유지되며 주변의 개체군은 빠르게 신종으로 진화한다.

창시자 효과(founder effect) 때문에 특이한 그러면서 빠른 진화 양상을 보일 것이다. 이 효과란 유전자 풀은 전체 유전자 풀 중 하나의 작은 표본이고, 새로운 환경의 압력과 기회가 나타날 수 있다는 것이다.

화석 기록상의 종 분화와 진화

종 분화는 점진적으로 일어나서 신종은 조상으로부터 천천히 갈라져 나온다고 생물학자들은 추정한다. 1970년까지 이 생각은 대부분의 고생물학자들에게 받아들여졌으나 그 뒤 모든 것이 변하게 된다.

엘드리지와 굴드(Eldredge & Gould, 1972)는 점진적 진화 모델의 대안으로서 단속 평형 모델을 제안하였다. 화석 기록은 종의 계통(lineage) 내에서 나타나는 진화를 보여 주지 않고, 실제로 종의 계통 대부분은 아주 오랜 기간 **정체**(stasis) 상태로 나타난다고 주장하였다. 변화는 종이 분화하는 시기에 생겨난다. 엘드리지와 굴드는 계통발생의 형태적 측면에서 두 가지 진화 모델을 비교하였다.

1. **계통 점진설 모델**(그림 5.3a)에서는 곁가지의 경사가 커감에 따라 대부분의 진화가 종의 계통 내에서 일어나고, 종 분화는 특별히 부가적인 진화를 내포하지 않는다.
2. 직사각형으로 분기하는 **단속 평형 모델**(그림 5.3b)에서 진화는 종의 계통 내에서 거의 일어나지 않고(정체), 진화는 측방 이동과 동시에 일어나는 종 분화에 집중된다.

이 두 진화 모델은 모두 계통발생의 형태와 해석에 있어서 차별성이 있어 보이므로, 화석 기록의 관찰을 통해 두 모델을 평가해 볼 수 있을 것이다.

단속 평형설의 평가: 문제점

엘드리지와 굴드(1972)는 종 수준에서 일어나는 진화 양상의 많은 평가 사례는 화석 기록을 통해 연구될 수 있다고 주장하였다. 평가 사례는 다음과 같은 특징들을 가져야 한다.

1. 풍부한 표본.
2. 현생종이 있는 화석: 그래야 종을 분명히 식별할 수 있다.

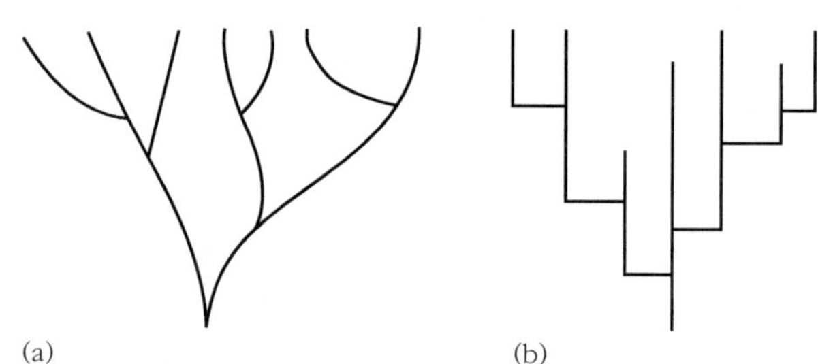

그림 5.3 종 분화와 계통 진화의 두 가지 모델: (a) 계통 점진설, 진화는 계통에서 이루어지고 종 분화는 그 진화에 부수적인 영향을 줄 뿐이다. (b) 단속 평형설, 대부분의 진화는 종 분화 사건과 연관되고 계통은 거의 진화하지 않는다(정체).

3. 지리적 변이에 관한 정보: 그래서 빠른 종 분화(단속 평형) 사건이 그 지역 내외에서의 이주(移住, migration)와 구별될 수 있다.

4. 좋은 층서 조건: 결층이 없는 긴 연계층(sequence), 모든 층에 풍부한 화석, 연대 측정이 가능한 조건.

평가에 있어서 문제가 일찍이 드러났는데, 그것은 표본 채집이 광범위하지 못했기 때문이다. 윌리엄슨(Williamson, 1981)은 이를 극복하기 위해 막대한 양의 표본을 채집하였다. 그는 130만~450만 년 전의 케냐 투르카나 호 퇴적물에서 채집한 수십만 표본의 달팽이와 이매패류를 연구하였다(**그림 5.4**). 투르카나 호는 동아프리카 열곡대에 위치하는데, 열곡대는 아프리카 대륙이 열려 두 개의 판을 형성하는 활발한 구조 운동선이다. 열곡이 열리면서 호수에 이토와 모래가 두껍게 쌓였고, 화산재(응회암) 층들이 전 지층에 걸쳐 산발적으로 나타난다.

윌리엄슨은 19종의 계통에서 보이는 변화를 기록하고, 정체가 정상 상태의 일이며, 세 차례의 빠른 형태 변화 중 두 차례는 호수면 상승과 일치한다는 것을 발견하였다(**그림 5.4**). 빠른 환경 변화가 진화적 변화와 종 분화의 원인이라고 주장하고 이것이 단속 평형 모델의 증거라고 그는 해석하였다. 모계(parent stock)는 스트레스가 없는 주변 호수에 살아남았고, 호수면 변화 이후에 다시 투르카나 호로 되돌아왔기 때문에 신종은 단기간 생

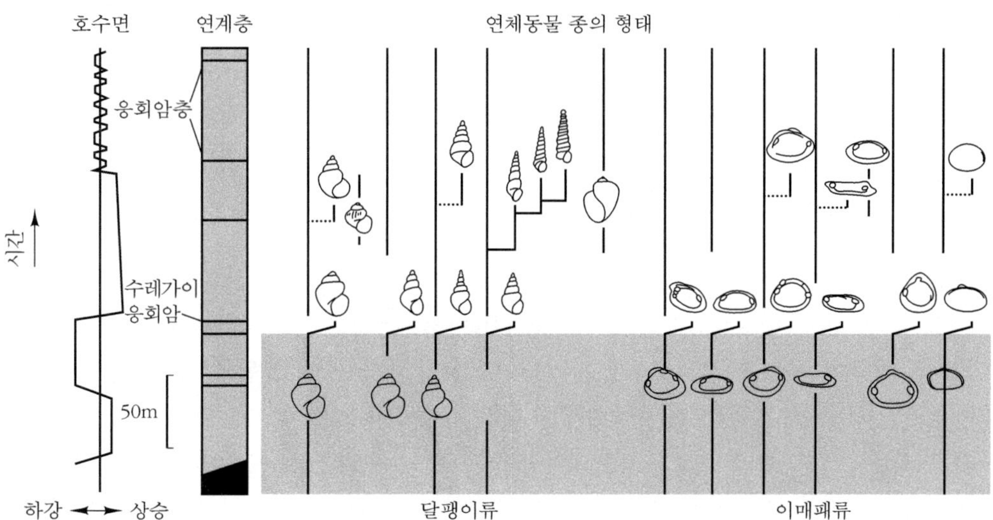

그림 5.4 케냐 투르카나 호의 담수 달팽이와 이매패류에서 관찰된 미세 규모의 진화(지난 400만 년간). 지층의 연대 측정은 응회암층을 대상으로 하였다. 주요 종 분화 사건은 호수면 변화 시기에 이루어진 것 같다. 이 예는 단속적 종 분화인가, 아니면 단순한 생태 표현형(ecophenotype)의 변화인가? [Williamson(1981)에 근거.]

존했다고 그는 주장했다.

그렇지만 이 방대한 연구에 대해서도 논란이 제기되었다. 비평가들은 모든 화석이 발견되었다고 확신할 만큼 연계층이 완벽한 것인가라고 지적한다. 천 년 이상의 공백이 있고, 그 시간에 큰 점진적 진화가 있었을 수도 있다. 두 번째로 호수면 변화라는 환경적 스트레스로 패각 모양의 단기적 변화만 있었고, 스트레스 이후에 패각 모양이 정상으로 되돌아간 점을 그들은 주목하였다(**그림** 5.4). 그래서 종 분화가 있었고, 패각은 단순히 **생태표현형적**으로 모양이 변한 것이라고 그들은 제안한다. 이것은 동물의 일생 동안 패각이 커가면서 특별한 스트레스에 반응하여 변하고, 이 변화는 유전적 암호로 남지 않으므로 진화에 의한 것이 아니라는 의미이다.

아주 최근에, 보슬레어(Bert van Bocxlaer)와 동료들(2008)이 철저히 재연구하여 윌리엄슨이 틀렸음을 밝혔다. 그들은 아프리카 그레이트 호수의 여러 곳에서 연체동물을 재분류하고, 홍수 기간에 이매패류와 복족류가 인근 강에서 호수로 유입되어 세 차례의 뚜렷한 종 분화가 일어났다고 주장하였다(**그림** 5.4). 수면이 하강하면서 동물군은 홍수 이전의 조건으로 거의 복귀되었다. 그래서 이 고전적인 단속 평형의 예를 반복된 기후 변화와 이주의 예라고 해석하는 것이 낫다고 그들은 주장한다. 이 새로운 연구는 단속 평형이라고 간주한 고전적인 사례에 대해 중대한 의문을 던지는 것이나, 전반적인 개념을 거부하는 것은 물론 아니다.

화석 기록상의 종 분화에 대한 합의

이 논쟁은 종 진화에 대한 두 가지 모델을 평가하려는 설득력 있는 지난날의 연구에 대해 고생물학자들을 낙담시켰을 수 있다. 논쟁의 세월 30년이 지나고 수백 편의 사례 연구가 이루어진 지금, 합의가 이루어진 것으로 보인다(Benton & Pearson, 2001). 두 가지 진화 모델은 서로 다른 상황에 놓여 있다. 단속 평형은 특히 장벽이 생긴, 변화를 겪은 환경에 사는 유성생식 종들 사이에서, 그리고 계통 점진론은 진화가 느리고 장벽이 없는 해양의 표층수에 사는 미생물처럼 무성생식하는 생물 사이에서 나타난다. 그래서 윌리엄슨(1981)이 이주를 단속 평형으로 오인하였으나 그의 달팽이들은 의심할 여지없이 단속 평형적인 종 분화에 의해 진화해 왔고, 그 증거가 뚜렷해졌다.

화석 기록을 보면 정체가 넓게 나타나는 것이 입증된다. 어윈과 앤스티(Erwin & Anstey, 1995)가 캄브리아기~신제3기 방산충, 유공충에서 암모나이트와 포유류에 이르는 화석 기록의 종 분화 양상에 대한 58편의 연구를 검토한 결과 41 사례(71%)가 점진론(15 사례, 37%) 아니면 단속 평형(26 사례, 63%)과 연관되어 정체가 나타났다. 그렇다면 정체는 일반적인 현상이고 현대 유전학 연구에서 예견돼 오지 않던 현상임이 분명해 보인다.

단세포인 유공충, 방산충, 규조와 같은 미화석 집단은 흔히 점진적인 진화와 종 분화 양상을 보여 준다. 원양성 플랑크톤의 골격은 아주 긴 시기에 걸쳐 연속적으로 쌓일 수 있

글상자 5.3 방산충의 점진적 종 분화

리조솔레니아(*Rhizosolenia*)는 오늘날 태평양 적도의 생산성이 높은 물(highly productive waters)에서 엄청나게 풍부한 부유성 규조이다. 이 속의 규질 각(殼)들(valves)은 비 오듯 해저에 떨어지고 다른 퇴적물 유형과 뒤섞여 두꺼운 더미로 쌓인다. 적도 해류계의 여러 곳에서 시행하여 얻은 시추핵 표본을 통해 리조솔레니아의 형태적 진화를 추적할 수 있다. 각 시추핵의 상대 심도는 상대 연대를 나타내고, 이 연대는 퇴적물의 자기장 역전을 이용하여 구한 절대 연대와 맞출 수 있다. 펜실베이니아대의 소르하누스(Ulf Sorhannus)와 동료들은 이 기법을 이용하여 수백만 년에 걸쳐 일어난 리조솔레니아의 진화를 연구했는데, 그중에는 뚜렷한 종 분화 사건도 들어 있다(그림 5.5).

리조솔레니아의 각들은 끝이 뾰족한 원뿔 모양인데, 정단돌기(apical process)는 유리질 영역(hyaline area)이라는 구조로 고정되어 있다. 각들은 보통 말단부(distal end)가 부서져 나타나지만 소르하누스와 동료들은 세 가지 뚜렷한 생체측정 변수(biometric variables)를 측정할 수 있었다. 정단돌기의 길이, 유리질 영역의 높이 그리고 정단에서 8㎛ 떨어진 곳에서 잰 각의 너비. 앞 두 가지 특징은 각의 전반적인 크기와 관계가 있다. 세 번째는 각의 크기와 원뿔 각 모두와 관계된 형태 변수이다. 이 측정은 경도 약 60°의 약 200만 년에 걸친 8개 시추핵으로부터 발견한 다수의 개체 집단 중 5,000개 표본에 대하여 이루어졌다.

부유성 규조는 일반적으로 무성생식하지만, 무성생식하는 대부분의 생물처럼 가끔 유성생식하는데, 아마도 유해한 돌연변이의 강화에 대응해서 그런 것 같다. 이 유성생식은 큰 리조솔레니아 개체군들이 생물종으로 간주될 수 있다는 것을 의미하고, 종 분화는 생식의 영구적 장벽에 의해 영향을 받았음에 틀림없다.

형태측정 자료는 300만 년 전 또는 그 이전에 종 분화가 나타났다는 설득력 있는 증거이다. 이전에는 단 하나의 개체군이 식별되나, 그 뒤 중간 단계의 변이 구간 (그러나 형태적 차이가 있는) 내에서 다른 형태의 개체군이 2개 나타난다. 세 가지 모두 측정 변수에서 차이가 드러난다. 후손 종(*R. praebergonii*)이 뒤에 인도양에 침입하였는데, 인도양 퇴적물 중에 후손 종이 갑자기 출현하는 것이 그 증거이다.

종 분화와 단속 평형에 대해 더 읽고 싶으면 이 사이트를 참조하기 바란다. http://www.blackwellpublishing.com/paleobiology/.

는 퇴적층에서 많은 수로 회복될 수 있다. 소르하누스(Sorhanus)와 동료들(1998)의 규조, 리조솔레니아(*Rhizosolenia*, **글상자** 5.3) 연구가 부유성 생물의 종 분화에 대한 가장 최근의 연구일 것이다.

이 사례에서 같은 분리 사건이 태평양 적도대 주위의 대다수 암석 시추핵에서 나타나기 때문에 종 분화는 **동소적**(sympatric, 같은 장소에서 일어난)이다. 다른 곳의 격리된 개체 집단으로부터 한 종이 유입된 증거가 없다. 사실, 그 개체군이 숨겨졌고 여전히 생존이 가능한 곳이 있으리라고 상상하기는 어렵다. 둘째, 대부분의 형태적 진화는 종 분화와

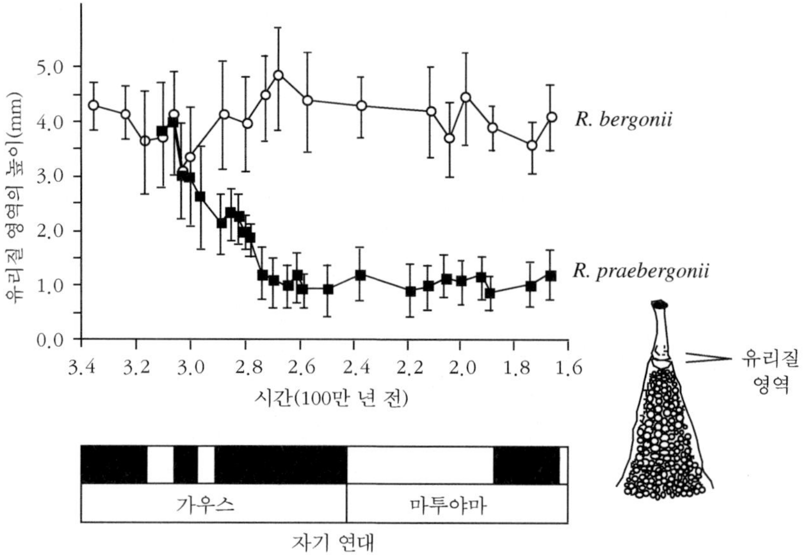

그림 5.5 부유성 규조 *Rhizosolenia*에서의 계통 점진설과 종 분화. 현생 *R. bergnii*와 *R. praebergonii*는 서로 다른 종으로, 교배하지도 않고 유리질 영역의 높이도 다르다. 과거 340만 년 전까지 거슬러 올라가다 보면, 320만 년 전부터 270만 년 전까지 50만 년 동안 종들이 다양해졌음을 볼 수 있다. 각 포인트는 중부 태평양의 심해 시추공에서 얻은 시료이고, 각 유리질 영역의 높이 측정은 수백 개체의 시료를 대상으로 이루어진 것이다. 각 시료의 평균값과 95% 오차 막대가 나타나 있다. 암층의 연대는 자기층서 틀의 정상(흑색)과 역전(백색) 자기를 참조하여 측정하였다. (Ulf Sorhannus 제공.)

연관성이 없고 약 50만 년이 지나 형태적 구별이 처음으로 가시화된 뒤에 나타났음이 분명하다. 셋째, 새로운 생물종 중 하나는 다른 것에 비해 빠르게 진화하여, 점차 크기가 작아지고 유리질 영역이 현저히 줄어든 반면에, 다른 것은 조상 종의 형태를 간직하였다. 마지막으로, 두 종은 그들의 지리적 분포가 전 진화 시기 중에 겹치고, 두 후손 종 중 하나는 시추핵 중 하나에서는 전혀 나타나지 않았지만 환경적 내성(environmental tolerances)이 약간 다르게 진화했음이 틀림없다.

교배의 물리적 장벽이 더 많이 설정될 수 있는 해양의 무척추동물과 육상의 척추동물에게서 동소적 종 분화와 점진적 진화는 비교적 드물 것이다. 천해 무척추동물의 계통진화 연구는 종 분화가 단속 평형 패턴을 보인다고 말한다. 이 연구는 대륙붕 퇴적물이 산발적으로 쌓이기 때문에 심해 미화석을 연구하는 것보다 더 힘들고, 그로 인해 높은 시료 채집의 정밀도에 관한 정보를 얻기가 어렵다. 그럼에도 불구하고 아주 정밀한 연구가 수행되어 왔다. 예를 들면, 스미소니언 연구소의 치담과 잭슨(Alan Cheetham & Jeremy Jackson)은 과거 1000만 년의 카리브 해 퇴적물에서 다양한 태형동물의 속(genera)을 채집하여, 단속 평형 패턴의 종 분화를 제시하였다(**글상자 5.4**).

글상자 5.4 태형동물에서의 단속적 종 분화

메트라랍도토스(*Metrarabdotos*)는 태형동물문 순구목(ascophoran cheilostome)에 속하는 속(屬, genus)으로, 현생으로는 카리브 해에 서식하는 3종이 대표 종이다. 도미니카와 다른 섬들의 연안 암석들은 지난 1000만 년에 걸친 천해 퇴적작용의 산물이고, 그중에서 태형동물 화석이 풍부하게 산출된다. 메트라랍도토스는 800만 년 전에서 400만 년 전까지 극적으로 방산하여 12종으로 갈려 나간 뒤 제4기에 대부분이 사라졌다. 치담과 잭슨은 관련 현생종의 유전적 특성, 형태적 차별성의 정량화 및 통계처리 그리고 그것의 화석과의 비교 등을 고려하여, 메트라랍도토스 속의 종을 구별하는 다양한 기준을 설정하였다(그들은 현생종들의 유전과 형태계측 간의 차이를 매우 의미 있게 대비하였다). 저자들(1999)은 46개의 형태계측 특성에 기초하여, 화석에서 계통이 식별되는 메커니즘을 확립하였다.

메트라랍도토스의 계통은 빠르게 갈라졌고 단속적이었던 것 같다(그림 5.6). 종 분화는, 특히 800만~700만 년 전 사이에 빠르게 이루어져 9개의 신종이 나타났다. 여기에서 시료 채취에 관한 문제가 제기되는데, 그 기간 이전에서 채취된 시료가 적으므로 신종들 중 일부는 더 이른 시기에 나타났을 수 있다. 그러나 도미니카의 800만~400만 년 전 기간에서는 많은 양의 시료(DSI, 도미니카 시료 구간)가 채취되었다. 이로부터 이 기간의 9개 대표 종들의 기원에 대해 의문이 있지만, 나머지(*tenue*, n. sp. 10 그리고 n. sp. 8)는 단속적인 것으로 해석되었다. 다른 해양 무척추동물 화석 연구에서도 이와 같은 종류의 단속적 종 분화 양상이 보고된 바 있다.

종 분화와 단속 평형에 대해 더 읽고 싶으면 이 사이트를 참조하기 바란다. http://www.blackwellpublishing.com/paleobiology/.

현재의 증거로 볼 때 진화는 항상 느리게 진행되고 점진적이라는 가설에 대한 엘드리지와 굴드(1972)의 이의 제기가 옳았다. 어떤 경우에는 종이 다소 빠르게 분화할 수 있다는 것이 분명해 보이며, 이는 다윈의 진화론과 전적으로 일치한다. 종은 긴 기간이 지나도 변하지 않는다는 유전학도 예견치 못한 정체라는 새로운 현상을 고생물학 연구에서 확인해 주었다. 무성생식 부유 미생물의 종 분화는 50만~100만 년 이상의 간격으로, 점진적으로 느리게 진행되는 것 같고 분리된 그리고 복합적인 서식지에 사는 유성생식 동물들은 단속적으로 빠르게 분화하는 것 같다.

종 선택

스탠리(Steve Stanley, 1975)는 진화의 단속 모델은 자연선택과 같은 시기에 나타나나 성격이 다른 종류의 과정을 의미할 수 있다고 주장하였다. 그는 그 과정을 **종 선택**(species selection)이라고 불렀다. 스탠리는 종이 분리된 과정을 인식하고, 계통수의 일부분은 빠르게, 다른 부분은 보다 느리게 다양해질 수 있다고 확신하였다. 만일 그 같은 종 선택 과

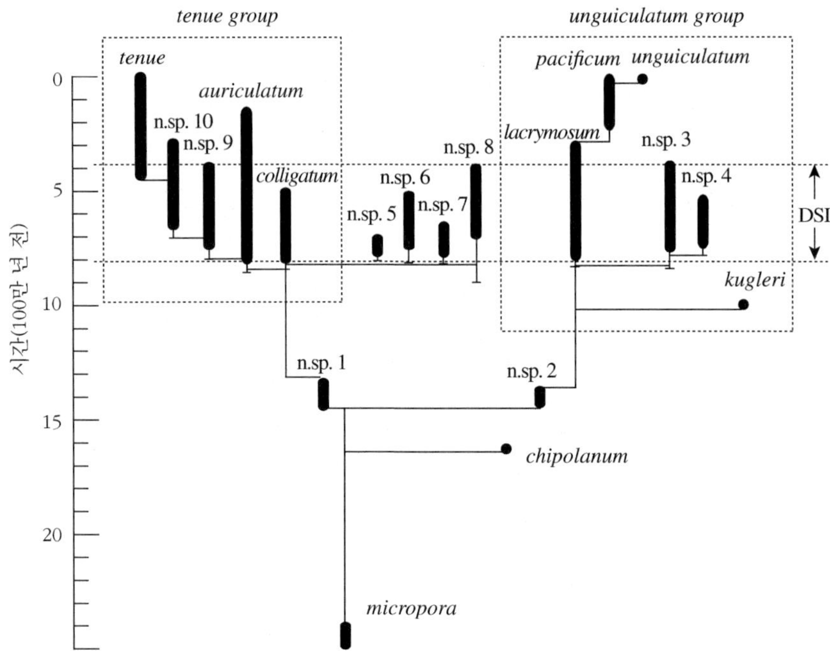

그림 5.6 카리브 해 태형동물 *Metrarabdotos*에서 나타나는 단속적 진화와 종 분화. 이 속의 현생은 3종이나 과거에는 더 많았다. 카리브 해 곳곳에서 주의 깊게 채취한 시료는 어떻게 계통이 긴 시간 동안 정체 상태를 보이며, 특히 800만~400만 년 전(도미니카 시료 기간, DSI)의 기록이 양호하다. (Alan Cheetham 제공.)

정이 있다면, 종 수준의 형질은 자연선택에 연루된 개체 수준의 형질과 틀림없이 다를 것이라고 주장했다. 예를 들면, 충분한 설명은 아니지만, 아프리카의 사자들은 다른 맹수보다 더 크기 때문에 어떤 경쟁력이 있는 환경에 생존할 수 있을 것으로 보인다. 크다는 것은 개체 수준의 형질이고, 크기에 대한 선택은 자연선택에 의해서 드러난다. 종 수준의 형질은 개체 수준에게 더 이상 단순화할 수 없는 사실이어야 한다.

종 수준의 형질은 한 종이 차지하는 공간의 크기, 그 종 내 개체군의 양식(pattern), 한 종의 개체군 중에 이루어지는 유전자 유동의 특징적 수준과 종의 평균 지속 기간 등을 포함할 것이다. 어느 연구에 의하면, 이들 종 수준의 형질은 진화에 역할을 하는 것 같다. 예를 들면, 지리적으로 광범위한 복족류는 국지적인 종보다 지속 기간이 더 긴 경향이 있어서, 종 수준의 형질 때문에 더 긴 기간 생존할 수 있다. 만일 종 선택이 진화의 진정한 추진력이라면, 다윈의 진화는 그 과정에 한 단계 추가 또는 다단계 체제가 될 수 있도록 확대되어야 할 것이다.

이 문제를 해결할 가능성이 있는 가설이 브르바(Vrba, 1984)의 **효과 가설**(effect hypothesis)이다. 종 수준의 일부 형질은 개체 수준에서 간접적으로 감소될 수 있다고 하

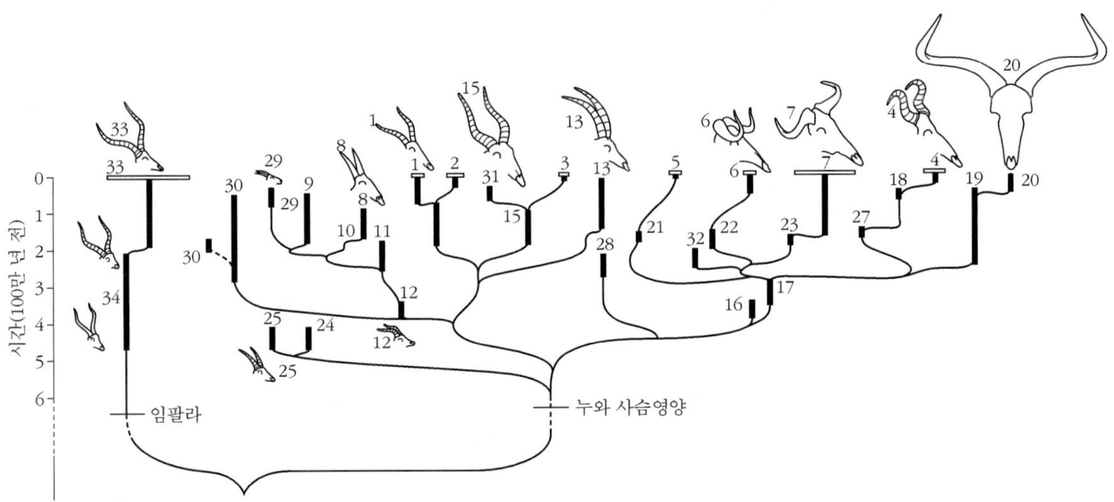

그림 5.7 아프리카 영양의 계통발생 복원도. 두 계통이 600만~700만 년 전에 다양화했는데, 임팔라는 느리게 진화하고 누(gnus)와 사슴영양은 빠르게 종 분화하였다. 두 번째 그룹이 첫 번째보다 성공적으로 진화하였고, 이는 종 수준의 형질(종 분화율)이 종 선택을 한 결과로 해석할 수 있다. 그러나 누와 사슴영양은 임팔라 종보다 더 특별한 생태적 선호도를 보였다. 선택이 개체 수준(자연선택)에서 나타난 듯하고, 이것이 종 수준에 영향을 주었다. 종 번호 14와 26은 이 연구에서 생략하였다. [Vrba(1984)에 근거.]

였다. 다시 말해서 종의 광범위한 특징은 실제로 자연선택의 영향 아래에 있는 몇몇 다른 형질에 의존한다. 그녀는 지난 600만 년 동안 이루어진 영양의 진화에 대한 자신의 연구를 예로 들었다(그림 5.7). 약 5만 년 전에 영양은 다양화하지 않은 장기 생존형 종과 널리 방산한 단기 생존형 종의 두 그룹으로 분기하였다. 첫 번째 그룹은 종의 지속 기간이 200만~300만 년이고, 플라이오세~플라이스토세 동안 전체 종 다양성은 2종에 불과하였다. 두 번째 그룹은 종의 지속 기간이 25만~300만 년이고 32종으로 진화하였다. 그녀는 종 선택이 확실히 있었다고 주장하고, 두 번째 그룹에서 지속 기간이 짧은 종의 형질은, 전반적인 종 다양성이 계측되었듯이 대성공을 이끌었다. 브르바는 장기 생존형 영양은 생태적 선호도가 넓은 반면, 두 번째 그룹은 특별한 공간에서만 살았다고 기술하였다. 그러므로 전체적인 양식은 영양의 개체 수준에서 자연선택에 의해 설명될 수 있고, 생태적 내성은 진화율을 결정하고 종 선택의 겉모습을 만들어 낸다.

진화는 계급적인가? 만약 그렇다면, 다윈이 틀렸을까? 비평가들이 사례를 과장해 온 것이다. 다윈이 1859년에 말한 것처럼 진화는 자연선택에 의해 일어난다. 종 선택의 많은 예는 빠른 비대칭의 지리적 종 분화 및 효과 가설과 결부된 자연선택에 의해 설명될 수 있다. 그래도 아직 종 선택은 가능성의 수준이며 얼마 가지 않아 설득력 있는 예가 발견될 것으로 기대한다.

✲ 계통수

계통수 고찰

이 장을 시작할 때 언급했듯이 다윈이 진화를 거대한 분기 나무로 처음 그렸고, 모든 종은 나무 맨 아래의 단일 조상 종으로부터 진화하였다고 지적했다. **계통수**는 생물학자와 고생물학자의 엄청난 노력의 산물이다. 원숭이의 어느 종이 인간에 가장 가까울까, 고릴라 아니면 침팬지? 그와 같은 소규모의 의문으로부터 시작하여, 포유류, 속씨식물, 양서류, 거미류와 다른 많은 그룹에 소속된 모든 종의 계통수를 완성하기 위해 많은 연구팀이 서두르고 있다. 모든 종이 들어 있는 완전한 계통수가 출판되면서, 계통 분류는 전체 계통수가 어떤 모양인지를 알고자 했던 다윈의 이상에 다가가고 있다.

나무와 사다리를 구별하는 것이 중요하다. 모든 동식물은 일련의 '단순한 것에서 복잡한 것으로' 또는 '하등한 것으로부터 고등한 것으로' 배열된다고 생각하는 사람이 많다. 이는 곧 진화의 양식이 한 종에서 다음 종으로 나아가는 하나의 긴 선(=사다리)으로 보는 견해인데, 200년 전에 인기가 있었던 것으로 자연의 단계(Scala naturae)라고 일컫는다. 그러나 모든 증거가 보여 주듯이 진화는 갈라져 가는 과정이므로 사다리가 아닌 나무가 올바른 비유이다.

화석은 생명의 역사와 진화의 대규모 양식에 관한 기본 정보를 제공해 준다. 고생물학자가 화석 기록의 진화 양상을 해석하는 과거의 방식에 변혁이 있었고, 그것은 생물학자도 마찬가지이다. 거의 모든 생태, 행동과 진화 연구는 계통수와 관련이 있다. 1990년 이후 계통수가 모든 곳에서 툭툭 튀어나오고 있다. 계통수를 발견해 내는 새로운 기법(분기학) 때문에도 그렇고, 계통수 없는 생물학은 의미가 없다는 자각 때문에도 그렇다.

분기학: 생물 계층의 복원

수 세기 동안 생물학자들은 진정한 생물들의 관계 양식을 알기 위해 애써 왔다. 계통수는 어떻게 알아냈을까? 새는 공룡으로부터 유래했을까, 환형동물과 절지동물은 근연관계일까, 아닐까 또는 고릴라나 침팬지는 인간과 가장 가까운 유연 관계일까 등의 논쟁은 모두 관계 양식을 올바로 식별할 필요가 있는 주제들이다.

만일 당신에게 앵무새 100종의 관계를 풀어야 할 과제가 있다면 어디서부터 시작하겠는가? 당신은 깃털의 색깔에 주목하고 그것을 기초로 청색 무리, 빨간색 무리와 녹색 무리 등으로 분류할 수 있을 것이다. 그러나 몸의 크기나 부리의 모양을 주목했다면, 분류 결과가 다르다는 것을 당신은 알아차릴 수 있다. 또 내부 구조를 보았다면, 두개골의 모양, 날개의 뼈, 근육 또는 동맥의 배열을 기초로 완전히 다른 분류가 될 것임을 당신은 깨닫게 될 것이다. 1960년까지 계통학(systematics)은 형질의 좋고 나쁨을 결정하는 어려운 일에 부딪혔다. 좋은 형질은 **계통발생학적으로 '유익한' 정보를 제공하는**(phylogenetically informative), 즉 진정한 계통발생을 보여 주는 것이지만, 그렇다면 나쁜 것 또는 '비유익한' 형질은 어떤 것일까?

계통발생학적으로 '비유익한' 형질은 수렴과 근거리 형질(plesiomorphies)이라는 두 가지 주요 범주로 나뉜다. 같은 방식으로 살기 때문에 특징 또는 생물이 진화하여 같아 보일 때 진화에서 **수렴**이라고 한다. 오스트레일리아의 주머니두더지와, 노(paddle)를 닮은 팔, 약한 시력 그리고 뛰어난 후각을 지닌 북반구의 두더지는 공통적으로 굴착(burrow)을 하고 벌레를 먹기 때문에 같아 보이지만, 밀접한 연관성은 없다. 두 종의 앵무새는 수렴 진화하여 날개에 특유의 빨간색 깃털이 있다. **근거리 형질**은 말하는 앵무새와 같이 관심 있는 동물뿐만 아니라 다른 그룹 사이 동물들이 공유한 형질이다. 모든 앵무새는 부리가 있으나 다른 모든 새에게도 부리가 있기 때문에 부리가 계통에서 구분하는 데 도움이 되는 형질은 아니다. 진짜 앵무새는 특유의 무지갯빛이 도는 청색과 녹색 깃털을 갖고 있지만, 오스트레일리아 앵무새(머리에 닭 벼슬 모양의 깃털이 있는)는 그러한 깃털을 갖고 있지 않다. 그러나 특별히 그 같은 빛을 내는 깃털은 다른 많은 조류 그룹에서도 볼 수 있어서 앵무새의 근거리 형질이다.

계통발생학적으로 '유익한' 형질에 의해 **분기군**(clades) 또는 **단계통군**(monophyletic group)을 동정한다. 이들은 단일 기원이고 공통조상에서 유래한 모든 후손을 포함하는 그룹이다. 그 좋은 예가 앵무새류(앵무목)로, 박물학자들에 의해 모든 다른 그룹과는 별개의, 진짜 앵무새 그룹으로 오랫동안 동정되어 왔다. 분기군은 다음 두 종류의 비자연분류군과 구별된다. (1) 파충류와 같이 단일 공통조상이나 모든 후손(조류와 포유류)을 포함하지 않는 **측계통군**(paraphyletic group), (2) 둘 이상의 공통조상에서 유래하여 계통수에서 일정한 위치가 없는 임의의 생물군인 **다계통군**(polyphyletic group).

계통발생학적으로 '유, 무익'한 형질의 차이와, 단계통군과 측계통군/다계통군의 차이를 인식한 사람이 독일의 저명한 곤충학자 헤니히(Willi Hennig, 1913~1976)이다. 그는 새롭고 더 객관적인 계통학을 발전시킬 필요가 있다고 강조하였고, 그것은 **분기론**(cladistics)이라 부르게 되었다. 분기론의 핵심적인 목표는 분기군을 동정해서 계통수를 발견 또는 복원하는 데 있다. 관계 양식을 보여 주는 **분기도**(cladogram, 예: **그림 5.8**)에서 가장 가까운 종들은 바로 옆에 놓인다. 곁가지들은 **분기점**(node)에서 뻗고, 각 분기점은 분기

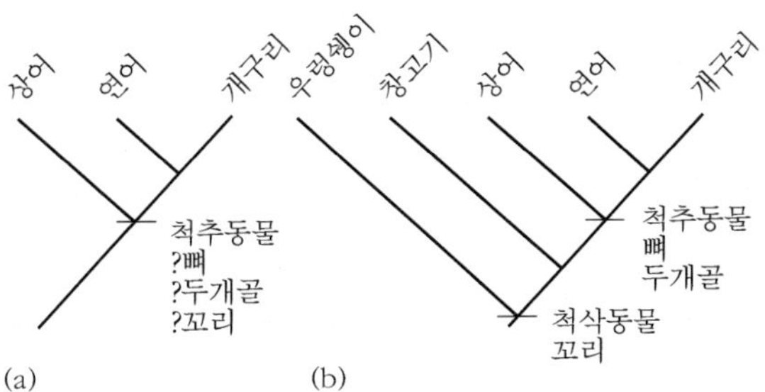

그림 5.8 분기 방법에 의한 척추동물 계통의 복원: (a) 척추동물들의 분별 특징이 뼈, 두개골과 꼬리를 갖고 있다는 것일까? (b) 꼬리는 광범위한 척삭동물 그룹에서 발견되며, 두개골과 뼈는 척추동물을 규정하는 특징이다.

군의 기저가 된다.

헤니히가 고안한 다소 복잡한 용어 중에 몇 가지 흔히 쓰이는 용어를 살펴보자. 그는 계통발생학적으로 '유익한' 형질을 **원거리 형질**(apomorphy, 또는 파생 형질, derived character)이라 하여 근거리 형질과 구별하였다. 둘 이상의 종이 공유한 원거리 형질을 **공유파생형질**(synapomorphy)이라고 불렀다. 원거리 형질은 오직 진화에 의해 단 한 번 생겨난 특징이고, 따라서 맨 처음 생물의 모든 후손이 그 새로운 형질을 갖게 한다. 앵무새 Psittaciformes목(目, order)의 공유파생형질에는 깊게 갈고리 모양으로 굽은 부리와 각각 두 발가락이 앞과 뒤 방향으로 달린 특이한 다리가 있다.

원거리 형질의 개념은 과거 **상동**(homology)과 **상사**(analogy) 진화의 차이와 실제로 일치한다. 척추동물의 앞다리는 상동의 좋은 예이다. 인간의 팔은 새의 날개나 고래의 패들(노, paddle)과 아주 다르지만, 해부학적 세부 구조는 서로 같고, 모두가 분명히 공통조상의 구조로부터 생겨났다. 반면에, 척추동물의 헤엄치는 물갈퀴는 그룹별로 다르다. 어류, 고래와 바다표범(**그림 5.9**)의 패들은 상동기관이 아니고 **상사기관**이다.

분기론은 비교적 단순하게 보일지 모르지만 실제로는 그렇지 않다(**글상자 5.5**). 계통수의 논쟁거리에 대해 합의점을 찾고자 할 때 많은 논란이 거듭된다. 각 분기점이 여러 가지 원거리 형질로 진단되는 경우에는 계통수의 모양은 분명해지지만, 분기군과 분기점을 정확히 찾아내기가 어려운 경우도 있다. 그 같은 경우는 진화가 매우 빨라서 원거리 형질이 설정되지 않았거나, 시간이 지나면서 중복되어 나타났을 것이다.

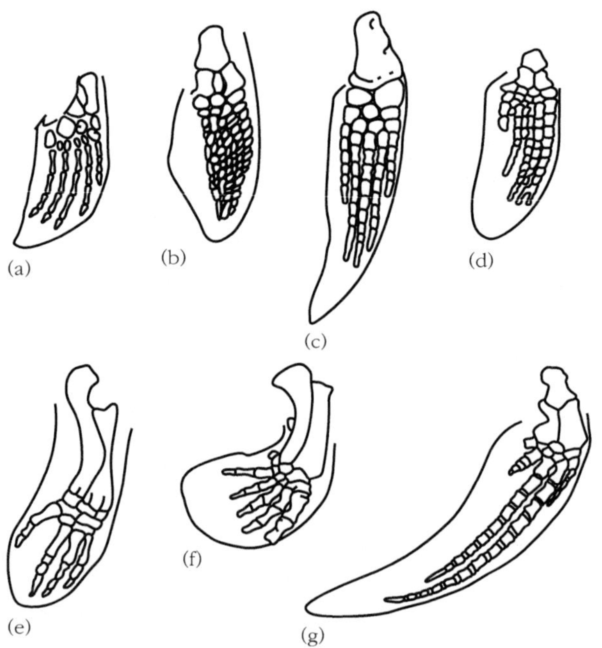

그림 5.9 여러 가지 파충류(a~d)와 포유류(e~g)의 앞 패들: (a) *Archelon*, 백악기 바다 거북, (b) *Mixosaurus*, 트라이아스기 어룡, (c) *Hydrothecrosarus*, 백악기 플레시오사우루스, (d) *Plotosaurus*, 백악기 모사사우루스, (e) *Dusisiren*, 마이오세 해우(바다 소), (f) *Allodesmus*, 마이오세 바다표범, (g) *Globicephalus*, 현생 돌고래. 새의 날개와 사람의 팔과 함께, 모든 앞발(forelimbs)은 서로 상동기관이고, 패들들은 상사기관이다. 이 그림의 각 패들은 서로 다른 진화 과정을 거쳐 앞발에서 헤엄치는 구조로 변한 것이다.

 글상자 5.5 분기 분석

분기도를 그리는 데는 형질 분석, 외군 비교, 계통수 계산 등 3단계가 있다. **형질 분석**은 생물 사이에서 변하는 형질의 목록화와 원거리 형질의 동정 과정이다. 형질들은 존재/부재 또는 0/1과 같은 암호가 붙여진다. 예를 들면, 유인원의 형질 분석에서 붙잡기에 쓰이는 마주보는 엄지손가락의 소유가 원거리 형질이 될 수 있을 것이다. 이때 사람은 존재(또는 1), 침팬지와 고릴라는 부재(또는 0)라는 암호가 붙여진다.

외군 비교(外群 比較, outgroup comparison)는 형질과 그 암호의 정당성이 검증된 단계이다. 연구 대상 집단, 즉 **내군**(內群, ingroup)이 유인원으로 구성되었다면 **외군**은 원숭이가 될 수 있다. 외군이 참나무와 벌레일 수도 있겠으나 그들은 유인원과 연관성이 멀어 의미 없는 비교가 될 것이다(참나무와 벌레는 엄지손가락조차 없다). 원숭이의 외군을 비교해 보면 원숭이, 침팬지와 고릴라에게는 마주보는 엄지손가락이 없다. 그래서 암호는 0이고, 사람은 독특하게 마주보는 엄지손가락을 갖고 있어서 원거리 형질이 있고 암호는 1이다.

마지막 단계는 **계통수 계산**이다. 모든 형질과 그들의 암호는 **자료 행렬**(data matrix)로 목록화되는데, 거기에는 모든 종과 형질, 그들의 암호가 수록된다. 계통수 계산은 보통 컴퓨터에 의해 이루어지고, 여러 가지 방법으로 자료를 가장 잘 설명하는 단일계통수나 계통수의 집단을 찾는 작업이 수행된다.

다음 표는 여섯 가지 척추동물(상어, 연어, 개구리, 도마뱀, 닭, 쥐)의 상호 관계를 규명하기 위해 작업한 간단한 예이다. 이들은 연골어류, 경골어류, 양서류, 파충류, 조류와 포유류를 대표하는 척추동물로, 물론 거리가 먼 친척들이지만 그들의 관계를 밝힐 수 있다면 모든 척추동물 계통수의 큰 윤곽이 그려질 것이다.

형질	상어	연어	개구리	도롱뇽	닭	쥐
1. 지느러미	1	1	0	0	0	0
2. 다리	0	0	1	1	1	1
3. 온혈	0	0	0	0	1	1
4. 뼈	0	1	1	1	1	1
5. 이궁류 두개골	0	0	0	1	1	0
6. 유생 단계 없음	0	0	0	1	1	1
7. 허파 또는 부레	0	1	1	1	1	1
8. 양막 난	0	0	0	1	1	1
9. 신장된 경추	0	0	0	1	1	0
10. 가장자리 이빨	0	1	1	1	1	1

자료 행렬에 열 가지 형질과 그들의 암호(0=부재, 1=존재)가 여섯 가지 동물별로 적혀 있다. 외군 비교는 계통발생학적으로 유익한 형질을 근거리 형질로부터 분별해 내는 데 도움이 될 것이다. 두 가지 예를 살펴보자. 상어와 연어는 지느러미가 있고(형질 1) 다른 동물들은 다리가 있으며(형질

(다음 쪽에 계속됨)

2), 닭과 쥐는 온혈이고 다른 동물들은 냉혈(형질 3)이다. 이 두 가지 세트의 외군 비교에 의하면, 대합, 참나무, 곤충과 같은 외군의 대부분은 냉혈이므로 온혈은 원거리 형질이겠지만, 지느러미나 다리가 원거리 형질인지 아닌지를 분간하기는 어려워서 이 두 가지는 보류한다.

상기 자료를 유심히 살펴보면, 일부 그룹은 공유파생형질을 보이나 이에 대한 모순도 있다. 예를 들어 이궁류 이빨로 보면 도롱뇽과 닭을 묶을 수 있으나, 온혈로 보면 닭과 포유류를 묶을 수 있다. 두 가지 쌍은 불가능하고, 두 가지 공유파생형질 중 하나는 틀림없이 잘못 해석된 것이다. 이 점에서 검증 방법은 관계들의 가장 **설득력 있는** 양식, 즉 대부분의 자료에 부합되고 최소의 부적합 또는 부조화를 보이는 한 가지를 찾는 것이다. 설득력 있는 분기도를 찾는 PAUP(Swofford, 2007)와 같은 컴퓨터 프로그램을 통해 자료를 처리하고(그림 5.10a), **부적절한**(예: 아마 잘못 해석된) 형질은 체크한다. 분기도는 최상의 노력, 표본에 대한 심층 연구와 분기도를 평가할 수 있는 새로운 형질을 발견하는 과정이다.

계통발생에 시간 척도를 덧붙여 분기도를 만들 수 있다(그림 5.10b). 여기에서, 여러 그룹의 기원 시기에 대한 화석상의 증거를 이용하여 계통발생의 참 모습을 그려 내게 된다.

포레이 등(Forey et al., 1998)이 언급한 분기론과 스미스(Smith, 1994)가 분기론을 화석 생물에 적용한 내용에 대해 더 읽어 보기 바란다. 분기론 소프트웨어 중에 가장 많이 쓰이는 프로그램은 PAUP(Swofford, 2007)이고, 기본적인 분기론은 PAST(Hammer & Harper, 2005)를 보기 바란다. 분기론을 심층 이해하고 싶으면 이 사이트를 참조하기 바란다: http://www.blackwellpublishing.com/paleobiology/.

분자 혁명

두 번째 계통수 복원 방법은 분자들의 비교에 기초한 것이다. 1950년대와 1960년대에 분자생물학의 탄생과 함께, 서로 다른 생물 사이의 상동 단백질(homologous protein)은 유사한 구조를 공유한다는 사실이 드러났다. 예를 들면, 많은 동물들은 헤모글로빈 분자를 공유하는데, 헤모글로빈은 혈액 속의 산소를 운반하는 단백질로 혈액을 붉게 만든다. 헤모글로빈을 갖는 모든 생물의 헤모글로빈은 산소 운반 기능을 수행해야 하므로 구조적으로 매우 유사하나 미세한 차이를 보인다. 그래서 사람과 침팬지의 헤모글로빈은 같지만, 이들의 헤모글로빈은 말이나 소의 그것과는 조금 다르고, 상어나 연어와는 크게 다르다.

분자의 비교는 계통수 작성과 시간 측정을 가능하게 한다. 단백질 서열과 가장 잘 맞는 **분기도**가 얼마나 다른가를 간단히 비교하여 계통수를 작성할 수 있다. 특정 아미노산의 변화를 측정하고 그것을 공유파생형질로 취급하여 분기도를 그리면 그것은 분자 분기도가 될 것이다.

시간은 **분자 시계**(molecular clock) 개념으로 측정된다. 어느 두 종 사이에 미세 구조가 다른 정도는 두 종이 공통조상을 공유해 왔기 때문에 시간에 비례한다. 그 차이는 단백질

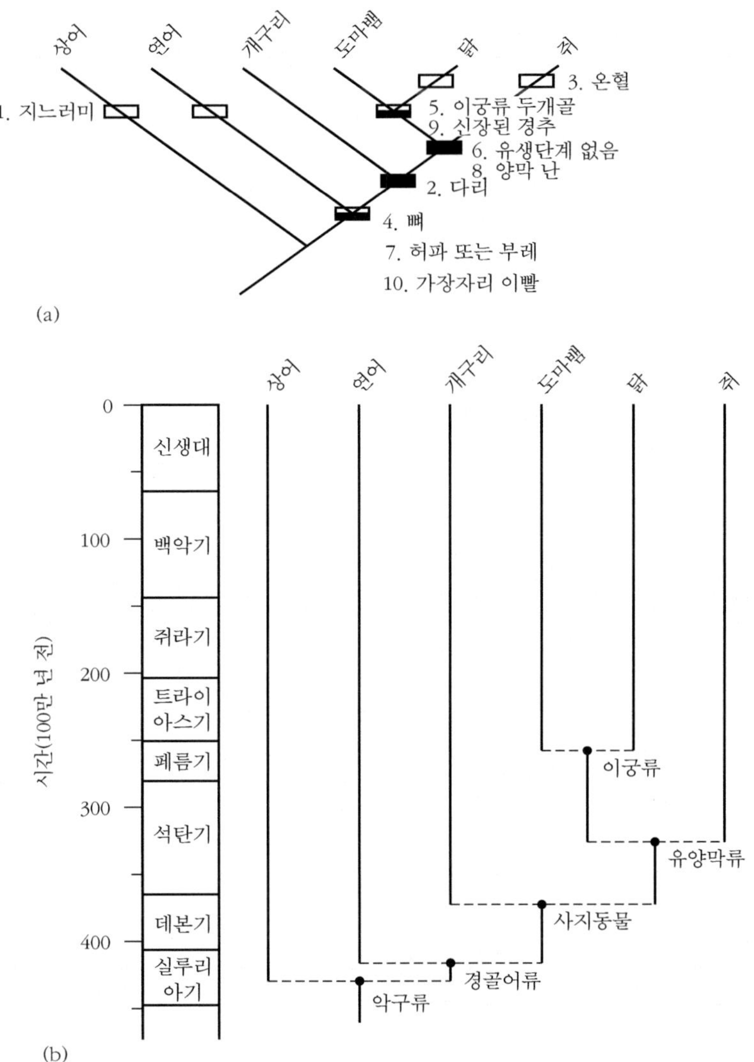

그림 5.10 여섯 가지 동물을 이용하여 검증한 주요 척추동물 그룹의 관계. (a) 형질 분석에 의한 가상의 관계. (b) 분기도(a)를 시간 척도에 결부시켜 그린 계통수로, 각 그룹별 대표 화석의 최초 분기 시기를 기초로 하였다.

의 1차 구조, 즉 펼친 단백질 척추 전체의 **아미노산** 서열에서 나타난다. 아미노산은 20 여 가지가 있으며, 그들의 서열은 단백질의 모양과 기능을 결정한다. 헤모글로빈의 아미노산 서열은 100만~200만 년마다 작은 변화가 나타나고, 그 변화율에 의해 시간 척도가 측정된다.

1990년 이후 관심 대상이 단백질 서열 분석에서 DNA, RNA와 같은 **핵산**(nucleic acids)

의 서열 분석으로 거의 옮겨 갔다. 이들은 유전자 암호를 가진 핵 속의 분자들이고, **폴리머라제 연쇄반응**(polymerase chain reaction, PCR)이라는 과정을 이용하여 반자동화된 방식으로 서열화되어 있다. PCR은 핵산의 작은 표본으로 **복제**(cloning 또는 duplication)와 염기쌍의 정확한 서열 결정을 의미하는데, **염기쌍**이란 핵산 가닥의 네 성분, 즉 아데닌, 시토신, 구아닌, 티민(또는 우라실)이고, A, C, G, T(또는 U)로 약칭한다. DNA와 RNA는 세포 내 핵이나 미토콘드리아로부터 서열화된다. 분자생물학자들은 그들 정보의 거대한 서열을 매년 만들어 낸다. 사실 인간 게놈 프로젝트는 한 종의 모든 염색체 전체의 DNA

글상자 5.6 단백질 화석: 진정한 쥐라기 공원은?

1960년대와 1970년대에 화석으로부터 단백질이 추출되었으나, 대부분이 부패한 물질, 즉 분해자인 박테리아의 단백질이었다. 예외적으로 연조직이 보존된 경우에서도 단백질은 대개 사라지고 없었다. 1985년에 이르러 2,400년 된 이집트의 미라에서 가장 오랜 소량의 DNA가 검출되었다.

그렇게 ≪쥐라기 공원≫이 온 것이다. 크라이튼(Michael Crichton, 1990)의 저서와 스티븐 스필버그(Steven Spielberg, 1993)의 영화에서 분자생물학자들이 호박 속에 보존된 모기의 위장 속 혈액으로부터 공룡의 DNA를 추출하였다는 시나리오가 전개되었다. 공룡의 DNA 조각들을 복제하여 현생 개구리(공룡의 가장 가까운 친척은 새인데 이상한 선택이다)의 세포 속에 주입하였고, 마침내 공룡의 전체 유전자 암호가 복원되어 현생 공룡이 다시 만들어진 것이다. 놀랍게도 과학은 그 뒤 한동안 그 가공의 이야기를 뒤따랐다.

크라이튼이 보존의 수단으로 호박을 선택한 것은 현명한 일이다. 호박의 곤충들은 순식간에 끈끈한 수지 속에 갇혀 부패되지 않는다. 호박에는 산소와 물이 들어 있지 않아 오랫동안 물리적 또는 화학적 변화가 일어나지 않는다. 1990년대에 올리고세-마이오세 호박 속의 흰개미, 백악기 초기의 호박 속 바구미, 마이오세 나뭇잎으로부터 추출한 DNA 원형, 심지어 가상의 공룡(1994)에 이르기까지 수많은 보고서들이 발표되었다. 이들 연구는 얼마 안 가서 카드를 내던지듯 버려졌다. '공룡'의 DNA가 사람이 될 수 있음이 드러나기도 했다. PCR 기법은 매우 민감해서 아주 작은 DNA 조각, 예컨대 실험 조교의 땀이나 재채기에서 나온 점액이 증폭될 수도 있다. DNA는 매우 불안정해서 수백만 년 내에 와해되는데, 아주 예외적으로 보존된 경우 4만 년 동안 남기도 한다는 연구가 있다.

화석종의 DNA에 대한 가장 신뢰할 만한 연구는 동굴 곰, 아일랜드 거대 사슴, 네안데르탈인, 털북숭이 코뿔소, 털북숭이 매머드와 같은 빙하시대 포유류에 관한 것이다. 세 군데 실험실(Krause et al., 2006; Poinar et al., 2006; Rogaev et al., 2006)이 2006년 초반 털북숭이 매머드의 미토콘드리아 게놈을 열정적으로 연구했는데 연구 결과는 달랐다. 매머드의 가장 가까운 친척이 아시아 코끼리, 엘레파스 막시무스(*Elephas maximus*)인지, 아프리카 코끼리, 록소돈타 아프리카나(*Loxodonta africana*)인지 여전히 불분명하다(그림 5.11). 그러나 현생 코끼리와 매머드는 사람이 침팬지와 가깝듯이 밀접하게 연관되어 있고, 500만~600만 년 전에 종이 갈라졌다는 것을 모든 연구는 확인해 준다.

다음의 사이트에서 더 읽어 보기 바란다. http://www.blackwellpublishing.com/paleobiology/.

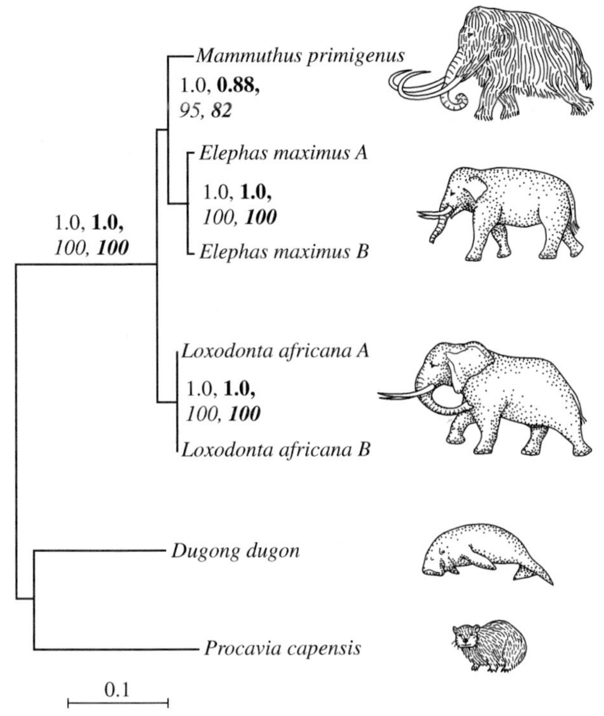

그림 5.11 미토콘드리아 DNA(mtDNA)에 기초한 털북숭이 매머드의 관계. 이 분석(Rogaer et al., 2006)은 매머드 ***Mammuthus primigenius***가 아시아 코끼리 ***Elephas maximus***와 가깝다고 하지만 다른 분석들은 아프리카 코끼리 ***Loxodonta africana***에 가깝다고 한다. 그러나 매머드와 현생 코끼리들은 가까운 관계로 3종은 500만~600만 년 전에 분기하였다. 두 현생 코끼리 외에 외군은 해우 ***Dugong dugon***과 바위너구리 ***Procavia capensis***이다. 각 분기점의 숫자 쌍은 견고성 측정값이다. 값의 범위는 0~1과 0~100이고, 1.0과 100%는 분기점의 최대 견고성이다. 축척 막대는 각 지점에 대한 0.1 염기쌍 치환(base-pair substitutions per site)이다. (Evgeny Rogaev 제공.)

서열을 밝히려는 수많은 국제적 프로그램 중 하나였다. 또한 PCR 방법은 멸종한 생물의 유전 물질을 서열화할 수 있는 가능성을 열었다(**글상자 5.6**).

다양한 생물로부터 매일같이 만들어지는 거대한 DNA와 RNA 서열의 숫자들은 개가식 데이터베이스에 문자 암호로 분류되어 있다. 연구자들은 누구나 가능한 범위에서 많은 종들의 특정 유전자나 염색체 서열을 다운로드할 수 있다. 이 데이터에서 계통수를 추출하는 데에는 두 가지 주요 처리 과정이 있다. 첫 번째는 핵산의 서열은 **정렬되어야** 한다. 그래서 한 종의 특정 유전자 암호는 다른 종의 같은 서열과 일렬로 세워져야 한다. 종은 특정 염기쌍의 배치에서만 다르지 않기 때문에 정렬이 어려울 수 있으나, 종종 서열의 공백이 생기거나 전체 구간이 반복될 수 있다. 얼마간의 종의 서열이 만족스럽게 한 번 정렬되었다면, 계통발생 분석이 이루어진 것이다. 염기쌍 암호는 형태적 자료 행렬에 존재/부재(0/1) 암호와 같이 취급되고, 여러 가지 알고리즘은 데이터를 설명하는 가장 그럴듯한 계통수 추론에 응용된다.

계통수

고생물학자와 생물학자는 계통수의 큰 부분들을 짜맞추기 위해 형태와 분자를 이용한다. 계통수를 작성하는 일에 데스크톱 컴퓨터도 긴요하게 쓰인다. 가능한 계통수의 (경우의)

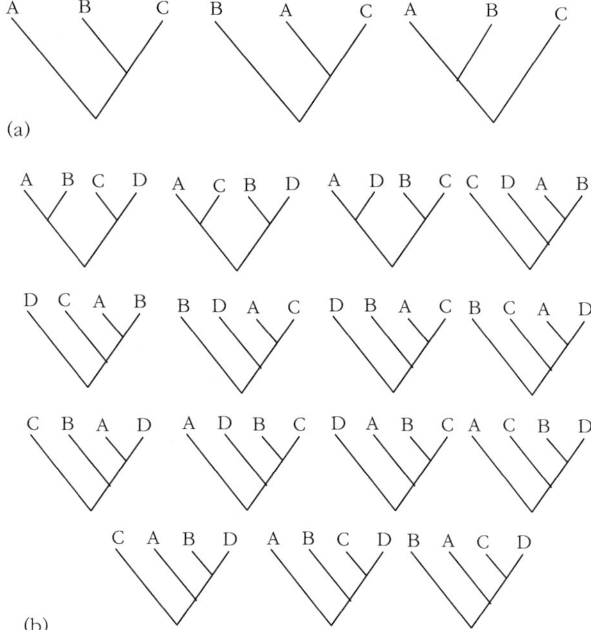

그림 5.12 3개 분류군(a)과 4개 분류군(b)에 있어서 계통수의 경우의 수. 3개 분류군의 경우 분기도는 단순하게 (A(BC), (B(AC))와 ((AB) C), 4개 분류군의 경우는 ((AB)(CD)), ((AC)(BD)), ((AD)(BC)) 등으로 쓸 수 있다. (A(BC))와 (A(CB))는 같은 계통수이고 둘은 1 단위로 센다.

수 $N = (2n-3)!/(2^{n-2}(n-2)!)$임을 기억하라. 그러므로 3종이면 계통수는 세 가지이고, 4종은 15가지의 계통수가 나올 수 있으며(**그림 5.12**), 8종이면 168,210가지, 50종이면 원자의 수만큼이나 많게 된다. 이 같은 계산은 http://www.talkorigins.org/faqs/comdesc/section1.html의 표 1.3.1을 참조하라.

계통학적으로 50종은 극히 적은 수에 불과하다. 계통수를 완성하기 위해서는 영장류만 해도 240종, 포유류 전체는 4,500종에 달한다(Bininda-Emonds et al., 2007). 수백만~수십억의 계통수가 고려되고 버려지겠지만, 수학자들은 가장 잘 들어맞는 계통수를 현명한 방식으로 빨리 찾기 위해 소프트웨어를 개선시킨다. 다른 접근은 기존 계통수를 연결하여 모든 계통수의 정보를 요약하는 슈퍼트리(supertree)를 만드는 일이다. 연구자들은 현재에도 계통수의 주요 부분을 그리기 위해 온갖 방법과 접근법을 동원하고 있으며, 결국 그 같은 거대한 계통수를 토대로 고생물학자와 생물학자는 새로운 대진화 연구를 많이 수행할 수 있을 것이다.

✾ 복습 문제

1. 자연선택을 요약하는 네 가지 논리적 단계는 무엇이며, 1~3번의 예를 들고, 메커니즘이 어떻게 논박되는지 고찰하라.

2. 지적 설계(ID)의 증거에 관한 책과 웹사이트를 참조하라. 지적 설계 옹호자들이 인용한 예/사례 연구들은 무엇이고, 그들이 과학적 가설을 어떻게 왜곡하고 있는지를 제시하라.

3. '계통발생학적 점진론'과 '단속 평형'을 인터넷에서 검색하여 종 분화에 관한 열 가지 사례 연구를 들라. 논문 원본을 읽고, 각각의 논문이 훌륭한 연구의 네 가지 조건(풍부한 표본, 화석과 현생종의 연계, 지리적 변이에 관한 정보와 정밀한 층서상의 위치)을 얼마나 충족하고 있는지를 평가하라. 선택한 열 가지 연구 중에서 어느 것이 의미 있는 결론의 도출을 위해 충분히 잘 설명하고 있는가?
4. 종 분화의 발생 여부를 검증하기 위한 연구를 어떻게 기획하겠는가?
5. 유인원의 분기도를 구축하고, 각 분기점의 원거리 형질을 식별하라. 계통수의 모양이 (긴팔원숭이(오랑우탄(고릴라(침팬지+사람))))이라면, 이것의 주변 계통수를 이해하고 이 같은 분기도의 기초가 무엇인지를 찾아보라.

더 읽을거리

Barton, N.H., Briggs, D.E.G., Eisen, J.A., Goldstein, D.B. & Patel, N.H. 2007. *Evolution*. Cold Spring Harbor Laboratory Press, Woodbury, New York.

Briggs, D.E.G. & Crowther, P.R. 2001. *Palaeobiology, A Synthesis*, 2nd edn. Blackwell Publishing, Oxford, UK.

Darwin, C. 1859. *On the Origin of Species by Means of Natural Selection, or the Preservation of Favoured Races in the Struggle for Life*. John Murray, London.

Forey, P.L., Kitching, I.J., Humphries, C.J. & Williams, D.M. 1998. *Cladistics*, 2nd edn. Oxford University Press, Oxford, UK.

Futuyma, D. 2005. *Evolution*. Sinauer, Sunderland, MA.

Hammer, Ø. & Harper, D.A.T. 2005. *Paleontological Data Analysis*. Blackwell Publishing, Oxford, UK.

Mayr, E. 2002. *What Evolution Is*. Basic Books, New York.

National Academies Press. 2008. *Science, Evolution and Creationism*. National Academies Press, Philadelphia. Available at http://www.nap.edu/catalog.php?record_id=11876.

Ridley, M. 1996. *Evolution*, 3rd edn. Blackwell, Oxford, UK.

Smith, A.B. 1994. *Systematics and the Fossil Record*. Blackwell, Oxford, UK.

참고문헌

Benton, M.J. & Pearson, P.N. 2001. Speciation in the fossil record. *Trends in Ecology and Evolution* **16**, 405–11.

Bininda-Emonds, O.R.P., Cardillo, M., Jones, K.E. et al. 2007. The delayed rise of present-day mammals. *Nature* **446**, 507–12.

Bocxlaer, B. van, Damme, D. van & Feibel, C.S. 2008. Gradual versus punctuated equilibrium evolution in the Turkana Basin molluscs: evolutionary events or biological invasions? *Evolution* **62**, 511–20.

Crichton, M. 1990. *Jurassic Park*. Alfred A. Knopf, New York.

Darwin, C. 1859. *On the Origin of Species by Means of Natural Selection, or the Preservation of Favoured Races in the Struggle for Life*. John Murray, London.

Eldredge, N. & Gould, S.J. 1972. Punctuated equilibria: an alternative to phyletic gradualism. *In* Schopf, T.J.M. (ed.) *Models in Paleobiology*. Freeman, San Francisco, pp. 82–115.

Erwin, D.H. & Anstey, R.L. 1995. Speciation in the fossil record. *In* Erwin, D.H. & Anstey, R.L. (eds). *New Approaches to Speciation in the Fossil Record*. Columbia University Press, New York, pp. 11–39.

Hammer, Ø. & Harper, D.A.T. 2005. *Paleontological Data Analysis*. Blackwell Publishing, Oxford, UK.

Jackson, J.B.C. & Cheetham, A.H. 1999. Tempo and mode of speciation in the sea. *Trends in Ecology and Evolution* **14**, 72–7.

Krause, J., Dear, P.H., Pollack, J.L. et al. 2006. Multiplex amplification of the mammoth mitochondrial genome and the evolution of Elephantidae. *Nature* **439**, 724–7.

Malthus, T.R. 1798. *An Essay on the Principle of Population, as it affects the Future Improvement of Society, with Remarks on the Speculations of Mr Godwin, M. Condorcet and Other Writers, anonymous*. J. Johnson, London.

Poinar, H.N., Schwartz, C., Ji Qi et al. 2006. Metagenomics to paleogenomics: large-scale sequencing of mammoth DNA. *Science* **311**, 392–4.

Rogaev, E.I., Moliaka, Y.K., Malyarchuk, B.A. et al. 2006. Complete mitochondrial genome and phylogeny of Pleistocene mammoth *Mammuthus primigenius*. *PLoS Biology* **4**, e73.

Sorhannus U., Fenster, E.J., Burckle, L.H. & Hoffman, A. 1998 Cladogenetic and anagenetic changes in the morphology of *Rhizosolenia praebergonii* Mukhina. *Historical Biology* **1**, 185–205.

Stanley, S.M. 1975. A theory of evolution above the species level. *Proceedings of the National Academy of Sciences, USA* **72**, 646–50.

Swofford, D.L. 2007. *PAUP, Phylogenetic Analysis Using Parsimony*, version 4.0. Sinauer, Sunderland, MA.

Vrba, E.S. 1984. Patterns in the fossil record and evolutionary processes. *In* Ho, M.-W. & Saunders, P.T. (eds) *Beyond Neo-Darwinism; An Introduction to the New Evolutionary Paradigm*. Academic, London, pp. 115–42.

Williamson, P.G. 1981. Palaeontological documentation of speciation in Cenozoic molluscs from the Turkana Basin. *Nature* **293**, 437–43.

제6장 화석의 형태와 기능

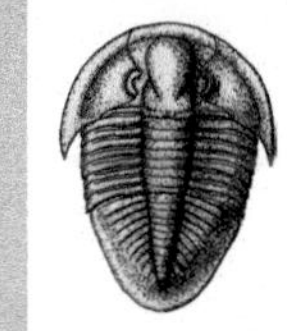

학습 키포인트

- 화석종들은 그들의 외형에 따라 식별되는데 이를 형태종 개념이라고 한다.
- 형태 변이에는 정상적인 수준의 종내 개체변이, 지리적 분포의 결과로 생겨난 변이, 성적 이형(암수가 서로 다른), 차별성장 또는 생태표현형의 변이(생물의 일생 중에 환경의 영향으로 생긴 형태 변화)가 있다.
- 화석종은 상대성장이나 상대적 성장 비율의 변화를 보이기도 한다. 어느 기관은 양성적(성장이 빠른)이기도 하고 음성적(성장이 느린) 상대성장을 보인다.
- 생물의 발생은 계통발생에 관한 증거를 제공해 주기도 한다.
- 발생 속도의 변화와 시기 선택(이시성)은 진화에 영향을 줄 수 있다.
- 새로운 이보-디보(evo-devo, 진화발생생물학)의 시각은 어느 발생유전자가 어떻게 대칭성, 앞뒤의 결정, 마디 구분, 다리 모양과 같은 형태의 기본 양상을 조절하는지를 보여 준다.
- 과거 생물로부터 기능을 유추하기는 어렵다. 그 방법으로 현생 상사체(analogs)와 비교, 생화학적 실험 및 간접 증거가 있다.
- 현생 상사체가 화석생물과 정확히 일치할 수도 있지만, 원론적인 면만을 제공하는 경우가 더 많다.
- 생체역학 모델은 과거 생물의 형성 구조와 그것에 가해지는 가상의 힘과의 관계를 평가하는 데 쓰인다. 예를 들면, 유한요소 분석, 표준 공학기법 등.
- 이동의 생체역학 모델을 만들기는 쉬우나 가능한 모든 걸음걸이가 고려되고 있는지를 체크하는 일이 중요하다.
- 화석이 들어 있는 암석, 연관된 화석, 생흔화석 및 화석 자체에 대한 정밀 연구와 같은 간접 증거는 화석의 기능 정보를 한층 더한다. 그 같은 관찰은 대개 기회보존(chance preservation)의 결과에 기초한다.

이 지구가 중력이라는 고정된 법칙에 따라 순환해 오는 동안, 보잘 것 없는 단순한 것에서 시작하여 아주 아름답고 멋진 형태로 끝없이 진화해 왔으며, 지금도 진화 중인 생명체를 바라보는 일은 장관이다.

다윈(Charles Darwin)『종의 기원』(1859)

찰스 다윈은 계통수와 생물 다양성을 선사하였고, 또한 생물에 대한 진화적 관점을 제공해 주었다. 그는 동식물의 다양한 외형에 놀랐으며 삶의 적응 능력에 감탄하였다. 그는 예외적인 체형으로 기능하는 두드러진 예를 곤충, 새와 식물에서 찾아냈고, 특정 식물의 꿀을 먹기 위한 몇 가지 새와 나방의 특수 부리와 혀에도 호기심을 가졌다. 그는 혹독한 짝짓기 경쟁 때문에 암수가 전혀 달리 보이는 종에 매료되었다. 어떻게 그 같은 독특한 적응력이 생겼으며 그것이 다음 세대로 지속되는지를 이해하려 그는 노력하였다.

형태(form) 또는 외형은 진화의 산물이다. 새의 날개는 날 수 있도록 적응된 것이고, 벌새의 긴 부리와 혀는 꽃 속 깊숙이 들어 있는 꿀을 먹기 위해 적응된 것이다. 수컷 공작의 멋진 꼬리는 암컷의 주의를 끌기 위한 성적 선택을 통해 적응된 것이다. **성적 선택**(sexual selection)은 이성 간 상호작용에 따른 진화 과정의 단면이다. 수컷 새들의 눈부신 꼬리와 깃털의 색깔, 수컷 사슴과 영양의 뿔, 수컷 사자의 갈기 등은 암컷에게 인상적으로 보이려는 가장 친숙한 예이다. 일반적으로 이들 구조는 포식자로부터의 방어나 먹이 찾기에 크게 도움이 되지 않고 오히려 그로 인해 꽤 불리한 상황에 놓이는 경우가 많다. 그리하여 성적 선택은 자연선택에 반하여 작용할 수 있다. 그러나 수컷 공작이 마음에 드는 암컷과 짝짓기(성적 선택)를 하기 위해 얻은 이익이, 거대한 꼬리의 소유가 포식자로부터 도피할 때 불리한 것(자연선택)보다 분명히 더 크다.

동식물은 자연선택과 성적 선택 양면에 대한 적응력을 지니고 있다. **적응**은 물리적 또는 행동적 기능 형태의 한 가지 양상이다. 적응에 의한 기능이 모두 늘 만족할 만큼 이루어지는 것은 아니다. 예컨대, 인간은 직립 보행할 수 있게 적응하였고, 그로 인해 우리 체형의 여러 면모가 바뀌었지만 우리는 우리 체형에 그리 썩 익숙하지 못하고, 네발 달린 조상과 달리 관절에 문제가 있으며, 아주 빨리 달리지도 못한다. 500만 년 전 아프리카 평원에서 시작된 이족보행 초기에, 늘 속도를 낼 필요는 없었을 것이다. 사람은 사자나 치타보다 빨리 달리지 못해서 나무에 오르거나, 동굴에 숨거나, 다른 사람들과 합세하여 포식자에 맞섰을 것이다.

고생물학자들은 화석의 형태와 기능에 늘 매료되어 왔다. 화석의 형태는 종종 놀랄 만큼 아름다우나 우리를 당혹하게 하기도 한다. 즉, 화석 중에는 현생 상사체가 없는 것이 많아서 그 화석이 왜 그런 형태를 갖게 되었을까, 그 기능이 무엇이었을까를 풀어야 하는 흥미로운 과제를 안겨 주기도 한다. 화석의 형태는 다음과 같은 세 가지 이유에서 중요하다.

1. 형태는 종의 식별과 계통수 복원에 필요한, 보다 넓은 관계를 알려 주는 유일한 증거이다.
2. 형태는 행동과 생태에 관한 정보를 제공해 준다.
3. 형태 변이는 종 내에서 흔히 일어나는 일이고, 시간에 따른 형태변화 연구는 우리에게 진화에 관한 정보를 제공해 준다.

✲ 성장과 형태

과거 종의 인지

고생물학자들은 표본의 형태나 외형만으로 화석종과 그것의 변이 폭을 해석해야 한다. 해석의 우선적인 문제는 종 간 경계를 설정하는 일이다. 화석과 가까운 현생 근연종이 있다면 그 둘 사이의 비교를 통해 가능하겠지만, 삼엽충이나 공룡처럼 멸종한 종들의 결정은 어떻게 이루어질까?

계통학자들은 현생 동식물에 대해 생물종 개념을 적용한다. 사실 고생물학자들이 화석종들의 짝짓기(교배) 여부를 검증할 수는 없다. 그래서 그들은 전적으로 형태에 의존하여 종을 구분하는 **형태종 개념**(morphological species concept)을 사용한다. 한 종의 모든 개체는 유사하게 보이고, 몇 가지 간단한 통계처리로 개체들의 평균값 또는 평균 특징 및 평균값 이웃의 변이 폭이 규정된다는 전제가 그 배경이다. 때로 형태종 개념이 연구의 사례(글상자 6.1)가 될 만큼 비평가들의 문제 제기가 있는 것이 사실이다. 즉, 진정한 종의 경

글상자 6.1 표형론(表型論, phenetics)과 개체군 내의 변이

고생물학자들은 거대한 측정량을 단순화해야 하는 어려움에 직면할 때가 많다. 예를 들면, 단일 층준에서 다량의 화석을 확보할 수 있는 경우에, 종의 수가 하나인지 둘 이상인지를 결정하기를 원하게 된다. 그 정도 화석이면 특정 측정값[너비, 패각의 길이와 깊이, 접번(蝶番, hinge)의 길이, 육경공의 지름, 근흔(筋痕, muscle scar)의 길이와 너비 등]의 단변수 도수그래프를 그리기에 충분할 것이다. 더 나아가 각기 다양한 측정값에 대한 변수의 플롯(plot)이 가능할 수도 있다. 그러나 점의 무리들을 구별하는 일은 어려워서 고생물학자는 별도의 그래프를 통해 비교한다.

모든 측정 변수들을 함께 다루는 **다변수 기법**(multivariate technique)은 이 같은 문제 해결에 도움이 될 수 있다. 두 가지 일반적인 기법으로 군집 분석(cluster analysis)과 주성분 분석(principal components analysis, PCA)이 있다. PCA에서 변수의 최대 방향은 많은 특성에 대해 측정된 기초자료 표에 의해 결정되며, 이 방향을 고유벡터 1이라 한다. 그다음 고유벡터들은 첫째(고유벡터 1)에 수직으로, 순차적으로 작은 변이일수록 뒤에 표시한다. 첫째 고유벡터는 보통 성장이나 크기에 관한 변이를 반영하는 것으로, 일반적으로 분류학 연구에서는 무시된다. 종들은 통상 둘째와 셋째 고유벡터에 대해 표시하고, 시험(test)을 통해 점들이 무리를 이루는지 여부를 결정한다.

두 종[실루리아기 전기 스웨덴의 디코엘로시아 빌로바(*Dicoelosia biloba*)와 동시대 아일랜드의 디코엘로시아 히베르니카(*D. hibernica*)]의 완족동물 표본의 비교를 하나의 예로 들 수 있다. 두 종의 표본에 대해 네 번의 측정을 통해 PCA를 하였다. 고유벡터 2와 3(**그림 6.1**)에 대해 두 종을 표시해 본 결과 겹치기는 하지만 일반적으로 아일랜드 표본이 더 낮은 고유벡터 2값을 갖는 것으로 나타나, 디코엘로시아 히베르니카가 디코엘로시아 빌로바보다 넓고 덜 깊은 것으로 드러났다. 이는 두 종이 서로 분리될 수 있음을 강력히 시사한다.

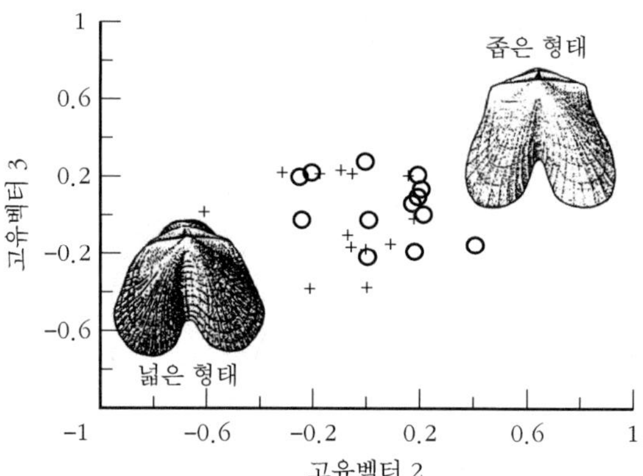

그림 6.1 여러 가지 계측에 기초한 스웨덴의 실루리아기 전기 완족동물 *Dicoelosia biloba*(○)와 아일랜드의 동기 *D. hibernica*(+)의 변이. PCA 결과 고유벡터 2를 따라 넓고 좁은 형태가 분리되어 두 종 사이에 상당히 겹치는 부분은 있으나 둘은 서로 다른 종이라는 것이 사실로 보인다.

계가 누락될 수도 있다는 지적이다. 많은, 다른 형태로 된 단일 종을 어떻게 받아들이겠는가? 색깔, 울음소리 또는 냄새가 다른 종들을 어떻게 인지할 것인가? 암수가 크게 달라 보이는 경우에 어떻게 구별할 수 있겠는가?

그렇다고 해서 고생물학자들이 낙담할 필요는 없다. 생물종과 형태종 개념을 특정 그룹에 적용해 보면 일반적으로 동일한 답이 나온다. 나아가 현생생물 계통학자가 너무 우쭐해 하는 것도 좋은 모습은 아닐 것이다. 현생 동식물의 종 결정은 대부분 박물관의 사체 표본에 기대어 이루어진다. 현생생물을 대상으로 광범위하게 이종교배 시험하는 일은 비현실적이다.

화석종에 관한 문제는 부가적인 시간차원에서 발생한다. 고생물학자가 긴 진화계통을 발견한다면, 한 종과 그다음 종을 구분하는 선을 어디에 그어야 할까? 그 결정은 화석 기록의 공백에 의해 쉽게 이루어지는 경우가 많다. 공백이 없다면 갈라지는 사건(분기)은 분명히 신종으로 달라져 가게 된다. 이 같은 경우가 드물 때 진화계통은 **시간종**(chronospecies)으로 구분되는데, 이 구분은 다소 임의적인 것으로 특별한 형태적 특징으로 규정된다.

종 내의 형태 변이

한 종 내에는 일정한 형태 범위가 있게 되는데, 사람들 사이의 변이 또는 더 극적인 예로 집(사육) 개들을 보면 이해될 것이다. 자연에서 종의 형태 변이는 다음 몇 가지 요인에 기인한다.

1. 개체변이, 일란성 쌍둥이가 아닌 종내 개체 쌍 사이의 정상적인 차이, 이 기초 수준의 변이는 다윈이 강조했듯이 자연선택에 의한 것이다.
2. 개체군들 또는 전반적인 종 범위의 다른 부분에 있는 아종들 사이의 지리적 변이와 물리적 차이.

3. 성적(자웅) 이형, 암수의 크기가 달라 보이고, 각기 다른 특수화된 특징(뿔, 가지 뿔, 꽁지깃)은 성적 선택과 관련된다.
4. 성장 단계, 유충(유형)과 성체가 크게 다르거나 성장 과정에서 체형이 변한다.
5. 생태표현형 효과, 국지적 생태 조건은 일생 동안 생물의 형태에 영향을 준다.

지리적 변이는 현생종 중에, 특히 넓은 영역에 분포하는 종들 중에 흔히 생겨난다. **성적 이형**(性的異形, sexual dimorphism)은 현생동물, 특히 수컷이 의례적으로 드러내 보이는 행위를 하거나 암컷이 특수한 생식활동을 하는 동물들에게서 나타난다. 성적 이형은 화석에서도 흔히 볼 수 있는 현상이며, 암수가 매우 달라 보여 감정하는 데 심각한 문제를 일으키는 경우가 많다. 예컨대 많은 암모나이트는 성적 이형인데 암컷이 수컷보다 훨씬 크고, 암컷의 입(殼口, aperture) 양쪽에는 독특한 긴 돌기(lappets)가 나 있다(그림 6.2).

대다수 생물은 난자(난)가 성체로 자라면서 형태가 크게 변하는데, 이들 성장 단계에 대해서는 뒤에 탐구하게 될 것이다. 생태표현형 변이는 앞 장인 5장에서 소개되었는데, 이 변이는 개체의 일생 중에 나타나나 유전학적으로 암호화되어 있지 않은 모든 형태 변화를 포함한다. 인간의 생태표현형 변이는 노동이나 훈련이나 알코올 남용으로 간 기능을 상실하여 얻게 된 강력한 팔 근육과 같은 작은 특징을 포함한다. 주요 생태표현형 변화에는 사고로 다리를 잃는다거나, 정성 들여 가꾼 모히칸(수탉벼슬 모양의) 머리의 상실이 있다. 이들 변화 중 그 어느 것도 자식들에게 유전되어 다리 없는, 근육질의 또는 특이

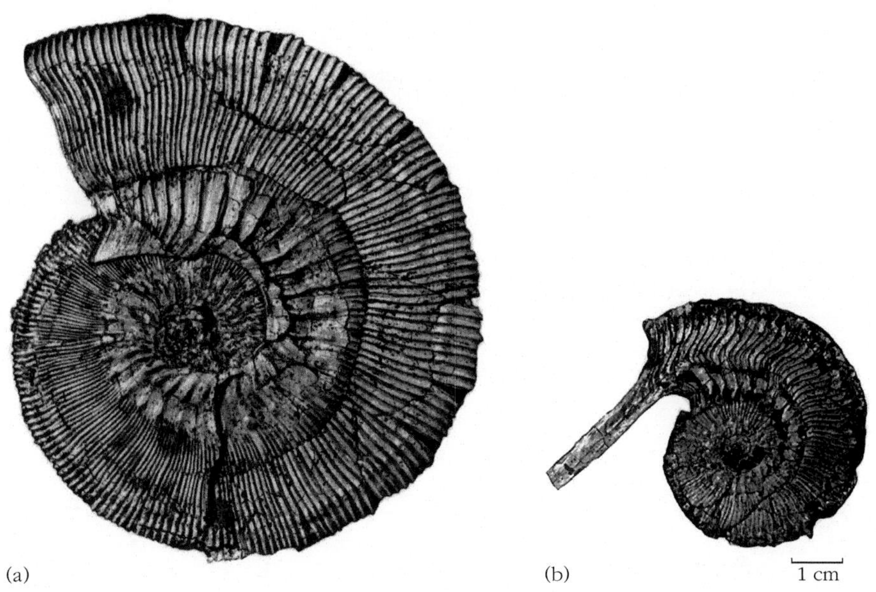

그림 6.2 쥐라기 암모나이트 *Kosmoceras*의 성적 이형. 큰 것(a)은 암컷, 작은 것(b)은 수컷으로 보인다. (Jim Kennedy와 Peter Skelton 제공).

한 두건 두른 개체가 나오지는 않는다.

부등성장

생물의 성장 중에 형태 변화는 흔히 있는 일이다. 사람의 성장에 대해 생각해 보자. 아기들의 머리와 눈은 비교적 크고 팔다리는 작다. 화석에서도 이와 유사한 특징이 발견된다. 어린 척추동물들은 신체 크기에 비해 눈과 머리가 큰 것이 보통이다. 작은 어룡의 배아(embryo, **그림 6.3**)가 이 같은 특징을 보여 준다. 여러 부분(눈의 지름, 머리의 길이)의

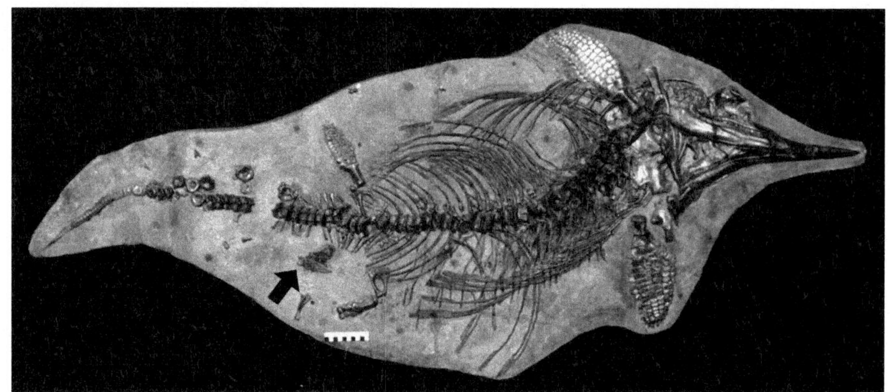

(a)

(b)

그림 6.3 갓 태어난 배아[(a)의 화살표 부분]와 뒤틀린 배아의 세부도(b)를 보여 주는 영국 서머셋의 하부 쥐라기 *Ichthyosaurus*의 암컷 성체. (Makoto Manabe 제공.)

측정값을 동물의 표준값(예컨대 전체 신장)에 대해 비교해 보면, 동물이 성장하면서 그 비율이 변한다는 것이 분명하다(**그림 6.4**). 어룡의 경우에 신장에 대한 눈 지름의 비율은 성체기에 접어들면서 감소한다. 이러한 현상은 **부등성장**(不等成長, allometry) 또는 상대성장의 한 예이다. 성장 중에 비율 변화가 없다면 **등성장**(等成長, isometry)을 보인다고 말한다.

부등성장이 등성장보다 더 흔하다. 우성장(優成長, positive allometry)이란 관심 대상 기관이나 특징이 등성장 기댓값에 비해 빠르게 증가할 때이고, 열성장(劣成長, negative allometry)이란 관심 대상 구조가 등성장에 비해 느린 성장을 보일 때를 말한다. 머리와 눈의 크기는 보통 열성장을 보여서, 유형일 때는 비교적 크지만 성체에 이르면 작아진다. 우성장의 한 예로 아일랜드 사슴(**글상자 6.2**)의 가지 친 뿔을 들 수 있고, 그 밖에 많은 성적 선택된 특징도 유년기에는 미세하거나 없지만 성체는 아주 커다란 우성장을 보여 준다.

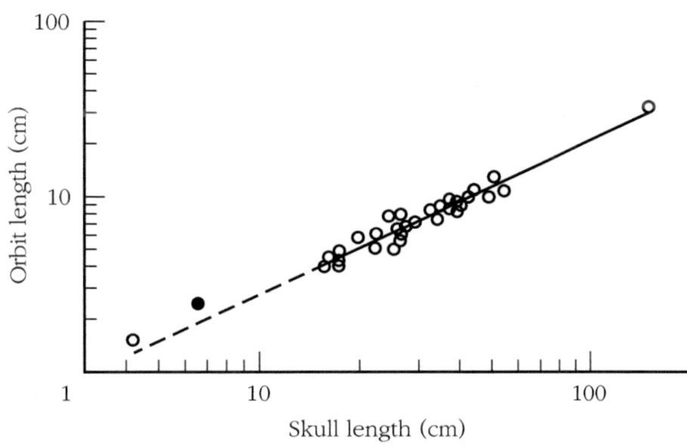

(a)

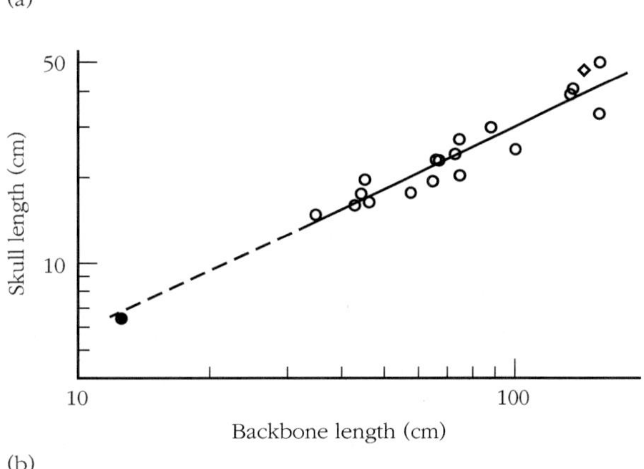

(b)

그림 6.4 어룡 *Ichthyosaurus*의 상대성장 시험: (a) 두개골 길이에 대한 안와 길이 대비, (b) 척추 길이에 대한 두개골 길이의 대비. 서머셋의 배아(**그림 6.3b**)는 검은색 동그라미로 표시되었다. 두 그래프는 역부등성장(negative allometry)(안와 지름 = 0.355(두개골 길이)$^{0.987}$; 두개골 길이 = 1.162(척추 길이)$^{0.933}$)을 보여 주므로, 배아와 유형(유생, juvenile)은 머리와 눈이 비교적 크다는 것을 알 수 있다. (Makoto Manabe 제공.)

상대성장은 흔히 **개체발생**(ontogeny, 알이나 배로부터 유형을 거쳐 성체로의 성장) 차원에서 고려된다. 그러나 형태 연구를 통해 종을 비교할 수 있고, 형태 변이는 진화의 맥락으로도 설명될 수 있다. 예를 들면, 영양의 종들을 비교해 보면 다리 폭(leg width)이 우성장을 보여 준다. 몸길이에 비례적으로 영양의 억셈(sturdiness) 또는 다리 폭이 우성장하여 증가한다. 이는 잘 알려진 **생물학적 축소비례의 원리**(biological scaling principle) 때문이다. 동물의 일부 기관과 기능은 그 동물의 무게(3차원적 척도)와 관계가 있는 반면, 다른 기관과 기능은 몸길이나 체형(1, 2차원적)과 관계가 있다. 몸무게(3차원적)가 증가에 비례하여 다리의 지름(2차원적)이 증가함으로써 몸무게를 지탱해 나간다. 그래서 작은 영양의 다리는 극히 가늘고, 큰 영양의 다리는 비교적 더 튼튼하다.

이 같은 상대성장의 양상은 다음과 같은 방정식으로 표현될 수 있다.

$$y = kx^a$$

여기에서, y는 측정 대상(예: 머리의 길이, 눈의 지름)의 측정값, x는 비교 기준(예: 신장), k는 상수이고 a는 부등성장 계수이다. 상수 k는 각각의 특정한 경우에 대해 부등성장 방정식으로 계산된다. 부등성장 계수 a는 경사각을 규정하는데, 만일 $a = 1$이라면 경사도는 45°이고 이는 등성장을 의미한다. 만일 $a > 1$이면 정 부등성장, $a < 1$이면 역 부등성장이다(그림 6.4).

생물의 어느 부분이나 기관의 부등성장 성격이 정량적으로 확립되면, 왜 그 같은 변화(부등성장)가 나타났는지 조사할 수 있다. 아기의 큰 눈에 작은 코는 귀엽게 보여서 부모들은 그런 아기들을 돌보고 젖을 먹일 것이다. 그것은 눈이란 복잡한 기관이고, 아기의 눈이 거의 어른의 눈 크기인 것은 기능적인 이유에서가 아닌가 한다. 또 아기의 머리가 비교적 큰 것은 커다란 뇌를 수용하기 위한 것이고, 태어날 때 이미 잘 발달된 것이다.

어룡(그림 6.3, 6.4)은 화석에서 볼 수 있듯이 본래 물속에서 살 수 있도록 태어난 것으

글상자 6.2 아일랜드 사슴: 너무 커서 생존할 수 없었다?

예전에 아일랜드 엘크라고 불렸던 아일랜드 큰뿔사슴 메갈로세로스(*Megaloceros*)는 빙하시대의 포유류를 떠올리게 하는 대표적인 동물(그림 6.5a)이자 가장 오해를 받는 동물이다. 사슴 화석이 아일랜드 소택지에서 최초로 발굴되었을 때(1697년), 몰리뉴(Thomas Molyneux)는 다음과 같은 기록을 남겼다. 아주 멋진 과성장 수사슴의 대칭성을 비교해야 한다면 그것은 새끼 사슴 영역만큼이나 작은(대칭성)비율의 영역에 떨어질 것이다.

이 매우 큰 사슴의 어깨 높이는 2.1m였고, 그 유명한 육중한 뿔은 너비가 최대 3.6m에 달했다. 가지 뻗은 뿔은 현생 사슴과 마찬가지로 성적 선택을 위한 것으로, 그 거대하고 섬뜩한 모습으로 수많은 암사슴들을 끌어모았고, 이로 인해 자신의 유전자를 가장 성공적으로 전달했을 것이라고 고생물학자들은 이해하였다. 그러나 한 종이 성적 선택에 의해 실제로 멸종의 길로 내몰릴 수 있을까?

고전적인 연구에서 젊은 날의 굴드(Steve Gould, 1974)는 상기 설명을 분명한 난센스라고 했다. 그는 수많은 표본의 신장과 뿔의 규격을 측정하여 둘의 관계는 부등성장 곡선을 그리며, 그 곡선은 보다 작은 사슴, 붉은 사슴, 고라니와 같은 현생 근연종들의 그것과 다를 바 없다고 주장하였다(그림 6.5b). 이 경우 성적 선택과 자연선택은 자주 그러듯이 상충한다. 그러나 그 균형은 유지되었고, 아일랜드 사슴은 유럽 전역에서 운 좋게 살아남았는데, 특히 아일랜드에서는 11,000년 전까지 시베리아에서는 8,000년 전까지의 생존 기록이 있다. 그들은 과성장한 뿔의 무게 때문에 붕괴된 것이 아니라, 플라이스토세 말기의 기후 변화와 초기 인류의 수렵 때문에 사라져 갔을 것이다.

굴드(1974)의 아일랜드 사슴의 정 부등성장에 대한 고전적 연구와, 코드릭-브라운 등(Kodric-Brown et al., 2006)이 폭넓게 고찰한 성적 선택 특성의 정 부등성장을 읽어 보기 바란다. 다음 사이트에서 더 읽고 도해들을 참조해도 좋다. http://www.blackwellpublishing.com/paleobiology/.

(a)

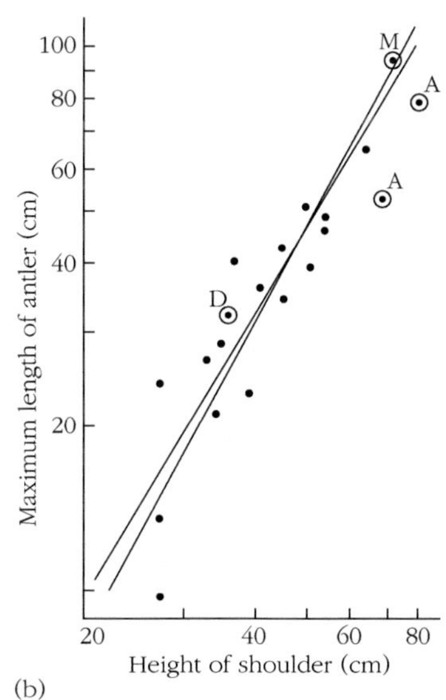

(b)

그림 6.5 아일랜드 거대 큰뿔사슴 *Megaloceros*의 가지 친 뿔의 정 부등성장: (a) 빅토리아 시대에 더블린에 세워진 유명한 아일랜드 사슴의 골격. (b) 가장 가까운 현생 근연종들의 기대치에 정확히 일치하는 *Megaloceros*(M)의 정 부등성장. 다마 사슴(fallow deer, 유럽산 작은 사슴, D)은 선 위쪽에 찍히고(즉, 뿔이 높이보다 더 크다), 유럽과 북아메리카산 무스(moose, A)는 선 아래에 찍힌다는 사실(즉, 뿔이 높이보다 더 작다)에 유의하라. 두 회귀선, 즉 불편장축(不偏長軸, reduced major axis, 가파른)과 최소자승회귀(least squares regression)가 나타나 있다. 부등성장 등식은 뿔의 길이 = 0.463(어깨 높이)$^{1.74}$이다. [Gould(1974)의 정보에 근거.]

로, 다른 해양 파충류와 마찬가지로 땅 위의 알로부터 부화하지 않았다. 어룡의 태생적인 커다란 머리는 어룡이 태어나자마자 물고기와 암모나이트를 잡아먹을 수 있는 이유가 된다. 큰 눈은 아마도 탁한 물속에서 수월한 사냥의 필요성에 의한 것이었고, 그래서 태어날 때부터 성체 크기였어야 했다. 아니면, 자신을 귀엽게 보이게 해서 부모의 관심을 이끌어 내기 위해 그리된 것일까!

종간 형태 변이

어느 분기군이든지 그 안에는 많은 형태가 들어 있다. 유관 동식물들은 보통 어떤 공통의 형태적 면모를 보여 주며, 종과 속은 한 가지 주제를 놓고 보면 각기 다르다. 예를 들면, 복족류는 모두 나선형 패각을 가지며 3차원적 형태는 네 가지 변수의 변이의 결과라고 생각할 수 있다. 형태가 이같이 소수의 변수로 줄어들 수 있다면, 해당 변수들에 의해 통제되어 나올 수 있는 가능한 형태의 전체 범위는 규정될 수 있다—그 분기군의 이론적 **형태공간**(morphospace). 복족류, 암모나이트류와 초기 관속식물에 대한 이론적 형태공간 연구에 의하면, 종들은 그들이 가능한 형태적 선택만을 한다는 사실이 드러났다. 각구(殼口, aperture)가 미세한 복족류나 암모나이트류와 같이 몇 가지 형태공간의 범위는 불가능한 형태가 나타날 수 있으나, 다른 것들은 그저 우연히 그런 선택을 한 것이 아니거나, 개재 단계(介在段階, intervening stages)의 불가능성 때문에 보통의 진화적 변화에 의해서는 그럴 수 없다.

한 분기군 내의 형태 범위는 **격차**(disparity), 즉 형태 변이의 총합으로서 기재될 수도 있다. 격차는 한 분기군 내의 종들에서 보이는 가능한 모든 형태 변수에 대한 값의 범위로 정량화될 수 있다. 모든 측정값은 많은 형태 측정값을 소수의 주 좌표나 고유벡터로 단순화시킬 수 있는 하나의 다변수 분석으로 통합할 수 있으므로 크기와 다른 원리들은 분리될 수도 있다. 다른 분기군의 격차와의 비교가 가능하고, 또는 시간에 따라 격차가 어떻게 변하는지를 알 수 있다. 격차는 일반적으로 한 분기군의 종들이 그들이 갖게 될 가능한 모든 체형을 시행(try out)하는 분기군 초기 역사에서 높게 나타나며, 그 이후 그룹의 격차는 그룹의 나머지 기간(역사) 동안 일정하게 유지된다. 시간에 따른 격차의 변화는 대체로 다양성의 변화와 같은 맥락(다양성이 증가하면 격차도 증가한다)을 이루지만, 그 대비는 보통 완전히 일치하지 않아 형태 변화는 종종 다양성의 증가를 앞지른다.

✲ 진화와 발생

개체발생과 계통발생

생물학자들은 개체발생(발달)과 계통발생(진화 역사)의 관련성에 대해 오랫동안 추구해왔다. 1866년 독일의 진화론자 헤켈(Ernst Haeckel)은 "개체발생은 계통발생을 되풀이한다."는 자신의 생물발생 법칙을 발표하였다. 연속된 배아 단계는 그 동물의 과거 진화사를 모방한다는 것이 그의 생각이었다. 그래서 인간의 최초 배아 단계는 목 부분에 아가미 주머니가 있는 어류와 유사하였다고 그는 말한다. 그다음에 그는 양서류와 파충류 단계 때에 인간 배아는 꼬리와 작은 머리를 가졌고, 마지막으로 큰 두뇌와 미세한 머리털이 자라면서 포유류 단계에 이르렀다고 주장한다.

헤켈의 관점은 그 당시 매력적인 것이었으나 아주 단순하였다. 헤켈(1828)은 폰 베어(Von Baer)의 법칙을 포함한 자신의 초기 연구 결과를 냈는데, 이 법칙은 지금의 분기군 모델과 연관시킬 수 있다. 폰 베어는 개체발생 중 처음으로 일반적인 특징이 나타나고 특수 형질은 나중에 나타나는 것으로 척추동물의 발생을 해석하였다. 초기 배아는 사실상 구별이 어려우나 모두 척추, 머리와 꼬리(척추동물의 특징)를 가진다. 조금 뒤에 어류 배아에는 지느러미가, 사지동물의 배아에는 다리가 나타난다. 보다 특수화된 기관은 어류의 지느러미 줄기, 병아리의 부리와 깃털 싹(buds), 송아지의 코와 발굽과 인간 배아의 큰 두뇌와 꼬리 손실 등이다.

"특수 형질 이전에 일반 형질이 나타난다."는 사실은 계통발생의 분기학적 관점의 설정에 있어서 새로운 의미를 갖는다(161쪽 참조). 폰 베어의 법칙은 연속적인 발달과 분기도 사이에 평행선을 긋는다. 인간의 발달에서 배아는 척추동물의 분기도 마디(분기점)를 거쳐 간다. 척추동물의 공유파생형질(162쪽 참조)이 맨 처음 나타나고, 다음에 사지동물의 공유파생형질이, 그다음에 양막류의 공유파생형질이 나타난다. 이후 차례로 포유류, 영장류의 공유파생형질이 나타나고, 맨 나중에 호모 사피엔스(*Homo sapiens*)의 공유파생형질이 나타난다.

세 가지 발달의 다른 양상은 계통발생의 해결에 실마리를 던져 준다. **격세유전**(atavisms)이라고 하는 비정상적 발달은 진화의 전 단계들을 보여 주는데, 작은 꼬리나 과도한 털이 난 인간의 아기, 또는 가외의 측부 발가락(발굽)을 가진 말(**그림 6.6a**)이 그 예로, 말의 측부 발가락은 초기 말들의 발가락이 현재의 그것과 비교할 때 어떻게 다섯, 넷 또는 세 개였는지를 입증해 준다.

(a)

대퇴골 골반

(b)

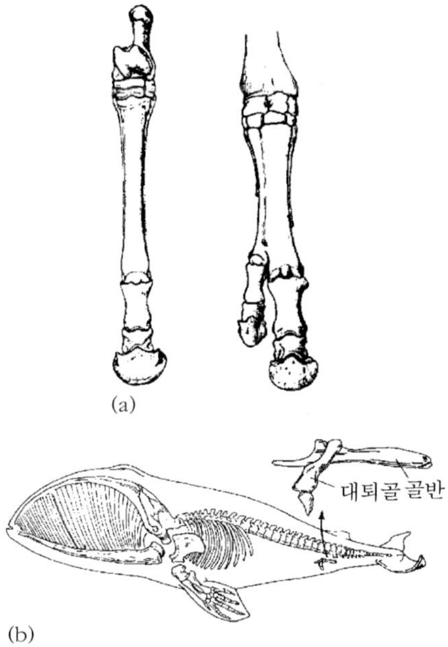

그림 6.6 현생 동물들의 조상에 대한 힌트: (a) 하나 이상의 발가락을 갖는 초기 말에서 볼 수 있는 격세유전에 의한 비정상적 발생의 예, 정상적인 다리(왼쪽), 가외 발가락(오른쪽). (b) 고래의 흔적 구조인 골반대와 뒷다리, 남아 있는 뒷다리(=잔류골)는 5,000만 년 전에 제 기능을 하던 뒷다리의 잔재이다.

흔적(퇴화) 구조(vestigial structures)도 이와 유사한 계통발생사를 말해 준다. 이 구조는 과거에 사용된 어떤 기관이었으나 현생 생물에서는 뚜렷한 기능 없이 그저 단순히 남게 된 것이다. 그 예로, 현생 고래는 엉덩이 쪽에 뒷다리의 잔존물인 작은 뼈들이 몸통 깊숙이 박혀 있다(**그림 6.6b**). 제 기능을 하는 고래의 뒷다리는 5,000만 년 이전인 에오세 이후로는 사라졌고, 퇴화한 뒷다리의 잔존물들은 더 이상 이동수단이 아니라 단지 음경과 연관된 근육들을 지지하고 있을 뿐이다.

계통발생으로 생물들을 연계시켜 주는 세 번째 발달 양상은 진화해 온 계통발생 양식 자체를 관찰하는 것이다. 특히 조상들과 후손들 사이에 발달 사건들의 시기 선택과 그 속도는 제각각인데, 가끔 엄청난 결과를 가져오기도 한다. 이 현상을 이시성 진화(異時性進化, heterochrony)라고 한다.

이시성 진화: 성인은 유인원의 아이인가?

이시성(異時性, heterochrony)은 '다른 시간'을 의미하며, 시기 선택(timing)의 변화와 발달 속도의 모든 양상을 포괄한다. 이시성 변화 형태는 두 가지인데, 성적 성숙이 유년기에 이루어지는 **미진화**(pedomorphosis)와 비교적 늦게 이루어지는 **과진화**

표 6.1 이시성 진화의 과정: 발생의 상대적 시기 선택과 속도의 차이.

	성장의 시작	성적 성숙	형태 발생의 속도
미진화			
조숙	—	초기	—
유형 성숙	—	—	감소
후 출현	지연	—	—
과진화			
만숙	—	지연	—
촉진	—	—	증가
전 출현	초기	—	—

(peramorphosis)가 그것이다. 이들 변화는 신체가 성장하기 시작하는 시기 선택, 성적 성숙의 시기 선택 또는 형태의 발달 속도 등의 변이에 의해 각기 세 가지 방식으로 나타날 수 있다(표 6.1).

이시성 진화를 연구하기 위해서는, 의문시되는 생물들의 탄탄한 계통발생, 그 생물 집단의 적절한 화석 기록 및 각 종들의 온전한 개체발생 과정에 대한 정보를 확보할 필요가 있다. 고생물학자들은 이들을 통해 계통발생 과정 중의 유형과 성체를 비교하게 된다. 고전적인 하나의 예가 인류의 진화이다. 인간의 성인은 얼굴이 납작하고 뇌 용량이 크며 체모가 없는 유인원의 아이처럼 보인다는 사실은 분명한 것 같다. 이들은 인류/유인원의 조상에 대하여 인류의 미진화적 변화를 암시한다. 그러나 다른 형질들은 이 양식과 맞지 않다. 예를 들면, 인류의 발달 시간은 유인원과 선조형의 발달 시간보다 아주 길어서 과진화의 특성, 특히 만숙(발생 시간은 길지만 형태의 발달 속도는 빠르지 않은)에 해당한다. 그래서 이시성 진화적 변화는 다른 형질에 의해 다른 방향으로 나아가는 소위 **모자이크 진화**(mosaic evolution)가 나타날 수 있다.

고전적인 연구의 하나인 맥나마라(McNamara, 1976)는 신생대 완족류 테굴로킨키아(*Tegulorhynchia*)가 이시성 진화에 의해 노토사리아(*Notosaria*)로 진화했음을 제시하였다(그림 6.7). 주요 변화는 각이 좁아졌고, 각에 돋은 늑(肋, ribs)의 수가 감소했으며, 하변(下邊, lower margin)이 매끈해졌고, 육경공(肉莖孔, pedicle foramen, 암석에 부착하는 육질의 줄기가 몸 안에서 뻗어 나오는 구멍)이 더욱 확장되었다는 것이다. 이들의 변화는 서식지가 깊은 곳에서 고에너지의 얕은 해수로 이동된 것과 관련이 있다. 즉, 육경이 커져 거친 환경에서 단단히 붙잡을 수 있게 되었고, 다른 변화들도 각의 안정화를 도왔다. 조상종인 테굴로킨키아 붕게루다엔시스(*T. boongeroodaensis*)의 발달 과정을 살펴보면 그 후손들이 유형 단계와 같음을 보여 준다. 그래서 **미진화 경사**(pedomorphocline)를 따라 미진화가 일어났다. 여기서 어느 유형의 미진화가 일어났는지를 결정하긴 어려우나

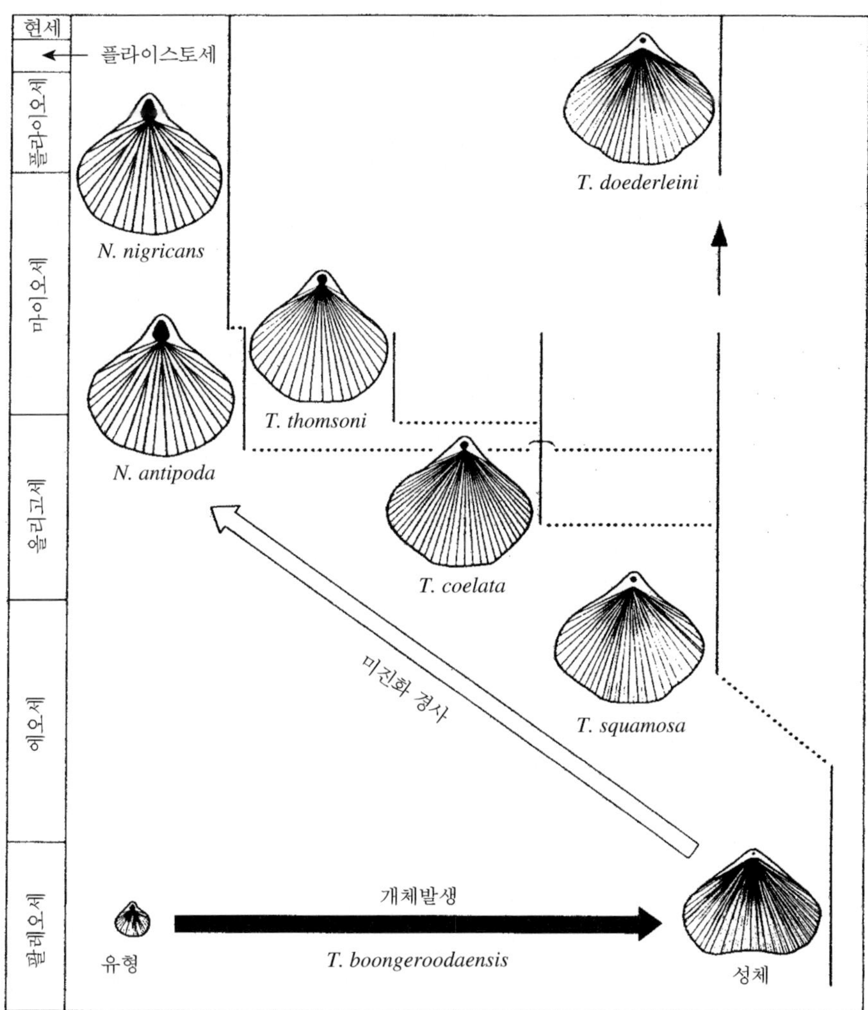

그림 6.7 신생대 완족류 테굴로킨키아와 노토사리아의 이시성 진화. 보다 현생종의 성체가 조상종의 유형(幼形, juvenile)과 같으므로 이 예는 미진화를 나타낸다. [McNamara(1976)에 근거.]

유형 성숙일 것으로 보인다.

두 번째 예는 과진화 추이를 입증하는 것으로, 트라이아스기 초식 파충류인 린코사우루스(*Rhynchosaurs*)를 들 수 있다. 나중에 나온 종들의 두개골은 예외적으로 성체처럼 넓어서 강력한 근육으로 식물을 토막 낼 수 있었다. 이 트라이아스기 후기 린코사우루스의 유형 표본들은 선조 성체의 보다 좁은 두개골을 가졌다(**그림** 6.8). 그러므로 넓은 두개골의 진화는 **과진화 경사**(peramorphocline)를 따라 일어난 과진화의 예이다. 트라이아스기 후기 린코사우루스 성체는 초기 형태보다 더 큰데, 이는 신체가 계속 커 가는 동안 성

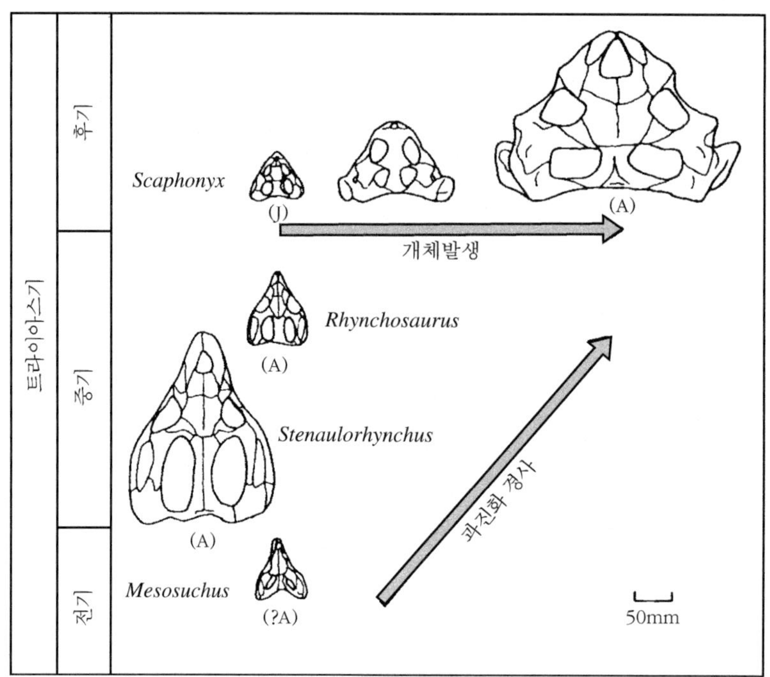

그림 6.8 트라이아스기 린코사우루스류의 이시성 진화. 트라이아스기 후기의 성체 두개골(A) 형태는 그보다 앞선 성체의 크기와 형태의 한계를 능가하는 발달을 보인다. 후손의 유형(J)은 선조의 성체를 닮았는데, 이는 과진화의 예이다. [Benton과 Kirkpatrick(1989)에 근거.]

적 성숙이 지연되었거나(만숙), 형태 발달 속도가 개체발생의 지속 기간만큼 증가(촉진)하였음을 암시한다.

발생 유전자

생물의 외형 또는 표현형은 유전자형(유전자 암호)에 의해 조절된다는 사실은 다윈 시절부터 알고 있었으나 정확한 메커니즘은 이해하지 못하였다. 언제부턴가 사람들은 각각의 형태적 특징에 대해 하나의 유전자가 있음을 추상적으로 생각하였다. 일부 형질은 일원화된 방식, 예컨대 금발, 검은색 또는 빨간색 머리카락이 부모 중 어느 한 쪽 또는 모두로부터 유전되는 것 같으므로, 각각의 머리카락 색깔에 대해 하나의 유전자 이형(異形, variant)이 있는 것으로 추정하였다. 그러나 대다수 표현형의 형질은 아주 복잡한 방식으로 유전이 이루어지며, 사람 코의 형태, 다리나 수학적 능력을 조절하는 단일 유전자는 없는 것이 분명하다.

이제 유전자가 어떻게 형태를 조절하는지 보다 분명해졌다. 생물체에는 자신의 몫이 정해진 폭넓은 **발생 유전자**(developmental genes)가 있어서 대칭성, 전후 방향 또는 사지의 차별화와 같은 형태의 기본 양상을 결정한다. 1980년대 이후 종종 **이보디보**(evo-devo, 진화와 발생의 약어)라고 불리는 새로운 연구 분야가 부상하였는데, 이 같은 발생 유전자를 탐구하는 분야를 진화발생생물학이라 한다. 발생 유전자는 형태적 양상을 대진화적인 규모로 조절하므로 주요 진화적 전이를 발생 유전자 입장에서 성공적으로 해석할 수 있기 때문에 이보디보는 고생물학자들에게 흥미로운 분야이다.

가장 유명한 발생 유전자는 **호메오박스 유전자**(homeobox genes)로 진균류에서 인간, 효모에서 수선화 등 광범위한 진핵생물의 유전학적 실험 끝에 초파리 드로소필리아(*Drosophilia*)에서 처음 발견되었다. 호메오박스 유전자에는 180개 염기쌍 길이의 보존영역(서열)이 들어 있고, 다른 유전자, 즉 팔이나 다리를 만드는 데 필요한 모든 유전자의 캐스케이드(cascades, 하나의 단위가 여러 단위를 작동시키는 전기장치에서 유래) 스위치를 켜는 단백질인 **전사 요인**(transcription factors)를 암호화한다. 이러한 의미에서 호메오박스 유전자는 **조절 유전자**(regulatory genes)이다. 이 유전자는 발생 초기에 작용하고 보다 특수한 기능을 갖는 다른 많은 유전자들을 조절한다.

혹스 유전자(Hox genes)는 특수한 세트의 호메오박스 유전자로, 특수한 유전자군(群)(혹스군 또는 복합체)에서 발견되는데, 염색체 속의 한곳에 물리적으로 놓여 있다. 혹스 유전자는 초기 배아의 전후 방향(어느 쪽이 앞이고 어느 쪽이 뒤인가?)을 결정함으로써 신체 축의 정형화 기능을 하고, 다른 조절 유전자가 신체 축을 따라 체절의 위치를 결정(특히 절지동물)하는 데 관여하며, 사지의 위치와 차별화에도 관여한다(**글상자 6.3**).

드로소필리아의 혹스 유전자에 대한 초기 연구에서 실험자들은 특정 혹스 유전자의 돌연변이에 의해 곤충의 머리에 더듬이 대신 걷는 다리가 발생할 수도 있다는 것을 발견하고 깜짝 놀랐다. 돌연변이는 염기쌍 서열의 단순한 변화가 아니라 전체 기능 부분의 억제 유전자(knockouts)와 더 뒤쪽의 혹스 유전자에 의해 그들의 발현 도메인이 교체되는 것이었다. 그러한 억제 유전자의 연구는 각 혹스 유전자가 어떻게 작동하는지를 보여 주는데, 이 경우 혹스 유전자는 **사지 싹(혹)**(limb bud)에 작용한다. 사지 싹은 발생 초기에 나타나 결국 사지가 되는 몸 측면에 있는 세포들의 작은 그룹이다. 특정 혹스 유전자는 사지 싹의 수를 얼마나 어디에 둘 것인가를 결정하고, 또 다른 혹스 유전자는 걷는 다리가 될 사지 싹을 입 쪽에 둘지 아니면 더듬이로 만들지를 결정한다. 실험자들이 억제 유전자를 혹스 유전자 안에 끌어들인다면, 억제 유전자는 잘못된 장소에서 마술을 부려 파리에 가외의 다리를 만들어 내거나, 다리를 잘못된 곳에 만들어 낸다. 척추동물에 있어서 혹스 유전자의 돌연변이는 보통 이 같은 극적인 결과를 낳지 않고, 배아는 가끔 실패하여 유산한다.

그러한 돌연변이가 항상 실패로 끝나는 것은 아니다. 혹스 유전자의 복제로 새로운 체절이 만들어질 수 있고, 그 같은 복제는 절지동물과 다른 체절동물의 진화에 중요했을 것으로 보인다. 새로운 이보디보 관점은 수많은 체절과 10개 또는 100개의 다리를 가진 절지동물은 하나의 진화 사건에 의해 진화했을 것이다. 즉, 분리된 여러 진화 사건들을 통

글상자 6.3 혹스 유전자와 척추동물의 사지

척추동물의 진화에 있어서 가장 큰 전환의 하나는 400만 년 이전 데본기에 어류에서 사지동물로 리모델링한 과정이다. 헤엄치는 데 쓰이던 지느러미의 내골격이 어떻게 걷는 데 쓰이는 사지로 변형되었는지 화석을 통해 알 수 있다. 이 변형의 결정적인 부분은 사람과 대부분의 다른 사지동물에서 볼 수 있는 5개의 손가락(또는 발가락)이 달린 **고전적인 팔(또는 다리)**(pentadactyl limb)일 것이다. 그런데 고생물학자들은 데본기 후기의 6, 7 또는 8개의 손(발)가락이 달린 사지동물을 찾기 시작했다. 어떻게 8개의 손(발)가락의 유전자를 상정하게 되었고, 5개가 일반적일까?

사지동물의 사지는 배아에서 차례로 나타나며 진화사에서 같은 과정으로 나타나는 세 부분으로 나눌 수 있다. 첫째는 위팔/허벅지 부분인 **주각**(stylopod)이고, 그다음은 중간의 아래팔/종아리 부분인 **액각**(팔뚝 또는 하박부, zeugopod), 마지막으로 끝의 팔(발)목/손(발) 부분인 **자각**(autopod)이다.

이 진화 과정은 배아의 발생 중에 복제되었다(Shubin et al., 1997; Coates et al., 2002; Tickle, 2006; Zakany & Duboule, 2007). 초기에 사지는 체벽에서 측면으로 뻗어 나온 단순한 작은 싹(혹, bud)이었다. 사지의 성장은 혹스 유전자에 의해 조절되었다. 어류의 진화 초기에 13개 중 5개의 혹스 유전자(9~13번)가 사지 싹의 발생에 선발되었다. 발생의 세 단계 중 배아의 조작을 보면 이 일이 어떻게 이루어졌는지 알 수 있다(그림 6.9a). 첫 번째 단계에서 사지 싹에서 위팔(주각)이 돋아 나오는데, 이는 *Hox*D-9와 *Hox*D-10 유전자의 발현과 관련된다. 두 번째 단계에서 사지 싹의 끝에서 아래팔(액각)이 나오고, 조직(tissues)은 모든 사지 싹 유전자 *Hox*D-9~*Hox*D-13이 서로 다른 무리를 이루어 뒤에서 앞으로 5개 구역으로 나뉜다. 마지막 세 번째 단계에서 성장하는 사지 싹의 끝은 세 개의 전후 구역으로 나뉘는데, 각각은 유전자 *Hox*D-10~*Hox*D-13의 서로 다른 조합과 관련된다. 제1단계와 제2단계는 경골어류의 발생에서 관찰되었고, 제3단계는 사지동물에게 독특한 것으로 보인다.

척추동물의 배아 발생에서 사지 각각의 세부에 대해 정해진 밑그림은 없다. 발생 축은 몸통의 측면에서부터 나오고, 몸통 밖에서 시작하여 손가락 끝까지 차례차례 연조직으로부터 연골이 응축된다. 오스테올레피폼(osteolepiform) 어류(역자 주: 총기류 중 민물어류로, 이로부터 육상 사지동물이 기원하였다)(그림 6.9b)에서 발생 축은 몸 구성 요소를 관통한 것으로 보이며, 추가적인 뼈들(굽힘골, radials)은 축 앞(pre-axial side)에 발생한다. 사지동물(그림 6.9c)에서 다리(팔)의 축은 대퇴골(위팔뼈), 하퇴골(팔뚝뼈)과 발목(손목)을 지나며, 맨 끝의 손목뼈들(발목뼈들)로 이어져 흔들리며 움직인다. 굽힘골은 초기에는 오스테올레피폼과 같이 축 앞에서 모아져 정강이뼈(tibia)와 다른 발목(손목)뼈들을 형성한다. 그 뒤 발생 과정은 옆쪽으로 전환하여 축 뒤쪽에 발가락이 발생한다. 이 같은 손/발에서 사지-발생 싹 성장 방향의 전환은 혹스 유전자의 발현이 전환되는 것과 부합된다. 팔뚝뼈에서 *Hox*D-9는 5개 모든 구역에 나타나고, *Hox*D-10은 뒤의 4개 구역에, 아래로 *Hox*D-13은 뒤쪽 5개 구역에만 나타난다. 반면에 발목에서는 *Hox*A-13이 모든 구역에, *Hox*D-13은 뒤의 두 구역에, *Hox*D-10~*Hox*D-12는 뒤쪽 구역에만 존재한다.

데본기 후기 사지동물은 6, 7 또는 8개의 발(손)가락을 가졌고, 석탄기가 시작될 무렵에야 앞쪽과 꼬리 쪽에 5개의 발(손)가락을 가졌던 것으로 보인다. 그 뒤로 발(손)가락의 감소가 흔히 나타나, 4개

(다음 쪽에 계속됨)

(개구리), 3개(많은 공룡류), 2개(암소와 양) 또는 1개(말)의 손가락과 발가락을 갖게 되었다. 분류학자들은 이 같은 사실을 독특한 것으로 알고 있었겠지만, 새로운 이보디보 관점에서 보면 발(손)가락의 감소는 사지동물의 진화에 있어서 여러 차례 있었고, 그것은 동일한 혹스 유전자의 스위치 조작 과정에 의한 것임을 암시한다.

http://www.blackwellpublishing.com/palaeo/에서 혹스 유전자와 사지 싹의 발생에 대해 더 읽어 보기 바라며, 일반적인 주제인 이보디보에 대해서는 캐롤(Carroll, 2005)과 슈빈(Shubin, 2008)을 읽어 보기 바란다.

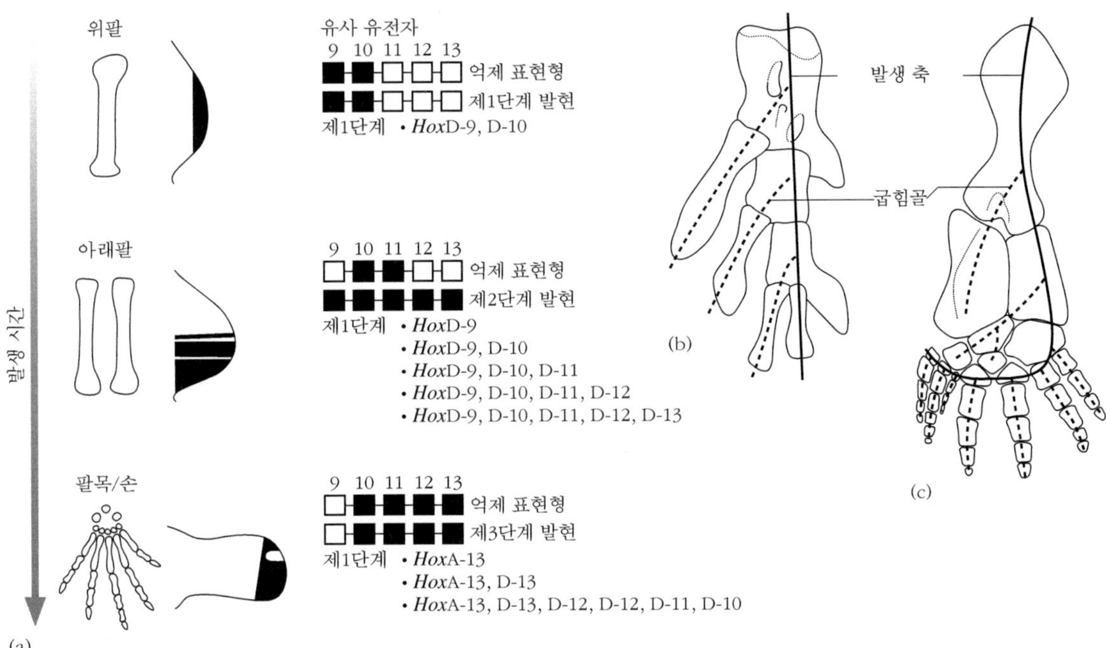

그림 6.9 혹스 유전자와 사지동물의 발생: (a) 위로부터 아래로 사지동물 사지 싹의 성장 과정을 나타낸 것으로, 위팔(허벅지, stylopod), 아래팔(팔뚝 또는 종아리, zeugopod)과 팔목/손(발목/발, autopod)이 어떻게 구별되었는지를 보여 준다. 이 양식은 혹스 유전자 D–9~D–13이 켜지고(까만 네모) 꺼짐(하얀 네모)에 의해 결정되었다. (b, c) 오스테올레피폼(osteolepiform) 어류의 앞다리(b)와 사지동물 아칸토스테가(*Acanthostega*)(c)의 발생에 대한 해석. 두 가지 모두 발생 축(굵은 선)은 축 앞 방향으로 방사상 가지(파선)를 뻗고, 사지동물의 발가락/손가락은 축 뒤 방향으로 모아진다. [(a)는 Shubin 등(1997)에 근거, (b)와 (c)는 Mike Coates 제공.]

해 점점 체절이 덧붙여진 정교한 다단계 과정보다는 비교적 간단한 혹스 유전자의 돌연변이에 의해 진화했을 것이다. 이보디보 혁명은 진화에 있어서 가장 미스터리한 부분들을 설명하기 시작했다.

✲ 화석의 기능 해석

기능 형태학

과거 생물의 기능을 유추하기란 어려우며, 이 점이 아직껏 많은 사람들이 고생물학에 관심을 갖는 주된 이유이다. 삼엽충은 얼마나 빨리 기어 다닐 수 있었을까? 몇몇 완족동물과 이매패류는 왜 산호를 모방했을까? 그 거대한 종자 고사리는 폭풍으로부터 자신을 어떻게 지켜 냈을까? 익룡은 어떻게 잘 날 수 있었을까? 검치 고양이(호랑이)는 왜 그처럼 단단한 송곳니를 갖게 되었을까? 화석 생물에 관한 가장 흥미로운 질문은 대개 현생 동식물과의 차이이다. 이는 화석 박쥐가 현생 박쥐처럼 날고 행동했을 거라고 알아채기란 쉬운 일이기 때문이다. 그러나 익룡의 경우는 어떤가? 익룡은 아주 다른 경우인데, 그러면 어떤 점이 현생과 닮았을까?

화석의 기능을 해석하는 접근법에는 세 가지가 있다. 현생 상사체와의 비교, 생화학적 모델링 및 정황 증거(방증). 먼저 몇 가지 일반적인 가정을 알아보고 난 뒤에 각각의 접근법을 차례차례 살펴보자.

생물의 구조는 어떤 방법으로든 적응된 것으로 무언가를 하기에 적절하고 효율적인 방향으로 진화되어 왔다는 것이 기능 형태학 뒤에 깔린 주요 가정이다. 그래서 코끼리의 코는 땅에 닿아 먹이와 물을 모을 수 있고, 움켜쥐고 빨아먹을 수 있는 기관으로 진화하였다. 피자식물의 화려한 꽃은 곤충을 유인하여 수분하기 위한 것이고, 꿀을 꽃 속 깊이 두어 곤충이 그 속에 들어가면 몸통에 꽃가루가 붙게 된다. 굴착(burrowing) 연체동물의 수관(水管, siphons)은 그 연체동물이 선호하는 깊이에 묻혔을 때 물과 양분을 순환시키기에 적절한 길이를 가진다.

화석은 기능을 해석하는 데 귀중한 많은 기초 증거를 제공한다. 예를 들면, 절지동물 화석의 골격으로부터 부속지의 수와 모양, 각각의 관절 특성, 나아가 구기(口器, mouthparts) 및 이동과 섭식(攝食)에 관련된 기타 구조들도 밝힐 수 있다. 이매패 화석의 패각으로부터는 경첩(蝶番, hinge)의 메커니즘, **외투막 선**(pallial line)과 근흔(筋痕)(334쪽 참조)에 대한 기능 정보를 얻을 수 있다. 예외적으로 보존된 화석에서는 벨럼나이트 및 암모나이트의 촉수의 윤곽, 근육 조직 또는 감각기관과 같은 부가적인 구조들도 드러날 수 있다. 기능 해석의 첫 걸음은 화석의 형태나 해부학적 구조를 고찰하는 것이다.

척추동물의 골격은 기능에 대한 많은 정보를 제공해 줄 수 있다. 사지 뼈끝의 모양에 의해 회전과 경첩(접고 펴기)의 최대량을 계산할 수 있다. 뼈의 표면에는 근흔(muscle scars)과, 근육이 붙어 있던 자리와 근육이 얼마나 큰가를 보여 주는 혹(knobs)과 능(**돌기체**)이 있을 수도 있다. 근육의 크기는 힘의 지시자이고, 이러한 관찰은 동물이 어떻게 움직였는가를 보여 줄 수 있다.

현생 상사체와의 비교

화석 생물의 기본 구조를 이해한 다음의 논리적 단계는 현생 상사체를 알아보는 것이다. 에오세의 게 또는 백악기의 백합처럼 화석이 현생 그룹에 속한 것이면 이 일은 쉬울 수 있다. 이때 고생물학자는 가장 유사한 현생 생물을 찾아야 하며, 과거 생물이 그랬을까를 결정하기 전에 크기와 다른 변이들을 가감해 맞추게 된다.

그러나 과거 생물이 현생 근연종과의 유사성을 보이지 않으면 어떻게 할까? 예를 들면, 공룡의 기능 형태를 이해하려고 할 때 고생물학자는 악어와의 정밀 비교부터 했겠지만, 악어는 공룡과 형태 및 기능이 여러 면에서 다르기 때문에 양자 비교가 항상 도움이 되지는 않는다. 그렇다면 새와의 비교는 어떤가? 결국 악어보다는 새가 공룡과 더 밀접한 관련이 있다는 것을 우리는 안다. 그런데 새는 공룡에 비해 아주 작고 하늘을 나는 데 적응했으므로 공통 근거를 찾기가 어렵기 때문에 비교에 문제가 있다.

여기에서 두 가지 주제가 맞서게 되는데, 그것은 계통발생과 기능 상사체이다. 계통발생의 입장에서 공룡을 '전적으로' 악어 또는 새와 비교하는 것은 잘못이다. 둘 모두와 비교해야 한다. 새와 악어는 각기 그들만의 독자적인 진화 경로가 있고, 두 동물의 특성이 공룡에게도 나타난다는 보장이 없기 때문이다. 그러나 새와 악어 양자가 어떤 특성을 공유한다면 공룡도 거의 확실히 그 특성을 가졌다. 이 개념을 **현존 계통으로 묶기**(extant phylogenetic bracket, EPB)(Witmer, 1997)라고 한다. 화석 생물이 현생 생물과 형태적으로 거리가 먼 경우, 어느 현생 생물에 의해 계통수의 빈자리가 묶인다는 개념이다. 이 개념은 적어도 어떤 미지의 특성, 특히 연조직을 알아내는 출발점이 된다. EPB는 미지의 해부학적 화석 구조에 대한 많은 것을 밝힐 수 있다. 만일 악어와 새가 특정 근육을 공유한다면 공룡에도 그 근육이 있었다. 이 같은 개념은 보존되지 않은 다른 모든 기관에도 똑같이 적용된다. 그러므로 EPB는 잃어버린 해부학적 구조를 채울 수 있는 큰 잠재력이 있다.

그러나 **계통의 상사체**(phylogenetic analogs)가 기능을 결정하는 데 있어서 큰 이용 가치가 없을는지 모른다. 어쩌면 악어와 새의 정밀 연구를 통해 공룡의 기능 형태에 관한 많은 문제를 풀지 못할 수 있다. 공룡은 크기와 형태가 제각각 달라서 더 개선된 현생의 **기능적 상사체**(functional analog)는 코끼리일 수 있다. 코끼리는 공룡과 밀접하게 연관되지 않지만, 몸집이 크고 사지 형태는 많은 구조적 유사성을 보인다. 무리 지어 걷는 육중한 현생 코끼리를 살펴보면 사족 공룡이 어떻게 움직였는가를 가장 실증적으로 알게 된다.

그럼에도 현생 상사체를 사용하는 것이 더 일반적이다. 생물학자들은 그동안 다채로운 관찰을 통해 **생체역학**(biomechanics, 생물이 어떻게 움직이는가를 다루는 물리학)의 일반 원리에 대해 많이 연구해 왔다. 그래서 앞서 언급한 것으로 영양의 가는 다리와 코끼리의 기둥 같은 육중한 다리가 전형적인 예가 되는 비례축소의 원리(scaling principle)는 흔히 멸종한 생물에게 적용되는 상식적인 관찰이다. 그 밖에도 상식적인 관찰의 예는 많다. 육식 척추동물의 이빨은 날카롭고 초식은 뭉툭하다. 키 큰 나무는 기부(基部, base)가 넓고 뿌리가 깊어서 넘어지지 않는다. 연약하고 작은 생물은 위장하면 생존율이 극대화된다. 빨리 달리는 동물일수록 보폭이 증가한다. 빨리 유영하는 동물은 어뢰 모양이 되기 쉽다 등. 이러한 관찰은 물리학의 법칙과 같은 '법칙'은 아니며 현생이든 멸종한 것이든 동식물을 망라하여 널리 적용되는 상식적 관찰이다. 이 같은 일반 규칙을 알기 위해 현생 상사체를 비교하는 일은 기능 형태학자의 무기고에 있는 가장 중요한 병기이다(**글상자 6.4**).

글상자 6.4 트라이아스기 수평 어망

약 1세기 전에, 화석 탐구자들은 독일 쥐라계로부터 표류목에 붙어 나타나는 길고 가는 해백합의 놀라운 화석을 알고 있었다. 이들 해백합은 틀림없이 표류목 아래에 매달려 살았을 텐데, 그들의 생활방식은 수수께끼였다. 표류목 해백합은 이제 세계 도처의 데본계 이후의 암석에서 확인되고 있다.

오늘날 해백합은 대부분의 선조 화석들이 그랬듯이 해저에 고착하여 저층수로부터 먹이 입자를 여과식하며 살아간다. 대다수 현생 해백합은 자유 유영동물이고 표류목에 부착하지는 않는 것 같다. 그렇다면 화석 해백합은 왜 그랬고, 도대체 어떻게 살았을까?

중국에서 새롭게 발견된 화석(Hagdorn et al., 2007)에서 몇 가지 단서를 찾을 수 있다. 중국 남서부 구이저우(貴州, Guizhou)의 트라이아스기 후기 지층인 시아오와(Xiaowa)층에서 각기 10 표본 이상의 멋진 해백합 트라우마토크리누스(*Traumatocrinus*, **그림 6.10a**)가 붙어 있는 수많은 표류목 조각이 발견되었다. 어린 개체(유충)는 아마 다른 극피동물과 함께 자유 유영하는 미세 플랑크톤이었고, 표류하는 통나무에 정착하였다. 많은 유충들은 통나무 표면에서 발견되었다. 그 뒤 성숙하여 아주 긴 개체가 되었다. 그들의 섭식 팔(feeding arms)은 해저에 사는 해백합보다 더 길었는데, 그것은 더 많은 먹이를 포획하기 위한 것으로 보인다. 이같이 부유하는 생활방식을 **의사(擬似)플랑크톤**(pseudoplankton)이라고 한다. 그들은 산소가 결핍한 검은색의 해저 연니(seabed ooze)보다는 산소가 많은 표층수에서 더 잘 살았을 것이다.

공해에서 밧줄로 끄는 수평 포획 어망(**그림 6.10c**)처럼 활동했을 것이라는 것이 트라우마토크리누스 군체(**그림 6.10b**)의 기능적 해석이다. 보트가 앞으로 움직이면 어망은 뒤에 매달리며 부풀어 오른다. 이에 맞닥뜨린 물고기는 모두 어망에 포획된다. 통나무가 트라이아스기의 약한 해류를 타고 앞으로 움직이면 트라우마토크리누스 군체도 이처럼 섭식 팔을 뒤로 펼친다. 마주친 어느 먹이 입자든 해백합 망에 포획되어 먹잇감이 될 것이다. 고생물학자들이 과거 생물에 대한 그럴듯한 기능적 모델을 찾기 위해서는 자신의 상상력과 지적 능력을 십분 이용해야만 한다.

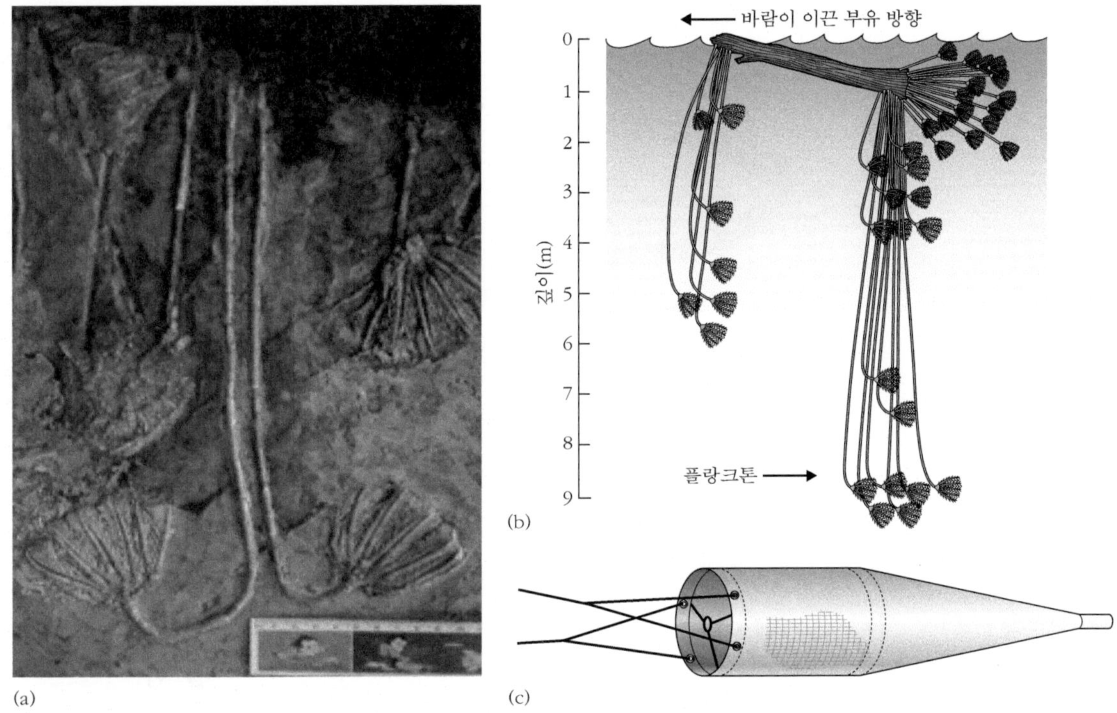

그림 6.10 현생 상사체를 이용한 화석의 수수께끼 해석: (a) 표류목 조각에 부착된 중국의 후기 트라이아스계 의사플랑크톤 해백합 트라우마토크리누스(*Traumatocrinus*) 군체. (b) 바람이 어떻게 통나무를 왼쪽으로 끌고 갔는지, 그리고 매달린 해백합이 어망처럼 플랑크톤을 포획하는 모습을 보여 주는 복원도. (c) 화석 군체의 섭식 방식을 설명하는 가상의 현생 상사체인 수평 어망. 이는 물고기 잡이의 극대화 도구이다. (Wang Xiaofeng 제공.)

생체역학적 모델링

특히 섭식과 보행 등의 '운동'을 해석하기 위해 고생물학자들은 점증적으로 생체역학적 모델링에 의존하고 있다. 그러한 연구들은 현생과 과거 생물의 구조를 해석하기 위해 생체역학과 공학의 기초 원리를 이용한다(**그림 6.11**). 간단한 예로 척추동물의 턱을 지렛대로 간주하여 턱의 접합점을 지렛대의 받침점(**그림 6.11c**)으로 고찰해 보자. 단순히 역학적으로 보면, 무는 힘은 받침점에 가까울수록 커지고 멀어질수록 작아진다. 이러한 이유로 우리가 앞니로 베어 물고 어금니로 씹는 것이다. 턱 근육 위치의 미세한 변화와 받침점에 대한 턱 가장자리의 상대적 위치는 저작(咀嚼, 씹기)의 효율을 증진시킬 수 있다. 척추동물 사지의 각 관절의 특징적 운동 범위로 일련의 모델링을 할 수 있다. 이 같은 모델을 이용해 사지의 최대 앞뒤 굴절과 상대적인 근육의 축소와 확대값을 분석해 낼 수 있다.

생체역학적 모델은 실제로 쇠막대, 볼트와 고무 밴드를 이용하여 3차원적으로 재현할

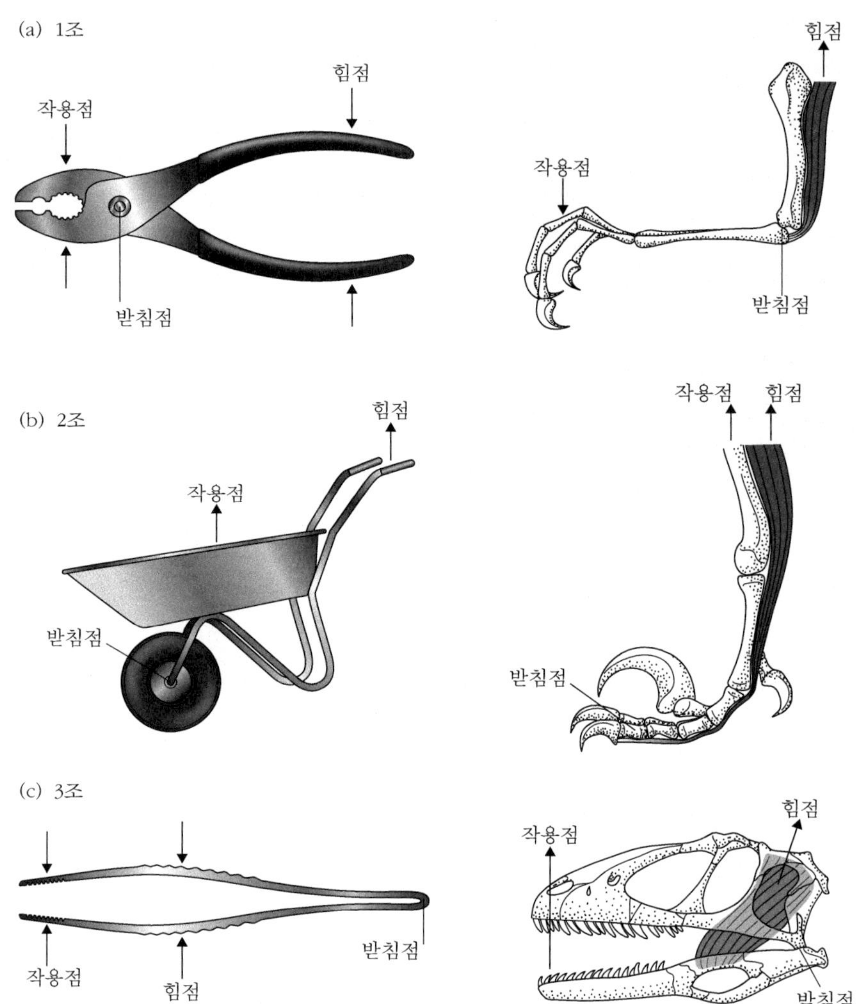

그림 6.11 생물 구조에 대한 기계적 기본 모델: 자주 쓰는 지렛대 도구는 여러 종류가 있다. (a) 1조의 두 지렛대에서 힘점과 작용점은 받침점의 반대편에 작용한다. (b, c) 2조와 3조에서 힘점과 작용점은 받침점의 같은 쪽에 위치하는데, 힘점이 2조는 먼 쪽(b)에 그리고 3조는 가까운 쪽(c)에 각각 놓인다.

수 있다. 그러한 모델은 기본 운동 원리를 유력하게 확인시켜 주고, 관절의 특성, 근육의 위치 잡기와 상대적인 힘을 규명해 준다. 이 같은 실제 생생한 모델은 교육적인 논증과 박물관에서 복원하는 데 기초가 된다. 그러나 고생물학자들은 흔히 모델링을 컴퓨터를 이용하여 시행한다.

컴퓨터 모델링으로 과거 생물 구조의 기계적인 힘을 효과적으로 연구한 사례가 있다. 특히 고생물학자들은 과거 척추동물의 두개골을 살펴서, 섭식과 머리 받기(head-butting)의 응력과 변형에 의해 그 구조가 어떻게 생겼는지를 평가하기 시작하였다. 유용한 모델링 접근이 **유한요소 분석**(finite element analysis, FEA)인데, 기술자들이 다리와 빌딩을 건설하기 전에 써 오던 정착된 방법으로 지금은 공룡의 두개골 연구에 응용되고 있다(**글상자 6.5**). FEA는 생물의 구조에 힘이 어떻게 작용하는지를 모델링하는 여러 가지 방법 중 하나이며, 과거 생물이 어떻게 움직이는가를 모델링하는 방법도 있다.

공룡이 어떻게 달리는가를 알기 위한 많은 시도가 있었는데, 그 초점은 물론 티라노사우루스 렉스(*Tyranosaurus rex*)에 맞춰져 있다. ≪쥐라기 공원≫과 ≪공룡과 함께 걷기(Walking with dinosaurs)≫에서 보았듯이 티 렉스(*T. rex*)가 달리는 법을 우리 모두는 알고 있다. 그렇다면 무엇이 문제인가? 두 영화에서 공룡의 운동은 다리 뼈 연구, 움직이

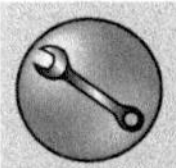

글상자 6.5 티라노사우루스 렉스 두개골의 유한요소 분석

영국 브리스톨대학교의 레이필드(Emily Rayfield)는 유한요소 분석(FEA)을 통해 수각류 공룡 두개골의 작동을 이해하기 위한 꿈의 PhD 프로젝트를 수행하였다. 유한요소 분석에서 두개골 구조를 컴퓨터로 모델링하였고 그것의 강도 특성을 입력하였다. 그런 다음 복잡한 모든 3차원 형상은 작은 삼각형 또는 입방 세포(또는 요소)의 네트워크(망)로 전환하였다. 힘을 가했을 때[고층 건물에 미치는 횡풍, 두개골이나 턱뼈에 미치는 무는 힘(교합력, bite force)] 요소들의 반응과 효과를 살펴볼 수 있었다. 레이필드의 공룡 두개골에 대한 유한요소 분석에서 무는 힘이 커지면 요소의 변형대가 커지고 왜 두개골이 그 같은 모양인가가 점차 분명해진다.

그녀의 논문 중 하나인 레이필드(2004)는 티라노사우루스 렉스(*Tyrannosaurus rex*)의 두개골(**그림 6.12a**)에 관한 것이다. 그녀는 기지(旣知)의 패러독스(역설)를 해결하려 하였다: 티 렉스는 막강한 무는 힘을 낼 능력이 있는 것으로 추정된 반면에 두개골 뼈는 아주 느슨하게 연결되어 있다. 레이필드는 유한요소 분석법을 적용하여 티 렉스의 두개골이 큰 무는 힘에 견뎌 내도록 최적화되었는지의 여부와, 두개골 뼈들 사이의 움직이는 관절이 어떻게 기능하였는지를 평가하였다. 그녀는 이용 가능한 모든 두개골을 연구하였고, 삼각요소 망(mesh of triangular elements, **그림 6.12b**)을 구축하였다. 또 각각의 이빨에 31,000~78,060뉴턴의 무는 힘을 적용하고, 요소 망의 변형을 관찰하였다(**그림 6.12c**). 무는 힘은 다른 고생물학자의 계산에서 취하였고, 또 이빨 구멍의 흔적을 관찰하여 추산하였다(티 렉스에게 물린 뼛조각을 보면 이빨이 뼛속 11.5mm 깊이까지 관통했는데, 이 힘은 13,400뉴턴이나 약 1.5톤에 해당한다).

레이필드의 연구 결과는 두개골이 무는 힘이나 찢는 힘에 동등하게 대응하도록 적응되었고, '(이빨로)구멍 내어 잡아당긴다는'(티 렉스가 살 속에 이빨을 박아 물고 찢어 내는) 고전적 섭식 가설을 지지한다. 베어 물 때의 주된 응력은 두개골의 기둥과 같은 부분과 코뼈를 통해 작용하고, 뺨 쪽의 뼈들이 헐겁게 연결되어 있어서 베이 무는 동안 조금씩 움직일 수 있다. 그러니까 다른 두개골 구조를 보호하기 위한 충격 흡수장치로 작용하는 셈이다.

공룡의 섭식 행동에 대해서는 배릿과 레이필드(Barret & Rayfield, 2006), 유한요소 분석에 대해서는 레이필드(2007)와 http://www.blackwellpublishing.com/palaeobiology/를 읽어 보기 바란다.

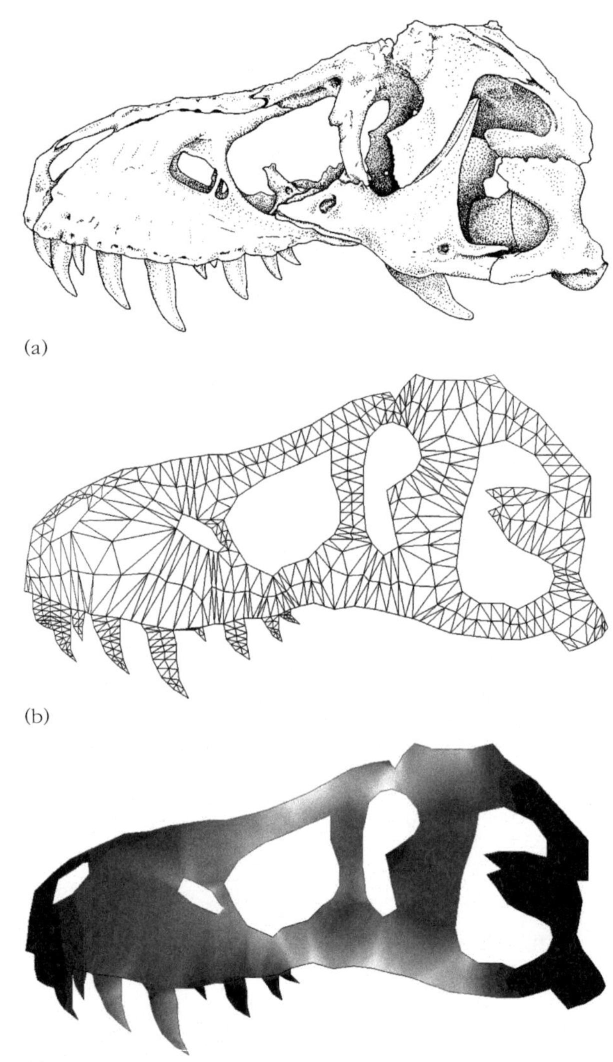

그림 6.12 티라노사우루스 렉스 두개골의 유한요소 분석: 두개골 (a)는 세포망 (b)로 전환되었고, 무는 힘은 (c)에 나타내었다. 응력 가시화 (c)에서, 고응력은 옅은 색이고 저응력은 어둡게 표현되었다. 무는 것은 강도와 위치로 결정되는데, 물 때마다 응력 양식이 두개골 망을 통해 전해지고, 고생물학자들은 이 양식을 살펴봄으로써 두개골의 구성과 구조가 부서지기 직전의, 최대로 가능한 힘도 이해하게 된다. (Emily Rayfield 제공.)

는 범위의 계산, 현생 타조 관찰, 합리적으로 다리를 흔들리게 하고 공룡이 넘어지지 않게 하는 컴퓨터 애니메이션을 기초로 하였다. 그러나 허친슨과 게이티시(Hutchinson & Gatesy, 2006)는 충고한다. 두 영화 속 공룡의 운동은 거의 틀림없겠지만 애니메이터가 선정한 것은 여러 가지 가능한 발의 위치 중 한 가지일 뿐이라고.

가장 그럴듯한 달리는 자세(**그림 6.13a**)에서 척추는 수평이고 다리는 곧게 뻗고 길다. 무슨 일이 있어도 공룡은 넘어지지 않아야 하고, 그래서 운동의 복원에 있어서 맨 먼저 고려해야 할 것은 **무게 중심**(center of mass)을 결정하는 일이다. 플라스틱 모형을 줄에 매달아 균형을 이루는 3차원적 중심점을 개략적으로 찾을 수 있고, 보다 정교하게 컴퓨터로

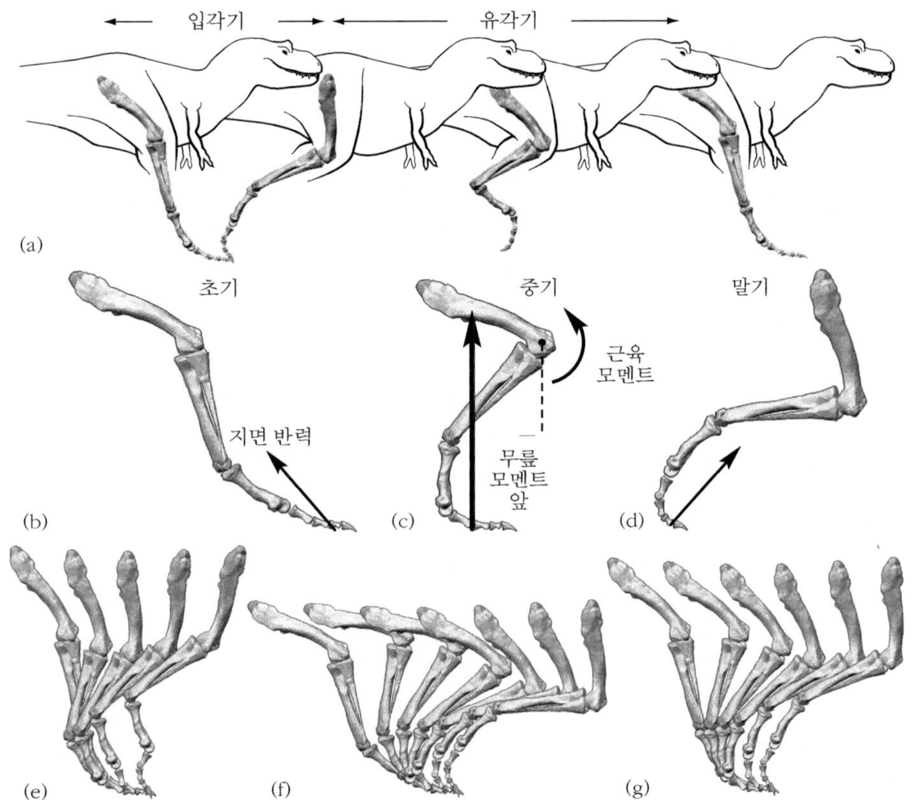

그림 6.13 티라노사우루스 렉스의 달리기 보폭: (a) 발을 땅에 댄 입각기와 유각기를 보여 주는 보폭의 주요 성분. (b~d) 몸이 앞으로 나아가면서 각각 입각기 초기, 중기, 말기 등 다리의 세 위치와 지면반력을 포함한 주된 힘의 작용을 참조하라. (e~g) 몸이 높고 낮은 자세일 때 다리의 세 가지 선택적 자세. 다음 사이트에서 더 구체적으로 읽고, 영상을 참조하라. www.rvc.ac.uk/AboutUs/Staff/jhutchinson/ResearchInterests/beyond/Index.cfm. (John Hutchinson 제공.)

계산할 수 있다. 티 렉스(*T. rex*)에서 무게 중심은 엉덩이 바로 앞이며, 받침점 역할을 하는 엉덩이에서 꼬리로 몸통의 균형을 잡는다.

모든 동물의 러닝 사이클(달리기 주기)은 다리가 땅에 닿는 입각기(立脚期, stance phase)와 땅에서 뗀 유각기(遊脚期, swing phase)로 나눌 수 있다(그림 6.13a). 다리 굽히고펴기(swing)는 발이 땅에 닿는 점(입각기 초기)으로부터, 몸통이 앞으로 나아갈 때의 중간 입각기(mid-stance), 발이 다시 땅에 닿기 직전까지의 입각기 말기 등 세 가지 자세로 이루어진다(그림 6.13b~d). 땅에 접촉한 동물은 지면반력(地面反力, ground reaction force, GRF)이 생기는데, 그것은 체중에 대한 반응과 이동 중에 다리가 땅을 치는 힘이다. 지면반력은 다리의 위치가 이행하면서 작용선이 달라지며, 무릎에 가해지는 최대 응력점은 무릎의 모멘트 암(moment arm)(역자 주: 힘의 작용선과 회전 중심선을 지나는 평행선의 수직거리)이 가장 길어지는, 무릎이 굽혀질 때의 중간 입각기 위치이고(그림 6.13c), 이때 중력에 대해 작용하는 무릎의 근육 모멘트는 최대가 된다.

허친슨과 게이티시(Hutchinson & Gatesy, 2006)는 이 같은 자세가 다리에 대한 그 밖의 많은 가상의 자세 중 하나일 뿐이라고 말한다. 티 렉스(*T. rex*)가 도약하는 발레리나 자세로 달렸을까, 아니면 납작 웅크린 자세로 달렸을까(그림 6.13e~g)? 발레리나 자세는 배제된다. 그 이유는 지면반력선이 중간 입각기에서 무릎 앞쪽에 있고, 그러면 다리 뒤쪽 근육이 앞쪽과 힘의 균형을 이루려고 작용해야 하기 때문이다. 현생 동물은 이 같이 하지 않으므로, 멸종한 동물이 했던 것을 상정할 이유가 없다. 납작 웅크린 자세도 배제된다. 무릎 모멘트 암이 길었을 것이고 무릎 근육도 높았을 것이기 때문이다. 티 렉스는 닭이 감당하는 근육에 비해 매우 큰 근육을 가져야만 했을 것이다. 그래서 실제로 티 렉스는 꼿꼿이 선 자세와 잔뜩 웅크린 자세(그림 6.13g)의 양극단 사이에서 서고, 이동했을 가능성이 매우 크다.

정황 증거

고생물학자는 자연에 대해 호기심을 가지며, 자신의 가설을 시험할 모든 종류의 증거를 수집한다. 과거 식물과 동물의 생활방식에 관한 단서는 그들을 함유한 암석에서, 함께 산출되는 화석 생물, 생흔화석 및 체화석 자체의 특성에서 나온다. 단서는 정황 증거(방증)로 보아 다음과 같은 무리로 나눌 수 있다.

1. 화석은 일반적으로 퇴적암 속에 보존되며, 암석에는 퇴적 환경에 관한 모든 종류의 특성이 남아 있다. 식물 화석은 바다로 뻗은 과거 삼각주의 반복된 축적, 꼭대기에 발달한 토양과 숲 그리고 특별히 높은 해수면에 의한 마지막 침수의 역사를 말해 주는 연계층 속에서 나름의 수준으로 발견된다. 해양 무척추동물은 얕은 석호의 퇴적, 생초(reef) 밖의 먼 바다, 깊은 반심해 평원이나 다른 환경 등을 지시하는 암석에서 발견될 수 있다. 더욱이 그들이 넓은 지리적 분포를 가진다면 부유성일 가능성이 크다. 공룡이나 포유류 화석은 과거 강이나 사막에서 퇴적된 사암 속에서 발견되기도 한다. 이 모든 퇴적암으로부터의 단서는 고생물학자가 퇴적 환경을 해석하는 가이드가 되며, 그다음으로 기후와 다른 물리적 조건에 관한 단서를 제공해 준다.
2. 공존하는 화석들도 여러 가지 단서를 제공해 준다. 그들은 연구 대상 생물이 먹이사슬의 어느 위치에 있는가를 보여 줄 수 있다—무엇이 그 생물을 섭취했고, 그 생물은 무엇을 섭취했는가? 화석 집단은 가끔 생활 습성을 지시하는 방식으로 죽어서 공존되기도 한다. 예를 들면, 화석 생초는 특정한 위기에 죽게 되고, 함께 살던 모든 생물은 살던 곳에서 발견된다. 일부 산호, 태형동물과 해백합은 그들의 정상적인 성장 위치의 기질(저층, substrate)에 보존되기도 하고, 복족류나 삼엽충과 같은 이동성 생물이

저서 고착성 생물 집합체 속에 보존되기도 한다. 이와 유사하게, 많은 식물의 줄기와 뿌리가 그들 안에 살던 곤충과 벌레의 서관(burrows)과 함께, 식물이 살던 곳의 고토양 속에 보존되기도 한다. 밀접한 생존 관계도 화석으로 공존될 수 있는데, 예컨대 기생생물은 숙주에 부착된 채 발견되기도 하고, 한 종의 화석이 다른 종의 위장 속에서 발견되기도 한다.

3. 공존하는 생흔화석들은 가끔 그들을 생성시킨 생물과 연계시킬 수 있으나 항상 그런 것은 아니다. 드문 예지만 절지동물의 끌린 자국(trails)의 말단에 화석이 보존된 경우가 있다. 생흔화석과 그것의 생성자와의 연계는 보통 명쾌하지 않다. 공룡 발자국은 특정 지층 내의 어느 층준에서 발견되지만, 그것의 생성자로 보이는 골격은 다른 층준에서 나타난다. 어류와 해양 파충류의 뼈는 해성층에서 인산질 **분석**(糞石, coprolites)과 함께 발견되기도 한다—분석은 하나의 동물이나 다른 공존하는 동물들이 함께 배설한 것이다. 생흔화석과 그의 생성자가 연계된다면 부가적인 많은 고생물학적 정보가 확립될 수 있다(19장 참조).
4. 체화석의 정밀 연구 자체도 유용하다. 골격 화석에는 연조직과 다른 보존이 안 된 부분에 관한 증거가 자주 남게 된다. 식물의 줄기 화석에 나뭇잎이 모두 떨어져 없어도 엽저(葉底, leaf base)는 남는다. 삼엽충 화석에도 각(殼) 아래에 부속지와 다른 구조가 남을 수 있다. 뼈에는 종종 근흔이 보인다. 물론 예외적인 보존 조건에서는 피부의 윤곽, 근육, 감각기관과 내부 기관이 보존되기도 한다. 예를 들면, 중국 랴오닝에서 발견된 매우 특별한 화석들은 화석 조류가 깃털로, 포유류가 털로 덮여 있었음을 확인해 주었고, 또 다른 화석들은 모든 육식 공룡도 깃털로 덮여 있었음을 보여 주었다. 그 같은 특징은 그들 공룡에 대한 과거의 모든 고생물학적 해석을 극적으로 바꿔 놓았는데, 그것은 그들이 어떻게든 온혈동물이었음이 틀림없기 때문이다.

이 네 가지 종류의 정황 증거는 과거의 설치류가 어떻게 견과류를 먹고(**글상자 6.6**), 티 렉스(*T. rex*)가 어떻게 섭식하였는가를 이해하는 데 유용하다. 티 렉스의 섭식에 관한 생체역학적 모델(**글상자 6.5** 참조)은 우리에게 많은 것을 말해 준다. 티 렉스의 골격이 발견된 암석은 이 공룡이 무더운 저지대 삼림지역에 살았음을 확인해 준다. 수많은 종의 초식 공룡이 공존하고, 이들 중 일부에는 티 렉스의 것으로 보이는 이빨 자국이 남아 있다. 티 렉스나 그의 근연종이 남긴 발자국은 그들이 빨리 가지 않고 꾸준히 총총걸음으로 걸었음을 보여 준다. 티 렉스가 배설한 그 유명한 1m 길이의 분석(糞石)은, 위산에 의해 다소 부식되었으나 완전히 파괴되지는 않은 조반류 공룡의 뼛가루를 함유하고 있다. 이는 소화관에서의 음식물의 수송이 비교적 빨랐음을 암시한다. 골격 자체는 아주 흥미로운 사실을 드러내 보인다. 이빨은 날카롭고 굽었으며, 모서리는 스테이크용 칼처럼 톱니로 되어 있는데 이러한 특징은 분명한 육식의 증거이다. 이빨을 자세히 살펴보면 뼈나 다른 거친 식재(食材, food materials)에 의해 생긴 미세한 긁힌 자국이 드러난다(Barret &

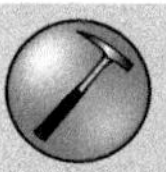

글상자 6.6 누가 내 견과들을 먹었지?

동식물의 상호작용에 대한 증거 자료도 많은 편이다. 고식물학자들은 데본기 라이니어 처트(Rhynie Chert) 이후의 잎사귀–줄기–씨앗을, 씹고–터널(구멍)을 뚫고–베어 먹은 흔적/자국을 확인하였다. 화석식물과 포유류의 전문가인 런던의 콜린슨과 후커(Margaret Collinson & Jerry Hooker)는 섭식으로 인해 작은 견과들에 생긴 흔적을 영국 남부의 에오통에서 채집한 견과들을 통해 알아내고 2000년도에 보고하였다. 수생식물인 스트라티오테스(*Stratiotes*)의 작은 씨앗의 일부는 한쪽에 둥근 구멍들이 있고, 겉껍질만 남고 내부의 내용물은 사라지고 없었다(그림 6.14a). 가끔 수병(水兵, water soldier)이나 수중 알로에라고도 불리는 스트라티오테스는 지금도 영국 동부와 유럽 다른 곳의 소택지와 수로에 있는 진흙이나 얕은 웅덩이 위의 부유물에 뿌리를 내리고, 뾰족한 칼 같은 잎을 물 밖에 내놓고 살고 있다.

구멍을 면밀히 연구해 본 결과 어느 동물이 씨앗의 표면에 수직으로 구멍을 뚫었고, 절단면에는 수많은 홈이 평행하게 패여 있었다. 구멍 주위에는 홈이 더 많았는데, 구멍을 뚫는 동안 씨앗을 단단히 붙잡았던 것 같아 보였다. 콜린슨과 후커는 곧바로 씨앗을 먹어 치운 동물이 설치류라고 생각했고 그것이 씨앗 안으로 각이 진 구멍을 내고, 긴 앞니로 수평 홈을 판 것이라고 판단하였다. 씨앗의 크기(4~5mm)와 구멍의 크기 그리고 홈으로 보아, 앞니의 너비는 기껏해야 1mm였을 것이므로 다람쥐보다 작았을 것 같다. 오늘날 제방 들쥐, 숲 쥐와 동면 쥐들이 견과류를 갉아먹는 동작이 각기 다르므로 두 사람은 비교 연구를 위해 현생의 갉아먹힌 견과들을 이용하였다. 위 세 가지 쥐 중에서 숲 쥐의 섭식 흔적이 가장 유사하다(그림 6.14b). 표면에서 갈기 시작하여 안으로 작은 구멍을 내고 윗니로 표면을 움켜쥐고 아랫니로 구멍의 벽을 끌로 파듯이 수직으로 떼어 낸다. 그런 다음 아랫니를 구멍 안에 넣어 알맹이를 파낸다.

영국 남부의 에오세 지층에서는 다양한 설치류가 산출되었는데, 그중에서 스트라티오테스 씨앗을 구멍 내기에 적절한 크기의 설치류는 초기 숲 쥐 글라미스(*Glamys*)의 두 종이다. 에오세의 글라미스는 씨앗을 찾아 헤엄쳤거나, 떠밀려 온 무언가를 찾기 위해 작은 웅덩이 물가를 돌아다녔을 것이다.

Rayfield, 2006). 먹이의 뼈도 단서를 제공한다. 티 렉스의 이빨은 먹이의 뼛속 깊이 뚫을 수 있었고, 때로는 12개의 이빨 자국이 뼈에 남아 있을 정도로 먹이의 살점을 우적우적 씹고 뜯었다. 이 모든 정황 증거의 발견으로 한 화석 동물이 어떻게 먹이 섭취를 하였는가를 보다 생생히 알 수 있는 것이다.

⚜ 복습 문제

1. 화석종들은 어떻게 구별하는가? 한 속(屬, genus)에 속하는 어느 한 쌍의 종[예: 인류의 종 호모 사피엔스(*Homo sapiens*)와 호모 에렉터스(*Homo erectus*), 북아메리카의 공룡 사우롤로푸스 오스보르니(*Saurolophus osborni*)와 몽골의 사우롤로푸스 앙구스티로스트리스

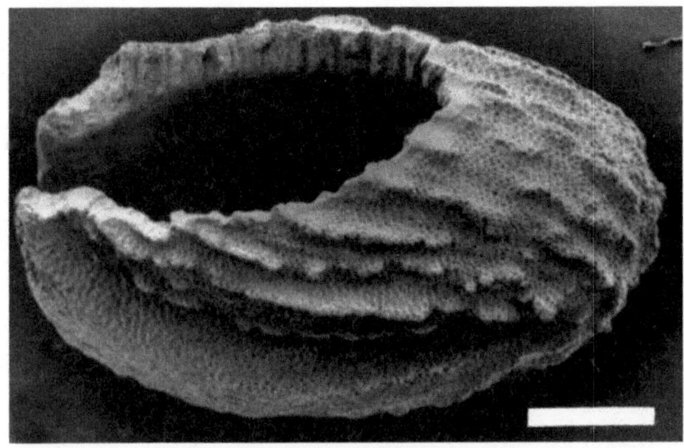
(a)

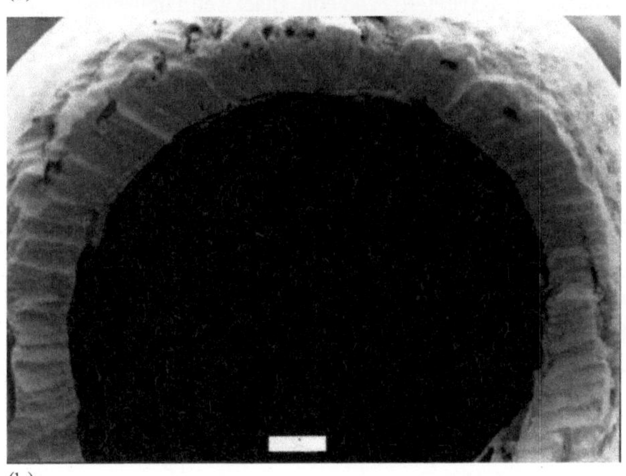
(b)

그림 6.14 에오통에서 나온 설치류와 식물 사이에 있었던 상호작용의 증거: (a) 수생식물 *Stratiotes*의 씨앗을 설치류가 갉아 파놓은 깔끔한 구멍, 영국 남부 와이트(Wight) 섬의 벰브리지(Bembridge) 석회암층(에오세)에서 산출. (b) 현생 숲 쥐가 판 구멍으로, 윗니 끝으로 새긴 같은 종류의 수직의 좁은 홈들이 보인다. 축척 막대=1 mm. (Margaret Collinson 제공.)

(*Saurolophus angustirostris*) 또는 삼엽충 파라독시데스(*Paradoxides*)의 10개 이상의 종들 중의 어느 쌍에 관한 정보를 찾아보고, 알아낼 수 있는 만큼의 구별 특징을 적어 보라. 그러한 형태적 특징을 화석 표본에서 관찰하기가 얼마나 쉬운 일인가?

2. 인간의 부등성장에 대해 연구해 보라. 실제 한 아기, 여러 어린이, 한 성인(모두 남자나 여자)을 선택하고, 기준 측정으로 전체 신장(머리 꼭대기에서 발바닥까지)을 측정한 뒤, 머리의 길이(머리 꼭대기에서 턱밑까지), 턱의 길이(아래 입술 맨 아래에서 턱 아래까지), 팔 길이(중지 끝에서 겨드랑이까지)와 손 길이(중지 끝에서 팔목 경첩까지)를 측정하라. 이들 중 어느 것이 등성장을 보여 주고, 어느 것이 부등성장을 보여 주는가? 상대성장은 우성장인가, 열성장인가? 만일 크기가 다른 실제 사람들을 대상으로 접근할 수 없다면 책이나 웹에서 이미지(image)를 찾아 이용하라.

3. 혹스 유전자에 관한 최근의 논문들을 읽고, 얼마나 많은 유전자가 척추동물 뒷다리의 발생을 결정하는 데 관련되었는지 알아보라. 각 유전자는 어떠한 역할을 하는가?

4. 화석 생물이 어떻게 움직이고 섭식하였는지 이해하기를 바란다. 삼엽충, 어룡과 해백합의

현생 상사체로 무엇이 좋겠는가? 화석과 현생 그룹의 이미지와 기재를 비교하고, 사용하고자 하는 현생 상사체를 어떻게 확신하는가를 적시하라.

5. 공룡 플라테오사우루스(*Plateosaurus*)의 두개골 이미지를 찾아보라. 왜 턱(악)관절이 치열보다 낮은가? 국내의 흔한 종류 중에서 현생 상사체를 생각해 보고, 아래로 처진 턱관절이 턱의 지렛대 역할에 어떻게 영향을 미쳤을지 생각해 보라.

더 읽을거리

Barrett, P.M. & Rayfield, E.J. 2006. Ecological and evolutionary implications of dinosaur feeding behaviour. *Trends in Ecology and Evolution* **21**, 217–24.

Briggs, D.E.G. & Crowther, P.R. 2000. *Palaeobiology, A Synthesis*, 2nd edn. Blackwell Publishing, Oxford, UK.

Carroll, S.B., Grenier, J. & Weatherbee, S. 2004. *From DNA to Diversity*, 2nd edn. Blackwell Publishing, Oxford, UK.

Carroll, S.B. 2005. *Endless Forms Most Beautiful: The New Science of Evo devo and the Making of the Animal Kingdom*. W.W. Norton & Co., New York.

Futuyma, D. 1998. *Evolutionary Biology*, 3rd edn. Sinauer, Sunderland, MA.

Gould, S.J. 1974. The origin and function of "bizarre" structures: antler size and skull size in the "Irish Elk," *Megaloceros giganteus*. *Evolution* **28**, 191–220.

Kodric-Brown, A., Sibly, R.M. & Brown, J.H. 2006. The allometry of ornaments and weapons. *Proceedings of the National Academy of Sciences, USA* **103**, 8733–8.

Rayfield, E.J. 2007. Finite element analysis and understanding the biomechanics and evolution of living and fossil organisms. *Annual Review of Earth and Planetary Sciences* **35**, 541–76.

Ridley, M. 2004. *Evolution*, 3rd edn. Blackwell, Oxford, UK.

Shubin, N. 2008. Your Inner Fish: A Journey into the 3.5-Billion-Year History of the Human Body. Pantheon, New York.

참고문헌

Barrett, P.M. & Rayfield, E.J. 2006. Ecological and evolutionary implications of dinosaur feeding behaviour. *Trends in Ecology and Evolution* **21**, 217–24.

Benton, M.J. & Kirkpatrick, R. 1989. Heterochrony in a fossil reptile: juveniles of the rhynchosaur *Scaphonyx fischeri* from the late Triassic of Brazil. *Palaeontology* **32**, 335–53.

Coates, M.I., Jeffery, J.E. & Ruta, M. 2002. Fins to limbs: what the fossils say. *Evolution and Development* **4**, 390–401.

Collinson, M.E. & Hooker, J.J. 2000. Gnaw marks on Eocene seeds: evidence for early rodent behaviour. *Palaeogeography, Palaeoclimatology, Palaeoecology* **157**, 127–49.

Gould, S.J. 1974. The origin and function of "bizarre" structures: antler size and skull size in the "Irish Elk," *Megaloceros giganteus*. *Evolution* **28**, 191–220.

Hagdorn, H., Wang, X.F. & Wang, C.S. 2007. Palaeoecology of the pseudoplanktonic crinoid *Traumatocrinus* from southwest China. *Palaeogeography, Palaeoclimatology, Palaeoecology* **247**, 181–96.

Hutchinson, J.R. & Gatesy, S.M. 2006. Dinosaur locomotion: beyond the bones. *Nature* **440**, 292–4.

McNamara, K.J. 1976. The earliest *Tegulorhynchia* (Brachiopoda: Rhynchonellida) and its evolution-ary significance. *Journal of Paleontology* **57**, 461–73.

Molyneux T. 1697. A discourse concerning the large horns frequently found under ground in Ireland, concluding from them that the great American deer, call'd a moose, was formerly common in that island: with remarks on some other things natural to the country. *Philosophical Transactions of the Royal Society* **19**, 489–512.

Rayfield E.J. 2004. Cranial mechanics and feeding in *Tyrannosaurus rex*. *Proceedings of the Royal Society of London B* **271**, 1451–9.

Shubin, N., Tabin, C. & Carroll, S. 1997. Fossils, genes and the evolution of animal limbs. *Nature* **388**, 639–48.

Tickle, C. 2006. Making digit patterns in the vertebrate limb. *Nature Reviews: Molecular Cell Biology* **7**, 45–53.

Witmer, L.M. 1997. The evolution of the antorbital cavity of archosaurs: a study in soft-tissue reconstruction in the fossil record with an analysis of the function of pneumaticity. *Journal of Vertebrate Paleontology* **17** (Suppl.), 1–73.

Zakany, J. & Duboule, D. 2007. The role of *Hox* genes during vertebrate limb development. *Current Opinion in Genetics and Development* **17**, 359–66.

제 7 장
대량멸종과 생물 다양성의 감소

학습 키포인트

- 대량멸종 기간 동안 20~90%의 종이 사라졌다. 다양한 생명체가 사라졌으며, 멸종 사건은 빠르게 진행된 것으로 보인다.
- 선캄브리아 기간의 대량멸종에 대한 연구는 어려움이 있지만 에디아카라기와 초기 캄브리아기 사이에 한 번의 신원생대(Neoproterozoic) 멸종 사건이 있었던 것 같다.
- 현생이언의 '5대 대량멸종'은 오르도비스기 말, 데본기 후기, 페름기 말, 트라이아스기 말과 백악기 말에 일어났다. 이 중 후기 데본기와 트라이아스기 말 사건은 상당 기간 지속되었던 것 같고 멸종은 초기에는 다소 미미하게 시작하였으나 결국 증폭된 멸종으로 이어졌다.
- 페름기 말의 대량멸종은 지질시대 이래 가장 큰 멸종 사건이며, 아마도 대규모의 화산폭발에서 시작된 일연의 사건들에 의해 산성비가 내리고 전 지구적으로 산소 부족 현상이 발생돼 일어났던 것 같다.
- 가장 많은 연구가 이뤄진 백악기 말의 대량 멸종은 운석 충돌에 의한 것으로 보인다.
- 작은 규모의 멸종 사건으로는 인간의 사냥과 환경의 변화에 의해 야기된 플라이스토세 말 포유동물의 멸종을 포함한다.
- 대량멸종으로부터 생명을 다시 복원시키는 데 오랜 시간이 걸릴 수 있다. 멸종의 현장에서 가장 먼저 회복되는 생물군은 혹독한 환경에서 적응력이 강한 재난 생물군(disaster taxa)이며 그 후에 좀 더 오래 생존하는 생물군이 정상적인 생태계를 복원하게 된다.
- 과거의 대량멸종처럼 많은 수의 종이 유실되고 있는 오늘날, 멸종은 인류의 커다란 관심사이다. 현재 진행되는 멸종의 심각성에 대하여는 논란이 있다.

도도(Dodo)새에게는 기회가 전혀 없었다. 도도새는 마치 멸종되기 위하여 태어난 것 같으며 그것이 그가 할 수 있는 모든 것이었다.

쿠피(Will Cuppy)의 저서『멸종에 이르는 길(How to Become Extinct)』(1941)

고생물학자들에 의해 오랫동안 연구되어 온 멸종은 이제는 미래에 대한 논의의 핵심 주제가 되었다. 미국의 유명한 해학가 쿠피(Will Cuppy)는 공룡과 플레시오사우루스(plesiosaurs), 매머드 및 도도새(Dodo)의 멸종을 이야기하며 그들을 실패와 쇠락의 아이콘으로 묘사했다. 이들 중 도도새가 가장 대표적으로(**그림 7.1**) 아이들의 교육을 위한 모범적인 예로 사용돼 왔다. 즉, "여기 있는 이 새는 크고 정겨운 새지만 너무나 친절하고 멍청해서 살아남을 수 없었단다." 여기서 주는 교훈은 신중하고 조심해야 하며 도도새처럼 자신을 돌보지 않으면 안 된다는 것이다. 도도새는 이제 멸종의 상징이라기보다는 인간의 부주의함의 상징으로 여겨진다.

규모가 가장 큰 **대량멸종**(mass extinction)은 단기간에 수많은 종이 사라진 사건을 의미한다. 지구 역사상 특정 지역 혹은 특정 생태계의 몇몇 종들이 사라진 작은 규모의 **멸종 사건**(extinction event)들은 종종 발생했지만, 거대한 규모의 대량멸종 사건 또한 5~6번 발생했던 것으로 보인다.

대량멸종에 관한 연구는 1980년대부터 시작된 비교적 새로운 연구 분야이며, 다양한 학문분야(층서학, 지구화학, 기후 모델링, 생태학, 생물보존학 및 심지어 천문학까지)와 연관되어 있다. 대량멸종에 대한 연구는 작은 규모에서부터 광범위한 규모까지 모든 수준의 가설들을 시험하는 것을 포함한다. 가장 큰 규모의 가설에는 '특정 시기에 대량멸종이 있었는가? 대량멸종의 원인이 화산폭발인가 운석 충돌인가?' 등이 있다. '나의 연구지역에서 산출되는 완족동물이 대량으로 죽은 이유는 무엇인가? 그들의 멸종은 탄소동위원소 연구 결과와 일치하는가? 그 기간 동안의 기후 변화 증거를 퇴적암에서 찾을 수 있는가?' 등은 가장 작은 규모의 예이다. 대량멸종이던 소규모의 멸종이던 멸종 연구의 매력은 멸종 사건은 생명의 역사에 매우 중요하고, 오늘날의 관점에서는 예측할 수 없는 특유의 고생물학적 현상이라는 것이다. 실현 가능한 측면에서 이 분야는 대개 5~10명의 전문가가 팀워크를 통해 전문지식과 자료를 공유하며 광범위한 분야를 연구한다.

그림 7.1 과거 도도새의 이미지. 캐롤(Lewis Carroll)은 그 당시 대부분의 사람들이 도도새를 다소 멍청한 새로 여겼음에도 불구하고, 『거울을 통하여 본 앨리스(Alice Through the Looking Glass)』에서 도도새를 친절하고 현명한 노신사로 소개했다. 17세기에 과도한 남획으로 멸종에 이른 도도새는 지금은 인간의 경솔함의 이미지이다.

이 장에서는 멸종과 대량멸종을 조사하고 이러한 멸종 시기에 어떤 공통적인 특징들이 있는지를 알아볼 것이다. 특히 가장 많이 연구된 약 2억 5,000만 년 전의 페름기~트라이아스기 대량멸종과 약 6,500만 년 전의 백악기-제3기 대량멸종에 대하여 자세히 알아볼 것이다. 마지막으로 우리는 고생물학이 현재와 미래의 멸종에 관한 오늘날의 열띤 논쟁에 어떠한 영향을 줄 수 있는지를 고려할 것이다.

✲ 대량멸종

정의

멸종은 언제나 일어난다. 종들은 일반적으로 수천 년에서부터 수백만 년까지 생존한 후 사라진다. 이것은 특정한 이유 없이 발생하는 정상적인 멸종 또는 **배경 멸종**(background extinction)이 있다는 것을 의미한다. 시간의 특정한 구간, 즉 백만 년마다 대략 5~10%의 종들이 사라졌다. 사실 대량멸종의 기간보다 이러한 일반적인 기간에 좀 더 많은 종들이 멸종했다.

그럼에도 불구하고 고생물학자들과 일반 대중이 대량멸종에 더욱 큰 관심을 두는 이유는 대량멸종은 단기간에 집중된 죽음과 환경 대격변의 시기였기 때문이다. 대량멸종의 정의는 무엇인가? 모든 대량멸종은 일반적인 멸종과는 다른 아래와 같은 공통된 특징을 갖는다.

1. 약 30% 이상의 식물과 동물종이 멸종했다.
2. 멸종한 생물에는 해양생물과 육상생물, 식물과 동물, 미생물과 몸집이 커다란 생물 등 생태적으로 다양한 생물종들이 포함되었다.
3. 멸종은 대륙과 해양 모두에서 일어난 전 세계적인 현상이었다.
4. 모든 대량멸종은 상대적으로 매우 짧은 기간에 발생했고 한 가지 또는 서로 연관된 일련의 원인들과 관련이 있다.
5. 대량멸종의 규모는 배경 멸종의 규모보다 훨씬 크다.

이러한 용어들을 좀 더 명확하게 정의하는 것은 쉽지 않다. 우선은 개개의 대량멸종이 서로 다르기 때문이고, 둘째는 그 사건의 규모와 시기를 정확히 알아내는 것이 때때로 어렵기 때문이다.

고생물학자들은 보통 현생이언 5억 4,000만 년 동안의 멸종을 '5대 대량멸종'이라 하며 현재의 멸종 위기를 때때로 '제6의 멸종(sixth extinction)'이라 부른다. 5대 대량멸종(**그림 7.2**)에는 오르도비스기 말, 후기 데본기, 페름기 말, 트라이아스기 말과 백악기-제3기 사건이 포함된다. 신원생대(Neoproterozoic)에 대한 연구는 에디아카라기의 전과 후에도 한두 번의 대량멸종 사건이 있었음을 나타내며 이러한 대량멸종을 아마도 '제6 또는 제7

대량멸종 사건'으로 여길 수도 있다.

하지만 현생이언에 발생한 비슷한 규모의 5대 대량멸종 사건의 개념에는 다소의 의문이 있어왔다. 밤바흐(Bambach, 2006)는 이 중 오르도비스기 말, 페름기 말, KT 사건만이 진정한 대량멸종일 것이라고 주장해 왔다. 데본기 후기와 트라이아스기 말 사건은 그 당시의 배경 멸종보다 그다지 두드러지지 않고 비율도 크지 않으며 500만 년 동안 서서히 증가된 멸종이기 때문이다.

대량멸종을 정의하고 규모를 평가하는 데 페름기 말 사건은 단연 뛰어나다. 왜냐하면 50%의 생물과(family)와 80~96%의 생물종이 사라졌기 때문이다. 이러한 추정치는 모든 종은 과에 속해 있고 한 생물과가 멸종하면 그 생물과에 속한 모든 종이 멸종하기 때문에 멸종한 생물종의 수는 과의 수보다 크다는 가정에 기초한다. 따라서 한 생물과가 멸종되면 그에 속한 모든 생물종이 사라지지만, 대부분의 종이 없어지더라도 모든 종이 멸종되지 않는다면 생물과는 살아남을 것이다. 이러한 상식적인 관찰은 관찰의 규모를 평가하는 유용한 방법(**글상자 7.1** 참조)인 희박(rarefaction)의 원리를 이용하여 수학적으로 설명될 수 있다. 중간 규모의 대량멸종(**그림 7.2**)은 20~30%의 생물과와 50%의 생물종이 사라지는 반면 작은 규모의 대량멸종은 10%의 생물과와 20~30%의 생물종 유실을 동반한다.

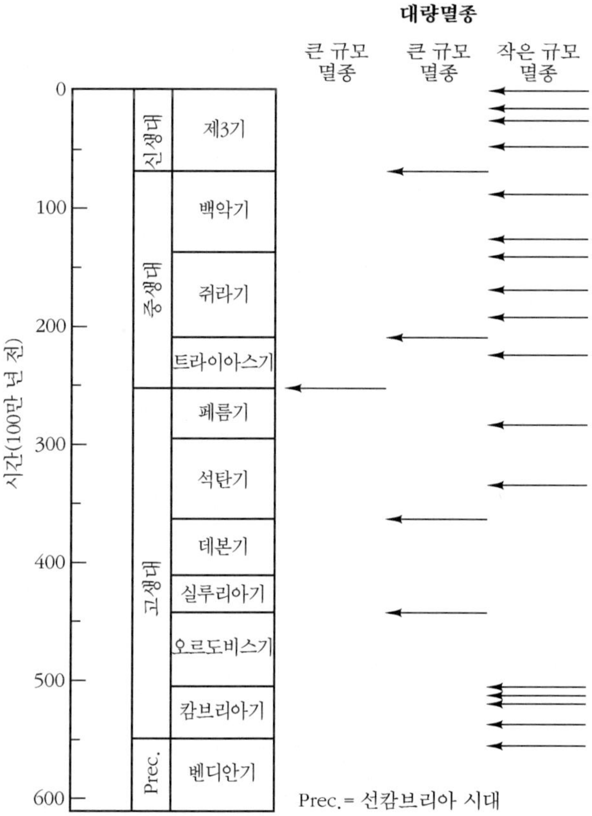

그림 7.2 과거 6억 년 동안의 대량멸종에는 중간 규모의 사건보다 2~3배나 많은 생물과, 생물속 및 생물종(50%의 생물과와 최고 96%의 종)이 멸종된 2억 5,100만 년 전의 페름기 말기 대량멸종 사건이 포함된다. 이 사건은 전 세계적인 사건으로 20%의 생물과와 75~85%의 생물종이 멸종했다. 몇몇 작은 규모의 대량멸종 사건도 10% 정도의 생물과와 50%에 이르는 생물종들이 유실된 전 지구적인 사건인 것 같다. 하지만 이러한 멸종 사건은 또한 한정된 생태구역에서 제한된 생물종이 멸종된 지역적인 사건이었을지도 모른다.

대량멸종의 유형과 시기

화석 기록이 양호한 경우 다양한 멸종의 유형이 관찰된다. 대량멸종이 일어난 경계에서

글상자 7.1 희박의 원리 및 생물과의 수로부터 종의 수 예측

희박이란 분류군의 숫자를 계산하는 데 있어서 표본 크기의 영향을 알기 위해 고생물학자들이 가장 일반적으로 사용하는 통계적 기법이다. 가장 일반적인 질문 중 하나는 "모든 종들을 찾으려 한다면 연구 지역에서 얼마나 많은 표품을 수집해야 하는가?"이다. 생태학자들은 수십 년 동안 **수집가 곡선**(collector curve) 또는 **누적 곡선**(accumulation curve)이라 불리는 개념을 사용해 왔다. 수집되거나 관찰된 표본의 수에 대한 새로운 종의 누적 숫자를 좌표에 표시함으로써 우리는 예상되는 곡선을 만들 수 있다(그림 7.3a). 표품 하나를 수집한 후 그 종을 동정한다. 다음의 10개 표품에서는 아마도 10개가 아닌 단 서너 개의 새로운 종이 추가될 것이다. 또 그다음 100개의 표품에서는 아마도 10~15개 정도의 새로운 종이 추가될 것이다. 더 많은 표품을 수집하면 할수록 발견되는 종의 숫자는 늘어나겠지만, 늘어나는 종의 수는 수확체감의 법칙을 따르게 된다. 노력(표품의 수 또는 표품을 찾기 위해 소모한 시간) 대비 종의 숫자 곡선이 **점근선**(asymptote)에 도달하는 어느 시점에서, 우리는 연구 지역에서 발견될 수 있는 최종적인 종의 총수를 대략적으로 추정할 수 있다.

희박(rarefaction)이란 더 적은 표본을 가지고 종 목록의 완성도를 추정하는 방법이다. 따라서 만약 1,000개의 표본이 수집된 경우라도, 단 100개의 표본 또는 무작위로 선택한 10개의 표본만을 가지고도 종의 총수를 알 수 있다. 수집자 곡선을 만드는 데 사용되는 데이터는 무작위로 추려지거나, 혹은 총표품의 90% 혹은 99%를 제거한 표품일 수도 있다. **그림 7.3b**의 전형적인 경우처럼 750개의 표품에서 30종이 나타난 경우에, 만약 절반의 표품이 수집되었다면 약 20개의 종이 동정됐을 것이다.

수평적 사고를 사용하여 라우프(Raup, 1979)는 '역희박(reverse rarefaction)'의 원리를 다음과 같은 다소 어려운 질문에 적용했다. 만약 페름기 말 대량멸종 기간에 해양 동물과(family)의 50%가 사라졌다는 것을 알고 있다면, 우리는 얼마나 많은 종이 사라진 것으로 볼 수 있는가? 과(family)는 간과되기 어렵기 때문에(과에 속한 생물 수가 훨씬 많고, 과에 속한 하나의 종만 찾아도 되기 때문에) 고생물학자들은 과거에 존재했던 종의 수에 대한 자료보다 과의 수를 더 신뢰한다. 라우프는 과에 속한 종의 숫자 분포를 모델링했다. 어떤 과는 한 개, 어떤 과는 200 종을 포함했다. 그는 이 분포에서 50%의 과를 무작위로 추출했는데, 이는 무려 96%에 달하는 종이 소실된 것과 같다는 사실을 보여 주었다. 매키니(McKinney, 1995)는 선택된 50%의 과가 동일한 시기의 모든 과에서 임의로 선택된 부분이라는 라우프의 가정을 비판했다. 매키니는 '도도새 원리(dodo principle)'를 이용하여 "멸종된 과에는 멸종에 취약한 종, 특히 적은 수로 구성된 종들의 수가 불균형적으로 포함될 것이다."라고 주장했다. 종의 수가 많은 과는 멸종에 덜 취약하기 때문에 96%는 과대평가된 수치일 수 있다. 매키니(1995)는 페름기 말의 대량멸종 기간에 좀 더 그럴듯한 수치인 약 80%의 종 손실을 겪었다고 주장했다.

고생물학에서 희박의 예는 해머와 하퍼의 논문(Hammer & Harper, 2005)에서 찾을 수 있으며, 생태학에 이용된 희박의 예는 고텔리와 콜웰의 논문(Gotelli & Colwell, 2001)에서 찾아볼 수 있다. 다음의 웹사이트를 통해서도 찾아볼 수 있다. http://www.blackwellpublishing.com/paleobiology/.

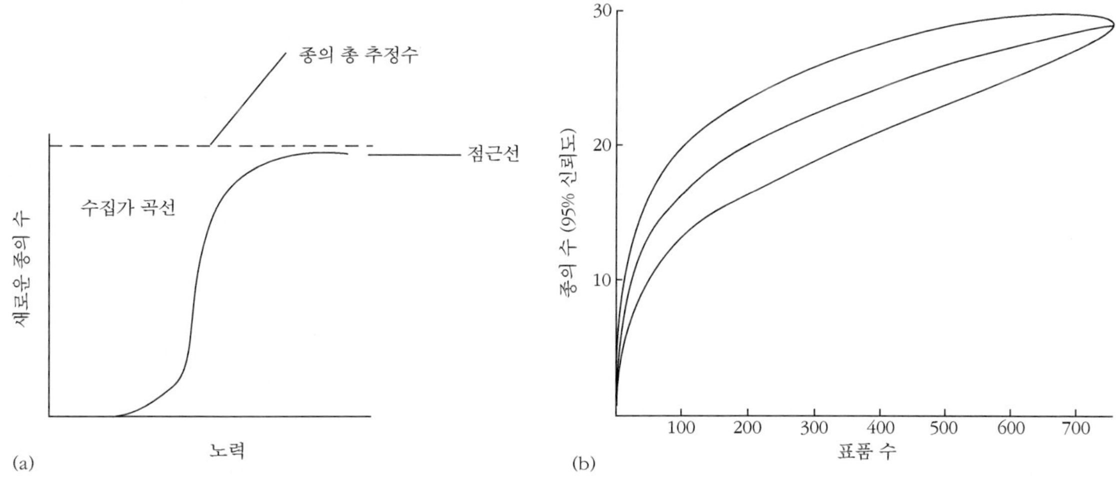

그림 7.3 (a) 노력(수집된 표품 수/수집을 위해 관찰한 날의 수/수집가의 수)에 대한 새로운 종의 누적수를 그래프로 나타낸 S자 모양의 고전적인 수집가 곡선. 곡선의 기울기는 급격히 증가한 후 점근선에서 감소된다. (b) 특정 표품의 수에서 동정될 것 같은 종의 수를 보여 주는 희박 곡선. [(b)는 Hammer와 Harper(2005)에 근거.]

아주 촘촘하게 센티미터 규모로 플랑크톤 미화석 표본을 채취하면 대량멸종의 다양한 유형을 찾을 수 있다. 어떤 경우는 50만 년에서 150만 년 동안 53%의 유공충 종이 단계적으로 감소하는 형태를 보이는데(**그림 7.4**), 이러한 멸종의 유형은 급격한 멸종인가 아니면 점진적인 멸종의 예인가? 점진주의자들은 이 멸종은 50만 년 이상 지속되었기 때문에 순간적인 사건의 결과로 볼 수 없다고 주장한다. 급격주의자들은 이 멸종은 1~1,000년 동안 지속되었고, **그림 7.4**에서 나타나는 단계적인 형태는 화석의 불완전한 보존과 불완전한 표품 채취 또는 생물에 의한 퇴적물의 재동 때문이라고 주장한다. 두 유형의 멸종을 좀 더 확실하게 구분하기 위해서는 좀 더 정확한 연대 측정과 샘플링에 대한 정확한 평가가 필요하다.

암석 기록 또한 잘못된 해석을 야기할 수 있다. 즉 암석 기록에 따라 점진적인 멸종이 급격한 멸종으로 해석될 수도 있고 급격한 멸종도 점진적으로 보이게 될 수도 있다. 예를 들어 암석 기록에 공백이 있다면(특히 KT 경계와 같은 중요한 시간 간격의 경우), 종의 범위가 인위적으로 짧아지게 되어 멸종의 형태는 갑작스러운 것으로 보이게 된다(**그림 7.5a**). 고생물학자가 특정 종의 멸종 직전 화석을 발견하지 못하는 경우에는 점진적으로 보이게 되는 반대 효과가 발생할 수도 있다. 시그노(Phil Signor)와 립스(Jere Lipps)는 암석 기록이 어떻게 잘못된 해석을 야기하는지를 보여 주었다. 이러한 현상을 **시그노-립스 효과**(Signor-Lipps effect)라 부르며, 이러한 효과 때문에 갑작스러운 대량멸종이 점진적인 대량멸종으로 보이게 된다(**그림 7.5b**).

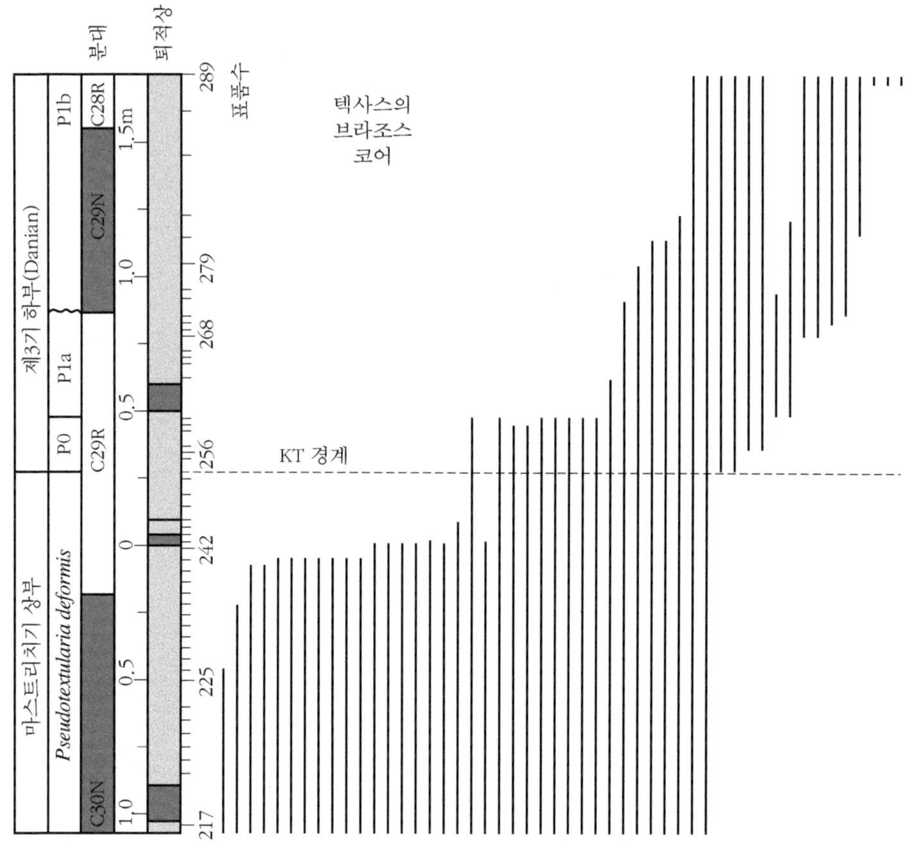

그림 7.4 약 1,500만 년 동안 지속된 전통적인 KT 단면에서의 유공충 멸종 패턴. 53%의 유공충 종이 KT 경계와 이리듐 이상을 보이는 구간에서 두 단계에 걸쳐 멸종했다. 암석의 절대 연령은 자기층서에 근거한 것이고, KT 경계는 C29R대에 있다. 부유성 유공충 분대(P0, P1a, P1b)가 표시되어 있고, 암질은 이암(어두운 색)과 석회암(중간색)이다. 미터로 표시된 척도는 특정 멸종 수준 0의 아래나 위의 높이를 나타낸다. [Keller(1993)에 근거.]

이러한 문제들은 특히 공룡 화석 연구에서 잘 나타난다. 육상퇴적암에서 발견되는 공룡 뼈 화석은 크기가 크지만 화석의 양은 매우 적다. 몬태나(Montana) 지역에서 두 팀의 공룡연구팀이 결성되어 공룡이 500만~1,000만 년 기간에 걸쳐 서서히 죽음에 이르렀는지(점진주의자들의 관점), 또는 그들이 백악기의 마지막 순간까지 생존한 후 급격하게 멸종했는지를 알아보기 위해 대규모 조사를 수행했다. 말할 필요도 없이 한 팀은 오랜 기간 동안 죽어간 증거를 찾은 반면, 다른 팀은 갑작스러운 멸종의 증거를 발견하였다.

문제는 어느 팀도 연구를 잘못했거나, 화석이 너무 부족했거나 또는 암석의 절대 연령이 틀렸거나 하지 않았다는 데 있다. 지질학자들은 수백만 년 동안에 벌어진 사건을 연구하지만 이러한 종류의 해답은 생태학적 시간 규모로 기껏해야 수십 년의 규모에 속하는 것들이다.

마찬가지로 서로 다른 대륙에서 발생했거나 다양한 지역에서 발생한 과거 사건의 정확한 연대를 밝히는 것 또한 쉽지 않다. 고생물학자들은 어떻게 몬태나 지역의 KT 경계가 몽고의 KT 경계와 같다고 확신할 수 있는가? 경계는 아마도 마지막 공룡 화석이 나타난 지층과 바로 상부 지층의 경계일 것이다. 하지만 경계에 대한 이러한 정의는 순환적이다. 즉, KT 경계는 공룡 화석이 산출되지 않는 지층이고, 공룡은 KT 경계 바로 아래에서 멸종했기 때문이다. 꽃가루 화석 같은 다양한 화석이 이러한 경계의 연대를 밝히는 데 사용될 수도 있으며 그 외의 부가적인 증거 즉, 자기층서 및 방사성 동위원소 연령 측정 또한 필요하다.

선택성과 대량멸종

대량멸종의 두 번째 특징은 선택성이 없어야 한다는 것이다. 왜냐하면 대량멸종은 모든 생물종에게 생태적으로 보편적인 영향을 미치기 때문에 특정 종만을 골라 죽이지 않기 때문이다. 생태적 **선택성**(selectivity)이란 대량멸종 기간에 어떤 생명체가 다른 생명체보다 살아남을 가능성이 높은 것을 의미한다. 예를 들어 KT 대량멸종 시기에 거대 파충류들이 특히 많이 죽었음에도 불구하고 대량멸종은 선택적으로 작동하지 않았던 것으로 보인다. 왜냐하면 공룡과 몇몇 거대 파충류를 비롯하여 많은 플랑크톤 미화석종들 또한 멸종했기 때문이다.

지리적으로 제한적 분포를 보이는 생물속의 경우는 대량멸종의 특징과는 달리 서식 분포에 대한 선택성이 나타난다. 자블론스키

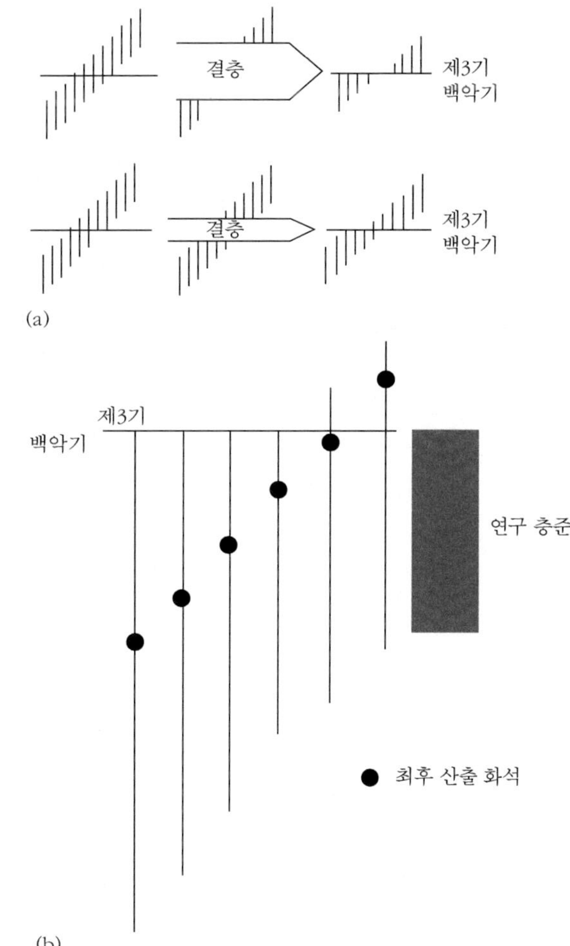

그림 7.5 암석 기록에 틈이 있거나 자료가 빠진 경우에는 점진적인 멸종 사건이 갑작스러운 사건(a)으로 또는 갑작스러운 사건이 점진적인 사건(b)으로 보일 수 있다. 두 경우 모두 수직선은 서로 다른 종을 나타낸다. (a) 왼쪽이 진짜 화석종 분포 패턴이다. 만약에 KT 경계에 크거나 작은 틈이 있다면(중간 도형) 종의 점진적 유실은 인위적으로 갑작스러운 것으로 나타난다(오른쪽 도형). (b) 종의 마지막 화석이 발견되지 않았다면 갑작스런 멸종이 점진적으로 보인다. 이러한 현상은 마지막 화석이 산출된 것으로 여겨지는 단면(음영 부분)에서의 추가적인 조사를 통해서만 해결될 수 있다.

(Jablonski, 2005)는 KT 대량멸종 사건 동안 이매패류와 복족류의 생활상, 몸의 크기 및 서식지 유형의 생태적 특징에 따른 선택성의 어떠한 증거도 찾을 수 없었다. 그는 이매패류속의 멸종 가능성은 이매패류속의 생물구역 수가 적을수록 크다는 것을 발견했다. 그는 또한 다른 대량멸종 기간에서 많은 생물들은 넓은 지리적 분포를 보이는 것이 생존에 유리하다는 것을 발견했다. 또한 종의 수가 많은 속일수록 생존에 유리하다.

평상시나 배경 멸종 시기에 중요했던 생태적 특징은 대량멸종 시기에는 생존에 거의 영향을 미치지 않는다. 예를 들어, 자블론스키(Jablonski, 2005)는 쥐라기와 백악기의 표생동물(epifaunal) 이매패류속이 내생동물(infaunal) 이매패류보다 생존 기간이 다소 짧다는 것을 밝혀냈는데, 이는 퇴적물 안에서 서식하는 것이 진화적으로 유리하다는 것을 의미한다. 하지만 KT 대량멸종 기간에는 표생동물과 내생동물 이매패류의 생존과 멸종에는 차이가 없었다.

이러한 현상은 정상적인 진화 과정이 깨진다는 대량멸종의 일반적인 원칙을 확인시킨다. 정상 시기 동안이라면 몸집이 크거나 굴을 파고 살거나, 빨리 이동하거나 또는 특이한 번식 양식 등은 유리한 형질일 수 있으나 위기의 시기에는 별 차이를 보이지 않는 것 같다. 자연선택은 정상적인 수준의 환경 변화기에 종들을 세대에 걸쳐서 다듬어 가지만 대량멸종은 일반적인 법칙이 적용되기에는 너무나 큰 규모의 도전인 것 같다. 대량멸종은 아마도 진화의 정상적인 법칙이 적용되기에는 너무나 갑자기 발생되는 것 같다. 굴드(Steve Gould)가 말했듯이, 대량멸종은 진화의 시계를 다시 돌려놓는다.

대량멸종의 주기성

대량멸종의 원인에 대한 다양한 관점에도 불구하고 논쟁의 기본은 각각의 대량멸종 사건에 유일한 원인이 있느냐 또는 모든 대량멸종 사건에 공통적으로 적용되는 이유가 있느냐이다. 만약에 한 가지 공통 원인이 있다면 기온(일반적으로 기온 하강)이나 해수면 변화 또는 혜성이나 유성의 주기적인 충돌 등일 것이다.

공통 원인을 찾으려는 노력은 라우프와 셉코스키(Raup & Sepkoski, 1984)가 지난 2억 5,000만 년 동안의 멸종 사건에 2,600만 년의 주기가 있다고 주장하면서 관심의 대상이 되었다(**그림 7.6**). 그들은 대량멸종 사건의 규칙적인 주기성은 천문학적인 원인에 기인한다고 주장하며 다음과 같은 세 가지 현상을 제안하였다. (1) 네메시스(Nemesis)라는 태양 자매별의 편심적인 궤도, (2) 은하면의 기울기, 그리고 (3) 태양계의 가장자리에 있는 명왕성 너머의 신비의 행성 X의 효과 등이다. 이 가설은 위의 세 가지 현상이 2,600만 년마다 오르트(Oört) 혜성운을 혼란시켜서 태양계의 혜성들이 주기적으로 지구로 쏟아진다고 주장한다.

대량멸종의 주기성에 대한 논쟁은 1980년대에 격렬했다. 많은 지질학자들과 천문학자들은 이 아이디어를 선호하여 네메시스나 행성 X를 찾으려고 노력했으나 결국 실패했다. 혜성 충돌설을 지지하는 과학자들은 페름기 말과 트라이아스기 말의 대량멸종과 관련이 있는 운석 분화구와 충돌 파편의 증거를 찾았지만 나머지 일곱 번의 다른 멸종 시기에서는 찾지 못했다. 충돌의 증거 또한 KT 대량멸종을 빼고는 너무 미약하다.

대부분의 고생물학자들은 주기성을 신뢰하지 않는다. 왜냐하면 10번의 대량멸종 중 진정한 대량멸종 사건은 오직 세 번뿐(페름기 말, 트라이아스기 말, KT)이며 쥐라기와 백악기에 발생했던 것으로 여겨지는 다른 일곱 번의 멸종은 규모가 너무 작아서 의미가 없거나 또는 인위적(잘못된 계산에 의한)인 것으로 여겼기 때문이다. 예를 들어 벤턴(Benton, 1995)은 라우프와 셉코스키 데이터를 새롭게 분석한 후, 대량멸종은 세 번뿐이며 다른 일곱 번의 멸종은 없다고 결론 내리고 운석 충돌 주기성의 정당성을 부정하였다.

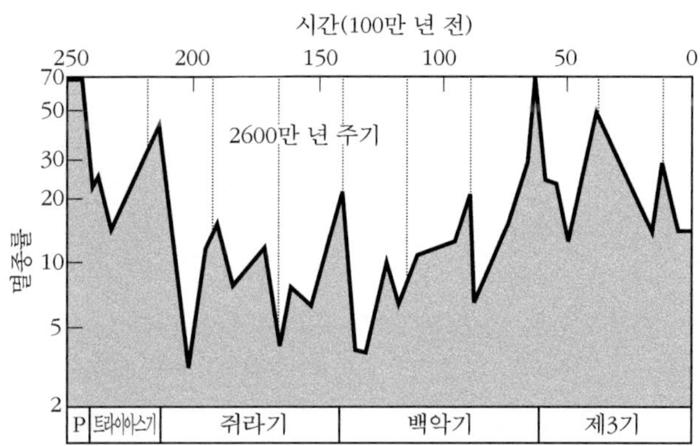

그림 7.6 과거 2억 5,000만 년 동안 해양 동물과의 주기적 멸종. 멸종률은 100만 년 당 멸종의 비율을 나타낸다. 주기적인 패턴은 육안에 의해 또는 연속 시간 분석을 사용하면 알 수 있다. 연속 시간을 반복적인 신호로 분해하기 위한 분광 분석이라 불리는 다양한 수학적 기술이 있다. 이 기술(Hammer & Harper, 2006)은 7장에 요약되어 있으며 전통적인 분석 방법(Raup & Sepkoski, 1984)의 실제 예는 웹페이지 http://blackwellpublishing.com/paleobiology/에서 볼 수 있다. [Raup와 Sepkoski(1984)의 분석에 근거.]

운석 충돌의 주기성에 대한 가설은 6,200만 년의 주기성을 주장한 로데와 뮐러(Rohde & Muller, 2005)에 의해 다시 논의되었다. 그들의 주기성은 오르도비스기 말, 후기 데본기, 페름기 말과 트라이아스기 말에는 적용되지만 KT 대량멸종은 제외된다. 이 주기성은 또한 중기 석탄기, 중기 페름기, 후기 쥐라기, 중기 백악기와 신생대 팔레오세 등의 대량멸종 사이의 시기에도 멸종이 있었음을 암시한다. 하지만 대부분의 연구자들은 이 연구를 신뢰하지 않는다. 이 연구가 화석 기록과는 연관이 매우 적으며 알려진 대량멸종 사건과도 일치하지 않고 단지 해수면의 장기적 변화를 반영하는 것 같기 때문이다. 따라서 대량멸종에 대한 주기성과 천문학적인 공통 원인을 찾고자 하는 연구는 다소 뜸해졌지만 해수면 변화 또는 또 다른 주기적인 요소를 찾는 것은 가치가 있을 수 있다.

✲ 5대 대량멸종 사건

대량멸종은 다섯 번인가 세 번인가?

이 장의 앞부분에서 언급했듯이, 과거 5억 년 동안에 대량멸종 사건이 세 번인지 다섯 번인지에 대하여 논쟁이 있어 왔다. 우리는 이제 다섯 번의 대량멸종 사건 중 세 번의 사건에 대한 핵심 요소를 정리하고 두 번의 대량멸종 사건에 대하여 자세히 설명할 것이다.

4억 4,500만 년 전 오르도비스기 말의 대량멸종에서는 해양생물군의 실질적인 변화가 있었다. 완족동물, 극피동물, 개형충류 및 삼엽충의 많은 속을 포함하여 초를 형성하는 대부분의 생물들이 멸종했다. 많은 증거들은 이 멸종이 기후 변화와 관련이 있음을 보여 준다. 멸종 전 그 당시의 북아메리카 해안가와 적도 근처의 대륙에는 열대지방의 초를 형성하는 생물과 그들 주변에 다양한 생물군이 풍부하게 살았다. 하지만 남반구 대륙들은 남극 쪽으로 이동하여 빙하기가 시작되었다. 빙하기가 시작되자 남반구 바다는 추워지고 얼음은 북쪽 모든 방향으로 퍼져 나가 물이 얼음의 형태로 갇히게 되면서 해수면이 전 지구적으로 하강했다. 극지방의 생물군은 열대지방으로 이동하였고 따듯한 지역에 살던 많은 생물들은 열대 기후대가 사라지면서 멸종되었다.

5대 대량멸종의 두 번째 사건은 데본기 후기에 일어났으며 약 3억 8,000만 년~3억 6,000만 년 전 동안 지속되었던 멸종의 파동이 연속적으로 일어났던 것 같다. 데본기 바다를 자유롭게 헤엄치던 풍부한 두족류와 괴기하게 생긴 갑옷을 두른 어류들이 사라졌다. 산호, 완족동물, 해백합류, 스트로마토포로이드(stromatophoroid), 개형충류 및 삼엽충 등의 생물들도 사라졌다. 원인은 해저면의 산소 결핍 상태가 동반된 기온 하강 또는 운석 충돌 때문인 것 같다. 아마도 다소 오래 지속되었던 이 멸종은 한 번에 일어난 대량멸종 사건이 아니라 소규모의 멸종 사건들이 연속적으로 발생했던 것 같다(Bambach, 2006).

트라이아스기 말 사건은 네 번째 대량멸종 사건이다. 쥐라기와 트라이아스기의 경계인 약 2억 년 전에 발생한 이 사건은 코노돈트(conodont)의 멸종을 비롯하여 대부분의 암모노이드, 많은 속의 완족동물, 이매패류, 굴족류 및 해양 파충류의 멸종으로 오래전부터 널리 인식되어 왔다. 운석 충돌이 이 대량멸종 사건의 원인일 수도 있으나 대부분의 증거는 해저의 산소 결핍과 지구 온난화를 지시한다. 즉, 북대서양이 갈라지기 시작한 지점인 판게아의 중앙 지역에서 거대한 용암이 분출하여 지구 온난화를 일으켰던 것 같다. 트라이아스기 말의 사건 또한 분명히 구분되는 대량멸종은 아닌 것 같다(Bambach, 2006). 이 사건은 하나 이상의 멸종 사건으로 구성된 것 같으며 초기의 멸종은 미약하다가 멸종 후기에 갑작스럽게 많은 생물 집단이 절멸한 사건인 것 같다.

5대 대량멸종 사건의 세 번째와 다섯 번째는 페름기~트라이아스기(PT)와 백악기-제3기(KT) 사건으로 좀 더 자세히 살펴볼 것이다.

페름기~트라이아스기 대량멸종 사건

페름기 말 또는 페름기와 트라이아스기 사이에 발생한 대량멸종은 가장 처참한 멸종 사건이지만 2000년 이후까지는 규모가 작은 KT 사건보다도 덜 알려져 있었다. 이는 KT 대량멸종이 보다 최근의 사건이어서 암석 기록이 훨씬 양호하고 연구하기가 쉽기 때문이다. KT 사건은 또한 공룡의 멸종 및 운석의 충돌과 관련이 있어 뉴스로서의 가치가 훨씬 높기 때문이다. 1990년대에 고생물학자들과 지질학자들은 PT 대량멸종이 1,000만 년 동안 지속되었는지 하루아침에 발생했는지 또는 주요 원인이 지구 온난화인지 해수면 변화인지, 화산폭발인지, 산소 결핍인지에 대하여 알지 못했다. 페름기 말의 대량멸종 사건은 페름기와 트라이아스기 경계의 바로 아래에서 발생했기 때문에 일반적으로 PT 사건이라 부른다.

1995년 이후 PT 사건에 대하여 많은 부분이 알려졌다. 우선 시베리아 용암대지(Siberian Trap)의 화산폭발 정점 시기가 PT 경계와 정확히 일치하는 2억 5,100만 년 전으로 밝혀졌다. PT 경계를 가로지르는 기존의 암석 단면과 새롭게 발견된 단면에서의 연구를 통해 페름기 최후기와 트라이아스기 최초기 사이에 공통적인 환경 변화가 있었음이 밝혀졌다. 암석 단면에서의 동위원소(산소와 탄소) 연구 또한 환경 변화와 일치되는 결과를 나타낸다. 모든 연구는 정상적인 피드백 과정으로 대처할 수 없을 정도로 대기와 해양 환경이 급격하게 변화했음을 일관되게 지시한다.

PT 사건의 규모는 거대하다. 50% 이상의 해양과 육상동물속이 멸종했는데, 희박(rarefaction)이론으로 분석하면 이는 약 80∼96%의 종 유실을 의미한다(**글상자 7.1**). PT 사건은 4∼20%의 종만이 살아남은 실질적인 생명의 멸종 사건인 셈이다. PT 경계의 암석 단면에 대한 좀 더 많은 지역에서의 연구도 이 사건의 지역적 특징을 잘 나타낸다(**글상자 7.2**).

PT 대량멸종의 규모와 돌발성은 충돌 또는 화산폭발과 같은 극적인 원인을 지시한다. PT 경계에서 운석 충돌의 증거들이 몇몇 과학자에 의해 제시되었다. 충격석영(shocked quartz)과 탄소 화합물에 포획된 외계의 희소 기체 및 운석 충돌구(남대서양과 오스트레일리아 연안에서) 등이 운석 충돌설의 증거로 제시되었지만 이러한 증거들은 KT의 증거들보다 매우 빈약하여 PT 사건에서 운석 충돌설은 넓은 지지를 받지 못했다.

관심은 400∼3,000m 두께와 200만 km^3의 현무암질 용암이 분포하는 동부 러시아의 시베리아 용암대지에 집중되고 있다. 현재는 100만 년보다 적은 기간 동안에 분출한 거대한 규모의 이 화산폭발이 페름기 말 위기의 주요 원인으로 인정되고 있다.

시베리아 용암대지는 화성암의 일종인 검은색 현무암으로 구성되어 있다. 현무암은 일반적으로 폭발적으로 분출되지 않고 현재 아이슬란드의 경우처럼 지하의 화도를 따라 느린 속도로 분출되는 용암이 식어 형성된다. 현무암의 범람은 층을 형성하고 수천 년 동안 지속적으로 쌓여 상당히 두꺼운 지층을 형성하게 된다. 시베리아 용암대지의 초기 연령은 2억 8,000만 년∼1억 6,000만 년 전까지 다양하며 주로 2억 6,000만 년∼2억 3,000만 년 전 사이에 집중된다. 따라서 1990년의 지질학자들은 시베리아 용암대지는 초기 페름기에서 후기 쥐라기까지 PT 경계의 어느 시기에 형성되었다는 것만을 알 수 있었다. 새

글상자 7.2 대량멸종 자세히 들여다보기

고생물학자들은 전 세계 여러 지역에서 PT 경계의 단면을 연구해 왔다. 현재까지 최고의 연구 중 하나는 남중국의 메이산(Meishan)에서 대량멸종의 유형을 조사한 진(Jin et al., 2000)의 연구이다. 이 단면은 1995년에 세계 표준층서(global stratotype)로 지정됐기 때문에 중요성이 더하다.

진(Jin et al., 2000)은 PT 경계를 가로지르는 90m의 암석 단면에서 수천 개의 화석을 수집했다. 그들은 다음과 같은 14개의 해양 화석 집단에 속하는 333종의 화석을 동정했다. 유공충, 방추충, 방산충, 사사산호, 태형동물, 완족동물, 이매패류, 두족류, 복족류, 삼엽충, 개형충, 코노돈트, 어류와 조류 등이 그들이다. 페름기가 끝나기 400만 년 전의 경계 지층 아래에서 161종이 멸종했다(**그림 7.7a**). 배경 멸종 비율은 대부분의 층준에서 33% 정도거나 그보다 낮다. 지층 24와 25가 접촉하는 PT 경계 바로 아래에서 남아 있던 대부분의 종, 즉 94%의 종이 사라졌다. **그림 7.7a**의 A, B, C 세 층준에서 멸종이 확인됐다. 진과 동료들은 A 층준에서 사라진 것 같은 6종은 아마도 잘못된 기록으로 실제로는 B 층준(시그노-립스 효과의 예)에 속하는 것 같다고 주장했다. 하지만 C는 실질적인 멸종 층준같다. 이러한 사실들은 B 층준에서 거대한 격변이 있은 후 몇몇 종은 C 층준까지인 100만 년 동안 살아남았지만 대부분의 종은 이 기간 동안에 단계적으로 멸종됐다는 것을 의미한다.

생태계 복원도(**그림 7.7b, c**)에서 보듯이, PT 대량멸종의 효과는 엄청나다. 저서성 생물과 물속을 헤엄치던 암모나이트와 물고기를 비롯하여 멸종 이전까지 풍부했던 산호초 생태계는 종이가리비와 무관절 완족동물인 링굴라의 몇 종만 남길 정도로 급감했다. 환경 또한 변했다. 퇴적암은 멸종 사건 이전에는 해저에 산소가 풍부했고 산호와 패각 조각들이 쌓이고 있었음을 나타냈으나 사건 후에는 아무것도 없다. 퇴적물은 검은색의 이암으로 화석이나 굴을 파고 살았던 흔적은 거의 없다. 검은색과 수반된 황철석은 무산소 환경을 지시한다. 이것은 죽음의 구간이다.

PT 대량멸종에 대하여 벤턴(Benton, 2003)과 어윈(Erwin, 2006)의 논문을 더 읽어 보라. 벤턴과 트위체트(Benton & Twitchett, 2003)의 논문에서 최근 증거들의 간략한 개관을 볼 수 있다. http://www.blackwellpublishing.com/paleobiology/ 또한 읽어 보라.

로운 방사성 동위원소 기법을 이용한 최근의 방사성 동위원소 연구 결과, 보다 정확한 PT 경계의 연령이 측정되었으며 현재 시베리아 용암대지의 최하부에서 상부까지 용암은 약 60만 년이라는 것이 알려졌다.

중국과 기타 지역에서의 PT 경계에 대한 퇴적학 연구도 그 시기의 퇴적 환경이 급격하게 변화했음을 보여 준다. 해양 단면을 보면 페름기 말의 퇴적물은 대부분이 석회질의 생물 골격으로 구성되어 있는데, 이는 바다의 환경이 생명체가 살아가는 데 최상의 조건이었음을 나타내는 것이다. 동일한 시기의 다른 퇴적물은 생물 교란작용(bioturbation)에 의해 심하게 교란되어 있는데, 이는 퇴적물 속으로 굴을 파고 사는 동물들에게 산소가 풍부하게 공급되는 환경이었음을 지시한다. 이와는 반대로, 멸종 사건 직후인 트라이아스기 초기의 퇴적물은 대부분 어두운 색을 나타내며, 종종 황철석이 풍부한 검은색을 띤다. 퇴

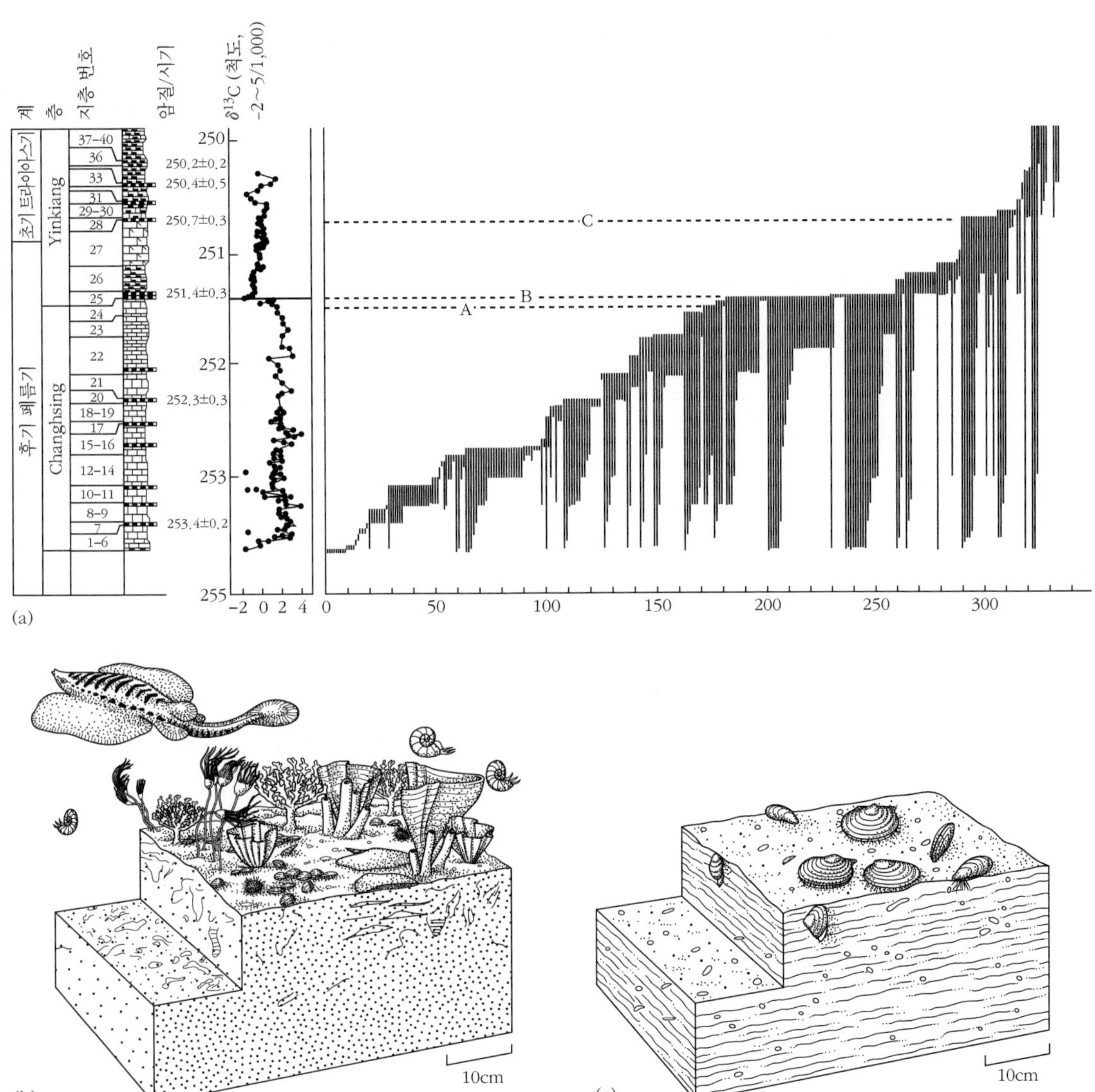

그림 7.7 중국에서의 페름기 말 대량멸종. (a) 절대 연령 및 탄소동위원소 변화에 따른 메이산(Meishan) 지역의 PT 경계 90m 단면에 나타나는 해양 동물 333종의 멸종 형태. 세 번의 멸종 시기(A, B, C)가 확인되었다. 수직선은 단면에서 해양종의 층서 범위를 나타낸다. (b, c) 페름기 말(b)과 멸종 직후(c)의 전형적인 종 구성을 보여 주는 상자 그림. [(a)는 Jin 등(2000)에 근거, (b)와 (c)는 John Sibbick의 초안.]

적물 속에서 굴을 파고 사는 생물들도 매우 드물게 산출되고 있으며 그 크기는 매우 작다. 저서성의 무척추동물 화석도 매우 드물게 산출된다. 이러한 관찰 결과는 지화학적 증거와 마찬가지로, 해저 환경이 산소가 풍부한 환경에서 산소가 결핍된 환경으로 극적으로 변했음을 지시한다(Wignall & Twitchett 1996; Twitchett 2006). 멸종 사건 이전의 해양 생물군은 뚜렷한 생물지리구(biogeographic province)로 구분되어 있었다. 멸종 사건 이후 종이가리비(paper pecten)로 알려진 클라라이아(*Claraia*)와 무관절강 완족동물인 링굴라(*Lingula*) 같은 얇은 패각을 가진 기회주의 동물(opportunistic fauna)들이 전 세계로 확산되었다(**글상자 7.2 참조**).

지구화학 분야에서도 추가적인 단서가 제공되었다. PT 경계에서 산소동위원소값은 크게 변한다. 즉, $\delta^{18}O$의 값이 약 6/1,000 정도 감소되는데 이는 지구의 온도가 약 6℃ 상승한 것에 해당된다. 기후 모델을 연구하는 학자들은 지구 온난화가 어떤 방식으로 해양순환과 용존 산소량을 저감시켜서 궁극적으로 해저의 산소 결핍을 일으킬 수 있는지 증명해 왔다. 이와 같은 극적인 온도상승은 퇴적물과 고토양 및 식물과 파충류 화석에도 반영되었다. 육상의 많은 지역에서는 토양층이 대규모로 씻겨 유실된 것으로 보인다. 멸종 사건 이후에는 소수의 식물들만이 이와 같은 혹독한 환경에 대처할 수 있었으며, 실질적으로 생존한 유일한 파충류는 식물을 섭취하는 쌍아류(dicynodont)의 리스트로사우루스(*Lystrosaurus*)였다. 흔히 '대종말 후 온실기(post–apocalyptic greenhouse)'로 불리는 이러한 시기의 삶은 매우 힘들었을 것이다.

그렇다면 멸종 모델은 무엇인가? 해결의 열쇠는 해양 퇴적암의 탄소동위원소 연구에서 나왔다. 대량멸종 전후의 탄소동위원소값은 +2～+4에서 −2로 급격히 감소한다. 이러한 감소는 가벼운 탄소(^{12}C)의 비율이 갑작스럽게 증가했음을 암시하는데 지질학자들과 대기 모델을 연구하는 학자들은 이 원인을 밝히기 위해 노력해 왔다. 순식간에 모든 생명체가 죽어 ^{12}C가 해양으로 씻겨 들어갔다거나, 시베리아 용암대지의 화산분출로 계산된 양만큼의 ^{12}C가 대기로 유입되었거나 등은 ^{12}C의 변동 곡선을 설명하기엔 불충분하다. 무언가 다른 것이 필요하다.

그 무언가는 **가스 하이드레이트**(gas hydrates)일 수도 있다. 가스 하이드레이트는 해양저로 가라앉아 매장된 해양 플랑크톤의 잔해로 형성된다. 수백만 년 동안 방대한 양의 탄소가 대륙 주변부의 심해저로 이동하여 얼음격자 안에 메탄의 형태로 갇히게 되었을지도 모른다. 만약 해저 퇴적물이 지진에 의해 흔들리거나 또는 해수 온도가 상승한다면, 가스 하이드레이트는 퇴적물에서 분리되어 메탄이 방출되며, 방출된 메탄은 해수면으로 급격히 상승하게 된다. 가스 하이드레이트는 고압 조건의 특정 심도에 분포하기 때문에 해수면으로 상승할 경우 압력이 감소되어 부피가 최대 160배까지 팽창하게 된다. 중요한 점은 가스 하이드레이트에는 ^{12}C 동위원소가 다량 함유되어 있기 때문에 이러한 과정에 의해 방대한 양의 ^{12}C가 대기 중으로 배출될 수 있다는 것이다.

다음과 같은 추정이 가능하다. 페름기 말 시베리아 화산폭발로 야기된 지구 온난화가 극지 부근의 가스 하이드레이트를 용해시켜 막대한 양의 메탄(^{12}C가 풍부한)이 거품을 일으키며 해수면으로 상승했다. 대기 중으로 방출된 방대한 양의 메탄은 온난화를 강화시키고, 강화된 온난화는 다시 가스 하이드레이트 저장소의 용해를 심화시켰을지도 모른

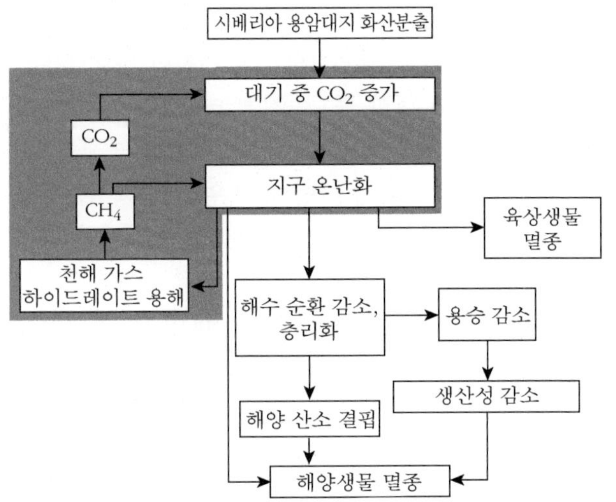

그림 7.8 2억 5,100만 년 전의 시베리아 용암대지 화산폭발에 따른 가능한 환경 변화. 화산활동이 이산화탄소를 대기 중에 공급하여 지구 온난화가 일어났다. 지구 온난화는 해수의 순환과 용승을 감소시켜 해양은 저산소 환경이 되었으며, 결국 해양생물의 생산성이 약화되고 멸종이 심화되었다. 가스 하이드레이트는 메탄(CH_4)을 방출하여 '탈주 온실' 현상(음영 부분)과 같이 지구 온난화를 가속시켰다. (Paul Wignall 제공.)

다. 이러한 과정이 반복되어 정귀환적(positive feedback spiral)으로 온도가 상승하게 되는데, 이를 '탈주 온실효과(runaway greenhouse effect)'라 한다. '온실'이라는 용어는 메탄이 지구 온난화를 일으키는 주요 온실가스 중 하나라는 사실을 나타내는 것이다. 아마도 페름기 말에는 온실가스 수준을 정상 수준으로 낮출 수 있는 시스템이 작동될 수 없는 한계점에 도달한 것으로 보인다. 시스템이 통제 불가능한 상황에 이르렀고 생명의 역사에서 가장 큰 사고로 이어진 것이다.

현재의 모델은 시베리아 용암대지 화산분출 시의 모든 환경적인 변화들을 추적하고 있다(그림 7.8). 즉각적인 결과는 화산가스가 대기 중의 물과 결합하여 황산, 탄산 및 질산의 치명적인 혼합물을 형성하는 **산성비**(acid rain)이다. 이런 산성비가 육지의 식물을 죽이면 토양이 유실되면서 육지가 헐벗게 된다. 먹을 것이 없어지자 육상동물들이 죽게 되었다. 화산폭발로 분출된 이산화탄소가 지구 온난화를 일으키고 이것이 아마도 가스 하이드레이트를 대기 중에 방출시켜 지구 온난화를 더욱 가속시켰을 것이다. 온난화는 산소 감소를 초래하여 해저는 산소 결핍 상태가 되고 결국 해양생물이 죽음을 맞이하게 되었다. 만일 이러한 모델이 정확하다면, 어떤 관점에서는 PT 사건이 KT의 충돌보다도 훨씬 더 놀라운 사건일 것이다. 왜냐하면 PT 대량멸종은, 가이아 모델(Gaia model)의 일부이든 아니든, 지구의 모든 정상화 조절 시스템이 고장난 시기에 발생한 완전히 지구 종속적(Earth-bounded)인 과정을 대변하는 사건이기 때문이다. 이 모든 것이 지구 온난화로부터 시작되었던 것이다.

백악기-제3기 사건

KT 사건은 1980년부터 철저하고 집중적인 정밀 검증을 받아 왔기 때문에 PT 사건보다 훨씬 더 많이 것이 알려졌다. 1980년 이전에 과학자들은 6,500만 년 전에 무슨 일이 일어났는지에 대하여 100개도 넘는 이론을 가지고 있었다. 이러한 이론은 합리적인 것으로부터(기후 변화, 식물종 변화, 충돌, 판구조운동, 해수면 변화 등) 솔직히 터무니없는 것까지(공룡의 성욕감퇴, 우둔함의 증가, 호르몬 불균형, 애벌레들 사이의 먹이식물 경쟁, 포유류가 공룡의 알을 먹어 치웠다는 등) 다양했다. KT 사이에 어떤 일이 일어났는지를 증명하고 환경 변화 및 다양한 변화를 알기 위한 노력이 계속돼 왔다. 그리고 충격적인 폭탄선언이 있었다.

1980년 6월에 20세기의 가장 중요한 논문 중 하나가 「사이언스(Science)」에 게재되었다. 앨버레즈(Luis Alvarez)와 동료들이 발표한 이 논문은 10km 크기의 운석(소행성)이 지구와 충돌하여 거대한 먼지구름을 일으켜서 지구를 둘러싸고 태양을 차단했으며, 이로 인해 육상식물과 식물성 플랑크톤의 광합성이 중단되어 전 세계적인 멸종이 일어났다고 대담하게 주장했다. 식물 음식이 사라지자 초식동물들이 사멸하였고 육식동물이 그 뒤를 이었다. 이 단순한 모델은 제한적인 관찰 증거에 기초하고 있기 때문에 두말할 필요도 없이 커다란 논란을 불러일으켰다.

앨버레즈는 아원자입자 연구로 노벨상을 수상한 물리학자였다. 그는 그의 아들 월터 앨버레즈(Walter Alvarez)와 함께 KT 경계의 암석 기록이 상세한 이탈리아에서 지질학 연구에 참여하였다. 연구팀은 해양 석회암이 연속적으로 노출된 KT 경계에서 다소 특이한 점토층을 발견했다. 그들은 이 점토층을 비롯하여 점토층의 상부와 하부 암석에 대하여 화학성분을 측정하여, 금속 원소인 이리듐이 점토층에서 비정상적으로 높다는 것을 발견했다. 경계 부근에서 이리듐 성분 함량이 정상 수준인 0.1~0.3ppb에서 9ppb로 치솟았으며, 이것이 그 유명한 이리듐 스파이크(Iridium spike)다(**그림 7.9**). 이리듐은 백금족 금속 원소로 지각에는 흔치 않으며, 거의 모든 이리듐은 외계에서 운석을 통해 지구에 유입된 것이다. 지구의 매우 낮은 이리듐 함량 수치는 지구 역사상 작은 운석 충돌이 수차례 있었음을 대변한다.

이리듐 스파이크는 비정상적으로 많은 양의 이리듐이 지구표면에 도착한 것을 나타내기 때문에 앨버레즈는 과거 지구에 거대한 운석(혜성)의 충돌이 있었다고 제안했다. 그는 역산을 통해 살인적인 충격으로 발생한 먼지구름이 전 지구를 뒤덮어 그 효과가 전 세계적이었다고 주장했다(**글상자 7.3**). 그는 충돌 실험과 잘 알려진 주요 화산 분출에 대한 연구를 통해 이와 같은 거대한 먼지구름을 발생시킬 수 있는 분화구의 지름은 100~150km에 이르며, 이는 곧 지름 10km의 운석이 충돌했음을 의미한다고 주장했다. 1980년 「사이언스」에 수록된 그의 논문은 수많은 언론에 보도되었으며, 이 새로운 아이디어는 즉각적으로 모든 영역 과학자들의 관심을 끌었다.

앨버레즈의 논문은 많은 논란을 불러일으켰는데 논란의 일부는 아이디어가 너무 충격적이었기 때문이다. 또한 주 저자가 지질학자나 고생물학자가 아닌 물리학자였기 때문이며, 일부는 증거자료가 극도로 조잡한 것처럼 보였기 때문이었다. 그러나 앨버레즈와 동

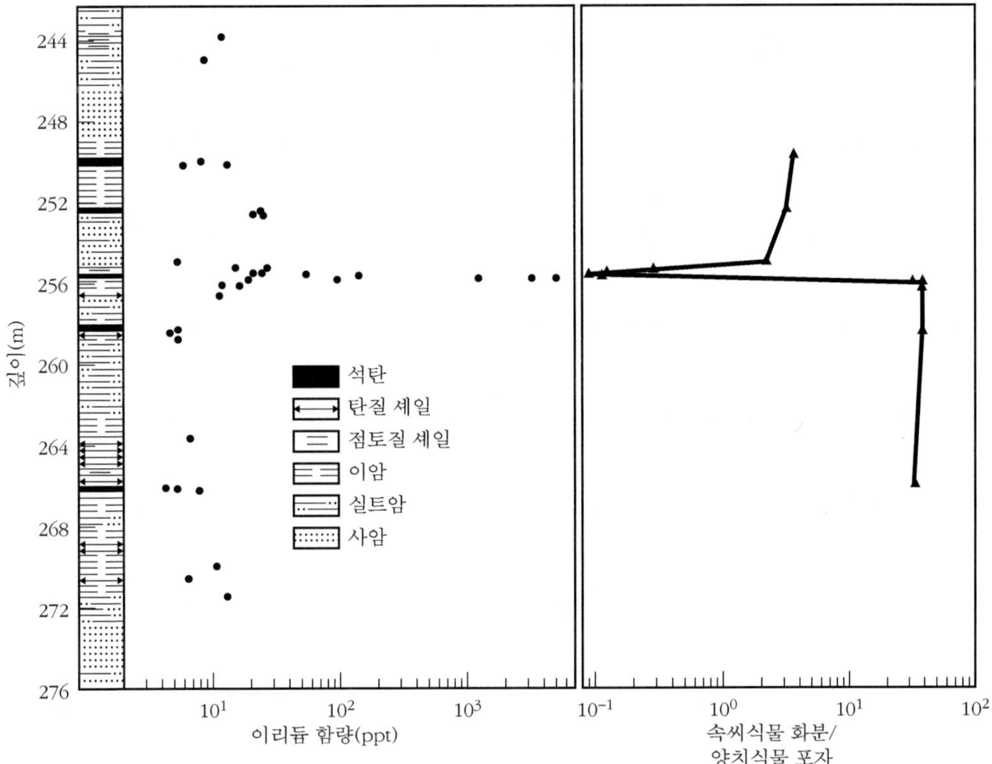

그림 7.9 뉴멕시코 요크 협곡(York Canyon)의 육상 퇴적물에 기록된 이리듐(Ir) 스파이크와 양치식물 스파이크. ppt(1조분의 1)로 측정된 이리듐 스파이크는 정상 수준의 1만 배에 달하여 외계 물질 충돌의 강력한 증거로 해석된다. 양치식물 스파이크는 속씨식물군이 갑작스럽게 죽은 후 양치식물로 대체되었음을 나타낸다. [Orth 등(1981)에 근거.]

료들은 불명예를 씻어 냈다. 1980년부터 축적된 증거자료들은 그들의 주장이 옳다는 것을 증명해 왔고 실제로 1991년에 충돌 분화구가 멕시코의 칙술럽(Chicxulub)에서 확인되었다.

파국적인 멸종은 특정 단면에서의 플랑크톤과 다른 해양생물의 갑작스러운 절멸 및 화분화석 비율의 급변에 의해서도 인지된다. 화분 비율의 변동은 속씨식물이 갑작스럽게 소멸되어 양치식물로 대체된 후 식물상이 점진적으로 정상으로 회복되는 과정을 보여 준다. KT 경계의 많은 육상 단면에서 관찰되는 이러한 양치식물 스파이크(fern spike)는 화산폭발에 따른 화산재 퇴적의 여파로 해석된다. 양치식물이 회복되자 토양이 발달되고 속씨식물이 뒤를 이어 새로운 지구표면에서 대량으로 서식하기 시작한 것이다. 이러한 해석은 화산폭발 이후의 식물군 변화를 관찰한 후 유추한 것이다.

KT 대량멸종에 대한 **격변적 모델**(catastrophic model)의 대안 중 하나는 **점진적 모델**

글상자 7.3 앨버레즈 교수의 방정식

운석 충돌에 의해 공룡을 비롯하여 많은 생물이 죽었다고 주장한 앨버레즈(Luis Alvarez)는 충돌의 모든 주요 특징과 태양이 가려지는 것을 요약하는 방정식을 제안했다. 그의 방정식은 단순하고 대담한데 제한적인 증거에 바탕을 두었기에 더욱 그러하다. 이것은 나쁜 것처럼 보일지도 모른다. 과학자들은 언제나 조심해야만 하는가? 하지만 과학자가 하는 좋은 일은 당신을 실패하게 만드는 것이다. 당신은 틀릴 수도 있어야만 한다. 그것이 간혹 옳다는 것을 도울 수도 있다.

과학자의 역할은 가설을 검증하는 것이며 이는 당신의 가설도 다른 사람에 의해 검증되기 위해 열려 있다는 것을 의미한다. 가설이 대담하면 할수록 그것을 반박하는 것은 더 쉽다. KT 대량멸종에 대한 앨버레즈의 모델(Alvarez et al., 1980)은 극단적으로 대담해서 쉽게 반박될 것 같았지만 그의 가설은 반박되지 않았으며 실제로는 엄청난 양의 증거가 그 주장을 지지한 사실만으로도 이것이 매우 성공적인 가설이었음을 입증한다.

앨버레즈와 동료들의 공식은

$$M = sA/0.22f$$

로, 여기서 M은 소행성의 질량, s는 충돌 직후의 이리듐의 표면밀도, A는 지구의 표면적, f는 운석에서의 이리듐의 분수 양이고, 0.22는 1883년 분출한 인도네시아의 크라카타우(Krakatau) 화산으로부터 성층권으로 들어간 물질의 비율이다. KT 경계에서 이리듐의 표면밀도는 이탈리아 구비오(Gubbio) 지역과 덴마크의 스티븐스 클린트(Stevns Klint) 지역에서 표품을 수집하여 얻은 값을 기초로 8×10^{-9}gcm^{-2}로 추정되었다. 현재 운석의 측정치는 0.5×10^{-6}이다.

모든 값을 공식에 넣으면 소행성의 무게는 340억 톤이었다. 소행성의 지름은 적어도 7km였으며 다른 공식들도 비슷한 결과를 보여서 앨버레즈팀은 지름 10km의 소행성이 충돌했다고 제안했다.

웹사이트 http://www.blackwellpublishing.com/paleobiology/에서 KT 사건에 대하여 알아볼 수 있다.

(gradualist model)로, 멸종은 기후 변화 결과로 오랜 시간을 두고 일어났다는 주장이다. 육지에서는 공룡이 뛰어놀던 아열대의 무성한 서식지가 포유류가 서식하는 계절적 기후의 온대 침엽수 서식지로 대체되었다. 해양생물군 중 많은 수가 백악기 말기에 점차적으로 감소한 것 또한 점진적 시나리오의 추가적인 증거다. 육지에서의 기후 변화는 해수면의 변화 및 따뜻한 천해 면적의 변화를 야기한다.

세 번째 학설은 대부분의 KT 현상들이 화산활동으로 설명될 수 있다는 것이다. 인도의 데칸 용암대지(Deccan Traps)는 KT 경계 약 200만~300만 년 동안 용암이 광범위하게 분출되었음을 나타낸다. 화산폭발 모델 지지자들은 격변의 물리적인 증거(이리듐, 충격석영, 소구체 등)와 생물의 멸종을 데칸 용암대지의 화산폭발 결과로 설명한다. 하지만 어떤 경우는 화산폭발 모델이 갑작스러운 생물의 멸종으로 해석되는 반면, 다른 과학자들은 화산이 장기간 연속적으로 분출하여 생물들이 300만 년 동안 죽어간 점진적인 멸종으로 해석하기도 한다.

점진적 화산 모델은 1980년대와 1990년대에 지배적이었으나, 운석 충돌에 대한 증거가 보강되면서 앨버레즈(Alvarez et al., 1980) 논문의 견해에 대한 지지가 강화되었다. 중앙아메리카 유카탄(Yucatan) 반도의 상부 백악기층 심부에 위치한 칙술럽 분화구의 발견(그림 7.10)은 매우 설득력이 있었다. 분화구 하부에서 발견된 용융생성물들의 연대가 정확히 KT 경계와 일치했고, 원시 카리브(proto-Caribbean) 해안의 주변 암석들 역시 이 모델을 강력하게 뒷받침한다. 예를 들어, 원시 카리브의 고대 해안 주변의 퇴적층에 나타나는 뒤섞인 퇴적암괴들은 거대한 충돌로 야기된 저탁류나 쓰나미를 지시한다. 게다가 KT 경계의 점토층은 충돌 압력에 의해 생성된 십자교차 조직을 보이는 석영입자인 충격석영을 다량 함유하고 있다(그림 7.11a). 그 외에도 충돌지점 1,000km 이내의 점토층에서 독특한 지구화학적 성질을 갖는 유리질 소구체(glassy spherule, 그림 7.11b)가 발견된다. 단순한 화산활동도 화산 중심부에 마그마의 용융체인 유리질 소구체를 만들 수 있다. 하지만 KT 소구체는 원시 카리브의 해저 퇴적암

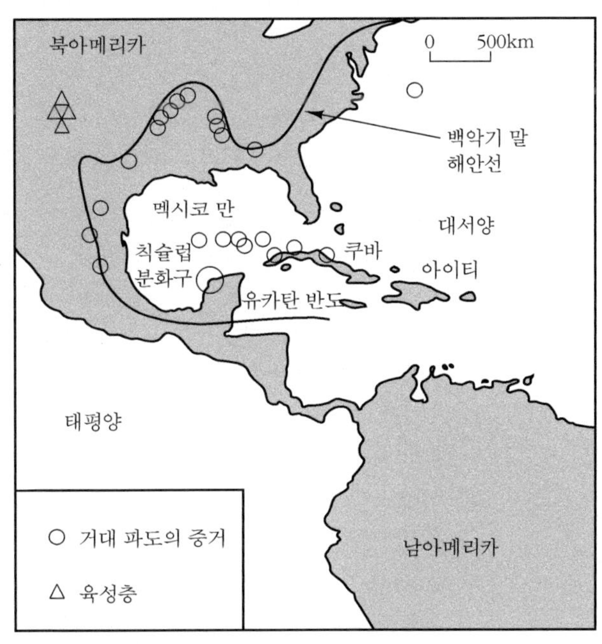

그림 7.10 KT 충돌 지역. 중앙아메리카 유카탄 반도의 칙술럽 분화구와 원시 카리브 해안의 폭풍퇴적층(tempestite)의 위치(원으로 표시됨). 육성 KT 퇴적물은 삼각형으로 표시되었다.

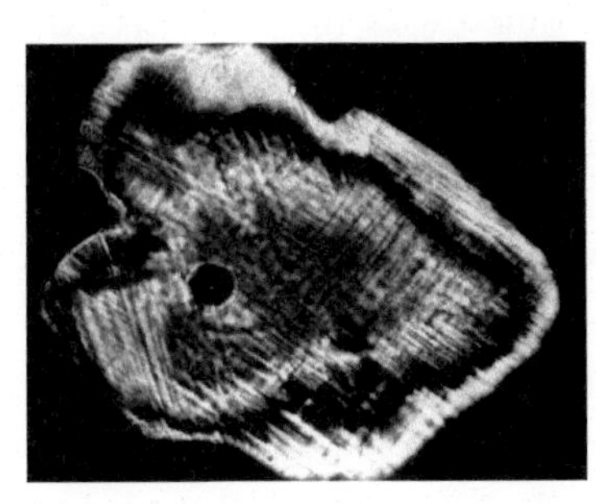
(a)

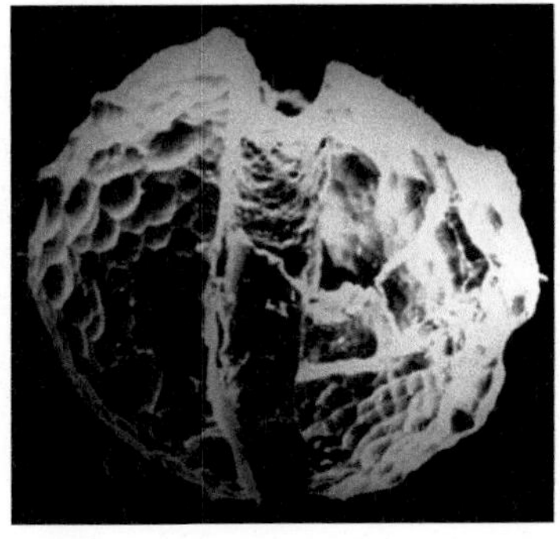
(b)

그림 7.11 카리브에서의 KT 충돌 증거. (a) KT 경계의 충격석영. (b) 멕시코 북동부 밈브랄(Mimbral) 지역의 KT 경계에서 발견된 유리질 소구체(지름 1.5mm)로 칙술럽 분화구에 떨어진 화산 용융체의 증거이다. (Philippe Claeys 제공.)

인 석회암이나 증발암과 동일한 지구화학적 성질을 가지고 있기 때문에 화산활동 가설로는 설명이 불가능하다. 퇴적암의 용융은 소행성의 직접적인 충돌과 같은 특이한 과정에 의해서만 일어날 수 있기 때문이다. 충돌 분화구에서 멀어질수록 경계부의 지층이 얇아지고, 저탁류나 쓰나미 퇴적물은 보이지 않고, 소구체가 없거나 크기가 작으며, 충격석영의 양도 줄어든다.

충돌이 일어난 지층의 정확한 연대 측정에 대하여 논쟁이 있어 왔다. 일부 증거자료에 따르면 KT 경계와 멸종 이전 30만 년 전에 칙술럽 충돌이 일어난 것으로 보인다. 이러한 생각은 치열한 논의를 거쳤으나 다수의 고생물학자들은 이에 동의하지 않는다. 그러나 만약에 충돌이 멸종의 주요 파동기와 다른 시기에 일어났다면, 이 간단한 멸종 모델은 수정되어야 할 것이다.

결국 칙술럽 분화구를 비롯하여 이리듐 이상, 충격석영, 유리질 소구체와 같은 지구화학적이며 암석학적인 자료들은 모두 6500만 년 전의 지구에 충돌이 있었음을 나타낸다. 고생물학 자료들 또한 갑작스런 멸종을 지지하지만, 아직 일부 자료들은 100만~200만 년에 걸친 장기간의 멸종을 지시하고 있다. 의문점의 핵심은 장기적인 멸종이 진정한 양상인지, 또는 불완전한 화석 수집에 따른 인위적인 결과인지이며, 만약에 충돌이 일어났다면 이것이 어떻게 이와 같은 유형의 멸종을 이끌었는지 이다. 이러한 멸종 모델들은 생물학적으로 가능성이 없거나 지나치게 급변적이다. 모든 생물과의 75%가 KT 사건에서 생존했다는 점과, 그중 다수가 외견상으로는 영향을 받지 않았다는 점을 고려해야 함을 상기하자. 두 모델을 결합하여 장기간에 걸친 생물의 멸종은 해수면과 기후의 점진적 변화에 의한 것으로 설명하고, KT 경계기에 마지막으로 멸종된 현상은 충돌에 의한 결과로 설명할 수 있는지는 아직 확신할 수 없다.

✲ 과거와 현재의 멸종

멸종 사건

배경 멸종과 대량멸종의 중간 규모에 해당하는 사건은 수많은 종이 멸종되기보다는 생물계의 오직 일부에서만 발생하거나, 또는 한두 개의 생물군에만 영향을 미치는 형태로 여러 차례 발생했다. 중간 규모의 이러한 멸종은 종종 하나의 멸종 사건으로 분류되기도 하지만 각각은 명백히 구분된다. 많은 멸종 사건들이 확인되었으나 여기에서는 잘 알려진 일부 사건들을 간략하게 살펴볼 것이다.

첫 번째 사건은 약 5억 4,200만 년 전의 에디아카라 사건으로 시기는 다소 불명확하지만, 에디아카라 동물군의 종말을 나타내는 사건이다. 일부 에디아카라 동물들이 캄브리아기까지 생존했지만 주류를 이루었던 해파리 형태와 엽상체 형태 및 벌레 형태의 괴기한 생물체들은 사라졌다. 이러한 멸종이 캄브리아기 초기에 패각동물의 극적인 방산에 필요한 길을 열어 주었다. 이 대량멸종은 다소 오래된 사건이기 때문에 모든 종이 동시에 멸종되었는지 확신하기 어려우며, 일부 학자들은 대량멸종이 아니라고 주장하기도 한다. 영양소 결핍에 따른 위기나 기온 변화에 대한 몇몇 증거는 있으나, 멸종 원인에 대해서는 아직도 논란의 여지가 있다. 이보다 이전의 사건은 약 6억 5,000만 년 전에 발생한 에디아카라 초기의 대량멸종으로 추정되는 사건이다. 이 멸종은 지구냉각화로 인해 촉발되었다는 '눈덩이 지구(snowball Earth)' 모델로 설명되기도 하지만 이 역시 논란의 여지가 있다.

초기 캄브리아의 말기에는 광범위하게 초를 형성했던 고배류(Archaeocyatha)의 멸종이 있었다.

후기 캄브리아기의 5억 1,300만~4억 8,800만 년 전 기간 동안에는 대략 다섯 번에 걸쳐 일련의 멸종 사건들이 발생했다. 삼엽충의 반복된 멸종과 더불어서 북아메리카를 비롯한 여러 지역에서 해양 동물군의 주요한 변화가 있었다. 해양 동물들이 훨씬 다양해졌고, 유관절 완족류, 산호류, 어류, 복족류, 두족류 등이 오르도비스기의 방산기 동안에 극적으로 다양화되었다.

PT 사건 1,000만 년 이전인 페름기 중기와 후기 사이의 실질적인 멸종 사건을 포함하여, 후기 데본기와 PT 대량멸종 사이의 고생대 기간 중에도 멸종 사건과 생물종의 교체가 발생했다. **과달루페세 말 사건**(end-Guadalupian event)이라 불리는 페름기 중-후기의 멸종은 본질적으로는 대량멸종으로 판명될 수 있다. 많은 수의 해양과 육상생물군이 큰 타격을 받았으나, 페름기 말 사건과 유사하여 혼돈되기 쉽고 연대 측정이 명확히 이루어지지 않았기 때문에 최근까지도 구분이 매우 어려웠다.

초기 트라이아스기 말과 후기 트라이아스기에도 유사한 멸종 사건이 발생했다. **카르니안~노리안 사건**(Carnian-Norian event)으로 알려진 후기 트라이아스기 멸종 사건은 트라이아스기 말 대량멸종 이전 약 1,500만~2,000만 년 전 사이에 발생했다. 이 사건은 초를 형성하는 동물과 암모나이트류 및 극피동물의 변화로 특징되지만 육지에서도 중요한 생물상의 변화가 일어났다. 식물상의 대규모 전환이 일어났고 많은 수의 양서류와 파충류가 사라졌으며, 뒤이어서 공룡과 익룡류가 극적으로 증가했다. 이 시기에 거북, 악어, 원시 도마뱀류와 포유동물 같은 현생 동물들이 나타나기 시작했다. 이 사건은 대륙이동과 관련된 기후 변화의 결과일지도 모른다. 이 시기에 북아메리카와 아프리카 사이에 대서양이 형성되기 시작하면서 초대륙 판게아가 분리되고 있었다.

쥐라기와 백악기의 멸종들은 작은 사건에 해당한다. 쥐라기 초기와 말기 사건에서는 산소가 결핍된 결과 조개류, 복족류, 완족류와 암모나이트 등이 소멸되었다. 자유유영 동물군은 영향을 받지 않았으며 육상에서도 이러한 사건의 징후가 발견되지 않았는데 아마도 부분적으로는 불완전한 기록 때문인 것 같다. 쥐라기 중기와 백악기 초기에도 멸종 사건이 있었던 것 같지만 아직은 불확실하다. 약 9,400만 년 전에 있었던 **세노마니안~튜로니안**(Cenomanian-Turonian) 멸종 사건 동안에 몇몇 부유성 미생물과 그들을 먹이로 살아가는 경골어류 및 어룡류가 멸종되었는데, 이는 해수면 변화와 연관이 있는 것으로 추정된다.

KT 사건 이후 발생한 멸종 사건들은 규모가 크지 않다. 3,400만 년 전의 에오세~올리고세(Eocene–Oligocene) 사건은 플랑크톤과 공해상에 서식하던 경골어류 및 유럽과 북아메리카에 분포하던 포유류 생물군의 변화에 의해 특징된다. 이후의 신생대 사건은 다소 불분명하다. 올리고세 중기에 북아메리카 대륙의 포유류들이 급감했고 중기 마이오세 기간에는 몇몇 종의 플랑크톤이 멸종하였으나, 두 사건 모두 소규모였다. 플랑크톤의 멸종은 플라이오세 기간에 발생했으며 열대 해양의 조개류와 완족류의 멸종과 관련이 있는 것으로 보인다.

마지막 멸종은 플라이스토세 말 사건으로 인류의 관점에서 보면 극적일지 모르지만, 멸종 사건으로 포함시키기에는 다소 미흡하다. 빙하가 유럽과 북아메리카 대륙에서 물러나면서 매머드, 마스토돈(mastodon), 양털코뿔소, 땅늘보와 같은 거대 포유류들이 멸종되었다. 일부 멸종은 기후 변화와 관련이 있고 나머지는 인류의 사냥활동에 의해 감소된 것 같다. 하지만 거대 포유류의 멸종은 전체 종의 1%에 못 미치는 종들만이 소멸된 지구 전체적으로는 소규모의 멸종 사건이다.

대량멸종으로부터의 생물상 회복

대량멸종 이후의 회복기간은 멸종의 규모에 비례한다. 후기 데본기, 쥐라기 말, KT와 같은 대규모 멸종 사건 이후 생물학적 다양성이 회복되는 데 걸린 시간은 약 1,000만 년 정도였다. 대규모인 PT 사건 이후의 회복기간은 더욱 길어서, 전체 해양생물의 다양성이 멸종 이전의 수준으로 회복되는 데 약 1억 년이 걸렸다. 종 수준의 다양성은 다소 빨리 회복되어 약 2,000만~3,000만 년 정도 걸린 후기 트라이아스기에 회복된 것 같다. 그러나 생물과의 총수로 표현되는 생물 몸 설계의 본질적 다양성이 회복되기까지는 훨씬 오랜 시간이 필요했다.

혹독한 환경위기 이후 모든 규칙이 변한다는 것은 분명해지고 있다(Jablonski, 2005). **재난 생물군**(disaster taxa)이 그 증거다(**그림 7.12**). 재난 생물군이란 어떤 이유에 의해서건, 다른 종들이 위축되는 환경에서 번성할 수 있는 종들이다. 예를 들어 해양 스트로마톨라이트와 육상 양치류는 짧은 시간 동안 갑작스럽게 나타났다. PT 위기 이후에 무관절 완족동물인 링굴라(*Lingula*)는 감소되기 전까지 아주 잠깐 사이 번창하였다. 링굴라는 과거 5억 년 동안 살아왔던 완족동물 속이고 현재까지도 산소 함량이 적은 강 하구의 진흙에서 살고 있기 때문에 살아 있는 화석으로 불린다. 멸종 이후 쥐라기 초기의 또 다른 재난 생물군은 이매패류의 클라라이아(*Claraia*), 우니오나이테스(*Unionites*), 프로미알리나(*Promyalina*) 등으로 이들은 산소가 결핍된 흑색 셰일에서 발견된다. 짐작컨대 이러한 동물들은 산소함량이 적은 수중 환경에 적응했을 것이다.

암모노이드와 마찬가지로 이매패류와 완족류는 멸종 사건 이후 500만~1,000만 년 동안 천천히 다양성을 회복했지만 다른 동물군은 영원히 사라졌다. 사사산호와 판상산호 및 그 외의 초를 형성했던 동물들도 페름기 말에 모두 사라졌다. PT 대량멸종 이후에 초를 형성하는 생물이 사라져서 해양에 초가 없었던, '초 빈틈(reef gap)' 현상은 환경 변화에 따른 위기의 명백한 증거인 셈이다. 멸종 이후 후기 페름기의 풍부한 열대 초들은 모두 사라졌고, 1,000만 년 동안이나 희미하게나마 초와 닮은 것이라곤 보이지 않았다. 중기 트라이아스기에 처음으로 초가 형성되기 시작하였으나 이들의 대부분은 페름기 멸종에서 살아남은 태형동물과 석회조류 및 해면동물 등의 군집으로 이루어진 것이다. 산호들이 진정한 초를 구성하기까지는 또다시 1,000만 년의 시간이 걸렸다.

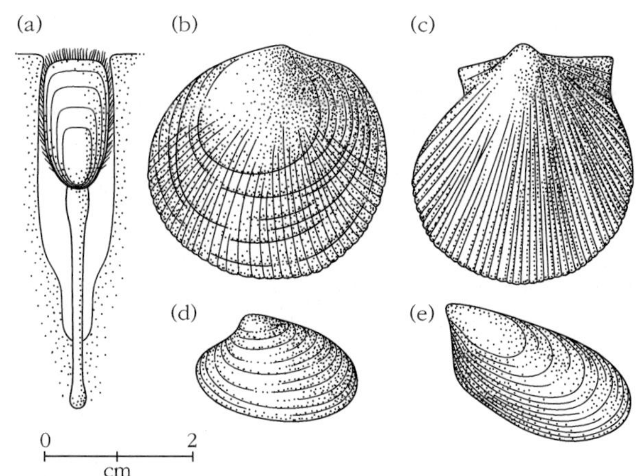

그림 7.12 페름기 말 대량멸종 후의 재난 생물군. (a) 완족동물 링굴라(*Lingula*), (b) 이매패류 클라라이아(*Claraia*), (c) 유모르포티스(*Eumorphotis*), (d) 우니오나이테스(*Unionites*), (e) 프로미알리나(*Promyalina*). 이들은 페름기 말의 위기를 극복한 몇 안 되는 종들로 위기 후에 수천 년 동안 해저 바닥의 산소가 결핍된 검은색의 진흙 속에서 살아왔다.

바다에 '초 빈틈'이 있었다면 육지에서는 '석탄 빈틈(coal gap)'이 진행되었다. 석탄은 죽은 식물로부터 형성되기 때문에 석탄기와 페름기의 풍부한 석탄 퇴적물은 무성한 숲의 존재를 나타낸다. 산성비가 식물이 생존하던 육지를 쓸어버린 이후, 트라이아스기 초기 2,000만~2,500만 년 동안에는 석탄이 만들어지지 않았다. 후기 트라이아스기가 되어서야 숲이 다시 등장하기 시작했다. 육지의 사지동물들도 비슷한 영향을 받았으며, 생태계 역시 후기 트라이아스기에 공룡과 다른 새로운 생명체의 출현으로 재생되기 전인 트라이아스기 초기와 중기에는 불완전한 상태였다.

대량멸종 이후 생명체는 느리게 회복되었다. 처음에는 혹독한 조건을 견뎌내고 빠르게 종분화를 할 수 있는 재난 생물군들 사이에서 한바탕 소동과 같은 진화 과정이 진행되었다. 이후 재난 생물군들은 오랜 기간 생존하고 멸종 이전의 복잡한 생태계를 재건하기 시작하는 다른 생물군으로 대체되어 갔다. 대량멸종의 위기는 두 가지 측면에서 생명체에 영향을 끼친 것 같다. 즉, 멸종 사건 이후의 환경이 너무나 혹독하여 생명체가 살 수 없었을지 모르며, 또한 이러한 위기가 정상적인 생태계와 진화 과정을 해체시켜 버렸을지도 모른다는 것이다.

현재의 멸종

우리는 인간에 의한 멸종의 대표적 사례인 도도새로 이 장을 시작했다. 도도새의 멸종은 다른 어떤 종의 멸종과 마찬가지로 의심의 여지없이 애석한 일이다. 우리의 현실은 어떠한가? 일부 논객들은 우리는 현재 되돌릴 수 없는 생물종 감소 경향의 한가운데 있으며, 인류는 하루에 약 70종의 생물을 멸종시키고 있고, 불과 수백 년 후에는 대부분의 생명체가 사라질 것이라고 선언하고 있다. 다른 이들은 이러한 멸종이 진화의 정상적인 한 부분일 뿐이며 일상적인 현상을 벗어난 것은 아무것도 없다고 주장한다.

일부 생물군의 경우 역사적 기록에 근거하여 멸종 속도를 계산될 수 있다. 조류나 포유류처럼 많은 연구가 이루어진 생물의 경우 역사적 기록을 바탕으로 정확한 멸종시기가 알려져 있다. 도도새는 마지막으로 1681년 아프리카의 모리셔스(Mauritius) 지방에서 관찰되었다. 멸종위기였음에도 불구하고 도도새는 1693년 완전히 사라질 때까지도 선원들의 먹잇감이 되었다. 큰 바다쇠오리는 1844년에 마지막으로 북대서양에서 수집되었지만 아이러니하게도 마지막 두 마리의 큰 바다쇠오리가 아이슬란드 엘디섬(Eldey Island)에서 자연사 자료수집가들에 의해 맞아죽었다. 1852년에 일부 목격담이 보고되었으나 확인되지 않았다.

인간의 활동이 단지 희귀종이나 고립종 조류들만을 멸종시킨 것은 아니다. 마르타(Martha)라는 이름의 마지막 나그네비둘기가 1914년 신시내티(Cincinnati) 동물원에서 죽었다. 위대한 조류학자 오두본(Audubon, John James)이 켄터키 지역을 3일에 걸쳐 지나가던 한 무리의 나그네비둘기를 보고한 것은 불과 100년 전이다. 그는 3시간 동안 10억 마리의 새들이 지나갔다고 계산하였다. 하늘의 모든 방향이 새들 때문에 온통 검은색으로 뒤덮였다. 새들은 조직적인 사냥 프로그램으로 인해 사라져 갔다. 사냥이 최고조에 달했을 때는 나그네비둘기 시체로 사람이 볼 수 있는 모든 풍경이 온통 검게 보일 정도였다.

조류와 포유류 등 역사적 기록이 있는 동물군들의 멸종률(rate of extinction)을 알기 위해 자료들을 도식화할 수 있다(그림 7.13). 현재 조류종의 멸종률은 1년당 1.75종이다

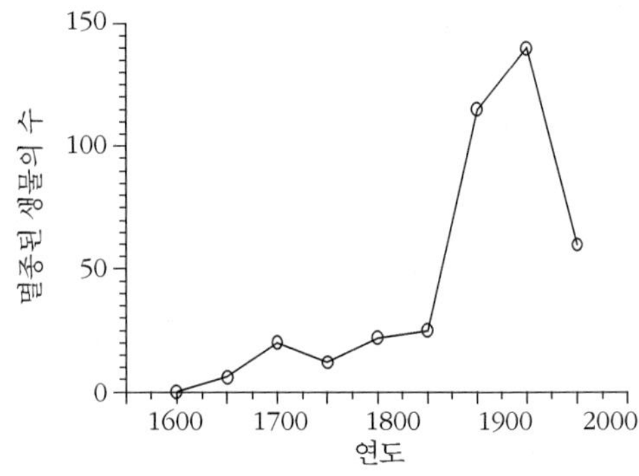

그림 7.13 50년 단위로 계산된 역사상 기록이 있는 생물종의 멸종률. 1900~1950년 사이에 멸종된 종의 수가 급증한 것에 주목하라. 외견상 감소하는 것으로 나타나는 1950~2000년 사이의 결과는 50년 기간이 아직 완전히 포함되지 않았기 때문의 인위적인 결과이다.

(1600년 이후로 현존하는 조류의 약 1%가 사라짐). 만약 이러한 멸종 속도를 바탕으로 2,000만~1억 종의 모든 현생종의 멸종 속도를 추론한다면 5,000~25,000/1년 혹은 13.7~68.5/1일이 될 것이다. 이는 인간을 포함하여 2,000만~1억 종의 지구상 모든 생물종이 800~2만 년 사이에 멸종된다는 것을 의미한다. 이는 놀랄 만한 수치로 종종 현생종의 멸종 속도를 과거 대량멸종과 비교할 때 종종 제시되곤 한다.

이러한 계산 결과에 대한 당연한 반응은 연간 손실 수치와 추론의 타당성에 의문을 제기하는 일일 것이다. 지금까지 사살되어 온 대부분의 조류들은 개체군이 적고 섬(예: 도도새)이나 극단적인 환경(예: 큰바다쇠오리)에 서식하는 취약 종 조류들이다. 만일 비둘기나 참새 그리고 닭과 같이 광범위하게 서식하는 종이었다면 이러한 약탈로부터 살아남을 수 있었을까? 나그네비둘기를 상기해 보면 이들은 멸종으로부터 영향을 받지 않았어야 했다. 또 다른 중요한 점은 조류나 포유류의 멸종으로부터 계산된 수치를 다른 모든 생물로 확대 적용하는 것에 의문을 제시하는 것이다. 예를 들어 조류와 포유류들은 단명하는 종들로(즉, 빠르게 진화하는) 이들의 멸종 속도를 식물과 곤충에게 적용하는 것은 적합하지 않다.

현재의 멸종에 대하여 아직 결론을 내릴 수는 없다. 분명한 것은 인구가 급증하고 개발과 환경 보존 사이에 긴장감이 증가함에 따라 자연 서식지와 생물종들에게는 압력이 가중된다는 것이다. 식물과 동물은 인류의 인구가 적었던 과거보다 빠르게 죽어가고 있다. 고생물학자와 환경학자들은 현대의 멸종이 얼마나 빠른 속도로 진행되고 있는지와 위협 요소들은 무엇인지를 이해하고 답을 찾는 중요한 일을 담당하고 있다.

⚜ 복습 문제

1. 고생물학자와 지구과학자들은 대량멸종을 어떻게 연구하고 있는가? 작년에 출판된 PT 사건에 관련된 자료 조사를 수행하라. 문헌검색을 통해 첫 번째 50개 보고서를 찾아내고 광범위한 주제(고생물학, 층서학, 지구화학, 대기학 모델링, 화산학)와, 지리구(대륙별로), 퇴적 환경(육상과 해양) 및 멸종 모델의 핵심 결론(시베리아 용암대지 분출, 가스 하이드레이트, 산성비, 산소 결핍, 운석 충돌 등)별로 분류하라. 멸종에 대한 우리의 견해가 제한된 지리학적 범위만을 다루고, 해양 암석에만 관심을 두었고 또는 특정 주요 학파의 것만을 다루어 다소 편파적인가? 그렇다면 이러한 편향성은 예측 가능한 것인가? 또는 그 이유는 무엇인가?
2. 방송 매체에 의해 연구 안건이 왜곡된 증거가 있는가? KT 사건에 대한 뉴스를 보고, 다른 견해에 대한 보도의 균형을 고려해 보라. 당신이 최근에 접한 뉴스보도 50개에 언급된 동물과 식물군에 대하여 자료를 조사하라.
3. 이 책에서 다루지 않은 대량멸종 사건인 오도비스기 말, 후기 데본기, 트라이아스기 말 멸종 사건에 대하여 조사하라.
4. http://strata.ummp.lsa.umich.edu/jack 또는 http://geology.isu.edu/FossilPlot/를 이용하여

셉코스키(Jack Sepkoski) 데이터의 화석 생물속 자료로부터 5대 대량멸종 사건의 상대적인 규모를 계산해 보라.

5. 현재 지구상에서 일어나는 생물종 소멸이 때때로 '제6의 멸종'이라고 불리는 이유는 무엇인가?

더 읽을거리

Benton, M.J. 2003. *When Life Nearly Died*. W.W. Norton, New York.

Benton, M.J. & Twitchett, R.J. 2003. How to kill (almost) all life: the end-Permian extinction event. *Trends in Ecology and Evolution* **18**, 358–65.

Briggs, D.E.G. & Crowther, P.R. 2001. *Palaeobiology, A Synthesis*, 2nd edn. Blackwell, Oxford, UK.

Erwin, D.H. 2006. *Extinction: How Life on Earth Nearly Ended 250 Million Years Ago*. Princeton University Press, Princeton, NJ.

Gotelli, N.J. & Colwell, R.K. 2001. Quantifying biodiversity: procedures and pitfalls in the measurement and comparison of species richness. *Ecology Letters* **4**, 379–91.

Hallam, A. & Wignall, P.B. 1997. *Mass Extinctions and their Aftermath*. Oxford University Press, Oxford, UK.

Hammer, Ø. & Harper, D.A.T. 2005. *Paleontological Data Analysis*. Blackwell Publishing, Oxford, UK.

Jablonski, D. 2005. Mass extinctions and macroevolution. *Paleobiology* **31**, 192–210.

Taylor, P. 2004. *Extinctions in the History of Life*. Cambridge University Press, Cambridge, UK, 204 pp.

참고문헌

Alvarez, L.W., Alvarez, W., Asaro, F. & Michel, H.V. 1980 Extraterrestrial cause for the Cretaceous-Tertiary extinction. *Science* **208**, 1095–108.

Bambach, R.K. 2006. Phanerozoic biodiversity mass extinctions. *Annual Review of Earth and Planetary Sciences* **34**, 127–55.

Benton, M.J. 1995. Diversification and extinction in the history of life. *Science* **268**, 52–8.

Hammer, Ø. & Harper, D.A.T. 2005. *Paleontological Data Analysis*. Blackwell Publishing, Oxford, UK.

Jablonski, D. 2005. Mass extinctions and macroevolution. *Paleobiology* **31**, 192–210.

Jin, Y.G., Wang, Y., Wang, W., Shang, Q.H., Cao, C.Q. & Erwin D.H. 2000. Pattern of marine mass extinction near the Permian-Triassic boundary in South China. *Science* **289**, 432–6.

Keller, G., Barrera, E., Schmitz, B. & Mattson, E. 1993. Gradual mass extinction, species survivorship, and long-term environmental changes across the Cretaceous-Tertiary boundary in high latitudes. *Bulletin of the Geological Society of America* **105**, 979–97.

McKinney, M.L. 1995. Extinction selectivity among lower taxa – gradational patterns and rarefaction error in extinction estimates. *Paleobiology* **21**, 300–13.

Orth, C.J., Gilmore, J.S., Knight, J.D., Pillmore, C.L., Tschudy, R.H. & Fassett, J.E. 1981. An Ir abundance anomaly at the palynological Cretaceous-Tertiary boundary in northern New Mexico. *Science* **214**, 1341–3.

Raup, D.M. 1979. Size of the Permo-Triassic bottleneck and its evolutionary implications. *Science* **206**, 217–18.

Raup, D.M. & Sepkoski Jr., J.J. 1984. Periodicities of extinctions in the geologic past. *Proceedings of the National Academy of Sciences, USA* **81**, 801–5.

Rohde, R.A. & Muller, R.A. 2005. Cycles in fossil diversity. *Nature* **434**, 208–10.

Twitchett, R.J. 2006. The Late Permian mass extinction event and recovery: biological catastrophe in a greenhouse world. *In* Sammonds, P.M. & Thompson, J.M.T. (eds) *From Earthquakes to Global Warming*. Royal Society Series on Advances in Science No. 2. World Scientific Publishing, Hackensack, NJ, pp. 69–90.

Wignall, P.B. & Twitchett, R.J. 1996 Oceanic anoxia and the end Permian mass extinction. *Science* **272**, 1155–8.

제 8 장
생명의 기원

학습 키포인트

- 생명은 지구 탄생 후 처음 10억 년 동안에 유기분자들의 결합에 의해 탄생했다.
- 살아 있는 세포의 조상들은 RNA를 스스로 복제할 수 있었을 지도 모르며 생명체가 탄생하기 이전의 시기를 "RNA 세계"라 한다.
- 남조세균(cyanobacteria)의 광합성 작용으로 산소 분자(O_2)가 형성되었으며 함량은 낮았으나 24억 년 전에 대기에 산소가 공급되었고 산소 함량은 약 8억~6억 년 전까지 점점 증가되었다.
- 현생 생명체들의 유전자 분석을 통해 만들어진 보편 생물계통도에 따르면 생명은 크게 진정세균(Bacteria)과 고세균(Archaea) 및 진핵생물(Eucarya)역으로 구분되며 앞의 두 역은 원핵생물, 나머지는 진핵생물에 해당한다.
- 가장 오래된 화석은 퇴적물층과 조류층(algal mat)이 교대로 쌓여 형성된 32억 년 전의 스트로마톨라이트로 대변되는 박테리아 화석이다.
- 35억 년 전의 최초의 화석 세포에 대해서는 논란이 있으며 현재 25억 년 전의 세포 화석이 널리 인정되고 있다.
- 생물지표, 특히 지질은 27억 년 전에 남조세균과 진핵생물이 존재했음을 나타낸다.
- 핵과 세포 소기관을 가진 가장 오래된 진핵생물은 약 19억 년 전의 화석이다.
- 12억 년 전의 홍조류 화석은 유사분열뿐만 아니라 유성생식에 필수적인 감수분열의 특징을 가지고 있어서 그 당시 암수의 구별이 있었음을 보여 준다.
- 12억 년 전의 홍조류 화석에는 성과 다양한 기능의 특별한 세포를 가진 다세포성이 처음으로 나타난다.

생명은 만들어지는 것 같지도 않고 이 행성 지구에서 유일할지도 모르지만, 그럼에도 불구하고 생명은 시작됐으며 이러한 기적이 어떻게 일어났는지를 알아내는 것이 우리의 과제이다.

니스벳(Euan Nisbet)『젊은 지구(The Young Earth)』(1987)

인간은 어디에서 왔는가? 생명 그 자체는 또한 어디에서 온 것인가? 등의 기원에 관한 질문은 인간에게 있어서 가장 심오한 질문 중 하나이다. 고대의 철학자들은 이 세상이 살아 있는 것과 살아 있지 않은 것들로 구성되어 있다고 보았으며 생명의 시발점에 대해 알려고 노력해 왔다. 암석이나 물 같은 살아 있지 않은 것에서 어떻게 식물이나 동물 같은 살아 있는 것들이 만들어졌을까?

생명의 기원에 대한 초기의 생각들은 무생물이 어떻게 생명체로 변화했는가에 대한 다양한 **창조신화**(creation myth)를 만들어 냈다. 창조신화는 많은 종교의 공통적 특징으로 생명의 탄생을 신의 창조로 설명한다. 하지만 이러한 관점은 검증될 수 없기 때문에 과학적이라 할 수 없다. 창조주의적 관점에 대해서는 5장을 참조하길 바란다.

최근의 과학적 견해는 35억 년 전 언젠가 생명체가 지구상에 등장했음을 말한다. 약 35억 년 전의 오스트레일리아와 남아프리카 암석의 탄소동위원소값은 무거운 탄소(^{13}C)에 비하여 가벼운 탄소(^{12}C)를 선택적으로 더 섭취하는 현재 해양생물권의 특징과 일치한다. 최초의 생명체는 오늘날의 미생물 같은 단순한 단세포 **원핵생물**(prokaryote)이었다. 좀 더 복잡한 세포인 **진핵생물**(eukaryote)은 그보다 훨씬 이후인 약 27억 년 전에 등장하며, 최초의 식물과 동물은 시간이 훨씬 더 흐른 후 등장한다. 이는 지구 생명 역사의 초기 75% 기간 동안은 식물도 동물도 아닌 생명체들이 차지하고 있었다는 것을 의미한다.

이 장에서 우리는 먼저 생명의 기원에 대한 몇몇 관점을 살펴볼 것이다. 다음에 우리는 생명이 언제 어떻게 탄생했는가에 대한 다양한 증거들을 다룰 것이다. 물론 우리는 지질학적 증거와 화석 증거들을 집중적으로 다룰 것이지만 필요에 따라 분자 생물학과 생화학적인 부분 또한 다룰 것이다.

✲ 생명의 기원

과학적 모델

생명의 기원에 대한 많은 과학적 이론이 제시되었으나 몇몇 이론은 증거 부족으로 현재 받아들여지지 않으며 어떤 이론은 여전히 정당한 가설로 여겨지고 있다. 이에는 다음과 같은 것들이 있다.

1. 자연발생설(Spontaneous generation)
2. 무기체 모델(Inorganic model)
3. 외계기원설(Extraterrestrial origins)
4. 생화학 모델(Biochemical model)
5. 열수 모델(Hydrothermal model)

중세의 학자들은 생명체는 무생명체로부터 갑자기 나타나듯 자연히 발생된다고 믿었다. 예를 들어, 개구리는 봄 이슬에서 나타나며 구더기는 썩은 고기로부터 온다고 믿었다. 그러나 이러한 생각이 진실이 아니라는 것이 과학적 실험에 의해 증명되었다. 1861년 파스퇴르(Louis Pasteur)는 밀폐된 용기에 고기 조각을 넣었으나 구더기는 나타나지 않았다. 그는 파리가 썩은 고기 위에 알을 낳아 그 알들이 구더기로 부화한 후 구더기가 파리가 된다는 것을 보여 주었다. 생명의 기원에 대한 **자연발생설**(spontaneous generation)은 실험을 통해 검증될 수 있기 때문에 과학적 가설이긴 하지만 잘못된 이론으로 밝혀졌다. 과학적인가 비과학적인가가 옳고 그름을 의미하지는 않는다는 것을 아는 것은 중요하다. 과학은 받아들여질 가설 하나가 남을 때까지 실험하고 기각하는 것을 반복하는 것이다.

생명의 기원에 대한 **무기체 모델**(inorganic model)은 복잡한 유기분자들이 기존에 있던 용해 상태의 규산염 결정인 무기적 복제 기반 위에서 점진적으로 나타난다는 이론이다. 해저에서 점토광물인 규산염 결정 속으로 유기분자가 들어가서 무기적인 요소들이 유기적으로 변하게 된다는 것이다. 이 모델은 글래스고 대학(Glasgow University) 케언스 스미스(Graham Cairns-Smith)의 강력한 옹호를 받았지만 폭넓은 지지를 받지는 못했다. 이 모델을 입증하기 위한 첫 번째 실험이 2007년에 수행되었으나 결과는 성공적이지 못했다.

외계기원설(extraterrestrial model)은 생명에 필요한 기초 성분들이 외계로부터 지구 위에 뿌려졌다는 이론이다. 수소 시안화물, 포름산, 알데히드 및 아세틸렌 같은 간단한 분자들은 **탄질 콘드라이트**(carbonaceous chondrite) 운석뿐만 아니라 혜성에서도 발견되는데 이러한 화합물이 약 38억 년 전의 극심한 운석 폭격 시기에 지구 표면으로 전달되었을지도 모른다. 이 이론의 좀 더 극단적인 가설 중 하나는 심지어 DNA가 우주에 존재했으며 또는 완전한 생명체가 우주 어느 곳에선가 이미 탄생하여 과거 지구로 뿌려졌다는 주장들이다.

이 이론은 우주 어디에나 생물 기원의 물질이 있다는 의미에서 범우주론(panspermia)이라 부르기도 한다. **범우주론**(panspermia model)은 나사의 매케이(David McKay)와 그의 팀이 화성에서 떨어진 운석에서 유기화합물의 흔적과 박테리아 화석을 발견했다고 보고한 1996년에 각광을 받았다. 하지만 이 발견은 다양한 논란을 일으켰고 처음의 흥분은 이제 다소 가라앉은 상태이다. 생명의 기원에 대한 외계기원설이나 범우주론을 명쾌하게 입증하는 것은 매우 어렵다. 뿐만 아니라 지구가 아닌 다른 행성에서 생명이 기원했다고 주장하더라도 어떻게 생명이 탄생했는지에 대한 의문은 여전히 남는다.

생화학 모델(biochemical model)은 1920년대에 구소련의 생화학자인 오파린(A.I. Oparin)과 영국의 진화생물학자인 홀데인(J.B.S. Haldane)에 의해 세상에 알려졌다. 그들은 일련의 유기 화학적 반응이 보다 복잡한 생화학적 구조를 만들고 결국 이러한 과정으로 생명체가 탄생했다고 주장했다(**그림 8.1**). 그들은 초기 지구의 원시 대기 성분이 단순한 유기화합물을 형성하고 이러한 유기화합물이 결국 좀 더 복잡한 분자를 이루었다고 주장했다. 이러한 분자들이 주변 환경에서 분리되어 살아 있는 생명체의 특징을 가지게 되었다는 것이다. 그들은 영양분을 흡수할 수 있게 되어 성장하고 번식하는 등의 생물학적 특징을 가지게 되었다.

열수 모델(hydrothermal model)은 오파린과 홀데인의 생화학적 모델을 수정한 최근의 이론이다(Nisbet & Sleep, 2001). 그들의 의견에 따르면 모든 우주 생명체의 **최종보편공통조상**(last universal common ancestor, LUCA)은 극심한 고온에서 살았던 **극호열성 생물**(hyperthermophile)이었을 것이다. 활발한 화산활동과 연관된 초고온의 수성 환경에서 아마도 독립된 아미노산에서 DNA로의 전환(그림 8.1)이 일어났을지도 모른다. 오늘날 지구에는 두 곳의 초고온 지역이 있는데 화산지대의 화산분기공과 흑색 열수구(black smocker)가 그렇다. 흑색 열수구는 두 개의 해양판이 서로 반대쪽으로 움직이며 새로운 지각이 형성되는 중앙 해령 부근에 분포한다. 황산염의 형태로 황을 함유한 해수는 지각 내부로 스며들어 하부의 용융상태 마그마와 혼합되며 결국 황화물의 형태로 황이 농집된 초고온의 수증기를 다시 바다로 뿜어낸다. 검은색의 뜨거운 물기둥이 분출되며 저온의 해저에는 광물질이 침전된다. 흑색 열수구는 생명 기원의 장소로 보기에는 너무 뜨거운 지역이지만 그 외의 또 다른 지역은 그만큼의 고온은 아니다.

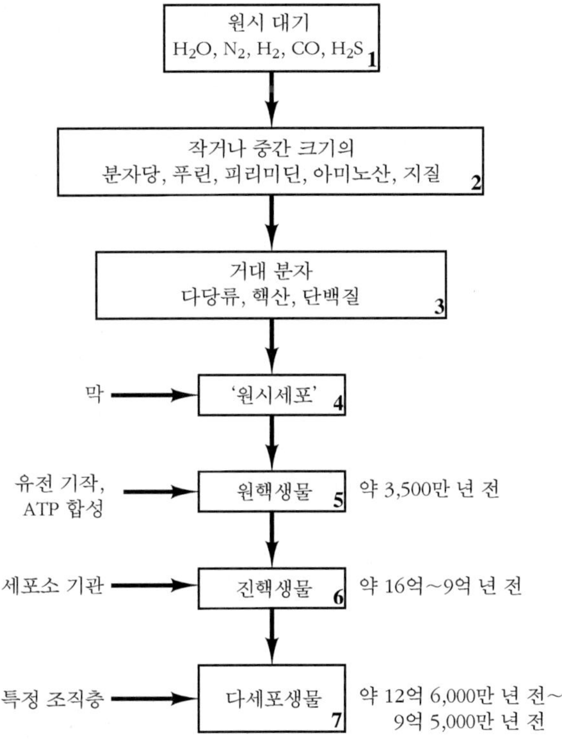

그림 8.1 1920년대 오파린(I.A. Oparin)과 홀데인(J.B.S. Haldane)에 의해 제안된 생명의 기원에 관한 생화학적 모델. 생화학자들은 실험실에서 이 과정의 3단계까지 성공했지만 생명체를 창조하는 것은 실패했다. ATP, adenosine triphosphate.

이것이 우리에게 오파린-홀데인의 생화학 모델을 생명이 어떻게 기원했는지에 대한 전반적 모델로 여기게 하고, 열수 모델을 오파린-홀데인 모델의 다소 특별한 예로 여기게 한다. 과학자들은 생화학 모델을 어느 정도까지 입증할 수 있는가?

생화학 모델의 입증

만화나 대중 소설을 보면 간혹 흰 실험복을 입은 과학자가 신비한 기체가 들어 있는 비커가 가득한 실험실에서 소리치는 장면이 나온다. '생명체를 창조했다.' 이것은 사실일까?

생명의 기원에 대한 생화학 모델의 전제인 유기물 합성에 대한 실험은 어디까지 진행되었는가?(그림 8.1)

첫 번째 실험 결과가 나오기까지는 다소의 시간이 걸렸다. 오파린–홀데인의 생화학 모델은 1920년대에 제안됐지만 1950년대까지는 누구도 이를 입증하려 하지 않았다. 1953년 시카고 대학교의 대학원생이었던 밀러(Stanley Miller)는 실험 용기에 원시 지구의 대양과 대기 조건을 구현하여 수증기, 질소, 일산화탄소의 혼합물을 채운 후 번개와 유사한 전기 스파크를 일으키고, 며칠이 지난 후 용기에 갈색 침전물이 형성된 것을 발견했다. 이 갈색 침전물에는 당과 아미노산 및 뉴클레오티드의 혼합물이 포함되어 있었으며 밀러는 분명히 생명 탄생 과정의 제2단계를 재현한 것이다(그림 8.1 참조). 하지만 현대 과학자의 대부분은 밀러가 사용한 혼합 기체는 환원 상태의 기체 비율이 너무 높기 때문에(수소와 메탄가스의 비율이 너무 높았다) 초기 지구의 대기 성분과는 다소 다르다고 생각한다. 대기권의 수소는 궁극적으로 고체 지구로부터 방출되는 혼합 가스에 의해 계속적으로 공급되지만 암석의 지화학 분석에 따르면 분출되는 혼합물은 밀러의 대기처럼 다량의 수소 분자(H_2)를 함유하기보다는 산화 상태의 수소(예: 수증기 H_2O)를 함유해야만 하는 것으로 밝혀졌다.

1950년대와 1960년대의 좀 더 진전된 실험에서는 폴리펩티드와 다당류 및 그 외 거대 유기분자(제3단계)를 만들어 내는 데 성공했다. 플로리다 주립 대학의 폭스(Sidney Fox)는 유기분자가 막으로 둘러싸인 세포 모양의 구조(4단계)를 만드는 데까지 성공했다. 그의 '원시세포(protocell)'는 영양분을 섭취하고 분열했던 것 같지만 오래 생존하지는 않았다.

과학자들은 어떻게 무생물적인 원시세포가 살아 있는 생명체가 되는지를 보여 주었을까? 이러한 현상이 다음 단계에서 이루어졌을까? 아니면 또 다른 중간 단계가 있었을까?

RNA 세계

생화학자와 분자생물학자들은 무생물에서 생명체로의 전환에 대해 많은 고민을 해 왔다. 이유는 무기화합물에서 박테리아 세포가 단번에 형성되는 것을 입증하는 것이 어렵기 때문이다. 세포 전 단계의 생명물질은 무엇이었을까? 이에 대해 오늘날 가장 폭넓게 인정되는 것은 RNA이다. RNA가 가장 적합한 세포 전 단계의 생명물질로 무생명체에서 생명의 단계로 가는 기간을 RNA 세계(RNA World)라 한다.

리보핵산(ribonucleic acid), 즉 RNA는 핵산의 일종으로 **단백질 합성**(protein synthesis)에 핵심 역할을 한다. 단백질은 진핵세포의 핵과 원핵세포의 세포질에서 합성된다. 살아 있는 유기 생명체를 구성하는 모든 정보의 기본 명령서인 **유전암호**(genetic code)는 염색체를 구성하는 **DNA**(deoxyribonucleic acid) 가닥에 암호화되어 있다. 서로 다른 기능을 하는 몇몇 종류의 RNA가 있는데, 그중 하나는 단백질 해독의 주형 역할을 하고 또 다른 하나는 단백질을 만들기 위해 아미노산을 **리보솜**(ribosome, 단백질 합성이 일어나는 세포 소기관)으로 이동시키는 역할을 한다. 세 번째 RNA는 단백질 사본을 복사하는 역할을 한다.

1953년 왓슨(James Watson)과 함께 DNA의 이중나선 구조를 밝힌 크릭(Francis Crick, 1916~2004)은 1968년 RNA가 최초의 유전분자라고 제안했다. 그는 RNA가 유전자와 효소로서 작용할 수 있는 유일한 분자이기 때문에 RNA가 생명체의 전조물질로서 작용했을 것이라고 주장했다. 'RNA 세계'는 1986년 하버드 대학교의 분자생물학자인 길버트(Walter Gilbert)에 의해 처음으로 사용되었으나 당시는 개념에 대하여 다소의 논란이 있었다. 하지만 올트먼(Sidney Altman)과 체크(Thomas Cech)가 유전정보가 리보솜으로 전달되기 전에 불필요한 정보를 수정하는 RNA를 발견하자마자 RNA 세계가 존재했음이 널리 알려졌다. RNA는 효소로서의 역할을 수행했기 때문에 체크는 그가 발견한 것을 **리보자임**(ribozyme)이라 명명했다. 이것은 놀라운 발견으로 이로 인해 두 과학자는 1989년 노벨화학상을 받았다. 올트먼과 체크는 크릭이 예언한 일부분을 입증한 것이다.

1990년 이래 수많은 연구실에서 RNA 세계의 증거들을 찾아왔다. 예를 들어, 보스턴의 매사추세츠 병원 연구자들과 조스택(Jack Szostak)은 **생명체 이전**(prebiotic)의 지구에서 최초의 RNA 분자가 암석 웅덩이에 용해되어 있는 뉴클레오티드로부터 무작위적으로 합성됐다고 주장했다(Szostak et al., 2001). 수없이 많은 RNA 분자들 중에서 스스로를 복제할 수 있는 RNA가 한두 개 정도 형성되었고, 복제 능력 때문에 짧은 순간에 지구는 RNA로 가득 차게 되었을 것이다. 이러한 현상이 지속되어 살아 있는 생명체가 탄생하기 위하여, 조스택은 다음의 두 단계를 제안했다. (1) RNA 합성효소와 자기복제 소포체의 결합에 의한 단백질 생성, (2) 생명체의 기능이 첨가되면서 세포의 생성(**그림 8.2**).

RNA가 유전자와 효소 기능을 모두 가지고 있음을 단순히 증명하는 것도 하나의 방법이지만 단 하나의 분자가 복제하고 동시에 복제를 촉진할 수는 없다. 따라서 최소한 두 개의 RNA 분자가 필요하며, 한 분자는 효소로 또 다른 분자는 유전자와 복제의 주형으로 작용해야 한다. 주형과 효소 RNA가 결합하여 **RNA 합성효소**(RNA replicase)가 만들어진다. 하지만 이러한 합성은 제한된 공간이나 세포 내에서 일어날 수밖에 없다. 그렇지 않을 경우 그러한 일은 간혹 우연에 의해서만 일어나기 때문이다. 계속하여 조스택과 동료들은 세포 전 단계의 두 번째 구조인 **자기복제 소포체**(self-replicating vesicle)가 있었음이 틀림없다고 주장했다. 자기복제 소포체는 대부분 **지질**(lipid)로 이루어진 막으로 둘러싸인 구조로 스스로 복제하고 성장하며 때때로 분열한다. 어느 시점에서 RNA 합성효소가 자기복제 소포체 안으로 들어가게 되어 RNA 합성효소가 효과적으로 기능을 수행할 수 있게 되었을 것이다.

이것이 원시세포다. 하지만 아직 완벽히 살아 있는 생명체는 아니다. 단지 내부에 독립적인 자기복제 분자를 가지고 있어 스스로를 복제할 수 있는 막에 둘러싸인 주머니일 뿐이다. 원시세포가 하나의 독립된 세포로서 기능을 수행하기 위해서 RNA 합성효소는 막 성분에 도움이 되는 한 가지의 기능을 더 수행해야 한다. 예를 들어, RNA 합성효소는 리

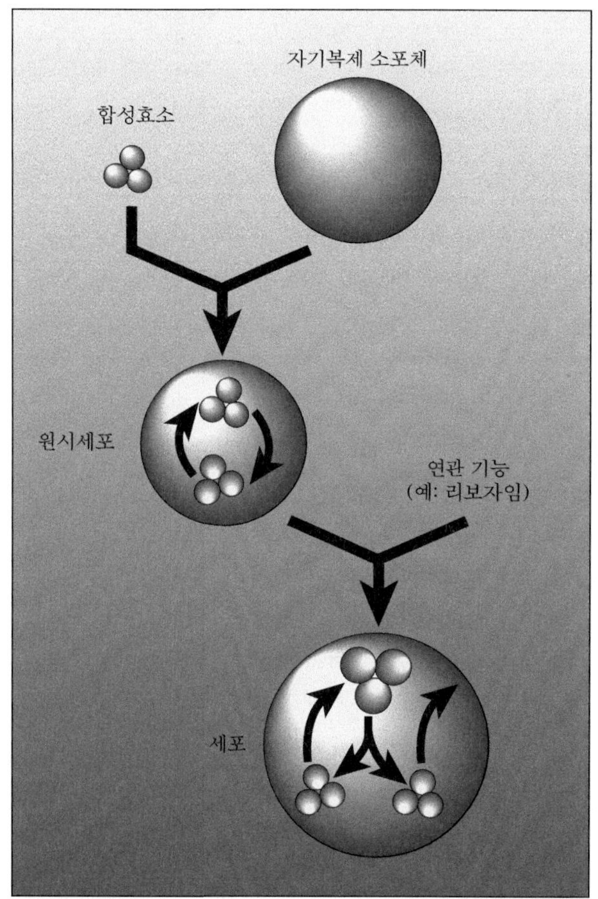

그림 8.2 'RNA 세계' 이후의 모델. RNA 합성효소와 막으로 둘러싸인 자기복제 소포체가 결합하여 원시세포를 형성한다. 소포체 내에서 RNA 합성효소가 기능을 하고 리보자임을 통해 소포체벽 물질을 개선하기 위하여 기능을 더한다. 이 단계에서 RNA 합성효소와 소포체는 함께 기능하여 원시세포는 성장하고 복제하며 진화하는 살아 있는 세포가 된다. 인터넷 홈페이지 http://www.blackwellpublishing.com/paleobiology/에서 RNA 세계의 입문서를 읽어 보라. [Szostak 등(2001)의 정보에 근거.]

보자임의 도움으로 막 성분인 지질을 만들었을지도 모른다. 막이 RNA 합성효소와 동시에 작동하여 기능이 개선되고, RNA 합성효소가 막의 지질을 합성하게 되어 결국엔 원시세포가 세포로 진화했을 것이다. 두 기능은 서로 상호작용하여 개선된 리보자임을 가진 소포체가 성장하고 분할하여 다른 분자들보다 좀 더 풍부해짐에 따라 세포는 진화하게 된다. 이러한 방식으로 지구는 생명을 가지게 되었으며 생명체는 진화했다. 세포는 영양분을 섭취하고 성장하며 스스로를 복제할 수 있기 때문에 살아 있다. 세포는 차별적 생존 능력(적자생존)을 가지고 있고 복제를 위한 유전정보는 RNA에 암호화되어 있기 때문에 진화는 필수적이다.

많은 연구자들이 RNA 세계 모델의 모든 단계를 밝혀내기 위하여 많은 실험을 수행해 왔다. 그들은 RNA 성분과 지질 분자를 연결하는 등의 다양한 종류의 촉매 반응을 수행할 수 있는 진화된 리보자임을 만드는데 성공했으며, 좀 더 효율적으로 기능을 수행하는 분자를 선택해 왔다. 전체 과정이 어떻게 수행되는지, 특히 복제의 정확성과 효율성이 어떻게 개선되는지를 이해하기 위해서는 많은 연구가 계속되어야 한다. 이 모델의 또 다른 측면은 자기복제 소포체이다. 이를 위한 실험은 단순한 물리적 모델에 집중되어 왔다. 기름방울이 어떻게 자유롭게 떠다니는 지질을 흡수하고 성장하는가? 성장을 거듭하여 기름방울이 적당한 크기로 커진 다음 외부의 어떤 힘(예: 파도에 의한 물의 움직임)에 의해 어떻게 방울이 분리되는가? 이러한 실험은 복잡하기 때문에 연구자들은 단순한 RNA 합성효소와 자기복제 소포체의 특징을 알아내고 어떻게 두 요소가 함께 기능을 수행하는지를 알아내기 위해 끊임없이 연구를 지속하고 있다(Szostak et al., 2001).

만약에 RNA 세계가 진짜로 존재했다면, 언제였으며 얼마 동안 이러한 세계가 지속되었는가? 유기물질이 존재했다면 지구는 충분히 식은 상태였어야 하며, RNA 세계는 분명 생명체의 탄생 시기보다도 앞선 시기에 존재했을 것이다. 이러한 사건은 아마도 40억 년과 35억 년 사이 어느 시기의 1억~4억 년 동안에 일어났던 것 같다.

✲ 생명기원의 증거

초기 선캄브리아 시대의 지구

선캄브리아 시대는 성생이언(Hadean Eon), 시생이언(Archean Eon) 및 원생이언(Proterozoic Eon)으로 구분된다. 성생이언은 지구가 탄생한 45억 7,000만 년부터 약 40억 년까지이다(**그림 8.3**). 초기 지구는 용융상태였으며 식어 감에 따라 지구는 핵과 용융상태의 맨틀 및 냉각된 지각으로 분리되었다. 광범위한 화산활동이 이산화탄소, 질소, 수증기 및 황화수소 등의 다량의 가스를 대기로 분출하였다. 성생이언 초기에는 지표면의 온도는 높고 지각은 매우 불안정하여 탄소를 기본으로 하는 어떤 생명체도 살 수 없었다. 달 분화구에 대한 연구는 성생이언 동안에 바다를 증발시킬 정도의 강력한 운석 충돌이 있었음을 시사한다. 따라서 만약에 탄소를 기본으로 하는 유기물질이 형성됐다면 완전히 소멸됐을 것이고 다시 시작되었을 것이다. 성생이언 말기에 있었던 보다 작은 규모의 운석 충돌도 지표의 생명체들을 절멸시키기에 충분했을 것이다. 오직 이 고온의 상태를 견딜 수 있는 미생물만이 지하에서 살아남았을 것이다.

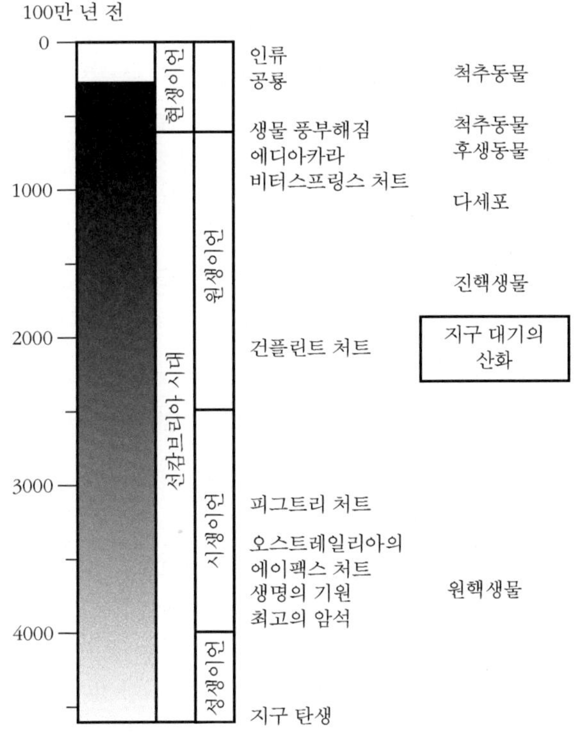

그림 8.3 지구와 생명 역사의 주요 사건 연대표. 지구 역사의 대부분은 선캄브리아 시기이고 잘 알려진 대부분의 화석이 산출되는 현생이언은 지구 생명 역사에 있어서 단지 1/7에 해당한다.

지표가 식어 감에 따라 **암석권**(lithosphere)은 하부의 **연약권**(asthenosphere)으로부터 분리되었다. 암석으로 구성된 암석권이 형성됨에 따라 마그마의 대류가 연약권에 한정되고 상부 지각은 맨틀의 대류에 의해 움직이는 판을 형성했다. 이것이 판구조운동의 시점이다. 이 시기 이후 초기에 형성된 판 주변을 따라 열 손실이 일어나고 열수활동과 심해 열수구가 형성되기 시작했다.

가장 오래된 암석은 캐나다의 암석으로 약 38억 년에서 40억 년 사이로 알려졌으며 오스트레일리아에서 발견된 몇몇 광물은 44억 년으로 알려져 있다.

시생이언은 40억 년부터 25억 년 사이의 기간이다. 가장 오래된 **퇴적암**(sedimentary rock)은 38억~37억 년의 그린란드(Greenland)의 이수아 층군(Isua Group) 암석이다. 이수아 층군의 암석은 열과 압력에 의해 심하게 **변성**(metamorphosed)되었기 때문에 환경 해석이 다소 어렵지만 몇몇 암석은 퇴적암이 변성된 것으로 알려져 있다. 퇴적암의 존재는 지각은 이미 식었으며 강이 지표를 흘러 암석을 침식했음을 의미한다.

이수아 층군의 암석은 또한 다소의 논란이 있긴 하지만 초기 생명체의 증거를 포함하고 있다. 이수아 암석은 고변성 암석이기 때문에 누구도 이 암석에서 화석이 발견되리라고 생각하지 않았으나, 로징과 프레이(Rosing & Frei, 2004)는 탄소동위원소 연구를 통해 그 시기에 광합성이 있었던 증거를 보고했다. 탄소 원자에는 두 개의 동위원소, 즉 가벼운 탄소(^{12}C)와 무거운 탄소(^{13}C)가 있다. 일반적으로 $\delta^{13}C$으로 표시되는 ^{13}C에 대한 ^{12}C의 비율은 살아 있는 생명체의 존재를 지시한다. ^{13}C에 대하여 상대적으로 ^{12}C가 많은 것은 광합성 생명체나 그들을 먹이로 살아가는 생명체의 특징이다. 로징과 프레이(2004)는 이수아 층군의 암석에서 추출된 유기물에서 현생 생물의 유기물값과 일치하는 $\delta^{13}C$ 값을 구했으며, 이 값은 그 당시의 광합성 플랑크톤에서 유래된 것으로 여겨진다. 이 주장에 대하여 많은 논쟁이 이어졌지만 만약 사실이라면 이것은 지구 초기 생명체에 대한 최초의 증거일 것이다.

시생이언의 지구는 무산소 환경이었다. 산소는 언제 지구의 대기에 축적되기 시작했으며 그 이유는 무엇인가?

대산화 사건(great oxygenation event)

25억 년부터 5억 4,200만 년까지의 기간인 원생이언의 지구는 시생이언과는 매우 달랐다. 시생이언의 대기는 화산가스로 가득 차 있었지만 산소는 없었다. 오늘날 대기의 산소 수준은 녹색식물과 남조세균의 광합성 결과로 유지되며 남조세균이 초기 선캄브리아 기간에 산소를 축적시킨 주인공이다. 대기 중 산소 함량은 24억 년 전에 현재의 1/100 또는 1/10 수준에 도달하여 '대산화사건(great oxygenation event)'으로 불릴 정도로 지구 시스템은 변화되었다. 무엇이 이러한 변화를 이끌었는가?

최초의 생명체는 산소가 없는 환경에서 작동되는 **혐기성**(anaerobic) 생명체였다. 실질적으로 최초의 원핵생물은 산소가 있으면 질식했던 것 같다. 어떤 생명체는 산소의 함량에 따라 무산소호흡과 산소호흡을 교대로 사용하기도 한다. 어떤 생명체는 무산소 환경에서만 호흡을 하며 소량이라도 산소가 있는 환경에서는 살 수 없는 **편성혐기성균**

(obligate anaerobes)이다. 생명체가 지구의 대기환경을 바꾸기에 충분한 산소를 생성했을까? 초기의 광합성 박테리아는 산소를 만들지 않았으며, 어떤 과학자들은 산소를 배출하는 현대적인 광합성 생명체는 약 24억 년 전에 탄생했다고 주장한다. 하지만 생물지표(아래 참조) 증거에 의하면 산소를 배출하는 광합성 생물은 27억 년 전에 탄생했던 것 같다. 어떤 학자들은 화산활동이 급격히 줄어든 후에 대기 중에 산소가 축적되었다고 제안했지만 이에 대한 증거는 매우 빈약하다. 아마도 비밀은 메탄가스에 있는 것 같다.

시애틀에 있는 워싱턴 대학교의 카틀링(David Cartling)과 동료들은 시생이언에는 메탄의 대기 중 농도가 현재보다 훨씬 높았을 것이라고 주장했다. 메탄(CH_4)은 **메탄생성**(methanogenesis)이라 불리는 혐기성 미생물 활동의 주요 부산물이다. 오늘날 메탄은 대기에서 산소에 의해 소모되지만 산소가 없던 시생이언 동안에는 메탄의 함량이 현재 수준보다 100~1,500배 정도 높았을 것이다. 메탄은 또한 강력한 **온실 기체**(greenhouse gas)로 40억 년 전에는 태양의 밝기가 현재보다 약 20~35% 적었음에도 불구하고 초기 지구가 왜 얼지 않았는지를 잘 설명한다. 메탄은 대기권의 가장자리까지 확산되며 그곳에서 자외선에 의해 분해되고 유리된 수소 원자는 우주 공간으로 날아간다. 카틀링과 클레어(Cartling & Claire, 2005)는 수소가 우주 공간으로 빠져나가지 않았다면 산소는 화산활동과 변성 작용으로 해방된 기체 및 온천과 해저 분출구에 용해된 금속에 의해 끊임없이 제거되어 세계는 영원히 무산소 환경으로 남아 있었을 것이라고 주장했다. 메탄의 함량이 높았던 시생이언 동안 수소 원자는 대기권 밖으로 빠져나가고 모든 산소가 물 분자에 갇히지는 않지만 궁극적으로 산소는 대기 기체 형태로 대기권으로 흘러나갔을 것이다. 24억 년 전에 메탄에 의한 온실효과가 사라지게 된 것이 아마도 전 세계적인 빙하시대를 촉진시켰던 것 같다.

대기권의 산소 축적은 생명체와 지구에 커다란 영향을 끼쳤다. 대기 중의 산소를 이용하는 새로운 생명체인 호기성 생명체가 탄생했다. 산소는 또한 성층권에 태양의 자외선을 막아 주는 **오존층**(ozone layer)을 형성시켰다. 원생이언 초기에 형성된 오존층은 생명체에 치명적인 태양광선을 차단해서 지표가 다양한 생명체에 의해 정복될 수 있도록 한 중요한 사건이다.

GOE 사건 이후 약 10억 년 동안의 대기 중 산소 함량은 현재의 1~5%로 유지되었다. 시생이언의 지층에는 철(자철석/적철석)이 결여된 처트와 철이 풍부한 처트(chalcedony)층이 교호된 **호상철광층**(banded iron formation)이 전 세계에 나타난다. 시생이언 동안 해저분출구로부터 나온 철은 유동성이 커서 대륙붕까지 이동되었다. 산소가 해저 바닥까지 확장되어 있는 현재의 바다에서는 이런 현상은 일어나지 않고 분출된 철은 중앙 해령 사면 부근에서 즉시 산화철의 형태로 침전된다. 호상철광층에서 철이 띠를 이루는 것은 아마도 플랑크톤의 계절적 번성을 반영하는 것일지도 모른다. 플랑크톤이 번성하면 해수면에 산소가 다량으로 공급되고, 이러한 산소가 용승에 의해 대륙붕으로 이동된 철 이온과 결합하여 철이 풍부한 층을 형성했던 것 같다. 호상철광층은 약 19억 년 전의 암석에서는 나타나지 않는다. 육상 기원의 **적색층**(red bed)은 산소가 대기에 축적된 후인 약 23억 년 지층에서 처음 나타난다. 붉은색은 대기 중에 산소가 있을 경우 암석에 함유된 철이 풍화하여 나타나는 색이기 때문에 이러한 적색층은 대기 중의 높은 산소 함량을 나타낸다. 8억~6억 년 지층에서는 해양 황산염 광물이 다량으로 발견되는데, 황산염 광물의 증가는 8억~6억 년 시기에 대기 중 산소의 함량이 또 한 번 증가했음을 나타낸다. 산화된 빗물은 육지의 황철석과 반응하고 황산염 이온은 강물을 따라 바다로 흘러든다. 따라서 해양에서 황산염 광물의 증가는 대기 중 산소 농도의 증가를 지시한다.

원생이언의 초기와 말기에 있었던 두 번의 산소 함량 증가는 각각 생물권과 고체지구 사이에서 산소와 탄소가 끊임없이 교환되는 현대 개념의 **생지화학적 순환**(biogeochemical cycle)이 시작되었음을 지시한다.

보편 생물계통도

영국의 라디오 프로그램에는 한 팀의 과학자들이 신기한 물건을 맞추는 "동물, 식물 또는 광물?"이라는 제목의 퀴즈쇼가 있다. 매주 일반 시청자들이 이상한 결절이나 건조한 내장기관 및 다소 역겨운 물건들을 담은 소포를 방송국에 보내서 전문가들이 알아내도록 한다. 이 프로그램에서 자연의 사물을 두 그룹의 생명체(동물과 식물)와 무생명체인 광물로 나누는 것은 일반인들이 생명체를 단순히 식물(일반적으로 녹색이고 움직이지 않는)과 동물(일반적으로 녹색을 띠지 않고 움직이는)로 구분하는 관점을 반영한다. 생명에는 식물과 동물 외에 미생물(현미경 크기의 모든 작은 생물들)도 있다.

생물의 3계 분류는 미생물의 두 그룹, 즉 단세포 진핵생물인 원생생물계(Kingdom Protoctista)와 원핵생물인 모네라계(Kingdom Monera)를 구분하여 4계 시스템으로 확장되었다. 휘터커(Robert Whittaker)가 버섯을 포함한 균류(주방장들이 식물로 여겼던)는 근본적으로 식물과 다르다는 것을 알아낸 후인 1969년 4계는 5계 시스템으로 확장되었다.

생명 분류의 5계 시스템은 일리노이 대학교의 우즈(Carl Woese)와 동료들이 1977년 이후 발표한 일련의 혁명적인 논문들에 의해 타격을 입었다. 우즈와 폭스(George Fox)는 원핵생물의 분자계통연구를 통하여 원핵생물이 근본적으로 두 그룹으로 나뉜다는 것을 알아냈고 그들을 각각 고세균역[Domain Archaea, 1977년 우즈와 폭스가 고세균(archaebacteria)에서 이름을 따서 명명함]과 세균역(Domain Bacteria 또는 Domain Eubacteria)으로 명명하였다. 세 번째 역은 모든 진핵생물을 포함하는 진핵생물역(Domain Eukarya 또는 Domain Eukaryota)이다. 이 관점에서 보면 동물, 식물 및 균류는 진핵생물역 내에서 서로 멀리 떨어진 가지로 표시된다. 우즈는 최초로 **보편 생물계통도**(universal tree of life, UTL)를 만들었다. 고세균역과 세균역이 먼저 분리되고 진핵생물역은 보다 후에 세균역에서 분리되지만 UTL의 뿌리는 여전히 불확실하다.

2역이나 6계 등의 다른 분류체계들이 제안되었지만 1990년 이후 계속된 연구는 우즈의 통찰력을 확인시켜 주었다. 유전자 서열 분석을 이용하여 UTL을 좀 더 자세히 만드는 것은 이제 그리 어렵지 않다. 현재 규모가 가장 큰 UTL은 게놈 분석이 완벽히 끝난 191개의 생물 집단을 포함한다(Ciccarelli et al., 2006). 하지만 분자생물학자들은 처음에는 도약유전자에 대한 개념을 예측하지 못했다. 단순한 생명체는 **수평적 유전자전이**(horizontal gene transfer) 과정을 통하여 유전자를 교환하는 경향이 있다. 유전자는 진핵생물 사이에서도 전이될 수 있지만 원핵생물 사이에서는 훨씬 더 일반적으로 일어난다. 수평적 유전자전이는 오늘날 파지(phage) 바이러스의 감염이나 교배를 통해 환경으로부터 직접 DNA를 흡수하는 박테리아에서 일어난다. 도약유전자가 계통 서열 분석을 어렵게 만든다. 게놈의 어떤 부분이 한 생물 집단과 연관을 보일 수도 있는 반면 도약유전자가 그 생명체를 다른 생명체와 연결할 수도 있기 때문이다. 하지만 도약유전자가 일단 확인된다면 도약유전자는 그 생명체의 모든 후손들의 게놈에 갇히게 되어 그것을 가지고 있는 모든 생명체가 합병되었다는 증거를 제공한다.

도약유전자와 또 다른 문제점들 때문에 UTL의 전체적 형태는 아직 완전히 결정되지 않았다(**그림 8.4**). 예를 들어, 3역은 동등하게 분지하지만 세균역과 고세균역 사이 또는 고세균역과 진핵생물역 사이에서 무엇이 먼저 분지했는지는 아직 분명하지 않다(Baldauf et al., 2004; Doolittle & Bapteste, 2007; McInerney et al., 2008). 분지의 순서가 결정되지 않는 한 생명의 기원에 대하여 많은 의문점이 있을 수밖에 없다. 세균역은 남조세균

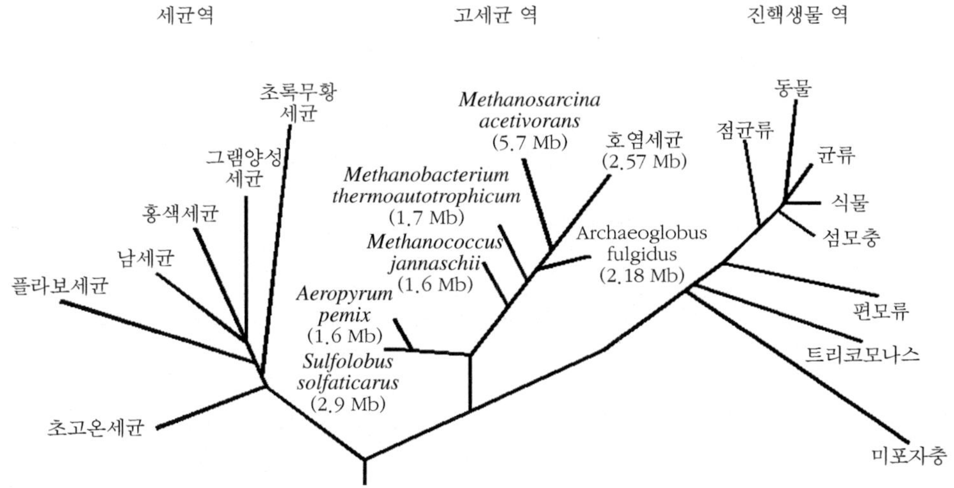

그림 8.4 분자 계통발생학 연구에 의한 보편 생명계통도. 두 개의 주요 원핵생물 집단(진정세균역과 고세균역)과 진핵생물역이 표시되어 있다. 표시된 진핵생물 중 대부분은 다세포와 단세포 생물을 포함하는 전통적으로 조류라고 알려진 것들이다. 후생식물(육상식물), 균류, 후생동물(동물)들이 진핵생물역 내에서 분화된 단일계통군을 형성한다. Mb(megabase)=100만 염기쌍. (Sandie Baldauf 제공.)

과 일반적으로 박테리아라 불리는 대부분의 세균을 포함한다. 고세균역은 호염성세균(halobacteria), 메탄생성세균과 원시박테리아(열을 좋아하며 황을 신진대사에 이용하는 박테리아)를 포함한다. 진핵생물역은 조류로 알려진 측계통(paraphyletic) 생물군의 단세포 미생물 집단을 포함한다. 조류에는 녹조류, 편모류, 점균류 및 다세포생물로 구성된 왕관 모양의 단일계통군(clade) 등이 있다. 아마도 가장 놀라운 것 중 하나는 이 단일계통군 내에서 균류가 식물보다 동물에 더 가깝다는 것이다. 채식주의자들에게 이것은 도덕적 딜레마다. 그들은 버섯을 먹어야 하는가 그렇지 않은가?

선캄브리아 시대의 원핵생물

가장 오래된 화석에 관한 문제는 현재까지도 논란이 되고 있다. 고생물학자들은 당연히 최고의 화석을 발견하고 싶어 하지만(학계의 관심을 끌고 정년을 보장받을 수 있는 확실한 방법이다.), 최고의 화석은 대부분 작고 특징이 거의 없다. 그렇다면 선캄브리아 시대를 연구하는 고생물학자들은 현미경 슬라이드에서 관찰되는 털이나 기포 같은 구조에 속지 않고 어떻게 그것이 화석인지를 확신할 수 있을까? 시생이언의 화석은 1950년대에 처음 발견되었으며, 지난 수십 년간 계속하여 보고된 화석들은 언제나 그 화석의 진위 여부에 대한 도전을 받아 왔다. 최근에 오스트레일리아의 3억 5,000만 년 전 에이팩스 처트(Apex Chert)에서 산출된 매우 유명한 미화석에 관심이 집중되고 있다(**글상자 8.1**).

글상자 8.1 에이팩스 처트: 가장 오래된 생명체인가? 뜨거운 공기방울인가?

1987년 쇼프(Bill Schopf)가 세계에서 가장 오래된 화석을 발표한 것은 충격적인 사건이었다(Schopf & Packer, 1987). 그 후 쇼프는 약 34억 6,500만 년 전의 서오스트레일리아 와라우나 층군(Warrawoona Group)의 에이팩스 처트(Apex Chert)에서 박테리아와 남조세균 11종을 포함하는 다양한 화석 군집을 발표했다(Schopf, 1993). 모든 화석은 지름 10~90㎛의 미생물 화석으로 구형의 세포도 있지만 대부분은 세포가 격막에 의해 연결된 사상체 화석이다(**그림 8.5**). 이들은 진짜 화석으로 여겨져 왔으며 모든 교과서나 웹사이트에 최초의 박테리아와 남조세균 화석의 예로 수록되었다.

그러나 2002년 4월 이 화석의 정당성이 의심을 받기 시작했다. 캘리포니아의 모펫필드(Moffett Field)에 있는 나사(NASA)의 에임스 연구소(Ames Research Center)에서 개최된 제2회 혹성생물과학학회(Astrobiology Science Conference)에서 돌발적인 사건이 있었다. *Nature*의 보고에 따르면

"그것은 과학에서의 헤비급 프로권투 경기와 같았다. 홍 코너에는 가장 오래된 화석 발견의 명성을 지키려는 UCLA 대학의 쇼프가 있었고, 청 코너에는 쇼프의 미화석이 광물질에 끓는 물이 작용하여 형성된 탄질 덩어리일 뿐이라고 주장하는 영국 옥스퍼드 대학의 브레이저(Martin

(다음 쪽에 계속됨)

Braiser)가 있었다."

2002년 브레이저와 동료들은 쇼프의 미화석은 천해에서 형성된 것이 아니라 심해 열수 지역의 고온 환경에서 형성된 처트에서 발견된 것이라고 주장했다. 이와 같이 고온에서 형성되는 암석 속의 모든 미생물은 구워졌을 것이기 때문에 쇼프의 미화석은 무기구조임에 틀림이 없다고 브레이저는 주장했다. 브레이저와 동료들은 원본 화석표본을 조사한 후 쇼프의 많은 화석들은 선택적으로 찍은 사진이기 때문에 쇼프의 사진에서는 형태의 완전한 복잡성이 나타나지 않는다는 것을 발견했다. 많은 사상체 화석은 처트의 빈 공간과 복잡한 탄질 알갱이들이 일렬로 연장된 것이며, 분지를 보이는 표본이나 다른 특징들도 단순한 원핵생물에서는 나타나지 않는 특징들이었다. 모든 화석의 중간 형태 또한 관찰되었기 때문에 명명된 11종도 구분하기 어려웠다. 브레이저는 미화석은 열수에서 형성된 처트의 흑연과 화산 유리질의 흔적이라고 믿었다. 고온의 환경에서는 흑연이 솟아나와 검은색의 탄소가 풍부한 일련의 알갱이들을 형성한다.

쇼프와 동료들은 레이저 라만 분광기(laser Raman spectroscopy)를 이용하여 탄소의 흔적은 살아있는 생명체에서도 형성됨을 증명하며 브레이저의 이론을 반박했다. 그들은 에이팩스 처트의 스팩트럼 띠가 생명체 물질의 신호와 일치한다는 것에 주목했다. 하지만 브레이저는 라만스펙트럼은 단지 표본 사이의 색깔과 입자의 크기를 일치시키는 것이기 때문에 생물학적 탄소를 정확하게 구분할 수는 없다고 재반박했다. 쇼프의 라만 스펙트럼은 미화석과 암석 기질이 흑연과 규소로 구성되었음을 나타내는 것이라고 주장했다.

웹사이트 http://blackwellpublishing.com/paleobiology/에서 이 논쟁에 대하여 좀 더 읽어 보라. 이 논쟁은 학술지 *Philosophical Trasactions of the Royal Society*의 특별호(2006)에 브레이저, 쇼프 및 다른 학자들의 기고문으로 수록되어 있다(Cavalier-Smith et al., 2006).

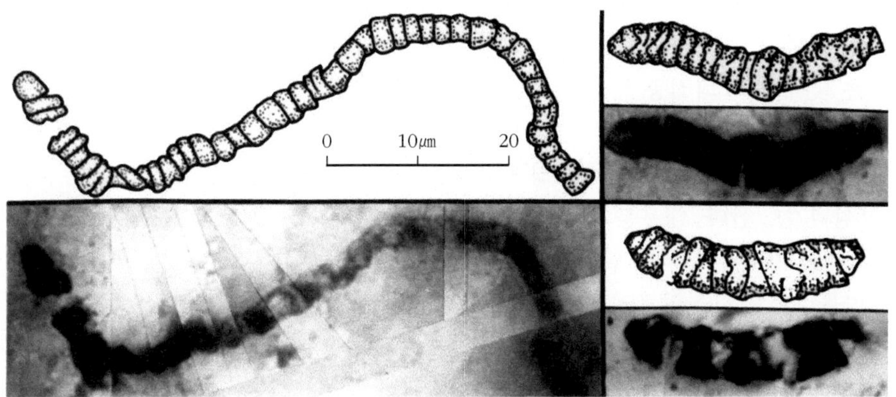

그림 8.5 서오스트레일리아 에이팩스 처트(약 34억 6,500만 년 전)의 박편에 탄질 흔적으로 보존된 사상체 형태의 원핵생물 화석. 모든 화석은 지름 2~5㎛ 크기로 원핵생물의 남조세균 같은 프리메비필룸(*Primaevifilum*)이다. (Bill Schopf 제공.)

그림 8.6 미국 캘리포니아 지역의 선캄브리아 스트로마톨라이트(배율×0.25) (Maurice Tucker 제공.]

최초의 생명체에 대한 흔적은 35~30억 년 전의 암석에서 발견된다. 전 세계 곳곳에 분포하는 이러한 암석들은 **스트로마톨라이트**(stromatolite)로 추정되는 구조를 포함하고 있다. 현생 스트로마톨라이트는 **남조세균**(cyanobacteria)과 몇몇 원핵생물에 의해 형성된다(그림 8.6). 남조세균은 수심이 얕은 바다에 서식하며 광합성을 수행하기 때문에 빛이 잘 들어오는 환경을 필요로 한다. 남조세균은 빛 흡수를 극대화하기 위해 해저에 얇은 유기 매트를 형성하며 이 유기매트는 간혹 퇴적물에 의해 뒤덮이기도 한다. 퇴적물 아래의 미생물들은 빛을 향해 퇴적층 위로 이동한 후 다시 군집을 형성한다. 이렇게 형성된 군집은 또다시 해저의 흐름에 의해 퇴적물로 뒤덮인다. 이러한 과정이 반복되면 넓은 지역에 층리화된 구조가 형성된다. 담수와 해양 환경에서 스트로마톨라이트는 방해석의 침전에 의해서 형성되기도 한다. 대부분의 스트로마톨라이트 내부에는 스트로마톨라이트를 형성하는 데 기여한 미생물 화석은 남아 있지 않고 층상 구조만 남아 있다. 초기에 발견된 많은 스트로마톨라이트 화석의 진위에 대하여는 여전히 논란이 있지만, 일반적으로 34억 3,000만 년 전 오스트레일리아의 화석이 가장 오래된 것으로 받아들여지고 있다.

현재 스트로마톨라이트를 제외하고 가장 오래된 화석으로 받아들여지는 것은 아마도 32억 년 전 화석일 것이다. 라스무센(Birger Rasmussen)에 의해 오스트레일리아 서부 지역에서 발견되어 2000년에 보고된 이 화석은 괴상의 황화광물 퇴적층에서 발견되었다. 오스트레일리아의 황화광물 퇴적층은 수온이 300℃에 이르는 오늘날의 심해 흑색 열수구와 같은 환경에서 형성된 퇴적암이다. 이 화석은 열수용액의 유입으로 재결정작용이 일어난 후 황화물에 의해 점진적으로 치환된 증거를 보여 준다. 이 화석은 실 모양의 사상체 화석으로(**그림 8.7**) 직선 및 곡선의 형태를 띠며 간혹은 사상체들이 뒤엉켜서 나타나기도 한다. 이와 같은 형태와 사상체의 균일한 넓이 및 무질서한 배열 등은 이들이 무기물 구조가 아닌 진정한 화석임을 확신시킨다. 위의 내용들이 사실이라면 최초의 생명체 중 몇몇은 **호열성**(thermophilic, 열을 좋아하는) 세균이었을지도 모른다. 유사한 시기의 암석에서 사상체 또는 관 모양의 화석들이 보고되었지만 많은 화석들은 여전히 논란이 되고 있다.

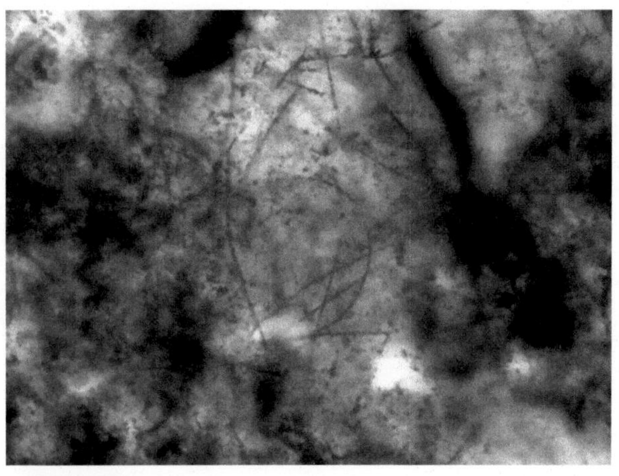

그림 8.7 지구의 가장 오래된 화석(?). 서오스트레일리아의 32억 년 된 황화퇴적물에서 산출된 얇은 실 모양의 사상체 화석. 실 모양 화석들은 느슨하지만 군집 형태 또는 뒤엉킨 덩어리로 산출되며 무질서한 배열을 보이는데 이러한 사실은 그들이 유기 화석임을 입증한다. 사상체 화석의 벽은 까맣고 미세한 황철석 알갱이들이 들러붙어 있고 처트로 둘러싸여 있다. 화면의 크기는 250㎛. (Birger Rasmussen 제공.)

널리 인정되는 두 번째 화석은 가장 오래된 화석에 비해 젊은 화석으로 남아프리카 25억 년 전의 캠벨랜드 누층군(Campbellrand Supergroup)에서 산출된 다양한 형태의 남조세균 화석이다(Altermann & Kazmierczak, 2003). 그 화석은 현생 남조세균에서 관찰되는 세포 점액질막(sheath)과 주머니를 포함하고 있다. 세 번째로 널리 인정되는 화석은 캐나다 온타리오(Ontario)의 19억 년 전의 건플린트 처트(Gunflint Chert)에서 산출된 원핵생물 화석 군집이다. 건플린트에서 발견된 미생물은 사상체형, 구형, 가지형, 우산 모양 등 여섯 종류의 독특한 화석을 포함한다(**그림 8.8**). 건플린트의 단세포 화석들은 다양한 현생 원핵생물과 형태적으로 유사하고 몇몇은 스트로마톨라이트 화석에서 발견된 것이다. 그중 가장 특이한 형태인 카카베키아(*Kakabekia*)는 우산 모양의 미화석(**그림 8.8b**)으로, 오늘날 웨일스 지방의 할렉 성(Harlech Castle)의 성벽에서 간혹 발견되는 희귀한 원핵생물과 매우 유사하다. 이 희귀한 형태의 미생물은 고대 영국의 브리튼 족(Britons) 사람들이 성벽에 소변을 봄으로써 형성된 암모니아(NH_3)에 내성을 보였던 미생물이다. 그렇다면 건플린트 처트의 형성 시기도 암모니아가 풍부한 환경이었을까?

생물지표

가장 오래된 화석의 진위에 대한 논쟁과는 별도로 고생물학자들은 초기 생명체에 대한 또 다른 증거를 찾아 왔다. 소위 **생물지표**(biomarkers)로 알려진 유기화합물로 이들은 생

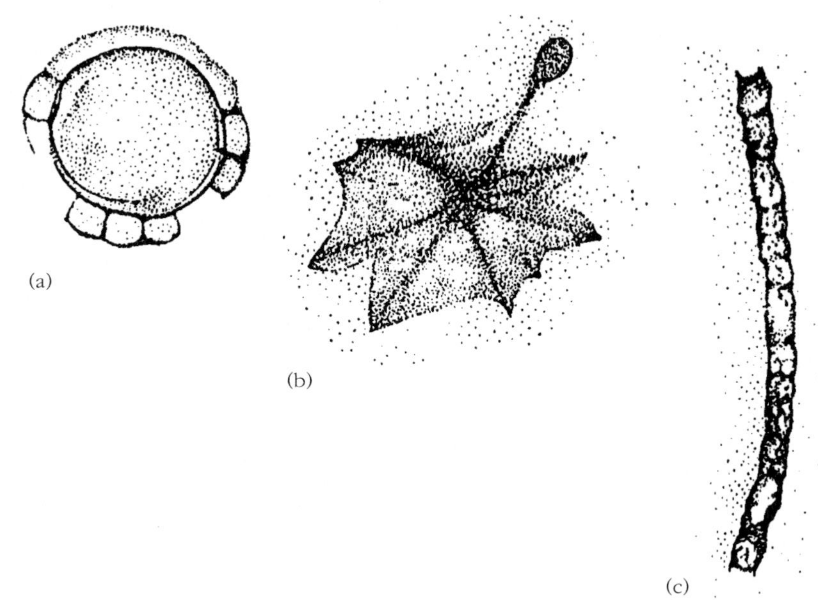

그림 8.8 캐나다 온타리오 지역의 건플린트 처트에서 산출된 원핵생물 화석(약 19억 년 전). (a) 에오스페라(*Eosphaera*), (b) 카카베키아(*Kakabekia*), (c) 건플린티아(*Gunflintia*). 모든 화석의 지름은 0.5~10㎛. [Barghoorn와 Taylor(1965)의 사진을 그린 것.]

물 존재의 지시자로 사용된다. 살아 있는 세포 속의 지방질 화합물인 **지질**(lipid)이 가장 흔한 생물지표이다. 오랫동안 17억 년 전의 생물지표가 가장 오래된 것으로 인정되어 왔지만 최근 브록스(Brocks et al., 1999)는 27억 년 된 유기물이 풍부한 오스트레일리아의 셰일에서 신빙성 있는 생물지표를 보고하였다. 그들이 확인한 생물지표는 기존의 것보다 10억 년이나 오래됐을 뿐만 아니라 그 시기에 좀 더 다양한 생물이 존재했음을 보여 준다.

27억 년의 생물지표에는 두 가지 종류가 있다. 하나는 예상했던 것과 같이 남조세균의 존재를 나타내는 것이다. 브록스와 동료들은 남조세균의 막에서만 존재하는 지질인 2-메틸박테리호파네폴리올(2-methylbacterihopanepolyol)의 분해 산물인 2-메틸호판(2-methylhopane)을 찾아냈다. 그들은 또한 예상하지 못했던 생물지표, 즉 스테롤(sterol)에서 유래한 퇴적분자인 ^{28}C-^{30}C 스트레인(sterane)을 발견했다. 그런 거대 고리 스테롤은 원핵생물이 아닌 오직 진핵생물에서만 합성되는 물질이다. 뿐만 아니라 거대 스테롤의 생화학적 합성은 산소 분자를 필요로 하기 때문에 진핵생물이 산소를 만들어 내는 남조세균 부근에서 살았음에 틀림이 없다. 이러한 현상은 2-메틸호판의 해석을 강화한다. 이러한 생물지표는 적어도 27억 년 전에는 남조세균이 존재했음을 입증함과 동시에 주요한 생물 집단들이 이 땅에 나타나기 훨씬 전에 진핵생물이 출현했음을 보여 주는 증거이다.

✲ 생물이 다양해짐: 진핵생물

진핵생물의 특징

3역의 초기 진화에 대한 증거는 매우 희박하다. 일반적으로 지구가 형성된 초기부터 약 10억 년 정도의 시기에는 오직 원핵생물(고세균과 진정세균)만이 지구에 존재했으며 진핵생물은 그보다 훨씬 시간이 지난 후에 진화했다는 것이 오랫동안 인정되어 왔다. 하지만 이에 대한 증거는 매우 빈약한 반면(Embley & Martin, 2006), 최근의 화석과 생물지표 및 분자생물학적 증거들은 진핵생물이 원핵생물에 속하는 어떤 생물군만큼이나 오래전에 출현했음을 시사한다. 진핵생물은 복잡하고 진정한 의미의 다세포생물을 포함하기 때문에 그들이 어느 지역에서 출현했든지 간에 진핵생물의 출현은 중요하다.

진핵생물은 염색체 안에 DNA가 들어 있는 핵(원핵생물은 핵이 없으며 원형의 DNA 가닥을 가지고 있다)과 다양한 세포 소기관이 있다는 점에서 원핵생물과 구분된다(그림 8.9a, b). 세포 소기관은 세포 내에서 특별한 기능을 수행하는 기관으로 에너지를 생산하는 **미토콘드리아**(mitochondria), 운동을 담당하는 **편모**(flagella), 광합성을 하는 **엽록체**(chloroplast) 등이 있다. 원핵생물과 진핵생물 사이에는 또한 다양한 생화학적 차이도 있다.

진핵생물의 기원은 원핵생물의 기원과는 여러 관점에서 매우 다르고 신비하기까지 하다. 진핵생물의 기원에 관한 가장 매력적인 설명은 1970년대 마굴리스(Lynn Margulis)가 제안한 **내부공생 이론**(endosymbiotic theory)이다. 이 이론에 따르면(그림 8.9c), 어떤 원핵생물이 에너지를 생산하는 보다 작은 또 다른 원핵생물에게 먹히거나 침입을 받은 후, 두 종이 서로에게 득이 되는 방법으로 함께 살아가는 방향으로 진화했다는 것이다. 작은 침략자 생물은 큰 주인 생물에 의해 보호를 받고 큰 생물은 작은 생물로부터 당을 제공받는다. 침입 생물이 현생 진핵세포의 미토콘드리아가 되었다. 현생의 운동성 편모로 진화한 정자처럼 헤엄치는 원핵생물인 스피로헤타(spirochaete)와 식물의 엽록체로 진화한 광합성 원핵생물도 침입 생물이었던 것 같다.

내부공생 이론은 매우 매력적이며 몇몇 주장은 성공적으로 입증되었다. 현생 진핵생물의 엽록체와 미토콘드리아가 그것으로 두 기관 모두 원핵생물이었음이 확인되었다. 즉, 미토콘드리아는 알파-원시박테리아(α-proteobacteria)와 엽록체는 남조세균과 매우 유사하다. 현생의 진핵세포가 원래는 스스로의 DNA를 가진 침입 원핵생물이었으며 큰 주인 세포의 분열과 함께 분열했다는 사실은 참으로 놀랍다.

내부공생 이론을 부인하거나 가설의 대부분을 부정하는 전문가들도 있다(Poole & Penny, 2007). 그들은 진정한 포식의 증거는 오직 미토콘드리아뿐이라고 지적한다. 핵이 다른 생물에 의해 먹혔다는 이론을 뒷받침하는 어떤 증거도 없으며 어떤 종류의 원핵생물이 실제로 포식을 했는지도 분명하지 않다. 실제로 현생 생물에서 포식은 진핵생물에

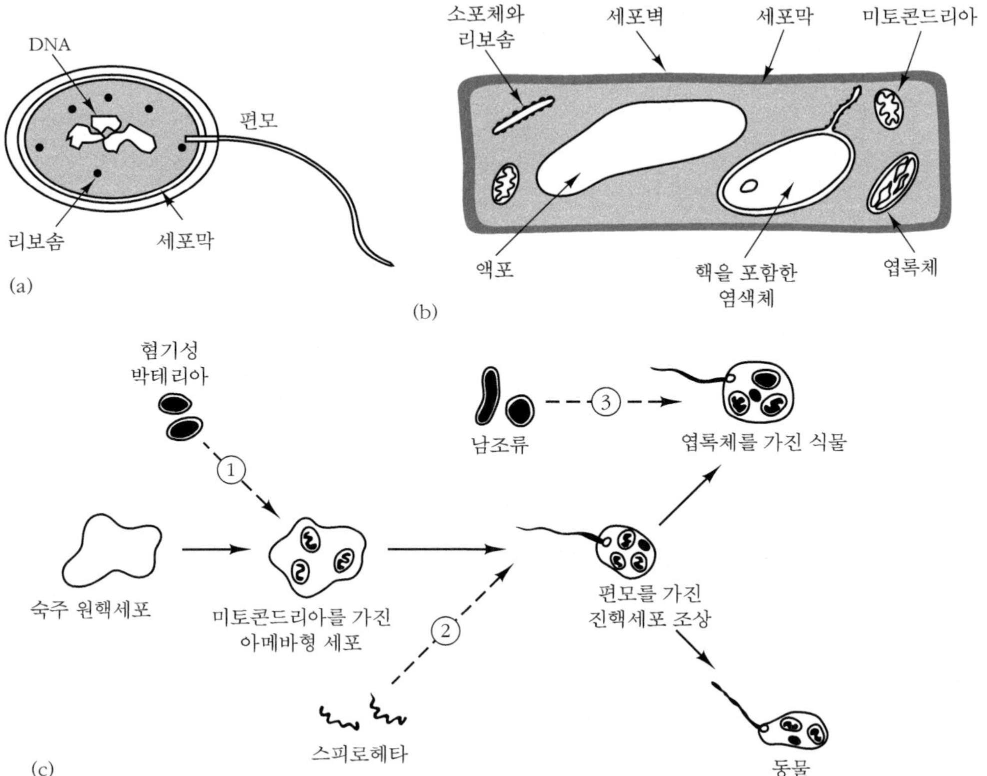

그림 8.9 진핵생물의 특징: 전형적인 원핵세포(a)는 핵과 세포 소기관이 없다는 점에서 진핵생물의 식물세포(b)와 다르다. 진핵생물의 기원을 설명하는 내부공생 이론(c)에 따르면 진핵생물의 세포 소기관들은 작은 원핵생물이 아메바 같은 원핵생물 속에서 상호 의존적으로 살아가며 진화한 것이다(1, 2, 3단계). (여러 자료에 근거.)

서만 나타나며 원핵생물은 포식의 특징을 보이지 않는다. 대안으로 제안된 가설이 **원시진핵 숙주설**(protoeukaryotic host theory)이다. 소위 원시진핵생물이라는 고대의 진핵생물이 이미 핵을 가지고 있었으며 이들이 에너지를 생산하는 원핵생물을 포식하여 미토콘드리아가 됐다는 것이다. 하지만 이 가설은 원시진핵생물 자체가 어디서 유래했는지에 대한 답을 주지는 못한다. 더불어서 고세균과 진정세균 어느 생물도 진핵생물의 조상인 것 같지 않으며 생물지표 증거도 특정 시기에 진핵생물이 기원했다는 것을 보여 주는 점은 이 가설을 의심스럽게 만든다.

어떤 이론이 정확하며 진핵생물은 언제 진화했는가? 보편 생물계통도에 따른 진화시기(그림 8.3 참조)에 대한 분자생물학적 증거 또한 논쟁의 여지가 있지만 초기 진핵생물의 출현 시기에 대한 현재 분자생물학의 결과는 대략적이나마 화석 기록과 일치한다(**글상자 8.2**).

글상자 8.2 생물의 기원 시기를 정하는 방법

1996년 듀크 대학교의 뤠이(Greg Wray)와 동료는 동물은 약 12억 년 전에 분화했다는 분자생물학적 증거를 발표했으며 그것은 하나의 대사건이었다. 이 시기는 가장 오래된 동물화석의 6억 년보다 훨씬 앞선 시기이다. 다시 말해서, 분자시간 척도는 화석시간보다 2배인 것 같다. 이 제안은 다음과 같은 세 가지 결론을 제시했다. (1) 선캄브리아 시기의 동물화석 기록(아마도 모든 다른 화석들도)은 우리가 생각하는 것보다 훨씬 부족하다. (2) 5억 4,200만 년 전에 발생했다고 여겨지는 캄브리아기 대폭발이 원생이언으로 이동될 수도 있다. (3) UTL(**그림 8.4** 참조)에서 생물 집단이 분지된 시기도 원생이언이나 시생이언으로 이동될지도 모른다.

뤠이의 관점은 초기 동물 그룹, 식물, 고세균 및 진정세균의 분자 분석연구에 의해서 입증되었다. 그들의 연구는 핵 RNA의 유전자 염기서열 분석에 기초한 것으로 화석으로 이미 알려진 고정점을 이용하여 시간을 보정한 것이다. 분자진화의 분자시계 모델은 유전자는 예측할 수 있는 비율로 돌연변이를 일으켜서 변형된다고 주장한다. 따라서 알려진 화석시간으로부터 하나 이상의 분기점 시기가 고정될 수 있다면 다른 분기점 시기도 분류군 사이의 유전자 양 차이의 비율로 계산될 수 있을지 모른다.

뤠이의 경우는 주로 척추동물의 시간, 즉 고생대에 사족동물과 물고기 그룹이 분지된 것으로 예상되는 시기가 사용되었다. 따라서 그는 고생대의 고정시점으로부터 선캄브리아 시기를 외삽법(extrapolate)으로 추정해야만 했다. 외삽법(외부 범위로부터 시기를 고정하는 방법)은 내삽법(현재 시간과 알려진 기간 사이의 범위로부터 시기를 고정하는 방법)보다는 덜 정밀하다. 고생대의 시점에 작은 오차가 있다면 선캄브리아 시기의 오차는 증폭될 것이다.

뤠이의 계산은 동물방산의 진화 초기를 화석 기록과 비슷한 6억 7,000만 년으로 재계산한 아얄라(Ayala et al., 1998)에 의해 비판받았다. 개정본에서 다트머스 대학교의 피터슨(Kevin Peterson)과 동료들은 척추동물의 분자시계는 대부분의 다른 동물 그룹보다 더 천천히 가기 때문에 뤠이는 우연히 오래된 시간을 얻게 되었다는 것을 입증했다. 이처럼 척추동물의 시계가 더 천천히 간다면 일정량의 유전자 변형이 일어나기 위한 시간은 척추동물이 다른 동물보다 더 오래 걸릴 것이고, 이러한 자료들로부터 외삽법으로 계산한 시기는 훨씬 더 오랜 시간을 나타내게 된다. 피터슨 등(Peterson et al., 2004)은 좌우 대칭동물이 분지한 시기를 5억 7,300만~6억 5,600만 년 전으로 추정했고 모든 동물이 분지한 시기는 아얄라의 추정값(Ayala et al., 1998)보다는 다소 오래된 것이었다.

분자시계 모델의 새로운 해석은 UTL에서 다른 부분의 생물군 분기시기에 대한 다양한 연구의 문을 열었다(**그림 8.4** 참조). 대부분의 분석학자들은 보편 공통조상, 즉 지구상 최초 생명체의 기준선을 35억~38억 년 전으로 인정한다. 예를 들어, 아이오와 대학교의 윤환수와 동료(2004)들은 식물(**그림 8.4**)을 비롯하여 다양한 조류군의 진핵생물 발생계통도를 복원했으며 그들의 분지시기도 결정했다. 생물의 기원 시기를 결정하기 위하여, 그들은 가장 오래된 보라털과 홍조류(**글상자 8.3** 참조), 최초의 육상식물, 최초의 종자식물, 속씨식물과 겉씨식물 사이의 상위 분류군의 분기점 등을 고정시기로 이용했다. 이러한 방법을 통하여 그들은 해양 조류는 화석 기록과 유사한 15억 년 전에 분기했으며 광

(다음 쪽에 계속됨)

합성 진핵생물은 10억 년 전에 급격하게 증가했음을 밝혀냈다. 이러한 시기들은 또한 내부공생 모델에서 녹색식물 세포가 세포 소기관을 획득한 시점에 대한 정보를 제공한다(그림 8.10).

http://blackwellpublishing.com/paleobiology/ 웹페이지를 통하여 생명의 3역 시스템에 대하여 더 조사해 보라.

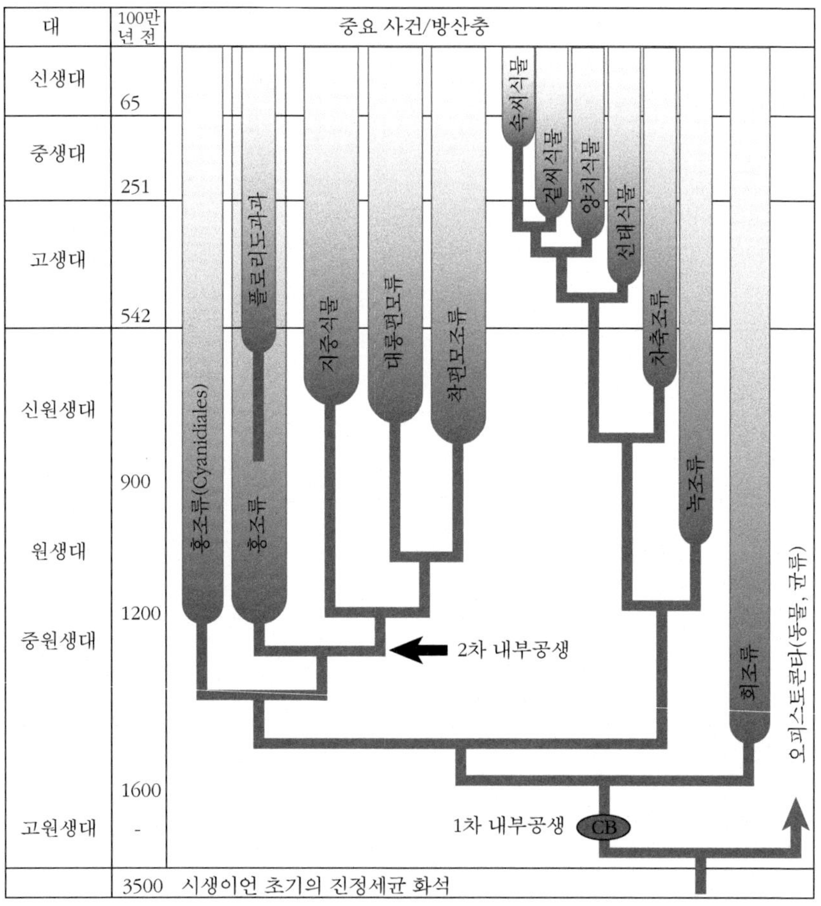

그림 8.10 홍조류, 녹조류, 회조류, 색조류의 진화적 관계와 분리된 시간을 나타내는 도표. 이 광합성 생물 집단은 동물과 균류를 포함하는 단일계통군인 오피스토콘타(Opisthokonta)와 비교된다. 이 계통도는 또한 내부공생진화의 두 사건을 보여 준다. 첫 번째 사건은 광합성 남조세균(CB)이 진핵생물에 의해 먹힌 사건으로 15억 년 이전 어느 시기에 발생했다. 두 번째 내부공생진화 사건은 약 13억 년 전의 색소체 획득 사건이다. 색소체는 영양분을 저장하고 식물의 색깔을 나타낸다(엽록체는 녹색이다). (Hwan Su Yoon 제공.)

초기 진핵생물

최초의 진핵생물 또한 논쟁 중이다. 지질 생물지표는 적어도 27억 년 전에 진핵생물이 탄생했음을 나타낸다. 가장 오래된 진핵생물 화석은 나선형태 또는 국수 가락형태의 그리파니아(*Grypania*) 화석으로 18억 5,000만 년 전 암석에서 산출되었다(그림 8.11a). 고리 모양의 그리파니아 화석은 암석 표면에 얇은 탄소질 필름의 형태로 보존되어 있다. 이 화석은 전체적인 형태로 보아 해초 모양의 광합성 조류로 해석되었으며 이러한 해석이 정확하다면 이 화석은 진핵생물이다. 어떤 연구자는 이러한 해석을 부정하며 최초의 진핵생물은 14억 5,000만 년 전 암석에서 산출된 현미경 크기의 해양식물처럼 생긴 아크리타크(acritarch)라고 주장한다.

진핵생물은 핵의 유무로 구분되며 고생물학자들은 화석에서 그에 대한 결정적인 증거를 찾기를 희망했다. 많은 연구자들이 한때는 오스트레일리아 중부 지역의 약 8억 된 비터스프링스(Bitter Springs)의 처트에서 산출된 화석에서 다양한 형태의 진핵화석 핵이 확인됐다고 여겼다. 어떤 화석에는 핵 같은 구조(그림 8.11b)가 나타나지만 그 구조의 검은 부분은 아마도 세포 내 물질이 응축되어 형성된 것으로 판단된다. 비터스프링스 화석은

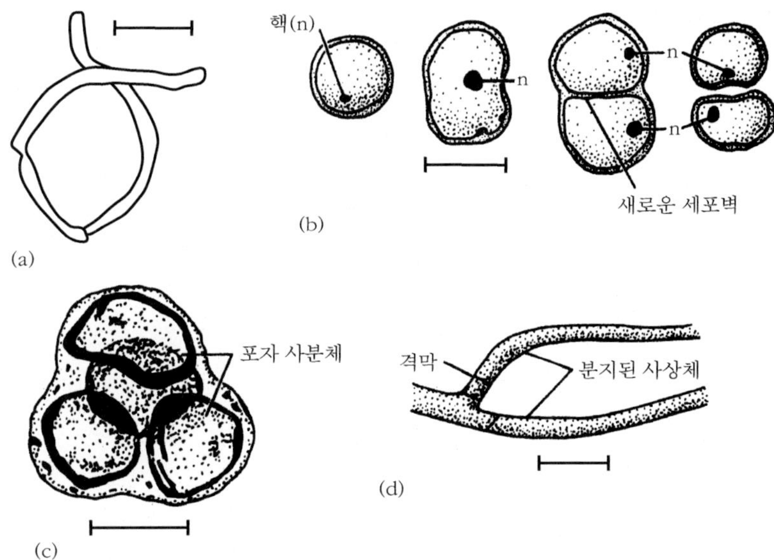

그림 8.11 초기 진핵생물 화석. (a) 몬태나(Montana) 그레이슨 셰일(Greyson Shale)의 탄화 필름에 보존된 실 모양의 그리파니아 미카이(*Grypania meeki*)(약 13억 년 전). (b, c) 오스트레일리아의 비터스프링스 처트에서 산출된 단세포 진핵생물(약 8억 년 전): (b) 유사분열을 나타내는 글레노보트리디온(*Glenobotrydion*), (c) 크루코쿠스(*Chroococcus*) 형태의 남조세균 군집으로 여겨지는 에오테트라헤드리온(*Eotetrahedrion*). (d) 사이포날레안(Siphonalean) 형태의 분지하는 사상체 화석. 척도 막대: (a)는 2mm, (b)~(d)는 10㎛. (Martin Braiser의 제공과 여러 자료에 근거.)

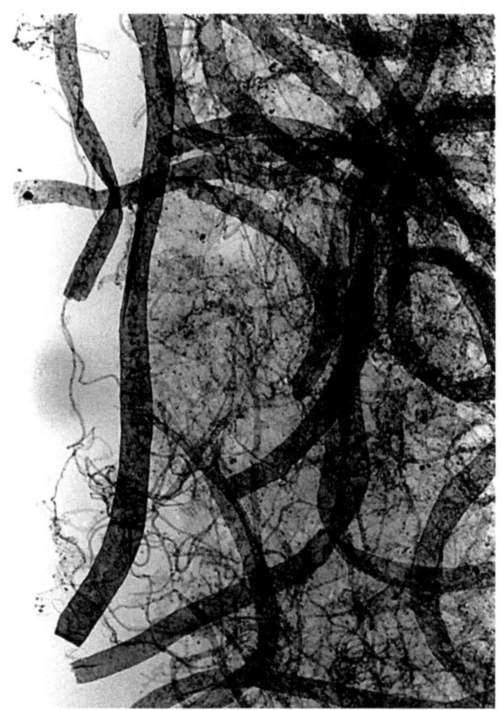

그림 8.12 시베리아의 라칸다 층군(Lakhanda Group)에서 산출된 사상체 조류 화석(약 10억 년 전). 사상체 지름 400㎛. (Andy Knoll 제공.)

또한 세포분열 중인 화석도 포함하는데 과연 어떤 종류의 세포분열인가?

성장을 위한 일반적인 세포분열인 **유사분열**(mitosis)에서는 DNA를 포함하여 모든 세포 내용물이 공유된다. 유사분열은 무성생식과 유성생식 생물 모두에게서 나타난다. 비터스프링스 처트에서 산출된 구형의 글레노보트리디온(Glenobotrydion)은 유사분열의 다양한 단계, 즉 하나의 세포가 둘로 분리되고 두 개의 세포가 다시 넷으로 분리(**그림** 8.11c)되는 화석을 포함한다. 한때는 분열 중인 진핵생물로 여겼던 에오테트라헤드리온(*Eotetrahedrion*, **그림** 8.11c)은 남조세균의 군집으로 해석된다. 현생의 관상 녹조류(**그림** 8. 11d)와 모양이 닮은 분지 사상체 화석도 포함된다.

더 오래된 화석들 또한 조류와 모양이 흡사하다. 예를 들어, 시베리아 동부 지역의 10억~9억 5,000만 년 전의 라칸다 층군(Lakhanda Group)에는 점균류처럼 엉켜 있는 군집 형태의 화석뿐만 아니라 5~6종의 다세포 후생식물 화석도 발견된다(**그림** 8.12). 하지만 초기 진핵생물의 진화를 이해하는 데 핵심이 되는 화석은 뱅지오모파(*Bangiomorpha*)다(글상자 8.3).

다세포성과 성

진핵생물인 우리 인간에게 다세포성과 성은 분명하다. 원핵생물의 몇몇 종들은 사상체를 형성하고 느슨한 군집을 이루기도 하지만 분명 단세포 생물이다. 진정한 **다세포**(multicellular) 생물은 오직 진핵생물에서만 나타난다. 하나 이상의 세포로 구성된 식물과 동물들이 다세포생물이다. 초기의 형태는 세포들이 일렬로 길게 이어진 형태를 띤다. 다세포성은 몇 가지 중요한 진핵생물의 특징을 유도했다. 첫째, 다세포성 덕분에 식물과 동물은 크기가 커졌다(수십 미터에 달하는 거대 해초나 켈프처럼). 다세포성은 또한 세포가 유기체 내에서 특화되는 결과를 낳았다. 즉, 어떤 세포는 영양을 담당하고 어떤 세포는 번식, 어떤 세포는 방어나 의사소통을 담당하도록 특화가 이루어졌다.

다세포성은 또한 성을 필요로 했던 것 같다. 최초의 생명체는 하나의 세포가 단순히 분리되어 두 개의 세포가 되는 **무성생식**(asexually)을 했음이 틀림없다. 무성생식 또는 발아

글상자 8.3 뱅지오모파(Bangiomorpha): 다세포성과 성의 기원

홍조류는 단세포에서 크고 화려한 식물에 이르기까지 다양하며 넓은 범위의 환경 조건에서 살아간다. 예를 들어, 현생 홍조류인 보라털속(Bangia)은 모든 염분 범위에서 살 수 있기 때문에 해수와 담수 환경 모두에서 서식한다. 가장 오래된 홍조류 화석은 1990년에 발표됐으며 2000년에 캠브리지 대학교의 버터필드(Nick Butterfield)에 의해 자세히 묘사되었다. 동부 캐나다 12억 년 전의 헌팅층(Hunting Formation)의 규화된 천해석회암에서 산출된 이 화석군은 진핵생물과 원핵생물을 비롯하여 다양한 화석을 포함하고 있다.

버터필드는 2000년 논문에서 새로운 형태의 이 화석에 뱅지오모파 푸베센스(*Bangiomorpha pubescens*)라는 재치 있는 이름을 부여했다. 종소명인 푸베센스(*pubescens*)는 성적 성숙기에 도달했음과 머리카락 모양을 암시하는 라틴어에서 선택된 것이다. 이러한 의미 때문에 학명 뱅지오모파 푸베센스는 괴상하고 건방진 이름의 목록에 올려졌다. 한 웹사이트는 다음과 같이 설명했다. "이 화석은 12억 년 전의 최초의 성행위를 보여 준다. 학명의 'bang'은 성관계를 완곡하게 표현하기 위하여 의도된 것이다." 화석은 성행위를 나타내지 않으며 이 표현은 분명히 과장된 것이다. 버터필드는 중세 이래(그 이전은 아님) 외설적 유머의 상징으로 유명한 영국의 캠브리지 대학교에 근거를 두었지만 그는 캐나다에서 출생한 캐나다 사람이다.

뱅지오모파는 몇몇 세포로 구성된 흡착 구조에 의해 해안가의 암석에 붙어서 머리카락 술 같은 형태로 성장했다(그림 8.13a). 사상체의 길이는 최대 2mm이며 세포의 폭은 50㎛ 이하이다. 세포벽은 검은색이고 구형이나 원반 모양의 세포를 감싸고 있다. 사상체 전체는 다소 두꺼운 외벽으로 싸여 있다. 하나의 사상체는 일렬 또는 이열 이상으로 배열된 세포로 구성되어 있거나, 간혹은 두 개의 배열이 복합적으로 나타나기도 한다(그림 8.13b). 보라털과 홍조류와 현생 보라털속의 특징처럼 많은 세포 열로 구성된 사상체는 가닥의 중간에서 방사상으로 뻗은 쐐기 모양의 세포로 구성되어 있다.

수십 개가 넘는 뱅지오모파 화석이 발견되었고 이 화석들은 어떻게 사상체가 발달했는지를 보여 준다. 하나의 세포에서 시작하여 사상체의 장축을 따라 세포가 분열(유사분열)하며 성장했다. 하나의 세포가 둘로 분열하고, 둘은 넷으로 분열했다. 사상체를 따라서(그림 8.13b) 디스크 모양의 세포가 둘, 넷 또는 여덟 개의 포도송이 형태로 나타나는데 이러한 형태는 연속적인 세포분열이 사상체 안에서 일어났음을 의미한다. 지름이 다소 큰 사상체에는 끝 부분에 동그란 포자 같은 구조가 뭉쳐 있는 것이 관찰되는데 만약에 이것이 정확히 동정된 것이라면, 이것은 유성생식과 감수분열이 있었다는 것을 입증하는 것이다. 사상체와 일련의 발달 단계에 대한 자세한 연구는 뱅지오모파가 다세포였을 뿐 아니라 분화된 세포(사상체 세포와 흡착 구조 세포)와 성적으로 분화된 포자를 가진 식물이었음을 보여 준다.

뱅지오모파에 대해서는 버터필드의 2000년 논문과 웹페이지 http://blackwellpublish ing.com/paleobiology/를 통해 읽을 수 있다.

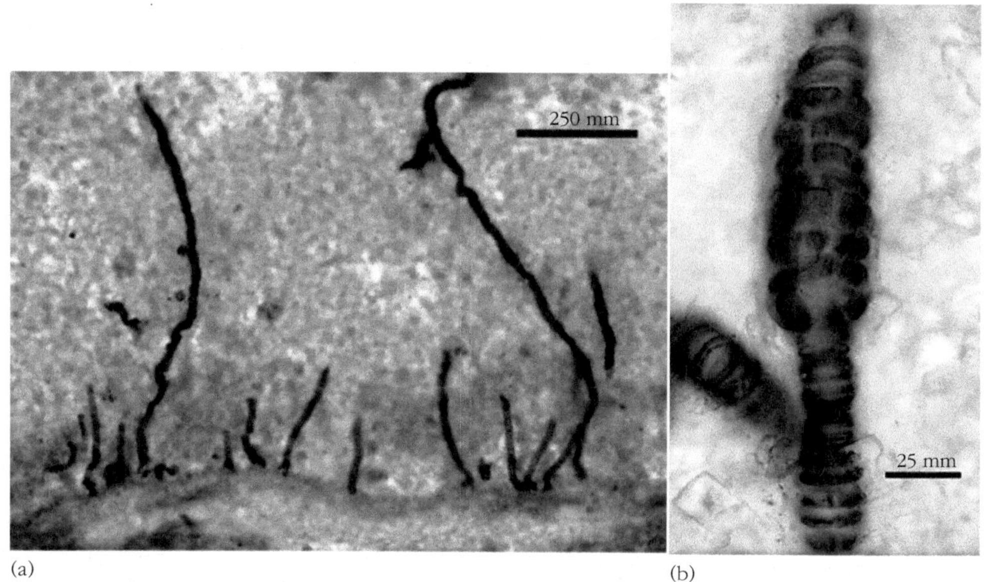

그림 8.13 캐나다의 헌팅층(Hunting Formation)에서 산출된 가장 오래된 다세포 진핵생물 뱅지오모파(*Bangiomorpha*). (a) 석회암 바닥에 붙어 성장하는 수염 형태의 사상체 군집. (b) 4개의 쐐기 모양 세포로 구성된 일렬의 사상체가 이열로 변하는 사상체 화석. 실모양의 사상체는 4개의 원반형 세포 묶음으로 구성되어 있다. (Nick Butterfield 제공.)

는 사실 성장의 한 방법일 뿐이다. 세포는 영양분을 섭취하고 크기가 커지며 충분한 크기로 성장했을 때 유사분열을 통해 분열되어 두 개의 생물 개체가 형성된다. DNA도 동시에 분열되어 두 개의 새로운 세포로 나누어진다. 한편, **유성생식**(sexual)은 두 생물 사이에서 **배우자**(gamete, 정자와 난자)가 교환되는 과정을 포함한다. 전통적으로 수컷은 암컷의 난자에 수정되는 정자를 제공한다. 배우자는 각각 반수체의 DNA를 갖게 되고 두 개의 반수체 DNA가 합쳐져서 자손들은 완전히 다른 게놈을 갖게 되지만 부모의 형질은 여전히 보유된다. 진핵생물에서 DNA는 두 개의 복사본으로 존재한다. 각각의 가닥은 이중나선 구조의 반을 형성한다. 유성생식의 세포분열은 **감수분열**(meiosis)로 DNA는 두 개의 독립된 가닥으로 풀리고 수정이 되어 다른 가닥과 합쳐질 때까지 배우자는 하나의 DNA 가닥을 갖는다.

비터스프링스의 어떤 화석은 한때 감수분열(따라서 성별이 있는)을 나타내는 것으로 알려져 왔으나 현재는 믿어지지 않는다. 성의 기원을 밝히기 위해서 고생물학자들은 반드시 초기의 유성생식 진핵생물 화석을 발견해야만 하는가? 그렇지 않다. 계통발생의 논리로 충분하다. 우리가 만약 현생 단일계통군에 속한 모든 종이 유성생식을 한다는 것을 안다면, 그들의 조상 또한 그랬을 것으로 추정할 수 있다. 현생 조류의 많은 종은 유성생식으로 번식한다. 유성생식을 하는 생물 집단 중 가장 오래된 것은 12억 년 전의 홍조류 화석이며 이것이 성의 기원에 관한 최소한의 시간 정보를 제공한다.

가장 오래된 다세포생물 중 하나는 유성생식을 하는 현생 생물군에 속하는 다세포 화석 뱅지오모파(*Bangiomorpha*)다(**글상자** 8.3). 다세포성은 다양한 형태의 새로운 생물이 출현하는 것을 가능하게 했다. '조류'는 단세포와 다세포생물을 편리에 의해 묶은 측계통(paraphyletic) 생물군을 일컫는 용어로 그들은 모두 진핵생물로 대부분은 **광합성**(photosynthetic)을 한다. 조류의 주요 그룹은 그들의 색깔, 형태 및 생화학적 특징에 의해 구분된다. 분자계통발생(**그림** 8.4 참조)은 진핵생물의 많은 그룹들이 전통적으로 조류로 불려 왔음을 나타내지만 현재 몇몇 조류 그룹은 식물과 밀접하게 연관된 것 같다. 조류의 화석 기록은 불완전하지만 생층서학적으로 유용한 그룹인 와편모충류, 코콜리스, 규조류 및 바나삿갓말류와 윤조류와 같은 석회질 조류 등의 화석 기록은 완전하다.

성은 왜 필요한가? 발아는 충분히 효율적이어서 박테리아, 고세균 및 몇몇 단순한 진핵생물들도 발아로 번식을 해 왔으며 오늘날도 그렇다. 과정이 빠르고 효율적이라는 것은 장점이다. 자기 자신과 동일한 클론(clone)을 복제하는 생명체보다 더 성공적인 생명체가 무엇이겠는가? 한편, 성은 번거롭고 복잡한 과정이다. 단순한 생명체 또는 물고기나 양서류조차도 많은 수의 알을 낳는다. 때로는 수백만 개의 알을 물속에 방산하지만 그중 대부분은 죽는다. 정자 또한 다량으로 생산되고 그마저도 대부분은 낭비된다. 그럼에도 불구하고 일반적으로 성의 진화는 생물 진화에 있어서 획기적인 사건 중 하나로 인식된다. 성의 기원에 대한 정확한 원인을 우리는 아직 잘 모르지만 그 결과는 참으로 장대하다. 유전물질은 매번의 생식기간 동안 교환되고 변하기 때문에 성은 빠른 진화와 생물종의 다양성을 이끌었다. 유성생식 생명체는 무성생식 생명체보다 훨씬 다양하여 보다 쉽게 적응하고 특화된다. 마지막으로 유성생식 생명체는 다세포생물이 될 수 있다.

후기 신원생대

원생이언, 특히 후기 신원생대의 마지막 1억 년은 화석의 다양성이 극적으로 증가되는 구간이다. 유성생식과 다세포성은 좀 더 복잡하고 커다란 생명체에게 문을 활짝 열어 주었다. 식물의 친척 그룹을 포함하는 조류 그룹이 나타났다. 게다가 또한 원생이언 후기에는 복잡한 에디아카라 동물군을 포함하는 다세포동물인 후생동물이 출현했다.

⚜ 복습 문제

1. 인터넷에서 얼마나 많은 창조신화가 떠돌아다니는지 찾아보라. 그들을 신화의 특징에 따라 분류하고 적당한 종교와 연관시켜 보라.
2. 가장 오래된 화석에 대하여 많은 주장이 제기되어 왔다. 참고문헌을 이용하여 1960년, 1970년, 1980년, 1990년과 2000년에 인정된 가장 오래된 화석을 조사해 보라. 왜 당시에 인

정된 최고의 화석들이 궁극적으로 거부되었는지 생각해 보고 그 이유를 나열하라.

3. 보편 생물계통도의 논쟁에 대한 글을 읽고 고세균, 진정세균 또는 진핵생물 중 먼저 분리된 것을 결정하는 것이 가능한지에 대하여 생각해 보라. 또한 어떤 사람은 왜 그것은 결국 해결될 수 없다고 생각하는지 이유를 설명하라.
4. 다세포성과 성의 장점과 단점은 각각 무엇인가? 이러한 단점과 장점을 지지하는 또는 반박하는 생물들의 특질을 가능한 한 많이 찾아 논점을 나열하고 만약 다세포성과 성이 진화하지 않았을 경우의 오늘날 세계를 묘사하라.
5. 선캄브리아 시기의 화석이 매우 드문 이유를 설명하라.

⚜ 더 읽을거리

Butterfield, N.J. 2000. *Bangiomorpha pubescens* n. gen., n. sp.: implications for the evolution of sex, multicellularity, and the Mesoproterozoic/Neoproterozoic radiation of eukaryotes. *Paleobiology* **26**, 386–404.

Cavalier-Smith, T., Brasier, M. & Embley, T.M. (eds) 2006. How and when did microbes change the world? *Philosophical Transactions of the Royal Society B* **361**, 845–1083.

Cracraft, J. & Donoghue, M.J. (eds) 2004. *Assembling the Tree of Life*. Oxford University Press, Oxford, UK.

Hazen, R. 2005. *Genesis: The Scientific Quest for Life's Origin*. Joseph Henry Press, Washington. http://darwin.nap.edu/books/0309094321/html/.

Knoll, A.H. 1992. The early evolution of eukaryotes: a geological perspective. *Science* **256**, 622–7.

Knoll, A.H. 2003. *Life on a Young Planet: The First Three Billion Years of Evolution on Earth*. Princeton University Press, Princeton, NJ.

Tudge, C.T. 2000. *The Variety of Life*. Oxford University Press, Oxford, UK.

⚜ 참고문헌

Altermann, W. & Kazmierczak, J.2003. Archean microfossils: a reappraisal of early life on Earth. *Research in Microbiology* **154**: 611–17.

Ayala, F.J., Rzhetsky, A.& Ayala, F.J. 1998. Origin of the metazoan phyla: molecular clocks confirm paleontological estimates. *Proceedings of the National Academy of Sciences, USA* **95**, 606–11.

Barghoorn, E.S. & Taylor, S.A. 1965. Microorganisms from the Gunflint Chert. *Science* **147**, 563–77.

Baldauf, S.L., Bhattacharya, D., Cockrill, J., Hugenholtz, P., Pawlowski, J. & Simpson, A.C.B. 2004. The tree of life, an overview. *In* Cracraft, J. & Donoghue, M.J. (eds) *Assembling the Tree of Life*. Oxford University Press, Oxford, UK, pp. 43–75.

Brasier, M.D., Green, O.R., Jephcoat, A.P. et al. 2002. Questioning the evidence for earth's oldest fossils. *Nature* **416**, 76–81.

Brocks, J.J., Logan, G.A., Buick, R. & Summons, R.E. 1999. Archean molecular fossils and the early rise of Eukaryotes. *Science* **285**, 1033–6.

Butterfield, N.J. 2000. *Bangiomorpha pubescens* n. gen., n. sp.: implications for the evolution of sex, multicellularity, and the Mesoproterozoic/
Neoproterozoic radiation of eukaryotes. *Paleobiology* **26**, 386–404.

Catling, D.C. & Claire, M. 2005. How Earth's atmosphere evolved to an oxic state: a status report. *Earth and Planetary Science Letters* **237**, 1–20.

Ciccarelli, F.D., Doerks, T., von Mering, C. et al. 2006. Toward automatic reconstruction of a highly resolved tree of life. *Science* **311**, 1283–7.

Crick, F.H.C. 1968. The origin of the genetic code. *Journal of Molecular Biology* **38**, 367–9.

Doolittle, W.F. & Bapteste, E. 2007. Pattern pluralism and the Tree of Life hypothesis. *Proceedings of the National Academy of Sciences, USA* **104**, 243–9.

Embley, T.M. & Martin, W. 2006. Eukaryotic evolution, changes and challenges. *Nature* **440**, 623–30.

Gilbert, W. 1986. The RNA world. *Nature* **319**, 618.

McInerney, J.O., Cotton, J.A. & Pisani, D. 2008. The prokaryotic tree of life: past, present . . . and future? *Trends in Ecology and Evolution* **23**, 276–81.

Nisbet, E.G. & Sleep, N.H. 2001. The habitat and nature of early life. *Nature* **409**, 1083–91.

Peterson, K.J., Lyons, J.B., Nowak, K.S. et al. 2004. Estimating metazoan divergence times with a molecular clock. *Proceedings of the National Academy of Sciences, USA* **101**, 6536–41.

Poole, A.M. & Penny, D. 2007. Evaluating hypotheses for the origin of eukaryotes. *BioEssays* **29**, 74–84.

Rasmussen, B. 2000. Filamentous microfossils in a 3,235-million-year-old volcanogenic massive sulfide. *Nature* **405**, 676–9.

Rosing, M.T. & Frei, R. 2004 U-rich Archean sea-floor sediments from Greenland – indications of >3700 Ma oxygenic photosynthesis. *Earth and Planetary Science Letters* **217**, 237–44.

Schopf, J.W. 1993. Microfossils of the Early Archean Apex Chert: new evidence of the antiquity of life. *Science* **260**, 640–6.

Schopf, J.W., Kudryavtsev, A.B., Agresti, D.G., Wdowiak, T.J. & Czaja, A.D. 2002. Laser-Raman imagery of Earth's earliest fossils. *Nature* **416**, 73–6.

Schopf, J.W. & Packer, B.M. 1987. Early Archean (3.3-billion to 3.5 billion-year-old) microfossils from Warrawoona Group, Australia. *Science* **237**, 70–3.

Szostak, J.W., Bartel, D.P. & Luisi, P.L. 2001. Synthesizing life. *Nature* **409**, 387–90.

Whittaker, R. 1969. New concepts of kingdoms or organisms: evolutionary relations are better represented by new classifications than by the traditional two kingdoms. *Science* **163**, 150–60.

Woese, C.R. & Fox, G.E. 1977. Phylogenetic structure of the prokaryotic domain: the primary kingdoms. *Proceedings of the National Academy of Sciences, USA* **74**, 5088–90.

Wray, G.A., Levinton, J.S. & Shapiro, L. 1996. Molecular evidence for deep pre-Cambrian divergences among the metazoan phyla. *Science* **274**, 568–73.

Yoon, H.S., Hackett, J.D., Ciniglia, C., Pinto, G. & Bhattacharya, D. 2004. A timeline for the origin of photosynthetic eukaryotes. *Molecular Biology and Evolution* **21**, 809–18.

제9장 원생생물

학습 키포인트

- 미고생물학은 미생물 또는 보다 큰 생물의 미세한 부분을 연구하는 종합 과학이다.
- 핵과 세포 소기관이 없는 단세포 미생물인 원핵생물은 탄산염광물을 형성하는 가장 오래된 생물인 남조세균을 포함한다. 그들은 선캄브리아 중기에 폭발적으로 증가하여 지구 대기를 산소가 풍부한 환경으로 만들었다.
- 원생생물은 핵이 있는 단세포 생물로 외부 보호막인 외피나 포낭을 가진 원생동물계(Kingdom Protozoa)와 색조계(Kingdom Chromista)의 다양한 생물을 포함한다.
- 원생생물 화석은 골격 성분에 따라 유기질(아크리타크, 와편모충류, 키티노조아), 석회질(인편모조류, 유공충류) 또는 규산질(규조, 방산충) 화석으로 나눌 수 있다.
- 저서성과 부유성으로 살아가는 단세포 원생동물인 유공충은 키틴질과 교질 각을 가지고 있지만 가장 많은 종류는 현생이언 동안에 번성한 석회질 각(유리질과 자기질)을 가진 유공충이다.
- 규산질 각을 가지고 있는 원생동물인 방산충과 규산질 골격의 원생식물인 규조류는 암석을 구성하는 주요 생물군이다.
- 아크리타크, 와편모충류, 키티노조아는 유기질 미화석(palynomorph)의 종류로 대부분은 유기질 포낭의 형태로 보존되며 생층서 연구에 매우 중요하다. 아크리타크와 와편모충류는 원생식물로 분류되며 키티노조아는 분류 미상이다.
- 인편모조류와 규조류는 색조류에 속한다.

작은 것일수록 더욱더 중요하다는 것이 나의 오래된 격언이다.

코난 도일(Arthur Conan Doyle)『**정체성의 경우**(A case of Identity)』(1891)

미생물의 세계는 공상과학 소설보다도 더 기괴하다. 지구는 철과 우라늄을 섭취하거나 황산이 끓어오르는 환경에서 번성하고 심지어 단단한 암석 안에서도 살아가는 미생물들로 가득하다(**글상자** 9.1). 이 놀라운 생물들은 매우 다양한 형태를 띠고 다양한 환경에 서식하며 종종 외계적이라 불릴 만한 신진대사를 보이는 등의 다양한 생활방식으로 살아간다. 박테리아와 바이러스 같은 미생물들이 단연코 지구상에서 가장 풍부한 생물 형태인 것은 지질학적 과거로 봤을 때 분명한 사실이다. 미화석은 mm보다 작은 현미경 크기의 미생물 유해 또는 큰 유기체에서 떨어져 나온 작은 파편과 생식기관 등을 포함한다. 따라서 미화석은 미생물 그 자체뿐만 아니라 동물과 식물의 미시적인 부분들도 포함한다.

슈마허(Schumacher)는 그의 유명한 저서 『작은 것이 아름답다(Small is Beautiful)』에서 작은 규모의 세계 경제를 변론했다. 고생물학자 중 미고생물학자들 또한 미시적인 화석에 사로잡혀 있다. 눈을 가늘게 뜨고 현미경을 뚫어지게 보기까지는 그 어느 누구도 골편, 장식, 판 형태 등의 미세한 세부 구조 같은 미화석의 우아한 아름다움을 느낄 수는

글상자 9.1 극한 환경에서 살아가는 미생물: 호극성 생물

미생물은 어디에나 존재한다는 것을 우리는 알고 있지만, 우리가 알고 있는 것처럼 미생물의 분포가 진짜로 그렇게 넓을까? 그렇다. 실은 그보다 훨씬 더 그렇다. 과학자들은 특별한 미생물, 즉 특별한 효소를 이용하여 지구의 가장 극한 환경에 적응한 호극성 생물(extremophilies, 극한 환경을 좋아하는)에 대하여 조사해 왔다. 호산성(acidophilies, 산성 환경을 좋아하는), 호알칼리성(alkaliphilies, 알칼리 환경을 좋아하는), 호압성(barophilies, 고압 환경을 좋아하는), 호염성(halophilies, 고염 환경을 좋아하는), 호중온성(mesophilies, 중온의 환경을 좋아하는), 호열성(thermophilies, 고온의 환경을 좋아하는), 호냉온성(psychrofiles, 차가운 환경을 좋아하는) 및 호건조성(xerophilies, 건조한 환경을 좋아하는) 미생물들이 현재까지 알려진 호극성 생물들이다. 호극성 생물들의 대부분은 고세균과 진정세균에 속하지만 원핵생물과 진핵생물 모두에서도 나타난다. 어떤 과학자들은 호극성 생물의 특별한 신진대사 과정을 근거로 별도의 역(domain)으로 구분되어야 한다고 주장한다. 만약에 현생 미생물들이 냉동 환경이나 지열환경, 산성과 알칼리 환경 및 지각 내부에서도 살 수 있다면 선캄브리아 초기의 극한 환경과 심지어는 우주 공간에 생명체가 존재하는 것이 그리 커다란 도전이 아니었을지도 모른다. 게다가 그러한 형태의 생물들은 대량멸종 사건의 극한 환경에서도 분명히 살아남았을 것이다. 그러한 미생물을 화석에서 발견할 수 있을지도 모른다. 재간이 많은 조류 중 하나인 아크리타크는 지구가 경험한 가장 혹독한 빙하기를 통하여 그것을 달성했다. '눈덩이 지구(snowball Earth)' 이론은 후기 원생이언 동안은 지구의 바다가 얼어서 생명체가 실질적으로 정지된 상태였음을 제안한다. 아크리타크의 다양성은 그러한 위기 속에서도 유지되었다(Corsetti et al., 2006). 우리는 그 당시 생존했던 호극성 생물을 발견했는가? 또는 기후가 눈덩이 지구에서 예견된 정도로 그렇게 혹독하지 않았는가?

없다. 미화석은 아름다울 뿐만 아니라 이용가치 또한 크다. 따라서 미고생물은 미고생물학자를 비롯하여 생화학자, 식물학자 및 동물학자들에게도 매력적인 분야이다. 미화석은 분류학적으로 이질적인 생물군을 포함하고 있음에도 불구하고 그들의 연구에는 언제나 광학현미경[최근에는 주사전자현미경(scanning electron microscope, SEM)과 투과전자현미경(transmission electron microscope, TEM)을 이용하여 새로운 형태의 연구가 수행되지만]이 이용된다는 관점에서 하나의 학문분야로 통합된다. 대부분의 미화석들은 매우 작고 완벽한 형태를 띠지만 종종 매우 복잡하게 얽혀 있는 유기물의 형태를 보이기도 한다.

미화석은 박테리아, 원생동물, 색조류, 식물 및 동물을 포함하는 대부분의 생물 집단에서 유래한 화석을 포함하며 균류 화석 또한 간헐적으로 산출된다. 따라서 대부분의 교과서에서는 전통적이며 기능적인 미화석 분류체계에 따라 미화석을 원핵생물(주로 박테리아), 원생생물[다양한 **피각**(test, 겉껍데기)이나 **포낭**(cyst, 휴지기의 낭포)을 가진 단세포 진핵생물], 미세 무척추동물(주로 개형충류), 미세 척추동물(주로 코노돈트와 물고기의 미세부분), 화분과 포자(식물의 생식 기관) 등으로 분류한다. 우리는 이 장에서 많은 부분을 다소 진화된 미생물 집단인 원생생물에 대하여 다룰 것이다. 대부분의 원생생물은 고세균에서 기원하였으며 42억~35억 년 사이에 분화된 측계통 생물군이다. 원핵생물인 고세균과 진정세균은 생명의 기원과 깊은 관계가 있으며 화석 기록은 매우 제한적이다.

대부분의 미화석은 개체수가 풍부하고 화석으로 보존될 수 있는 내구성이 우수하기 때문에 생층서 대비에 매우 유용하다. 표품의 연속적 채취가 야외 노두에서 가능하며 코어 표본에서는 소량으로도 충분하다. 이러한 이유로 미화석은 석유와 채광 회사에서 광범위하게 이용되고 있다. 게다가 많은 미화석들은 전 세계의 광범위한 지역에 서식하는 부유성 미생물이기 때문에 멀리 떨어진 지층의 대비에 유용하게 이용된다. 해양퇴적물 속의 미화석 연구는 환경 변화와 고기후에 대한 정보를 제공하며, 미화석 각의 지화학적 연구와 군집 변화의 연구는 또한 고해양에 대한 기본 자료를 제공한다. 그 외에도 온도 변화에 따른 미화석(예: 코노돈트와 유기질 미화석)의 색깔 변화 연구는 탄화수소 물질의 열적 성숙도를 평가하는 자료로 이용된다.

미생물은 지구의 진화에 커다란 공헌을 해 왔다. 코콜리스, 규조류, 유공충, 방산충 등의 많은 미생물들은 암석을 형성하는 주요 생물들이다. 원핵생물인 남조세균은 선캄브리아 기간에 지구의 대기를 환원 환경에서 산화 환경으로 바꾸었으며 대기권과 수권 시스템을 지속적으로 변화시켰다. 예를 들어 최근의 연구에 의하면 대부분의 석회질 머드마운드(mudmound)[예: 스웨덴과 영국 북부 및 아일랜드 중부에 위치한 후기 오르도비스기의 머드뱅크(mudbank), 아일랜드의 초기 석탄기의 와울소티안 마운드(Waulsortian mounds) 및 알파인 지대 우르고니안(Urgonian) 석회암 지역의 초기 백악기 머드마운드]는 미생물에 의해 형성된 것 같다. 미생물의 영향은 미세하기 때문에 이해하기 어려울지도 모른다. 예를 들어, 코콜리스를 만드는 미생물인 에밀리아니아(*Emiliania*)는 번성기 동안 엄청난 양의 탄산칼슘을 만들 수 있다. 이렇게 형성된 석회질 광물들은 대륙붕의 석회질 암석보다 훨씬 더 쉽게 판의 경계를 따라 섭입되기 때문에 화산을 통해 보다 용이하게 이산화탄소(CO_2) 가스를 순환시킨다. 이와 같이 온실가스가 대기에 축적됨에 따라 지구는 아마도 지난 2억 년 동안 따듯한 기후를 유지할 수 있었는지 모른다.

암석이나 퇴적물에서 미화석을 추출하는 것은 다양한 기술을 요구하며 특별히 고안된 실험실이 필요한 경우도 있다. 대부분의 미화석은 암석을 물이나 용매에 담가 입자를 분리한 후 체를 이용하여 점토 입자를 제거한다. 유공충이나 개형충 화석을 추출하기 위해서는 현미경을 이용하여 사질이나 실트질 크기의 잔존물을 골라낸다. 방산충이나 규조 및 코노돈트 화석을 추출하기 위해서는 초산이나 염산을 이용하여 석회질 광물 성분을 용해시켜 미화석의 농집도를 증가시킨다. 유기질 미화석을 추출하기 위해서는 고도의 주의를 요구하는 불산을 이용하여 규산질 광물을 제거한다. 마지막으로 중액이나 전자 분리를 이용하여 미화석의 농집도를 증가시킬 수도 있다. 유공충이나 몇몇 조류 화석들은 박편을 제작하여 연구할 수도 있다.

✲ 원생생물: 서언

대부분의 원생생물은 핵과 세포 소기관을 보유한 단세포 미생물로서 **독립영양생물**(autotroph, 이산화탄소와 물 등의 무기물을 유기영양소로 전환하는 생명체)과 **종속영양생물**(heterotrophs, 유기물이나 다른 생명체를 먹고 살아가는 생명체) 모두가 포함된다. 원생생물로 묶어서 분류하는 것은 편리하지만 명확한 기준은 다소 애매하다. 원생생물은 본질적으로 다세포동물과 균류 및 관속식물을 제외한 모든 진핵생물을 일컫는다. 따라서 연관관계가 없는 서로 다른 생명체를 묶은 측계통 그룹의 생물군이다. 대부분의 원생생물은 크기가 매우 작은 단세포 생물이지만 각각의 그룹에서 여러 번에 걸쳐 다세포로 진화했기 때문에 다세포 조류(해초류) 등도 전통적으로 원생생물에 포함시킨다(**그림 9.1**). 원생생물의 다양성을 구분하는 것 또한 다소의 문제점이 있다. 원생생물을 종속영양의 원생동물과 독립영양의 조류(색조류)로 구분하는 것은 생태학적으로는 중요하지만 두 그룹은 다계통(polyphyletic) 그룹이기 때문에 계통발생에 따라 분류하는 것은 무의미하다. 초기의 원생생물은 거의 틀림없이 종속영양생물이었을 것이다. 하지만 그들은 적어도 6개의 서로 다른 진화 경로를 따라 독립적으로 엽록체를 획득하였으며 이후 2차적으로 엽록체가 유실되기도 했다. 예를 들어, 전통적 원생동물 중 하나인 섬모충은 조류로부터 진화된 것이 거의 확실하다. 원생생물은 또한 이동수단에 의해 단순하게 편모류와 아메바류로 구분하기도 한다. 하지만 이런 분류 또한 다계통적이다. 따라서 이와 같이 단순한 원생생물의 분류는 현실적으로 적용하기 어렵기 때문에 다소 느슨한 방법이지만 다

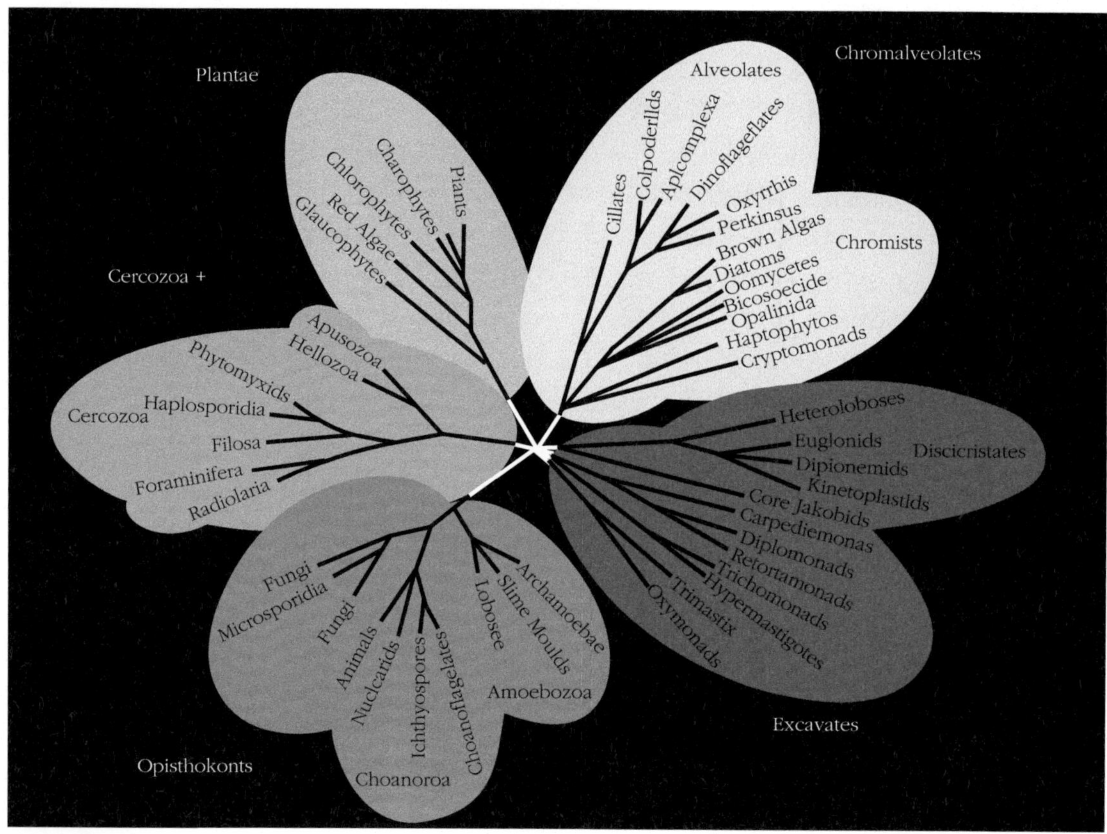

그림 9.1 생물계통도에서 원생생물의 위치. 브리티시컬럼비아 대학교(University of British Columbia)의 킬링(Patrick Keeling)이 제안한 이 계통도에서 원생동물(유공충과 방산충)은 색소유포생물군(Chromalveolates)의 색소류 생물군(규조류와 와편모충류)에서 멀리 떨어진 세르코조아(Cercozoa)군에 속해 있다. [Keeling 등(2005)으로부터.]

양한 영양 단계, 이동수단, 피각의 종류 및 생활사 등의 조합을 이용하여 약 30~40여 개의 독립된 문으로 묶는 것이 좋다. 현대의 분자생물학과 세포학적 연구도 원생생물의 이와 같은 다양성을 서서히 이해하기 시작했지만 문제를 신속히 해결하려는 방향으로 진행되지는 않고 있다. 대신 우리는 단순하게 미화석에는 다양한 원생생물이 포함된다는 것을 주목한다. 여기서 우리는 카발리에 스미스(Cavalier-Smith, 2002)나 다른 학자들의 분류체계를 따라 원생생물을 원생동물(유공충, 방산충, 아크리타크, 와편모충류, 섬모충류)과 색조류(인편모조류, 규조류)로 구분한다. 키티노조아(Chitinozoa)는 이러한 체계로 분류하기가 어렵기 때문에 독립적으로 다룬다.

✲ 진핵생물이 무대의 중심으로 진출하다

진핵생물은 언제 출현했는가? 아크리타크의 포낭 화석으로 대표되는 핵과 세포 소기관을 가진 단세포 진핵생물 화석은 14억 5,000만 년 전의 암석에서부터 산출된다. 하지만 나선형 리본 형태인 그리파니아(*Grypania*) 화석은 18억 5,000만 년 전의 암석에서 산출되었다. 가장 오래된 다세포 화석 중 하나는 캐나다 동부 지역 12억 년 전의 헌팅층(Hunting Formation) 규질석회암에서 산출된 보라털류의 홍조류 화석이다. 10억 년 이후의 암석에서는 조류 화석이 전 세계 여러 지역에서 산출된다. 선캄브리아 후기부터 현재까지 지구에 존재했던 주요 식물성 플랑크톤은 아크리타크, 키티노조아 및 코콜리스와 규조류였으며 동물성 플랑크톤은 유공충과 방산충이다(그림 9.2). 해양 식물성 플랑크톤은 다른 생명체에게 일차영양소를 제공할 뿐만 아니라 대기로부터 탄산염이온의 형태로 이산화탄소를 제거하여 주요한 탄소저장소로서의 기능을 수행한다. 이러한 순환은 원생이언 후기에 이미 작동되어, 현재 해양에서와 같은 생물학적이고 화학적인 순환체계가 선행되었을지도 모른다.

✲ 원생동물

원생동물은 동물도 식물도 아니지만 이동성과 종속영양 등의 동물적 특징을 지닌 단세포 진핵생물이다. 몇몇 그룹은 포낭을 만들기도 한다. 대부분은 약 50~100㎛ 정도의 크기이며 수성 환경과 토양에 매우 풍부하다. 그들은 먹이사슬의 일차생산자에서 포식자에 이르기까지 다양한 영양 단계를 점유하며 어떤 그룹은 기생이나 공생으로 살아간다.

유공충

유공충은 각을 가진 종속영양 원생동물로 현생이언의 다양한 퇴적암에서 흔하게 산출되며 고환경이나 생층서 연구에 매우 중요하다. 유공충은 과립 형태의 위족이 복잡하게 얽혀 있는 특징을 보인다. 전통적으로 유공충은 방산충과 편모가 없는 몇몇 다른 원생동물과 함께 육질충문(Phylum Sarcodina)으로 분류되어 왔다. 하지만 현재의 분류체계에서 유공충은 독립된 문, 즉 과립근족충문(Granuloreticulosa)으로 분류된다. 예를 들어, 카발리에 스미스(Cavalier-Smith, 2002)는 유공충을 근형생물하계(infrakingdom Rhizaria)로 구분한 후 방산충과 함께 레타티아문(phylum Retatia)으로 분류한다.

유공충은 가장 풍부하게 산출되는 미화석으로 저배율 현미경을 이용하여 간단하게 연구할 수 있다. 따라서 대부분의 미고생물학 연구는 유공충에 기초하며 유공충 연구를 위하여 고안된 방법들 또한 다른 미화석 집단에 적용되었다. 유공충은 특히 신생대 암석의 생층서 체계가 필요한 석유 산업에 매우 유용하며 유전 자료를 대비하는 데 도움이 된다.

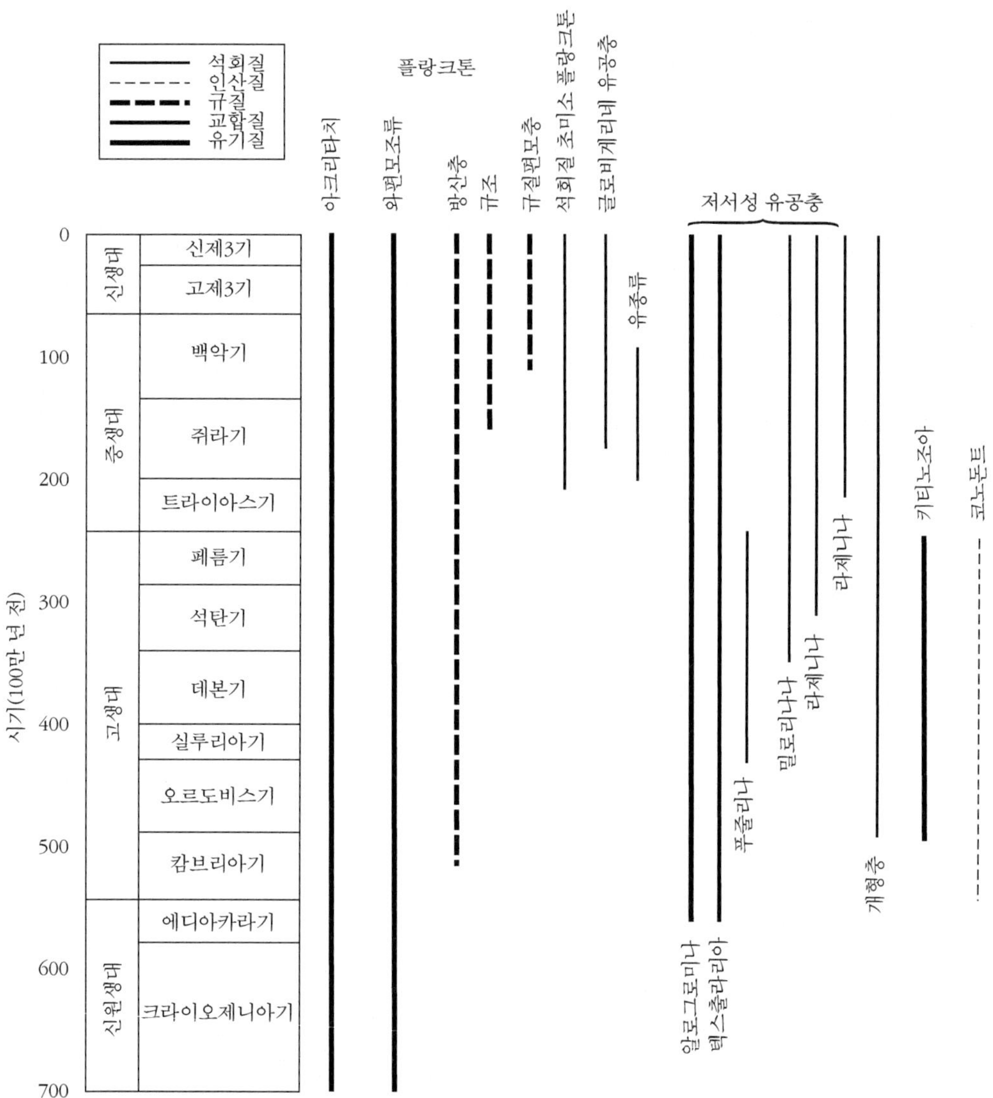

그림 9.2 주요 원생생물군의 층서 범위, [Armstrong과 Braiser(2005)로부터.]

게다가 유공충 각을 이용한 동위원소 연구는 중생대와 신생대 바다의 온도를 추정하는데 매우 유용하게 이용된다.

형태와 분류

다양한 분류체계가 제안되었지만 각의 형태와 광물 성분이 종과 상위 수준의 유공충을 분류하는데 기본 틀을 제공한다. 대부분의 유공충은 소공(foramem)으로 연결된 방

(chamber)으로 이루어진 각(shell 또는 test)을 가지고 있다. 각은 다양한 광물질로 이루어졌으며 유기질, 교질 및 석회질 각이 대표적이다.

1. 유기질 각은 단백질 또는 유사키틴(pseudochin) 성분의 텍틴(tectin)으로 구성되어 있다.
2. **교질**(agglutinated)각은 시멘트 물질에 의해 얽혀 있는 광물 파편으로 구성되어 있다. 이러한 암편들에는 석영, 운모와 같은 쇄설성 암편과 해면동물의 골편 및 코콜리스나 다른 유공충에서 떨어진 석회질 편들이 포함된다.
3. 석회질 각은 자기질(porcellaneous), 유리질(hyaline), 미세과립질(microgranular) 등 세 가지 형태로 나눌 수 있다(**그림 9.3a**). 자기질 각은 마그네슘 함량이 높은 작은 방해석 결정들이 무질서하게 배열되어 있으며 부드럽고 흰색이다. 유리질 각은 마그네슘 함량이 적은 다소 큰 방해석 결정들로 구성되어 있으며 보존이 좋은 경우 반짝이는 느낌을 받는다. 유리질 각은 두 가지 형태가 있다. 방사성 각(radial test)은 c 축이 각의 표면과 수직을 이루며 성장하는 미세한 방해석 결정들로 구성되어 있는 반면 과립질(granular) 각은 다양한 방향성을 보이는 미세한 방해석 결정으로 이루어져 있다. 두 형태 모두 층을 이루는 구조를 띠며(multilayered) 구멍이 있다(**그림 9.3b**). 유리질 아라고나이트 각이 방해석 각보다 훨씬 더 풍부하게 산출된다. 마지막으로 미세과립질(microgranular) 각은 비슷한 크기의 결정질 방해석이 촘촘하게 배열되어 있다. 석회질 각으로 구성된 유공충의 대부분은 고생대 후기부터 알려져 있다.

유공충 각의 외부 형태는 방의 모양과 배열에 따라 달라진다. 진화가 거듭됨에 따라 유공충은 단순한 일차배열(uniserial)과 이차배열(biserial)에서부터 좀 더 복잡한 형태인 평면꼬임(planispiral)과 삼차원꼬임(trochospiral) 형태에 이르기까지 다양한 대칭성의 각을 형성했다(**그림 9.4, 9.5**). 방의 형태 또한 구형에서부터 관 모양과 곤봉 모양까지 다양하며 각구(aperture)의 위치나 모양도 각양각색이다. 각의 표면은 골침(spine)이나 늑골 또는 구멍과 주름이 있는 등 다양한 장식으로 덮여 있기도 하다. 유공충은 각의 형태와 장식에 의해 분류된다(**글상자 9.2**).

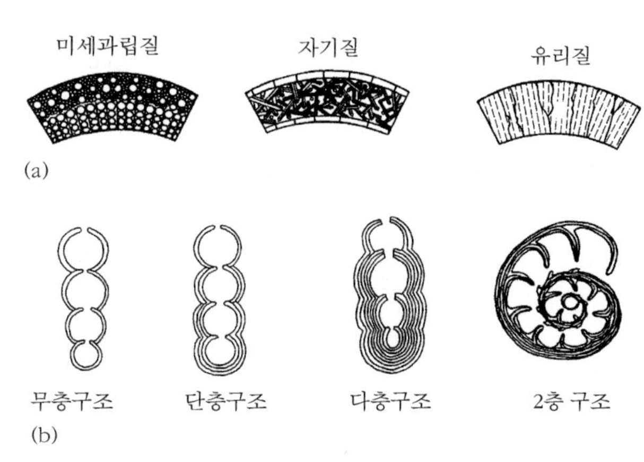

그림 9.3 유공충 각 벽의 주요 형태: (a) 각 벽의 성분과 구조, (b) 층상 구조

생활상

유공충은 저서성과 부유성의 생활에 적응해 왔다. 대부분의 유공충은 저서 표생동

그림 9.4 유공충 방 구조의 주요 형태

물(epifaunal)로 기질에 부착하여 살아가거나 위족을 이용하여 해저 바닥을 기어 다닌다. 내생(infaunal) 유공충은 퇴적물 상부 15cm 내에서 서식한다. 저서성 유공충의 대부분은 매우 제한된 지역에 분포한다. 부유성 유공충은 열대나 적도 지역에서 가장 다양하고 해수의 용승이 일어나는 지역에서 가장 풍부하게 산출된다. 유공충 그룹의 기능학적 형태는 수학적으로 형상화될 수 있고(**글상자 9.3**) 이 결과는 유공충의 다른 생활양식과 연관시킬 수 있다. 과거와 현재의 다른 환경과의 관계 또한 잘 정립되어 있다(**글상자 9.4**).

진화와 지질학적 역사

최고의 유공충 화석은 캄브리아 하부 지층에서 산출된 단순한 교질의 관 모양 화석으로 현생 저서성 유공충 속인 바시사이폰(*Bathysiphon*)의 일종이다(**그림 9.8**). 좀 더 다양한 교질 유공충이 오르도비스기에 산출되며 미세과립질 각 유공충은 실루리아기 지층에서 산출된다. 많은 방으로 이루어진 유공충은 데본기 이후에 나타난다. 석탄기 지층에서는 일차, 이차 및 삼차배열의 방 형태를 보이는 유공충을 비롯하여 삼차원꼬임의 방 구조를 보이는 교질 유공충이 다양하게 산출된다. 다실 성장(multilocular growth, 새로운 방들이 연속적으로 첨가되는) 형태의 분리된 각을 지닌 유공충은 데본기와 석탄기의 경계에서 나타난다. 엔도씨리데(Endothyridae)와 방추충(Fusulunidae) 두 과의 유공충은 석탄기에 번성하고 자기질 각이 특징인 밀리오니데(Milionidae)과 유공충은 페름기에 풍부하다. 방추충은 크기가 매우 크며 석탄기 후기와 페름기의 석회질 산호초 지역에 적응한 특화된 유공충이다. 그들은 페름기 후기까지는 다양성을 보이며 번성했지만 고생대 말기에 멸종했다. 밀리오니데와 엔도씨리데 유공충도 고생대 말기에 그 수가 급감하였다.

유공충의 다양성은 트라이아스기까지도 회복되지 않았으나 쥐라기에 이르러서 폭발적으로 증가하였다. 그중 유리질 각을 지닌 저서성 노도사리데(Nodosariidae)와 부유성 글로비게리니데(Globigerinidae)과의 유공충이 번성했으며 교질 각을 지닌 리투올리티데(Lituolitidae)와 오르비톨리니데(Orbitolinidae) 유공충도 지속적으로 증가했다. 부유성 유공충은 백악기 동안에 번성했으며 백악기와 제3기 사이(KT)의 대량멸종 시기 이전에 정

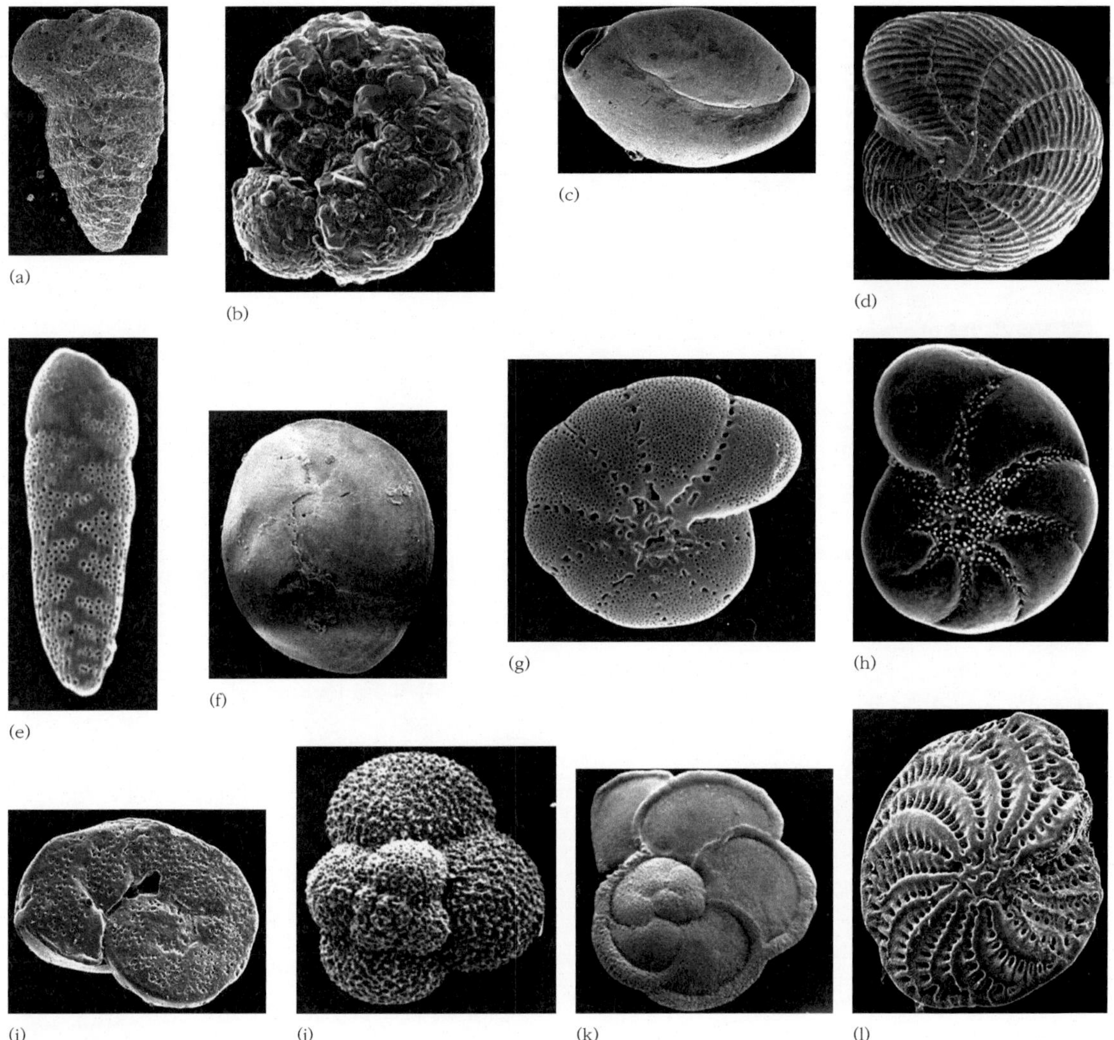

그림 9.5 유공충 속: (a) 텍스출라리아(*Textularia*), (b) 크리브로스토모이데스(*Cribrostomoides*), (c) 밀리오넬라(*Milionella*), (d) 스피롤리나(*Spirolina*), (e) 브라질리나(*Brizalina*), (f) 피르고(*Pyrgo*), (g) 엘피디움(*Elphidium*), (h) 노니온(*Nonion*), (i) 씨비씨데스(*Cibicides*), (j) 글로비게리나(*Globigerina*), (k) 글로보로탈리아(*Globorotalia*), (l) 엘피디움(*Elphidium*)[(g)와 다른 종]. 배율은 모두 50~100배. [John Murray(b, d, e, g, h, j, k)와 Euan Clarkson(a, c, f, i, l) 제공.]

점에 달했다. 팔레오세와 에오세 사이 및 마이오세 두 기간 동안에도 유공충의 다양성은 증가했다.

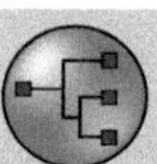

글상자 9.2 유공충의 분류

알로그로미나 아목(Suborder ALLOGROMINA)
- 유기질 각, 단실방(unilocular), 담수, 기수 및 해수 모든 환경에 서식, 화석화되기 다소 어려움
- 초기 캄브리아기~현재

텍스출라리나 아목(Suborder TEXTULARINA)
- 암석편을 시멘트 물질로 붙여 형성한 교질 각으로 격막이 있는 것(septate)과 격막이 없는 것(non-septate)이 있음
- 초기 캄브리아기~현재

푸줄리니나 아목(Suborder FUSULININA)
- 미세과립질 각, 두 층 이상의 엽층 발달, 격막이 있거나 격막이 없는 형태
- 오르도비스기 란데일로세(Llandeilo)~페름기 창신지아세(Changhsingian)

인볼루티니나 아목(Suborder INVOLUTININA)
- 아라고나이트 유리질 각
- 페름기 로틀리에젠데스세(Rotliegendes)~백악기 세노마니아세(Cenomanian)

스피릴리니나 아목 (Suborder SPIRILLININA)
- 방해석 유리질 각, 평면꼬임형에서 원추형 각까지
- 트라이아스기 레틱세(Rhaetic)~현재

카테리니나 아목 (Suborder CATERININA)
- 석회질 골편들이 석회질 시멘트에 의해 결합된 각
- 트라이아스기 프리아보니아세(Priabonian)~현재

밀리오리나 아목(Suborder MILIOLINA)
- 구멍이 없고, 격막은 있거나 없으며 크고 복잡한 자기질 각
- 석탄기 비세아세(Visean)~현재

실리코로쿨리니나 아목 (Suborder SILICOLOCULININA)
- 구멍이 없는 오팔 규산질 각
- 신생대 제3기 마이오세~현재

라제니나 아목(Suborder LAGENINA)
- 한 층의 엽리(monolamellar)와 방사상 유리질이 특징인 방해석 각
- 실루리아기 프리돌리세(Pridoli)~현재

로베르티니나 아목(Suborder ROBERTININA)
- 격막이 있고 미세 구멍이 있는 유리질 방사상 아라고나이트 각
- 트라이아스기 아니시아세(Anisian)~현재

글로비게리니나 아목(Suborder GLOBIGERININA)
- 미세 구멍이 있는 부유성의 방해석 유리질 각
- 쥐라기 바조시아세(Bajocian)~현재

로탈리나 아목(Suborder ROTALINA)
- 구멍이 있는 다실방(multilocular) 형태의 유리질 방해석 각
- 쥐라기 알레니아세(Aalenian)~현재

방산충

방산충은 바다에 서식하는 단세포 부유성 원생생물로 오팔 실리카(opaline silica) 성분의 정교한 골격을 가지고 있다(그림 9.9). 방산충의 이름은 다양한 형태의 골격골침이 방사

글상자 9.3 유공충 각 형태의 모델링

연체동물의 형태 공간 모델링에 대한 라우프(David Raup)의 이론적 연구는 패각의 계통발생에 대한 전통적인 패러다임에 변화를 가져왔다. 현재 많은 생물군들의 골격은 간단한 일련의 계산식에 따라 수학적으로 만들어질 수 있다. 미화석의 형태 또한 편차 각도, 전이 요소 및 성장 요소를 기본으로 한 일련의 법칙을 통해 이러한 방식으로 모델화될 수 있다(Tyszka, 2006). 컴퓨터를 이용하여 이러한 요소들을 변화시키면 가능한 각과 불가능한 각의 범위를 만들 수 있다(그림 9.6). 여기에 묘사된 형태는 모든 가능성의 일부분을 나타낸 것이다. 흥미롭게도 컴퓨터 모델은 언제나 다소 이상한 형태들도 만들어 낸다. 예를 들어, 기능 장애적인 형태는 기하학적으로는 가능하지만 방의 부피와 모양으로 보면 기능을 할 수 없다. 한편 빈 공간 안에 충분히 기능할 수 있는 형태를 채울 수는 있지만 이러한 형태를 가진 화석은 아직 보고된 적이 없다. 왜일까?

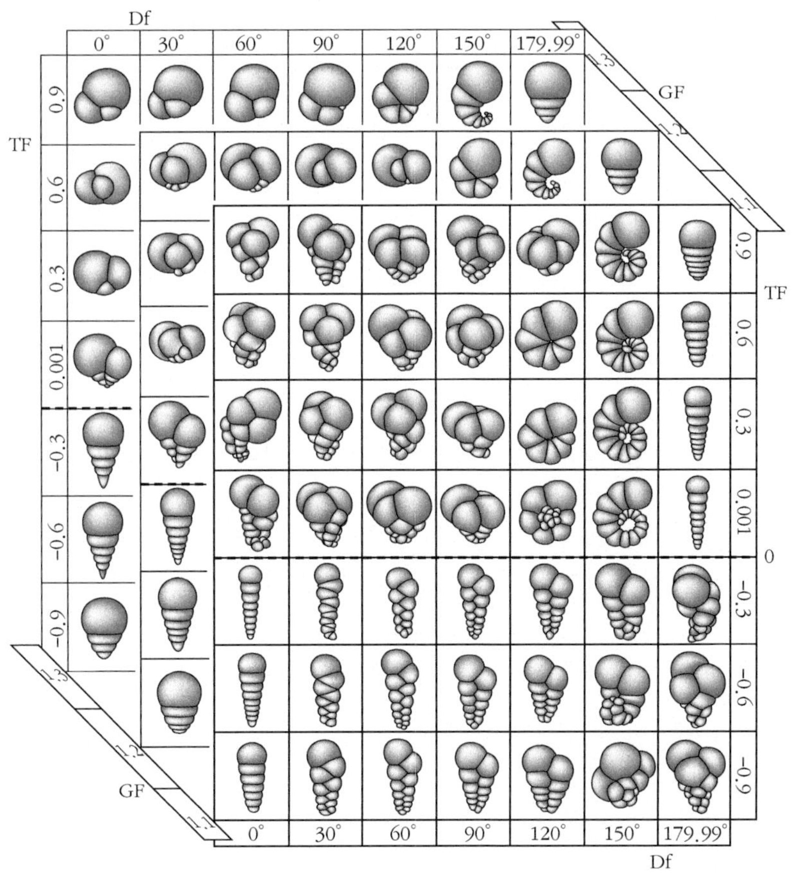

그림 9.6 유공충 각 모델링, 유공충의 이론적인 삼차원 형태 공간. GF: 성장요소, TF: 전이요소, *Δφ*: 편차요소. [Tyszka(2006)로부터.]

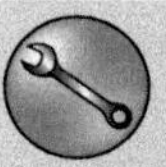

글상자 9.4 유공충과 환경

유공충 각의 비율(교질 각: 유리질 각: 자기질 각)은 현생 환경을 구분하는 데 광범위하게 사용되어 왔다. 각 형태의 상대적 빈도를 세 축에 표시하면 초고염 환경, 해양석호 환경, 강어귀 환경 및 공해 환경이 구분된다(그림 9.7). 화석 군집을 이러한 기본 틀에 표시하면 고생물학자들은 고환경의 염분도를 추측할 수 있다.

저서 내생(infauna): 저서 표생(epifauna) 유공충의 비율은 또한 해저의 용존 산소 및 유기탄소의 상대적 양을 결정하는 데 넓게 이용되어 왔다. 내생과 표생 유공충은 유공충 각의 형태에 의해 구분될 수 있다. 즉, 표생 유공충은 주로 유기탄소의 함량이 낮은 환원 환경에서 산출되며 내생 유공충은 유기탄소 함량이 높고 산소가 결핍된 환경에 나타난다.

부유성: 저서성 유공충의 비율을 측정하는 것 또한 환경 해석에 유용하다. 일반적으로 저서성 유공충의 비율은 현재 바다의 수심 약 500m 아래에서 급격히 감소한다. 현생 유공충 군집 자료는 고환경을 해석하는 데 사용되어 왔다. 예를 들어, 앵글로-파리 분지(Anglo-Paris Basin) 후기 백악기의 상부 지층에서는 부유성 유공충의 비율이 매우 높은데 이를 바탕으로 튜로니안(Turonian) 동안 바다의 수심이 600~800m였음을 밝혀냈으며, 저서성 유공충이 풍부히 나타나는 캄파니안(Campanian) 동안의 수심은 약 100m 정도였음을 밝혀냈다.

상 대칭을 이루는 것에서 유래한 것이다. 하지만 방사성 대칭을 보이지 않는 방산충도 많다. 대부분의 방산충은 박테리아나 식물성 플랑크톤을 잡아먹는다. 방산충은 또한 조류와 공생 관계를 이루기 때문에 태양빛이 도달되는 투광대(photic zone)에서 살아가지만 심해의 해저와 수중에 서식하는 요각류(copepods)나 갑각류 유생 등도 먹이로 삼는다. 방산충의 각은 공생조류가 있는 외형질(ectoplasm)에 의해 덮여 있다. 와편모충류의 일종인 **황록공생조류**(zooxanthellae)는 방산충의 세포 내에서 방산충에게 영양분을 제공한다. 막으로 둘러싸인 **내형질**(endoplasm)에는 핵과 세포 소기관들이 있다. 방산충은 두 가지 형태의 위족을 가지고 있는데, 유축위족(axopodia)은 분지되지 않고 딱딱하며 사상위족(filopodia)은 외부 외형질에서 뻗어 나와 분지된 얇은 구조이다.

형태와 분류

방산충의 골격은 오팔 실리카 성분의 독립된 침골과 침골들이 연결된 망상 조직으로 구성되어 스펀지나 결체 조직 같은 구조를 형성한다. 방산충은 골격 구조와 천공의 배열에 따라 세 그룹으로 구분된다(**글상자** 9.5). 나셀라리안(Nassellarian)(**그림** 9.10)과 엔탁티나리안(Entactinarian)은 막대 모양의 골침으로부터 격자를 형성하며 격자의 끝에는 골침 다발이 있다. 나셀라리안의 초기 골침은 두부(cephalis) 안에 있으며 축 대칭을 따라 다른 골침들이 첨가되면서 골격이 발달한다. 이와는 반대로 엔탁티나리안의 초기 골침은 구

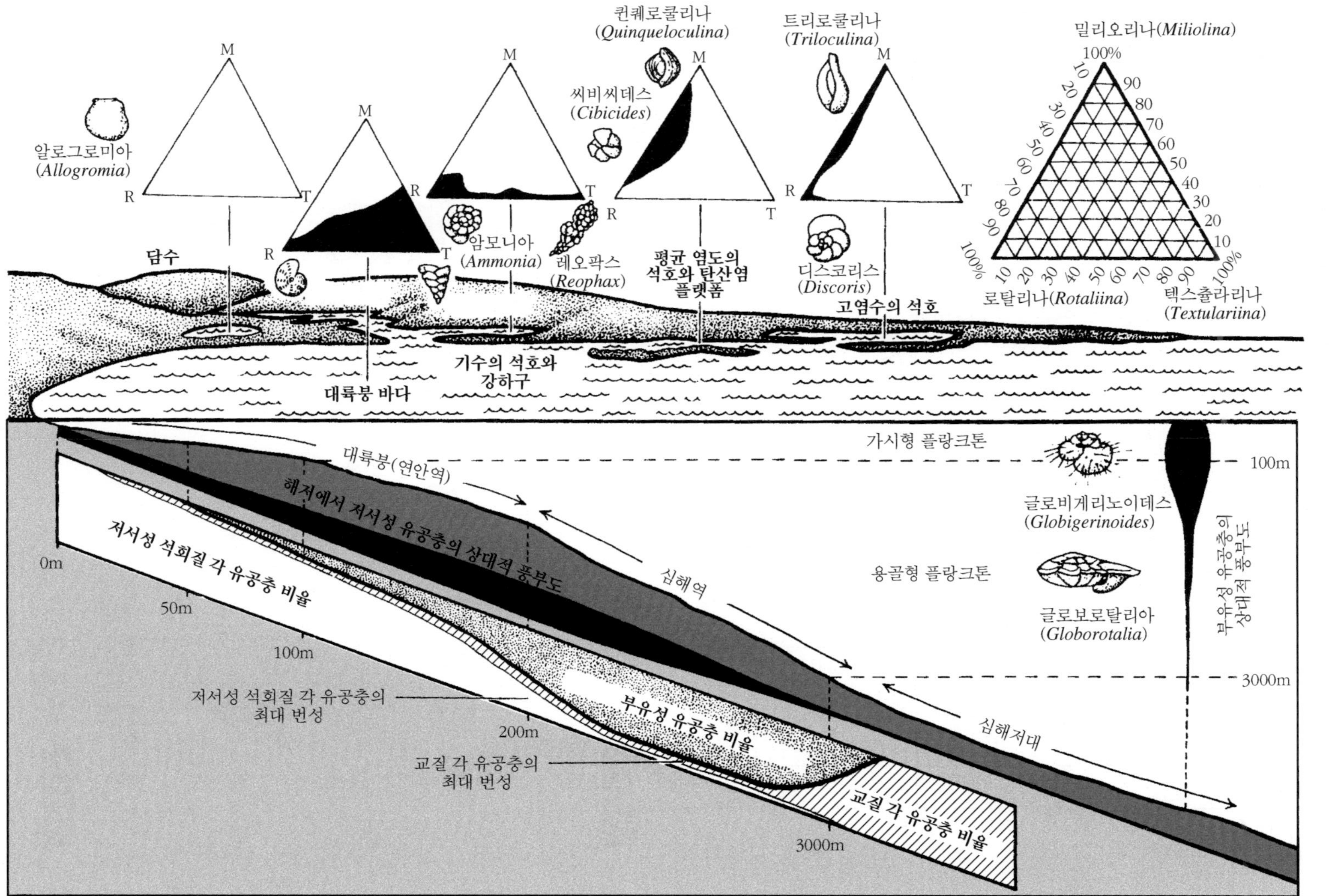

그림 9.7 유공충 각과 환경. 환경 변화에 따른 유공충 각 형태와 유공충 속의 분포. [Armstrong과 Brasier(2005)로부터.]

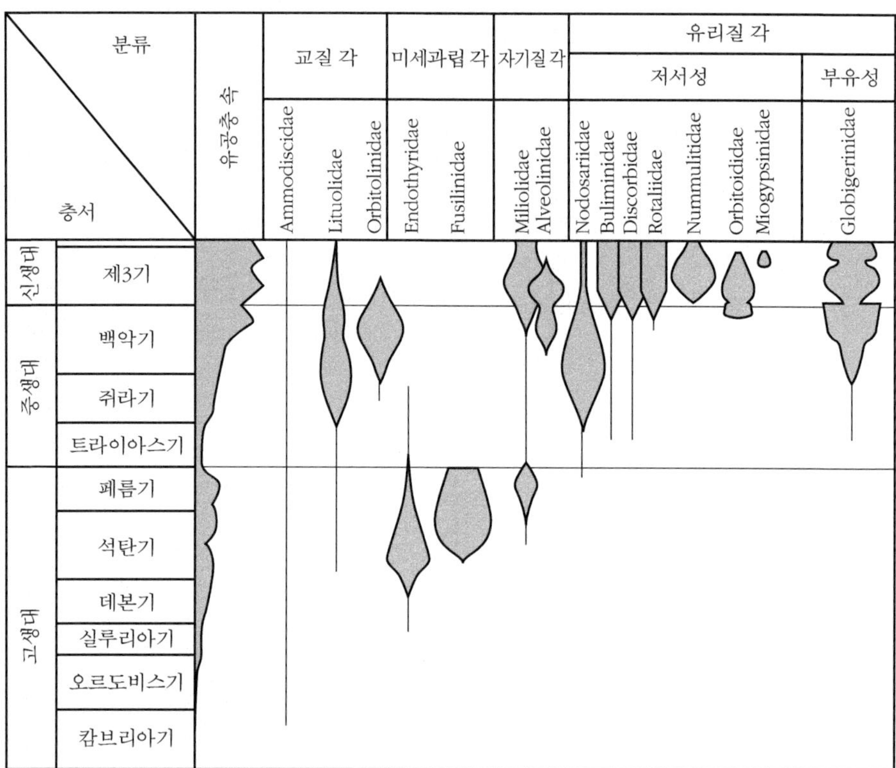

그림 9.8 주요 유공충 생물군의 층서 범위. (여러 자료에 근거.)

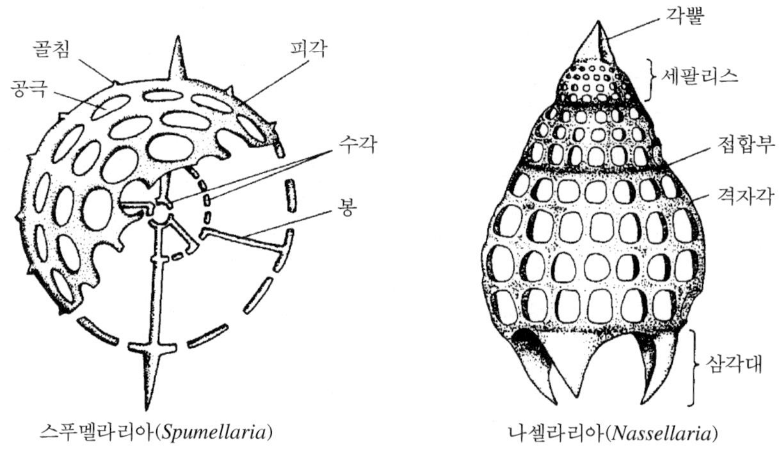

그림 9.9 방산충 각의 형태

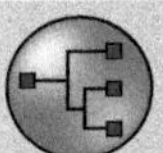

글상자 9.5 방산충의 분류

방산충 분류는 현재 변동 중이다. 6개의 목이 인정된다(De Wever et al., 2001).

아케오스피큘라리아 목(Order ARCHAEOSPICULARIA)

- 중기 캄브리아기~실루리아기

알바일렐라리아 목(Order ALBAILLELARIA)

- 후기 오르도비스기~후기 실루리아기 또는 데본기?

라텐티피스툴라리아 목(Order LATENTIFISTULARIA)

- 초기 석탄기~페름기

스푸멜라리아 목(Order SPUMELLARIA)

- 고생대(정확한 시기 미상)~현재

엔탁티나리아 목(Order ENTACTINARIA)

- (캄브리아기?), 오르도비스기~현재

NASSELLARIA 목(Order NASSELLARIA)

- (고생대 후기?), 트라이아스기~현재

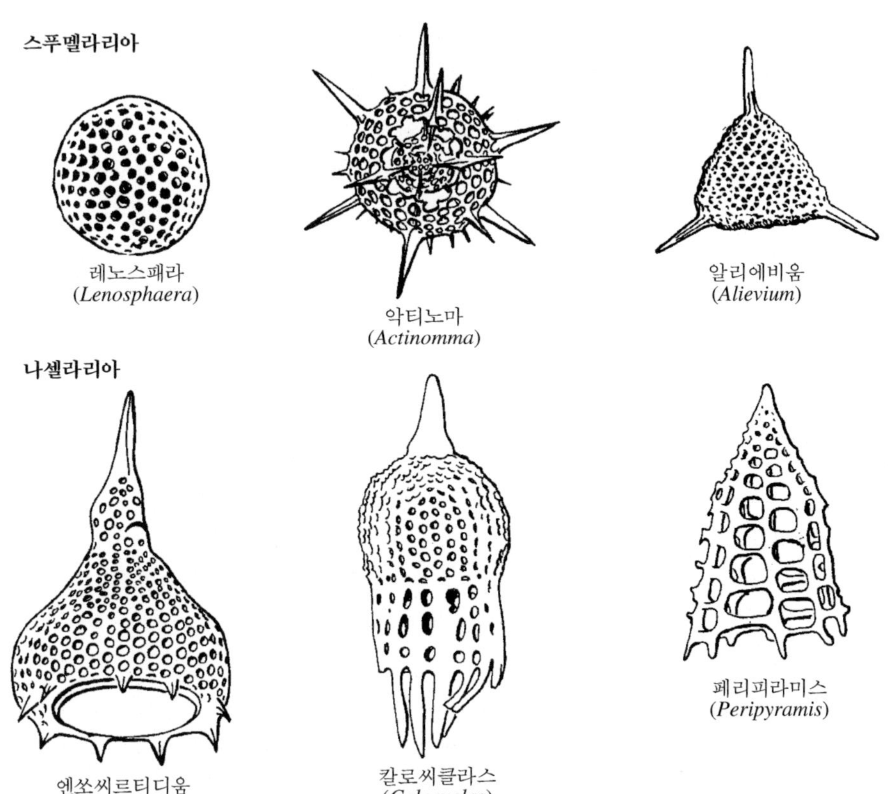

그림 9.10 방산충 형태종: 레노스패라(*Lenosphaera*)(×100), 악티노마(*Actinomma*)(×240), 알리에비움(*Alievium*)(×180), 엔쏘씨르티디움(*Anthocyrtidium*)(×250), 칼로씨클라스(*Calocyclas*)(×150), 페리피라미스(*Peripyramis*)(×150).

형의 몸 구조를 기본으로 방사상 대칭을 보이는 스펀지 각이나 격자 안에 둘러싸여 있다. 이 형태는 내부에 골침 대신 미세구(microsphere)가 있는 것을 제외하면 스푸멜라리안(spumellarian, 그림 9.10) 방산충과 비슷하다.

진화와 지질학적 역사

방산충은 캄브리아기 중기 또는 보다 일찍 진화했음을 나타내는 화석 기록이 있음에도 불구하고 오르도비스기에 이르러서 풍부해지고 종종 섭입대 지역과 연관된 심해 처트에서 산출된다. 데본기 이후에는 스펀지 형태의 각을 가진 스푸멜라리안이 훨씬 더 풍부해지지만(그림 9.10) 이 시기에는 엔탁티나리안과 함께 알베일레라리안(albaillellarians)이 주요 방산충 그룹이다.

나셀라리안이 출현했지만, 카푼초스페라(*Capunchosphaera*)속을 포함하는 스푸멜라리안이 트라이아스기까지 주요 방산충이었으며 쥐라기와 백악기를 거쳐 신생대 제3기까지 번성했다. 제3기 후기의 방산충은 골격이 얇아지는데 이는 아마도 광물 자원을 얻기 위한 규조류와의 경쟁이 심해졌기 때문일 것이다.

방산충연니(radiolarian ooze)는 심해저의 약 2.5%를 덮고 있으며 1,000년에 4~5mm의 비율로 퇴적된다. 방산충은 해양의 고지리 해석에 유용하며, 특히 석회암 보상심도(carbonate compensation depth, CCD) 하부에 퇴적되는 심해 퇴적물 형성 시기를 결정하는 데 매우 유용하다. CCD 하부에서는 유공충 같은 석회질 각을 가진 미생물이 살 수 없기 때문이다. 일반적으로 방산충 처트와 방산충암(radiolarite)은 조산대에 노출된 해양 퇴적상에서 고대 해양 지각과 상부 맨틀이 융기되어 나타나는 **오피올라이트**(ophiolite)와 함께 산출된다. 따라서 방산충은 테티스 해와 같은 고대 해양 시스템의 기원과 소멸 등을 해석하는 데 매우 중요하다. 방산충 골격의 아름다움은 또한 예술분야에서도 방산충의 자리를 확인시켜 왔다(글상자 9.6).

아크리타크

아크리타크(acritarch)는 속이 빈 유기질 벽을 가진 미화석을 통칭하는 분류 미상의 화석 집단이다. 아크리타크는 다계통 그룹의 화석군으로 부유성 조류의 **포낭기**(cyst stage)나 휴지기의 다양한 형태 화석을 포함한다. 아이제넥(Alfred Eisenack, 1891~1982)은 아크리타크에 대한 기본 연구에서 이 화석이 부유성 무척추동물의 알이라고 주장했지만, 그 후에 그는 동물이라기보다는 식물성 플랑크톤의 일종일 거라고 제안했다. 스탠퍼드 대학교의 에비트(William Evitt)는 1960년대 초반에 이 화석 집단의 범위를 제정하면서 '아크리타크(기원이 불확실하다는 의미)'라는 용어는 무지의 산물이라고 지적했다. 이후 더 많은 아크리타크 화석이 발견되었고 생층서 대비에 대한 가치가 입증되었음에도 불구하고, 이 생물군의 기원 및 현생 생물과의 연관성은 여전히 불확실하다. 하지만 아크리타크는 현

글상자 9.6 헤켈과 예술, 그리고 방산충

많은 이미지들이 화석의 아름다움으로부터 과학자들이 얻은 영감에서 비롯된 것처럼 예술과 고생물학사이의 고리는 언제나 강력했다. '다윈주의(Darwinism)'와 '생태학(ecology)' 같은 용어나 '개체발생은 계통발생을 되풀이 한다.'는 문구를 만들고, 최초로 세밀한 생물계통도를 작성한 독일의 진화생물학자 헤켈(Haeckel, Ernst, 1834~1919)은 형태의 미학을 믿었던 성공한 예술가였다(그림 9.11). 그의 위대한 작품 『자연에서의 예술형태(Art Forms in Nature)』(1899~1904)는 19세기의 가장 우아한 예술 작품 중 하나로 여겨진다. 그의 도판은 신예술 운동(Art Nouveau movement)의 고생물학적 선구자가 되었다. 그의 스타일은 방산충 단행본에 잘 표현되어 있다(Haeckel, 1862). 과학을 예술과 연관시키려는 그의 시도는 그의 경력에 손상을 입혔는지도 모르지만 최근의 생물계통도 연구 등은 헤켈의 르네상스를 다시 형성하고 있다. 그의 그림들은 현재 매력적인 컴퓨터 스크린의 바탕화면으로도 사용되고 있다.

http://www.blackwellpublishing.com/paleobiology/에서 헤켈의 아름다운 이미지들을 볼 수 있다.

생 **담녹조류**(prasinophytes)와 **와편모충류**(dinoflagellates)의 포낭과 유사하기 때문에 원시 녹조류와 연관이 있는 것으로 여겨진다. 하지만 이 화석은 현재 탄화수소 탐사에 매우 유용하기 때문에 기원에 대한 문제는 아마도 다음 세대의 연구자에게 남겨질 것 같다.

형태와 분류

아크리타크의 일반 형태와 구성 성분은 와편모포낭(dinocyst)과 유사하다. 와편모포낭처럼 아크리타크도 종종 군집으로 산출된다. 이 화석은 오늘날 바다에서 플랑크톤으로 살아가는 단세포 원생생물인 와편모충류와 비슷한 생활사를 보인다. 아크리타크는 현생 와편모충류의 보호막 구조인 포낭(cyst), 즉 장기간 영양분이 부족하거나 건조한 경우에 생존할 수 있도록 보호하는 구조인 것 같다. 포낭이 물로 덥여 환경이 다시 정상으로 돌아오면, 와편모충류는 포낭의 방수막을 뚫고 나와 먹이 활동과 번식을 다시 가동한다. 포낭에는 중앙 절개와 **필롬**(pylome) 및 **크립토필롬**(cryptopylome) 등의 많은 탈출 구조가 관찰된다.

아크리타크는 포분질(sporopollenin)을 형성하기 위해 결합된 다양한 중합체로 이루어진 **소낭**(vesicle) 모양을 띤다(그림 9.12). 소낭은 구형에서 입방체 모양까지 다양하다. 트라이아스기와 쥐라기에서 산출되는 아크리타크는 15~20㎛ 정도의 작은 것들도 있지만 대부분은 50~100㎛ 정도의 크기를 나타낸다. 검은색 셰일에서 납작한 필름 형태로 보존되는 경우에는 다양한 미세 구조가 유실된다. 기본적 형태는 매우 다양하다(그림 9.13). 소낭의 벽은 한 층이거나 이중벽 구조를 보이는데, 이러한 벽 구조는 종종 분류의 기준이 된다. 중앙 공간 또는 방(chamber)은 닫혀 있거나 또는 기공이나 길게 베인 구조인 필롬

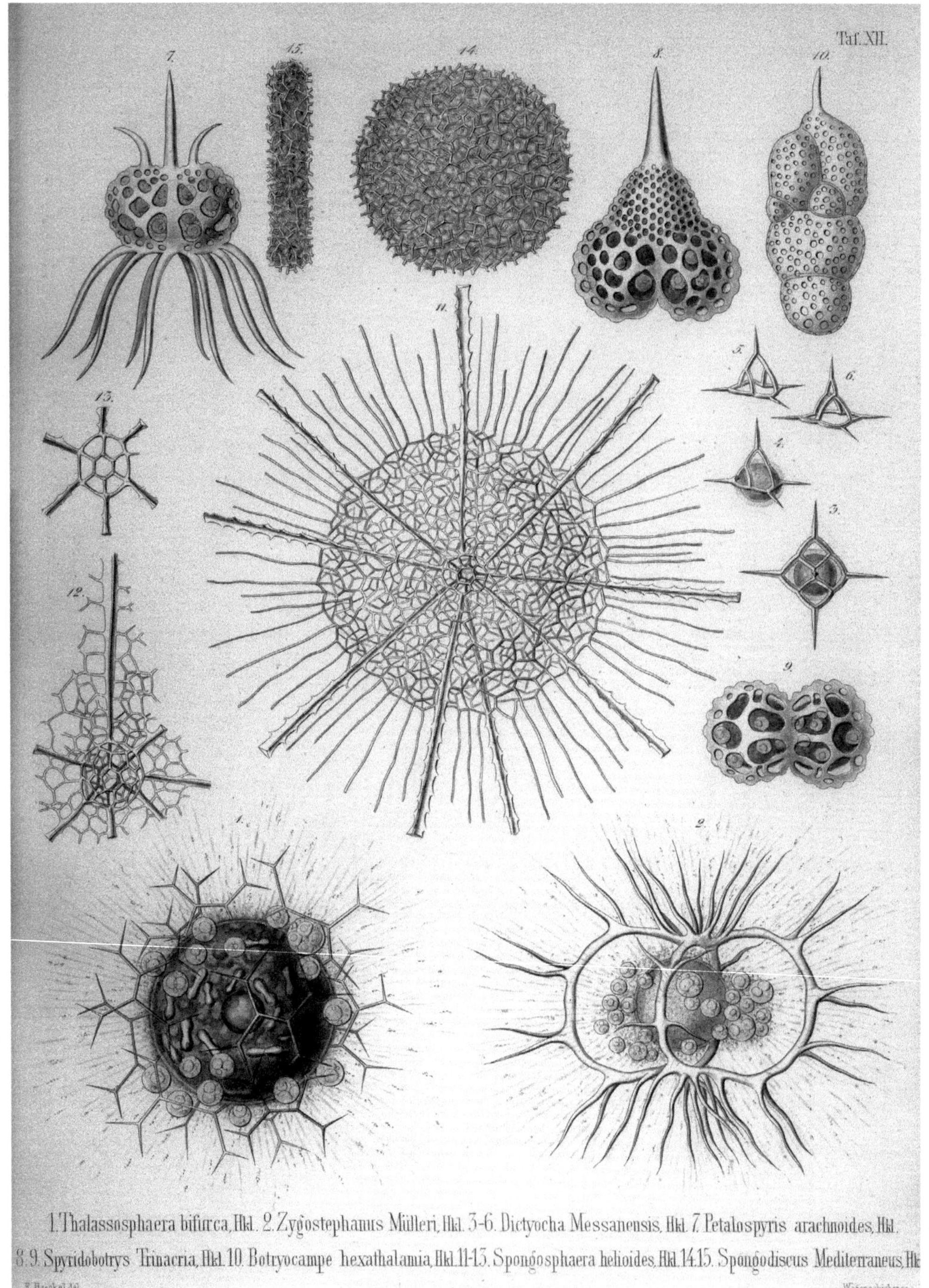

그림 9.11 헤켈의 방산충: *Die Radiolarien(Rhizopoda Radiaria)*의 도판 12(Ernst Haeckel, 1862).

을 통해 열려 있다. 활동기(motile stage)에 이와 같은 열린 구조나 **에피티체**(epityche)를 통해서 탈출하는 것 같으며 이러한 구조는 경첩이 있는 뚜껑으로 변형되기도 한다.

아크리타크의 표면은 매끄럽거나 미세 입자들이 돋아 있다. 예를 들어 소낭은 또한 소낭벽 바깥으로 돌출한 다양한 장식과 돌기(process)로 덮여 있다. 비슷한 돌기로 이루어진 경우를 **동형**(homomorphic) 아크리타크라 하고 모양이 서로 다른 다양한 돌기로 구성된 경우를 **이형**(heteromorphic) 아크리타크라 한다.

형태적 특징에 의해 분류된 1,000 속 이상의 아크리타크가 알려져 있다(**글상자 9.7**). 모든 아크리타크는 수성 환경에서 산출되며 대부분은 해성층에서 산출된다. 분류 기준에는

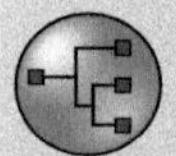

글상자 9.7 주요 유기질 벽 화석 집단의 분류: 아크리타크의 형태 분류

아크리타크의 분류는 계통발생학적 위치를 고려하지 않고 외부의 돌기나 모양 등의 행태 요소만을 기본으로 한다. 따라서 주요 그룹의 이름은 다양한 모양을 표현하기 위해서 형태적 용어를 사용한다(그림 9.12 참조). 이러한 분류는 분명히 잘못 분류될 수 있는 수렴적 형태를 포함하게 된다. 하지만 현재의 연구는 포낭 형성 방법을 이해하는 것이 계통발생학적 분류를 향한 단계임을 제안한다.

돌기나 플랜지(flange)가 없는 아크리타크

스페로모프(Sphaeromorphs)

- 돌기는 부족하지만 표면 장식이 있는 구형의 아크리타크. 이 형태 그룹에는 다양한 장식이 나타난다.
- 선캄브리아 아니미케아세(Animikean)~현재

플랜지는 있으나 돌기가 없는 아크리타크

헤르코모프(Herkomorphs)

- 산마루 정상 모양의 다각형 장식이 있는 준다각형 또는 구형
- 캄브리아기(하부)~현재

테로모프(Pteromorphs)

- 적도 플랜지가 있는 형태
- 오르도비스기 카라도시아세(Caradocian)~현재

돌기와 플랜지가 있는 아크리타크

아칸토모프(Acanthomorphs)

- 내부 물질과 산마루가 부족하고 단순하거나 분지하는 돌기를 가진 구형

폴리고노모프(Polygonomorphs)

- 단순한 돌기가 있는 다각형 형태

네트로모프(Netromorphs)

- 돌기 또는 가시로 발달된 극을 가진 길게 신장된 방추형 모양

다이아크로모프(Diacromorphs)

- 극 쪽에만 장식이 발달한 구형 또는 타원형

프리스마토모프(Prismatomorphs)

- 가장자리에 플랜지가 있는 다각형 또는 각주형태

우모프(Oomorphs)

- 한쪽 끝은 매끈하고 다른 쪽은 장식이 많은 달걀 모양

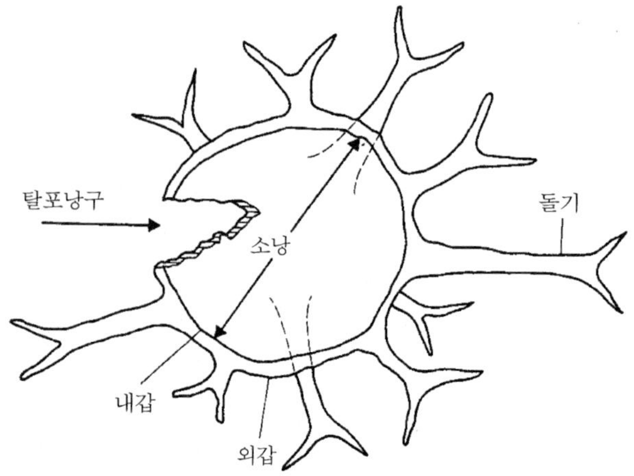

그림 9.12 아크리타크의 형태

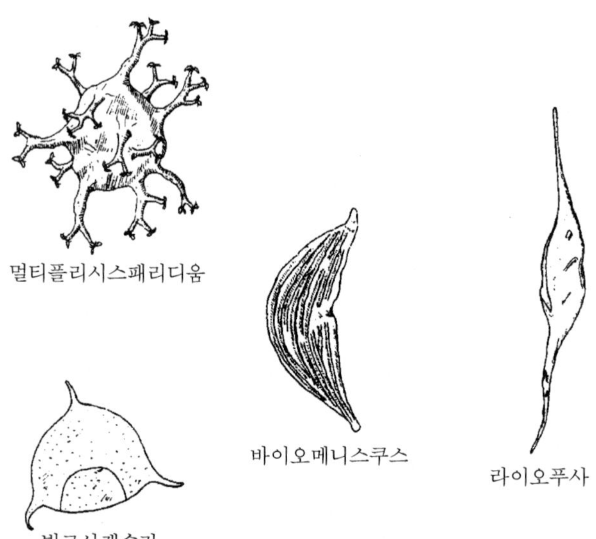

그림 9.13 아크리타크 형태 속: 멀티플리시스패리디움(*Multiplicisphaeridium*)(×800), 바이오메니스쿠스(*Baiomeniscus*) (×200), 레이오푸사(*Leiofusa*)(×400), 빌로싸캅술라(*Villosacapsula*)(×400).

벽의 구조, 소낭의 형태, 필롬 형태 및 돌기의 특징 등이 포함된다.

진화와 지질학적 역사

아크리타크의 분포는 지리적으로 매우 넓으며 주로 위도에 따라 달라진다. 전체 그룹은 열대에서 극지방까지 분포한다. 이와 같은 광범위한 분포는 와편모충류와 비슷하여 이 화석이 식물성 플랑크톤의 한 그룹이었음을 시사한다. 오르도비스기와 실루리아기 및 데본기 동안의 생물 지리구(biogeographic province)가 밝혀졌으며 이 것이 고대 해류의 흐름과 기후대를 재건하는 데 많은 도움을 주었다. 특히 아크리타크는 오르도비스기와 실루리아기의 생층서 대비에 매우 유용하다.

아크리타크는 30억 년의 기록을 가진 가장 오래된 화석군 중 하나이다. 에디아카라 화석군보다 앞선 약 10억 년 전에 처음으로 번성했으며 이 시기에는 거대 구형(sphaeromorph), 골침형(acanthomorph) 및 다각형(polygonomorph) 아크리타크가 주요 화석군이었다. 초기 캄브리아기의 적응 방산기 동안에는 발티스페리디움(*Baltisphaeridium*)과 미크리스트리디움(*Micrhystridium*) 같은 골침이 있는 형태(spinose morph)와 용마루 장식의 씨마티오스페라(*Cymatiosphaera*)가 출현했다. 이와 같은 장식으로 무장한 소낭들은 해양 포식동물의 확장기 동안에 급격하게 진화했다. 무장된 화석이 출현한 것이 우연일까 혹은 무기 경쟁에 의한 것일까? 캄브리아기 후기에서 초기 오르도비스기까지는 아칸소디아크로디움(*Acanthodiacrodium*), 씨마티오갈레아(*Cymatiogalea*), 레이오푸사(*Leiofusa*) 등이 우세했다(글상자 9.8). 아크리타크는 데본기에 감소하여 석탄기와 트

글상자 9.8 아크리타크와 먹이사슬

아크리타크 같은 생물들은 부유물을 걸러 먹는 초기 고생대 먹이사슬의 바닥을 형성했지만 퇴적물에서 이러한 미화석의 함량을 정량화하는 것은 현실적으로 불가능하다. 왜냐하면 포낭 형성과 수력학적 분급 및 화석화 작용(taphonomy) 등의 많은 요소들이 미화석의 함량에 영향을 미치기 때문이다. 불행하게도 다양성은 풍부도를 나타내는 지표로 사용될 수 없다. 따라서 오르도비스기에 식물성 플랑크톤이 얼마나 풍부했는지를 나타내는 직접적인 화석 기록의 증거는 없다. 하지만 오르도비스기 동안에 일차생산력이 빠르게 증가되었음을 추정하는 것은 가능하다. 이 시기는 필석, 엽하류(phyllocarids), 극피동물 및 방산충이 출현하여 번성한 시기이다. 완족류, 연체동물 및 삼엽충은 폭발적으로 증가하여 다양성이 커졌고 초를 형성하는 생물군집의 복잡성이 증가되었다. 이러한 종 다양화가 일어난 원인에 대해서는 정확히 알려져 있지 않다. 베콜리(Marco Vecoli)와 동료들은(2005) 이와 같은 후생동물의 증가는 오르도비스기에 일차생산자들이 폭발적으로 증가했음을 나타내는 신호라고 제안했다. 이러한 일차생산자의 증가가 결국 오르도비스기에 생물 다양성의 대폭발을 일으키는 계기가 됐을지도 모른다(Servais et al., 2008). 원생생물 집단의 다양성 곡선은 후생동물의 곡선과 완벽히 일치하는 것 같다(그림 9.14).

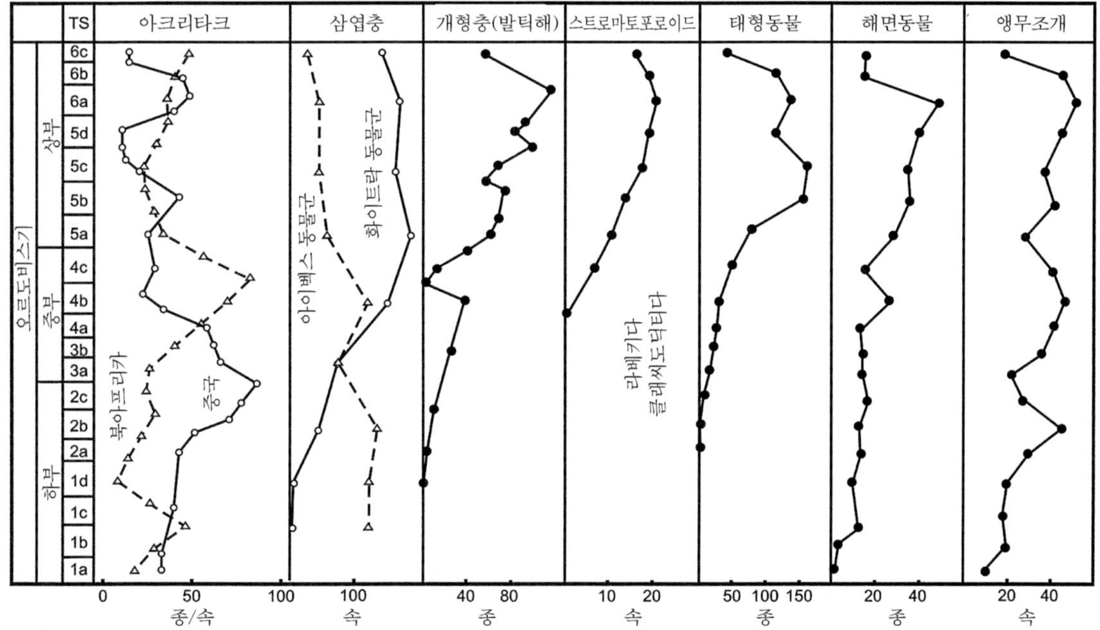

그림 9.14 오르도비스기의 아크리타크와 무척추동물의 다양성[세르베이스. (Thomas Servais 제공.)

라이아스기 암석에서는 매우 드물게 산출된다. 그럼에도 불구하고, 쥐라기에 미약하나마 회복되었고 백악기과 제3기 동안 지속되었다.

와편모충류

와편모충류 또는 '소용돌이 채찍(whirling whips)'은 유기질 벽으로 이루어진 포낭을 가진 미세조류이다. 이 생물은 **활동기**(motile, 헤엄치는)와 포낭기(휴지기)를 반복한다. 포낭의 크기는 보통 40~150㎛이다. 활동기에는 유연하고 장식이 없거나 또는 딱딱한 판(plate)들이 물려 있는 **덮개**(theca)로 무장되어 있다. 덮개판(thecal plate)의 배열이 **와편모충류**의 **판구조**(tabulation)를 구성한다.

형태와 분류

와편모충류의 덮개판들은 **각정**(apex)에서 **하부각정**(antaapex)까지 배열되어 있으며 이들은 순서대로 각정(apical), 전각대(precingular), 각대(cingular), 후각대(postcingular) 및 하부각정(antapical) 판들이다. 첫 번째 두 개가 위 덮개(epitheca)의 판이고, 뒤의 두 개는 아래 덮개(hypotheca)의 판이다(**그림 9.15**). 좀 더 전문적인 용어가 사용되는 판들도 많으며 이들은 순서에 따라 숫자와 기호가 추가되어 명명된다. 활동기의 형태는 화석으로 드물게 산출되는 반면 포낭은 화학적으로 강하여 상대적으로 많이 산출된다. 활동성 와편모충류의 모양은 대략적으로는 덮개와 비슷하여 활동성 와편모충류에 해당하는 구조에는 접두어 '측(para)'을 붙여 사용한다.

포낭은 측판 구조(paratabulation)를 가지고 있으며 이는 분류학적으로 매우 유용하다(**글상자 9.9**). 예를 들어, 페리디니아세안(peridiniacean)의 포낭은 7개의 **측각대**(paracingular)와 5개의 **후각대**(postcingular) 측판(paraplate)을 가지고 있다. 한편 고니아울라세안(gonyaulacacean)은 6개의 전각대와 6개의 후각대 측판을 가지고 있다.

와편모충류는 최근의 식물성 플랑크톤 화석과 현생 생물군에 다양하고 풍부하기 때문에(**그림 9.16**) 해양 먹이사슬의 바닥을 형성하는 중요한 생물군임에 틀림이 없다. 사실 이들은 규조류 다음으로 두 번째 풍부한 일차생산자이다. 하지만 와편모충류의 개체군이 폭발적으로 증가하는 **대번성기**(bloom)나 적조는 다른 해양생물의 질식을 야기할 수도 있다. 덴마크 백악기의 이매패류와 루마니아 올리고세의 물고기의 대량 죽음은 바로 이러한 적조현상에 기인한 것이다.

세 가지 종류의 포낭이 있다. 근접 포낭(proximate cysts)은 덮개에 붙어서 바로 형성되기 때문에 덮개와 비슷한 외형과 구성을 띤다. 돌기형 포낭(chorate cyst)은 덮개보다 작고 포낭은 덮개 안에서 가시나 부속지들에 의해 연결되어 있으며 덮개의 외부 판구조 형태는 이러한 연결 관계와 연관이 있다. 간극 형성 포낭(cavate morph)은 포낭과 덮개 사이의 두 극 쪽에 틈이 있다.

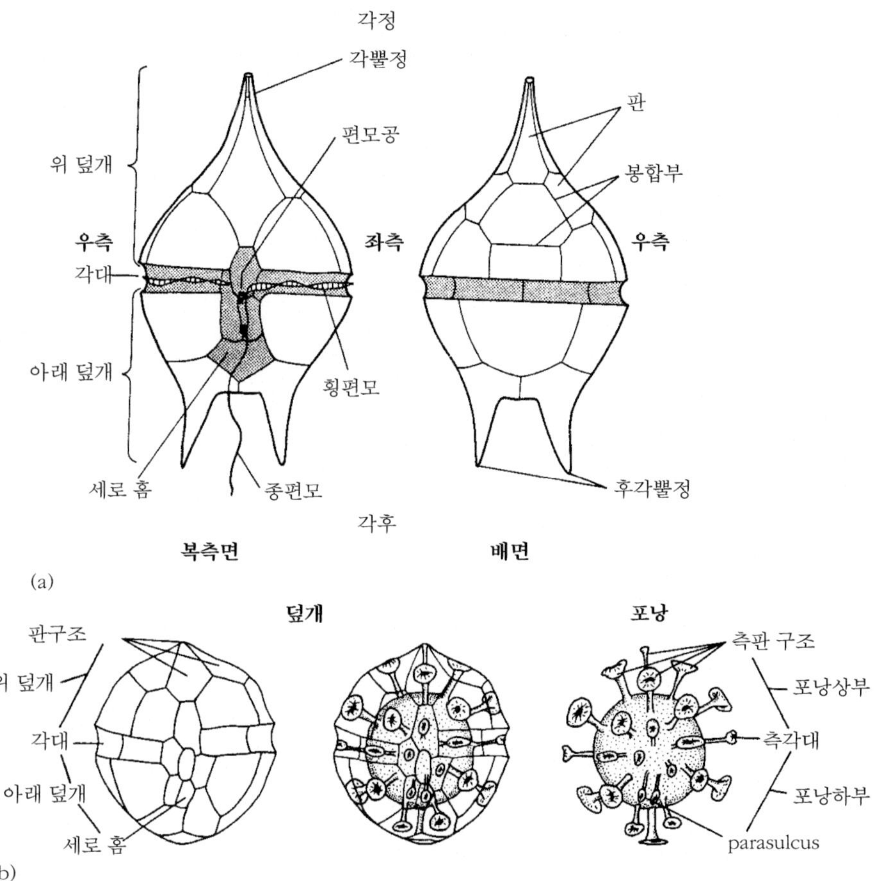

그림 9.15 와편모충류(a)와 와편모충류 덮개의 형태. 덮개(b), 덮개와 내부 포낭이 있는 형태(b, 중앙), 내부 포낭(b, 오른쪽).

진화와 지질학 역사

와편모충류를 나타내는 생물지표가 원생이언 상부와 캄브리아기 지층에서 확인되었다. 게다가 선캄브리아 후기와 고생대에 아크리타크가 풍부하게 산출되는 현상은 아마도 판이 없는 형태를 포함한 와편모충류의 초기 분화시기를 나타낼지도 모른다. 하지만 가장 오래된 와편모충류 포낭은 아마도 튀니지(Tunisia)의 실루리아기 상부 지층인 루들로우(Ludlow)에서 산출된 아필로루스(*Arpylorus*)인 것 같다. 이 화석의 포낭은 측판 구조가 약하며 전각대와 발아공(archeopyle)을 가지고 있다. 이상하게도 이 화석이 산출된 실루리아기 이후부터 트라이아스기 초기까지는 와편모충류 화석은 산출되지 않는다. 초기 트라이아스기 화석은 오스트레일리아의 북서부 지방에서 산출된 사훌리디니움(*Sahulidinium*)이다. 어떤 학자들은 고생대의 아크리타크 화석은 사실 와편모충류일

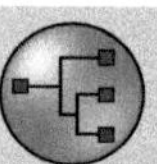

글상자 9.9 주요 유기질 벽 화석 집단의 분류: 와편모충류의 형태 분류

와편모강(Class DINOPHYCEAE)

화석을 포함하여 대부분의 와편모충류가 이 강에 속한다. 이들은 큰 핵과 많은 염색체를 가진 자유롭게 움직이는 세포이다. 기생을 하거나 공생을 하는 종들도 있다.

짐노디니알레스 목(Order GYMNODINIALES)
- 백아기~현재

타이초디스칼레스 목(Order PTYCHODISCALES)
- 백악기

수에시알레스 목(Order SUESSIALES)
- 트라이아스기~현재

난노세라톱시알레스 목(Order NANNOCERATOPSIALES)
- 쥐라기

디노피지알레스 목(Order DINOPHYSIALES)
- 쥐라기?

데스모캅살레스 목(Order DESMOCAPSALES)
- 현재

파이토디니알레스 목(Order PHYTODINIALES)
- 현재

고니아울라칼레스 목(Order GONYAULACALES)
- 쥐라기~현재

페리디니알레스 목(Order PERIDINIALES)
- 트라이아스기~현재

쏘라코스페랄리스 목(Order THORACOSPHAERALES)
- 트라이아스기~현재

블라스토디니움 강(Class BLASTODINIPHYCEAE)

요각류나 다른 동물의 기생충

블라스토디니알레스 목(Order BLASTODINIALES)
- 현재

야광충강(Class NOCTILUCIPHTCEAE)

매우 크고 엽록체가 없는 노출된 세포

NOCTICLUCALES 목(Order NOCTICLUCALES)
- 현재

신디니오 강(Class SYNDINIOPHYCEAE)

엽록체가 결핍된 내부기생충이나 공생

신디니알레스 목 (Order SYNDINIALES)

지도 모른다고 주장한다. 실질적으로 후기 트라이아스기에 출현한 레토고니아울락스(*Rhaetogonyaulax*)와 수에시아(*Suessia*)처럼 많은 판을 가진 형태는 오스트레일리아와 유럽에서 번성하는 현생 와편모포낭과 매우 유사하다. 특징적인 발아공과 판구조를 보이는 난노세라톱시스(*Nannoceratopsis*) 포낭은 초기 쥐라기에 풍부한 반면 케라티움(*Ceratium*) 같은 형태는 후기 쥐라기에 처음 나타나서 백악기에 번성했다. 중생대와 신생대 지층의 정확한 생물분대(zonation)는 와편모포낭의 분포에 기초한다. 하지만 에오세 동안 이 그룹의 전 지구적인 생물 다양성은 꾸준히 감소했다.

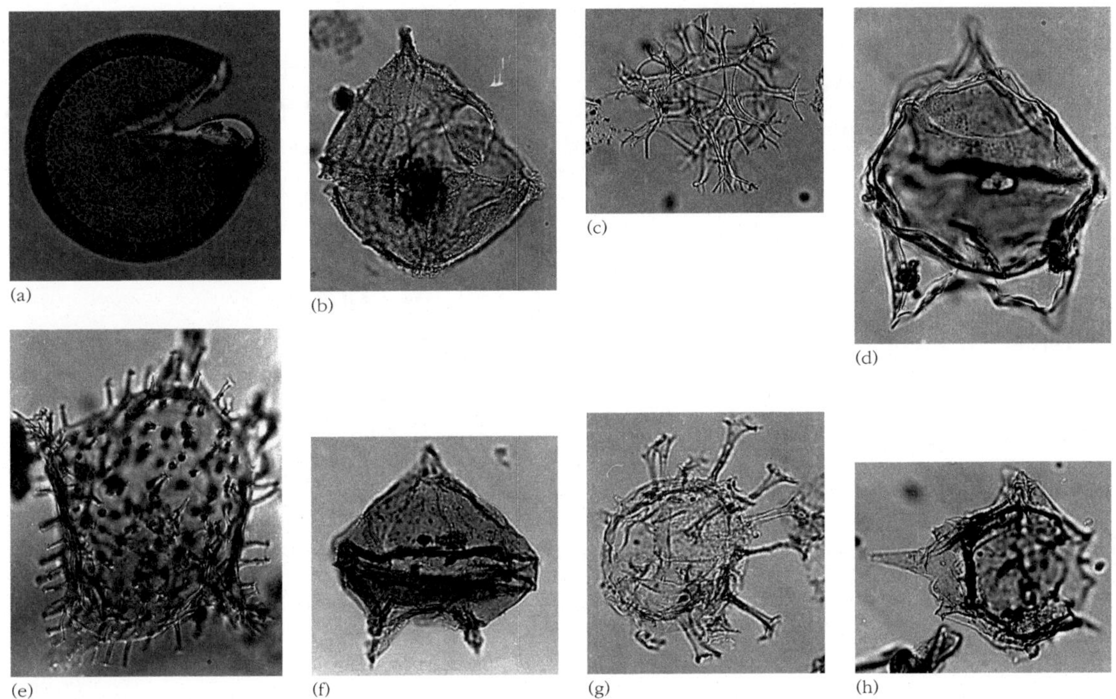

그림 9.16 담녹조류(a)와 와편모충류(b~h): (a) 타스마니테스(*Tasmanites*)(쥐라기), (b) 그리브로페리디니움(*Gribroperidinium*)(백악기), (c) 스피리페라이테스(*Spiriferites*)(백악기), (d) 데플란드레아(*Deflandrea*)(에오세), (e) 웨젤리엘라(*Wetzeliella*)(에오세), (f) 레제우네씨스타(*Lejeunecysta*) (에오세), (g) 호모트리블리움(*Homotryblium*)(에오세), (h) 무데롱지아(*Muderongia*)(백악기). 배율: ×250(a, d, e), ×425(b, c, f, g, h). (Jim Smith 제공.)

섬모충류

섬모충류(ciliophora)는 미세한 머리카락 같은 **섬모**(cilia)로 헤엄치는 단세포 생물로 오늘날 약 8,000종이 알려져 있다. 칼피오넬리드(calpionellid)와 유종류(tintinnid) 두 화석 집단이 이 생물군에 속할지 모른다. 칼피오넬리드는 컵 모양의 석회질 미화석으로 후기 쥐라기와 초기 백악기의 원양 퇴적물에서만 산출되는 멸종한 그룹이다. 복잡한 특징이 없는 멸종된 그룹으로 유연 관계에 대한 결정적인 증거는 아직 발견되지 않았다. 하지만 이 화석은 섬모충류 그룹인 유종류와 크기 및 형태 면에서 매우 유사하다.

유종류(Tintinnid)는 식물성 플랑크톤을 잡아먹는 동물성 플랑크톤이며 몸집이 큰 다른 플랑크톤에게는 먹이가 된다. 세포는 피갑(lorica)이라 불리는 컵 모양의 각 속에 내포되어 있다. 피갑은 종종 세포보다 10배나 크다. 현생 유종류의 피갑은 유기질이며 간혹 코콜리스나 광물 입자들을 붙여 만든 교질 피갑도 나타난다. 반면 화석 유종류는 석회질 각

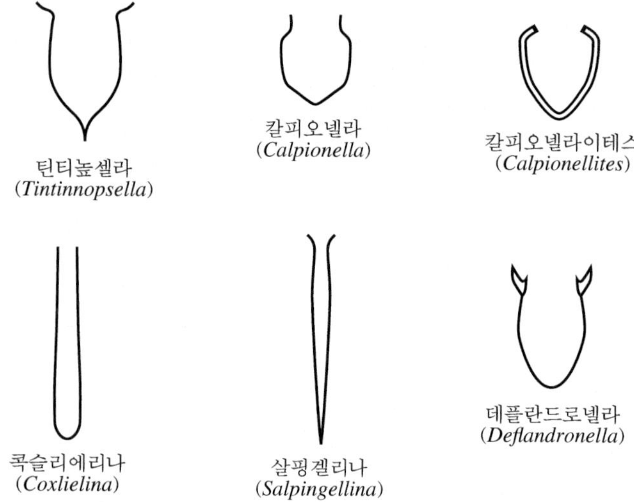

그림 9.17 석회암 단면에 나타나는 유종류의 형태, 배율은 100~200배.

으로 되어 있다(그림 9.17).

화석 유종류는 현재 두 과가 알려져 있으며 쥐라기 상부의 티토니안(Tithonian)에서 중기 백악기의 알비안(Albian)까지 산출된다.

✲ 색조류

색조류(chromista)는 식물에는 없는 엽록소 c를 포함한 엽록체를 가진 측계통 그룹의 진핵생물이다. 이 생물군은 인편모조류(coccolithophores)와 규조류 등의 다양한 조류를 포함하며 대부분은 식물성 플랑크톤으로 일차생산자이다.

인편모조류

초미소플랑크톤(nannoplankton)은 가장 작은 채의 크기인 63㎛보다 작은 플랑크톤을 일컫는다. 초미소플랑크톤은 유기질과 규산질 벽을 가진 생물을 포함하지만 화석뿐만 아니라 현생에서도 가장 풍부한 것은 석회질 생물군이다. 인편모조류는 석회질 초미소화석(nannofossil) 중 가장 풍부한 생물군이다. 초미소화석군의 대부분은 인편모조류가 생성한 석회질 판인 **코콜리스**(coccolith)로 구성되어 있다. 코콜리스와 형태가 다른 석회질 초미소화석은 **난노리스**(nannolith)라고 부른다. 난노리스는 코콜리스를 생성하는 인편모조류와 관련이 있을지도 모르지만, 형태 다양성의 관점에서 본다면 이 그룹은 인편모조류와 연관이 없는 미생물에 의해 생성된 석회질 구조인 것 같다. 전체적으로 석회질 초미소화석은 트라이아스기 후기에 처음 나타나며, 쥐라기와 백악기에 다양성과 그 숫자가 증가하고 백악기 후기에 정점에 이른다. 그들은 KT 대량멸종 때 심한 타격을 받았으나 팔레오세 초기에 다시 번성하여 신생대 석회질 플랑크톤의 주요 구성 생물군이 되었다. 현재 해양의 표층수에 극히 풍부하다.

형태와 분류

인편모조류는 독립영양을 하는 단세포 조류로 크기는 5~50㎛이며 공 모양과 방추형 및 배 모양을 포함한다. 인편모조류는 다양한 비석회조류(non-calcifying algae)와 함께 색조계(Kingdom Chromista)의 착편모조식물문(Phylum Haptophyta)에 속하는 생물군이다.

그들은 황갈색 광합성 색소를 가지고 있으며, 활동기에는 두 개의 부드러운 편모와 편모 같이 생긴 **착편모**(haptonema)가 나타난다. 인편모조류는 한 종(담수종)을 빼고는 모두 해양성이다. 그들은 공해의 투광대에서 광합성을 하는 바다에서 가장 다양한 생물 집단이다. 이들은 모든 위도에 분포하지만 열대지방에 상대적으로 가장 풍부하게 산출된다. 겉껍질은 미세 석회질 판이나 코콜리스로 구성되어 있다. 코콜리스는 세포 내에서 만들어진 후 세포 표면으로 이동하여 복잡한 외골격인 **미세공동구**(coccosphere)를 형성한다. 훨씬 많은 코콜리스로 구성된 경우도 있지만 대부분의 미세공동구는 일반적으로 약 10~30개의 독립적인 코콜리스로 구성되어 있다(**글상자** 9.10). 많은 인편모조류는 한 종류의 코콜리스로 이루어진 미세공동구를 만들지만 다양한 형태의 코콜리스로 구성된 미세공동구를 만드는 종들도 있다. 어떤 종들은 세포의 편모 극(flagella pole) 주위에 매우 특이한 코콜리스를 만든다(**그림** 9.18). 기본적으로 이형코콜리스(heterococcolith)와 완형코콜리스(holococcolith)의 두 가지 형태의 코콜리스가 있다. 이형코콜리스는 상대적으로 작은(20~50개) 수의 복잡한 모양의 결정들이 방사상으로 배열되어 있다. 한편 완형코콜리스는 작고 균일한 크기(약 0.1㎛)의 능면체 결정 수백 개가 2차원적으로 배열되어 있다.

글상자 9.10 인편모조류의 원자력 현미경

인편모조류는 작은 크기에도 불구하고 매력적이며 매우 정교한 미생물이다. 이 미생물의 다양성을 나타내듯이 다음과 같은 수많은 형태의 다양한 판이 알려져 있다(그림 9.18c). **아스테롤리스**(asterolith, 별 모양), **사이클로리스**(cyclolith, 열린 고리 모양), **로파돌리스**(lopadolith, 돋아난 가장자리가 있는 꽃병 모양), **플라콜리스**(placolith 두 개의 디스크가 중앙 관에 의해 연결된 모양), **스케톨리스**(stetolith, 기둥 모양), **자이골리스**(zygolith, 완형코콜리스에 적용되는 아치를 가진 타원형 고리 모양) 등이 그들이다. 플라콜리스를 제외한 대부분은 일반적으로 사용되지 않는다. 그 외에 방사상으로 배열된 수없이 많은 작은 결정들로 구성된 **헬리올리스**(heliolith)와 단지 몇 개의 결정으로 구성된 **오르솔리스**(ortholith) 등도 포함된다.

인편모조류의 석회질 물질은 세포 안에 있는 코콜리스 포낭이나 골지체로부터 광물 결정들이 촘촘하게 성장하며 침전된다. 이러한 결정들이 복잡하고 아름다운 격자 형태로 통합하여 완전한 골격을 형성한다. 코펜하겐 대학교의 대학원생이었던 헨릭센(Karen Henriksen)은 코콜리스 3종의 표면을 원자력 현미경(atomic force microscope, AFM)에서 관찰하였다. 이 방법은 주사전자현미경(SEM)과 투과전자현미경(TEM)보다 고배율의 관찰을 용이하게 해 준다. 원자력 현미경 관찰을 통해 헨릭센과 동료들(2004)은 생물군들 사이의 핵심적 차이를 관찰했다. 그들은 코콜리스를 만드는 생광물작용(biomineralization)에서의 미묘한 차이가 종의 분포, 생활주기 및 적응력에 영향을 미치는 코콜리스의 형태 변화를 야기할 수 있다고 제안했다. 따라서 이 생물군에서 나타나는 형태적 불균형은 원자 수준에서의 광물 성장의 방향과 방법의 함수이며 궁극적으로 이 생물이 어디에서 살았는지도 결정 격자의 모양에 달려 있다.

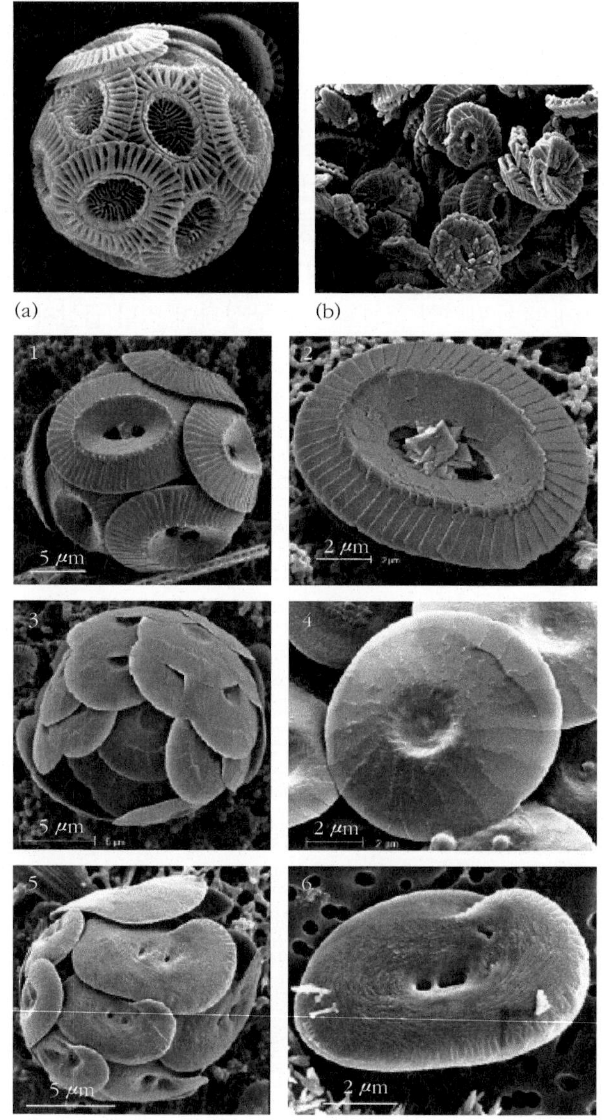

그림 9.18 코콜리스 형태종: (a) 현생에서 가장 풍부한 인편모조류 에밀리아나 훅슬레이(*Emiliana huxleyi*)의 미세공동구(×6500), (b) 후기 쥐라기의 코콜리스 석회암(×2000), (c) 코콜리스의 판 형태: 1, 2=코콜리투스 펠라구스(*Coccolithus pelagus*), 4, 5=울리투스 프라질리스(*Oolithus fragilis*), 5, 6=헬리코스패라 카르테리(*Helicosphera carteri*). 코콜리투스 펠라구스(*C. pelagus*)와 헬리코스패라 카르테리(*H. carteri*)는 방해석 층 위에 위쪽과 바깥쪽으로 다른 방해석 층이 첨가되면서 성장한다. 울리투스 프라질리스(*O. fragilis*)의 성장은 결정의 벽개 방향과 나란하지 않은 다소 휘어진 결정의 성장이다. [(a)와 (b)는 Jeremy Young, (c)는 Karen Henriksen 제공.]

착편모조류(haptophyte)의 생활사는 최근까지도 밝혀진 것이 별로 없다. 착편모조류의 대부분을 이루는 인편모조류는 반수체와 배수체 시기를 반복하는데 모든 시기에 무성생식을 한다. 인편모조류의 생활사는 극단적으로 다른 코콜리스를 생산하는 두 개의 서로 다른 생활 단계(이들은 이전에는 서로 다른 두 종으로 여겼다)로 구성된다. **반수체 단계**(haploid phase, 염색체가 반만 있는)의 인편모조류는 언제나 편모를 가지며 보통 미세한 완형코콜리스에 의해 덮여 있다. 한편, **배수체 단계**(diploid phase, 완전한 염색체를 가진)의 인편모조류는 편모가 없으며 이형코콜리스로 덮여 있다. 두 단계 모두에서 인편모조류는 다소 불분명한 무성생식을 할 수 있다. 인편모조류가 두 단계의 생활사를 보이는 것은 변화하는 환경 조건에서 살아남기 위한 적응의 결과인 것 같다. 반수체 단계(완형코콜리스를 만드는)는 빈영양수계(oligotrophic, 영양분이 없는)의 환경에 적응한 결과로 보이고 배수체 단계(이형코콜리스를 만드는)는 부영양(eutrophic, 영양분이 풍부한) 환경에 적응된 것으로 알려져 있다.

코콜리스의 복잡한 형태는 분류에 적합하기 때문에 현생 인편모조류는 미세공동구의 형태와 코콜리스의 구조를 기본으로 분류한다. 세포의 특징은 투과전자현미경에서 관찰되지만 분류에 그리 큰 도움은 되지 않는 것 같다. 세포학과 분자유전자학 연구를 통한 자료는 형태적 특징에 의한 분류를 강력히 지지한다. 현생 인편모조류의 분류도 코콜리스를 기본으로 한다는 사실은 현생과 화석 인편모조류를 동일한 체계에서 분류하는 것이 별문제가 없음을 의미한다. 몇몇 현생 인편모조류는 모양이 다른 코콜리스를 생성하는 다형성(polymorphic)을 띠지만 이러한 종류의 화석은 매우 드물다. 좀 더 흥미롭고 난처한 문제는 한 종이 완형코콜리스 단계와 이형코콜리스 단계의 생활사를 반복한다는 것이다. 현생 인편모조류의 분류는 이러한 현상을 반영하기 위해 많은 자료를 이용하고 있다.

규조류, 와편모충류, 초미세플랑크톤(picoplankton, 0.2~2.0㎛ 크기의 단세포 플랑크톤)과 함께 인편모조류는 현재 바다에서 가장 풍부한 식물성 플랑크톤이다. 최고의 다양성은 열대지방에서 관찰된다. 광합성을 위해 태양빛이 필요하기 때문에 그들의 분포는 해수면에서 수심 약 150미터까지의 투광대로 제한된다. 파도에 의해 표층수가 뒤섞이는 지역에서는 인편모조류군의 수직 층리화 현상(vertical stratification)이 일어나지만 수온약층 아래에는 종종 다른 생물군이 발달한다.

진화와 지질학적 역사

코콜리스는 매우 적은 양이지만 후기 트라이아스기에 처음 나타나며 쥐라기와 백악기에 그 수가 증가된다. 백악기 후기에 정점에 달하여 그 시기에 형성된 백악은 거의 전부가 이러한 초미소화석으로 구성되어 있다. 단지 몇 종만이 중생대 말의 대량멸종에서 살아남았으며 신생대 동안에 종의 수와 개체수가 회복되어 다시 번성하였다. 하지만 지난 400만~500만 년 동안에 큰 코콜리스의 양은 눈에 띄게 감소되었으며 현생 석회질연니(calcareous ooze)의 10~30%만이 코콜리스에 의해 형성된 것이다. 인편모조류에 의한 생층서 분대가 쥐라기부터 현재까지 설정되었으며 이들의 생층서 분대는 광범위한 지역에서 믿을 만하기 때문에 폭넓게 적용되고 있다. 뿐만 아니라 코콜리스를 이용한 생층서 분석은 표품당 한 시간이 채 소요되지 않을 정도로 단기간에 수행될 수 있다. 초미소화석은 단순히 흩뿌려서 만든 슬라이드로도 연구가 충분할 정도로 풍부하기 때문이다. 또한 편광현미경에서 쉽게 동정할 수 있기 때문이기도 하다. 초미소화석은 오직 에너지 흐름이 약한 환경에서 퇴적된 해양퇴적물에서만 산출되며 속성 작용에 의해 쉽게 파괴되지만 존재하기만 한다면 퇴적물의 연령을 구하는 데 이상적인 수단으로 이용된다.

규조류

규조류는 단세포 독립영양생물로 황갈조류의 일종이며 녹갈색의 거대한 엽록체가 특징이다. 독립된 규조 개체와 느슨한 규조 군집 모두 해수와 담수의 수성 환경에 서식한다. 그들은 적당한 온도 범위를 따라 서식하는데, 특히 북극지역에 풍부하다. 규조의 생활상은 부유성이거나 저서성이다. 부유성 규조인 중심목(Centrale)은 해양에서 우세하고, 담수 환경에서는 우상목(Pennales) 규조가 우세하다(**글상자 9.11**).

형태와 분류

규조 세포는 규산질 골격 또는 크기가 다른 **덮개**(theca)로 구성된 **규조각**(frustule) 안에 내포되어 있다(**그림 9.19**). 크기가 작은 아래 덮개(hypotheca)와 상부의 큰 위 덮개(epitheca)가 맞물려 있다. 덮개의 판과 양쪽 덮개의 각대(congula)는 위 덮개와 아래 덮개를 연결하여 봉인하고 있다.

규조가 분열하면 모세포의 두 개의 덮개는 각각 딸세포의 위 덮개로 사용되어, 각각의 덮개가 계속하여 위 덮개와 아래 덮개를 만든다. 이 과정은 반복적으로 끊임없이 계속되기 때문에 규조각의 크기는 점차 작아진다. 유성생식 단계에 이르면 개체는 원래 크기로 복원되고 성장은 반복된다. 규조류의 분류는 각의 형태를 기본으로 한다(**글상자 9.11**).

진화와 지질학 역사

규조는 규조각과 내생포자(endospore)가 모두 화석으로 산출된다. 스테파노피식스(*Stephanopyxis*)를 포함하는 서부 시베리아의 쥐라기 후기 규조 군집이 가장 오래된 규조 화석으로 알려져 있다. 최초의 다양한 군집 화석은 백악기 중기의 압티안(Aptian) 암석에서 산출된 화석으로 약 10개 과에 속하는 규조 화석을 포함하고 있다. 규조 군집은 튜로니안(Turonian)에는 더욱 다양해지고 거의 100속에 이르는 중심목 규조 화석이 상부 백악기 지층에서 산출된다. 최초의 우상목 규조 화석은 팔레오세에 출현하여 처음으로 담수 환경에 적응했으며 마이오세에 이르러 정점에 이른다.

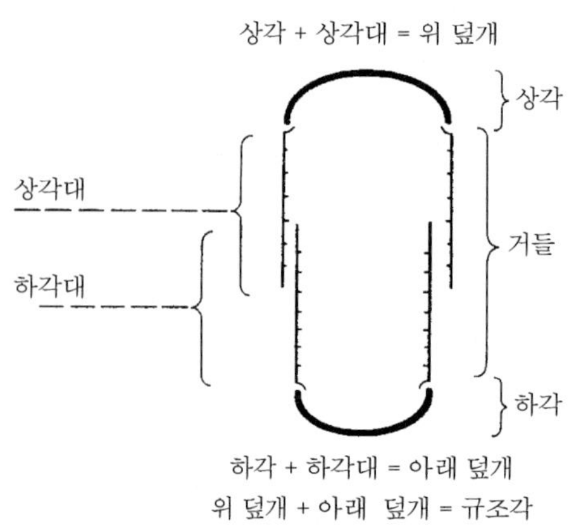

그림 9.19 규조의 형태

규조각만으로 구성된 두꺼운(최고 500m까지) 퇴적물을 **규조토**(diatomite)라 하는데, 다공질 암석으로 전체부피의 약 80%가 빈 공간으로 구성되어 있다. 따라서 투과성이 매우 높으며 밀도는 약 0.5g/cm^{-1}이다. 카이젤구르(kieselguhrs)와 트리폴리(tripolis)로도 불리는 규조토는 음료수와 의약품 및 물의 불순물을 걸러 내는 정화제

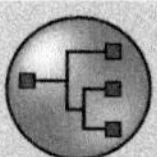

글상자 9.11 규산질 각을 가진 미생물의 분류: 규조의 분류

각의 모양에 따라 크게 두 개의 그룹으로 구분된다. 중심목(Order Centrales)은 이름에서 나타나듯이 밸브 중심으로부터 방사상으로 배열된 구멍이 있는 동그란 밸브를 가진 규조이며 우상목(Order Pennales)은 타원형의 쌍으로 배열된 구멍이 있는 타원형 밸브(그림 9.20)의 규조이다. 우상목은 중앙에 난 움푹 파인 구조인 등줄(raphe)이 특징적이다.

중심목 (Order CENTRALES)

코지노디시네 아목(suborder COSCINODISCINEAE)

- 가장자리에 돌기가 고리처럼 있는 밸브

리조솔레니네 아목(suborder RHIZOSOLENINEAE)

- 극이 하나만 있는 밸브

BIDDULPHINEAE 아목(suborder BIDDULPHINEAE)

- 극이 두 개인 밸브

우상목 (Order PENNALES)

아라피디네 아목(suborder ARAPHIDINEAE)

- 등줄이 없는 밸브

라피디네 아목(suborder RAPHIDINEAE)

- 등줄이 있는 밸브

중심목

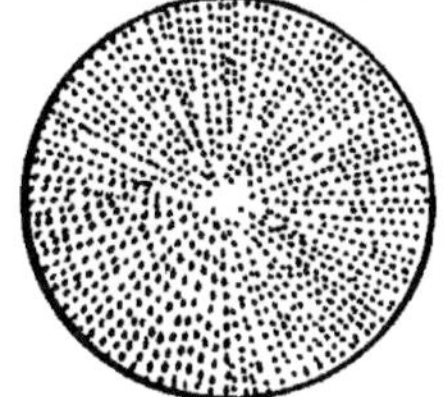

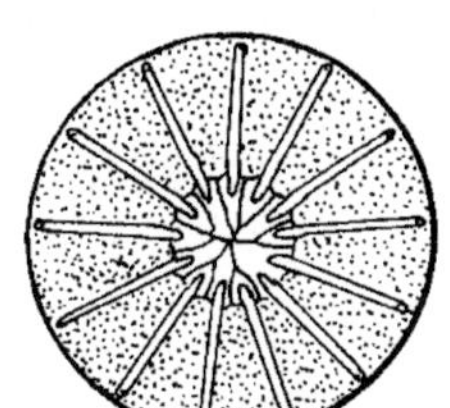

우상목

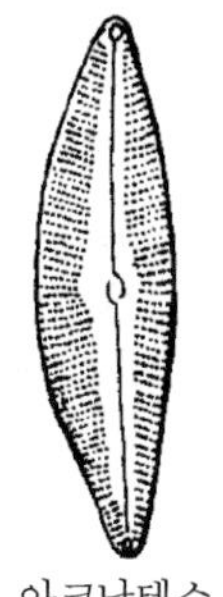

그림 9.20 규조류 형태속: 코지노디스쿠스(*Coscinoconus*)(×250), 아스테로람프라(*Asterolampra*)(×400), 코코네이스(*Cocconeis*) (×360), 아크난테스(*Achnanthes*)(×150), 수리렐라(*Surirella*)(×200), 유노티아(*Eunotia*)(×400).

로 널리 사용되고 있다. 매년 상업용으로 200만 톤이 넘는 규조토가 소모된다. 현재 퇴적률로 미루어 볼 때 4~5mm의 규조연니가 천 년 넘게 퇴적되었던 것 같으며 오늘날 해저면의 10% 넘게는 규조연니(diatomaceous ooze)로 덮여 있다. 상업용으로 이용되는 대부분의 규조토는 프랑스 아르데슈(Ardéche) 지방의 마이오세 지층에서 공급되며 프랑스 캉탈(Cantal) 지방의 플라이오세와 플라이스토세 지층의 규조토도 주요 공급원이다. 그 외에 스페인, 독일 및 러시아도 규조토 공급지 중 하나이다. 특히 캘리포니아의 마이오세 몬터레이층(Monterey Formation)에는 육상분지와 해양분지 모두에서 퇴적된 규조이암(diatomaceous mudstone)이 광범위하게 나타나는데, 이러한 규조이암은 또한 캘리포니아에서 산출되는 대부분 석유의 저류암이다.

키티노조아

키티노조아(chitinozoans)는 아크리타크 화석을 비롯하여 필석과 앵무조개 등의 원양성 대형 화석이 산출되는 환원 환경에서 퇴적된 세립질 퇴적암에서 가장 흔하게 나타난다. 검은색 슬레이트 같은 암질에서는 키티노조아가 유일한 화석이다. 넓은 분포와 다른 화석과의 이러한 관계는 키티노조아가 적어도 원양성 생물이었음을 지시한다. 이 화석 집단은 전 세계적 지층 대비에 매우 유용하고 오르도비스기와 실루리아기의 세계 층서 분대를 결정하는 주요 화석 집단이다.

형태와 분류

키티노조아는 작은(50~2,000㎛) 플라스크 또는 꽃병 모양으로 표면이 매끈하거나 혹은 다양한 돌기가 있는 빈 소낭 형태의 화석이다(그림 9.21). 소낭은 필석의 라브도섬(rhabdosome) 성분과 유사한 **유사키틴**(pseudochitin) 단백질로 구성된 것으로 알려졌으나, 최근의 연구에 의하면 키틴은 없으며 망상의 케로겐(kerogen)으로 구성되어 있다(Jacob et al., 2007). 소낭은 구형에서 계란형, 원통 및 원추형의 방을 감싸고 있다. 방의 입구 쪽 끝에는 **구강**(aperture)이 있고 구경은 칼라가 있는 목 부분으로 연결되어 있다. 구경은 프로솜(prosome)에 의해 지지되는 덮개(operculum)로 덮여 있다. 소낭의 바닥은 평평하거나 또는 다양한 구조가 돌출되어 있다. 이러한 돌출 구조에는 **코풀라**(copula, 비어 있는 긴 관), **뮤크론**(mucron, 속이 빈 짧은 관), **사이폰**(siphon, 전구 모양의 돌출부, 돌기) 및 **페덩클**(peduncle, 속이 찬 돌기) 등이 있다. 약 60속의 키티노조아가 알려져 있다.

이 화석 집단의 유연 관계는 아직 불확실하다(글상자 9.12). 키티노조아 소낭은 아마도 단단하게 봉합되어 있었을 것으로 판단되며, 사슬이나 덩어리 형태로 산출되는 점으로 보아 이들은 아마도 알이나 알집 혹은 휴지기의 포낭이었을 것으로 여겨진다. 사실 과거에는 키티노조아 화석이 환형동물, 극피동물, 복족류 및 필석류 등 다양한 무척추동물의 알집으로 해석되었지만 아마도 연체부를 가지고 있는 벌레와 같은 동물이 원양성 생활주

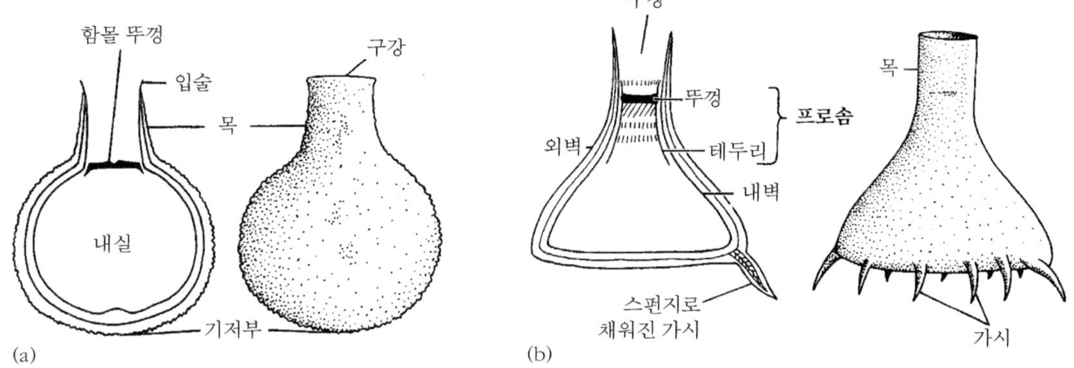

그림 9.21 키디노조아의 형태: (a) 오퍼쿨라티페라(Operculatifera, simplexoperculate), 라제노키티나(*Lagenochitina*), (b) 프로소마티페라(Prosomatifera, complexoperculate), 엔씨로키티나(*Ancyrochitina*)

글상자 9.12 키티노조아의 로제타스톤(Rosetta Stone)

키티노조아는 어떤 동물인가? 키티노조아의 로제타스톤으로 묘사된 에스토니아(Estonia)의 오르도비스기 지층에서 산출된 화석이 이 문제를 해결할지도 모른다. 소낭들은 나선 형태의 사슬구조로 연결되어 있으며 모든 소낭은 동일한 종인 데스모키티나 노두사(*Desmochitina nodusa* Eisenack)의 소낭이다(그림 9.22). 유생은 완벽하게 봉인되어 연결된 방에서 빠져나갈 수 없기 때문에 이 화석은 후생동물의 알 같지는 않다. 그래서 파리스와 놀박(Paris & Nolvak, 1999)은 그러한 감긴 사슬구조는 아마도 알을 낳기 전의 미성숙기나 중간 단계인 내수란관(intra-oviduct)기를 나타낸다고 가정했다. 불행하게도 키티노조아 화석의 시공간적인 분포는 골격을 가진 후생동물의 기록과 일치되지 않는다. 아마도 키티노조아는 골격이 없이 연체 부분으로 구성된 '키티노조아 동물'과 관련이 있는 듯하며 이러한 화석은 고생대의 라저스타텐(Lagerstätten) 화석군에서 발견될지 모른다.

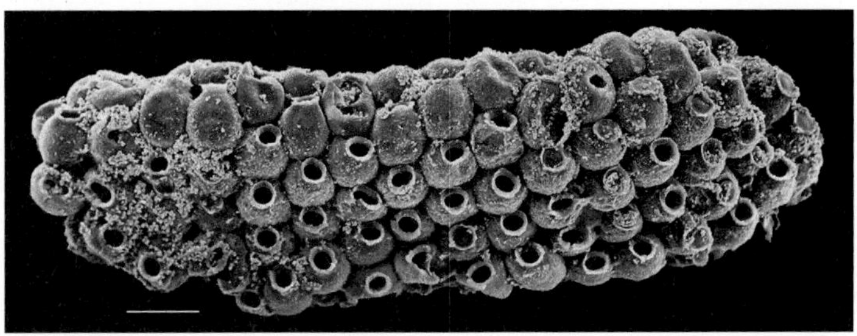

그림 9.22 키티노조아 기관: 키티노조아 동물의 알 군집으로 해석되는 커다란 데스모키티나 노두스(*Desmochitina nodus*) 군체. 덮개가 없는 것은 이 동물이 이미 부화했음을 나타낸다. (×70) (Florentin Paris 제공.)

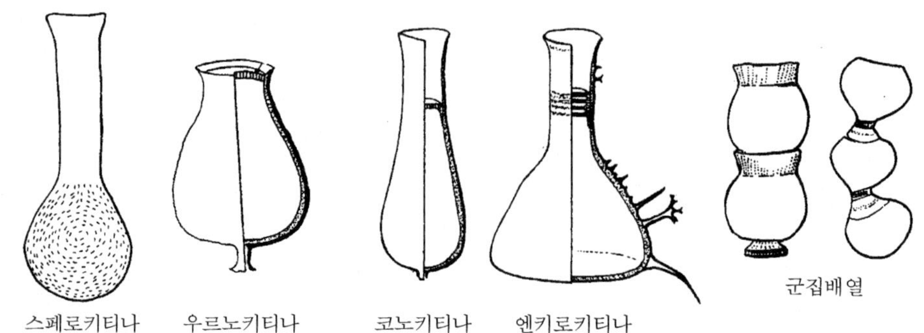

그림 9.23 키티노조아 형태 속: 스패로키티나(*Sphaerochitina*)(×160), 우르노키티나(*Urnochitina*)(×160), 코노키티나(*Conochitina*)(×80), 엔씨로키티나(*Ancyrochitina*)(×240)와 군체 모양(×40).

기 동안에 만든 것으로 여겨진다.

키티노조아는 기본적으로 소낭이 봉합되어 있는 방법에 따라 두 주요 그룹으로 구분되며 소낭의 외형선 또는 실루엣 및 목 형태에 따라 세분된다. **오퍼큘라티페라**(Operculatifera)는 목 부분이 없고[작은 준 구형의 소낭을 가진 데스모키티니데(Desmochitinidae)과를 포함하는] 상대적으로 단순한 덮개를 가진 그룹이며, **프로소마티페라**(Prosomatifera)는 다소 복잡한 덮개와 프로소마(prosoma) 및 잘 발달된 목 부분[코노키티니다(Conochitinida)와 움푹 들어간 덮개가 발달한 라게노키티니다(Lagenochitinida)를 포함하는]이 특징이다(그림 9.23).

진화와 분포

데스모키티니데(Desmochitinidae) 같은 주머니 형태의 키티노조아로 판단될 수 있는 화석이 미국 애리조나의 원생이언 상부 지층에서 보고되었지만 최초의 진정한 키티노조아 화석은 초기 오르도비스기 트레마도시아세(Tremadocian)에 나타난다. 키티노조아는 오르도비스기 후기 동안에 빠르게 진화하여 최소 50속의 다양한 종들이 산출된다. 이러한 다양성은 실루리아기까지 계속되어 실루리아기에 현재까지 알려진 세 그룹이 모두 나타난다. 데본기에는 다양성이 감소되고 최후까지 생존했던 라제노키티니드(lagenochinitid)가 멸종한 파메니안(Famennian) 후기에 이 생물군은 멸종한다. 이 생물군은 크기가 작아지고 돌출부의 복잡성이 증가하며 군집성이 증가되는 진화의 양상을 보인다(그림 9.23).

⚜ 복습 문제

1. 진핵세포에서 원핵세포로의 이동은 매우 중요한 진화의 도약이었다. 어떻게 이러한 변화가 이루어졌으며 이러한 변화는 지구 생명체에 어떤 영향을 미쳤는가?
2. 유공충은 석유와 가스 탐사에 넓게 이용되어 왔다. 이유가 무엇인가?

3. 방산충은 조산대의 층서에 매우 유용하다. 이러한 연구에 다른 그룹의 미생물 또는 거화석보다 방산충이 유용한 이유는 무엇인가?
4. 인편모조류나 규조류 같은 색조류 생물군은 해양과 대기 시스템의 안정에 근본적인 영향을 미친다. 하지만 이와 같은 초미소플랑크톤 화석은 지구상에 상대적으로 늦게 나타났다. 고생대 초미소플랑크톤 화석에 대한 증거가 있는가?
5. 키티노조아 화석의 분류에 대하여 설명하라.

더 읽을거리

Armstrong, H.A. & Brasier, M.D. 2005. *Microfossils*, 2nd edn. Blackwell Publishing, Oxford, UK.

Bignot, G. 1985. *Elements of Micropalaeontology*. Graham and Trotman, London. (Useful overview of all the main microfossil groups.)

De Wever, P., Dumitrica, P., Caulet, J.P., Nigrini, C. & Caridroit, M. 2001. *Radiolarians in the Sedimentary Record*. Gordon and Breach Science Publishers, the Netherlands. (Key reference on radiolarian paleontology.)

Haeckel, E. 1862. *Die Radiolarien (Rhizopoda Radiaria). Eine Monographie*. Reimer, Berlin. (Classic reference on Radiolaria, beautifully illustrated.)

Jenkins, D.G. & Murray, J.W. 1989. *Stratigraphical Atlas of Fossil Foraminifera*, 2nd edn. British Micropaleontology Association and Ellis Horwood Ltd, London. (Well-illustrated account of the foraminiferans.)

Lipps, J.H. (ed.) 1993. *Fossil Prokaryotes and Protists*. Blackwell Scientific Publications, Oxford, UK. (Multiauthor compilation of the prokaryote and protist microfossil groups.)

참고문헌

Armstrong, H.A. & Brasier, M.D. 2005. *Microfossils*, 2nd edn. Blackwell Publishing, Oxford, UK.

Cavalier-Smith, T. 2002. The phagotrophic origin of eukaryotes and phylogenetic classification of protozoa. *International Journal of Systematic and Evolutionary Microbiology* **52**, 297–354.

Corsetti, F.A., Olcott, A.N. & Bakermans, C. 2006. The biotic response to Neoproterozoic snowball Earth. *Palaeogeography, Palaeoclimatology, Palaeoecology* **232**, 114–30.

De Wever, P., Dumitrica, P., Caulet, J.P., Nigrini, C. & Caridroit, M. 2001. *Radiolarians in the Sedimentary Record*. Gordon and Breach Science Publishers, the Netherlands.

Haeckel, E. 1862. *Die Radiolarien (Rhizopoda Radiaria). Eine Monographie*. Reimer, Berlin.

Haeckel, E. 1904. *Kunstformen der Natur*. Verlag des Bibliographischen Institut, Leipzig.

Henriksen, K., Young, J.R., Bown, P.R. & Stipp, S.L.S. 2004. Coccolith biomineralisation studied with atomic force microscopy. *Palaeontology* **47**, 725–43.

Jacob, J., Paris, F., Monod, O., Miller, M.A., Tang, P., George, S.C. & Bény, J.-M. 2007. New insights into the chemical composition of chitinozoans. *Organic Geochemistry* **38**, 1782–8.

Keeling, P.J., Burger, G., Durnford, D.G. et al. 2005. The tree of eukaryotes. *Trends in Ecology and Evolution* **20**, 670–6.

Paris, F. & Nolvak, J. 1999. Biological interpretation and palaeobiodiversity of a cryptic fossil group: the "chitinozoan animal". *Geobios* **32**, 315–24.

Servais, T., Lehnert, O., Li, J., Mullins, G.L., Munnecke, A., Nützel, A. & Vecoli, M. 2008. The Ordovician biodiversification: revolution in the oceanic trophic realm. *Lethaia* **41**, 99–110.

Tyszka, J. 2006. Morphospace of foraminiferal shells: results from the moving reference model. *Lethaia* **39**, 1–12.

Vecoli, M., Lehnert, O. & Servais, T. 2005. The role of marine microphytoplankton in the Ordovician biodiversification event. *Notebooks on Geology, Memoir* **2005/2**, 69–70.

제10장

다세포동물의 기원

학습 키포인트

- 화석 기록에는 실제적으로 기본적인 몸체 구성이 거의 나타나지 않는다. 대부분의 동물들은 세 개의 기본적 층인 삼배엽(triploblastic) 체제를 보유한다.
- 분자생물학적 자료는 동물들이 세 무리로 집단화됨을 보여 준다: 후구동물(deuterostome, 극피동물-원삭동물-척삭동물군), 나선동물[spiralian, 연체동물-환형동물-완족동물-태형동물-다수의 편형동물-윤형동물(편충동물)], 탈피동물(ecdysozoan, 절지동물-선형동물-다른 분류군을 포함하는 새예동물). 통상, 나선동물과 탈피동물은 전구동물(protostome)로 불린다.
- 다섯 계열의 증거[몸체화석, 흔적화석, 배(embryo)화석, 분자시계, 생물지표(biomarker)]들은 다세포동물이 6억 년 전 에디아카라 동물군 이전에 기원했음을 시사한다.
- 생물계의 우연의 일치와 체제 구성 측면에서 눈덩이 지구(snowball Earth)는 마리노아(Marinoa) 빙하기 이후에 진화한 좌우 대칭동물류에서 보는 것처럼 다세포동물 역사에서 획기적 사건이었다.
- 최초의 다세포동물은 에디아카라기 이전에 처음 출현했던 보통해면류와 유사했던 것 같다.
- 에디아카라 생물군은 원생누대 후기 동안에 극성기에 달했으며 대형 다세포동물들이 지배적이었던 최초의 생태계를 이루었을 것이고 대부분 불확실한 분류위치를 가진 연체생물들의 군집이었다.
- 톰모시아(Tommotia)조의 소형 패각 동물군은 최초의 골격을 지닌 다세포동물군이다. 캄브리아기 전기의 미화석군은 주로 인산염으로 이루어진 패각이나 골판(sclerite)을 보유한 이들 문을 포함한다.
- 캄브리아기 생물학적 대폭발은 상대적으로 단기간 동안에 일련의 새로운 몸체 구성 체제를 생성시켰다.
- 오르도비스기 방산은 해양생물군의 복잡성 증가와 함께 과, 속, 종 수준의 다양화에 의해 가속화된 특성을 지닌다.

결론적으로 내 이론이 사실이라면, 최하부 실루리아기[현재의 캄브리아기] 층이 퇴적되기 전, 아주 오래전에 흘러간 시간, 아마 실루리아기에서 현재에 이르는 전 기간보다 훨씬 더 길고 거의 알려지지 않은 그 시기에도 세상에는 많은 생명들이 넘쳐나고 있었을 것이란 것에 대해서는 논란의 여지가 없을 것이다.

다윈(Charles Darwin)『종의 기원』(1859)

✲ 기원과 분류

최초의 복잡한 동물, 다세포동물은 언제 지구상에 출현하였을까? 또 그들은 무엇을 닮았을까? 선캄브리아누대의 대부분을 점유한 분화되지 않은 단세포 생물에서 복잡한 다세포동물이 어떻게 진화하였을까? 어떤 연유에서 다세포동물이 출현하는 데 거의 40억 년이란 시간이 필요했을까? 이러한 의문은 두 세기를 넘는 동안 다윈을 포함한 과학자들에게는 수수께끼였다. 최근 수십 년 동안 분자생물학에서 X선 단층촬영법에 이르는 다양한 분야의 기법들이 우리의 최초 선조들에 관한 새로운 검증 가능 가설들을 이룩하는 데 도움을 주었다. 다세포동물의 몸체나 흔적화석의 화석증거와는 별도로, 주의 깊게 계량된 분자시계와 보다 최근의 생물지표(biomarker)는 미세한 화석 배아(化石 胚芽, fossil embryo) 연구를 많은 과학적 연구주제(agenda)의 최우선 순위에 두게 하였다.

최초의 다세포동물: 언제? 그리고 무엇?

우리 행성의 생명은 거의 40억 년의 시간 동안 진화해 오고 있다. 분자생물학적 자료들은 어떤 생물학자에 따르면, 다세포동물은 약 6억 년 동안 35개 문(門, phyla)으로 분화되어 왔다는 것을 시사한다(그림 10.1). 최초의 다세포동물에 대한 탐구는 주로 다섯 계열로 이루어진다. 몸체화석, 흔적화석, 화석 배아, 분자시계 및 생물지표.

다세포동물의 기원 시점에 대해서는 많은 논란이 이어지고 있다. 에디아카라기 이전에 다세포생물에 있어서 긴 은생(隱生, cryptic)기간—동물들이 보존 가능한 몸체를 보유하지 않았거나 너무 크기가 작았거나 또는 이 두 원인이 복합되어 화석이 발견되지 않는 기간—이 존재했었는가? 아니면, 재계량된 분자시계가 제시하는 것처럼 심해에서의 산소 수준의 갑작스러운 증가가 있었던 에디아카라기로 동물의 기원을 되돌려야 할 것이다(Canfield et al., 2007).

몸체화석의 증거

에디아카라기의 기본적인 다세포동물의 몸체화석은 매우 드물고 일반적인 모습과는 상당히 다르다. 한 초기 다세포동물의 화석은 다른 보통의 다세포동물이나 화석과 비교해서 다른 기관이나 조직을 보유하는 것이 명백히 기술되고 분명한 그림으로 제시되었다. 많은 후기 선캄브리아 누대의 연계층들은 강한 변성 작용과 구조적인 작용을 받았으며, 세계 조산대의 일부를 이루고 있다. 이 시기의 적절하게 보존된 화석을 발견할 기회는 상당히 드물다. 그럼에도 불구하고 가장 초기의 의심할 여지없는 다세포동물화석들이 거의 6억~5억 5,000만 년 전에 널리 분포했던 에디아카라 생물상 중에서 이미 산출된다. 더구나, 발과 치설(齒舌, radula)을 보유하는 것으로 보이는 상당히 발전된 연체동물인 킴베렐라(*Kimberella*)가 오스트레일리아 남부와 러시아의 에디아카라 생물상 내에서 산출된다

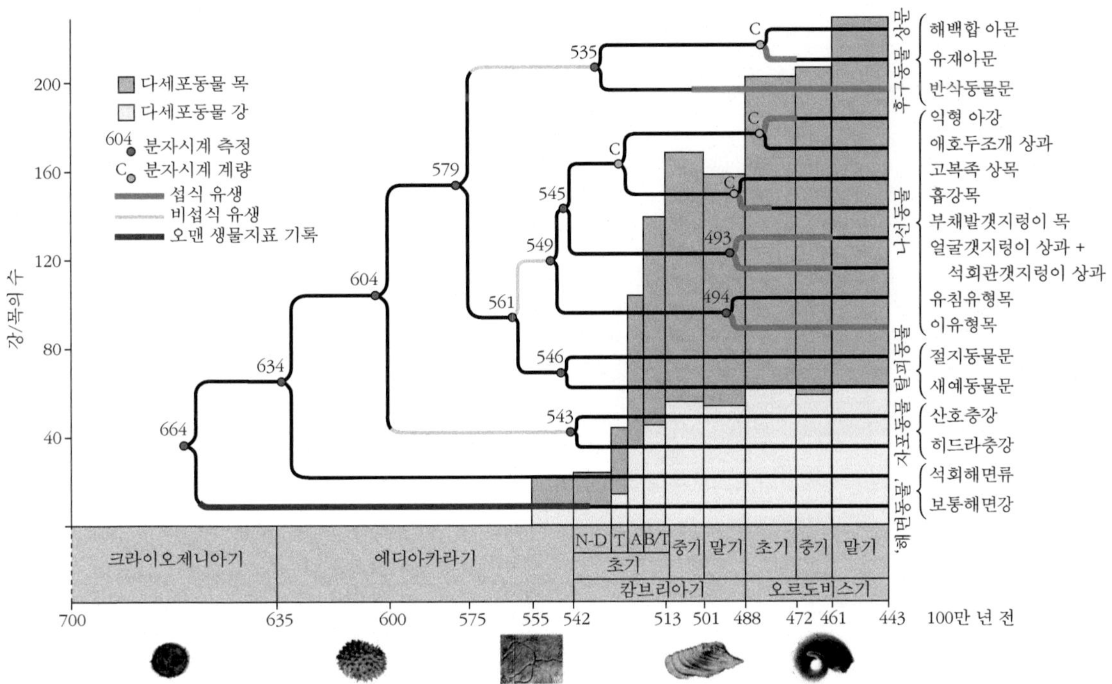

그림 10.1 초기 동물 진화의 연대표와 빠르기: 주요 생물학적 및 화학적 이벤트를 지시하는 층서연대에 대응되는 대표적 다세포동물군들의 각각의 강과 목들의 추정 수와 함께, 그들의 최종 공통조상의 추정시기를 보여 준다. N–D=네마킷–달디니아조(Nemakit–Daldynian), T=톰모시아조(Tommotian), A=애트다바니아조(Atdabanian), B/T=보토미아조(Botomomian). (Kevin Peterson 제공.)

는 사실은 다세포생물의 진화 역사가 에디아카라기 이전임을 시사한다. 자포동물과 해면동물 그리고 또 다른 다세포동물에 있어 중요한 원생누대 화석 기록의 한 강력한 예가 있기는 하지만, 캄브리아기 생물 대폭발은 아직까지 좌우 대칭형 동물의 출발 중심에 위치한다(Budd, 2008).

생흔화석의 증거

생흔화석은 퇴적층에 기록된 생물활동 흔적이다. 바로 그런 특성 때문에 생흔화석은 그 장소에서 산출되고 흐름에 의해 이송되거나 재동되지 않는다. 그렇지만, 그 생흔화석들은 또한 생물기원임이 확실하게 밝혀져야 하고 그들을 둘러싼 퇴적층의 시대가 분명히 결정되어야 한다. 다세포동물이 연체동물의 발과 같은 이동기관이나 소화기관계를 발전시켰다면 그 시기에 퇴적물에서 그들의 배설물과 함께 굴착구조(burrow)와 기어간 흔적(trail) 등을 발견할 수 있을 것이다. 인도의 10억 년 전 이전(Seilacher et al., 1998)과 오스트레일리아의 12억 년 전 이전의 스털링(Stirling) 생물상(Rasmussen et al., 2002)을 가진

그림 10.2 오스트레일리아 선캄브리아누대의 생흔화석으로 추정되는 믹소미토데스(*Myxomitodes*), 이는 오스트레일리아 서부 스털링 산맥에서 산출된 약 18억~20억 년 전의 점액을 분비하는 다세포동물이 형성한 것으로 보인다(사진은 약 65mm 너비)(Stefan Bengtson 제공).

암석들에서 상당히 놀라운 발견이 있었다(그림 10.2). 이들 두 경우는 10억 년 전 이상의 다세포동물을 시사하나 상당히 의심스러운 상태이다(Jensen, 2003). 현재까지 가장 오래된 명확한 이동 흔적화석은 러시아 북서부의 5억 5,000만 년 전 퇴적층의 것이다(Droser et al., 2002). 반면에 고기 소화기관계의 존재를 알려 주는 끈 모양 배설물 흔적이 6억 년 전 암층에서 보고되었다(Braiser & McIloy, 1998). 사실상 명확한 흔적화석은 눈덩이 지구(snowball Earth)와 관련된 두 번째 대빙하기인 **마리노아 빙기**(Marinoan glaciation, 6억 3,500만 년 전) 이전에는 알려진 바 없다.

배아 화석 증거

원생누대의 배아 화석은 그들이 황산화 박테리아 또는 전혀 배아가 아니라는 주장에 의한 반론이 제기되기는 하지만 많은 장소에서 알려진다. 가장 잘 연구된 예로는 남중국의 두샨투오(Doushantuo)층을 들 수 있다. 이 층의 배아 화석을 산출하는 부분은 처음에 대략 5억 8,000만 년 전으로 측정되었는데, 이는 에디아카라기 이전에서 마리노아 빙기 이전에 해당한다. 재확인된 자료들은 그 동물군이 보다 신기여서 더 오래된 에디아카라 생물군보다 후기임을 시사한다. 배아 화석은 유생과 성체 형태의 부재로 다세포동물에 해당시키기는 어렵지만 세포분열과 난할 형태는 분명하다. 그러나 1,000개 이상의 세포 무리들은 상피(epithalia)가 결여되어 이들이 다세포동물계통의 하위 기반 분류군 이상은 아닐 것으로 본다(Hagadorn et al., 2006). 이들은 확실히 균류나 레인지오모프(rangeomorph, 수수께끼의 엽상체를 닮은 화석)일 것이다. 그렇지만 두샨투오 배아 화석은 불분명한 분류적 위치에도 불구하고, 매우 기초적이기는 하지만 다세포생물로 보이는 최초의 체화석에 관한 증거와 아득한 과거 시간대의 발생 과정에 대한 매력적인 관점을 제공한다(Donoghue, 2007)(**글상자 10.1**).

분자생물학적 증거

시간에 따라 생물의 형태도 진화하지만 생물의 구성 분자도 역시 변화한다. 이것이 **분자시계**의 기본 개념이다. 분자시계에는 직접적인 화석 증거와는 별개로 파충류에서 포유류로 또는 연체동물에서 완족류로의 분화시기를 측정하는 등 대단한 가능성이 열려 있다.

글상자 10.1 싱크로트론 방사 X선 단층촬영 현미경 기법

상부 신원생대와 캄브리아기의 화석 배아들은 다세포동물의 기원과 초기진화에 대한 중요한 단서를 제공하고 있다. 그러나 그 시료들은 연구하기에 너무 미세하고 악명 높을 정도로 단단하다. 그렇지만, 도너휴(Phil Donoghue)와 동료들(2006)은 이 미세 생물에 대한 보존 방법과 함께 이 생물의 성분, 구조 및 세포 분열 등에 관한 많은 새로운 정보를 축적하기 시작하였다. 싱크로트론 방사 X선 단층촬영 현미경 기법(SRXTM)은 실제로 배아 화석을 파괴하지 않고 스캐닝하는 전혀 새로운 기법이다(그림 10.3). 대부분 지름 1mm 이하인 배아들을 고에너지 광자(photon)속(光子束) 안에 위치시켜 수 마이크론 정도 거리를 두고 다중 절편(slice)을 제작한다. 다음에 영상 소프트웨어를 사용하여 화석 내부 구조의 상세한 3차원 모델을 작성하기 위해 이 절편들을 재조합한다. 슈드우이데스(*Pseudooides*)와 함께 좌우 대칭동물에 해당하는 마르켈리아(*Markuelia*)의 배아는 다양한 난할 과정과 절지동물에서 잘 나타나는 난황각추(卵黃角錐, yolk pyramid)라기보다는 수정 후 세포분열에서 이루어지는 할구(割球, blastomere)로 추정되는 것들을 보여 준다. 이러한 하이테크 기법은 이미 6억 년 전의 일부 동물들 자체의 동정과 그들의 초기 발생단계를 규명하는 데 시연된 바 있다. 그 기법은 그러한 화석들이 자포동물의 플라눌라(planula) 유생이었든지, 작은 좌우 대칭동물인지 아니면 히드라충류나 좌우 대칭동물의 낭배형성의 초기 단계였는지 등에 관한 논란을 종식시킬 수 있다. 그러나 이 기법은 최근 이러한 많은 배아 구조가 박테리아에 의해 형성되었다는 것을 시사하기도 했다. 물론 모두가 그런 것은 아니다.

이 주제에 관한 더 많은 정보는 웹사이트 http://www.blackwellpublishing.com/paleobiology/에서 찾아볼 수 있다.

그럼에도 다양한 계열의 다세포동물군의 분화시기를 측정하려는 시도는 논란의 대상이 되고 있다. 예를 들어, 해면류와 자포동물로 분화되는 좌우 대칭동물의 마지막 공통조상에 대해 9억 년 전에서 5억 7,000만 년 전 어디쯤에 위치할 것으로 보는 다양한 의견이 있다. 외견상 정확함을 추구하는 과학에서 그처럼 광범위한 시기가 나타나는가? 다양한 분류군에서 분자적 진화의 비율은 불행히도 항상 같지 않다. 척추동물에서는 시간의 경과에 따른 분자 변화의 비율이 감소하는 것으로 나타난다. 척추동물의 느린 분자적 진화율을 좌우 대칭동물의 분자적 진화의 평균비율에 적용하기에는 그 시기가 너무 옛날이다(9억 년 전). 다시 말하면, 좌우 대칭동물의 평균 분자적 진화율은 화석 기록의 증거를 더 강화하는 시기(5억 7,000만 년 전)를 지시하며(예: Budd & Jensen, 2000), 따라서 캄브리아기 대폭발은 화석 증거보다 더 강하게 당시가 동물의 폭발적 분화 시기임을 알려 준다(Peterson et al., 2004). 그렇지만 가장 최근의 분자시계 자료(Peterson et al., 2008)는 다

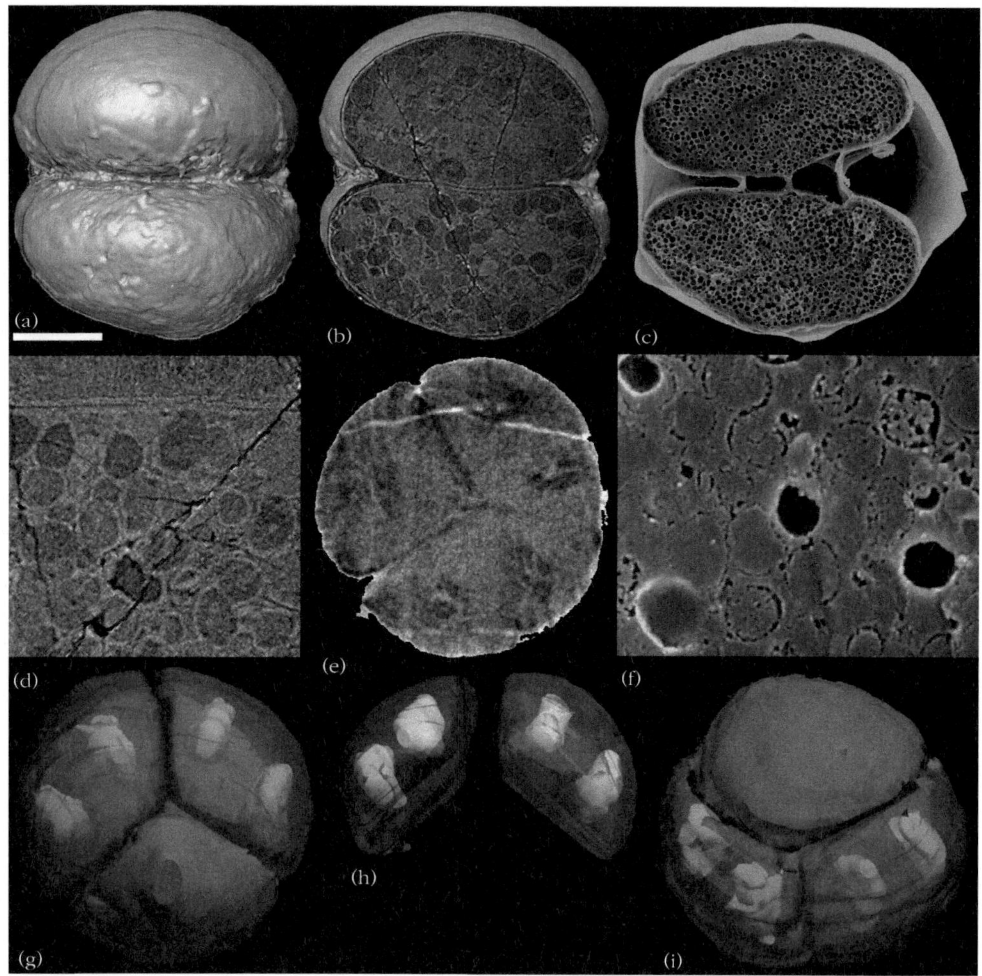

그림 10.3 중국 두샨투오 지층의 동물 배아 (a) 단층촬영 기법에 의한 배아의 표면, (b) 현재의 지질(脂質)에 유사한 세포 내 구조를 나타내는 직교절편, (c) 두 세포 사이의 경계의 직교절편, (c, f) 비교를 위해 지질 소포체(lipid vesicle)를 보이는 성게 헬리오사이다리스(***Heliocidaris***)의 두 개의 세포 배아, (e) 내부 구조를 보이는 배아로 추정되는 직교절편, (g~i) 사면체로 배열된 세포들의 모델. 크기 표시(좌측 상단): 170㎛(a~d, f), 270㎛(e), 150㎛(g~i). (Philip Donoghue 제공.)

세포동물 방산의 주요 단계가 캄브리아기보다는 에디아카라기에 있었을 것임을 시사한다. 이 방산은 아마도 나머지 지질시대에 있어서의 다세포동물 대진화(macroevolution)의 주 경향을 설정했을 것이다.

생물지표 증거

기본적으로 생명의 생화학적 지문(fingerprint)인 **생물지표**는 우주생물학에서 점차 그 중요성이 증대되고 있으며 외계생물 탐사에 사용되어 왔다. 그러나 생물지표는 다른 증거들이 결여된 경우 선캄브리아누대 생명 탐구에 상당한 중요성을 가진다. 그래서 아미노산, 호페인(hopane), 어떤 종류의 탄화수소, 탄소(C^{12})에서 동위원소 분별의 증거, 생물막(biofilm) 등은 생명 형태의 강력한 지시자이다. 더욱 흥미로운 것은 특정 생물지표들은 특별한 생물군과 관련될 수 있다는 것이다. 중요한 것은 현재 다세포동물인 보통해면류에 수반되는 생물지표가 당시 기초적인 다세포동물의 존재가 확실한 에디아카라기보다 오래된 암층에서 보고된다는 것이다. 그러나 해면동물은 계통수에서 측생(paraphyletic)이므로, 진정다세포동물(eumetazoa)의 존재를 입증하기 위해서는 동골해면류(同骨海綿類, homoscleromorph sponge)로부터 나온 생물지표가 존재해야만 한다.

무척추동물의 몸체와 골격 체계

우리 행성에서 생명은 거의 40억 년 동안 진화해 왔다. 분자 자료는 다세포동물이 약 5억 5,000만 년 동안 존재해 왔으며, 생물학자들에 의하면 35개의 문으로 분화되어 진화하였다고 한다. 최근 새로운 분자 계통수는 동물의 상호 관계에 대한 관점을 완전히 변화시켰으며 무척추동물의 몸체와 골격의 체계가 중요하게 되었다. 그러한 것들은 기능적인 관점에서는 중요하나, 진화사를 말함에 있어 단순한 판독은 잘못될 여지가 높다. 무한한 이론적 가능성에도 불구하고, 실제적으로는 상대적으로 소수의 체계가 정립되었고 캄브리아기에 많은 종류가 진화하였다(**그림 10.4**). 이러한 몸체의 체계는 통상 **체강**(celom)의 존재 여부와 함께 조직을 둘러싸는 벽들의 수와 형태에 의해 정의된다(**그림 10.5**). 기본적인 단세포 유형은 원생생물의 대표적 형태이며 전 동물계의 선조형이다. 최초의 다세포동물은 하나의 주된 세포 형태를 지닌 다세포였으며 채찍 또는 **편모**(flagellum)를 보유한 표피 깃세포(collar cell) 또는 **금세포**(襟細胞, choanocyte) 유형이었다(Nielsen, 2008). 몸체의 체계는 세 가지가 있다(**표 10.1**).

해면류 같은 **측생동물**의 몸체 체계는 이른바 방황하는 세포인 변형세포(amoebocyte)로 이루어지며 젤리 같은 물질에 의해 분리되는 두 개의 층을 구성하는 세포 무리에 의해 특징지어진다. 그 세포 덩어리들은 조직 유형이나 기관으로 분화한 것은 아니다. 실제로 분자적 계통수 연구들은 해면류가 측계통(paraphyletic)이며, 따라서 단지 첫 단계 구성에

표 10.1 세 주요 동물 무리의 핵심적인 특징

무리	수준	대칭	핵심적 특징	유생
해면동물	측생동물	좌우 대칭과 방사대칭	깃세포	블라스튤라 유생
자포동물	이배엽성	방사대칭	자세포	플라눌라 유생
좌우 대칭동물	삼배엽성	좌우 대칭	소화관	다양한 유형

	신원생대	고생대						중생대			신생대
	벤드기	C	O	S	D	C	P	Tr	Jr	K	
자포동물	●										
해면동물	●										
연체동물		●									
완족동물		●									
유즐동물		●									
유조동물		●									
절지동물		●									
새예동물		●									
극피동물		●									
환형동물		●									
척삭동물		●									
반삭동물		●									
완보동물		●									
태형동물			●								
선충동물						●					
유형동물						●					
의충동물							●				
내항동물									●		
윤형동물											●
유선형동물											●
판형동물											●
'중생동물'											●
편형동물											●
악구동물											●
복모동물											●
구두동물											●
동갑동물											●
동문동물											●
유수동물											●
성구동물											●
추형동물											●
미삭동물											●

그림 10.4 동물의 주요 문과 일부 고차 분류군의 출현. 캄브리아기(C)에서 백악기(K)에 이르는 지질시대 기의 약어는 표준을 따름. [Valentine(2004)에 근거.]

불과하다는 것을 시사하였다.

대표적으로 자포동물과 유즐동물의 **이배엽성**(diplobalstic) 몸체 체계는 바깥쪽의 외배엽과 안쪽의 내배엽인 두 층과 상피를 보유한다. 이들 두 층들은 세포가 없는 젤라틴질의 **중교**(中膠, mesoglea)에 의해 나누어진다.

대부분의 동물에서 나타나는 **삼배엽성** 몸체 체계는 밖에서부터 안으로 외배엽, 중배엽, 내배엽으로 구성된 세 층으로 이루어진다. 이 몸체 체계에는 좌우 대칭동물을 특징짓는 좌우 대칭성이 부가된다. 그리고 마지막으로 체강의 발생은 화석에서 발견되는 다수의 동물들에서 특징적으로 나타난다. 체강은 유체정역학적 골격(流體整力學的 骨格, hydrostatic skeleton)의 기능을 하며 이동과 관련된다. 그러나 체강의 존재와 구성은 계통적으로 중요하지 않다. 체강은 여러 번 진화하였으며 편충류 같은 일부 동물들에서는 적어도 두 가지 형태의 체강을 보유한다.

환형동물과 절지동물은 체절을 이루는 종축 방향을 따라 나누어지는 하나의 체강을

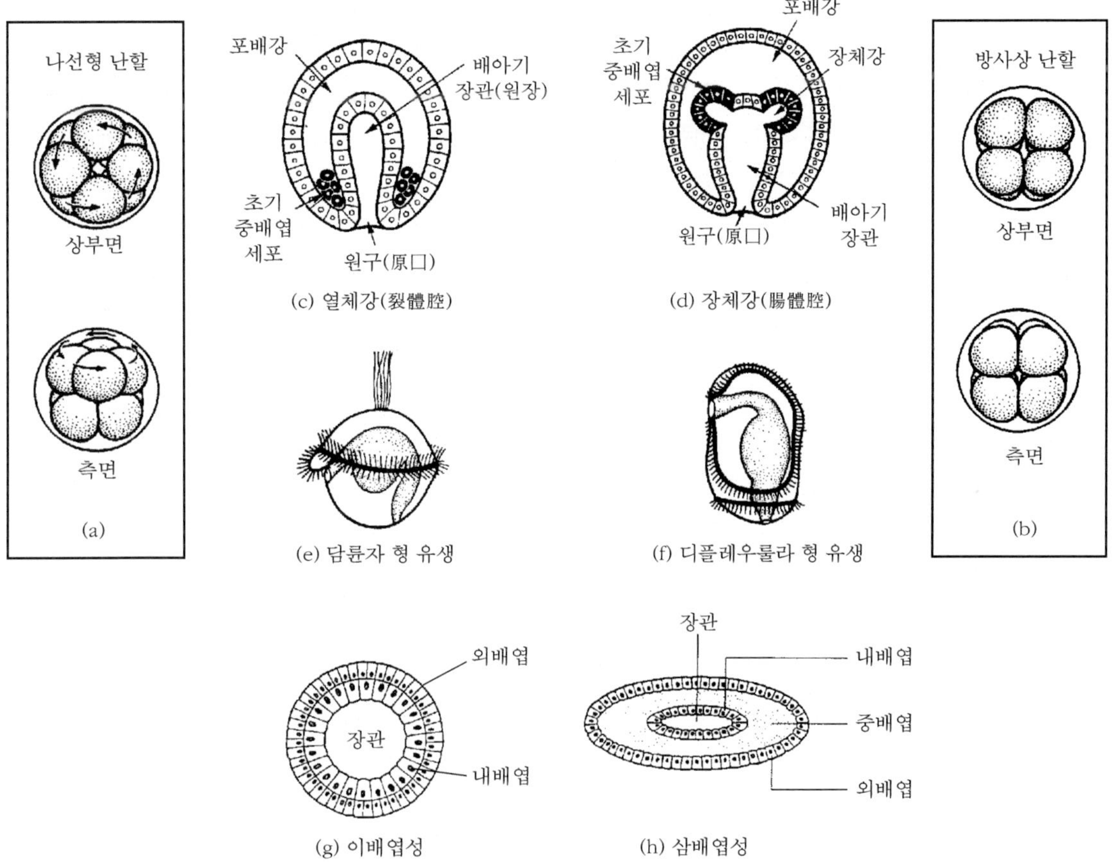

그림 10.5 주요 무척추동물의 몸체 체계와 유생: 세포 난할의 나선형(a)과 방사상(b) 형태의 상부와 측면 모습, 나선형 동물(c)과 방사상동물(d)에서의 중배엽 발생, 이배엽성(g)과 삼배엽성(h) 몸체 체계 및 담륜자 형 유생(e)과 디플레우룰라 형 유생(f)

가진다. 각 체절은 부속지와 함께 신장과 정소(精巢, gonad) 같은 쌍을 이루는 기관을 보유한다. 반면에, 연체동물은 중배엽성이며 불규칙하게 분화되는 기관들이 위치하는 하나의 비분리형 체강을 소유한다. 추형동물, 완족동물, 태형동물, 반삭동물 같은 다른 좌우 대칭동물은 서로 다른 기능을 하며 종축 방향으로 분리되는 2~3개의 영역으로 이루어진 하나의 체강을 가진다. 이러한 체계에 바탕을 두고, 특별한 먹이 취득과 호흡기관인 촉수관(lophophore)이 있는 동물들은 주머니 모양 몸체로 특징지어진다. 그러나 이 특징이 촉수관(완)을 가지는 완족동물과 태형동물이 서로 연관된다는 것을 입증하는 것은 아니다. 반삭동물은 왕관 모양의 촉수를 보유하고 어떤 종류들은 한 쌍의 아가미 홈을 가진다.

무척추동물들의 몸체 체계를 판별하는 것은 기본적인 구조에 바탕을 두고 생물을 군집화하는 데 유용하다. 그러나 불행히도 생물의 구성 체계상에서의 유사 정도가 항상 분류상에서의 근접성을 의미하는 것은 아니다. 어떤 몸체 체계는 여러 다른 군집들에서 한 번 이상 발전한 산물이라는 것을 인정해야 한다. 예를 들어 골격 역시 다양한 형태에서 비슷한 모습으로 여러 번 진화해 왔다.

골격은 동물 몸체 체계에서 지지, 보호 및 근육의 부착 역할을 하는 중심적인 부분이다. 부드러운 몸을 가진 연체동물(민달팽이) 같은 동물들은 유체 속을 운동하는 데 있어 지지 역할을 하는 수력학적 골격을 보유한다. 광물질에 기반을 둔 딱딱한 골격은 대다수의 무척추동물에 있어 외부적(**외골격**)이나 소수의 연체동물(예: 시석류), 극피동물 및 척추동물의 경우는 내부적(**내골격**)이다. 성장은 매우 다양한 방법으로 진행된다. 다수의 무척추동물들은 **부가**(accretion)라는 과정인 새로운 물질의 첨가에 의해 성장한다. 그러나 절지동물들은 **탈피**(ecdysis) 기간 사이에 주기적으로 껍질을 벗는다. 극피동물들은 기존의 물질에 대한 부가와 새로운 방해석 판의 출현에 의해 성장한다.

분류와 연관성

순수하게 형태학적 자료와 발생에만 바탕을 둔 분류는 문제를 일으킨다. 유사한 특성과 상동성(homoplasy)을 설정하기 어려운 것이 수많은 계통을 생성하게 해 왔다. 그러나 계통수(系統樹, **그림 10.6**)는 동물진화 기본 틀의 윤곽을 잡게 한다. 다세포동물 계통의 기저에는 가장 단순한 동물인 경골해면류와 석회해면류가 위치하는 반면 자포동물은 진정 다세포동물의 가장 바닥에 위치한다. 세 종류—탈피동물, 나선동물, 후구동물—의 명확한 동물군들이 분자 자료상에서 인식된다. 탈피동물과 촉수관동물은 입이 세포성장과 전이의 결과로 나타나는 첫 번째 개구부인 원구(原口)에서 직접 기원하는 원구동물('첫 번째 입')을 포함한다. 그러나 **후구동물**('두 번째 입')은 두 번째 개구부에서 발생하는 입을 가진다. 진정한 원구는 자주 항문으로 발전한다. 모든 동물문이 단순히 이 두 종류에 해당한다기보다는 비교형태적 관점에서 두 종류의 유형으로 발전해 온 것이다. 극피동물-반삭동물-척삭동물(후구동물계열)과 연체동물-촉수관동물-환형동물-절지동물(전구동물계열)의 두 동물군(**글상자 10.2**).

다른 연구들은 계통적인 연관성을 조사하기 위해 생물의 유생 단계 사이의 유사성에 중점을 두었다.

대부분의 무척추동물들은 처음에 자유유영하면서 플랑크톤을 섭취하는 **부유섭식영양형**(planktotrophic)이나 저서성이면서 난황낭에 영양을 의존하는 **난황영양형**(lecithotrophic) 유생 단계를 거친다. 유생에는 일련의 다른 형태들이 있다. 예를 들어 나우플리우스(nauplius) 유생은 갑각류의 대표적 유생이며, 플라눌라(planula)는 자포동물에 해당하고 담륜자(擔輪子, trochopore)는 연체동물과 다모류(polychaetes)의 유생인 반면 패

글상자 10.2 분자 분류학

분자 자료가 도움을 줄 수 있을까? 피터슨(Kevin Peterson)과 동료들(2004, 2005)은 일상적인 생물들의 유전자로부터 추출한 아미노산 자료에 바탕을 둔 간결한 진화 분석을 제시하였다(그림 10.6). 그 계통도는 선구동물에서 후구동물(극피동물+반삭동물)을 분리하였다. 선구동물은 나선동물(연체동물+환형동물+선형동물+유형동물+편형동물)과 탈피동물(절지동물+새예동물)을 포함한다. 이 양자는 자포동물과 함께 삼배엽성 동물로 합쳐지며 좌우 대칭동물을 이룬다. 진정다세포동물은 좌우 대칭동물+자포동물을 포함하고 아마도 석회해면류와 경골해면류를 포함하여 완성된다. 그래서 다세포동물의 공통조상은 현대의 해면류와 유사했을 것이다. 그러나 그 계통도는 촉수관(완)을 기반으로 통합되는 태형동물과 완족동물과 같은 문제가 있는 동물군에서의 자료가 결여되어 있다. 더구나 그렇게 하면 연체동물, 환형동물 그리고 완족동물을 포함하는 것 같은 다분법으로 해결하는 것은 불가능을 증폭시키게 된다(Aguinaldo & Lake, 1998 참조).

이러한 분자적 결과는 서로 다른 유전자 자료 세트의 분석이 동일한 결과를 가져오므로 동물학자들에게 점차 받아들여지게 되었다. 그러한 추적 방법은 분자생물학적 방법으로 발견된 주 계통도의 어떤 부분의 형태학적 특징을 대상으로 행해진다. 그 좋은 예는 절지동물과 선충류 등에서 수렴적으로 진화한 것으로 생각되었던 강력한 형태적 신아포모피(synapomorphy)인 탈피동물에 의한 외골격의 이탈이다.

각을 지닌 피면자(被面子, veliger) 역시 연체동물의 유생으로 특징지어진다. 그래서 담륜자 유생시기를 가지는 환형동물과 연체동물은 공통조상을 가진 것으로 믿는다. 무척추동물의 유생은 가끔 화석 기록에서도 인식된다. 더욱 발전된 준비와 하이테크적 연구 기법을 동원한 화석유생 연구들은 고생물학의 전망 있는 분야가 될 것이다.

✲ 네 개의 주요 동물군

캄브리아기, 고생대, 현대의 세 현생누대의 대규모 진화적 동물군들이 약 5억 5,000만 년 동안의 시간대에 발전하였다. 그럼에도 불구하고 선캄브리아누대와 현생누대 사이의 전이기를 포함하는 1억 년 내에 우리가 현재 바

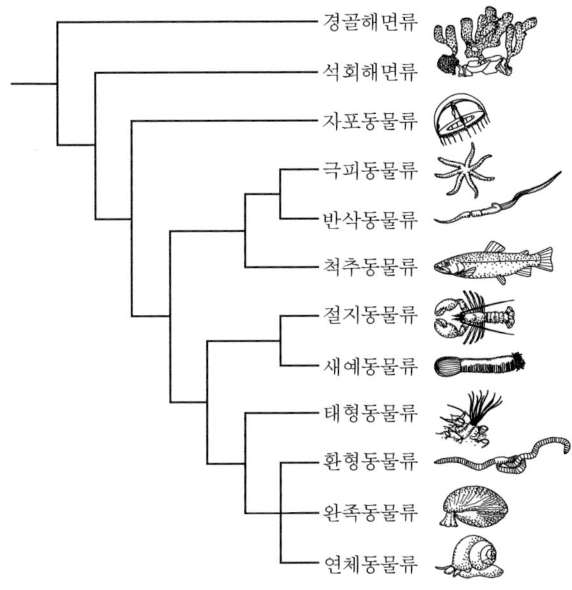

그림 10.6 주요 무척추동물군들 사이의 계통발생 관계. (Kevin Peterson의 계통발생론 제공.)

다와 육상에서 보는 것과 같은 특징적인 동물군들이 대단한 다양성을 가지고 함께 발전의 길을 걸어온 것이다. **에디아카라 생물군**과 **소형 패각 동물군**들은 **캄브리아기 생물 대폭발**과 **오르도비스기 방산** 동안에 발전한 동물군들과 함께 우리 행성의 생물계의 발전상을 이룬 것이다.

에디아카라 생물군

최초의 부드러운 몸체를 가진 생물의 인상들이 나미비아(Namibia)와 남오스트레일리아 애들레이드(Adelaide) 북부, 에디아카라 힐스의 파운드(Pound) 규암의 상부 원생누대 층에서 1940년대에 발견된 이래, 이 특징적인 생물군들은 현재 5 대륙의 30개소에서 알려지고 있다(그림 10.7). 이 독특한 생물들 100종 이상이 규질이 풍부한 암석의 파편, 화산회 또는 보다 드물게는 탄산염이나 심지어 저탁암 등으로 이루어진 천해성의 규질 쇄설성 퇴적층에 주로 몰드 상태로 보존되어 기재되고 있다. 그 퇴적층들은 폭풍 같은 특별한 사건에서 비롯되었고 통상 이벤트 층으로 불려진다. 심해 생물군들은 뉴파운드랜드의 미스테이큰 포인트(Mistaken Point)와 같은 곳에서 보고된다. 보존 형태는 이들 생물을 이해하는 데 중요한 역할을 한다(Narbonne, 2005).

캄브리아기 하부층의 대발전에 앞선 조류 매트의 광범위한 전개는 이러한 골격이 없는 생물들에게 일종의 '데드 마스크' 같은 보존에 크게 유리한 것이었음을 시사한다.

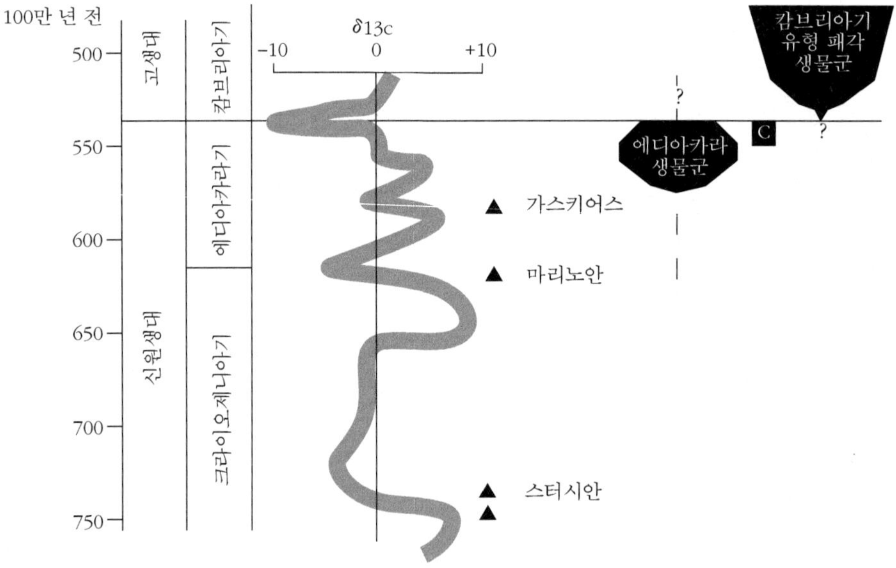

그림 10.7 에디아카라 생물군의 층서적 분포. 검은 삼각형, 빙하작용, C=석회화된 다세포동물, T=트위티아 원반(Twitya disk)의 위치. [Narbonne(2005)에 근거.]

형태적으로는 매우 다양했지만, 에디아카라 생물들은 많은 점에서 공통점을 가진다. 그들 모두는 체적에 비해 넓은 표면비를 가지고 방사상 또는 좌우 대칭의 부드러운 몸체였다. 이 얇고 리본 모양을 한 동물들은 몸체 표면을 통한 직접적 확산 방식으로 생활하여 아마도 아가미와 다른 복잡한 내부 기관들이 필요하지 않았던 것 같다. 대부분의 에디아카라 생물들은 투광대(photic zone) 내의 환경에 잔류하려고 노력해 왔던 것 같다. 보다 심해 환경에서 수집된 표본들은 아마 쓸려 내려갔을 것이다. 거의 세계적인 분류군의 분포를 가진 이 후기 원생누대 생물상은 생물지리분포 측면이 미약했다. 아마도 에디아카라 생물들의 몸체 파편들은 후기 선캄브리아누대의 해저에 산포되었을 것이다. 이들을 처리할 프레데터나 스캐빈저가 아직까지 등장하지 않았을 것이다.

형태와 분류

전통적으로 원반형, 엽상체형, 체절로 나누어진 형 등의 집합체인 에디아카라 분류군들은 현재의 형태적 유사성에 바탕을 둔 현생누대 무척추동물군의 변화된 유형에 해당하는 것으로 생각되어 왔다. 많은 경우 상당히 다양한 관점이 필요하고 많은 가정들이 이 인상화석들의 분류에 요청된다. 어떤 종들은 예를 들어 절지동물이나 환형동물로 생각되어 왔지만 대부분의 종들은 강장동물군에 해당되어 왔다. 그러나 페돈킨(Michael Fedonkin, 1990)은 이 화석들의 형태와 구조에 기반을 둔 형태 분류를 제안하였다. 그의 분류의 핵심은 **글상자 10.3**에 요약되어 있으며 대표적인 예는 **그림 10.8**에 나타나 있다. 좌우 대칭형은 아마도 초기 방사상 몸체 체계에서 유래된 것으로 보인다. 에디아카라 생물군의 개념과 분류는 홍수처럼 분출하는 상태이며 페돈킨의 분류는 그들 대다수가 동물이라는 가정하에 무리를 지어 주는 수많은 시도 중의 하나이다. 그럼에도 일부 학자들은 에디아카라 생물들이 현대의 다세포동물과는 무관하며 심지어 균류에 해당할 것이라는 주장을 하고 있다(**글상자 10.4**).

생태

에디아카라 생물군들이 선캄브리아누대 최말기에 일련의 생태적 지위를 점유하고 투광대 영역에서 다양한 생활 전략을 소유하면서 당시 해양 생태계를 지배했던 것은 거의 의심의 여지가 없다(**그림 10.10**). 다음 시기인 캄브리아기에 생물이 해저 퇴적층에 국한되었던 것에 비하여 에디아카라 생물 중 어떤 것들이 내생성 또는 원양성이었는지를 시사하는 증거는 없다. 이들 편평한 생물들이 광합성 공생 조류와 함께 하면서 맥메나민(Mark McMenamin, 1986)에 의해 언급된 것처럼 조용한 '에디아카라 정원'에서 자가영양 상태를 유지했을 가능성도 있다. 물론 이 모델에도 반론은 있다. 멕메나민은 당시 생태계가 메두사형의 원양성 동물과 해저에 부착된 고착성 저서생물들이 지배적이었고 내생성 동물들은 드물었다고 생각하였다. 메두사형 생물들은 박테리아의 군체나 심지어 강한 부착성 생물로 재해석되었다. 따라서 먹이사슬은 짧았고 영양 형태는 사실상 부유물 섭취나

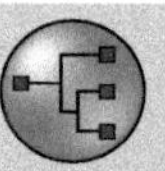

글상자 10.3 에디아카라 동물: 형태 분류

라디아타(RADIATA, 방사상 동물)

세 주요 강들로 정의된다. 동물군 대부분의 군체생물, 예를 들어 카르니아(*Charnia*), 카르니오디스커스(*Charniodiscus*) 같은 종류들은 강장동물에 해당하고 저서성 생물의 일부였다. 이 동물들의 분류상 위치는 상세한 부분에서는 논란 중에 있으나 바다조름에 아주 유사한 것들은 바다조름목에 해당됨을 시사한다.

사이클로조아 강(class CYCLOZOA)

- 이 동물들은 큰 원반모양의 위장을 가진 집중형 몸체 체계를 보유하고 사이클로메두사(*Cyclomedusa*)와 에디아카리아(*Ediacaria*) 같은 대다수의 저서성 유형들을 포함한다. 약 15종의 해파리 같은 동물들이 기재되었고 예를 들어, 에오포르피타(*Eoporpita*)는 촉수가 보존된다.

이노르도조아 강(class INORDOZOA)

- 예를 들어 히엘마로라(*Hielmarora*) 같은 더 복잡한 내부 구조를 가진 메두사 같은 동물

트릴로보조아 강(class TRILOBOZOA)

- 고유한 3방향 방사대칭에 의해 특징지어짐. 트라브라키디움(*Tribrachidium*)과 알부마레스(*Albumares*)가 이 그룹의 대표적 구성원이다.

바이라테리아(BILATERIA, 좌우 대칭동물)

이 문은 원만한 형과 체절을 가진 형을 다 포함한다.

원만한 형

- 이 형태형들은 드물다. 그 유형들에는 블라디미사(*Vladimissa*)와 플라티폴리니아(*Platypolinia*)가 있는데 편형동물 형태인 와충류에 해당하는 것 같다.

체절을 가진 형

- 많은 에디아카라 동물군에는 환형동물이나 절지동물과 비교할 만한 체절을 보유한 분류군들이 우세하다. 예를 들어 디킨스니아(*Dickinsonia*)는 방사상 형태의 초기 분화형 같은 반면에 스프리기나(*Spriggina*)는 어떤 종류의 환형동물 또는 절지동물과 겉모습이 비슷하기는 하나 나름 독특한 형태를 보유한다.

퇴적물 섭취가 우세했을 것이다.

생물지리

에디아카라 생물군들에 대한 생물지리구 설정이 미약하기는 하나 셋 정도의 집단이 웨거너(Ben Waggoner, 2003)에 의해 다변인 생물지리 분석에 바탕을 두고 인식되었다. (1) 동부 뉴파운드랜드의 심해 화산쇄설성 지층에서 인식된 아바론(Avalon) 군집, (2) 러시아 백해(White Sea)의 고전적인 벤드기 단면의 백해 군집, (3) 서아프리카 나미비아의 천해 생물상의 나마(Nama) 군집. 불행히도 이들 군집들은 당시의 어떤 고생물지리 모델과도 연관되지 않으며 그 군집들은 환경적 또는 일시적인 요인들의 혼합을 나타내는 것같

그림 10.8 대표적인 에디아카라 화석들: (a)라디아타, 자포동물과 관련, (b) 바이라테리아, 아마도 환형동물과 절지동물과 연관될 가능성. 에디아카리아(*Ediacaria*, ×0.3), 카르니아(*Charnia*, ×0.3), 란게아(*Rangea*, ×0.3), 사이클로메두사(*Cyclomedusa*, ×0.3), 메두시나이테스(*Medusinites*, ×0.3), 디킨스니아(*Dickinsonia*, ×0.6), 스프리기나(*Spriggina*, ×1.25), 트리브라키디움(*Tribrachidium*, ×0.9) 및 프라에캄브리디움(*Praecambridium*, ×0.6). (Anne Hastrup Ross가 여러 자료로부터 다시 그림.)

이 보인다(Grazhdankin, 2004).

에디아카라 생물의 사멸

전체적으로 에디아카라 생물군은 약 5억 5,000만 년 전에 절멸하였다. 그럼에도 오래 지속된 측면에서 이 생태계는 성공적이었고 소수는 캄브리아기에까지 생존했다. 대기 중의 산소의 증가와 함께 프레데터와 스캐빈저의 등장은 연체부와 연질생물의 정상적인 보존을 저지했던 것 같다. 더욱 중요한 것은 에디아카라기의 생물 몸체 체계는 능동적 포식에 대해 거의 방어력을 제공하지 못했다. 캄브리아기의 프레데터들에 대해서는 풍부한 증거가 있다. 피해를 받은 희생자, 활동적인 포식생물, 삼엽충의 침이나 복합요소적인 골격과 같은 방어 구조의 출현 등이 그것이다. 이 모든 것들은 포식 전략의 등장이 캄브리아기 시작 이전에 이미 이루어졌다는 것을 시사한다. 원생누대–캄브리아기 전이는 지질시대에서 분명하게 가장 큰 전환점 중의 하나인데, 부드러운 몸체와 광합성 공생 영양 형태에서 영양분을 얻는 방법의 변화인 타가 영양 방식으로의 중대한 변화가 일어났던 것이다.

글상자 10.4 벤도바이온트(Vendobiont), 최초의 진정한 다세포동물

에디아카라 생물군의 독특한 형태와 보존 방식은 이들 생물군의 동정과 기원에 관해 많은 논쟁을 불러 일으켰다. 자일라커(Adolf Seilacker, 1989)는 이들이 구성과 기능 형태적 면에서 현재 생존하는 어떤 생물과도 완전히 다르다고 주장하였다(그림 10.9). 특징적인 보존 방식과는 다르게 이들 생물들은 모두 누벼진 에어 매트리스 같은 몸체를 보유한다. 그들은 보통 추가적인 지지 구조를 가진 단단하고 속이 비어 있는 풍선모양 구조를 가지면서 상당한 유연성을 가지고 서로 지지한다. 자일라커는 에디아카라 생물들을 벤드기의 생물이라는 의미의 벤도바이온트로 명명하였으며 그들의 독특한 생물 특성을 제시하였다. 생식은 아마도 포자나 배우자(gamete)에 의해 이루어졌을 것이다. 그들의 표피는 주름지고 균열이 있을 수 있지만 탄력이 있었고 표피를 통해 가스교환을 위한 확산 과정이 이루어졌을 것이다. 그러나 에디아카라 생물들의 매우 독특한 원래 모습은 논란거리로 남겨졌다. 벤드 생물군을 이루는 여러 구성원들은 그다지 독창적인 설명이 필요치 않는 통상적 다세포동물로 인식되어 왔다.

버스(Leos Bus)와 자일라커(1994)는 절충안을 제안하였다. 벤도바이온타 문(phylum Vendobionta)은 자포동물 특징의 찌르는 도구인 자포가 없는 자포동물과 비슷한 생물들을 포함한다. 그래서 벤드 생물군은 진정다세포동물(유즐동물+좌우 대칭동물)의 단일계통으로 된 자매 동물군으로 생각한다. 이러한 해석은 진정한 자포동물에서 자포를 그 문의 하나의 파생형질로 인정하는 것을 필요로 한다.

벤드 생물군 해석은 수많은 다른 해석에 대한 여지를 개방하였고 에디아카라 고생물학의 이해는 항상 열린 상태일 것이다. 어떤 학자들은 에디아카라 생물들을 거대 원생동물, 태선류, 원핵생물의 군체 또는 균류와 유사한 생물로 생각하였다. 그러나 대부분은 에디아카라 생물군이 1940년대 말에 스프리그(Sprigg)가 제안한 결론처럼 일종의 왕관이나 줄기형의 해면동물을 포함하고 있다는 것에 동의한다. 이러한 사실은 생물지표와 분자시계 자료에 의해 뒷받침되었다.

그러나 화석 기록상에서 에디아카라 생물군의 소멸에 대한 설명에서 이것이 진정한 의미의 사멸인지 아니면 화석 보존적 측면에서 매장학적(taphonomic) 창(窓)의 급작스러운 단힘(과거 생물기록이 잘 보존되지 않아 사라진 것처럼 됨—역자 주)인지의 여부는 아직 불분명한 상태이다.

클라우디나(Cloudina) 군집

에디아카라 생물들은 부드러운 몸체를 가진 것들이 아주 우세하였으나 브라질, 중국, 오만과 스페인 등지의 에디아카라 지층들에서는 미세한 원추형 패각들도 출현한다. 클라우디나(*Claudina*)는 오래된 층 안에 새로운 층을 가지는 독특한 패각 구조를 지닌 자포동물 형의 생물이었을 것이다. 더구나 이 종류는 선캄브리아누대-캄브리아기 경계에 매우 가까운 곳에서 산출되는 시노튜뷸리테스(*Sinotubulites*), 네바다튜뷸러스

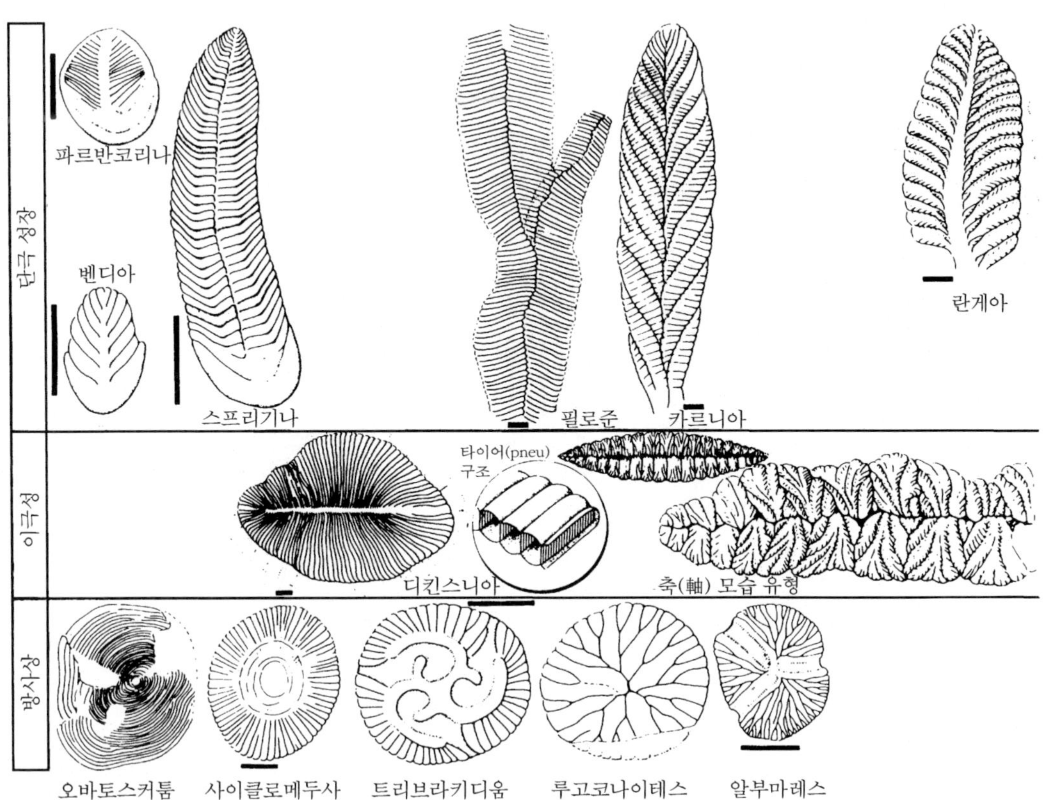

그림 10.9 에디아카라 생물군에서 단극성, 이극성 및 방사상 성장형을 인식할 수 있는 벤드 동물 구성 형태. [Seilacher(1989)로부터.]

(*Nevadatubulus*) 및 위티아(*Wyttia*) 등과 비슷한 패각생물들과 관련되어 있을 것이다. 복잡한 다세포화, 모듈화, 이동과 포식 등에 부가하여 생체광물화(biomineralization)가 이미 후기 원생누대에 상당히 진전되었으며 캄브리아기 최초의 네마킷-달디니아 군집에 계승되었던 것과 연계되었을 것이다. 클라우디나의 어떤 패각들은 천공되어 있어 천공된 당시까지 이 동물들이 살아 있었는지는 분명하지 않으나 포식자의 존재를 시사한다(**그림 10.11**).

소형 패각 동물군

소형 패각화석의 특징적인 생물군이 선캄브리아누대-캄브리아기 전이기로부터 상세하게 보고되었다. 그 생물군은 전통적으로 **톰모시아조**(Tommotia)라 불리는 시베리아 대지의 캄브리아기 하부에서 가장 번성하였는데 그 이름이 그 생물군의 명칭으로 주어졌다.

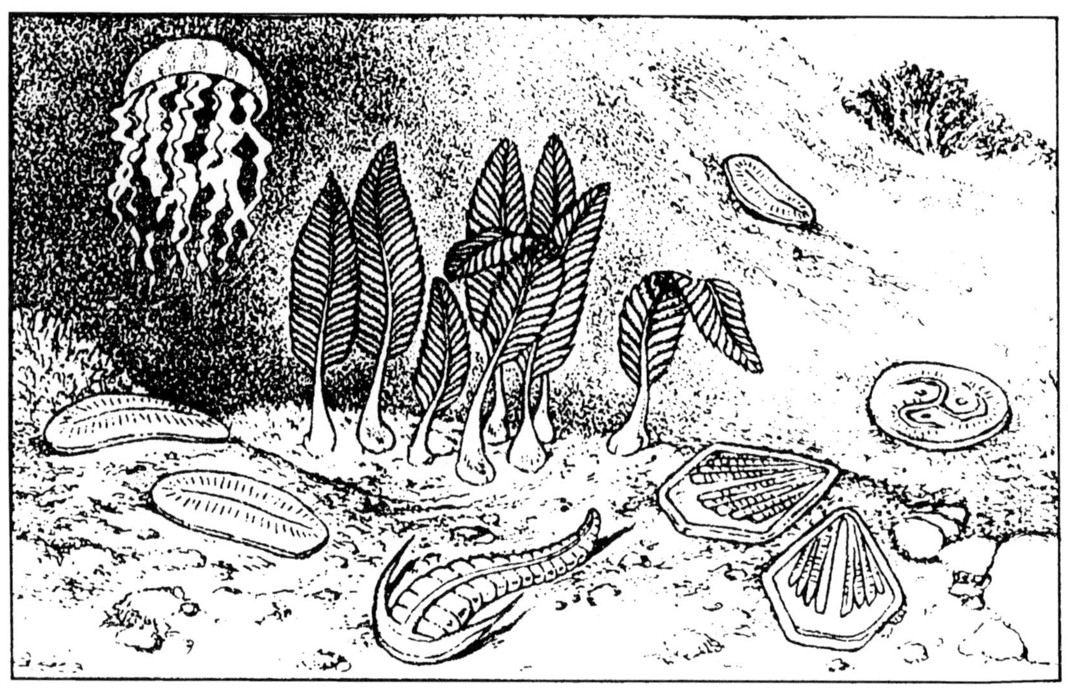

그림 10.10 고착성과 이동성 저서생물을 포함하는 에디아카라 군집

캄브리아계 기저부의 정의에 대한 많은 관심으로부터 이 생물들의 층서적 분포와 고생물 지리에 대한 많은 내용이 알려졌다. 그럼에도 불구하고 톰모시아 동물군의 많은 종류에 대한 생물학적 분류 위치가 아직 정립되지 않았다. 작은 종들이 지배적이기는 하지만 큰 종들의 작은 골편과 함께 산출되는 이 군집들은 삼엽충이 출현하기 거의 1,000만 년 전에 화석 기록상 최초의 주된 경질 골격의 출현을 나타낸다.

이 유형의 동물군이 꼭 톰모시아조에만 국한되지는 않는다. 소형 패각화석들은 그 위를 피복하는 애트다바니아(Atdabania)조에도 흔하며 주로 인산염질의 유사한 작은 패각들이 고생대의 보다 신기 연계층들에서 보고되었다. 이 동물군 내의 탄산염 골격을 지닌 패각들의 성분은 주변 해수의 화학조성에 의해 조절되는 것처럼 보인다. 네마킷-달디니아 군집은 주로 아라고나이트인 반면, 보다 신기의 패각들은 주로 방해석이었다(Porter, 2007). 톰모시아 유형의 동물군들은 중생대 동안 포식의 증가로 인해 최종적으로 소멸한 것 같다.

굴드(Stephen Jay Gould) 같은 학자들은 이 군집들을 기술하기 위해 보다 시간에 덜 한정적인 용어인 소형 패각화석을 제안하였다. 현재 이 동물군은 작은 크기와 캄브리아기 기저부에서의 갑작스러운 출현으로 정의되는 생물군 중 하나로 알려진다. 이 작은 패각 동물군은 많은 다세포동물 문들이 매우 작은 크기로 자신들의 독특한 특징을 발전시키고 있던 최초기 고생대 생태계의 우점종이었을 것이다. 그렇지만 인산염화작용이 밀리미터 크기 수준에서만 작용하여 이 작은 크기를 가진 화석의 일부는 보존이 드문 상태이다.

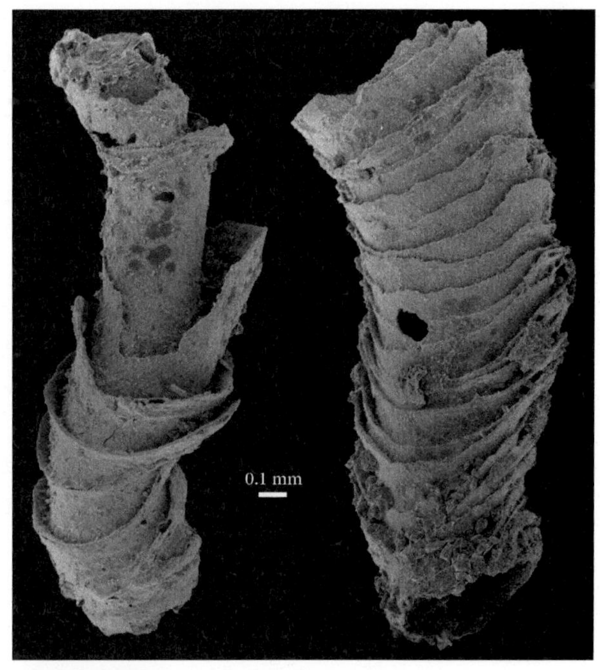

그림 10.11 포식을 나타내는 석회질 관 모양 패각 클라우디나. (Stefan Bengtson 제공.)

성분과 형태

많은 톰모시아 골격(그림 10.12)은 석회암을 산(酸) 처리한 후의 잔류물에서 얻어진다. 따라서 전체적인 동물군 분포에서 산에 저항성이 강한 골격의 산출이 많은 편이다. 더구나 톰모시아 형 동물들중 산에 강한 골격이 원래 구성 성분인지 이차적인 교대 조직인지의 여부가 현재 집중적으로 논의되고 있다. 아니면 이 패각들은 당시 해양 환경이 인산염 화석이 잔류할 수 있었던 특별한 상태였기 때문에 퇴적층 내에 보존될 수 있었을 것이다(Porter, 2004). 톰모시아 동물들은 여러 가지 물질로 구성된 골격을 소유했다. 예를 들어 클라우디나와 아나바라이트는 탄산염을 분비했던 관 형성 생물인 반면, 모베르겔라(*Mobergella*)와 랩워텔라(*Lapworthella*)는 인산염을 분비했던 골격들로 이루어진 생물이었다. 사벨리디테스(*Sabellidites*)는 체절이 없는 유기질 관을 가졌던 같다.

다수의 톰모시아 동물들은 **형태 분류군**(즉, 단순히 형태에 의해 명명된)인데 이들 대부분의 생물학적 관계가 정립될 수 없었고 대부분 각 골격 부분의 기능과 역할을 파악하는 단서가 거의 없기 때문이다. 대부분은 생존기간이 짧고 현존 생물과 유사한 것이 없다. 자 두 동물군을 비교하자—효리텔민티드(hyolithelminthid)는 인산염 관을 소유하는 데 양쪽이 개방된 반면 톰모시드(tommotiid)는 통상 인산염질이고 좌우 대칭에 속하는 것처럼 보이는 원추형 패각을 보유한다.

중국의 하부 캄브리아기의 마이크로딕티온(*Microdictyon*)과 유사한 거의 완전한 개체의 발견은 톰모시아 동물군의 어떤 요소들의 위치와 기능을 밝히는 데 도움을 주었다. 이 벌레들은 몸체의 종축 방향으로 쌍을 이루면서 배열하는 둥글거나 난형의 판들을 보유하는데 이들은 이동에 필요한 근육이 부착하는 기저부를 제공했던 것 같다. 앞서 말한 것처럼, 많은 소형 패각화석들은 보다 큰 다판형(多板形) 벌레들과 유사한 동물들의 골편이었을 것이다(글상자 10.5).

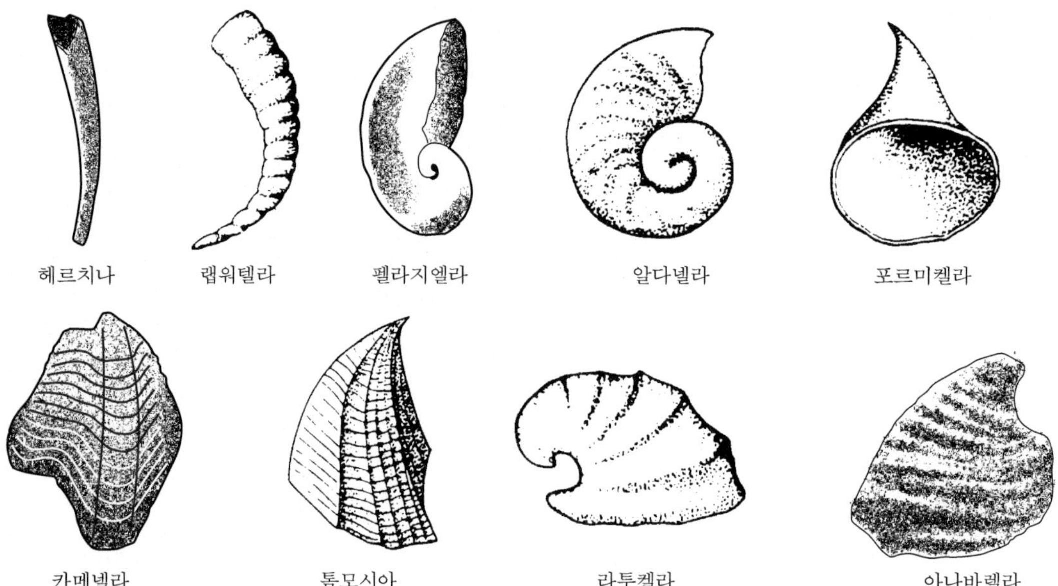

그림 10.12 톰모시아 유형 또는 소형 패각 동물군의 요소들. 전체 약 ×20의 배율, 단 대략 ×40 배율인 포르미켈라(*Formichella*) 제외. (여러 자료에 근거.)

메이슈쿤(Meischucun) 생물군

남중국의 메이슈쿤조는 애트다바니아절 지층의 가장 다양한 톰모시아 군집의 일부 종류를 산출한다(부록 1 참조). 이와 벵슨(Qian Yi & Stefan Bengtson, 1989)은 그 조에서 크게 단속적이면서도 연속적인 세 군집을 기재하였다. 먼저, 아나바라이테스(*Anabarites*)-프로토헤르치나(*Protohertzina*)-아르트로키테스(*Arthrochites*) 군집은 아나바라이테스 같은 관 서식성 생물들이 지배적이었다. 사이폰구키테스(*Siphonguchites*)-파라글로보리우스(*Paragloborius*) 군집은 일부 관 서식자와 아마도 포식자로 생각되는 것들과 수반된 이동성 연체동물과 유사한 다판성 생물들을 포함한다. 반면에 랩워텔라-탄누오리나(*Tannuolina*)-시노사키테스(*Sinosachites*) 군집에는 주로 광범위하게 퍼진 다판성 동물들이 있다.

이들 많은 화석들은 이 동물군의 많은 요소들이 세계적인 분포를 하고 있음을 과시하면서 세계의 여러 다른 지역의 하부 캄브리아기 층준으로부터 보고되고 있다. 그러나 이 세 '군집' 유형들은 수수께끼이며 아마도 서로 다른 생태계를 반영하는 것 같으나 더 이상의 언급은 어렵다.

분포와 생태

많은 톰모시아 골격들이 단세포 또는 단일 골편인지 불분명하며 대부분 생물들의 개체생

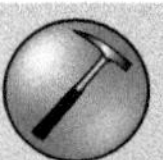

글상자 10.5 코엘로스클레라이트(Coelosclerite), 광물화, 동물진화

코엘로스클레리토포라(coleoscleritophoran)는 톰모시아 시기에 처음 출현했던 독특한 골편구조를 바탕으로 한 특이한 동물군이다(그림 10.13). 골편들은 작은 기저 개구부를 가지고 하나의 체강을 둘러싸는 박층의 광물화된 벽으로 이루어진다. 한 번 형성된 골편은 더 이상 성장하지 않았고 그 동물의 체강을 채우는 유기물의 광물화 작용에 의해 분비된 생성물이었다. 골편은 종축 방향의 섬유상 모습을 보유하고 광물화된 벽 안쪽에 작은 판들이 겹쳐지는 형태를 취했다. 이 동물들은 생체광물화 작용의 이해에 매우 중요하고 벵슨에 의해 주창된 것처럼 캄브리아기 대폭발에 연계되었을 가능성이 있다(2005). 코엘로스클레라이트는 어떤 현생동물에서도 알려지지 않은 구조이나 후에 좌우 대칭동물과 좌우 비대칭동물에 의해 그 특징이 승계되었고 아마도 탈피동물과 나선동물을 특징짓게 하는 원인이 되었을 것이다. 코엘로스클레라이트는 소실되었지만 유생 단계에서 어린 동물(juvenile) 단계 같은 조기(早期) 생식기에 나타나는 것 같다. 이런 형태들이 큰 좌우 대칭동물에서 전개되었다면 아마도 에디아카라 동물군의 침이나 비늘 형태의 골편이 잠재되어 있거나 밖으로 돌출된 거대한 종류들—수십 cm 길이—에서였을 것이다. 이러한 것은 논란의 대상이 되나 그럼에도 불구하고 초기 다세포동물 진화에 대한 또 다른 관점을 제시한다는 면에서 매우 흥미로운 관점이다.

태가 알려지지 않은 상태지만 이들 생물 군집들은 골격화된 저서성 생물진화의 최초의 예라는 것은 확실하다. 극소수의 톰모시아 골격 부분들만이 1cm를 넘는다. 그렇지만 많은 패각들은 보다 큰 벌레 같은 동물들의 장갑(裝甲) 부분이었다. 고착성과 이동성 형태 둘 다 고배류 및 무관절 완족류와 함께 산출된다. 톰모시아 시기의 미세 저서생물군은 애트다바니아조 기간 동안에 고배류에 수반되는 보다 더 전형적인 캄브리아기 동물군인 삼엽충, 무교 완족류, 단판강 연체동물 및 원시적인 극피동물 등의 우세에 의해 대체된다(그림 10.14).

캄브리아기 대폭발

캄브리아기 대폭발은 급작스럽게 전적으로 새롭고 장관일 정도의 수많은 몸체 체계들을 생성시켰으며(글상자 10.6), 상대적으로 단기간에 나타난 좌우 대칭동물군의 출현시기와 일치한다(Conway Morris, 1998, 2006). 생명의 이처럼 급격한 다양화는 굴드의 베스트셀러인 『Wonderful Life』(1989)의 기반을 형성했다. 이 책의 제목은 카프라(Frank Capra)의 1946년 영화 ≪It's a Wonderful Life≫에서 따왔다. 그처럼 광범위한 서로 다른 동물들의 급격한 출현에 대한 두 개의 가능한 설명이 제안되었다. '표준적'인 관점은 좌우 대칭동물군의 방산이 화석이 제시하는 것처럼 빠르게 일어났으며 서로 다른 많은 동물군이 동시

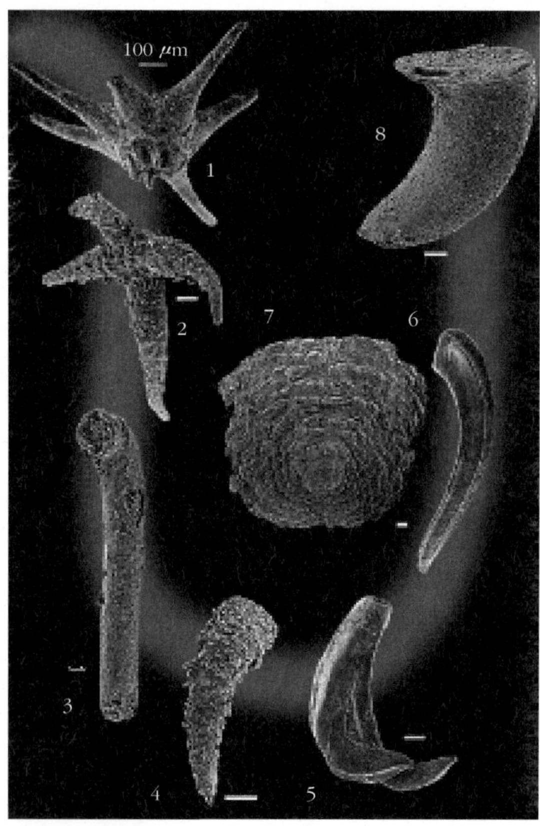

그림 10.13 코엘로스클레라이트류. 칸셀로리드류(Chancelloriids): 1과 2=칸셀로리아(***Chancelloria***), 3=아키아스테렐라(***Archiasterella***), 4=에레막티스(***Eremactis***). 사키티드(Sachitid): 5=히포파란기테스(***Hippopharangites***). 사이포노구키티드류(Siphonoguchotids): 6=드레파노키테스(***Drepanochites***), 7=사이포고누키테스(***Siphogonuchites***), 8=마이카넬라(***Maikhanella***). 축척, 100㎛. (Stefan Bengtson 제공.)

에 광물화된 골격을 필요로 했는지의 이유를 찾아야 한다는 것이다. 또 다른 관점은 초기 분자생물학적 연구가 동물은 캄브리아기 시작 전인 약 8억 년 전에 방산했다는 것을 제시한 후, 제기되었다(예: Wray et al., 1996). 만약 이러한 분자적 관점이 타당하다면, 원생누대에서의 현재와 같은 동물문에 해당하는 화석의 부재는 생물학적 대폭발 이전에 추적할 수 있는 한계 이하의 아마도 현미경적 크기나 모래 입자들 사이에서 살아가는 아현미경적(meioscopic) 크기의 생물에 의한 은둔적 진화기간으로 설명되어야 할 것이다(Cooper & Fortey, 1998). 캄브리아기 층서의 보다 심화된 재정리, 핵심적인 캄브리아기 분류군의 분류와 계통 그리고 이들의 화석 기록상에서의 상대적인 출현 등은 수정된 분자시계와 함께 또 다른 가설을 제시하였다. 현재 하부에서 중부 캄브리아기 화석 기록은 다소 빠르기는 하지만 연속적으로 더욱 복잡한 다세포동물로 진행하는 연계적이고 순차적인 출현을 나타낸다고 하며(Budd, 2003), 그 시간은 수정된 분자시계 연대와 긴밀하게 일치된다(Peterson et al., 2004). 그럼에도 불구하고 삼엽충의 생물지리적 패턴으로부터 많은 다세포동물 계통이 3억 년 전에서 7억 년 전 사이에 이미 시작되었을 것이라는 시사가 있다(Meert & Lieberman, 2004). 대폭발 기간 동안에 종화(speciation) 비율은 사실상 화석 기록상의 다른 방산과 비교해 그리 놀라울 정도는 아니었다는 것이다(Lieberman, 2001).

캄브리아기 대폭발에 대한 우리의 대부분의 지식은 세 개의 경탄할 만하고 집중적으로 연구된 라거슈테테(Lagerstätte, 보존이 양호한 중요 화석산지—역자주) 군집들로부터 유래된다. 버제스(Burgess, 캐나다), 쳉지앙(Chengjiang, 중국), 시리우스 파셋(Sirius Passet, 그린란드). 캄브리아기의 '기본적'인 동물군들의 다양성은 일반적으로 상당히 저조하고 논란이 될 정도로 형태적인 차이가 크지 않은 생물들을 포함한다. 이러한 모습의 당시 해저의 복원이 가능하다(**그림 10.17**). 그러나 캄브리아기 대폭발이 고차 분류군을

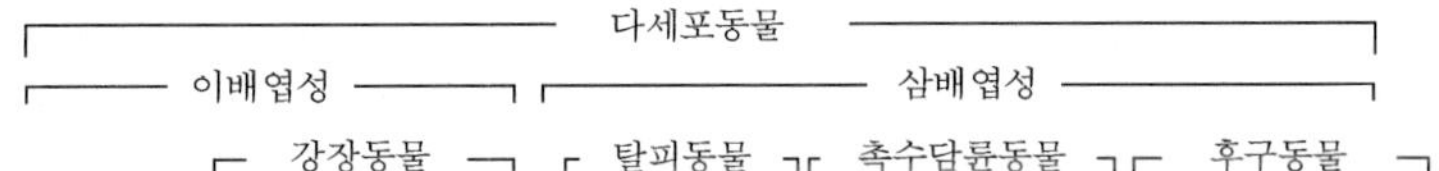

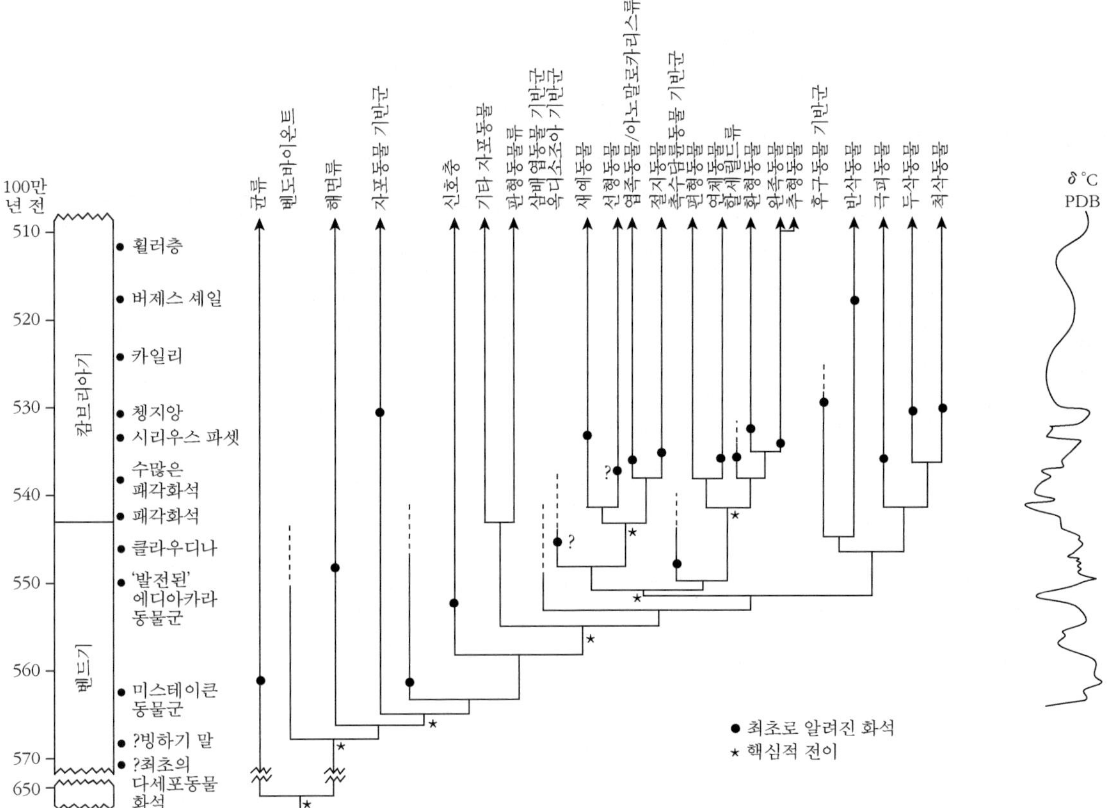

그림 10.14 후기 선캄브리아기와 초기 고생대 다세포동물 분류군의 층서분포와 일부 핵심 형태적 전이 및 탄소동위원소 기록(δ^{13}C). PDB, 상대적인 탄소동위원소 측정에 있어서의 표준물질인 비엔나 피 디(Vienna Pee Dee) 시석류. (여러 자료에 근거.)

제공한 반면, 어떤 다양성 측면에서 보면 오르도비스기 방산은 세계의 바다를 채울 정도의 거대한 규모의 생물량(biomass), 생물학적 다양성 및 생물학적 복잡성을 형성시켰던 것이다.

오르도비스기 방산

중기에서 후기 오르도비스기의 약 2,500만 년 동안 우리 행성 해저의 생물학적 조성은 되돌릴 수 없을 정도로 변화하였다. 생물학적 다양성의 대규모 증가는 해양생물 복잡화의

글상자 10.6 거친 형태학적 경관

모든 종류의 발생(유전적), 생태 및 환경 요인들을 포함하는 초기에서 중기 캄브리아기 동안의 생명의 빠른 진화에 대한 수많은 설명이 있어 왔다. 왜 이러한 이벤트가 꼭 캄브리아기에만 국한되어야 하는가? 어떤 종류의 발생적 제한 또는 생태적 포화가 존재했는가? 단순히 개척하기 위해 남겨진 생태적 기회 조건이 없었는가? 그 이벤트에 대한 생태적 차원에서의 설명에 도움을 줄 수 있는 한 흥미로운 모델에 적합성 조망(fitness landscape)이 있다. 이 개념은 유전학에서 차용했으나 형태학적 정보에도 적용할 수 있다(Marshall, 2006). 각 축에 모습을 형성시킬 수 있는 형태학적 규칙을 표현하는 두 개의 대응되는 축을 사용해 생물상을 플로트(plot)시킬 수 있다. 에디아카라 동물군은 단지 세 종류의 인식 가능한 좌우 대칭동물들만을 보유하므로 세 개의 피크만을 가진 상대적으로 완만한 조망을 나타낸다. 반면에 캄브리아기 대폭발은 적어도 20개의 좌우 대칭 몸체 체계를 생성시켰으므로 알프스나 로키산맥 같은 보다 거친 모습의 조망을 이룬다(그림 10.15). 무엇이 이 조망을 거칠게 하였을까? 어떤 연유로 캄브리아기 동물군에 더 많은 좌우 대칭동물들이 존재하였을까? 좌우 대칭동물의 유전적인 운영도구 체제(tool kit)는 이미 후기 원생누대에 마련되어 있었고 환경도 분명히 이들 동물의 존재를 용납할 수 있는 조건이었다. 그러나 '좌절의 원리(principle of frustration)'(Marshall, 2006)는 최상의 형태적 디자인이라고 하여 가장 적절한 경우는 드물다는 것을 감안하면, 서로 다른 요구는 빈번하게 해법들이 상호 충돌하는 것으로 나타남을 시사한다. 포식 같은 생물학적 상호작용의 빠른 전개에서 많은 형태학적 해법이 다소 적절하지 못하게 되지만 그럼에도 적합도 경관의 거칠어짐이 가능하다. 그래서 새로운 기회에 대해 시도되는 해법의 중첩 효과인 '좌절'은 캄브리아기 경관의 거칠어짐을 이끌어 내고 캄브리아기 대폭발의 중요한 요인이 되었던 것 같다.

증가 시기와 일치한다(Harper, 2006). 그 사건은 예를 들어 약 500개 수준의 과(family)의 출현 수에서 보는 것처럼 3~4 배의 증가를 입증하고 있다. 이와 같은 생물 분류군 증가는 이 다음 2,500만 년간의 해양생물계를 능가하는 것이다. 그렇지만 '고생대' 분류군의 대다수는 캄브리아기 계통에서 유래되었다. 태형동물을 제외하고, 비록 일부 발전된 동물군들이 캄브리아기 대폭발에서 생성된 기반군들로부터 발생했지만 오르도비스기 방산 동안에 출현한 새로운 문(phylum)은 출현하지 않았다.

거대한 오르도비스기 방산은 고생대 생명의 역사에서 가장 중요한 두 개의 진화적 이벤트 중의 하나이다. 오르도비스기는 예외적으로 높은 해수면과 사실상 평탄한 해저를 가진 광대한 연근해(epicontinental sea) 및 섬이 많은 다도해(archipelago)와 협소한 육지 면적으로 대표되는 등 다방면에서 매우 독특한 시기였다. 마그마와 구조적 활동은 빠른 판의 운동과 광역적인 화산활동을 수반하면서 강력했었다. 호상열도와 조산대는 대부분의 대륙에 수반되었던 탄산염 벨트와 비견할 만한 쇄설성 퇴적물을 제공하였다. 생물지리적 분화가 매우 심하여 부유성, 유영성 및 저서성 생물에 큰 영향을 미칠 정도였

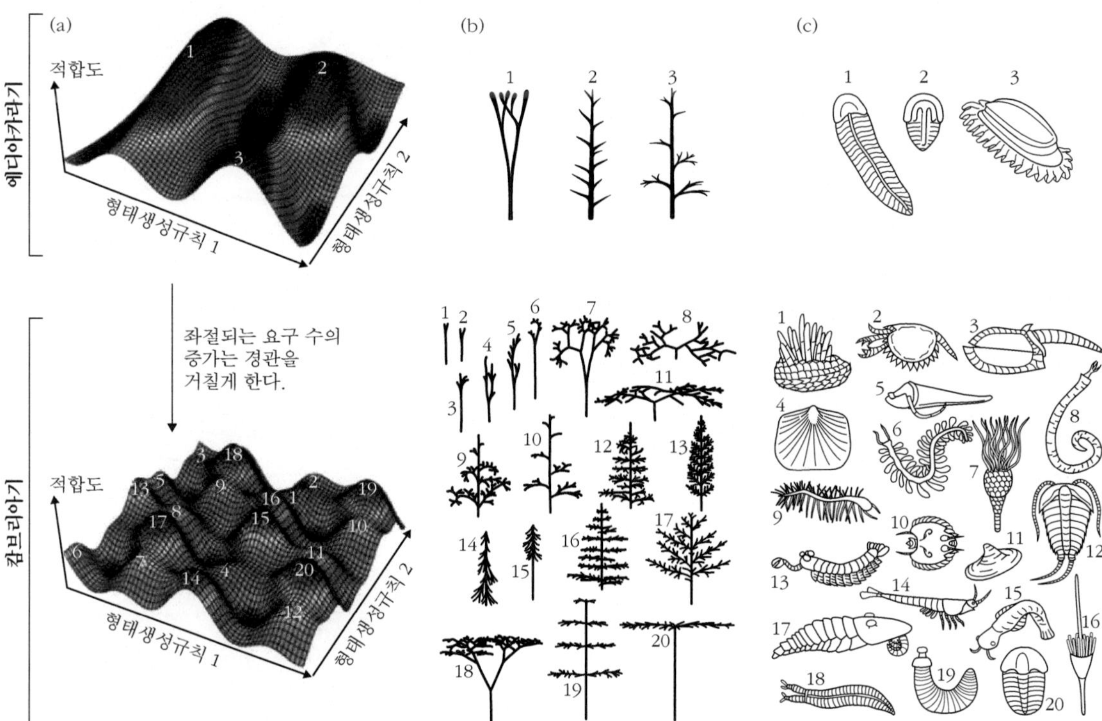

그림 10.15 에디아카라기와 캄브리아기 경관의 비교: (a) 적합도 경관, (b) 국부적으로 적합한 형태들[니클라스(Nicklas) 나무들], (c)국부적으로 적합한 형태(좌우 대칭동물). [Marshall(2006)에 근거.]

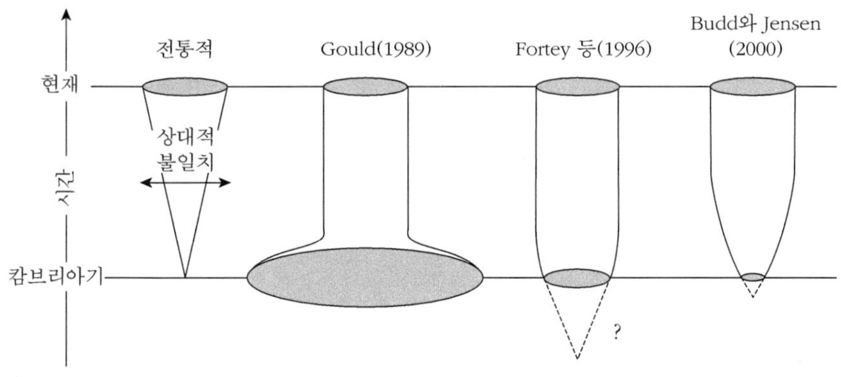

그림 10.16 캄브리아기 대폭발의 모드. [Budd와 Jensen(2000)에 근거.]

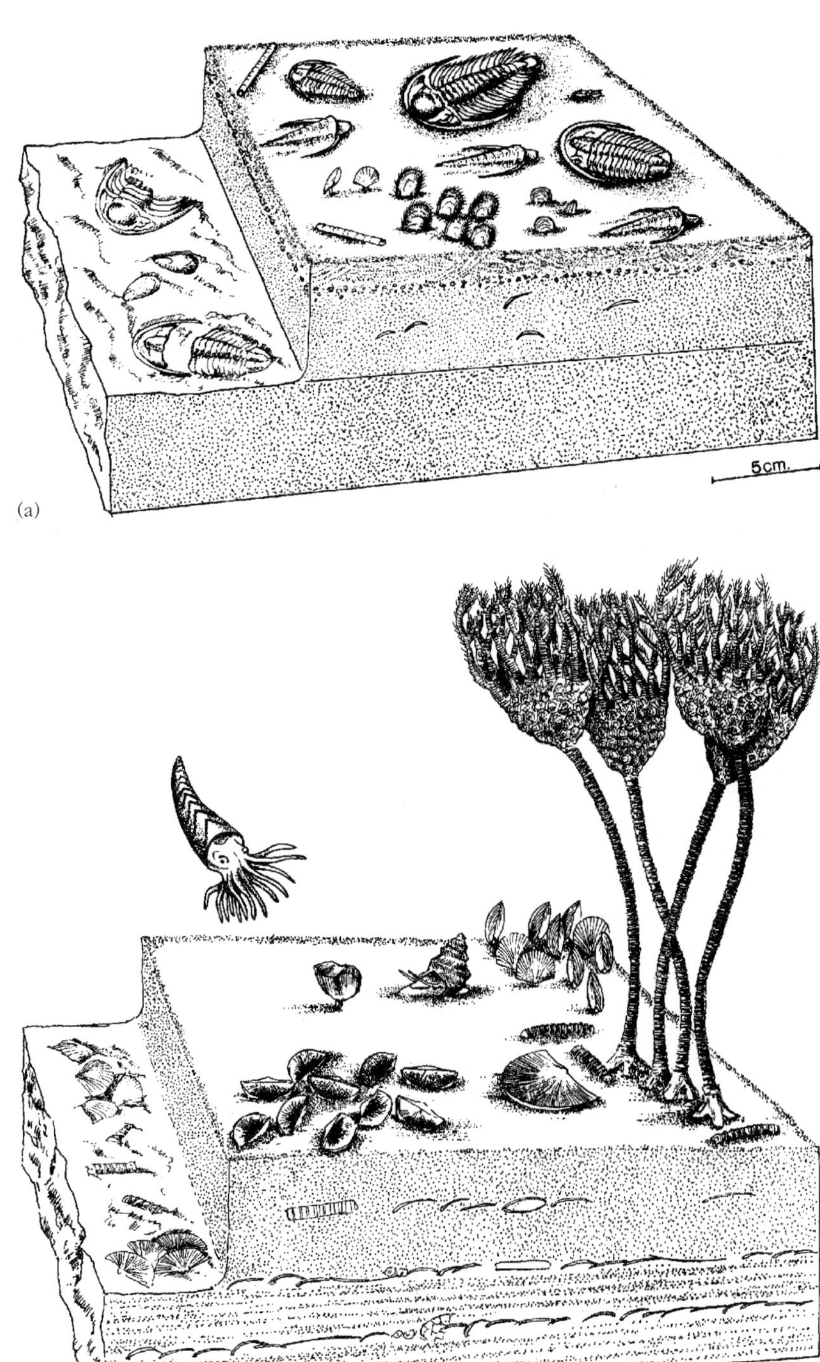

그림 10.17 캄브리아기(a)와 오르도비스기(b)의 해저. [McKerrow(1978)에 근거.]

고, 특히 남반구에서는 기후적 분대가 존재하였다. 마지막으로 오르도비스기 중기에 지구는 생물 다양화에 어느 정도 연관되었을 것으로 보이는 소행성들에 의한 폭격을 받았다(Schumitz et al., 2008). 서로 연관된 이와 같은 조건이 모든 종류의 종화 과정과 생태적 공간의 진화에 있어서의 대표적인 관점이었다. 가장 중요한 것은 다음에 언급할 완족동물, 태형동물, 두족류, 코노돈트, 산호, 해백합, 필석, 개형충, 층공충 및 삼엽충 같은 골격을 포함하는 동물에 관한 것이다.

캄브리아기 대폭발이 골격화와 부드러운 몸체의 에디아카라 생물군의 소멸 및 좌우 대칭동물의 출현 같은 새로운 몸체 체계의 빠른 진화로 대표되는 반면에 오르도비스기의 다양화는, 예를 들어 문 수준을 포함하는 새로운 상위 분류군은 거의 생성되지 않았지만 과, 속, 종 수준에서는 엄청난 규모였음을 입증하고 있다. 이와 같은 분류학적 방산은 '캄브리아기', '고생대' 및 '현대'로 대분되는 진화적 생물상 중의 하나이면서, 온실효과 기후가 유지되는 배경을 가지고 다음으로 이어지는 우리 행성의 수많은 해양생물에 대한 발전 일정표를 제시한 것이었다(Bottjer, 2001). 더구나 그와 같은 사건의 원인과 생물학적 및 환경적인 요인과의 관계는 불분명하다. 그러나 플랑크톤의 진화가 하나의 일차적 요인이었을 가능성이 있다(글상자 10.7).

글상자 10.7 유생과 오르도비스기 방산

주로 생태학적 및 환경적인 많은 요인이 오르도비스기 생물학적 다양화 또는 방산을 설명하기 위해 고려되었다. 그 다양화가 플랑크톤에서 그 원인을 찾을 수 있을까? 대부분의 초기 좌우 대칭동물들은 아마도 저서성의 난황영양형 유생시기를 가졌던 것으로 보인다. 그러나 상대적으로 원양성 포식자가 없었던 캄브리아기 해양은 거대한 가능성을 제공하였다. 유생들의 해양 각 수층(water column)으로의 진출이 독립적인 수많은 시간 기회를 부여하여 초기 캄브리아기의 맑은 해수를 오르도비스기에는 플랑크톤 생물로 가득한 수프 국물로 전환시켰다. 화석 기록과 분자시계 자료는 적어도 6종의 서로 다른 섭식 유생형이 캄브리아기 말에서 후기 실루리아기에 걸쳐 비섭식 유생들로부터 발전하였다(Peterson, 2005). 부유영양형 유생들에 부가하여 해양은 아크리타크 같은 또 다른 미생물의 다양한 생물군들에 의한 빠른 군체화 경향을 나타냈다. 부유물 섭식 저서동물의 극적 다양화는 수많은 다른 계통으로의 부유영양형으로의 진화시기와 일치한다(그림 10.18). 이러한 요인들은 의심의 여지가 없는 초기 고생대 생물의 다양화 효과를 가져왔고 오르도비스기 동안의 다양화의 정점(plateau)에 도달하게 한 것이다.

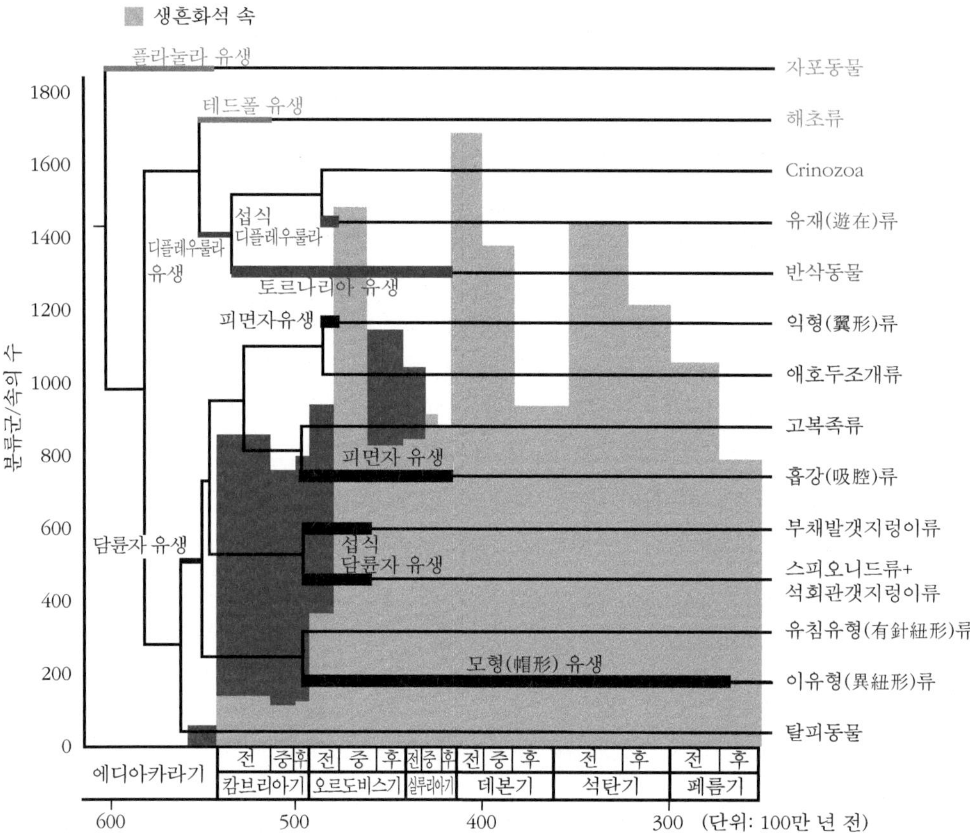

그림 10.18 화석 기록과 분자시계 자료에서 유추된 유생 형태의 기원과 오르도비스기 방산. 핵심 부유 섭식 분류군의 속의 수는 약간 어두운 막대그래프에 표시, 그리고 어두운 색은 생흔화석의 속들의 수. [Peterson(2005)에 근거.]

✲ 연체 무척추동물

통상적인 25개 정도의 동물 문 중에서 단지 9개 정도(35%)의 문만이 적절한 화석 기록을 보유한다. 대부분은 상대적으로 적은 수의 종을 가진 소규모 문이다. 그러나 이러한 수많은 부드러운 몸체 형태가 아주 보존 조건이 양호한 화석산지인 라거슈테테(Lagerstätte)에만 보존되긴 하지만, 일상적인 화석 기록이 불량하여 보존될 골격이 결여된 수많은 대규모 문들이 있다(그림 10.19). 그러나 훌륭한 화석 기록이 없음에도 불구하고, 이처럼 불량한 화석 기록을 가진 무척추동물에 상당한 관심이 쏠리고 있다. 많은 상위 분류군의 기원은 벌레와 유사한 생물들의 얽혀진 체계 내에서 탐색해야만 한다. 더구나 버제스 세일과

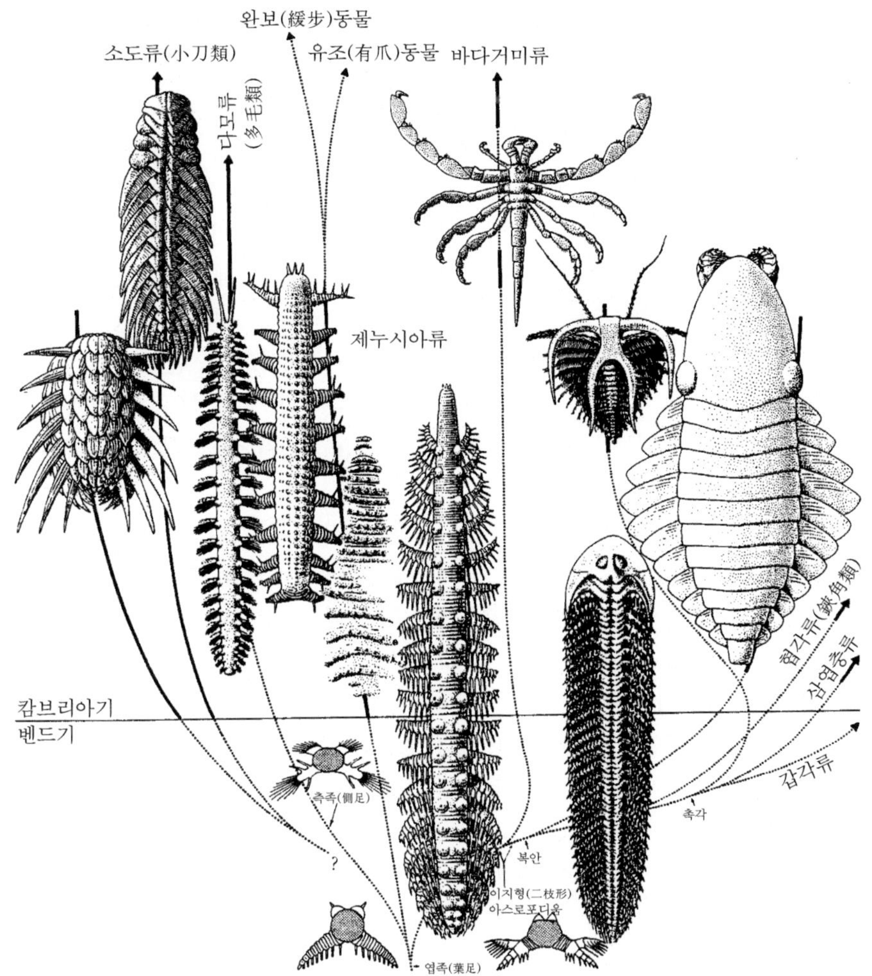

그림 10.19 선캄브리아기~캄브리아기 경계의 다양한 벌레를 닮은 주요 동물들과 주요 분류의 제안된 기원. (Dzik, J. & Krumbiegel, G. 1989. *Lethaia*, **22**에 근거.)

다른 보존이 양호한 장소의 동물군에서의 증거들은 이들 연체부를 가진 많은 동물 무리들이 개체수와 생물량에서 고기 해양 동물군의 지배적 위치에 있었으며 부가적으로 생흔화석 군집 형성에도 공헌했다는 것이다.

편형동물 또는 편충류는 체계적으로 배열되는 조직으로 구성된 좌우 대칭동물이다. 대부분은 기생충이나 와충류는 자유유영을 하는 육식성이면서 스캐빈저이다. 에디아카라동물인 디킨스니아(*Dickinsonia*)와 팔레오플라토다(*Palaeoplatoda*)를 어떤 학자들은 와충류로 분류한다. 유사하게 중부 캄브리아기 버제스 셰일에서 산출되는 플라티덴드론(*Platydendron*)은 편형동물로 기재되었다. 끈벌레 또는 유형동물(紐形動物)은 전방의 긴 감각 주둥이(proboscis)에 의해 특징지어진다. 일부는 토양이나 담수에 서식하나 대부분은 해양성이다. 중부 캄브리아기 버제스 셰일의 기괴한 모습의 아미스퀴아(*Amiskwia*)는 이 동물에 속하는데, 최근의 견해는 이 모습이 단지 유형동물의 몸체가 뒤집어진 것으로 본다. 어떤 톰모시아 동물들 역시 유형동물의 벌레들로 생각한다. 선형동물은 보통 부드러운 곡선형과 주머니 모습을 한다.

새예동물은 침과 돌기로 덮인 짧고 굵은 주둥이(또는 코)를 가진 해성동물이다. 중부 캄브리아기 버제스 셰일은 적어도 5개 과에 속하는 7속의 새예동물을 포함한다. 버제스 유형은 모두 새예동물의 주둥이(코)가 특징적이며 대부분 현생종에는 거의 없는 형태들이다. 그럼에도 가장 다산되는 분류군인 오토이아(*Ottoia*)는 현생속인 할리크립투스(*Halicryptus*)와 매우 유사하다. 또 다른 화석산출지인 상부 석탄기의 매존 크리크(Mazon Creek) 동물군에서는 프리아풀리테스(*Priapulites*)가 산출되는데 독특한 현생종 유형이다.

흔한 지렁이와 갯지렁이 같은 환형동물은 소화기관과 생식기관이 쌍을 이루면서 내재되어 있는 내부적 분리체제에 대응되는 고리모양 외부체절을 보유한다. 신경계는 잘 발달되고 두부는 특징적인 눈을 가진다. 환형동물의 몸체는 이동과 안정성 목적의 강모(剛毛)로 둘러싸여 있다. 대부분은 구멍을 파고 살아가는 프레데터나 스캐빈저들이다. 다모류 또는 갯지렁이는 가장 완전한 화석 기록을 가지고 있는데 그 기록은 **스콜레코돈트**(scolecodont)로 알려진 인산염질 구기(口器) 부분의 양호한 보존으로 높아진다. 스프리기(*Spriggina*)나 같은 어떤 에디아카라 동물은 다모류와 수반되어 산출되지만, 최초의 분명한 다모류는 캄브리아기까지는 보고되지 않는다. 다양한 다모류 군집은 버제스 셰일로부터 기재되었다. 그중에는 현생 다모류와 유사한 캐나다 스피노사(*Canada spinosa*)가 포함된다.

⚜ 복습 문제

1. 형태에 바탕을 둔 초기 다세포동물의 계통을 복원하기 위한 전통적인 방법에는 문제가 있다. 몸체 체계의 개념은 현재까지 유용한가? 만약 그렇다면 무엇에 있어서인가?
2. 에디아카라 생물군의 해석은 공통된 의견으로 집약되기가 매우 어렵다. 왜 에디아카라 생물군이 분류와 이해에 어려운가?
3. 배아와 생흔화석의 감정은 동물 생명활동의 중요한 증거이다. 이 양자들은 다세포동물 생명활동의 지시자로 어떻게 사용되는가?
4. 캄브리아기 대폭발은 동물 또는 화석 중의 일부에서만 일어났는가? 캄브리아기 대폭발을 명확히 하는데 타포노미(화석보존)의 역할은 얼마나 컸는가?
5. 1억 년 이내에 우리 행성의 해저는 전에 없이 크게 변화하였다. 에디아카라기, 캄브리아기 그리고 오르도비스기를 거치면서 변화했던 해양 환경의 중요한 변화를 비교하고 대비시켜라.

더 읽을거리

Briggs, D.E.G. & Fortey, R.A. 2005. Wonderful strife: systematics, stem groups, and the phylogenetic signal of the Cambrian radiation. *Paleobiology* **31** (Suppl.), 94–112.

Brusca, R.C. & Brusca, G.J. 2002. *Invertebrates*, 2nd edn. Sinauer Associates, Sunderland, MA.

Conway Morris, S. 2006. Darwin's dilemma: the realities of the Cambrian explosion. *Philosophical Transactions of the Royal Society B* **361**, 1069–83.

Gould, S.J. 1989. *Wonderful Life. The Burgess Shale and the Nature of History*. W.W. Norton & Co., New York.

Nielsen, C. 2003. *Animal Evolution. Interrelationships of the Living Phyla*, 2nd edn. Oxford University Press, Oxford, UK.

Valentine, J.W. 2004. *On the Origin of Phyla*. University of Chicago Press, Chicago.

참고문헌

Aguinaldo, A.M.A. & Lake, J.A. 1998. Evolution of multicellular animals. *American Zoologist* **38**, 878–87.

Bengtson, S. 2005. Mineralized skeletons and early animal evolution. *In* Briggs, D.E.G. (ed.) *Evolving Form and Function*. New Haven Peabody Museum of Natural History, Yale University, New Haven, CT, pp. 101–17.

Bottjer, D.J., Droser, M.L., Sheehan, P.M. & McGhee, G.R. 2001. The ecological architecture of major events in the Phanerozoic history of marine life. *In* Allmon, W.D. & Bottjer, D.J. (eds) *Evolutionary Paleoecology*. Columbia University Press, New York, pp. 35–61.

Brasier, M.D. & McIlroy, D. 1998. *Neonereites uniserialis* from c. 600 Ma year old rocks in western Scotland and the emergence of animals. *Journal of the Geological Society, London* **155**, 5–12.

Budd, G.E. 2003. The Cambrian fossil record and the origin of the phyla. *Integrative Comparative Biology* **43**, 157–65.

Budd, G.E. 2008. The earliest fossil record of the animals and its significance. *Philosphical Transactions of the Royal Society B* **363**, 1425–34.

Budd, G.E. & Jensen, S. 2000. A critical reappraisal of the fossil record of bilaterian phyla. *Biological Reviews* **75**, 253–95.

Buss, L.W. & Seilacher, A. 1994. The phylum Vendobionta: a sister group of the Eumetazoa? *Paleobiology* **20**, 1–4.

Canfield, D.E., Poulton, S.W. & Narbonne, G.M. 2007. Late-Neoproterozoic deep-ocean oxygenation and the rise of animal life. *Science* **315**, 92–5.

Conway Morris, S. 1998. The evolution of diversity in ancient ecosystems: a review. *Philosophical Transactions of the Royal Society B* **353**, 327–45.

Conway Morris, S. 2006. Darwin's dilemma: the realities of the Cambrian explosion. *Philosophical Transactions of the Royal Society B* **361**, 1069–83.

Cooper, A. & Fortey, R.A. 1998. Evolutionary explosions and the phylogenetic fuse. *Trends in Ecology and Evolution* **13**, 151–6.

Donogue, P.C.J. 2007. Embryonic identity crisis. *Nature* **445**, 155–6.

Donoghue, P.C.J., Bengtson, S., Dong Xi-ping et al. 2006. Synchotron X-ray tomographic microscopy of fossil embryos. *Nature* **442**, 680–3.

Droser, M.L., Jensen, S. & Gehling, J.G. 2002. Trace fossils and substrates of the terminal Proterozoic-Cambrian transition: implications for the record of early bilaterians and sediment. *Proceedings of the National Academy of Sciences, USA* **99**, 12572–6.

Fedonkin, M.A. 1990. Precambrian metazoans. *In* Briggs, D.E.G. & Crowther, P.R. (eds) *Palaeobiology, A Synthesis*. Palaeontological Association and Blackwell Scientific Publications, Oxford, UK, pp. 17–24.

Fortey, R.A., Briggs, D.E.G. & Wills, M.A. 1996.
The Cambrian evolutionary "explosion": decoupling cladogenesis from morphological disparity. *Biological Journal of the Linnaean Society* **57**, 13–33.

Gould, S.J. 1989. *Wonderful Life. The Burgess Shale and the Nature of History*. W.W. Norton & Co., New York.

Grazhdankin, D. 2004. Patterns of distribution in the Ediacaran biotas: facies versus biogeography and evolution. *Paleobiology* **30**, 203–21.

Hagadorn, J.W., Xiao Shuhai, Donoghue, P.C.J. et al. 2006. Cellular and subcellular structure of Neoproterozoic animal embryos. *Science* **314**, 291–4.

Harper, D.A.T. 2006. The Ordovician biodiversification: setting an agenda for marine life. *Palaeogeography, Palaeoclimatology, Palaeoecology* **232**, 148–66.

Jensen, S. 2003. The Proterozoic and earliest Cambrian trace fossil record: patterns, problems and perspectives. *Integrative Comparative Biology* **43**, 219–28.

Lieberman, B.S. 2001. A probabilistic analysis of rates of speciation during the Cambrian radiation. *Proceedings of the Royal Society, Biological Sciences* **268**, 1707–14.

Marshall, C.R. 2006. Explaining the Cambrian "Explosion" of animals. *Annual Reviews of Earth and Planetary Science* **33**, 355–84.

McKerrow, W.S. 1978. *Ecology of Fossils*. Duckworth Company Ltd., London.

McMenamin, M.A.S. 1986. The garden of Ediacara. *Palaois* **1**, 178–82.

Meert, J.G. & Lieberman, B.S. 2004. A palaeomagnetic and palaeobiogeographic perspective on latest Neoproterozoic and Cambrian tectonic events. *Journal of the Geological Society, London* **161**, 1–11.

Narbonne, G.M. 2005. The Ediacara biota: Neoproterozoic origin of animals and their ecosystems. *Annual Reviews of Earth and Planetary Science* **33**, 421–42.

Nielsen, C. 2008. Six major steps in animal evolution: are we derived sponge larvae? *Evolution and Development* **10**, 241–57.

Peterson, K.J. 2005. Macroevolutionary interplay between planktic larvae and benthic predators. *Geology* **33**, 929–32.

Peterson, K.J., Cotton, J.A., Gehling, J.G. & Pisani, D. 2008. The Ediacaran emergence of bilaterians: congruence between genetic and the geological fossil records. *Philosphical Transactions of the Royal Society B* **363**, 1435–43.

Peterson, K.J., Lyons, J.B., Nowak, K.S., Takacs, C.M., Wargo, M.J. & McPeek, M. 2004. Estimating metazoan divergence times with a molecular clock. *Proceedings of the National Academy of Sci-*

ences, USA **101**, 6536–41.

Peterson, K.J., McPeek, M.A. & Evans, D.A.D. 2005. Tempo and mode of early animal evolution: inferences from rocks, Hox, and molecular clocks. *Paleobiology* **31** (Suppl.), 36–55.

Porter, S.M. 2004. Closing the phosphatization window: testing for the influence of taphonomic megabias on the patterns of small shelly fauna decline. *Palaios* **19**, 178–83.

Porter, S.M. 2007. Seawater chemistry and early carbonate biomineralization. *Science* **316**, 1302.

Qian Yi & Bentson, S. 1989. Palaeontology and biostratigraphy of the Early Cambrian Meishucunian Stage in Yunnan Province, South China. *Fossils and Strata* **24**, 1–156.

Rasmussen, B., Bengtson, S., Fletcher, I.R. & McNaughton, N.J. 2002. Discoidal impressions and trace-like fossils more than 1200 million years ago. *Science* **296**, 1112–15.

Schmitz, B., Harper, D.A.T., Peucker-Ehrenbrink, B. et al. 2008. Asteroid breakup linked to the Great Ordovician Biodiversification Event. *Nature Geoscience* **1**, 49–53.

Seilacher, A. 1989. Vendozoa: organismic construction in the Proterozoic biosphere. *Lethaia* **22**, 229–39.

Seilacher, A., Bose, P.K. & Pflüger, F. 1998. Triploblastic animals more than 1 billion years ago: trace fossil evidence from India. Science **282**, 80–3.

Valentine, J.W. 2004. *On the Origin of Phyla*. University of Chicago Press, Chicago.

Waggoner, B. 2003. The Ediacara biotas in space and time. *Integrative Comparative Biology* **43**, 104–13.

Wray, G.A., Levinton, J.S. & Shapiro, L.M. 1996. Molecular evidence for deep pre-Cambrian divergences amongst metazoan phyla. *Science* **214**, 568–73.

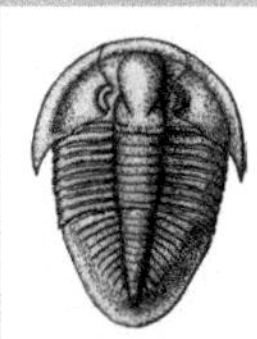

제 11 장

원시 다세포동물: 해면과 산호

학습 키포인트

- 측생동물은 소수의 세포형과 조직 또는 기관에 변이가 결여된 다세포 복합체로 구성된 다세포동물 내의 구성 체제의 한 계열이다. 해면류(해면동물 문)는 식도가 없는 전형적인 측생동물이다.
- 해면은 거의 전적으로 고착성 저서생물의 한 구성원으로 여과섭식을 한다. 이 무리들은 이 동물 문의 전통적인 분류를 통괄하는 기능적 구성 계열의 한 변이형을 포함한다.
- 해면 초(礁)는 현생누대의 대부분을 통해 그 문 전체를 포괄하여 수렴적으로 발전한 석회질 계열이 지배적이었다. 그러나 규질해면들은 주로 중생대 동안에 중요한 초 형성 생물이었다.
- 층공충은 고생대 중반과 중생대 중반 동안 초 형성에 중요한 이차적인 석회질 골격을 가진 해면동물 내의 구성 계열에 속한다.
- 고배류(古胚類, Archaeocyath)는 해면동물 계열의 캄브리아기 생물이다. 그들은 주로 단독 생활을 하였으나 분지되는 모듈형 성장 모드를 발전시켰으며 자주 난류성이고 불안정한 환경에서 성공적으로 초를 형성시켰다.
- 초 형태의 구조는 이미 선캄브리아누대 후기에 거대하고 견고한 형태로 군체생물들에 의해 이미 존재했었다.
- 자포동물은 방사상의 이배엽성 몸체 체계와 독침 세포 또는 자포를 소유한 보다 상위의 다세포동물 중 가장 단순한 형태이다. 이 문은 산호와 함께 말미잘, 해파리, 히드라를 포함한다.
- 고생대의 사방산호와 판상산호는 환경과 자주 관련되는 광범위한 성장 모드를 표출하였다. 그러나 두 종류 다 지배적인 초 생성자는 아니었다.
- 육방산호들은 황록기생조류(黃綠寄生藻類, zooxanthellate)와 함께 중생대 동안에 우세한 생물 초를 이루면서 방산하였다. 고생대 동물군에서 육방산호를 닮은 형태는 육방산호형의 폴립을 가진 말미잘류로부터 독립적으로 여러 번 발생했다.
- 시간의 흐름에 따른 초의 발전은 서로 다른 초 형성 생물군에 의해 서로 다른 시간대에 각각 우세를 나타내면서 확산과 퇴보를 해 왔다.
- 다세포동물 내의 군체화는 아주 여러 번 진화하였다. 하나의 가설은 한 선캄브리아누대 군체생물이 좌우 대칭동물의 기원이 되었다는 것을 제안하고 있다.

지질시대의 거의 80%에 이르는 신원생대 말까지 세계의 대양은 주로 보다 단순하고 일반적인 단세포인 생물에 의해 채워지고 있었다. 에디아카라기에 이런 단순한 존재로는 충분치 않았고 더욱 복잡한 몸체 체계가 그들 자신의 생태계를 곧 발전시키리라는 것이 명백해졌다. 해면동물과 자포동물 두 무리가 신원생대에 분지되어 나가면서 다세포동물의 기반군을 형성한다. 심연 같은 시간 속에 있는 그들의 기원과 상대적인 단순성에도 불구하고 이들 두 생물군은 현생누대를 통하여 우리 행성의 초 생태계의 중요한 부분을 점하게 되면서 특기할 만한 군체성 생물로서의 높은 다양성을 유지하였다.

✲ 해면동물

그래서 그는 밤에 해면을 절개하였다, 겨울밤이 지나고 또 겨울밤에... 성인과 태아의 몸체부분은 낮에, 성체와 유생 해면 몸체부분은 밤에.

레베카 스토트(Rebbeca Stott)『다윈과 따개비(Darwin and the Barnacle)』(2003), 스펀지 박사, 그랜트(Robert Grant)에서

우리들 중 대다수는 실제 해면의 합성 모조품인 목욕 스펀지를 사용해 왔다. 그러나 옛날 사람들은 목욕에 해면을 사용하였고 세계에서 가장 최초이고 가장 유명한 어떤 헬스팜(health farm)에서 아마도 박피 목적으로 사용했던 것 같다. 대부분의 사람들은 1700년대 중후반에 정확한 생물학적 연구가 해면이 동물임을 밝힐 때까지 식물로 간주되었다. 처음에 해면은 산호로 분류되기도 하였다. 그것은 바로 그랜트 박사(Robert Grant, 1793~1874)였다. 한때 그는 다윈의 멘토였는데 나중에 해면동물을 자신만의 고유한 특성을 지닌 동물로 정립하였다. 해면동물 또는 스펀지는 고유한 다공성 구조와 구성에서 세포 수준에 기반을 둔 몸체 체계를 가진다. 이들은 진정한 의미의 조직을 가지지 않는 것으로 말해진다. 대부분은 그들의 세포가 원생동물이 그러는 것처럼 기능을 전환시킬 수 있지만 대칭, 진정한 의미의 분화된 조직 그리고 기관이 결여되어 있다. 해면동물은 개구부를 통하여 난자와 정자를 구름처럼 방출하는 서로 다른 세포들을 가지고 유성생식과 무성생식(출아에 의해)의 두 방법을 다 사용하여 번식한다. 심지어 어떤 종류는 난자가 모체 해면 내에서 부화하여 유생이 수중에 발출되는 모체 발아를 하기도 한다.

현재 10,000여 종의 해면들이 있다. 모두 수생이며 그 대부분은 해성이다. 해면은 해저에 부착된 고착성 저서동물의 일부이며 많은 양의 물－극단적인 경우 하루에 1,000리터－을 통상 그들의 부드럽지만 유연한 몸체로 펌프질하여 영양분을 얻기 위한 필터링을 한다. 이 동물들은 특기할 만한 형태 범위를 가진다. 더욱 특화되어 심해 환경에서는 줄기형이 서식하고 넓고 둔중한 형은 천해의 고에너지 환경을 선호한다. 해면의 실제적인 단순성에도 불구하고 이 문의 분류는 최근 상당한 개정이 있었다(**글상자 11.1**). '카에테티드(chaetetid)'와 '스핀크토조아(sphinctozoa)' 같은 잘 정립된 석회화된 군은 아마도 구성의 공통 계열 방향으로의 수렴을 나타내는 다계통적(polypyletic)일 가능성이 있다. 잘 정립되고 다양한 통상의 해면류인 보통해면강 역시 다계통적일 것이다. 상대적인 단순함에도 불구하고 '해면–분류군' 동물의 복잡한 관계는 아직까지 미해결 상태이다.

형태: 전형적인 해면의 검토

전형적인 해면 개체는 특별하게 복잡하지 않고 이해를 위해 특별한 지적 요구가 필요한 것도 아니다. 그럼에도 특기할 만한 생물이다. 그것은 중심의 체강 또는 **파라가스터**(paragaster)를 가진 주머니 모양으로 **대공**(osculum)을 통해 상부에서 외부로 열려진다(**그림 11.1**). 해면은 입수 흐름이 통과하는 작은 입수공을 표시하는 구멍인 소공(ostia)에 의해 치밀하게 천공되어 있다. 간략하게 말해서 해면에는 세 종류의 세포 유형이 있는데, (1) 편평한 상피세포, (2) 내부 격벽을 채우고 편모의 채찍질에 따라 물을 움직이는 **금세포**(choanocyte), (3) 소화, 생식 및 골격 기능을 하는 **변형세포**(amoeboid) 등이다. 변형세포는 실제로 다른 기능을 하는 다른 세포로 불가역적 변화를 할 수 있다. 양분을 포함한 물은 소공을 통해 주입되고 금세포에 의해 편모운동으로 움직여져 변형세포에 의한 작용을 받게 된다. 노폐물과 폐수, 계절에 따라서는 생식 산물 등도 함께 파라가스터를 통해 위 방향으로 물속에 배출하게 된다.

전형적인 목욕해면의 유연성에도 불구하고 해면은 골격성 생물이다. 골격은 콜로이드상 젤리 또는 **해면질**이라는 각질의 유기물로 구성된다. 석회질 또는 규질 침골은 해면질과 함께 또는 해면질 없이 산출된다. 이러한 구조는 몸체의 모습을 지탱하고 해면의 흩어진 상태의 세포를 위한 뼈대를 제공한다. 간단히 말해서, 해면은 군체적이며 느슨하게 결합된 원생동물로 볼 수 있으나 보다 높은 정도의 생리적 집중성을 보유한다.

해면은 방(chamber)의 구성에 따라 세 기본 유형이 인식되며(**그림 11.2**), 형태에 대한 주요 지침을 제공한다. 간단한 **아스콘**(ascon) 해면은 편모를 가

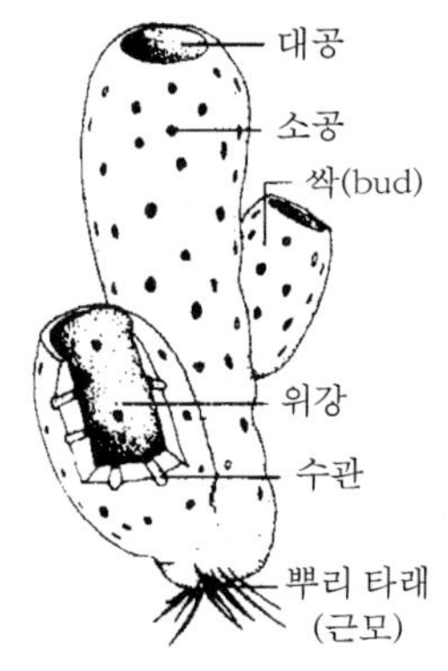

그림 11.1 기본적인 해면 형태

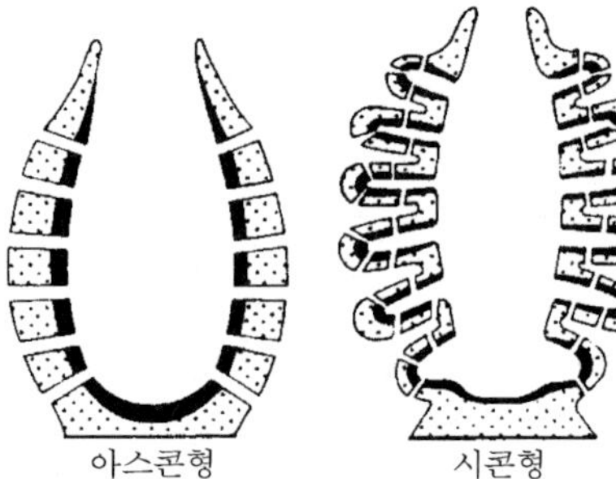

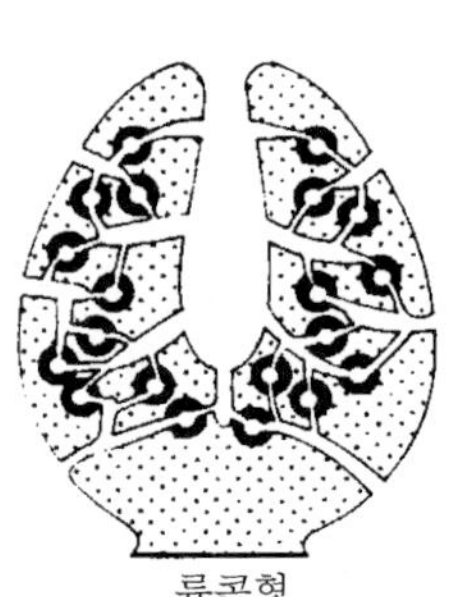

그림 11.2 해면의 주요 계열

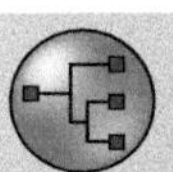

글상자 11.1 해면의 분류와 침골 형태

해면의 분류

해면동물은 주로 골격의 성분과 침골의 유형에 기반을 두고 전통적으로 네 개의 강인 보통해면강, 석회해면강, 경골해면강, 육방해면강으로 세분된다. 상위 수준의 분류는 주로 연체 조직의 형태에 바탕을 둔다. 일부 연구자들은 해면동물에서 유리해면을 분리할 것을 제안하였으나 거의 지지를 받지 못했다. 아마 이들은 보통해면류와 밀접히 연관될 것이다. 그러나 일부 추가적인 석회질 골격을 가진 경골해면류는 현재 보통해면강 내에 위치한다. 그래서 세 개의 강이 이 동물의 문을 이룬다(그림 11.3).

석회해면강(class CALCAREA, 석회질 해면)

- 방해석 침골을 가지고 보통 단순하고 다공성의 석회질 벽을 보유 또는 보유하지 않는 해면류. 해성 환경
- 캄브리아기에서 현재

보통해면강(class DESMOSPONGEA, 보통해면)

- 해면질 해면, 해면질과 규질 침골의 혼합 또는 규질 침골만을 가진 해면, 침골은 두 개의 다른 크기를 가질 수 있는데 큰 것은 모낙슨(monaxon)과 테트락슨 (tetraxon)으로 불린다. 해양, 기수, 담수 환경. 이전에 경골해면(산호해면)—규질 침골, 해면질, 엽층상의 아라고나이트나 방해석의 추가적인 기저층 등을 보유한 해면—에 해당되었던 현생 해면 역시 이에 속한다.

육방해면강(class HEXACTINELLIDA, 규질해면)

- 이들은 세 개가 서로 직각인 축을 이루어 6방향으로 뻗는 6 방사지를 가진 복잡한 규질 침골을 가진 유리해면이 있다. 심해성 환경
- 선캄브리아누대(?), 캄브리아기에서 현재

그러나 해면의 두 형태 분류군인 스핀크토조아(sphinctozoans, 분리된 방을 지닌 골격)와 카에테티드(chaetetids, 현미경적인 작은 관 보유)는 각각 석회해면과 보통해면 내에 들어가며 이들 양자는 초 형성자로 중요했다.

해면동물의 세 주요 그룹들 사이의 관계는 불분명하다. 해면의 형태와 구조의 분석, 세포학과 분자생물학은 해면이 측계통 그룹이며, 둘째로 석회해면강과 육방해면강은 진정다세포동물의 기저에 근접한 단일계통임을 지시한다. 보통해면강은 보다 더 기반부에 해당한다(그림 11.4).

침골 형태

통상 해면의 사후에 해면질 골격은 파괴되고 연결되지 않은 침상 골격은 빠르게 분해되며 침골 같은 경질부만 잔류하게 된다(그림 11.5). 침골 형태는 침골형 해면의 동정에 기본적인 수단이 된다. 침골에는 골격의 부분을 이루는 큰 것(메가스클레르)과 해면 몸체에 산포되어 있으며 잘 보존되지 않는 작은 것(마이크로스클레르)이 있다. 침골의 다섯 가지 기본형은 다음처럼 인식된다.

(다음 쪽에 계속됨)

1. **모낙슨**(Monaxon): 한 방향[모낙티날(monactinal)] 혹은 두 방향[디액티날(diactinal)]으로 성장하는 단일 축형
2. **테트락슨**(Tetraxon, hexactine): 같은 길이의 축들을 가질 수 있는 4방향 형[캘드롭(calthrop)]
3. **트리액슨**(Triaxon): 육방산호나 유리해면 내의 정상적인 네트워크를 이루는 6방향 형
4. **데스마**(Desma): 서로 나누어져 말단부가 변화된 불규칙한 모습을 가진 형
5. **폴리액슨**(Polyaxon): 구형 또는 성형 침골을 포함하는 다방향 형

진 세포들이 늘어선 단일 격실을 가진 형인 반면 **시콘**(sycon) 종류는 하나의 중앙 파라가스터를 가진 수많은 격실들로 이루어진다. **류콘**(leucon) 종류는 가장 흔하며 일련의 시콘 격실들이 하나의 중심 파라가스터를 보유하는 것이다.

개체생태: 해면의 생활

해면들은 수층과 윗부분을 통해 연결되는 큰 출수공을 가지는 고착성의 저서성 생물이다. 입수공을 형성하며, 위를 향한 소공을 통해 해면은 쉴 새 없이 물을 빨아들이고 노폐물은 출수공을 통해 펌프질되어 나간다. 이 생물군은 전적으로 수중생활을 하며 대양의 심해저에서부터 습윤한 열대 나무들의 습기 찬 껍질에 이르기까지 다양한 환경에 부착되어 서식하고 있다. 대다수의 고생대 및 초기 중생대 유형들은 많은 다른 무리들이 오르도비스기 동안에 심해까지 확장되어 저서생물의 중요한 부분을 이루기도 했지만 주로 천해 환경에서 수집되었다.

오늘날 해면은 과거보다 더 폭넓은 환경에 정착하고 있다. 현대의 육방해면은 200~600m 수심을 선호하며 아마 심해대지에서 해구까지 확장하고 있는 반면, 석회질 해면은 100m 이하의 수심에서 가장 흔하다. 현재의 석회화된 해면은 심해 초나 5~200m 수심의 해저 크레바스(submarine crevasse)의 어둠 속에서도 적응하는 동굴 서식자로 더 잘 알려졌다. 이 무리들은 지중해를 포함한 다른 곳에서도 알려졌으나 주로 카리브 해 연안에 서식한다. 남극의 냉수 해면들의 군락지에서는 이 지역의 빙상(ice sheet) 아래에서 서식하는 저서생물의 75% 이상을 해면들이 점유하기도 한다.

해면은 특이한 부착 저층(substrate)을 사용하기도 한다. 연체동물 패각에 생흔인 엔토비아(*Entobia*)를 남기는 클리오니드(clionid) 해면은 긴 지질학적 역사를 가지며 오늘날 클리오니아(*Clionia*)는 많은 굴 층(oyster bed)에 수반된다. 침골 자체는 생물 다양성에서 군체화하여 국부적인 포켓을 형성하며 매트와 비슷한 저층을 이룰 수 있다. 거의 모든 해면이 고착된 여과섭식 생활을 하나 어떤 심해 종들은 육식성이다. 그들의 길고 가시가 있는 침골들이 어류나 절지동물을 얽히게 한 후, 해면의 조직이 재빨리 자라 그 희생물을 덮어 소화시킨다. 더구나 어떤 외피가 있는 해면은 먹이를 찾아 표면을 서서히 기어갈 수

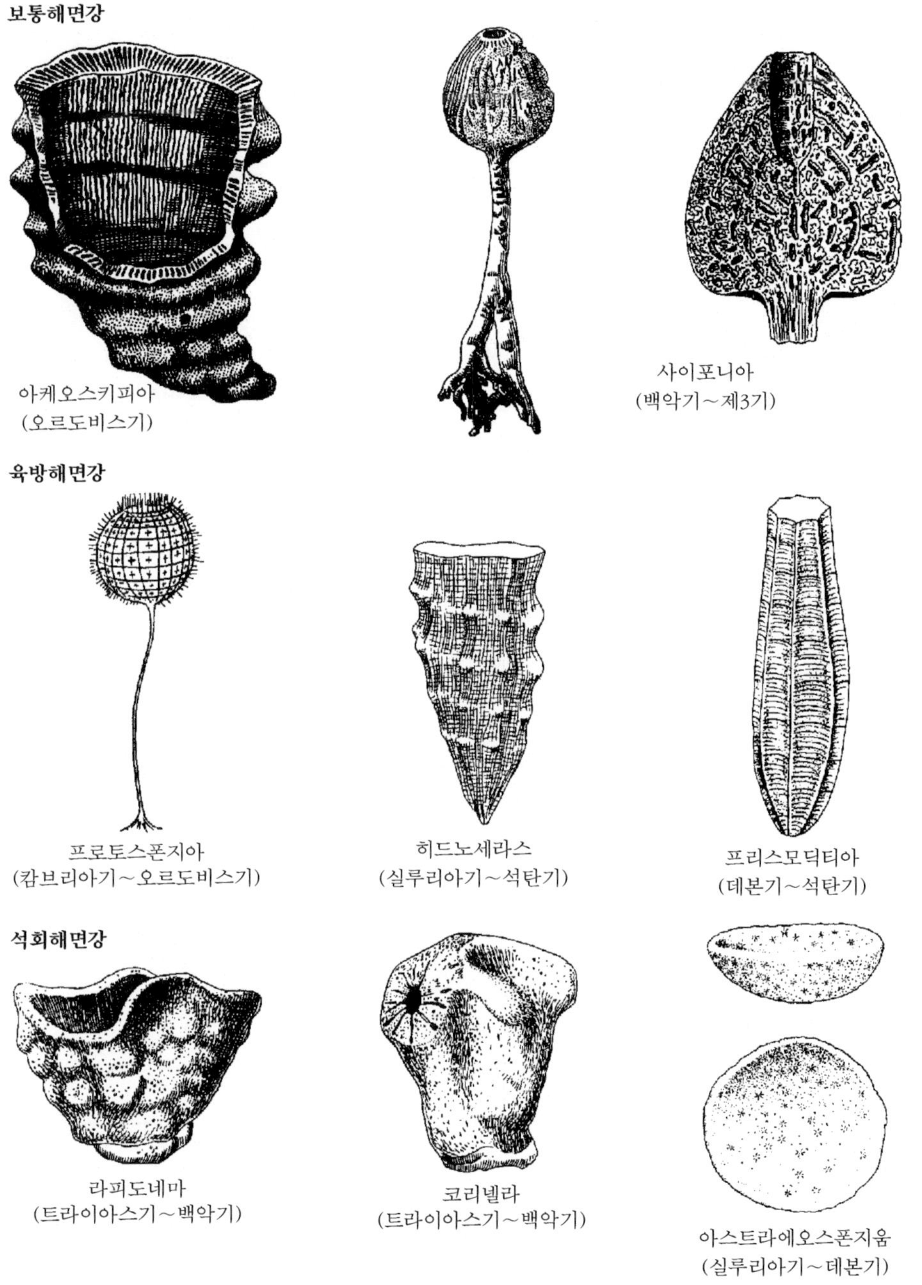

보통해면강

아케오스키피아
(오르도비스기)

사이포니아
(백악기~제3기)

육방해면강

프로토스폰지아
(캄브리아기~오르도비스기)

히드노세라스
(실루리아기~석탄기)

프리스모딕티아
(데본기~석탄기)

석회해면강

라피도네마
(트라이아스기~백악기)

코리넬라
(트라이아스기~백악기)

아스트라에오스폰지움
(실루리아기~데본기)

그림 11.3 해면의 주요 그룹의 예: 아케오스키피아(*Archaeoscyphia*)(×0.25), 사이포니아(*Siphonia*)(×0.4와 0.8), 프로토스폰지아(*Protospongia*)(×0.25), 히드노세라스(*Hydnoceras*)(×0.25), 프리스모딕티아(*Prismodictya*)(×0.6), 라피도네마(*Rhapidonema*)(×0.6), 코리넬라(*Corynella*)(×0.8) 및 아스트라에오스폰지움(*Astraeospongium*)(×0.4).

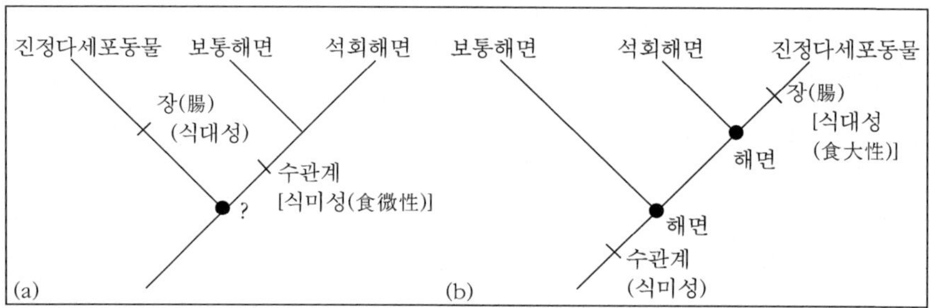

그림 11.4 해면의 측계통. (a) 진정다세포동물과 해면동물을 단일계통군으로 보는 보다 전통적인 관점, 섭식 전략은 모든 외부군이 비(非)다세포동물이므로 극점화될 수 없다. (b) 그러나 해면동물이 측계통이고 석회해면이 진정다세포동물에 근접한 관계라면 수관계는 원시적 특징이 되고 장(腸)은 보다 발전된 것이 된다.

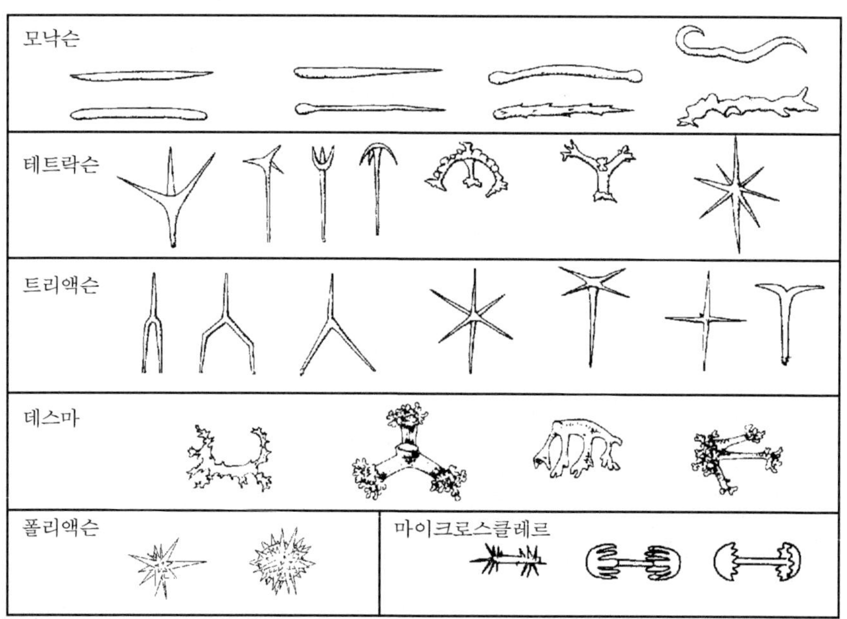

그림 11.5 침골 형태의 주 범주. 배율은 약 ×750인 마이크로스클레르를 제외하고 모든 개체에서 거의 ×75.

도 있다. 어떤 어류, 달팽이, 불가사리, 거북 등이 열대에서 해면의 연질 조직을 섭취하는 것이 관찰되기도 했지만 해면을 공격하는 동물은 별로 없다. 소라게를 포함하는 어떤 동물들은 해면을 피난처로 삼기도 하는 반면, 돌고래들은 크레바스를 탐사할 때 해면을 그들 코의 보호용으로 사용하기도 한다.

군집생태: 해면과 지질시대 동안의 해면 초

해면과 산호는 현재와 옛날 초의 주요 생성자이다(Wood, 1990). 최초의 해면은 아마도 원생누대 말에 편모를 가진 세포의 군집으로 출현하였을 것이다. 그러나 화석해면의 주요 무리들의 진화는 초기에 초의 생태계와 관련되었을 것이다(그림 11.6). 그러한 구성을 한 특별한 종류들은 특정한 환경 조건에 적합했을 것이고 해면은 강한 침골의 결합이나 부가적인 원시적 석회질 골격의 발전에 의하여 단단한 초 형성 골격을 보유할 수 있었을 것이다. 얇은 벽과 약하게 결합된 침골을 가진 보통해면, 육방해면 및 초기 석회해면들로 된 캄브리아기 해면동물군은 광범위한 지리적 분포를 한 주로 세계적인 종류들이었다. 반면에 오르도비스기 해면동물군은 탄산염 환경에서 실루리아기 동물군을 능가하는 무겁고 두꺼운 벽을 가진 보통해면으로 특징지어진다. 규질 쇄설성 퇴적상은 육방산호에 의해 지배되었다. 그러나 사방산호와 판상산호와 함께 수반된 층공충이 이러한 종류의 환경에 참여하기 시작하면서 보통해면은 덜 중요하게 되었다. 육방해면은 국부적으로 데본기 후기 동안 번성했으며 석탄기 후기에는 카에테티드 석회화 해면이 중요한 초 형성자가 되었다. 페름기와 트라이아스기 중기에는 스핀크토조아를 포함하는 구조가 흔했고, 중기에서 후기 쥐라기에는 리티스티드(lithistid) 보통해면류의 화석상(bioherm)으로 특징지어진 시기였으며 반면에 육방해면류는 심해 환경으로 이주하였다. 쥐라기 해면 초는 육방해면류가 지배적이었고 리티스티드류는 알프스 지역에서 보고되었다. 컵 모양과 원반 모양 형태들은 각각 경질과 연질의 저층에서 우세하였고 이들은 해저의 기본적인 지형에 영향을 미쳤으며 이들 현대의 육방해면 초와 유사한 형태가 캐나다 해안에서 떨어

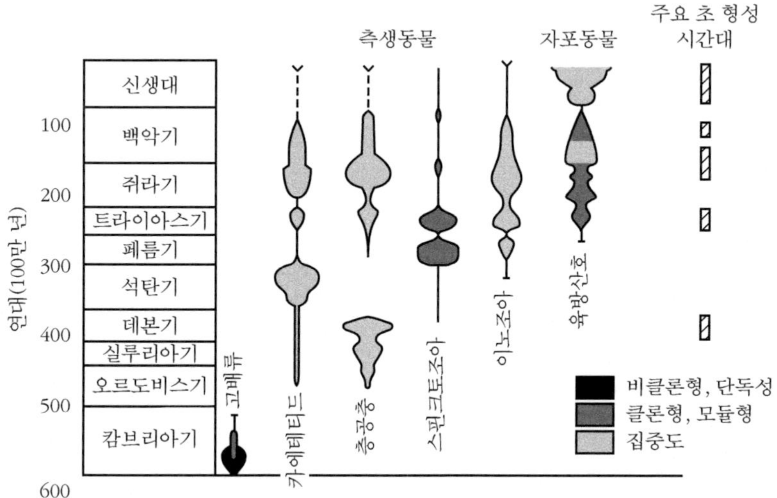

그림 11.6 육방산호와 함께 초 형성 해면류와 관련 측생동물들의 층서적 분포

진 곳에서 알려진다.

이미 지적한 것처럼, 석회질 골격의 취득은 어떤 한 강(class)에 국한되지는 않는다. 석회질 골격은 기존의 해면 형태상에 중첩된 기본적인 체계로서 해면동물문의 전체에 걸쳐 수렴적 측면에서 여러 번 전개된 바 있다. 결론적으로, 다양한 무리들이 석회질 골격 보유 측면에서 인식되나 각 무리의 조성은 서로 다른 종들 간에 독립적으로 발생하였다. 넓은 의미에서 카에테티드류와 스핀크토조아류는 고배류(archaeocyaths) 및 층공충(Stromatoporoids)과 함께 가장 중요한 석회질 초 형성자였다. 그러나 중생대 동안 초 생태계에서 석회질 해면의 감소는 공생 관계인 황록기생조류와 함께 우수한 영양 섭취 체계를 장비했던 육방산호의 증가와 자주 대비된다.

층공충

층공충은 언덕 모양과 시트 상을 하고 오르도비스기 중기에 출현한 해성의 모듈형 생물이다. 이 동물은 석회조류 및 산호와 함께 해저에 불규칙한 언덕을 형성하면서 오르도비스기 후기, 실루리아기 및 초기에서 중기 데본기의 천해 생물군락을 이룬 대표적인 종류였다. 그들은 겉으로 보아 판상산호를 닮았다. 이 종류는 데본기 중기에 극성기에 달했으며 나머지 고생대와 중생대 동안에 감소하였다. 층공충이 자포동물로 분류되어 왔지만, 현대의 석회화 해면과의 유사성 및 골격 내에서 침골의 발견은 이들 역시 해면동물이며 보통해면류의 구성 체계 내의 종류에 해당될 것이다. 수많은 다른 해면들에서 흔히 그러는 것처럼, 이 종류도 일반적인 몸체 체계 또는 구성 정도 방향에서 전체적인 형태적 수렴을 보이는 층공충 분류군과 함께 다계통적이다. 대부분의 층공충은 고화된 소의 분변처럼 보이고 외관상 모두 매우 비슷하므로 고생물학자들은 그 종들의 미세 구조를 기재하고 분류하기 위해 박편을 사용해야만 한다.

형태와 분류

전형적인 층공충은 수평과 수직 구조를 가진 석회질 골격체이며 빈번하게 섬유상 미세 구조를 보유한다(**그림 11.7**). 그 골격은 수직관에 의해 직각으로 관통당하는 석회질 엽층의 파랑상(波浪狀, undulating) 층들로 구성된다. 어떤 형태들의 표면에는 방사상 **성형**(星形) **관**인 성근(astrorhizae)에 수반된 작은 언덕 모양의 **마멜론**(mamelon)이 있기도 하는데 그것은 출수 수관계(出水 水管系)의 흔적이다. 초기 골격이 사실상 침골상이었음을 시사하는 규질 침골들이 석탄기와 중생대의 어떤 분류군에서 동정되었다. 석회질 외피화(外皮化, casing)는 해면질 뼈대 내에 침전된 저마그네슘 방해석에 수반된 이차적인 것이다.

일부 학자들은 오늘날 열대 해역의 은둔적 환경에서 자주 발견되며 아라고나이트에 규질 침골을 내재하는 수수께끼 같은 해면류의 작은 무리인 경골해면류에 사멸한 층공충을 포함시켰다. 다른 학자들은 이들을 시아노 박테리아, 유공충, 심지어는 별개의 문으로 간

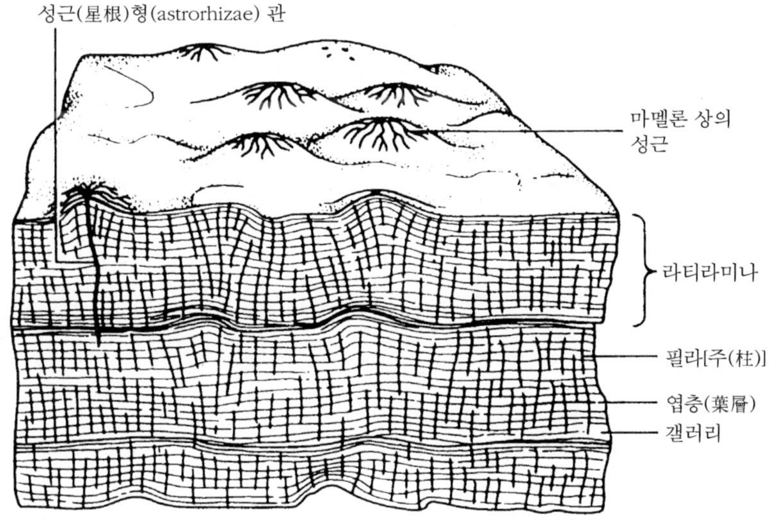

그림 11.7 층공충 형태

주하기도 하였다. 그러나 이들의 분류적 위치는 대부분의 형태학적 증거들이 이들이 해면에 해당됨을 지지하기 때문에, 아마도 이러한 생각은 역사적인 흥밋거리 이상은 아닐 것이다.

개체생태와 군집생태: 층공충의 생활과 연대

층공충은 통상 난류(亂流) 환경에 자주 퇴적되었던 천해의 탄산염 퇴적물에 수반되는 해성 생물이었다. 많은 속들이 특히 실루리아기와 데본기의 초의 중요한 구성원이었다. 예를 들어, 스웨덴의 섬인 고틀란드(Gotland)의 장관을 이루는 실루리아기 초는 층공충 성장형의 한 형태인 반면(Kershaw, 1990), 북아메리카와 북유럽의 초 복합체 및 화석상은 주로 층공충에 의한 것이었다. 이 동물은 복잡한 수관계를 가지고 다양한 방법으로 성장했다. 주상, 수지상, 피각상 및 반구형 형태들이 특정한 에너지와 난류 수준에 수반되어 산출하였다(그림 11.8).

층공충 역시 그들 자신의 다양한 미생태계를 수반하였다. 고틀란드의 실루리아기 층에 보존된 것은 주로 이 동물에 붙어 서식하는 30종이 넘는 표생생물(epibiont) 군집을 위한 서식처를 제공했다. 굴착, 표면 서식 및 외부 부착 생물들은 층공충 골격의 내부와 외부에 이용 가능한 공간과 저층을 잘 사용했다. 이매패류와 완족류 둘 다 현생누대 생물상에 있어서 최초의 운둔 서식지의 일부로 제공되었던 층공충 내의 굴착공 내에서 발견되었다.

층공충 종류의 몸체 구성을 가지는 동물들이 보토미아(Botomia)절의 암석에서 동정되었다. 그러나 이들 형태들은 사실상 단기간만 생존했다. 뉴욕과 버몬트의 오르도비스

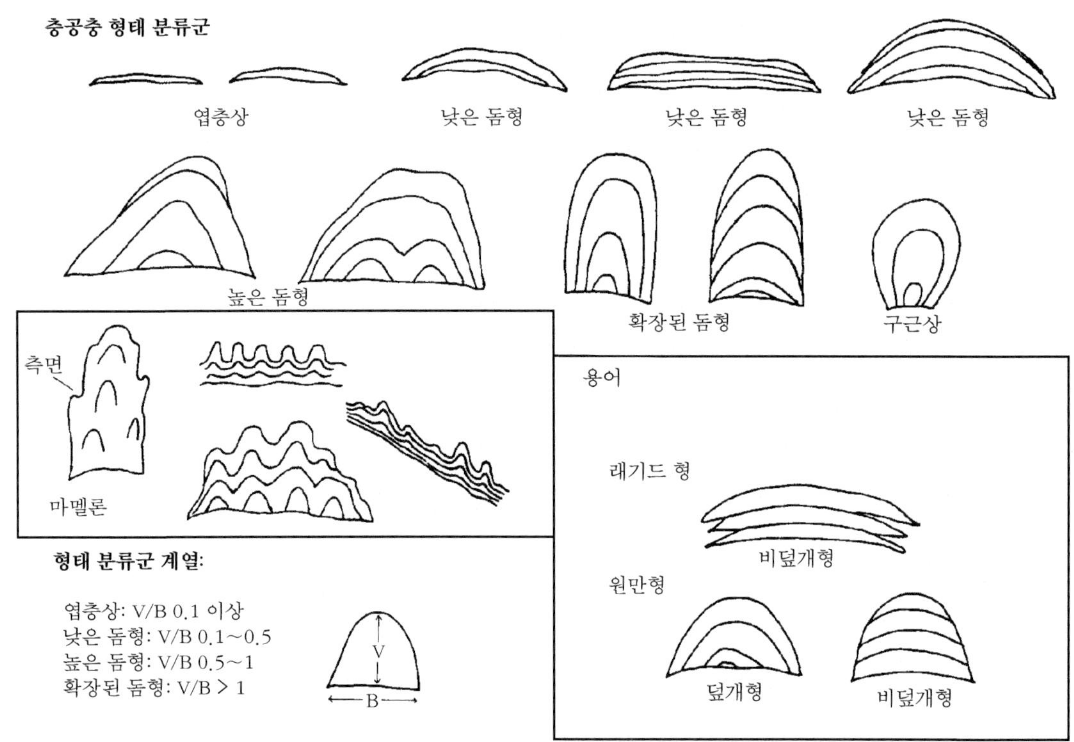

그림 11.8 층공충 성장형. (Kershaw, S. 1984. *Paleontology*, **27**에 근거.)

기 중기로부터 산출된 슈도스틸로딕티온(*Pseudostylodictyon*)은 아마 전기 오르도비스기에 연체인 해면과 유사한 선조에서 유래된 가장 고기의 진정한 층공충일 것이다. 층공충은 실루리아기와 데본기 동안에 초 생태계의 기반을 이루었으며 프래스니아 이벤트(Frasnian event, 데본기 후기) 말에 다수가 사멸하였다. 이 무리들은 중기와 후기 쥐라기에 부활하여 층공충이 다시 초 구성에 참여하게 되었다. 그렇지만, 대부분의 무리들은 백악기 말의 집단사멸기에 사멸하였다. 그러나 어떤 생존 해면들은 층공충 종류의 몸체 구성을 보유한다. 아스트로스클레라(*Astrosclera*)와 칼시핌브로스폰지아 (*Calcifimbrospongia*)들은 층공충 구조를 가진 석회화 보통해면들이다.

고배류

고배류는 완전히 사멸한 소수의 주요 동물군 중의 하나이다. 그들은 하나의 진화적인 사멸의 종말을 의미하는 것처럼 보인다. 그 그룹들은 통상 무리를 지어 성장하고 초를 형성하기 위해 자주 스트로마톨라이트와 함께 생존했으며 다공성의 컵이나 원뿔 모양의 골격을 구성하기 위해 캄브리아기 방산의 초기에 탄산칼슘을 이용했다. 고배류는 보통 열대 고위도(tropical paleolatitude)의 천해 환경에서 번성하였다. 시베리아 대지(plateau)에서 캄브리아기 초에 기원했던 이 동물군은 최초의 고생대 초를 형성하면서 열대로 확산되어갔다. 그러나 전기 캄브리아기 말과 캄브리아기 중기의 시작 부근에서 고배류는 단지 오스트레일리아, 우랄, 시베리아에서만 알려지게 된다. 그들은 캄브리아기 말에 소멸하였다.

현재의 연구들은 고배류가 해면동물과 유사한 구성 체계를 지닌 종류였다는 것을 시사한다. 사실상 대부분의 전문가들은 이 동물군을 해면류 내의 별개의 강으로 설정하고 있다. 이 그룹 동물들의 현존종이 없기 때문에 과거에는 고배류의 분류학적 위치에 관해 상당한 논란이 있었다. 그들은 조류로 분류되기도 하였고 석회화된 원생동물, 해면동물 종류의 다세포동물, 원생동물과 다세포동물 사이의 중간적인 구성 체계를 가지는 동물 그리고 자포동물에 해당시키는 등—그들 중의 어떤 것도 타당한 것은 없는 것 같다.

형태와 분류: 고배류 개체와 모듈

고배류는 탄산염에서 가장 흔하게 발견되는데 그들의 상세한 형태는 보통 박편으로부터 재구성된다. 불행히도 많은 캄브리아기 탄산염들은 자주 골격 형태를 파괴하면서 재결정되었다. 고배류 동물의 외골격은 침골이 없으며 보통 방사상으로 배열되고 수직적인 격벽(**그림** 11.9)에 의해 서로 분리되는 두 동심원상 부분들이 구성하는 높은 다공성의 역전된 원추형으로 이루어진다. 내벽과 외벽은 밀집되게 관통되어 있으며 그 사이에 **인터발룸**(intervallum) 또는 중심 체강을 경계 짓게 하는데 이는 방사상 격벽에 의해 많은 **체절**(loculi)로 분할된다. 이 격벽은 내외벽에 비해 덜 다공질이거나 경우에 따라서는 구멍이 없기도 한다. 내벽은 중심 체강을 둘러싸고 상부로 개방되며 기저 쪽으로는 첨예화하면서 폐쇄된다. 골격의 정부(apex)는 퇴적물 속에 닻 역할과 안정성 부여를 위해 기저 팽대부와 뿌리 또는 부표(holdfast)를 이용해 매몰된다. 일부 분류군에서는 인터발룸이 먼저 수평적으로 유공(有孔)판인 **상판**(tabulae)으로 분할되고 두 번째로 주변의 중심 체강으로 확장되는 무공(無孔)성의 볼록한 **격막**(dissepiment)들에 의해 분리된다.

두 개의 주 세부 분류명이 그 동물군 중에 정의된다. '정상형(Regulares)'과 '불규칙형(Irregulares)'. 정상적 형태는 격막이 없는 초기형의 무공성 단일벽 단계를 가진다. 전 몸체는 연질 조직으로 충전되며, 내벽과 외벽은 단독 혹은 함께 전개되는 격벽과 상판으로 관통된다. 불규칙형은 격막을 가진 초기형의 무공성 단일벽 단계를 보유한다. 이중벽은 항상 격막으로 된 불규칙한 구멍 구조를 가지며 골격은 비대칭성이다. 연질 조직은 이차적인 골격 물질의 전개에 의해 경계 지어진다. 이러한 군집화는 현재, 생태적인 선호도를 반영하며 분류적 가치는 거의 없다(Debrenne, 2007). 다수의 고배류는 아자키사이아티다(Ajacicyatida)와 코시노사이아티다(Coscinocyathida) 목을 포함하는 '정상형'이다. 그러나 정상형 속의 실제적인 풍부함은 과다한 분류적 산포에 기인하는 것 같다. '불규칙형'은 소수지만 이 생태군은 아케오사이아티다(Archaeocyathida)와 카자흐세타니사이아티다

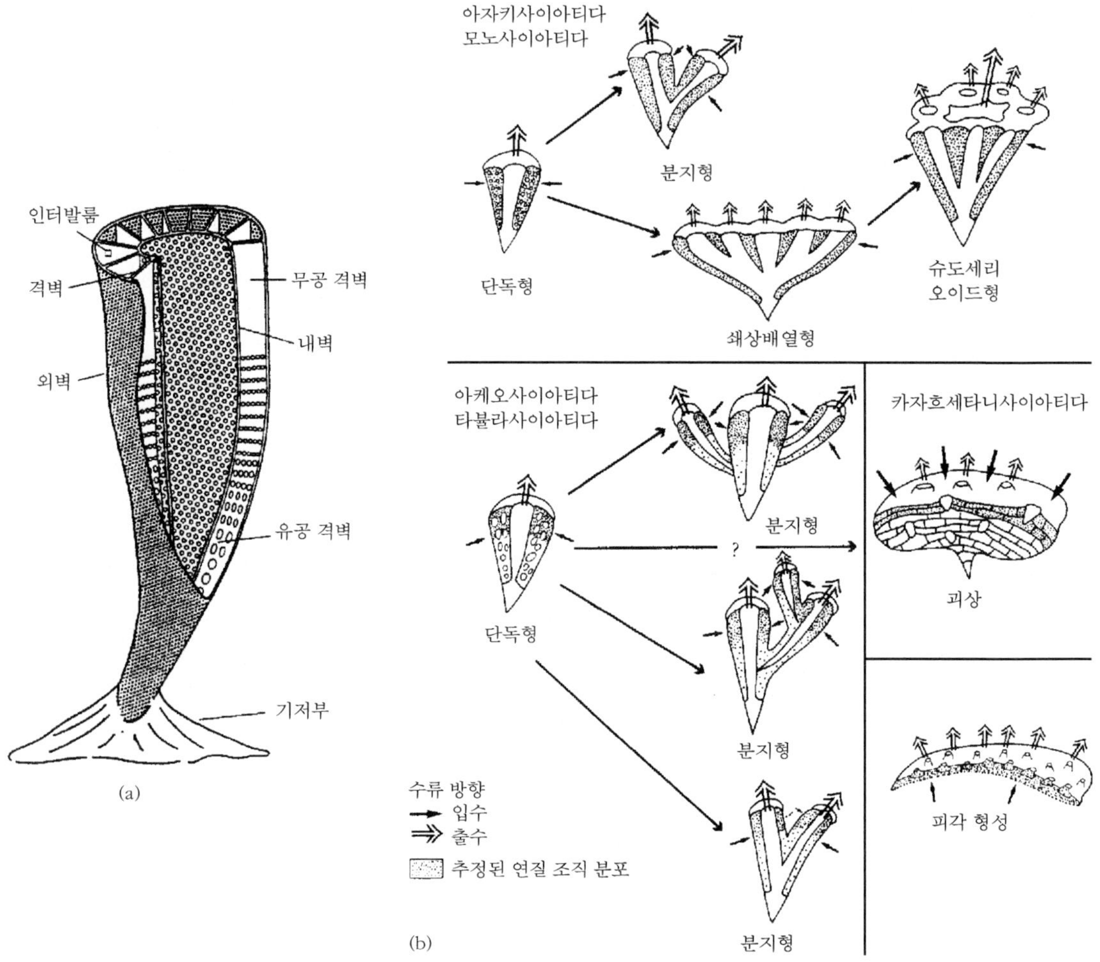

그림 11.9 고배류: 주요 무리의 (a) 형태, (b)분류, 기능 및 성장 모드. [Wood 등(1992)에 근거.]

(Kazachsetanicyathida) 목을 포함한다.

군집생태: 고배류 초

고배류는 탄산염 저층상에서 수심 20~30m에 서식했던 분명한 해양성 종류이다. 그 문은 모듈형 구성 체계에 기반을 둔 혁신적인 성장 스타일을 발전시켰다(그림 11.10). 그러한 모듈형 특성은 피막 형성 능력과 연질 저층상에 안전한 부착 가능성을 수용하게 했다. 더구나 재생을 위한 보다 대규모 구조를 갖추어 큰 크기로의 성장을 가능하게 하였다(Wood et al., 1992). 따라서 고배류는 심한 난류와 높은 퇴적률 기간인 초기 캄브리아기의 최초의 초 구조 형성의 핵심 요소가 되었던 것이다(그림 11.11). 그러나 고배류 초들이

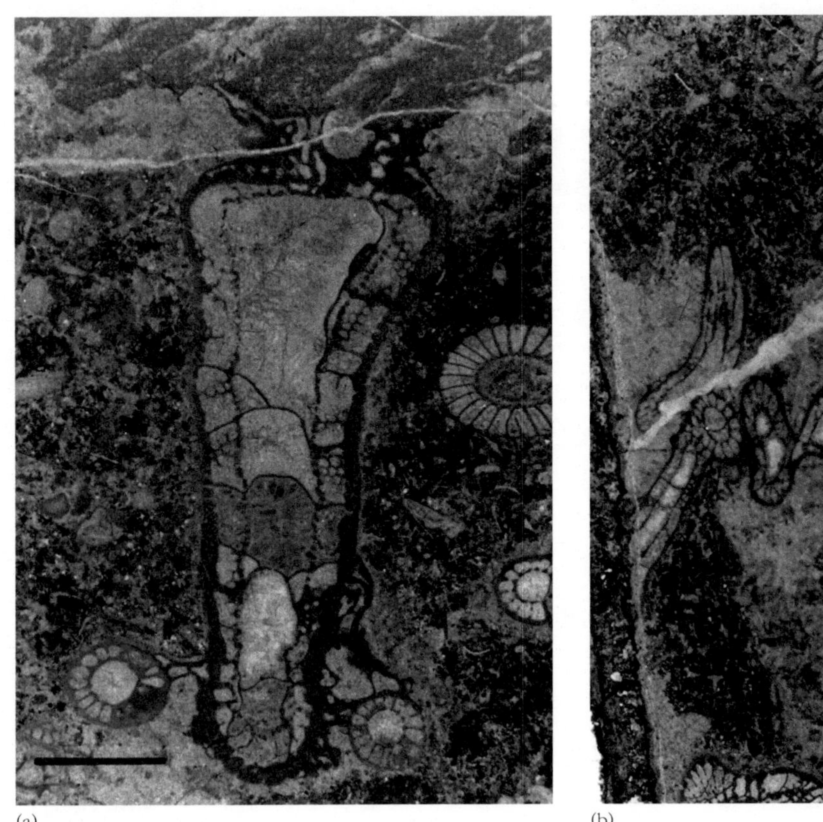
(a)

(b)

그림 11.10 서부 몽골의 하부 캄브리아기의 박편상에서의 일부 고배류: (a) 부표 구조를 보여 주는 캄브로사이아텔루스(*Cambrocyathellus*)의 운둔 독립형 개체(×7.5), 그리고 (b) 로툰도사이아투스 라비가투스(*Rotundocyathus lavigatus*)의 횡단면과 수반되는 개체들 사이의 골격 후충화를 보이는 분지형 캄브로사이아텔루스 튜버큘라투스(*Cambrocyathellus tuberculatus*)(×5). (Rachel Wood 제공.)

특별히 인상적인 것은 아니었지만 보통 3m 이상 두께와 10~3m 지름에 이르렀으며, 그럼에도 몸체를 통해 많은 양의 해수를 처리하여 복잡한 생물학적 근간을 정립시킨 최초의 동물 중의 하나로 자리매김하였다(**글상자** 11.2). 고배류 초는 언제나 초의 주요 구성체계 생성자였던 석회질 미생물과 수반되었다. 또한 다른 해면류를 포함하여 초의 공간 내에서 생존하는 은둔 생물의 일부 예가 있다.

분포: 고배류의 캄브리아기 세계

최초의 고배류는 시베리아 대지의 최하부 캄브리아기(톰모시아조)암석에서 알려지며 주로 단독 정상형으로 나타난다. 캄브리아기 전기에 이 문은 다양화하여 북아프리카, 구소련의 알타이 산맥, 북아메리카 및 남오스트레일리아 등지로 이주하였다(**그림** 11.13). 고

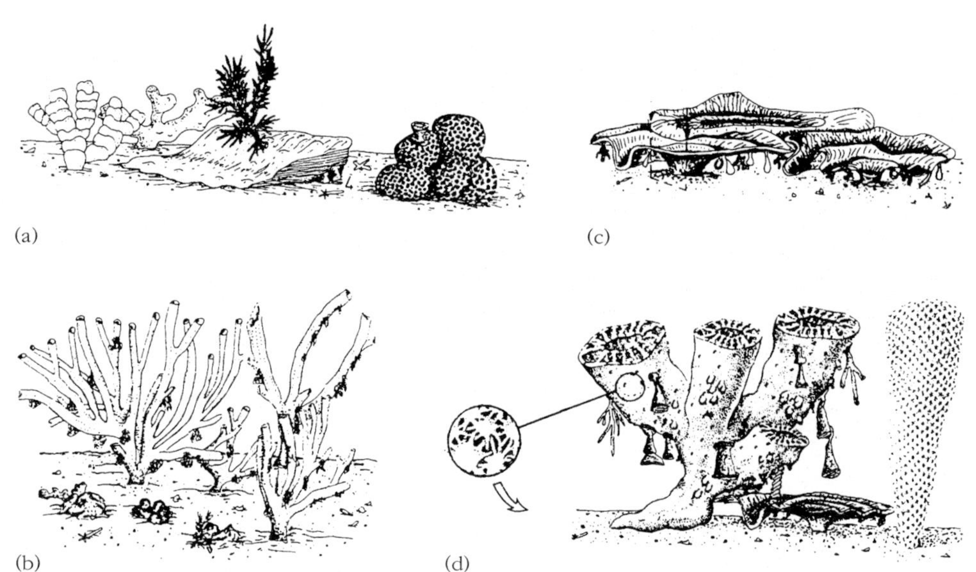

그림 11.11 보존될 때 (a) 바운드스톤, (b) 배플스톤, (c) 바인드스톤 또는 (d) 화석상이 되는 고배류 초 구조. [Wood 등(1992)에 근거.]

배류는 캄브리아기 전기(보토미아절)와 중기에 가장 번성하여 수많은 독특한 생물지리구를 정의할 수 있을 정도였으나, 레니아(Renia)절에 이 동물군은 급격히 감소하였다. 소수의 속들만이 캄브리아기 중기에서 보고되고 캄브리아기 상부에서는 단 하나의 속만이 알

글상자 11.2 누수 방지: 고배류의 실험적 형태학

사실상 현대에 유사생물이 없는 오래 전에 사멸한 동물들, 특히 전체 문이 사멸했을 때는 그 동물의 생활 모드를 복원하기가 대단히 어렵다. 한 혁신적인 실험 생물역학적 연구에서 새버리스[Michael Savarese(인디애나 대학교)]는 세 개의 주요 고배류 형태 분류군(비격벽형, 유공 격벽형 및 무공 격벽형)의 모델을 제작하여, 그 각각을 수로(水路) 내의 착색된 액체의 흐름 속에 장착하였다(그림 11.12). 이론적으로 복원된 첫째 형태형은 외벽을 통해서는 액체가 스며들었으나 인터발룸을 통해서는 액체가 잘 빠져나가지 못했다. 그러나 유공 격벽형은 외벽을 통해서 약간의 침투가 이루어졌으나 인터발룸을 통해서는 어떤 흐름도 없었다. 무공 격벽형은 외벽을 통한 침투도 없고 인터발룸을 통한 흐름도 전혀 없었다. 중요한 것은 화석의 개체발생 단계는 초기의 유공 격벽형 형태형이 아마 외벽을 통한 누수(漏水)를 방지하기 위해 다음 성장 단계에서는 무공성으로 변화한다는 것을 보여 준다는 것이다(Savarese, 1992). 이것은 그 체계를 통해 막대한 양의 해수를 펌프질하여 생존했던 생물에게는 분명히 크나큰 이점이 아니었을까!

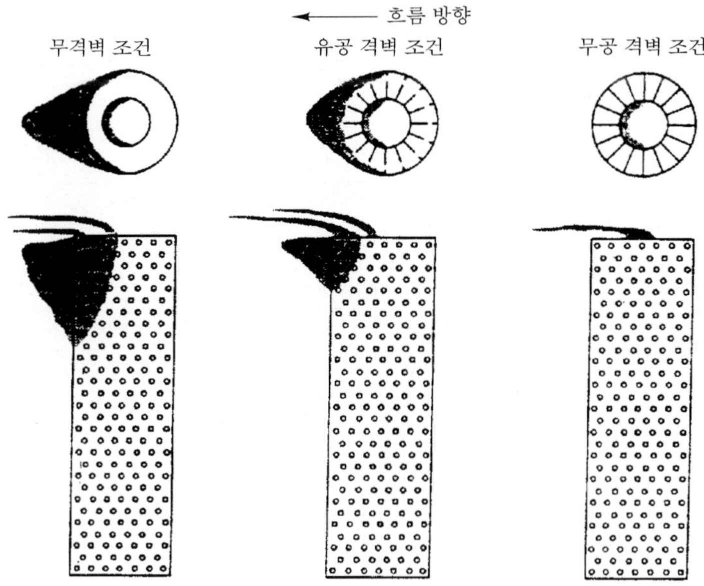

그림 11.12 고배류의 기능 형태에 대한 모델링. [Savarese(1992)로부터.]

려진다. 고배류의 역사는 강한 난류 조건에 대응하여 더 모듈화된 방향으로 점차 변화해 감을 나타낸다. 일반적으로, 단독형 분류군은 캄브리아기 초기에 번성하였다. 그러나 보토미아절 말기에 뒤이어 모듈형 형태들은 대다수 고립형의 사멸 후에도 지속되었다(**그림 11.14, 글상자** 11.3). 하나 유리한 점은 세계 일부지역에서의 이 동물군의 번성과 다양성이, 특히 하부 캄브리아기 암석에서 분대(zonation) 화석으로 사용할 수 있는 다른 생물들이 매우 드물었을 때 생층서적 대비에 효율적으로 사용할 수 있다는 것이다.

✲ 자포동물

해저는 장대한 규모, 다양한 형태, 화려한 색깔들로 계속 늘어선 산호, 해면, 말미잘 및 다른 바다 생물들로 완전히 뒤덮였다…. 암석과 살아 있는 산호들의 안팎에서는 경탄을 자아낼 정도로 점이 산포되거나, 띠를 이루거나 줄무늬로 장식된 수많은 푸른색, 붉은색, 노란색 물고기들이 움직여 다녔다. 한편 표면 근처에서는 거대하고 투명한 오렌지빛과 장밋빛 해파리 메두사들이 떠다녔다. 그것이 여러 시간 동안 바라다본 광경이었으며 그 황홀한 아름다움과 흥미를 글로 표현할 수 없었다. 한 번 본 실제 모습은 내 자신 지금까지 읽었던 산호해에 관한 경이로움에 대한 어떤 멋진 설명들도 능가하였다.

월리스(Afred R. Wallace)『**말레이 다도해**(The Malay Archipelago)』(1869)

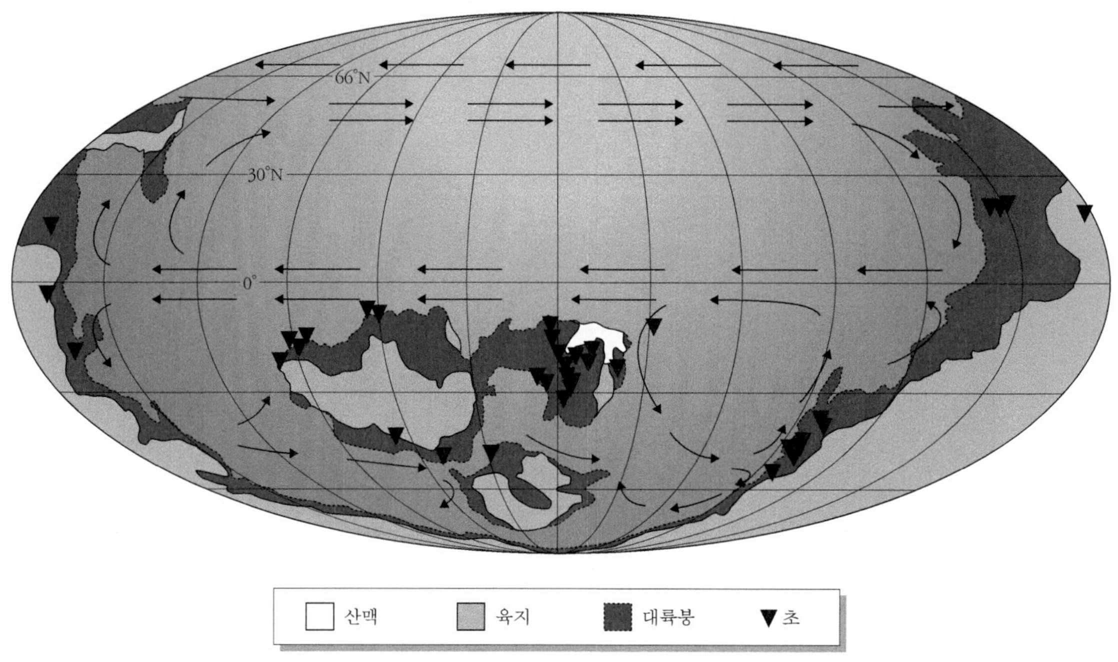

그림 11.13 캄브리아기 전기 고배류 초의 고지리적 분포. [Debrenne(2007)에 의해 재표시.]

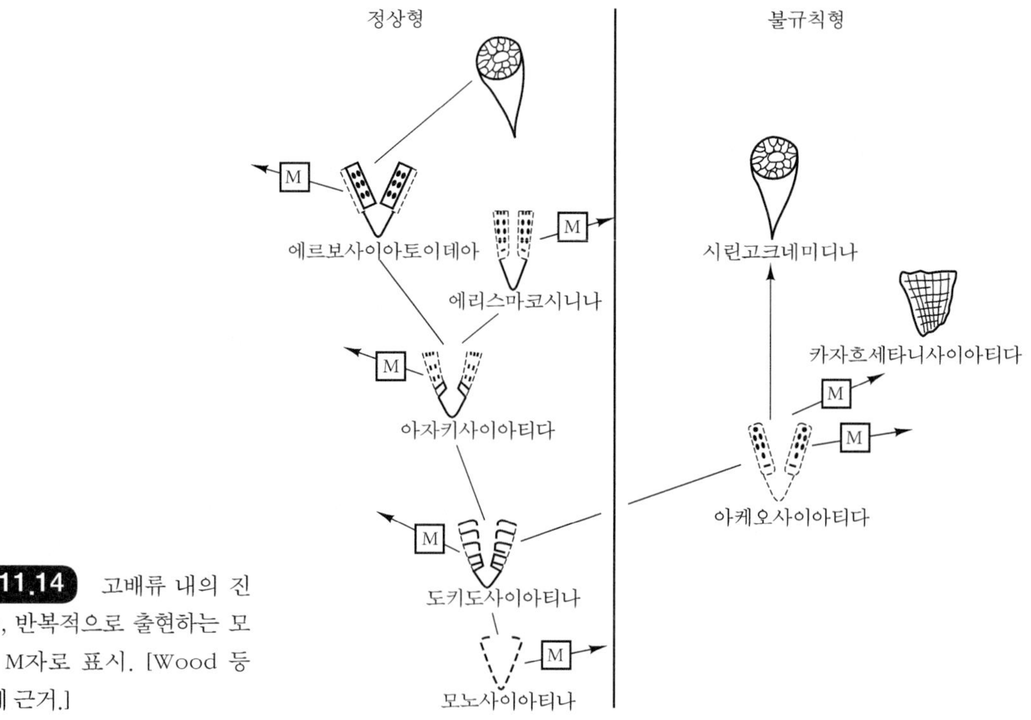

그림 11.14 고배류 내의 진화 경향, 반복적으로 출현하는 모듈형은 M자로 표시. [Wood 등(1992)에 근거.]

글상자 11.3 신원생대 군체

언제 고립된 원생동물 생명 행로에서 최초 해면동물의 느슨하게 결합된 군체로의 완전한 전이가 일어났을까? 나미비아의 신원생대 암석은 약간의 실마리를 제공한다. 레이첼 우드(Rachel Wood)와 동료들(2002)은 약 5억 5,000만 년 전으로 측정된 노던 나마(Northern Nama) 층군으로부터 나마포이케아(*Namapoikea*)라는 거대하고 광물화된 복잡한 군체 골격을 기재하였다(그림 11.15). 이것은 에디아카라 생물군의 가장 최초라고 추정되는 자포동물과 해면류의 시대를 늦추었으나 현재 알려진 다세포동물 초-형태 생태계의 시기를 앞당겼다. 나마포이케아는 어떤 내부 특징도 없이 횡단면 상에서 불규칙한 구조를 가지는 거대하고(지름 1m 이상) 뭉툭한 구조이다. 이것이 해면인지 아니면 산호인지는 불분명하나 현재까지 이 구조는 분명히 크고, 모듈형인 골격성 다세포동물이 이미 원생누대 후기 무렵에 존재했던 것을 명확히 하고 있으며 최종적인 원생누대 초(reef)에 대한 예기치 않았던 복잡성 제공과 함께 개방된 표면과 운둔적인 서식습성을 의미할 가능성을 제시한다. 과연 이 피각을 보유한 층들이 최초의 미세 형태를 가진 골격질 다세포동물에 피난처를 제공하였을까?

(a)

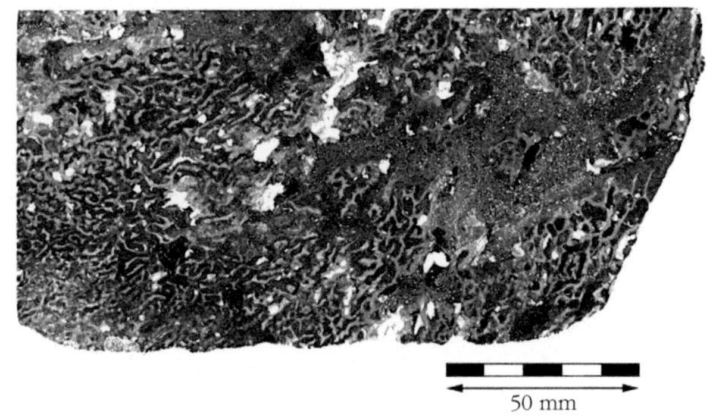

(b)

그림 11.15 나마포이케아: (a) 균열 벽에 직각인 단괴상 개체, (b) 관 형성을 보여 주는 단면. (Rachel Wood 제공.)

자포동물(혹은 '독침 소유자')은 말미잘, 해파리 및 산호를 포함하며 방사상 체계의 세포들이 상대적으로 적은 종류의 조직 유형으로 구성되고 진정한 다세포동물(진정다세포동물) 중에서 최소의 복잡성을 지닌다. 그들은 잘 알려진 히드라에 의해 대표된다(그림 11.16). 특별한 기관이 없고 소수의 조직 유형만 보유하나 그들은 측생동물보다는 복

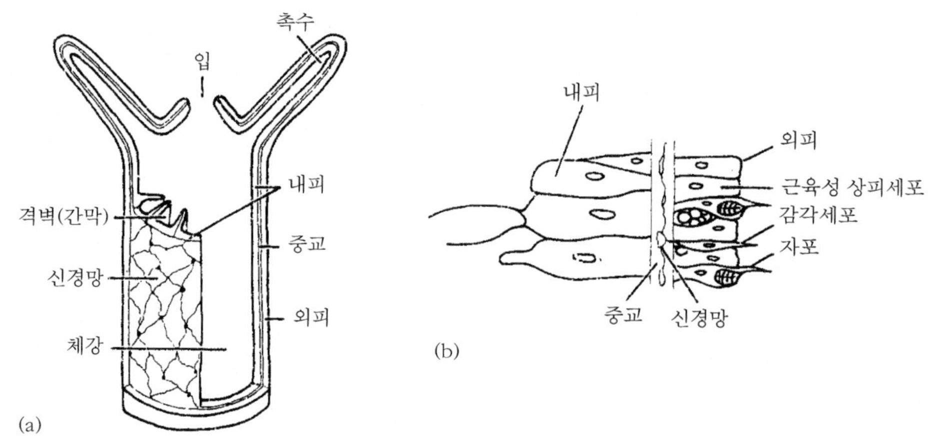

그림 11.16 히드라의 형태: (a) 일반적 몸체 체계, (b) 체벽의 상세부분

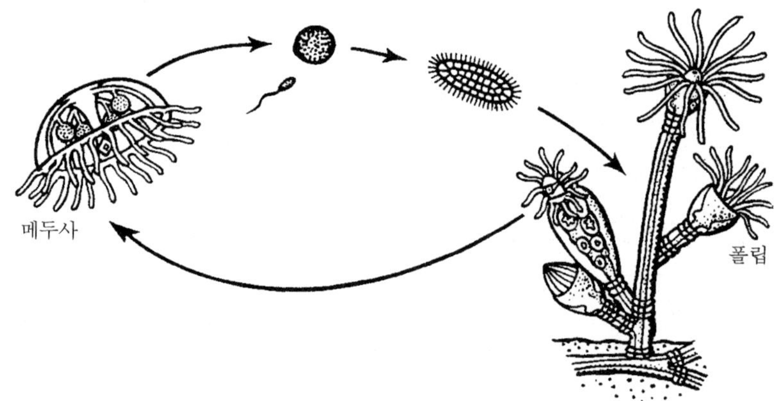

그림 11.17 자포동물 생활사: 분명한 폴립과 메두사 단계의 교번을 하는 히드라충류 오벨리아(*Obelia*)의 생활사 모습.

잡하다. 과거에는 이 동물군을 강장동물로 다루었으나 이 동물문이 해면류와 젤라틴질의 빗해파리류인 유즐동물(有櫛動物)을 포함하였으므로 현재는 더 한정적인 자포동물을 일반적으로 사용한다. 이 동물에는 두 기본적인 생활 전략이 나타난다(그림 11.17). **폴립**(polyp)은 일부가 뛰어오르거나 공중회전을 할 수 있기도 하나 보통 고착성 또는 부착된 상태를 보이고, 반면에 **메두사**(medusa)는 신화의 메두사 머리에 장식되었던 죽음과 사악함의 상징인 뱀 같은 촉수를 끌면서 유영한다. 메두사형과 폴립형은 다르게 보이지만 본질적으로는 동일한 구조이며 역전된 관계이다. 많은 자포동물은 그들의 생활사를 통해 양자를 다 나타내거나 단지 한 유형만을 나타내기도 한다. 예를 들어 '포르투갈 병정

(Portuguese man-of-war)'은 부유를 위한 메두사 모듈과 섭식, 이동 및 생식을 위한 다양한 형태의 폴립을 가진 경이롭고 놀랄 만한 군체형이다. 전반적으로 이 동물군은 육식성이어서-그들이 '독침 소유자'라 불리는 이유인 독이 있는 쏘는 세포[**자세포**(cnidoblast)]를 가지고 갑각류, 어류, 벌레, 심지어는 현미경적 크기인 규조까지를 공격한다.

형태: 기본적인 자포동물

자포동물은 단일 **체강**(enteron)을 가진 다세포동물이다. 위에 개구부가 있는데(대부분의 메두사형은 아래로) 이는 독침세포인 **자포**(nematocyst)를 보유한 촉수들로 포위되고 입과 항문의 역할을 동시에 담당한다. 그래서 머리나 꼬리를 가지지 않으며 양분과 노폐물을 같은 개구부를 통해 통과시킨다. 몸체는 **이배엽성**이기는 하나 사실상 세 층으로 이루어진다. 안쪽의 내피와 밖의 외피는 살아 있는 세포로 구성되나 이들 사이에는 **중교**(mesoglea)라고 하는 세포가 거의 없는 젤라틴질 물질로 채워진다. 체벽의 외층은 통상 촉수에 국한되어 분포하는 강한 독침이나 자포를 포함하는 자세포를 보유한다. 원시적인 신경계가 중교에 내재된다. 내피의 돌기들은 흔히 체강 내로 전개되어 양분의 흡수 면적을 증가시키는 방사상 격벽 모습을 하게 된다. 이 격막(mesentery)은, 산호의 경우 탄산칼슘을 분비하여 단단하고 석회화된 벽인 격벽(septa)을 이룬다. 히드라충류가 담수에 풍부하게 서식하고 있으나 대부분의 종들은 해양 환경에서 발견된다.

분류: 몸체 구성과 주요 군들 간의 관계

자포동물문은 통상 세 강으로 구분된다. 히드라충류, 해파리류, 산호충류(글상자 11.4). 히드라충류는 담수성인 불산호와 대다수 종류의 '해파리'와 수반되는 군체형을 포함한다. 주로 해양 환경에서 8000m 깊이까지의 수심에 이르기까지 서식하는 3,000여 종이 넘는 현생종들이 있다. 히드라충류가 후기 선캄브리아기의 에디아카라 동물군에서 기록된 것을 포함한다면, 그곳에서의 에오포르피타(*Eoporpita*)와 오바토스쿠툼(*Ovatoscutum*)이 이 문의 가장 오래된 고착성 구성원일 것이다. 히드라충류는 유성생식과 출아에 의한 무성생식을 겸한다. 폴립 단계는 무성이고 메두사형은 보통 유성이다. 해파리강은 주로 공해 환경에 서식하는 자유 유영 메두사형들이다. 에디아카라 동물군의 어떤 종류는 해파리강으로 보이는데, 예를 들어 코노메두시테스(*Conomedusites*)와 코룸벨라(*Corumbella*)가 있다. 그러나 가장 잘 보존된 화석 형태는 쥐라기 후기 바바리아(Bavaria)의 졸른호펜(Solnhofen) 석회암에서 수집되었다. 이 무리의 현생 종류로는 달해파리인 아우렐리아(*Aurelia*)와 컴퍼스해파리인 크리사오라(*Chrysaora*)를 포함한다. 산호충강이 말미잘, 바다부채산호(sea fan), 바다조름(sea pen), 바다표고(sea pansy)들을 포함하기는 하나 이 강은 연질산호와 돌산호 역시 포함한다. 운동성의 짧은 플라눌라 유생시기에 뒤이어 이 무리들의 모든 종류는 폴립으로서의 고착생활 전략을 선택한다.

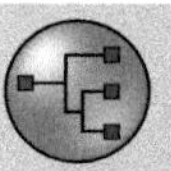

글상자 11.4 자포동물의 분류

이 문은 중교에 의해 분리되는 외피와 내피를 가진 방사상 대칭으로 특징지어진다. 체강은 자포를 가진 촉수로 둘러싸인 입을 보유한다. 이 문은 상부 선캄브리아누대에서 현재까지 존속하고 있다. 에디아카라 동물군을 포식했던 것으로 추정된 메두사형인 브루크셀라(*Brooksella*)는 사실상 생흔화석이다. 이 무리는 광범위한 몸체 체계를 가진다(그림 11.18).

히드라충강(class HYDROZOA)

- 이 강은 작고 보통 다형태적인 여섯 개의 주요 목들을 포함한다. 각각은 분리되지 않은 체강과 단단한 촉수를 보유하고 군체를 형성하기도 한다. 여섯 개의 주요 목들이 있다. 연골히드라충목(Chondrophora)은 가장 오래된 자포동물을 포함한다.
- 에디아카라기에서 현재

해파리강(class SCYPHOZOA)

- 주로 컵해파리아강(Scyphomedusae)에 속하는 해파리로 화석이 아주 잘 보존되는 라거슈테테에만 보존된다. 사멸한 코눌라타목(Conulata)은 네 방향 대칭을 가지고 사실상 촉수를 보유하였으므로 자주 여기에 포함된다. 예를 들어 그들의 긴 원추형 패각형인 코눌라리아(*Conularia*)는 키틴인산염으로 이루어진다. 코눌라타류는 캄브리아기에 출현하여 트라이아스기 중기에 사멸하였다.
- 에디아카라기에서 현재

산호충강(class ANTHOZOA)

- 이들은 모두 해성이며 대부분 고착성의 군체형이다(비록 활동적인 플라눌라 유생 시기를 가지기는 하나). 세 아강인 꽃말미잘아강(Ceriantipatharia), 팔방산호아강(Octocorallia), 말미잘아강[Zoantharia, 사방산호(Rugosa), 판상산호(Tabulata) 및 육방산호(Scleractinia)를 포함]들은 메두사 단계가 결여되고 속이 빈 촉수를 보유하며 종축 방향으로 전개되는 수직 격벽에 의해 체강이 분할된다. 단독형과 군체형이 있다. 팔방산호는 자주 미화석으로 산출되는 침골을 생성한다.
- 에디아카라기에서 현재

상자 해파리강(class CUBOZOA)

- 바다 말벌(sea wasp)과 상자 해파리(box jellyfish)는 메두사와 폴립을 둘 다 보유하고 주로 열대와 아열대 위도에 국한된다.
- 석탄기에서 현재

산호

산호는 우리 행성의 가장 다양한 종류 중의 하나지만 산호초 자체는 가장 위협받는 생태계로 매우 잘 알려져 있다. 천해의 산호초는 오직 적도를 중심으로 남북 위도 30° 이내에서만 형성된다. 산호의 일부 종류는 심해 환경에서 구조를 이루기도 하지만 일반적으로 조초 산호는 30m 이상의 심도나 수온이 18℃ 이하에서는 성장하지 못한다. 산호는 조초성 생물이기도 하지만 지질시대를 통해 거초, 보초 및 환초의 세 가지 주요한 유형의 초를 형성시켰다. 이들 구조는 1842년에 출판된 찰스 다윈의 통찰력 있는 책인 『산호초(Coral Reefs)』의 바탕을 이루었다. 불행히도 그런 구조들은 현재 증가하는 표백제 사용, 해안 개발, 해수의 수온 변화, 관광, 농약을 포함하는 빗물, 선박의 선체와 닻에 의한 마모, 퇴적물에 의한 매몰, 어업에서 독극물이나 다이나마이트 사용, 중요한 초식동물과 육식동물의 과잉 남획, 심지어 보석 채취에 이르는 수많은 위협에 노출되어 있다. 더 많은 관심이 보존에 기울여지지 않는 한, 이 장관을 이루는 서식지에는 거의 희망이 없어 보인다.

산호충강은 폴립형 생활사를 선택한 가장 번성한 자포동물이다. 팔방산호류는 석회화된 침골과 축을 가진 반면, 말미잘아강은 더욱 친숙한 화석 산호류인 사방산호, 판상산호 및 육방산호를 포함한다(**표 11.1**). 알키오나리아(*Alcyonaria*)를 포함하는 팔방산호류는 8개의 완전한 격벽(간막)과 8개의 관상 촉수를 가진다. 그 골격은 석회된 격벽은 없으나 석회질 또는 고르고닌질의 침골과 축들이 그 골격에서 단단한 부분을 이룬다. 이 무리들이 단지 실루리아기, 페름기, 백악기 및 제3기 암석에 산재되기는 하지만 팔방산호는 오늘날 중요한 초 거주자이다. 일부 친숙한 속들에는 알키오니움(*Alcyonium*, 연산호, dead men's fingers), 고르고니아(*Gorgonia*, 바다조름) 및 투비포라(*Tubipora*, 관산호, organ-pipe coral) 등이 있다.

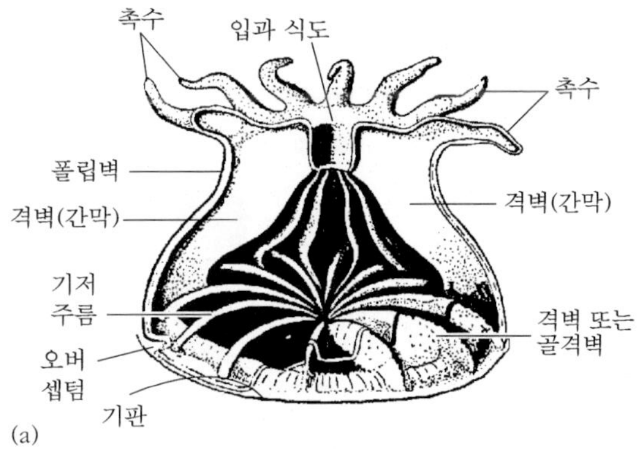

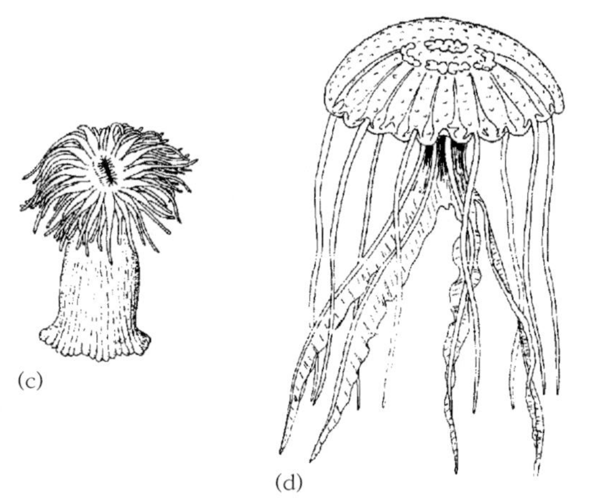

그림 11.18 주요 자포동물 몸체 체계들: (a) 일반화된 육방산호 폴립, (b) 일반화된 육방산호 군체의 부분, (c) 현생 말미잘, (d) 현생 해파리. (여러 자료에 근거.)

표 11.1 주요 산호군의 특징

형태	사방산호	판상산호	육방산호
성장 형태	군체형과 단독형	군체형	군체형과 단독형
격벽	6개의 초생격벽, 후에 단지 4 부분의 격벽	격벽은 미약하거나 없음	6개의 초생격벽, 후에 모든 6 부분의 격벽
판형	보통	잘 전개됨	없음
골격 물질	방해석	방해석	아라고나이트
안정성	불량	불량	기판을 보유하여 양호
생존시기	오르도비스기에서 페름기	오르도비스기에서 페름기	트라이아스기에서 현재

형태: 일반적 체계

말미잘류 산호 골격에는 네 개의 주요 구성 요소들이 있다. 수평과 축 구조들과 함께 방사상과 종축 방향 구조들이다. 산호는 **플라눌라 유생** 시기를 가진다. 플라눌라 유생 단계에 이어 산호 폴립은 초기에 기판 또는 **홀로테카**(holotheca)라는 원반에 놓이게 되고 방사상 배열을 하며 일련의 수직 분리 구조인 **격벽**의 분비를 시작한다. 그 주변에서 격벽은 격실이나 골격벽에 연결되고 산호의 **산호체**(corallum) 정부에서 폴립이 부착하는 **칼리스**(calice)까지 종축 방향으로 확장된다. 성장하는 동안 폴립은 약간 굴곡지거나 각진 판인 포말 조직(dissepiment)과 함께 일련의 수평판들인 상판(tabulae)을 분비한다. 보통 격벽의 축 능선의 접합부로부터 상승하는 **축주**(軸柱, columella)는 산호의 군체 중심부를 채운다. 수직벽인 격벽은 축주로부터 외부로 방사되는 형태를 취하고 산호 개체(corallite)를 분할한다. 산호 골격의 실제적인 단순성에도 불구하고 단독형과 군체형의 성장 과정에는 큰 변이가 있으며 그 최종 결과는 산호의 형태와 크기에 주목할 만한 배열로 나타난다.

돌산호의 주된 세 아강은 군체상 혹은 복합적 성장 모드를 보유한다. 반면에 육방산호와 사방산호만이 단독 골격을 가진다. 단독 성장형은 원추형, 세라토이드(ceratoid)형 혹은 뿔형, 칼세오이드(calceoid)형, 원통형, 원반형, 파텔레이트(patelate)형, 스콜레코이드(scolecoid)형, 트로코이드(trochoid)형 및 터비네이트(turbinate)형 골격을 포함한다(그림 11.19). 개체 산호를 가지는 군체산호는 파시큘레이트(fasciculate)형이나 괴

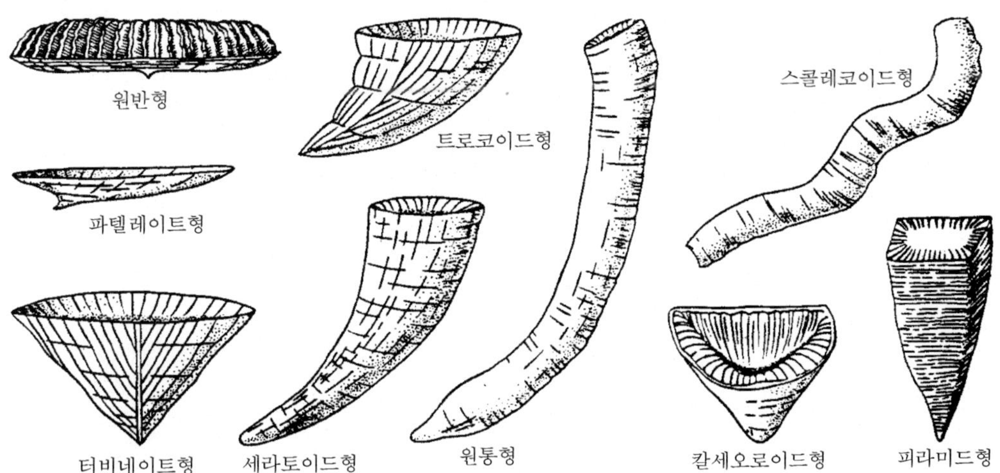

그림 11.19 산호의 단독성장의 주요 형태들의 용어. (*Treatise on Invertebrate Paleontolgy*, Part F. Geol. Soc. Am. Kansas Press로부터.)

상의 성장형을 채용한다. 파시큘레이트형은 집중성이 약하거나 없는 수지상이나 파셀로이드(phaceolid)형을 나타낸다. 할리사이티드(halysitid) 또는 사슬형의 사슬 모양 성장 방법은 이 패턴의 더욱 변화된 모습이다. 괴상 군체는 코에넨키말(coenenchymal)이나 코에네스토이드(coenestoid) 성장 과정에 수반하여 세리오이드(cerioid)형, 성형(星形, asteroid), 아프로이드(aphroid)형, 탐나스테로이드(thamnasteroid)형 및 곡류형(曲流形, meandroid) 같은 더욱 더 변화된 모습을 가진다(그림 11.20). 더구나 구멍이 없는 벽을 가진 군체는 파셀로이드형, 사슬형, 세리오이드형 및 곡류형 등을 나타낼 수 있으나 구멍 뚫린 벽을 가진 것들은 사르키눌리드(sarcinulid) 같은 일부 분류군에서 코에넨키말 구조들과 함께 단지 파셀로이드형과 세리오이드형만을 보유한다. 이들 성장 모드는 사방산호, 판상산호 및 육방산호에 걸쳐 다양하게 발전되었다. 그러나 곡류형과 히드노포로이드(hydnophoroid)형 모드는 중생대 동안에 발전하며 육방산호에 제한된다.

군체 집중화는 보통 개체성의 상실을 포함한다. 많은 생물은 단독 성장 모드로부터 무성생식적인 출아 모듈적인 형태를 거쳐 산호의 개체에 걸친 변이가 거의 없는 복합적 구조이며 완전히 집중된 군체 또는 **군체성장**(astogeny)으로의 전이를 나타낸다. 군체의 집중 정도는 보통 개체의 골격 부분과 연질 조직 사이의 응집 정도 및 각 형태 구성 요소들 사이에서 관찰되는 유형 범위에 의하여 측정된다. 확실히 집중이 별로 안 되거나 없는 파셀로이드형 모드에서 고도로 집중된 탐나스테로이드형과 곡류형(그리고 코에넨키말형의) 모드까지는 하나의 연계된 계열을 이룬다. 개체의 폴립은 더 이상 산호의 개체벽에 의해 분리되지 않고 하나의 공통 체강과 신경계를 공유하는 것 같다. 이것은 군체가 전형적인 다세포동물의 몸체 체계에 도달했음을 의미하는 고도의 집중을 시사한다. 이들 유

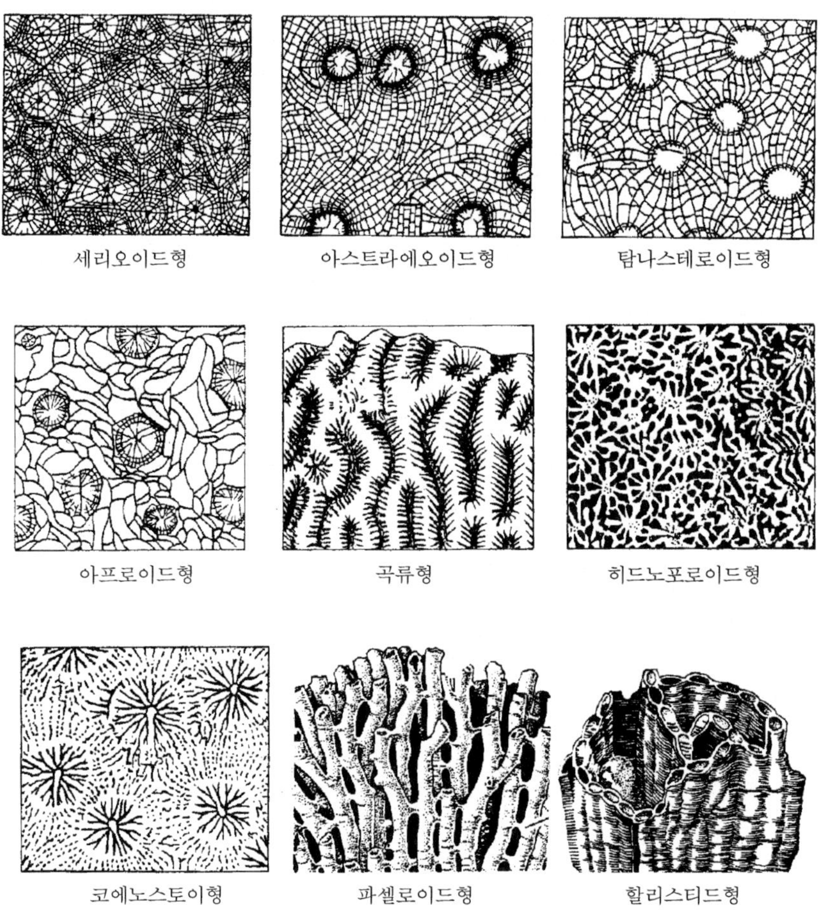

그림 11.20 산호의 군체성장의 주요 성장 모드의 용어. (여러 자료로부터 다시 그림.)

형은 시간에 따라 다양화하였다(그림 11.21).

육방산호는 그들이 공생하는 황록기생 조류를 보유하기 때문에 고도로 집중화될 수 있었을 것이다. 사방산호와 일부 판상산호 군체에서 보이는 상대적으로 저조한 수준의 집중화는 조류 공생자의 결여를 시사한다. 이에 관해서는 대단한 정도의 논란이 있어 왔다. 일부 사방산호는 사실상 고도로 집중화되었으며 높은 집중화가 반드시 황록기생조류의 존재와 수반되어야 하는가의 여부는 의문스럽다.

산호 전문가들은 군체 모습을 기재하는 데 역시 양적인 접근을 사용한다. 핵심적인 계측이 군체에 대해 작성되고 이것은 삼각도에 표시된다. 일련의 영역들이 삼각형 내에 표시될 수 있다—예를 들어, 구근상, 주상, 돔상, 판상 및 수지상 군체들이 식별된다(그림 11.22). 이들 다른 성장 방법은 흔히 주위의 환경 조건을 반영하는 생태표현형(ecophenotype)일 수 있다.

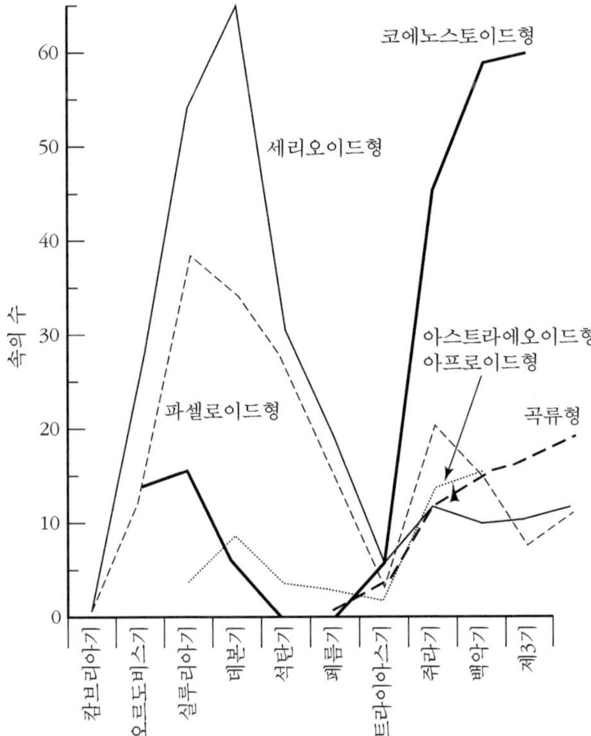

그림 11.21 현생누대를 통한 군체성 성장 모드 분포의 도식화 그래프. (Coates, A. G. & Oliver, W.A. Jr. 1973. ***In Animal Colonies: Development and function through time***. Dowden, Hutchinson and Ross의 자료에 근거.)

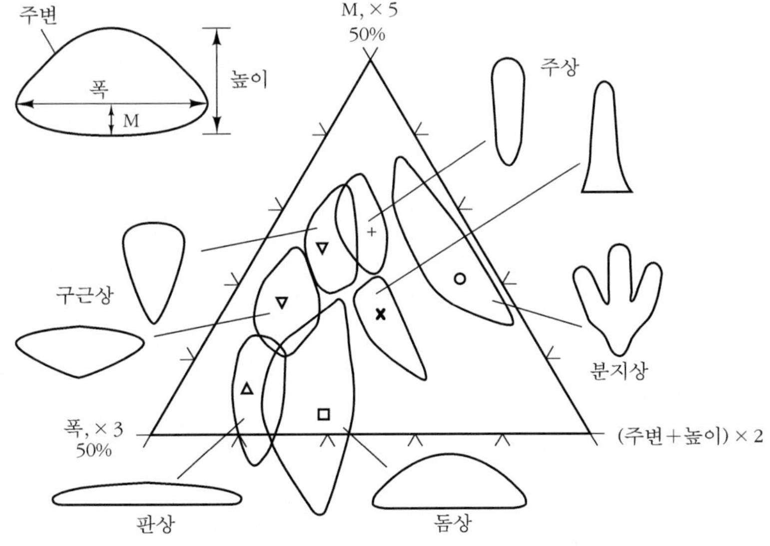

그림 11.22 군체산호의 모습에 기반을 둔 군체 성장 모드의 삼각 플롯. (Scrutton, C. T., 1993. *Courier Forschung Institute Senckenberg*, **164**의 자료에 근거.)

사방산호

사방산호는 일반적으로 판상산호보다 다양하고 군체와 단독 두 생활 모드를 다 보유하는 뭉툭한 방해석질 형태이다. 사방산호는 6개의 기본과 일차 격벽을 가진 잘 조직된 격벽배열을 가진다. 이차 격벽은 산호의 코랄룸 안쪽을 따라 있는 4 부분의 공간에 삽입된다—**기본격벽**(cardinal septa)과 두 개의 **익상격벽**(alar septa) 사이 그리고 두 측대응격벽(counterlateral septa)과 측방격벽(lateral septa) 사이에 삽입된다(그림 11.23a). 상판, 포말조직 및 **주변지대**(dissepimentaria) 같은 수평 구조들이 그 목 전체에 걸쳐 잘 전개된다. 짧은 이차 격벽을 가지고 주변지대가 없는 스트렙텔라스마(*Streptelasma*) 같은 확실한 사방산호들은 중기 오르도비스기까지는 보고되지 않는다. 후기 오르도비스기에 사방산

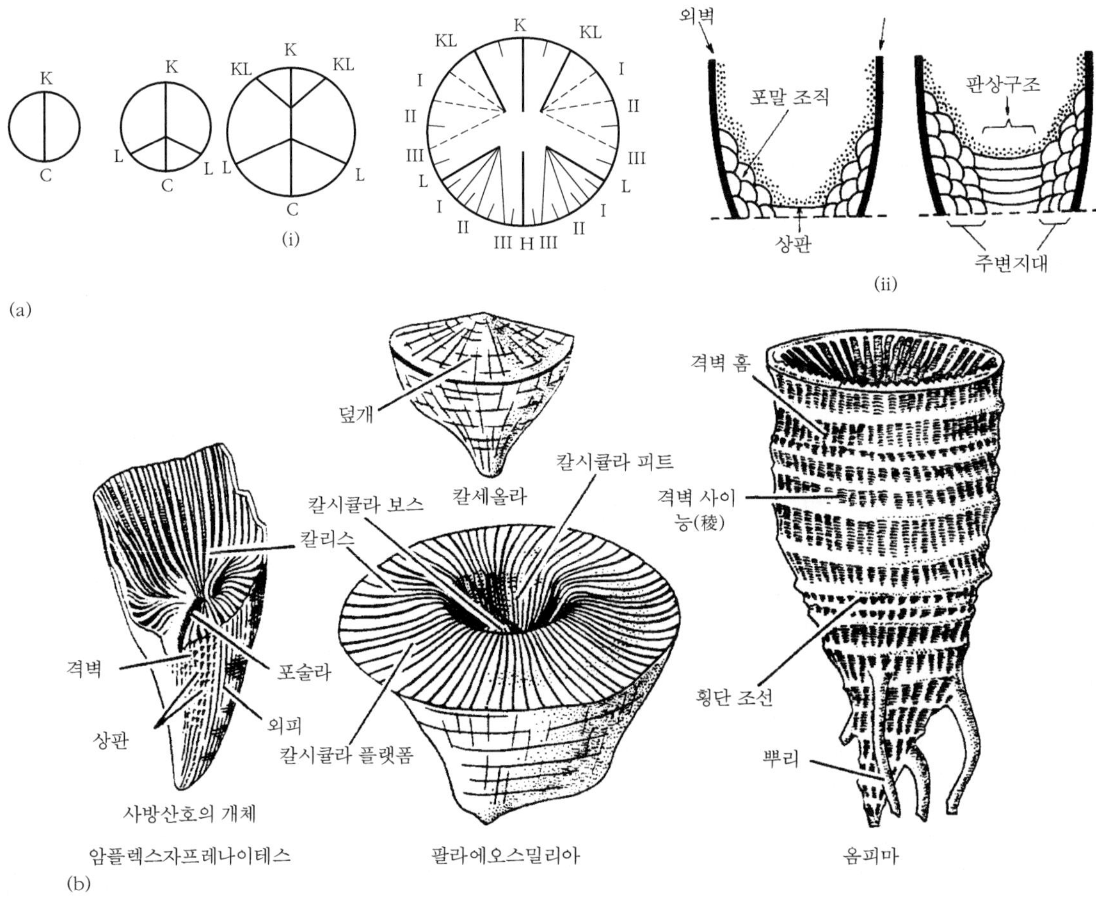

그림 11.23 (a) 단독 판상산호에서 격벽과 상판의 전개, (i) 수직적 분할부분의 세부 모습, (ii) 수평 구조의 세부모습; C=기본격벽, K=대응기본격벽, KL=측대응격벽, L=익상격벽. (b) 사방산호 형태: 다양한 단독 사방산호의 외형. (여러 자료에 근거.)

호 동물군은 광범위한 형태적 다양성의 전개와 함께 잘 정착하였다(그림 11.23b, 글상자 11.5). 예를 들어 실루리아기 고니오파일럼(*Goniophyllum*)은 깊은 칼릭스(calyx)를 가지는 피라미드형이었던 반면, 데본기 칼세올라(*Calceola*)는 반원형 덮개를 가진 슬리퍼 모습이고 복합형인 필립사스트레아(*Philipsastrea*)는 괴상의 아스트라에오이드(astraeoid)형 성장 모드를 보유하였다(그림 11.25).

글상자 11.5 사방산호의 생활 전략

사방산호 체제의 실제적인 단순성에도 불구하고 이 산호는 수많은 여러 가지 생존 전략을 추진했던 것 같다(그림 11.24). 예를 들어 도코파일럼(*Dokophyllum*) 같은 많은 산호들은 외피로부터 확장되는 효율적인 부착기관을 퇴적물 속에 뿌리박아 직립할 수 있었을 것이다. 홀로프라그마(*Holophragma*)와 같은 다른 분류군들은 단단한 바닥의 조각에 먼저 부착하였으나 이어서 해저에 착생하기 위해 옆으로 누운 상태로 되었다. 그레윙키아(*Grewingkia*)는 단단한 저층 영역에 교결(cement) 부착하였다. 그러나 작은 원반모양의 팔라에오사이클루스(*Palaeocyclus*)는 운동성이어서 촉수로 저층 위를 기었을 것이고, 아우로파일럼(*Aulophyllum*) 같이 강하게 굴곡된 많은 사방산호들은 위로 오목한 상태로 저층 위에 누웠을 것이다. 성공적인 성장 과정의 증가는 다소 수직적인 방향으로 되어 이 산호가 밖으로 계단모양을 이루게 했을 것이다. 많은 다른 단독 산호들을 유사한 테라스 모양 격실을 나타내는데, 이는 약한 난류나 폭풍 동안 산호의 군체의 쓰러짐에 대한 조정 과정에 수반된 성장 방향의 변화에서 비롯된 것 같다.

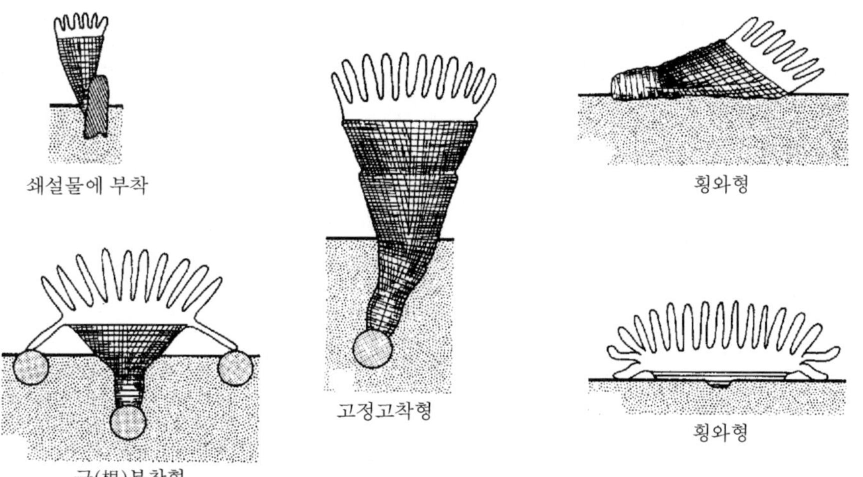

그림 11.24 부착, 고정고착형, 근부착형 및 횡와형 생활 모드를 보여 주는 단독 사방산호의 생활 전략. (Neuman; B. E. E. 1988. *Lethaia*, **21**에 근거.)

그림 11.25 사방산호들: (a, b) 아세르불라리아(*Acervularia*, 실루리아기)의 단면과 종단면, (c, d) 필립사스트레아(*Philipsastrea*)의 단면과 종단면, (e) 암플렉시자프레나이테스(*Amplexizaphrenites*, 석탄기), (f, g) 팔라에오스밀리아(*Palaeosmilia*, 석탄기). 배율은 약 ×2(a~d), ×3(e), ×1(f, g). 여기와 다른 곳에서 시대표현은 제시된 표품에 대한 것이며 그 분류군의 전체 층서학적 존속시기에 해당하지는 않음에 유의. (Colin Scrutton 제공.)

다양한 사방산호 동물군들은 석탄기 동안에 산출된다. 큰 뿔 모양에서 원통형의 카니니아(*Caninia*), 뚜렷한 주변지대(dissepimentarium)를 가지는 원통상 디부노파일럼(*Dibunophyllum*), 긴 원통상의 팔라에오스밀리아(*Palaeosmilia*), 그리고 작은 뿔 모양의 자프렌티스(*Zaphrentis*) 같은 단독 형태들은 석탄기 산호 군집 중 대표적인 구성원들이다. 보통 괴상의 세리오이드 성장형을 가지는 파셀로이드형의 론스달레이아(*Lonsdaleia*)와 리토스트로시온(*Lithostrotion*) 같은 파시큘레이트형은 국부적으로 흔한 종류였다. 그 목은 페름기 동안 단지 10과가 잔존할 때까지 감소하다가 페름기 말 집단사멸 시에 소멸하였다.

판상산호

이름이 시사하는 것처럼 판상산호는 잘 전개되는 상판을 보유한다(그림 11.26). 격벽은 보통 짧은 침으로 축소되거나 존재하지 않으며 포말 조직이 다양하게 전개된다(그림 11.27). 이 무리는 직립, 괴상, 시트상 및 사슬상 군체들과 수지상 형태 등 다양하다. 어떤 학자들은 헬리오리티드(helioitid)류 같은 일부 판상산호들은 자포동물이 아닌 것 같다

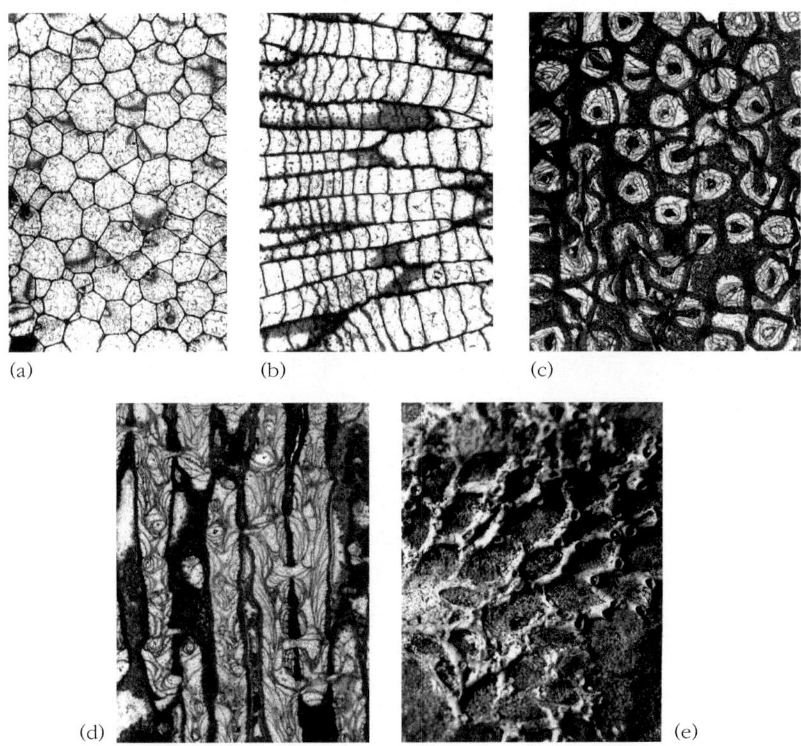

그림 11.26 판상산호들: (a, b) 파보사이테스(실루리아기)의 단면과 종단면, (c, d) 시린고포라(*Syringopora*, 석탄기)의 단면과 종단면, (e) 아우로포라(*Aulopora*, 실루리아기). (Colin Scrutton 제공.)

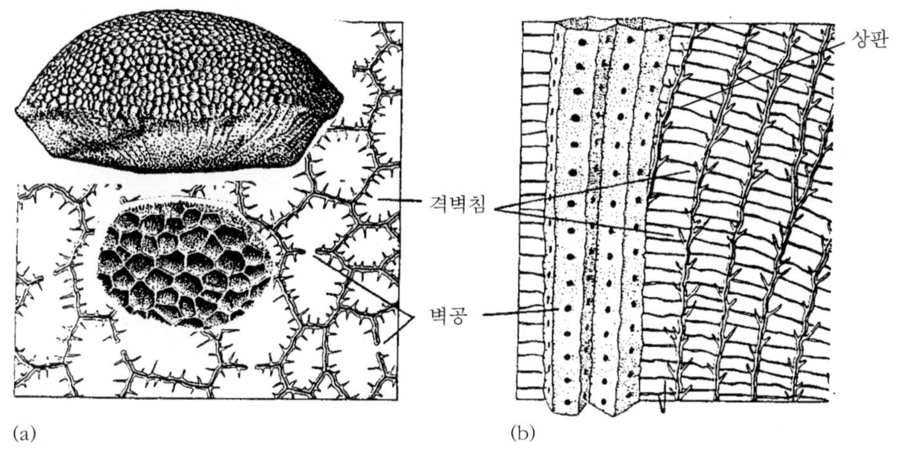

그림 11.27 판상산호 형태: (a) 파보사이테스(*Favosites*)의 횡단면과 (b) 종단면. (a) 삽입 그림은 전체 파보사이테스 군체의 측면과 상부면.

는 의견을 제시하기도 하였다. 실루리아기 판상산호에서 화석화된 폴립의 산출은 적어도 그들 중의 일부는 산호였다는 것을 분명히 밝히는 것이다. 보통 지름이 0.5에서 5mm 정도의 작고 신장된 산호의 개체를 가진 군체 또는 복합형 성장형만이 이 목에서 진화하였다. 판상산호는 아마 최초의 사방산호에 앞서 전기 오르도비스기에 처음으로 출현하였다. 리케나리아(*Lichenaria*) 같은 형태들은 다리윌리아(Dariwilia)조에서 같은 속의 제한적인 보고가 있지만, 미국의 트레마독(Tremadoc)절의 암석에서 기록된다. 카테니포라(*Catenipora*), 팔레오파보사이테스(*Paleofavocites*) 및 프로포라(*Propora*) 같은 판상산호들은 후기 오르도비스기 동안 광범위한 분포를 하게 되었다.

실루리아기 판상산호 군집은 세리오이드 산호의 개체를 가진 돔상의 파보사이테스(*Favosites*), 일련의 길게 연결된 원통상의 타원형 단면의 산호 개체를 가지는 사슬 산호인 할리사이테스(*Halysites*), 짧고 뭉툭한 격벽을 보유한 선 코랄(sun coral)인 헬리오리테스(*Heliolithes*) 등이 지배적이었다. 유사하게 독특한 판상산호들이 데본기를 특징지었다. 아우로포라(*Auropora*)는 태형동물 스트로마토포라(*Stromatopora*)와 비슷한 수지상의 피각형 군체를 포함한다(글상자 11.6). 큰 벽공과 가시 같은 격벽을 가지는 예외적인 플레우로딕티엄(*Pleurodictyum*)은 실제적으로는 공생하는 벌레인 하이세테스(*Hicetes*)

글상자 11.6 군체의 컴퓨터 복원

군체성 판상산호 아우로포라는 오랜 지질학적 역사를 가지고 있으며 주로 틈새를 메우고 완족류, 층공충 또 다른 산호를 피복하는 형태로 나타난다. 아우로포라는 두 방향으로 분기되고, 포복이나 바닥을 기는 생활 모드를 택했으며 먹이의 잠재적인 공급원, 예를 들어 완족류의 전연부(commissure)를 통과하는 입수류 같은 곳에 산호의 개체를 효율적으로 위치시켰다. 스크러튼(Durham 대학교)은 컴퓨터 기반 기술을 사용해서 삼차원적으로 자유 생활 동물들의 군체를 재구성했다(그림 11.28). 군체의 계열단면을 계수화하여 원래 병든 신장의 삼차원 모습을 형성하기 위해 절차에 따라 사용하는 소프트웨어를 가지고 미(微)-VAX 메인 프레임 상에서 조합하였다. 전체적으로 초기 산호의 개체의 발생과 군체의 성장이 이런 방법에 의해 상당히 자세하게 정립되었다. 데스크톱과 랩톱 마이크로컴퓨터의 발전과 함께 현재 그러한 모델링은 다소 일상적인 것이 되었다.

할리사이티드는 오르도비스기와 실루리아기에 우세했던 판상산호였다. 각 군체가 성장함에 따라 출아(出芽) 사슬이 무작위한 방향으로 진행하는 대신에 군체로 복귀하는 길을 찾을 수 있었다. 아마도 그들은 군체에 의해 생성되는 '페로몬'의 확산 영역 경사, 노폐 생성물 또는 영양분의 소실 등을 감지할 수 있을 것이다. 해머(Hammer, 1998)에 의한 시뮬레이션에서 '다(多) 플라눌라' 군체성장을 시뮬레이션(simulation)하여 새로운 초기 산호 개체들이 무작위적 위치로 추가되었으며, 확산대는 확산과 붕괴에 있어 수치적으로 미분방정식을 푸는 것에 의해 정립되었다.

다른 화석 시뮬레이션: http://www.blackwellpublishing.com/paleobiology에서 가능.

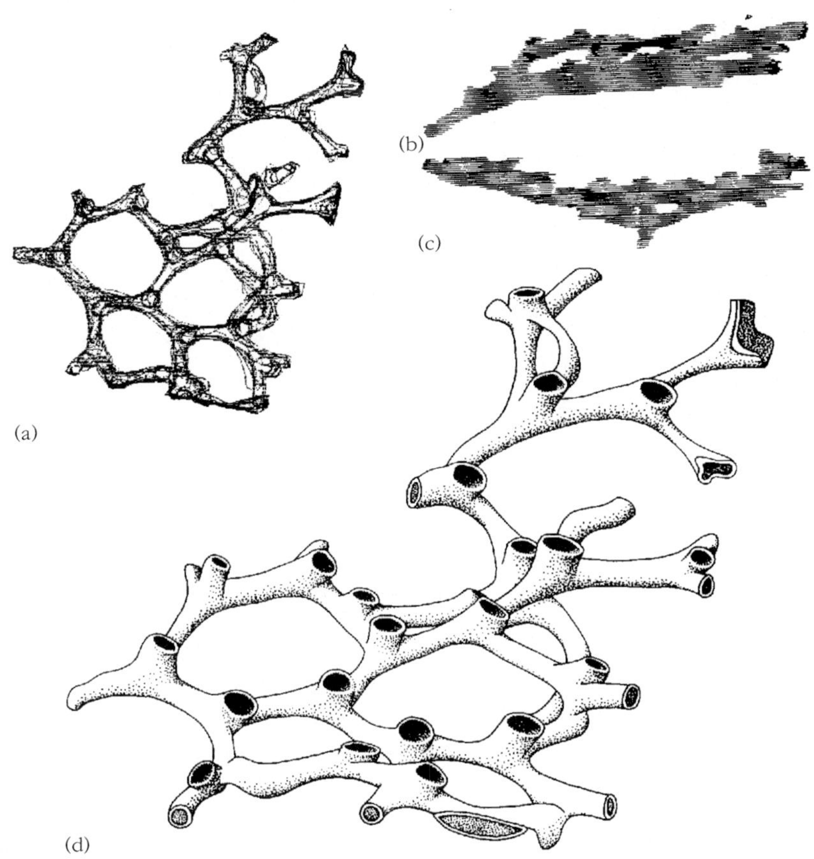

그림 11.28 아우로포라 형태: (a) 평면, (b) 하부측, (c) 초기 산호 개체 방향의 컴퓨터-생성 복원 모습, (d) 군체의 복원. (Colin Scrutton 제공.)

와 항상 공존하였다.

큰 괴상의 두꺼운 벽을 지닌 산호의 개체를 가지는 미켈리니아(*Michelinia*)와 얇고 긴 원통상 산호의 개체를 보유하는 파셀로이드형 시린고포라(*Syringopora*) 같은 석탄기 판상산호들은 이 기의 산호 동물군을 특징지었다. 후기 페름기에 이 무리들은 프라스니아(Frasnia)절의 사멸 후의 오랜 쇠퇴에 기인하여 크게 감소하였다. 단지 이 기 말에 5개의 과만 생존하였다.

육방산호

육방산호는 아라고나이트로 이루어진 상대적으로 가볍고 다공성인 우아한 말미잘류 산호이다(그림 11.29). 단독과 군체 모드 다 사방산호보다 훨씬 더 다양한 체제를 가지고 있다. 이차적인 격벽들은 초생격벽 사이에 있는 여섯 부분의 공간에 투입된다. 사방산호

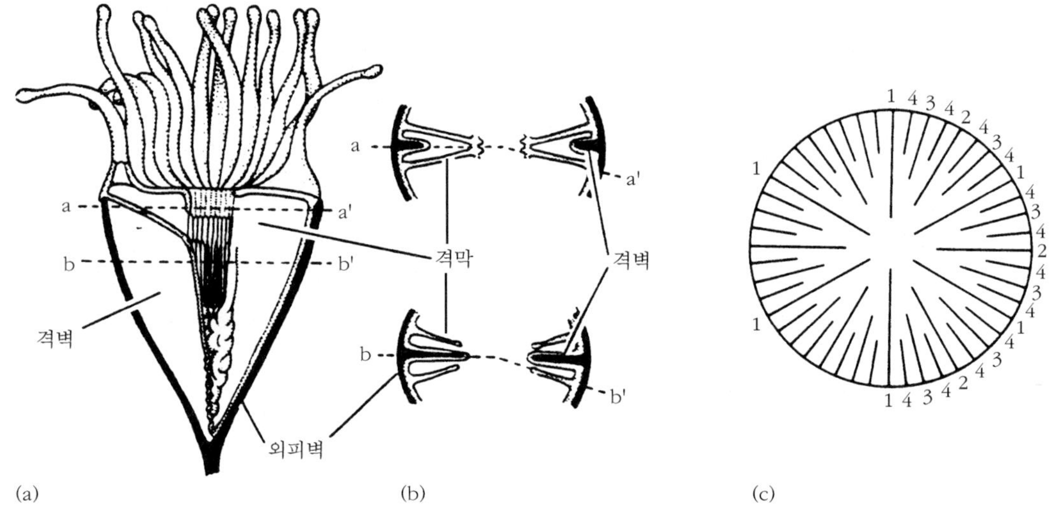

그림 11.29 육방산호 형태: (a) 종단면, (b) 횡단면, (c) 격벽 삽입 모드

의 격벽 추가와 더욱 다른 것은 6개의 각 투입 사이클이 다음 투입 시작 전까지 완전히 마무리된다는 것이다. 포말 조직과 주변구조는 전개되지만 상판은 없다. 더구나 상대적으로 가볍고 다공성이나 육방산호 골격은 저층에 대해 닻 역할을 하는 기판 때문에 안정성을 보유한다는 것이다. 부가하여, 육방산호 폴립은 자주 부착 구조 형성을 위하여 산호의 개체 밖으로 아라고나이트를 분비할 수 있다. 이러한 두 적응현상은 육방산호가 덜 안정적인 고생대의 사방산호와 판상산호에 비해 초 형성에 있어 훨씬 큰 잠재력을 제공하였다. 마지막으로 육방산호는 아라고나이트로 이루어진 특징적인 초미세 구조와 광범위하게 전개된 공육(共肉 coenosarc)을 보유한다. 육방산호형의 산호들이 캄브리아기와 오르도비스기에 출현했다고 알려졌지만(**글상자 11.7**), 최초의 육방산호는 유럽 전체에 빠르게 확산된 탐나스테리아(*Thamnasteria*) 같은 종류를 포함하는 중기 트라이아스기에 출현하였다.

육방산호는 광범위한 형태들을 발전시켰다(**그림 11.31**). 예를 들어 몬트리발티아(*Montlivaltia*)는 초기 쥐라기에서 백악기 사이의 흔한 작은 컵 모양의 산호이다. 테코스밀리아(*Thecosmilia*)는 중기 쥐라기에서 백악기의 비슷한 산호 개체들로 이루어진 수지상에서 파셀로이드형의 작은 군체산호이다. 괴상의 세로이드형인 이사스트라에아(*Isastraea*)도 비슷한 시기에 존재하였다. 육방산호는 현대의 해양에서 가장 우세한 초 형성 동물이며 보통 열대의 해양에서 다양한 체제의 초 구조를 형성한다.

글상자 11.7 킬부코필리다(Kilbuchophllida)와 반복적 골격화

육방산호가 고생대 기간 동안 오랜 운둔적 역사를 가졌는가? 산호 킬부코파일럼(*Kilbuchophyllum*, 그림 11.30a)은 남스코틀랜드의 중기 오르도비스기 암석에서 기재되어 적어도 산호 연구자들 사이에서는 큰 반향을 불러일으켰다. 킬부코파일럼은 격벽 삽입과 미세 구조가 현대의 육방산호와 동일했으며 동시기의 사방산호와 판상산호와는 아주 달랐다. 처음에 일부 고생물학자들은 이것이 지역적 변종으로 언급되었으나 그 종류의 개체들이 실루리아기에서도 역시 발견되었다. 킬부코파일럼이 육방산호의 기반군은 아니었던 것 같다. 그러나 확실히 골격화 잠재성을 지닌 연체의 말미잘 같은 다른 무리들이 이 산호 무리의 역사 초기 부근에 존재했었다. 사방산호와 판상산호가 마지막으로 사라졌던 페름기 말의 집단사멸에 뒤이어, 트라이아스기 동안 다른 육방산호 형의 석회화 현상이 또 다른 고도로 성공적인 석회화 산호 무리의 새로운 출발을 알렸다. 비슷하게 석회화된 육방산호 형 폴립들이 페름기에서 알려졌는데 이 골격형은 몇 번이고 다시 반복적으로 진화하였음을 시사하는 것 같다. 지안 광[Ho Xian-guang, 윈난(Yunnan) 대학교]과 동료들(2005)은 말미잘과 유사한 아르키사코필리아(*Archisaccophyllia*)를 캄브리아기 초기 쳉지앙(Chengjiang) 동물군에서 기재하였다(그림 11.30b). 이 생물은 고생대의 다양한 육방산호형 산호의 피각이 없는 폴립 무리 중의 하나일 가능성이 높으며 현대의 해양에서 가장 성공적인 초 형성자의 중생대 방산의 씨앗이 되었을 것으로 믿어진다.

군집생태: 산호와 초

사실상 모든 화석산호는 저서성이다. 현생의 육방산호에서는 두 종류의 생태학적 군집이 인식된다. **조초성의 산호**(hermatypic coral)는 **황록기생조류**(와편모조류)와 수반되며 공생관계를 유지하기 위해 투광대(photic zone)에 국한된다. 와편모조류와 자포동물 간의 공생은 산호뿐만 아니라 말미잘과 바다부채에서도 나타나 현존 자포동물에 널리 퍼져 있다. 황록기생조류는 자포동물의 촉수와 입에서 내부공생을 하며 이들은 골격 형성을 가속화시키고 자포동물을 도우며 약탈자로부터의 보호 목적으로 유기탄소와 질소를 전달해 주기 위해 영양분을 재활용한다. 조초산호는 높은 집중도를 보이는 작은 산호의 개체들로 된 흔한 다중계열 형태이다. 조류 공생을 하지 않는 **비조초 산호**는 보통 단독 생활을 하거나 크고 집중도가 불량한 산호의 개체들로 된 단일 계열 복합체이다.

어떤 학자들은 산호 형태가 화석 산호 군집에서 공생자의 존재를 예측하는 데 도움을 줄 수 있다고 제안해 왔다. 아마 많은 판상산호들은 황록기생조류형이었으나 사방산호는 그렇지 않은 것 같다. 넓은 관점에서 고생대의 사방산호와 판상산호 그리고 중생대와 신생대의 초형성과 비초형성 육방산호들의 대지(臺地, platform)와 분지(basin)군집들 간에는 나란한 병렬적 분포가 있었을 가능성이 있다.

초들은 지형적 중요성을 가진 생물학적 체제이다(**글상자** 11.8). 세 가지 주요한 구조적

(a)

그림 11.30 (a) 킬부코파일럼(*Kilbuchophyllum*)—오르도비스기 육방산호형 산호(거의 ×10). (b) 링굴리드 완족류, 새예동물 벌레와 키가 큰 원통형 해면과 수반된 아르키사코필리아(*Archisaccophyllia*). [(a)는 Colin Scrutton, (b)는 Xian-guang 제공.]

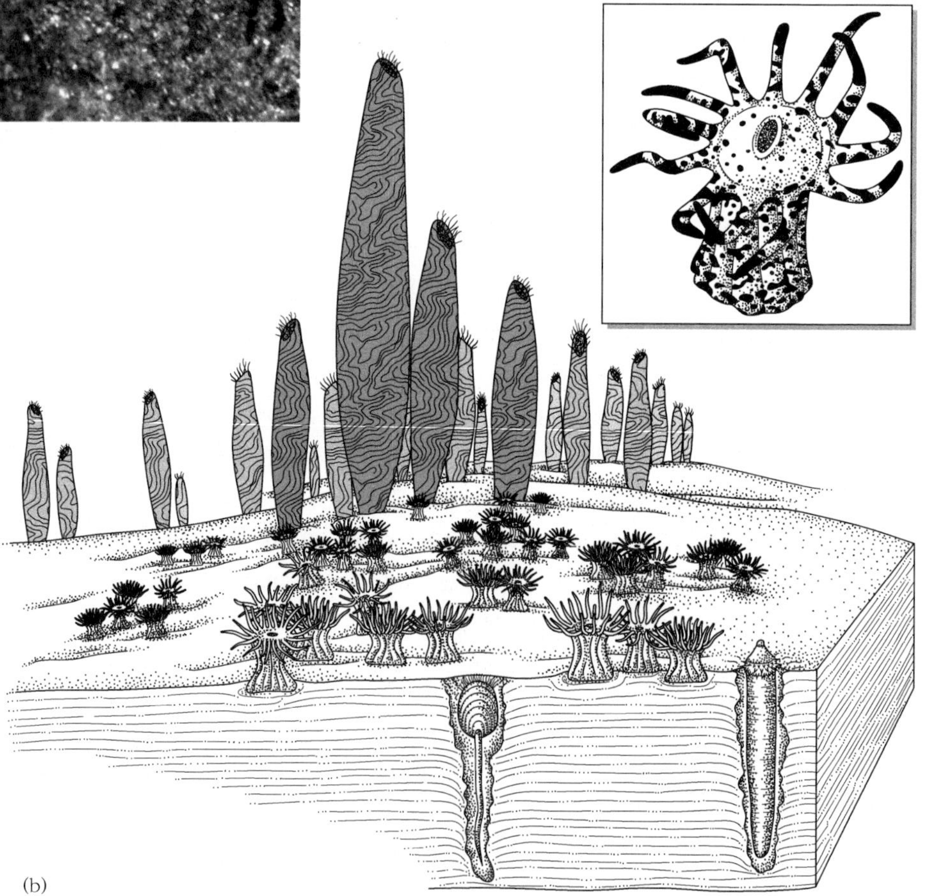

(b)

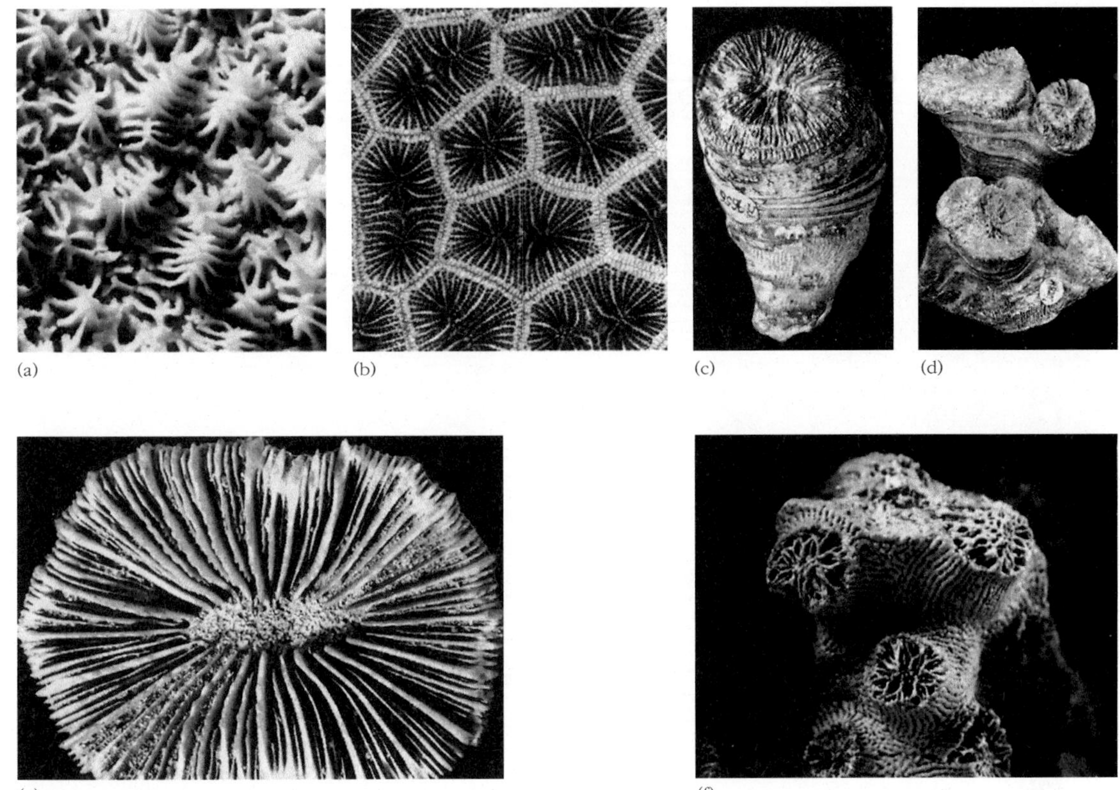

그림 11.31 일부 전형적인 육방산호: (a) 히드노포라(*Hydnophora*, 현대), (b) 가블론제리아(*Gablonzeria*, 트라이아스기), (c) 몬트리발티아(*Montrivaltia*, 쥐라기), (d) 테코스밀리아(*Thecosmilia*, 쥐라기), (e) 스코리미아(*Scolymia*, 마이오세), (f) 덴드로필리아(*Dendrophyllia*, 에오세). 모두 실제 크기. [Scrutton과 Rosen(1985)로부터.]

글상자 11.8 시간에 따른 초(礁) 형성

초가 바로 산호는 아니다. 지질시대를 통하여 전체 주요 모듈형 생물들은 이 중요한 탄산염 형성 장소가 부서져 대륙붕에서 더 깊은 바다로 자주 쓸려가면서, 이와 같은 석회질 구조 형성에 많은 공헌을 해 왔다(Wood, 2001). 초기 고생대의 천해 환경은 다양한 미생물, 태형동물, 산호 및 해면류(고배류와 층공충 포함)가 우세했던 반면, 중생대와 신생대는 육방산호에 의해 특징지어진다(그림 11.32). 시간을 통해 보다 제한된 환경은 고생대와 초기 중생대 동안의 스트로마톨라이트의 거주구역이었다. 이들은 예를 들어 초기 실루리아기와 초기 트라이아스기 같은 어떤 절멸 사건 후의 시간에 재난종들로 갑자기 등장했다. 후기 중생대와 신생대는 더욱 스트레스를 주는 기수와 고염수 서식 환경에서 갯지렁이와 굴의 초가 나타났다. 보다 심해 환경은 우연 공생종(비조초성)인 육방산호와 함께 침상 해면의 영역이 되었다.

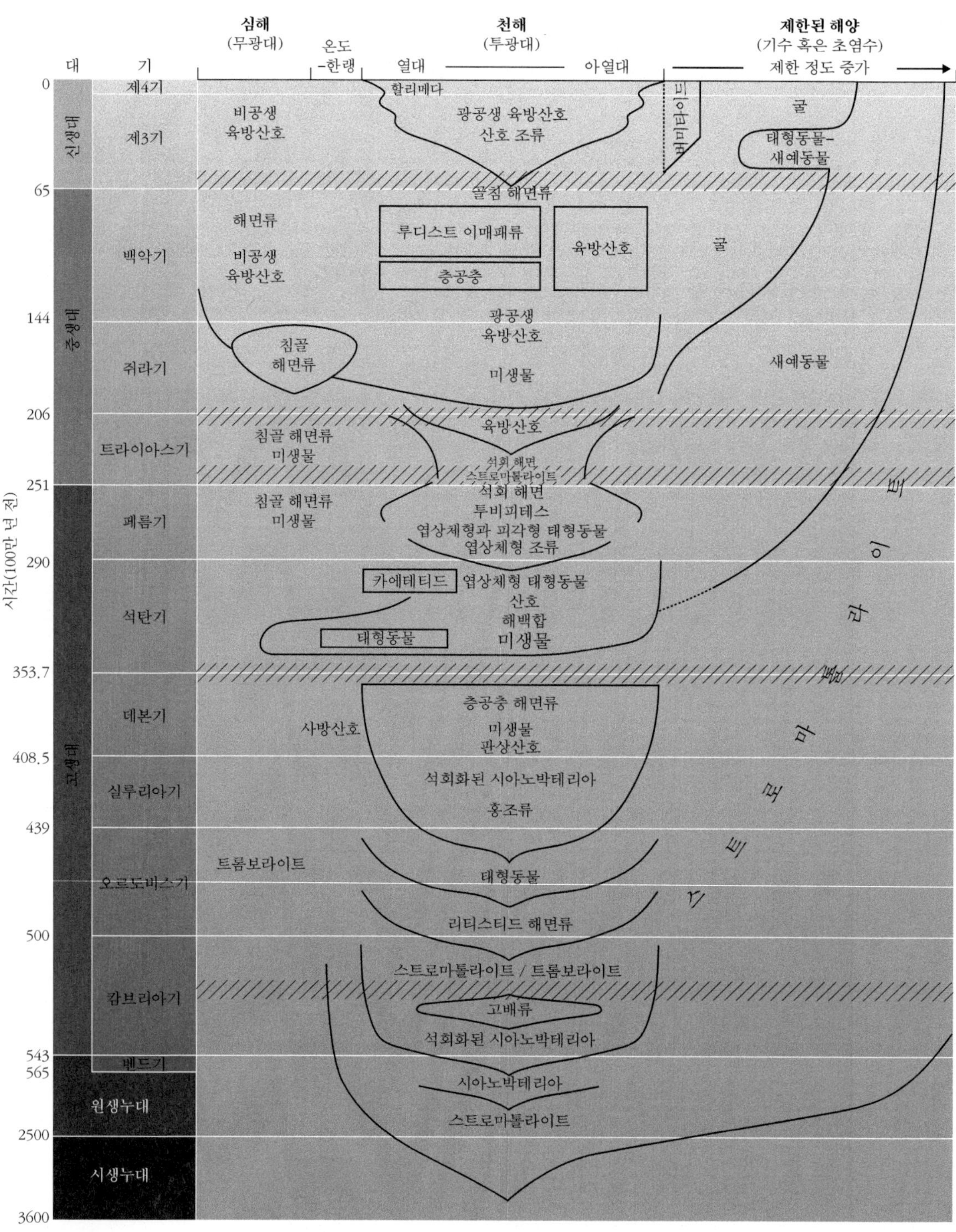

그림 11.32 시간에 따른 초 형성. [Wood(2001)로부터.]

형태가 열대 천해 해역에서 나타난다. (1) **거초**는 육지에 직접 접하여 전개된다. (2) **보초**는 사이에 석호(lagoon)가 있다. (3) **환초**는 완전히 석호를 포위하고 통상 화산성 기원이다. 환초는 결국 석호를 둘러싸는 단 하나의 보초가 남을 때까지 화산도가 침강하면서 성장을 계속할 것이다.

고생대 산호는 특별히 성공적인 초 형성자는 아니었다. 많은 산호가 견고한 저층을 선호했고 닻 역할과 안정성을 위한 목적의 구조들이 결여되었다. 석회조류와 층공충들이 통상 더 중요한 역할을 하였다. 그럼에도 불구하고, 군체성 판상산호에 의해 지배되었던 초의 형성 체제는 보다 덜 확장적이었던 사방산호에 비해 주로 중기 고생대 동안에 이루어진다. 후자에 나타나는 성장대는 우리에게 고생대 캘린더를 제공한다(글상자 11.9).

개척적이고 극성기에 이른 군집들이 수많은 실루리아기와 데본기 연계층들로부터 기재되었다(그림 11.34). 육방산호는 중생대와 신생대 동안 점차 우세한 초 형성자가 되었다. 현대의 산호초 군집들은 동오스트레일리아, 동태평양 및 카리브 해에서 상세히 언급되고 있다.

동오스트레일리아의 대륙붕 상의 대보초(Great Barrier Reef)는 길이가 3,000km, 폭이 300km에 달해 우주공간에서도 볼 수 있는 지구상에서 가장 최대 규모의 산호 구조물이다. 그것은 마이오세까지 거슬러 올라가는 오랜 구조이다. 그 산호초는 남위 9°에서 25°까지 연장되며 많은 다른 무척추동물들과 석회조류와 함께 여러 색깔의 육방산호로 구성된다. 초 전면의 퇴적층은 동쪽으로 회전하고 서태평양으로 향한다. 육지 쪽의 초 후면

글상자 11.9 산호와 지구 자전

시간의 흐름에 따라 지구의 자전 비율은 변화되어 하루가 더 길어졌다. 이 예외적인 발견은 산호 외벽 상의 생장대의 상세한 분석에서 얻어졌다. 잘 보존된 산호는 두터운 띠로 묶인 세밀한 생장선을 표시한다. 전자는 하루의 생장을 반영하는 것으로 생각되는 한편 후자의 띠는 달의 공전에 의해 제어되는 월별 생장 사이클에 해당한다. 보다 더 넓게 사이가 벌어진 띠의 세트는 연간 성장을 나타내는 것 같다. 전통적인 연구에서 코넬(Cornell) 대학의 웰스(John Wells)는 데본기 산호의 한 종류에서 생장선을 계측하였다(그림 11.33). 그리고 데본기 1년은 약 400일가량이었다고 시사하였다. 데본기의 하루가 짧았다고 하는 것은 지구의 자전 비율이 달의 중력적인 견인에 기인하여 감소하였음을 시사한다.

뉴올리언스(New Orleans) 대학교의 길(Ivan Gill)과 동료들(2006)은 이 내용을 더 심화시켰다. 주사 전자현미경과 후방산란 영상기법을 포함하는 더욱 정교해진 일련의 기법을 사용하여, 산호의 더욱더 정교한 미세 규모 띠들이 궁극적으로 단주기 기후 변화와 다른 이벤트를 집중 조명하는 지시자로서 사용하는 것이 가능하게 되었다. 더구나 이러한 형태의 띠 배열은 전체적으로 산호 안의 골격화의 상세한 기구(mechanism)와 시기에 관해 더욱 많은 정보를 해독할 수 있게 할 것이다.

그림 11.33 데본기의 띠를 가진 산호, 헬리오파일럼 할리(*Heliophyllum halli*, ×3). (Colin Scrutton 제공.)

석호는 동오스트레일리아를 따라 전개된다. 그러한 별자리 같은 초들이 실제로 화석 기록에서 인지될 수 있을까? 인접한 대륙의 캐닝(Canning) 분지의 상부 데본기 암석은 층공충과 마이크로바이오라이트(microbiolite)와 함께 석회조류, 판상산호 및 사방산호가 우세한 화석 보초를 포함한다. 초와 이에 수반된 생물상은 윈자나(Windjana) 계곡이 캐닝 분지의 북부 주변부의 수평에 가까운 지층을 절단하여 나타남으로써 상당히 자세한 분포도를 작성할 수 있게 되었다(그림 11.35). 석회조류, 산호, 층공충으로 된 층상이 아닌 핵 모양이 후면 초를 피복하였고 석호 환경은 완족류, 이매패류, 두족류, 복족류 등과 함께 석회조류, 산호, 층공충 및 해백합 등으로 채워졌다. 초의 전면은 급경사였고 초의 테일러스(암설)에 의해 흐트러져 있었다. 그러나 데본기 말의 사멸 사건 동안인 프라스니아절 말에 층공충과 함께 번성했던 사방산호와 판상산호 군집들은 소멸하였다. 이러한 유형의 초 생태계는 결코 복원되지 않았다.

분포: 시간에 따른 산호

어떤 산호와 비슷한 형태들이 캄브리아기로부터 기재되었지만, 대부분 전형적인 말미잘류 구조를 결여하고 있다. 예를 들어, 집중이 불량한 산호 개체 군집과 덮개를 가진 코토니온(*Cothonion*)은 아마 산호화로 향해 가는 캄브리아기의 실험이었을 것이다(그림 11.36). 최초의 판상산호는 세리오이드형 성장 모드를 가지고 초기 오르도비스기에 출현하였다. 상판은 희소하고 격벽과 벽공도 없었다. 그럼에도 중기와 말기 오르도비스기에 판상산호의 더 전형적인 특징들이 그들이 산호 동물군을 지배했을 때 진화하였다. 일부 학자들은 넓은 공유골(coenosteum)에 의해 서로 분리되는 산호의 개체들을 가지고 헬리오리티드를 판상산호목에서 분리하여 별도의 목으로 하였다. 이 종류들은 이미 오르도비

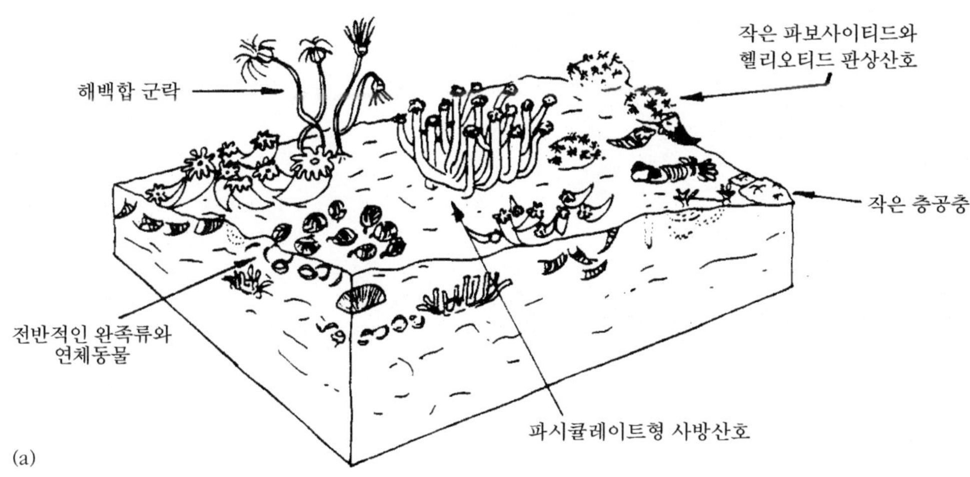

크고 판상에서 돔상의 파보사이티드와
헬리오티드 판상산호
다양한 해백합
세리오이드형, 성형,
탐나스테로이드형,
아프로이드형
사방산호
괴상 층공충
특정한 작은 종류에서
큰 종류까지의
완족류와 연체동물
(b)

그림 11.34 실루리아기와 데본기 초 체계에서 초 군락의 개척기 (a)와 극성기(b). (Copper, P. 1988. *Palaios*, **3**으로부터.)

스기에 번성하였지만 괴상의 세리오이드형 군체를 가진 파보사이테스의 보다 개방된 구조가 우세하기 시작했을 때인 초기 실루리아기까지 흔했다.

사방산호는 중기 오르도비스기에 나타났다. 이 목 전체에 걸친 많은 진화 경향은 서로 다른 과들에서 여러 번 반복되었다. 일반적으로 이 무리들은 페름기 말 사멸 이전에 더 복잡하고 무거운 골격을 가진 종류로 진화하였다.

최초의 육방산호는 말미잘류 중에서 여러 선조들로부터 유래되었다. 트라이아스기 분

(a)

(b)

그림 11.35 오스트레일리아 캐닝 분지의 데본기 초: (a) 주 노출면, (b) 윈자나 계곡. 전경의 전면 초 경사는 배경의 층상이 아닌 초 물질의 큰 덩어리이다. 그 초는 관찰자 쪽으로 전면 초 위를 전진한다. (Rachel Wood 제공.)

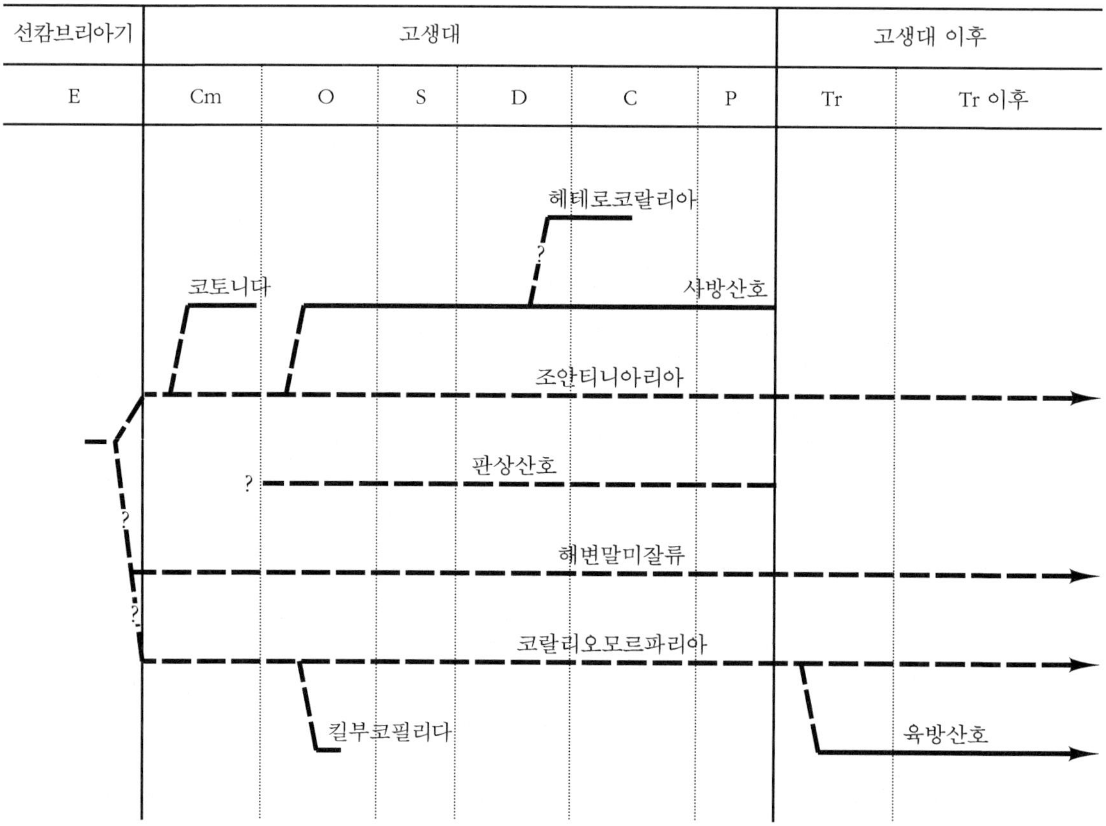

선캄브리아기	고생대						고생대 이후	
E	Cm	O	S	D	C	P	Tr	Tr 이후

헤테로코랄리아
?
코토니다
사방산호
조안티니아리아
판상산호
?
?
해변말미잘류
?
코랄리오모르파리아
킬부코필리다
육방산호

그림 11.36 주요 산호 무리의 층서 범위. 지질시대 기의 축약은 에디아카라기(E)에서 트라이아스기(Tr)까지 표준에 따름. [Clarkson(1998)로부터 재표시.]

류군은 테티스 벨트의 부분들에서 패치 모습을 형성했던 광공생(光共生) 관계를 이루었을 것이다. 그러나 이 무리는 천해와 심해 환경에서 각각 조초와 비조초 무리들의 방산과 함께 쥐라기 동안 크게 확산되었다. 육방산호 진화는 수많은 형태적 경향에 의해 표현된다. 단독 생활 전략은 파셀로이드형 같은 저수준 집중도에서, 현대 산호에서도 흔한 고수준의 곡류형 스타일에 이르기까지의 전이를 나타내는 군체산호의 우세에 의해 결국 대치된다.

산호는 실루리아기(판상산호)와 데본기(사방산호) 지층의 대비에 효과적으로 사용되었으나 석탄기 생층서에 가장 유용하다는 것이 잘 알려졌다. 1900년대 초, 본(Arthur Vaughan)은 벨기에와 영국의 하부 석탄기 산호의 분포에 대해 자세하게 연구하였으며 그들이 석탄기 생층서에 매우 큰 가치를 가지고 있다고 주장하였다. 산호는 매우 흔하고 널리 분포하며 보통 특징적인 모습을 지닌다. 그리고 유럽의 하부 석탄기에 잘 보존된다. 그러나 층서계열과 함께 코노돈트와 유공충 같은 미화석을 사용하는 석탄기 생층서에 관한 더 최근의 연구들은 산호의 산출이 시간의 흐름에 따른 암상(rock facies)에 의해 많이 제어된다는 것을 밝혔으며, 따라서 그들은 전 지구적인 대비에는 사용할 수 없다. 그럼에도 많은 산호들이 지역적 대비에 아직 유용하고 하부 석탄기 생층서(**그림 11.37**)는 보건의 선도적인 연구과 더욱 최근의 연구 기법을 바탕으로 개선되고 있다(Riley, 1993).

그러나 좌우 대칭동물들에서 일어나는 군집화는 유도된 것이었을까 아니면 더욱 논란이 되는 것처럼 원래의 상태였을까?(**글상자 11.10**).

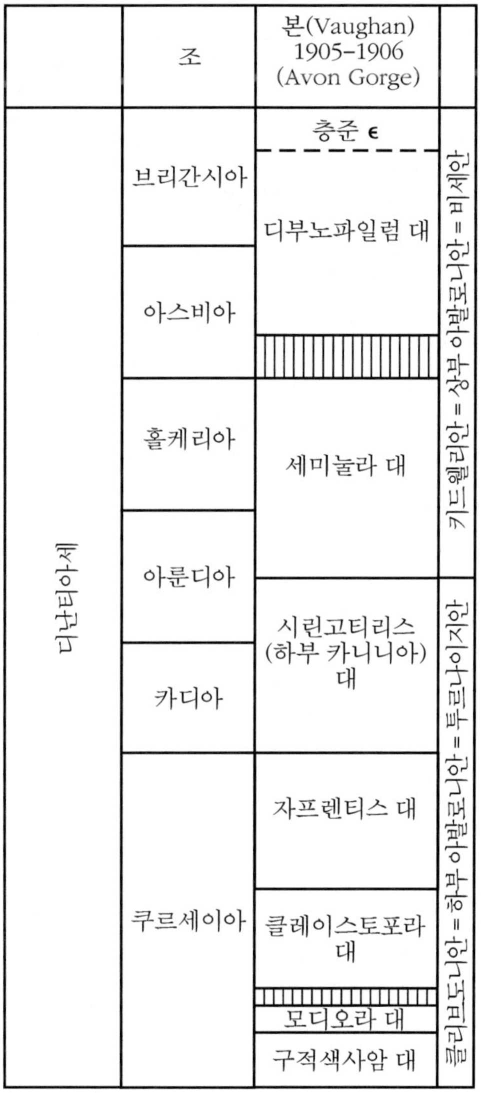

	조	본(Vaughan) 1905–1906 (Avon Gorge)	
디난티아세	브리간시아	층준 ε	키드웰리안 = 상부 아발로니안 = 비세안
		디부노파일럼 대	
	아스비아		
	홀케리아	세미눌라 대	
	아룬디아		
		시린고티리스 (하부 카니니아) 대	클리브도니안 = 하부 아발로니안 = 투르나이지안
	카디아		
	쿠르세이아	자프렌티스 대	
		클레이스토포라 대	
		모디오라 대	
		구적색사암 대	

그림 11.37 디난티아세(Dinantian)의 산호 생층서. (여러 자료로부터 다시 그림.)

⚜ 복습 문제

1. 겉으로 보아 해면은 치밀한 형태를 가진 무리처럼 보이나 현대의 분자 자료는 그들이 단일 계통이 아님을 시사한다. 주요 해면 종류들 사이에 사실상 이것을 뒷받침하는 형태적 차이가 있는가?

글상자 11.10 군체: 최초의 좌우 대칭동물의 근원은?

아마도 선캄브리아기 후기의 군체생물은 동물진화에 매우 중요할 것이다. 우리가 현재 보고 있는 복잡한 좌우 대칭동물들이 캄브리아기 대폭발 이전, 군체 구조에서 기원했다는 것이 가능할까? 듀얼[(Ruth Dewel), 애팔래치아(Appalachia) 주립대학, 부운(Boone)]은 군체 모듈의 개체화를 포함하는 모델을 개발하였다. 군체생물은 그들이 초유기체(superorganism)로서의 기능을 시작하게 됨으로써 집중화 정도와 내부 특화를 발전시키는 경향을 가진다. 이 모델에서 세 개의 몸체 영역과 상피로 경계되는 격실 구조를 보유하는 좌우 대칭동물의 특징, 예를 들어 좌우 대칭을 가진 생물은 자포동물과 좌우 대칭동물의 기반군을 형성할 것으로 보이는 바다조름목 팔방산호 같은 종류를 만들기 위해 복잡하고 집중된 자포동물 군체로부터 사실상 이탈할 수 있다(Dewel, 2000). 해면으로부터 자포동물로 다시 좌우 대칭동물로 가는 그녀의 모델은 그럴듯해 보인다(그림 11.38). 순전히 환상일까? 그러면 좌우 대칭동물 자체는 작고 복잡한 반면 초기 좌우 대칭동물의 외집단들은 왜 크고 단순했을까? 이것은 하나의 흥미 있는 가설이다. 그러나 그러한 가설은 격렬하게 검증되고 버려지게 된다.

2. 고배류는 초기와 중기 캄브리아기 열대를 지배했던 최초의 다세포동물 초 형성자 중의 하나이다. 그들의 초 군집은 그 이전의 원생누대 말의 나마포이케아의 생성물과 그 후에 우세하였던 산호와 층공충에 의한 것들과 어떻게 다른가?
3. 판상산호는 고생대 기간 동안 중요한 체계 구성 생물이다. 그들이 황록기생조류와 수반되었던 것을 시사하는 어떤 증거들이 있는가?
4. 아르키사코필리아와 킬부코파일럼 같은 비정형 자포동물은 산호 진화의 가능한 진로에 관해 우리에게 무엇을 이야기하는가?
5. 다세포동물 초는 초기 고생대 이래 해양 생태계의 중요한 부분이었다. 그러나 극단적인 스트레스가 가해진 기간 동안, 예를 들어 극심한 사멸 사건 직후 같은 때, 그러한 초들은 사라지고 지구는 일시적으로 '스트로마톨라이트 세상'으로 되돌아간다. 원생누대의 가장 특징적이었던 그와 같은 생태계가 다시 재정립될 수 있었을까?

⚜ 더 읽을거리

Clarkson, E.N.K. 1998. *Invertebrate Palaeontology and Evolution*, 4th edn. Chapman and Hall, London. (An excellent, more advanced text, clearly written and well illustrated.)

Rigby, J.K. 1987. Phylum Porifera. *In* Boardman, R.S., Cheetham, A.H. & Rowell, A.J. (eds) *Fossil Invertebrates*. Blackwell Scientific Publications, Oxford, UK, pp. 116–39. (A comprehensive, more advanced text with emphasis on taxonomy; extravagantly illustrated.)

Rigby, J.K. & Gangloff, R.A. 1987. Phylum Archaeocyatha. *In* Boardman, R.S., Cheetham, A.H. and Rowell, A.J. (eds) *Fossil Invertebrates*. Blackwell
Scientific Publications, Oxford, UK, pp. 107–15. (A comprehensive, more advanced text with empha-

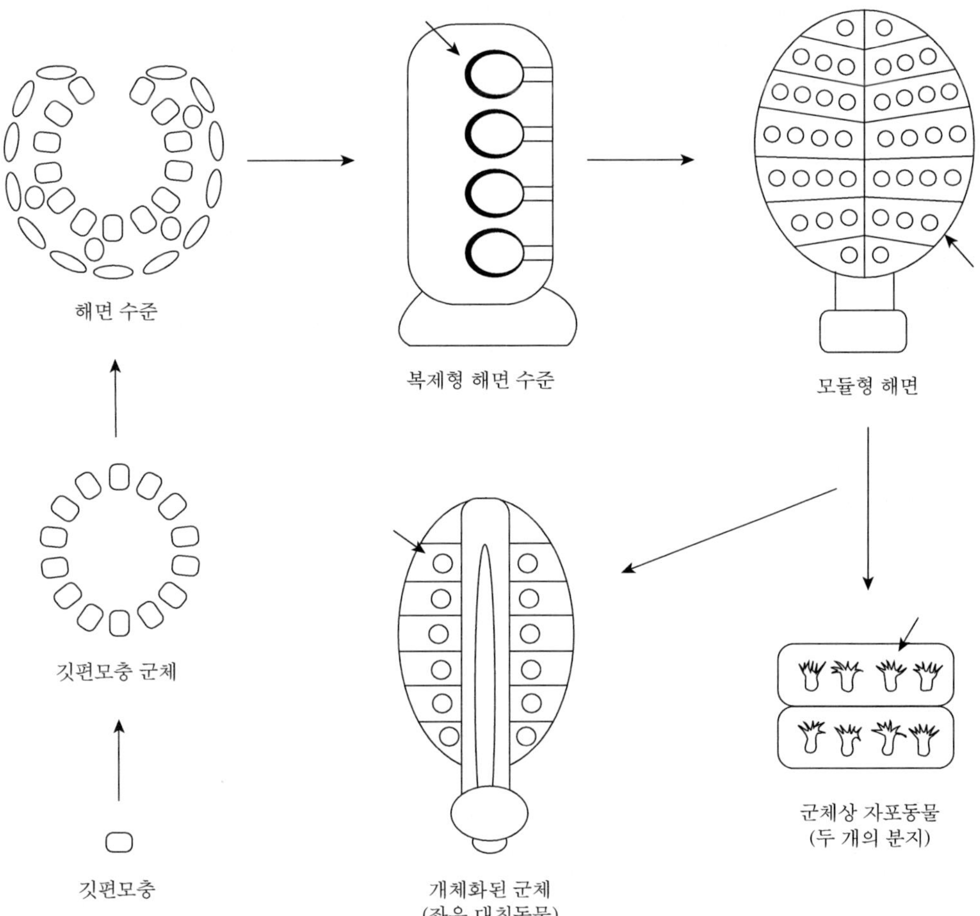

그림 11.38 군체가 좌우 대칭동물의 가능한 기원일까? 그 과정은 다기능 모듈(짧은 화살표)과 그들의 기능 형태에서 최종적인 자포동물과 좌우 대칭동물로의 이동에 수반되는 다세포화로의 발전을 포함한다. [Dewel(2000)로부터.]

sis on taxonomy; extravagantly illustrated.)

Rigby, J.K. & Scrutton, C.T. 1985. Sponges, chaetetids and stromatoporoids. *In* Murray, J.W. (ed.) Atlas of Invertebrate Macrofossils. Longman, London, pp. 3–10. (A useful, mainly photographic review of the group.)

Scrutton, C.T. 1997. The Palaeozoic corals, I: origins and relationships. *Proceedings of the Yorkshire Geological Society* **51**, 177–208. (First of two useful review papers.)

Scrutton, C.T. 1998. The Palaeozoic corals, II: structure, variation and palaeoecology. *Proceedings of the Yorkshire Geological Society* **52**, 1–57. (Second of two useful review papers.)

Scrutton, C.T. & Rosen, B.R. 1985. Cnidaria. *In* Murray, J.W. (ed.) *Atlas of Invertebrate Macrofossils*. Longman, London, pp. 11–46. (A useful, mainly photographic, review of the group.)

Wood, R. 1999. *Reef Evolution*. Oxford University Press, Oxford, UK. (Comprehensive overview of reefs through time.)

참고문헌

Debrenne, F. 2007. Lower Cambrian archeocyathan bioconstructions. *Comptes Rendus Palevol* **6**, 5–19.

Dewel, R.A. 2000. Colonial origin for Eumetazoa: major morphological transitions and the origin of bilateralian complexity. *Journal of Morphology* **243**, 35–74.

Gill, I.P., Dickson, J.A.D. & Hubbard, D.K. 2006. Daily banding in corals: implications for paleoclimatic reconstruction and skeletalization. *Journal of Sedimentary Research* **76**, 683–8.

Hammer, Ø. 1998. Regulation of astogeny in halysitid tabulates. *Acta Palaeontologica Polonica* **43**, 635–51.

Hou Xian-guang, Stanley, G.D. Jr., Zhao Jie & Ma Xiao-ya 2005. Cambrian anemones with preserved soft tissue from the Chengjiang biota, China. *Lethaia* **38**, 193–203.

Kershaw, S. 1990. Stromatoporoid palaeobiology and taphonomy in a Silurian biostrome in Gotland, Sweden. *Palaeontology* **33**, 681–706.

Riley, N.J. 1993. Dinantian (Lower Carboniferous) biostratigraphy and chronostratigraphy in the British Isles. *Journal of the Geological Society, London* **150**, 427–46.

Savarese, M. 1992. Functional analysis of archaeocyathan skeletal morphology and its paleobiological implications. *Paleobiology* **18**, 464–80.

Sperling, E.A., Pisani, D. & Peterson, K.J. 2007. Poriferan paraphyly and its implications for Precambrian paleobiology. *Special Paper Geological Society, London* **286**, 355–68.

Wood, R. 1990. Reef-building sponges. *American Scientist* **78**, 224–35.

Wood, R. 2001. Biodiversity and the history of reefs. *Geological Journal* **36**, 251–63.

Wood, R., Grotzinger, J.P. & Dickson, J.A.D. 2002. Proterozoic modular biomineralized metazoan from the Nama Group, Namibia. *Science* **296**, 2383–6.

Wood, R., Zhuravlev, A.Yu., Debrenne, F. 1992. Functional biology and ecology of Archaeocyatha. *Palaios* **7**, 131–56

제 12 장

나선동물 1: 촉수관동물

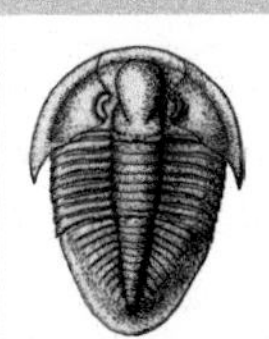

학습 키포인트

- 세 개의 촉수관 무척추동물군은 섬유상 섭식 기관인 촉수관(총담, lophophore)을 보유한다. 완족동물, 태형동물 그리고 추형(箒形)동물.
- 완족동물은 완과 해저에서 넓은 범위의 생활 전략을 위해 적응된 육경(肉莖, pedicle)을 지닌, 쌍각(雙殼) 조개류이다.
- 완족동물문은 현재 유기인산염 패각을 가지는 링굴리포르메아(linguliformea), 석회질 패각을 가지는 크라니포르메아(craniiformea)와 린코넬리포르메아(rhynchonelliformea)로 구분된다.
- 고생대 군집들은 일종의 뾰족한 나탑(螺塔,spire)을 소유한 형태들인 오르티드(orthid)와 스트로포메니드(strophomenid)가 지배적이었다. 린코넬리드와 테레브라튤리드는 낮은 다양도를 가진 고생대 이후 완족류 군집의 대표적인 종류이다.
- 완족류는 고생대의 여과섭식 저서생물의 우점종이었으나 페름기 말 집단사멸 동안의 손실로부터 번성도와 다양도 측면에서 완전한 복구를 할 수 없었다.
- 생존 완족류는 대개 운둔적이고 심해 서식을 하며 상대적으로 드물다.
- 태형동물은 광범위한 환경에 특징적인 비유전적 변이를 나타내는 완을 가진 군체성 무척추동물이다.
- 협후강(狹喉綱, Steolaemata) 종류는 고생대 태형동물 군집에서 우세하였으나, 단지 원구목(圓口目, cyclostome)만이 페름기 말과 트라이아스기 말의 집단사멸의 조합된 효과를 극복하였다. 원구목 종류가 백악기 말의 사멸 후 감소를 계속함에 따라 순구목(脣口目, cheilostome) 종류가 신생대 군집을 지배하면서 방산하였다.

우리는 폴리조아(Polyzoa, 태형동물)와 완족동물로 각각 알려진 두 무리의 동물을 의연체동물(Molluscoidea)의 명칭하에 두는 것을 고려해야 할 것 같다. 이들 두 무리는 많은 관점에서 서로 긴밀히 연계되어 현재 분류위치에서 한 쪽은 벌레에 다른 한 쪽은 연체동물에…

니콜슨과 라이데커(R.A. Nicholson & R. Lydekker)
***Manual of Paleontology*, 3판(1890)**

램프조개, 이끼벌레 그리고 관(tube)에 서식하는 드문 추형동물인 편자벌레들은 어떤 공통점을 가지고 있을까? 그들은 매우 다르게 보이나 이들 세 동물문인 완족동물, 태형동물, 추형동물들은 모두 **촉수관**이라는 복잡한 섭식기관과 서로 비슷한 체강을 소유한다. 그럼에도 추형동물은 이들에 매우 근접해 있거나 심지어 이 무리의 한 부분일 수도 있고, 태형동물은 더 먼 관계이기는 하지만 이들 세 종류 사이의 관계는 아직 완전히 해결되지 않았다. 우리의 이해 정도는 1890년 이래 크게 변화하지 않았으나 새로운 분자적 연구는 다음 10년 동안 이런 불확실성을 해결하는 데 도움을 줄 수 있을 것이다.

추형동물은 관에 서식하고 벌레와 유사한 촉수관동물인데 10종 정도가 기재되고 두 속 포로니스(*Phoronis*)와 포로놉시스(*Phoronopsis*)로 나누어진다. 이들 동물들은 광물화된 골격이 결여되어 있으며 거의 세계적인 분포를 하고 버로우나 보링 생활 방법을 추진한다. 이 문은 일부 학자들이 수직 버로우인 스코리도스(*Skolithos*)의 선캄브리아누대와 하부 고생대 기록이 추형동물의 활동일 가능성을 시사한 것처럼 의문스러운 지질학적 역사에도 불구하고 긴 기록을 가진다. 백악기 시석류 초(鞘, rostrum)들과 제3기 연체동물 패각의 천공(boring)으로 나타나는 생흔속(ichnogenus)인 탈피나(*Talpina*)는 추형동물에 의해 형성된 것 같다.

✲ 완족동물

> 어떤 완족류가 대단히 먼 지질시대로부터 약간만 변화하였고 어떤 육성과 담수성 패류가 알려진 한, 그들이 처음 출현했을 때로부터 거의 같은 모습으로 남아 있다고 하는 이 결론에 대한 어떤 타당한 이의도 없다.
>
> **다윈**(Charles Darwin)『**종의 기원**』(1859)

완족류는 번성도와 다양도 측면에서 가장 성공적인 무척추동물문들 중의 하나이다. 그들은 초기 캄브리아기에 처음 출현하였고 저수준의 부유물 섭식 저서성 생물로 번성하여 고생대를 통해 다양화되었다. 미세한 아크로트레티드(acrotretid, 마이크론 단위 길이)에서 괴상의 기간토프로덕티드(gigantoproductid, 거의 0.5m 폭)에 이르는 것과 같이 패각 형태와 크기에 있어 광범위한 다양성이 이 문을 특징짓는다. 완족류의 약 120속 정도만이 현재 생존하여 램프조개로 알려지나, 그들은 조간대에서 심해에 이르는 넓은 범위에 서식한다. 완족류는 전적으로 해성이며 한 쌍의 패각 내에 섬모를 사용하는 섭식 기관인 완(총담, lophopore)을 보유하는 좌우 대칭동물이다. **치아**(teeth), **치조**(socket) 및 **카디널 프로세스**(cardinal process) 같은 내부 구조와 다양한 근흔(muscle scar)들은 모두 섭식 과정 동안 두 패각의 개폐와 관련된다. 완족류는 고생대 동물군의 많은 고생태학적 연구의 대상이 되었는데 당시 그들은 개체수와 종수 측면에서 해저를 지배했던 생물이었다. 고생물지리에서 그들의 사용은 잘 알려져 있다(4장 참조). 그럼에도 완족류는 지역적인 생층서에 널리 활용되고, 실루리아기 동안 수많은 오르티데(orthide), 펜타메리데(pentameride), 린코넬리데(rhynchonellide) 계열 종류들이 세계적인 대비에 좋은 전망을 보여 준다.

현재 그들의 저조한 다양성에도 불구하고 각 수심에 걸쳐 있는 저층에 육경으로 부착하는 형태에서 보는 것처럼 실제로 아주 널리 분포한다. 고위도에서 완족류는 조간대에서 무려 6,000m가 넘는 수심의 분지 환경까지 분포한다. 그들은 캐나다, 노르웨이 및 스코틀랜드의 피오르(fjord) 지형과 남극과 뉴질랜드 부근의 바다에서도 가장 흔하다. 이매패류 털담치인 모디오루스 모디오루스(*Modiolus modiolus*) 상에서 자라는 완족류 테레브라튤리나 레투사(*Terebratulina retusa*)는 북반구에 널리 퍼져 있다. 그러나 열대에서 많은 종들은 초의 크레바스나 산호와 해면류의 그늘 같은 곳에 숨는 은둔 서식 장소를 물색하기 위해 크기가 작게 되어 있다. 성게 같은 약탈자 활동 범위 밖의 심해 환경에서 생존하는 큰 종류들은 새롭게 부착된 유생들이 풍부한 먹이 공급지 환경에서 섭식을 한다.

형태: 완족류 동물

완족류 연질부는 특수한 근육에 의해 개폐되는 두 개의 형태적으로 다른 패각들에 의해 덮여 있다. 이런 배열은 세 아문들—링굴리포르메아, 크라니포르메아, 린코넬리포르메아—에 걸쳐 형태적으로 변화한다(그림 12.1a~f, 글상자 12.1). 우측 패각이 좌측과 거울상 대칭인 이매패류에 반해서 완족류의 대칭면은 패각이 열리는 **전연부**(commisure)의 면에 대해 직각으로 패각을 절단한다. 두 패각 중 큰 것을 **복각**(ventral) 또는 **육경**(pedicle)각이라 한다. 많은 완족류에서 육질의 줄기인 육경이 이 각의 정부를 통해 뻗어 나와 다른 동물이나 저층에 부착한다. 육경은 두껍고 육질 줄기 같은 모습에서 정교하고 실 같은 타래 묶음에 이르기까지 다양하여 세립질 머드에 완족류를 고정시키는 닻 역할을 한다. 일부 사멸한 완족류는 육경을 발생 동안에 유실하여 자유 유영 생활, 해저 퇴적물 위에 누운 횡와 상태나 부분적으로 퇴적물에 묻힌 상태로 적응하였다. **배각**(dorsal) 또는 **완각**(brachial)편은 지지 구조와 함께 뻗는 먹이 수집기관인 촉수관(완)을 포함한다. 수많은 유형의 촉수관들이 진화하였다(그림 12.1g). 가장 초기 성장 단계인 **트로코로프**(trocholophe)는 유형보유적(幼形保有的, pedomorphic)인 미(微)완족류인 그위니아(*Gwynia*)에 남아 있는 불완전한 섬유상 고리이다. **시조로프**(schizolophe) 단계에서 두 번 접힌 외관이 전개되는데, 아마 많은 작은 크기 고생대 분류군들의 특징일 것이다. 더 복잡한 **플렉토로프**(plectolophe), **프티코로프**(ptycholophe), **스파이로로프**(spirolophe) 형태들은 유관절 완족류의 특징들이다.

링굴리포르메아(그림 12.1a, b)류는 양쪽 패각 사이에서 열린 구멍(foramen)을 통해 뻗는 육경을 가진 유기인산염질 패각을 보유한다. 그 패각은 플랑크톤을 섭식하는 유생형

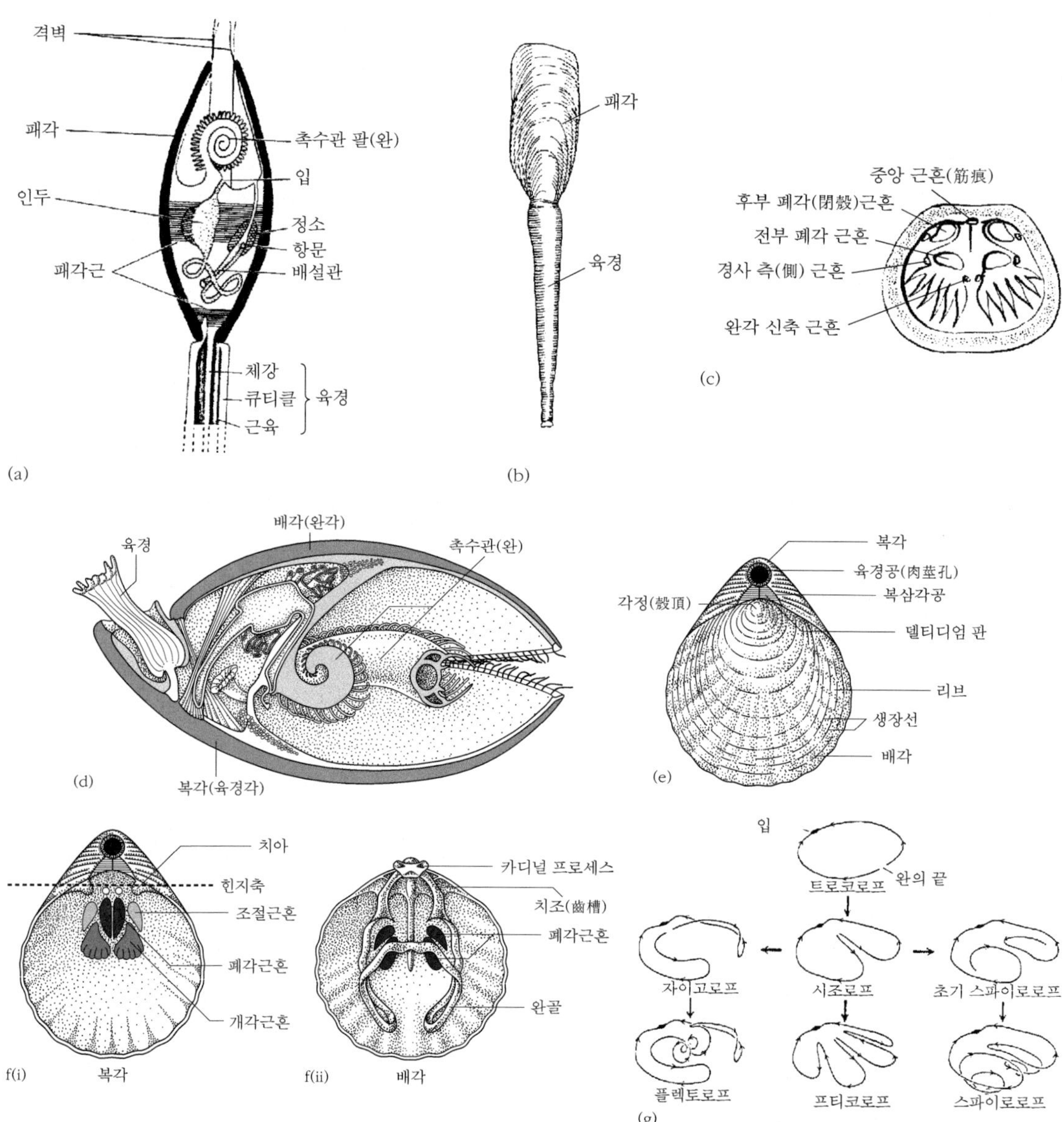

그림 12.1 완족류 형태: (a) 링굴리드류의 내부 형태, (b) 굴착성 링굴리드류의 외부, (c) 크라니폼 방해석의 내부 구조, (d) 테레브라툴리드의 내부 구조, (e) 대표적인 유관절 완족류의 외부 용어, (f) 테레브라툴리드의 양쪽 각의 내부 용어, (g) 완족류 촉수관(총담)의 주요 유형

인 **부유영양형 유생**으로부터 발전되며 소화관 말단에 항문이 있는 특징을 지닌다. 링굴리드류(lingulate)에서 패각의 개폐는 근육의 복잡한 체계에 의해 일어나며 육경은 양 패각 사이에서 뻗는다. 연질부가 뒤로 움츠러드는 것은 패각이 분리되게 힘을 가하는 공간 문

제를 일으킬 수 있다; 이 완은 연질부를 다시 전방으로 확장되게 하여 패각이 닫히게 한다. 파테리나류(paterinate)는 하부 캄브리아기 톰모시아조에서 출현하는 가장 오래된 완족류 무리이다. 유기인산염질 패각 때문에 다른 링귤리포르메아와 연관되기는 하지만 이 무리의 패각 구조는 아주 다르며 그 패각들은 진정한 **인터에어리어**(interarea), **복삼각공**(deltyrium), **노토티리엄**(notothyrium)을 보유한다. 그리고 사실상 기능적인 **개각근**(開殼筋, diductor) 체계를 가졌다.

크라니포르메아(그림 12.1c)는 크라니아(*Crania*)로 대표되는 형태들의 무리인 다양하나 아마도 단일한 것으로 보이는 계통을 포함한다. 그 패각은 **유기탄산염**으로 구성되고 이 동물은 유영저서성(nektobenthonic) 단계 동안 해저에 유생이 정착하고 그 후에 복부와 등쪽의 외투엽(mantle lobe)이 분리된다.

린코넬리포르메아(그림 12.1d~f)는 전연부를 따라 뒤로는 접번(蝶番, hinge), 앞으로는 개구부를 이루는 여러 형태의 불룩함을 가지고 섬유상의 이차적인 층을 포함하는 한 쌍의 방해석질 패각을 보유한다. 외투엽은 후면에서 접합되고 인터에어리어(interarea)가 형성된다. 그들의 주변부는 복각과 배각 사이의 접번을 이룬다. 분절(articulation)은 한 쌍의 복부 치아와 배부의 치조에 의하여 형성되고 패각은 서로 반대되는 개각과 폐각근에 의해 개폐된다. 대부분의 린코넬리포르메아류에서 패각은 복삼각공 영역에서 구멍을 통해 빠져나오는 육경에 의해 저층에 부착했다. 이 아문은 다섯 개의 강인 킬레아타(Chileata), 오보레아타(Oboleata), 쿠르토기나타(Kurtoginata), 스트로포메나타(Strophomenata) 및 린코넬라타(Rhynchonellata) 등이다. 초기 캄브리아기이긴 했지만 다섯 개 강 중에서 네 개가 존재했다. 그러나 나중의 두 개 강은 각각 1,500속과 2,700속을 보유하면서 현생누대 완족류 동물군의 대표적인 종류가 되었다.

완족동물은 부유영양형과 난황영양형 유생들을 다 보유한다. 부유영양형 단계는 플랑크톤으로 일부 시기를 보내는 가장 원시적인 것일 것이며 반면에 저서성으로 은둔하는 **난황영양형**은 적어도 두 번은 전개되는 것 같다. 이것은 확실히 완족류 확산에 있어 중요한 결론이다. 많은 링귤리포르메아류들이 널리 확산된 것은 아마도 난황영양형 유생을 보유했던 지역적인 린코넬리포르메아류에 반해 부유영양형 유생을 가졌기 때문으로 추정된다(그림 12.4).

완족류 패각은 모양이 매우 다양하다. 단일 종조차도 다른 목들의 외관을 닮는 경우가 있다. 예를 들어 미국 서부 산 후안(San Juan) 제도 부근의 테레브라탈리아 트랜스버사(*Terebratalia transversa*) 표본들은 해류의 강도가 증가함에 따라 스피리퍼(*Spirifer*)–아트리파(*Atrypa*)–테레브라튤라(*Terebratula*) 유형으로 변한다(그림 12.5). 더구나 스트로포메니드류 같은 수많은 완족류들, 특히 프로덕투스형 같은 종류는 해저에 부착하는 것에서 머드에 흩어진 상태까지의 개체 발생 과정 동안 모습과 생활 형태를 두드러질 정도로 바꾸는 것 같다.

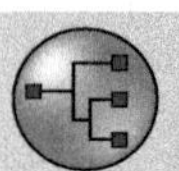

글상자 12.1 완족류 분류

최근의 계통 분류적 및 분자적 계통 분석은 완족동물문이 무관절과 유관절 강들로 나누어지는 전통적 분류가 타당하지 않음을 보여 주고, 그 대신에 세 개의 아문 링굴리포르메아, 크라니포르메아 및 린코넬리포르메아로 분류하였다. 모든 세 아문은 완전히 다른 몸체 체계와 패각 조직을 가진다(그림 12.2). 링굴리포르메아류는 유기인산염 패각에 의해 통합되는 다섯 개의 목을 포함한다. 크라니포르메아류는 형태는 크게 다르나 유기탄산염 패각을 보유하는 다소 다른 세 목을 포함한다. 대부분의 학자들은 14개의 유관절류 목들을 린코넬리포르메아류에서 인정하고 있으나, 카르디날리움(cardinalium)과 근육의 부착과 완의 지지에 수반되는 다른 내부 구조들의 형태적 특성에 기반을 두고 킬레이드류, 딕티오넬리드(dictyonellid)류, 오보렐리드류, 쿠르토기니드류를 포함하지 않는다. 최근 더욱 차이가 나는 종류인 킬레이드류, 오보렐리드류 및 쿠르토기니드류를 그 아문에 해당시키기기도 한다. 부가해서, 유관절류 분류군들은 델티디오돈트(deltidiodont, 단순형)와 크립토마토돈트(cryptomatodont, 복잡형)로 분류되었다. 전자는 오르티드와 스트로포메니드에 해당하는 반면, 후자는 나탑(螺塔, spire) 보유 종류에 포함된다.

계통 분류 기반의 연구는 세 개의 아문체제를 지지하는 이 문의 계통 분류적 체제를 발전시켰다(Williams et al., 1996). 그들을 정의하는 특성들은 패각 구조와 성분에 바탕을 둔다(그림 12.2). 이들 무리들 사이의 상호 관계는 캄브리아기 대폭발 시기에 출현하였던 많은 원시적인 유관절과 무관절 무리들 사이의 관계는 전체적으로 이 문의 기원과 함께하므로 아직 불분명하다(글상자 12.2).

윌리암스 등(1996)에 의한 모든 자료를 포함하는 데이터 매트릭스는 http://www.blackwellpublishing.com/paleobiology에서 열람 가능.

아문	목	핵심적 특징	층서 범위
링굴리포르메아	링굴리다 (Lingulida)	양 패각 사이에서 빠져나오는 주걱 모양 패각	캄브리아기에서 현재
	아크로트레티다 (Acrotretida)	군체상 복각을 가진 미세형, 배각은 판상	캄브리아기에서 데본기
	디시니다 (Discinida)	원추형 복각과 독특한 육경공을 가진 아원상 패각	캄브리아기에서 오르도비스기
	사이포노트레티다 (Siphonotretida)	침과 신장된 육경공을 가진 아원상의 양쪽이 불룩한 패각	캄브리아기에서 오르도비스기
	파테리니다 (Paterinida)	다양하게 전개된 인터에어리어를 가진 스트로픽(strophic) 패각	캄브리아기에서 오르도비스기
크라니포르메아	크라니다 (Craniida)	보통 복각으로 부착, 네 부분으로 된 근흔을 가진 배각	오르도비스기에서 현재
	크라니옵시다 (Craniopsida)	내부 플랫폼과 특징적인 동심원상 생장선을 가진 작은 난형 패각	오르도비스기에서 석탄기
	트리메렐리다 (Trimerellida)	흔히 플랫폼과 각정 강을 가지고 관절 구조가 없는 거대한 아라고나이트질 패각	오르도비스기에서 실루리아기

(다음 쪽에 계속됨)

아문	목	핵심적 특징	층서 범위
린코넬리포르메아	킬레이다 (Chileida)	관절 구조가 없으나 각정이 천공된 스트로픽 패각	캄브리아기
	딕티오넬리다 (Dictyonellida)	콜플랙스(colleplax, 삼각판)에 덮여진 큰 각정 개구부를 가진 양쪽으로 볼록한 패각	오르도비스기에서 페름기
	나우카티다 (Naukatida)	관절 구조와 정부공을 가진 양쪽으로 볼록한 패각	캄브리아기
	오보렐리다 (Obolellida)	원시적인 관절 구조를 가진 난형 패각	캄브리아기
	쿠토르기니다 (Kutorginida)	인터에어리어는 있으나 관절 구조가 없는 스트로픽 패각	캄브리아기
	오르토테티다 (Orthotetida)	두 번 접힌 카디널 프로세스를 가진 보통 교결화된 양쪽으로 볼록한 패각	오르도비스기에서 페름기
	빌링셀리다 (Billingsellida)	횡 치아와 단순한 카디널 프로세스를 가진 보통 양쪽으로 볼록한 패각	캄브리아기에서 오르도비스기
	스트로포메니다 (Strophomenida)	오목하고 볼록하며 보통 두 장으로 된 카디널 프로세스, 누운 생활 방법, 위소공을 가진 사엽층리상 패각 구조	오르도비스기에서 페름기
	프로덕티다 (Productida)	복잡한 카디날리엄을 가진 오목하고 볼록한 패각, 누운 상태나 바닥에 교결된 생활 방법, 자주 외부 침을 소유	캄브리아기에서 데본기
	프로토르티다 (Protorthida)	잘 전개된 인터에어리어, 원시적인 관절과 복부가 없는 스폰딜리엄	캄브리아기에서 데본기
	오르티다 (Orthida)	양쪽으로 볼록한 모습, 보통 단순한 카디널 프로세스, 자루형, 복삼각공과 노토티리엄이 개방됨	캄브리아기에서 페름기
	펜타메리다 (Pentamerida)	크루라와 스폰딜리엄이 다양하게 전개되는 양쪽이 볼록한 부리 모양 패각	캄브리아기에서 데본기
	린코넬리다 (Rhynchonellida)	다양하게 전개되는 크루라를 가지고 보통 양쪽으로 볼록한 부리 모양 패각	오르도비스기에서 현재
	아트리피다 (Atrypida)	등쪽 방향의 나선골과 다양하게 전개되는 관골을 가진 양쪽으로 볼록한 패각	오르도비스기에서 데본기
	아티리디다 (Athyridida)	통상 짧은 접번선과 후부 측방향의 나선골을 가진 양쪽으로 볼록한 패각	오르도비스기에서 쥐라기
	스피리페리다 (Spiriferida)	측방향 완골을 가진 넓은 스트로픽 패각, 점 모양의 오목한 부분이 있거나 없는 분류군 둘 다 존재	오르도비스기에서 쥐라기
	테시데이다 (Thecideida)	완능(腕稜)과 중앙격벽을 포함하는 복잡한 완골을 가진 작은 스트로픽 패각	트라이아스기에서 현재
	테레브라툴리다 (Terebratulida)	다양하게 전개되는 길거나 짧은 루프를 가진 양쪽으로 볼록한 패각	데본기에서 현재

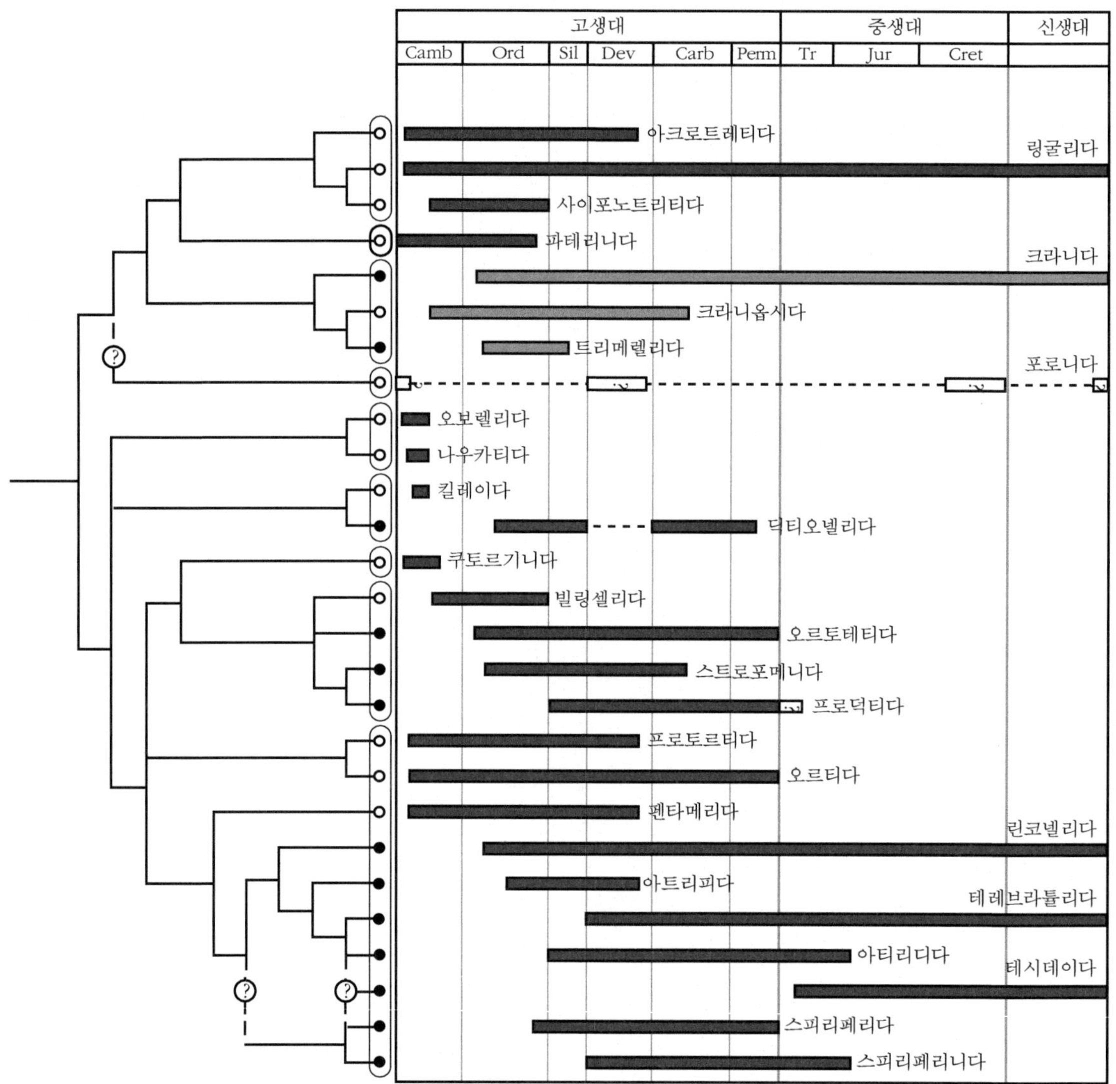

그림 12.2 완족동물의 분류와 층서적 분포. (Sandra Carlson 제공.)

초미세 형태: 완족류 패각

완족류 패각은 분류의 기본적인 중요성을 지닌 유기질과 무기질의 다층 복합체이다. 대다수 린코넬리포르메아 완족류의 패각은 세 층으로 이루어진다(그림 12.6). 외층(각피층, periostracum)은 유기질이고 직하에는 광물화된 일차와 이차층들이 있다. 이들 층은 먼저 젤라틴질 덮개가 형성되고 이어 유기질 각피층이 생성되며, 그 후 입상 방해석의 일차층 형성은 외투막의 생성대 내에 있는 세포들에 의해 분비된다. 이어지는 이차

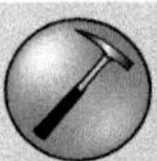

글상자 12.2 완족류 습곡(褶曲, fold) 가설과 기반군 완족류 탐색

이미 초기 캄브리아기에 일련의 다양한 완족류들이 연근해 환경에 서식하였다. 그러나 우리는 그들의 선조를 어디서 찾을 수 있으며 어떤 종류의 동물을 탐색해야 할까? 많은 학자들은 원시형 완족류는 아마 인산염질이고 사실상 링굴라(*Lingula*)와 비슷한 형태로 후기 선캄브리아누대에 출현했을 것으로 가정하고 있다. 그러나 그 종류가 버로우 거주 고착성 생물에서였을까 아니면 활동성의 민달팽이 비슷한 선조였을까? 닐젠(Claus Nielsen, 코펜하겐 대학)에 의하여 무관절 완족류 네오크라니아(*Neocrania*)의 초기 발생에 대한 주의 깊은 연구가 약간의 흥분되는 실마리를 던져 주었다. 개체발생 동안 배(embryo)는 실제로 양 끝에서 움츠러든다(그림 12.3). 결과적으로 배는 뒤쪽 끝이 동물의 배면(또는 각)이 되며 앞쪽 끝은 복부면이 된다. 나중에 완족류 습곡 가설(Cohen et al., 2003)로 불리는 이 과정은 완족류가 어떻게 전방과 후방 말단에 패각을 가지는 벌레와 유사한 편평한 동물로부터 진화할 수 있었을까에 대한 한 멋진 모델을 제공한다. 그와 같은 가능한 선조를 찾는 데 주의를 기울여야 한다. 예를 들어, 할키에리아(*Halkieria*)는 앞쪽과 뒤쪽 끝에 패각을 가지나 이는 연체동물이다. 그러나 미크리나(*Micrina*)와 미크위치아(*Mickwitzia*) 같은 조개들은 민달팽이 같은 기반군 완족류에 속할 수도 있다. 그 수수께끼는 예외적으로 잘 보존된 화석이 발견되었을 때에만 해결될 수 있을 것이다.

층은 보다 두껍고 섬유상 방해석으로 구성되는데, 일부 완족류에서는 주상의 삼차층까지 분비된다. 이와 같은 기본 틀에는 많은 변이들이 있다. 예를 들어, 링굴리포르메아류는 패각 조직의 부분으로 인산염질을 포함한다. 린코넬리포르메아류 완족류 패각은 저마그네슘 방해석으로 구성된다. 이 패각은 이차층에서 섬유상, 엽층상 또는 교차 면도날형 엽층 패각 조직을 가질 수 있다. 나노 크기의 초미세적 연구에서 광물 조직 자체는 특별한 생태적 중요성을 의미할 수 있다. 진주모(mother-of-pearl)처럼 준진주 방해석질 종류는 해저에 직접 교결 부착할 수 있으나 섬유상 패각을 가진 종류는 그럴 수 없다(Pérez-Huerta et al., 2007). 많은 패각들은 **외투막**(ceca)의 손가락 같은 확장부를 가지는 생활과정에서 소공(punctae)에 의해 천공된다. 그 기능은 불확실하나 그들은 완족류 연질 조직의 양을 증가시킨다. 일부 스트로포메네이트류(strophomenates)는 패각 조직 내에 내재된 가는 경사진 방해석 기둥인 탈레오라에(taleolae)를 가진 위소공(爲少孔, pseudopunctae)을 보유한다.

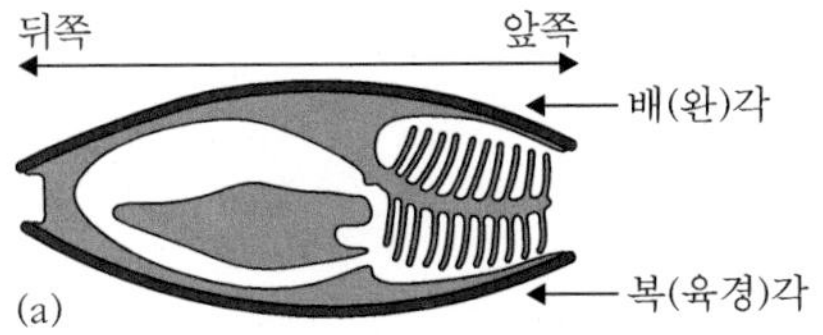

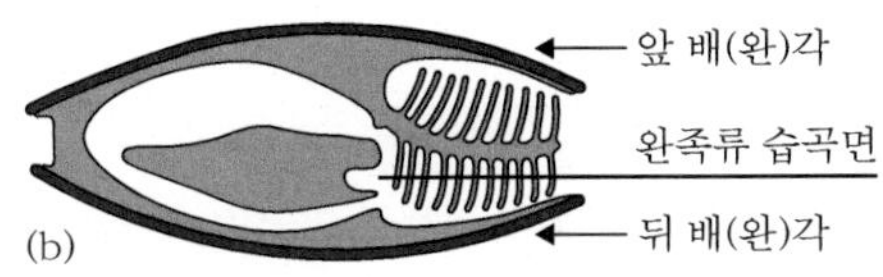

그림 12.3 (a) 상부 배각과 하부 복각을 가진 전통적 몸체 체계. (b) 완족류 습곡 가설 체계는 완각이 앞쪽 각이고 육경각은 뒤쪽 각이다. 양자는 전에 그 동물의 배면 상에 있었다. [Cohen 등(2003)으로부터].

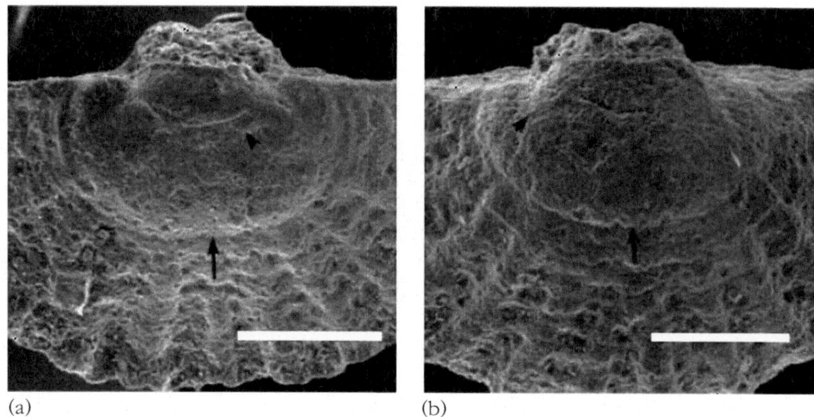

그림 12.4 완족류 유생. 완족류 옴니엘라(*Omniella*)의 복각(a)과 배각(b). 검은 화살표는 유생 각의 전방 확장을 지시한다. 축척, 200㎛. [Freeman과 Lundelius(2005)로부터.]

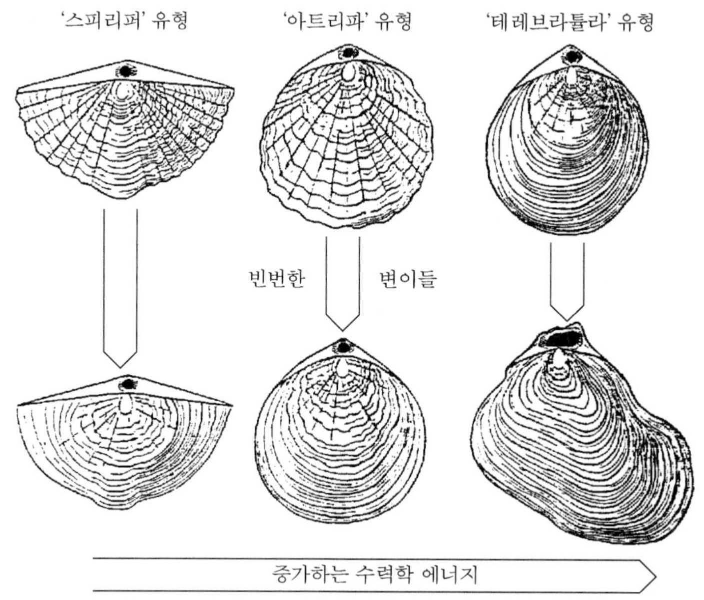

그림 12.5 수력학적 조건의 변화와 연관되는 산 후안 제도로부터의 테레브라탈리아(*Terebratalia*)의 형태적 변이들. [Schumann(1991)으로부터.]

상대적으로 안정한 완족류 패각물질은 패각의 분비에 관한 것뿐만 아니라 퇴적시기의 환경 조건에 대해서도 많은 것을 말해 줄 수 있다. 완족류 패각의 결정 격자 내의 동위원소 비는 자주 화학원소(해양 또는 육성)의 기원과 해수의 온도 및 염도에 의해 제어된다. 탄소, 산소, 스트론튬 동위원소들은 특히 유용하다. 안정동위원소 ($\delta^{13}C$, $\delta^{18}O$ 및 $^{87}Sr/^{86}Sr$)

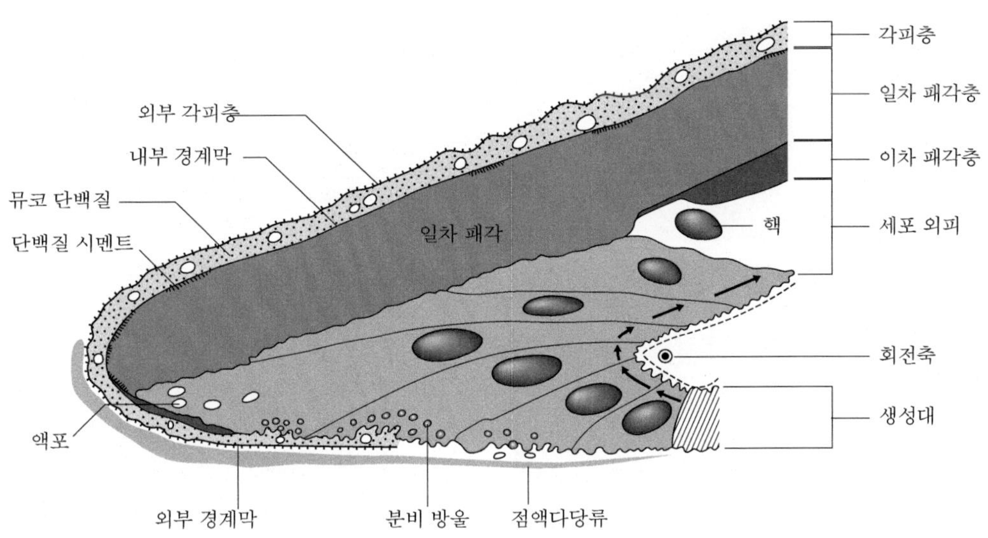

그림 12.6 노토사리아(*Notosaria*) 주변부에서의 패각 분비. (Williams, A. 1968. *Lethaia*, **1**에 근거.)

로 분석된 북아메리카, 스페인, 모로코, 시베리아, 중국 및 독일의 데본기 완족류들은 칼레도니아 조산운동(Caledonian Orogeny)의 종료(담수의 제한된 유입에 기인한 $^{87}Sr/^{86}Sr$ 비의 감소), 바리스칸 조산운동(Variscan Orogeny) 중의 융기(담수의 증가된 유입에 의한 $^{87}Sr/^{86}Sr$ 비의 증가) 및 양의 $\delta^{13}C$ 표시값에 의해 지시되는 탄소 매몰의 증가 비율과 함께 데본기의 기후 온난화(음의 $\delta^{18}O$ 표시값) 등에 관한 많은 새로운 자료를 제공하였다(van Geldern et al., 2006).

시간에 따른 분포: 사멸과 방산

캄브리아기, 고생대, 현대의 완족류는 서로 다른 목들의 우세에서 보는 것처럼 기본적인 차이가 있다. 일부 핵심 종류는 **그림 12.7**과 같다. 캄브리아기 동물군은 킬레이드류, 나우카티드류, 오보렐리드류, 쿠르토기니드류, 빌링셀리드류, 프로토르티드류, 오르티드류 및 펜타메리드류 같은 이질적인 유관절 무리와 함께 일련의 무관절 무리에 의해 지배되었다. 이 완족류는 느슨한 구조의 근해 고군집(paleocommunitie)의 구성원이었다.

오르도비스기 방산 동안 델티디오돈트 오르티드류와 스트로포메니드류가 동물군을 장악했다. 이들은 처음 초기 오르도비스기 도서 복합체 부근에서 진화하여 대륙붕 저서생물의 우점종이 되었으며, 거기서 그들은 약간 먼 바다로 진출하기 시작했고 탄산염 마운드 주변에서 다양화하였다. 이 군락들이 고생대 완족류 동물군의 기반을 이룬다.

완족류는 회복과 다양한 정도의 방산이 뒤따르는 다섯 번의 주 사멸 사건을 겪었다. 오르도비스기 말의 사건은 빙하작용을 배경으로 두 페이스로 일어났으며 거의 80%의 완족

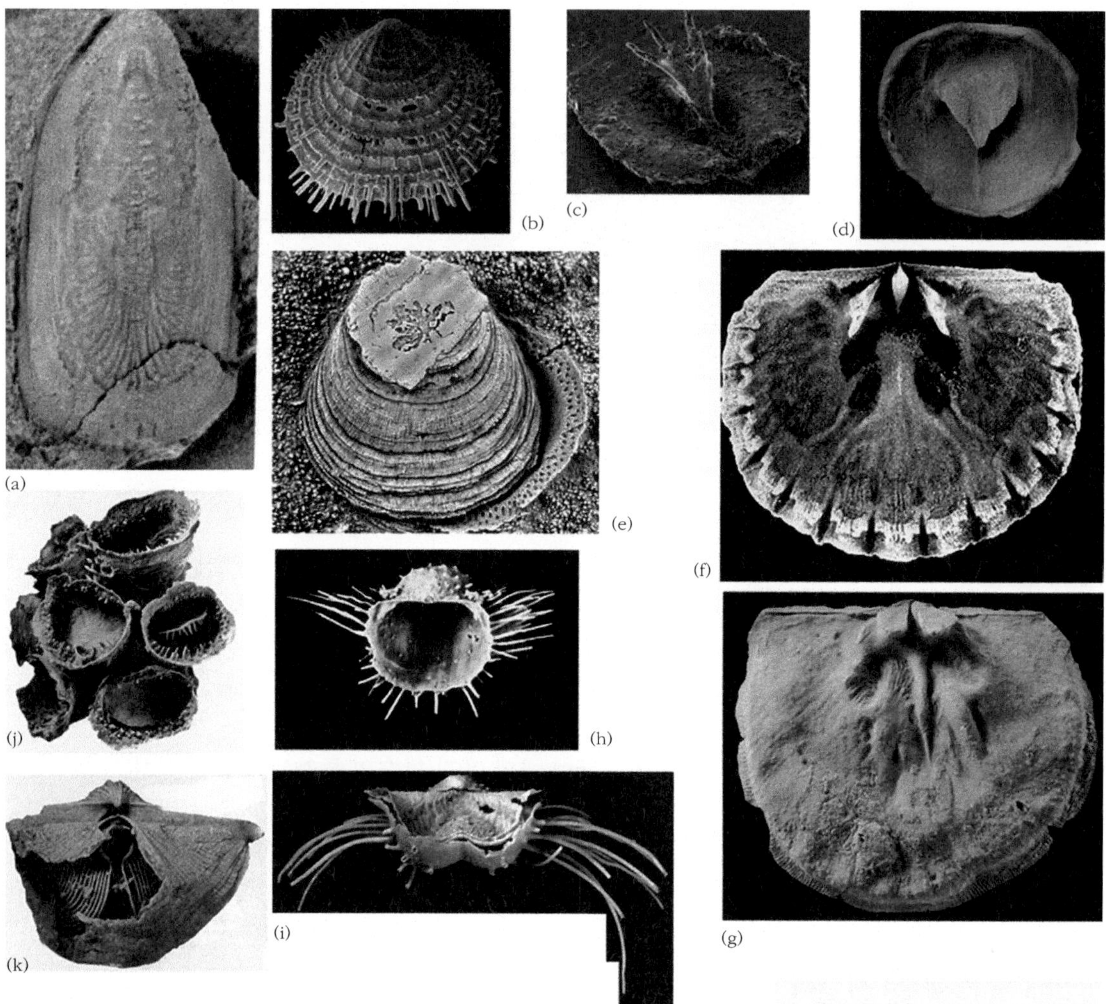

그림 12.7 무관절류와 유관절류의 주요 목들의 모습. 무관절류: (a) 슈도링굴라(*Pseudolingula*, 오르도비스기 링굴리데), (b) 누시벨라(*Nushibella*, 오르도비스기 사이포노트레티데), (c) 누메리코마(*Numericoma*, 오르도비스기 아크로트레티데), (d) 디노볼루스(*Dinobolus*, 실루리아기 트리메렐리데), (e) 크라니아(*Crania*, 고제3기 크라니데), 유관절류: (f) 술레보티스(*Sulevotis*, 오르도비스기 오르티데), (g) 라피네스키나(*Rafineskiana*, 오르도비스기 스트로포메니데), (i) 마르기니페라(*Marginifera*, 페름기 프로덕티데), (j) 사이클라칸타이라(*Cyclacanthaira*, 페름기 리히트호페니데), (k) 네오스피리페라(*Neospirifera*, 페름기 스피리페리데), (l, m) 로스트리셀룰라(*Rostricellula*, 오르도비스기 린코넬리데) 및 (n, o) 티코시나(*Tichosina*, 플라이스토세 테레브라툴리데). 배율 약 ×2(a, e~g, l, m), ×8(b), ×60(c), ×1(d, h~k, n, o). [(a)는 Lars Holmer, (g)는 Michael Basset, (j)는 Robin Cocks, (h), (i), (k), (l)은 Richard Grant 제공.]

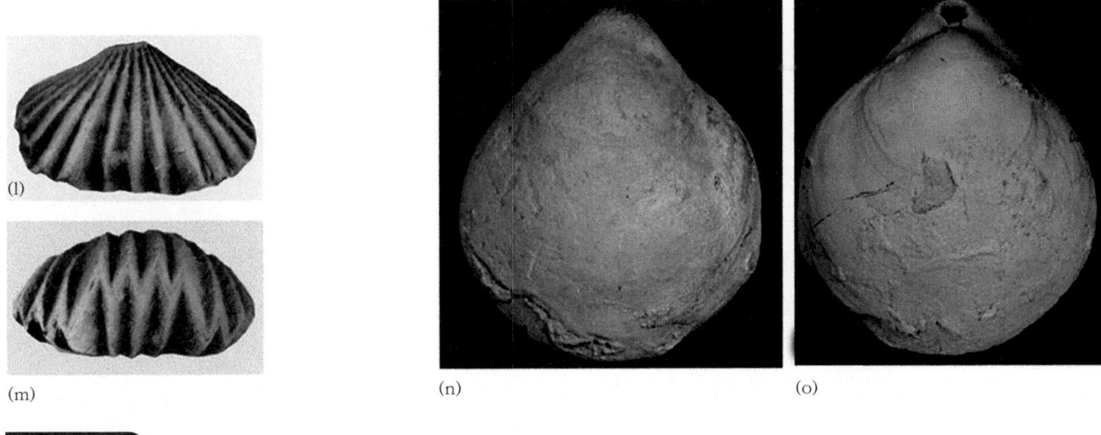

그림 12.7 **(계속)**

류 과들이 사멸하였다. 그 회복과 뒤이은 방산은 오르티드류와 스트로포메니드류와 같은 델티디오돈트 무리의 감소로 특징지어진 반면, 펜타메리데류와 함께 나탑을 가지는 아트리피드류, 아트리디데류 및 스피리페리데류 등이 크립토마돈트 치열을 보유하면서 특히 탄산염 환경에서 매우 우세한 위치를 점하였다(그림 12.8). 프라스니아-파메니아 절 경계인 후기 데본기는 기후 변화가 수반되었고 아트리피데류와 펜타메리데류가 사라졌으며 오르티데류와 스트로포메니데류가 심각한 영향을 받은 반면, 스피리페리데류와 린코넬

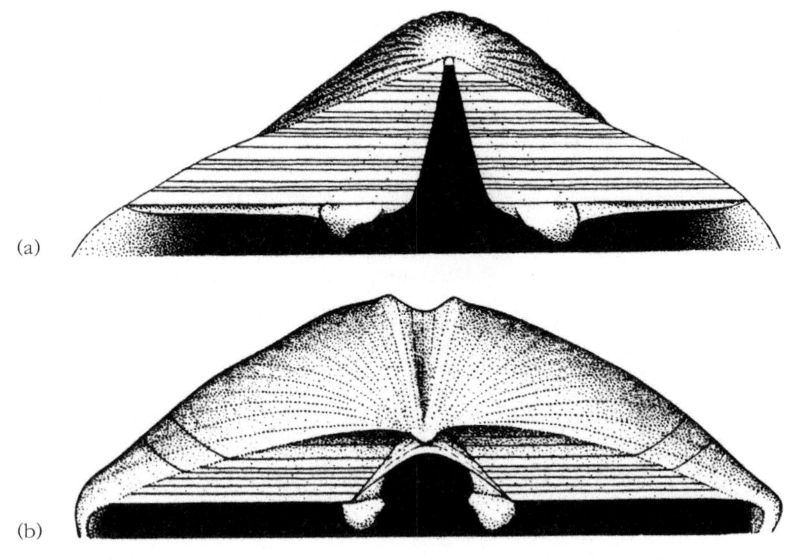

그림 12.8 유관절 완족류의 치아: (a) 델티디오돈트, (b) 크립토마돈트 치열

리데류는 심해 환경에서 살아남았고 인상적인 회복의 단계에 올랐다. 프라스니아 동물군 이후의 특징적인 모습은 프로덕티드류가 지배적이었던 누운 생활 습성의 거대화된 완족류의 다양화였다. 석탄기와 특히 페름기는 장대한 실험 기간이었다. 일부 완족류는 산호를 흉내내거나 침을 가진 엄청난 규모의 군락을 발전시킨 반면 많은 무리들은 그들의 패각을 없애서 외부 환경에 연질 조직을 노출시켰다.

예기치 않았던 페름기 말의 집단사멸은 생태적으로나 분류적으로 가장 다양한 집단을 포함하여 완족류 종들의 거의 90% 이상의 사멸을 가져왔다. 사멸 후 동물군은 링굴리드류를 포함하는 재난 분류군의 다양화에 의해 처음으로 번성하였다. 그럼에도 불구하고 나중에 완족류 동물군은 린코넬리드류와 테레브라툴리드류에 의해 대표되는 상대적으로 적은 분류계통 내에 한정되어 다양화하였다. 트라이아스기 말의 사멸은 잔존하는 스피리페리드류와 마지막 스트로포메니드류의 대다수를 제거하였다. 페름기 말의 사멸 후에 이어지는 린코넬리드류와 테레브라툴리드류 무리들의 번성을 포함하는 그 사멸에 의해 진행된 과정(agenda)은 트라이아스기 말 사멸까지 계속되었다. 백악기 말의 사멸 사건은 북서 유럽의 백악 완족류 동물군의 약 70%의 소실에 관계되는 것 같다. 그럼에도 많은 속들이 댄 석회암(Danian limestone)에서 다시 다양화되면서 살아남았다. 이 문의 페름기 이후의 감소에도 불구하고 현대의 완족류는 단순한 몸체 체계에 바탕을 두고 특기할 만한 적응을 하고 있으며 고착성 저조(低潮, low-level) 저서생물의 한정된 경계 환경 내에서 잘 생존하고 있다.

생태: 해저에서의 생활

생존종과 화석 완족류는 광범위한 생활 방법을 발전시켜 왔다(**그림 12.9**). 대부분은 육경으로 단단한 저층에 교결화되거나 부드러운 퇴적층에 뿌리를 박았다. 수많은 아주 상이한 무관절과 유관절 분류군이 저층에 교결화되어 부착한 반면, 어떤 무리들은 침을 사용하여 패각을 안정화시키는 데 도움을 주는 방향으로 진화하였다. 수많은 종류가 발생 동안에 육경을 약화시켰다. 많은 분류군은 그래서 **위내생동물상**(pseudoinfaunal)과 옆으로 누운 횡와형 생활 습성 같은 전략을 발전시켰다. 많은 수가 **공동지지**(cosupportive) 군락으로 살고 있고 다른 종류들은 산호를 모방하였다. 모든 완족류가 고착성인 것은 아니었다. 링굴라 같은 소수는 **내생**(內生, infaunal) 생활 방법을 채용하였으며(**글상자 12.3**), 카메리스마(*Camerisma*)와 마가디나(*Magadina*) 같은 유관절류는 준 내생동물(semi-infaunal)이었다.

현생누대를 통하여 완족류는 저층 수준인 저서성 고기군집의 범위에 참여해 왔다. 실루리아기 완족류의 초기 연구들은 그들의 고기군집이 심도와 관계 있었으며, 하나 이상의 핵심 완족류가 각 동물군을 특징짓는 동물군의 예측 가능한 연속적 분포가 인식되었다고 제안하였다(**그림 12.11**). 링굴라, 에오코엘리아(*Eocoelia*), 펜타메루스

생활형	완족류 분류군	적응모습
육경에 의한 부착		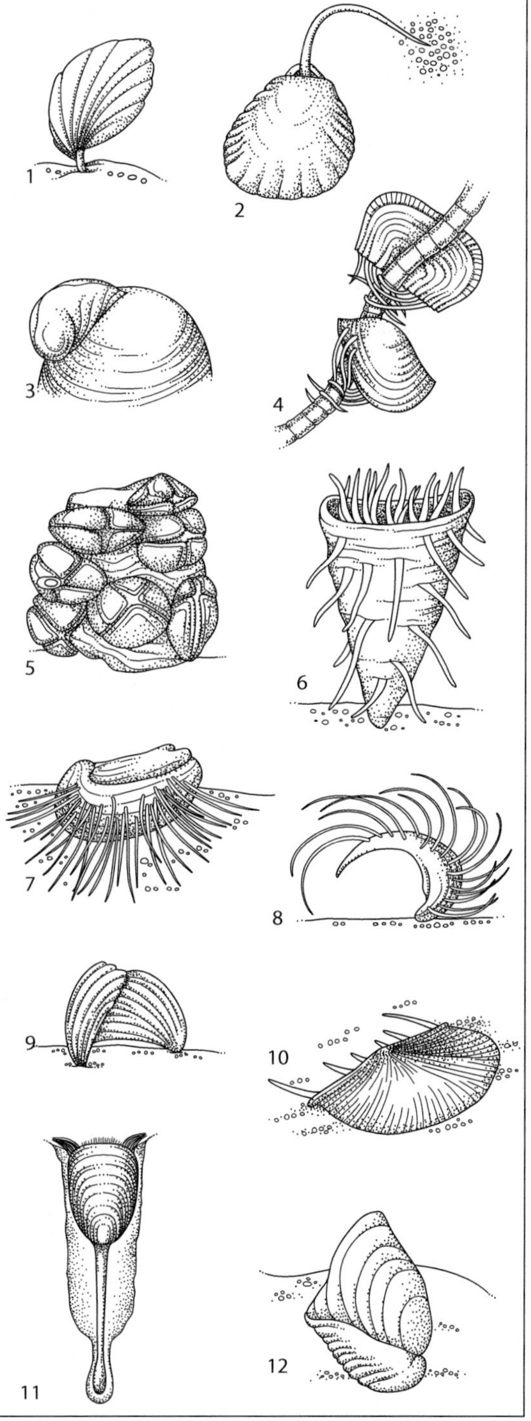
표생 – 단단한 저층(1) (플레니페드언큘레이트)	오르티드류, 린코넬리드류, 스피리페리드류 및 테레브라툴리드류	
표생 – 부드러운 저층(2) (리조페드언큘레이트)	킬도노포라와 크립토포라	
은둔	아그리오테카와 테레브라툴리나	
간극상	아크로티데스와 그위니아	
교결형	크라니옵시스와 슈케르텔라	
피각형성(3)	크라니드류와 디시니드류	
거치 침(4)	리노프로덕투스와 테나스피누스	
외투막 섬유	오르토테토이드류	
비부착형		
공동지지(5)	펜타메리드류와 트리메렐리드류	
산호와 유사(6)	겜멜라로이드류와 리히트호페니드류	
횡와(누운)	스트로포메니드류	
슈도파우나(7)와 역전(8)	와게노콘카와 마르기니페라	
자유 생활(9, 10)	시르티아, 코네테스, 네오티리스 및 테레브라텔라	
이동성		
내생성(11)	링굴로이드류	
준내생성(12)	카메리스마와 마가디나	

그림 12.9 완족류 생활 유형. (David Harper와 Roisin Moran 제공.)

글상자 12.3 중국의 링굴리드류

초기 링굴리드류는 많은 그들의 후손처럼 버로우에 서식했을까? 남중국 하부 캄브리아기 쳉지앙 동물군의 지안샤넬라 하이코우엔시스(*Xianshanella hikouensis*)는 각질 강모와 괴상 육경을 보유한 아원형 동물이었다. 지페이(Zhang Zhifei)와 동료들(2006)은 이 가장 초기의 완족류가 버로우에 살지 않았고 실제로 다른 무척추동물의 패각에 부착했었다—내생 생활보다는 표생저서성—는 것을 보여 주었다(그림 12.10). 더구나 쳉지앙 링굴리드류는 U자형 소화관인 하나의 촉수관과 전면에 위치한 항문을 가지고 있었다. 이들 진보된 형태들은 아마 이미 시작점에서부터 링굴리드 완족류 계통에 존재했었다.

(*Pentamerus*), 스트릭클란디아(*Stricklandia*)(혹은 그와 상대적으로 근접한 코스티스트릭클란디아, *Costistricklandia*) 같은 연안–근해(onshore–offshore) 군집들은 조간대 환경에서 대륙붕의 경계선 범위에 이르는 저서 군집(BA) 1–5에 바탕을 두고 웨일스의 실루리아기에서 처음으로 인식되었다. 더 나아간 분지형 환경은 BA6에 포함된다. 한편, 중생대 완족류에 관한 병행적인 연구들은 완족류 우세 고기군집들이 심도보다는 저층에 의해 주로 영향을 받았다는 것을 제안하고 있다(그림 12.12). 확실히, 실제적으로 이들과 다른 요인들은 부유 섭식 무리를 구성하는 복잡한 체계에서의 완족류의 분포를 제어하였다.

완족류는 역시 소형 표생동물의 한 변이형을 위한 저층으로서의 역할도 하였다. 그 자체가 아마 촉수관동물이었을 스파이로르비스(*Spirorbis*)(Taylor & Vinn, 2006), 헤데렐라(*Hederella*), 팔레스카라(*Paleschara*) 및 아우로포라(*Aulopora*) 같은 데본기 스피리페리드류의 전진적이고 계열적인 군체화는 실제적인 완족류 패각 자체에 이루어진 이벤트적 극상(climax) 고기군집을 주목할 만하게 발전시켰다. 그들은 들어오는 완족류 먹이나 노폐물을 섭식했을까? 일반적인 관점은 이들 동물들이 완족류 주연부 중심부분의 입수류(inhalant current) 옆에 모여 있으면서 들어오는 수류를 통해 먹이를 얻었을 것이라는 것이다. 또 다른 관점은 증명이나 반박이 어렵지만, 그들이 완족류에서 배출되는 노폐물을 습득했을 것이라는 것이다.

완족류는 표생동물군을 위한 적절한 저층 역할을 했을 뿐만 아니라 공격에 노출되기 쉬웠으며(글상자 12.4), 천공 구멍은 포식 목적과 어떤 경우에는 다른 완족류 자신들의 부착을 위한 것임을 시사한다(Robinson & Lee, 2008).

완족류, 기능 형태와 패러다임

영국의 완족류 전문가 루드윅(Martin Rudwick)은 1960년대 그의 경력을 시작하면서(현

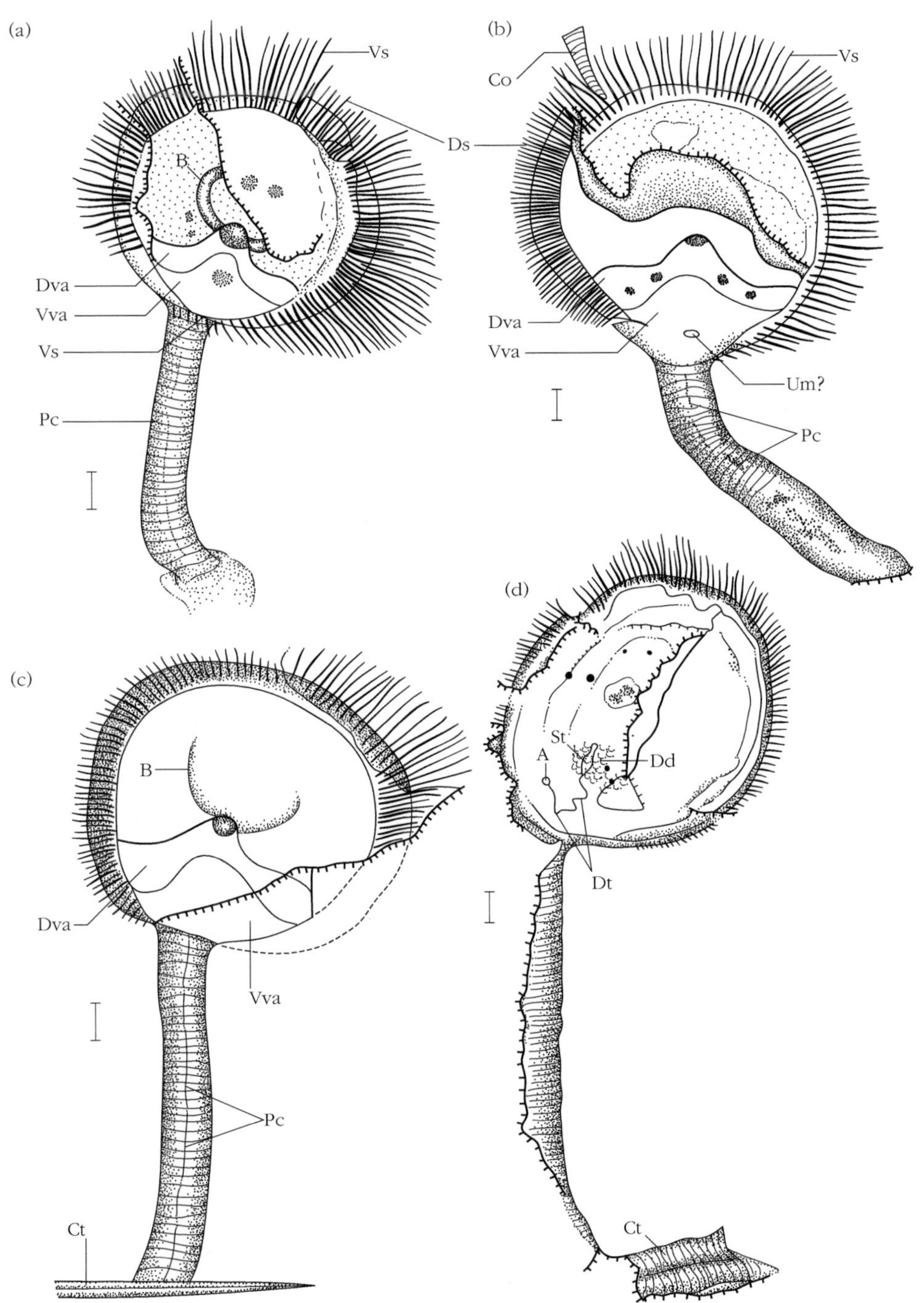

그림 12.10 중국의 링굴리드: 쳉지앙 링굴리드 지안샤넬라의 복원. A=항문 개구부, B=완각(brachial) 완, Co=원추형 생물, Ct=삼엽충 볼(頰, cheek), Dd=소화관, Dva=배부 내장영역, Pc=육경강, St=위(胃), Um?=아마 각정근(殼頂筋), Vs=복각 주위의 강모, Vva=복부 내장 영역. 축척: 2mm. [Zhang 등(2006)으로부터.]

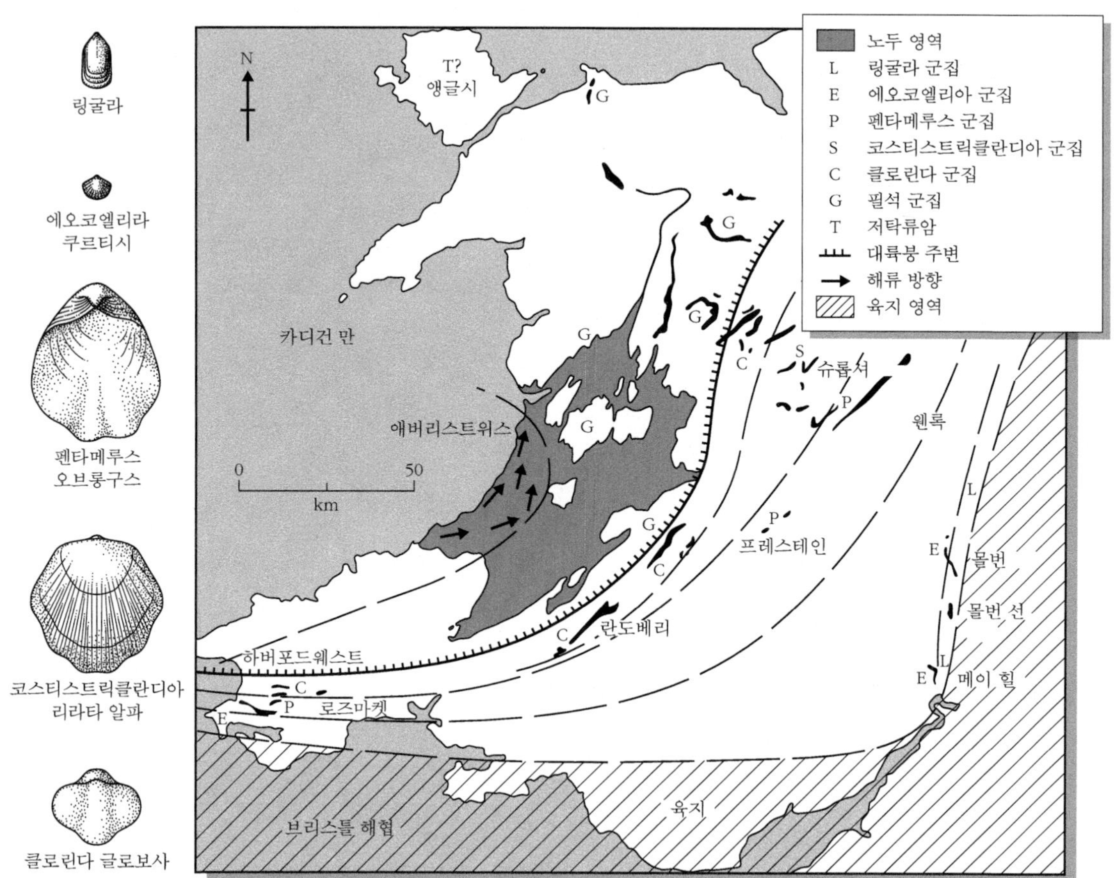

그림 12.11 웰시와 앵글로웰시 지역에 걸쳐 전개된 하부 실루리아기의 수심 관련 고기군집. [Clarkson(1998)에 근거.]

재 그는 지질학의 저명한 역사적 인물이다), 화석의 기능적인 해석에서 **패러다임 접근**(paradigm approach)방식을 제안하였다. 그의 생각은 섭식에서 물의 흐름 같은 기능에 있어 공학적 모델을 창안하는 것이었다. 예를 들어, 완족류의 전면 전연부의 능(ridge)과 홈(furrow) 같은 지그재그 패턴인 **늑골형 구조**(costation)는 실제 기능적인 중요성을 가질까? 수치적 측면에서 늑골형 구조는 전연부의 길이를 증가시키고 따라서 두 패각을 벌리지 않고도 여는 것 같은 효과가 있는 섭취 증가를 할 수 있다는 것을 보여 줄 수 있을 것이다. 그래서 증가된 양의 양분을 함유한 물이 외투강 안으로 유입될 수 있고 반면 패각 사이의 크기를 초과하는 지름의 퇴적물 입자는 걸러질 것이다. 지금까지는 타당하다.

페름기 동안, 리히트호페니드류로 불리는 변이된 프로덕토이드류가 산호를 모방하여 파키스탄(Pakistan)의 솔트(Salt) 산맥과 텍사스의 글래스(Glass) 산맥에서 화석으로 발견

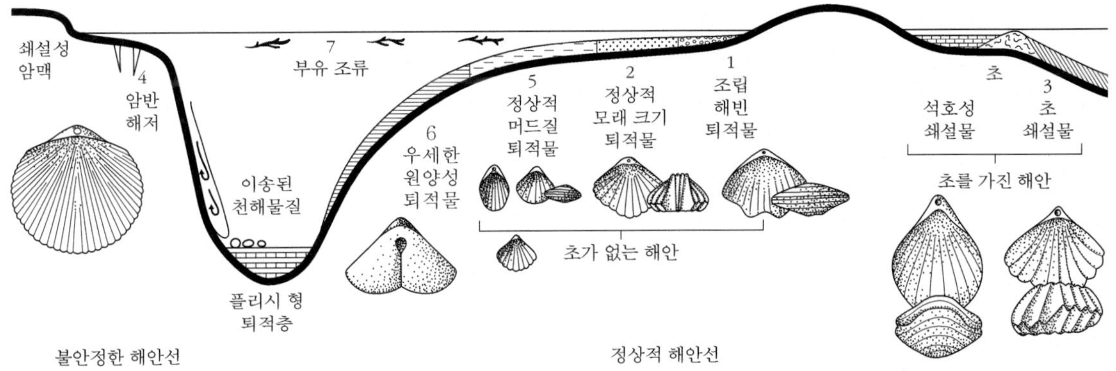

그림 12.12 유럽 알프스에 걸쳐 전개된 중생대 고기군집들. 1번에서 7번까지는 그림에 묘사된 일곱 가지 다른 생물형들을 표시한다. (Ager, D. V., 1965. *Palaeogeogr. Palaeoclimatol. Palaeoecol.*, **1**에 근거.)

글상자 12.4 완족류 포식 관계

완족류는 복족류, 절지류 및 다른 포식자들에 의해 먹혔으며, 가장 좋은 증거는 고생대의 예, 특히 데본기에서 발견된다. 많은 육식성 복족류는 그들의 희생물의 패각에 천공을 하여 섭식했으며 두 가지 형태의 천공 구멍이 고생대 완족류에서 흔히 발견된다. 오이크누스 심플렉스(*Oichnus simplex*)에 의한 작은 원통상 구멍과 오이크누스 파라볼로이데스(*O. parabolides*)에 의한 보다 크고 경사지게 된 구멍들이다. 이들은 물론 생흔속(icnogenus)들이며 실제 완족류가 아니다(그림 12.13). 천공 형태의 다양성에 있어 데본기 정점 이후 천공 패류의 빈도는, 특히 중기 석탄기 이후 사실상 괄목할 만하게 하락하였다. 프로덕티드류 같은 많은 석탄기와 페름기 무리는 약탈자에 대한 방어로 사용할 수 있는 모든 가능한 수단인 주름 장식, 엽층 및 침 등으로 무장한 두꺼운 패각들을 보유하였다. 아마 희생자들이 이러한 초기 무장 경쟁을 승리로 이끌었거나 아니면 이들 집단 내에 연체동물의 등장은 약탈자들에게 신선하고 바람직한 바다먹이를 제공했을 수 있다. 그럼에도 우리가 고생대 동물군에 있어서의 한 모델로 현대의 남극 저서생물을 사용한다면, 이 경우 빠르게 움직이는 **듀로파거스**(durophagous, 패각이나 골격 등 경질부를 먹을 수 있는—역자주) 형 약탈자가 없다(Harper, 2006). 일부 학자들은 린코넬리드류 같은 현재의 어떤 종류들의 육질부 내의 유독 성분들이 공격으로부터 그들을 보호할 것으로 예상한다.

되는 것 같은 생물학적 체제를 구축하였다. 이들 완족류들은 저층에 부착하기 위한 원통형 육경과 작은 모자 모양의 완각을 보유하였다. 이들 동물들의 섭식 방법을 이해하기는 어렵다. 가능한 시나리오는 완족류의 외투강을 통해 수류를 일으키기 위해 위의 완각을 펄럭이는 것처럼 여닫았을 것이라는 것이다. 루드윅은 상부 패각이 위아래로 움직이면서 형성되는 원통상의 하부 육경각을 통한 물의 흐름을 촬영하였다. 그 흐름은 사실상 양분

그림 12.13 완족류 포식모습: 바베이도스(Barbados)의 플라이스토세 암석에서 산출된 테레브라툴리나(*Terebratulina*)의 결합된 패각들에서의 오이크누스 파라볼로이데스(*Oichnus paraboloides*)의 천공흔적. 축척은 mm. (Stephen Donovan 제공.)

을 얻고 노폐물을 버리는 그 동물에 있어 효율적으로 작동하였다. 그러나 이 패러다임은 야외에 기반을 둔 증거에 대한 시험에는 실패했다. 아티리드 종류인 콤포시타(*Composita*) 개체들은 서식 위치상 리히트호페니드의 상부 패각에 부착되어 산출된다. 패각의 격렬한 펄럭거림까지는 아니었던 것 같고 표생동물을 위한 이상적인 부착도 되지 못했었다. 이들 변이 종류들은 패각으로 수류를 보내기 위해 섬모를 가진 촉수관(완)을 발전시켰던 것 같다. 하나의 가설은 폐기되었으며, 또 다른 가설이 가능성을 가지고 등장한다—우리는 리히트호페니드 완족류가 어떤 기능을 했는지를 증빙할 수 없으나 그 패러다임 접근 방법은 이러한 문제에 접근하는 고생물학자들에 있어 합리적이면서 객관적인 방법을 제공한다.

공간적 분포: 생물지리

링굴리포르메아 완족류의 생물지리적 분포는 크라니포르메아와 린코넬리드포르메아와 매우 다르다. 전자는 용이하게 확산될 수 있는 능력을 갖춘 부유영양형 유생 단계를 보유했었다. 후자의 난황영양형 유생은 짧게 존속했으며 따라서 각 개체종들은 덜 광범위하게 분포하였다. 캄브리아기 완족류들은 열대와 극지 영역에까지 서식 영역을 확장하였다. 링굴리포르메아류들은 대륙붕과 대륙사면에 이르기까지 넓게 분포하였다. 린코넬리포르메아류들은 천해 탄산염환경과 탄산염-규질 쇄설성 혼합 환경을 선호하면서 주로 열대해역에서 보다 다양한 분포를 하였다. 오르도비스기에서 완족류의 지역적 특성은 이 기 동안에 대체적으로 감소하였다. 지역적 분포는 발티카, 곤드와나, 로렌시아 및 시베리아 대륙들에 수반된 일련의 대지(platform)들이 미대륙(microcontinent), 화산성 호상열도 및 도서 복합체(island complex) 등의 지역적으로 고유한 영역들과 같이 공존하였던 초기 오르도비스기 동안에 가장 주목할 만하였다.

지역적 분포 특성은 다수의 주요 대륙들이 근접했던 실루리아기 동안 감소하였다. 그러나 웬록(Wenlock)세에 찬 해수(cool water)에 서식하는 클라르케이아(*Clarkeia*)와 중

위도의 투바엘라(*Tuvaella*) 동물군들의 두 개의 넓은 지역적 분포는 루드로(Ludlow)세와 프리돌리(Prídolí)세 동안 절정을 이루었던 지역적 고유성 증가를 강하게 반증한다. 지역적 분포는 특히 이 문의 최절정 다양성 기간과 일치하는 중기 데본기 동안이 특기할 만하였다. 확실한 생물지리적 분포 경향은 석탄기에까지 지속되었으나, 페름기는 급격한 기후 변화와 관련될 것으로 보이는 고도의 지역적 분포에 의해 특징지어진다.

트라이아스기 동안 전 세계적인 재난 분류군 기간에 뒤이은 완족류 동물군은 보레알(Boreal, 고위도)과 테티스(Tethys, 저위도) 분포 영역으로 구성되게 되었다(글상자 12.5). 이 분포 경향은 중생대를 통하여 지속되었으나 지역적 특성의 중심과 해류의 순환 및 화학 합성 환경의 국부적인 전개와 같은 생태학적 요인들에 기인한 우연적 변화도 영향을 미쳤다. 현존 종들 간의 생물지리 분포 경향은 그들의 신생대 근원분포를 반영한다. 남부, 북태평양 그리고 북부 영역(대서양, 지중해, 북해 및 북극 주변 해양)들은 유관절 완족류 군집들의 변이에 바탕을 둔다. 링굴리포르메아류들은 보다 광범위하게 세계적인 분포에 근접한다.

✻ 태형동물

이들 외에 조개류에 연계되는 작은 연체동물 종류인 태형동물들이 있었는데, 고기의 산호 생성물 내에서 매우 분주하였다. 그들은 군집으로 성장하였고 분리된 개체들은 너무 작아 하나의 태형동물 줄기는 미세한 이끼처럼 보였다. 그들은 아직까지 조초산호 사이에서 존

글상자 12.5 그린란드에서의 테티스 해 완족류: 백악기 멕시코 만류?

완족류는 고기 대양 해류에 관한 실마리를 줄 수 있을까? 오늘날, 멕시코만류(Gulf Stream)는 카리브해로부터 출발하여 북아메리카 동부 연안을 스쳐 지나간다. 그다음에 뉴욕의 북측 연안에 근접하여 대서양 쪽으로 향해 영국과 서유럽 해안에 예상했던 것보다 온난한 해수를 공급한다. 과연 멕시코만류가 같은 방법으로 항상 흘렀을까? 어떤 백악기 완족류는 우리에게 하나의 실마리를 주고 있다. 하퍼와 동료들(2005)은 동그린란드의 초기 백악기 동물군들이 두 대양 지역 분포군인 테티스(저위도)와 보레알(고위도)로부터 기원한 동물들의 혼합 상태 군집임을 보여 주었다. 천해 군집인 보레알은 큰 테레브라튤리드류와 늑골 장식을 가진 린코넬리드류가 지배적이고, 파이고페(*Pygope*)를 포함하며 보다 깊은 심도의 더 전형적인 테티스 요소들을 포함하는 동물군에 바로 인접하여 산출된다. 어떻게 이들 외래적인 열대의 방문자들이 북쪽으로 그처럼 이주할 수 있었을까? 하퍼와 동료들은 초기 백악기 테티스 해를 떠나는 이주가 원시 멕시코만류의 초기 북방 행로의 지속이 도움을 주었을 것이라고 제안하였다(그림 12.14). 시간에 따른 고생물지리의 변화 경향에 대한 이런 종류의 연구들은 현대의 기후와 해양 패턴을 이해하는 데 중요하다.

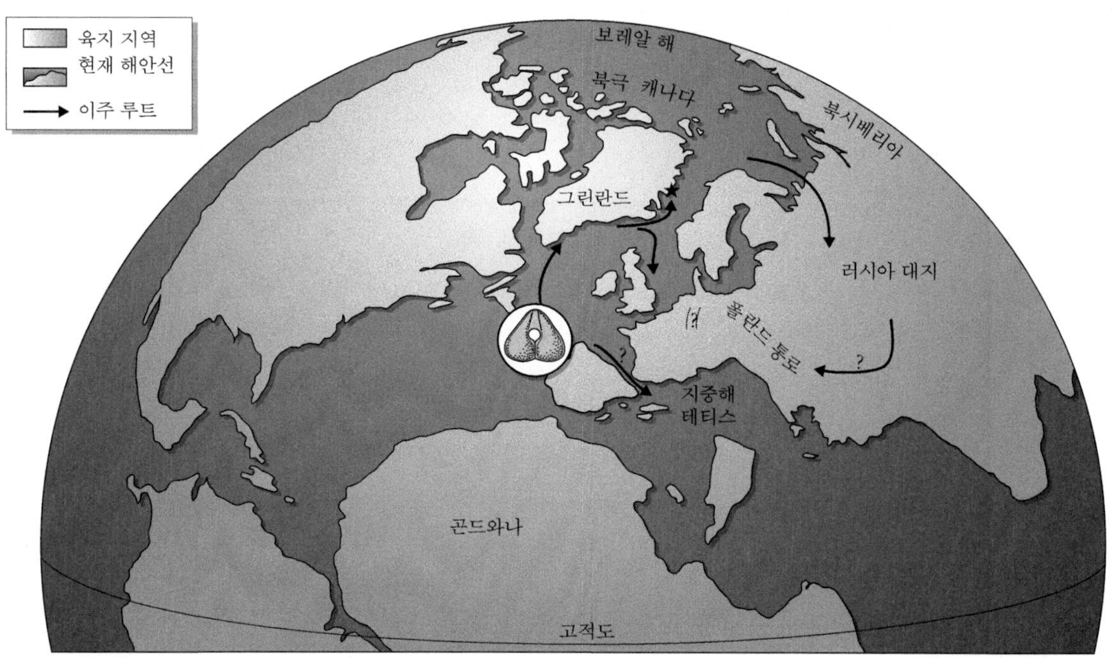

그림 12.14 동그린란드의 테티스 완족류: 파이고페(*Pygope*)와 그것의 가능한 이주 루트 중의 하나인 원시 북대서양 해류(화살표), 별 모양은 하부 백악기의 동그린란드 위치를 지시한다.

재했으나 그들의 선조들에 비해 그다지 중요한 부분의 역할을 맡지 못하고 있다.

***Atlantic Monthly* (4월, 1863)**

태형동물은 모든 종이 군체형인 유일한 동물문이다. 많은 골격은 정교하게 짜여졌으나 사후에 쉽게 파쇄된다. 상대적으로 흔하기는 하지만 태형동물은 잘 알려지지 않은 무척추동물들이다. 6,000여 종의 현생종과 16,000여 종의 화석종이 있으며 대부분은 해성이다(**글상자 12.6**). 표면상으로는 산호와 히드라충을 닮은 태형동물('이끼벌레')은 보통 지름 1mm보다 작은 개체인 **개충**(個蟲, zooid)으로 되어 있고 미세한 군체형의 추형동물과 유사하다. 각 개충은 분리된 입과 항문을 함께 가진 **체강형**(celomate)이며 8~100개의 촉수의 환(ring)—자포동물로부터 주요한 구성적 도약—이 장착된 원형 또는 편자형의 촉수관을 가진다. 태형동물의 촉수관은 완족류와 추형동물과는 다르게 구성되며 이 모든 세 무리가 섬모가 있는 섭식 기관을 소유하기 때문에 서로 밀접하게 관련된다고 생각하는 것은 오류일 가능성이 있다. 각 개충은 젤라틴질, 피혁질 또는 석회질 골격으로 덮이고 **충실**(zooecium)이라 불리는 가는 관이나 상자 같은 격실에 들어 있다. 대다수 개충의 일차적인 기능은 먹이의 포착이나, 일부는 방어, 생식 또는 퇴적물 제거에 특화되어 있으므로 태형동물 군체는 잘 조직된 단위로서의 기능을 한다.

형태: 보우어반키아

보우어반키아(*Bowerbankia*) 속은 태형동물 개충의 일반적 해부 구조를 표현하는 데 유용한 상대적으로 단순한 태형동물이다(그림 12.15). 각각의 살아 있는 개충은 체벽인 시

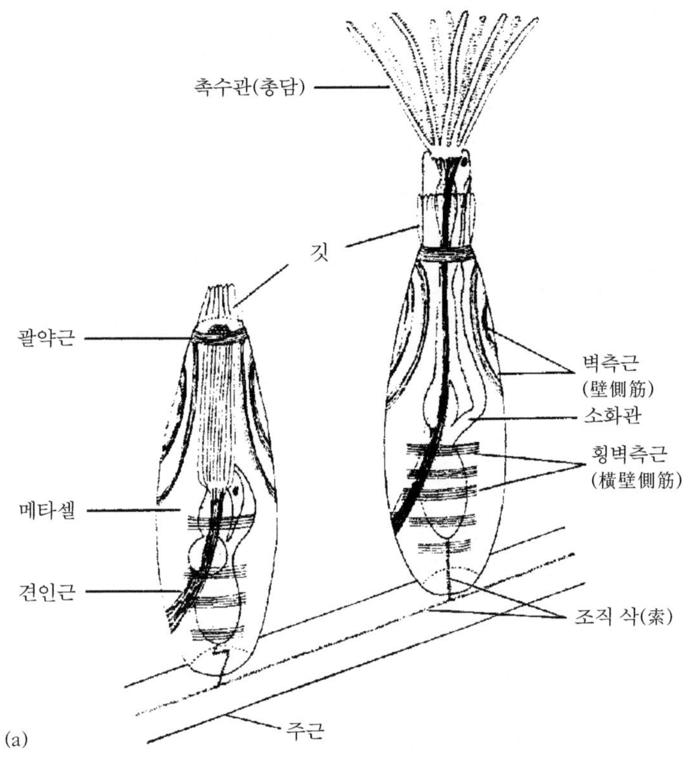

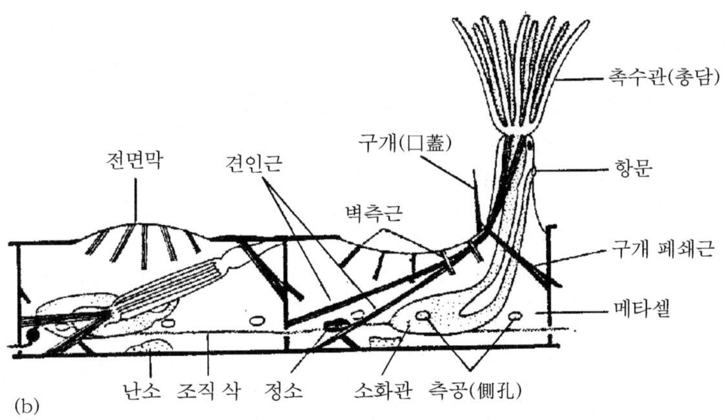

그림 12.15 두 현존 태형동물의 형태: (a) 협후류(狹喉類), (b) 나후류(裸喉類). (여러 자료에 근거.)

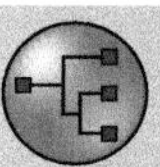

글상자 12.6 태형동물 분류

피후강(被喉綱, class PHYLACTOLAEMATA)

- 편자모양의 촉수관(총담)을 가지는 원통상 개충. 휴지아(休止芽, statoblast)가 휴면상태의 싹으로 발생한다. 12속 이상
- 트라이아스기, 아마 페름기에서 현재

협후강(狹喉綱, class STENOLAEMATA)

- 석회질 골격을 가진 원통상 개충. 막낭(membraneous sac)이 각 폴립형 개체를 감싼다. 촉수관은 골격질 관의 끝에 있는 개구부를 통해 뻗는다. 해성이며 광역적인 화석 기록. 다음 목들을 포함: 트레포스톰류(trepostomes, 오르도비스기~트라이아스기), 시스토포레이트류(cystoporates, 오르도비스기~트라이아스기), 크립토스톰류(cryptostomes, 오르도비스기~트라이아스기), 원구류(圓口類, cyclostomes, 오르도비스기~현재) 및 페네스트레이트류(fenestrates, 오르도비스기~페름기). 약 550속
- 오르도비스기(트레마독)에서 현재

나후강(裸喉綱, class GYMNOLAEMATA)

- 원형의 촉수관을 가진 고정된 크기의 원통상 또는 편평한 개충, 통상 석회질 골격. 대다수는 해성이나 일부는 기수나 담수 환경에서 발견된다. 순구류(脣口類, cheilostomes)를 포함한다(쥐라기~현재). 650속 이상
- 오르도비스기(아레닉)에서 현재

스티드(cystid)로 둘러싸인다. 섬모로 덮인 촉수관(총담)은 충실 밖으로 확장되고 U자형 장관으로 연결되는 중앙의 입 쪽으로 먹이를 가져오는 10개의 촉수로 된 환을 포함한다. 배설물은 마지막에 항문을 통해 버린다. **위서**(胃緖, furniculus)는 모든 개충을 연결하는 **주근**(走根, stolon)을 따라 확장된다. 이것은 다른 동물들에서 발견되는 혈관에 상응하는 것으로 생각된다. 각 개충은 서로 다른 시간에 난자와 정자를 전개시키는 자웅동체(hermaphodite)이다. 난자는 나중에 담륜자 유생으로 발전하는데 보통 촉수 외각에서 수정된다.

생태: 섭식과 군체 형태

태형동물의 섭식 전략은 군체성장의 유형에 주로 영향을 받았다. 섭식 행동 패턴은 군체의 모양과 개충의 크기에 대비된다. 태형동물 군체는 바닥을 따라 피각을 형성하는 유형, 단일 계열 또는 분리되는 다계열 분지형, 성장이 전체 주변을 따라 일어나는 시트형, 복잡한 삼차원 형태를 가지며 더 직립하는 형 등 다양한 방법으로 성장할 수 있다(**글상자 12.7**). 많은 멋진 형태는 나선형의 아르키메데스(*Archimedes*)와 꽃병 모양의 페네스테렐라(*Fenestrella*) 같은 관목 숲이나 나무 모습의 고생대 트레포스톰류(trepostome)로 진화했는데 이들 양자는 전체 군체가 해면처럼 행동하는 것 같다. 그러나 태형동물 군체들 역시 움직일 수 있다. 예를 들어 셀레나리아(*Selenaria*) 군체는 해저를 가로질러 이동할 수

글상자 12.7 모듈 반복: 레고(Lego) 태형동물 형성

태형동물 군체는 그 군체가 완성될 때까지 같은 유닛(unit)을 다시 또 다시 계속 되풀이하는 반복에 의해 성장한다. 그러나 이것이 군체 내의 개체(개충)의 단순한 반복일까? 그렇다면, 진화를 위한 기회와 형태적 복잡성은 극히 제한될 것이다. 사실상 반복되는(반복적인 재진화) 모듈 유형의 전체 계층이 존재할 수 있다. 예를 들어, 하나의 개충보다는 한 가지(branch)가 복제되고 다양하게 서로 다른 방향에서 군체의 여러 부분에 부착한다면 더욱 많은 다양성이 생성될 것이다. 애팔래치아 주립대학의 해지맨(Steven Hageman)은 바로 이러한 것을 2003년에 출간된 논문에서 제안하였다: 그와 같은 모듈의 한 계층이 있고 그러한 이차적인 블록들은 단순한 개충의 복제보다는 형태적 변화와 군체의 진화에 관해 훨씬 큰 효과를 가져 올 것이다. 이것은 레고 모델과의 유사성에 의해 용이하게 표현할 수 있다. 반복되는 각 블록은 단지 아주 단순한 패턴만을 형성할 것이나, 하나의 구조를 형성하고 그것이 반복되면 갑작스럽게 상당한 형태적 복잡성이 상대적으로 단순한 블록 쌓기에서 생성될 수 있는 것이다(그림 12.16).

있다. 특화된 개충에서는 아래 방향으로 대나무 같은 부속지인 강모가 뻗어 나와 이 강모가 파랑상으로 움직이면 군체는 해저바닥을 가로질러 이동한다. 그러한 생활형은 후기 백악기까지 거슬러 올라갈 수 있는데, 이른바 **루뉼리티폼**(lunulitiform)형인 자유 생활 군체는 해저의 다른 물체에 의한 간섭이 없이 정상적 형태로 진화하였다.

개충 크기는 환경, 특히 수온에 대한 중요한 실마리를 줄 수 있다. 온도에 있어 계절적 변이 정도 증가는 군체에서 개충의 변이 정도의 증가와 서로 상응하는 것처럼 보인다(O'Dea, 2003). 이런 관계가 형성되는 원인은 명확하지 않으나 그럼에도 개충의 크기는 유용한 환경적 지시자가 될 수 있다.

진화: 주요 화석 태형동물군

화석 기록에서 가장 오래된 태형동물은 하부 오르도비스기의 트레마독(Tremadoc)조에서 산출되나 원시적인 연체 태형동물은 아마 캄브리아기에 존재했던 것 같다. 그러나 화석화되지는 않았다. 수많은 태형동물 과(科)들이 뒤에 지속된 플로이아(Floia)조에서 발견된다. 협후강(Stenolaemata)은 고생대 태형동물군을 지배했다(그림 12.17). 석질 태형동물인 트레포스톰류는 보통 다각형 개구부를 지닌 주상 충실을 가지고 덤불 모양 군체를 형성하였다. 이 무리들은 오르도비스기 동안에 저조(低潮) 환경의 저서생물들을 여과하여 섭취(filtering)하면서 분화하였다. 몬티큘리포라(*Monticulipora*), 프라소포라(*Prasopora*) 및 파르보할로포라(*Parvohallopora*) 같은 속들은 오르도비스기 군집의 전형적인 종류들이다.

(a) (b)

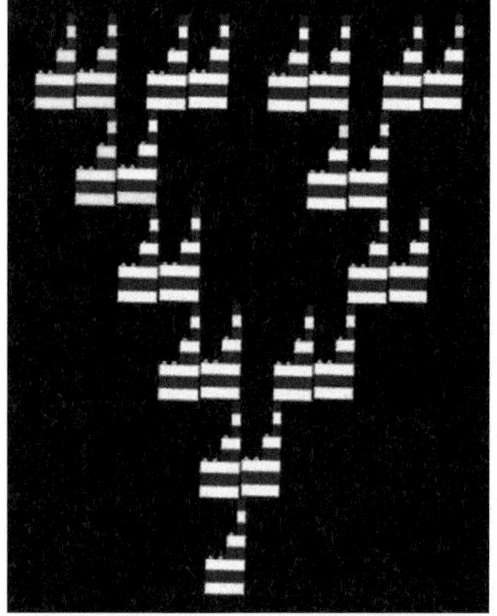
(c)

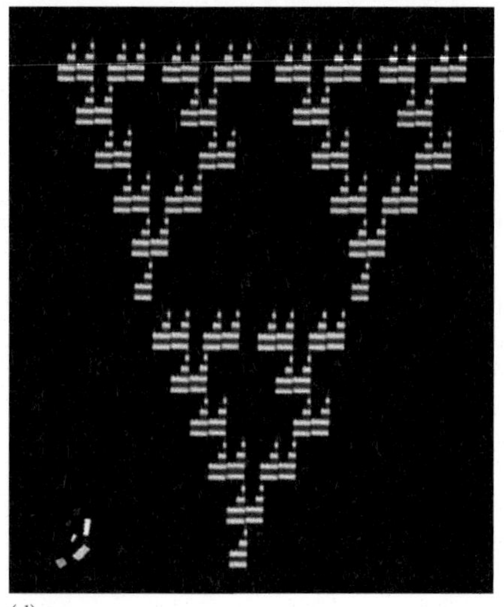
(d)

초기 오르도비스기 동안에 기원하였지만, 크립토스톰(cryptostome)류들은 트레포스톰류들이 감소하면서 중기와 후기 오르도비스기 동안 더욱 풍부해졌다. 어떤 관점에서 이 무리들은, 특히 석탄기에 흔했던 망상형의 페네스트레이트(fenestrate)류와 연계를 이룬다(그림 12.18). 페네스텔라(*Fenestella*) 자체는 평면상 그물모양, 원추형 또는 깔때기 형이었을 것이다. 군체의 가지들은 격막(dissepiment)에 의해 연결된다. 육면체형 공간 또는 격자형이 이열로 배열된 개충을 포함하는 가지들을 분리시킨다. 그러나 아르키메데스는 스크류형 중심축 주위에 감겨진 망상체를 보유한다. 코웬(Richard Cowen)과 동료들(캘리포니아 대학교)은 이들 스크류 모양 군체들과 다른 페네스트레이트류들의 섭식 전략을 모델화하였다. 석탄기 페네스트레이트류 군체들은 면(面)이 안으로 향하는 개충들을 가졌고 군체의 위를 통해 물을 유입하고 측면의 페네스트룰(fenestrule)을 통해 유출시켰다. 반면에 실루리아기 군체들은 밖으로 향하는 개충들을 보유하였고 페네스트룰을 통해 물을 흡입하였으며 군체의 열린 상부를 통해 물을 배출하였다.

일반적으로 크립토스톰류나 페네스트레이트류는 후기 고생대 동안 트레포스톰류를 능가하였으며 많은 페네스트레이트류들은 초 환경에 서식하였다. 이들 두 무리들이 페름기 말이나 그 직후에 소멸했지만 후기 페름기 저서생물의 분명한 구성원들이었다. 페네스텔라(*Fenestella*)와 시노클라디아(*Sinocladia*)들은 영국 북부와 다른 곳들에서 젝스타인(Zechstein) 초 복합체의 군집들에서 거대한 꽃병 모양의 군체를 이루었다. 그러나 트레포스톰류는 후기 트라이아스기까지 지속되었다.

원구목은 관형 충실을 가졌고 자주 가지 친 나무 같은 군체나 교호적인 피각이 있는 시트나 리본 같은 모습으로

그림 12.16 레고 블록을 사용한 군체의 모듈 형성: 복잡한 형태들은 보다 높은 수준의 모듈 유닛의 반복에 의해 생성된다[Hegeman(2003)으로부터.]

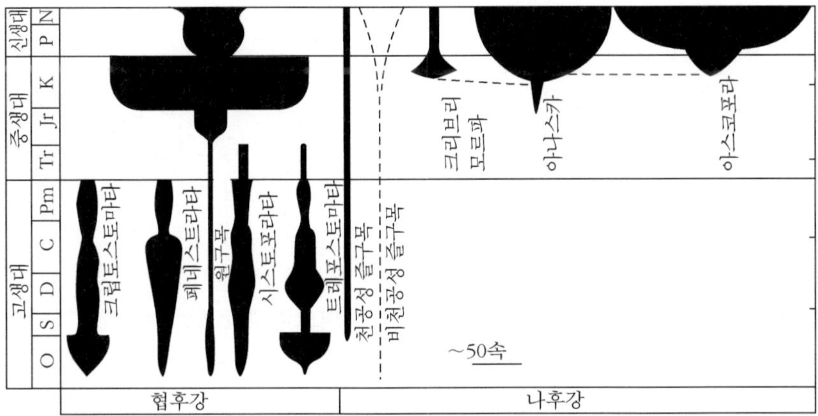

그림 12.17 주요 태형동물군의 층서계열과 절대 풍부도. 지질학적인 기의 축약은 오르도비스기(O)에서 신제3기(N)에 이르는 표준용어이다. [Taylor(1985)로부터.]

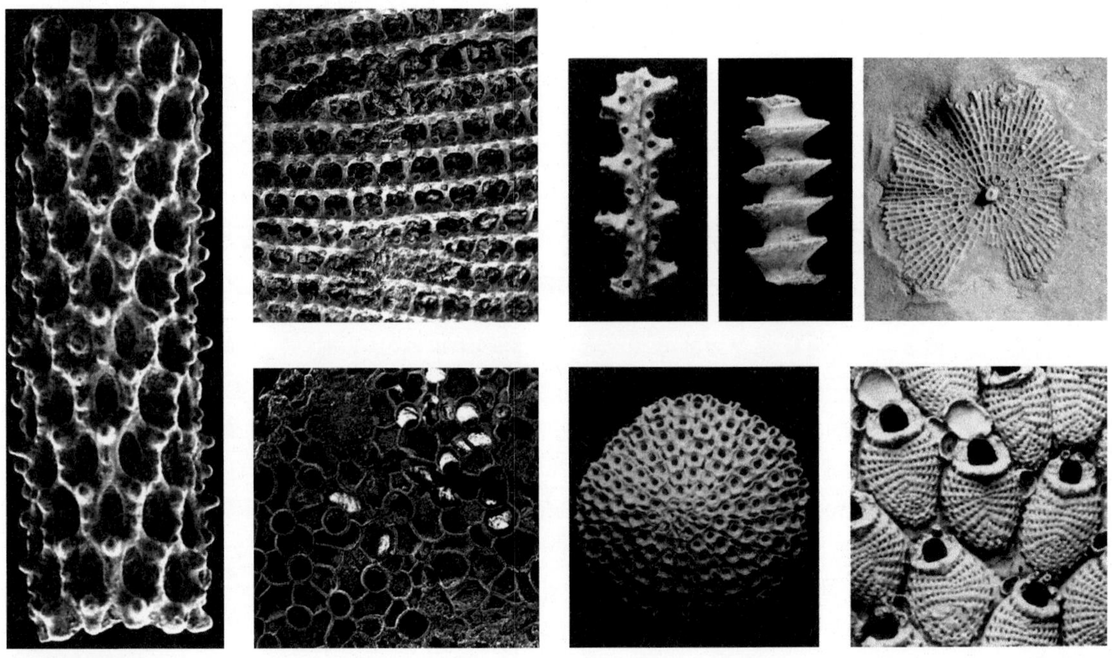

그림 12.18 일부 태형동물 속들: (a) 라브도메손(*Rhabdomeson*, 석탄기 크립토스톰), (b) 렉티페네스텔라(*Rectifenestella*, 석탄기 페네스트레이트), (c) 피스툴리포라(*Fistulipora*, 석탄기 시스토포어), (d) 펜니레테포라(*Penniretepora*, 석탄기 페네스트레이트), (e) 아르키메데스(*Archimedes*, 실루리아기 페네스트레이트), (f) 아케오페네스텔라(*Archaeofenestella*, 실루리아기 페네스트레이트), (g) 루뉼리테스(*Lunulites*, 백악기 순구류), (h) 카스타나포라(*Castanapora*, 백악기 순구류). 배율 약 ×30(a), ×15(b, c), ×1(d~f), ×5(g), ×20(h). [(a)~(c)는 Patrick Wyse Jackson 제공, (d)~(h)는 Taylor(1985)로부터.]

성장하였다. 이 목의 최초 출현은 하부 오르도비스기 암석에서 알려졌으나, 중기 백악기 동안 경이롭게도 70속이 넘는 다양성을 가지고 이 무리의 번성의 정점에 도달했다. 둘로 나누어지며 한 계열의 피각을 형성하는 가지들로 된 스트로마토포라(*Stromatopora*) 같은 많은 속은 매우 긴 층서 범위를 가진다. 더구나 스트로마토포라는 개충이 단단한 저층에서 빠르게 확산하는 기회적인 생존 전략을 추구했던 것 같다.

나후강은 화석 기록에서 즐구목(櫛口目, ctenostome)과 순구목의 두 목이 출현한다. 즐구목은 초기 오르도비스기에 최초로 나타났고 많은 속이 천공과 피각 형성 생존 전략을 추구했었다. 페네트란시아(*Penetrantia*)와 테레브리포라(*Terebripora*)는 천공생물이었으나 보우어반키아는 중심 가지 둘레에 밀생한 준나선상으로 배열된 충실을 보유한 직립 군체를 가진다. 그러나 순구목은 이 강에서 지배적이고 모든 태형동물군에서 가장 다양화되어 있다(글상자 12.8). 순구목은 서로 다른 기능을 가진 다형태적 개충을 보유하는데 보통 고도로 집중된 군체 내에서 서로 연결되어 있다. 이 발전된 무리는 후기 쥐라기에 나타났다. 그들은 특히 발트 해 지역과 덴마크의 후기 백악기와 고제3기의 천해환경에서 흔하였다. 예를 들어, 루늘라이테스는 원반형이고 자유 생활형이었으나 아에크멜라(*Aechmella*)는 성게류에 자주 수반되는 피각 형성 종류이다.

글상자 12.8 원구목과 순구목 태형동물에서의 경쟁과 대치: KT 경계에서 실제로 무슨일이 일어났는가?

시간에 따른 태형동물군에서의 분명한 변화 중의 하나는 아마 백악기-제3기 경계를 주도했던 원구목의 상대적 감소와 순구목의 다양화일 것이다. 양 무리들은 유사한 생태적 공간을 점유했고 형태적으로 비교되므로 많은 연구자들은 오르도비스기 동안에 기원하여 백악기에 다양화했던 원구목이 백악기 말에 순구목에 의해 추월당했던 것으로 생각하였다. 그러나 리가드[(Scott Lidgard), 야외 자연사박물관(Field Museum of Natural History), 시카고]와 동료들은 이 천이관계를 상세히 분석했고 그 결과는 결정적인 것과는 거리가 멀었다(Lidgard et al., 1993). 두 무리는 신생대 동안 태형동물 군집에 함께 참여하는 것을 계속했으며 원구목 개체수의 외견상의 감소는 신생대에 이들 군집에서 우세를 점하기 시작했던 순구목의 보다 큰 다양화와 확장에 기인했을 것 같다. 아마 이런 확장은 쥐라기에 이미 씨가 뿌려졌으며 당시에 부실하고 산재된 태형동물군은 순구목의 확장을 위한 생태적 공간을 준비하고 있었던 것 같다. 셉코스키(Sepkoski)의 데이터베이스로부터 얻은 속 수준 자료에 바탕을 둔 상세한 통계적 연구(McKinny & Taylor, 2001)는 순구목 계통 내의 발생이 이 무리의 외견상의 승계 뒤에 숨겨진 원동력이었다고 확정하였다(그림 12.19).

http://www.blackwellpublishing.com/paleobiology/ 참조.

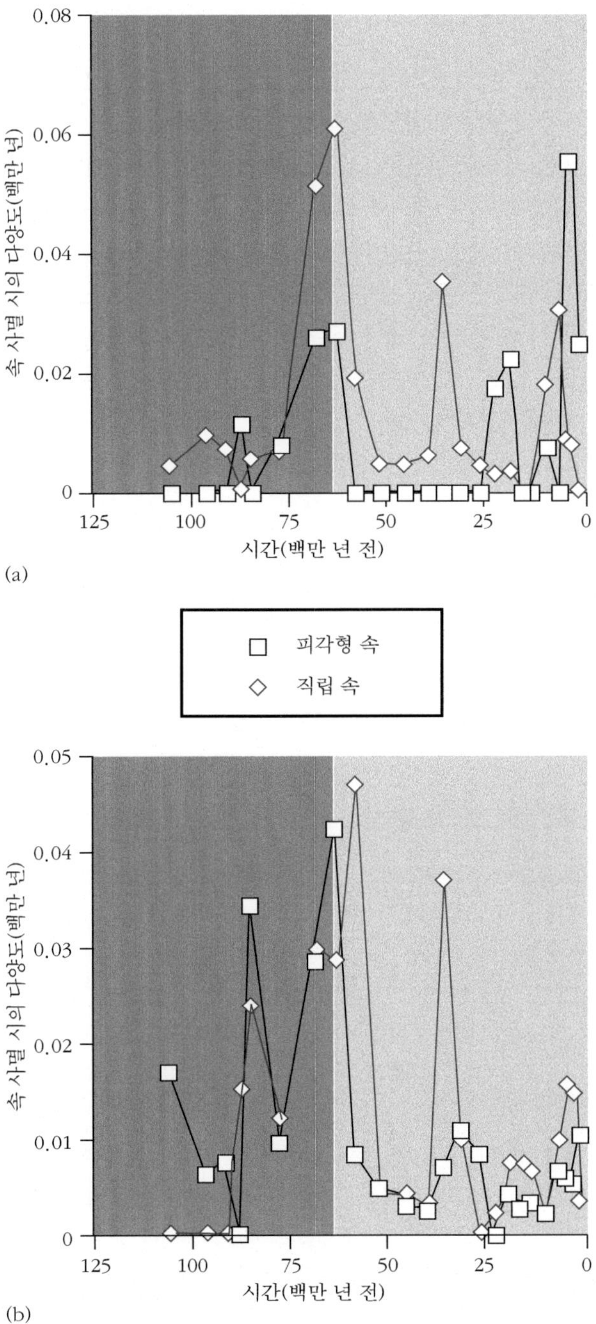

그림 12.19 (a) 원구목, (b) 순구목 태형동물의 중생대–신생대 경계에 걸친 분포: 양 무리의 직립 속이 피각 형성 종류보다 큰 피해를 입는 동안 순구목은 가장 큰 손실을 입었다. [McKinney와 Taylor (2001)로부터 재표시.)

생태와 생활 방법

사실상 모든 태형동물은 주로 조하대(sublittoral)에서 수심 약 200m 정도의 대륙붕단까지 산출되는 고착성 저서생물의 일부를 이룬다. 그럼에도 불구하고 소수의 조간대 형태가 알려진 반면에 어떤 태형동물은 무려 8km가 넘는 수심의 해구로부터 끌어올려졌다. 더구나 수많은 종들이 선박의 선체표면에서 기록되기도 하였다. 대부분의 종들은 염도와 함께 저층의 유형, 난류, 수심 및 수온에 민감하다. 군체의 모습은 심도에 따라 그들의 가지 두께가 변화하여 직립하는 나무 모양 군체를 하는 등 환경 조건에 적응하게 되어 매우 유연하게 변할 수 있다. 부가하여 높은 유속이나 포식자의 존재에 의해 침의 장착이 유도될 수도 있다(Taylor, 2005). 태형동물은 그래서 특정한 생태표현적인 변이를 나타내는 전형적인 시상화석이다(**글상자 12.9**).

태형동물은 성공적으로 여러 다른 생활 모드를 지향해 왔다. 외피형성, 직립, 비부착 또는 뿌리를 지닌 표현형 등 모두가 주위 환경 조건에 따른 적응 전략을 반영한다. 특히 조하대에서 천해성 군체들은 피각 형성, 직립, 뿌리를 가지거나 자유 생활을 하는 방법 등에 의해 현재도 번성하고 또 번성해 왔다. 그러나 1km 이상의 보다 심해 환경은 주로 부착형과 뿌리를 가진 종류에 의해 특징지어진다. 그렇지만 태형동물 군체들은 간혹, 특히 중기 실루리아기와 석탄기 동안에 초 또는 브라이오험(bryoherm)을 형성했다.

글상자 12.9 태형동물과 환경

대다수 태형동물은 언덕 모양, 저층에 평행한 시트상 혹은 가로대 형 등으로 성장하지만, 많은 종류는 해저에 수직인 직립 군체로 성장하고 일부 군체들은 실제로 운동성이다. 기하학적 구성이나 개체생태에 기반을 두고 어떤 종류가 특정 속에 수반하는 것 같은 수많은 성장 모드 유형에 따른 분류가 있다. 이 복잡한 군체를 살펴보는 더 포괄적인 방법은 부착 모드, 구성 방향 및 각 개층을 조합하는 방법이다(Hegeman et al., 1997). 그러한 계층적인 성장 모드 분류는 지역적인 생물상을 기재하고 제한된 데이터 세트로 고환경을 예측하는 데 사용될 수 있다. 그러나 많은 생태적 연구에서처럼 가장 일반적인 종이나 성장형은 전체적인 생태적 신호에 압도될 수 있으므로 어떤 형태의 척도화가 요청된다. 우리는 연관된 두 개의 질문을 할 수 있다. 장소 1에서 D는 D의 다른 산출에 대해 상대적으로 얼마나 중요한가? 그리고 모든 다른 장소에 대해 D가 얼마나 중요한가? 먼저 y축에 성장형을, x축에 장소를 설정한 간단한 자료표를 작성한다(다음 참조). 자료를 표준화하는 하나의 방법은 다음과 같다. (1) 장소 1에서의 성장형 D의 수를 이 장소에서의 합과 서로 다른 성장형들의 합을 곱한 값으로 나눈다[10/(45×22)]. (2) 이것을 대략 0에서 100 사이의 척도값에 대해 100^2으로 곱한다. 이것은 101과 같다. 이 성장은 이 장소에서 분명히 중요하다. 각 장소에서 각 성장형의 상대적 중요성은 막대그래프로 작도할 수 있다.

(다음 쪽에 계속됨)

	유형 A	유형 B	유형 C	유형 D	합
장소 1	20	10	5	10	45
장소 2	20	40	10	5	75
장소 3	20	40	40	5	105
장소 4	20	120	60	2	202
합	80	210	115	22	

이 유형의 연구는 남오스트레일리아 레이스피드(Lacepede) 대지상의 대륙붕에서 대륙사면에 걸친 변화상을 횡단하는 성장형 분포 분석으로 확장되었다. 특징적인 패턴으로 자유 생활형은 내대륙붕에서 가장 중요하였고 단단한 원추형-원반형 유형은 깊은 대륙사면에서 중요하게 되었다(그림 12.20).

복습 문제

1. 현재의 완족류 연구는 완족동물문이 세 아문인 링굴리포르메아, 크라니포르메아 및 린코넬리포르메아로 나누어질 수 있다고 제안한다. 각 아문이 서로 어떻게 관계되며 기반 완족류군과 어떻게 관련될지를 찾는 데 사용할 수 있는 준거들은 어떤 종류가 있을까?
2. 완족류 패각은 패각의 분비뿐만 아니라 주변의 환경에 대한 막대한 양의 정보를 간직하고 있다. 완족류 패각은 기후 변화에 대한 우리의 이해를 돕기 위해, 특히 안정동위원소에 있어서, 어떻게 공헌할 수 있는가?
3. 두꺼운 패각과 장식을 가진 후기 고생대의 프로덕티드 완족류는 공격에 대한 저항성이 있었지만, 완족류가 중생대 해양의 변혁이나 중생대 무장 경쟁(arms race)에서 왜 사실상 많은 수가 등장하지 못했을까?
4. '데니안의 새벽(dawn of Danian)'은 순구목이 원구목을 능가했던 태형동물군의 특기할 만한 변화를 입증하고 있다. 이들 양자는 생태적으로 유사했으나 왜 순구목이 KT 사멸 사건 후에 상대적으로 더 성공적이었을까?
5. 완족류와 태형동물은 고생대의 여과섭식 진화적 동물군의 분명한 구성원들이었다. 그런데 완족류는 상대적으로 현대의 해양 동물군에서 소수이나 태형동물은 번성을 지속하는 까닭은?

더 읽을거리

Boardman, R.S. & Cheetham, A.H. 1987. Phylum Bryozoa. *In* Boardman, R.S., Cheetham, A.H. & Rowell, A.J. (eds) *Fossil Invertebrates*. Blackwell Scientific Publications, Oxford, UK, pp. 497–549. (A comprehensive, more advanced text with emphasis on taxonomy; extravagantly illustrated.)

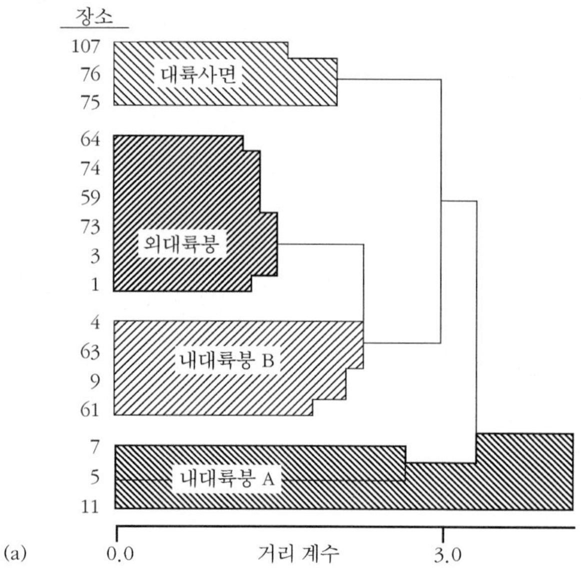

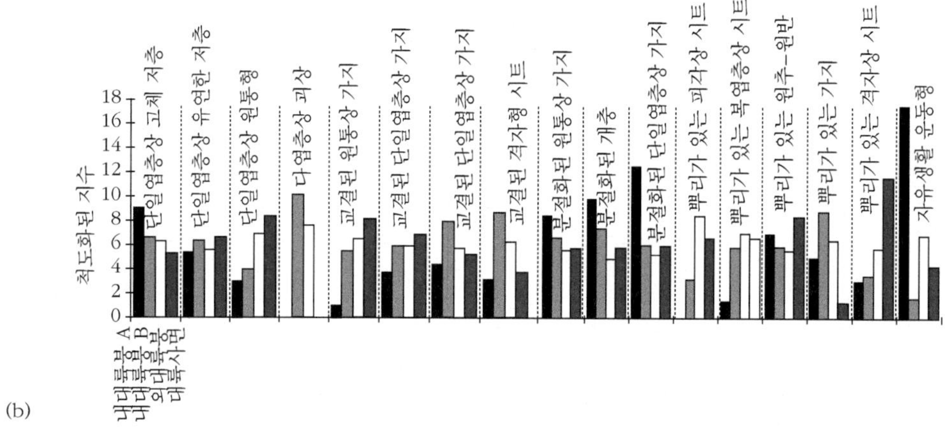

그림 12.20 (a) 대륙붕-대륙사면 분포 변이상을 횡단하는 태형동물 성장의 군집 분석, 내대륙붕 A(쇄설성 우세), 내대륙붕 B (탄산염 우세), 외대륙붕 및 대륙사면. 거리계수(x축)와 평균 무리 연결을 사용한 군집 분석은 네 개의 특징적인 군집의 존재를 지시한다. (b) 군집 분석에 의해 인식된 군집 내의 연안-근해를 횡단하는 성장 형태의 분포. [Hegeman 등(1997)에 근거.]

Carlson, S.J. & Sandy, M.R. (eds) 2001. *Brachiopods Ancient and Modern. A tribute to G. Arthur Cooper*. Paleontological Society Papers No. 7. University of Yale, New Haven, CT. (Diverse aspects of contemporary brachiopod research.)

Clarkson, E.N.K. 1998. *Invertebrate Palaeontology and Evolution*, 4th edn. Chapman and Hall, London. (An excellent, more advanced text; clearly written and well illustrated.)

Cocks, L.R.M. 1985. Brachiopoda. *In* Murray, J.W. (ed.) *Atlas of Invertebrate Macrofossils*. Longman, London, pp. 53–78. (A useful, mainly photographic review of the group.)

Harper, D.A.T., Long, S.L. & Nielsen, C. (eds) 2008. Brachiopoda: Fossil and Recent. *Fossils and Strata* **54**, 1–331. (Most recent proceedings from an international brachiopod congress.)

Kaesler, R.L. (ed.) 2000–2007. *Treatise on Invertebrate Paleontology. Part H, Brachiopoda* (revised), vols 1–6. Geological Society of America and University of Kansas, Boulder, CO/Lawrence, KS. (Up-to-date compendium of most aspects of the phylum.)

McKinney, F.K. & Jackson, J.B.C. 1989. *Bryozoan Evolution*. Unwin Hyman, London. (Evolutionary studies of the phylum.)

Rowell, A.J. & Grant, R.E. 1987. Phylum Brachiopoda. *In* Boardman, R.S., Cheetham, A.H. & Rowell, A.J. (eds) *Fossil Invertebrates*. Blackwell Scientific Publications, Oxford, UK, pp. 445–96. (A comprehensive, more advanced text with emphasis on taxonomy; extravagantly illustrated.)

Rudwick, M.J.S. 1970. *Living and Fossil Brachiopods*. Hutchinson, London. (Landmark text.)

Ryland, J.S. 1970. *Bryozoans*. Hutchinson, London. (Fundamental text.)

Taylor, P.D. 1985. Bryozoa. *In* Murray, J.W. (ed.) *Atlas of Invertebrate Macrofossils*. Longman, London, pp. 47–52. (A useful, mainly photographic review of the group.)

Taylor, P.D. 1999. Bryozoa. *In* Savazzi, E. (ed.) *Functional Morphology of the Invertebrate Skeleton*. Wiley, Chichester, UK, pp. 623–46. (Comprehensive review of the functional morphology of the group.)

⚜ 참고문헌

Clarkson, E.N.K. 1998. *Invertebrate Palaeontology and Evolution*, 4th edn. Chapman and Hall, London.

Cohen, B.L., Holmer, L.E. & Luter, C. 2003. The brachiopod fold: a neglected body plan hypothesis. *Palaeontology* **46**, 59–65.

Freeman, G. & Lundelius, J.W. 2005. The transition from planktotrophy to lecithotrophy in larvae of lower Palaeozoic Rynchoneliiform brachiopods. *Lethaia* **38**, 219–54.

Geldern, van, R., Joachimski, M.M., Day, J., Jansen, U., Alvarez, F., Yolkin, E.A. & Ma, X.-P. 2006. Carbon, oxygen and strontium isotope records of Devonian brachiopod shell calcite. *Palaeogeography, Palaeoclimatology, Palaeoecology* **240**, 47–67.

Hageman, S.J. 2003. Complexity generated by iteration of hierarchical modules in Bryozoa. *Integrated Comparative Biology* **43**, 87–98.

Hageman, S.J., Bone, Y., McGowran, B. & James, N.P. 1997. Bryozoan colonial growth-forms as palaeoenvironmental indicators: evaluation of methodology. *Palaios* **12**, 405–19.

Harper, D.A.T., Alsen, P., Owen, E.F. & Sandy, M.R. 2005. Early Cretaceous brachiopods from North-East Greenland: biofacies and biogeography. *Bulletin of the Geological Society of Denmark* **52**, 213–25.

Harper, E.M. 2006. Dissecting arms races. *Palaeogeography, Palaeoclimatology, Palaeoecology* **232**, 322–43.

Lidgard, S., McKinney, F.K. & Taylor, P.D. 1993. Competition, clade replacement, and a history of cyclostome and cheilostome bryozoan diversity. *Paleobiology* **19**, 352–71.

McKinney, F.K. & Taylor, P.D. 2001. Bryozoan genetric extinctions and originations during the last 100 million years. *Palaeontologia Electronica* **4**, 26 pp.

O'Dea, A. 2003. Seasonality and zooid size variation in Panamanian encrusting bryozoans. *Journal of the Marine Biological Association* **83**, 1107–8.

Perez-Huerta, A., Cusack, M., Zhu, W.-Z., England, J. & Hughes, J. 2007. Material properties of the brachiopod ultrastructure by nanoindentation. *Interface* **4**, 33–9.

Robinson, J.H. & Lee, D.E. 2008. Brachiopod pedicle traces: recognition of three separate types of trace and redefinition of *Podichnus centrifugalis* Bromley & Surlyk, 1973. *Fossils and Strata* **54**, 219–25.

Schumann, D. 1991. Hydrodynamic influences in brachiopod shell morphology of Terebratalia transversa (Sowerby) from the San Juan Islands. *In* MacKinnon, D.I., Lee, D.E. & Campbell, J.D. (eds) *Brachiopods through Time*. A.A. Balkema, Rotterdam.

Taylor, P.D. 1985. Bryozoa. *In* Murray, J.W. (ed.) *Atlas of Invertebrate Macrofossils*. Longman, London, pp. 47–52.

Taylor, P.D. 2005. Bryozoans and palaeoenvironmental interpretation. *Journal of the Palaeontological Society of India* **50**, 1–11.

Taylor, P.D. & Vinn, O. 2006. Convergent morphology in the small spiral worm tubes ("*Spirobis*") and its palaeoenvironmental implications. *Journal of the Geological Society, London* **163**, 225–8.

Williams, A., Carlson, S.J., Brunton, C.H.C., Holmer, L.E. & Popov, L. 1996. A supra-ordinal classification of the Brachiopoda. *Philosophical Transactions of the Royal Society B* **351**, 1171–93.

Zhang Zhifei, Shu Degan, Han Jian & Liu Jianni. 2006. New data on the rare Chengjiang (Lower Cambrian, South China) linguloid brachiopod *Xianshanella haikouensis*. *Journal of Paleontology* **80**, 203–11.

제 13 장

나선동물 2: 연체동물

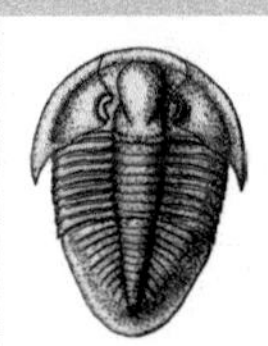

학습 키포인트

- 에디아카라 화석군의 Kimberella가 적어도 조류(algae)를 먹고 살았다면 연체동물문의 서식 시대는 후기 선캄브리아기까지 올라 갈 수 있다.
- 초기 연체동물은 투선의 모양, 광물화된 껍데기, 치설(radula) 등이 존재하지만 비교적 짧은 기간 동안 생존했거나, 독특한 형태의 특징을 가지고 있다. 이들은 작은 껍데기를 가진 동물군의 구성원이었다.
- 연체동물의 껍데기의 모양과 외부 장식 모양은 다양한 소프트웨어를 이용한 마이크로컴퓨터에 의해서 표식화될 수 있었다. 이를 이용해 소수의 이론적, 형태적 공간에 살아 있는 생물이나 화석의 연체동물을 알아낼 수 있다.
- 이매패류는 다양한 껍데기 모양, 치아 구조, 패각근흔의 특징 등을 보이며, 해수나 담수 환경하에서 폭넓게 적응하며 생활하였다.
- 대부분의 복족류는 발생의 초창기에 껍데기가 뒤틀어지기 시작했으며, 그들은 종종 한 개의 껍데기가 감긴 형태로 변화하였다. 또한, 바다에서 육지까지 넓은 환경에 적응하였다.
- 두족류는 가장 진화한 연체동물이며, 머리, 감각기관, 신경계통이 잘 발달하였다. 앵무조개류(nautiloids), 암모노이드(ammonoids), 그리고 초형류(coleoids)등이 이에 속하며, 이 그룹은 육식성 동물들이다.
- 중생대에는 많은 연체동물이 단단한 껍데기를 가진다든가 혹은 깊은 뻘 속에 사는 생태로 발전하였다. 이들은 다양한 모양과 포식자로부터 위장할 수 있는 색깔을 갖게 되었다.
- 환형동물(環形, annelid)은 연체동물과는 자매 그룹이다. 이들 중 턱을 가진 다모류동물(scolecodonts)은 고생대생물군에서 일반적으로 나타난다.

바닷가에서 바닷조개를 파는 여인아.
당신이 파는 조개는 바닷조개라는 것을 나는 믿지.
지금도 여인은 해변에서 바닷조개를 팔고 있지.
그 조개가 해변의 조개라 나는 믿네.

옛 자장가

이해하기 어려운 유명한 일이 200년 전에 영국에서 있었다. 이는 어닝(Mary Anning)의 업적을 들 수 있는데, 그녀는 당대에 가장 유명한 화석 수집가로 고향인 영국의 남부지역 라임 리지스의 초기 쥐라기 암석에서 바다 파충류의 발견자로서 유명하다. 그녀의 대부분의 수입은 암모노이드와 다른 연체동물 화석을 방문자들에게 판매하여 얻었다. 우리가 해변에서 놀 때에 바다생물 껍질을 발견하게 된다. 그때에 껍질의 모양과 색깔 그리고 껍질에 나타난 문양을 보고 우리들은 놀라워한다. 조개, 굴, 가리비등은 먹기 위해서 뿐만 아니라 역사적으로 볼 때 장식품, 도구 그리고 화폐 등으로 사용했다. 연체동물은 절지동물 다음으로 지구상에서 가장 풍성한 동물 문(門)으로, 130,000 이상의 살아 있는 종(種)으로 지구의 역사로 볼 때는 선캄브리아기에까지도 산출된다.

연체동물: 소개

연체동물문은 민달팽이, 달팽이, 오징어, 갑오징어, 문어, 낙지 등과 조개, 홍합, 굴과 같이 바다에 서식하는 해양성 패각류가 이에 속한다(**글상자** 13.1). 연체동물의 크기는 모래 입자 크기에서 20m 이상 크기까지 다양하며, 살아 있는 무척추동물 중에서 가장 위협적인 *Architeuthis*와 같은 대형 오징어도 이에 속한다. 연체동물은 오늘날 가장 일반적인 해양성 동물이며, 육지, 강, 호수, 조간대, 대륙붕과 심해에 이르기까지 넓은 서식지를 가진다. 연체동물은 관절이 없으며, 네 가지 특징을 가진 연한 몸체를 가진 동물이다.

1. 머리 부분은 감각기관과 긁어먹는 기관인 **치설**을 가진다. 치설은 키틴질 성분으로 작게 구멍을 뚫거나 긁어먹기에 적당한 구조로 되어 있다.
2. **발바닥** 구조는 기어 다니기에 용이하도록 넓적한 구조를 가진다. 그러나 연체동물의 생활 습성에 따라 다른 구조를 갖기도 한다.
3. 소화, 배설, 번식, 호흡기관과 같은 **내장기관**은 체강(celomic cavity)에 감싸여 있다.
4. **외투막**(mantle)은 얇은 티슈와 같은 모양으로 내장부를 감싸주어 내장부가 자유롭게 움직이도록 도와주는 역할을 한다.

연체동물의 각(殼, shell)은 분비된 탄산칼슘으로 주로 아라고나이트와 유기물질, 그리고 바깥 부분의 유기질 층을 가진다. 이매패류의 각의 진화로 볼 때 섬유상(fabrics) 각(殼)의 조직은 단순한 능주 구조(prismatic)에서 진주와 능주 구조로, 진주와 능주 구조는 교차판(crossed–lamallar) 아라고나이트와 능주 구조로, 그리고 엽상의 방해석으로 진화했다.

완족류에서와 같이 각(殼)구조는 연체동물을 세부적으로 분류할 때 사용된다. 교차판 구조(crossed–lamallar structure)는 소수의 복족류에서 독립적으로 진화했다. 외투막(mantle) 아래 있는 외투막강(manle cavity)은 내장부의 뒤쪽에 위치하며, 연체동물의 **빗**

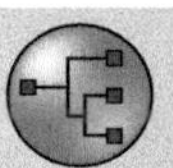

글상자 13.1 Mollusca의 분류

Caudofoveata 강
- 벌레와 같고, 해저면에서 굴을 파고 살며, 껍질이 없이 살고 있는 무척추동물
- 현생

Aplacophora 강
- 벌레와 같고, 침상의 모양을 가진 연체동물
- 석탄기~현생

Monoplacophora 강
- Limpet와 같고, 분절된 연체 부분을 가지며, 캡 모양의 껍질
- 캄브리아기(하부)~현생

Diplacophora 강
- 비늘과 같은 경피의 길은 부분에 의해서 각의 앞쪽과 각의 뒤쪽이 구분됨
- 캄브리아기(하부)

Polyplacophora 강
- 보통 8개의 판으로 분절한 껍질, 커다란 근육으로 된 다리와 1쌍의 아가미
- 캄브리아기(상부)~현생

Tergomya 강
- 외복부적(外胃, Exogastrically)으로 감기고, 단각(單殼), 좌우 대칭, 회전판처럼 감겼거나 캡 모양의 껍질을 가진 연체동물
- 캄브리아기(중부)~현생

Helcionelloida 강
- 내복부적(內胃, Endogastrically)으로 감기고, 단각(單殼), 뒤틀림이 없는 연체동물
- 캄브리아기(하부)~데본기 (Pragian)

Gastropoda 강
- 단각, 껍질은 감김, 머리에는 눈과 다른 감각기관을 가짐, 이동에 사용하는 근육다리. 계통발생의 초기. 내장은 180°로 비틀림
- 캄브리아기(상부)~현생

Bivalvia 강
- 두 개의 껍질. 이빨과 인대를 가진 배 접변선을 따라 결합됨, 머리는 없으나 잘 발달한 근육의 다리를 가짐, 정교한 아가미 체계를 가짐
- 캄브리아기(하부)~현생

Rostroconchia 강
- 표면적으로는 이매패류와 유사함. 그러나 배 중앙선을 따라서 합쳐진 껍질
- 캄브리아기(하부)~페름기(Kazanian)

Scaphopoda 강
- 길고, 원통형 모양의 껍질, 양 끝 부분이 열려 있음.
- 데본기~현생

Cephalopoda 강
- 머리, 촉수와 잘 발달한 감각기관을 가진 가장 진화한 연체동물
- 캄브리아기(상부)~현생

살아가미(ctenidium)를 보호하는 호흡기낭에 있다. 배설관, 생식관, 항문이 외투막강 안쪽으로 열려 있으며, 그들의 생산물은 배출관을 통해 외부로 내보낸다.

선캄브리아기 이후의 삿갓조개와 같이 기어 다니는 초기 동물로부터 연체동물은 모양과 크기가 다양하게 진화하였으며, 단단한 석회질 각을 가진다.

가시적으로 연체동물의 진화를 생각하는 간단한 방법은 연체동물의 조상으로부터 최소한의 연체동물의 형태를 가진 가설적인 **원연체동물**(archemollusk)을 가정하는 것이다. 즉, 이러한 시도로 연체동물의 문(phyllum)을 분류하기 위한 최근 분기도(分岐圖)(그림 13.1)가 수정된 후 통합되었다. 여기에는 최초의 연체동물을 분류하는 데 있어서 아직도 많은 불확실성이 남아 있으며, 새로운 사실이 발견된다면 끊임없이 체계도를 바꿀 것이다(글상자 13.2, 13.3 참조). 최근의 일반적인 연체동물의 선조는 각(殼), 다리의 유무, 그

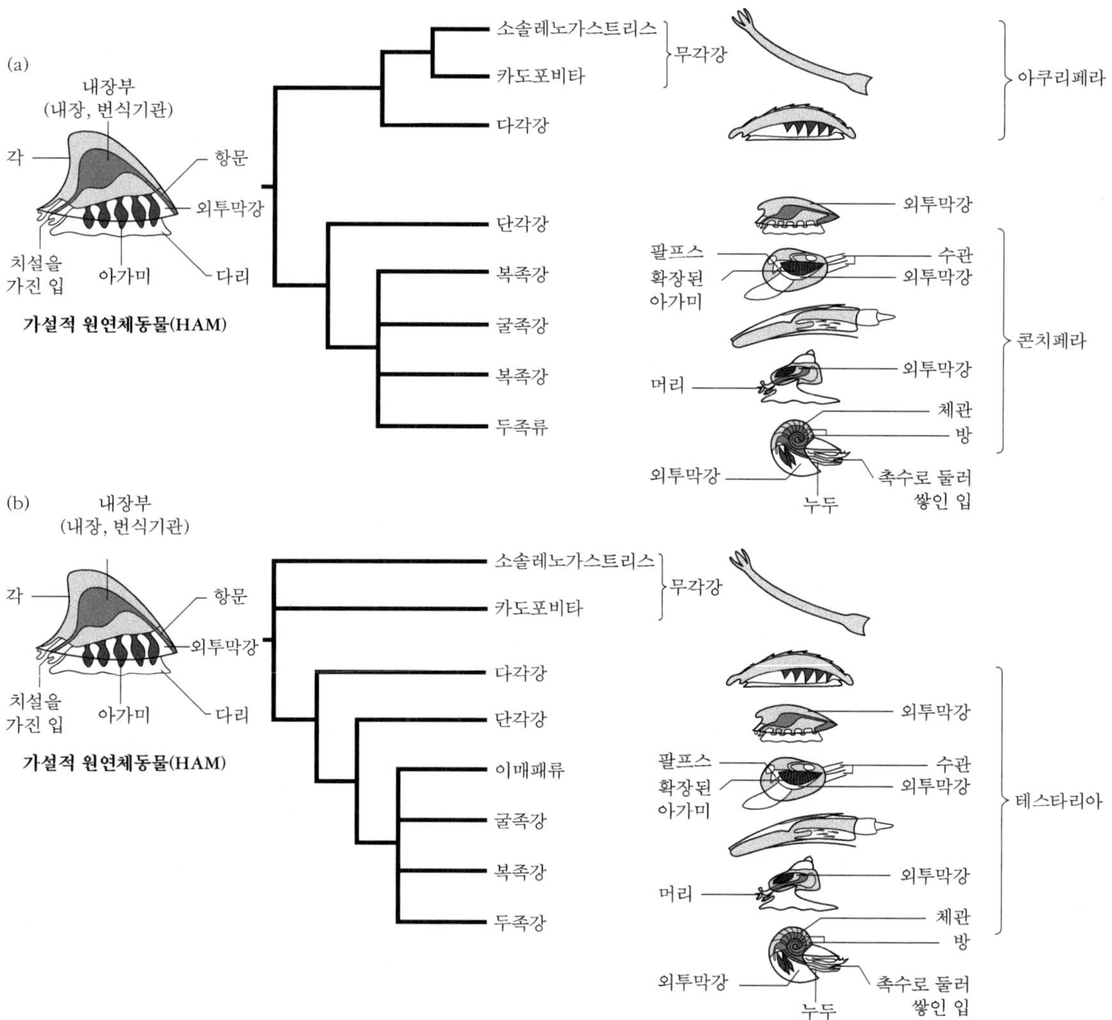

그림 13.1 연체동물 진화의 가상분기도(僞分岐圖, Pseudocladograms): 분기형의 체제를 갖춘 가설적인 원연체동물(HAM)을 통합한 진화 모델, (a) 아쿠리페라(Aculifera)와 콘치페라(Conchifera)로 분기한 설명, (b) 무각강(Aplacophora)과 테스타리아(Testaria)로 분류. [Sigwart와 Sutton(2007)에 근거.]

리고 기어서 다니는 생활 형태에 따라서 6~8개로 분류된다(Sigwart & Sutton, 2007).

✲ 초기 연체동물

초기 캄브리아기는 다양하고, 기괴한 helcionelloids와 같은 연체동물 그룹과 많은 동물군이 함께 서식했던 실험적 시대였다(Peel 1991). 대부분의 학자들이 초기 연체동물은 현재 살아 있는 편형동물(platworms)과 같은 형태로서 아마도 치설과 아가미가 뒤쪽에 위치한 침골모양의 동물군에서 유래되었다는 사실에 대해서는 동의한다. 이러한 연체동물들은 현재의 껍질이 없는 무판류(aplacophrans)와 닮았다. 무판류와 껍질을 가진 연체동물은 아마도 후기 선캄브리아기에는 일반적으로 동일한 조상이었을 것이다. 그린란드의 북쪽에 있는 하부 캄브리아기 암석에서 산출된 할키에리드(halkieriied) 과(科)의 관절로 연결된 유기질 화석이 최초기 연체동물의 정체성에 대한 논란을 불러왔다(**글상자** 13.3). 과거에는 할키에리아는 별개로 여겨지는 유기물체로 묘사되었다. 할키에리아는 **골편**(sclerites) 혹은 판(plates)뿐만 아니라 앞뒤로 두 개의 연체동물의 모양의 각(殼)을 가진 벌레모양의 동물로 기술하였다. 특히 후기 캄브리아기와 초기 오르도비스기 동안 이상한

글상자 13.2 Kimberella와 Odontogriphus는 연체동물군에 속한다.

1959년, 선캄브리아기의 보통 크기의 디스크(disk) 모양을 가진 *Kimberella*로 명명된 화석은 기구한 운명에 처했다. 오스트레일리아의 에디아카라 암석에서 처음 발견된 당시에는 해파리로, 후에는 상자 해파리로 기재되었다. 그 후 레돈킨 등(Mikhail Redonkin & Ben Waggoner, 1997)은 러시아의 백해(White Sea)로부터 나온 화석을 기초로 *Kimberella*을 비광물 성분, 단 각(殼), 그리고 좌우 대칭인 모양으로 해저에 기어서 다녔던 생물로 다시 해석하였다. *Kimberella*에 대한 해석은 이동성과 치설(Radula)이 있어야 하는 섭식 구조를 추정할 수 있는 다양한 흔적화석과 연계하여 해석하게 되었다. 발견된 몸체화석과 생흔화석들은 연체동물계통군의 근간으로 *Kimberella*를 설정하게 되었으며, 동물분류학상의 문(the phylum)에 해당하는 것으로 분류되었다(그림 13.2). 또한 이는 캄브리아기 이전의 좌우 대칭동물류의 기원에 대한 단서를 제공하게 되었다. 그러나 *Kimberella*가 어느 동물에 가장 가까운 친척일까? 카슨(Jean-Bernard Carson)과 동료들(2006)의 새로운 조사는 그 물음에 대한 단서를 제공했다. 그들은 버제스 셰일(Burgess Shale)로부터 산출된 *Odontogriphus*라는 수수께끼 같은 동물에 대해서 연구했다. *Odontogriphus*는 이전부터 완족동물류, 태선동물류, 비벌레 그리고 심지어 초기 척추동물과도 같은 계통으로 추정되었다. *Odontogriphus*는 한 개의 치설, 한 개의 넓은 발 그리고 한 개의 빳빳한 등(dorsum)을 가지고 있다는 새로운 연구는 *Odontogriphus*가, 한 개의 치설을 가진 *Wiwaxia*(골편으로 싸여 있고, 부드러운 몸체를 가진 또 다른 수수께끼의 동물체), *Halkieria*와 함께 *Kimberella*와 가까운 연체동물군으로 완전하게 분류하게 되었다.

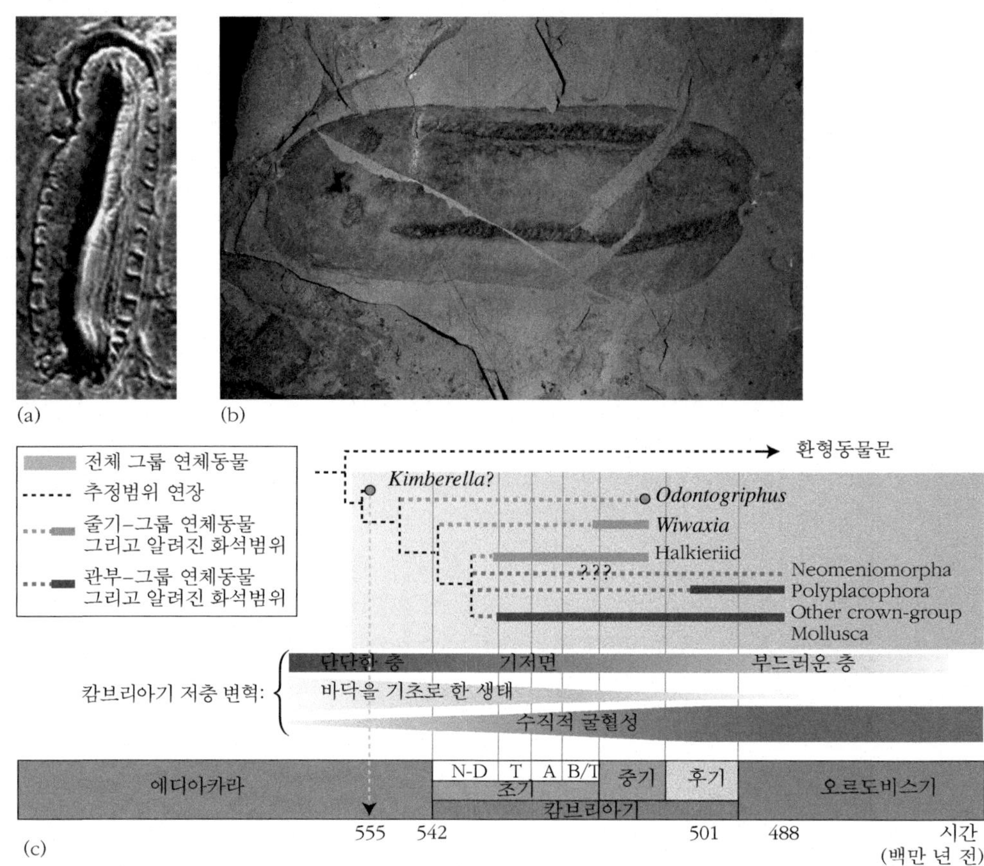

그림 13.2 초기 연체동물: (a) *Kimberella*, (b) *Odontogriphus*, (c) 생태학적 변화에 도식된 초기 연체동물의 계통발생과 층서학적 산출범위. N–D, Nemakit–Daldynian; T, Tommotian; A, Atdabanian; B/T, Botomian. [(a)는 Ben Waggoner, (b)와 (c)는 Bernard Caron 제공.]

모양의 특징들은 초기 연체동물 문의 후속으로 나타나는 계통을 형성한다. 이들의 모양과 다른 연체동물의 각(殼)은 수적 모델링을 만드는 기초가 되었다. 이 모델링은 화석과 살아 있는 연체동물의 각의 모양을 다양하게 보여 주고, 자연에서 잘 알려지지 않은 각을 컴퓨터를 통해서 유추할 수 있게 하였다(**글상자 13.4**).

히올리스(Hyoliths)—덮개판(operculum)으로 덮힌 각구(aperture)를 가진 길고, 원뿔형의 석회질 각—는 자주 연체동물이라고 불리어 왔다. 이 그룹은 길이가 최대 200mm에 이르며, 40개의 속(屬)으로 알려졌다. 이 생물은 캄브리아기부터 페름기까지 서식하였다. 연구를 통해 오늘날 이 그룹에 연체동물과 땅콩벌레인 Sipunculida와 연관하여 동일한 문(門)으로 분류하였다.

글상자 13.3 Halkieria 완족동물 무리에서 연체동물의 새로운 강까지

*Halkieria*는 발틱 해에 위치한 덴마크의 섬인 보른홀름(Bornholm)의 캄브리아기 암석에서 최초로 발견된 관절이 분리된 껍데기(disarticulated shells)를 기초로 기재되었다. 그러나 1980년대 북 그린란드의 초기 캄브리아기 Sirius Passet 동물군에서 발견된 관절로 연결된 표품들(articulated specimens)은 큰 관심을 가지게 하였다. 그 동물은 길게 신장된 형태였는데, 앞쪽과 뒤쪽은 두개의 연체동물의 각을 가진 벌레모양의 생물체였다. 등은 경필 사이의 철갑으로 나뉘어져 있었다(그림 13.3). 이것은 아주 괴상한 모양으로 이전의 동물에 대한 해석과는 커다란 차이점이 있었다. 초기는 이것들을 연체동물과 동일하게 취급하고자 하였지만 이들을 완족동물의 무리로 분류하게 되었다. 이와 같은 일은 충분히 타당성이 있는 일이었는데, 그 이유는 그 두개의 껍질이 일부 종에서 보이는 무관절 완족동물의 등쪽 껍질과 복부 껍질과도 매우 흡사했기 때문이다. 그러나 *Halkieria*가 완족동물이 되기 위해서는 그의 다리를 잃어야 했고, 섭식장기(feeding organ)로서 완(lophophore)를 발달시켜야 했으며, 그것의 골편(sclerites)를 강한 털로 변형되어야 했다. 빈더(Jakob Vinther)와 닐센(Claus Nielsen)은 자세하게 그 화석을 분해하여 살아 있는 연체동물의 범위와 비교하였다. 여기에는 더욱 간단한 해법이 있었다. *Halkieria*는 사실 연체동물이었다. 이 연체동물은 동물분류학상 문(phylum)으로 정의할 수 있는 대부분의 특징을 모두 가지고 있었지만, 많은 특징인 동물 앞쪽의 껍질과 뒤쪽의 껍질을 가지고 있는 특징은 연체동물의 새로운 강(class)인 이각강(二殼綱, Diplacophora)으로 분류하는 기초가 되었다.

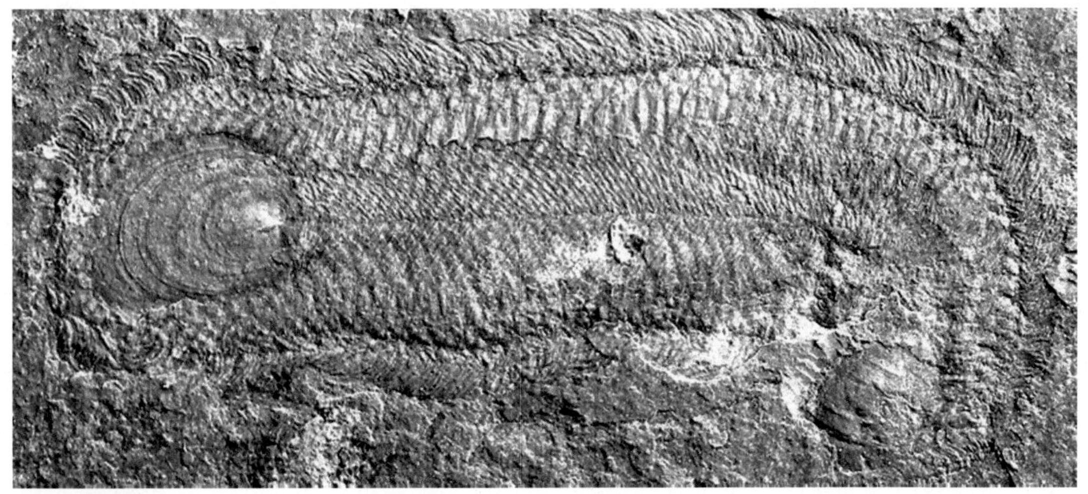

그림 13.3 Sirius Passet에서 나온 연체동물 *Halkieria*(산출된 본래 크기)

글상자 13.4 컴퓨터 시뮬레이션을 이용한 연체동물의 성장

껍질을 가진 유기물체의 대부분의 각은 비틀림으로써 모델화할 수 있다. 사실, 살아 있는 Nautilus의 계통발생은 18세기에 대수(代數)의 나선으로 일반적으로 알려졌다. 라우프(David Raup, 시카고 대학교)의 연구에서 몇 개의 요소를 기초로 하여 컴퓨터의 시뮬레션을 통해 껍질의 계통발생을 정의했다. (1) 발생 커브의 모양 혹은 타원축의 비율, (2) 한 축을 중심으로 감긴 후의 소용돌이 팽창 비율 (W), (3) 면에서 축으로 발생곡선의 위치(D), 소용돌이 변형 비율(T). 각(殼)들은 고정축을 따라 회전하는 발생곡선을 전환함으로써 만들어진다(그림 13.4). 예를 들면, T=0일 때 이매패류나 완족동물처럼 수직적인 요소가 없는 각들이 만들어지며, 대조적으로 T의 수치가 크면 전형적으로 높은 나선형의 복족류이다. 단지 가능한 각의 모양들이 작은 다양성으로 자연에서 나타난다. 라우프(Raup, 1966)의 시뮬레션이 주요 프레임 체계로서 실행되도록 만들어졌다. 스완(Andrew Swan, 1990)는 마이크로컴퓨터를 사용하여 필요한 소프트웨어를 개조했으며, 폭넓고 다양한 각의 모양을 시뮬레션했다. 최근의 많은 연구가 다른 형태의 암모나이트를 시뮬레이션하도록 더욱 복잡한 기술을 개발하였다. 그럼에도 불구하고 이론적으로 이용할 수 있는 것은 모형공간의 비교적 낮은 비율을 가진 화석과 살아 있는 연체동물들에서 활용된다. 실제로 이용해 보면 기능적으로, 그리고 기계적으로 사실과 같지 않은 형태가 나타난다. 예를 들면, 살아 있는 동물에게는 입이 너무 작아서 각(殼)의 안으로 먹이를 넣을 수 없다거나 움직이는 동물로서 모양이 허락하지 않을 수도 있다. 다른 부분에서도 점진적으로 사용하기 위해서는 실험을 계속해야만 할 것이다. 라우프(Raup)의 연구 결과가 비현실적이며, 한낱 보여 주는 인위적 도형이라고 주장되고 있다. 그러나 이론적으로 형태공간에 대한 연구는 태선동물, 극피동물, 필석류, 몇몇의 어류 그리고 식물을 포함한 다른 그룹의 범주에까지 연구되고 있다(Erwin, 2007).

그 곳에는 라우프의 독창적인 알고리즘과 많은 변형을 포함하고 있으며, 웹에 접속하여 각 모양을 직접 체험해 볼 수도 있다. 가장 간단한 것 중 하나는 http://www.blackwellpublishing.com/paleobiology에 접속하여 실행해 보는 것이다.

✲ 이매패류 강(Class Bivalvia)

이매패류는 전 세계의 해변의 모래를 구성하는 성분 중 가장 흔한 것이다. 많은 이매패류는 인간의 소비를 목적으로 양식되는데, 그중에서 진주는 이매패류가 성장하는 과정에 만들어지는 가장 귀한 부산물이다. 현생이언 이전 시대로부터 시간이 흐르는 동안 이매패류는 껍질의 모양이 아주 다양하게, 그리고 모양은 생존 전략에 알맞게 변형되었다. 그중 하나는 작은 껍질, 좌우 대칭의 딱딱한 껍질로 변형한 점이다. 초기 이매패류는 얕은 해양성퇴적물 표면 위에서, 퇴적물을 파고, 깊게 구멍을 파고, 그리고 맑은 물이 있는 곳으로 이동하여 굴을 뚫고 서식하는 유형으로 적응하였다. 현재 살아 있는 이매패류

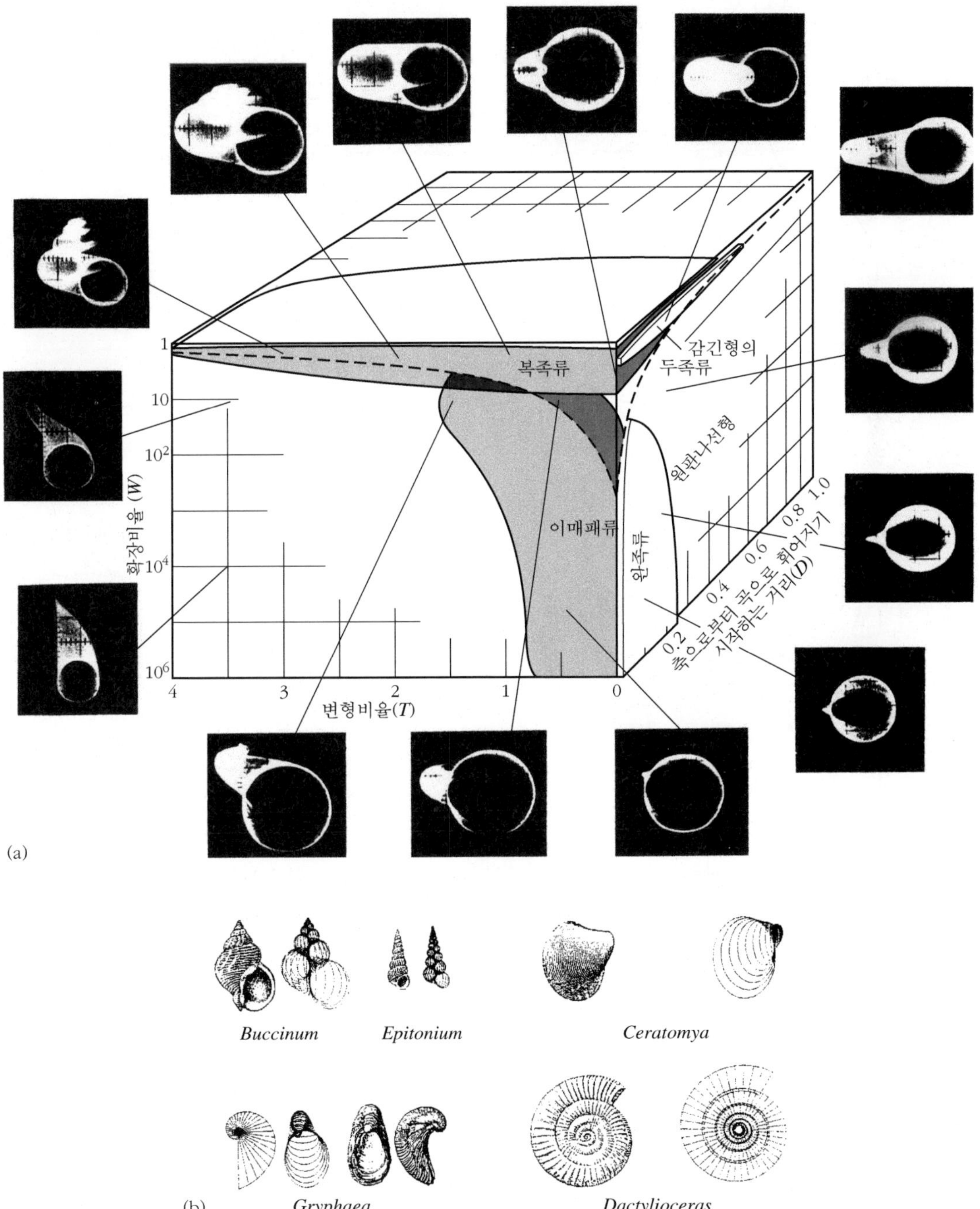

그림 13.4 (a) 각의 성장을 컴퓨터 시뮬레이션을 이용해서 제작된 이론적 형태공간, (b) 실제와 닮은 컴퓨터 시뮬레이션. [(a)는 Raup(1966)에 근거, (b)는 Swan(1990)으로부터.]

는 4,500속이 넘으며, 이는 화석으로 기록된 속의 숫자에 절반보다 적은 숫자이다. 그들의 특정한 퇴적물과의 관계 그리고 광범위한 생존 전략적 측면에서 볼 때, 이매패류는 좋은 시상화석이다. 비록 비해양성 이매패류가 상부 석탄기와 제3기의 지질시대를 세분화했던 1820~1830년대 라이엘(Charles Lyell)의 고전연구에 폭넓게 이용되었지만, 이들을 이용한 생층서학적 정확성은 한계가 있다.

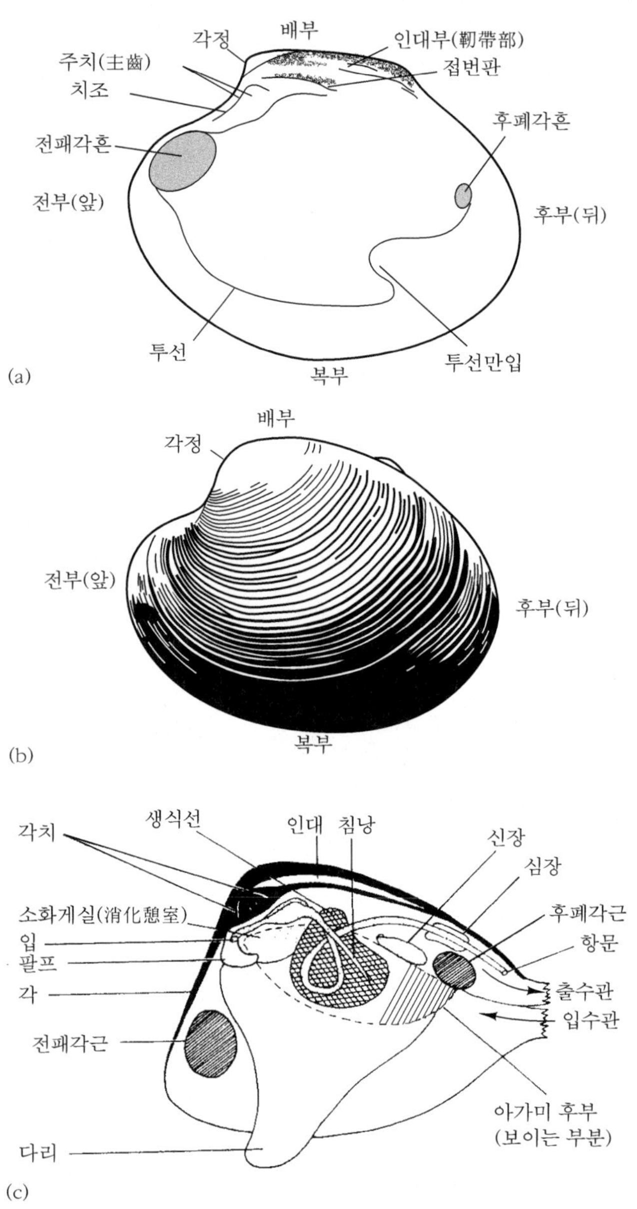

그림 13.5 살아 있는 이매패류를 근거로 한 이매패류의 형태: (a) 우측 각(殼)의 내부 모습, (b) 좌측 각(殼)의 외형, (c) 우측 각(殼)에 부착된 내부 구조의 복원.(*Treatise on invertebrate Paleontology*, Part N. Geol. Soc. Am. and Unv. Kansas Press에 근거.)

기초적 형태학

이매패류는 완족류를 인위적으로 복제한 쌍 각(殼)의 조개류이고, 오늘날의 흔한 바다동물이다(그림 13.5). 완족동물과는 대조적으로, 이매패류는 항상 탄산칼슘으로 구성되어 있고, 일반적으로는 아라고나이트로 되어 있다. 그리고 많은 수가 각의 좌우 양쪽을 나누는 접합부(commissure)를 중심으로 좌우 대칭이다. 즉, 다시 말해 두 개의 껍데기는 시각적으로 서로에게 면대칭의 거울 이미지와 같다. 이매패류는 때로는 판새류(lamellibranchs) 혹은 부족류(pelecypods)로 불렸지만, 처음에는 린네(Linnaeus)에 의해서 1758년 이매패류라고 불리게 되었다.

이매패류은 머리가 없고, 앞쪽 방향으로 오직 입만이 존재한다. 대신에 감각기관은 외투막(Mantle) 주위에 집중되어 있고, 안점, **화학수용기**(chemorecepto), 그리고 평형을 이루는 **세포**(statocysts)를 가지고 있다. 이매패류의 외골격은 좌우 대칭의 두 개의 껍데기로 되어 있다. 또한 이들은 **유연한 인대**(elastic ligament)와 일반적으로 서로 맞물려 있는 이빨(tooth)과 치조(sockets)에 의한 접번선(hinge line)를 따라서 측면 등쪽으로 연결되어 있다. 껍데기는 외투막엽(mantle lobes)으로 둘러싸여 있으며, 외투막의 부착은 수관(siphone)의 확장과 함께 뒤쪽에서 톱니모양과 같은 투선(pallial line)을 가진다. 각(殼)의 가장 초기에 형성된 부분인 **각정**(beak or umbo)은 배인대(背靭帶, dorsal ligament)를 지지하는 주관절 부분으로 분리된다. 각(殼)이 닫힐 때는 앞과 뒤에 위치한 한 쌍의 패각근(adductor muscle)이 수축된다. 각이 닫힌 동안에 접번인대(hinge ligament)는 양쪽 껍데기의 등쪽 부분 사이에서 단단하게 지탱해 준다. 즉, 패각근육이 이완될 때 인대는 확장되고, 껍질은 열리게 된다. 이러한 패각근육의 흔적은 일반적으로 양쪽 껍데기의 안쪽에 희미하거나 약하게 보인다.

이매패류의 분류는 전적으로 첫 번째는 아가미 구조(그림 13.6a), 그리고 두 번째는 치아와 치조의 배열 구조로 한다(그림 13.6b). 치아는 접번선(hinge line)을 따라서 있거나, 비연속적으로 주치와 측면으로(hinge line의 앞뒤) 난 측치와 측치조로 분리되어 있다. 이매패류의 가장 중요한 세 가지 유형의 이빨 나열 구조는 다음과 같다. (1) **다치형**(多齒型,

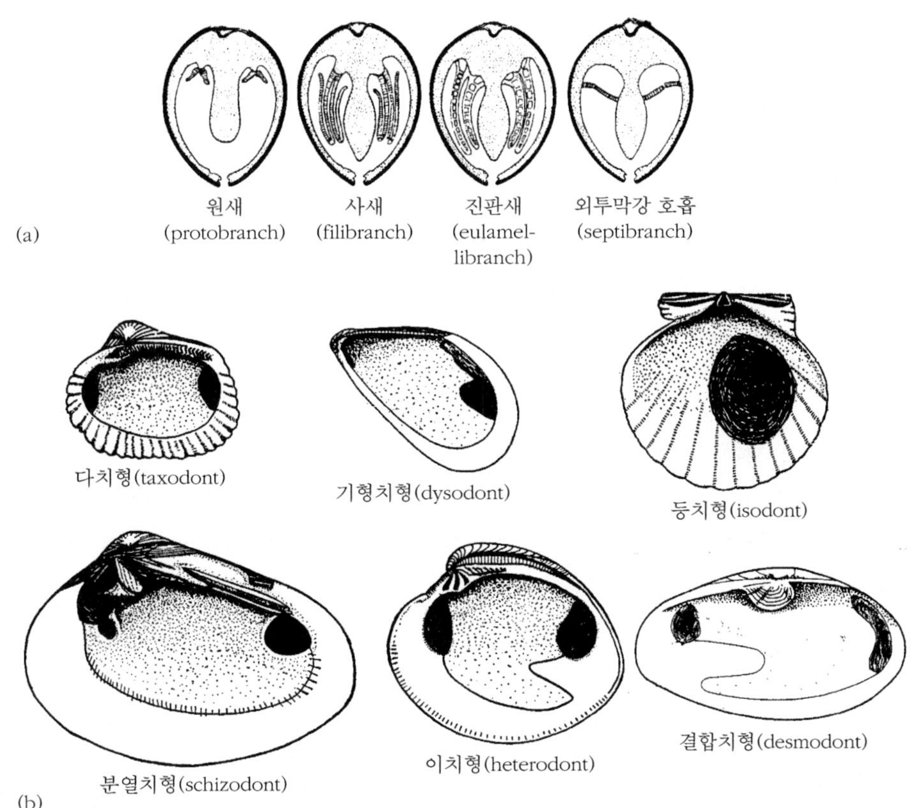

그림 13.6 (a) 이매패류의 주요 아가미 형태, (b) 이매패류의 치아 구조의 주요 형태

taxodont)—이(齒)의 크기가 거의 비슷하고, 많은 치아가 나란한 패턴으로 나열된 형, (2) **단생치형**(短生齒型, actinodont)—각정(umbo) 밑에서부터 똑같은 모양과 크기로 양쪽으로 발달한 치아 구조, (3) 이치형(異齒型, heterodont)—각정 밑에는 주치가 있고, 주치에서 옆으로 접번판에 측치가 있는 혼합 형태의 치아 구조. 이밖에 많은 용어들이 이빨의 두께, 각의 변형 및 감소되었을 때 다른 용어로 사용되었으나, 현재는 그러한 용어들을 거의 사용하지 않는다.

대부분의 경우 각의 각정은 돌출되어 있고, 각의 앞쪽을 향한 변은 굴곡으로, **투선만입**(pallial sinus)은 각의 뒤쪽에 위치한다. 그리고 뒤편의 패각근육은 앞쪽의 패각근육보다 작다. 일부 유형에서는 다리는 존재하지만, 앞쪽의 패각근육이 존재하지 않는다. 패각의 우측 패각과 좌측 패각을 선정하는 방법은 (1) 두 개의 패각 사이의 접번부를 수직으로 세우고, (2) 패각의 앞쪽의 끝을 관찰자의 반대 방향으로 놓으며, (3) 각정을 상부 방향으로 유지하도록 놓는다, 그리고 오른쪽 방향에 위치한 껍질은 우측 껍질이며, 반대로 좌측에 위치한 껍질은 좌측 껍질이다.

주요 이매패류 그룹

이매패류는 주로 동물학자들이 소화계통이나 아가미의 특징과 같은 연체 부분의 형태학을 기초로 분류하였다. 고생물학자들은 항상 양 껍질이 연결된 부분인 경첩(접번, hinge)의 구조를 세부적으로 조사하여 분류하려고 시도했다. 여기에는 이매패류 내에 다양한 분류학적 계층으로 분류하는 데 이용하는 기본적인 7개의 외형들이 있다. 즉, (1) 아가미 구조는 아강(亞綱)과 하아강(下亞綱, infrasubclass)의 분류, (2) 치아 구조는 모든 계층분류, (3) 인대부착점(ligament insertion)은 하아강의 하부 계층과 목(目)의 분류, (4) 패각근흔은 상과(上科, superfamily)에서 목의 분류, (5) 만입투선은 과와 그 하위 계층, (6) 패각 모양은 모든 계층, (7) 각(殼)의 조직은 하아강의 하부 계층과 상과의 분류에 이용된다. 이매패강은 두 개의 아강으로 분류된다. 즉, (1) 원새아강(Protobranchia): 원형(原型)연체동물과 아주 유사하며, 원시 아가미(protobranch, 원새)를 가진다. 이들은 퇴적물을 섭식한다. (2) 자판새아강(Autolamellibranchiata): 대부분 호흡뿐만 아니라 먹이를 모으기 위해 변형된 **커다란 잎 모양의 아가미**[filibranch, 사새와 진판새(eulamellibranch) 형태]를 가진다. 그러나 일부는 아가미를 잃었으며, 호흡은 외투막강으로 한다(septibranch)(**그림 13.6**).

원새아강과 자판새아강에 속하는 많은 분류군들이 **그림 13.7**에서 설명되었다.

원새아강(protobranchs, 새=아가미)

애호두조개목(Nuculida)은 능주-진주층(prismato-nacreous) 껍데기와 다치형(taxodont) 이빨 구조, 좌우 대칭인 껍데기 그리고 전새류아가미(protobranch gill)에 의해서 특성화

그림 13.7 이매패류 속(屬) 몇 가지: (a) *Glycimeras*(마오세), (b) *Trigonia*(쥐라기), (c) *Gryphaea*(쥐라기), *Mya*(현생), (g) *Sponndylus*(백악기). 확대율은 모두 0.75배.

된 가장 오래되고, 가장 원시적인 하아강(下亞綱)이다. 오늘날 심해 환경에서 가장 풍부하게 서식하는 *Nucula*와 같이 암설을 섭생하며, 퇴적물 속에서 사는(infaunal) 내재성 해양성 동물이다. *Ctenodonta*은 전형적인 다치형 이빨 구조, 타원형 모양의 껍데기, 외부의 인대(external ligament)를 가지고 있으며, 주로 오르도비스기에 서식하였다.

하아강 Solemyoida의 구성 요소들은 껍데기가 앞쪽으로 긴 퇴적물에 굴을 파고 사는 동물들이며, 대부분은 악취가 나는 진흙 속에서 그들을 살 수 있도록 공생하는 자화학 합성영향생물(自化學合成營養生物, autochemotrophic) 박테리아를 가지고 산다. 이들은 초기 오르도비스기에서 현생까지 서식하고 있다.

자판새아강(Autolamellibranchs)

자판새아강은 아마도 껍데기가 더 크게 열리도록 경첩으로 연결된 치아로 발전했던 애호두조개목의 그룹을 거쳐 최초기 오르도비스기에 원새아강으로부터 유래되었다. 이것은 먹이를 모으는 과정에서 아가미에 모이는 퇴적물을 피하기 위해서 없어서는 안 된다.

Pteriomorphs은 주로 해양에 살며 **족사**(byssus)로 고착한다든가 혹은 다리로부터 변형된 끈끈한 실 다발의 패드로 고착하는 해저생물이다. 그들은 최초기 오르도비스기에서 산출된 이매패류 동물군에 중요한 부분을 점유한다. 그리고 대부분 껍데기의 외층은 방해석으로 된 각층을 가지며, 아가미는 사새(filibranch)로 되어 있다. 이 그룹은 홍합

(mussels, 특히, 털격판담치)인 *Modiolus*와 *Mytilus* 그리고 돌조개과(ark shells)인 *Arca*와 *Anadara*, 국자가리비(scallop)류인 *Chlamys*와 *Pecten*, 굴류(oysters)인 *Crassostrea*와 *Ostrea*을 포함한다.

Heteroconchs는 부유물 섭식자들의 혼합된 그룹이며, 최초기 오르도비스기에서 산출되는 이매패류 동물군에서 중요하다. 그리고 이들의 외투막(mantle)의 통합(fusion)과 긴 수관(siphion)의 발달은 깊은 퇴적물 속에서 서식하는 유형들이 번성할 때인 중생대 동안에 확산되었다. 그들은 아주 성공적으로 진화한 잠입동물(潛入動物, burrower)들이다. 아가미는 주로 진판새(eulamellibranch)였으며, 많은 종에서는 껍데기의 조직이 사엽층리(crossed-lamellar) 혹은 복합엽층리(complex crossed-lamellar)의 미세 조직으로 구성되었다. 이들 그룹은 가령 대형 조개류(giant clam)인 *Tridacna*, 말굽조개류(horse-hoof)인 *Hippopus*, 함박조개류(surf-clam)인 *Donax*, 맛조개류(razor shell)인 *Ensis*와 *Tagelus*, 좀조개류(ship worm)인 *Teredo* 그리고 새조개류(cockle)인 *Cerastoderma*와 같은 전형적인 조개류가 이에 속한다.

Anomalodesmatans는 주로 *Pholadomya*와 같이 능주-진주층 껍데기와 감소된 치아 구조를 가지고 있는 부유물 섭식성(suspension-feeding) 해양 동물이다. 그들은 진판새 혹은 외투막강을 통한 호흡(septibranch)의 아가미를 가진다. 이들 역시 최초기 오르도비스기에서 발견되나, 이매패류 동물군의 소수 유형을 이루었다.

생활 습성과 형태학

생활 습관의 유형에 따른 이매패류의 7개의 중요한 형태가 있다(Stanley, 1970). 즉, 퇴적물 속에서 사는 잠입형(潛入型, burrower), 퇴적물 속에서 사는 깊은 잠입형(deep burrower), 족사(byssus)로 부착하며 사는 표생형(epifaunal), 고체물체에 단단하게 고착해 사는 표생형, 허위로 자유롭게 다니는 가유영형(假遊泳型, 몟목이나 배 밑창에 부착하여, free lying), 수영하며 사는 수영형(遊泳型, swimming), 천공형(穿孔型, boring type), 구멍에서 서식하는 굴혈형(掘穴生型, cavity dwellers) 등이다. 형태학적 특징의 특정한 집단은 각 생활 습성과 연관이 있으며, **그림 13.8**에 요약되었다. 스탠리(Steven Stanley's)의 연구 결과는 현생 동안 유사한 이매패류를 지배했던 집단에 대해서 많은 학자들에 의해 변경되었다(**그림 13.9**). 가장 기괴한 것은 백악기의 대규모 산호초를 만든 루디스트(rudist)였다(**글상자 13.5**).

이매패류의 진화

가장 초기에 알려진 이매패류는 캄브리아기 기저부에서 보고되었다. 두 개의 초기 캄브리아기 속(屬)은 오스트레일리아와 중국에서에서 보고된 praenuculid *Pojetaia*와 덴마크, 북아메리카 그리고 시베리아에서 보고된 *Fordilla*이다. 이들 두 개의 속은 인대(ligament)

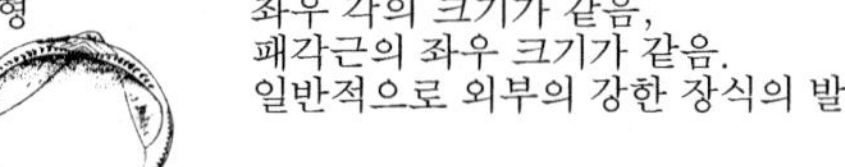
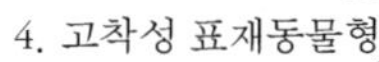
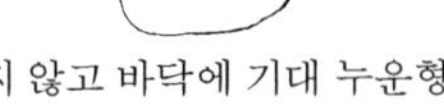

그림 13.8 이매패류 연체동물들의 주요 생태학적 그룹의 형태와 적응

를 가진 접번(hinge)에 의해서 분리된 두 개의 껍데기를 가지며, 근육과 치아를 가진다. 이러한 것들은 아마도 가장 오래된 rostroconch에 속하는 *Heraultipegma* 이후 약 1,000만 년 동안 내려왔다. 그리고 그러한 이매패류는 rostroconch로부터 진화했거나, 그들과 같은 어떤 것으로부터 진화했을 것이다. 이들에 속하는 강(綱, class)은 모든 이매패류의 하아강(下亞綱)의 기초적인 형태를 가졌던 초기 오르도비스기 동안에 빠르게 진화했다. 다치형, 단생치형 그리고 이치형 구조가 성형되었을 뿐만 아니라 다양한 섭식유형(feeding types)도 초기 오르도비스기인 트레마도시안(Tremadocian)과 플오이안(Floian)에 발전하였다.

이런 주요한 변화가 있었던 다음에, 그룹들은 남은 고생대 동안에 안정되었다. 비록 약간의 그룹에서는 퇴적물 속 깊이 잠입(deep burrower) 생활 유형에 적응하기 위해서 긴 수관(siphon)으로 진화했다. 이매패류가 다리로 움직이는 이동성(移動性)과 함께 이동에 대한 적응을 한 것은 동시대에 사는 고정된 표생 생활을 하는 대부분의 완족동물을 뛰어넘는 중요한 장점이다. 최초기의 자판새아강 유형은 오르도비스기의 초기 트레마독(Early Tremadocian)부터 알려졌다. 그룹의 초기 중생대 양상은 결합치형(desmodont)과 이치형 구조, 그리고 수관의 형태에서 특징을 가지며, 그들이 다양하게 살던 연안해역과 조간대 지

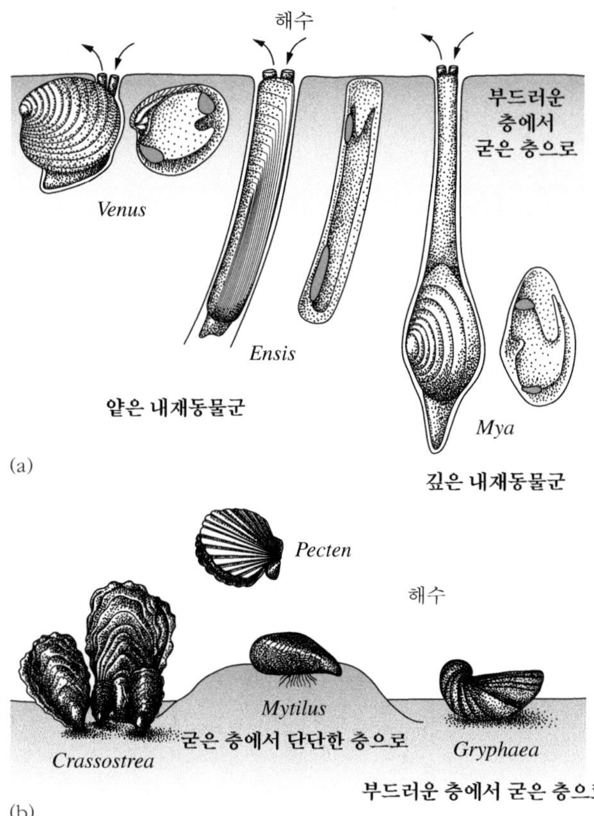

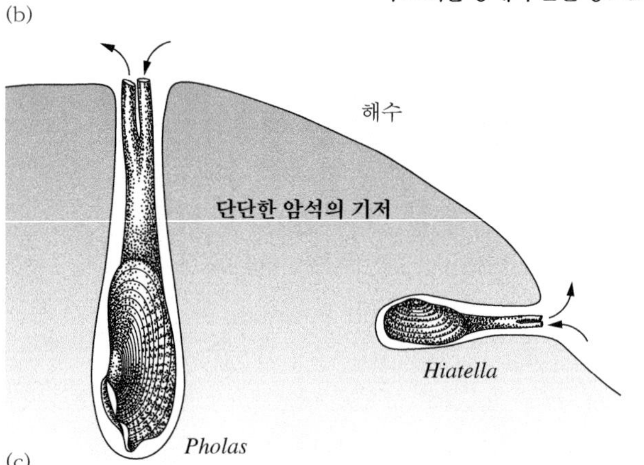

그림 13.9 이매패류 연체동물의 생활 형태: (a) 부드러운 층에서 단단한 기저층으로, 얕은 굴혈성과 깊은 굴혈성, (b) 표재동물의 수영, 부드러운 층에서 단단한 기저층 위에 고착 혹은 휴식, (c) 단단한 기저면을 뚫은 형태. [Milsom과 Riggby(2004)로부터.]

역의 깊은 퇴적물 속에서 생활할 수 있도록 몸의 구조를 갖추었다.

✲ 복족강

복부에 다리가 달려 있는 형태('belly-footed')의 연체동물인 복족류는 오늘날 연체동물 강(molluskan class)중에서 가장 다양하고, 풍부한 개체이다. 이 그룹에는 달팽이와 민달팽이 등이 이에 속하며, 석회질 성분의 껍데기를 가진 형태와 껍데기가 없는 형태로 나뉜다. 현생이언 전역에 걸치는 동안, 복족류는 다른 동물을 포식(predatory)하고, 기생영양방식(parasitic trophic style)등을 함께 가지면서, 기어 다니는(creeping) 유형, 물속에 떠다니는(floating) 유형, 수영하는 유형 등으로 진화하고 발전하였다.

대부분의 복족류들은 아가미와 항문을 포함하는 외투막강과 배설기관(excretory) 그리고 생식공(reproductive openings)이 머리 위에 위치하는 비틀림의 특징을 나타낸다(**그림 13.11**). 이러한 형태의 장점은 아직도 명확하게 밝혀지지는 않았다. 사실상, 비틀림의 경우 명확한 단점으로 보이는 이유는 비틀림으로 인해 한쪽의 아가미가 소멸되거나 입수와 출수의 분리를 원활하게 하는 **위구부홈**(peristomal slit)이 발달하기 때문이다. 트로초퍼어(Trochophore)라고 불리는 첫 번째 유충기 단계에서는 움직이지 않은 고정된 상태에서 발달한다. 하지만 두 번째인 벨리저 단계[veligerphase, 연체동물의 면반(面盤, velum)을 발달시킨

글상자 13.5 루디스트: 산호로 위장한 이매패류

루디스트(rudist)는 기존의 틀에서 벗어난 이각(異殼, heteroconch)의 이매패류로서 후기 쥐라기부터 후기 백악기에 걸쳐 분포하며, 그들은 주로 테티스 지역에 분포하였다. 이들은 비교적 짧은 기간 동안 형태학적으로 기이하게 발달해 왔고, 많은 그룹이 외적으로 산호와 닮았지만 루디스트(rudist)는 아마도 산호초를 형성하는 유기물체는 아닐 것이다. 루디스트는 붙어 있는 고정된 큰 껍데기 크기를 갖지 않는 하나의 작은 모자 모양의 움직일 수 있는 각(free valve)으로 이루어졌으며, 큰 껍데기는 일반적인 용어로 오른쪽 껍데기를 말한다. 사실상 모든 루디스트(rudist)는 붙어 있는 껍데기의 두 개의 치조(socket)에 의해 확연하게 된 하나의 이빨을 갖고, 또한 두개의 유사한 이빨과 움직일 수 있는 각(殼, free valven)에 하나의 구멍(socket)을 가진다. 껍데기는 외부의 인대(ligament)로서의 역할과 내부 판 혹은 myophores에 붙어 있는 몇 쌍의 내전근(筋, adductors)의 역할을 한다. 이 동물은 세 가지의 성장 전략이 있음이 밝혀졌다(그림 13.10). 위쪽으로 빠른 껍데기의 성장(elevators)은 물과 퇴적물의 경계 위에 사는 이들이 퇴적물의 유입으로 인한 매립의 위험으로부터 동물을 보호하기 위해서 큰 콘 모양의 껍데기와 접합부(commissure)를 위로 높이 들어 올리는 역할을 한다. 그러므로 위쪽으로 빠른 껍질의 성장(elevators)이 산호초의 형성 체계의 가능성을 가져왔으며, 단독산호(solitarycorals)와 매우 흡사하다. 부착하는 것(Clinger) 또는 피각(被殼)을 형성하는 형태(encruster)는 항상 딱딱한 면에 부착된 판판하거나 둥글납작한 형태를 갖는다. 누워 있는 형태들(recumbents)은 커다란 껍데기로, 방해석화한 바나나와 같은 형태로 해저면 위에서 엄청나게 옆으로 성장한다. 루디스트는 테티스 지역의 도처의 탄산염사면에서 나타난다. 유충기는 적도 주위에 있는 섬들을 뛰어넘는 부유성이며, 유충기 이후에는 군서습성(gregarioushabit) 안에서 함께 자란다. 군집체 혹은 군생체들은 아마도 연체동물이 풍부한 환경에 있는 진흙을 유지하는 역할을 했다. 위에서 언급했던 것처럼, 루디스트가 비록 그들의 생활 상태가 산호초를 형성하는 유기물과 비슷하다고 해도, 결코 산호초를 형성하는 유기체는 아닌 것으로 보인다.

스테버(Thomas Steuber, Bochum 대학교)는 루디스트 이매패류에 대한 환상적인 사진과 함께 종합적인 데이터베이스를 제작했다. 이러한 종합적인 연구와 고대 고지리학적 연계를 통한 복원에 사용될 수 있는 하나의 작은 데이터베이스는 http://www.blackwellpubllishing/paleobiology/에서 다양한 실습을 할 수 있도록 되어 있다. 작은 데이터 세트는 캄파니아(Campanian) 루디스트의 생물지리를 조사하여 만들어졌으며, http://www.blackwellpublishing.com/paleobiology/에서 고열대 구역(테티스)에서 루디스트의 서식 관계를 강조하였다.

시기의 유생형]에서는 자유로이 물위를 떠다니는데, 이것은 연체동물에게는 독특한 특징이다. 발달 단계 동안 머리와 다리는 고정된 상태로 남아 있지만 모든 내장계(visceral mass)와 외투막 그리고 유충의 껍데기(larval shell)는 180°로 회전된다. 일부 그룹에서는 2차적으로 역전(secondary reversal)이 있을지라도, 이러한 뒤틀림의 과정은 복족류의 중요 특징이다. 복족류 껍데기의 감김은 부드러운 부분의 회전과는 무관하다. 뒤틀림 후에

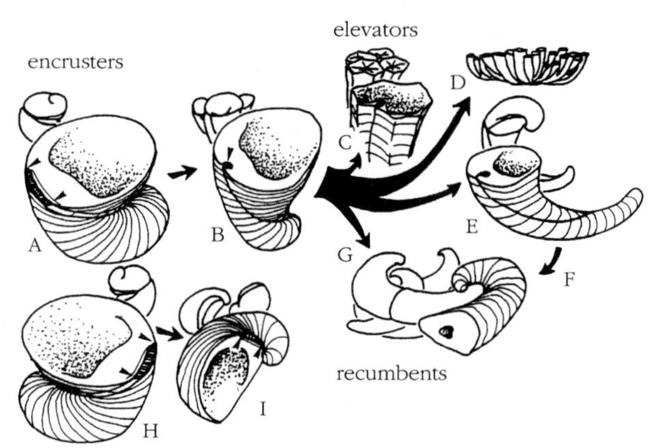

그림 13.10 루디스트(rudist)의 성장 체계: 피각을 형성하며 성장(encruster)(A, B, H, I), 위쪽으로 껍질이 빠르게 성장(elevators)(C, D, E), 누워 있는 형태의 성장(recumbents)(F, G). (Skeitone, P. W. 1985. *Spec. pap. Palaeont.,* **33.**)

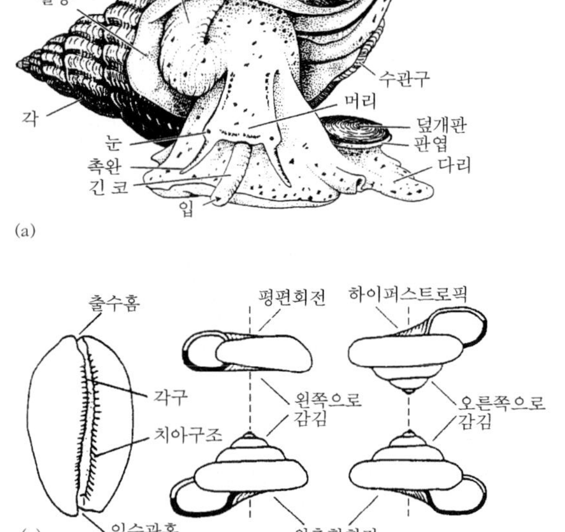

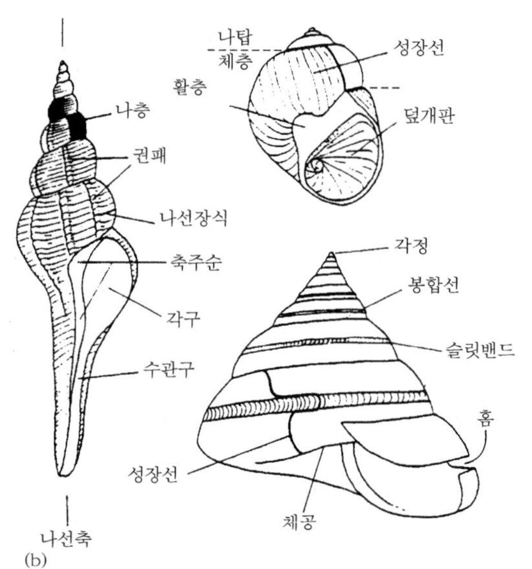

그림 13.11 복족류의 형태: (a) 살아 있는 복족류를 설명한 복원도, (b) 세 개의 복족류를 설명한 껍데기의 형태형, (c) 복족류의 감기는 체계의 주요 유형

외투막강과 항문이 앞쪽으로 열려 있고, 껍데기는 단각강(單殼綱, monoplcophoran) 껍데기의 외복부(exogastric) 형태와는 대조적으로 내복부(內胃, endogastric) 위치에서는 뒤쪽으로 감기게 된다.

복족류의 껍데기는 일반적으로 아라고나이트로 되어 있으며, 각정(apex)를 향하여 점점 좁아지는 뿔 모양이고, 입은 복부 쪽으로 열려 있다. 각각의 껍데기 또는 나층(螺層,

whorl)의 회전은 봉합선(縫合線, suture)를 따라서 인접한 나층과 만나며, 여러 개의 나층들이 서로 만나 회전체 모양을 이룬다. 수직축(vertical axis) 방향의 단단한 감김은 중앙축(central pollar) 또는 **축주**(columella)를 생성한다. 각구(殼口)의 모양은 일반적으로 타원형 또는 반구형이며, 외순(outer lip)과 내순(inner lip)에 의해 각구의 둘레가 만들어진다. 머리는 입의 앞쪽으로 있으며, 각구는 움푹 패여 있거나, 수관(siphon)을 통해 입수류(入水流, inhalant flow)를 도와주는 길게 뻗은 수관구(siphonal canal)로 되어 있다. 배설물은 외순에 있는 출수구(出水溝, exhalant slit)를 통해서 배출한다. 계통발생이 일어나는 동안에 움푹 패인 홈(slit)의 불활성된 흔적은 연속적으로 성장하며 **셀레니존**(selenizone)을 형성한다. 셀레니존은 각구로부터 수관을 분리시켜 주는 석회질 흔적(slit band)이다. 복족류 껍데기는 일반적으로 각구는 앞쪽으로, 각정(殼頂, apex)은 위쪽의 방향성을 가진다. 만일 각구가 오른쪽 방향으로 있다면 이 껍데기는 시계 방향으로 감기고, 이것을 소위 **우측형**(dextral mode)이라고 하며, **왼쪽**(sinistral) 껍질은 감김의 방향이 반대 방향을 가진다. 껍데기의 표면은 일반적으로 강한 성장선, 가장자리의 테두리(lip), 결절(혹, tubercls) 그리고 돌기(projection) 등에 의해서 변형된다. 많은 복족류는 각구를 덮는 뚜껑인 덮개판(operculum)을 가진다.

복족류는 다양한 모양의 형태로 발달했다. 간단한 접시 모양(simple patelliform)에서 복잡한 손바닥 모양 껍데기(digitate shell)에 이르는 8개의 다른 형태는 하나의 표본으로 그림 13.12에서 설명하였다.

주요 복족 그룹과 그의 생태

복족류는 연체 부분의 특징을 기초로 세 개의 강(綱)으로 분류되며, 세 개의 아강(亞綱)은 전통적으로 치설, 호흡계, 그리고 신경계를 기초로 하여 분류된다. 일부 그룹은 단일계통에서 발생하지 않았을 수도 있다.

1. 전새아강(prosobranchia)은 완전히 뒤틀린 모양으로, 하나 또는 두 개의 아가미를 갖고 있으며, 아가미는 꼬여 있다. 앞쪽에 있는 외투막강, 모자 모양(cap-shaped) 또는 원뿔 모양으로 감긴 껍데기를 가진다.
2. 후새아강(opisthobranchia)은 껍데기를 잃었거나, 없어졌으며 껍질은 꼬이지 않았다[기존 방향의 반대 방향으로 꼬임 풀기(detortion)에 의해 비틀림이 사라짐]. 외투막강은 뒤쪽에 있거나 사

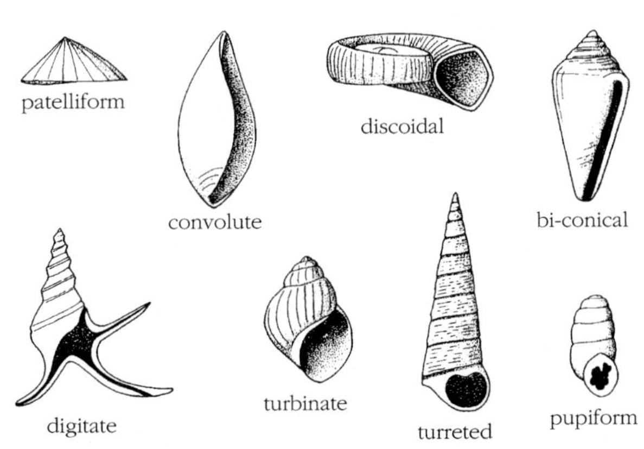

그림 13.12 복족류 각의 모양

라졌다.

3. 유폐아강(有肺亞綱, Pulmonata)은 폐의 기능을 하는 외투막강을 가진다. 껍데기는 비틀어지지(한쪽 끝은 고정된 상태로) 않으며, 항상 나선형의 콘 모양(conspiral)을 가진다.

화석종들은 살아 있는 대표적인 종의 껍데기의 형태학적 유사성에 기초하여 그들의 범주를 만들었다.

전새아강(prosobranchia)은 주로 해저 저서성이며, 일부는 담수성 또는 육성(terrestrial taxa)종이다. 그 그룹의 원시적인 멤버인 고복족류(古腹足類, eogastropoda)는 주로 바다에서 식물을 뜯어먹고 사는 초식성이며, 그들은 모자 모양 또는 엉성하게 감겨진(low-spired) 모양의 껍데기를 가진다. 그들은 다음과 같은 그룹을 포함하는 일련의 상과(上科, super family)이다. Macluritines는 크고 두꺼운 석회질 흔적(slit band)이 없는 껍데기를 갖고 있다. 예를 들면, *Maclurites*는 원판나선으로 감겨 있고, 튼튼한 덮개판을 갖고 있으며, 오르도비스기에서 데본기에 걸쳐 나타난다. Pleurotomariines는 다양한 모양의 껍데기를 갖고 있고, 일반적으로는 콘 모양의 나선 모양을 갖고 있다. 오늘날 이 그룹들이 좀 더 수심이 깊은 환경하에서 서식하고 있지만, 고생대에는 수심이 낮은 환경에서 서식했을 것이다. *Pleurotomaria*는 트로쿠스형(trochiform) 패각 모양을 가지며, 그 껍데기에는 넓은 셀레니존(selenizone)이 나타난다. 시대가 좀 더 오래된 오르도비스기~실루리아기의 *Lophospira*는 꼬깔을 뒤집어 놓은 껍질 모양을 갖는다. Trochines는 전형적으로 바닥이 딱딱한 해안에 살며, 이끼를 먹고 산다. 오르도비스기~실루리아기의 *Cyclonema*와 같은 고생대 종은 아마도 썩은 고기를 먹는 동물이었을 것이다. 반면에, 데본기의 *Platycera*와 같은 일부 종은 일반적으로 해백합의 항문관에 붙어 기생생활을 하였다. Patellline, *Patella*와 같은 삿갓조개류(limpets)는 모자 모양의 형태를 가진 껍질을 가지며, 조간대 범위에 있는 암석 표면에 살고 있는 조류를 먹고 살았다. Euomphalines에 속하는 실루리아기에서 페름기까지 서식했던 *Euomphalus*와 같은 유형들은 디스크(discoidal) 모양의 껍데기를 가진다. Murchisoniines는 오르도비스기에서 트라아스기까지 분포했던 좀 더 진화한 그룹인데, 이들은 조금 더 많이 감긴 껍데기와 수관홈(siphonal notch)을 갖고 있다. *Murchsonia*는 실루리아기부터 페름기까지 오랫동안 서식했던 속(屬)이다.

마지막으로, bellerophonitines의 정확한 생물분류학적 위치는 여전히 해결되지 않고 있으며, 그들은 원판나선형의 껍데기로 홈띠(slit band)가 잘 발달되어 있다. 이들은 캄브리아기에서 트라이아스기에 걸쳐 서식했지만, 초기 석탄기에 아주 넓게 번성했다.

중복족목(Order Mesogastropda)은 v자 모양의 홈으로 된 수관(siphonal notches), 콘과 같이 역삼각형의 나선 모양의 껍질과 오른쪽 아가미가 소멸된 전새아강의 아가미를 가진다. 이러한 종들은 해수, 담수 그리고 육상환경에까지 다양하게 분화되었다. *Turritella*는 껍데기가 조밀하게 감기고, 순(lip)이 발달한 단순한 각구를 가지며, 여러 개의 나층으로 된 껍데기를 가진다. 반면에, 마지막 나층에 의하여 완전히 감싸여서 초기 나층이 안쪽으로 말린(involute) 형태의 껍데기 형태를 가진다.

신복족목(Order Neogastropoda)은 v자 모양의 홈으로 된 수관을 가지며, 콘(cone)과 같이 감겨 있는 껍데기도 있지만 일반적으로 방추형이다. 대부분의 목(目)은 육식성이고, 그 목(目)은 신생대 삼기(三期)부터 계속해서 해양성 환경을 점유하고 있다. 속(屬) *Neptunia*는 커다란 체층(body whorl)을 가지고 있으며, 짧은 수관구를 가진다. 반면 *Conus*는 청자고등과로 두 개의 원뿔을 합친 모양(biconical)이며, 좁은 각구와 V자형 수관홈(siphonal notch)이 있다.

후새아강은 껍데기가 반대 방향으로 꼬여 있는 것과, 일반적으로 껍데기가 없는 해양성 복족류를 포함한다. 익족류(Pteropods, 翼足類)와 바다민달팽이(slug)는 전형적인 후새(opisthobranchs)이다.

유폐아강은 공기호흡을 위한 폐(air-breathing lung)로 변환된 외투막강을 갖고 있는 뒤틀린 형태의 복족류이다. 이 그룹은 아마도 쥐라기에서 현재까지 서식하고 있으며, 육원성 환경에서도 서식하는 특징을 가진다. *Planobis*은 밋밋하고, 원판나선형 껍데기로 넓은 제공(臍孔, umbilicus)을 갖는 반면에 Helix는 껍데기가 밋밋하고, 역삼각나선형의 껍데기 형태를 가진다. 또한 *Pupilla*는 밋밋하고, 퍼피폼(pupiform) 형태의 껍데기를 가진다.

복족류는 전반적인 강(class)의 형태를 넘어 현저한 다양성을 보인다. 전반적이 껍데기의 형태가 그들의 영양함수(trophic function)를 반영할 수 있을지라도(그림 13.13) 주어진 형태학(morphotype)과 특정한 생태학을 연관해서 해석하기는 어렵다(Wagner, 1995). 일반적으로, 동역학적 에너지가 높은 지역의 서식 환경을 점유한 복족류는 두꺼운 껍데기를 가지며, 일반적으로 모자 모양과 느슨한 감김 형태를 가진다. 반면에 뚜렷한 수관구(siphonal canal)를 가지고 있는 껍데기는 부드러운 퇴적물 위를 기어다니기에 적합한 구조를 가진다. 육식성 동물은 일반적으로 수관인 반면에 초식성 동물은 완전한 각구변(殼口邊, apertural margin)을 갖고 있고, 일반적으로 딱딱한 퇴적층에서 살아간다. 얇은 껍데기를 가진 종들은 전형적으로 담수와 육원성 환경에서 서식한다.

복족류의 진화

복족류(gastropoda)의 기원에 대한 일반적인 합의는 이루어지지 않고 있다. 오늘날, 복족류 그룹은 비틀림과 껍데기가 동물의 머리에서 떨어져 감겨지는 외부 복부(extogastic) 조건의 발달에 의해 단각강형(單殼綱型, monoplacophran type)의 조상(ancestor)으로부터 유래되었다고 생각된다. *Pelagiella*와 같이 꼬인 형태로부터 유래한 기원은 아마도 캄브리아기 초기의 Tommotian의 *Aldanella*를 통해서 단각강형 단계를 연계하여 생각할 수

그림 13.13 일부 복족류 속(屬): (a) *Murchiia*(데본기)(×1.25), (b) *Euomphalus*(석탄기)(×0.5), (c) *Lophospira*(실루리아기)(×0.5), (d) *Patella*(현생)(×1), (e) *Platyceras*(실루리아기)(×1), (f) *Neptunea* (펠리오-플라이스토신)(×0.6), (g) *Viviparus*(올리고신)(×0.8), (h) *Turritella*(올리고신)(×1). (John Peel 제공.)

있다.

복족류의 단일계통(單一系統, monophyly)에 의한 진화는 의문시된다. 예를 들면, 고복족(archaeogastropods), 중복족(Mesogastropods), 후새류(Ophisthobranchia), 유폐류(有肺類, pulmonate)와 같은 전통적인 복족류의 그룹들은 일련의 평행진화(parallel evolving) 분기군(分岐群, clades: 공통의 조상에서 진화된 생물군)을 형성하는 복족류 진화의 증거가 될 수 있다는 것을 가능하게 한다. 특히 고복족류는 다계통으로부터 진화한 것으로 보이고, 그들은 더 이상 자연의 그룹으로 나누어졌다고 생각되지 않는다. 그럼에도 불구하고 신복족류(Neogastropoda)는 후기 중생대 동안 진화한 시조복족류(Eogastropods)나 원시적인 중복족류로부터 하나로 된 그룹으로 나타난 것으로 추정된다.

대부분의 고생대 복족류는 아마도 초식성이거나 암설섭식자(detritus feeders)였다. 복족류 껍데기에 있는 뚫어진 구멍들을 보면, 일부의 속(屬)은 육식성이며, *Platyceras*와 같은 일부는 기생성이었음을 제시해 준다. 복족류에 속하는 강(綱, class)은 좀 더 많은 포식 그룹이 진화한 후기 고생대와 중생대 동안에 더 중요하다. 그러나 신생대 동안에 복족류는, 특히 저서성 연체동물이 주로 점유하는 신복족류가 가장 번성(acme)했던 시대를 이루었다.

Nerineid 복족류가 영국의 중기 쥐라기 시대의 암모나이트 화석이 산출되지 않는 일부분에서는 층서학적으로 유용하게 사용되고 있지만, 특별하게 좋은 화석대를 설정한 화석은 아니다. 복족류는 일반적으로 특수한 암상(相)과 연계되며, 소수의 빠르게 진화하는 계통들이 자세하게 알려졌다. 굴드(Stephen Jay Gould)는 버마다(Bermuda)의 플라이스토세에서 산출된 *Poecilizontes* 속(屬)에 대한 미소진화(微小進化, microevolutionary)순서를 자세히 기재하였다. 굴드는 새로운 아종(亞種)은 유형진화에 의해 갑자기 이소성(異所性, allopatric) 종분화(種分化, speciation)로 진화한 것임을 제안했다. 정지 상태 기간에 분리된 빠른 종분화한 사건은 미소진화적 변화의 단속 평형설 모델을 강력하게 지지하는 증거가 되고 있다. 더욱이 케냐의 터카나 호수(Turkana lake)에서 나온 후기 3기의 달팽이에 관한 고전적 연구에서 윌리엄슨(Peter Williamson, 1981)은 14개 분리 계통에서 변화가 중단되었다고 언급했다.

✲ 두족강(Class Cephalopoda)

두족류는 연체동물 중에서 가장 고도로 발달하였으며, 어떠한 연체동물의 그룹보다 가장 복잡하다. 촉수로 변형된 다리를 가진 특성화된 머리의 조합은 이들이 두족류라는 명칭인 '머리에 다리가 있다'는 기원을 만들게 했다. 높은 대사와 이동성 비율, 잘 발달한 신경계, 예리한 시력, 고등의 두뇌 등을 소유한 것은 육식성 포식자의 생활 형태에 이상적으로 적응되어 있다는 것을 말한다. **누두**(漏斗, funnel, hyponome)는 다리로부터 변형되었으며, 동물이 제트 추진력의 형태를 만들도록 외투강으로부터 물을 밖으로 내뿜는다.

현대의 두족류는 두 개의 그룹을 가진다. 첫째, 생존하는 노틸러스(*Nautilus*)속으로, 이는 얇은 내부의 외투막과 거의 100개의 촉완(觸腕, tantacle)을 가진 바깥쪽으로 꼬인 껍데기를 가진다. 단지 이 속(屬)의 5종은 현존해 있다. 비록 이것이 한때는 암모노이드처럼 모두 멸종한 밖으로 감긴 껍데기를 가진 두족류의 행위를 알아내기 위한 유사한 동물로 사용되었다. 둘째, 콜래드(coleoids)로 이것은 안쪽으로 감긴 껍데기와 외부의 외투막을 가진다. 이들은 10개의 촉완(觸腕)을 가진 전멸한 벨렘나이트, 오징어 그리고 갑오징어를 포함한다. 문어류는 8개의 촉완을 가지며, 그들의 외골격은 상실되었다. 이들이 살고 있는 유형은 인근 해양 주변의 수심이 얕은 부분에서 가장 일반적으로 서식한다.

두족강은 세 개의 아강으로 분리되는데, (1) 앵무조개아강(subclass nautiloidea)은 간단한 봉합(simple surtures) 구조를 가지며, 직선이거나 외부로 감긴 껍데기의 형태(후기 캄브리아기에서 현생), (2) 국석아강(Ammonoidea)은 복잡한 봉합(complex surtures)구조를 가지며, 일반적으로 늑골이 있는 외부로 감긴 껍데기 형태(초기 데본기에서 최후기 백악기, 최초기 팔레오세에까지도 가능?), (3) 초형아강(Coleoidea)은 직선형이거나 안쪽으로 감긴 형태의 외골격을 가진다(석탄기에서 현생).

두족류의 기원은 비록 단각강과 같은 선조로부터 유래되었을 것이라는 것에는 동의하지만 논란은 있다. 필(John Peel, 1991)은 이 그룹이 Helcionelloida강(Helcionelloida는 고대 연체동물의 멸종 그룹에서 주어진 이름임)에서 유래되었다고 제시했다. 양 그룹은 내복부 감김의 특징을 가지고 있고, 더욱이 Helcionelloids는 약 1,000만 년의 두족류의 모습을 앞당겨 놓았다. 각정의 격벽(apical septa)을 가진 복족류의 껍데기를 가진 다른 그룹인 테르고미안(tergomyans)이 아마도 복족류의 조상일지도 모르며, 그들은 격벽을 관통하지 않는 구조를 가진다.

앵무조개 아강(Nautiloidea)

앵무조개에 대한 대부분의 정보는 남서 태평양의 주로 5~550m 깊이에서 서식하는 살아 있는 유일한 속인 앵무조개(*Nautilus*)에 관한 형태와 행동연구로부터 왔다(**글상자 13.6**). 이는 야행성이고, 육식성이면서 썩은 고기를 먹는 동물로 저서유영(nektobenthonic) 동물이다. 이들은 농어, 바다거북 그리고 향유고래(sperm whales)와 같이 강력한 턱을 소유한 동물로서 먹이를 잡아먹는다.

살아 있는 앵무조개는 체방(body chamber)의 각구 주위에 머리, 촉완, 다리, 누두(漏斗, hyponome)가 있다. 생명유지에 필요한 기관을 가진 내장계는 체방의 뒤쪽에 위치한다(**그림 13.14**). 밖의 외투막은 방추(房錐, phragmcone)를 이루는 전에 형성된 빈방(chamber)들을 모두 연결하는 체관(siphuncle) 끈으로 뒤쪽으로 연장된다. 각각의 방들은 격막(septum)이라고 하는 석회질 물질의 하나의 판에 의해 인접한 방과 칸막이로 나누어진다. 봉합(suture)은 각각의 격막이 외각(outer shell)에 접하는 곳에 형성되고, 봉합의 패턴은 바깥 껍데기를 가지는 두족류를 분류하는 데 이용된다. 껍데기는 항상 다음과 같이 방향성을 가진다. 즉, 각구가 있는 쪽을 앞쪽으로, 각구에서 가장 먼 쪽을 뒤쪽으로, 누두가 있는 쪽을 배쪽으로, 누두가 있는 반대쪽을 등쪽으로 방향성을 사용한다. 이러한 배열의 단일성에도 불구하고, 화석 앵무조개는 껍데기가 다양한 형태로 발달했다(**그림 13.15**).

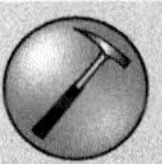

글상자 13.6 살아 있는 앵무조개

생물학자와 고생물학자들은 살아 있는 앵무조개(*Nautilus*)의 현대의 아날로그적 기법을 사용하여 고대 암모나이트의 생활 형태와 기능을 모델화하였다. 그러나 그들 각각의 껍데기들이 유사성이 있음에도 불구하고 초형류(coleoids, 문어, 낙지, 오징어 등)는 현대의 나우틸로이드보다 암모나이트에 더 가깝다. 따라서 더 좋은 행동에 관한 아날로그의 연구물이 초형류에서 발견될지 모른다(Jacobs & Landman 1993). 초형류의 수영 방법은 아마도 초형류에서 체방이 소실되기 전에 진화했을 것이라는 가능성도 있다. 암모노이드는 초형류 같은 외투막을 가졌기 때문에 살아 있는 앵무조개(*Nautilus*)와는 아주 다르게 행동했을 수 있다. 그러나 텅빈 암모나이트 껍데기가 얼마나 멀리 여행할 수 있을까? 와니(Ryoji Wani)와 동료들(2005)은 살아 있는 앵무조개(*Nautilus pompilius*)의 방추가 외투막 조직이 부패한 후에 물속으로 가라앉게 된다는 사실을 증명했다. 물은 껍데기의 더 낮은 내부 가스 압력 때문에 껍데기의 안으로 빨려 들어간다. 이것은 지름이 200mm보다 더 작은 껍데기에서 빨리 물로 채워지기 때문에 일반적으로 작은 껍데기에서 나타나는데, 이러한 이유로 큰 껍데기는 더 먼 거리를 표류하는 능력을 갖게 된다. 앵무조개에서 체방 대 방추의 부피의 비율이 국석류(Ammonoids)의 그것의 비율과 유사하기 때문에 아마도 그들은 유사한 행동을 했을 것이다. 작은 껍데기는 가라앉고, 큰 껍데기는 물에 떠다녔을 것이다.

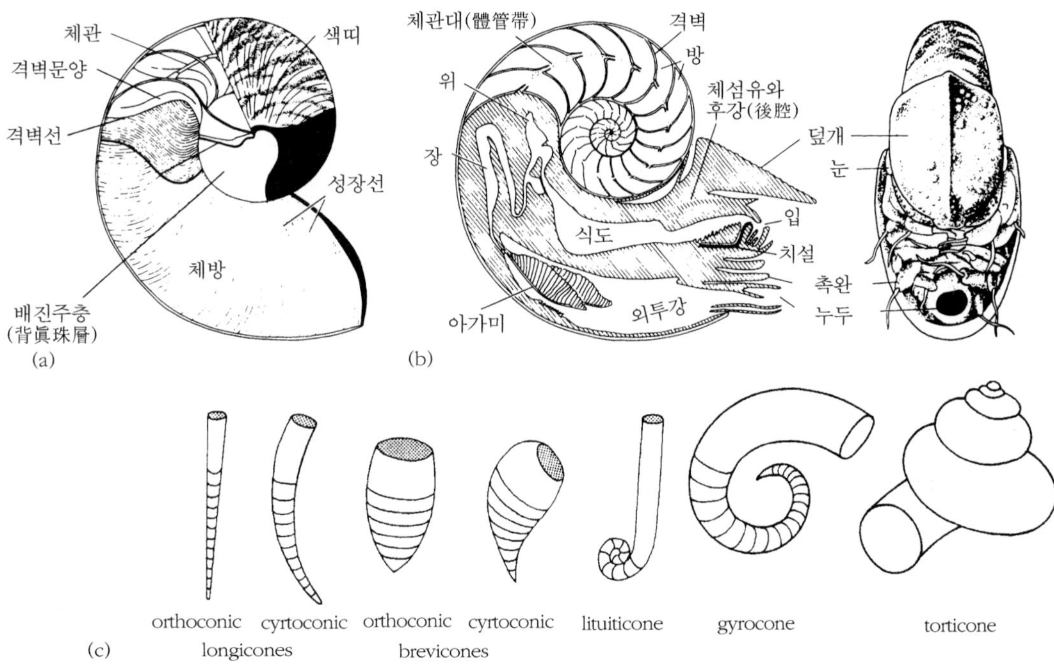

그림 13.14 (a) 껍질의 특징, (b) 살아 있는 앵무조개의 내부 형태, (c) 앵무조개의 껍데기 모양

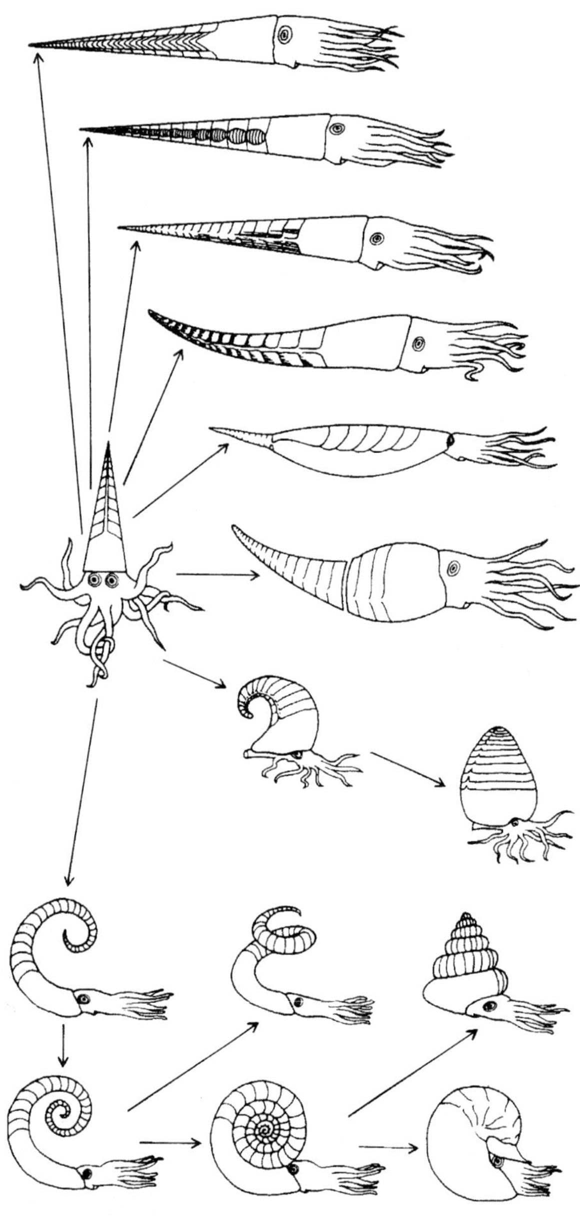

그림 13.15 앵무조개아강(나우틸로이드)의 생활 형태와 외적 형태. [Peel 등(1985)으로부터.]

국석아강(Ammonoidea)

암모나이트는 항상 원판나선형의 껍데기를 가진다. 이 껍데기는 배각[protoconch, 감기는 시작 부분에 공 모양 또는 타원형의 각(殼)], 방추 그리고 체방(body chamber)을 가진다(그림 13.16). 배각 혹은 유충기의 껍데기는 이 동물의 가장 초창기 개체발생(ontogeny)을 기록한다. 방추는 연체 부분이 연속적으로 점유했던 각 공간인 방으로 되어 있다. 그들의 가장자리의 구조가 골이 파인 함석판과 같은 복잡한 격막에 의해 먼저 만들어진 방으로부터 봉쇄된다. 격막이 껍데기에 부착하는 곳, 봉합(suture)은 일반적으로 주름이 잡힌 둥근 골(lobes)과 고개(saddles)의 구조를 이루는 복잡한 패턴으로 발달한다.

다섯 개의 주 봉합 유형이 두족류에서 나타난다(그림 13.17). **오소세라틱**(orthoceratitic) 봉합 구조는 넓은 파동 모양 혹은 둥근 지붕(lobes)과 안장(saddles) 모양 구조로 주로 앵무조개 목(nautiloids)의 특징이며, 후기 캄브리아기에서 후기 트라이아스기까지 서식했다. **아나시스티드**(anarcestid)와 **아고니아티틱**(agoniatitic) 봉합 구조는 둥근 골과 고개에 부가적으로 좁은 중앙복부 골(mid-ventral lobe)과 넓은 측 고개(lateral lobe)을 가지며, 초기 데본기에서 중기 데본기에 서식했다. **고니아티틱**(Goniatitic sutures) 봉합 구조는 예리한 골과 둥근 고개 모양 구조를 가진 것이 특징이며, 후기 데본기～페름기 국석목(菊石目, Ammonoids)에서 나타난다. **세라티틱**(Ceratitic) 봉합 구조는 주름 잡힌 골(frilled lobes)과 완전한 고개 모양의 구조를 가진다. **암모나이틱**(ammonitic sutures) 봉합 구조는 나선상의 홈과 주름이 잡힌 골과 고개를 가진

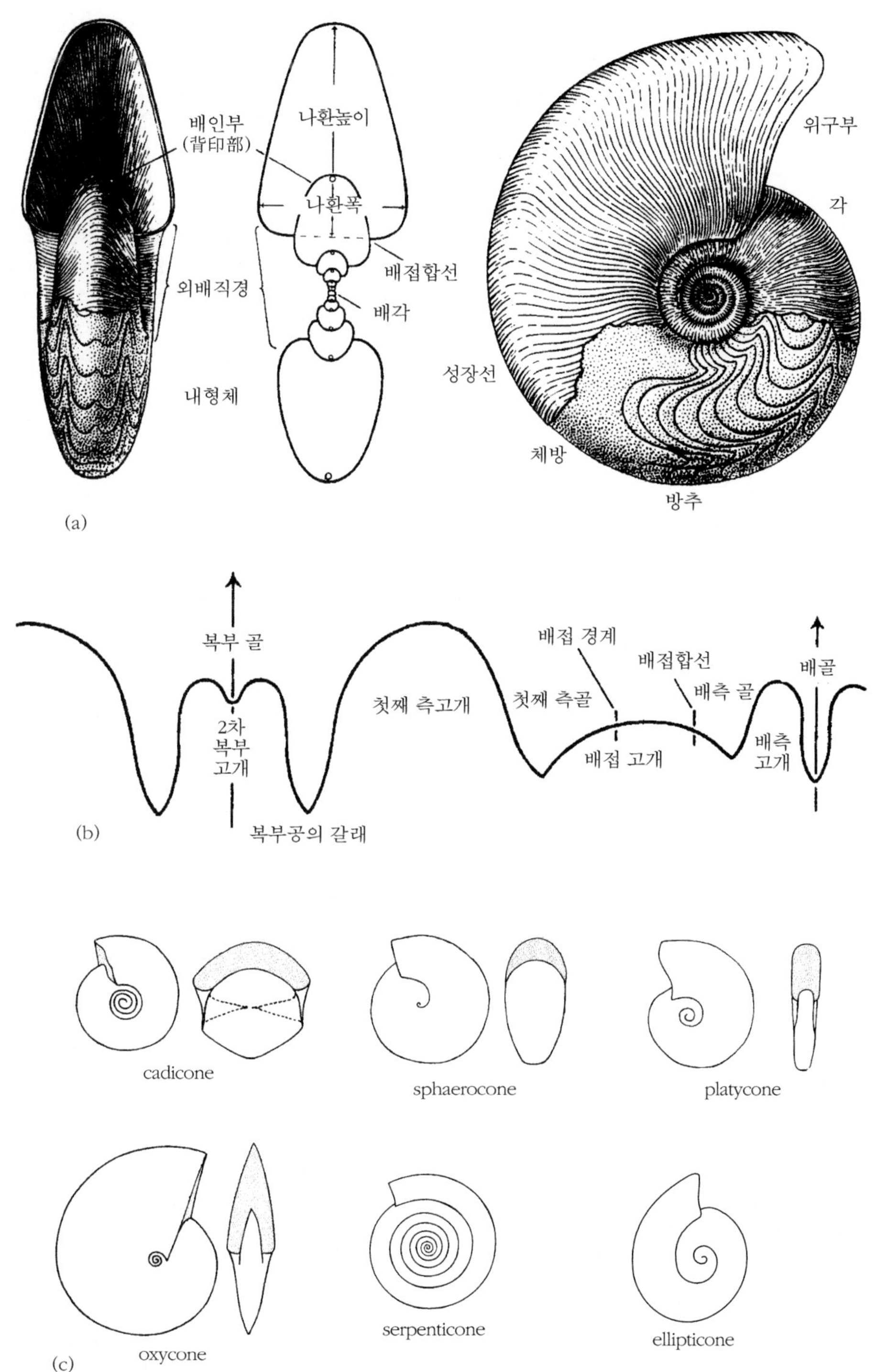

그림 13.16 암모노이드의 형태와 용어: (a) 외부 형태, (b) 봉합 패턴 (c) 껍데기의 모양

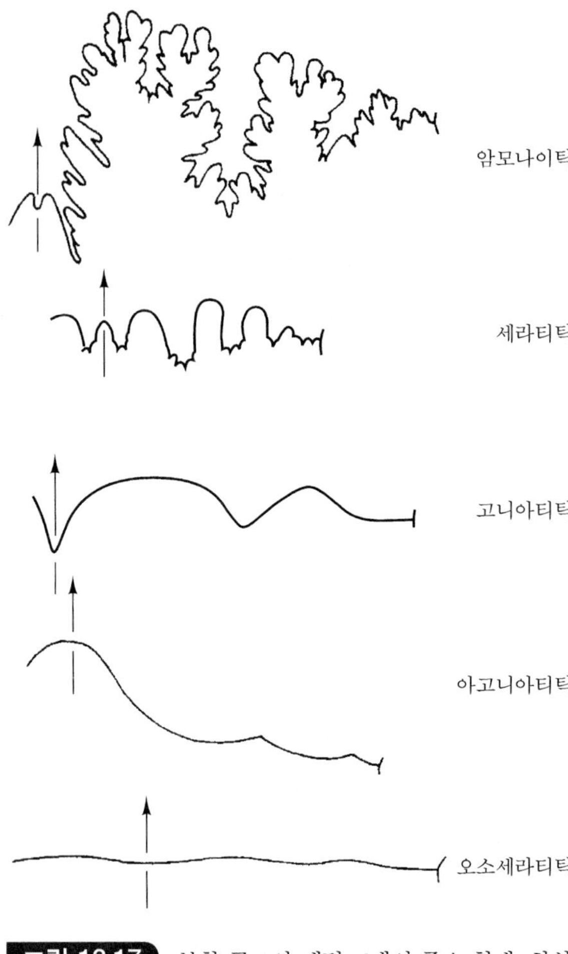

그림 13.17 봉합 구조의 패턴: 5개의 주요 형태; 화살표 위쪽으로 정면의 입구

다. 이러한 봉합 구조를 기초로 국석목을 일반적으로 세 개의 그룹으로 구분하고 있다. 즉, 고니아타이트(Goniatites)는 데본기~페름기의 전형이며, 세라타이트(Ceratites)는 트라아스기의 전형, 그리고 암모나이트는 쥐라기와 백악기를 지배했다. 그럼에도 불구하고 봉합 구조 양상이 훨신 더 전형적인 데본기 형태와 트라이아스기 형태들의 이질동형(異質同型, homeomorph)에서 봉합선 구조가 고니아티틱과 세라티틱 형태를 가진 백악기의 종들이 층서학적으로 교차되어 나타날 수 있다.

체관은 바깥 체방과 전에 만들어진 공간의 방을 포함한 방추를 연결한다. 벽금(septal neck)은 각 격벽을 통해 체관의 통로를 고정시키고 유도하는 작용을 한다. 체관은 크리멘이드(clymeniids)를 제외하고, 누두(漏斗, hyponome)는 껍데기의 바깥 복부 주변을 따라 위치한다. 암모나이트의 부력을 바꾸기 위해서는 앵모조개아강에서 일어나는 기계적 작용과 그리고 잠수함 내에서 기계적 작동이 유사한 형태로 체관을 통해 방의 안으로 혹은 바깥으로 펌프 작용이 일어날 수 있도록 작용한다.

체방에는 암모나이트의 부드러운 몸체가 있다. 각구는 늘어진 육질 돌기(lappets)가 있는 옆으로, 그리고 단(壇, rostrum)이 있는 복부 쪽으로 변형되기도 한다. 비록 이러한 판들이 턱 기관의 일부분이라고 해도 많은 종에서 **앱티지**(aptychi)가 외면적으로 각구를 막는다.

주요 국석목(菊石, ammonoids) 그룹

국석아강(菊石亞綱, Ammonoidea)은 일반적으로 아홉 개의 목으로 분류된다. 처음 세 개인 안나세스티목(Anarcestida)과 크리메니목(clymeniida) 그리고 고니아타이트목(Goniatitida)은 고니아티틱(Goniatitic sutures) 봉합선 구조를 가지며, 이들은 고니아타이드목에 포함된다. 안나세스티드(anarcestides)는 가령 *Anarcestes*속과 *Prolobites*속 같은 형태들은 복부체관을 가지며, 촘촘히 감긴 껍데기를 보여 주었던 초기에서 중기 데본기 동물군의 특징이 있다. 크리멘이드(clymeniid)는 배부체관(背部, dorsal siphuncle)을 가진 유일한 암모노이드이다. 즉, 그들은 생층서학적 대비에 중요한 곳인 유럽과 남아프리카에서 후기 데본기에 번성했으며, 이 목(目)은 다양한 껍데기 모양으로 발전했다. 즉, 프로고니오크리멘니아(*Progonioclymenia*)는 껍데기에 단순한 시맥(翅脈, ribs)을 가진 축폐선(evolute)의 형태이다. 솔리크리멘니아(*Soliclymenia*)는 삼각형의 나층이 축폐선(evolute) 형태의 껍데기를 만들며, 파라워루메리아(*Parawocklumeria*)는 세 개의 골(lobes)을 가진 외형의 껍데기가 구형의 신개선(involute) 형태를 이룬다. 일반적으로 고니아타이트(goniatitides)는 중기 데본기에서 후기 페름기까지 나타나며, 복부체관과 여덟 개의 골(lobes)로 이루어진 전형적인 고니아티틱(Goniatitic sutures) 봉합 구조를 가진다. 예를 들면 *Goniatites*는 나선형의 가느다란 줄이 있는 팽팽하게 부푼 구형이다. 가스트리오세라스(Gastrioceras)는 납작하게 눌리고, 결절(結節, tuberculate)을 가진 형태이다.

세라타이트(Ceratitida)목은 프로리칸티(Prolecantida)아목과 세라타이트(Ceratitida)아목을 가진다. 프로리칸티딘(Prolecantidines, 초기 석탄기에서 후기 페름기)은 크고 평활(smooth)한 껍데기를 가지며, 움푹한 형태인 제공(臍孔, umbilici), 그리고 고니아티틱에서 세라티틱 봉합선까지의 구조를 가진다. 예를 들면 프로리칸이트(*Prolecanites*)는 넓은 제공을 가진 축폐선의 형태이다. 세라타이트(Ceratitida)목은 세라티틱 봉합 구조를 가진 대부분의 트라이스기 국석목(ammonoids)을 포함하며, 일반적으로 복잡한 장식으로 된 껍데기를 가진다. 그럼에도 불구하고 일부는 암모나이틱(ammonitic sutures) 봉합 구조가 발달하였으며, 다수의 혈통은 완전히 다른 이형(heteromorph)으로 진화했다(**글상자 13.7**).

암모나이트는(**그림 13.18**) 네 개의 목(目)을 가진다. 네 개의 목은 필로세라트(Phylloceratida)목, 리토세라트(Lytoceratida)목, 암모나이트(Ammonitida)목 그리고 안시로세라트(Ancyloceratida)목이다. 암모나이티드(Ammonitides)는 암모나이틱(ammonitic) 봉합선과 일반적으로 껍데기에는 장식이 있고, 복부체관을 가진다. 이는 초기 트라이스기에 최초로 나타났다. 필로세라트(Phylloceratida)목의 첫 번째 멤버인 레오필라이테스(*Leiophyllites*)는 초기 트라이스기 동물군에서 나타났고, 일부 종에서 이들의 혈통 그룹은 아마도 쥐라기에서 백악기의 전반적인 암모나이트 동물군을 형성했다(**그림 13.19**). 형태적으로 보수적인 *Phylloceras*는 초기 쥐라기에서 사실 변화가 없는 백악기의 말까지 생존했다. 필로세라티드는 껍데기가 평활(smooth)하고, 신개선(involute) 형태[전에 만들어진 나선 모두를 마지막 체층(last whorl)이 덮은 구조], 그리고 꽉 눌린 형태이다. 또한, 봉합은 뚜렷한 잎사귀 모양, 잎끝의 굴곡이 안장 모양이며, 기형의 모양이다. 비록 이 그룹이 거의 범세계적으로 분포하지만, 가장 일반적으로 테디스(Tethyan) 유역에 나타나며, 공해(open sea) 환경에서 서식하는 특징을 가진다.

리토세라티드(Lytoceratides)는 초기 쥐라기 가까이에서 산출되며, 축폐선의 형태(전에

그림 13.18 암모나이트 종들: (a) *Ludwigia murchisonae*(macroconch), Skye의 쥐라기 산출, (b) *Ludwigia murchisonae*(macroconch), Skye의 쥐라기 산출된 군체, (c) *Quenstedtocera henrici*, Wiltshire의 쥐라기에서 산출, (d) *Quenstedtoceras henrici*(특징적 봉합 패턴이 보임), Wiltshire의 쥐라기에서 산출, (e) *Peltpmrphites subtense*, Wiltshire의 쥐라기에서 산출, (f) *Placenticeras*(백악기), (g) *Lytoceras*(쥐라기), (h) *Hildoceras*(쥐라기), (i) *Cadoceras*(백악기). 확대율 ×1(a~e), 0.5×f~i). [(a)~(e)는 Neville Hollingworth의 제공.]

만들어진 나선으로부터 마지막에 만들어진 체층까지 모두 볼 수 있는 구조), *Lytoceras*에서 보듯이 느슨하게 감긴 형태의 껍데기 형태를 가진다. 이들은 해수면이 최고로 높았던 시기에 범세계적으로 확산되었으며, 이들은 쥐라기와 백악기 암모나이트의 많은 다른 그룹을 발생시켰다.

진정한 암모나이트는 암모나이티드(Ammonitides)에 속하며, 암모나이티드는 초기 쥐라기에서 후기 백악기까지 나타난다. 그 밖에 안시로세라티드(Ancyloceratides)는 후기

(f) (g) (h) (i)

그림 13.18 (계속)

쥐라기에서 후기 백악기의 특이한 이형(異型, heteromorph)의 암모나이트를 가진다.

국석목(菊石, ammonoids)의 생태와 진화

암모나이트 껍데기의 방향성과 부양성에 관한 투르먼(Arthur Trueman, University of Glasgow)의 최초 연구는 기괴한 이형 형태들의 균형 잡힌 생활양상을 가진다는 것을 제시했다(그림 13.21a). 적어도 이론적으로는 실제 모든 국석목은 수중에서 부양하며, 그들의 태도를 자신에게 유리하도록 조절할 수 있었다. 비록 죽은 후에 공기가 가득 채워진 껍데기는 조류에 의해서 넓게, 그리고 멀리 대양을 이동할 수는 있지만, 국석목은 실제로 스스로 이동할 수 있는 저생생물이었다. 국석목의 많은 그룹은 고유종(endemic)이며, 일부 그룹은 삽 모양의 턱을 가졌기 때문에 퇴적물과 물이 접하는 곳에서 살기에 효율성이 있었다. 배트(Richard Batt, 1993)는 미국에서 산출된 백악기의 암모나트의 형태형에 관한 연구를 실시하였으며, 그는 암모나트의 생활 형태와 환경과 연계된 일련의 껍데기의

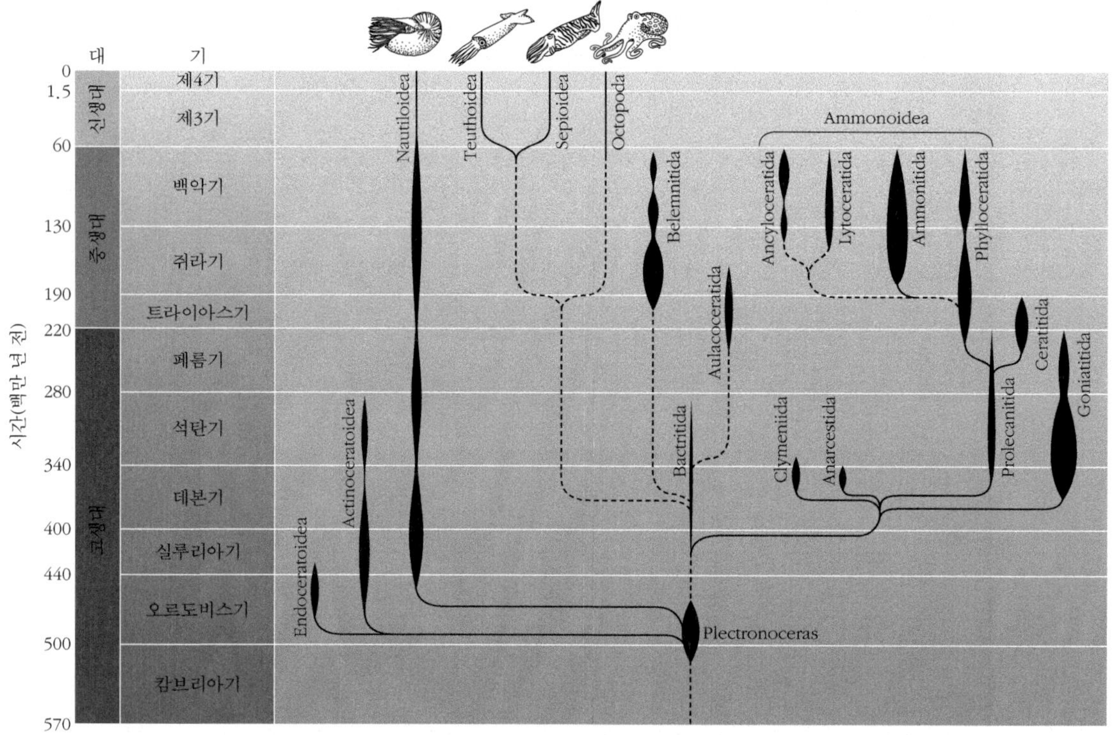

그림 13.19 다른 주요 두족류 그룹과 함께 주요 암모나이트 종들의 층서 범위. (Ward, P. 1987. *Natural History of Nautilus*. Allen & Unwin, Boston에 근거.)

유형을 정립했다(그림 13.21b). 예를 들면 축폐선이며, 무겁게 장식된 껍데기를 가진 유형은 아마도 저서유영 동물일 것이며, 이들의 껍데기의 장식 유형은 가시가 있는 카드콘(cadicone)과 스페로콘(spherocone), 혹처럼 큰 결절(nodose)을 가진 스페로콘과 프레티콘(platycones), 그리고 넓은 카드콘 등이 있다. 축폐선 형태의 프라눌라트(planulate), 서펜티콘(serpenticones) 그리고 프라눌라트 등과 같은 장식된 껍데기를 가진 암모나이트는 아마도 수중의 상층부에서 사는 원양성(pelagic)이었을 것이다. 그러나 대부분 옥시콘(oxycone)의 암모나이트는 대륙붕 깊이에서 제한적으로 서식했을 것이며, 일부 이형 형태는 저서유영형이다. 그 밖에 소수는 해수표면에 떠서 살았을 것이다.

많은 암모나이트의 동일 종(種)에서 크고 작은 유사하게 장식된 성체 껍데기에 일관되게 나타나는 매크로콘치(macroconch, 큰 배각)와 마이크로콘치(microconch, 작은 배각)는 성적 이형(sexual dimorphs, 종의 암컷과 수컷)과 관련이 있음을 제시한다. 아마도 매크로콘치의 형태는 암컷일 것이다. 국석목은 아마도 배각과 커다란 체방을 가진 박트리티드(bactritid)의 오소콘(orthocone) 형태의 최초기 데본기 나우티로이드(nautiloids)

글상자 13.7 암모나이트의 이형태(heteromorph)

암모나이트의 진화에 관한 더 멋진 모습 중에 하나는 다른 시대에서 여러 혈통 안에 이형태적(異形態, heteromorphic) 껍데기의 겉모습을 가진다는 것이다(그림 13.20). 이형태는 데본기에 처음 나타났으며, 후기 트라이아스기와 후기 백악기 동물군에서 특히 중요하다. *Choristoceras*, *Leptoceras*와 *Spiroceras*와 같은 일부는 단지 풀린 모양으로 나타나며, *Hamites*, *Macroscaphites*와 *Scaphites*는 부분적으로 풀렸으며, U자 모양으로 휘어졌다. 그 밖에 *Noestlingoceras*, *Notoceras* 그리고 *Turrilites*는 복족류의 껍데기 모양과 같고, *Nipponites*는 일련으로 연결된 U자로 굽은 모양을 가진다. 처음 이형태는 혈통의 전멸을 예견하는 퇴화하는 동물의 형태로 생각했었다. 그럼에도 불구하고 일부 이형태는 뚜렷하게 감긴 껍데기를 가진 후손들을 남겼으며, 이러한 이형태가 전멸 사건들과 연관이 있을 것이라는 생각은 사실과 멀어졌다. 기능적으로 모델링화해서 얻은 많은 결과로, 이형태는 원양성과 저서유영의 양쪽의 생활 형태를 갖도록 완벽하게 적응되었을 것으로 추정되며, 이러한 사실은 리볼렛(Stephane Reboulet)과 동료들(2005)에 의해 연구된 남쪽 프랑스의 보콘티안 분지(Vocontian Basine)의 백악기 전기의 최상부(Albian, 1억 50만~1억 1,300만 년 전)의 암석에서 나온 암모나이트에서 밝혀졌다. 이형태(異形態)는 아마도 다른 많은 그룹들보다 중영양(mesostrophic)과 소영향(oligostrophic)의 조건에서 경쟁하기 위해 훨씬 더 잘 적응했을 것이다.

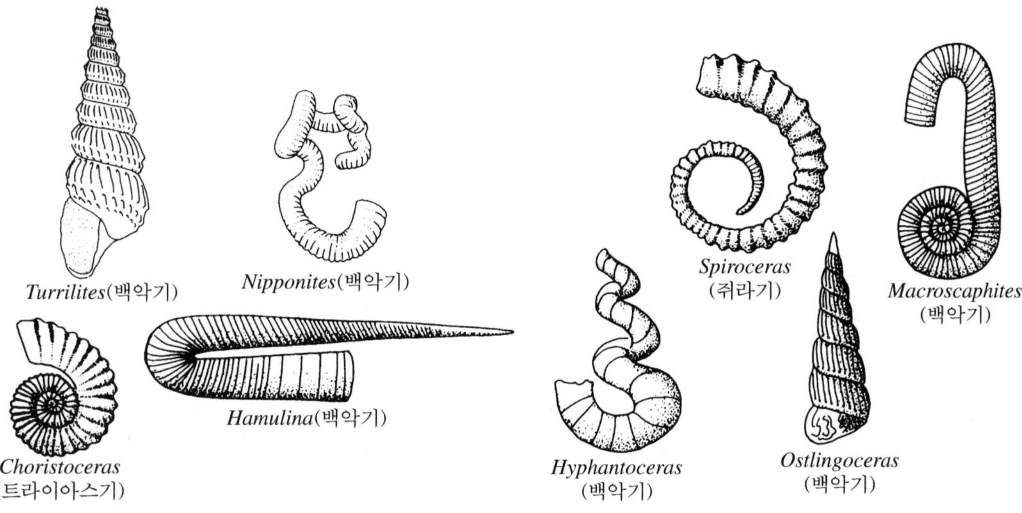

그림 13.20 몇 개의 이형태의 암모나이트

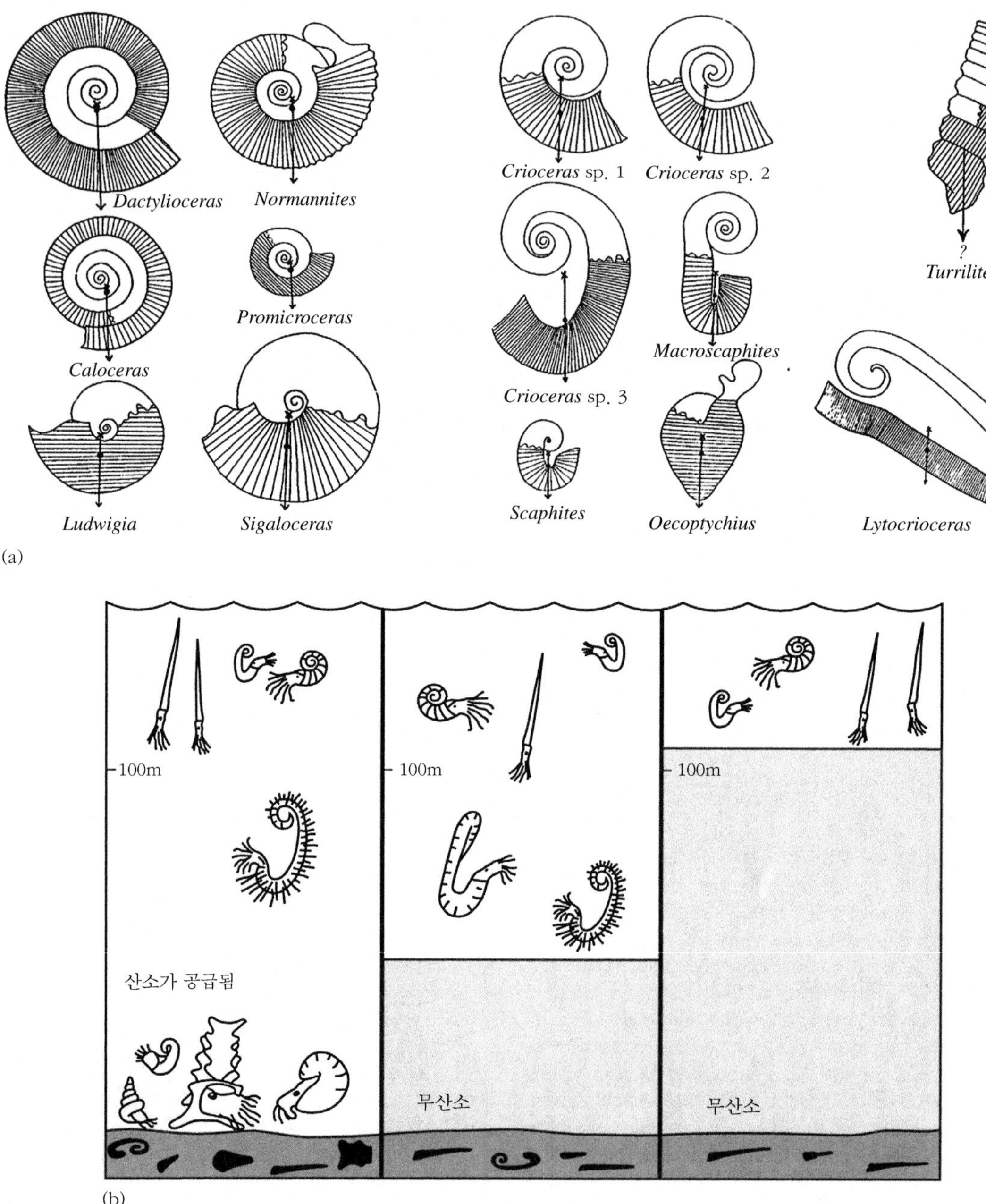

그림 13.21 암모나이트의 부양성과 생활 형태. (a) 일부 암모나이트속의 추정된 생활 방향, (×) 표시는 중력의 중심, 부력의 중심은 점(·) 그리고 체관은 평행선으로 표시함. (b) 일부 암모나이트의 수심하에서 형태형의 관계와 산소부족 현상의 발달. [(a)는 Trueman, A. E. 1940, *Q. J. Geol. Soc. Lond.* **96**; (b)는 Batt(1993)으로부터.]

에서 유래했다. 단순한 봉합 패턴을 가진 안나세스티드(anarcestide)의 고니아타이티드(goniatitides)는 중기 데본기 동안 비교적 희귀하다. 그러나 데본기 최상부의 페미니안절(Famennian stage)까지 등쪽으로 체관이 위치해 있는 크리멘이드(clymeniids)와 같은 다른 그룹들이 일반적으로 서식했다. 고니아타이티드(goniatitides)는 프로리칸티드(prolecantides)와 함께 석탄기 동안에 번성했으며, 그 후에는 모든 곳에서 국석목이 서식했을 것이다.

트라이아스기 동안 세라타이티드(ceratitides)는 다양했으며, 후기 트라이아스기에 최절정을 이룬다. 그러나 쥐라기까지 평활(smooth)하고 신개선인 껍데기 형태를 가진 필로세라티드(Phylloceratides)와 리토세라티드(Lytoceratides) 그리고 암모나이티드(ammonitides)는 모두가 잘 정착하였다. 복잡한 격벽과 봉합은 암모노이드의 방추의 강도를 증가시킬 수도 있으며, 심해의 수압으로부터 껍데기가 파괴되는 것을 막아 주는 역할을 했을 것이다. 더 복잡한 격벽은 살아 있는 동물의 연체 부분의 부착면을 더 넓게 해주고, 동물과 그의 껍데기가 더 활발하게 움직임을 도와주는 역할을 했을 것이다.

초형아강(Coleoidea=이새아강(Dibranchiata))

초형아강은 갑오징어, 오징어, 문어, 낙지 등을 포함하며, 후에는 배낙지류(paper nautilus)의 일종인 *Argonauta*를 포함한다. 초형류는 외투막강 안에 한 쌍의 아가미를 가지는 이새류(dibranchiate)의 조건을 가진다. 알고나트(argonaut)는 3기의 중기에까지 뒤쪽으로 흔적이 남아 있을 수 있지만, 살아 있는 초형의 목들은 일반적으로 화석 기록이 빈약하다. 그러나 다리, 먹물 주머니 그리고 몸의 윤곽은 쥐라기 시대의 몇 곳에서도 잘 알려졌다. 반대로 전멸된 벨렘나이트(Belemnite)의 외골격은 쥐라기와 백악기 암석에서 지역적으로 풍부하게 나타난다. 벨렘나이트는 나우틸로이드와 암모노이드같이 외부 껍데기를 가진 두족류의 외골격과는 다르게 내부의 골격을 가진다. 벨렘나이트의 골격은 비교적 간단하며, 세 개의 주요 부분으로 되어 있다. 즉, 총알 모양의 **초**(guard, 칼집)는 딱딱하고, 방해석 성분으로 방사상 배열을 한 바늘로 이루어졌다. 그들의 앞쪽 끝에 원뿔 모양의 오목한 곳 혹은 원뿔 모양의 방추의 정점(頂点, apica)을 보호하는 원추형내강(內腔, alvolus)은 오목한 격벽, 복부의 체관, 앞쪽으로 길게 뻗어 있는 주걱 모양(spatulate)의 **전갑**(pro-ostracum)으로 구성되어 있다(그림 13.22). 동물체의 등쪽 편에 위치해 있는 이러한 집합은 나우틸로이드와 암모노이드의 방으로 된 껍데기와 아주 유사하다. 먹물 주머니와 촉완과 같은 벨렘나이트의 연체 부분은 종종 보존된다.

현대의 오징어를 유추해 볼 때, 벨렘나이트는 초로 몸을 조정하는 연체 부분을 가진 얕은 수심에서 사는 아마도 빠르게 이동하는 포식자들이었다. 이들은 물속에서 수평 자세를 유지하였으며, 대양을 선호했다. 어룡목(Ichthyosauria)의 위 속에 있는 내용물로부터 나온 자료는 이러한 연체동물들이 어룡의 음식의 부분을 형성했다는 것을 확인했다.

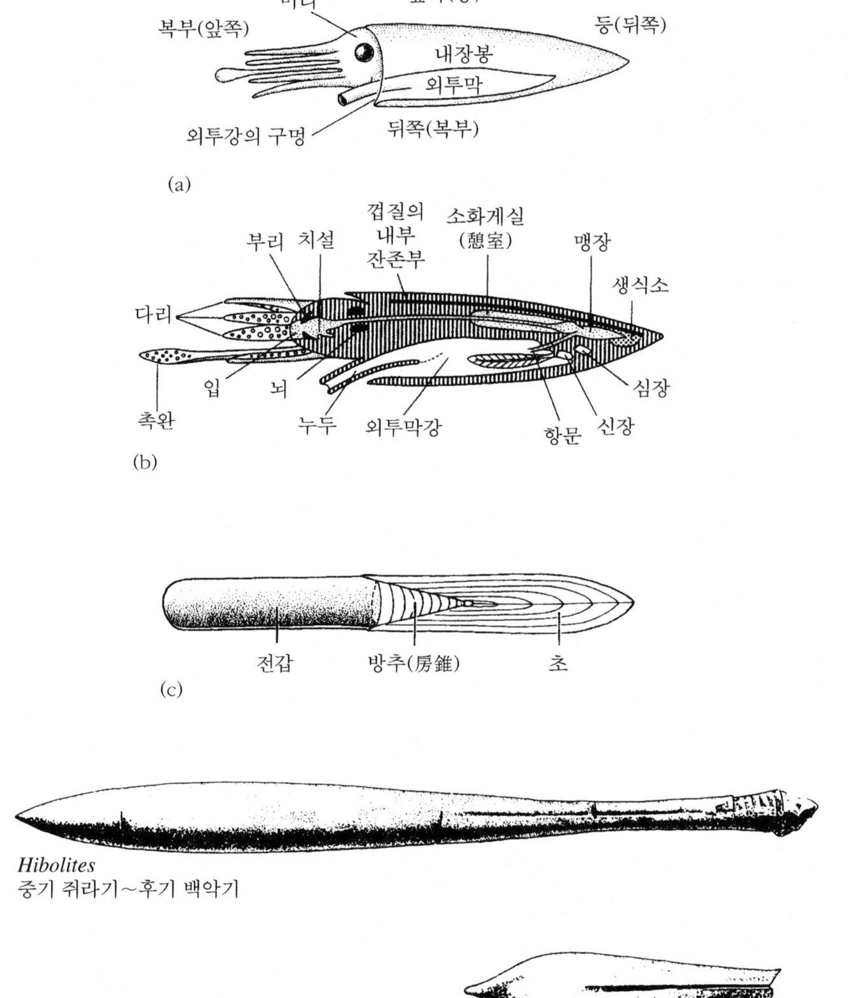

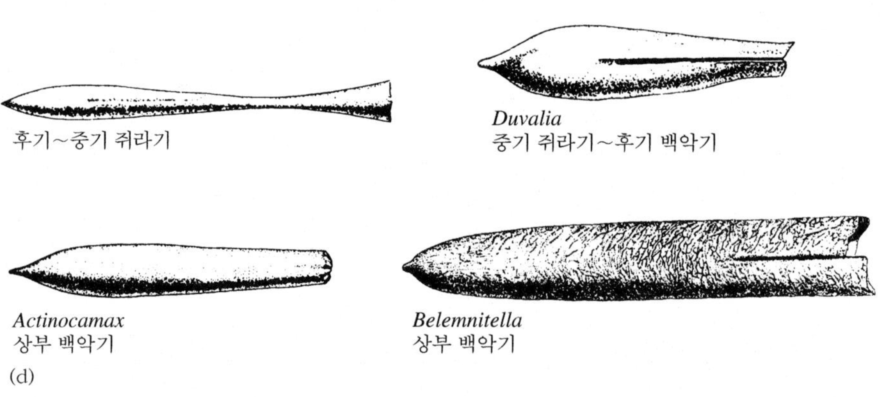

그림 13.22 초형류의 형태: (a) 벨렘나이트의 복원, (b) 벨렘나이트의 연체 부분의 형태, (c) 벨렘나이트의 내부 골격, (d) 몇 벨렘나이트 속. [Peel 등(1985)으로부터.]

미국 일리노이스의 중기 석탄기에서 산출된 *Jeletzkya*같이 벨렘나이트의 가장 오래된 기록들 중 일부는 불확실하다. 최초의 분명한 벨렘나이트는 *Sinobelemnites*의 몇 종이 산출된 중국의 쓰촨(Sichuan)지역의 중기 트라이아스기 암석에서 나왔다. 벨렘나이트는 백악기 말에 멸종되었다. 그 후의 기록은 잘못 해석했거나 재퇴적작용으로 인해 잘못 유입된 것이다.

석탄기의 *Paleoconus*와 같이 최초로 벨렘나이트라고 믿었던 일부는 비교적 짧고 뭉툭한 형태를 가졌다. 초기 쥐라기의 *Megateuthis*는 길고 엷은 형태이며, *Dactyloteuthis*는 옆으로 납작한 형태였다. 후기 쥐라기의 *Hibolites*는 창 모양이다. 백악기 *Belemnitella*는 큰 총알 모양의 초를 가지며, *Duvalia*는 옆으로 퍼진 주걱 모양을 가진다(**그림 13.22d**). 그러나 속을 분류하는 내골격의 자세한 모양의 차이에도 불구하고 많은 학자들은 중생대 벨렘나이트의 대부분이 아주 유사하다고 생각한다. 그러나 그들의 뼈를 측정하고 분류함으로써 종을 식별하기에 충분한 특징을 발견하였다(**글상자 13.8**).

벨렘나이트의 조밀한 탄산칼슘의 초는 쥐라기에서 백악기 바다의 고온도 조건을 알려주는 산소동위원소의 비율(O^{16} : O^{18}) 분석을 위해 좋은 자료가 된다. 이러한 자료는 알비안(Albian, 10억 500만~11억 3,000만 년 전)과 코니아시안(Conniacian, 8억 6,300만~8억 9,800만 년 전)~산토니안(Santonian, 8억 3,600만~8억 6,300만 년 전, 중기 백악기) 동안에 온난의 절정을, 그리고 캠파니안(Campanian, 7억 2,100년~8억 3,600만 년 전, 후기 백악기)부터 점차 냉각됨을 나타낸다. 그리고 많은 다른 중생대 그룹처럼, 벨렘나이트 분포는 저위도 테티안(Tethyan)집합군과 고위도 보리얼(Boreal)집합군으로 분리된다.

벨렘나이트의 초(rostra 혹은 guard)가 환상적으로 모여 있는 집합체는 중생대 퇴적물에서 비교적 잘 나타난다. 일부 학자들은 이들 집단을 고수류(古水流) 연구에 사용한다. 누구도 이들 초가 퇴적되는 양상에 대해 언급한 이는 없다. 총알 모양의 벨렘나이트 초는 독특한 껍데기가 모인 층을 '벨렘나이트 전투장'이라고 한다(**그림 13.23**). 이렇게 초가 모이게 되는 이유를 다섯 개의 유형으로 나눈다(Doyle & MacDonald 1993). (1) 산란 후 죽음(**그림 13.23a**), (2) 대재앙에 의한 대량 죽음, (3) 원래의 위치 혹은 이동하여 온 벨렘나이트들의 포식 관계로 집합(**그림 13.23b**), (4) 해수의 유동으로 인한 체질에 의해서 혹은 우회를 통한 퇴적작용에 의해서 응집해 모임, (5) 모여 있던 초가 재퇴적작용으로 모임. 많은 소위 '벨렘나이트의 전투장'은 부분적으로는 자연 그대로 나타날 수도 있으며, 동물들의 생물학을 반영하는 것일 수도 있다(숫자 1~3). 그러나 벨렘나이트의 행동에 대해서 말할 수 있는 것이 아무것도 없는 퇴적작용으로 인하여 모인 집합체(숫자 4와 5)로부터 이들을 구분하는 것은 매우 중요하다.

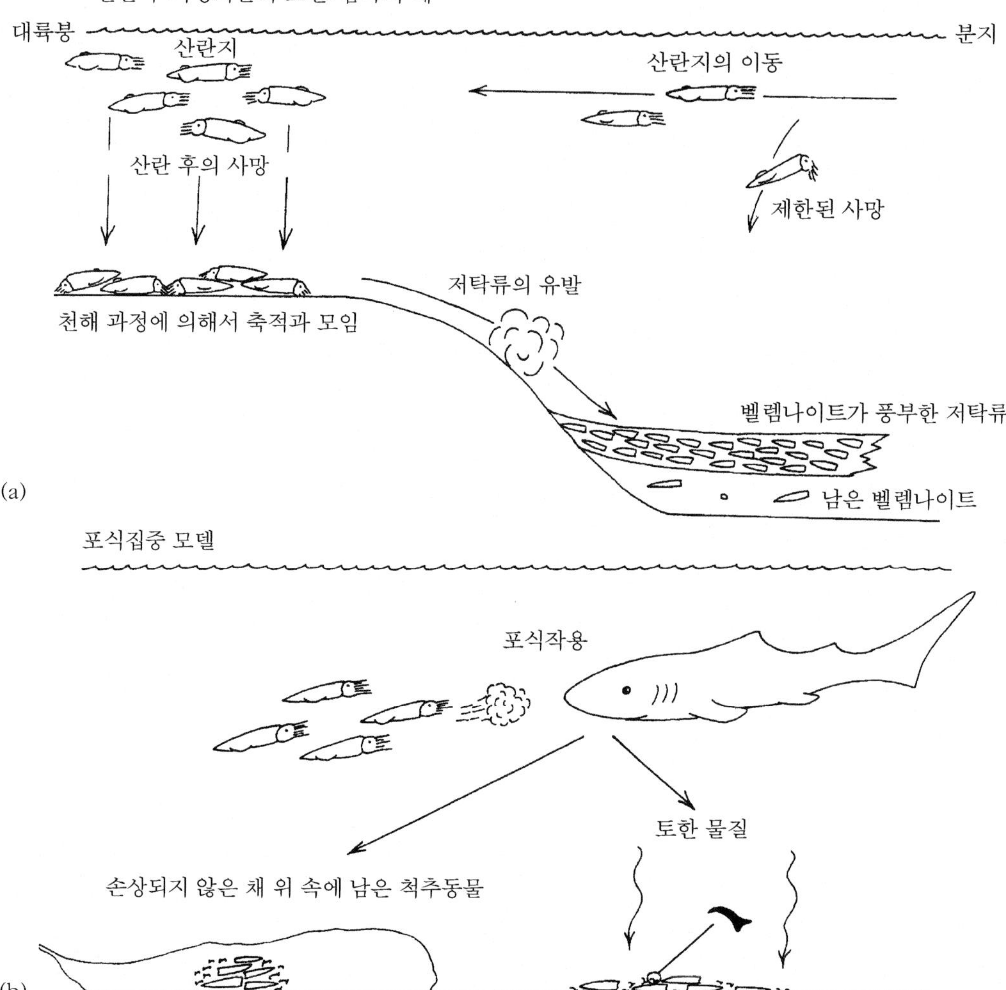

그림 13.23 벨렘나이트 전투장과 그들의 가능한 기원: (a) 산란 후 죽은 모델, (b) 포식작용에 의해 모이는 모델. [Doyle과 MacDonald(1993)로부터.]

✻ 굴족강(Scaphopoda)

굴족류는 화석이 일반적으로 드물다. 굴족강 혹은 '코끼리-이빨(상아)' 껍데기는 상아와 같이 껍데기 하나로 약간 휘어진 원뿔 모양이며, 양쪽 끝에 구멍이 나 있다(그림 13.25a). 그들은 아가미와 눈이 없으나 촉수로 둘러싸인 입과 치설(radula)을 가지고 있다. 이들은 이매패류의 다리와 비슷한 다리를 소유하며, 이는 굴을 파는 데 적당하게 적응하였다. 굴

글상자 13.8 벨렘나이트의 점진진화론

계통의 점진적 진화 혹은 단속 평형설(punctuated equilibrium)에 관한 증명은 비교적 긴 시간을 살아온 소수의 화석계통을 연구함으로써 시작되었다. 많은 연구는 이동성 생물이나 고착성 저서생물들을 기초로 연구하였다. 특히, 백악기(Campanian) 벨렘나이트 동물군인 *Belemnitella* 속은 북쪽 독일에서 풍부하며, 보존이 좋고, 또한 자세히 알려진 속이다. 이를 대상으로 원양성 그룹의 생물을 이용한 모델을 실험하려고 서로 다른 조건으로 비교하였다(Christensen, 2000). 하부 작센(Lower Saxony, 독일 북서부의 옛 주)의 동물들이 천이하는 동안에 많은 변화는 일어나지 않았으며, 이를 구성하는 암석은 주로 단조로운 이회질 석회암으로 구성되어 있다. 분지의 안과 분지의 밖에서 더 많은 외래종의 형태형(morphotype)으로 전이한 *Belemnitella*의 형태학적 기록에 영향성을 찾으려고 암석의 상(相) 변화를 조사하였다. 비록 단면을 통해 *Belemnitella*의 표본들이 표면적으로는 유사하지만, 몇몇의 측정에서는 수치적으로 처리할 때에 점진적 변화의 경향을 보인다(그림 13.24). 모든 변화가 일정한 방향으로 변화하지는 않으며, 일부는 반대의 방향성을 보인다. 북독일의 백악기(Campanian) 벨렘나이트는 연속적으로 가까스로 변화를 거듭하는 점진적 계통진화를 보이며, 천천히 변화하는 환경과 일치하는 것처럼 보인다.

족류는 주로 작은 유공충과 같은 유기물을 먹고 사는 육식성이며, 심해 환경의 부드러운 퇴적물 내에 매재(埋在)하면서 대부분 시간을 지낸다. 복족류의 최초 출현은 데본기이며, *Dentalium*과 같은 생존하는 형태의 생활양식과 유사하다.

✲ Rostroconcha 강

이 강(綱)은 표면적으로 와형은 이매패류와 비슷하지만 접번(hinge)이 없다. 이 강(綱)은 비교적 최근에서야 알려졌지만 이미 고생대부터 나타났으며, 현재 35속 이상이 기재되었다. 대부분 처음에는 두 개의 껍데기를 가진 절지동물로 기재되었다. 이러한 로스트로콘츠(rostroconchs)의 다리는 양 껍데기 사이에 앞쪽에 있는 틈을 통해서 움직이게 된다. 그러나 양쪽의 껍데기는 등의 한가운데를 따라서 붙어 있으며, 껍데기는 초(rostrum)로서 뒤쪽으로 길게 확장되었다(그림 13.25b). 개체발생(ontogeny)은 투막(mantle)의 측엽(latral lobes)에서 불규칙적으로 성장한 껍데기가 쌍엽(bilobes)의 형태를 이루고 있는 초기 **디소콘츠**(dissoconch)로부터 발생했다. 톰모시아(5억 7,000만~5억 6,000만 년 전)의 로스트로콘츠(rostroconch)동물군을 주도했던 eraultipegma와 *Watsonella*이 초기 캄브리아기에 최초로 출현하여 오르도비스기에 다양하게 번성하였다. 이들은 7개의 과(科,

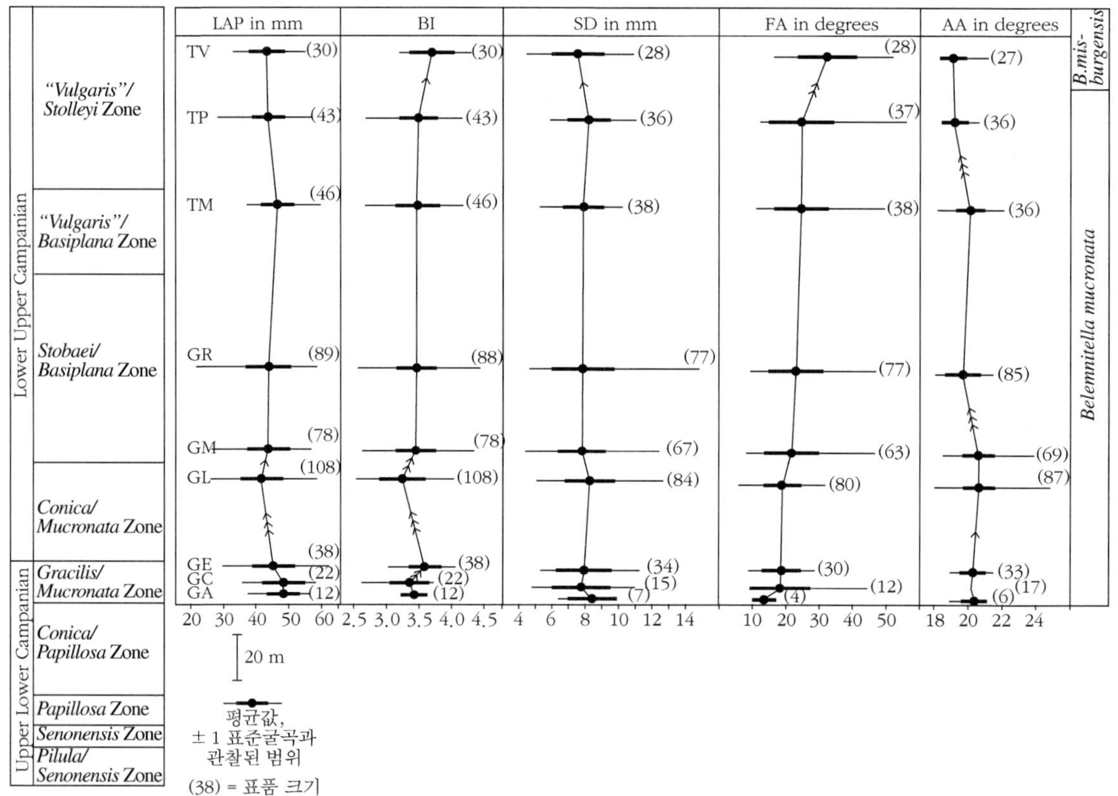

그림 13.24 북부 독일에서 산출된 백악기 벨렘나이트의 점진적 진화. *Belemnitella*의 아홉 개의 표품에 대한 축으로부터 초방까지의 길이의 변화(LAP), Birkelund 표준(BI), Scharzky 거리(SD), 갈라진 틈의 각도(FA), 치조의 각도(AA)를 요약함. 연속적인 평균값이 5% 높이(하나의 화살), 1%의 높이(2개의 화살), 0.1%의 높이(화살 3개)에서 다르다. (고인이 된 Walter Kegel Christensen 제공.)

families)가 출현했던 Katian(후기 Caradoc에서 중기 Ashgill 통)에 절정(acme)을 이루었다. 그들은 아마도 이매패류와 생태적으로 동일한 생태적 적소(niches)를 점유했을 것이다. 그러나 *Arceodomus*와 같은 유일한 conocardiodes가 계속 존재했던 페름기 말에서 완전히 전멸할 때까지 개체수와 다양성은 점차 감소했다.

로스트로콘츠(rostroconchs)는 연체동물 진화에서 극히 중요한 위치를 차지한다(Runnegar & Pojeta, 1974). 이 그룹은 분절이 소멸된 단각강(綱) plexus에서 발달했다. 로스트로콘츠가 이매패류와 굴족류를 발생하게 한 반면에 복족류와 두족류는 아마도 하나의 갈라진 단각강의 선조로부터 독립적으로 발전했을 것이다. 일부 측면에서는 로스트로콘츠가 하나의 껍데기를 가진 연체동물과 두 개의 껍데기를 가진 연체동물의 계통 사이에서 알려지지 않은 새로운 고리로서 나타날 수도 있다. 동시에 존재하지 않을 것이라는 생각으로부터 그들을 늦게 발견하게 했을지 모른다.

✲ 연체동물의 진화 경향

연체동물의 형태형(型態型)과 생활 형태의 다양화는 현생이언 동안에 고연체동물의 간단한 몸체로부터 진화했다. 캄브리아기에 초기 연체동물들이 다양하게 번성했음에도 불구하고, 고생대의 부유물 섭생 저서성 동물들은 현저하게 눈에 띄지는 않는다. 비록 많은 것이 국지화되고, 자주 연안 해역에 집단화되었지만 군집은 연체동물에 의해 지배되었다.

고생대 동안 이매패류는 자주 lingulide 완족류와 연관되어 있지만, 일반적으로 연안 해역 환경에서 살았다. 그러나 일부 강(綱)은 좀 더 깊은 수심의 쇄설성 퇴적 환경에서도 서식했다. 그리고 후기 고생대에 이매패류가 다양한 탄산염 환경에서 서식하게 되었다. 그러나 고생대 말에 천해의 구역에서 서식하는 외형적으로 보면 전형적인 이매패류가 고생대 연체동물의 조합을 바다 쪽으로 밀어내게 되었다. 후기 중생대와 신생대 동안에 매재(埋在)동물이 현저하게 늘어난 것은 증가한 포식자들에 대한 방어 현상일 수 있다.

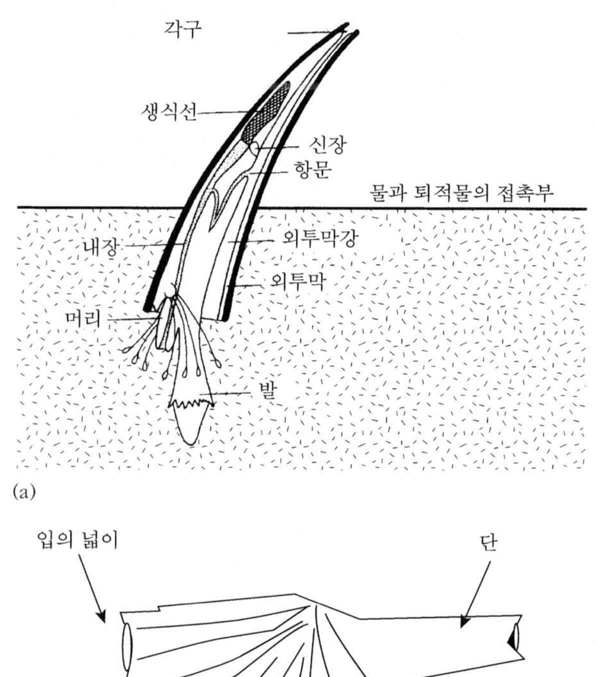

그림 13.25 (a) 굴족류의 형태, (b) 로스트로콘츠의 형태

고생대 복족류의 대다수는 시조복족아강으로 일반적으로 주로 해양성 천해환경에서 서식했으며, 일부는 탄산염으로 이뤄진 초의 환경에서 서식했다. 그러나 중생대는 중복족아강에 의해 지배되었으며, 이들은 이끼가 덮인 딱딱한 기저층 위에서 이끼 등을 뜯어먹고 살았다. 신생대에는 수관을 가진 육식성 신복족아강의 확산으로 이 그룹의 절정(acme)을 이루었으며, 중복족아강은 훨씬 더 다양하게 번성했다(**그림 13.26**).

두족류는 체관을 가진 방으로 된 껍데기가 발전하면서 진화했으며, 이는 부력과 몸의 자세를 자유롭게 유지할 수 있도록 했다. 이러한 체계는 나우틸로이드 그룹에서 발달되었다. 암모노이드에서 복잡하게 감긴 봉합의 진화, 원양에서 유충 단계의 적응, 그리고 체관의 위치변화는 중생대 동안에 이 그룹이 더 멀리 확산하는 데 적합하도록 되었다.

현생이언의 모든 시대를 통해 살던 연체동물들은 많은 포식자 그룹들의 영양원이 되었

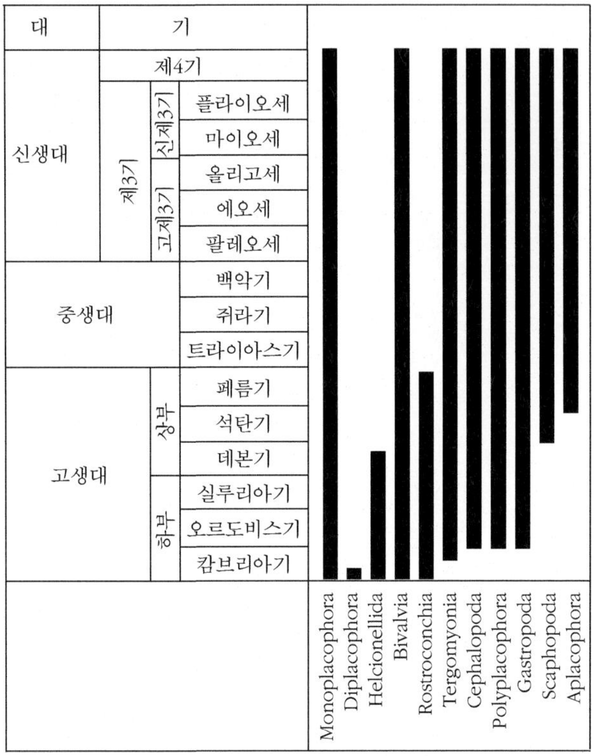

대	기		
신생대	제4기		
	제3기	신제3기	플라이오세
			마이오세
		고제3기	올리고세
			에오세
			팔레오세
중생대			백악기
			쥐라기
			트라이아스기
고생대		상부	페름기
			석탄기
			데본기
		하부	실루리아기
			오르도비스기
			캄브리아기

Monoplacophora, Diplacophora, Helcionellida, Bivalvia, Rostroconchia, Tergomyonia, Cephalopoda, Polyplacophora, Gastropoda, Scaphopoda, Aplacophora

그림 13.26 주요 연체동물의 층서 범위

다. 연체동물문(門, phyum)의 진화는 아마도 포식자의 먹이 관계와 포식자의 감소에 따라 영향을 받았을 것이다. 두껍게 무장된 껍데기는 몇 그룹에서 발달했으며, 깊은 매재동물(埋在動物, infaunal)의 생활형태의 진화는 살아남기 위한 방어적인 전략의 일부였을 것이다. 포식과 도피 전략의 발전은 '소위 군비확장 경쟁'처럼 연체동물 진화에 중요한 영향을 준다. 포식자들은 그들이 좋아하는 먹이를 찾을 때 특수한 탐사영상을 발전시켰다. 육지에 사는 달팽이는 색깔이 변화하므로 이러한 다양한 변화는 포식자를 혼동시키기에 충분하였다. 즉, 상(像)의 넓은 범위를 나타냄으로써 유럽산 개똥지빠귀와 같은 포식자들을 혼란스럽게 할 수 있다. 즉, 포식자의 먹잇감인 목표물이 개체군 안에서 특별하게 변형한다. 다른 변형자들이 포식자의 상에 변화가 인식될 때까지 자유로워질 수 있을 것이다. 이러한 관계는 몇몇 중생대 동물군(**글상자 13.9**)과 신생대 동물군의 자료에 남아 있다. 반면, 연체동물의 가까운 친척인 환형동물(annelids)은 효율적인 턱 구조를 가진 중요한 포식자일 것이다(**글상자 13.10**).

⚜ 복습 문제

1. 최초 연체동물을 확인하는 일은 약간 어려움이 있다. 연체동물 문(phylum)의 중요한 특징은 무엇인가? 그리고 그들이 최초 연체동물로서 어떻게 인지되었나?

2. 초기 캄브리아기 생물군을 차지하는 많은 종들은 분명히 연체동물들이다. 어느 연체동물 그룹이 작은 껍데기를 가진 동물군에서 나타났을까?

3. 이론적인 형태공간(morphospace)은 껍데기 형태를 조사하는 데 유용한 도구이다. 일부 그룹은 다른 그룹보다 그들의 발전할 수 있는 기회로 보면 더 부자연스러울 수 있다. 하나의 껍데기를 가진 연체동물이 진화하는 데 이로운 점은 무엇일까? 극단적인 형태형(morphotypes)을 발생시키는 연구에서 하나의 껍데기를 가진 연체동물이 두 개 이상의 껍데기를 가진 연체동물보다 어떠한 이점이 있는가?

글상자 13.9 중생대 해양의 변혁

고생대 이후의 바다와 대양은 그 이전에 있었던 것과는 여러 면에서 차이가 있다. 첫째의 차이점은 중생대 해양의 변혁(MMR)에 의해서 나타났던 더욱 치열한 포식자-먹이 관계이다. 이 기간 동안 껍데기를 부순다거나 구멍을 뚫고 잡아먹는 포식자들이 일반적으로 번성했다. 진화를 통하여 고도로 발달한 공격용 무기를 가진 포식자들과 '중생대의 생존경쟁'에서 더욱 효율적으로 방어하려는 기구와 구조로 진화하는 먹잇감 간에 균형이 이루어졌다. 갑각류들은 그들의 집게발(claws), 턱, 집게발(pincer, 바닷가재의 집게발)을 효율적으로 발달시켰다. 연체동물들은 껍데기를 더욱 두껍게 성장시켰으며, 껍데기 표면은 더욱 고도의 장식품들을 갖추게 되었고, 퇴적물 속으로 더욱 빠르게, 그리고 깊숙이 파고 들어가도록 발전했다. 이러한 형태들의 변화는 동시 진화의 기구와는 다소 차이가 있다. 유기체들은 함께 변화하는 것보다는 서로 다르게 적응한다. 이러한 체계 안에서 포식자들은 그들의 먹잇감보다 한발 앞서서 진화했을 것이다. 하퍼(Liz Harper, 2006)는 고생대 이후의 상호발달의 증거들을 재조명했다. 이는 durophagous(딱딱한 껍질을 가진 유기체를 먹는) 몸체와 껍데기를 부순다거나 구멍을 뚫은 증거를 가진 포식자의 것으로 보이는 흔적화석의 산출 범위를 표시하여 재조명하였다(그림 13.27). MMR는 복합적인 일련의 사건들이다. (1) 십각류(decapods)의 중생대 확산, 상어와 경골어류(bony fish), (2) 쥐라기~백악기의 확산, 연갑류(Malacostracan, 새우 · 게 따위)와 바다 파충류, (3) 신복족류(neogastropods), 경골어류(teleosts), 그리고 상어 등의 신생대 펠레오세의 확산, (4) 포유동물과 조류의 신생대 신제3기의 확산.

4. 벨렘나이트는 미소진화가 있었다는 모델 실험에서는 가능성 없는 그룹으로 보인다. 미진화 가설에 대한 실험에 어떠한 조건을 맞추어야 할까?

5. 중생대 해양 변혁(혹은 군비확장)은 현대 진화론의 동물군에서 해서생활을 하기 위한 어젠다를 세우는 하나의 복잡한 생태학적 사건이었다. 연체동물들은 포식압(약소 동물이 포식자 때문에 종의 보존을 위협받는 일)에 어떻게 반응을 했을까?

더 읽을거리

Clarkson, E.N.K. 1998. *Invertebrate Palaeontology and Evolution*, 4th edn. Chapman and Hall, London. (An excellent, more advanced text; clearly written and well illustrated.)

Lehmann, U. 1981. *The Ammonites – their Life and their World*. Cambridge University Press, Cambridge, UK.

Morton, J.E. 1967. *Molluscs*. Hutchinson, London.

Peel, J.S., Skelton, P.W. & House, M.R. 1985. Mollusca. *In* Murray, J.W. (ed.) *Atlas of Invertebrate Macrofossils*. Longman, London. (A useful, mainly photographic review of the group.)

Pojeta, J. Jr., Runnegar, B., Peel, J.S. & Gordon, M. Jr. 1987. Phylum Mollusca. *In* Boardman, R.S., Cheetham, A.H. & Rowell, A.J. (eds) *Fossil Invertebrates*. Blackwell Scientific Publications, Oxford,

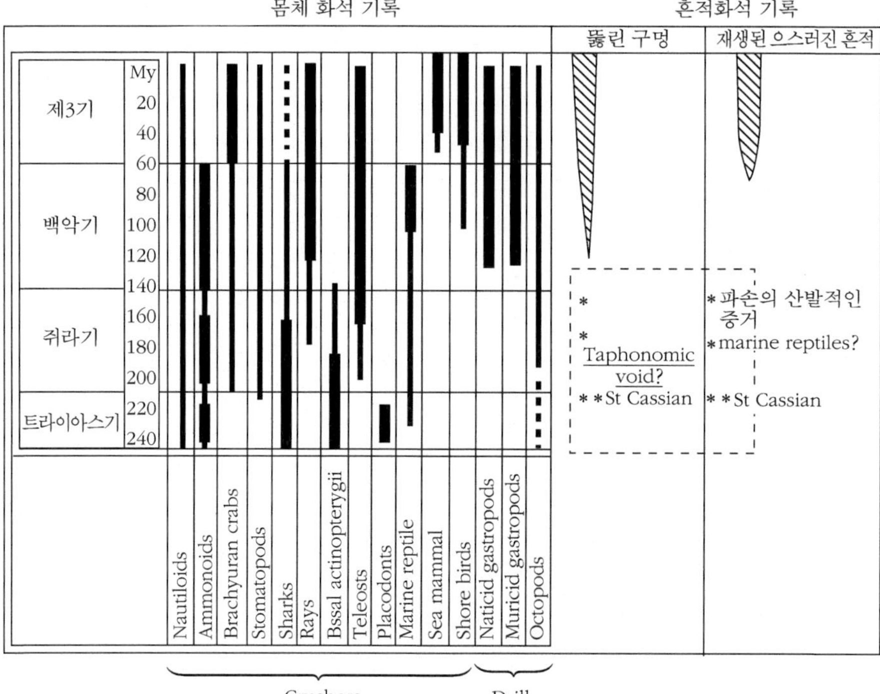

그림 13.27 중생대 해양 변혁기 동안의 포식자와 먹잇감 간의 층서학적 관계. 이탈리아의 St Cassian층은 아라고나이트 복족류들이 양호하게 보존됨. 두 개의 별표(**)는 St Cassian층의 층위를 나타냄. 하나의 별표(*)는 산발적으로 껍데기가 부서진 흔적의 증거를 나타낸다. [Harper(2006)로부터.]

UK, pp. 270–435. (A comprehensive, more advanced text with emphasis on taxonomy; extravagantly illustrated.)

Vermeij, G.J. 1987. *Evolution and Escalation. An Ecological History of Life*. Princeton University Press, Princeton, NJ. (Visionary text.)

✤ 참고문헌

Batt, R. 1993. Ammonite morphotypes as indicators of oxygenation in a Cretaceous epicontinental sea. *Lethaia* **26**, 49–63.

Caron, J.-B., Acheltema, A., Schander, A. & Rudkin, D. 2006. A soft-bodied mollusc with radula from the Middle Cambrian Burgess Shale. *Nature* **442**, 159–163.

Christensen, W.K. 2000. Gradualistic evolution in *Belemnitella* from the middle Campanian of Lower Saxony, NW Germany. *Bulletin of the Geological Society of Denmark* **47**, 135–63.

Doyle, P. & MacDonald, D.I.M. 1993. Belemnite battlefields. *Lethaia* **26**, 65–80.

글상자 13.10 화석 환영동물과 그들의 턱뼈

환영동물은 지렁이(earth worm), 거머리(leaches)와 같은 동물들로 표현되는 체절을 가진 선구동물(protostome)이다. 이들의 현생이언 종들은 조간대에서 심해에 이르기까지 중요한 생물로, 넓게 분포하며, 저서성 포식자로 서식한다. 환영동물에 대한 현대의 분자학적 연구는 환영동물이 하나의 연체동물의 자매 그룹이며, 사실 강모(chaetae)를 가지고 있는 것처럼 형태적으로 많은 특징을 서로 공유하고 있다. 일반적으로 환영동물 그룹은 극소수의 화석 기록으로 나타나는데, 버제스 셰일(Burgess shale)과 마존 크리크(Mazon Creek) 동물군과 같은 라거슈테텐의 퇴적물 속에서 일부 나타났다. 그러나 산을 이용해 부식시킨 고생대 석회암에서 스코리코돈트(scolecodonts)(그림 13.28)가 산출되었다. 이것은 고대의 환영동물의 턱뼈이며, 여러 층준에서 풍부하고 다양하게 나타난다. 그들은 코노돈트와 유사하며, 유사한 기능으로 복합 요소의 형태를 가진다. 그러나 이것은 코노돈트와는 다르게 콜라겐 섬유(collagen fibers)와 아연과 같은 다양한 광물로 구성되어 있다. 이 그룹은 처음으로 하부 오르도비스기에서 나타나며, 상부 오르도비스기~데본기 탄산염상(相)에서 보편적으로 잘 나타난다. 이들은 빠르고 다양하게 변화해 왔다. 스코리코돈트는 페름기 이후에는 비교적 드물다. 그러나 지층의 열성숙(thermal maturation)에 관한 연구와 생층서학적 연구에는 유용하게 이용되고 있다.

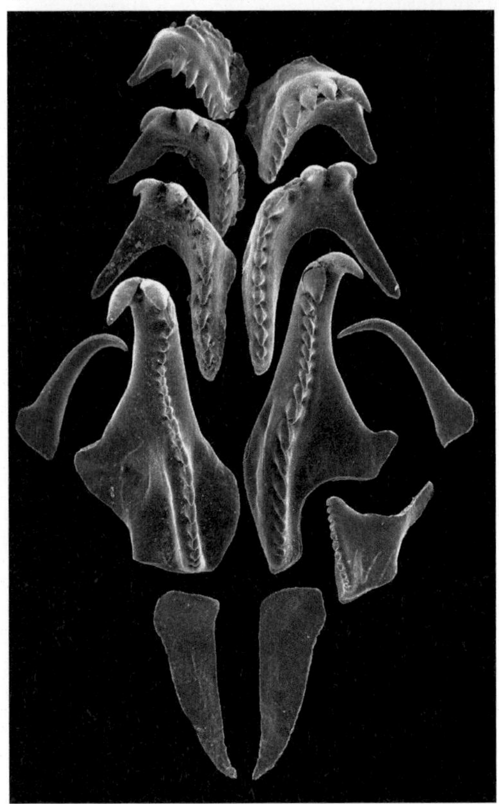

그림 13.28 scolecodonts의 형태. 오르도비스기 *Ramp hoprion* Kielan-Jaworowska.의 다강모(polychaete) 턱 기관의 복원. (Olle Hints 제공.)

Erwin, D.H. 2007. Disparity: morphological pattern and developmental context. *Palaeontology* **50**, 57–73.

Fedonkin, M. & Waggoner, B.M. 1997. The Late Precambrian fossil *Kimberella* is a mollusk-like bilaterian organism. *Nature* **388**, 868–71.

Harper, E.M. 2006. Disecting post-Palaeozoic arms races. *Palaeogeography, Palaeoclimatology, Palaeoecology* **232**, 322–43.

Jacobs, D.K. & Landman, N.H. 1993. *Nautilus* – a poor model for the function and behavior of ammonoids. *Lethaia* **26**, 101–11.

Milsom, C. & Rigby, S. 2004. *Fossils at a Glance*. Blackwell Publishing, Oxford.

Peel, J.S. 1991. Functional morphology, evolution and systematics of early Palaeozoic univalved molluscs. *Grønlands Geologiske Undersøgelse* **161**, 116 pp.

Raup, D.M. 1966. Geometric analysis of shell coiling: general problems. *Journal of Paleontology* **40**, 1178–90.

Reboulet, S., Giraud, F. & Proux, O. 2005. Ammonoid abundance variations related to changes in trophic conditions across the Oceanic Anoxic Event 1d (Latest Albian, SE France). *Palaios* **20**, 121–41.

Runnegar, B. & Pojeta, J. 1974. Molluscan phylogeny: the palaeontological viewpoint. *Science* **186**, 311–17.

Sigwart, J.W. & Sutton, M.D. 2007. Deep molluscan phylogeny: synthesis of palaeontological and neontological data. *Proceedings of the Royal Society B* **274**, 2413–19.

Stanley, S.M. 1970. Relation of shell form to life habits of Bivalvia. *Geological Society of America Memoir* **125**, 296 pp.

Swan, A.R.H. 1990. Computer simulations of invertebrate morphology. *In* Bruton, D.L. & Harper, D.A.T. (eds) *Microcomputers in Palaeontology*. Contributions from the Palaeontological Museum, University of Oslo, Vol. 370. pp. 32–45. University of Oslo, Oslo.

Vinther, J. & Nielsen, C. 2004. The Early Cambrian *Halkieria* is a mollusc. *Zoologica Scripta* **34**, 81–9.

Wagner, P.J. 1995. Diversity patterns among early gastropods: contrasting taxonomic and phylogenetic descriptions. *Paleobiology* **21**, 410–39.

Wani, R., Kase, T., Shigeta, Y. & De Ocampo, R. 2005. New look at ammonoid taphonomy, based on field experiments with modern chambered nautilus. *Geology* **33**, 849–52.

Williamson, P.G. 1981. Palaeontological documentation of speciation in Cenozoic molluscs from Turkana basin. *Nature* **293**, 140–2.

Introduction to Paleobiology and the Fossil Record

제14장

탈피동물상문: 절지동물

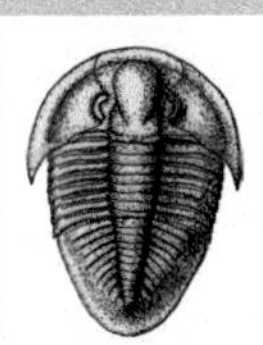

학습 키포인트

- 절지동물―바닷가재, 거미, 딱정벌레, 삼엽충 등과 같이―다리, 부속지와 연결된 마디로 된 몸판, 그리고 탈피 능력을 가짐
- 초기 캄브리아기의 최초 주류 절지동물군은 현대의 표준 절지동물로 보면 기괴한 상태로 나타났지만, 현재 서식하는 생물군과 비교해 보면, 서로 다른 많은 형태적 차이점은 없다.
- 에디아카라 생물군에서 나타난 대다수의 절지동물과 같은 동물들은 문(門)의 층위에서 분류할 고대 기원의 절지동물임을 제시한다.
- 삼엽충은 초기 캄브리아기에 나타났으며, 고생대 동안에 고등계로 진화했다. 그리고 다양한 저서성과 부유성의 서식생태였으며, 이미 알려진 구조가 나타났다.
- 가장 큰 절지동물은 협각류(집게발을 소유)의 절지동물이며, 실루리아기와 데본기의 수심이 얕은 해양에서 서식했던 거대한 바다전갈이 이에 해당한다.
- 다족류는 중기 오르도비스기에 최초의 육상동물의 화석으로 나타나지만, 발자국은 후기 캄브리아기나 조금 그 이전에 육지 위로 이동한 다지류의 갑각류로 추정된다(투구게와 같은 초시류동물)
- 곤충류들은 초기 데본기에 최초로 출현했으며, 그 후 급속히 다양해졌다. 살아 있는 곤충은 아마도 1,000만 종에 이르렀다.
- 곤충류는 중기 석탄기 이전에 날아다니는 형태로 진화했으며, 거대한 잠자리들은 당시의 숲 속을 점령했다.
- 갑각류는 게, 바닷가재, 새우, 따개비류 그리고 물벼룩을 포함한 동일 그룹이 이에 포함된다.
- 초기 역사에서 절지동물문(門)에 관한 우리들의 많은 지식은 캄브리아기의 버제스 셰일, 첸지앙 그리고 시리우스 파세트 화석군의 잘 보존된 화석으로부터 왔다.

우리는 왕의 묘보다 더 많은 호박 속에 영원히 매장되고, 보존된 거미류, 파리, 개미들을 본다.

베이컨(Francis Bacon, 영국철학자, 1561～1626)

✲ 절지동물: 소개

절지동물은 아주 일반적이며, 오늘날 지구상에 살아 있는 다리를 가진 다양한 무척추동물 그룹 생물종의 약 3/4을 점유한다. 그 이유는 엄청나게 많은 곤충들 때문이다. 기본몸체—음식물을 먹고, 이동하고, 호흡하기에 적당하게 적응된 부속지를 가진 분절로 되어 있다—와 함께 단단한 **외골격**을 가진다. 절지종물은 초기 캄브리아기에 최초로 출현했으며, 그 이후로 다양한 서식 상태를 가지는 살아 있는 절지동물과 화석으로 보존된 다양한 절지동물로 되어 있다. 절지동물문(門)에 속하는 모든 구성 동물들은 분절된 몸체와 부속지를 가진다(**그림 14.1**). 더욱이 동물들은 머리, 가슴, 복부, 그리고 종종 **두흉부**–가슴의 형태를 가진 머리 부분과 가슴 부분이 붙은 동물도 있다. 많은 절지동물들이 다양한 음식물을 섭취하기 위해 **턱**을 소유하거나 단단한 구강구조를 갖추고 있다.

절지동물의 외골격은 주로 유기질 키틴 성분으로 되어 있지만, 종종 탄산칼슘이나 인회질 칼슘으로 단단하게 되어 있기 때문에 외부 공격에 대한 방어 능력이 탁월하다. 외골격은 이동에 필요한 근육의 부착에도 필수적이고, 근육은 빠르게 이동할 수 있게 한다. 그리고 외골격은 항상 광물화하지는 않는다. 비록 많은 절지동물이 변태를 하지만, 사실상 주요 절지동물 그룹은 **탈피**나 탈각하면서 성장한다. 최초의 외골격은 용해되고, 두 번째의 오래된 외골격은 새로운 외골격이 성장하는 동안에 봉합부분을 따라서 분리된다.

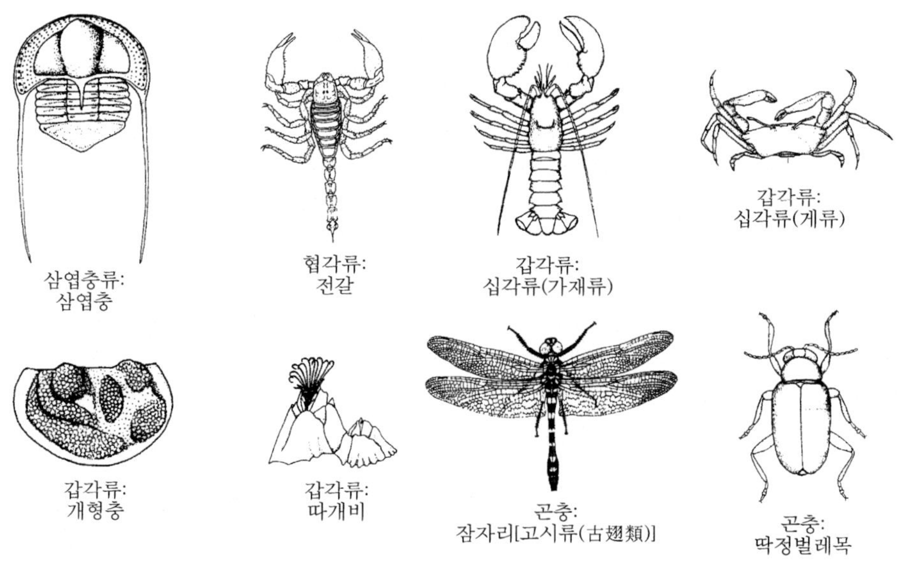

그림 14.1 몇몇 주요 절지동물 그룹: 마디가 있는 다리와 단단한 외골격의 간단한 몸체를 기초로 분류한 다양한 형태. 고시류(古翅類, Palaeoptera: 날개를 뒤로 접어서 몸 옆구리에 붙일 수 없는 종으로 잠자리목, 하루살이목).

허물 혹은 벗어버리는 껍데기는 동물의 단단한 피부이거나, 전에 형성된 외골격의 잔유물들이다. 그러므로 한 마리의 절지동물이 생존하는 동안 탈피한 골격화석을 많이 만들 수 있는 잠재력이 있다.

적어도 5억 4,000만 년 지질시대 동안에 절지동물의 다섯 개의 아문(亞門)(**글상자 14.1**)이 해양, 담수, 육지의 환경에서 서식하도록 적응되어 왔다. 오랫동안 절지동물과 가장 가까운 동족들은 마디를 가진 환영동물로 생각하였으나, 최근의 연구에서 절지동물과 가장 가까운 자매 그룹은 새예동물문(priapulids)과 선충류 혹은 원형(圓形)동물을 포함하고 있는 마디가 없는 동물들의 계통분기(系統分岐)라고 알려졌다. 그들이 가지고 있는 마

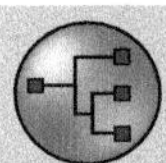

글상자 14.1 절지동물의 분류

현재 주요 절지동물 그룹으로 정한 동물분류상에 약간의 차이점이 있다. 만일 절지동물이 상문(上門, superphylum)에 속한다면, 다음 그룹은 문(門)일 것이다. 그러나 몇몇 학자들은 절지동물문(門) 아래로 상강(Superclass)을 설정하였다. 여기에서 분류에 대한 타협이 있어야 한다. 문은 그 아래 많은 하위 계층이 있어야 하나, 완보동물문(느린동물, 물곰)[역자 주: 크기가 1mm 미만의 아주 작은 동물로 8개의 발로 천천히 이동함. 일명 물곰(water bear)이라 하며, 해수, 담수, 육상에서 서식] 같은 진화적으로 중요한 그룹이 존재한다. 이 동물은 캄브리아기부터 지금까지 알려졌다.

삼엽충류아문(三葉蟲亞門, Subphylum Trilobitomorpha)

- 삼엽충과 그와 관련된 동물들. 두부(頭部, cephalon), 흉부(胸部, thorax), 미부(尾部, pygidium), 세로로 긴 형태의 몸체는 축엽(軸葉, axial lobe)과 두 개의 측늑막엽(側肋膜葉, lateral pleural lobes)으로 구성
- 캄브리아기～페름기

협각아문(鋏角亞門, Subphylum Chelicerata)

- 몸은 두 개의 전체부와 후체부로된 두 개의 몸마디(tagmata)로 나누어지는 큰 그룹이다. 전체부(前體部, prosoma)에 6쌍의 부속지, 축엽(軸葉, axial lobe), 협각(chelicerae) 혹은 집게발의 협각(挾攻, pincer)의 부속지, 그룹의 명칭이 이들이 소유한 협각에서 옴, 그리고 후체부(後體部, opisthosoma)에는 쭉 뻗은 꼬리와 꼬리마디가 있음
- ? 캄브리아기～현재

다지류아문(多足亞門, Subphylum Myriapoda)

- 몸이 유연한 노린재, 지네를 포함
- (?)오르도비스기, 실루리아기～현재

육각류아문(六足亞門, Subphylum Hexapoda)

- 머리(head), 흉부(thorax), 복부(abdomen) 그리고 6개의 다리를 가진 다양한 그룹, 개미, 딱정벌레, 잠자리, 파리, 벌 등을 포함
- 데본기～현재

갑각아문(甲殼亞門, Subphylum Crustacea)

- 껍질을 가진 엽하강(葉蝦綱, phyllocarids), 초기 고생대 생물군은 게, 새우 그리고 바닷가재 등의 선조임
- 캄브리아기～현재

디는 환영동물의 마디에서 독립적으로 발생했든지 아니면 양쪽 그룹에 아주 관련이 깊은 선조로부터 유전되었을 것으로 추정된다.

✲ 초기 절지동물군

특이한 절지동물 유형의 다양성은 캄브리아기 동안에 많은 기초를 형성하였다. 절지동물의 20개 이상의 그룹들이 중기 캄브리아기의 버제스 셰일과 이와 연관된 퇴적물(**글상자 14.8**)로부터 기재되었다. 그중 일부는 진화의 '빅뱅(big bang)'으로 생각하는 폭발적으로 증가하는 생물의 포괄적인특성을 강조한 새로운 문(門)으로 분류되었다. 굴드(Stephan Jay Gould)의 베스트셀러인 『Wonderful Life』에서 캄브리아기 동안에 생물의 형태적인 격차가 어느 때보다도 가장 컸다고 주장했다. 그럼에도 불구하고 형태와 분류학적인 기준을 근거한 계통발생적인 분석과 표형적인 분석은 다르다는 것을 제시한다(Briggs et al., 1993). 캄브리아기의 절지동물들 사이에 형태적인 차이는 현재 살아 있는 절지동물 측면에서 본 절지동물과 현저하게 다르지 않다. 이러한 것이 우리에게는 낯설게 보이지만, 절지동물의 역사적으로 볼 때 초기의 절지동물이 앞으로 다가올 5억 년 동안의 진화를 통해 변화될 형태적 차이점이 없을 정도의 높은 수준의 형태를 이루고 있다. 더욱이 연한 몸체를 가진 캄브리아기의 절족동물의 기록으로 알아낸 지식이 현재의 절지동물만큼 완벽하게 알려지지 않았지만, 캄브리아기 라거슈테텐에서 조사된 그 이상의 경이로움이 나타날 것이라는 기대를 가지게 된다(**글상자 14.2**).

✲ 삼엽충류아문

삼엽충류(trilobitomorphs)는 특수한 입틀이 없는 절지동물에서 유래되었으며, **두부**, **흉부** 그리고 **미부**로 이루어진 **몸마디**(tagmata)를 가진다. 또한 걷는 다리로부터 발달한 측면 부속지(lateral branches)를 가지는 삼엽충류의 부속지를 함께 가지고 있다. 삼엽충류는 주로 삼엽충을 포함하며, 15,000종 이상이 알려졌다. 삼엽충류는 독특하고, 매우 성공적인 절지동물의 그룹이다. 페름기 말 전멸될 때까지 고생대 내내 일반적으로 넓게 분포했다. 삼엽충은 가장 매력적인 화석 집단 중에 하나라는 것에 대해서 의심할 여지가 없으며, 아마추어 수집가와 전문수집가에게 많은 가치가 있다. 가장 초기의 절지동물 중 일부는 삼엽충이었다. 그리고 해양성 캄브리아기의 지층(많은 그 이후 퇴적층은 물론)은 항상 삼엽충 무리를 기초로 하여 연관된다. 비록 소수의 그룹이 부유성 서식 형태를 가지나, 그룹의 대부분은 움직이는 저서성 서식 형태의 중요한 부분을 형성한다.

글상자 14.2 에디아카라 절지동물

그들이 있느냐 혹은 없느냐? 몇몇 고생물학자들은 그들이 에디아카라 동물들의 일부를 절지동물 혹은 원(原)절지동물로 분류할 수 있다고 믿는다. 일부 사람들은 이에 대해 논쟁을 한다. 예를 들면, 파반코리나(*Parvancorina*)(그림 14.2)는 하나의 논쟁의 대상이다. 파반코리나는 볼록한 옆모습, 방패 모양의 외형, 강한 축 마루, 그리고 둥근 곡선의 앞 엽(葉)이 있다. 이는 탈피 단계의 어린 삼엽충과 같으나 딱딱한 외골격은 없다. 확실할까? 신캄브리아기의 라거슈테텐에서 산출된 아름답게 보존된 화석인 중국의 카일리(Kaili) 생물군은 사실로 보인다. 버제스 셰일에서 처음 기재된 속(屬)인 스카니아(Skania)의 표품들은 파반코리나와 유사점이 많으나, 이 속은 외골격, 잘 정리된 두부, 그리고 등 부분을 가진다(Lin et al., 2006). 파반코리나, 프라미카리스(*Primicaris*), 그리고 스카니아(*Skania*)는 아라키노몰파(Arachnomorpha, 거미를 포함하는)와 자매 그룹을 형성할지도 모른다. 더욱이 이러한 관계성은 절지동물의 원생대에 있었던 그의 선조를 설정하고, 선캄브리아기와 캄브리아기의 경계에 걸치는 초기 절지동물의 선조를 밝힐 수 있을 것이다. 또한, 원생대에 기원한 절지동물과 새예동물(priapulid)에 속하는 벌레의 마지막 일반적인 조상에서 갈라져 나오는 정확한 시기를 정하는 데 도움이 될 수 있을 것이다.

삼엽충 형태

삼엽충의 외골격(**그림 14.3**), 삼엽충(3개의 엽)이라는 이름에서 제시된 것처럼, 횡적으로 세 개의 엽으로 나누어진다. **축엽**(軸葉, axial lobe)은 소화기관을 보호하며, 측엽(側葉)의 좌우에 있는 두 개의 **늑막엽**(pleural lobes)은 부속지를 감싼다. 사실 모든 삼엽충은 잘 정의된 두부(頭部, cephalon), 흉부(胸部, thorax), 미부(尾部, pygidium)를 가지고 있고, 삼엽충의 외골격은 거의 모두 방해석으로 구성되어 있다. 두부는 주변보다 볼록 올라온 축면(axial area)을 가진다. **미간**(眉間, glabella)에는 양편에 측미간 주름(lateral glabella furrow)이 있으며, 눈(eye)은 일반적으로 양편에 있다(**글상자 14.3**). 볼(cheek)은 두부 중 미간을 제외한 나머지 부분을 말하다. **안선**(顔線, facial suture) 혹은 **두부선**(頭部線, cephalic suture)은 안쪽 고정볼(固定볼, fixed cheeks)과 바깥쪽 유리볼(遊離볼, free cheeks)을 분리한다. 비록 많은 삼엽충들이 눈은 없지만, 눈은 하나의 이차조건일 수 있다. 시력의 상실에도 불구하고 두부선은 남아 있다. 선(線, suture)은 그룹의 분류학적 기능적인 형태를 이해하는 데 중요하다. 안선(顔線, facial suture)은 네 개의 유형을 가진다(**그림 14.5**). **전볼형안선**(proparian facial suture)은 볼모(genal angle)의 앞에서 뒤쪽으로 선이 뻗어 두부의 옆 가장자리와 만난다. **후볼형안선**(opisthoparian facial suture)은 안선이 볼모(genal angle)의 뒤에서 두부의 후면으로 자른다. 그리고 **슬부형안선**(gonatoparian facial suture)은 볼모를 이등분하며 측선(lateral suture)은 두부의 변을 따라간다. 드물게는 **메타파리안안선**(metaparian facial suture)은 안선이 후변(posterior

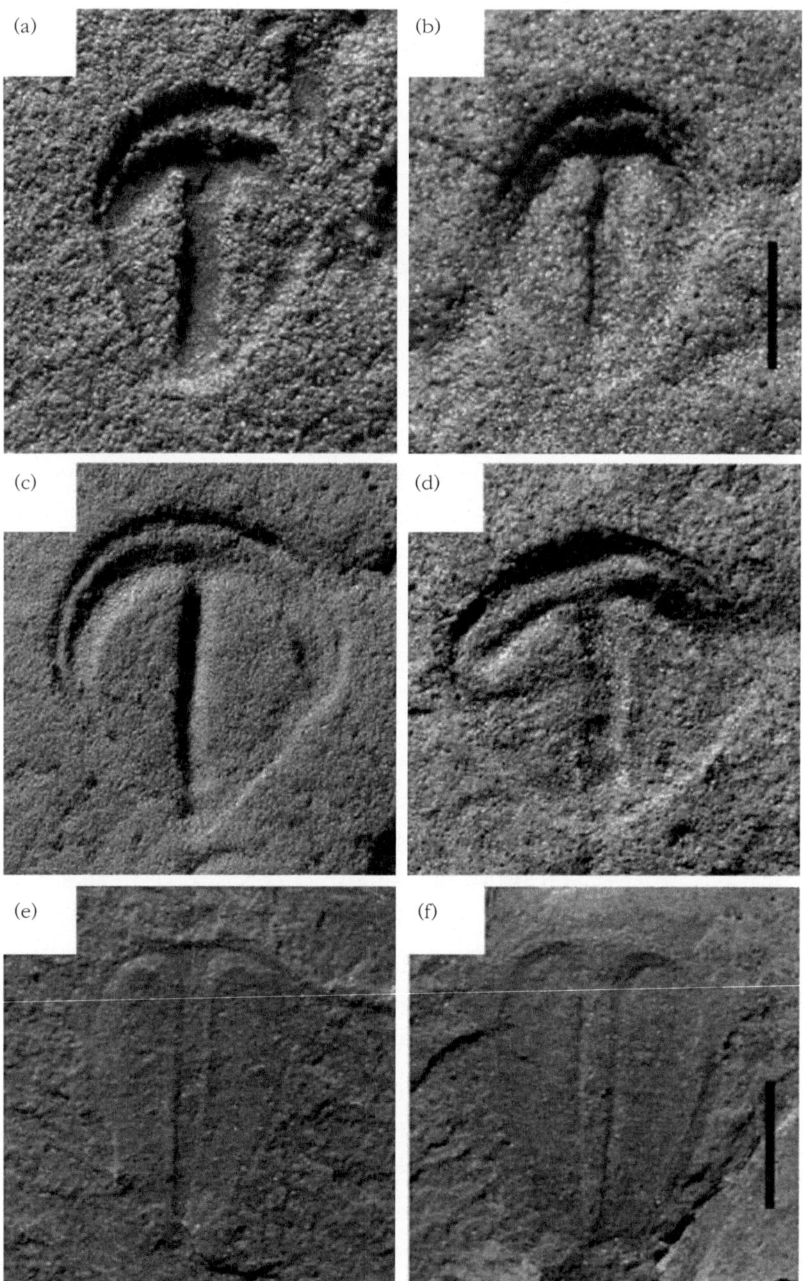

그림 14.2 (a~d) 남부 오스트레일리아의 Flinders Rangs의 에디아카라 생물군에서 나온 *Parvancoria*, (e, f) 남부 중국의 구이저우 지방의 중기 캄브리아기에서 나온 *Skania*. 크기: (a) 3.5mm, (b) 4mm, (c, d) 10mm, (e, f) 2mm, [Jih–Pai (Alex) Lin 제공.]

margin)에 있는 볼모 가까이로부터 뻗어 가며, 동일 변을 따라가다 눈 주위에서 끝난다. 복부 표면(ventral surface) 상에, 두부의 저변에 있는 세 개의 판은 입을 포함하고 있는 앞쪽의 연체 부분과 연관이 된다. **하포스톰**(hypostome)은 부리 모양의 **돌기판**(rostral plate)의 후면에 위치하며, 다양한 모양과 다양한 크기는 그룹을 분류하는 데 이용된다.

작은 메타스토마(metastoma)는 단지 소수의 종에서 알려졌으며, 이것은 입의 뒤쪽에 뚜렷하게 나타난다. 등쪽의 변두리[배변(背邊), dorsal margin]는 복부테두리(ventral flange)나 **도블러**(doublure)에 의해 보호된다.

예외적으로, 아그노스티드(agnostids)와 에오디스시드(eodiscids)는 흉부에 있는 체절(segments)이 각각 2마디, 그리고 2~3마디를 가진다. 삼엽충은 약 40개의 체절까지 가지는 다체절(polymeric)이며, 삼엽충의 미부는 한 개의 체절에서 30개의 융합된 체절이 하나의 판을 이룬다. 대부분 캄브리아기의 삼엽충은 미부가 작은 마이크로피고스형 미부(micropygous pygidia)를 가진다. 캄브리아기 이후로 오면서 두부에 비해 미부의 크기가 현저히 작은 미부를 가지는 마이크로피지(micropyge)나 미부가 두부보다 크기가 더 큰 매크로피고스(macropygous pygidia)와 같은 헤테로피고스(heteropygous pygidia)형 미부를 가진다. 두부와 미부의 크기가 거의 같은 미부를 아이소피지(isopyge)라고 한다.

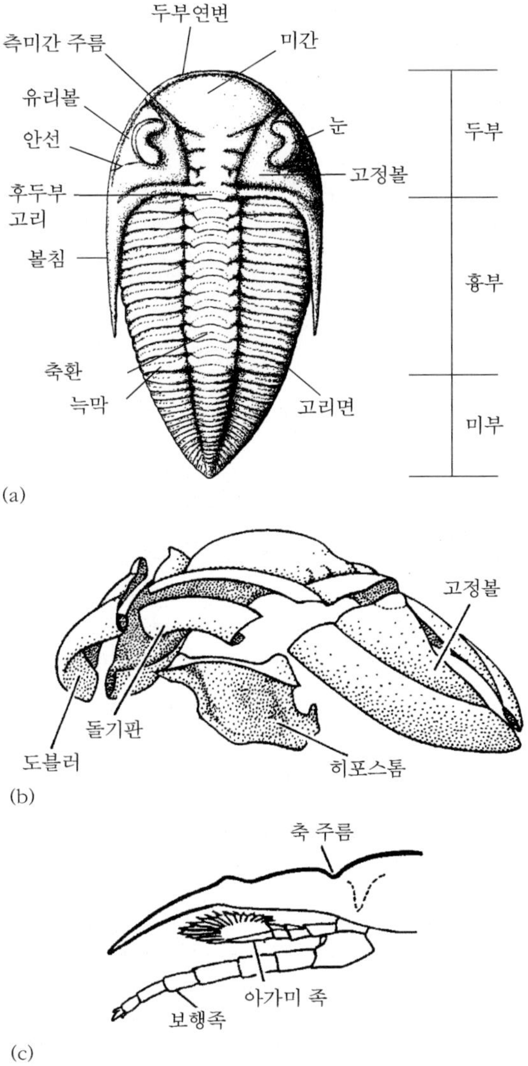

그림 14.3 삼엽충의 형태: (a) 오르도비스기 삼엽충의 외부 형태 *Hemiarges*, (b) 실루리아기 삼엽충 *Calymene*의 외골격을 자세하게 본 일반적인 앞쪽 면, (c) 외골격의 체절과 연결된 다리 구조.

모든 절지동물에서처럼 삼엽충은 **탈피**(ecdysis) 혹은 허물을 벗음으로써 성장한다(**그림 14.6**). 개체발생(ontogeny)은 오래된 외골격이나 허물을 주기적으로 버리는 것을 포함한다. 최초로 허물을 벗는 단계(molt stage)는 성체가 허물을 벗는 것과는 다르다. 부유성(浮遊性)으로 자유롭게 수영하여 이동하는 **파시러스**(phaselus) 유충 단계를 지난 후의 단계인 **프로타스피스 단계**(protaspis stage)는 앞으로 미간으로 형성될 하나의 체절로 구별

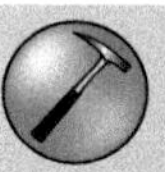

글상자 14.3 삼엽충의 눈: 교정렌즈로부터 양산까지

삼엽충은 가장 오래된 것으로 알려진 시각기관(visual system)를 가지고 있다. 고생물학자들은 고대의 렌즈를 통해서 세상을 볼 수 있고, 삼엽충으로 세상을 봐라! 삼엽충의 눈은 **복안(겹눈)**이며, 많은 렌즈로 구성되어 있다. 이것은 갑각류와 곤충류의 눈과 같다. 클락슨(Euan Clarkson)의 연구(1979)는 삼엽충에서 발견된 렌즈의 배열에 두 개의 중요한 형태의 기능을 강조했다(그림 14.4). 삼엽충의 눈은 표면에 수직인 C-축(주 광물축)을 갖는 방해석의 많은 렌즈들로 구성되어 있다. 이보다 더 원시적이고, 널리 퍼진 홀로크로알 눈(holochroal eye)은 많은 빽빽한 렌즈로 되어 있으며, 이 렌즈들은 거의 모두가 동일한 크기로 하나의 막으로 쌓여 있다. 더 진화하고 복잡한 쉬조크로알 눈(schizochroal eye)은 현대의 아날로그 형으로 되어 있지 않으며, 더 크고 그리고 줄로 혹은 파일 안에 배열된 불규칙적인 렌즈들을 가진다. 이러한 체계가 세부적으로 어떻게 작용하는지는 확실하게 알 수 없다. 추측하건대, 이러한 구조는 홀로크로알 기관(holochroal system)의 눈보다 더 좋은 영상을 제공했을 것이다. 더욱이 성숙한 **홀로크로알**(holochroal) 기관과 **쉬조크로알**(schizochroal) 기관의 양 배열은 미성숙한 조건의 쉬조크로알에서 뚜렷하게 발전했을 것이다. 세계에서 가장 오래된 시각기관을 가진 캄브리아기의 eodiscid *Shizhudiscus*와 데본기의 쉬조크로알 기관을 가진 파콥스(*Phacops*)와 같이 아주 서로 다른 그룹에서 홀로크로알 눈의 초창기 성장 단계에서 나타난 배열과 아주 유사하며, 데본기형의 시각 체계는 유형진화(幼形進化, Paedomorphosis)(한 개체가 성체가 되어서도 어린 시기나 심지어 유생 시기의 형태를 계속 유지하고 있는 현상—역자 주)에 의해서 발달했다는 것을 제시하고 있다. 덜 알려진 광학적인 조직인 **아바쏘크로알**(abathochroal)은 짧게 살았던 캄브리아기 그룹인 eodiscids(대부분 눈이 없는)로 한정된다. 다른 시각기관들보다 적은 수가 알려졌으며, 그들의 기원은 불투명하다.

그러한 시각기관들이 밝은 태양빛을 막을 수 있을까? 아마도 막지 못했을 것이다. 그러므로 많은 그룹이 야행성이었음을 제시해 준다. 그러나 모두가 다 그렇지는 않다. 모로코에서 발견된 데본기 phacopid 삼엽충인 *Erbenochile*는 렌즈 기둥의 상부를 덮는 양산 모양을 가지고 있다(Fortey & Chatterton, 2003). 이 동물은 직사광선의 산란 없이도 양산 모양의 구조를 가지고 있기 때문에 먹이를 찾기 위해 해저를 살펴볼 수 있었다.

된 중앙엽(median lobe)을 가진 작은 원판 모양이다. 다음은 **메라스피스**(meraspis) 단계이다. 이 단계는 미부가 두부로부터 분리되며, 분리된 미부는 전면(anterior margin)을 따라서 연속적으로 허물을 벗으면서 다시 흉부 체절을 만든다. **홀라스피스**(holaspis) 단계는 여러 번의 허물 벗는 과정을 통해 종으로서 가져야 할 완전한 흉부의 체절이 완성되는 단계이지만, 홀라스피스 단계에 도달했음에도 약간의 시간이 흐를 때까지 성체에 이루지 않을 수도 있다. 많은 삼엽충이 점유된 동물군에서 외골격 잔유물의 조사는 군집 내에 살아 있는 동물들의 상대적인 수치를 알려 주는 중요한 증거이다. 많은 학자들이 전형적인 군집 내에서 삼엽충 수에 대한 더 많은 사실적 조사를 얻기 위해서 약 6~8까지의 허물의

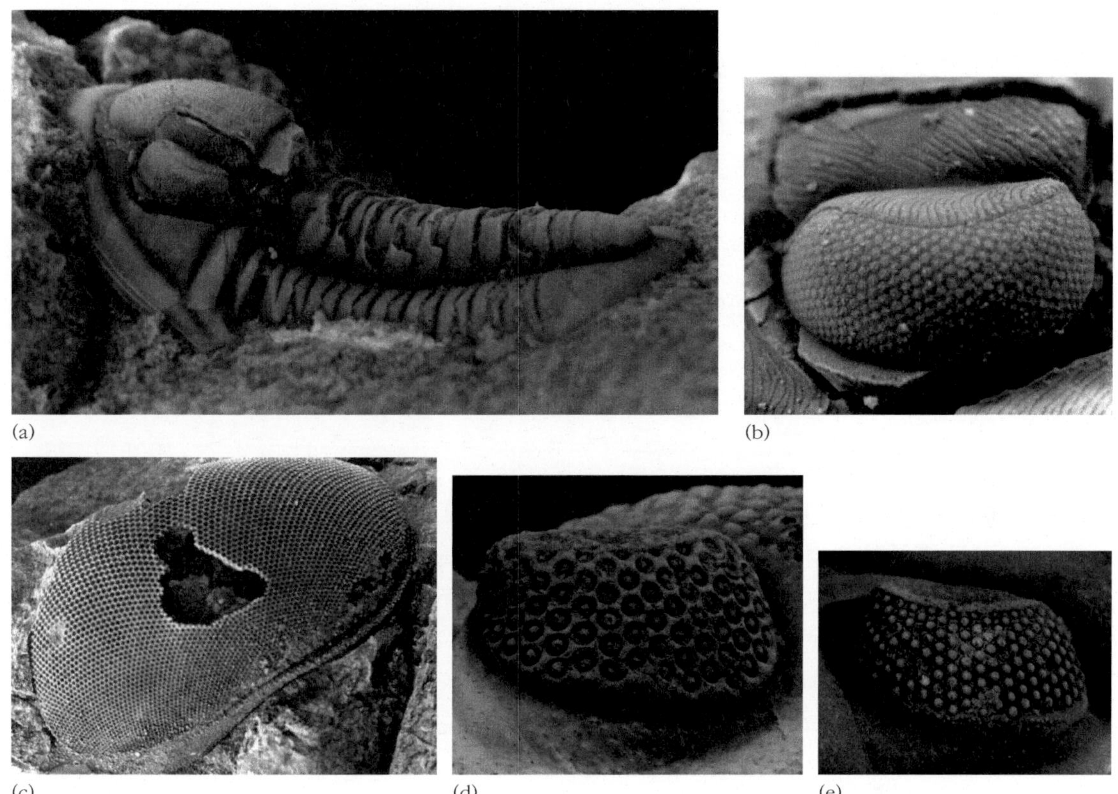

그림 14.4 삼엽충의 시각: (a) 코르너프레데스(*Cornuproetus*)의 완전한 표본의 측면, 실루리아기, 보헤미아, (b) 코르너프레데스의 자세한 겹눈의 사진(×20), (c) 프리사이크로피지(*Pricyclopyge*)의 홀로크로알(holochroal) 겹눈, 오르도비스기, 보헤미안(×6), (d) 파콥스(*Phacops*)의 쉬조크로알(schizochroal) 겹눈, 데본기, 오아이오(×4), (e) 리돕스(Reedops)의 쉬조크로알 겹눈, 데본기, 보헤미안(×5), (Euan Clarkson 제공.)

수로 세분한다.

공격적인 포식자나 열악한 환경 조건을 피하기 위해서 스트레스를 받는 동안, 대부분의 삼엽충은 돌돌 말린 카펫과 같은 형태를 취할 수 있다. 고생대 동안 아사피드(asaphids), 칼리메니드(calymenids), 파코피드(phacopids), 그리고 트리누크리드(trinucleids)와 같은 많은 그룹들이 이러한 행동의 효율성을 높이기 위해 다양한 구조로 진화했다. 캄브리아기의 삼엽충은 몸

그림 14.5 안선(顔線, facial suture): 전볼형(proparian), 슬부형(膝部,무릎, gonatoparian)과 후볼형(opisothoparian)의 흔적. 측면선(latral suture)은 두부의 측면 연부를 따라서 나타난다.

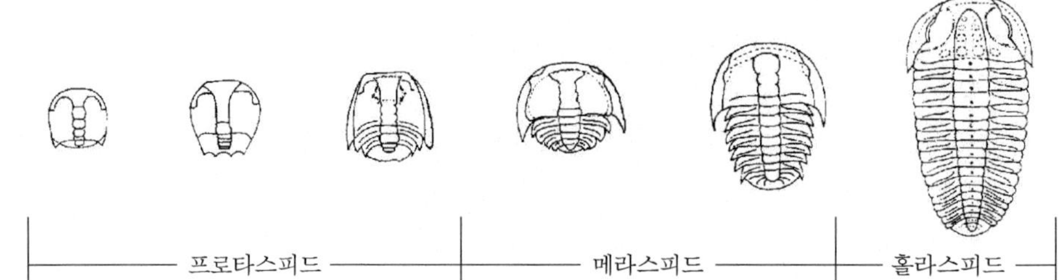

그림 14.6 보헤미안 삼엽충 *Sao hirsuta* Barrande의 탈피 단계. 배율: 프로타스피드(protaspid) 단계(약 ×9), 메라스피드(meraspid) 단계(약 ×7.5) 그리고 홀라스피드(holaspid) 단계(약 ×0.5). [Barrand (1852)에 근거.]

을 웅크리기 위한 능력이 제한될 수 있다. **타원체** 몸체가 구형(ball)으로 변화하기 위해 모든 흉부의 관절이 작용해야 하지만, 비교적 드물게 몸을 **원반형** 형태로 만드는 삼엽충은 단지 흉부와 미부가 두부 위로 감기기만 하면 된다. 캄브리아기 삼엽충에서 기재된 바는 있으나, 진정한 형태의 **접골**(接骨) 구조를 소유하고, 감긴 몸의 모양을 유지하기 위해서 서로 각각 상대하는 외골격 부분이 발달한 삼엽충의 최초 출현은 오르도비스기이다. 예를 들면, 파코피드에서는 주치와 치조(tooth and socket)의 쌍이 두부 도블러(cephalic doublure)와 미부 도블러(pygidium doublure)에 각각 발달해 있다. 이러한 반대적인 역할을 하는 구조는 삼엽충이 완벽한 구형으로 만들기 위한 요소로, 유일하게 보고된 외골격을 가진 것은 삼엽충이다(Bruton & Haas, 2003).

주요 삼엽충 그룹과 생활방식

비록 일부 과학자들은 삼엽충을 두 개의 목인 아그노스티다(Agnostida)목(order)과 폴리메리다(Polymerida)목으로 분리했지만, 최근에는 그들의 계통발생적 단계의 해부학을 특징과 하이포스톰(hypostome)의 형태와 위치를 기초로하여 약 9개의 목으로 분류한다. 가장 원시적인 **컨터민안트**하포스톰(conterminant hypostome)은 미간(眉間, glabella)의 모양과 비슷하며, 도블러의 전판(前板, anterior part)에 부착되어 있다. **나탄트**하포스톰(natant hypostome)은 외골격에 부착되지 않으며, **임펜던트**하포스톰(impendent hypostome)은 도블러에 부착되어 있으나, 그것의 모양은 위의 미간과는 전혀 다르다.

일부 단체는 전형적인 아그노스티드(agnostids)를 삼엽충류(trilobitomorph)로부터 제외시켜, 그들이 갑각류(crustaceans)였다는 강력한 증거를 제시하고 있다. 아그노스티드는 작으며, 항상 두부와 미부의 크기가 거의 같고, 눈이 먼 동물이며, 단 두 개의 흉부체절을 가진다. 그들은 아마도 넓게 확산을 입증할 수 있는 부유생물이다.

레드릭키드(redlichiids)는 전형적인 대서양지역의 유형으로, 여기에는 18~44개의 가시가 나 있는 흉부체절을 가진 *Olenellus*, 전형적인 태평양 지역의 유형인 *Redlichia*, 그리고 중기 캄브리아기의 고위도 지역에서 서식했던 몸체가 크고, 가시(spiny)가 있으며, 미부가 두부보다 작은 마이크로피고스(micropygous)인 *Paradoxdes*가 있다.

코리네소키드(corynexochid) 삼엽충은 혼합 그룹이다. 목(目, order)은 컨터민안트하포스톰(conterminant hypostome)을 가진 *Olenoides*, 크고 매끄러운 형태의 *Bumastus*, 그리고 임펜던트하포스톰(impendent hypostome)을 가진 *Illaenus* 같은 속(屬, genera)을 포함한다.

리키드(lichids)는 컨터민안트하포스톰을 가지며, 가시와 같은 침을 가진 형태의 삼엽충이 주를 이룬다. 리차스(*Lichas*)를 제외하고 목은 *Leonaspis*와 같은 가시 침을 가진 odontopleurids을 포함한다.

파코피드는 쉬조크로알 눈(**글상자 14.3**)을 가지며, 로스트랄 판(rostral plate)이 없고, 전볼형안선(proparian facial suture)을 가진 삼엽충이다. 이는 하부 오르도비스기에서 상부 데본기까지 분포한다. 이 목은 슬부형안선(gonatoparian facial suture)을 가진 *Cheirurus*와 *Calymene*, 긴 볼침(genal spines), 콩팥 모양의 눈, 가시가 많은 흉부체절 그리고 긴 침처럼 뻗은 미부를 가진 *Dalmanites* 등을 포함한다.

티초파리드(ptychopariids)는 나탄트하포스톰(natant hypostome)을 가지며, 약간 세분화된 그룹을 가지고 있다. 예를 들면, 트리아스러스(*Triarthrus*)는 퇴적물을 파기에 적당한 몸의 형태로 변화되었으며, 코노코리피(*Concoryphe*)는 눈이 멀었고, 하르피스(*Harpes*)는 두부의 둘레에 감각 술(sensory fringe)을 가진다.

아사피드(Asaphides)는 컨터민안트하포스톰이나 임펜던트하포스톰을 가지며, 사이클로피제(*Cyclopyge*), 리모플우라이데스(*Remopleurides*)와 같은 부유성 삼엽충과 함께 나타나는 아사퍼스(*Asaphus*)와 세라토피제(*Ceratopyge*)가 아사피드(Asaphides)에 속한다. 그리고 층서학적으로 중요한 온니아(*Onnia*), 크립토리서스(*Cryptolithus*) 그리고 트리타스피스(*Tretaspis*)와 같은 트리누크라이드(trinucleids)을 포함한다.

프로에티드(proetids)는 두부와 미부의 크기가 거의 같은 isopygous형이며, 커다란 호로크로알(holochroal) 겹눈, 볼침(genal spine), 긴 하포스톰(hypostomes) 그리고 커다란 미간(glabella)을 가진다. 이 그룹은 하부 오르도비스기에서 상부 페름기에까지 나타난다. 프래투스(*Proetus*)는 크기가 비교적 크고, 부풀어 오른, 그리고 입자 모양의 작은 알갱이들이 미간에 나 있다. 이것은 오르도비스기에서 데본기까지의 지질시대에 존재한다. 필립시아(Phillipsia)는 목(目) 중에서 가장 젊은 구성 요소 중에 하나이며, 커다란 초승달과 같은 눈, 후볼형 안선, 그리고 작은 아이소피구스(isopygous)형이다.

나라오이드(naraoid)는 나라오이아(*Naraoia*)와 티고필트(*Tegopelte*)를 포함하며, 이들은 자주 삼엽충에 포함되는데, 이들의 껍데기는 딱딱한 석회질이 아니며, 흉부 마디가 없다. 이 그룹은 중부 캄브리아기에 제한적으로 산출된다. 나라오이아(*Naraoia*)는 최초 버제스 셰일에서 새각류(branchiopod)동물의 갑각류로 기재되었으나, 최근에는 연체로 된 삼엽충으로 재분류되었다. 현재 이들은 관련된 많은 종과 함께 캄브리아기의 라거슈테텐에서 산출되는 것으로 알려졌다. 이 그룹은 삼엽충의 아그노스티드(agnostids)와 자매 그룹이며(Edgecombe & Ramsköld, 1999), 이들의 계통발생학적 분석을 통해 계통발생의 위치를 확고하게 하였으며, 삼엽충류(Trilobitomorpha)와 큰 분기군(分岐群, clade)인 아케노몰파(Arachnomorpha)의 기초가 되었다(Cotton & Braddy, 2004).

삼엽충 형태학은 아주 다양하며, 이는 넓은 적응 범위를 나타내고 있다(**그림 14.7**). 대부분의 삼엽충은 거의 저서성이거나 반저서성이며, 고생대 해저 퇴적물 상에 몸을 끌고 간 흔적이나 이동한 자국을 남겼다(19장 참조). 사냥할 수도 있는 파코피드(phacopids)를 제외하고, 삼엽충이 가지고 있는 간단한 구기(口器, mouthpartes, 입 구조의 형태)는 미생물과 퇴적물을 먹었다는 사실을 암시한다.

많은 삼엽충은 가시가 있는 외골격을 만들었는데, 이러한 가시는 그들의 면적에 비해 체중을 줄이고, 삼엽충이 떠다니는 부유생활을 하기에 적합한 역할을 하였으며, 경우에 따라서는 미간(glabella)을 부풀렸다는 사실로도 이를 뒷받침한다. 더욱 최근, 미간(glabella)을 가스로 채운다는 제안은 조금은 공상적으로 보일 수 있다. 그리고 가시침을 가진 형태는 부드러운 니질(泥質) 퇴적층 위에 체중을 분산시키기 위해서 그들의 긴 가시침들(spines)을 사용했을 가능이 있는 것처럼 보인다. 가시침이 아래 방향으로 향한 것은 아마도 퇴적물과 물 사이 위쪽로 흉부와 미부를 잘 유지하도록 하기 위해서 일 것이다. 일부 형태에서는 가시침들은 몸체가 수축할 때 얕은 굴을 파는 데 도움을 준다. 가시침들이 가장 잘 발달한 것은 오돈토프리드(odontopleurids)이다.

사이베로이디스(*Cybeloides*)와 엔크리누리스(*Encrinurus*)와 같은 몇 삼엽충들은 자루 위에 눈(stalks)을 가진 형태로 진화했고, 그 밖에 트리누크레스(*Trinucleus*)와 같은 삼엽충은 눈을 잃었다. 가능한 감각강모(sensory setae, 뻣뻣한 머리카락과 같은 구조)에 도움이 되도록 눈을 잃게 되었다. 이렇게 특수하게 변한 형태들은 필요할 때에 퇴적물 속으로 자신을 감출 수도 있었다. 트리메러스(*Trimerus*)는 퇴적물 사이로 쟁기와 비슷한 역할을 할 수 있도록 삽과 같은 두부와 미부를 가졌다. 반면에 스피츠베르겐, 아일랜드, 그리고 유타지역에서 산출된 사이크로피지드(cyclopygid) 오피우터(*Opipeuter*)속은 활발한 원양성 수영하는 삼엽충이었다. 이 오피우터(*Opipeuter*)는 길쭉하고, 가느다란, 그리고 유연한 외골격과 커다란 눈을 가진 몸체를 가졌으며, 현대의 새우와 같은 절지동물의 갑각류(amphipod, 참엽새우)와 유사한 형태를 가졌고 넓게 분포하였다.

삼엽충은 아주 넓은 수렴 현상을 보인다. 즉, 폭이 넓은 체형들은 다른 혈통 사이에서도 반복적으로 나타나는데, 아마도 이는 같은 생활 전략의 반복성을 반영한다. 포르테(Richard Fortey)와 오웬(Robert Owens)은 일곱 개의 생태학적 형태(ecomorphic) 그룹을 기록했다. 이들은 결절이 있고, 기동성이 있는 파고몰프(phcomorphs, 파콥스류와 같은 형태)에서 매끄럽고 내생생물(뻘 속에 사는)인 일래니몰프(illaenimorphs, Illaenus와 같은 형태에까지 다양한 범주의 형태를 가진다(**그림 14.8**). 이러한 형태는 생활환경의 넓고,

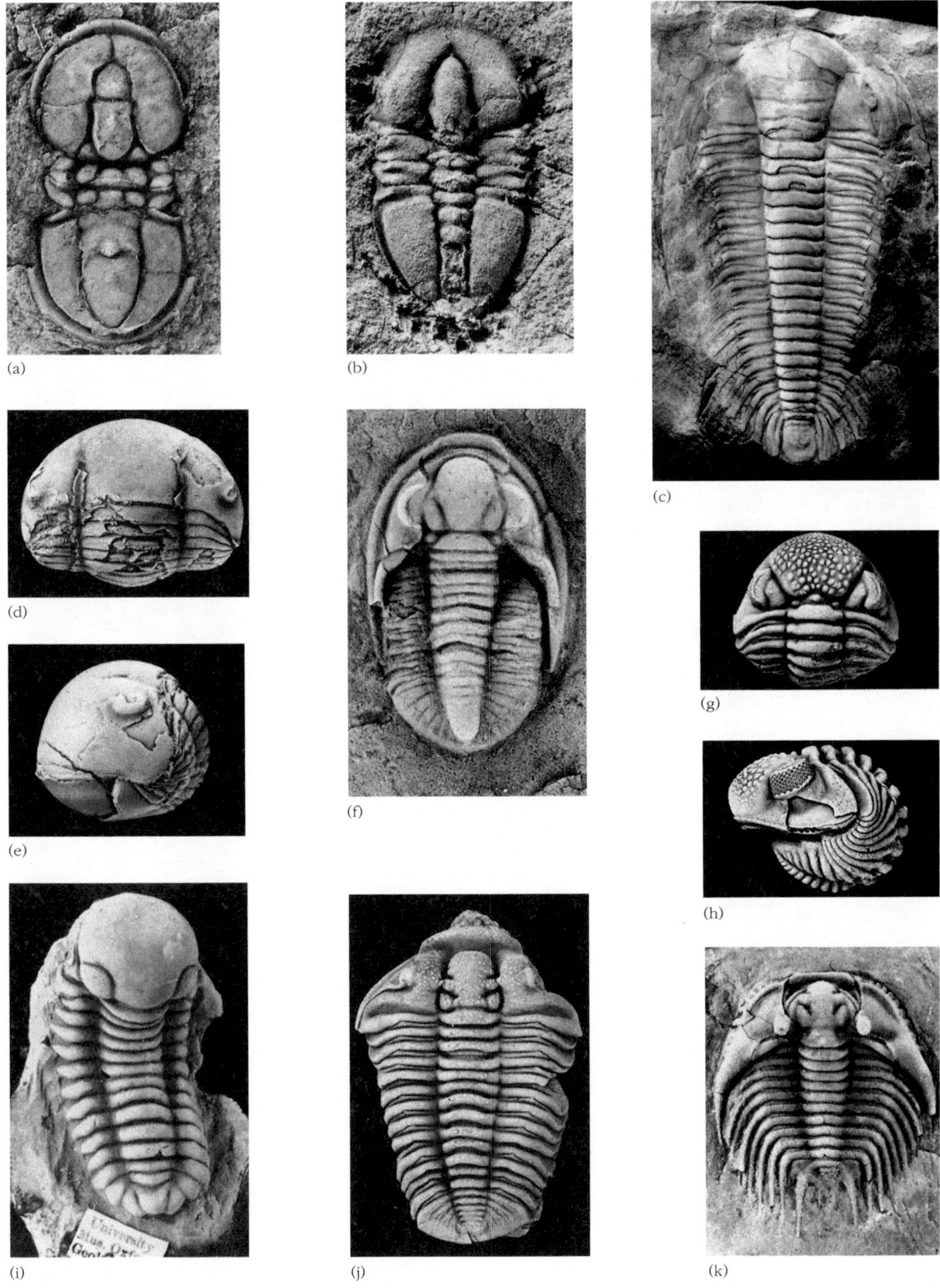

(a) (b) (c) (d) (e) (f) (g) (h) (i) (j) (k)

그림 14.7 일반적인 삼엽충 속: (a) *Agnostus*(×10), (b) *Pagetia*(×5), (c) *Paradoxides*(×0.5), (d, e) *Illaenus*(×1), (f) *warburgella*(×3), (g, h) *Phacops*(×0.75), (i) *Spherexochus*(×0.75), (j) *Calymene*)(×0.75), (k) *Leonaspis*(×2).

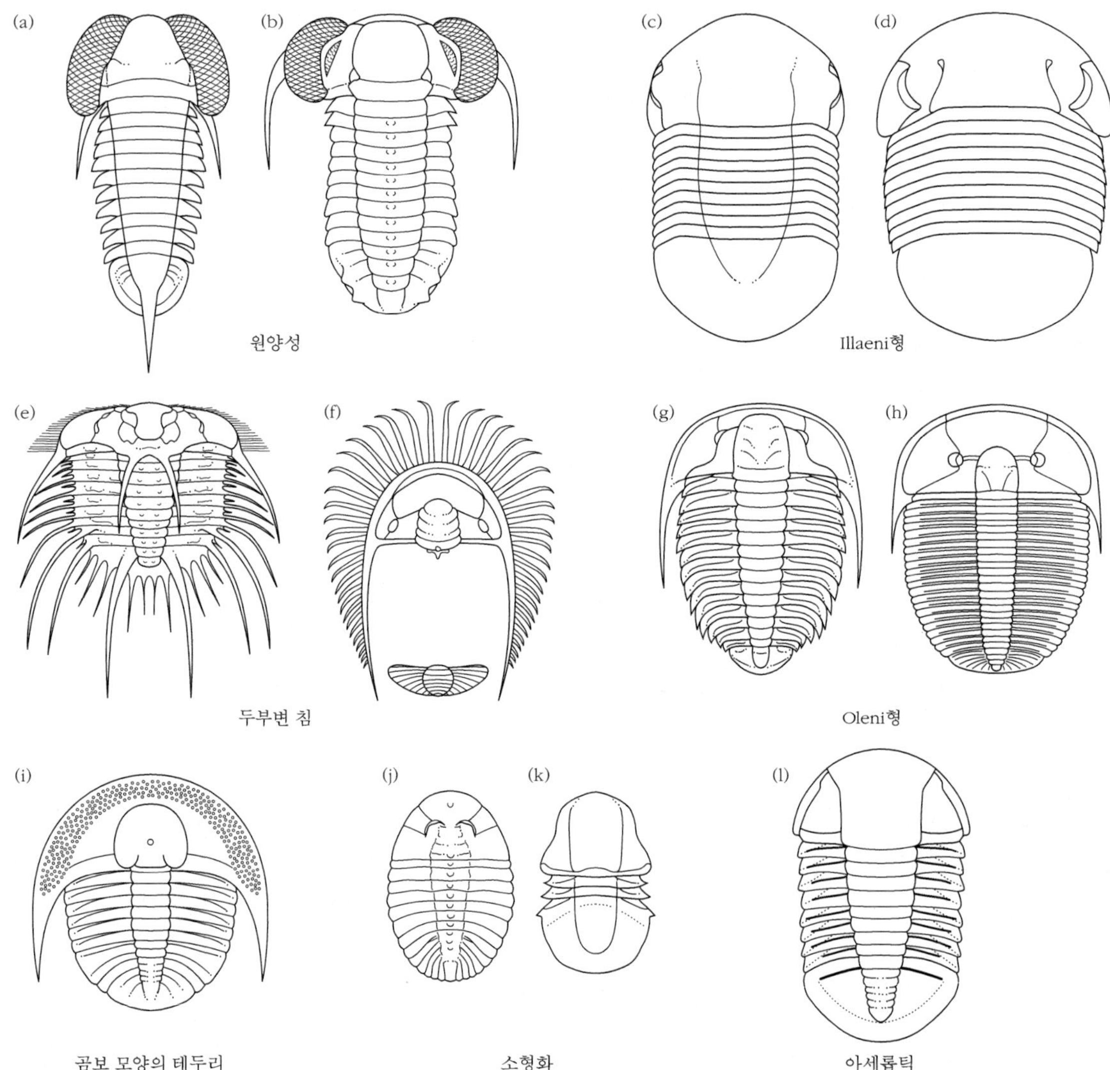

그림 14.8 삼엽충의 환경형태: 원양성(a, b), illaenomorph(c, d), 가장자리의 두부의 골격 침(e, f), olenimorph(g, h), 많은 작은 구멍이 패인(얽은) 가장자리(i), 축소형(j, k) 그리고 atheloptic(브라인드)(l) 형태형(型態型, morphotypes). [Fortey와 Owens(1990)에 근거.]

다양성과 연관이 있다(그림 14.9).

분포와 진화: 시간과 공간에서 삼엽충

삼엽충 동물군은 캄브리아기와 오르도비스기의 많은 고지리 복원에 기초가 되었다. 캄

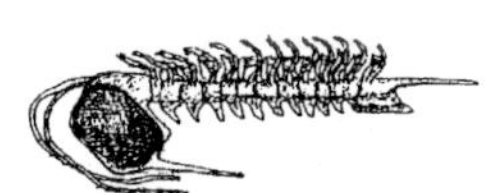

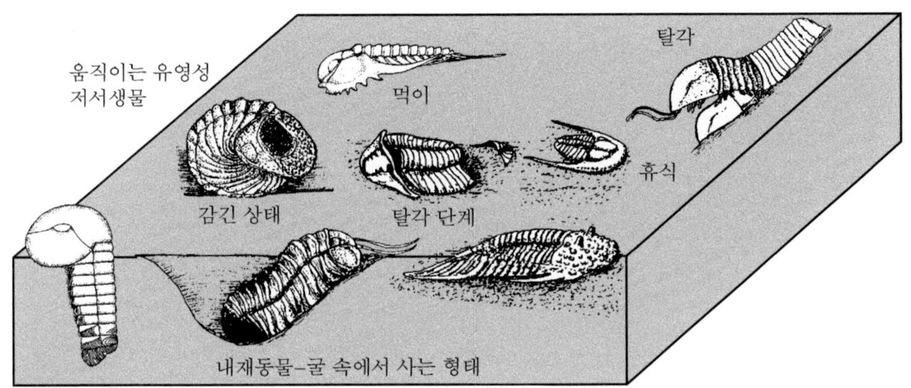

그림 14.9 삼엽충의 생활양식: 다양한 생활 상태를 보이는 하부 고생대 삼엽충의 모자이크

브리아기의 생물지리학적인 특징을 지시해 주는 유형은 복잡하지만 몇 개의 구역(區域, province)들을 밝혔다. 가령 고위도 대서양구(區)인 redlichiids(區)와 저위도 태평양구인 olenellids구와 같은 생물구를 알아냈다. 1970년대 초기의 오르도비스기 삼엽충에 대한 통계학적 분석을 통하여 저위도 베시어리드(barhyurid)구(=Laurentia), 고위도 중간에 아사피드(asaphid)(Baltica) 그리고 고위도 세레노펠티스(Selenopeltis)(=Gondwana)를 설정하였다. 많은 수정에도 불구하고, 이러한 기초적인 패턴은 일반적으로 인정되고 있다(2장 참조).

일부 초기 고생대 삼엽충 집단은 천해를 암시하는 illaenid-cheirurid 조합으로부터 심해를 암시하는 olenid 집단에까지 해석된다(**그림 14.10**). 일반적으로 천해성, 순수한 탄산염, illaenid-cheirurid 조합은 오랫동안 존재했다.

추베텔라(Choubertella), 쉬미드타일러스(Schmidtiellus)와 같은 삼엽충은 초기 캄브리아기에 최초 출현해서, 쉬도필립시아(Pseudophillipsia) 같은 마지막 속(屬)이 사라진 페름기 말까지 존재하였다(**그림 14.11**). 3억 5,000만 년의 역사 동안 기초적인 몸체의 형태는 근본적으로 변화되지 않았으나, 많은 진화를 통해 풍부하고, 다양한 삼엽충을 만들었다. 놀라운 것은 아니지만 삼엽충류는 진화적 자료로서 중요한 근원이 되었고, 기능적인 형태학에 관한 많은 연구가 있었다(Bruton & Haas, 2003).

삼엽충은 대진화작용(macroevolution)의 연구에 결정적인 증거를 제공했다. 특히 단속평형설(punctuated equilibrium, 진화는 갑자기 시작되며, 일단 종이 형성되면 오랜 기간

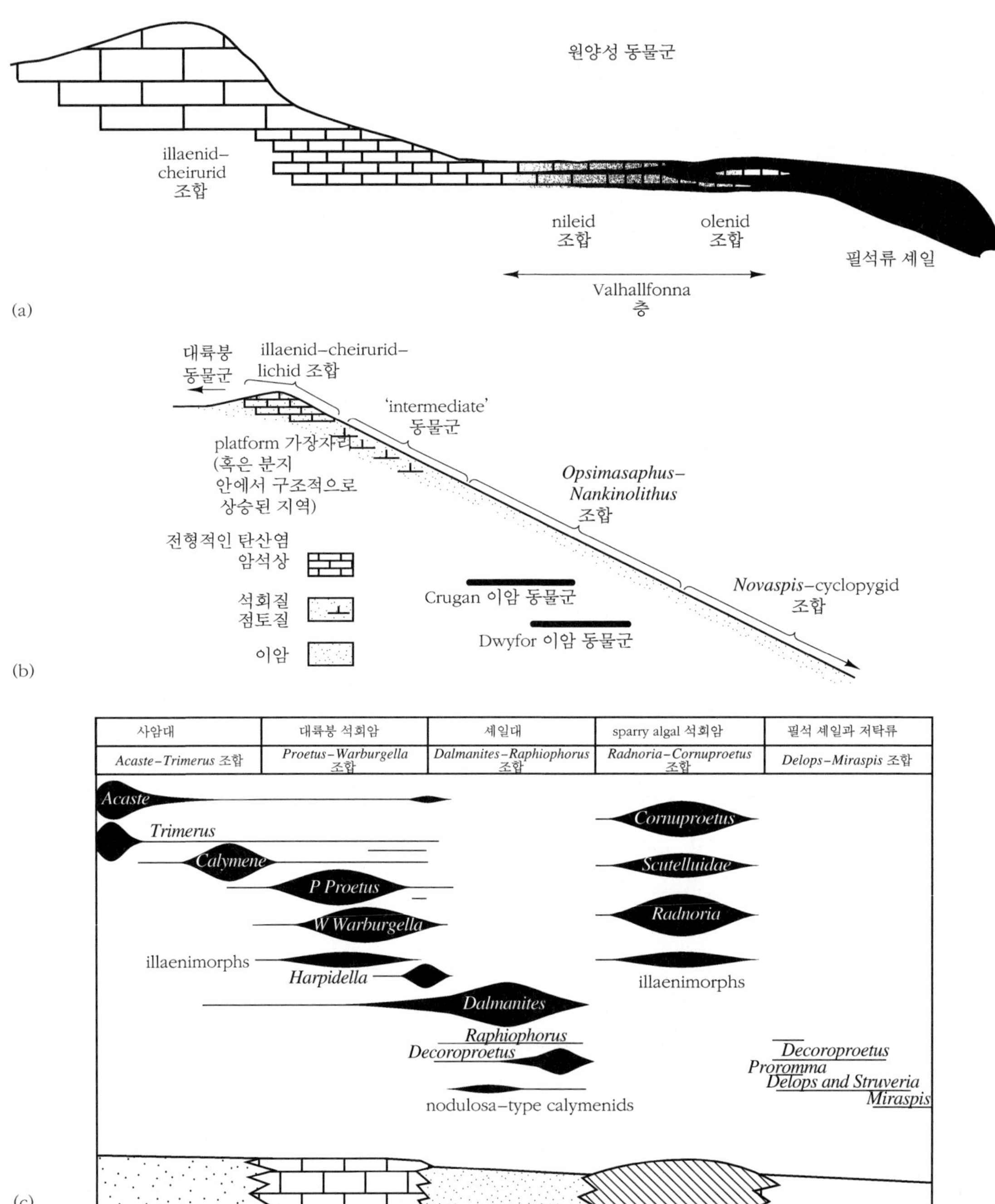

그림 14.10 삼엽충 집단: 수심과 퇴적상에 연관된 (a) 초기 오르도비스기(Arenig), (b) 후기 오르도비스기(Ashgill), (c) 중기 실루리아기(Wenlock) 삼엽충의 개요. [(a)는 Fortey, R. A. 1975. *Fossils and Strata*, **4**; (b)는 Price, D. 1979. *Geol. J.*, **16**; (c)는 Thomas, A. T. 1979, *Spec. Publ. Geol. Soc. Lond.*, **8**로부터.]

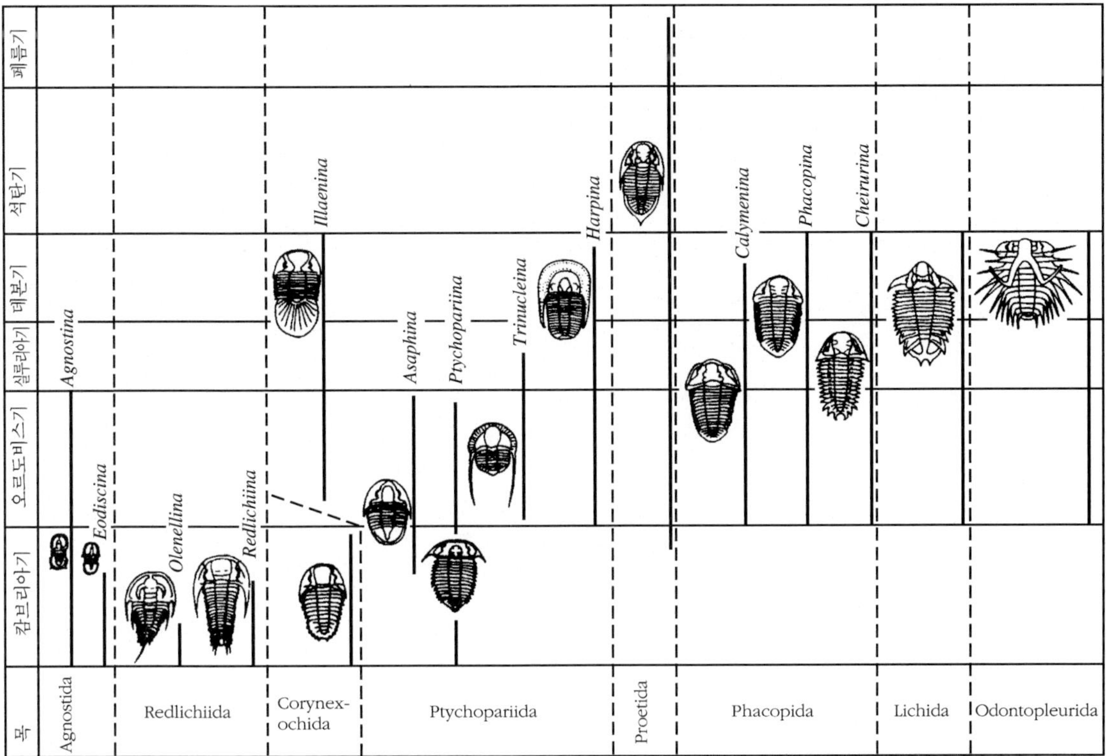

그림 14.11 주요 삼엽충 그룹들의 층서분포. [Clarkson(1998)로부터.]

동안 변하지 않다가 갑자기 크게 변한다는 설)과 계통발생의 점진주의(gradualism, 종은 작은 변화들의 축척을 통해 오랜 세월을 거쳐 변한다는 다윈의 가설) 논란에 대한 증거를 제공했다(5장 참조). 삼엽충의 외형은 통계학적으로 쉽게 측정되고, 분석될 수 있는 다양한 형태를 가진다(**글상자 14.4**).

데본기 삼엽충인 파콥스 라나(Phacops rana)의 눈의 많은 렌즈 파일에 관련된 엘드리지(Nile Eldredge)와 굴드(Stephen Jay Gould)의 연구들은 단속 평형설 모델의 기초를 만들었다. 반면에 셸던(Peter Sheldon)은 중기 오르도비스기의 15,000 이상의 삼엽충 표본 조사를 통해서 삼엽충이 적당한 환경으로 느리게 움직임을 조정하는 미부늑골(pygidial ribs)수의 점진적인 변화를 밝혔다. 클락슨(Euan Clarkson)은 스웨덴의 에럼 셰일(Alum shale)에서 나온 상부 캄브리아기 삼엽충인 오레니드(olenid)의 미진화적(microevoltionary) 변화에 관한 연구를 통하여 점진적 변화와 유사한 증거를 제시했다(**그림 14.13**). 삼엽충에서 대진화적인(macroevolutionary) 변화는 서로 다른 시대(heterochrony)에서 나타난다. 눈(目)과 같이 특수한 기관으로 활용되는 동물의 개체발생이 일어나는 동안 유형진화(pedomorphosis)는 새로운 종(種) 그리고 새로운 생물학적 구조를

글상자 14.4 랜드마크(표지점): 실루리아기 삼엽충 *Aulacopleura*

이름이 제시하는 것처럼 표지물(landmarks)은 인식이 가능한 지리적 특징이다. 이러한 특징은 화석 유기물을 이용해 정의할 수 있고, 그리고 그들은 기하학적인 형태로 나타낸다. 이러한 통계적인 기술의 목표는 각각 서로 다른 모양들이 어떻게 다른가를 정확히 정의하는 데 있으며, 표지물은 비교의 고정된 점들이다. 각 표지물은 좌표와 두 지점 간의 거리로 나타낼 수 있으며, 디지털 사진으로 기록될 수 있다. 또한 컴퓨터의 스프레드시트 프로그램으로 저장할 수도 있다. 예를 들면, 22개의 표지물은 보헤미아지역의 실루리아기의 암석에서 산출된 잘 보존된 *Aulacoleura*의 외골격을 다양한 모양으로 정리하는 데 필요하다(그림 14.12). 이들 데이터는 다양한 방법으로 사용할 수 있다. 예를 들면, 이들은 삼엽충이 실제로 어떻게 성장했는지를 쉽게 비교해 볼 수 있다. 가장 실질적인 성장은 계통발생이 일어나는 동안 흉부부분에서 발생한다. 일부 연구에서, 양적인 언어로 이것을 번역해 주는 것이 필요하며, 이는 표지물분석이 열쇠이다.

커다란 데이터 세트는 http;//www.blackwellpublishing.com/paleobiology/에서 이용할 수 있다. 이러한 데이터들은 중요한 요소분석과 같은 계량형태학적 기술을 사용하는 분석이 될 수도 있고, 조작될 수도 있다(Hammer & Harper, 2005).

만들어 냈다.

삼엽충은 많은 진화적인 경향을 가진다. 예를 들면 방어적인 방법으로 몸을 둥글게 감아올리는 삼엽충은 시간이 지나면서 더욱 진화한다. 즉, 외골격 주위에 있는 가시(spine) 돌기와 치아는 몸체가 더욱 잘 맞고, 잠그기에 적합하도록 되었다. 초기의 삼엽충은 대충 공처럼 감겨 올리지만 끈질긴 포식자에 의해서 포획될 수 있다. 그러나 환경에 적응하여 단단하게 감긴 삼엽충은 포식자가 몸체를 파괴할 수 없었다. 부리 모양의 돌기판의 크기가 작아졌고, 일부 그룹에서는 가시침의 증가, 마이크로피지(micropygy, 미부가 두부의 크기보다 작은)에서 이소피지(isopygy, 두부와 미부의 크기가 거의 같음)로 변화하는 경향을 가진다. 초기 오르도비스기 동안에 파코피드(phacopids)에서 유형진화로서 쉬조크로알 시각계의 진화가 나타났다.

삼엽충의 기형과 상처

삼엽충은 기형과 상처에 관한 많은 기록이 남아 있다. 일부 증거는 그들이 허물을 벗는 동안에 기형과 상처가 나타난다든가, 포식자에 의해 공격당한 흔적으로 남는다(그림 14.14). 여기에는 세 가지의 변이 유형이 있다(Owen 1985).

1. 탈피하는 동안 부상으로 인한 형태.
2. 기생충이나 질병의 감염으로 인한 병리학적인 형태

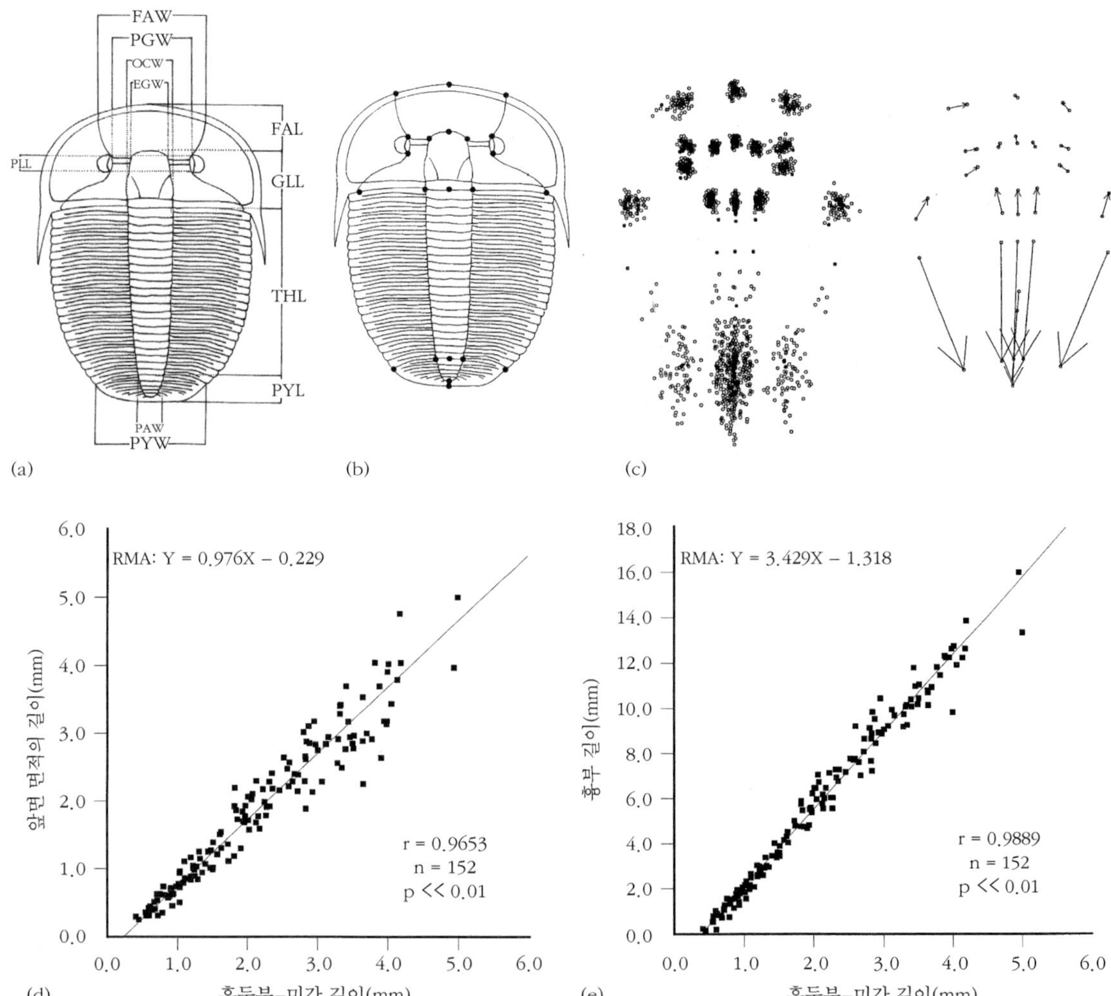

그림 14.12 *Aulacopleura*의 랜드마크(Landmark) 분석. (a) 측정, (b) landmarks, (c) 랜드마크(landmarks) 점, (d) 후두부(occipital)–미간(glabella) 길이 대비 앞면 면적(frontal area) 길이의 이변량을 좌표로 나타냄, (e) 후두부(occipital)–미간(glabella) 길이 대비 흉부 길이. FAW=앞면 면적(frontal area) 폭; PGW, OCW=후두부 미간의 폭; EGW, FAL=앞면면적(frontal area) 길이; PLL, GLL, THL=흉부 길이; PYL=미부 길이; PAW, PYW=미부폭; RMA=환산한 주요 축선.(Nigel Hughes 제공.)

3. 발생학적 혹은 유전적 기능부전으로 나타나는 기형학적 형태

게다가 삼엽충의 상처가 자주 비대칭으로 보이는 것은 포식자에 의해 약탈된 징조로 볼 수 있다. 포식자에 의한 상처는 외골격의 왼쪽보다 오른쪽 편에 나타나는 것이 3배에 달한다. 만일 포식자가 오른쪽에서 공격했다면, 아마도 그들의 신경계와 다른 기관들이 한

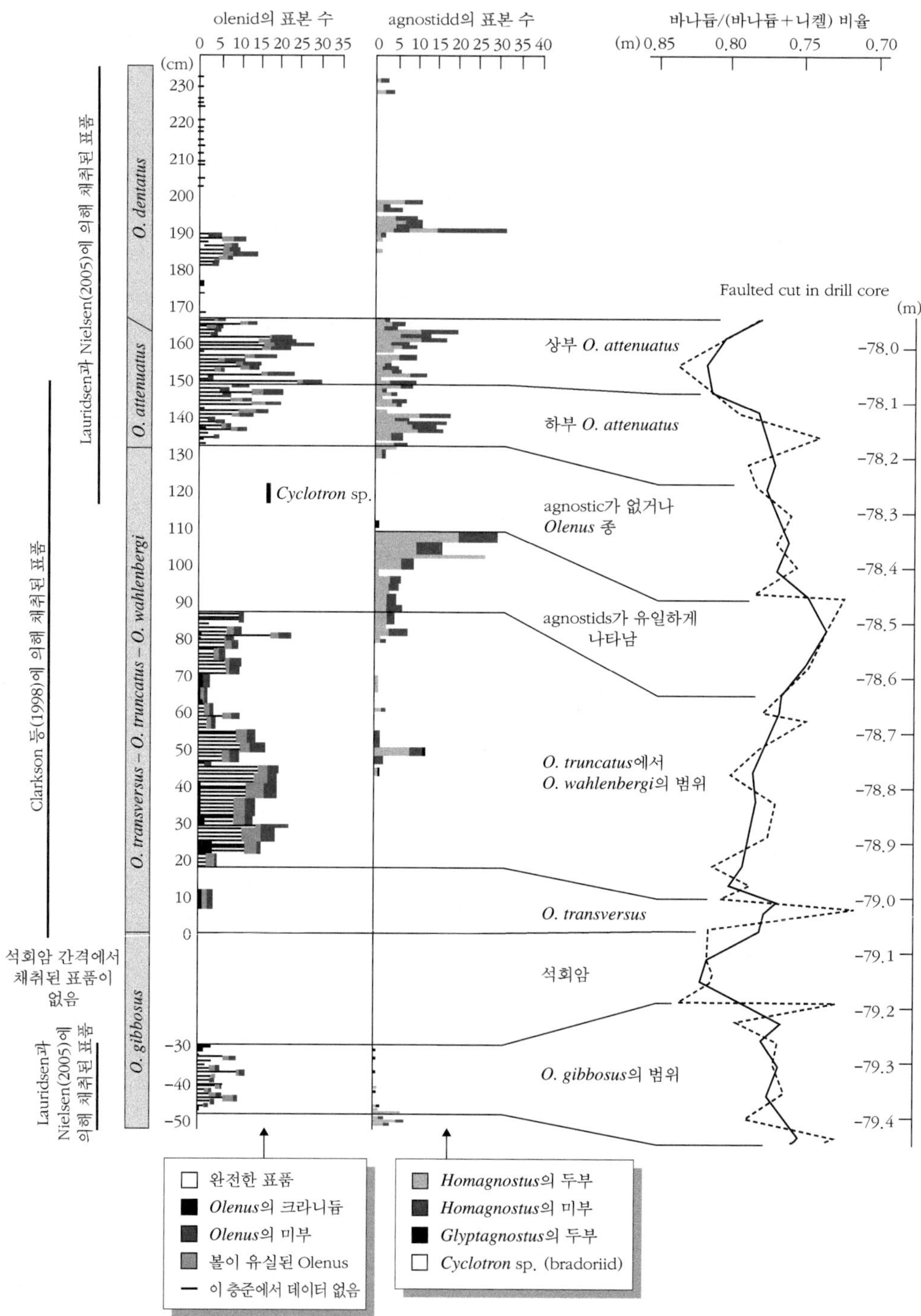

그림 14.13 스웨덴 알럼 셰일(Alum Shale)에 있는 olenids의 소진화(microevolution)와 동물상의 역학. *Olenus* 종들은 단면상의 상부 쪽으로 가면서 점차적으로 진화했다. [Clarkson 등(1998)에 근거.]

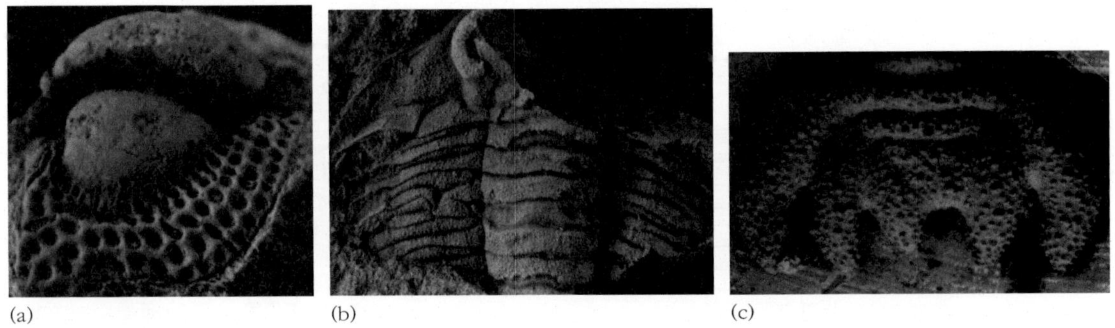

(a) (b) (c)

그림 14.14 병적인 삼엽충들: (a) *Onnia superba*—아랫부분에 있는 변두리는 들쭉날쭉한 자국과 매끄러운 부분, 아마도 탈피하는 동안 손상된 부분이 재생 사진(×4), (b) *Autoloxolichas*—왼쪽편 위에 변형된 체절은 유전적인 혹은 손상이 있은 후 회복에 의한 형태일 수 있다(×3). (c) *Sphaerexochus*—단 두 개의 늑골이 오른편에 나타난다. 이는 아마도 유전적으로 비정상일 수 있다(×25). (Alan Owen 제공.)

쪽으로 이미 치우쳤을 것이다(Babcock, 1993). 아무리 이러한 표품들이 생존자들이라고 해도 포식자가 삼엽충의 왼쪽에서 공격을 했고, 우리는 이러한 희생자들을 결코 볼 수 없다고 주장할 수 있다.

✲ 협각아문

협각동물은 진드기, 전갈, 거미를 포함한 다양하고도 잡다한 그룹이다. 광익류동물(廣翼類, eurypterid)과 전멸한 바다전갈(sea scorpions)과 함께 투구게(horseshoe)과인 *Limulus*는 아문의 멤버들이다. 이들은 여섯 개의 체절(부속지를 가진)을 가진 두흉부(prosoma=head and thorax), 12개의 체절을 가진 복부(opisthosoma, abdomen), 두흉부의 첫 번째의 체절에 부착된 1쌍의 집게발(chelicerae, pincers)을 가진다(**그림 14.15**). 전통적으로 두 개의 협각류의 절지동물 그룹이 있다. (1) 수생 투구게 *Limulus*와 거대 바다전갈 혹은 광익류동물을 포함하는 퇴구류(腿口類, merostomes), (2) 육지에서 서식하는 거미, 육지에서 서식하는 전갈과 같은 주형류(蛛形類)로 구분한다. 그러나 해성 퇴구류와 비해성 주형류로 나누는 아문의 이러한 전통적 구분은 도전에 직면했다. 즉, 중기 캄브리아기의 버제스 셰일에서 산출된 특이한 *Sanctacaris*는 소유 협각동물아문의 무리 안에 속하는 aglaspids 강과 함께 *Emeraldella*와 *Sidneyia*처럼 '대형 부속지'를 가진 절지동물의 협각류의 다른 집단일 수 있다(Cotton & Braddy, 2004).

검미류(劍尾류, Xiphosures) 혹은 투구게는 비교적 크고, 볼록한 두흉부, 대개 길이가 비슷한 10개 미만의 체절을 가진 복부를 가진다. 맨 뒷부분의 꼬리체절(telson) 혹은 꼬리침(tail spine)은 일반적으로 몸체와 꼬리의 길이가 거의 비슷하게 길고, 강한 가시침으로

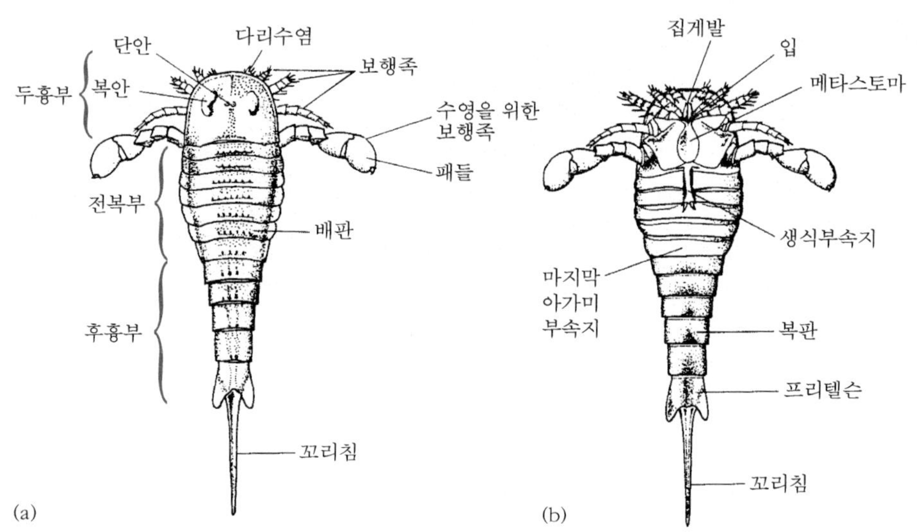

그림 14.15 협각류의 형태: (a) 등쪽의 모식적인 특징, (b) 복부면의 모식적인 특징.[Mckinney (1991)에 근거.]

되어 있다. 그리고 안상돌기(眼狀突起, ophthalmic ridges)와 심엽(心葉, cardiac lobe)이 잘 발달한다. 비록 *Eolimulus* 같은 일부 불가사의한 검미류 종은 하부 캄브리아기에 기재되었지만, 최초 출현은 아마도 초기 오르도비스기이다. 대부분의 그룹에서 크기는 더 커지고, 복부(abdomen)는 더 짧아지는 경향을 보인다. 예를 들면, ***Belinurus***, ***Euproops***와 같은 석탄기의 종은 복부, 잘 발달한 안상돌기, 그리고 심엽을 가진다. 상부 쥐라기의 졸른호펜(Solnhofen) 석회암에서 산출된 ***Mesolimulus***는 살아 있는 종보다 더 작고, 역시 바다에서 서식하였다. 그러나 바바리아(Bavaria)의 석호 진흙에서 그들 부속지의 흔적들이 명확하게 남아 있다.

광익류동물(廣翼類, eurypterid)은 길이가 2m에 가까운 가장 크고 무서운 절지동물이다. 이들은 오르도비스기에서 페름기까지 서식하였다. 이들은 바다로부터 담수에 이르기까지 다양한 환경을 점유했으며, 일부는 수륙양생(amphibious)의 생활을 하였다. 우리들이 알고 있는 광익류동물의 형태에 대한 많은 지식은 1800년대 말 스웨덴의 고생물학자 홈(Gerhard Holm)에 의해서 알려졌다. 그는 사레마 섬에 있는 실루리아기의 돌로마이트에서 산출된 가장 잘 보존된 표품을 기초로 하여 기재하였다. 광익류의 외골격은 길고 비교적 좁다. 두흉부(prosoma)의 모양은 준 직사각형이며, 다양한 부속지들을 가진다. 첫 번째 부속지 쌍은 잡기에 적합한 집게발(chelicerae)이며, 마지막 쌍의 부속지는 수영하기에 적합한 크고, 노(paddle)모양의 부속지로 되어 있으며, 나머지 부속지들은 이동하기에 적합한 구조로 되어 있다. 앞 복부(preabdomen)와 뒤 복부(postabdomen)를 구성한 복부(opisthosoma, abdomen)는 12개의 뚜렷한 체절로 되어 있으며, 꼬리마디(telson)는 긴 침이나 편편한 노처럼 다양한 모양으로 발달했다.

*Baltoeurypterus*와 같이 잡식을 하는 것을 제외하고, 대부분의 광익류동물(廣翼類, eurypterid)은 어류나 다른 절지동물 등을 공격하는 포식자이다. 많은 광익류동물의 집단이 기재된 일반적인 곳은 크기가 크고, 다재다능한 동물들이 점유했던 서식 환경이었음을 암시한다. 앵글로-웰시(Anglo-Welsh) 지역의 실루리아기 암석에 있는 *Pterygotus*와 그 동족들은 정상적인 해양성 동물군인 반면, 유립테루스(Eurypterus)는 해안환경(inshore)에서 서식했다. *Hughmilleria*와 이와 연관 있는 광익류들은 염수에서 담수까지 군집을 이룬다.

광익류동물의 50속 이상이 알려졌다. 이들 그룹은 실루리아기와 데본기 동안에 가장 풍부하나, 단지 2과(科, family), 즉 adeloopthalmids과(科)와 hibbertopterids과만이 페름기까지 생존했다. 이들 그룹이 다양한 형태로 이동했다는 것은 생활 형태가 다양했음을 제시해 준다(그림 14.16).

arachnids는 진드기(mites), 전갈(scorpion), 거미(spiders)(글상자 14.5)를 포함하는 육원성 육식동물의 큰 그룹이다. Arachnids에 속하는 종은 100,000종 이상이며, 전체부(前體部, prosoma)는 한 쌍의 집게발(chelicerae), 한 쌍의 감각기관 내지는 음식을 섭취하는 다리 수염(feeding pedipalps), 네 쌍의 걷는 다리로 구성된 여섯 개의 체절로 되어 있다. 복부(腹部, opisthosoma)는 항상 12개의 체절을 가진다. Arachnids은 서폐(書肺, book lungs, 거미류의 호흡기관) 혹은 호흡관(tracheae) 또는 양쪽의 기관을 통해서 호흡한다.

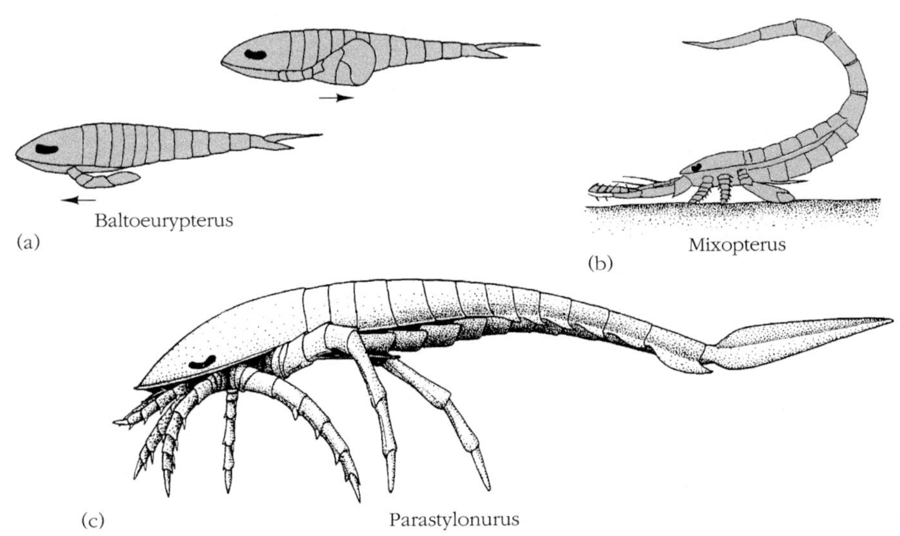

그림 14.16 광익류 동물의 기능적 형태: (a) 수영 생활 형태, (b, c) 보행 생활 형태. [Clarkson (1998)으로부터.]

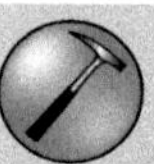

글상자 14.5 화석 거미줄

아름답게 엉클어진 그러나 동물에게는 치명적인 거미줄은 육상 절지동물의 생태계의 완전한 일면이다. 그러나 이러게 된 것이 얼마나 오래되었을까? 그리고 포식자 고유의 형태를 가진 지는 얼마나 오래되었을까? 거미줄에 잡힌 절지동물은 사실 초기 백악기 호박으로부터 나왔다(그림 14.17). 페날베(Enrique Peñalver)와 동료들(2006)은 매복한 후 파리와 개미를 습격하는 끈적거리는 작은 물방울이 있는 주목할 만한 모자이크 모양의 실크 가닥들을 설명했다. 반면에 다른 호박 속에서는 포획된 말벌이 보인다. 거미줄은 유연하며, 곤충들이 빠져나가기에 필적할 만한 것이 없는 풀과 같이 끈적끈적한 물방울로 무장되었다. 스페인과 레바논에서 발견된 하부 백악기 호박 속에 거미줄의 보존은 포식자의 유형이 이미 백악기에 잘 갖추어져 있었다는 것을 의미한다. 후기 중생대 동안 곤충류의 다양성은 거미류에서도 유사한 다양화로 귀결된다. 아마도 공중에 걸린 거미줄과 날개가 있는 곤충류들이 연계되어 있는데, 이는 백악기의 공중에서의 생존경쟁의 증거일 것이다.

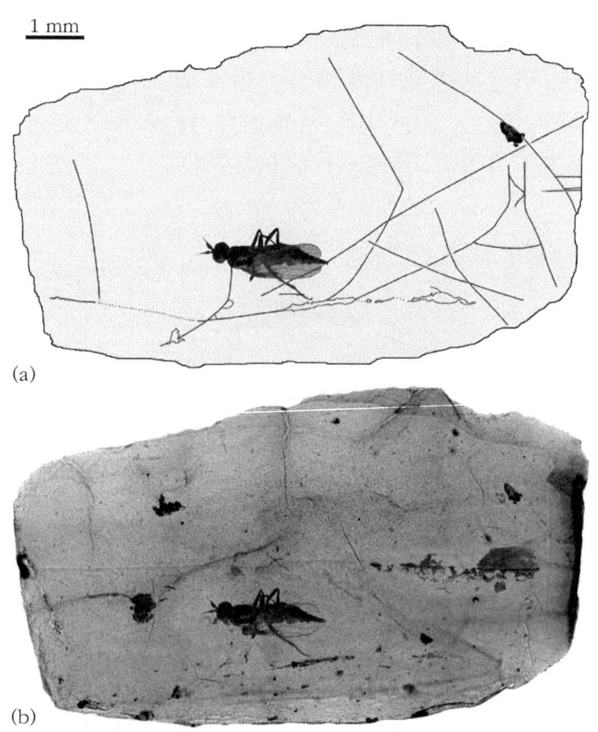

그림 14.17 백악기 거미줄에 포획된 곤충: (a) 복원도 (b) 실제 화석표본. 거미줄 가닥들에 작은 물방울이 함께 복원됨. 파리(중앙 왼쪽)와 개미(오른쪽 상단)는 거미줄 안에 포획되어 있다. (Enrique Peñalver 제공.)

✲ 다지류아문

다지류(多肢類, my riapods)는 노래기(millipedes), 지네류(centipedes), 홈작은지네[결합류(結合類, symphylans)] 그리고 소각류 소각강(少脚類, Pauropods)을 포함하는 다양한 그룹이다. *Kampecaris*와 같은 다지류(多肢類, myriapods)는 여러 종류의 육상에 자국을 남겼던 중기 실루리아기에 최초로 출현하였다(글상자 14.6). 예를 들면 거대한 *Arthropleura*과 같이 가장 큰 유형은 몸의 길이가 거의 2m이며, 무성하게 우거진 녹색 초목의 후기 석탄기 숲을 휘젓고 다녔다.

글상자 14.6 육지로 침입

다지류는 육상을 식민지화한 최초 동물이었다. 윌슨 등(Heather Wilson & Lyall Anderson, 2004)은 스코틀랜드에서 수집한 소수의 실루리아기와 데본기 종을 기재했다(그림 14.18). 중기 실루리아기에서 산출된 가장 오래된 속(屬) 가운데 하나인 *Cowiedesmus*는 스코틀랜드 북동부의 애버딘 지역과 스톤헤이번(Stonehaven) 지역 근처에서 산출된 것으로 하버(Cowie Harbour)에 의해서 명명되었으며, 이는 호흡계를 가졌다는 확실한 증거가 있는 *Pneumodesmus*와 함께 산출되었다. *Cowiedesmus*는 아주 특이하게 생겼으며, 새로운 목(目)인 'Cowiedesmeda'으로 분류하는 데 기초가 되었던 노래기(millipedes)와는 다르다. 이러한 동물들은 절지동물 중 일부가 이미 중기 실루리아기에 육상으로 올라오기 시작되었음을 암시하고 있다. 그리고 노래기는 호흡을 했으며, 스코틀랜드에 있는 칼레도니아 산맥이 탄생하는 새로운 풍경을 보며 가로질러 허둥지둥 육지로 달아났을 것이다. 그러나 여기에 이들보다 더 오래된 생물이 있었던 간접적인 증거가 있다. 영국의 레이크디스트릭트 지방(Johnson et al., 1994)에 중기 오르도비스기 암석을 지나가는 도로에는 절지동물이 지금까지 알려진 것보다 약 5,000만 년 더 이르게 땅 위에 있었음을 시사하고 있다. 반면에 캐나다 남부의 온타리오 지역에 분포하는 캄브리아기의 흔적화석은 캄브리아기보다 거슬러 올라가 육상 위로 절지동물의 생활하였음을 제시한다(MacNaughton et al., 2002). 그리고 수륙영생(amphibious)의 유시카시노이드(euthycarcinoid)가 넓게 출현했음을 제시하고 있다. 이 유시카시노이드는 촉각과 대악을 가지고 있는 불가사의한 절지동물 그룹이다. 이는 다지류와 곤충류의 기원에 가까운 계통발생의 위치에 존재한다.

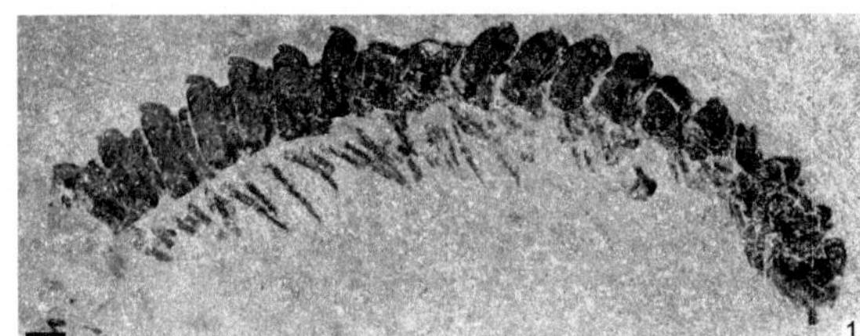

(a)

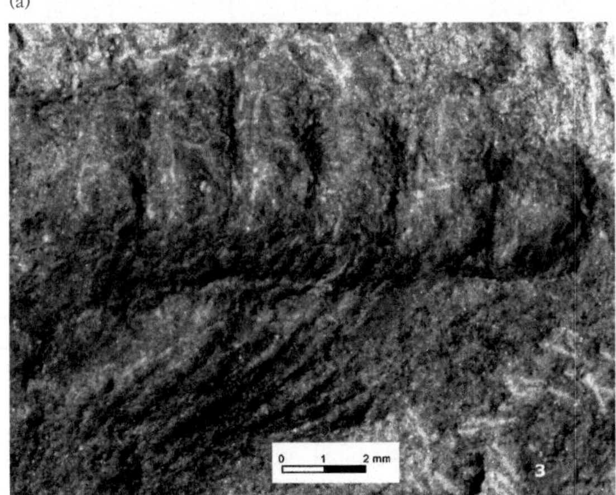

(c)

(b)

그림 14.18 노래기: (a) *Archidesmus*(데본기 하부), (b) *Cowiedesmus*(실루리아기 중기), (c) *Pneumodesmus*(실루리아기 중기), Scotland에서 산출. 크기 자: 2mm. (Lyall Anderson 제공.)

✻ 육각류아문

본래의 곤충류가 속하는 육각류는 날개를 가진 **유시아강**(有翅亞綱, Pterygota)과 날개가 없는 **무시아강**(無翅亞綱, Apterygota)으로 나뉘며, 톡토기(springtails), 잠자리(dragonflies), 바퀴벌레(cockroaches) 그리고 메뚜기(locusts) 등을 포함한다. 이 그룹은 열대지방의 풍부한 동물군을 완전하게 기록될 때 살아 있는 종이 1,000만 종 이상의 많은 종이 될 것이다. 이 아문(亞門)에는 유조동물(有爪動物, onychophoran)을 포함한다. 유조동물문은 유연한 체절을 가진 몸체와 관절이 없는 다리가 성게(seaurchin)의 수관체계로 혈압과 유사한 변화를 일으킴으로써 움직인다. 육각동물은 가지가 없는 혹은 하나의 가지를 가진 부속지, 간단한 내장, 한 쌍의 촉각(觸角, antenna) 그리고 한 쌍의 대악(大顎, mandible)을 가지며, 단단하게 된 머리 캡슐을 가진다. 곤충류는 여섯 개의 다리를 가진다.

가장 오래된 곤충은 아마도 북동 스코틀랜드의 오카디안 분지(Orcadian Basin)의 하부 데본기층인 라이니처트(Rhynie Chert)에서 나온 톡토기인 ***Rhyniella praecursor***이다(그림 14.19). 콘라드 라반데라(Conrad Labandeira, 워싱턴 스미소니언 연구소)와 그의 동료는 곤충류가 생각했던 것보다 더 이른 시기에 다양화하였다는 것을 제시하였다(Labandeira, 2006). 그리고 그 그룹은 아마도 후기 실루리아기 동안에 담수에서 출현했다. 데본기 이전에는 이들 그룹의 화석 기록이 빈곤함을 설명할 수도 있다(Glenner et al.2006). 현재는 초기와 중기 데본기의 동물군이 라이니(Rhynie), 가스페(Gaspė), 퀘벡(Quėbec) 그리고 기보아(Giboa), 뉴욕 주(New York State) 등의 지역에서 잘 보고되었다. 이러한 것들은 육상식물의 다양화와 일치한다. 그리고 후기 석탄기까지 아주 다양한 곤충류들로 진화했다. 가령 잠자리, 하루살이와 같은 동물유형은 강력히 날 수 있었다(글상자 14.7). 페름기 말까지 대부분의 곤충 목(order)이 출현했다. 후기 중생대와 신생대 동안 공동진화 관계는 식물과 곤충 사이에 정립되었다. 특히 현화식물(顯花植物, flowering plants)과 수분(授粉) 매개체곤충(pollinatorsinsect), 그리고 거미와 파리들 사이에 서로의 관계로 공동진화하였다(**글상자 14.6 참조**). 더욱이 마오신(Miocene)까지 털 화석들이 호박 속에 남아 있다. 이는 등에[sandfly, 쌍시류(雙翅類)의 작은 흡혈곤충]와 같은 *Lutzomyia*가 이미 중기 삼기(Mid Tertiary) 시기에 나무 위에(arboreal) 둥지를 틀고 사는 포유류의 피를 먹고 살았음을 암시한다(Peñalver & Grimaldi, 2006).

✻ 갑각아문

이름에서 알 수 있는 것처럼 갑각은 딱딱하고, 두꺼운 외각질의 갑각(carapace)을 가지고 있다. 캄브리아기에 첫 출현한 이 그룹은 수생, 특히 바다에서 서식했으며, 아가미, 대

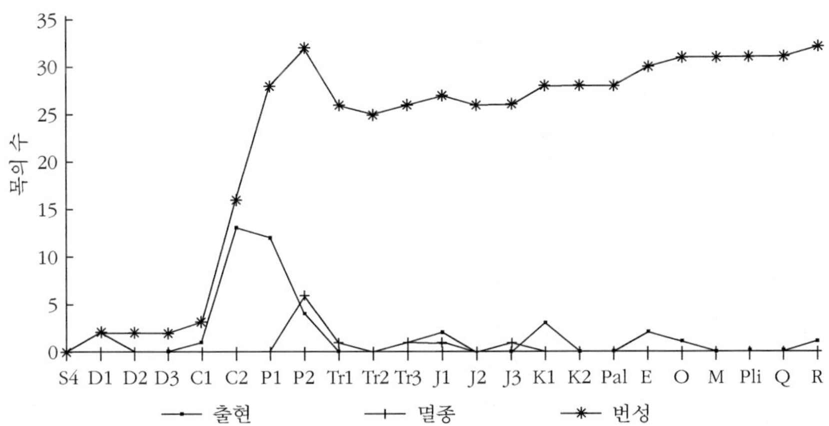

그림 14.19 선택된 곤충목의 범위. 지질시대는 실루리아기(S)로부터 현재(R)까지 표식화함. (Jarzembowski, E.A. & Ross, A.J. 1996. *Geol. Soc. Spec. Publ.*, **102**에 근거.)

악(大顎, mandible), 두 쌍의 촉각(antennae) 그리고 자루겹눈(stalked compound eyes)을 가진다. 강한 등껍질을 가진 게와 바닷가재 등이 이 아문을 대표한다. 그러나 따개비(barnacle)와 개형류(패충류, ostracodes)는 지질학적으로 중요한 기록을 가진 갑각류이다.

갑각아문은 개형류를 제외하고 적어도 8개의 주요 강(class)이 있으며, 개형류는 항상 미생물군(微動物群)으로 생각된다. 갑각아문에서 단지 두 그룹인 만각강[蔓脚亞綱,

글상자 14.7 곤충들이 하늘을 열다

기능적으로 날개를 가진 화석 곤충들은 최초 중기 석탄기 지층에서 보고되었다. 이들 곤충은 엄청났다(그림 14.20). 잠자리인 *Meganeura*은 날개의 길이가 70cm로 믿을 수 없을 만큼 컸다. 강력한 비행기처럼 강한 산소를 필요로 한 활동은 그 당시에 대기권에 산소의 수준이 비정상적으로 높았음을 제시해 준다. 그러나 날아다니는 *Meganeura*는 비행체로서 얼마나 효율성이 있었을까? 우턴(Robin Wootton)과 동료들(1998)은 동물의 큰 날개의 상승운동과 하강운동을 이용한 소위 멋있는 특징을 밝혀냈다. 멋있는 기술공학의 이 형태는 이륙과 착륙하는 동안 항공기의 날개와 같이 날개의 뒷전을 아래로 내려 누르고, 날개를 돌리는 것을 도와준다. 거대한 중기 석탄기의 잠자리는 실제적으로 현대의 형태와 같이 하늘을 맴돌 수 있었던 것 같지는 않다. 그러나 그들은 좋은 제원을 가지고 있다. 이러한 날개를 가진 거대 물체는 이미 포식자의 생활 형태로 발전했으며, 거의 바다갈매기 크기의 잠자리가 석탄기의 우거진 숲 속에서 육상생활에 하나의 가시적인 현상을 만들었을 것이다.

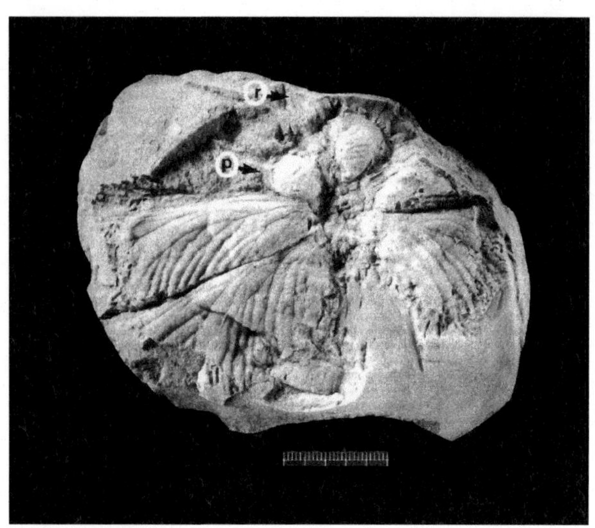

그림 14.20 스코틀랜드 에르(Ayr)에서 산출된 거대 석탄기 때의 잠자리. p=전흉엽, r=주둥이. 크기 자는 mm. (Ed Jarzembowski 제공.)

Cirripedia, 이들은 섭식용 부속지인 만각(蔓脚, cirri)을 가짐]과 연갑강(軟甲綱, Malacostraca, 껍데기가 부드러움)은 중요한 지질학적으로 중요한 기록들을 남긴다.

만각류(cirripedes) 혹은 **따개비**(barnacle)는 껍데기(shell)가 있고, **갓**(capitula)은 몇 개의 판으로 구성되어 있으며, 딱딱한 외층을 덮고 생활한다. 따개비(acornbarnacles)와 조개삿갓(goose-barnacle, 갑각류 · 만각류에 속함)인 두 개의 그룹은 서로 대조적인 생활방식을 가진다. *Balanus*와 같은 따개비(acorn barnacles)는 겹쳐진 몇 개의 골격판으로 된 갓(capitula)을 가지며, 그들은 다른 동물의 껍데기나 암석에 부착되어 서식한다. 이 그룹은 후기 백악기에 초기 따개비로부터 급속하게 그리고 다양하게 번성하여 지구상에 널리 분포하였다. 조개삿갓(goose barnacle)는 위부유성(僞浮游性, pseudoplankton)이며, 떠 있는 표적물에 부착하여 서식하며, 화석 기록은 비교적 적다.

연갑강(Class Malacostracans)은 두 개의 아강(subclass), 즉 엽하아강(葉蝦亞綱, Phyllocarida)과 진연갑아강(subclassEumalacostraca)으로 분류된다. 엽하아강(subclassPhyllocarida)은 이매(二枚)로 된 커다란 껍질(carapace), 일곱 개의 복부체절(abdominalsomites), 그리고 한 쌍의 **퍼르케**(furcae, 포크 비슷한 확장된)를 가진 꼬리마디(telson)를 가지며, 뒤쪽으로 길쭉하다. 버제스 셰일에서 산출된 *Canadaspis*는 최초의 갑각류 중에 하나일 수 있다. 살아 있는 엽하류(葉蝦類, Phyllocarids)는 작은 반면, 고생대 조상들은 더 컸다. 진연갑류(凜軟甲類, Eumalacostraca)는 많지 않은 새각류(branchiopods)와 함께 새우, 바닷가재, 게 등이 속한 십각류(decapods)를 포함한다. 가장 찬란했던 석탄기 진연갑류(凜軟甲類) 중 약간은 클락슨(Euan Clarkson, Edinburgh 대학교)의해 그란톤 슈림(Granton Shimp)층으로부터 기재되었다(**그림 14.21**).

개형충류(Ostracodes)

개형충류는 갑각강의 절지동물이며, 이는 수생 서식 환경에서 넓고, 풍부하게 서식한다. 작은 두 개의 껍질은 배변(背邊), dorsal margin)을 따라 교합(hinge)한다(**그림 14.22a**). 껍질은 표면에 작은 구멍이 송송 나 있으며, 이들이 서로 닫히면 몸 전체를 완전히 덮는다.

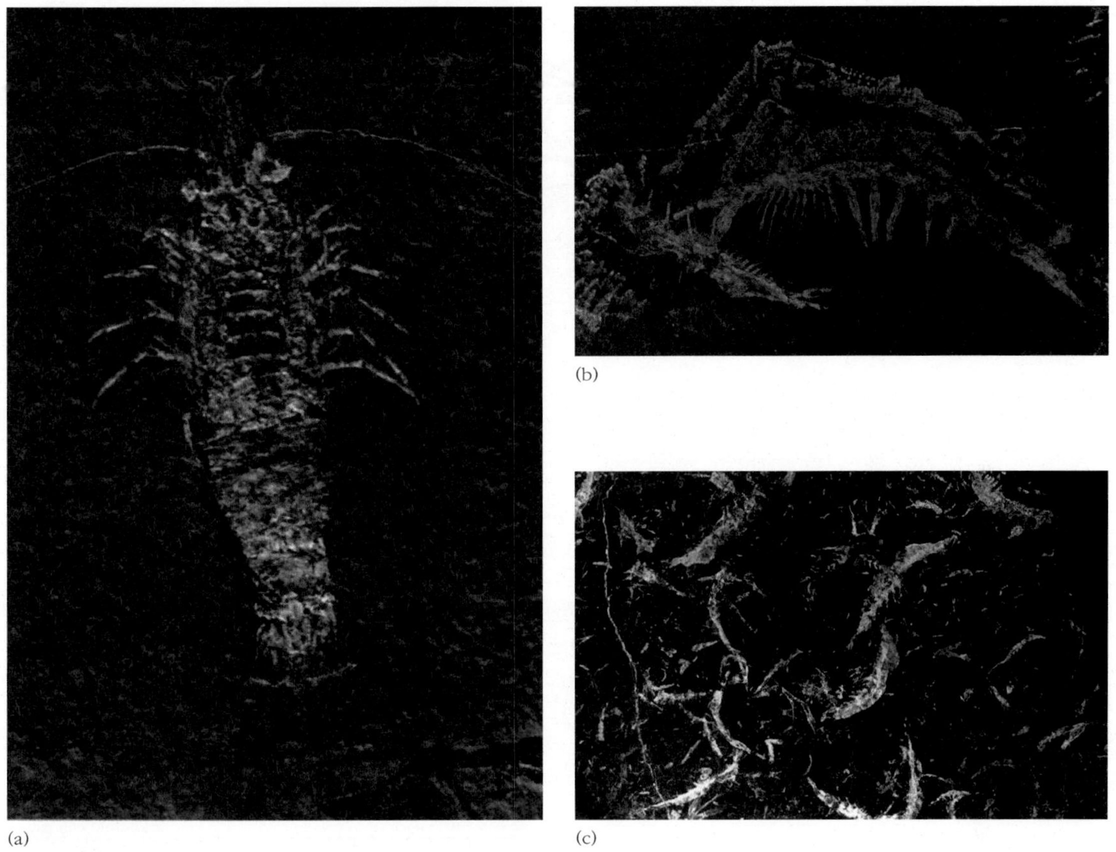

(a) (b) (c)

그림 14.21 석탄기 새우 화석: (a) 스코틀랜드의 에딘버러 인근에 있는 굴란슈림(Gullane Shrimp)층에서 발견된 *Tealliocaris woodwardi*(×4), (b) 에딘버러 인근에 있는 그란톤슈림(Granton Shrimp)층에서 발견된 *Waterstonella grantonensis*(×2), (c) 그란톤슈림층에서 발견된 *Crangopsis socialis*와*Waterstonella grantonensis*(×2). (Euan Clarkson 제공.)

대부분의 개형충은 저서성이고, 수영을 하며, 퇴적물과 물의 접촉부의 유기물질이 풍부한 점토나 실트를 기어서 다니거나 굴을 판다. 가령 myodocopids 와 같은 소수의 종은 부유성(planktonic)이며, 일부의 종은 공생(commensal)이나 기생생활(parasitic)을 한다. 이 동물은 환경 복원에 매우 유용하며, 층서학적 층위를 서로 대비하는 데 유용하게 사용된다.

개형충류는 잘 발달되지 않은 하나의 머리, 흉부, 그리고 복부를 가진 미약한 체절을 가진다. 즉, 동물은 두 개의 껍질 안에 있다. 양쪽의 껍질은 등쪽으로 있는 신축성이 있는 인대(ligament)에 의해 교합한다. 성장은 주기적으로 탈피(ecdysis)나 탈각(molting)을 통해 이루어진다. 각 탈피 단계 후에 껍질은 동물을 감싸는 한 쌍의 키틴질 껍질로 최초에 발

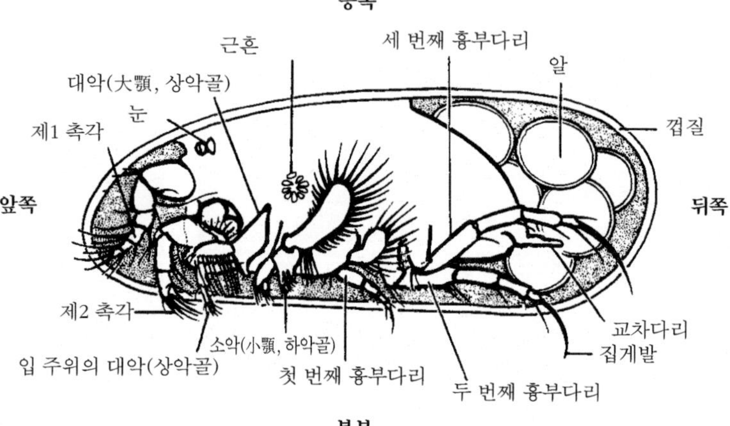

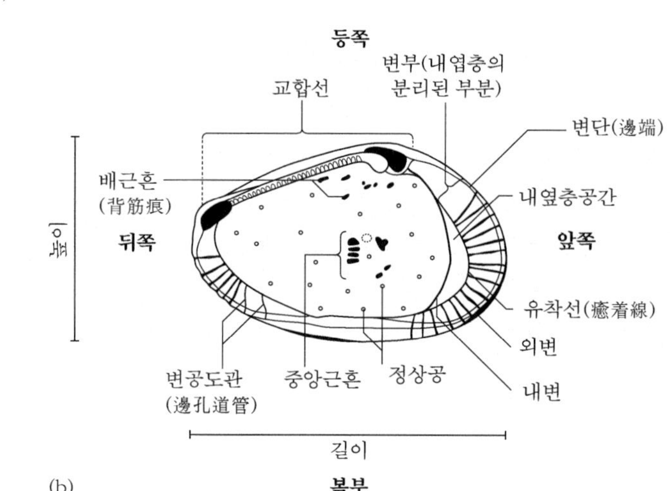

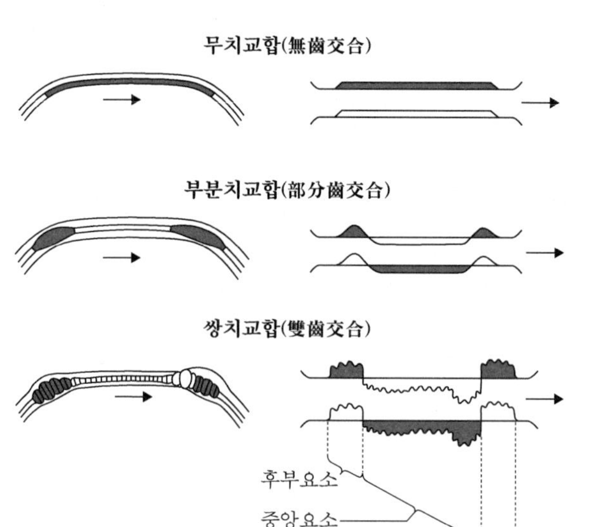

그림 14.22 개형충동물의 기재적 용어(a), 근흔(muscle scar)(b), 교합 구조(c). [Armstrong과 Brasier(2005)에 근거.]

달하지만 대부분의 껍질은 그 후에 석회질이 된다. 즉, 내부의 폐각근(adductor muscles)이 이완할 때 껍질을 멀리 밀어내는 키틴질 인대로 남아 있는 배변(背邊, dorsal margin)을 제외하고, 대부분의 껍질은 석회질로 변한다. 중앙 근육흔적(central muscle scars)은 강(綱, class)(그림 14.22b)의 전역에서 Leperditicopida에서 같이 복잡한 상태의 근육흔적으로부터 Palaeocopida의 멤버에 있는 한 개의 근육흔적에까지 다양하다.

관절 구조는 교합선(hinge line)을 따라 다양하게 발달한다. 교합의 세 개의 중요한 유형이 알려졌다(그림 14.22c). 무치교합(無齒交合, adont hinges)은 치아(이빨)가 없고, 왼쪽 껍데기에 있는 치조(socket)를 단단하게 끼우는 오른쪽 껍데기에 긴 메디안 엘리멘트(median element)가 있다. 부분치교합(部分齒交合, merodont hinges)은 왼쪽 껍데기에 있는 각각의 치조를 단단히 끼우도록 되어 있는 오른쪽 껍데기에 길고 가는 홈이 있는 터미널 엘리먼트(terminal element)가 있다. 쌍치교합(雙齒交合, amphidont)은 오른쪽 껍데기에 잘 발달한 치아를 가진 짧은 터미널 엘리먼트(terminal element)가 있다.

껍질(carapace)은 외면(exterior)과 통하는 강모(setae)를 잡고 있는 도관(cannal)에 의해 구멍이 뚫려 있다. 몸은 껍질(carapace) 안에서 자유롭게 움직일 수 있도록 근육에 의해서 부착되어 있다. 몸에는 7쌍의 부속지가 있으며, 입의 앞쪽으로 3쌍 그리고 뒤쪽으로 4쌍의 부속지가 있다. 부속지는 감각기관으로서 역할, 음식을 포획하고 처리하는 다리 등으로 세분화된다. 더욱 이들 부속지는 껍질 안에서 일반적인 청소, 내부 정리 그리고 몸체의 이동을 가능하게 한다. 동물은 소화계, 신경계, 정교한 생식기(genitalia)가 있다. 즉, 일반적으로 중앙 눈(median eye)은 결절(tubercle)의 뒤쪽에 있다.

성적 동종이형(同種二形, Sexual dimorphism)은 개형충의 껍질에서 일반적으로 그리고 자주 나타난다(그림 14.23). 수컷은 암컷의 길이나 높이에 비해 더 크다. 그 밖에도 몇몇 저서성 고생대 개형충류에서 암컷은 껍질의 벽에 알주머니(brood pouch)를 가진다. 암컷은 헤테로몰프(heteromorph)라고 부르는 반면, 알주머니가 없는 수컷은 텍노몰프(tecnomorphs)라고 한다.

개형충류는 초기 캄브리아기에 첫 출현했다. 아케오코피드(archaeocopids)는 전형적인 개형류와는 매우 다른 독특한 부속지를 가진 큰 별난 종의 그룹이다. 이 그룹은 캄브리아기의 최후기에서 오르도비스기의 최초기에 사라진 아주 짧은 기간 동안만 살았다. 이 그룹의 후기의 역사는 여러 가지의 명확한 경향들을 보인다. 즉, 작은 크기, 간단한 근육계, 보다 짧아진 교합선(hinge line)으로 진화한다. 이러한 변화의 기능적인 의미는 명확하지 않다.

큰 레퍼디티코피다(Leperditicopida)와 팔레오코피다(Palaeocopida)는 오르도비스기에 출현했으며, 데본기에 이르기까지 개형충류의 동물군이 폭넓게 번성했다. 심해 기원 석회암은 작은 침을 가진 myocopids에 의해 부분적으로 특성화되었다. 많은 새로운 그룹은 고생대 말에 출현했다. 예를 들어 이제까지 팔레오코피드(Palaeocopids)와 같은 중요한 그룹은 페름기 동안에 점차 감소한 후 트라아스기에 사라진다. 비록 쥐라기 개형충 집

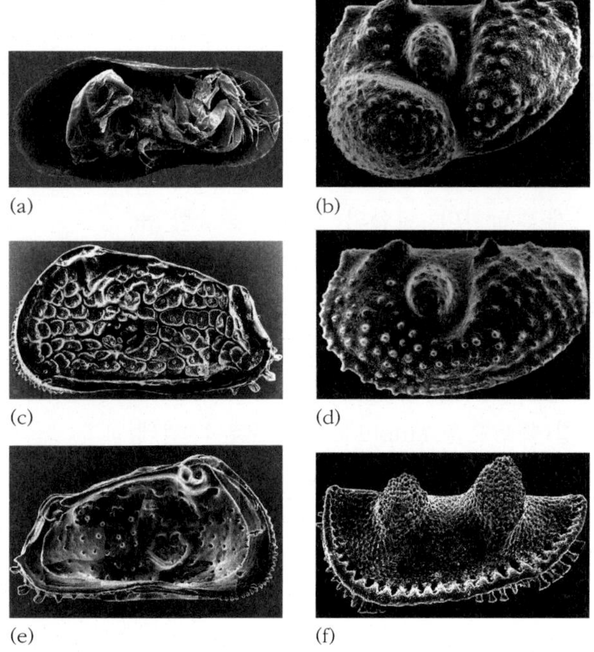

그림 14.23 몇몇 개형충 속(屬): (a), 자세하게 부속지가 보이는 살아 있는 수컷인 *Limnocythene* 왼쪽 각(×30), (b, d) *Beyrichia*(실루리아기)의 암컷과 수컷의 왼쪽 각(×18), (c, e) 생존하는 *Patagonacythene*의 왼쪽 각의 외부와 내부의 관찰(×30), (f) *palaeocopid Kelletina*(석탄기)(×30). (David Siveter의 제공.)

합은 프라티코핀(platycopine)의 다양성은 낮지만, 사프리다시안(cypridaceans)과 사테라시안(cytheraceans)은 쥐라기 동안 끊임없이 퍼졌다. 중생대까지 사프리다시안(cypridaceans)는 호수 환경을 지배했고, 사테라시안(cytheraceans)은 해양 환경에 자리 잡았다.

진정한 개형충류가 고생대에 실제로 존재하지 않았다는 어떠한 의구심도 몇 개의 뚜렷한 연체 부분의 보존과 함께 영국의 헤리퍼드에 분포하는 실루리아기 라거슈테텐에서 산출된 표본을 디지털적 방법으로 재구성함으로써 불식되었다(Silveter et al., 2003). 거대한 수컷의 교미기관(copulatory organ)의 아래쪽에 있는 동물의 형태학적 세부적 사항들이 표품 중 개형충의 정체를 확실하게 한다. 살아 있는 마오도고피드(myodocopids)와 아주 유사하다. 라거슈테텐의 헤리퍼드 생물군은 시대가 지나면서 절지동물의 진화에 관한 뚜렷한 일련의 전형을 제공했다(**글상자 14.8**).

⚜ 복습 문제

1. 버제스 셰일, 첸지앙, 그리고 시리우스 파셋의 현란한 절지동물군의 엑디소조안(ecdysozoan)종들의 초장기 다양화를 제시한다. 이들이 진정한 진화의 '빅뱅'인가? 혹은 이러한 절지동물이 너무 이상해서 현대 동물군과 비교할 때 이해할 수 없는가?
2. 삼엽충은 그들이 페름기 말에 마침내 전멸했던 2억 년 이상 동안의 고생대 동물군의 영역에서 없어서는 안 될 부분이다. 현대 진화론적 동물군에서 어떠한 분류의 동물들이 삼엽충의 생태적 적소를 채웠는가?
3. 삼엽충은 진화론적 설계 안에서 특징이 있다. 일부는 계통점진적 진화(phyletic gradualist)의 경향을 보이고, 또 다른 부분에서는 단속 평형 모델의 경향을 보인다. 이들이 삼엽충의 다른 패턴과 연계되는가? 혹은 그들의 서식 환경에 관련성이 있는가?
4. 곤충들은 아마도 지구상에서 가장 수적으로 많다. 그런데, 왜 화석의 보존은 상대적으로

글상자 14.8 예외적인 절지동물 – 지배한 동물군

절지동물은 많은 라거슈테텐의 퇴적물에 일반적으로 있다. 그들은 정규화석 기록이 시사하는 것보다 과거에 훨씬 더 다양했음을 제시한다. 중기 캄브리아기의 버제스 셰일에서 기재된 동물의 40% 이상이 절지동물이었다. *Olenoides*와 같은 전형적인 삼엽충과는 거리가 먼 *Naraoia*와 몸체가 더 큰 *Tegopelte*와 같은 연체의 몸을 가진 종들 또한 나타난다. 그러나 가장 일반적이고도 최초 발견된 버제스 절지동물은 귀한 삼엽충의 형태를 가진 *Marrella*이다. 버제스 동물군은 아마도 최초의 phyllocariid 갑각류인 *Canadaspis*와 같은 많은 다른 절지동물을 포함하고 있다. 그들은 분류하기 어려움이 있는 많은 동물군 속에서 유일한 절지동물들이다. 즉, *Anomalocaris*, *Emeraldella*, *Leanchoilia*, *Odaraia*, *Sidneyia*, 그리고 *Yohoia*들은 기존에 정립된 그룹과 맞추기가 쉽지 않다. 작고 괴상하게 생긴 *Hallucigenia*는 유조동물(有爪動物, chelicerate)이고, *Sanctacaris*는 줄기-그룹의 집게를 가진 협각류(chelicerate)였을 것이다. 남중국의 첸지앙, 그리고 시리우스 파셋(Sirius Passet), 북그린란드에 있는 좀 더 오래된 동물군들이 불가사의한 절지동물군의 현란한 집합체를 생산했다. 더욱이 캄브리아기의 동물군의 폭발적인 증가에 관한 우리의 지식에 기여했다.

발틱 지역의 상부 캄브리아기의 석회질 결핵체(혹은 orsten, '악취가 많이 나는 돌'이라는 의미, 황산알루미늄을 다량 함유한 셰일이 유기물체를 많이 포함하고 있는 것을 지칭)는 아그노스티드(agnostid) 삼엽충도 함께 포함하고 있으며, 줄기-그룹 갑각류, 두관-그룹의 갑각류, 개형충류 등이 인산으로 치환된 동물군으로 산출된다. 이렇게 캄브리아기의 해양의 진흙 속에 혹은 미소서식 환경(microhabitats)에서 다양하고 많은 형태가 함께 서식하였고 화석으로 산출되는 것은 아주 드물다(그림 14.24). 이러한 동물군은 그보다 더 이른 버제스 셰일 타입의 동물군과는 아주 뚜렷하게 다르다. 그리고 퇴적물과 물 경계면 아래에서 생활에 적응된 미소 규모에서도 넓은 범위로 서식하는 생물의

(다음 쪽에 계속됨)

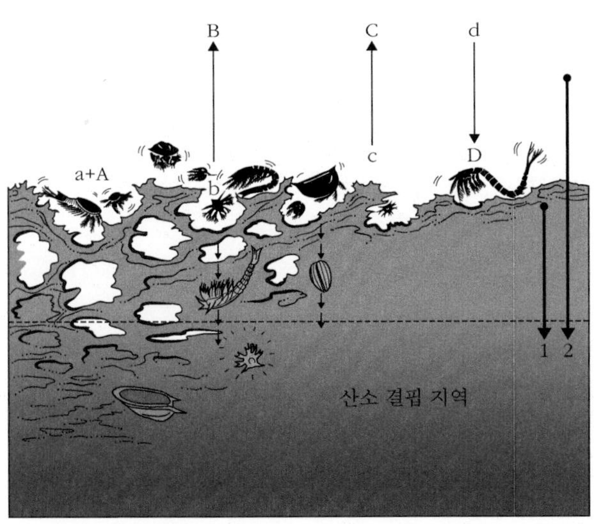

그림 14.24 중기 캄브리아기와 후기 캄브리아기의 합성과 복원. 소문자(a～d)=유충 단계, 대문자(A～D)=성체 단계. 보존 지역의 가라앉는 거리: 1=짧은 거리, 2=긴 거리. (Redrawn from Walossek, D.1993, *Fossils and Strata*, **32**로부터 다시 그림.)

체제(體制)가 이루어질 수 있다는 사실을 제공했다. orsten에서 나온 ***Rehbbachiella***의 완벽하게 계통발생학적 계열을 보존한 최근의 왈로섹(Dieter Walossek, Ulm 대학교)의 연구는 이러한 동물의 기능과 습관과 같은 생활 주기를 설명하는 데 도움을 주었다. 더욱이 모든 절지동물의 가장 독특한 것 중에 바다거미(pycnogonids), 혹은 바다거미(sea spider)와 같은 일부의 절지동물들은 캄브리아기의 Orsten banks, 실루리아기의 Herefordshire 동물군, 데본기의 Hunsrückschiefer에서 현재 알려졌다(Budd & Telford 2005).

독일 라인라트의 Hunsrückschiefer의 초기 데본기의 동물군들에는 phyllocariid 갑각류인 *Nahecaris*, *Cheloniellon*(한 쌍의 촉수를 가진 크고, 타원형체, 9개의 체절과 원뿔형의 꼬리 마디를 가짐) 그리고 버제스 셰일에서 산출된 ***Marrella***와 유사한 ***Mimetaster***와 같은 아름다운 화석들이 잘 보존되어 있다.

미국 일리노이의 후기 석탄기 메이존 크리크 동물군은 삼각주의 체계와 연관된 두 개의 상(相)이 나타난다. 하나는 해양성인 에식스(Essex) 동물군은 삼각주의 앞면에 발달하며, 실러캔스(coelacanths)와 칠성장어(lampreys) 같은 어류에 의해서 점유된다. 그러나 대형 갑각류는 하나의 이족류(異足類, heteropods)의 복족류일지도 모르나, 불확실한 유사성이 있는 괴상한 ***Tullimonstrum***과 함께 발견된다. 다른 하나는 비해양성의 Braidwood(미국 일리노이주 윌 카운티에 있는 도시) 군집체는 지네들이 땅바닥을 기어간 흔적(centipeds), 노래기(millipede), 전갈(scorpion), 거미와 같은 거미류(arachnids)와 함께 140종의 곤충들이 포함되어 있다. 육상식물의 300종 이상의 식물군과 함께 나오는 동물군은 바다와 석탄으로 된 숲 사이에 저지대 습지(swamp)환경을 말해 준다. 새우와 개형충은 습지 안에 있는 연못에서 서식한다.

남동 스페인 하부 백악기에서 나온 몬섹동물군 같은 더 최근의 육원성 생물군체는 거미들의 진화에 관한 새로운 정보를 제공했다. 셀던(Paul Selden, 미국, 캔사스대학교)은 연안석호 주위에서 자리잡고 사는 풍부한 곤충들의 삶을 공격하기 위해 가지고 있는 거미줄을 짜는 3종을 기재했다.

이례적으로 이렇게 해양과 비해양의 많은 고대 동물군체들이 절지동물들이었다는 사실은 잘 보존된 동물군으로 분명해졌다.

숫자가 적을까?

5. 보존된 생물군은 현생이언을 통해서 간헐적으로 나타난다. 절지동물이 항상 잘 보존되어 나타나는 이유는 무엇일까?

⚜ 더 읽을거리

Briggs, D.E.G., Thomas, A.T. & Fortey, R.A. 1985. Arthropoda. *In* Murray, J.W. (ed.) *Atlas of Invertebrate Macrofossils*. Longman, London, pp. 199–229. (A useful, mainly photographic review of the group.)

Clarkson, E.N.K. 1998. *Invertebrate Palaeontology and Evolution*, 4th edn. Chapman and Hall, London.

(An excellent, more advanced text; clearly written and well illustrated.)

Fortey, R. 2000. *Trilobite: Eyewitness to Evolution.* HarperCollins Publishers, London. (Fascinating personal voyage of discovery.)

Gould, S.J. 1989. *Wonderful Life. The Burgess Shale and the Nature of History.* Hutchinson Radius, London. (Inspirational analysis of evolution's "big bang".)

Robison, R.A. & Kaesler, R.L. 1987. Phylum Arthropoda. *In* Boardman, R.S., Cheetham, A.H. & Rowell, A.J. (eds) Fossil Invertebrates. Blackwell Scientific Publications, Oxford, UK, pp. 205–69. (A comprehensive, more advanced text with emphasis on taxonomy; extravagantly illustrated.)

Whittington, H.B. 1985. *The Burgess Shale.* Yale University Press, New Haven, NJ. (Classic description of the Burgess Shale and its fauna.)

⚜ 참고문헌

Armstrong, H.A. & Brasier, M.D. 2005. *Microfossils*, 2nd edn. Blackwell Publishing, Oxford, UK.

Babcock, L.E. 1993. Trilobite malformations and the fossil record of behavioral symmetry. *Journal of Paleontology* **67**, 217–29.

Barrande, J. 1852. Systèm Silurien du Centre de la Bohème. Recherches Paléontologiques, Vol. 1, *Planches, Crustacés, Trilobites*. Prague and Paris.

Briggs, D.E.G., Fortey, R.A. & Wills, M.A. 1993. How big was the Cambrian evolutionary explosion? A taxonomic and morphological comparison of Cambrian and Recent arthropods. *In* Lees, D.R. & Edwards, D. (eds) *Evolutionary Patterns and Processes*. Linnean Society of London, London, pp. 33–44.

Bruton, D.L. & Haas, W. 2003. Making *Phacops* come alive. *Special Papers in Palaeontology* **70**, 331–47.

Budd, G.E. & Telford M.J. 2005. Along came a sea spider. *Nature* **437**, 1099–102.

Clarkson, E.N.K. 1979. The visual system of trilobites. *Palaeontology* **22**, 1–22.

Clarkson, E.N.K. 1998. *Invertebrate Palaeontology and Evolution*, 4th edn. Chapman and Hall, London.

Clarkson, E.N.K., Ahlberg, A. & Taylor, C.M. 1998. Faunal dynamics and microevolutionary investigations in the Cambrian *Olenus* Zone at Andrarum, Skåne, Sweden. *GFF* **120**, 257–67.

Cotton, T.J. & Braddy, S.J. 2004. The phylogeny of arachnomorph arthropods and the origin of the Chelicerata. *Transactions of the Royal Society of Edinburgh: Earth Sciences* **94**, 169–93.

Edgecombe, G.D. & Ramsköld, L. 1999. Relationships of Cambrian Arachnata and the systematic position of Trilobita. *Journal of Paleontology* **73**, 263–87.

Fortey, R.A. & Owens, R.M. 1990. Trilobites. *In* McNamara, K.J. (ed.) *Evolutionary Trends*. University of Arizona Press, Tucson, pp. 121–42.

Glenner, H., Thomsen, P.F., Hebsgaard, M.B., Sørensen, M.V. & Willerslev, E. 2006. The origin of insects. *Science* **314**, 1883–4.

Gould, S.J. 1989. *Wonderful Life. The Burgess Shale and the nature of history.* W.W. Norton & Co., New York.

Fortey, R.A. & Chatterton, B. 2003. A Devonian trilobite with an eyeshade. *Science* **301**, 1689.

Johnson, E.W., Briggs, D.E.G., Suthren, R.J., Wright, J.L. & Tunnicliff, S.P. 1994. Non-marine arthropod traces from the subaerial Ordovician Borrowdale Volcanic Group, English Lake District. *Geological Magazine* **131**, 395–406.

Labandeira, C.C. 2006. The four phases of plant-arthropod associations in deep time. *Geologica Acta* **4**, 409–38.

Lauridsen, B.W. & Nielsen, A.T. 2005. The Upper Cambrian trilobite *Olenus* at Andrarum, Sweden: a case of interative evolution? *Palaeontology* **48**, 1041–56.

Lin Jih-Pai, Gon III, S.M., Gehling, J.G. et al. 2006. A *Parvancorina*-like arthropod from the Cambrian of South China. *Historical Biology* **18**, 33–45.

MacNaughton, R.B., Cole, J.M., Dalrymple, R.W., Braddy, S.J., Briggs, D.E.G. & Lukie, T.D. 2002. First steps on land: Arthropod trackways in Cambrian-Ordovician eolian sandstone, southeastern Ontario. *Geology* **30**, 391–4.

McKinney, F.K. 1991. *Exercises in Invertebrate Paleontology*. Blackwell Scientific Publications, Oxford, UK.

Owen, A.W. 1985. Trilobite abnormalities. *Transactions of the Royal Society of Edinburgh: Earth Sciences* **76**, 255–72.

Peñalver, E., Grimaldi, D.A. & Declòs, X. 2006. Early Cretaceous spider web with its prey. *Science* **312**, 1761.

Peñalver, E. & Grimaldi, D. 2006. Assemblages of mammalian hair and blood-feeding midges (Insecta: Diptera: Psychodidae: Phlebotominae) in Miocene amber. *Transactions of the Royal Society of Edinburgh: Earth Sciences* **96**, 177–95.

Siveter, D.J., Sutton, M.D., Briggs, D.E.G. & Siveter, D.J. 2003. An ostracode crustacean with soft parts from the Lower Silurian. *Science* **302**, 1749–51.

Wilson, H.M. & Anderson, L.I. 2004. Morphology and taxonomy of Paleozoic millipedes (Diplopoda: Chilognatha: Archipolypoda) from Scotland. *Journal of Paleontology* **78**, 169–84.

Wootton, R.J., Kukalová-Peck, J., Newman, D.J.S. & Muzón, J. 1998. Smart engineering in the mid-Carboniferous: how well could Palaeozoic dragonflies fly? *Science* **282**, 749–51.

제 15 장

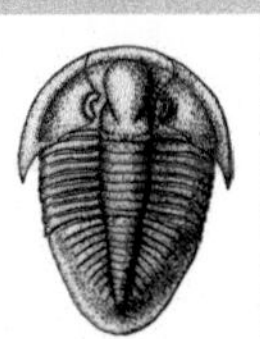

후구동물*: 극피동물과 반삭동물

학습 키포인트

- 극피동물은 성게, 불가사리, 해삼을 포함한다. 그들은 모두 수관계, 스테럼(stereom) 구조를 가진 방해석판의 중배엽(mesodermal)골격, 정오각형에 가까운 상태로 전개되는 생물체의 방사대칭을 이룬 오방사대칭(pentameral symmetry), 그리고 관족을 가진다.
- 캄브리아기에 많은 수의 괴이한 형태들이 진화를 했다. 방추체 모양의 헬리코프라코스(Helicoplacus)는 줄기를 가진[유병(有柄)] 그룹인 완전한 문(phylum)의 일부일 수 있다. 그러나 캄브리아기 해양 기저층의 변혁 시기에 살아남지 못했다.
- 유병류[Pelmatozoan, 일생 동안 자루(柄)가 있는 유형의 동물]의 극피동물은 해뇌류(blastoids), 바다나리, 그리고 해능금(cystoids)을 포함한다. 바다나리는 네 개의 강(綱)을 가지며, 이는 Inadunata강, Flexibilia강, Camerata강, Articulata강으로 분리된다.
- 성게는 이동하는 일부 저서동물로, 중생대 동안에 비정형 성게 그룹은 퇴적물을 파고 살기에 적당하게, 그리고 이들은 고생대의 특징을 가진 정형성게에서 진화했다.
- 불가사리(starfish)는 고생대 이후의 암석에서 더 중요하며, 불가사리가 트라이아스기에 확산됨으로써 일부 완족류가 재확산되는 것을 억제했을 수도 있다.
- 구과동물(carpoids)은 전통적으로 극피동물로 분류된다. 비록 일부는 척추동물의 조상이었다는 논란은 있지만, 아마도 그들은 줄기를 가진 그룹의 극피동물이었다.
- 필석류는 반삭동물이다. 이들은 햅도셈(habdosmes)과 초미세 구조가 유사한 살아 있는 rhabdopleurids와 가장 가까운 동물이다.
- 수지류(dendroids)는 많은 스티페(stipes)를 가진 자개체방(autotheca)과 이개체방(bitheca)을 가진다. 일반적으로 스티페의 수가 더 적고, 개체방이 단지 하나인 유형 graptoloids는 일반적인 필석류의 목(目)이다.
- 필석류는 아마도 저서성(dendroids), 부양성(dendroids와 graptoloids), 그리고 스스로 이동하는(graptoloids) 생활양식을 가졌다.
- graptoloids는 빠르게 진화하여 넓게 분포되었다. 오르도비스기~실루리아기 그리고 초기 데본기의 암석에서 이상적인 화석대를 설정하는 화석으로 사용된다.

* [역자 주] 후구동물: 발생상 원구(原口) 또는 그 부근에서 항문이 생기고 반대쪽의 외배엽이 함입하여 입이 생기는 모악동물, 극피동물, 반삭동물, 원색동물, 척추동물이 이에 속한다.

극피동물(棘皮動物, echinoderms)과 반삭동물(半索動物, hemichordates)은 두 개의 아주 다른 그룹의 동물로 나타난다. 하나는 오곡대칭으로 수관계를 가지며, 다른 하나는 특이한 막대기와 같은 군집성 유기물체의 그룹이다. 놀랍게도, 두 동물은 서로 긴밀한 관계가 있으며, 더욱이 척추동물인 사람들과 배아의 분화 단계로 볼 때 관련이 있다. 두 그룹은 후구동물(後口動物, Deuterostomes)로, 태아(embryo)의 발달 과정에서 최초로 발생하는 것은 항문이며, 두 번째로 발생하는 것은 입이다. 이 그룹은 dipleurula(현대 극피동물의 가상적 조상)의 유충기와 배아의 내장(embryonic gut)이 발달한 체강(body cavity)을 가진다. 현대의 형태학적 그리고 분자 분석학적 연구는 극피동물과 반삭동물이 사실상 자매 그룹이라는 사실을 제시했다(Smith, 2005). 크기가 작고, 전멸된 그룹—캄브리아기부터 지금까지 알려진 Vetulicolia은 부속지가 없고 유사한 아가미 구조 때문에 후구동물과 관련이 있는 것으로 알려졌다. 그러나 유타지역에서 최근에 발견된 화석에서는 이 그룹이 절지동물의 특징을 더 많이 가지고 있으며, 이것이 아마도 탈피동물(ecdysozoans)에 속할 것이라고 제안을 했다. 이 그룹은 아직도 수수께끼로 남아 있다(글상자 15.10 참조).

✲ 극피동물

> 우리들은 근대의 남쪽 켄싱턴(south kensington) 유적들 사이에 서 있구나! 여기는 확실한 고생물학적 단면으로, 이곳에 화석들이 아주 훌륭하게 배열이 있어야만 한다. 이곳은 아주 조용하였으며, 두꺼운 먼지는 우리의 발소리를 약하게 한다. 상자의 경사진 유리판 아래로 성게를 굴려 넣던 Weena가 지금 다시 돌아 왔다. 내가 나를 스타로 만들었을 때, 조용히 나의 손을 잡았고, 나의 곁에 섰다. 그리고 처음으로 나는 지식인의 한 생애로 살았던 고대의 나의 유적들에 의해 매우 놀랐다. 나는 그것이 제시했던 모든 가능성에 대해 아무런 생각이 없게 만들다. 타임머신에 대한 나의 편견은 나의 마음으로부터 아주 조금은 멀어졌다.
>
> **웰스(H.G. Wells)『타임머신』(1898)**

오늘날 극피동물(Echinoderms)은 가장 풍부한 해양 동물 중에 하나이다. 그리고 그들은 가끔은 화석으로 보존되며,『타임머신』을 생각했던 Weena의 성게는 일반적으로 조간대 환경에서 서식한다. 그리고 대양저의 비교적 얕은 수심에는 사미류(brittle star)와 해삼(sea cucumbers)이 서식한다. 극피동물문은 비정상적으로 오방사대칭(五放射對稱, five-fold symmetry)을 이루며, 근육 작용으로 물을 움직이게 하는 유일한 수관계를 가지고 있다. 변형된 관족은 음식물 처리, 이동, 호흡 등에 사용된다. 살아 있는 극피동물은 바다나리, 성게, 성게의 일종인 sand dollar, 불가사리, 해삼과 같이 유사한 형태를 가지고 있다

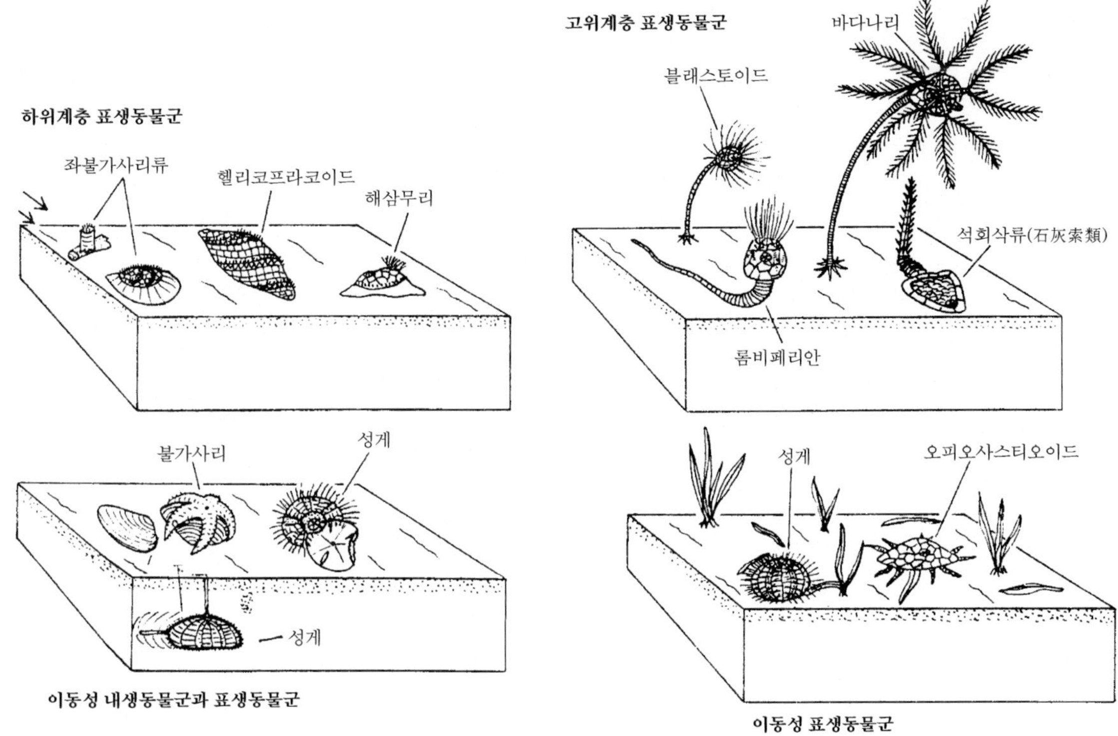

그림 15.1 주요 극피동물의 생활 모델. [Sprinkle(1980)에 근거.]

(그림 15.1). 비록 오늘날 살아 있는 많은 종이 조간대나 아조간대에서 살고 있지만, 이 동물 그룹은 심해에서 가장 다양하게 서식하고 있다. 극피동물은 해양 환경에서 폭넓게 살고 있으며, 지난 지질시대를 통해 보면 이들은 다양한 생활방식을 추구하고 있었다. 화석 극피동물은 일반적으로 나타나며, 많은 극피동물의 골격이 죽은 후에 빠르게 분해되기 때문에 많은 석회암 속에는 좋은 골격 파편이 나타나기도 한다.

수관계(water vascular)를 제외하고, 극피동물은 많은 독특한 외형을 가진다. 문(門, phylum)에 해당하는 모든 멤버들은 방해석의 다공성 판으로 구성된 **중배엽**(mesodermal) 골격을 가진다. 각 판은 항상 단결정 방해석이며, 이는 박편 상에서 쉽게 알 수 있다. 부가적으로, 판들은 3차원 격자를 형성하기 위해 연결된 막대기의 독특한 초미세 구조를 가진다. 이러한 격자망인 **스테레엄**(stereom)은 격자 내에 공간 혹은 해면상 세포막을 차지하는 부드러운 섬유로 손가락과 같은 모양의 조각으로 퍼져 있다. 이들이 최종적으로 경우에 따라서 좌우 대칭으로 변형된 오방사대칭(五放射對稱, five-fold symmetry 혹은 pentamera symmetry)을 가지는데, 이는 극피동물에서 전형적으로 나타나는 형태이다. 일반적으로 이들 동물문은 이동성이고, 무병(non-stalked, 자루가 없는)형인 **유재류**와 주

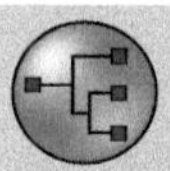

글상자 15.1 극피동물의 분류

넓은 의미의 용어로, 극피동물은 두 개의 주요 자매 그룹으로 분리된다. 즉, 줄기를 가진 유병류(有柄類, Pelmatozoan)와 이동성을 가진 유재류(Eleutherozoan)이다. 그러나 단일 지역에서 소수의 개체의 산출로 알려진, 현재로서는 분류하기가 어려운 많은 희귀한 하부 고생대 형태들이 있다. 극피동물의 분류는 여러 가지 특징적인 형태 구조를 근거로 한다. 동물의 주 몸체, 판(개체방 혹은 외각)에 의해 감싸인 상태, 관족, 보대(ambulacra)가 있는 부분(areas), 작은 구멍(perforations) 혹은 구멍(holes, brachioles)을 기초로 하며, 유병류의 경우에는 악부(calyx)와 완(arm, brachial)의 소유를 분류의 특징이라 한다.

유병아문(有柄亞門, Subphylum Pelmatozoa)

성게강(Class Eocrinoidea)

- 완이 있는 2~5개의 보대를 가진 구형, 평평한 형태의 개체방
- 캄브리아기(하부)~실루리아기

파라크리노이데아강(Paracrinoidea)

- 구형에서 렌즈 모양의 개체방(theca)을 가지며, 불규칙하게 배열된 판(plates). 깃 모양의 소엽(小葉)(pinnules)을 가진 2~5의 보대. 입 주위에 수공(hydropore)이 있음. 줄기가 세 개의 기저판에 부착됨.
- 오르도비스기 중기(Darriwilian~Hirnanttian)

블라스토이데아강(Blastoidea)

- 일반적으로 세 개의 기저판(basal plates)을 가진 플라스크(flask) 모양의 개체방. 길쭉한 양날이 있는 칼 모양의 판과 줄을 이룬 측면 판을 가진 보대
- 오르도비스기(Katian)~페름기(Tatarian)

디플로포리타강(Diploporita)

- 불규칙에서 규칙적인 양상의 많은 판들을 가진 구형의 개체방. 구멍을 가진 3~5의 먹이골(food groove). 디플로포아[diplopore, 극피동물문 바다 사과나무강(Cystoidea)의 호흡기관]가 개체방판을 관통
- 캄브리아기(중기)~데본기(Eifelian)

롬비페라강(Rhombifera)

- 입으로부터 상부표면의 가장자리에까지 확장하는 2~5개의 보대를 가진 구형의 개체방. 구멍의 구조는 마름모꼴 패턴으로 배열된 개체방판을 가로지른다. 호흡계를 가짐.
- 캄브리아기(상부)~데본기(Frasnian)

바다나리강(Crinoidea)

- 아래쪽의 컵(lower cup)과 상부 포피(포피, tegmen)를 가진 악부. 바다나리와 갯고사리(feather star)
- 오르도비스기(Tremadocian)~현재

유재아문(Subphylum Eleutherozoa)

에드리오아스테로이드아강(Edrioasteroidea)

- 입은 중앙에 위치, 항문은 간보대(interambulacra)상에 위치하는 직선 혹은 곡선으로 된 보대를 가진 원판 모양의 개체방
- ? 선캄브리아기(Ediacaran), 캄브리아기(하부)~석탄기(Gzelian)

불가사리강(Asteroidea)

- 중앙 원판(central disk)으로부터 뻗는 큰 관족(tube feet)을 가진 5~25개의 완을 가짐. 불가사리(starfishes) 혹은 sea stars(불가사리)

(다음 쪽에 계속됨)

- 오르도비스기(Floian)~현재

거미불가사리강(Ophiuroidea)
- 길고, 얇은, 자유롭게 움직일 수 있는 다섯 개의 완. 척추와 크고 원형인 중앙 디스크로부터 뻗은 작은 관족을 가짐. 거미불가사리(brittle stars) 혹은 사미류(蛇尾類, basket star)
- 오르도비스기(Floian)~현재

성게강(Echinoidea)
- 각(test)은 항상 보대역와 간보대역으로 분리된 판으로 된 구형임. 구형의 아래쪽에 입이 있고, 위쪽 혹은 뒤쪽에 항문이 있음. 성게(sea urchins), heart urchins(성게), sand dollars(성게)
- 오르도비스기(Katian)~현재

해삼강(Holothuroidea)
- 몸체는 근육의 중배엽과 골편(spicules)을 가진 가죽과 같이 튼튼하고 낭창낭창한 피부를 가진 오이 모양의 형태. 변형된 관족의 환(ring)이 입을 둘러쌈. 해삼
- 오르도비스기(Floian)~현재

로 고착성이며, 줄기(자루)를 가진 **유병류**(**글상자** 15.1)로 나눈다(**글상자** 15.2).

여러 개의 판을 가진 극피동물의 골격은 죽은 후에 빠르게 분해된다. 비록 각 개체의 판 혹은 소골편이 보존될 가능성은 높다고 하지만, 완전한 형태의 외골격이 보존될 가능성은 높지 않지만 경우에 따라 빠르게 매몰되어 부패로부터 차단될 경우에는 완벽한 외골격의 극피동물이 보존될 수 있다. 완벽한 극피동물 집단의 특징을 갖는 것 중 불가사리가 많이 보존된 층은 화석 기록을 통해서 간혹 나타난다. 영국의 웨일스 경계지역에 있는 라인트워딘(Leintwardine) 불가사리층은 저탁류에 의해 형성된 세립질 입자의 암석으로 후기 실루리아기 극피동물을 포함하고 있다. 영국의 남쪽 도싯(Dorset)지역의 하부 쥐라기 불가사리층은 두꺼운 사암에 의해 갑자기 매몰된 사미류(ophiuroids)가 주로 나타난다. 가장 주목할 만한 극피동물은 라거슈테텐(특별하게 보존이 뛰어난 화석들이 나타나는 퇴적암) 중에 하나는 남서 스코틀랜드 거반(Girvan)계곡의 북쪽 크레이그헤드(Craighead)의 상부 오르도비스기에서 나타난다. 레이디번(lady Burn) 불가사리층은 심해에서 형성된 이암층 안에 있는 몇 개의 사암 구성단위층 중에 하나이다. 이곳에서 나오는 전체의 화석들인 바다나리, 바다능금류(類)(cystoid), 성게 그리고 석회삭류(石灰索類, calcichordates)들은 경사진 해저의 선상지를 이루는 곳에서 불안전한 경사로 인해 아래로 밀려 내려갔으며, 그 과정에서 빠르게 매몰되었다.

바다나리강(Class Crinoidea)

비록 '해백합'이라고 유명하게 불리는 바다나리가 동물보다는 식물로 보이지만, 그들은 동물이며, 극피동물이라는 것에 대해서는 의심할 여지가 없다. 바다나리는 항상 고착성

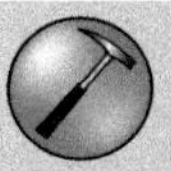

글상자 15.2 극피동물의 기원과 헬리코프라코이드의 외형

극피동물의 확산했던 초기 캄브리아기에 동안, 많은 기괴한 형태들이 아주 다른 형태의 모양으로 갑자기 나타난다. 적어도 9개의 속들이 나타나는데, 이들의 절반 정도가 오방사대칭(五放射對稱, pentameral symmetry)을 이루며, 나머지는 오방사형을 이루지 않는다. 그러한 비오방사형 중에 하나의 그룹인 헬리코프라코이드(helicoplacoids)(그림 15.2)는 단지 회전(spindle) 심봉 모양의 몸체 주위를 관족들(tube feet)로 감싼 세 개의 보대역을 가지고 있는 유일한 동물이다. 더욱이 이 그룹은 부속지가 없으며, 개체들은 아마도 퇴적물에 고정시켰던 짧은 끝을 가지고 살았다. 그러나 헬리코프라코이드는 보대와 옆으로 위치한 입, 정점(apical)에는 항문(anus)이 있고, 뚜렷한 경(硬)조직(stereome)을 가진 많은 판을 가진다. 헬리코프라코이드는 원시적인 극피동물로 해석되었으며, 부착동물로 부유물 섭식자로 살았다. *Helicoplacus*는 그다음 모든 극피동물의 유병(有柄)그룹과 아주 유사할 수 있다. 이 동물과 같은 어떤 동물이 유병류와 유재류의 몸 형체로 진화했을지도 모른다. 극피동물의 다른 그룹들은 초기 캄브리아기에 이미 다양하게 발전했고, 광범위하게 분포했다. 그러나 헬리코프라코이드는 현재 서쪽 북아메리카지역의 초기 캄브리아기에만 아주 풍부하고, 제한적으로 나타난다. 그들의 전멸은 아주 중요한 생태학적 신호일 수도 있다. 퇴적물에 부착하여 사는 동물이 아닌 그룹들은 신원생대(neoproterozoic)의 조류(algal)로 깔린 해저의 저층에 잘 적응했을 것이다. 아마도 퇴적층에 부착되어 있던 동물들은 캄브리아기의 해저의 변혁을 유발시켰던 미생물매트(Microbial mat)가 폭넓게 증가함으로써 발생하는 부드러운 퇴적물에 대한 식물침식(bioerosion)과 생물 교란(bioturbation)을 효율적으로 대처할 수 없었을 것이다(Bottjer et al., 2000).

이다. 그들은 극피동물의 오방사대칭을 가지고 있고, 그들의 생활 주기의 짧은 기간 동안 해저면에 하나의 줄기에 의해 뿌리화한다. 그러나 몇몇 형태는 짧은 기간 동안 고정된 단계를 지나면 전적으로 자유롭게 살아간다. 현대의 바다나리 형태는 밀집된 군체 혹은 숲

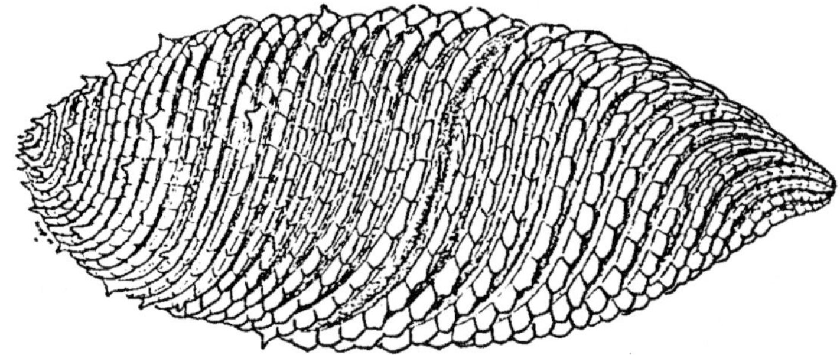

그림 15.2 하부 캄브리아기에서 산출된 *Helicoplacus*(×10). (*Treatise on invertebrate Paleontology*, Part S. Geol. Soc. Am. and Univ. Kansas Press에 근거.)

을 이루며, 적도의 온수에서부터 극지방의 냉수의 환경 조건까지 광범위하게 산다. '레더스타'(leather stars, 북아메리카 서해안에서 볼 수 있는 불가사리의 일종 Dermasterias imbricata)는 대륙붕의 깨끗한 환경 조건을 선호하고, 아늑하고 조용한 곳과 바위에 생긴 틈 사이에서 살며, 야간에 높게 솟은 마루부분으로 나온다. 고정된 바다나리들은 대륙사면과 같은 심해 환경에서 서식한다. 그러나 화석으로 보존된 대다수의 화석 형태들은 거의 천해의 고착 저서성형들이다. 바다나리의 연구 성과는 우리가 알고 있는 6,000 이상의 화석종을 근거로 측정되었으며, 이들은 초기 오르도비스기에서 현재까지 생존하고 있다.

형태와 생활 형태

바다나리는 체절로 된 줄기(stalk)를 가지며, 콜루멜라(columnal) 혹은 소골편(ossicles)(글상자 15.3)으로 구성된 줄기가 뿌리와 같은 구조 혹은 **부착근**(附着根, holdfast)으로서 해저면에 고정된다. 줄기의 위쪽 끝에 부착된 악부, 대구컵(aboral cup) 혹은 개체방으로 불리는 부분은 중요한 동물의 기능을 가진다. **악부**(calyx)는 석회질판이 두 개의 환을 형성한 것으로, 이는 저면과 단윤성(monocyclic) 형태에서 겹쳐지는 방사로 두 개의 환을 만든다. 많은 분류군에서 이륜성(dicyclic) 형태, 더 작은 판으로 이루어진 두 번째 환, 저면과 줄기의 접촉 부분인 **하기**(infrabasals)는 몸체를 더 원활하게 움직일 수 있는 관절을 제공한다. 악부의 구면은 유연한 세포막 혹은 포피(包皮, tegmen)에 의해서 감싸여 있으며, 많은 중요한 구조가 모여 있는 곳이다. 여기에는 입이 있는데, 입은 다섯 개의 방사형으로 배열된 먹이 홈(feeding grooves)이 모아지는 곳의 중앙에 항상 위치한다. 항문은 폐기물 처리(waste disposal)의 효율성을 강화하는 항문관(anal tube)으로 변형된 배출구로

글상자 15.3 콜루멜라(columnal)의 분류

바다나리는 관절이 분리된 다수의 소골편으로 나타난다. 그러므로 관절이 연결된 완전한 표본을 기초로 한 전통적인 방법인 분류체계는 불가능하다. 그럼에도 불구하고 소골편은 대형 화석의 많은 그룹보다 훨신 잘 정리된 뚜렷한 특징을 가지고 있다(그림 15.3). 단일 줄기는 중앙 관을 가진 많은 소골편 혹은 신경섬유를 전달하는 루멘(lumen)으로 구성되어 있다. 소골편과 루멘은 그룹의 **형태학적 분류**의 기초가 되는 뚜렷한 모양을 가진다. 우리가 화석의 모양을 형태적으로 분류하는 데는 도움을 준다. 동일한 방법으로 우리들은 너트(nuts)와 볼트의 관계와 같이 이들 자료들을 유용하게 정리한다. 그러나 이것은 생물학적으로 의미가 없기 때문에 계통발생학적인 분석으로 사용할 수는 없다. 줄기(stems, 자루)는 유사한 모양의 소골편으로 구성된 유질동형 혹은 다양한 모양의 소편을 가진 이형일 수도 있다. 더욱이 줄기들이 내부적으로 유질동형 혹은 이형의 영역으로 세분될 수도 있다. 콜루멜라 분류체계(소위 col=기둥, taxa=분류)는 유병류의 분류군, 특히 바다나리에서 층서학적 의미로 소편을 기재하는 데 유용하게 이용된다.

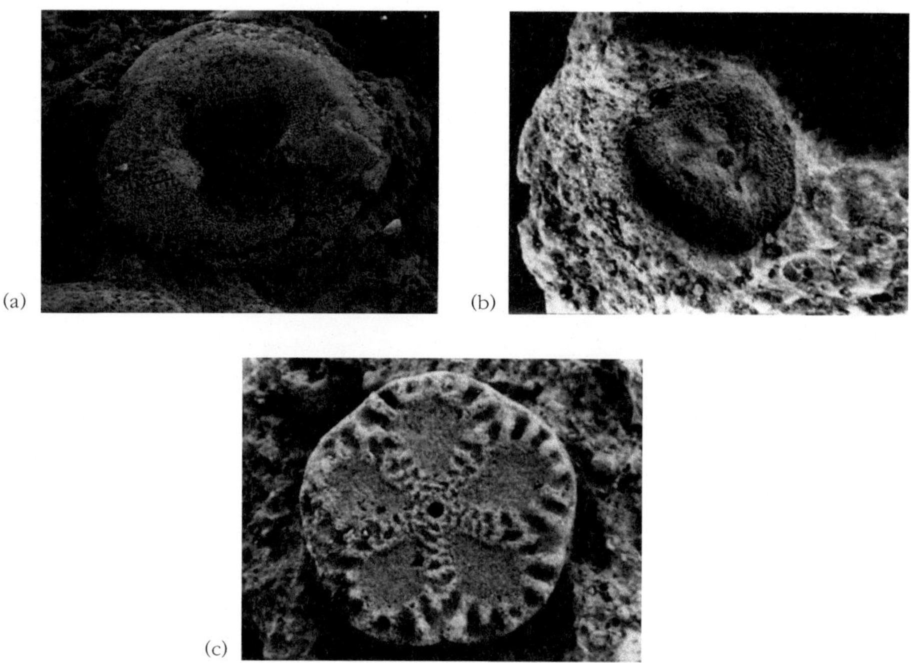

그림 15.3 바다나리의 소편들. (a) bourgueticrinid *Democrinus*(?) sp.의 관절면. 8자 모양의 인상(×15)의 바닥에 루멘이 열려 있다. (b) 잘 보존된 경조직의 미구조를 가진 isocrinoid *Neocrinus*의 교점 위에 있는 촉수가 달려 있던 흔적과 문손잡이 모양의 synarthrial fulcrum(×18). (c) 다섯 개의 꽃잎과 같은 유두륜(乳頭輪, areola areas)(×9) 주위에 symplectial 관절을 가진 isocrinoid *Neocrinus*의 콜루멜라의 관절 단면. (Stephen Donovan 제공.)

뒤쪽에 위치한다. 완(arms) 혹은 **분지**(brachials)는 악부로부터 위쪽으로 뻗어 있으며, 이들은 관부(crown)를 형성한다.

이미 알고 있는 것처럼 두 개의 중요한 생활 체계가 바다나리에서 나타난다(그림 15.4). 화석 바다나리의 대다수와 약 25개의 현생 속(屬)은 해저면에 부착하는 줄기(stalked, 자루)를 가진 형태들이다. 그러나 현대 해양에는 그들의 긴 완을 조화롭게 움직여 공기가 가득 찬 우산과 같이 움직이는 갯나리류(comatulids)가 점유하고 있다. *Antedon*은 줄기(자루)를 가지지 않는 거의 100속(屬) 중 하나이며, 이 속은 짧은 시간 동안 부착생활을 한 후 유연한 완(arm)과 촉모(cirri)의 도움으로 자유롭게 기어 다니거나 수영하여 이동한다.

분류와 진화

가장 오래된 것으로 보고된 바다나리는 중기 캄브리아기 버제스 셰일에서 산출된 *Echmatocrinus brachiatus*이며, 이는 일배열 혹은 단일 분지를 가진다. 반면에 동시대의 에오크리노이드(eocrinoid)가 이 배열 완을 갖는 것과는 대조적이다. *Echmatocrinus*는 소수의 다른 바다나리 특징을 가지며, 현재의 팔방산호와 넓은 범위로 일치한다. 가

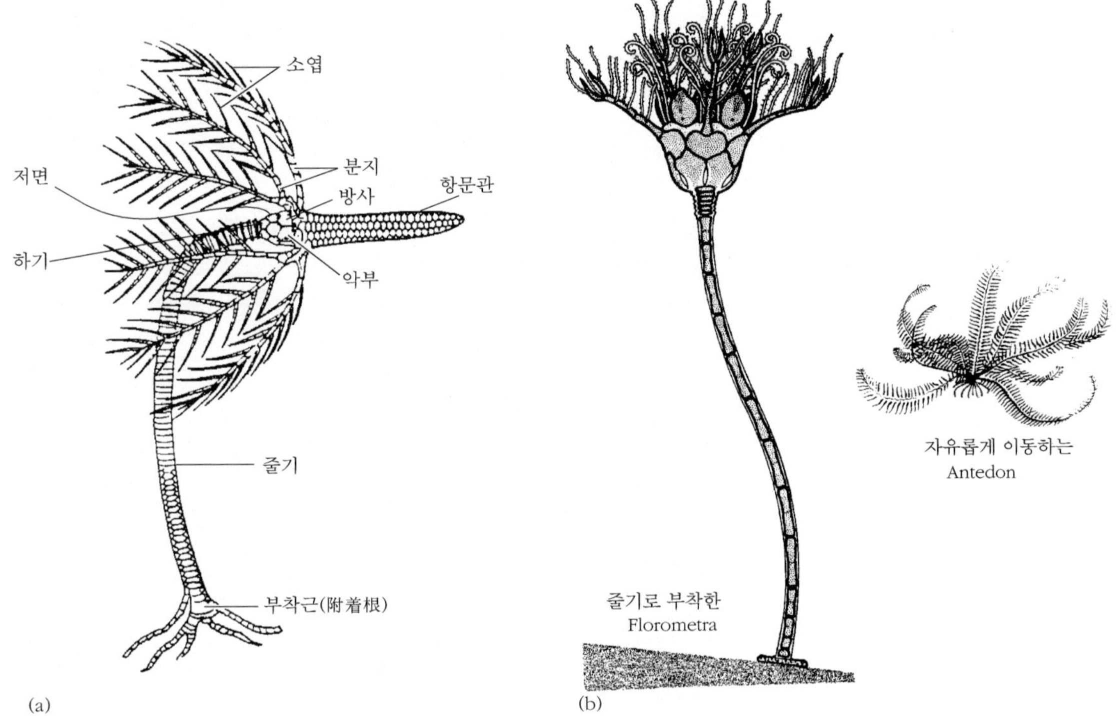

그림 15.4 (a) 오르도비스기 *Dictenocrinus*의 형태, (b) 두 개의 중요한 바다나리의 생활 체계, 고정형과 이동형. (여러 자료로부터 다시 그림.)

령 *Dendrocrinus*와 같이 전형적으로 구성된 컵(cup)과 기둥과 같은 줄기를 가진 인식하기 쉬운 바다나리는 초기 오르도비스기 트레마톡(Tremadocian) 후기에 종종 나타난다. 초기 오르도비스기에 열대지역에 넓게 확산한 것은 형태적 적응 기간과 적응방산(放散, adaptive radiation)을 의미한다.

모든 고생대 바다나리는 전통적으로 세 개의 아강으로 나누어진다. 이들은 유재아강(subclass Inadunata), 가곡아강(subclass Flexibilia) 그리고 원정아강(subclass Camerata)(그림 15.5)이다. 유재아강 바다나리는 크고, 다양한 그룹을 구성하며, 초기 오르도비스기에 발생하여 트라이아스기까지 계속된다. 그들은 자유롭게 움직이며, 느슨하게 부착된 분지 그리고 단윤성(monocyclic) 혹은 이륜성(dicyclic)의 악부 기저를 가지는 단단한 악부를 가진다. 원정아강 바다나리는 단윤성과 이륜성 판을 구성하는 큰 컵으로 되어 있는 특징이 있다. 깃 모양의 소엽(小葉)으로 장식된 일배열 분지 혹은 이배열 분지는 컵에 단단하게 부착되었으며, 포피는 완 분지의 판으로 덮여 있고, 먹이 홈(food grooves)과 입(mouth)은 모호하며, 항문관은 측면으로 발달한다. 가곡아강은 60여 속을 가지며, 세 개의 하기(infrabasals)를 이루는 이륜성 판(dicyclic plate)을 가진다. 분지들(brachials)은 일

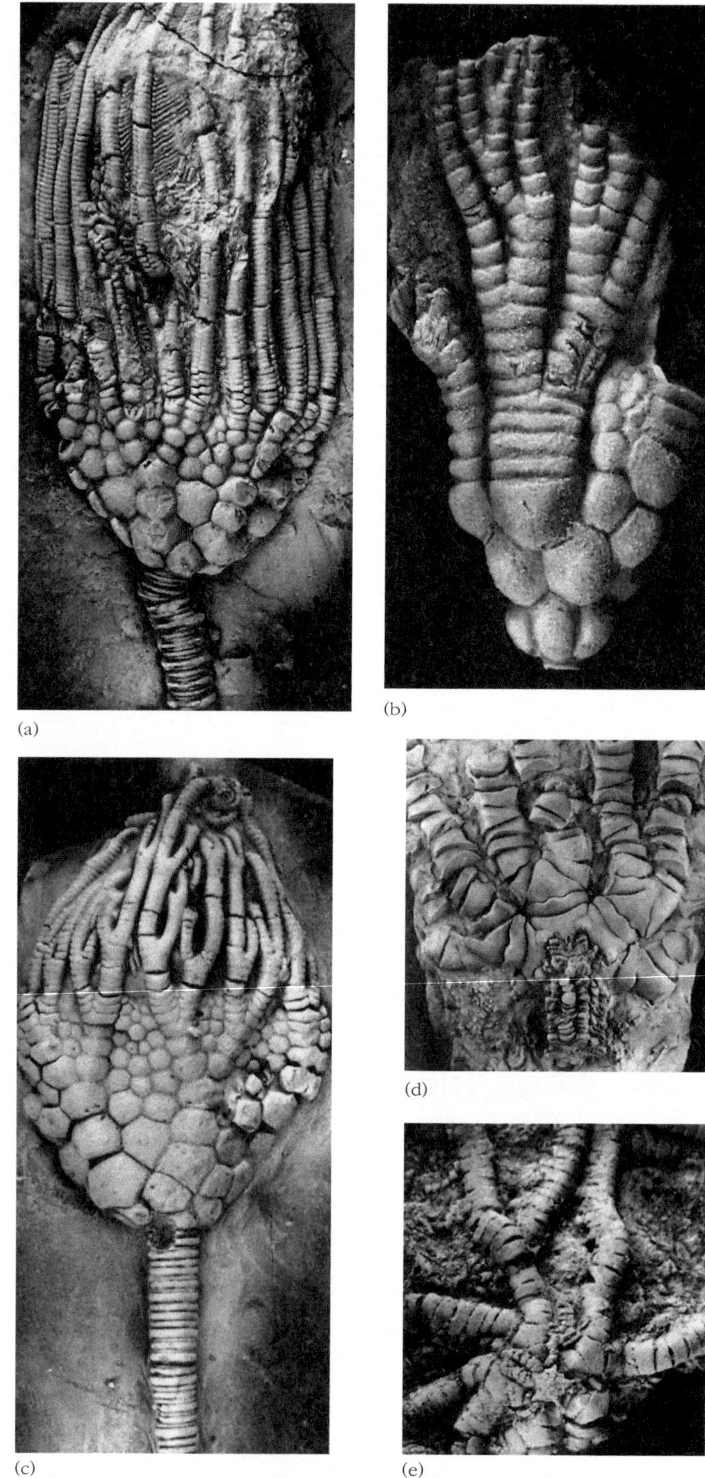

그림 15.5 바다나리 속. (a) *Dimerocrinites*(실루리아기, Camarata), (b) *Cupalocrinus*(오르도비스기, Indunata), (c) *Sagenocrinites*(실루리아기, Flexibilian), (d) *Chladocrinus*(쥐라기, Articulata), (e) *Paracomatula*(쥐라기, Articulata comatulide), 배율 대략 ×1(a, b), ×2 (b, d, e). [Smith와 Murray(1985)로부터.]

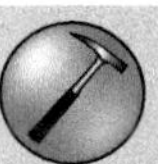

글상자 15.4 바다나리의 연대: 초기 석탄기에 다양성의 절정

초기 석탄기(미시시피기) 바다나리는 이 기간이 '바다나리의 시대'로 불릴 만큼 풍부하고 다양했다. 이 시대의 석회암은 종종 50% 이상의 유병류의 파편으로 구성되어 있으며, 이는 '갯나리석(encrinites)'으로 알려졌다. 그러면 이 시대에 왜 이렇게 바다나리가 풍성했을까? 두 가지 요인은 바다나리의 이러한 대규모의 군체에 원인이 있는 것으로 보인다(Kammer & Ausich 2006). 첫째, 다섯 개의 중요한 그룹들의 진화한 크레디드(cladids)에서 보면 Frasnian–Famennian시기의 전멸 사건 이후에 다양한 회복 시기가 있었다(그림 15.6). 둘째, 데본기 말에 대륙붕 가장자리 산호–스트로마토포로이드(stromatoporoid) 초(礁)의 형성이 사라짐으로써 플랫폼(platform) 지형이 아주 다양하게 변화했다. 이러한 현상은 물의 순환을 개선한다든가 혹은 방해했을 것이다. 이러한 환경이 바다나리 군체의 성장을 촉진했던 협염성(狹鹽性, stenohaline)의 바다 환경을 만들었을 것이다. 이렇게 새로운 생태공간이 만들어지고, 약소동물이 포식자 때문에 종의 보존을 위협받는 압력인 포식압이 해소됨으로써 바다나리의 다양성은 폭발적으로 증가했을 것이다. 그러나 안타깝게도 이렇게 좋은 시간들은 바다나리의 퇴보의 종말이 오고야 말았다. 후기 석탄기의 빙하작용으로 인해 한랭한 수온 조건으로 서식 환경은 변화하게 되었으며, 바다나리는 결코 다시는 아주 다양한 번성을 하지 못하게 되었다.

배열로 깃 모양의 소엽(小葉)은 없다. 포피는 작은 판으로 조합되어 유연하게 움직일 수 있다. 그들의 줄기는 단면이 원형이며, 섬모(cilia)가 없으며 그들의 그룹은 석탄기에 잘 알려졌다(글상자 15.4).

바다나리의 네 번째 아강인 트라이스기의 유재목을 제외한 구교아강으로, 모두 고생대 이후의 바다나리들이다. 가령 *Ampelocrinus*와 *Cymbiocrinus*와 같은 구교아강과 유사한 소수의 고생대 형은 유병(줄기를 가진) 그룹 구교아강일 수도 있다. 250속(屬) 이상이 현존하는 것으로 알려졌다. 미소바다나리들(microcrinoids)은 고생대의 유재아강 바다나리와 중생대의 구교아강 바다나리의 양쪽에서 발달한 고도로 세분화된 바다나리의 형태형(型態型, morphotype)이다. 미소바다나리들은 크기

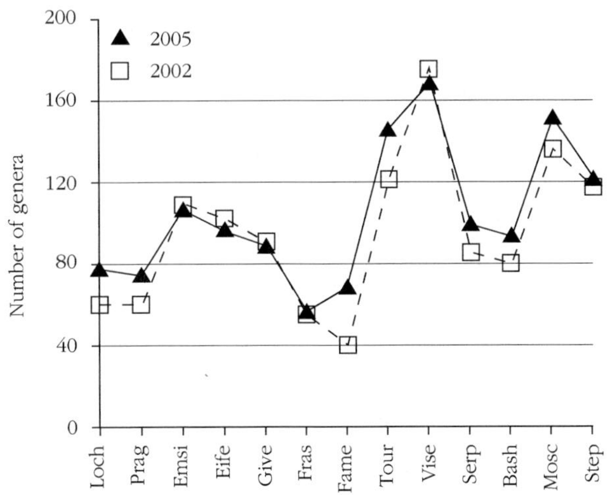

그림 15.6 초기 석탄기 바다나리의 다양성. [Kammer와 Ausich(2006)로부터.]

가 결코 2mm를 넘지 않는 소형으로 그들은 더 전형적인 바다나리의 군집체와 함께 사는 유형진화적 형태일 수 있다.

블라스토조안(Blastozoans)

블라스토조안은 중요하지 않은 세 개의 작고, 모두 전멸한 극피동물 그룹을 포함하는 내재성 동물 그룹이다. 이는 crystoids, blastoids 그리고 eocrinoids이다. 유병류는 항상 짧은 줄기를 가지나, 때로는 분지나 완이 없다. 블라스토 형태는 아마도 고차원의 여과섭식자(filter feeder)였으며, 특히 개체방판(thecal plates)을 관통하는 구멍 혹은 브라치올(brachioles)을 가지는 특징이 있다. 일부 학자들은 에오크리노이드(eocrinoids)를 캄브리아기의 초기에 출현하여 실루리아기에 전멸한 시스토이드(cystoids)에 포함시키기도 하지만, 대체적으로 에오크리노이드는 시스토이드와 바다나리의 조상으로 본다.

시스토이드(Cystoids)

개체방판(thecal plates)이 변형한 위새강문(respiratory pore) 구조를 가진 중기 고생대의 브라스토조안은 시스토이드 上科(cystoidea)로 전통적으로 분류했다. 이 그룹은 두 개의 강(class)을 가지며, 이 두 개의 강은 중기 고생대에 아주 넓게 퍼진 Diploporita와 Rhombifera이다. 그들은 통상적으로 1,000 혹은 그 이상의 불규칙하게 배열된 판을 가진 구형 혹은 주머니 모양의 개체방을 가졌다. 더욱이 이 그룹은 깃 모양의 소엽이 없는 작은 구멍을 가지며, 판은 독특한 구멍 구조로 되어 있다. 그러한 다양한 구멍 구조는 시스토이드에서 인지되었으며(그림 15.7), 이러한 구조는 그룹의 상 층위 분류에 기초가 된다.

디플로포리타(Diploporita) 디플로포라이테스(Diploporites)는 부드러운 조직(디플로포아, diplopres)으로 덮인 쌍으로 된 구멍 혹은 하나의 작은 체관(humatipores)망으로 연결된 작은 구멍을 가진 하나의 stereom층을 지나는 쌍으로 된 구멍에 의해서 개체방판이 관통된다. 이러한 구멍들은 둥글납작한 호흡기 주머니를 유지하며, 효율적으로 체강(體腔)의 유동체가 유입과 유출을 원활하게 한다. 이 그룹은 줄기가 있는 (유병)유형, 줄기가 없는 유형, 고정된 고착성 유형, 자유롭게 사는 횡와형(橫臥型, recumbentstyles)에 이르기까지 넓은 생존 방식을 가지고 있다. Diploporites는 초기 오르도비스기에서 초기 데본기까지 서식했으며, 아마도 후기 캄브리아기 블라스토조안에서 진화했을 것이다.

롬비페라(Rhombifera) 롬비페라강(Rhombifera綱)은 후기 캄브리아기에 출현했으며, 작은 구멍과 개체방판 봉합을 가로질러 나타나는 호흡기 구멍들의 독특한 마름모꼴의 패턴을 가진다(그림 15.7). 그들은 공기주머니의 모양과 패턴에 따라서 분류된다. 이들은 Fistulipora에서 Dichoporita목(目)으로 분리된다. 롬비페라강은 일반적으로 초기 오르도비스기에 서식했고, 후기 데본기까지는 거의 범세계적으로 분포하게 되었으며, 이들은 실루리아기와 데본기 동안에 환경적응을 더 잘했던 블라스토이드에 의해 교체가 되었다.

블라스토이드(Blastoids)

멸종된 블라스토이드는 크기가 작으며, 짧은 줄기, 호흡을 위해 하이드로스페리(hydrospires)를 가진 오방사배열(pentamerallysymmetric)형인 동물이다(**그림 15.8**). 그들은 실루리아기의 페름기 암석에서 80속(屬)이 보고되었다. 블라스토이드의 컵 혹은 개체방은 항상 구형이며, 세 개의 기판의 고리로 구성되어 있고, 다섯 개의 큰 방사형 판들이 원형으로 둘러싸고 있다. 입은 호흡계와 관련된 다섯 개의 큰 공(openings) 혹은 **숨구멍**[기문(氣門), spiracles]으로 둘러싸여 있다. 상대적으로 드물지만 이 그룹의 다양성이 전성기를 이룬 때인 초기 석탄기층에서는 블라스토이드로 가득 차 나타나기도 한다. 블라스토이드는 영국 북부의 visȇan 산호초 상(相)에서 풍부하게 산출되며, 티모르(Timor) 섬의 페름기 석회암에서도 티모르브라스터스(*Timoroblastus*)와 쉬조브라스터스(*Schizoblastus*)가 풍부하게 산출된다.

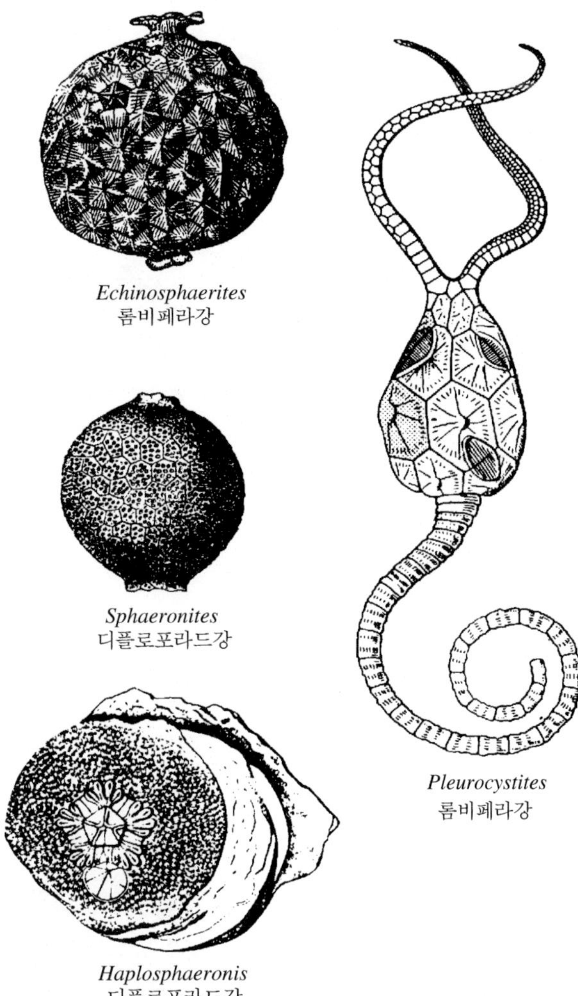

그림 15.7 오르도비스기 cystoid속(屬): *Echinosphaerites*와 *Sphaeronites*(×0.75), *Haplosphaeronis*와 *Pleurocystites*(×1.5).(*Treatise on invertebrate Paleontology*, Part S. Geol. Soc. Am. and Univ. Kansas Press에 근거.)

블라스토이드는 실루리아기에 최초로 출현했으며, 작은 구멍(brachioles)과 판의 수가 적은 오르도비스기 선조에서 진화했다. 그들은 처음에 롬비페란(rhombiferan) 블라스토이드와 생태학적으로 경쟁을 했다. 이 그룹의 진화적 역사는 개체방의 모양의 변화와 보대, 관족대의 길이의 변형에 의해서 나타난다. 이는 두 개의 중요한 그룹들이 알려졌다. 하나는 Fissiculata로 쌍 숨구멍으로 특징을 가지며, 다른 하나는 Spiraculata로 이름에서 제시한 것처럼 잘 발달한 숨구멍(spiracles)을 가진다.

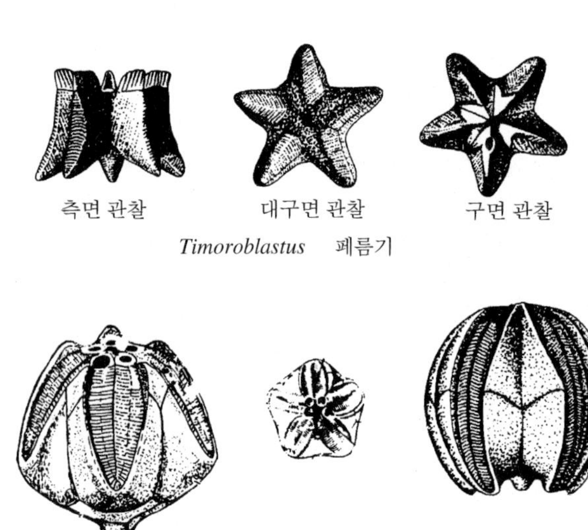

그림 15.8 블라스토이드속(屬): 모든 확대율 ×0.6. (여러 자료로부터 다시 그림.)

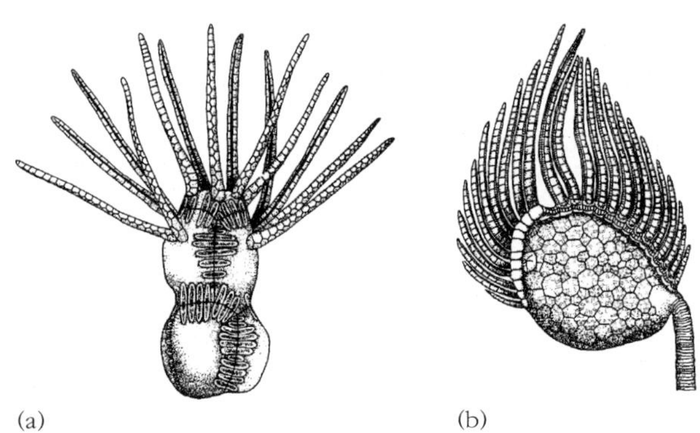

그림 15.9 (a) 에오크리노이드, (b) 파라크리노이드. (*Treatise on invertebrate Paleontology*, Part S. Geol. Soc. Am. and Univ. Kansas Press에 근거.)

에오크리노이드(Eocrinoids)

에오크리노이드는 최초로 작은 구멍(brachioles)을 가진 극피동물이다. 그들은 원시적인 흡착기관을 가지고 있으며, 판들의 규칙 혹은 불규칙적으로 배열된 다양한 모양의 개체방을 이룬다(그림 15.9a). 판과 판 사이에 접촉부를 따라서 있는 개체방공(thecal pores)이라기보다는 봉합공(sutural pores)은 가장 초기 에오크리노이드의 특징인 반면, 호흡 구조는 없다. 에오크리노이드는 이배열 분지의 부속지를 가진 바다나리 그룹과는 다르다. 30속 이상이 초기 캄브리아기에서 후기 실루리아기에 이르기까지 기재되었다. 다른 블라스토조안(blastozoan)강(綱)의 기원은 외생적(heterogenous) 그룹에서 발견된다. 예를 들면 변태적인 후기 캄브리아기의 에오크리노이드인 *Cambrocrinus*는 롬비페란 블라스토이드의 선조로 기재되었다. 그 밖에 많은 에오크리노이드는 최초로 기둥형으로 구조된 줄기를 가진 고차원의 부유물질 섭식자였다. 일부는 해저면 위에 누워 있거나, 타물체에 기대어서 서식했다. 오르도비스기의 *Cryptocrinus*는 판들이 더 불규칙적으로 배열된 구형의 개체방을 가진다.

파라크리노이드(Paracrinoids)

파라크리노이드(그림 15.9b)는 크기가 작고, 원형의 개체방과 음식물을 모으는 구조로서 2~5개의 완과 같은 구조를 가지며, 불규칙적으로 배열된 많은 판을 가진 극피동물로 특이한 그룹이다. 일부 학자들은 그들을 하나의 독립된 아문(subphylum)으로 분류할 것을 제안했을 정도로 매우 다르다. 그룹은 북아메리카에서 제한적으로 나타나며, 중기 오르도비스계에서 일반적으로 나타난다.

성게강(Echinoidea)

성게(sea urchins)와 sand dollar(모래 속에 사는 성게의 일종)로 잘 알려진 성게류는 가시로 덮인 방해석판을 가진 탄탄하고 굳은 외골격 혹은 **외각**(外殼, test)으로 이루어졌다. 이 외골격은 항상 구형이거나 심장 모양의 원반형을 가진다(Smith, 1984). 성게류는 일반적으로 유영성 저서생물 그룹이 모여 있는 천해 환경에서 서식한다. 성게류의 분류(**글상자 15.5**)는 입의 구조와 판의 배열 상태를 기준으로 한다.

성게류는 처음으로 오르도비스기에 발생하여 긴 역사를 가진다(Paul & Smith, 1984). 아문의 역사에서 가장 중요한 진화적으로 두 개의 큰 사건은 갑자기 정형성게로부터 비정형의 성게로 발산하는 일이다. 첫째는 쥐라기에서 시작하여 그 이후에 굴을 파고 사는 비정형의 성게로 발전하는 것이고, 둘째는 고생대 동안에 준내생동물(quasi infaunal)인 sand dollar로의 발전이다. 이들 그룹은 양 사건을 통해 새로운 생태적 적소에 적응하려고 빠르게 발산하였다.

기초적 형태

가장 정형적인 성게의 외골격 혹은 외각(外殼, test)은, 예를 들면 일반적으로 성게(sea urchins)인 *Echinus esculentus*은 반구형이며, 중요한 외형을 가지고 있다(그림 15.11). 대구(對口, adapical) 혹은 구강이 있는 아래쪽 부분의 표면은 입에 의해서 뚫려 있고, 반면에 상부쪽, 정점(apical) 혹은 대구(對口, aboral)에는 항문공이 있다. 성게는 활발하게

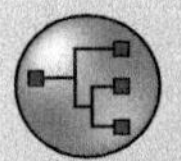

글상자 15.5 성게의 분류

성게의 분류에 있어서 전통적으로 시행한 정형과 비정형으로 강(綱)을 분류했던 것이 진정한 계통발생을 반영한다고는 생각하지 않는다. 비정형 성게는 아마도 같은 선조에서 발생한 형(monophyletic)으로 일시적으로 나타났다. 정형성게는 공통의 조상에서 진화한 생물군(clade)으로 생각하지 않는다. 성게 그룹은 전통적으로 세 개의 아강으로 세분된다(그림 15.10)—페리스초에키노이드아강(Perischoechinoidea), 관자아강(Cidaroidea) 그리고 진성아강(Euechinoidea)으로 분류한다. 그러나 페리스초에키노이드아강은 다계통발생의 형태이며 줄기-그룹(자루를 가진 그룹) 성게의 용어가 이로부터 사용하게 되었다.

줄기-그룹 성게강(綱)(Echinoidea)

- 두 개 이상의 세로줄이 있는 보대를 가진 정형이며, 많은 세로줄을 가진 간보대이다. 외각은 20개 이상의 세로줄로 구성되어 있고, 아리스토텔레스의 초롱은 단순한 홈(groove)이 파진 이빨로 되어 있으며, 턱 주위대(perignathic girdle)는 없다.
- 상부 오르도비스기~페름기

(다음 쪽에 계속됨)

두관-그룹 성게강(綱)(Echinoidea)

관자아강(subclass Cidaroidea)

- 판에는 20개의 세로줄로 구성된 외각을 가진 정형, 각 보대와 간보대역에 두 개의 세로줄, 간보대판은 큰 유두돌기(乳頭突起, tubercle)가 있음. 이빨은 초승달 모양에서 U자 모양. 턱주위 대(perignathic girdle)는 단지 간보대 요소(interambulacral element)를 포함.
- 초기 페름기~현재

진성아강(subclass Euechinoidea)

- 고생대 이후 종으로 정형과 비정형을 가진다. 쌍으로 된 세로줄을 가진 보대와 간보대. 보대돌출부(ambulacral projection) 위에 구성된 턱 주위대.
- 중기 트라이아스기~현재

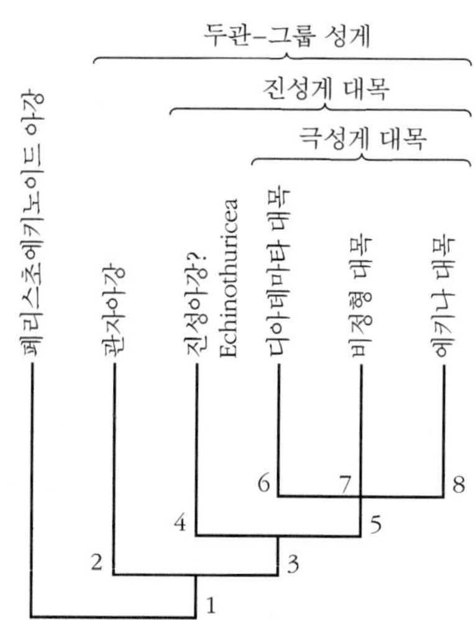

그림 15.10 분기학(分岐學)을 기초로 한 성게의 분류: 1=10개의 보대와 10개의 간보대역, 2=술병 모양에 구멍이 없고, 수직으로 아리스토텔레스 초롱, 3=독특한 턱 주위대, 4=독특한 보대역, 5=깊은 술병 모양의 구멍을 가진 수직의 아리스토텔레스 초롱, 6=홈으로 된 치아, 7=튼튼한 치아(stoutteeth), 8=용골치아(龍骨齒牙, keeledteeth).

이동하는 저서성이며, sand dollar(모래 속에 사는 성게의 일종)는 준내생동물이다.

외각(test)은 구(口, oral)로부터 발산하여 대구면(對口面, aboral surface)으로 모아지는 10개의 체절들이 정리된 방해석 판이 서로 맞물리도록 수백 개의 망을 형성한다. 다섯 개의 좁은 체절들 혹은 **보대역**(ambulacral areas, ambs)은 동물의 관족(tube feet) 역할을 하며, 접안판(接眼板, ocular plate)과 접한다. 더 넓은 **간섭대역**(干涉帶域, interambulacra areas, interambs)과 번갈아 나타나는 보대역은 가시(spines)로 무장되어 있으며, 생식판에 인접해 있다. 보대역과 간보대역은 보통 10개의 면과 20개의 세로줄을 가지며, 이는 외각의 관(corona)을 만든다.

대구면의 중앙 부분은 생식세포(gametes)를 방출하는 구멍이 각각 나 있는 다섯 개의

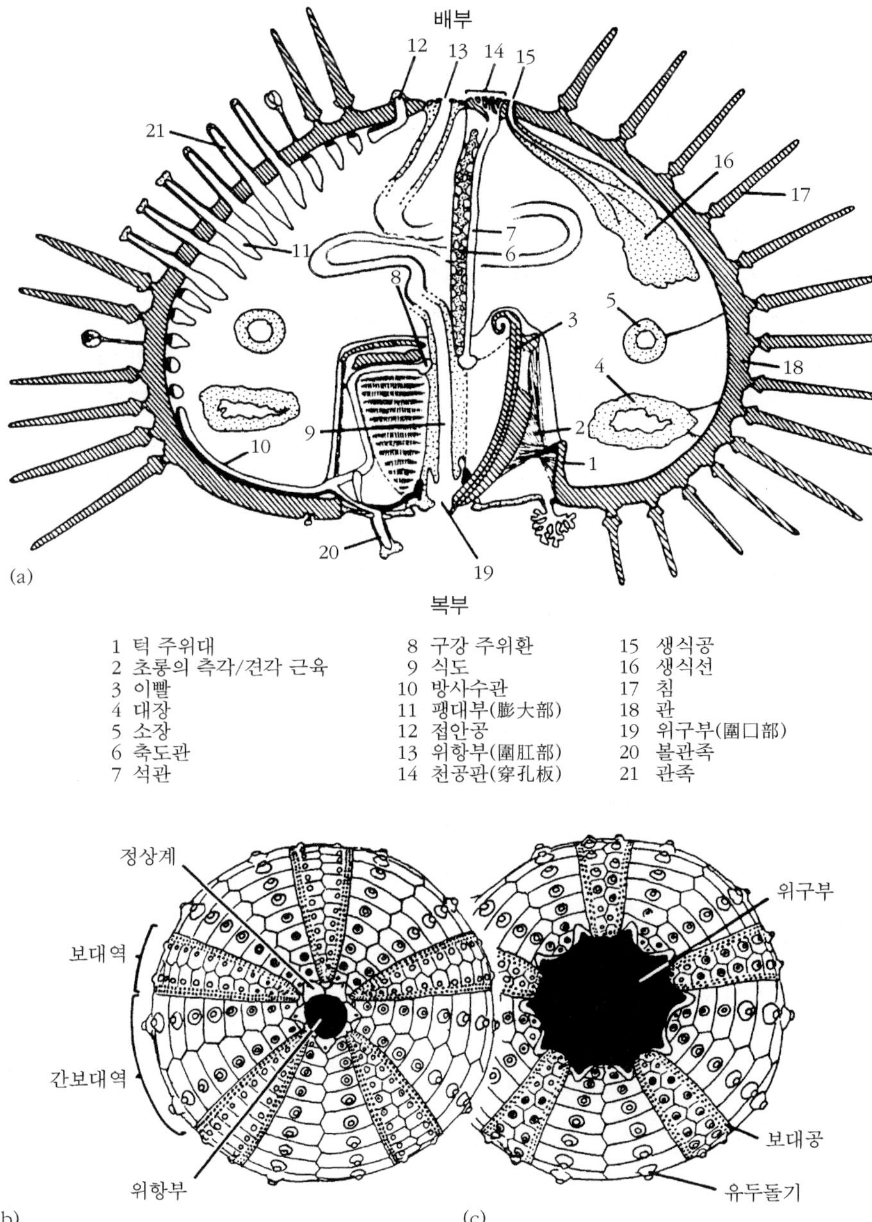

그림 15.11 성게의 형태: (a) 횡단면의 내부 구조, (b) 성게의 배측(背側) 관찰, (c) 성게의 복부면 관찰. [Smith(1984)에 근거.]

생식판이 고리 모양으로 되어 있다. **천공판**(穿孔板, madreporite)을 가지며, 이는 멍게·불가사리·바다사과 같은 극피(棘皮) 동물의 수관계(水管系)의 출구가 작은 판(板)으로 구성되어 있으며, 그곳에 있는 그 작은 구멍으로 물이 드나든다. 다공체는 일반적으로 다른 생식판보다 더 크다. 접안판은 방사상으로 놓이며, 그들 사이에 다섯 개의 생식판이 있다. 각각의 접안판은 하나의 기공을 가지고 있으며, 그 구멍을 통해서 방사수관(放射水管)의 말단 촉수를 지나게 된다. 정상계(頂上系, apical system)의 부분은 **위항부**(圍肛部, periproct) 혹은 항문구에 둘러싸여 있고, 이는 하나의 막(膜)의 역할을 하는 더 작은 많은 판에 의해서 부분적으로 덮인다. 외각(test)의 아래편에는 구기(口器, mouthparts)를 가진 **위구부**(圍口部, peristome)가 있는데, 이는 작은 판들로 감싸인 하나의 막에 의해서 덮인다. 입은 기병도(騎兵刀)와 같은 휘어진 이빨, 동물의 소화기관 안으로 입자를 밀어 넣고, 기계적인 움켜짐과 같은 작용을 하는 별개로 이루어진 다섯 개의 턱으로 구성된 비교적 정교한 턱 기관을 가지고 있다. 처음으로 위구부 구조를 기재했던 고대 그리스의 위대한 동식물학자 아리스토텔레스는 '그것은 끝 부분(뿔)의 유리판이 떨어져 나간 뿔 모양의 손전등'으로 비유했다. 그리고 성게의 턱은 자주 **아리스토텔레스의 전등**으로 불렸다. 두관(頭冠, crown)를 가진 그룹에서 초롱(燈)에 부착된 근육들은 턱 주변대에 부착되었으며, 위구부의 가장자리 둘레에 발달한다.

성게의 다양한 기관은 외각의 내부에서 매달려 있으며, 체액에 의해서 지지된다. 수관계는 많은 역할을 한다. 석관(stone canal)은 수직으로 식도(esophagus) 주위의 중앙 환(環, ring)으로부터 천공판에까지 수직으로 솟아 있다. 다섯 개의 방사상 수관은 보대역을 도와주기 위해 중앙 환으로부터 분리되어 있다. 더 작은 관들은 각 관족에 부착되어 있고, 수압의 변화로 동물의 이동체계의 동력을 제공하는 팽대부(膨大部, ampulla)에 부착되어 있다.

성게의 소화계는 위장이 없으며, 장(腸)을 통해서 이뤄진다. 크고 작은 장 폐기물질은 위항부를 경유하여 외부로 그리고 직장(直腸)을 통해 항문으로 배출된다. 하나의 신경환(環, ring)과 5개의 방사상 신경을 가진 단순한 신경계는 신경의 끝이 감각망을 형성하기 위해 밖으로 나누어지는 보대공과 연결된다.

정형에서 비정형의 변이

정형성게(echinoids) '성게'는 조밀하고, 대칭적 형태를 가지는 것이 기본적 형태이다. 정형성게의 모양은 좌우 대칭을 이루며, 앞으로 이동하기 위해 특수하게 분화한 비정형과는 근본적으로 다르다. 비정형성게의 형태형은 빠르게 진화했으며, 뚜렷하게 굴을 파는 동물로서 적합하게 큰 구조적인 변화를 가져왔다. *Plesiechinus bawkinsi*는 최초의 비성형 성게 중 하나이다. 이는 비대칭 외각으로 된 초기 쥐라기(Sinemurian, 하부 쥐라기의 전기, 1억 9,080만~1억 9,930만 년 전)에 나타났다. 짧은 여러 개의 침(spine), 큰 대구면 기공(pore), 뒤쪽에 있는 용골(keeled)화한 이빨을 가진 위항부(圍肛部, periproct, 섬게 등의 항문을 둘러싼 부분)가 있다. 초기로부터 1,000만 년 후인 하부 쥐라기의 후기에 속하는 Toarcian(1억 7,410만~1억 8,270만 년 전)에 생활에 적응에 필요한 많은 '도구 세트'가 굴을 파고 살 수 있는 생활 형태로 진화했다. 좌우 대칭의 심장 모양 혹은 넓적한 타원 모양의 외각(test)을 만들기 위해 오방이 대칭을 이룬다. 위항부는 정점의 표면 위에 위치한 것에서 옆으로 배설물을 배출하도록 외각의 뒤쪽으로 이동해 위치한다. 백악기 초기에 보대역(步帶域, ambulacral area) 중에 하나가 먹이 홈을 형성하기 위해 변형되었으며, 일련의 관족은 호흡을 돕도록 판판하게 된 끝 부분과 연결된다.

가장 초기의 성게류 중 하나인, 연잎성게목(Clypeasteroida)의 *Togocyamus*는 팔레오세(Paleocene)에 출현하여 약 2,000만 년 후인 에오세에 더 전형적인 성게(sand dollars)로 변하여 범세계적으로 분포하고 지배할 수 있도록 진화하였다. 판판하게 된 외각은 굴을 파기에 적합하게 되었으며, 부속적인 관족은 먹이 홈을 따라 먹이를 유입할 수 있게 되었고, 모래로 외각을 덮는다. 두드러진 화문(花紋, petals)은 관족을 돕기 위해 넓혀진 표면적을 제공함으로써 호흡을 도우며, 수평으로 발달한 이빨을 유지하기 위해 낮은 초롱(lantern)의 발달은 먹이를 섭취하기 위한 형태의 변화를 알려 준다.

생태: 생활 형태

정형성게인 *Echinus*속과 비정형성게인 *Echinocardium*속은 표생동물(epifaunal)의 이동행위로부터 매생동물(infaunal)의 굴을 파는 방법에까지 생활 형태의 범위가 다양하다(그림 15.12). *Echinus*와 같은 이동성 정형성게는 굳은 저면과 부드러운 저면 위에서 해초를 뜯어먹었으며, 해저면의 굴이나 틈 사이에서 살았다. 이러한 성게는 잡식동물(omnivores), 육식성(carnivores) 혹은 초식성(herbivores)일 수 있다. 비정형성게들은 저에너지 환경에서 만들어진 굴에서 사는 내생동물의 생활양상에 적응한 것으로 보인다. 극단적인 형태는 이동하는 모래에 의해서 퇴적물과 물이 접하는 면 바로 아래로 빠르게 매장되어도 살 수 있었던 성게(sand dallor) 혹은 연잎성게목(Clypeasteroida)에서 발달되었다. 성게는 일반적으로 천해에서 살지만 일부는 더 깊은 곳으로 이동했다. 그러나 연안을 이동하는 이들이 깊은 곳으로 천이하는 시간에 대해서는 논쟁이 되고 있다(**글상자 15.6**).

생활 형태와 진화: 마이크라스터(Micraster)의 미소진화 화석의 진화 양상에 대한 고전적 연구 가운데 하나는 매생형인 비정형성게로서 멸종한 마이크라스터(Micraster) 속(屬)에 있다. 고생물학자들은 계통점진적 진화와 단속 평형 모델을 실험하기 위해서 마이크라스터를 반복적으로 이용했다. 또한 개체발생(ontogenetic) 변화와 계통발생(phylogenetic)변화의 정확한 통계적 분석을 위한 자료로서 이를 이용하였다. 가장 잘 알려진 계통은 *M. leskei–M. decipiens–M. coranguinum*이며, 여기에서 다음과 같은 형태적 변화가 나타난다(그림 15.14).

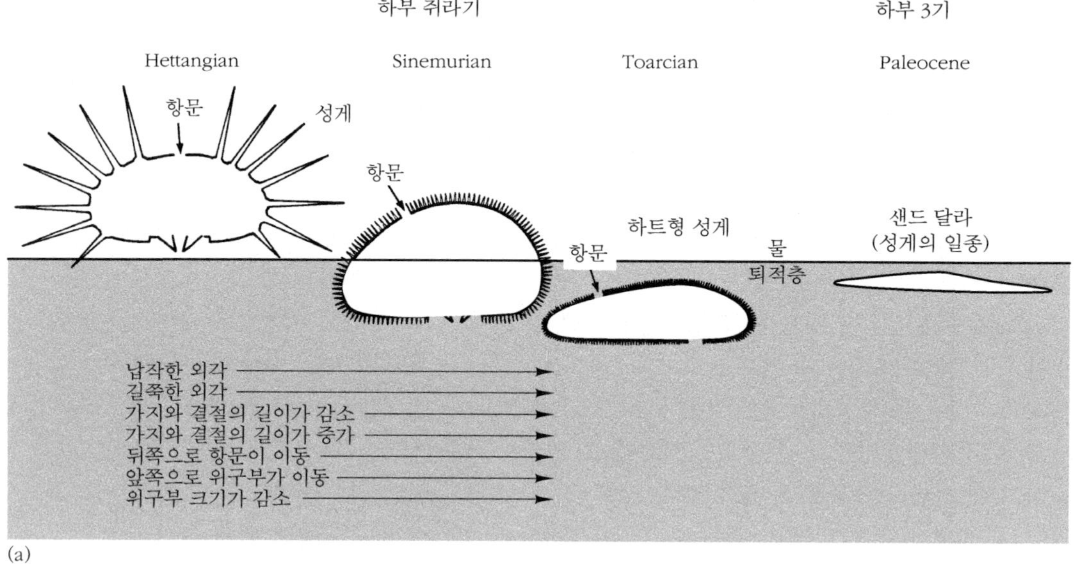

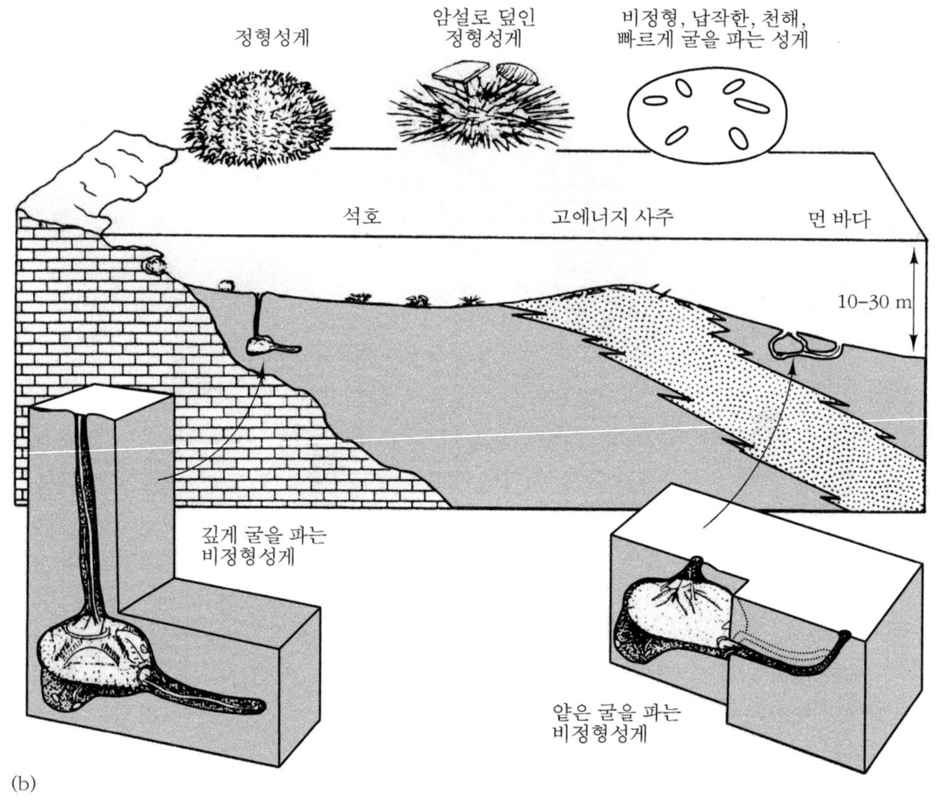

그림 15.12 성게의 생활 형태: (a) 하트형 성게부터 샌드 달라 그리고 성게(sea urchins)까지의 천이, (b) 성게의 습성과 생활 습관. [(a)는 Kier, P. 1982. *Palaeontology*, **25**에, (b)는 Kier, P. 1982. *Smithson. Contr. Paleobiol.*, **13**에 근거.]

글상자 15.6 깊숙한 곳으로: 그러나 후기 백악기까지는 아니다?

고생대 진화의 동물군에서 가령 완족동물과 바다나리와 같은 많은 동물 그룹은, 일반적으로 심해 환경하에서 서식하였다. 이는 심해가 포식자 혹은 대륙붕에서 경쟁에서 밀려난 동물들이 대륙사면 아래로 이동한 종들의 운명적 피난처였다는 견해를 강력하게 지지해 준다. 스미스와 동료들(Andrew Smith & Bruce Stockley, 2005)은 분자시계(molecular clock)의 추정과 바다나리 동물군의 계통발생을 기초로 아주 다른 모델을 만들었다. 결과는 현대의 심해 잡식동물군은 일반적으로 지난 1억 5,000만~2억 년 이상의 기간 동안 점진적으로 나타났으나, 유기쇄설물을 먹고 사는 동물은 7,500만~5,000만 년 사이의 더 짧은 기간 동안 심해에 있었다(그림 15.13). 바다 쪽으로 이동한 2,500만 년 동안의 시간은 계절 변동의 증가, 육원성 퇴적물의 양, 그리고 바다 저면의 비옥도와 관련이 있다는 것을 암시한다. 심해에서의 유기탄소와 영양소가 점차 증가함으로써 이것을 이용하는 동물은 대륙붕 지역에서 서식지 경쟁이나 포식자로부터 도피했다는 것보다는 서식지 확장으로 인한 결과라는 의미를 제시한다.

1. 몸체의 높이가 더 높고, 더 넓은 (심장 모양)형태로의 발달한 것은 외각(test)의 크기와 두께의 증가에 관련이 있다.

2. 위구부의 입은 앞쪽으로 이동했으며, 뒤쪽으로 위치한 위항부의 항문은 더 넓은 하항문 패시올(subanal fasciole)이 있는 곳으로 위치한다.

3. 천공관은 특별한 인접판에 영양을 주어 크기를 증가시켰다.

4. 더 많은 돌기(tuberculate)와 더 깊은 앞쪽의 보대로 진화했다.

5. 변복갑역(邊腹甲域, periplastronal)이 더 많은 난알 모양으로 발전하였다.

이러한 형태적인 변화는 점진적으로 더 깊은 굴을 파는 생활과 연관이 있다. 그러나 이러한 사실을 증명할 만한 흔적화석은 없다. 반면에 생물이 환경에 대한 적응으로 볼 때, 그들이 파놓은 굴이 재퇴적작용으로 파괴되는 것을 막기 위해 수심이 얕은 곳에

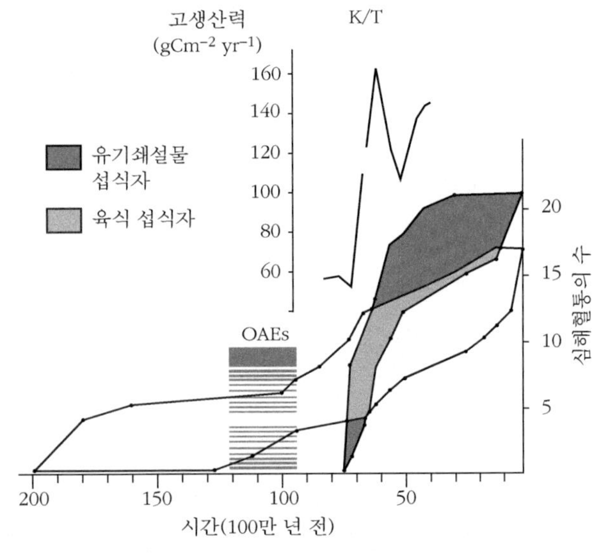

그림 15.13 심해의 사건들: 육식동물 섭식과 유기쇄설물질을 섭식하는 심해 성게의 현존하는 38개의 계통분기군(系統分岐群)기원. 최대시간과 최소시간에 대한 누적빈도 다각형(Smith & Stockley, 2005). K/T=백악기~3기의 경계, OAEs =산소 결핍 사건.

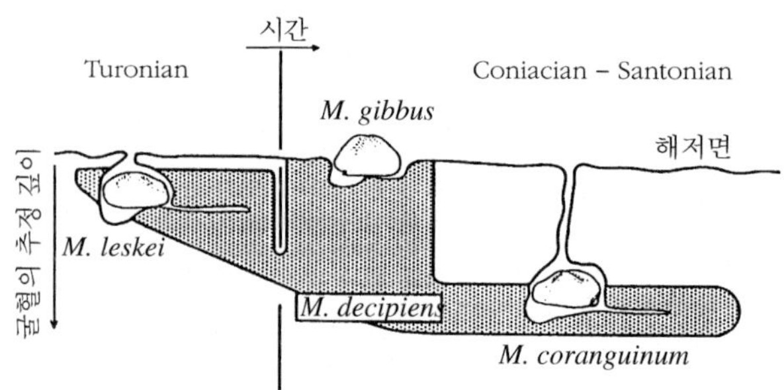

그림 15.14 후기 백악기 심장성게(heart urchin)인 *Micraster*의 진화. (Rose, E.P.F. & Cross, N. E. 1994. *Geol. Today*, **9**에 근거.)

사는 생물은 더 큰 굴을 파는 것이 효율적인 생활일 수 있다.

미소진화의 경향은 다른 성게 계통에서 실험되었다. 비정형 *Discoid*는 영국의 남쪽 데본지역의 월밍톤에 있는 상부 백악기 단면에서 풍부하게 산출된다. 성게의 높이와 지름이 단면을 통해서 변화하는데, 이것들은 퇴적물의 입자 크기와 관련이 있는 것으로 보인다. 몸의 모양이 높고, 좁은 형태의 성게들은 세립질 입자의 퇴적물을 좋아한다. 이러한 사례는 http://www.blackwellpublishing.com/paleobiology/에서 확인할 수 있다.

진화

최초 성게는 중기 오로도비스기에 출현했으나, 화석은 성게가 비교적 풍부했던 하부 석탄기 암석 안에서 많이 발견된다. 초기의 성게 화석 기록이 드문 이유는 초기 성게들은 죽은 후 빠르게 부서지기 쉬운 외골격을 가졌음을 의미할 수 있다. 성게는 고생대의 저서성 생물 가운데 일반적인 동물은 아니었다. 에스토니아와 남서 스코틀랜드의 오르도비스기에서 기재된 불가사의한 *Bothriocidaris*을 성게, 포막 홀씨 그리고 해삼 무리들로 다양하게 분류했었다. 일부 단체에서는 *Bothriocidaris*와 *Eothuria*가 오르도비기의 바다에서 생물들이 빠르게 확산하는 동안에 나타난 괴물은 아니라고 생각했다. 남서 스코틀랜드의 상부 오르도비스기에서 산출된 Aulechinus는 가장 원시적인 성게 중 하나이며, 보대역에 두 개의 판으로 된 기둥을 가진 최초의 성게이다. 고생대 동안에 대부분의 속은 보대역의 수와 크기가 일반적으로 증가했다(그림 15.15).

후기 석탄기 동안에 성게의 다양성은 현저하게 쇠퇴했다. 페름기에는 단지 6종만이 알려졌으며, 그들은 중요한 두 개의 그룹에 속한다. 즉, 퇴적물 섭식자들과 기회주의자들이다. 프로테로시다리드과(科)에 속해 있는 크기가 큰 proterocidarid는 고도로 전문화한 퇴적물 섭식자이며, 크기가 작은 잡식성의 *Miocidaris*와 *Xenechinus*는 기회주의자들이다. 페름기 말의 멸종을 초래했던 사건에도 생존했던 *Miocidaris*를 포함하는 두 계통은 초기 중생대 동안에 더욱 번창했으며, 이러한 현상은 성게들이 계속 생존할 수 있는 기반을 만들었다. 페름기 말 일부 성게들이 전멸한 후에, 초기 중생대를 점유했던 진화한 정형성게가 후기 트라이아스기와 초기 쥐라기에 다양하게 번성하였다. 비정형성게는 초기 쥐라기에 출현했으며, 이 기간에 숫자적으로도 증가했다. 다양성은 중생대 백악기에서 신생대 제3기 전멸 사건이 있기 전까지 급격히 감소했으나, 정형성게와 비정형성게들은 초기 신

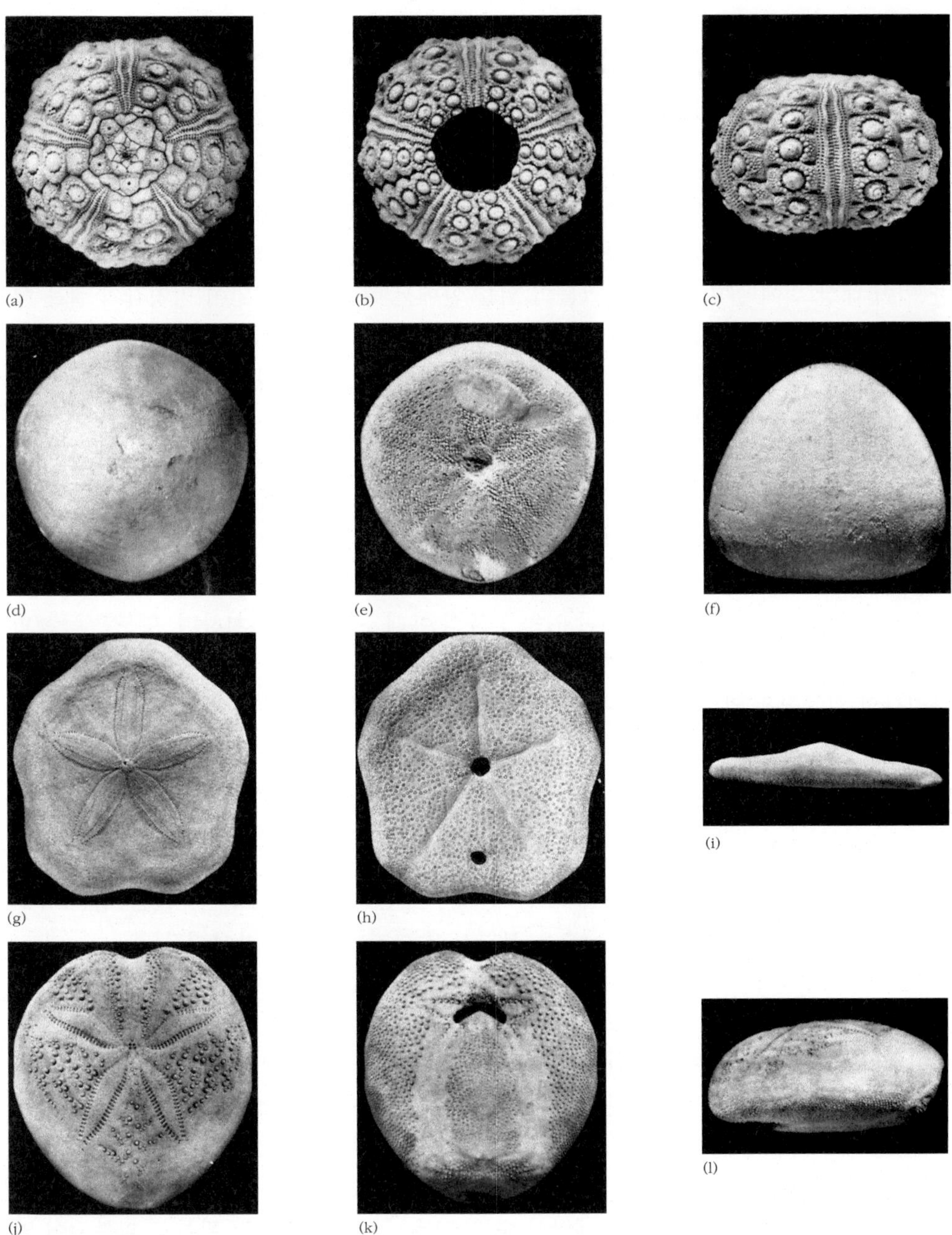

그림 15.15 성게 속(屬)의 대구면 관찰, 구면 관찰, 측면 관찰: (a~c) *Cidaris*(현재, 정형), (d~f) *Conulus*(백악기, 비정형), (g~i) *Laganum*(현재, sand dollar), (j~l) *Spatangus*(현재, hart urchin). 모두 대개 실제 크기. [Smith와 Murray(1985)로부터.]

생대에 빠르게 회복되었다.

불가사리강(Asteroidea)

불가사리는 일반적으로 오늘날 해안가에서 서식하고 있으며, 그들의 생물학적 특징은 생존하기에 적합하게 되어 있다. 일부는 갑각동물과 천천히 움직이는 해안동물 그리고 천해동물들을 잡아먹고 산다. 그들의 섭식 형태는 독특하며, 치명적이다. 즉, 그들은 선택한 먹이 대상 위에 살며시 앉아, 그들의 위를 안에서 바깥으로 내밀어 먹잇감의 살을 빨아들인다. 먹이의 대다수는 여과섭식자(filter feed)나 저서성 퇴적물 섭식자들이다. 불가사리는 독특하게 완족(arm)의 끝에 눈이 있다. 이는 실제적으로 빛을 간파하는 세포이며, 진정한 눈은 아니지만 이들의 적응은 매우 기발하다.

불가사리는 초기 오르도비스기에 출현하였다. 불가사리 아문(subphylum asterozoa)은 아스트로이드(astroids) 혹은 불가사리 그리고 오피우로이드(ophiuroid) 혹은 거미불가사리(brittle stars)인 두 개의 주요 그룹을 가진다. 이들 동물은 외형이 중앙 몸으로부터 바깥으로 방사형으로 뻗은 다섯 개의 완(arms)을 가진 별 모양이다. 수관계는 항상 열려 있고, 입은 주구면(周口面, oral surface)이 있는 동물의 아래쪽 중앙에 위치하며, 항문은 등쪽면(dorsal surface)에 위치한다. 불가사리강은 해저에서 가동적인 생활 형태를 가진다. 불가사리강의 외골격은 외골격판 사이에 약한 결합력 때문에 죽은 후 빠르게 분해된다. 그러므로 인지할 수 있는 화석은 비교적 드물다. 그럼에도 불구하고 불가사리강이 대단히 풍부하고 잘 보존된 라거슈테텐 퇴적물에 많은 수의 불가사리 화석이 나타난다.

주요 그룹의 분포와 생태

불가사리는 세 개의 강(綱)으로 분류된다. 즉, 기초적인 소마스테로이데아강(somasteroidea), 불가사리강(asteroidea)혹은 불가사리 그리고 거미불가사리강(ophiuroidea) 혹은 거미불가사리로 분류된다. 소마스테로이데아강은 초창기의 불가사리 같은 동물로, 곤드와나 지역의 초기 오르도비스기인 트레마독부터 기재되었다. 이들 극피동물은 주구면의 주위에서 초기에 분화된 완(arm)을 가진 오각형 모양의 몸체를 가진다. 이들은 짧은 기간 동안 살았던 그룹이다. 이들은 아마도 중기 오르도비스기에 넓게 분포하여 살았으며, 유병류의 선조와 전형적인 불가사리강의 후손 사이의 중간으로 원시적인 불가사리의 형태를 보여 준다. 전형적인 불가사리의 특징은 디스크(disk)로부터 방사상으로 다섯 개의 완을 가지며, 운동의 유연성을 제공할 수 있도록 느슨하게 접하는 판들로 피복되어 있다(그림 15.16). **피새**(皮鰓, papulae: 성게나 불가사리 등 극피동물의 호흡기관의 하나. 체내의 체강을 덮는 체강 상피가 몸 밖으로 돌출하여 가스 교환을 함)라고 불리는 부가적인 호흡 구조는 상부 표면판을 통해서 체강(體腔, celom)에서 돌출해 있다. 이러한 호흡 구조의 대체 체계는 활동적인 불가사리의 대사율(metabolic rate)을 돕는다.

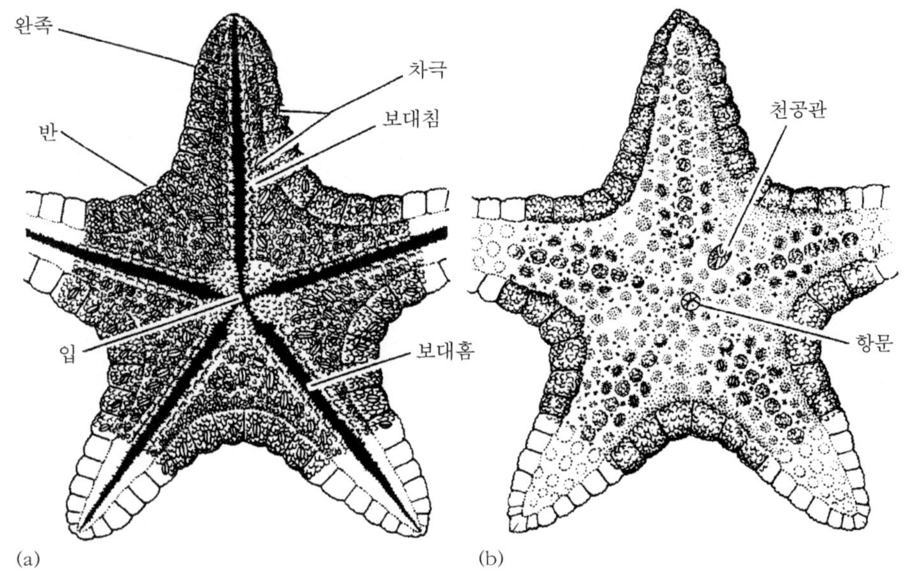

그림 15.16 불가사리의 형태: (a) 복부면, (b) 배면(背面). (*Treatise on invertebrate Paleontology*, Part U. Geol. Soc. Am. and Univ. Kansas Press에 근거.)

최초의 진성 불가사리는 아마도 초기 오르도비스기 동안에 소마스테로이드로부터 유래했으며, 비교적 움직이지 않고, 뻘 속을 파헤치고 살았을 것이다. 예를 들면 *Hudsonaster* 같은 중기 오르도비스기에서 산출된 최초 불가사리 중 일부는 *Asterias*와 함께 같이 살았던 형태로 이들은 어린 성장 단계의 판 배열이 서로 유사하다. 비록 고생대에는 드물지만, 이 그룹은 중생대와 신생대에 중요한 그룹이었으며, 지금은 가장 일반적인 극피동물강 중에 하나이다.

거미불가사리강은 초기 고생대(아레닉)에 출현했으나, 이 그룹은 다계통발생일 수도 있다. 이들은 완(arm)의 구조와 디스크의 표면피복을 기초로 하여 분류된다. 거미불가사리 몸체는 준원형의 중앙 디스크와 길고, 가느다란 유연한 완이 있다. 입은 반(disk)의 아래면의 중앙에 위치한다. 디스크의 대부분은 위가 점유하고 있으며, 항문은 없고, 배설물은 입을 통해서 배출한다. 완은 고도로 특수화한 소골편(ossicle) 혹은 경추골(vertebrae)로 구성되어 있다. 거미불가사리류는 500m 이하의 심해 환경을 선호하며, 현재 해양과 대양에 일반적으로 서식한다. 그들의 기초적인 외적 형태는 미국의 중기 오르도비스기에서 산출된 *Taeniaster*와 같은 그룹의 초기 멤버들과 차이가 거의 없다.

소수의 현대 불가사리는 조개류를 즐겨 먹는 잔인하고, 식욕이 왕성한 포식자들이다. 불가사리의 입은 생물을 뒤집기에 충분한 빨판으로 무장된 관족을 가졌으며, 이를 이용해 이매패류의 껍데기를 분해하여 포획할 수 있다. 도노반과 동료들(Stephen Donovan &

Andrew Gale, 1990)은 이러한 불가사리의 포식생활 형태는 완족류 그룹이 페름기 이후에 급격히 번성하는 것을 상당히 억제했다는 의견을 제시했다. 가장 번성했던 페름기 완족류인 스트로포메니드(strophomenides)는 유사한 내생동물 생활 체계를 가지고 있었으며. 이들은 포식자인 불가사리에게 쉽게 잡혀 먹혔을 것이다.

해과강(海果綱, Carpoidea)

해과류(carpoids, stylophorans)은 이제까지 기재된 가장 특이이하고, 논쟁이 있는 화석동물 중에 하나이다. 선택에 따라서 호마로조안(homalozoans) 혹은 석회삭류(石灰索類, calcichordates)를 해과류로 다양하게 기재했으며, 대부분의 학자는 넓게 확산된 극피동물과 아주 다른 그룹으로 생각하고 있다. 정말로, 해과류가 척삭동물과 약간은 난해한 유사성을 가지기도 한다.

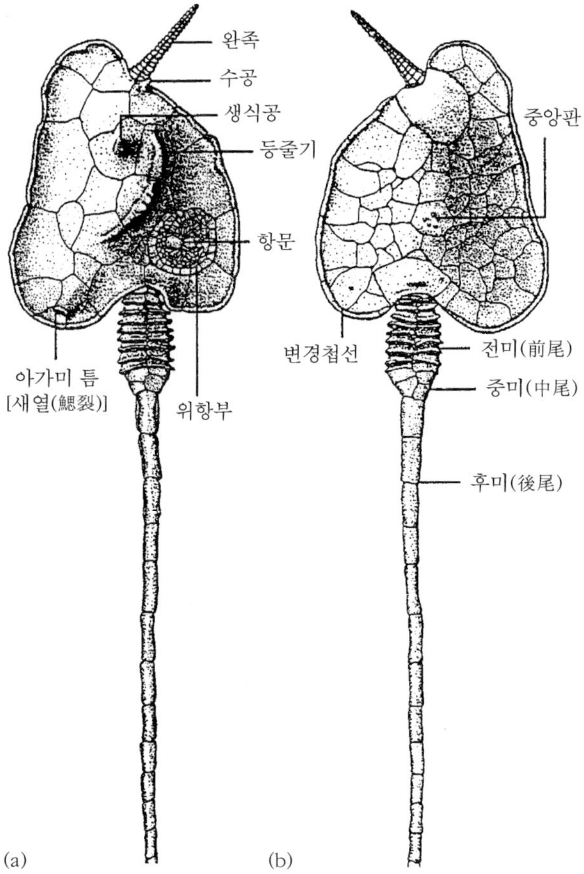

해과류는 중기 캄브리아기에서 후기 석탄기까지 분포하는 해서동물이며, 탄산칼슘 성분으로 방사상 대칭이 아닌 극피동물 유형의 외골격을 가진다(**그림 15.17**). 해과류는 두 개의 주요 유형인 콘너트(cornutes)와 미트라더스(mitratus)로 인지되었다. 콘너트는 목이 긴 부츠 모양의 신발 형태이며, 머리꼭대기의 왼쪽에 일련의 좁고 긴 아가미구멍을 가진다. 미트라더스는 콘너트 선조로부터 유래했으며, 양쪽에 덮인 아가미구멍을 가진 좌우 대칭이다.

이는 예상 밖으로 보일 수도 있으나 해과류는 오래 계속되어 온 논쟁의 중심에 있었고, 지난 50년 이상 표제를 장식했던 논쟁의 대상이었다. 많은 연구 후에, 제프리스(Richard Jefferies, 1986)는 해과류와 척삭동물이 '소위 석회삭류(石灰索類, calcichordates) 가설'로서 많은 특징을 공유한다는 자세한 증거를 제시했다. 그는 현대 극피동물과 척삭동물의 유충의 해부학적 구조 연구로서 해과류에 대한 결론을 내렸다. 해과류가 척삭동물에 포함된다는 복원은 몸에는 하나의 머리와 이동에 사용된

그림 15.17 해과류(carpoids)의 형태: (a) 배면, (b) 복부면. [Jefferies와 Daley(1996)로부터.]

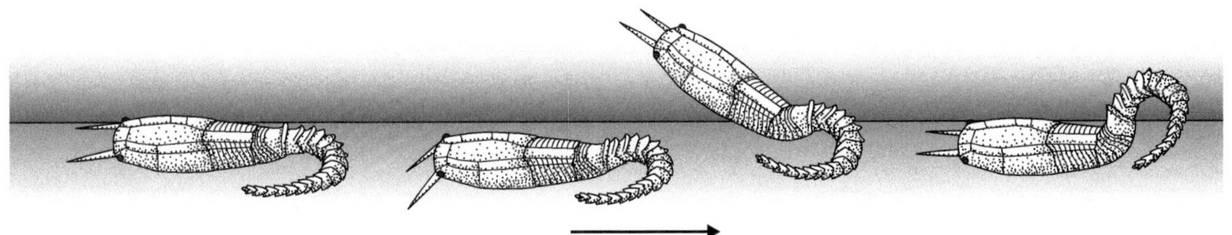

그림 15.18 살아 있는 해과류의 복원: 왼쪽에서 오른쪽으로 퇴적물 속을 통해 가로질러 움직이는 데본기 *Rhenocystis*. [Sutcliffe 등(2000)으로부터.]

하나의 꼬리가 있음을 제시했다(Sutcliffe et al., 2000)(**그림 15.18**). 더욱이 제프리스는 어류와 같은 두뇌, 두개골의 신경, 아가미구멍 그리고 여과섭식 인두(咽頭, pharynx)가 멍게로 알려진 피낭류(tunicates)와 유사한 구조로 기재했다. '석회삭류 가설'에서 반삭동물은 제프리스가 Dexiothetica라고 불렀던 하나의 계통 분기로 극피동물+척삭동물의 자매 그룹으로 분류했다. 해과류의 해부학적 재평가에서 그들이 극피동물로서 더 확신이 가며, '석회삭류 가설'은 잘못되었다(**글상자 15.7**). 화석표품에 대한 이러한 새로운 연구 내용이 계통발생학적 그리고 분자학적 증거를 갖추었을 때 논란은 없어진다(Ruta, 1999). 분자에 의한 계통발생학적 분석(Winchell et al., 2002; Delsuc et al., 2006)은 반삭동물(hemichordates)은 Ambulacraria와 함께 형성된 극피동물의 자매 그룹이며, Ambulacraria는 척삭동물의 자매 그룹임을 제시했으며, Dexiothetica는 존재하지 않는다.

글상자 15.7 가장 오래된 스틸로포란: 운동기관을 가진 극피동물

해과류의 연관성에 관한 논쟁은 얼마나 더 오래갈 수 있을까? 새로운 자료와 새로운 조사기법이 항상 도움을 줄 것이다. 가장 오래된 스틸로포란(stylophoran) 해과류는 모로코의 중기 캄브리아기 암석에서 나왔다. 클라우젠 등(Sebastien Clausen & Andrew Smith, 2005)은 가장 자세하게 이 동물의 형태를 분석하였는데, 특히 주사전자현미경을 이용해 미세 구조를 분석하였다. 사실 *Ceratocystis*는 대부분 극피동물의 전형적인 스테롬(sterom)의 미세 구조를 가진다. 그러나 그들의 부속지는 관절로 된 판에 의해서 덮여 있으며, 근육섬유와 인대(ligaments)로 가득 차 있다(**그림 15.19**). 이 특이한 비대칭동물은 하나의 극피동물 골격구조를 가지고 있는 것처럼 보인다. 그러나 차라리 pterobranchs의 자매동물과 유사한 하나의 근육 운동부속지를 가지고 있다. 이 그룹은 오방사대칭과 집작컨대 수관계를 형성하기 전의 줄기-그룹 극피동물의 모든 특징을 가지고 있다. 그리고 이것이 해과류와 척삭동물 사이에 하나의 가까운 계통발생학적으로 연계되었다는 것은 잘못된 결정임을 입증했다.

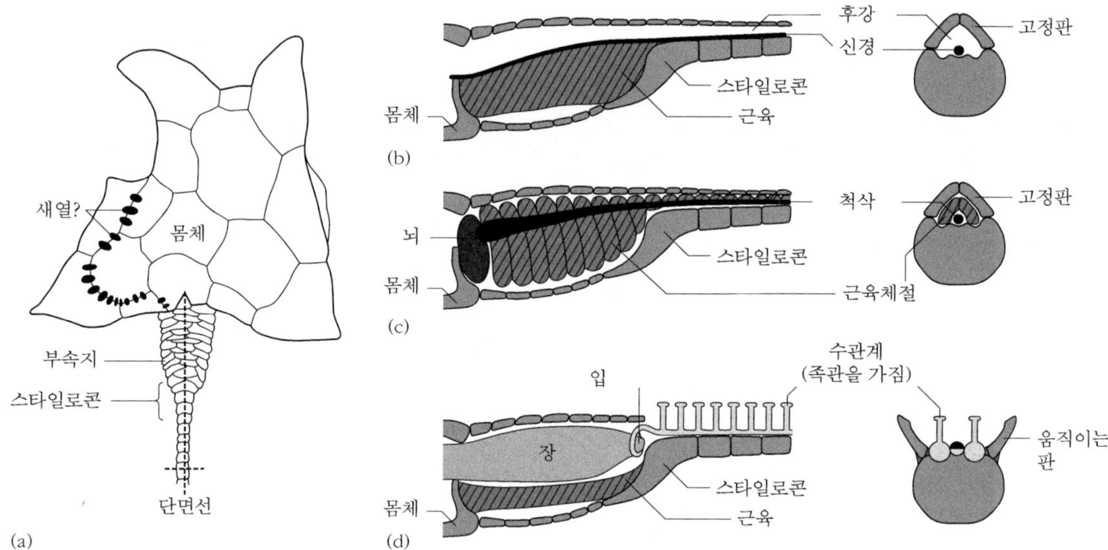

그림 15.19 북아프리카에서 산출된 *Ceratocystis*. (a) 기초해부학적 외형. (b~d) 스틸로포란(stylophoran) 부속지의 부드러운 섬유에 대한 해부학의 세 개의 해석. 몸 중심부 쪽의 세로 단면(왼쪽), 말단의 횡단면(오른쪽): (b) 원시적 극피동물의 모델, (c) 석회삭류(石灰索類, calcichordates) 모델, (d) Crinozoan 모델. [Clausen과 Smith(2005)에 근거.]

✲ 반삭동물

> 무엇이 유럽의 가장 초기의 모델로 나타난 식물의 특징인가에 대해 현재로서는 정확한 대답을 하기는 불가능하다. 그러나 우리는 무척추동물에 대해서는 대서양 남쪽 그리고 대부분 유럽의 동쪽으로부터 연결된 천해에 현재 서식하고 있는 동물과 다른 무척동물의 특징적 계열인 삼엽충, 필석류, cystidean, 완족류, 두족류 등에 의해 점유되었다고 알고 있다. 이들이 지금의 미국과 유럽 사이에 있는 북극의 육지의 해안을 따라서 이들 동물들은 자유롭게 이동했을 것이다.
>
> **Archibald Geikie 경의 왕립 지리학회 강연에서(1897)**

반삭동물(hemichordates)은 단지 수백 종의 작은 규모의 계(界, phylum)를 형성하고 있는 동물로 대부분의 사람들에게는 생소하다. 그러나 척추동물의 진화에 대한 연구에서 그들의 중요성은 과소평가할 수 없다. 그들의 일반적인 화석으로 대표되는 필석류는 초기 고생대의 고대 해양에서 풍부하게 서식했다. 그 당시의 집단과 환경은 오늘날의 그것과 아주 다르다. 필석류는 개체수가 풍부하고, 넓게 분포하며, 빠르게 진화했기 때문에 지층을 대비하는 도구로서 널리 사용된다. 비록 필석류가 전멸하고, 그들의 생활양식을 해석하기는 어려움이 있지만, 그들은 반삭동물이었다. 살아 있는 100여 종을 포함하고 있는 계는 막대기 모양 구조인 **척삭**(notochord)에 의해서 특징을 나타난다. 그들은 작고, 체절이 없으며, 좌우 대칭을 이루는 부드러운 몸으로 된 동물이다. 이 계는 두 개의 아주 다른 강을 가진다. 첫째, 작고, 주로 군락으로 이루는 저서고착성으로 사는 전새류이다. 둘째, 더 크고, 두무충(acornworm, 혹은 새벌레(tongueworms, 반삭동물), 그리고 아조간대에 주로 굴을 파고 살았던 enteropneusts이다.

반삭동물은 촉수관(lophophorate)동물과 연계됨을 시사하는 필석동물과 척삭동물의 혼합특징을 가진다. 그들은 두삭동물(cephalochordates)과 미삭동물(urochordates 혹은 피낭동물과 아주 유사하게 관련된다. 그러나 분자학적 자료와 그 밖의 다른 자료들은 후자의 두 그룹이 반삭동물이라기보다 척삭동물에 더 가깝다는 것을 제시해 준다. 비록 척삭(notochord)이 진정한 척추와 관련이 없는 것으로 알려졌지만, 반삭동물은 신경계와 아가미구멍을 가지고 있다.

현대 반삭동물의 상사기관

전새류(pterobranchs)는 표면적으로는 태선동물과 유사하다. 전새류와 태선동물은 군집동물로 촉수를 가진 작은 개체의 유충을 먹고 살며, 섬모가 있는 완(arm)을 가진다(그림 15.20). 이 그룹은 중기 캄브리아기의 *Rhabdotubus*와 트레마독(Tremadocian)의 *Graptovermis*같이 초기에 기록된 지질학적으로 긴 역사를 가진다. 살아 있는 속인 *Cephaldiscus*와 간벽충류(*Rhabdopleura*)(그림 15.20)는 필석류 형태의 모양, 개체발생, 고생태를 알기 위해 상사기관으로 이용된다. 이러한 살아 있는 속과 필석류은 양쪽 모두가 fusellar 조직을 가진 **주피**(periderm), 혹은 껍질을 가진다. 반면 수지형(dendroid) **주근**(走根, stolon: 무척추동물에서 개체가 바닥에 부착하는 막대기와 같은 구조)은 각각의 개체방(thecae)을 연결하는 관을 가지며, 전새류의 **pectocaulus**와 연관될 수 있다. 간벽속(屬, genus)(*Rhabdopleura*)은 중기 캄브리아기에 최초로 알려졌으며, 오늘날 수심 수천 m 이하의 대양에서 주로 발견된다. 간벽충류는 지름이 180~95μ, 성장 링의 폭이 40~75μ로 작으며, 천천히 기어 다닐 수 있도록 군체를 잡아 주는 일련의 외골격 관을 지주(stem)로 가지며, 한 쌍의 완(arm)을 포함하는 촉수관과 같은 섭식기관을 각각 소유한 군체개충(群體個體, zooid)이 있다. 군체개충은 스톨론(stolon)으로부터 싹으로 발아한다. 수축성 있는 줄기인 펙토컬러스(pectocaulus)에 의해서 상호 연결된다. 그러나 *Cephalodiscus*는 아주 다르며, 기부 디스크로부터 나온 유병관(有柄管, stalked tube)싹의 다발을 구성한다. 더욱이 *Rhabdopleura*와 대조적으로, *Cephalodiscus*의 종은 항상 다섯 쌍의 섬모가 있는 섭식 완을 가진다. *Cephalodiscus*의 군체개충은 그들의 외부를 따라 군체의 바깥쪽으로 실제적으로 기어 다닐 수 있으며, 인접한 표면 위로 집에서 떨어

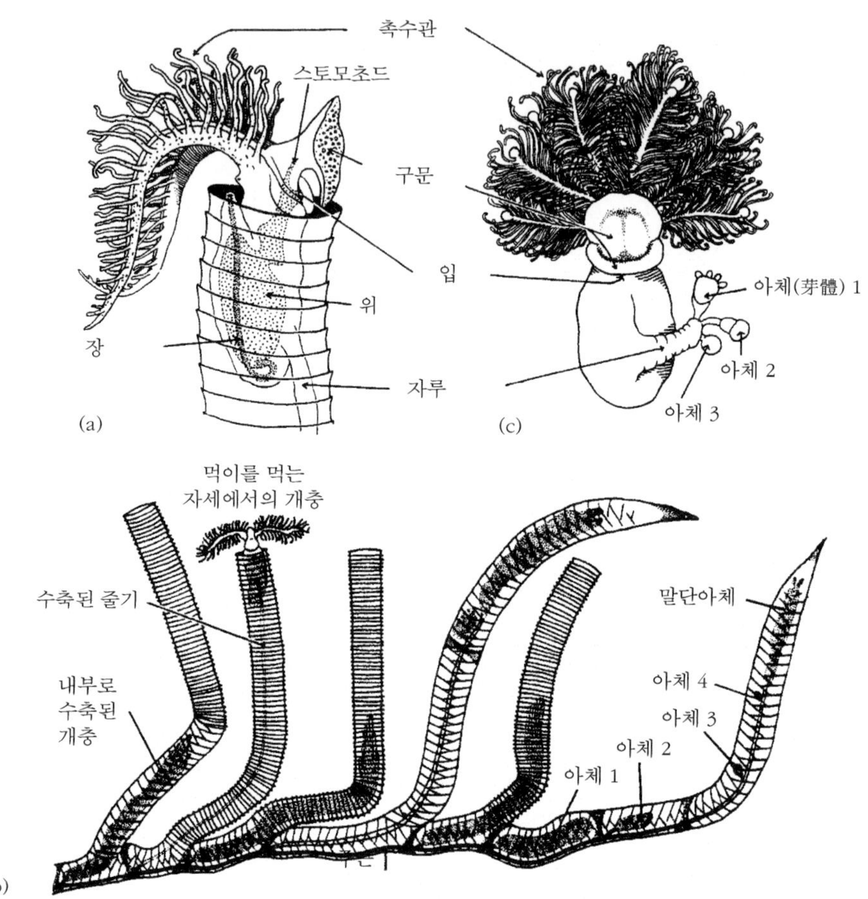

그림 15.20 Rhabdopleurid 형태: (a, b) 간벽충류(*Rhabdopleura*), (c) 두반충류(*Cephalodiscus*) (*Treatise on invertebrate Paleontology*, Part V. Geol. Soc. Am. and Unv. Kansas Press에 근거.)

진 곳으로 이동할 수 있다. 이동성이 꽤 자유로운 살아 있는 개체인 *Cephalodiscus*는 골격의 바깥으로부터 외부의 가시(spine)를 만들 수 있다.

필석류(筆石類, Graptolites)

필석류 혹은 필석강(筆石綱, Graptolithina)은 일반적으로 막대기와 같은 모양의 화석이며, 많은 하부 고생대의 흑색 셰일에서 일반적으로 나타난다. 사실, 이 그룹은 하부 고생대층을 대비하는 데 중요한 열쇠로서 제공되며, 널리 분포하고 있다. 오르도비스기와 실루리아기의 생물대가 대다수 필석류의 종이나 군집을 기초로 하였다. 그리스어의 '글자돌'에서 온 필석류는 상형문자(hieroglyphics)를 닮은 편형체의 탄산염화한 필름처럼 얇은 흑색 셰일에서 항상 산출된다. 필석류 화석은 조류에 의해서 이동된 증거를 자주 보인다. 다행히도 완전하고 편형체를 이룬 표품이 산을 이용한 부식기술에 의해 처트와 석회암에서 축출되었다. 그룹의 친연성에 대해서 1940년대까지 널리 알려지지 않았지만, 폴란드의 고생물학자 코즐로브스키(Roman Kozlowski)가 석회암으로부터 분리된 3차원적 물질에서 척삭(脊索, notochord)을 발견했다. 척삭은 필석류와 이와 유사한 동물들이 있었다(글상자 15.8).

필석류의 형태

기초 필석류의 형태는 콜라겐 성분의 골격이 익새(翼鰓, Pterobranchs)의 구조와 유사한 지그재그형의 봉합으로 접하는 포피(胞皮)의 반고리 모양으로 성장하는 특징이 있다(그림 15.21). 각 콜로니 혹은 **래도썸**(rhabdosome, 단백질의 성분으로 된 군체 골격부, 화석으로 남음)은 **시큘라**(sicula)라고 하는 아주 작은 원추형의 컵 모양의 형태로 성장한다. 시큘라에서 출발해 개체방의 성장이 하나의 길고 가는 분지로 이룰 때 이것을 **스티페**(stipe)라고 한다. 스티페는 그물(망상) 격자와 유사한 모양으로 측(側) 지주에 의해 하나로 연결되거나 분리된다. 일련의 다양한 실린더와 같은 튜브들은 스티페를 따라서 발달한다. 이러한 관부(冠部, thecae)는 군락의 개별적 개체들의 거처를 제공한다. 래도썸의 집합체인 **신래도썸**(synrhabdosome)은 몇 종(種)에서 나타난다. 이러한 복합 구조들은 일반적으로 무성(asexual) 아체(芽體, budding)나 기질의 일부, 단일 아체로 설명된다. 더 많은 화석 생성에 관한 설명은 그들이 유기질의 부서진 조각과 점액으로 구성된 결합물질인 바다눈(marine snow)을 사용하는 래도썸의 다발을 옮아맴으로써 형성된다고 설명한다. 이것은 신래도썸(synrhabdosome)이 뚜렷하게 대칭을 이루고 있기 때문에 가능성이 적어 보인다. 신래도썸은 아직 알지는 못하지만 그들만의 방법으로 성장하였음을 제시한다. 필석류강(Graptolithina)은 여섯 개의 목(目)으로 분리되며, 그중 수지목과 필석목, 두 개의 목만이 지질학적으로 중요한 의미를 가진다. 이들의 그룹과 연계된 진화의 경향은 불확실하다(글상자 15.9).

수지목(樹脂目, Dendroidea)

수지목은 지질학적으로 중요한 기록을 가진 두 개의 중요한 그룹 중 하나로, 중기 캄브리아기에 출현하여 후기 백악기 동안에 사라진 그룹이다. 수지목의 래도썸은 다분지(multibranch)로 되어 있으며, 관목 수풀과 같고 스티페 혹은 **격벽**(dissepiment)에 의해 연결된 많은 스티페를 가진다. 크기가 다른 개체방(theca)의 두 개의 유형인, **자개체방**(自個體房, autotheca)과 **이개체방**(二個體房, bitheca)은 스티페를 따라서 성장한다. 더 이른 시기의 속(屬)은 저서성이며, 짧은 줄기와 기저뿌리(basal disk)에 의해 해저에 부착되었다. 아마도 최후기 캄브리아기 동안에 *Rhabdinopora*와 같은 소수의 속(屬)들은 소수의 완족동물과 함께 때로는 삼엽충과 함께 부유생물로 새로운 생활 유형으로 발전하기 위해 그

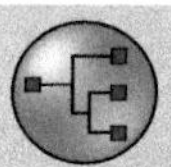

글상자 15.8 필석류의 분류

이 그룹의 완전한 분류는 양호한 화석 기록을 가진 수지류(樹脂類, Dendroid)와 필석류(筆石類, Graptoloid)의 양쪽을 통해서 제시되었다(외피로 덥여 있고, 고착성 그룹인 필석강의 Stolonoidea 목에 속하는 stolonoids는 폴란드에서 한정되어 나타나며, 이는 익새동물일 수도 있음).

필석강(Class Graptolithina)

수지목((樹脂目, Dendroidea)

- 다분지된 군체: 격벽에 의해 일반적으로 지지된 스티페는 자개체방(自個體房, autotheca), 이개체방(二個體房, bitheca), 그리고 스톨로데카(stolotheca)를 가지며, 수지류와 필석류의 사이에 중간적인 안아소그랍티드(anisograptid)는 여기에서 다룬다.
- 캄브리아기(중기)에서~석탄기(Namurian)

튜보이디아목(Order Tuboidea)

- 수지류와 유사한 래도썸(rhabdosome)을 가지며, 불규칙적인 분지와, 감소된 스톨로데카(stolotheca)가 존재하는 것이 특징이다. 스톨로데카와 이개체방이 다발을 이룸.
- 오르도비스기(Tremadocian)~실루리아기(Wenlock)

카마로이디아목(Order Camaroidea)

- 물체를 덮듯이 자라는 생활양식: 폴란드의 고유종, 자개체방은 풍선처럼 팽창된 기저부와 수직 기둥을 지니고 있으며, 이개체방은 작고, 불규칙적인 분지. 스톨로데카는 검고, 단단함.
- 오르도비스기(Tremadocian~Darriwilian)

크루스토이디아목(Order Crustoidea)

- 래도썸은 껍질로 덮여 있고, 폴란드의 고유종, 자개체방은 복합적인 입구를 가짐.
- 오르도비스기(Floian~Darriwilian)

디테코이디아목(Order Dithecoidea)

- 수지류와 필석류의 자매 그룹, 흡착기관을 가진 중앙 축이 있음
- 캄브리아기(중기)~실루리아기(초기)

필석목(Order Graptoloidea)

- 분류학자들은 이 그룹의 자세한 분류를 계속 협의 중이다. anisograptid(여기서는 수지목에 포함)科(수지목과 필석목의 중간적인 특징을 지님)는 위치가 불확실하다. 최초의 필석목은 dichograptid로 본다. 리타이오리티드(retiolitids)는 이상한 형태의 디플로그랩티드(diplograptids)이다. 소수의 스티페(1~8개)를 가진 군체, 네마, 시큐라, 그리고 개체방의 단일형.
- 오르도비스기(Tremadocian)~데본기(Pragian)

디초그랍티나아목(Suborder Dichograptina)

- 이개체방과 virgella(sicula의 입구 주변에 돌출된 돌기)가 없는 원시적인 필석류임.
- 오르도비스기(Tremadocian~Katian)

버제리나아목(Suborder Virgellina)

- virgella가 항상 존재함.
- 오르도비스기(Floian)~데본기(Pragian)

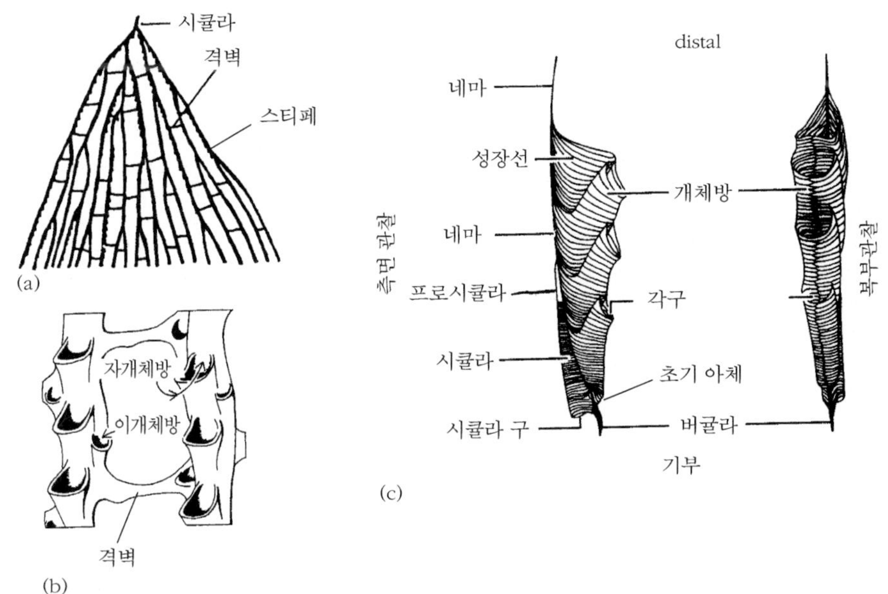

그림 15.21 필석류의 형태: (a) 상세한 개체방을 가진 수지류(dendroid), (b), (c) 필석류의 형태.

글상자 15.9 최초 필석류: 숨겨진 캄브리아기 차원?

오르도비스기의 필석류는 잘 알려진 덴드로이드(수지류, Dendroids), 그랍투로이드(필석류, Graptoloids)와 덜 알려진 카마로이드(Camaroids), 크루스토이드(Crustoids), 튜보이드(Tuboids), 디테코이드(Dithecoids), 그리고 튜보이드(Tuboids)가 있으며, 이들은 잘 정리되었다. 캄브리아기 기록에 사실상 필석류가 존재하지 않기 때문에 이러한 다양한 그룹이 어디에서 나왔는지 오래 기간 동안 신비에 있었다. 리카드 등(Barrie Rickards & Peter Durman, 2006)은 필석류로 설정되었던 캄브리아기의 다양한 표본과 중기에서 후기 캄브리아기에서 산출된 히드로이드(hydroids) 혹은 조류(algae)의 모든 가능한 필석류의 선조들을 재평가했다. 그들의 일부는 숨겨진 캄브리아기 표본인 간벽충류(rhabdopleurids)로 재분류했으며, 그 과정에서 다수를 필석류에서 제외시켰다. 아마도 초기 캄브리아기에 필석류와 간벽충류는 동일 선조에서 분리되었을 것으로 추정하였다(그림 15.22). 간벽충류는 주목할 만한 동물이다. 즉, 캄브리아기형은 현재의 간벽충류와 사실상 동일하며, 진정한 살아 있는 화석들이다. 필석류와 간벽충류의 공통선조는 아마도 독립적으로 살았으며, 벌레와 같은 동물, 촉수관(lophophore)을 갖추고, 해저면 위에서 위장군집(僞群集, pseudocolonial)으로 여과섭식 무리로 살았을 것이다. 초기 고생대 해역을 점유했던 이러한 필석류는 캄브리아기의 진화론적 동물군으로 볼 때 명확한 초기 절지동물, 바다나리 그리고 연체동물과 아주 유사한 저서성 여과섭식자에서 출발했을 것이다.

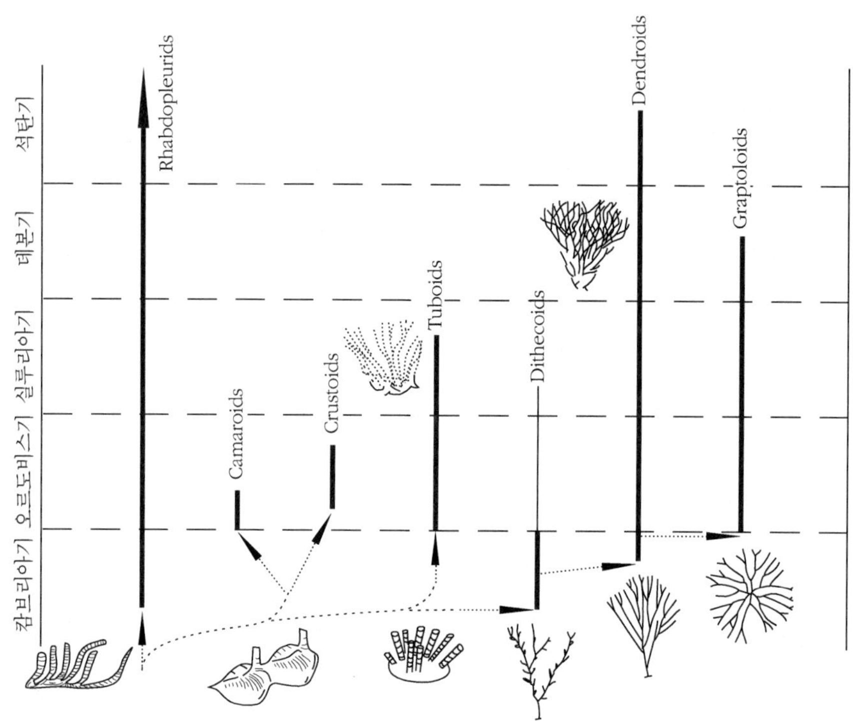

그림 15.22 간벽충류와 필석류의 일반화한 계통발생적 모델. [Rickards와 Durman(2006)으로부터.]

들 스스로 분리했을 것이다. 그들은 아마도 화석으로 보존된 초기 고생대의 부유동물의 대다수 부분을 점유하고 있다.

수지상 필석류 분류군 *Dendrograptus*는 저서성 속이며, 관목 수풀과 같이 똑바로 서 있고, 뿌리에 의해 해저에 부착되어 있다. *Dictyonema*는 또한 저서성이며, 후기 캄브리아기에서 후기 석탄기까지 분포한다. 래도썸의 모양은 원뿔형이거나 원통형이다. *Dictyonema*와 유사한 부유성 수지상 필석류는 *Rhabdinopora*에 속한다.

아니소그랍티드(anisograptid)과에 속하는 속(屬)은 전형적인 수지목과 필석목의 중간적인 특징을 가지며, 이는 어느 한쪽의 그룹으로 분류될지도 모른다. 여기서는 수지목에 그들을 포함시켰다. 예를 들면, *Radiograptus*는 넓게 퍼진 군집체를 형성하였다. *Kiaerograptus*와 *Bryograptus*의 초기 종들은 자개체방과 이개체방을 가지며, *Bryograptus*는 삼방사형(三放射型)의 래도썸이 있으며, 최초 시작이 세 개의 원시 스티페를 가진다. *Clonograptus*는 초기의 이방사형(二放射型) 배열로부터 두 갈래로 갈라지는 이분지(二分枝)에 의해서 형성된 스티페를 가지는 수평의 이계열(二系列)형 래도썸을 가진다.

필석목(筆石目, Graptoloidea)

수지목과 비교하면 필석목의 래도썸은 표면적으로 더 간단한 초기 시큘라(sicula)로 구성되었다. 시큘라는 외부에 나타난 무늬에 의해 두 부분으로 구분되는데 상부를 **prosicula**, 하부를 **metasicula**로 나누며, 시큘라의 꼭지 부분에 실처럼 길고 가는 선이 연결되어 있는 **네마**(nema)가 있다. 래도썸의 나머지와 같은 metasicula은 짧고 분지로 된 미섬유 다발인 **fusellar 섬유**로 구성되어 있다. **virgella**(시큘라의 입구 주변에 돌출된 돌기)는 통상적으로 기부 가까이 입구(aperture)의 아래에 침상 돌기로 되어 있으며, 이는 Virgellina 아목(亞目)의 특징이다. 시큘라에서 개체가 들어가 사는 많은 컵 모양의 개체방이 성장한다. 개체방들은 발달된 래도썸처럼 차례로 성장한다.

필석 분류군(Graptoloid taxa) 필석류 외골격의 만들어진 형태는 세 개의 구조로 구성되어 있으며, 이는 많은 스티페와 가지, 개체방의 모양과 개체방의 공동(空洞)의 형태와 구조의 차이로서 구분된다. 즉, 다음의 속은 이러한 다양성을 설명한다(그림 15.23).

*Tetragraptus*는 일반적으로 Floian(초기 오르도비스기의 후기) 동안에 서식했으며, 전형적으로 한 줄로 된 수평형(서로 접해 있는 두 스티페가 수평을 유지함), 하향형(스티페가 시큘라로부터 아래쪽으로 성장하고 개체방이 서로 안쪽으로 접하고 있음), 혹은 뒤로 상향형(스티페가 시큘라로부터 위쪽으로 성장하고 개체방이 서로 외부로 배열됨)의 모양으로 배열된 네 개의 스티페와 중복되는 개체방(thecae)을 가진다. *Didymograptus*는 일반적으로 수평형(horizontal), 하향형(pendant) 혹은 상향형(recline)의 방향으로 분지를 가진 한쌍의 스티페 혹은 **두 가닥**을 이룬다. 개체방은 단조롭다. *Isograptus*는 두 개의 비교적 넓은 스티페를 가지며, 길고 실과 같은 시큘라를 가진 상향형이다. *Nemagraptus*는 래도썸이 두 개의 가는 스티페로 되어 있으며, 이들은 시큘라로부터 약 180°의 각도를 이루며, 분지하여 점차 굴곡된 S자형 모양을 이룬다. *Dicellograptus* 상향형의 한쌍의 스티페를 가지나, 자주 분지(branch)가 휘어졌거나, 감기기도 한다. 개체방은 S자 모양의 특징을 가지며, 안으로 굽은 외모를 가진다. *Monograptus*는 직선 혹은 휘어진 래도썸을 가진 일렬배열이며, 접합형(스티페가 시큘라 위쪽으로 성장하여 서로 접합됨)이다. 네마(nema)는 등 쪽 면에 위치한다. *Rastrites*는 길고, 직선이며, 서로 분리된 개체방을 가진다. 끝 부분은 갈고리처럼 휘어졌다. *Corynoides*는 작고, 하나의 시큘라와 3~4개의 개체방으로 구성된다.

레티오리티드(Retiolitids)

Retiolitids는 환상적인 그룹이다. 이는 접합형이며 실루리아기 유형에서 막대기 혹은 **앙코라 슬리브**(ancora sleeve)라고 불리는 그물과 같은 구조로 둘러싸인 막대기나 목책 망으로 이뤄진 외피의 Diplograptid 필석목의 이배열 구조를 가진다(그림 15.24). 이 그룹은 중기 오르도비스기에 출현하며, 가장 후기 실루리아기(Kozlowski-Dawidziuk, 2004)에까지

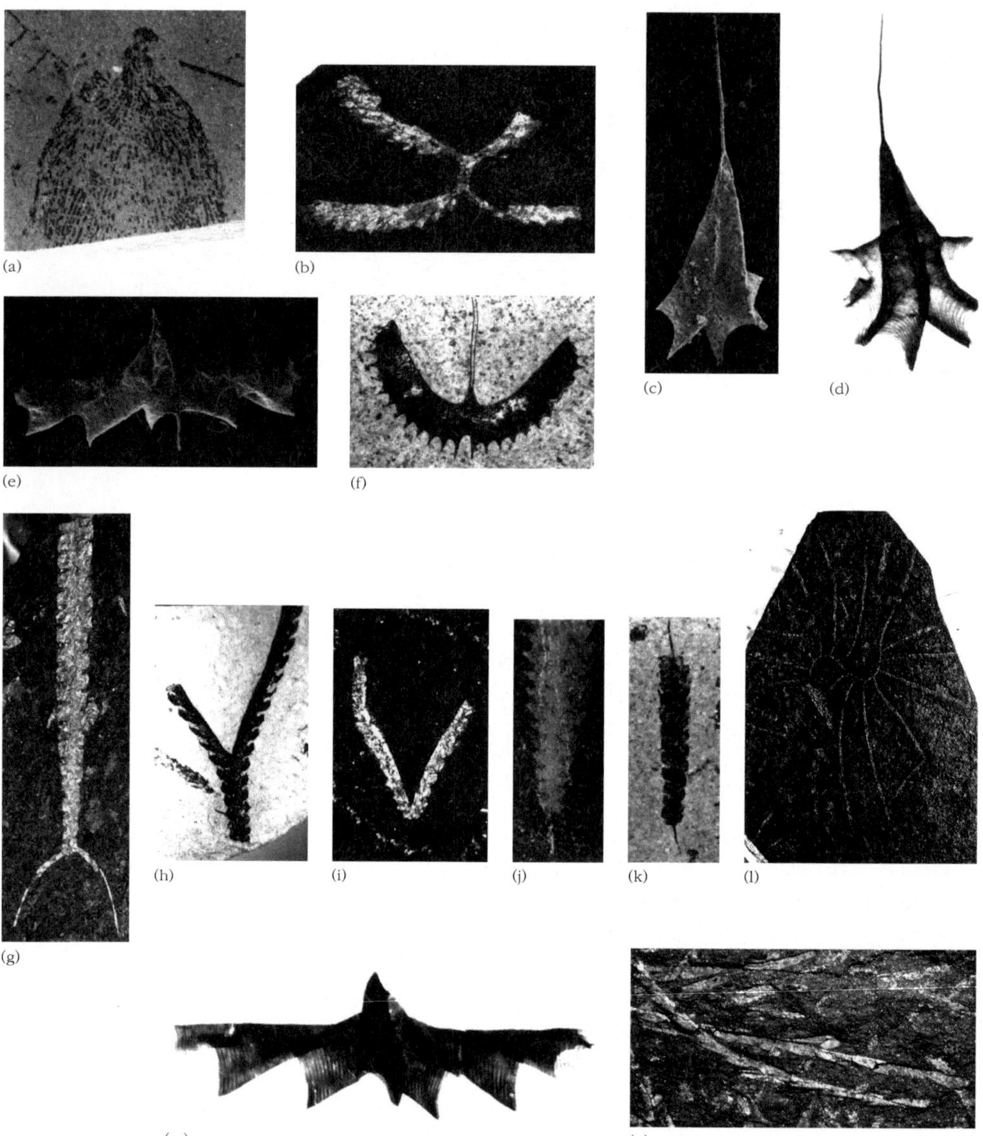

그림 15.23 일부 필석류의 속(屬): (a) *Rhabdinopora*(×2), (b) *Tetragraptus*(×2), (c) *Tetragraptus*, proximal end(×20), (d) *Isograptus*, proximal end(×20), (e) *Xiphograptus*(×20), (f) *Isograptus*(×10), (g) *Appendispinograptus*(×2), (h) *Dicranograptus*(×2), (i) *Dicellograptus*(×2), (j) *Orthograptus*(×2), (k) *Undulograptus*(×2), (l) *Nemagraptus*(×2), (m) *Didymograptus* (*Expansograptus*)(×20), (n) *Atavograptus*(×2). (a) 초기 오르도비스기 dendroid; (b~f, k, m) 초기 오르도비스기 graptoloid; (g~j, l) 후기 오르도비스기의 graptoloid; (n) 실루리아기 monograptid. (Henry Williams 제공.)

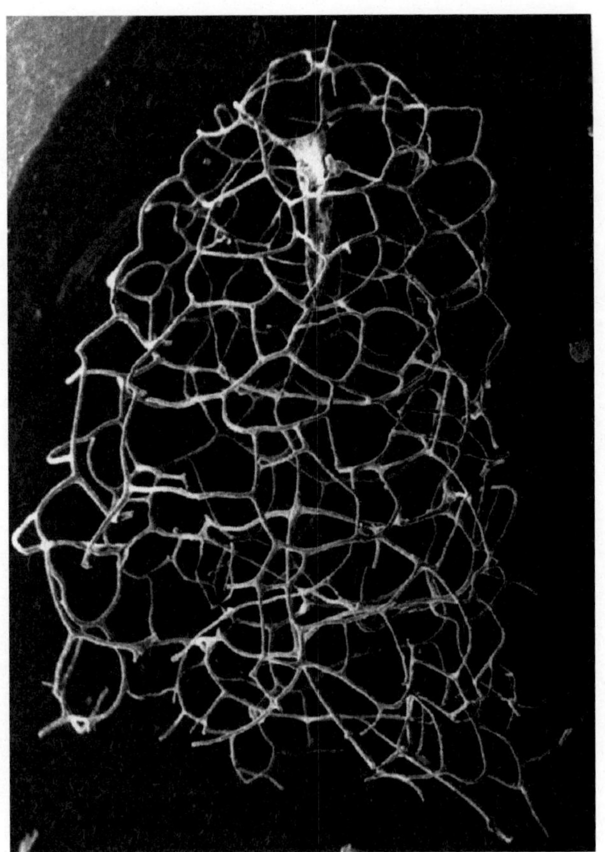

그림 15.24 Retiolitid *phorograptus*(중기 오르도비스기)(×30). (Denis Bates 제공.)

거의 5,000만 년 동안 연속적으로 이어진다. Retiolitids는 아마도 다양한 그룹의 래도썸이 외피를 통해서 수분과 영양분을 흡수하고, 위쪽 방향으로 배설물을 추출하는 해면과 같은 기능을 할 수 있는 다계통발생 기관을 가진다.

필석류의 성장과 초미세 구조

주사전자현미경이나 투과전자현미경의 사용으로 필석류의 초미세 구조에 관한 자세한 연구를 통하여 외골격의 조직을 2개의 유형으로 구분하였다. 푸젤라 조직(fusellar tissue)은 길고 평행한 섬유조직의 형태로 **중층조직**(cortical tissue)과 함께 있다. 푸젤라 물질은 래도썸의 안쪽과 바깥쪽의 푸젤라층을 서로 겹치게 하는 외피조직을 가지는 일련의 반고리(half ring)와 같은 모양으로 감싼다(**그림 15.25**). 중층조직 자체가 반창고를 중복으로 감싸고 있는 집합처럼 붕대로 감싼다. 분비물은 우주정거장을 지키는 천문학자처럼 군체의 휴식을 위해 유연한 줄로 계속해서 부착하는 동안 군체의 외부로 자유롭게 돌아다니

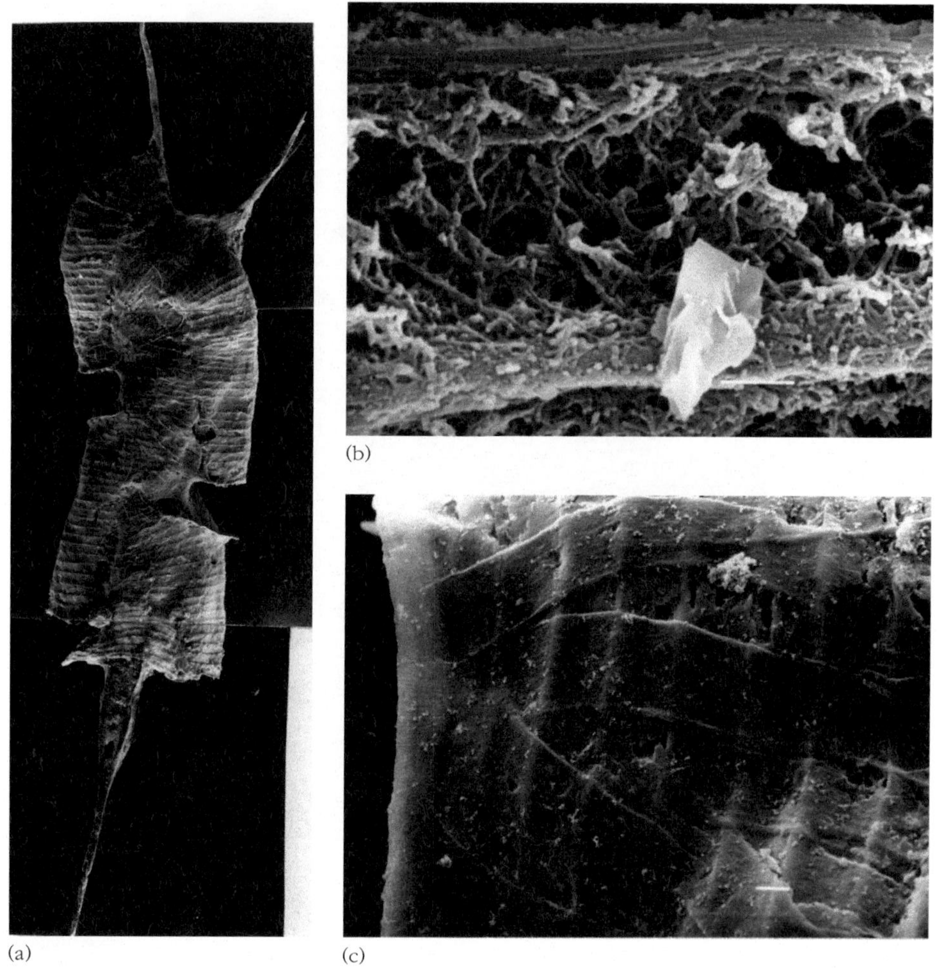

(a) (b) (c)

그림 15.25 필석류의 초미세 구조: (a) 띠 모양의 푸젤라(fusellar) 섬유가 보이는 *Geniculograptus* 래도썸(rhabdosome)의 콜라주(×50), (b) 비교적 얇고, 평행한 판자 모양의 직물 구조를 보이는 래도썸 일부의 자세한 단면(위)과 푸젤라 섬유의 단면(아래)(×1000), (c) 자세한 *Geniculograptus*의 구멍 외부가 밴드의 형태로 보임(×500). (Denis Bates 제공.)

며 움직이는 개충(個蟲)에 의해 배출한다. 또한 완전한 래도썸이 부드러운 조직으로 둘러싸일 수도 있다.

비록 필석류는 초기 고생대 생물군집에서 풍부하고 중요한 화석이지만, 그들이 실제로 만들었던 무엇을 발견하기에는 아주 어렵다. 대부분의 군집체는 조산대 주위나 내에서 속성 작용으로 변형되었거나 변성 작용을 받은 조밀한 흑색 셰일에서 발견된다. 실제로 보존되었을 때의 필석류의 외피는 주로 가수분해를 기초로 사슬모양의 종합체로 구성되었다. 이는 살아 있는 *Rhabdopleura*의 외피가 원래 콜라겐으로 구성되었음을 제시하는 화학적 분석과 구조를 통해서 보아도 단백질은 없다. 전에 시시한 연구는 콜라겐 물질이 주위의 퇴적물로부터 고분자에 의해서 치환되었다고 제시했다. 최신의 분석자료는 필석류의 사슬 모양의 성분이 중합 반응(polymerization)으로 유기물 자체로부터 지질(脂質)을 직접 병합한다는 것을 제시했다(Gupta et al., 2006). 이와 유사한 과정이 유기적인 화석들의 많은 다른 그룹들의 보존 방법을 설명할 수 있다.

필석류 군집의 성장 군체의 성장은 수학적인 시뮬레이션과 그래픽을 이용하여 상황을 재현한다. 일부 학자들은 성장 경향을 지시하는 일련의 간단한 법칙을 근거로 컴퓨터 모델을 고안했으며, 고정된 모델이다. 예를 들면 스완(Andrew Swan, 1990)은 주어진 스티페(stipe) 길이에서 이분지의 모델을 기초로 일련의 이론적 형태형을 제작했다. 즉, 스티페의 길이와 폭과 함께 분기의 방향이 변하게 된다. 첨가적으로 연조직(soft tissue)이 컴퓨터 복원에 첨가되어야 할 것이다. 스완(A. Swan)은 대부분 필석류 군체의 형태가 단지 소수의 변수를 변화함으로써 시뮬레이션할 수 있음을 제시했으며, 그는 특별한 기능을 알아내기 위해 각 군체의 효율성을 시험했다. 이를 통해 스완은 필석류의 급식 방법의 효율성을 알아내려고 연구를 했다. 그는 컴퓨터로 제작한 군체가 연속적인 순서를 연구하기 위해 영양분 포획의 효율성을 실험했다. 그리고 그는 알려진 필석류의 군체가 주어진 수량으로부터 가장 짧은 시간에 최선의 먹이를 포획하기 위해 가장 효율적인 모양을 이루는 시험을 실시하였다.

생태학: 생활 형태와 먹이 전략

초창기의 덤불과 같은 수지 형태의 극피동물은 해저에 부착하는 해저 고착성의 동물로서의 기능을 가졌다는 것은 의심할 여지가 없다. 다양한 저서성 속(屬)이 여러 생활 형태의 양상으로 나타난 것은 부유생태를 가진 *Rhabdinopora*와 같은 오르도비스기의 초기에 나타났다. 다양한 필석 그룹의 생활 형태에 대해서 논쟁이 되고 있다(**그림 15.26**). 필석류는 수중에서 습관적으로 수동적으로 떠돌아다닌 것으로 생각된다. 그들이 물속에 떠다니는 방법은 조직 안에 기체기포를 발생함으로써 혹은 바람개비와 같은 쭉 뻗어 올린 nema가 도움을 준다고 생각하지만 그들은 수중에서 다른 차원을 점유했을 것이다(Underwood, 1994).

플랑크톤과 같이 수동적으로 부유하는 생활을 한다는 것과는 아주 다르게, 커크(Nancy Kirk, 1969)는 필석류가 스스로 수중에서 위아래로 이동할 수 있었음을 제안했고, 이런 전멸한 유기물들의 생활 습성에 관한 연구과 연속적인 모의실험을 통해 가능성을 알아냈다. 필석류는 강렬하게 먹이를 얻기 위해 수중에서 군체가 위쪽으로 이동하는 반응이 발생할 수 있었을 것이다. 야간에는 군체가 영양이 풍부한 투광대(photic zone) 내로 수직 이동을 할 수 있으며, 그 후 배가 부르면 래도썸은 군체의 비중이 주변의 해수의 비중과

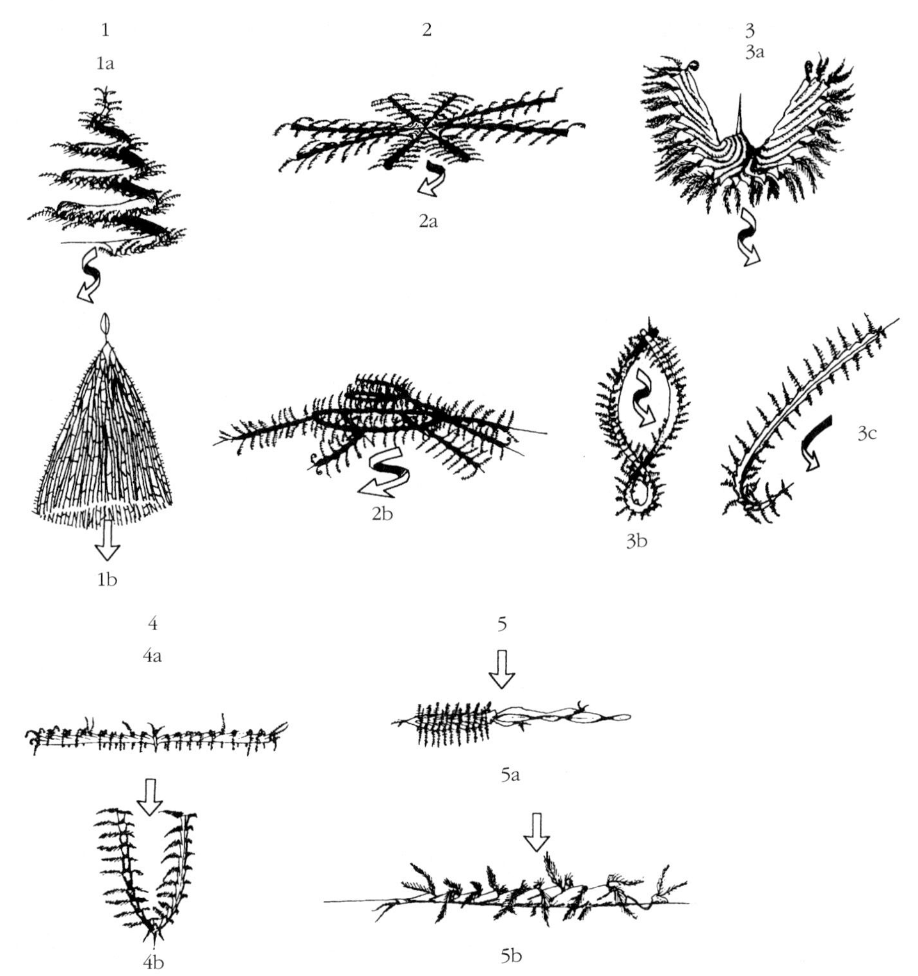

그림 15.26 필석류의 생활 형태: 1=나선운동을 하는 삼각뿔형 필석류, 2=판판하고, 천천히 나선형 운동을 하는 필석류, 3=비대칭이기 때문에 나선운동을 하는 한 가닥 혹은 두 가닥을 가진 형태, 4=직선 운동을 하는 스티페 사이에 고각도를 가진 형태, 5=주로 직선으로 강하하는 곧은 형태. [Underwood(1994)에 근거.]

일치하는 수중 아래로 내려앉았을 것이다.

조류(潮流)의 효과를 흉내 낸 통풍 조건을 준 컴퓨터 모델과 물리적 모델들은 군체의 성공을 위한 수확전략(harvesting strategy)의 중요성을 강조하게 되었다. 이는 필석류가 다음 세대로 가는 진화적인 진로에 중요한 영향을 미치게 되었다.

진화: 필석류의 스티페와 개체방

필석류의 진화는 형태학적 발달로서 중요한 네 개 단계로 나눌 수 있다.

1. 후기 캄브리아기와 초기 오르도비스기 동안 수지류의 고착성에서 부유성 체계로 전이
2. 트레마독(초기 오르도비스기의 초)의 말에 단순형 개체방의 외형의 필석류
3. 플로이안(Floian, 초기 오르도비스기의 말)에 이배열 구조의 래도썸의 발달.
4. 최종적으로 일배열 구조를 가진 모노그랍티드의 기원.

작고 막대기형이며, 저서성 유기물이 시베리아 플랫폼에 있는 중기 캄브리아기 암석에서 보고되었으며, 이를 근거로 필석류가 간벽충류(rhabdopleurids)로 지정될 수 있다. 필석류는 북아메리카의 중기 캄브리아기 암석에서 산출되는 수지류인 *Callograptus*와 *Dendrograptus*, 그리고 *Dictyonema*를 포함한다. 그러나 후기 캄브리아기에 수지류 동물군의 다양성이 뚜렷하게 증가했다. 그 동물군은 *Aspidograptus*와 *Dictyonema* 같은 속(屬)을 포함한다. 이들은 작은 관목(shrubs)과 유사하며, 흡착기관이나 복잡한 뿌리와 같은 구조로 해저면에 부착한다. 후기 캄브리아기와 초기 오르도비스기 동안에 일부 수지류는 고착형 저서성에서 부유성으로 진화했다. 즉, 네마(nema)를 가진 부착 디스크를 가진 속은 표층수의 이동에도 움직이지 않고 부착할 수도 있어, 표층 플랑크톤(epiplanktonic)의 생활 형태를 추구할 수도 있음을 제시한다. *Radiograptus*와 *Dictyonema*는 부유성 필석류의 선조로 인용되고 있으며, *Staurograptus*는 사실로 최초의 부유성 필석류이다. anisograptids는 초기 오르도비스기인 트레마독의 바다를 넓게 점유하였다.

플로이안(Floian, 초기 오르도비스기의 말)에 dichograptid 속의 증가는 스티페가 시큘라 아래로 성장하는 하향형(pendant)과 스티페가 시큘라 위쪽으로 성장하는 접합형(scandent)으로 2~8개의 스티페를 가진 대칭형 필석류를 출현하게 했다(그림 15.27). 이배열 스티페로 된 dichograptid는 다음 세대인 중기 Darriwilian(중기 오르도비스기)에 번성한 diplograptids의 선조였다.

일배열 스티페인 모노그랍티드는 실루리아기의 대표적인 필석동물군으로 번성했고, 그들의 구조가 단순함에도 불구하고 아주 다양한 형태로 발전하였다(그림 15.28). 마지막의 필석류인 *Monograptus*의 종은 중국, 유라시아 그리고 북아메리카지역에서는 초기 데본기(Pragian)에 살아졌다. 그럼에도 불구하고 일배열 형태는 3,000만 년 이상 더 오래 생존했으며, 외골격을 분비하지 않는 계통이 나타나는 초기 데본기 이후에까지 연속되었다. 어떠한 이로운 점이 있었기에 스티페는 왜 감소하는 경향으로 갔을까? 아마도 단순한 스티페의 형태는 유체역학적으로 더 안정하고, 난류에 적응하기도 좋았을 것이며, 수중에서 먹이를 급습하기 위해 이동하기에 편리했을 것이다. 또한 인접한 스티페 위에 있는 개체방들 사이에 서로 충돌을 방지할 수도 있었을 것이다.

필석류의 형태와 층서학은 anisograptid, dichograptid 그리고 diplograptid등 진화론적으로 확실한 오르도비스기 필석류의 집합체를 기초로 만들어졌다(Chen et al., 2006). 이러한 동물군은 우리에게 필석류가 오르도비스기에 더 넓게 확산되었다는 사실을 이해하

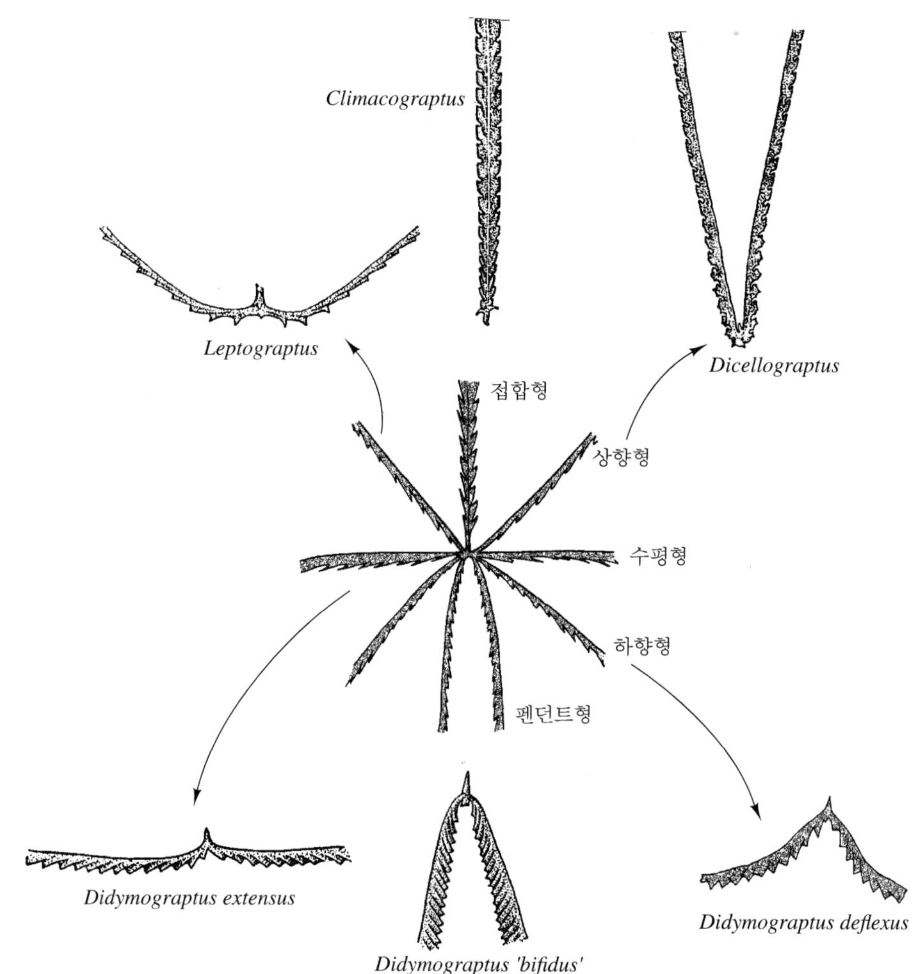

그림 15.27 스티페의 진화

는 데 도움을 줄 뿐만 아니라 오르도비스계의 생층서 체계를 정립하는 데 도움을 주었다.

생층서학: 필석류와 시간

필석류는 가장 좋은 생층서 화석대를 설정하는 화석 중에 하나이며, 생층서 대비에 탁월한 화석이다. 전통적으로 네 개의 순차적 필석 화석군은 초기 오르도비스기에서 초기 데본기까지 알려져 있다(그림 15.29). *Rhabdinopora*와 동일 계통인 **anisograptid 동물군**은 하부 오르도비스기인 트레마독를 대표하는 화석이다. 상부 트레마독 필석류로 알려진 *Bryograptus*, *Kiaerograptus* 그리고 *Aorograptus*속들은 아주 중요하며, 이들은 서부 뉴펀드랜드에서 산출된 화석에서 자세히 기재되었다(Williams & Stevens, 1991). 플

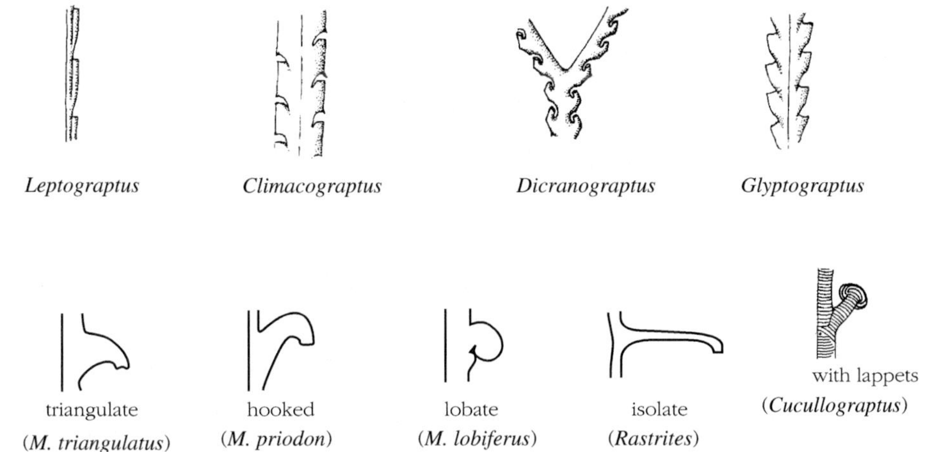

그림 15.28 개체방의 진화. *M.*=*Monograptus*

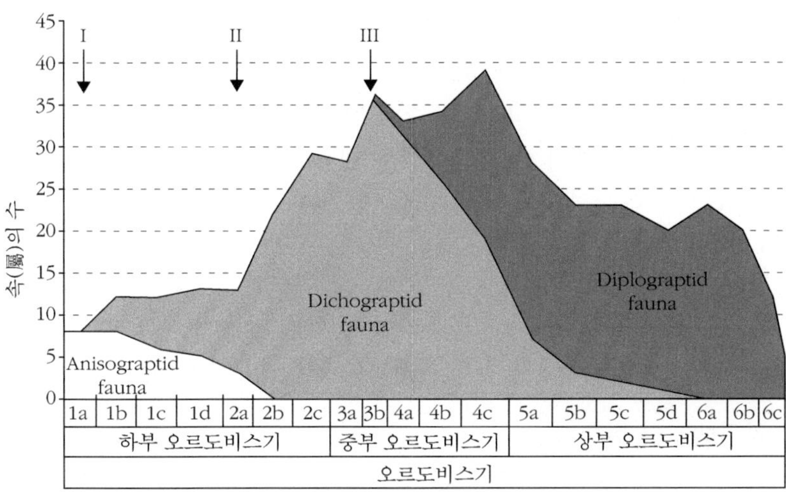

그림 15.29 필석류의 생층서와 필석류의 진화 동물군. I~III 3개의 주요 확산을 지시함: anisograptid, dichograptid 그리고 diplograptid, 1a~6c는 오르도비스기 동안을 지나는 19개의 시기 구간들이다. [Chen 등(2006)에 근거.]

로이안(Floian, 초기 오르도비스기의 후기) **dichograptid 동물군**의 외형은 didymograptid와 anisograptids가 연계된 *Tetragraptus*에 의해서 알려졌다. diplograptid 동물군은 네 개의 작은 단위를 가지는데, 이 작은 단위는 *Glyptograptus–Amplexograptus*(Darriwilian), *Nemagraptus–Dicellograptus*(Sandbian), *Orthograptus–Dicellograptus*(Katian) 그리고 *Orthograptus–Climacograptus*(Hirnantian) 아동물군(亞動物群)이다. **monograptid 동**

물군은 진화한 단일 스티페를 가지며, 다양한 형태를 보인다. 필석류는 프라지안(Pragian, 하부 데본기)에서 마지막으로 사라진다.

세계의 일부지역에서, 필석류는 고해상(高解像)의 생물층서학의 기초를 제공되었다. 체코 공화국의 바란디안 분지(Barrandian)의 상부 오르도비스기~하부 실루리아기의 쇄설성의 연속성은 대륙붕의 바깥 부분에서 퇴적되었으며, 오르도비스기 말의 곤드와나의 빙하작용과 융승계에 연관되는 지속적인 후빙기의 산소 결핍 현상에 의해 영향을 주었다. 19개의 생물대를 기초한 고해상(高解像) 필석층서학은 유기물 함유량의 변화와 필석동물군의 발달 형태를 퇴적 환경에 연계시키는 학문적 체제를 만들 수 있게 하였다(Štorch, 2006). 이러한 결과 분석은 잘못을 범하기 쉬운 네 개의 주기를 정확한 시간선으로 정립하는 자료를 제공하였으며, 이들은 빙기와 간빙기, 융승의 간격 그리고 대양의 혼란이 반복되었다는 사실을 알려 준다(**그림 15.30**). 더욱 이 새로운 자료로는 실루리아기에 환경적 변화와 기후 변화로 인한 중대한 전멸 사건으로 생물서식의 연속성이 중단되었음을 제시했다. 더욱 중요한 것은 그 밖의 다른 지역의 단면과 바란디안 분지에 있는 단면과의 정확한 대비이며, 대비가 이뤄지지 않았다면 우리들은 세계적으로 있었던 이러한 변화를 알 수 없었을 것이다. 젭슨 등(Lennart Jeppsson & Mikel Calner, 2003)은 실루리아기의 웬록세(Wenlokian)에 있었던 강력한 전멸 사건인 물데 세쿤도 사건(Mulde secundo—secundo events)을 보고 했다. 스웨덴의 남쪽에 있는 고틀란드(Gotland) 섬의 실루리아기 강괴(platform)에서 세 번의 생물의 전멸, 넓게 분포한 탄산염 퇴적물, 그리고 빙하작용의 사건으로 인한 해수면의 심한 변동이 있었다는 증거가 탄산염암에서 처음으로 밝혀졌다. 이러한 생물의 전멸들은 일차적으로 해양에 있는 플랑크톤의 심각한 감소와 관련이 있다. 놀랍게도, 그러한 거대한 사건의 정확도와 이러한 중요한 사건들의 발견은 아름답고 작은 생명체들의 빠른 진화를 기초로 하여 만들어진 단면들 간의 정확한 그래프 대비(graphic correlation)를 통하여 이루어지게 되었다.

생물지리: 공간에서의 필석류

필석류의 대다수가 물기둥(water column) 내에서 혹은 플랑크톤의 안에서 살았기 때문에, 아주 다른 요인들이 동시대에 해저에서 살았던 생물과는 다르게 필석류의 분포에 영향을 주었다. 이들이 살았던 지역적 특징은 초기 오르도비스기(Barrandian)에 두 개의 주요 생물구인 대서양 구역과 태평양 구역으로 구분된다. 대서양 생물구는 아베로니아(Avalonia)와 곤드와나(Gondwana)의 지역으로 고위도에 속하며, 하향형 *Didymograptus* 종이 특징적으로 나타난다. 태평양 생물구는 로렌시안(Laurentian)의 가장자리인 저위도, 열대지역을 포함하며, Isograptid, cardiograptid 그리고 oncograptids가 서식한

그림 15.30 바란디안(Barrandian)분지의 상부 오르도비스기~초기 실루리아기의 필석류의 ▶▶▶ 생층서. HST=highstand systems tract, TST=transgressive systems tract, LST=lowerstand systems tract. [Štorch(2006)에 근거.]

계	통	조	필석 생물대와 생물아대		층	암석과 결층	상대적 해수면 하강 ↔ 상승	순서-층서 단위와 체계경로		환경적 특징
실루리아기	W.		Centrifugus		MOTOL			UNIT 4		아마도 미약한 용승
	Llandovery	Telychian	Insectus							
			Lapworthi	grandis					HST	
			Spiralis							
			Tullbergi		LITOHLAVY					
			Griestoniensis						TST	
			Crispus							
			Turriculatus							해양의 혼돈
			Linnaei	hispanicus palmeus				sb	(LST)	
		Aeronian	Sedgwickii	tenuis						
			Convolutus		ŽELKOVICE			UNIT 3		
			Leptotheca	richteri paradenticul.						
			Simulans						HST	
			Triangulatus-Pectinatus						TST	최대 용승
		Rhuddanian	Cyphus							
			Vesiculosus	atavus				sb	LST	
			Acuminatus					UNIT 2		
			Ascensus						HST	산소 결핍의 역전 퇴빙기
오르도비스기		Hirnantian	Persculptus	shelly Hirnantia fauna	KOSOV				TST	
								sb	LST	2기 최대 빙기
			?					UNIT 1	HST	간빙기
									TST	
									(LST)	1기 최대 빙기
										빙기
			Ojsuensis					? sb		
			pre-Hirnantian shelly fauna		KR. DVUR				HST	기후적으로 온난기
			Laticeps							

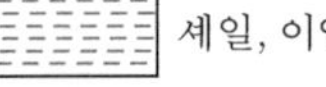
셰일, 이암

흑색 셰일

사암/실트-운모의 박층

폭풍 사암, 실트와 셰일이 협재

점이적인 사암과 역암

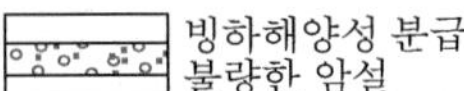
빙하해양성 분급이 불량한 암설

석회암 노즐과 렌즈상 층

연한 색의 이암과 흑색 셰일이 교호

글상자 15.10 Vetulicolians: 원구동물, 후구동물 혹은 계통발생의 고아?

가끔 화석 기록에는 분류하기에 불가능한 기이한 동물이 나타난다. 그 화석은 평범하고도 독특하게 잘 보존되어 나타나지만 다른 그룹과 이를 연계할 만한 결정적인 특징을 충분히 가지고 있지 않다. Vetulicolians은 비정상적인 절지동물의 특징을 가지고 있다. 줄기-그룹의 후구동물과 평범한 피낭류(tunicates)의 특징을 가지고 있다(Aldridge et al., 2007). 그들은 다수가 캄브리아기 라거슈테텐에서 보고되었으며, 두 개의 강(綱)인 Vetulicolians강과 Banffozoa강으로 분류되었다. 그들은 아마도 활동적이었으며, 퇴적물 섭식자와 여과섭식자인 저서성 동물들이었을 것이다. 그러나 그들은 무엇일까? 간단히 말해 그들은 부속지가 없기 때문에 이를 절지동물로 분류하기도 어렵다. 이러한 사실로 볼 때 후구동물의 그들과 유사한 아가미를 가진다(그림 15.31). 만일 그들이 후구동물이라면 그들은 아마도 줄기 척추동물로서 피낭류에 가까울 것이다. 그러나 첸지앙 동물군에서 산출된 잘 보존된 화석임에도 불구하고, 조심스러운 계통발생학적 분석에서 그들을 분류하기는 불가능함으로 계속 남는다. 그들 특징의 독특한 조합은 아직도 맨 상위 그룹으로 Vetulicolians을 연계할 수 있는 새로운 동물의 발견을 기다리는 수수께끼로 남는다.

다양한 생물들이 있다. Isograptid 생물상은 범세계적인 생물상으로 수심이 더 깊은 세계의 대륙 연변부와 연계된다. 오르도비스기 말에 있었던 전멸 사건에는 태평양 생물구의 필석류가 특히 심한 영향을 받았다. 필석류는 그들의 지역적 특색이 다른 유형으로 발달했던 실루리아기 동안에 재확산이 있었다. 초기 실루리아기 동안에 곤드와나의 생물구는 고유종(endermic taxa)의 특징을 나타낸다. 그 후인 중기 실루리아기에는 적도지방에서 서식했던 다수의 종들이 어떤 다른 곳에서는 알려지지 않았다.

복습 문제

1. 후구동물(新口動物, deuterostome)은 형태적으로 볼 때 명확히 두 개의 다른 그룹으로 나뉜다. 즉, 극피동물과 반삭동물이다. 그들을 통합하는 데 사용되는 특징은 무엇인가?
2. 바다나리는 일반으로 심해의 환경하에서 서식했으나, 고생대 동안에는 보다 천해의 환경에서 서식했다. 그들이 언제, 왜 심해로 이동하게 되었을까?
3. 극피동물은 긴 역사를 가진다. 왜, 그들이 매생형 성게(sand dallar, 모래 속에 사는 성게 일종)와 굴을 파고 사는 성게(sea urchin)로 발달하는데 2억 5,000만 년 이상이나 걸렸을까?
4. 필석류는 지질시대를 통해 그들의 스티페의 수는 줄고, 개체방은 더욱 복잡하게 진화했다. 더 정교한 개충구(zooid openings)를 가진 선형체(stream line) 형태의 몸체로 진화한 것이 생태적으로 어떠한 이로운 점이 있었을까?

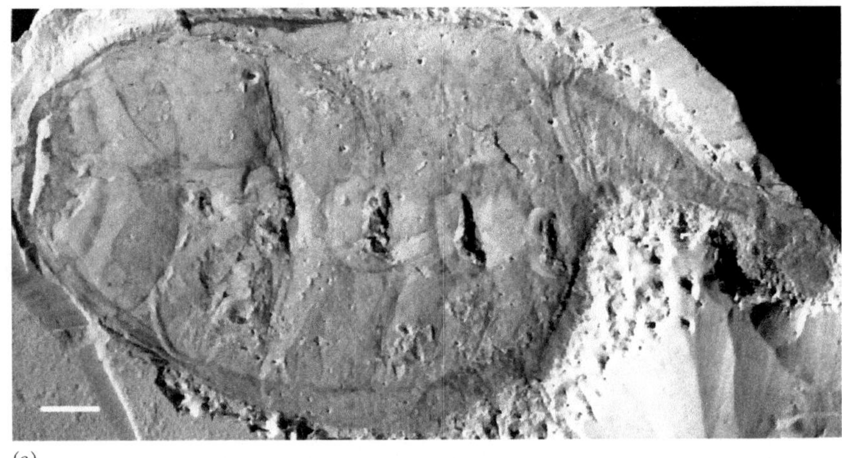

(a)

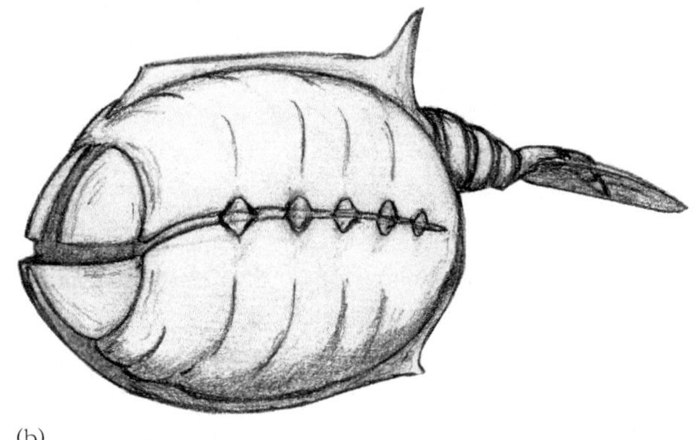

(b)

그림 15.31 (a) 사진(기준자, 5mm), (b) *Vetulicola*의 복원. (Dick Aldridge 제공.)

5. 화석기록의 어려움들 중에 가장 눈에 띄는 것 중에 하나는 vetulicolians*와 같이 특이한 생물을 계통발생학적으로 결정적인 특징들을 밝히는 것이다. 이와 같은 것을 상위분류의 새로운 종으로 분류해야 좋을까? 혹은 기존에 존재하는 분류군에 편입해야 좋을까?

⚜ 더 읽을거리

Berry, W.B.N. 1987. Phylum Hemichordata (including Graptolithina). *In* Boardman, R.S., Cheetham, A.H. & Rowell, A.J. (eds) *Fossil Invertebrates*. Blackwell Scientific Publications, Oxford, pp. 612–35. (A comprehensive, more advanced text with emphasis on taxonomy; well illustrated.)

* [역자 주] vetulicolia는 전멸한 계(界)이며, 몇 개의 캄브리아기 유기체가 이에 속한다. 이 명칭은 대표 속(type genus)에서 유래했으며, 라틴어 *vetuli*(old)와 *cola*(inhabitant)에서 유래함.

Clarkson, E.N.K. 1998. *Invertebrate Palaeontology and Evolution*, 4th edn. Chapman and Hall, London. (An excellent, more advanced text; clearly written and well illustrated.)

Rickards, R.B. 1985. Graptolithina. *In* Murray, J.W. (ed.) *Atlas of Invertebrate Macrofossils*. Longman, Harlow, Essex, pp. 191–8. (A useful, mainly photographic review of the group.)

Smith, A.B. & Murray, J.W. 1985. Echinodermata. *In* Murray, J.W. (ed.) *Atlas of Invertebrate Macrofossils*. Longman, Harlow, Essex, pp. 153–90. (A useful, mainly photographic review of the group.)

Sprinkle, J. & Kier, P.M. 1987. Phylum Echinodermata. *In* Boardman, R.S., Cheetham, A.H. & Rowell, A.J. (eds) *Fossil Invertebrates*. Blackwell Scientific Publications, Oxford, pp. 550–611. (A comprehensive, more advanced text with emphasis on taxonomy; extravagantly illustrated.)

⚜ 참고문헌

Aldridge, R.J., Hou Xian-Guang, Siveter, D.J., Siveter, D.J. & Gabbott, S.E. 2007. The systematics and phylogenetic relationships of vetulicolians. *Palaeontology* **50**, 131–68.

Bottjer, D.J., Hagadorn, J.W. & Dornbos, S.Q. 2000. The Cambrian substrate revolution. *GSA Today* **10**, 1–7.

Chen Xu, Zhang Yuan-Dong & Fan Jun-Xuan. 2006. Ordovician graptolite evolutionary radiation: a review. *Geological Journal* **41**, 289–301.

Clausen, S. & Smith, A.B. 2005. Palaeoanatomy and biological affinities of a Cambrian deuterostome (Stylophora). *Nature* **438**, 351–4.

Delsuc, F., Brinkmann, H., Chourrout, D. & Philippe, H. 2006. Tunicates and not cephalochordates are the closest living relatives of vertebrates. *Nature* **444**, 85–8.

Donovan, S.K. & Gale, A.S. 1990. Predatory asteroids and the decline of the articulate brachiopod. *Lethaia* **23**, 77–86.

Gupta, N.S., Briggs, D.E.G. & Pancost, R.D. 2006. Molecular taphonomy of graptolites. *Journal of the Geological Society, London* **163**, 897–900.

Jefferies, R.P.S. 1986. *The Ancestry of the Vertebrates*. British Museum (Natural History), London.

Jefferies, R.P.S. & Daley, P. 1996. *In* Harper, D.A.T. & Owen, A.W. (eds) *Fossils of the Upper Ordovician*. Field Guide to Fossils No. 7. Palaeontological Association, London.

Jeppsson, L. & Calner, M. 2003. The Silurian Mulde event and a scenario for secundo-secundo events. *Transactions of the Royal Society of Edinburgh: Earth Sciences* **93**, 135–54.

Kammer, T.W. & Ausich, W.I. 2006. The "Age of crinoids": a Mississippian biodiversity spike coincident with widespread carbonate ramps. *Palaios* **21**, 238–48.

Kirk, N. 1969. Some thoughts on the ecology, mode of life, and evolution of the Graptolithina. *Proceedings of the Geological Society of London* **1659**, 273–93.

Kozłowska-Dawidziuk, A. 2004. Evolution of retiolitid graptolites – a synopsis. *Acta Palaeontologica Polonica* **49**, 505–18.

Paul, C.R.C. & Smith, A.B. 1984. The early radiation and phylogeny of echinoderms. *Biological Reviews* **59**, 443–81.

Rickards, R.B. & Durman, P.N. 2006. Evolution of the earliest graptolites and other hemichordates. *In*

Bassett, M.G. & Diesler, V.K. (eds) *Studies in Palaeozoic Palaeontology*. Geological Series No. 25. National Museum of Wales, Cardiff, pp. 5–92.

Ruta, M. 1999. Brief review of the stylophoran debate. *Evolution and Development* **1**, 123–35.

Smith, A.B. 1984. *Echinoid Palaeobiology*. Special Topics in Palaeontology No. 1. George Allen and Unwin, London.

Smith, A.B. 2005. The pre-radial history of the echinoderms. *Geological Journal* **40**, 255–80.

Smith, A.B. & Murray, J.W. 1985. Echinodermata. *In* Murray, J.W. (ed.) *Atlas of Invertebrate Macrofossils*. Longman, Harlow, Essex, pp. 153–90.

Smith, A.B. & Stockley, B. 2005. The geological history of deep-sea colonization by echinoids: roles of surface productivity and deep-water ventilation. *Proceedings of the Royal Society B* **272**, 865–9.

Sprinkle, J. 1980. *Echinoderms: Notes for a short course*. Studies in Geology No. 3. University of Tennessee.

Štorch, P. 2006. Facies development, depositional settings and sequence stratigraphy across the Ordovician-Silurian boundary: a new perspective from the Barrandian area of the Czech Republic. *Geological Journal* **41**, 163–92.

Sutcliffe, O.E., Südkamp, W.H. & Jefferies, R.P.S. 2000. Ichnological evidence on the behaviour of mitrates: two trails associated with the Devonian mitrate *Rhenocystis*. *Lethaia* **33**, 1–12.

Swan, A.H.R. 1990. A computer simulation of evolution by natural selection. *Journal of the Geological Society, London* **147**, 223–8.

Underwood, C.J. 1994. The position of graptolites within Lower Paleozoic planktic ecosystems. *Lethaia* **26**, 198–202.

Williams, S.H. & Stevens, R.K. 1991. Late Tremadoc graptolites from western Newfoundland. *Palaeontology* **34**, 1–47.

Winchell, C.J., Sullivan, J., Cameron, C.B., Swalla, B.J. & Mallatt, J. 2002 Evaluating hypotheses of deuterostome phylogeny and chordate evolution with new LSU and SSU ribosomal DNA data. *Molecular Biology and Evolution* **19**, 762–76.

제16장 어류와 초기 사지동물

학습 키포인트

- 척추동물은 뼈(인회석)로 이루어진 골격이 특징이다.
- 가장 오래된 척추동물은 중국의 전기 캄브리아계에서 발견된 작은 물고기 같은 생명체이다.
- 갑피어류는 데본기의 바다와 호수에서 번성하였다.
- 데본기 이후 연골어류와 경골어류는 여러 시기에 걸쳐 널리 퍼져 나갔다.
- 코노돈트는 흔히 이빨 같은 요소로 산출되며 다른 물고기 이빨과 비늘(물고기비늘 화석)처럼 생층서학에 유용하다.
- 사지동물은 데본기 동안에 육기어류로부터 생겨났고, 물고기를 잡아먹고 사는 양서류는 석탄기에 다양화하였다.
- 최초의 파충류는 곤충을 잡아먹고 사는 작은 동물이었다.
- 단궁형 파충류는 페름기와 트라이아스기 동안 육지의 생태계를 지배하였다.
- 이러한 무리들은 페름기 말에 일어난 대량멸종 사건에 의해 심하게 타격을 받았으며, 공룡으로 잘 알려진 이궁형 파충류는 중생대 전 시대에 걸쳐 중요한 동물이었다.

대부분의 종(species)은 자연이 의도한 대로 자신만의 방식으로 스스로 계속 진화해 왔다. 그리고 이 모든 것은 아주 자연적이고 본질적이며 우주의 신비로운 순환과 조화를 이루며, 수백만 년 동안 어떤 시행착오도 어느 한 종에게 도덕심(moral fiber)과, 경우에 따라서는 정신력(backbone)을 길러 주는 것보다 더 나은 것은 없다.

프라쳇(Terry Pratchett),『수확하는 사람(Reaper Man)』(1991)

척추는 척추동물에서 가장 중요하다. 인간이 척추동물인 것과 마찬가지로 말, 참새, 악어, 거북, 개구리 그리고 송어도 또한 척추동물이다. 이들 모두가 공통으로 가지고 있는 것은 뼈로 된 내골격, 특히 **척추뼈**(vertebrae)−등뼈의 개개의 구성 요소−이다. 골격은 척추, 뇌와 감각기관을 둘러싸고 있는 두개골, 그리고 지느러미나 또는 다리를 지탱하는 뼈로 이루어져 있다. 척추동물은 오늘날에도 중요하다. 왜냐하면 인간은 그와 같이 성공적인 종이기 때문이며 또한 경골어류, 새 및 포유동물 종의 막대한 다양성과 풍부함 때문이다. 곤충과 미생물과 같은 그 밖의 다른 무리는 훨씬 더 풍부하며 다양하지만 척추동물은 육지, 바다 및 공기 중에 사는 가장 큰 동물을 포함한다.

척추동물은 주요 선구동물 분기군인 척삭동물문의 하위 그룹이다. 척추동물의 가장 가까운 친척에 대한 현대의 관점과 논쟁은 14장에서 다루었다. 이 장에서 우리는 척추동물의 기원, 캄브리아기에서 현재까지의 어류의 진화, 그리고 고생대의 사지동물에 대해 알아본다. 페름기 말 대량멸종은 지상의 척추동물의 시계를 되돌려 놓았다. 그래서 우리는 공룡과 그들의 동류, 그리고 포유동물은 따로 분리하여 17장에서 다룬다. 만약 척추동물의 골격이 매우 중요하다면, 무엇이 골격에 대해 그렇게 특별한 것인가?

✲ 척추동물의 기원

골격

척추동물의 골격은 뼈와 연골로 이루어져 있다. 뼈는 섬유질의 **콜라겐** 위에 침상의 **수산화인회석**[인회석의 일종인 인산염칼슘, $Ca(PO_4)$]의 결정이 축적된 망상 조직으로 이루어져 있다. 따라서 뼈는 유연한 성분과 단단한 성분으로 이루어졌으며, 이러한 특성은 뼈가 부러지기 전까지 매우 큰 힘을 어떻게 견디는지, 그리고 또한 왜 뼈가 단순 골절 면을 따라 부러지지 않는지를 설명할 수 있다. **연골**은 잘 구부러지고, 일반적으로 광물화되지 않은 연골질이며, 콜라겐과 탄력적인 조직으로 구성되어 있다. 사람의 경우 대부분의 뼈는 초기 태아에서 연골의 형태로 생성되며, 이들은 점진적으로 인회석이 쌓여 광물화된다. 성인의 경우 연골은 갈비뼈와 팔다리 끝 부분뿐만 아니라 귀와 코와 같은 유연한 부분에서 찾아볼 수 있다.

최초의 척추동물은 아마 연골질의 골격을 가졌을 것이다. 사카밤바스피스(*Sacabambaspis*)와 같이 브라질의 오르도비스기 지층에서 발견된 가장 오래된 물고기 화석(**그림 16.1a**) 몇몇은 단단한 뼈로 된 초기의 골격이 발달되었으나 오직 몸의 외부에서만 찾아볼 수 있었고, 광물화된 내부 골격의 흔적은 없다. 단단한 골판은 수많은 작은 이빨과 같은 구조물로 이루어졌으며, 이들 각각은 개개의 상어 비늘에 해당된다. 하지만 합판과 같이 배열된 뼈의 연속적인 얇은 판에 의해 결합되어 있다.

이것은 척추동물의 골격이 어떻게 적응할 수 있었는지를 보여 주며, 이것은 아마도 척

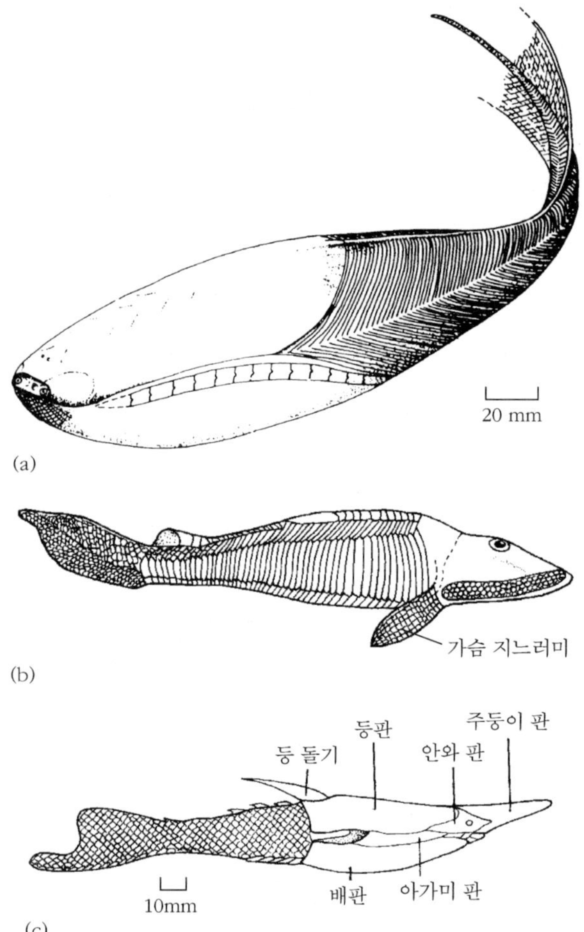

그림 16.1 초기 무악어류: (a) 브라질의 중기 오르도비스기 지층에서 발견된 사카밤바스피스(*Sacabambaspis*)로 잘 보존된 가장 오래된 물고기 화석, (b) 데본기 지층에서 산출된 갑골어류(osteostracan)인 헤미사이클라스피스(*Hemicyclaspis*), (c) 역시 데본기 지층에서 발견된 갑피어류(heterostracan)인 프테라스피스(*Pteraspis*). [(a)와 (b)는 Gagnier(1993)에, (c)는 Moy-Thomas와 Miles (1971)에 근거.]

추동물이 어떻게 그와 같이 다양성이 크고 풍부한 무리가 되었는지의 이유이다. 척추동물의 내골격은 독특한 특성을 가진다—이 특성은 골격이 동물과 함께 자라기 때문에 척추동물이 매우 크게 자랄 수 있게 해준다. 외골격은 매우 빠르게 자랄 수 없어서 연조직의 큰 부피를 지지하는데 적응성이 낮다. 게다가 외골격은 손상받기 쉬우며, 껍데기(연체동물, 필석류)의 외부에 육질 부분을 내뻗치거나 외피(절지동물)의 탈피에 의해 회복된다. 탈피는 에너지를 소비하고 새로운 외골격이 단단해질 때까지 동물이 상처받기 쉬운 상태로 방치한다. 이와 대조적으로, 척추동물의 골격은 신체 내에 보존되고 지속적으로 개조되며, 소형, 중형, 대형 및 육중한 생명체를 지지하는 지지물 역할을 한다.

무악어류: 물어뜯기보다 소리 내며 빨아먹는다

척추동물의 특성을 특징짓는 두 가지 주요 요소는 머리와 신경관 조직이다. 우리 머리가 매우 중요하기 때문에 우리들은 실제로 척추동물만이 머리를 갖는다는 생각을 멈출 수 없다—실제로 척추동물은 때때로 '두개골을 가진'을 뜻하는 두개동물이라고도 한다. 연체동물, 벌레, 완족동물 및 극피동물은 머리가 없다—우리는 벌레의 앞쪽 끝을 '머리'라고 부른다. 그러나 이것은 실제로 벌레의 앞쪽 끝에 지나지 않는다. 척추동물의 머리는 뇌, 주요 감각기관 및 입을 포함하는 조직화된 구조가 갖추어진 점에서 독특하다.

척추동물의 머리는 척추동물에 있어 두 번째로 중요한 파생형질인 **신경관**(neural crest)에서 유래된 세포로 구성된다. 신경관은 초기 배아에서 등뼈가 발생할 경계 위의 배아의 외피 바로 아래에(와 등뼈가 발생할 경계 위에) 놓인 세포로 이루어진 가늘고 긴 조각으로 나타난다. 초기 배아에서 조직이 분화하기 시작함에 따라 신경관에서 유래된 세포는 배아를 통해 뻗어 나가며 몸통을 지나 심장과 창자의 주위에 근육, 신경 및 혈관의 발달을 촉진하지만, 주요 목표 대상은 머리 영역이다. 두개골 신경관의 세포는 뼈, 연

글상자 16.1 세계에서 가장 오래된 척추동물

1999년에 슈 드간(Shu Degan)과 동료들(Shu et al., 1999)이 중국 첸지앙(chengjiang) 지역에서 전기 캄브리아기의 지층으로부터 발견된 밀로쿤밍기아(*Myllokunmingia*)라는 새로운 척추동물 화석을 발표했을 때 이는 세상을 떠들썩하게 하는 대사건었다. 이 화석 산지는 동물화석의 모든 종류를 양호하게 보존하는 것으로 유명하고, 캄브리아기 생명체의 삶을 보여 주는 버제스 셰일(Burgess Shale)과 맞먹는다. 1999년까지 가장 오래된 척추동물에 대해 중기와 후기 캄브리아기의 잠정적인 몇몇 후보자와 함께 많은 논쟁이 있었지만 오르도비스기까지 진정으로 확실한 후보자는 없었다.

밀로쿤밍기아(그림 16.2)는 아주 작아 길이가 30mm 미만이다–여러분은 꿈틀거리는 한 줌의 뱅어처럼 밀로쿤밍기아 100마리 정도를 움켜쥘 수 있다. 머리의 윤곽은 뚜렷하지 않지만 한쪽 끝에 입이 있는 것처럼 보인다. 이 물고기 친척들은 머리의 섬세함을, 아마도 눈과 뇌를 보여 주는 것 같다. 만약 밀로쿤밍기아가 이와 같이 구분된 머리 모양을 가지고 있다면, 이것은 척추동물이다. '머리' 뒤에는 여섯 개의 아가미 주머니, 어울리는 심장강과 소화관이 발달되어 있다. 이들 위에는 척삭동물의 특징의 핵심인 척삭과 근절(myotome) 또는 V자 모양의 근육 덩어리가 있다. 밀로쿤밍기아에는 등을 따라 좁은 등지느러미가 나 있고, 아마 배지느러미는 밑에 있을 것이다. 밀로쿤밍기아는 아마 몸과 지느러미를 좌우로 휙휙 움직이고 물을 거슬러 앞으로 꿈틀거리며 헤엄을 쳤을 것이다. 중국의 표품 어떤 것도 광물화된 뼈는 가지고 있지 않지만 이러한 사실이 이들을 척추동물로부터 제외하지는 않는다. 분명히 척추동물의 골격은 초기 형태에서 연골로 된 구조로 시작하였으며, 캄브리아기에 인회석으로 광물화되었다.

동일한 논문에서 슈 등(Shu et al., 1999)은 또한 첸지앙에서 발견된 비슷한 초기 척추동물 화석을 하이코우익티스(*Haikouichtys*)라고 명명하였다. 경쟁 관계에 있는 연구진인 호우 등(Hou et al., 2002)은 하이코우익티스가 밀로쿤밍기아와 같다고 말했으나 슈와 동료들은 동의하지 않았다. 슈와 호우가 이끌고 있는 두 연구진은 또한 이들 화석 내에 있는 여러 기관의 확인에 동의하지 않았으며, 이것은 이들 화석이 척추동물 계통발생의 어디에 속할지에 대해 영향을 미쳤다. 첸지앙의 화석은 회색이나 노란색의 퇴적암 내에 보존되어 있고, 화석은 회색, 갈색 및 흑색 내에서 돋보이는 회색 또는 붉은색을 띠는 내부 기관을 가진다. 여러 색깔을 띠는 작은 덩이와 짧고 불규칙한 곡선을 해석하는 것은 성인군자의 참을성을 시험하는 것과 같다. 그럼에도 불구하고 그와 같이 섬세한 조직이 5억 년 동안 보존되어 있었다는 것은 주목할 만하다. 현재 이들 초기 척추동물의 표본은 500개 이상이므로 보다 철저한 연구는 이들의 해부학적 구조를 한층 더 명확하게 밝혀줄 것이다.

관련된 웹사이트는 http://www.blackwellpublishing.com/paleobiology/를 참조하라.

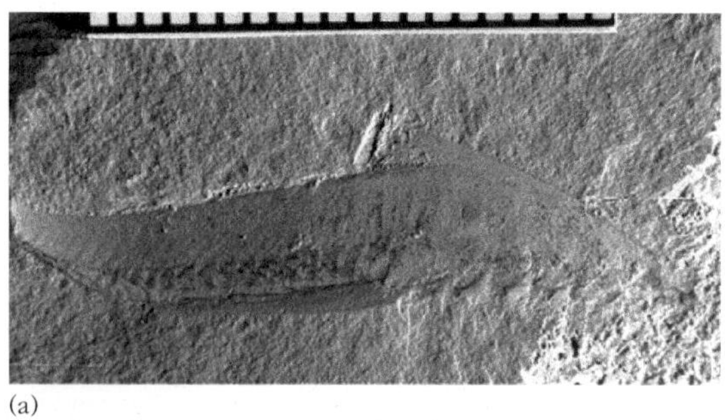
(a)

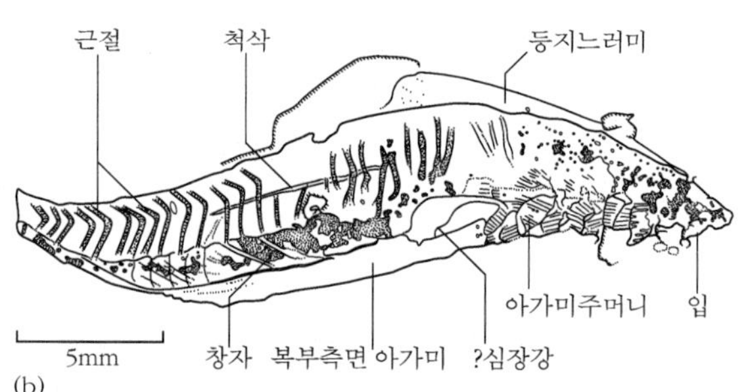

(b)

그림 16.2 중국 첸지앙 지역의 전기 캄브리아기 지층에서 산출된 초기 척추동물 밀로쿤밍기아(*Myllokunmingia*): (a) 표품 사진, (b) 내부 기관에 해당하는 부위를 보여 주는 섬세한 그림. (Shu Degan 제공.)

골, 신경 및 머리와 목 부분 내의 결합 조직을 발생시키고, 얼굴, 이빨, 눈, 내이, 흉선, 갑상선 및 부갑상선, 그리고 물고기의 아가미와 아가미 아치를 형성한다.

최초의 척추동물은 턱이 없었다(그림 16.1). 최근까지, 최초의 이들 물고기의 산출 시기는 오르도비스기로 알려졌다. 그러나 중국의 첸지앙(Chengjiang)에 있는 주목할 말한 화석 산지에서 발견된 쟁점이 되는 새로운 표품(글상자 16.1)은 최초의 어류의 산출 시기를 전기 캄브리아기로 확장시켰다. 후기 캄브리아기와 오르도비스기에 가장 흔한 척추동물은 코노돈트 동물이었다. 어류는 후기 실루리아기와 데본기 동안 흔해졌고 다양화하였다.

턱이 없는 어류는 때때로 **갑피어류**라고 한다(글상자 16.2). 갑피어류는 턱이 없고, 일부는 골판으로 덮여 있지 않을지라도, 일반적으로 이들은 골판으로 덮여 있으며 데본기에 전성기를 맞이하였다. 헤미사이클라스피스(*Hemicyclaspis*, 그림 16.1b)와 같은 갑골어류(Osteostracans)는 정상부에 눈과 콧구멍을 위해 뚫린 구멍이 발달된 반원형의 두골판(head shield)을 갖고 있을 뿐만 아니라 측면 둘레에 구멍이 많이 난 부위가 발달되어 있다. 구멍이 많은 이 부위는 물속에서 다른 동물들의 움직임을 감지하는 데 사용한 전기 감각기관의 통로로 쓰였을지도 모른다. 프테라스피스(*Pteraspis*, 그림 16.1c)와 같은 갑피어류(Heterostracans)는 형태가 유선형에 더 가까우며, 아마 훨씬 더 활발하게 헤엄을 쳤을 것이다. 이들 두 종류의 물고기는 두골판 아래에 입이 발달되어 있으며, 이들은 아마도 퇴적물에서 유기물을 걸러 먹었을 것이다. 턱이 없는 이들 갑피어류는 데본기 말에 멸종했으며, 그 자리는 턱을 가진 물고기가 차지하였다.

무악어류는 오늘날에도 여전히 존재한다. 뱀장어 모양의 칠성장어와 먹장어 50종 정도가 서식하고 있다. 먹장어는 죽은 동물의 살코기를 먹고사는 반면에 칠성장어는 많은 경우 기생한다. 비록 이들은 턱이 없지만, 입은 이빨이 발달된 뼈로 채워져 있으며, 이들 이빨은 먹이 동물에 달라붙어 살코기 덩어리를 갉아 먹는 데 사용된다. 북아메리카의 5대호에서는 몸의 옆구리에 원형의 커다란 상처 구멍이 난 연어와 송어가 흔히 잡히는데, 이 구멍의 살은 바다 칠성장어에 의해 찢겨진 것이다.

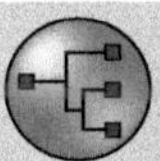

글상자 16.2 어류의 분류

'어류'는 측계통성(paraphyletic) 무리를 이루며, 헤엄치는 척추동물의 몇 개의 특색 있는 분기군으로 구성된다. 판피어류, 가시고기류, 연골어류 및 경골어류에 대한 오르도비스기와 실루리아기의 기록은 주로 분리된 비늘과 이빨에 관한 것이다. 이들 무리는 데본기 이후 가장 잘 알려졌다.

척추동물아문(Subphylum Vertebrata)

'무악어강(Class Agnatha)'

- 턱뼈 없는 물고기의 측계통성 무리로 갑주판을 가진 것과 갑주판이 없는 고생대의 갑피어류와 현생 칠성장어와 먹장어를 포함한다.
- 후기 캄브리아기~현세

판피어강(Class Placodermi)

- 골판으로 치밀하게 덮인 물고기로 턱뼈와 맞닿아 붙어 있는 두골판을 가진다.
- 중기 실루리아기~후기 데본기

연골어강(Class Chondrichthyes)

- 연골로 된 골격을 가진 물고기로 현생 상어와 가오리를 포함한다.
- 후기 오르도비스기~현세

가시고기(극어)강(Class Acanthodii)

- 많은 돌기(가시)와 큰 눈을 가진 작은 물고기
- 후기 오르도비스기~전기 페름기

경골어강(Class Osteichthyes)

- 단단한 뼈로 된 골격을 가진 물고기로 사출형 지느러미를 가진 물고기[조기아강(Subclass Actinopterygii)] 또는 엽상 지느러미를 가진 물고기[육기아강(Subclass Sarcopterygii)]로 이루어진다. 후자는 사지동물의 조상을 포함한다.
- 후기 실루리아기~현세

코노돈트: 신비에 싸인 동물

가장 흔한 초기 척추동물은 코노돈트 동물이었다(Sweet & Donoghue, 2001). 코노돈트는 150년 이상 신비에 싸여 있었으며 오직 턱의 요소에서만 알려졌다—어떤 동물이 이들을 만들어 냈는지 아무도 몰랐다.

코노돈트는 라트비아의 발생학자이며 고생물학자인 판더(Christian Pander)에 의해 1856년에 처음 발견되었다. 이들은 인산염 성분으로 된 이빨과 같은 미화석으로 발견되며, 각각을 **요소**(elements)라고 한다. 코노돈트는 세 종류의 주요 무리로 나눈다(그림 16.3). (1) 헤르지나(*Hertzina*)와 같은 원시코노돈트(protoconodonts)는 깊은 기저공을 가진 단순한 형태의 원뿔이다. (2) 퍼니쉬나(*Furnishina*)와 같은 준코노돈트(paraconodonts)는 대부분 간단한 형태의 원뿔이다. (3) 진코노돈트(euconodonts 또는 true conodonts)는 원뿔, 막대 및 날(blade)로 이루어져 있으며 한층 더 복잡하다. 원시코노돈트는 거의 확실히 진코노돈트와 혈연이 아닌 것 같다. 이들은 소속이 불분명한 초기 다세포동물 무리인 모악동물(chaetognaths) 또는 화살벌레일지 모른다.

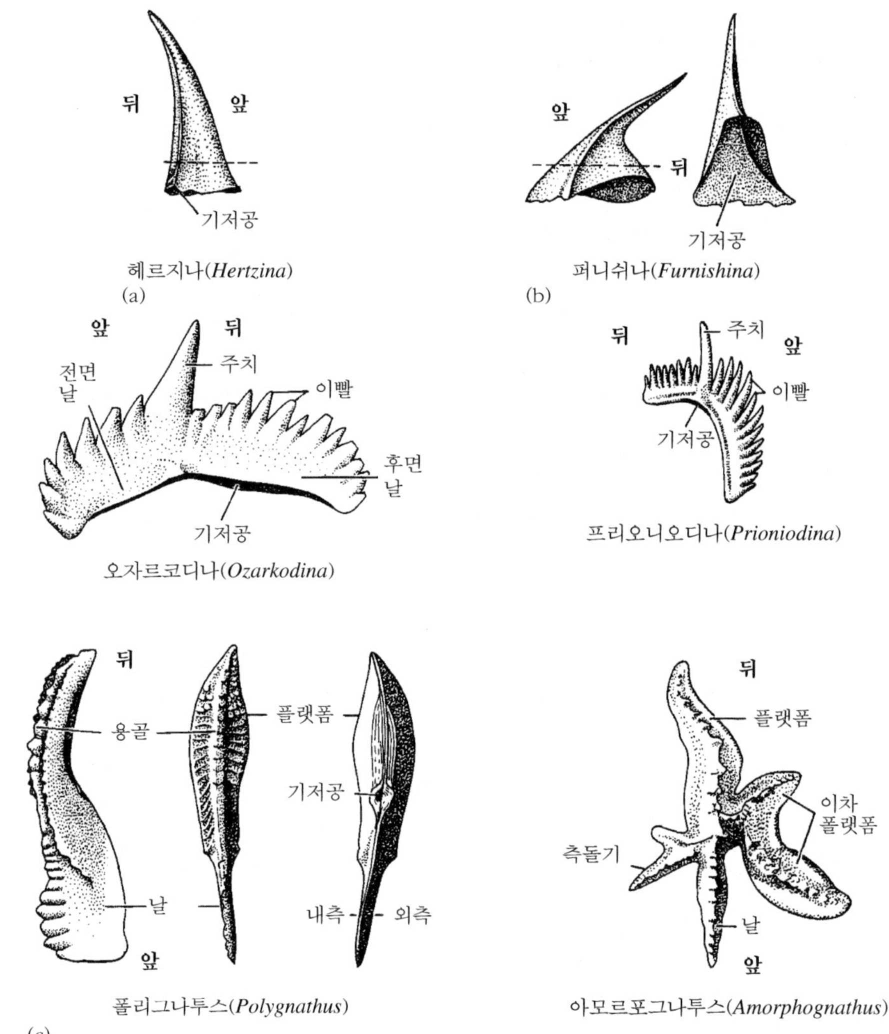

그림 16.3 코노돈트 요소의 주요 타입의 기술적인 형태: (a) 원시코노돈트 헤르지나(*Hertzina*)(×40), (b) 준코노돈트 퍼니쉬나(*Furnishina*)(×40), (c) 진코노돈트 오자르코디나(*Ozarkodina*)(×40), 프리오니오디나(*Prioniodina*)(×20), 폴리그나투스(*Polygnathus*)(×40) 및 아모르포그나투스(*Amorphognathus*)(×40). [Armstrong과 Brasier(2004)에 근거.]

진코노돈트는 일반적으로 세 가지 유형으로 산출되며 인회석으로 구성된 매우 얇은 층으로 이루어져 있다. 이들은 초기 성장 중심부로부터 겉 표면의 부착 성장에 의해 형성된다. 백색물질이 얇은 층 사이 가로 틈에 나타난다. 이 물질은 척추동물의 뼈의 성분과 구조와 잘 비교된다. 과거에는 코노돈트 요소의 세 가지 주요 형태는 있는 그대로의 단순 요소 또는 형태 분류의 기초로 이용되었다(**그림 16.4**). 원뿔 또는 **원뿔형 요소**(coniform elements)는 가장 단순하며, 위로 점점 뾰족해지며 때때로 융기선(ridge)이나 또는 능선(costae)으로 장식된 원뿔 모양의 주치(cusp)가 발달된 기저부를 갖고 있다(그림 16.4a, b). 막대 또는 **가지형 요소**(ramiform elements)는 주치의 앞, 뒤 또는 옆으로 네 개에 달하는 작은 이빨이 발달된 날 같은 길다란 융기선으로 구성된다(그림 16.4c, d, g). 플랫폼(platforms) 또는 **빗형태 요소**(pectiniform elements)는 다양한 범위의 형태를 가지며, 기저공 부분으로부터 앞, 뒤 및/또는 옆으로 뻗어 나간 이빨이 난 돌기가 발달되어 있다(그림 16.4e, f, h~j). 또한 일부 빗형태 요소는 측면으로 발달된 주요 돌기를 가진다. 주치는 줄어든 반면에 기저부는 확대되어 상부 표면에 이빨이 발달된 플랫폼을 형성한다. 비록 항상 보존되어 있지 않을지라도 기저공은 상아질 같은 물질의 형태로 빗형태 요소의 기저소체(basal body)로 채워져 있다.

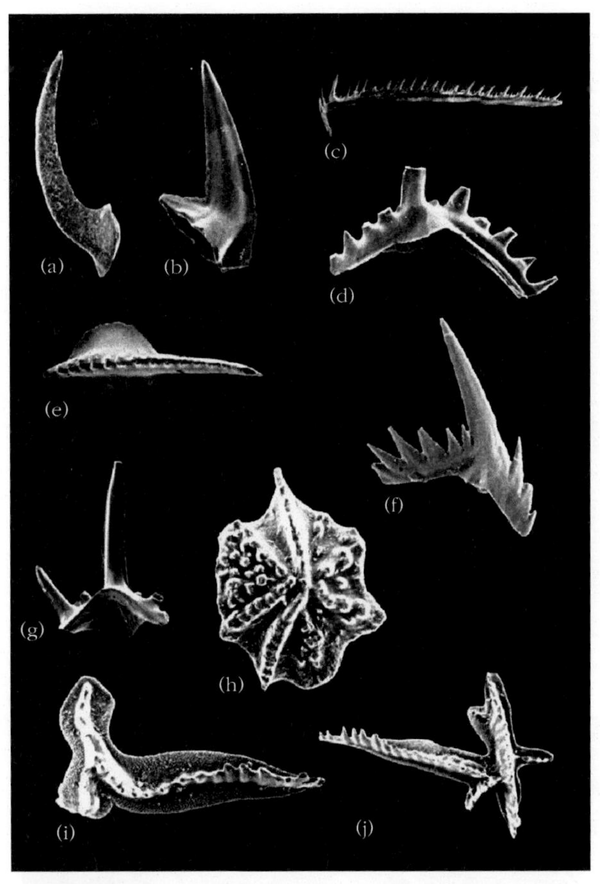

그림 16.4 코노돈트 요소: (a, b) 원추형, 측면 모습, (c, d) 가지형, 측면 모습, (e) 직선형의 날(blade), 위에서 본 모습, (f) 아치형의 날(arched blade), 측면 모습, (g) 가지형, 밑에서 본 모습, (h~j) 빗형태, 위에서 본 모습. 모든 요소에 대한 배율은 20~35배임. (Dick Aldridge 제공.)

코노돈트는 캄브리아기에서 트라이아스기까지 모든 바다 환경에 쌓인 퇴적암에서 산출된다. 준코노돈트는 중기 캄브리아기에서 보고되었다. 이보다 더 오래된 기록은 확실하지 않다. 후기 캄브리아기에 원뿔형의 단순한 진코노돈트가 출현하였다. 전기 오르도비스기에 원뿔형 요소로 된, 그리고 몇몇은 원뿔형 요소와 가지형 요소로 이루어진 **조직**(apparatus)이 출현하였다. 코노돈트의 다양성은 중기 오르도비스기에 절정에 달했으며, 전 지구적으로 최대 60속 이상이다. 이 기간 동안에는 결코 다시 필적할 수 없는 조직 패턴의 매우 큰 다양성이 있었다. 그 후에 조직은 상대적으로 균일해졌으며, 이는 아마 먹이를 먹는 방식이 안정화되었음을 암시한다. 중기와 후기 오르도비스기의 날과 플랫폼의 큰 다양성과 함께 빗형태 요소는 전기 오르도비스기부터 흔해졌다. 이들의 큰 다양성은 후기 오르도비스기에 일어난 대량멸종에 의해 크게 감소하였다. 실루리아기 코노돈트 동물군은 다양성이 더 낮으며, 조직은 주로 가지형과 빗형태 요소로 이루어졌다. 코노돈트는 특수화된 가지형과 빗형태 요소와

(a)

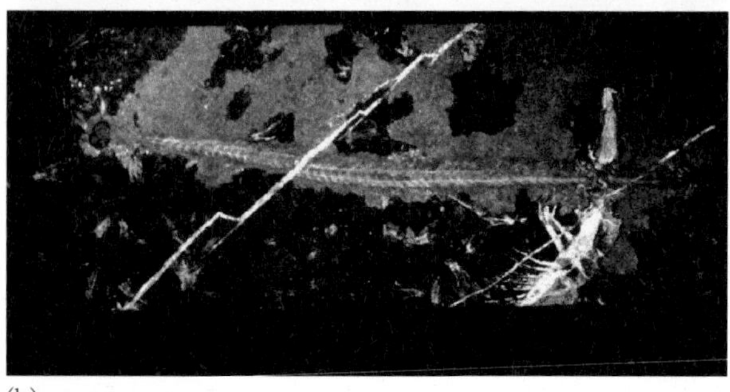

(b)

그림 16.5 코노돈트 동물에서 코노돈트 요소의 원래 위치: (a) 일리노이 주의 석탄기 지층에서 발견된 코노돈트 요소의 자연적인 집합체(×24), (b) 스코틀랜드 에든버러의 석탄기 그란톤슈림프층에서 발견된 코노돈트 동물로 머리는 왼편 끝에 있다(×1.5). (Dick Aldridge 제공.)

함께 후기 데본기에 다시 크게 번성하였다. 상부 데본계로부터 1,000 이상의 코노돈트 분류군(taxa)이 명명되었다. 석탄기 코노돈트(그림 16.5a)는 조직의 P 위치에 있는 빗형태 요소와 M과 S 위치를 차지한 가지형 요소들과 함께 원뿔형 요소가 없는 것이 특징이다(다음 절 참조). 코노돈트는 전기 페름기 동안 점점 줄어들었으며, 후기 페름기와 트라이아스기의 대부분 종들은 적은 수의 요소로 이루어진 조직을 가졌다. 이들은 트라이아스기 말에 멸종하였다.

코노돈트 동물의 정체에 대한 첫 번째 증거의 예는 코노돈트의 요소가 전형적으로 15개로 이루어진 집단이나 또는 **조직**으로 간혹 산출된다는 것이다. 이들 중 14개는 좌우 양측으로 배열되고, 좌우 대칭을 이루는 나머지 한 개 요소는 정중선에 자리하고 있다. 코노돈트 요소는 조직 안에서 특수한 방법으로 배열된다. 빗형태 요소(P 요소)는 뒤쪽에, 곡괭이형(makelliform) 요소(M 요소)는 앞쪽에, 그리고 그 사이에는 대칭적인 이행(transition) 계열(S 요소)이 배열된다. 일반적으로 막대 모양이나 빗형태 요소는 P 자리를 차지하는 반면에 막대 모양과 원뿔형 요소는 M과 S 자리에 있다. P, M 및 S 자리는 예를 들어 P_a, P_b 요소와 같이 첨자를 사용하여 더 정확하게 나타낼 수 있다.

최초의 코노돈트 조직은 1879년에 발견되었으며, 이것은 아마 이빨의 일종으로 코노돈트 기능에 대한 어떤 새로운 착상이 떠오르게 하였다. 그리고 이것은 코노돈트 전체 동물에 대한 어떤 단서를 제공하였다. 코노돈트 동물로 추정되는 몇 개의 화석이 1960년대에 발견되었으나 이들 대부분은 코노돈트 동물을 이제 막 잡아먹었던 포식성의 동물로 밝혀졌다. 따라서 이들 화석 내부에는 많은 코노돈트 요소들이 들어 있었다.

이들의 정체에 대한 미스터리에도 불구하고 코노돈트는 생물층서학의 주요 도구가 되었다(글상자 16.3). 게다가 코노돈트 요소들의 색깔 변화는 온도 변화와 관련이 있을 수 있기 때문에, 코노돈트는 열적 성숙도에 대한 중요한 지표이다. 오늘날 고생물학자들은 코노돈트 동물이 어떻게 생겼는지 알고 있다. 그러나 이것을 알아내기까지 150년이 걸렸다.

코노돈트 동물의 정체에 대한 해답은 1983년 최초로 완벽한 코노돈트 동물 화석이 스

글상자 16.3 코노돈트와 생물층서학

코노돈트에 기반을 둔 상세한 생물층서 분류안은 고생대와 트라이아스기의 많은 부분에 설정되었다. 예를 들면, 20개 이상의 코노돈트 생층서대가 오르도비스계에 설정된 반면에 상부 데본계에는 각각이 최소 50만 년보다 길지 않은 30개 이상의 생층서대를 가진 가장 많은 간격으로 나누어져 있다. 북서 유럽에서 석탄계는 일반적으로 코노돈트 생층서대에 근거하여 대비한다.

놀랄 정도의 정밀도는 오늘날 몇몇 생층서 분류 안에 유용하게 활용할 수 있다. 이것은 촘촘한 코노돈트 생층서 분대와 연계한 전기 실루리아기(그림 16.6) 동안의 전 지구적 환경 변화의 모형 개발을 가능하게 하였다(Aldridge et al., 1993b). 두 개의 해양 환경이 인지되었다. 해수의 수직 순환이 좋고 영양분의 공급이 적당한['1차(primo)'라고 부름] 산소가 풍부한 한랭한 바다와 염분이 높고 영양분 공급이 좋지 않은['2차(secundo)'라고 부름] 층을 이룬 따뜻한 바다였다. 바다 환경의 갑작스런 변화는 해수의 수직 순환과 영양분 공급을 매우 빠르게 달라지게 하였으며, 이는 아마 멸종 사건을 일으켰을 것이다.

이러한 종류의 층서적 분류안은 지리적인 생물층서 분대에 의존할지도 모른다. 캄브리아기 코노돈트 동물군은 적도(저위도)의 따뜻한 해수 군집과 극(고위도) 지역의 차가운 해수 군집으로 나뉜다. 전기 오르도비스기 동안, 이들 저위도 군집과 고위도 군집은 여섯 개의 분리된 생물구로 더 나뉜다. 코노돈트는 고위도 지역에서 독립적으로 진화하였으며, 다만 저위도 지역의 동물군으로부터 약간의 유입만 있었다. 오르도비스기 말 무렵에 고위도의 차가운 해수에 사는 동물군이 저위도로 이주하였다. 따라서 후기 오르도비스기의 적도의 중앙대륙의 군집은 극지방과 극지방에 가까운 지역에서 유래되었으며 그들 스스로 실루리아기 동물군의 토대를 형성하였다. 중기와 후기 고생대 동안 코노돈트는 주로 적도 지방에 한정되었다. 데본기와 석탄기 코노돈트 동물군은 대륙붕 군집들 사이에서 약간의 생물지리적 차이를 보여 준다. 지리적 생물구 사이에서의 이러한 차이는 층서 분류안과 지역과 지역 사이의 대비 가능성에 영향을 미칠 수 있다.

비록 코노돈트 화석은 연안의 탄산염 암석에서 가장 보편적으로 발견될지라도 코노돈트는 주로 열대 지역의 바다와 바다 연안 환경의 넓은 범위에서 산출된다. 환경과 관련된 뚜렷한 코노돈트 고군집이 고생대의 많은 부분에서 확인되었으며, 통계적인 분석은 예를 들면, 천해 코노돈트 군집으로부터 심해 군집을 구분할 수 있다. 코노돈트가 생층서 분대에 활용되기 전에 해수의 깊이와 그 밖의 요소들이 코노돈트 분포 군집에 미치는 영향을 파악하는 것이 중요하다. 깊이에 따라 결정되는 코노돈트의 뚜렷한 차이를 서로 다른 시간 간격의 지표로 해석하는 것은 명백한 실수이다.

웹사이트 이용은 http://www.blackwellpublishing.com/paleobiology/를 통해 가능하다.

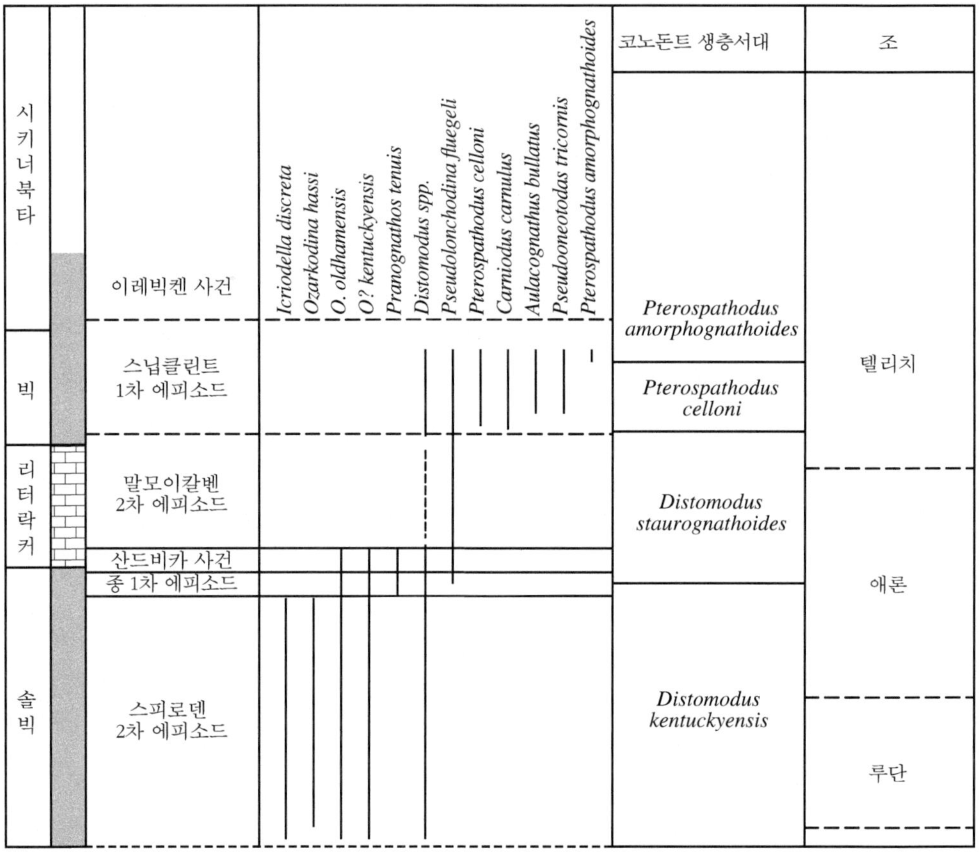

시키너북타
빅
리터락커
솔빅
이레빅켄 사건
스닙클린트 1차 에피소드
말모이칼벤 2차 에피소드
산드비카 사건
종 1차 에피소드
스피로덴 2차 에피소드
Icriodella discreta
Ozarkodina hassi
O. oldhamensis
O? kentuckyensis
Pranognathos tenuis
Distomodus spp.
Pseudolonchodina fluegeli
Pterospathodus celloni
Carniodus carnulus
Aulacognathus bullatus
Pseudooneotodus tricornis
Pterospathodus amorphognathoides
코노돈트 생층서대
Pterospathodus amorphognathoides
Pterospathodus celloni
Distomodus staurognathoides
Distomodus kentuckyensis
조
텔리치
애론
루단

그림 16.6 층서학에서 코노돈트 군집의 활용: 해양 환경의 제1차와 2차의 교대는 노르웨이 오슬로 지역의 하부 실루리아계의 일부와 대비된다. 층서 단면도에서 석회암은 격자 형태로 표시하고 셰일은 회색으로 표시하였다. (Dick Aldridge 제공.)

코틀랜드의 에든버러 근처 해안에 있는 그란톤슈림프층(Granton Shrimp Bed)이라는 석탄기의 흑색 이암에서 발견되었을 때 얻게 되었다(그림 16.5b). 이것은 뱀장어와 같이 생긴 동물이며, 앞쪽 끝 부분에 코노돈트 조직을 갖고 있다. 자세한 조사는 요소들이 제자리에 있고, 이번에는 다른 동물에게 그냥 먹힌 것이 아니었음을 보여 주었다. 현재 10개의 코노돈트 동물이 발견되었는데 이들은 다른 지역에서 발견되었다(Aldridge et al., 1993a). 스코틀랜드의 코노돈트 동물은 최대 길이가 55mm에 달하며 둥글게 돌출된 짧은 머리를 가지고 있다. 머리에는 눈을 부릅뜬 퉁방울눈이 달려 있으며, 이는 흑색으로 화석화된 아마도 시각 색소에 의해 생성된 얼룩일 것이다. 눈 아래와 뒤에는 코노돈트 조직이 있고, 이들은 입이 있어야 할 위치에 분명히 놓여 있으며 코노돈트 요소가 실지로 이빨 기능을 하였음을 보여 준다. 앞쪽의 빗 모양의 가지형 요소는 아마도 입안으로 빨아들인 먹이 동물을 붙잡았으며, 뒤쪽의 빗형태의 요소는 먹이를 삼키기 전에 잘게 썹는 역할을 했을 것이다. 고생물학에서 가장 큰 미스터리 하나가 풀린 것이다.

✲ 턱과 어류의 진화

최초의 턱

코노돈트를 포함한 초기의 척추동물은 턱이 없었으며, 턱은 아마도 오르도비스기 동안에 발생했을 것이다. 현대 척추동물에 대한 해부학적 연구는 턱이 연골의 막대 부분의 강화 또는 아주 작은 근육들로 모두 연결되어 있는 몇몇 요소로 구성된 각각의 아가미틈(gill slits)으로부터 진화했음 말해 준다. 턱이 없는 물고기의 아가미 골격은 광물화되지 않았기 때문에 이행 과정은 화석에서 추적할 수 없다. 분자생물학자들은 턱의 기원이 매우 난해해서 턱의 기원은 틀림없이 유전체의 복제 사건과 관련되어 있었다고 말한다—하지만 화석은 '아니요'라고 말한다(**글상자 16.4**).

콕코스테우스(*Coccosteus*, **그림 16.8a**)와 같이 가장 오래된 턱이 있는 물고기의 몇몇은 판피어류였으며, 이들은 갑피어류처럼 머리와 어깨 부분에 뼈로 된 커다란 골판을 그리고 뒷부분은 좀 더 약하게 골판으로 덮여 있다. 이들은 꼬리 부분을 좌우로 휘저으며 헤엄을 쳤다. 턱의 가장자리에는 이빨이 나 있지 않았으며, 대신에 먹이를 물어뜯는 데 아주 효율적인 뼈로 된 날카로운 판이 발달되어 있다. 판피어류는 무시무시한 포식자였으며, 이들 중 몇몇은 북아메리카의 후기 데본기 지층에서 산출된 둔클레오스테우스(*Dunkleosteus*)처럼 인상적인 길이는 10m에 달했다. 이 물고기는 그때까지 살았던 동물 중에 가장 컸으며, 이들의 크기와 무시무시한 턱은 왜 그렇게 많은 데본기 어류가 골판을 가지고 있었는지를 설명해 줄지 모른다.

데본기의 다른 어류는 외견상 한층 더 현대 물고기의 모습에 가깝다. 최초의 상어와 같은 연골어류는 전기 데본기에 출현하였다. 가시고기(극어)류는 작은 어류이며, 대부분 50~200mm 범위의 길이이고, 각 지느러미 앞부분과 배에 일정한 간격으로 배열된 두 개의 줄에는 수많은 가시가 나 있다(**그림 16.8b**). 가시고기류는 많은 경우에 막대한 수로 보존된 지층 내에서 발견된다. 그러므로 이들은 아마 큰 떼를 지어 이동이 자유로운 물에서 헤엄쳐 다녔으며, 작은 절지동물과 플랑크톤을 잡아먹고 살았을 것이다. 이들은 그들의 떼에서 좌우로 빠르게 달아남으로써 포식자로부터 벗어났다. 그리고 이들의 이례적인 가시는 아마 포식자가 이들을 삼키는 것을 어렵게 하였을 것이다.

경골어류: 조기류와 육기어류

경골어류(osteichthyans 또는 bony fishes)도 데본기에 출현하였다. 이들은 두 개의 그룹

글상자 16.4 유전체 복제와 척추동물의 진화

척추동물은 다른 동물 무리보다 더 많은 유전체를 가진다. **유전체**(genome)는 세포핵 내에 있는 염색체에 들어 있는 유전자의 전체적인 서열이다. 많은 벌레와 곤충은 유전체 내에 약 15,000개의 **유전자**(gene)를 갖는 반면에 사람의 유전자 수는 31,000개, 쥐의 유전자 수는 30,000개, 복어의 유전자 수는 38,000개이다. 그러나 척추동물은 무척추동물보다 확실히 더 많은 유전자를 갖지 않는다. 이들은 많은 개개의 무척추동물의 유전자의 2, 4 또는 심지어 8배의 복제를 갖는다. 한때 분자생물학자들은 사람은 100,000개 정도의 유전자를 갖는 것으로 여겼다. 그러나 인간유전체 사업(Human Genome Projet)의 집중적인 유전자의 서열 연구 성과 이후 2004년에 줄어든 유전자 수가 확립되었다. 유전체의 크기는 무엇을 의미하는가?

일부 분자생물학자들은 유전체의 크기가 생명체의 복잡성을 자세히 묘사한다고 말했다. 단세포인 세균은 많은 것을 하지 않기 때문에 단세포 세균은 확실히 많은 유전자를 필요로 하지 않는다. 척추동물은 훨씬 더 복잡한 생명체처럼 더 많은 유전자를 필요로 할 것이다. 아무튼 우리는 아주 복잡하고 중요하기 때문에 사람은 가장 큰 유전체를 가져야만 한다. 실제로 유전체 크기는 단지 신체의 복합성과 막연하게 관련되어 있다. 지금까지 보고된 가장 큰 유전체는 허파물고기로부터 나왔다. 대부분의 유전체는 소위 **불용**(不用) **DNA**, 또는 적어도 중복 유전자와 비번역 부분(non-coding sections)이다. 따라서 기능적인 유전체 크기는 기능 또는 신체의 복잡성의 더 좋은 상관물일 수 있다.

기능적이든 혹은 기능적이 아니든 척추동물의 진화 과정－진화적 변화가 아주 급격하고 유전체의 큰 부분이 복제되었던 시기－은 적어도 세 번의 **유전체 복제 사건**(genome duplication events, GDEs)이 있었다는 것을 분자생물학자들이 제안하였다. GDEs는 척추동물의 기원, 악구류의 기원 및 단단한 뼈를 가진 매우 다양한 현생 어류인 경골어류에서 확인되었다(Furlong & Holland, 2004). 진화적 도약이 GDE를 일으켰을 수가 있었을까? 혹은 GDE가 아마 이들 세 점에서 어류의 빠르고 근본적인 재편성을 자극하였던가?

도노휴와 퍼넬(Donoghue & Purnell, 2005)은 분자생물학자들이 잘못 인도되었다고 말한다. 화석을 등한시함으로써 분자생물학자들은 그들의 분기도에서 인위적인 형태적 도약을 보고, 이것을 요구된 GDE와 연결시켰다. 실제로 화석을 끼워 넣게 되면 '도약'은 덜 뚜렷한 것처럼 보인다. 악구류의 기원에 대해서 생물학자들은 칠성장어를 상어와 비교했으며, 이들 두 무리 사이에는 큰 격차가 있다. 그래서 해부적인 변화의 관점과 유전체 복제의 관점에서 제법 큰 도약을 암시한다. 그러나 화석을 끼워 넣었을 때(그림 16.7)는 7개의 주요 갑피어류 분기군과 판피어류 분기군은 살아 있는 무리 사이에 놓이게 되며 진화적 이행은 확대된다. 몇 개의 화석 무리[특히 익갑류(pteraspidimorphs), 코노돈트 및 판피어류]는 다양하며, 제안된 바와 같이 GDE가 단 한 번의 극적인 종분화의 발생을 일으키거나 혹은 가능하게 했는지는 확실하지 않다. 또한 턱의 기원과 GDE와 관련된 단 한 번의 조직의 재편성이 있었는지도 확실하지 않다. 화석은 오랜 시간에 걸쳐 단계적인 특성 변화를 보여 준다.

이것은 연구의 미개척 영역이다. 유전체 복제가 진화의 주요 폭발을 일으킬 수 있다는 주장은 극적이며 아마 과장된 것이다. 고생물학자들은 분자생물학자들과 발생생물학자들과 협력하여 연구함으로써 과학의 새로운 영역에 매우 큰 기여를 할 수 있다.

http://www.blackwellpublishing.com/paleobiology/를 통해 더 많은 것을 알아보라.

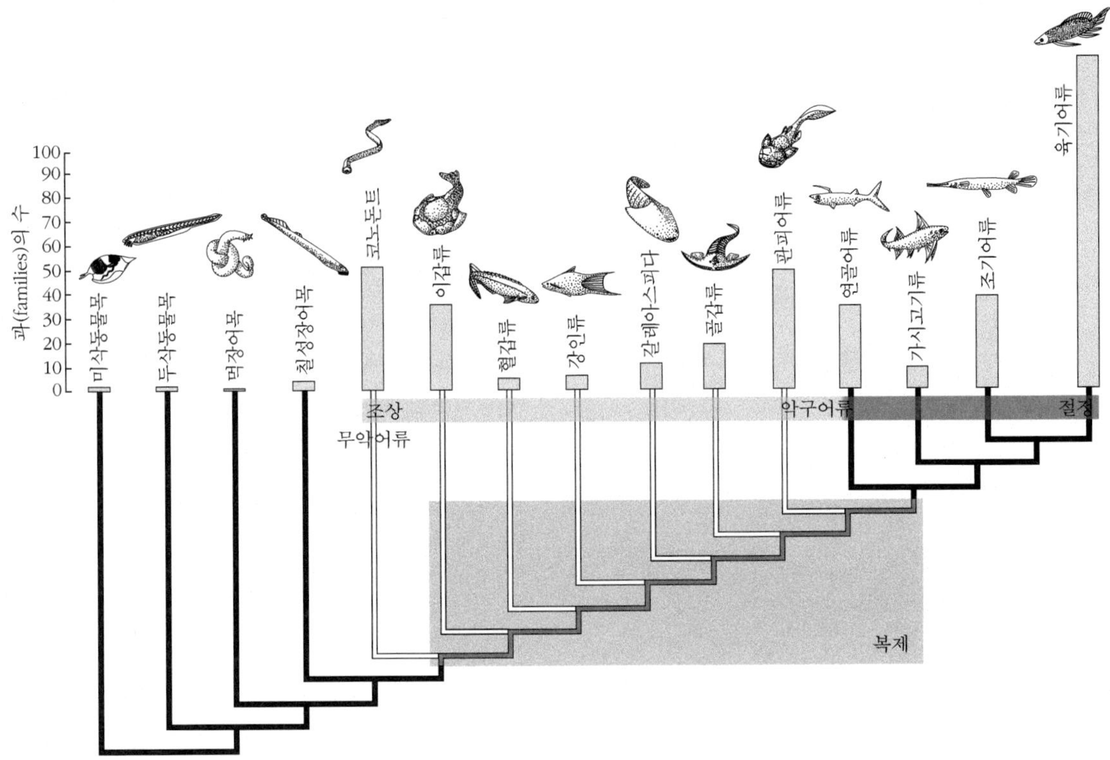

그림 16.7 초기 어류의 계통발생. 하나의 주요 유전체 복제 사건은 분명히 턱의 발생과 관련되어 있다. 화석을 고려하지 않았을 때(열린 선)는 턱이 없는 칠성장어와 먹장어로부터 커다란 형태 및 유전체에 도약이 있다. 이곳처럼 이들 무리가 포함되면 변화는 훨씬 더 점진적인 것으로 나타난다. 유전체 복제 사건의 시기는 확실하지 않으며, 회색 박스 내에 놓인다. 살아 있는 무리와 화석 무리 각각의 과(family)의 수는 음영 처리한 수직 막대로 표시되어 있다. (Phil Donoghue 제공.)

으로 나눈다. (1) 방사조직(ray)과 같은 지느러미를 가진 무리로 오늘날의 대부분의 물고기, 즉 잉어에서 연어까지, 그리고 해마와 참치까지의 조상인 조기아강(actinopterygians)과 (2) 굵고 근육질의 다리와 같은 지느러미, 즉 엽상지느러미를 가진 육기어류(sarcop-tergians)이다. 오늘날 육기어류는 드물며, 오직 3종(species)의 폐어와 희귀한 실러캔스로 대표된다. 실러캔스 중 라티메리아(*Latimeria*)는 유명한 '살아 있는 화석'이다. 1938년에 실러캔스가 동아프리카 앞바다 심해에서 잡혔다는 소식을 듣고 세계는 놀랐으며, 그 이후로 더 많은 실러캔스가 잡혔다.

데본기의 조기류는 작은 비늘로 덮인 유연한 몸과 판으로 된 머리를 가진 케이롤레피스(*Cheirolepis*, 그림 16.8c)를 포함한다. 이 물고기는 가시고기류를 잡아먹고 살았을지 모르는 활동적인 포식자였다. 데본기의 총기류는 폐어와 '선기류(rhipidistians)' 모두를 포함한다. 디프테루스(*Dipterus*, 그림 16.8d) 폐어는 무척추동물과 물고기를 사냥하고 이들

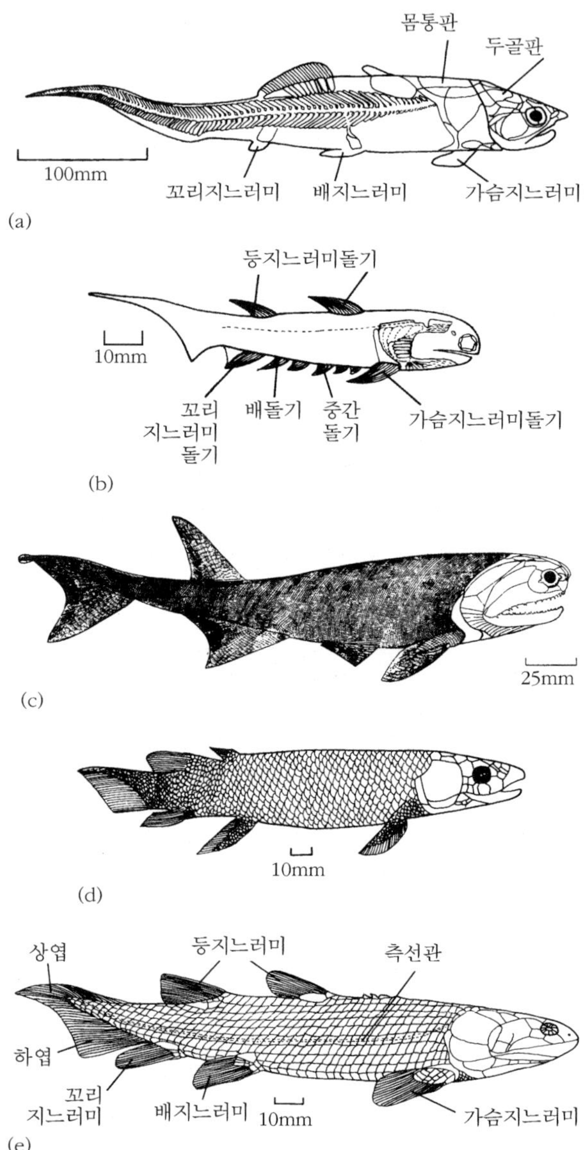

그림 16.8 턱이 발달된 데본기 어류: (a) 판피어류 코코스테우스(*Coccosteus*), (b) 가시고기 클리마티우스(*Climatius*), (c) 조기어강의 경골어류 케이롤레피스(*Cheirolepis*), (d) 폐어 디프테루스(*Dipterus*), (e) 육기어류 오스테올레피스(*Osteolepis*). [Moy-Thomas와 Miles(1971)에 근거.]

을 넓고 큰어금니 이빨판으로 분쇄했던 가늘고 날씬한 물고기였다. '선기류' 오스테올레피스(*Osteolepis*, 그림 16.8e) 역시 가늘고 날씬했으며 활동적인 포식자였다. 총기류는 앞부분이 근육으로 된 지느러미를 갖고 있었으며, 이 지느러미를 그들 자신이 연못에서 연못으로 진흙 위를 이동하는 데 사용하였다. 이들 물고기의 표품은 세계의 여러 지역의 데본기 지층으로부터 알려졌다(글상자 16.5).

데본기 이후 조기아강은 세 번에 걸쳐 폭발적으로 번성한 것으로 보인다. 첫 번째(데본기~페름기) 폭증(radiation)은 팔레오니스쿠스하강(palaeonisciform, 그림 16.10a)으로 구성되며, 이들은 커다란 뼈로 된 비늘과 튼튼한 머리뼈를 가진 경골어류의 측계통성 무리이다. '전골아강(holosteans)'이라고 부르는 무리인 경골어류의 두 번째 폭증은 후기 트라이아스기와 쥐라기에 일어났다. 엄청난 숫자로 발견되는 크기가 작은 세미오노투스(*Semionotus*, 그림 16.10b)는 팔레오니스쿠스하강보다 한층 더 섬세한 비늘과 턱 기관을 가지고 있었다. 이 턱은 부분적으로 앞으로 튀어나올 수 있었으며 따라서 입이 크게 벌어지게 하였다.

조기아강의 세 번째이자 가장 큰 폭증은 진골어류(teleost)의 다양화와 함께 쥐라기와 백악기에 일어났다. 진골어류는 오늘날 가장 다양성이 크고 풍부한 어류이며, 뱀장어, 청어, 연어, 잉어, 대구, 아귀, 날치, 가자미, 해마와 참치와 같은 23,000종의 살아 있는 어류를 포함한다. 이러한 폭증의 큰 성공은 이들의 주목할 만한 턱의 성과일 수 있다. 팔레오니스쿠스하강은 입을

글상자 16.5 스코틀랜드의 올드레드 대륙에 산출된 어류 화석

북부 유럽과 캐나다의 올드레드 사암대륙(Old Red Sandstone Continent)은 데본기 동안 더운 열대 기후인 적도 가까이에 놓여 있었다. 물고기는 이 대륙 주위에 발달된 얕은 바다와 육지로 둘러싸인 호수에서 살았다. 최고로 좋은 화석 채취 지역 중 하나는 스코틀랜드의 북부 지역에 있으며, 이곳은 거의 200년 전에 최초의 표품이 발견된 곳이다.

물고기 화석이 포함된 지층은 커다란 깊은 호수에서 쌓였다(Trewin, 1986). 골판으로 덮인 몸집이 큰 갑피어류와 판피어류는 얕은 물속에 있는 찌꺼기를 먹고살았던 반면에, 은색의 가시고기류 무리는 수면 가까이에 돌진하고 소용돌이치며 헤엄쳐 다녔다. 조기어류의 일종인 케이롤레피스(*Cheirolepis*)와 같은 단단한 뼈를 가진 어류인 '선기류'인 오스테올레피스(*Osteolepis*) 및 폐어인 디프테루스(*Dipterus*)는 먹이를 찾아 호수 가장자리에 있는 식물 사이를 빠르게 헤엄쳐 다녔으며, 가끔 이들은 호수 깊은 곳에서 새로운 먹이를 공급하는 육지로 헤엄쳐 나왔다.

아름답게 보존되고 거의 완벽한 물고기 화석은 일반적으로 어두운 색깔의 실트암과 세립 사암에서 발견되었다(그림 16.9a). 이들 암석은 아마 산소가 결핍된(낮은 산소) 상태인 호수의 가장 깊은 곳에서 퇴적된 것 같다(그림 16.9b). 퇴적작용의 순환이 반복되어 일어났으며, 이것은 아마 기후에 의해 조정되었을 것이다. 비가 많이 내리는 시기에는 많은 양의 모래가 주변의 스코틀랜드 고원지대로부터 호수로 씻겨 흘러들어 갔다. 건조기에는 호수의 수위가 낮아지고 호수는 제자리에서 바짝 말라붙어 건열과 토양을 남겨 놓았다. 그런 다음 대량의 물고기 죽음—아마 **부영양화**(조류의 급증 이후에 조류들의 부패에 의해 발생한 산소 결핍) 또는 뒤따라 일어나는 폭풍우의 결과 발생한—과 함께 홍수가 일어났다. 데본기의 4,000만~5,000만 년 동안 모두 합쳐 약 2~4km 두께의 호수 퇴적물 층이 쌓였으며 이 호수 퇴적층 내에는 수십 개의 물고기 화석층이 있다.

http://www.blackwellpublishing.com/paleobiology를 통해 더 많은 것을 알아보라.

(a)

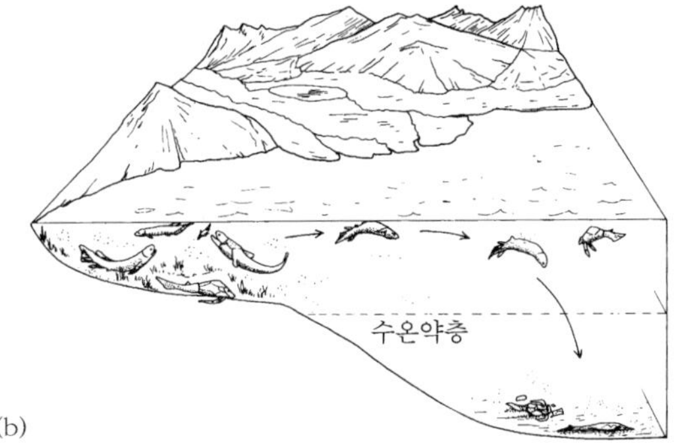

(b)

그림 16.9 스코틀랜드의 북쪽에 있는 올드레드 사암 호수: (a) 두 개의 전형적인 디프테루스(*Dipterus*)의 보존, (b) 호수의 환경 순환 모형. 퇴적물은 많은 비가 내리는 동안 주변의 고원지대로부터 공급된다. 물고기는 얕은 호숫가와 표면 가까운 물에 산다. 그러나 물고기 사체들은 수온약층 아래에 있는 상대적으로 산소가 결핍된 차가운 물속으로 가라앉았을 것이다. 그리고 이들은 호수 바닥으로 가라앉아 암회색의 엽층리가 발달된 이암 내에 교란되지 않은 상태로 보존된다. (Nigel Trewin 제공.)

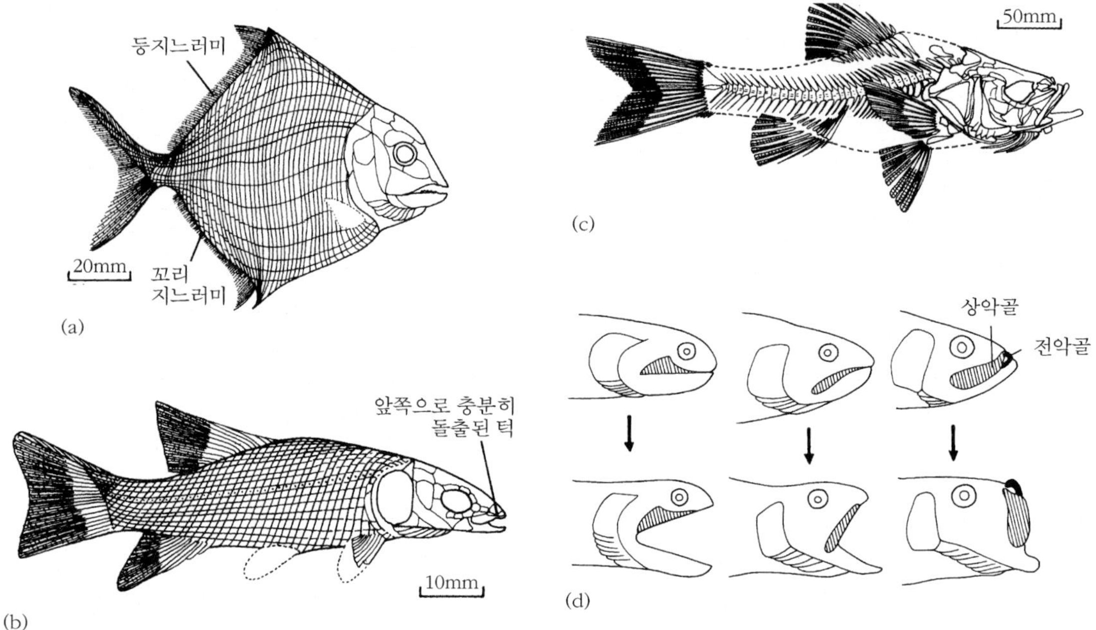

그림 16.10 조기류의 진화: (a) 석탄기의 팔레오니스쿠스류 케이로두스(*Cheirodus*), 체고는 높고 체폭은 좁은 몸의 형태, (b) 트라이아스기 '전골어류' 세미오노투스(*Semionotus*), (c) 백악기 진골어류 맥코닉티스(*Mcconichthys*), (d) 팔레오니스쿠스류의 단순한 경첩(왼쪽)으로부터 전골어류의 더 복잡한 턱뼈(중간), 그리고 입을 충분히 삐죽 내밀고 있는 진골어류의 턱뼈(오른쪽)로의 조기류의 턱의 진화. [(a)와 (b)는 Moy-Thomas와 Miles(1971)에, (c)는 Grande(1988)에, (d)는 Alexander(1975)에 근거.]

치켜올리는 단순한 문처럼 열었고, 전골어류는 열린 입을 약간 확대할 수 있었다. 하지만 진골어류는 전체 턱 기관을 늘어날 수 있는 관처럼 쭉 내밀 수 있다(**그림 16.10d**). 이러한 현상은 머리뼈 요소의 큰 이완(loosening) 때문에 일어났다. 아래턱이 내려감에 따라 위턱(**상악**과 **전상악**)의 이빨을 가진 뼈는 위와 앞쪽으로 움직인다. 많은 진골어류가 관 모양의 입을 빠르게 돌출시켜 그들의 먹이를 빨아들이는 반면에 다른 진골어류는 해저바닥으로부터 먹이 입자들을 흡입하거나 혹은 살이나 산호를 정확히 자르는 데 관 모양의 입을 사용하였다.

상어의 진화: 무기는 그들의 먹이와 경쟁하였는가?

석탄기 동안 괴상한 상어 같은 수많은 어류가 출현하였으며 이들은 분명히 중요한 바다 포식자였다. 상어의 두 번째 폭증이 트라이아스기와 쥐라기에 일어났다. 히보두스(*Hybodus*, **그림 16.11a**)는 빠르게 헤엄을 치는 물고기였으며 그의 커다란 가슴(앞)지느러미를 이용하여 정확하게 방향을 바꿀 수 있었다. 히보두스 형태의 물고기는 살을 찢는 세모꼴의 뾰쪽한 이빨에서부터 연체동물을 처리하는 데 적합한 단추 모양의 넓은 분쇄용 이빨까지 한 조로 된 이빨 형태를 가졌다. 상어의 완전한 전체 화석을 발견하는 것은 드물다. 왜냐하면 골격의 대부분은 연골로 되어 있으며 화석이 되기 전에 썩어 없어지기 때문이다. 인회석으로 된 이빨과 비늘은 분리되어 아주 흔히 발견된다. 이들 물고기와 다른 물고기의 이빨과 비늘—때때로 물고기 돌(ichthyoliths)이라고 부름—은 생물층서에서 유용한 것으로 밝혀졌다(글상자 16.6).

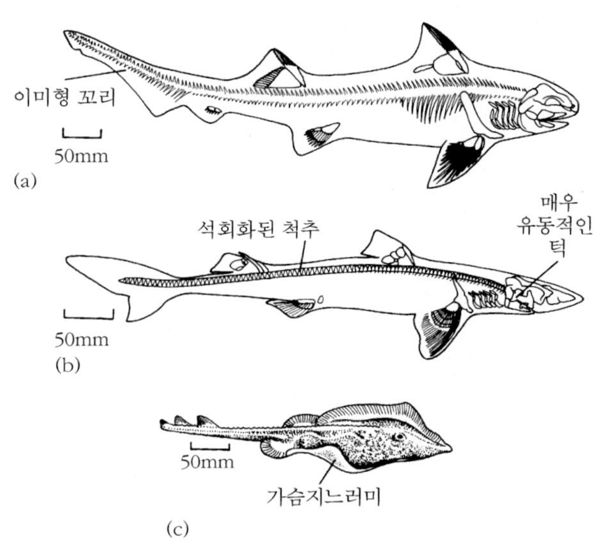

그림 16.11 고대와 현생의 상어와 가오리: (a) 쥐라기의 상어 히보두스(*Hybodus*), (b) 현생 상어 스쿼루스(*Squalus*), (c) 현대 가오리 라자(*Raja*). (여러 자료에 근거.)

현대 상어—총괄적으로 신연골어류(neoselachians)라고 부름—는 그들의 선조보다 더 빠르게 헤엄을 치며, 훨씬 더 포악한 육식동물이다. 신연골어류는 쥐라기와 백악기 동안에 빠르고 급격하게 폭증하여 오늘날 42과(family)에 달하는 다양성을 갖게 되었다. 이들 상어는 그들의 선구자보다 입을 더 크게 벌릴 수 있었고, 이것은 그들의 먹이로부터 살덩어리를 도려내는 데 적합하게 적응되었다. 몸의 형태(그림 16.11b)는 그들의 선조보다 훨씬 더 총알 모양에 가까우며, 가슴의 지느러미는 더 넓고 한층 더 유연하다. 신연골어류의 크기는 보통 작은 상어(dogfishes, 길이 0.2～1m)에서 돌묵상어와 고래상어(길이 16m)의 범위이다. 하지만 거대한 이들 물고기는 포식자가 아니다. 이들은 물에서 걸러 낸 크릴새우를 먹고 산다. 보기 드문 신연골어류인 홍어와 가오리는 바다 밑바닥 생활에 적합하게 진화하였으며, 앞에서 뒤로 물결을 상하로 보냄으로써 헤엄치는 데 적합한 납작한 몸과 널따란 가슴지느러미를 갖고 있다(그림 16.11c).

상어와 그들의 친척은 고생대, 중생대 및 신생대 동안에 3번에 걸쳐 폭증하였으며, 이것은 경골어류인 팔레오니스쿠스류, 전골어류 및 진골어류의 3단계 폭증과 필적하는 것으로 여겨진다. 어떤 세트의 진화 폭증이 처음 일어났는지는 말할 수 없다. 경골어류는 그들의 욕심 사나운 포식자로부터 도망치기 위해 빠르게 헤엄을 쳐야만 했고, 상어는 그들의 먹이인 경골어류를 잡아먹기 위해 더 빠르게 헤엄을 쳤어야 했다. 이것은 포식자와 피식자가 분담금을 지속적으로 인상하지만 승자가 없는 **군비 경쟁**(arms race)의 고전적인 예이다.

글상자 16.6 물고기 이빨과 비늘

일반적으로 '**물고기 돌**[ichthyoliths(fish stones)]'로 분류되는 분리된 물고기 이빨과 비늘은 통상적으로 그들의 기원 물고기에 지정할 수 있다(그림 16.12). 그러나 많은 상어 이빨의 정확한 동일성, 특히 단일 종의 이빨 사이에서 나타날 수 있는 변화의 양에 대한 큰 논쟁이 있었다. 이들 모두는 동일한가? 또는 이들은 턱의 이곳저곳에서 모양이 변하는가? 또한 캄브리아기와 오르도비스기의 물고기 돌은 수수께끼이다. 즉, 원래 주인 물고기는 일반적으로 알려져 있지 않다. 갑피어류 무리인 강인류(thelodont)는 오르도비스기에서 데본기까지 비늘의 큰 다양성으로부터 알려졌다. 하지만 전체 물고기의 일부분 또는 완전한 화석 표품은 소수일 뿐이다.

물고기 돌은 실루리아기, 석탄기, 트라이아스기, 백악기 및 제3기의 층서분류안을 설정하는 데 이용되어 왔다. 때때로 몇몇 고생대 지층에서 물고기 이빨과 비늘은 코노돈트와 함께 산출되며, 어떤 때는 층서적으로 유용한 다른 어떤 화석도 산출되지 않는 곳에서도 산출된다. 이와 같이 물고기 돌을 이용하여 활용할 수 있는 연대 측정 체계를 세우는 것은 어려운 일이다. 왜냐하면 특히 이들의 형태가 매우 복잡하기 때문이다. 그러나 물고기 돌은 그들을 생성한 완전한 물고기와 연관시키는 것이 종종 불가능하다는 것에 또한 실망하게 된다.

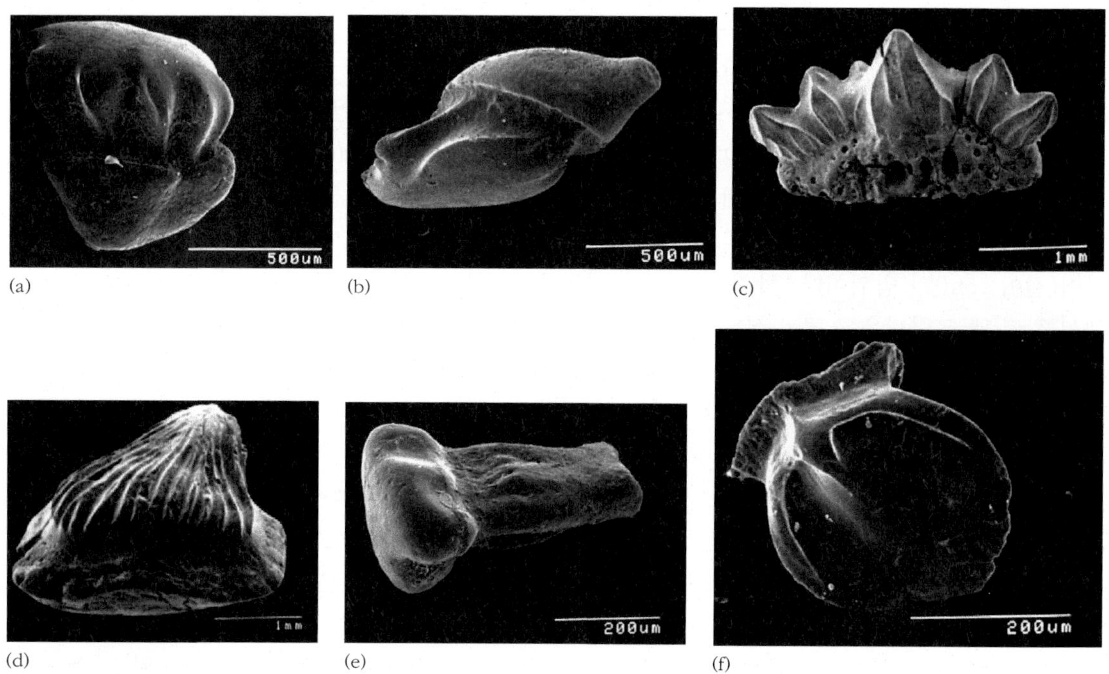

그림 16.12 몇몇 미척추동물(microinvertebrate)의 화석: (a) 강인류의 비늘(데본기), (b) 강인류 몸의 비늘, (c) 단생치(protacrodont)의 상어 이빨(후기 데본기에서 전기 석탄기), (d) 가시고기류의 비늘(데본기), (e) 상어 이빨 비슷한 비늘(트라이아스기), (f) 상어 비늘(트라이아스기). (Sue Turner 제공.)

✲ 사지동물

사지동물의 기원: 지느러미에서 다리로

물고기가 언제 육상동물이 되었는지, 핵심 문제는 정말로 공기로 숨을 쉬는 것이었는가? 그렇지는 않다. 초기 경골어류는 거의 확실히 허파와 아가미를 갖고 있었으며 필요할 때는 이미 공기로 숨을 쉴 수 있었다. 최초의 사지동물(tetrapods, '다리가 네 개')—다리가 네 개인 육상 척추동물—에 있어 주요 문제는 몸을 지탱하는 것이었다. 물에서 동물의 무게는 실제로 아무것도 아니다. 그러나 육상에서는 몸을 지면으로부터 들어올려야만 한다. 그리고 내장은 허탈로부터 이들을 막기 위해 어떤 식으로든 튼튼한 흉곽 내에서 떠받쳐야 한다. 그 위에 생식기관, **삼투**(물의 평형) 및 감각기관이 적응해야만 했다. 하지만 여기서 변화는 한꺼번에 다 일어나지 않았다.

사지동물은 데본기에 물고기로부터 기원하였다. 그러나 사지동물에 가장 가까운 물고기와 같은 친척은 무엇이었을까? 복잡한 뼈와 근육질의 **가슴지느러미**와 한 쌍의 **배지느러미** 때문에 대부분의 주목은 육기어류에 집중되었다(그림 16.8d, e). 오스테올레피스(*Osteolepis*)와 유스테놉테론(*Eusthenopteron*)과 같은 육기어류에 관한 자세한 연구는 이들이 사지와 두개골의 많은 특징을 초기 사지동물과 공유한다는 것을 보여 준다.

사지동물의 만족스러운 최초의 증거는 후기 데본기에서 나타났으며, 이들은 근년에 집중적으로 연구되었다. 가장 잘 알려진 화석은 아칸토스테가(*Acanthostega*)와 익티오스테가(*Ichthyostega*)이며, 이들 각각의 길이는 60cm와 1m이다. 머리는 모양과 무늬에 있어서 여전히 물고기와 매우 비슷하며(그림 16.13), 다리와 꼬리는 분명히 아직도 헤엄치는 데 적합하였다. 그럼에도 불구하고 다리는 주목할 만하다. 우리는 항상 사지동물의 근본적인 특징은 다섯 개의 손가락과 발가락이라고 생각해 왔다. 하지만 새로운 연구는 이것이 사실이 아님을 보여 준다(글상자 16.7).

양서류: 중간 지점의 땅에 사는 동물

오늘날 양서류는 소수의 무리로 4,000종으로 이루어져 있으며, 주로 물이나 물가에서 사는 작은 동물이다. 이들은 육지 생활에 적합한 많은 적응을 보여 준다. 그러나 이들은 여전히 번식과 수분평형(water balance)을 유지하는 데 물에 의존한다.

트라이아스기 때부터 알려진 개구리와 두꺼비(무미류)는 뛰는 데에 특성화되어 있다. 뒷다리는 길며 무명골(hipbone)은 착륙하는 데서 오는 충격을 견뎌 내기 위해 강화되어 있다. 머리는 넓고, 턱뼈에는 작은 이빨이 한 줄로 나 있으며, 이들 대부분은 끈적거리는 긴 혀를 쑥 내밀어 곤충을 낚아채 잡아먹었다. 유미류—도롱뇽과 영원—화석은 쥐라기 때부터 발견되며 크기가 별로 크지 않고 몸이 긴 헤엄치는 육식동물로 이루어진다. 살아 있는 양서류의 세 번째 무리—무족영원류—는 다소 지렁이처럼 보이는 다리가 없는 작은

그림 16.13 후기 데본기의 양서류 아칸토스테가(*Acanthostega*)의 두개골로 유선형의 형태, 깊이 파인 뼈와 작은 이빨을 보여 주며, 이들 모두는 그의 물고기 조상으로부터 물려받았다. (Jenny Clack 제공.)

글상자 16.7 최초의 사지동물은 일곱 또는 여덟 개의 발가락을 가졌다.

그린란드의 후기 데본기에서 산출된 익티오스테가(*Ichthyostega*)와 아칸토스테가(*Acanthostega*)(Coates et al., 2002), 북극 캐나다(Arctic Canada)에서 발견된 '다리가 달린 물고기' 틱타알릭(*Tiktaalik*)(Daeschler et al., 2006; Shubin et al., 2006)을 포함한 동시대의 다른 동물에 관한 새로운 연구는 최초의 사지동물은 다섯 개 이상의 손가락과 발가락을, 실제는 일곱 개 또는 여덟 개나 되는 발가락을 가졌다는 것을 보여 준다(그림 16.14b, c). 육기어류의 가슴지느러미의 뼈(그림 16.14a)와 초기 양서류의 앞다리의 뼈(그림 16.14b)를 비교하는 것이 가능하다. 이것은 척추동물 다리의 진화에 대한 고전적 발달사에 관해 크게 재고하게 한다. 다섯 개의 발가락은 오직 사지동물의 출현 이후 틀림없이 표준이 되었을 것이다. 만약 사지동물이 다섯 개보다는 일곱 개의 발가락을 가졌다면 어떻게 되었을까? 우리는 아마 십진법 계산법을 사용하지 않았을 것이다. 그리고 악기와 컴퓨터 자판기에 일어났을 변화를 상상해 보자.

새로운 증거는 생명체의 특정한 특징은 발생 중인 배(embryo)의 유전 암호 내에 모두 미리 프로그램화되어 있지 않을 수 있다는 것을 말해 주기 때문에 함축된 의미는 넓다. 바꿔 말하면, 각각의 손가락과 발가락을 암호화하는 개개의 유전자는 없다. 유전적인 프로그래밍보다는 발육상의 환경에 대한 양상이 얼마간의 성체 구조의 세부 사항을 결정하는 것처럼 보인다. 배에서 다리가 발생할 때 처

(다음 쪽에 계속됨)

음에 다리는 손가락이나 발가락을 갖지 않으며, 그 이후에 정보의 펄스가 특정 시기에 손가락의 발생을 시작하게 한다. 드문 경우에 아마 4억 년 전의 우리 조건에 대한 유전적 기억으로 여섯 개의 손가락을 가진 아기(사람)가 태어날 수 있다. 또한 많은 사지동물은 오직 네 개(개구리), 세 개(코뿔소), 두 개(소) 또는 한 개(말)의 발가락을 갖는다. 아마 발가락의 상실은 제어하는 특정한 유전자의 연결이나 또는 절단과 관련되어 있다.

초기 사지동물과 지느러미에서 다리로의 전환에 관해서는 짐머(Zimmer, 1999), 클랙(Clack, 2002) 및 쉬빈(Shubin, 2008)의 연구와 http://www.blackwellpublishing.com/paleobiology/에서 더 많은 것을 알아보라.

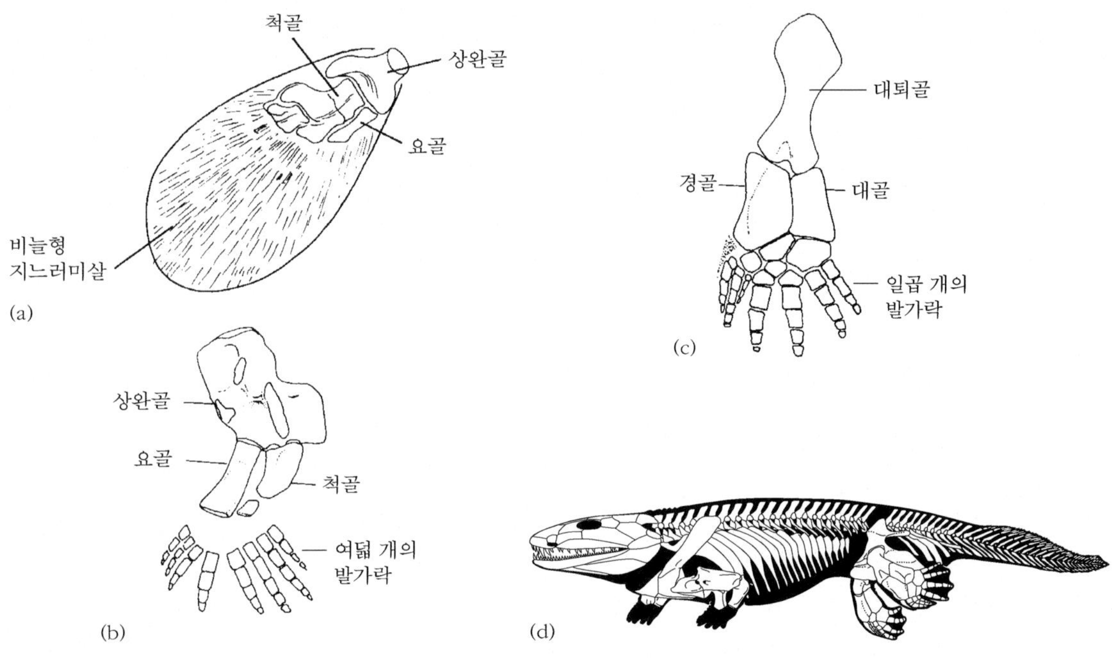

그림 16.14 지느러미와 최초 사지동물의 다리의 일치: 데본기의 육기어 유수테놉테론(*Eusthenopteron*) (a)의 가슴지느러미는 아마 데본기의 양서류 아칸토스테가(*Acanthostega*) (b)에 발달된 뼈와 같은 사지동물의 앞발 뼈와 상동기관인 뼈를 보여 준다. 아칸토스테가는 여덟 개의 발가락을 가졌으며 익티오스테가(*Ichthyostega*)의 뒷다리에는 일곱 개의 발가락이 발달되어 있다(c). (d) 초기 사지동물 아칸토스테가. (Mike Coates 제공.)

동물이며, 대부분 열대 지방의 토양과 낙엽더미 속에 산다. 사지가 퇴화된 가장 오래된 양서류 화석의 산출 시기는 쥐라기이다. 살아 있는 모든 양서류는 작은 이빨 구조가 특징인 리스양서아강(**글상자 16.8**)—하나의 분기군을 이룸—과 밀접한 관련이 있는 것으로 여겨진다.

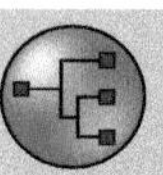

글상자 16.8 양서류의 분류

양서류는 그들의 자손인 파충류를 제외한 측계통성 무리이다. 현생 양서류는 다양한 화석 무리와 명확히 구분된다.

사지동물상강(superclass Tetrapoda)

개구리형아강[subclass Batrachpmorpha(Amphibia)(또는 양서아강)]

절추목(order Temnospondyli)

- 넓은 주둥이, 낮은 두개골을 가진 양서류, 다양한 범위의 크기를 보여 줌
- 전기 석탄기~전기 백악기

리스양서하강(infraclass Lissamphibia)

- 개구리, 도롱뇽(영원) 및 무족영원류(무족류)
- 전기 트라이아스기~현세

넥트리스목(order Nectridea)

- 작고 날씬한 수서 양서류
- 전기 석탄기~후기 페름기

세완목(order Microsauria)

- 육지와 물속에 살며, 몸의 길이가 길고, 두툼한 두개골을 가진 양서류
- 전기 석탄기~전기 페름기

파충류형아강(subclass Reptiliomorpha)

고룡목(order Anthracosauria)

- 두개골은 좁고, 물고기를 잡아먹었던 양서류
- 전기 석탄기~후기 페름기

세이무리아목(order Seymouriamorpha)

- 육상에 살며 높은 두개골을 가진 양서류
- 후기 석탄기~후기 페름기

리스양서류는 개구리형아강(batrachomorphs)이라는 더 큰 분기군의 일부를 이룬다. 가장 중요한 개구리형아강 화석은 '절추류(temnospondyls)'이다. 이 화석은 석탄기 군집에서 중요하고 꽤 성공적으로 페름기와 트라이아스기를 거쳐 계속되다가 백악기 초에 최종적으로 멸종한 측계통성 무리의 하나이다. 절추류는 둥그런 코가 발달된 낮은 두개골을 갖고 있으며(**그림 16.15a, b**), 이들 대부분은 담수 또는 담수 근처에 살며 물고기를 잡아먹는 둔한 악어처럼 행동했던 것으로 보인다. 일부 절추류는 완전히 육상동물이 되었고, 나머지는 빠르게 헤엄치는 물고기를 잡아먹는 데 적합하도록 인도악어와 같이 주둥이가 길게 진화하였다. 석탄기의 절추류 일부는 현대 양서류와 마찬가지로 어린 올챙이 시대를 거쳤다. 이것은 이들이 육지에 사는 성체로 변태하는 수생의 **유충** 단계－올챙이－와 함께 현생 양서류와 비슷한 발달 패턴을 가졌다는 것을 말해 준다. 절추류의 친척은 수생 넥트리스류(nectrideans)와 수생 및 육상의 세완류(microsaurs)의 작은 양서류를 포함한다.

두 번째 양서류 계통－파충류형 양서류(reptiliomorphs, **글상자 16.8** 참조)－은 파충류, 조류 및 포유류의 조상뿐만 아니라 석탄기와 페름기의 중요한 양서류 무리를 포함한다. 고룡류(anthracosaurus)는 절추류보다 길고 좁은 두개골을 가졌다. 하지만 이들은 육상과 담수에서 먹이를 사냥하는 유사한 생활 습성을 가졌을 것이다. 세이무리아(*Seymouria*)

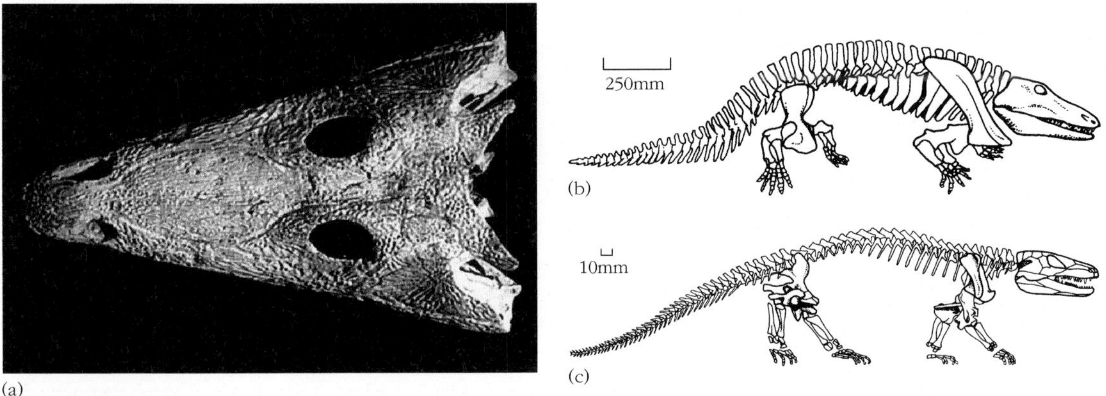

그림 16.15 양서류 화석: (a) 전기 트라이아스기의 절추류 벤토수쿠스(*Benthosuchus*)의 골격, (b) 전기 페름기의 절추류 에리옵스(*Eryops*)의 골격, (c) 전기 페름기의 파충류형 양서류 세이무리아(*Seymouria*)의 골격. [(a)는 Mikhail Shishkin 제공, (b)와 (c)는 Gregory(1951/1957)에 근거.]

와 같은 몇몇 페름기의 파충류형 양서류는 겉보기에는 육상 생활에 완전히 적응한 것 같다. 세이무리아는 긴 다리와 상대적으로 작은 두개골을 가지고 있고, 아마도 세완류와 다른 작은 사지동물을 사냥했을 것이다.

✲ 파충류의 왕국

단절을 만들다: 파충류의 기원

양서류는 육상으로 진출하는 데 오직 절반 정도 성공하였으며, 이들은 여전히 물에서 헤엄을 치는 올챙이 단계를 갖는다. 파충류와 그 후손들은 물속에 낳을 필요가 없는 알을 낳음으로써 물과 완전히 단절되었다.

폐쇄된(cleidoic, 닫힌) 알—때때로 양막란이라고 부름—은 단단한 반투과성 껍데기에 에워싸여 있으며, 이 사실에서 그 이름이 유래하였다. 이러한 알 형태는 양막류분기군(파충류, 조류, 포유류)의 모든 구성원들에서 볼 수 있다. 이 알은 우리가 아침 식사로 먹는 친숙한 달걀이다. 오리너구리와 같은 원시적인 포유류는 여전히 알을 낳는다. 하지만 대부분의 포유류는 알을 낳지 않고 어미의 자궁 안에서 알이 '부화한다.' 양막류의 알껍데기는 일반적으로 단단한 방해석($CaCO_3$)으로 이루어져 있다. 그러나 몇몇 도마뱀과 뱀은 가죽 같이 질긴 알껍데기를 가진다. 이들 껍데기는 물의 증발을 막아 준다. 그러나 기체의 통과는 가능하게 하여 산소는 들어오고 이산화탄소는 배출된다. 발육 중인 배아는 바깥 세상으로부터 보호를 받으며 알을 물에 낳을 필요가 없고 발달 과정에서 유생 단계도 없

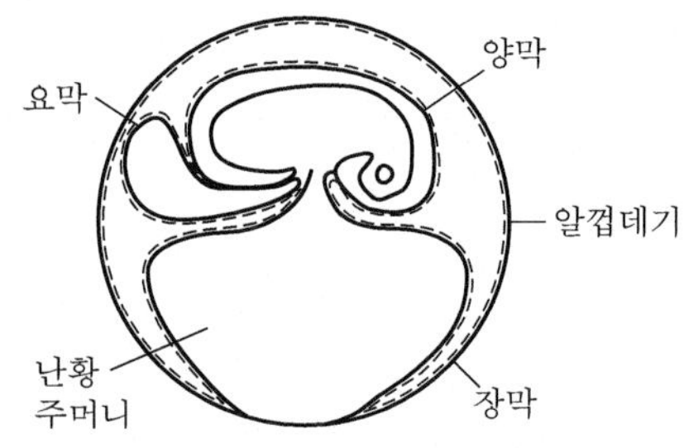

그림 16.16 양막류의 폐쇄란의 단면으로 알껍데기와 배외막을 보여 준다.

다. 알껍데기 안쪽에는 배아를 에워싸고 있는 막(**양막**)과 폐기물을 모으는 막(**요막**) 및 알껍데기 안을 대고 있는 **장막**으로 된 한 세트의 막이 있다(그림 16.16). 장막은 알껍데기 바로 안쪽에 있는 종이같이 얇은 조직이며, 이는 우리가 단단하게 삶은 달걀에서 벗기는 얇은 막이다. 영양분은 단백질이 풍부한 노란 물질인 **난황** 내에 들어 있다.

가장 오래된 것으로 알려진 양막류의 화석은 캐나다의 중기 석탄기 지층에서 산출된 힐로노무스(*Hylonomus*, 그림 16.17a, b)이며 오직 골격으로만 알려져 있다. 어떠한 양막류의 알도 석탄기에서는 알려지지 않았다. 힐로노무스는 곤충과 벌레를 찾아 썩은 통나무 속으로 기어들어 간 후 홍수로 매몰되어 아주 훌륭하게 잘 보존되어 있다. 힐로노무스는 세완류와 같은 당시의 일부 양서류와 다소 달라 보인다. 그러나 이 화석은 높은 두개골, 강화된 턱 근육에 대한 증거 및 발목에 있는 **복사뼈**와 같은 몇몇의 명확한 양막류의 특징을 보여 준다. 진화 계통수의 모양 때문에 우리는 힐로노무

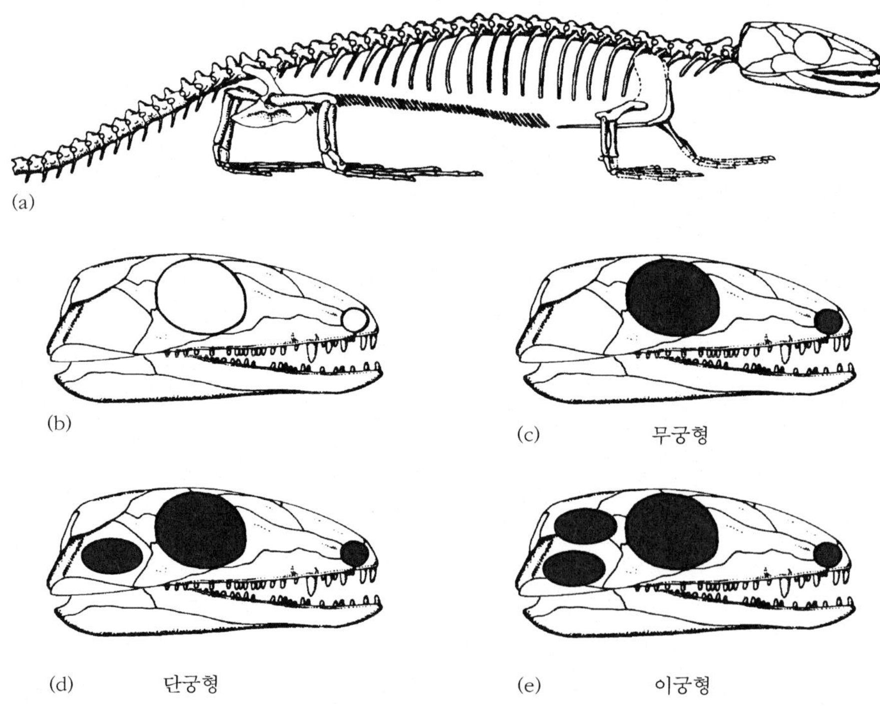

그림 16.17 가장 초기의 파충류와 초기 파충류의 진화: (a, b) 중기 석탄기의 파충류 힐로노무스(*Hylonomus*)의 골격과 두개골, (c~e) 양막류에서 볼 수 있는 세 가지 주요 두개골 형태: 무궁형, 단궁형 및 이궁형. [Carroll(1987)에 근거.]

스가 폐쇄란을 낳았다는 것을 알 수 있다. 어떻게 그것이 가능한가?

양막류는 후기 석탄기 동안 폭증하였으며 세 개의 주요 분기군을 발생시켰다. 이들은 두개골 옆에 나 있는 구멍, 특히 안와 뒤에 있는 **측두공**(temporal openings)의 형태에 의해서 분류된다(**그림 16.17c~e**). 초기의 미발달 형태는 측두공이 없기 때문에 무궁형[anapsid, '측두궁(arch)이 없음']의 두개골이라고 한다. 양막류에서 볼 수 있는 두 종류의 다른 형태는 측두공이 낮은 곳에 있는 **단궁형**(synapsid, '한 개의 측두궁을 가짐')과 측두공이 두 개 있는 **이궁형**(diapsid, '두 개의 측두궁을 가짐')이다. 이들 측두공은 두개골의 응력이 낮은 부분과 일치하며 측두공의 가장자리는 턱뼈 근육의 부착 자리로 이용된다.

이들 세 종류의 두개골 형태는 양막류 사이에서 분기군을 구분하는 데 주요한 요소이다(**그림 16.18**, **글상자 16.9**). 무궁류는 페름기와 트라이아스기의 일부 파충류와 거북뿐만

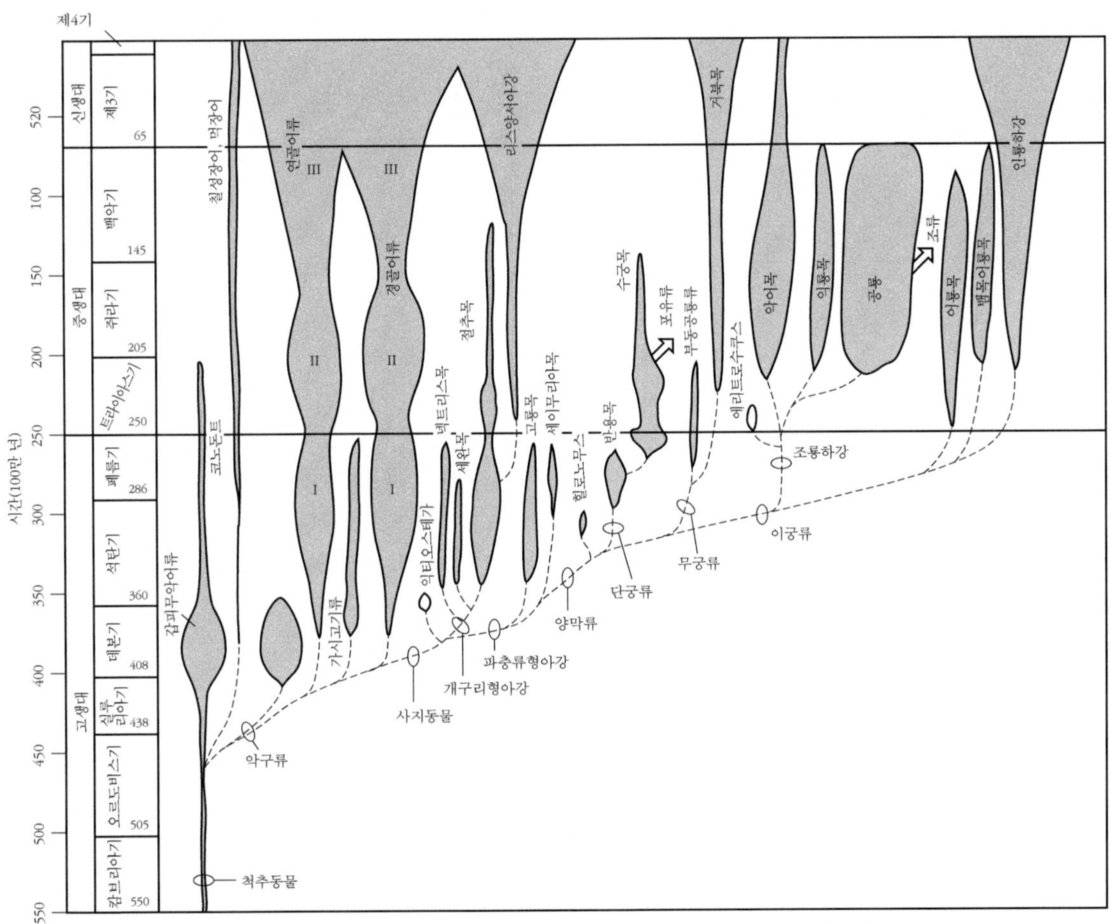

그림 16.18 어류와 사지동물의 주요 무리의 계통발생

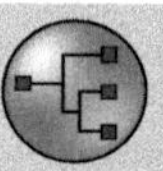

글상자 16.9 파충류의 분류

파충류는 파충류의 후손, 새, 포유류를 제외한 양막류의 측계통성 무리이다. 파충류의 기본적인 분류는 두개골의 형태에 기초를 둔다.

파충류강(Class Reptilia)

무궁아강(Subclass Anapsida): 측두공이 없음.

- 부동공룡류(procolophonids)와 같은 다양한 초기 파충류 무리
- 페름기~트라이아스기

거북목[order Testudines (또는 Chelonia)]

- 거북: 단단한 뼈로 된 등딱지, 움츠릴 수 있는 목과 다리
- 후기 트라이아스~현세

단궁아강(Subclass Synapsida): (아래에 발달된) 하나의 측두공을 가짐

반용목(order Pelycosauria)

- 등에 돛이 나 있는 '포유동물형 파충류'와 친척들
- 후기 석탄기~전기 페름기

수궁목(Order Therapsida)

- 기능이 분화된 이빨을 가진 단궁류와 포유동물
- 후기 페름기~현재

이궁아강(Subclass Diapsida): 두 개의 측두공을 가짐

조룡하강(infraclass Archosauria)

- 조치류, 악어, 익룡, 공룡 및 새: 전안와창이 특징임
- 후기 페름기~현세

인룡하강(infraclass Lepidosauria)

- 도마뱀, 뱀 및 이들의 조상
- 후기 트라이아스기~현세

아니라 힐로노무스와 같은 다양한 초기 양막류를 포함한다. 단궁류는 '포유동물형 파충류(수궁류, Therapsida)'와 포유동물을 포함하고, 이궁류는 도마뱀, 뱀, 악어, 익룡, 공룡, 새뿐만 아니라 많은 초기 파충류 무리를 포함한다. 현생의 모든 양막류는 단단한 껍데기를 가진 알을 낳으며, 그 구조가 매우 비슷해서 우리는 양막류 분기군의 기부에서 이 알이 나타났다는 것을 확신할 수 있다. 따라서 양막류의 진화 계통수에 확실히 위치한 힐로노무스는 반드시 폐쇄란을 공유해야만 한다.

무궁류: 거북과 그 친척들

가장 오래된 무궁형 파충류(anapsids)는 곤충을 잡아먹고 사는 작은 파충류였다. 페름기와 트라이아스기에 일부 보기 드문 별난 무궁형 파충류가 출현하였다. 이들 중 가장 다양한 것은 삼각형의 두개골과 거친 식물과 곤충을 잡아먹는 데 적합한 넓은 이빨을 가진 작은 파충류인 부동공룡류(procolophonids, 그림 16.19a)였다.

거북은 후기 트라이아스기에 처음 출현하였으며 프로가노첼리스(*Proganochelys*)가 대표적인 예이다(그림 16.19b). 현생 거북은 이빨이 없다. 그러나 프로가노첼리스는 여전

히 입천장에 약간의 이빨이 나 있다. 두개골은 단단하며, 몸은 뼈로 된 등딱지로 위아래가 덮여 있다. 거북은 육지, 호수(그림 16.19c) 및 바다에 산다. 백악기의 어떤 바다거북은 몸길이가 3m에 달했다.

양막류의 진화에 대한 우리의 현재 지식은 실제로 거북이 변형된 이궁형 파충류일 수 있다는 것을 말해 주는 새로운 분자생물학적 연구에 의해 도전을 받고 있다. 만약 이것이 사실이라면, 그리고 이것이 여전히 쟁점이 된다면(Lee et al., 2004), 무궁류분기군은 더 이상 어떤 의미를 갖지 않을 수 있다.

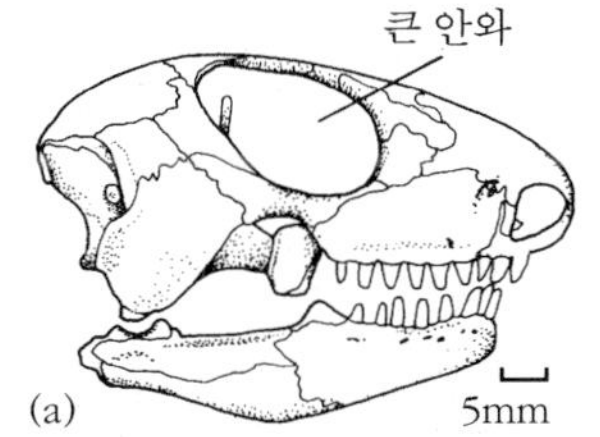

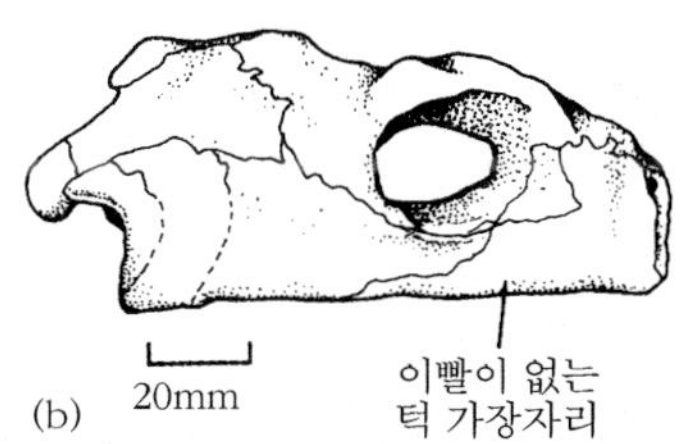

그림 16.19 화석과 현생의 무궁형 파충류: (a) 트리아스기의 부동공룡류 프로콜로폰(*Procolophon*)의 골격, (b) 트리아스기의 거북 프로가노첼리스(*Proganochelys*)의 골격, (c) 화석화된 무는 거북으로 머리(아래 오른편)와 골격이 배갑으로부터 분리되어 있다. 독일 슈타인하임(Steinheim)에 있는 충돌 구덩이를 메운 연못 퇴적층에서 발견되었다. [(a)는 Carroll과 Lindsay(1985)에, (b)는 Gaffney와 Meeker(1983)에 근거.]

단궁형 파충류의 세계

후기 석탄기와 전기 페름기로부터 알려진 최초의 단궁형 파충류는 막연하게 '반용류(pelycosaurs)'로 분류된다. 이들 대부분은 강한 두개골과 살을 꿰뚫을 수 있는 날카로운 이빨을 가지고 있는 크기가 작거나 보통인 식충동물과 육식동물이다. 디메트로돈(*Dimetrodon*, 그림 16.20a)과 같은 후기의 몇몇 반용류는 척추에서 자라나는 수직의 신경돌기가 떠받치는 거대한 돛을 가지고 있었으며, 이 돛은 아마 체온을 조절하는 데 사용되었을 것이다. 반용류 또한 식물을 뜯어먹는 데 적응한 많은 무리, 그중에서도 최초의 초식성의 육상 척추동물을 포함한다.

단궁형 파충류는 후기 페름기에 새로운 분기군 수궁목으로 매우 빠르게 폭증하였다. 가장 놀라운 육식동물은 크기가 크고 늑대와 같은 체구와 아마 피부가 두꺼운 커다란 초식동물을 공격하는 데 사용한 큼직한 송곳니를 가진 고르고놉스류(gorgonopsians, 그림 16.20b)였다. 디키노돈트(dicynodonts)는 속을 꽉 채운 소시지 모양을 한 몸을 가졌으며, 이빨은 전혀 없고 단지 두 개의 엄니만을 가졌다(그림 16.20c). 이들은 성공적인 초식동

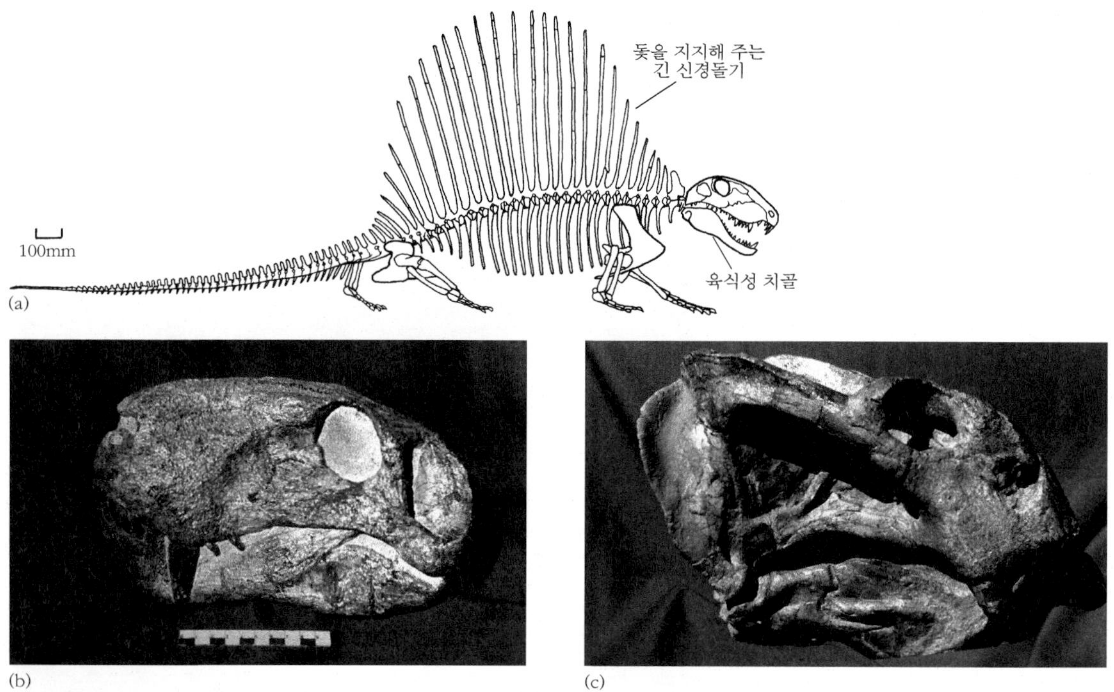

그림 16.20 페름기의 단궁류: (a) 육식성의 반용류 디메트로돈(*Dimetrodon*), (b) 육식성의 고르고놉스류의 리카에놉스(*Lycaenops*), (c) 초식성의 디키노돈트류 디키노돈(*Dicynodon*). [(a)는 Gregory(1951/1957)에 근거, (b)와 (c)는 Gillian King 제공.]

물이었으며, 몇몇은 다양한 종류의 식물 먹이를 효과적으로 씹을 수 있게 하는 저작기관(chewing cycle)을 가진 최초의 동물이었다. 후기 페름기의 포유류형 파충류는 남아프리카의 카루 분지와 러시아의 우랄산맥에 분포하는 대륙 퇴적암에서 흔하게 발견된다. 바다에서 대량멸종이 일어났던 시기인 페름기 말에 이들 동물들의 대부분은 죽어 없어졌다. 고르고놉스류도 사라졌고 디키노돈트는 거의 절멸하였다—대규모의 멸종.

견치류(cynodonts)는 트라이아스기의 중요한 단궁형 파충류였다. 전기 트라이아스기의 트리낙소돈(*Thrinaxodon*, 그림 16.21a)은 개처럼 생겼다. 두개골의 주둥이 부분에는 감각 기능이 있는 수염의 뿌리 구실을 하는 작은 신경을 지시하는 수많은 작은 도관이 있다. 만약 트리낙소돈이 수염을 가졌다면 이것은 또한 분명히 신체의 다른 부분에 털을 가졌을 가능성이 있고, 이것은 보온과 체온 조절을 암시한다. 견치류는 트라이아스기 동안 여러 계통을 따라 진화하였으며, 후기 트라이아스기와 전기 쥐라기에 메가조스트로돈(*Megazostrodon*, 그림 16.21b)과 같은 포유류를 발생시켰다.

초기 단궁류에서 포유류로의 진화는 턱 관절의 중이(middle ear)로 특별한 이동으로 특징된다. 파충류는 전형적으로 아래턱에 여섯 개의 뼈가 있고 관절뼈는 두개골의 방형골과 관절로 연결되어 있다(**그림 16.21c**). 이에 반해서 포유류의 아래턱에는 한 개의 뼈 – 치골(dentary) – 가 있고, 이것은 인골과 관절로 이어져 있다(**그림 16.21d**). 관절-방형골로 이루어진 파충류의 턱관절은 트라이아스기의 견치류에서 축소되었으며 귀의 중이 통로로 이동했다. 이것은 우리가 왜 고막으로부터 소리를 뇌로 전달하는 세 개의 작은 청골(귀뼈)인 추골(망치뼈), 침골(모루뼈), 등골(등자뼈)을 가지고 있는 반면에 파충류는 등골 하나만 가지고 있는지에 대한 이유이다.

공룡과 포유류

사람들은 일반적으로 공룡은 포유류 이전에 살았던 동물로 생각한다. 공룡은 중생대의 1억 6,000만 년 동안 지구를 완전히 지배한 후 6,500만 년 전에 포유류로 대체되었다.

하지만 포유류는 우리가 알고 있는 바와 같이 공룡이 처음 출현한 시기와 같은 후기 트라이아스기에 처음 출현하였다. 그래서 이들 두 무리는 후기 트라이아스기, 쥐라기 및 백악기 동안 나란히 발전하였으며, 공룡은 매우 큰 짐승과 같은 대형으로 진화하고 포유류는 대개 풀숲을 통해 조심스럽게 달아날 수 있도록 진화하였다. 이들 두 무리가 어떻게 진화하였는지에 대한 우리의 지

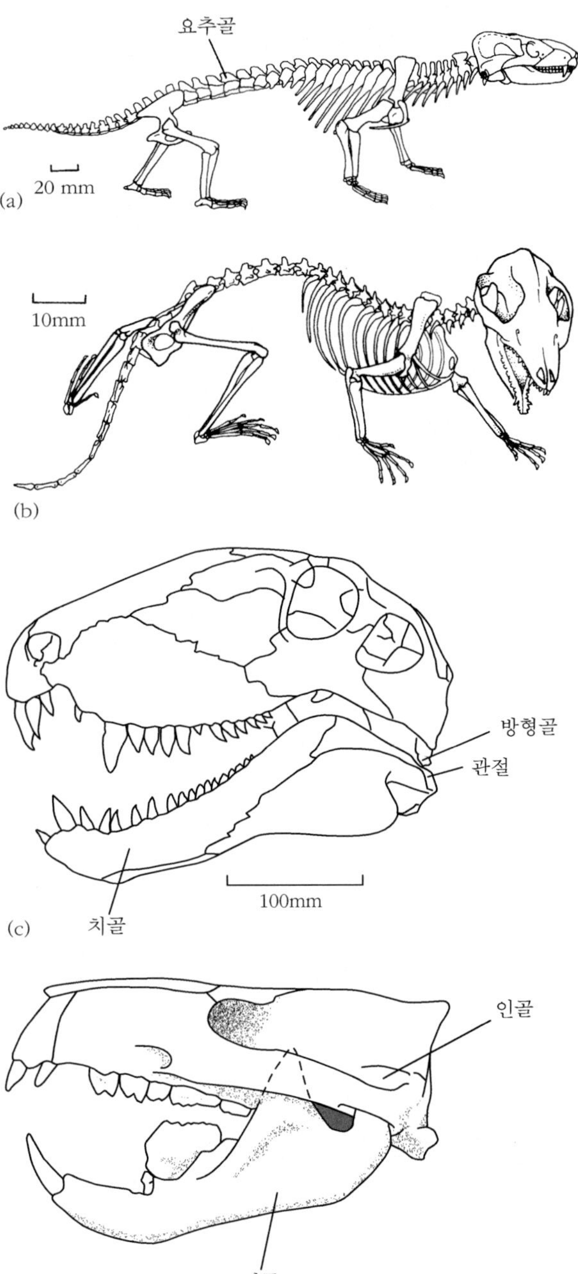

그림 16.21 포유류로의 이행(transition): (a) 전기 트라이아스기의 견치류(cynodont) 트리낙소돈(*Thrinaxodon*), (b) 전기 쥐라기의 포유동물 메가조스트로돈(*Megazostrodon*), (c, d) 초기 단궁류의 두개골(c)과 포유류의 두개골(d)로 아래턱에 발달된 요소의 감소와 턱관절의 전환을 보여 준다. [(a)는 Jenkins(1971)에, (b)는 Jenkins와 Parrington(1976)에, (c)와 (d)는 Gregory(1951/ 1957)에 근거.]

식은 최근 몇 년간 큰 변화를 가져왔고, 이는 17장에서 다룬다.

복습 문제

1. 분기학의 적용이 초기 척추동물의 계통발생에 대한 우리의 생각에 어떻게 영향을 미쳤는가? 오래된 책과 논문을 조사하고 1960, 1970, 1980, 1990 및 2000년에 받아들인 무악어류, 판피어류, 연골어류, 가시고기류 및 경골어류의 단순한 계통수를 작성하라.
2. 스코틀랜드의 오카디안 분지(Orcadian Basin) 또는 캐나다의 미과샤(Miguasha) 지역에서 산출되는 데본기 어류를 학습하고 먹이그물을 재구성하라. 어떤 물고기가 어떤 물고기를 잡아먹었는가?
3. 후기 데본기 지층에서 일곱 개와 여덟 개의 발가락을 가진 사지동물 화석의 발견은 손가락과 발가락의 발달에 대한 우리의 생각을 어떻게 변화시켰는가? 사지아체(limb buds)와 발가락의 발달(발생학)에 대한 옛날과 새로운 생각을 학습하고 혹스(*Hox*) 유전자를 찾아보라.
4. 석탄기와 페름기 동안 전 지구적 환경은 어떻게 변했으며, 이것은 사지동물 진화에 어떤 영향을 미쳤는가?
5. 포유동물형 파충류의 특징은 페름기와 트라이아스기의 단궁류에서 어떻게 나타났는가? 단궁류의 주요 10속에 대한 간단한 분기도를 작성하고, 주요 파생형질의 획득을 표시하라.

더 읽을거리

Armstrong, H.A. & Brasier, M. 2004. *Microfossils*, 2nd edn. Blackwell, Oxford. (Chapter on conodonts.)

Benton, M.J. 1991. *The Reign of the Reptiles*. Crescent, New York.

Benton, M.J. 2003. *When Life Nearly Died*. Norton, New York.

Benton, M.J. 2005. *Vertebrate Paleontology*, 3rd edn. Blackwell, Oxford.

Carroll, R.L. 1987. *Vertebrate Paleontology and Evolution*. Freeman, San Francisco.

Clack, J.A. 2002. *Gaining Ground: The Origin and Evolution of Tetrapods*. Indiana University Press, Bloomington, IN.

Cracraft, J. & Donoghue, M.J. 2004. *Assembling the Tree of Life*. Oxford University Press, New York.

Gould, S.J. (ed.) 2001. *The Book of Life*. Norton, New York.

Long, J. 1996. *The Rise of Fishes*. Johns Hopkins University Press, Baltimore.

Shubin, N.H. 2008. *Your Inner Fish*. Pantheon, New York.

Zimmer, C. 1999. *At the Water's Edge*. Touchstone, New York.

참고문헌

Aldridge, R.J., Briggs, D.E.G., Smith, M.P. et al. 1993a. The anatomy of conodonts. *Philosophical Transactions of the Royal Society of London B* **340**, 405–21.

Aldridge, R.J., Jeppsson, L. & Dorning, K.J. 1993b. Early Silurian oceanic episodes and events. *Journal of the Geological Society of London* **150**, 501–13.

Alexander, R.McN. 1975. *The Chordates*. Cambridge University Press, Cambridge.

Armstrong, H.A. & Brasier, M. 2004. *Microfossils*, 2nd edn. Blackwell, Oxford.

Carroll, R.L. 1987. *Vertebrate Paleontology and Evolution*. Freeman, San Francisco.

Carroll, R.L. & Lindsay, W. 1985. The cranial anatomy of the primitive reptile *Procolophon. Canadian Journal of Earth Sciences* **22**, 1571–87.

Coates, M.I., Jeffery, J.E. & Ruta, M. 2002. Fins to limbs: what the fossils say. *Evolution and Development* **4**, 390–401.

Daeschler, E.B., Shubin, N.H. & Jenkins Jr., F.A. 2006. A Devonian tetrapod-like fish and the evolution of the tetrapod body plan. *Nature* **440**, 757–63.

Donoghue, P.C.J. & Purnell, M.A. 2005. Genome duplication, extinction and vertebrate evolution. *Trends in Ecology and Evolution* **20**, 312–19.

Furlong, R.F. & Holland, P.W.H. 2004. Polyploidy in vertebrate ancestry: Ohno and beyond. *Biological Journal of the Linnean Society* **82**, 425–30.

Gaffney, E.S. & Meeker, L.J. 1983. Skull morphology of the oldest turtles: a preliminary description of *Proganochelys quenstedti. Journal of Vertebrate Paleontology* **3**, 25–8.

Gagnier, P.-Y. 1993. *Sacabambaspis janvieri*, vertébré Ordovicien de Bolivie: 1. analyse morphologique. *Annales de Paléontologie* **79**, 19–69.

Grande, L. 1988. A well preserved paracanthopterygian fish (Teleostei) from freshwater lower Paleocene deposits of Montana. *Journal of Vertebrate Paleontology* **8**, 117–30.

Gregory, W.K. 1951/1957. *Evolution Emerging*, Vols 1 and 2. Macmillan, New York.

Hou, X.-G., Aldridge, R.J., Siveter, D.J. et al. 2002. New evidence on the anatomy and phylogeny of the earliest vertebrates. *Proceedings of the Royal Society B* **269**, 1865–9.

Jenkins Jr., F.A., 1971. The postcranial skeleton of African cynodonts. *Bulletin of the Peabody Museum of Natural History* **36**, 1–216.

Jenkins Jr., F.A. & Parrington, F.R. 1976. The postcranial skeletons of the Triassic mammals *Eozostrodon, Megazostrodon* and *Erythrotherium. Philosophical Transactions of the Royal Society B* **173**, 387–431.

Lee, M.S.Y., Reeder, T.W., Slowinski, J.B. & Lawson, R. 2004. Resolving reptile relationships: molecular and morphological markers. *In* J. Cracraft & M.J. Donoghue (eds) *Assembling the Tree of Life*. Oxford University Press, Oxford, pp. 451–67.

Moy-Thomas, J.A. & Miles, R.S. 1971. *Palaeozoic Fishes*, 2nd edn. Chapman and Hall, London.

Shu, D.-G., Luo, H.L., Conway Morris, S. et al. 1999. Lower Cambrian vertebrates from South China. *Nature* **402**, 42–6.

Shubin, N.H., Daeschler, E.B. & Jenkins Jr., F.A. 2006. The pectoral fin of *Tiktaalik roseae* and the origin of the tetrapod limb. *Nature* **440**, 764–70.

Sweet, W.C. & Donoghue, P.C.J. 2001. Conodonts: past, present and future. *Journal of Paleontology* **75**, 1174–84.

Trewin, N.H. 1986. Palaeoecology and sedimentology of the Achanarras fish bed of the Middle Old Red Sandstone, Scotland. *Transactions of the Royal Society of Edinburgh: Earth Sciences* **77**, 21–46.

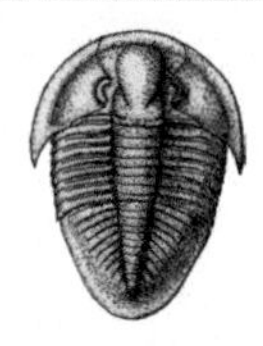

제 17 장 공룡과 포유동물

학습 키포인트

- 2억 5,100만 년 전 페름기 말의 대량멸종 사건 이후 이궁형 파충류는 트라이아스기에 다양해졌다.
- 공룡은 중생대의 1억 6,000만 년 동안 크게 번성한 무리였다.
- 익룡류는 하늘을 나는 중생대의 주요한 파충류였으며, 가장 중요한 해양 파충류는 뱀목어룡류(장경룡류)와 어룡이었다.
- 새는 공룡으로부터 진화하였으며, 특히 제3기 동안 폭증하였다.
- 최초의 포유동물은 트라이아스기 가장 후기의 작은 식충류였다. 포유류는 단지 공룡이 멸종된 이후 큰 다양성과 풍부함을 성취하였다.
- 분자생물학 및 고생물학적인 증거는 현대 포유류가 후기 쥐라기와 전기 백악기에 폭증하였으며, 초기 분파 몇몇은 지리적이었다, 즉 주요 분기군은 남아메리카, 아프리카, 오스트레일리아 및 북반구로 구별됨을 보여 준다.
- 인류는 600~800만 년 전에 출현하였으며, 화석 증거는 인류가 아프리카로부터 반복적으로 이주했음을 암시한다.

공룡으로부터 얻은 감동적인 교훈은 만약 얼마간의 크기로 충분하다면 지나친 크기가 반드시 더 좋은 것은 아니다.

존스톤(Eric Johnston), 미국 상공회의소 회장(1896~1963)

진실이든 진실이 아니든 공룡은 컸다—그리고 몇몇은 매우 컸다. 정치인들에게 '공룡'이란 단어는 의견이 다른 상대 정치인을 유행에 뒤떨어지고 한창때가 지난 인물이라고 여기며 퍼붓는 욕설이다. 고생물학자(와 네 살 된 어린이)는 공룡이 당연히 모든 시대에서 가장 성공적인 동물 무리였기 때문에 더 잘 안다. 그럼에도 불구하고 그들은 확실히 컸다. 하지만 그들의 시대에서 큰 크기는 그들에게 있어서는 큰 장점이었다. 어쨌든 이 장의 주제인 공룡과 포유류 둘은 모두 후기 트라이아스기에 동시에 출현하였다. 하지만 공룡은 어쨌든 다양성과 크기에서 생태계를 지배했으며, 털이 많은 우리의 작은 조상을 그들 주변 가장자리에 살게 하였다.

사지동물은 약 3억 8,000만 년 전 데본기에 육지로 이동했으며, 이들은 다양화하였고 석탄기와 페름기 동안 내내 더 많은 에코스페이스(ecospace)를 차지했다. 가장 성공적인 사지동물인 양막류분기군은 고생대 말까지 가장 다양해졌으며 많은 육상 서식지를 지배하였다. 특히 두 양막류 무리가 두드러지게 되었다. 첫 번째 무리는 단궁류이며 이들은 페름기 육지를 지배하였다. 하지만 그 이후 단궁류는 페름기 말의 대량멸종에 의해 매우 심하게 타격을 받았다. 단궁류는 회복되었으며 후기 트라이아스기에 포유류를 탄생시켰다. 두 번째 주요 양막류 무리인 이궁류는 페름기 생태계의 소수 구성원이었다. 그러나 이들은 트라이아스기에 다양화하였으며 후기 트라이아스기에 공룡을 탄생시켰다. 아마 치명적인 페름기 말의 대량멸종은 이궁류와 특히 공룡에게 다양화할 수 있는 기회를 제공하였다.

이 장에서는 척추동물의 진화를 중생대와 신생대까지 연장하여 다룬다. 먼저 이궁류의 발생, 특히 공룡과 이들의 후손 및 조류의 발생을 학습한다. 그런 다음에 우리는 포유류의 별로 크지 않은 진화가 중생대를 거쳐 공룡이 사라진 후 신생대 초에 어떻게 그들의 폭발적인 방산을 마련했는지를 조사한다.

✲ 공룡과 그들의 친척

이궁류가 인계받다

이궁류는 초기에 석탄기 또는 페름기의 단궁류의 풍부함을 결코 필적할 수 없는 소형 내지 중형 크기의 육식동물이었다. 이궁류는 아마 수궁류 집단에 치명적인 영향을 미친 페름기 말의 대량멸종 사건의 결과로 트라이아스기 동안 변화하기 시작하였다. 에리트로수쿠스(*Erythrosuchus*, 그림 17.1a)와 초기의 조룡류(archosaurs)와 같은 크고 작은 육식동물이 출현하였다. 이 조룡류 무리는 나중에 공룡, 익룡, 악어, 조류를 포함하게 된다. 조룡류의 두개골은 눈구멍(안와)과 콧구멍 사이에 있는 **전안와창**(antorbital fenestra)이라는 추가적인 두개공(skull opening)으로 특징된다. 이 구멍의 기능은 명확하지 않다.

트라이아스기 동안 이궁류는 매우 다양해졌으며, 일부는 육지에 그리고 나머지 일부는 바다에 살았다. 몇몇 조룡류는 큰 육식동물이 되었으며, 그 밖의 다른 조룡류는 물고기를 잡아먹는 데 특성화되었고, 그 밖의 또 다른 조룡류는 땅을 파헤치는 초식성 습성으로 특성화하는 데 적응하였다. 하지만 다른 몇몇 조룡류는 크기가 작고 두 발로 서서 먹이를 붙잡고 빠르게 이동하는 식충류(악어와 공룡)였으며, 일부는 하늘을 능숙하게 나는 조룡류(익룡)가 되었다. 후기 트라이아스기의 초기(약 2억 2,000만 년)에 또 다른 멸종 사건이 일어났으며, 이궁류가 완전히 새로운 시대를 열었다. 그때에 대부분의 단궁류는 다양한 초기 조룡류 무리가 그랬듯이 죽어 없어졌다. 이때에 육상 사지동물의 많은 새로운 종류가 폭증하였다. 즉 거북, 현생 도마뱀 및 전형적인 포유동물뿐만 아니라 공룡, 익룡, 악어, 그리고 도마뱀의 조상이 폭발적으로 증가하였다.

익룡은 상하방향으로 날개를 치며 능숙하게 날 수 있는 이궁류(**그림 17.1b**)이다. 이들은 몸이 가벼웠고 좁은 손도끼 모양의 두개골과 특별히 가늘고 긴 앞다리의 네 번째 발가락의 지지를 받는 길고 좁은 날개를 가지고 있었다. 앞다리와 발가락의 뼈는 익룡이 쉴 때 접히고 날 때는 넓게 펼 수 있는 질기고 잘 구부러지는 피부막을 지탱하였다. 익룡은 털로 덮여 있고 확실히 **온혈성**(endothermic)이었다. 후기의 일부 익룡은 알려진 어떤 조류보다도 크기가 훨씬 더 컸다. 프테라노돈(*Pteranodon*)과 같은 익룡은 날개폭이 5～8m였으며, 퀘잘코아틀루스(*Quetzalcoatlus*) 같은 익룡의 날개폭은 11～15m였다. 대부분의 익룡은 연안해에서 물고기를 잡아먹고 살았지만 그 밖의 다른 익룡은 곤충을 잡아먹고 살았다.

초기의 악어류는 대체로 육지에 서식하였으며, 네 발 모두로 걸었고 골판으로 된 넓은 방호판을 하나 갖고 있었다(**그림 17.1c**). 악어류는 쥐라기와 백악기에 지금보다 훨씬 더 다양했고 풍부하였다. 몇몇 악어류는 심지어 앞다리와 뒷다리 대신 지느러미발을 가질 정도로 바다에 완전히 적응하였으며, 빠르게 헤엄을 칠 수 있는 꼬리지느러미를 가졌다. 현생 악어류－악어, 아메리카악어, 인도악어－는 모두 후기 백악기에 출현하였다.

두 번째 주요 이궁류분기군인 인용아강은 오늘날 도마뱀과 뱀으로 대표되며 후기 트라이아스기에 다양화하였다. 당시의 주요 인용류는 투아타라류(sphenodontids)－코가 들창코이고 도마뱀 크기의 파충류(**그림 17.2a**)－로 식물과 곤충을 잡아먹고 살았다. 이 무리는 유일하게 살아 있는 대표 속 스페노돈(*Sphenodon*)－유명한 '살아 있는 화석'인 뉴질랜드의 큰도마뱀－을 제외하고는 쥐라기 이후 점점 감소하였다. 최초의 전형적인 도마뱀은 중기와 후기 쥐라기 지층에서 발견되었으며(**그림 17.2b**), 이들은 특징적인 두개골의 유동성을 보여 준다. 하부 측두공 아래에 있는 막대(bar)가 벌어지고, 방형골이 움직일 수 있으며, 두개골의 주둥이 부분은 위아래로 움직일 수 있다(**그림 17.2c**). 두개골의 이러한 유동성은 심지어 전기 백악기에서 처음 알려진 무리인 뱀까지 가지고 있었다. 뱀은 자기 머리의 몇 배 크기인 먹이 동물을 삼킬 수 있을 정도로 턱이 벌어지는 유동성이 큰 두개골을 가졌다(**그림 17.2d**).

(a)

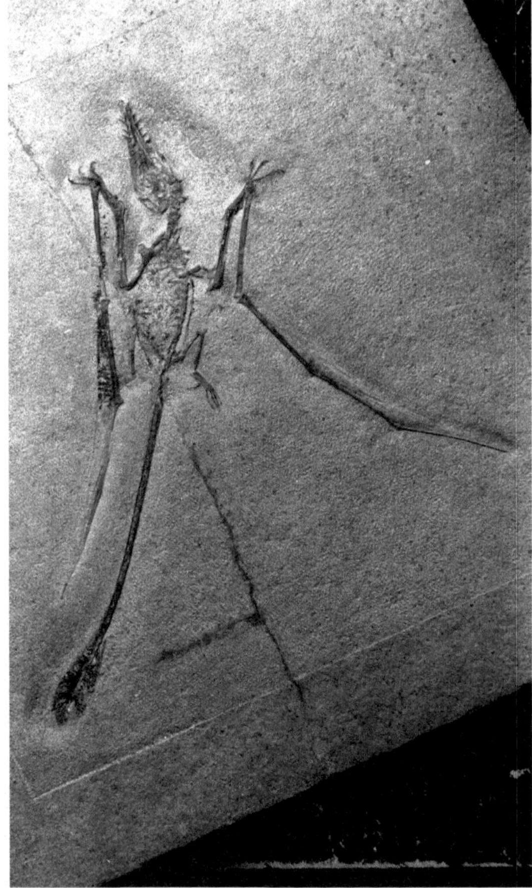
(b)

(c)

그림 17.1 조룡류: (a) 전기 트라이아스기의 조룡류 에리트로수쿠스(*Erythrosuchus*)(×0.1)의 두개골, (b) 양쪽의 긴 날개 손가락과 피부로 된 말단 '돛(sail)'을 가진 긴 꼬리를 보여 주는 후기 쥐라기의 익룡 람포린쿠스(*Rhamphorhynchus*)(×0.3), (c) 골격과 외피를 보여 주는 후기 쥐라기의 악어 크로코딜레무스(*Crocodilemus*)(×0.2). (David Unwin과 Danny Grange 제공.)

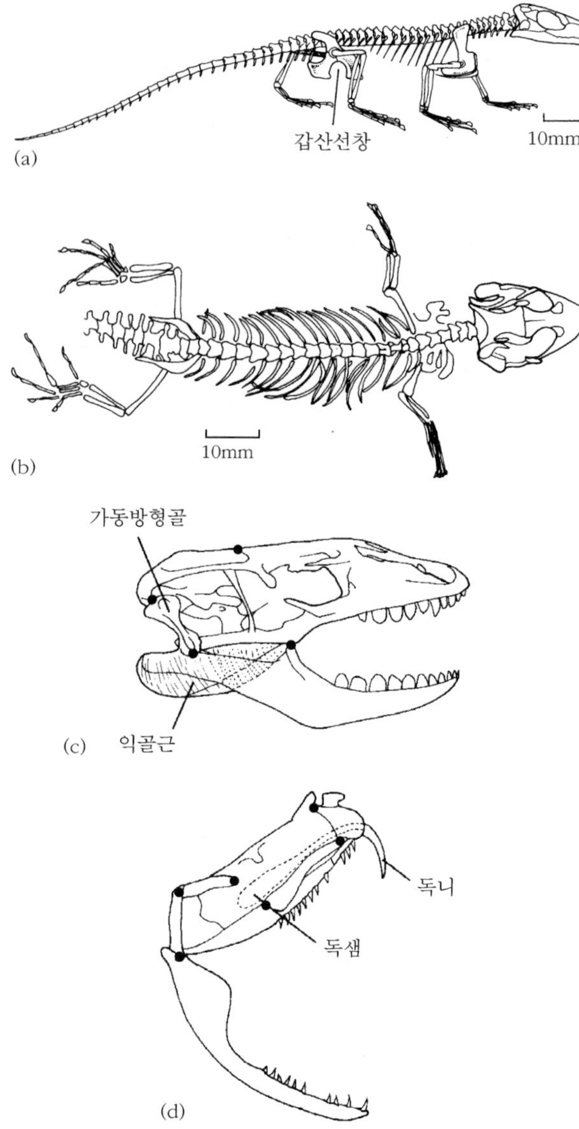

그림 17.2 인룡류: (a) 후기 트라이아스기의 투아타라(sphenodontid) 플라노세팔로사우루스(*Planocephalosaurus*), (b) 후기 쥐라기의 도마뱀 아르데오사우루스(*Ardeosaurus*), (c, d) 턱을 크게 벌릴 수 있게 해 주는 이동점을 보여 주는 현생 도마뱀(c)과 뱀(d). [(a)는 Fraser와 Walkden(1984)에, (b)는 Estes(1983)에 근거.]

공룡 시대

공룡은 풍부함과 다양성, 그리고 이들이 달성한 거대한 크기 관점에서 트라이아스기의 새로운 이궁류 무리 중 가장 중요하다. 최초의 공룡은 크기가 별로 크지 않은 두발로 걷는 육식동물이었다. 후기 트라이아스기에 일어난 멸종 사건 이후에 새로운 초식공룡 무리인 용각류(sauropodomorphs)가 매우 빠르게 폭증하였다. 플라테오사우루스(*Plateosaurus*, 그림 17.3a)와 같은 몇몇 공룡은 후기 트라이아스기에 몸의 길이가 5~10m에 달하였다. 그 뒤의 용각류는 대개 매우 크고 커다란 공룡이었으며, 이들의 몇몇은 브라키오사우루스(*Brachiosaurus*, 그림 17.3b)와 같이 몸의 길이가 23m 정도였으며 높이는 12m에 달했다. 이들 거대한 공룡은 매혹적인 생물학적인 문제를 제기한다(글상자 17.1).

수각류(theropods)는 모든 육식공룡을 포함하며, 쥐라기와 백악기에 이들 무리는 특성화된 크고 작은 많은 공룡을 포함할 정도로 다양화하였다. 데이노니쿠스(*Deinonychus*, 그림 17.5a)는 사람 정도의 크기였다. 하지만 이들은 대단히 민첩하고 지능적이었다(이 공룡은 새 크기의 뇌를 가졌다). 이 공룡의 주요 특징은 거의 확실히 먹이 동물을 난도질하는 데 사용했던 뒷발에 나 있는 거대한 발톱이다. 티라노사우루스(*Tyrannosaurus*, 그림 17.5b)는 아마 모든 시대에 있어 가장 큰 육상의 포식동물로 유명하며, 몸의 길이는 14m에 달했고, 벌린 입의 크기는 거의 1m였다. 수각류와 용각류는 원시 파충류의 골반 형태를 공유한다. 골반에서 두 개의 아래 뼈 요소는 반대 방향을 가리킨다. 즉, **치골**은 앞쪽을 가리키고, **좌골**은 뒤쪽을 가리킨다(**그림** 17.5b). 이들 공룡은 또한 용반류분기군으로 분류되는 두개골과 다리의 파생된 특징을 공유한다.

다른 모든 공룡은 치골이 등에 매달려 있으며 좌골과 나란하게 뻗쳐 있는 독특한 골반 형태를 공유한다(**그림** 17.6a). 이들은 조반류(Ornithischia)라고 부르며, 이들 모두는 초식성이다. 골판으로 덮인 조반류의 두 무리에는 검룡류(stegosurs)와 곡룡류(ankylosaurs)가 있다. 스테고사우루스(*Stegosaurus*, **그림** 17.6a)는 등의 중앙을 따라 한 줄로 단단한 골판이 발달되어 있으며, 이는 온도 조절이나 또는 과시 기능을 가졌을지 모른다. 유오플로세팔루스(*Euoplocephalus*, **그림** 17.6b)는 육중하고 탱크같이 생긴 공룡으로 등 위 피부에 발달된 뼈로 된 작은 판으로 이루어진 단단한 골판, 꼬리, 목 및 두개골을 가지고 있다. 이 공룡은 심지어 뼈로 된 눈꺼풀을 가지고 있다. 꼬리 곤봉은 유용한 방어 무기였으며, 이것은 티라노사우루스(*Tyrannosaurus*)와 같은 포식성 공룡을 세차게 쳐 위협하는 데 사용되었다.

대부분의 조반류는 조각류(ornithopods)로 두 발로 걸었으며, 초기에는 크기가 작았으나 나중에는 많은 경우에 컸다. 후기 백악기에 오리주둥이 공룡(hadrosaurs)은 빠르게 이동하는 성공적인 초식공룡이었다. 이들 중 대부분은 머리 꼭대기에 이상하게 생긴 볏이 나 있고, 이것은 종끼리 특유한 신호를 내보내는 데 사용되었을지도 모른다. 그리고 오리주둥이와 같은 턱뼈에는 씹어 으깨는 이빨이 여러 줄로 배열되어 있다(**그림** 17.7). 조각류의 가까운 친척들

(a)

(b)

그림 17.3 용각류 공룡: (a) 후기 트라이아스기의 원용각류 플라테오사우루스(*Plateosaurus*), (b) 후기 쥐라기의 용각류 브라키오사우루스(*Brachiosurus*). (David Weishampel 제공.)

글상자 17.1 지금까지 알려진 가장 큰 동물의 고생물학

19세기에 엄청나게 큰 후기 쥐라기의 초식공룡이 처음 발견되었을 때 많은 고생물학자들은 이들 공룡이 완전히 땅 위에서 살기에는 너무 컸었다고 생각했다. 초식공룡은 그들의 큰 몸을 물에 의지하며 호수에서 살았으며, 물가의 식물을 먹고 살았을 것으로 가정하였다. 그러나 새로운 증거는 육상 생활이 사실상 가능했으며, 초식공룡은 오늘날의 코끼리처럼 능숙하게 때때로 물속으로 들어갔다 나왔다 하면서 광활한 평원 위를 자유롭게 이동할 수 있었다는 것을 보여 준다.

초식공룡은 키에 따라 그들이 선호하는 먹이를 나눌 수 있었을 것이다. 현생 초식동물은 그들 각각의 동물이 선호하는 먹이와 먹이 섭취 방식을 갖는 것과 같이 **생태지위 분할**(niche partitioning) 현상을 보여 준다. 브라키오사우루스(*Brachiosaurus*, 그림 17.3b)와 같은 몇몇의 초식공룡은 초대형 기린처럼 아주 키가 큰 나무의 잎을 뜯어먹고 살았다. 그러나 대부분의 다른 초식공룡은 하층의 연한 잎을 뜯어먹기에 적합하게 설계되었으며, 아마 목을 수평 위로 아주 높이 들어 올릴 수 없었다. 이것은 초식공룡의 몇몇 종들이 공동 구역 내에서 함께 나란히 살면서 일부는 키가 작은 식물을 뜯어먹고 살며, 다른 초식공룡은 중간 높이의 관목을, 그리고 나머지 그 밖의 공룡들은 나뭇잎을 뜯어먹고 살게 하였다.

그런데 초식공룡이 어떻게 그렇게 커지게 되었을까? 브라키오사우루스와 그 친척들은 몸의 길이가 20m 또는 그 이상에 달했으며, 몇몇은 몸무게가 50톤 정도 나갔다. 일부 고생물학자들의 제안처럼 초식공룡은 현생 악어와 같은 속도로 성장하여 성성숙기에 도달하는 데 70년 또는 100년이 걸렸을까? 또는 그들은 현대의 포유류처럼 빠르게 성장하였을까? 코끼리는 약 15살 때 성성숙기에 달하는 반면에 흰긴수염고래는 훨씬 빠르게 성장하여 5~10살에 성성숙기에 도달한다. 흰긴수염고래는 가장 빠르게 성장하는 어린 시기 동안에 하루에 몸무게를 90kg(연간 30톤과 같음)만큼 늘릴 수 있다. 여러분은 공룡이 얼마나 빠르게 성장했는지 어떻게 말할 수 있나?

그 비밀은 뼛속에 있다. 현생 파충류는 단속적으로 성장한다—먹이가 풍부할 때는 빠르게 성장하고, 먹이가 부족하여 굶주릴 때에는 성장이 매우 느리다. 일반적으로 매년 한 번의 먹이가 풍부한 좋은 계절과 한 번의 먹이가 부족한 어려운 계절이 있으며, 이것은 뼛속에 생장선으로 기록된다. 플로리다의 탤러해시(Tallahassee)에 있는 플로리다 주립대학교의 고생물학자 에릭슨(Greg Erickson)과 독일 본대학교의 고생물학자 산데르(Martin Sander)는 많은 공룡의 갈비뼈와 다리뼈의 단면을 만들었으며, 이들은 생장선 또는 '성장저해선(lines of arrested growth, LAGs)'을 셌다. 뼈를 절단하여 만든 얇은 단면을 대형 슬라이드그라스 위에 접착제로 붙인 다음 균일하게 얇은 두께로 연마하면 빛이 통과할 수 있다. 에릭슨과 산데르는 화석 뼈의 구성 성분인 인회석 결정을 돋보이게 하고 LAGs를 쉽게 셀 수 있게 해 주는 편광현미경하에서 이들 뼈의 박편을 조사하였다(그림 17.4a).

뼈의 미세 구조를 현미경으로 연구하는 뼈 조직학자들은 LAG를 가진 살아 있는 파충류와 다른 동물들에서 이것이 사실이기 때문에 각각의 LAG는 1년을 나타낸다고 주장한다. 고생물학자들은 공룡이 죽은 나이를 알아내기 위해 LAGs를 센 다음에 이 나이를 뼈의 크기로부터 산정한 몸무게의 측정치와 비교한다. 에릭슨은 아주 작은(실제로는 상당히 큰) 아기 아파토사우루스(*Apatosaurus*)에서

(다음 쪽에 계속됨)

소년기를 거쳐 완전히 자란 성체의 표품까지 뼈의 성장 단계를 조사하였다. 이 연구 결과는 아파토사우루스의 소년기는 이들의 생애에서 처음 5년 동안은 상당히 작았고, 그다음 5살에서 12살까지 급성장하여 매년 5톤에 달하는 몸무게가 늘어났고, 몸무게가 26톤이 나가는 젊은 성체가 되었으며, 아마 성성숙기 나이에 도달했음을 보여 주었다(그림 17.4b). 따라서 LAGs는 현생 파충류와 똑같이 성장하다 멈추는 계절적인 성장 패턴을 나타내지만 어릴 때의 성장 속도는 새 또는 포유동물과 훨씬 더 비슷하다. 초식공룡은 교미를 할 수 있을 정도로 성장하는데 100살이 될 때까지 굳이 기다릴 필요가 없었다.

초식공룡의 뼈 조직학에 대해 더 많은 것은 에릭슨 등(Erickson et al., 2001), 산데르와 클라인(Sander & Klein, 2005) 및 산데르 등(Sander et al., 2006)의 논문을 읽고 알아보며, http://www.blackwellpublishing.com/paleobiology/에서 공룡에 관한 정선된 가장 좋은 웹사이트를 찾아보라.

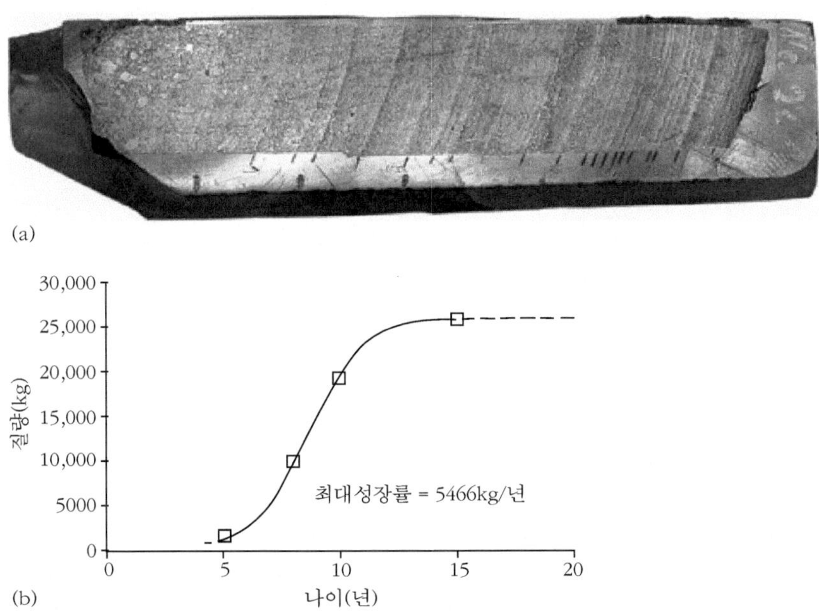

그림 17.4 초식공룡의 성장률 측정. (a) 탄자니아의 후기 쥐라계에서 발견된 초식공룡 자넨스치아(*Janenschia*)의 대퇴골의 뼈(bone wall)의 단면. 이 공룡은 완전히 다 자랐으며 대퇴골의 길이는 1.27m이다. 이 단면은 뼈를 드릴로 뚫어서 뼈의 시추심을 뽑아내어 만들었다. 뼈의 중심은 왼쪽이며 뼈의 바깥쪽은 오른쪽이다. 성장저해선은 뼈의 조직이 치밀한 어두운 띠로 나타나며 성장이 느림을 지시한다. 이들은 슬라이드그라스 아래쪽에 까만 네모점으로 표시되어 있다. (b) 초식공룡 아파토사우루스(*Apatosaurus*)의 성장곡선은 어린 공룡과 다 자란 공룡의 몇몇 개체의 다리뼈와 갈비뼈를 바탕으로 작성한 것이며, 5~12살까지의 급성장과 함께 성체의 크기에 어떻게 도달하는지를 보여 준다. (Martin Sander와 Greg Erickson 제공.)

그림 17.5 백악기의 수각류 공룡: (a) 데이노니쿠스(*Deinonychus*), (b) 티라노사우루스(*Tyrannosaurus*). [(a)는 Ostrom(1969)에, (b)는 Newman(1970)에 기초.]

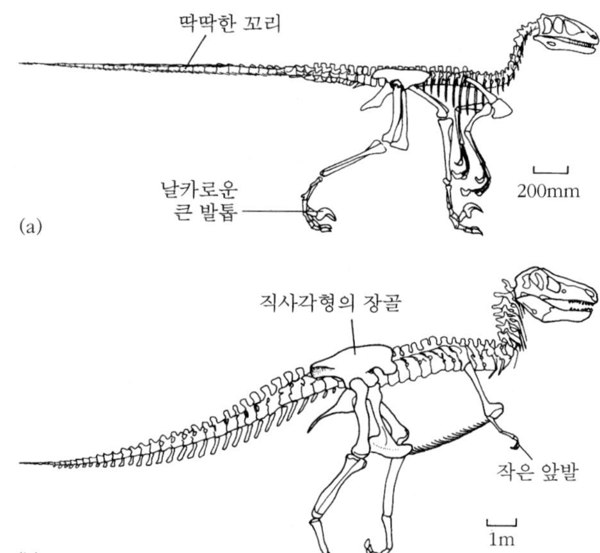

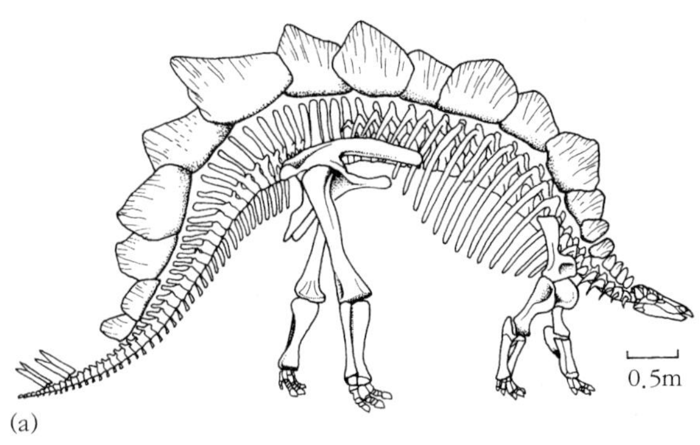

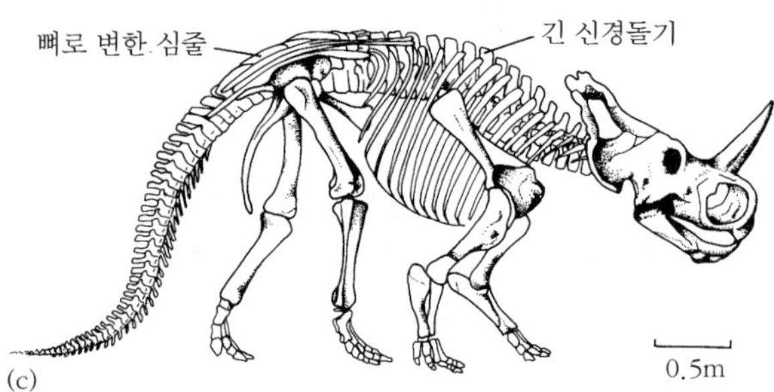

그림 17.6 골판을 가진 쥐라기(a)와 백악기(b, c)의 조반류 공룡: (a) 스테고사우루스(*Stegosaurus*), (b) 유오플로세팔루스(*Euoplocephalus*), (c) 센트로사우루스(*Centrosaurus*). [(a)와 (c)는 Gregory(1951)에, (b)는 Carpenter(1982)에 근거.]

은 센트로사우루스(*Centrosaurus*)와 같은 각용류(ceratopsians, '얼굴에 뿔이 난')였으며, 이들은 하나의 긴 코뿔과 목둘레에 뼈로 된 커다란 '목도리'를 갖고 있었다. 공룡이 온혈동물이었는지 아니었는지에 대한 논쟁은 계속되고 있다. 온혈성에 대한 증거는 아마 추가적인 체력과 속력이 필요했을 데이노니쿠스(*Deinonychus*)와 같이 활동적인 작은 포식자들에게서 가장 현저하다. 그러나 온혈성은 열 공급원으로 필요로 하는 추가적인 음식의 관점에서 보면 손실이 크다. 또한 커다란 공룡이 충분히 빠르게 먹을 수 있었는지도 확실하지 않다. 실제로 커다란 공룡은 단순히 그들의 크기 때문에 온혈성이거나 아니거나에 상관없이 꽤 일정한 중심체온(core body temperature)을 유지하였을 것이다.

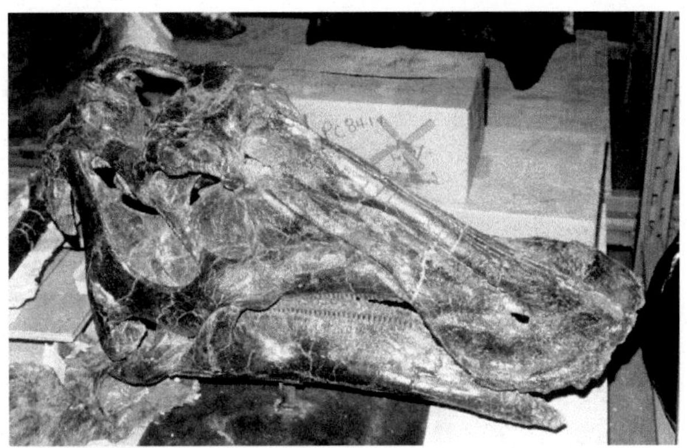

그림 17.7 후기 백악기의 오리주둥이 공룡 에드몬토사우루스(*Edmontosaurus*).

공룡의 생식 습성 또한 최근에 자세히 조사되고 있다. 북아메리카와 몽골에서 알과 둥지의 발견은 많은 공룡들이 어린 새끼를 돌보았다는 것을 보여 준다. 이들은 흙을 파내고 만든 둥지에 알을 낳았으며, 알이 부화할 때 새끼에게 먹이를 먹이기 위해 되돌아왔다. 가장 환상적인 것은 아직 부화하지 않은 공룡 배아의 작은 뼈가 들어 있는 알의 발견이었다(글상자 17.2).

글상자 17.2 가장 오래된 공룡 배아

공룡 알과 둥지 화석은 1860년대 프랑스에서 최초로 발견된 이래 계속 알려져 왔다. 가장 유명한 발견은 1920년대 몽골의 후기 백악기 공룡 화석 산지에 대해 조사를 한 미국 조사단에 의해 이루어졌으며, 조사단은 공룡 알을 포함하여 둥지 화석 전체를 가지고 미국 자연사박물관(American Museum of Natural History)으로 돌아왔다. 그 후 수백 개의 공룡 둥지의 화석 산지가 발견되었다. 공룡이 알을 낳았다는 것은 의심할 나위가 없으며, 이들은 지표의 흙을 파내고 만든 둥지 내에 알을 낳았다. 상당히 분명한 이유 때문에 공룡은 나무에 둥지를 틀지 않았다.

아마 공룡은 모래로 둥지를 덮고 알이 부화할 때까지 그대로 놓아두었거나, 또는 아마도 둥지를 식물 부스러기로 덮었을 것이다. 식물 부스러기는 현생의 악어와 같이 아기 공룡을 따뜻하게 보호해 주는 일종의 퇴비를 형성하였다. 몇몇의 어미 공룡들은 심지어 알을 품기도 했다. 1990년에 몽골에서 어미 오비랍토르(*Oviraptor*)가 둥지에 앉아 있는 채로 발견되었다.

무엇보다도 그중에서 가장 인상적인 것은 부화하지 않은 배아를 포함하고 있는 알들이다. 가장

(다음 쪽에 계속됨)

오래된 예는 레이즈(Robert Reisz)와 동료들이 남아프리카의 전기 쥐라기 지층에서 원용각류(prosauropod) 마쏘스폰딜루스(*Massospondylus*)가 낳은 몇 개의 알을 발표한 2005년이었다. 연구원들은 알을 X선으로 조사하였으며, 알의 내부에 있는 작은 뼈를 보았다. 숙련된 표본 담당자인 스콧(Diane Scott)은 1년간의 고생스러운 작업을 통해 알껍데기를 제거했으며, 가는 바늘로 뼈에 붙은 이암을 뜯어내 바로 부화하려는 작은 아기 공룡의 완전한 모습을 드러나게 하였다(그림 17.8). 레이즈와 동료들은 새끼 마쏘스폰딜루스가 바로 부화하였을 때는 비록 네 발 모두로 걸었지만 어미의 보살핌을 받았을 것으로 생각하였다. 이 새끼 공룡의 이빨은 스스로 식물을 뜯어먹을 수 있기에는 너무 작았다. 이것은 화석 기록에서 부모 공룡이 아기 공룡을 돌본 가장 오래된 증거일까?

http://www.blackwellpublishing.com/paleobiology/ 웹사이트에서 공룡 알과 둥지에 대해 더 많이 알아보라. 자세한 설명은 레이즈 등(Reisz et al., 2005)의 논문에 실려 있다.

그림 17.8 알 내에 완전히 발달된 배아 골격을 가진 마쏘스폰딜루스(*Massospondylus*)의 알 중 하나를 보여 주는 사진. 이 화석의 전체 길이는 약 15cm이며, 부화하기 직전에 죽은 것이다. 성체로 다 자라면 몸의 길이는 5m에 달한다. (Robert Reisz 제공.)

바다의 용

중생대 동안 몇몇 파충류 무리는 중요한 바다 포식동물이 되었다. 어룡(그림 17.9a)은 물고기 모양의 파충류로 바다 생활에 완전히 적응하였다. 이들은 육지에 사는 이궁류로부터 진화하였다. 어룡은 날카로운 이빨이 난 길고 얇은 주둥이를 가지고 있었으며 암모나이트, 벨렘나이트 및 물고기를 잡아먹었다. 정교하게 보존된 많은 표품은 꼬리지느러미, 등지느러미 및 지느러미발의 특징을 보여 준다. 어룡은 몸과 꼬리를 양쪽으로 세게 흔들면서 헤엄을 쳤으며, 앞지느러미발을 이용하여 방향을 조절하였다. 심지어 몇몇의 표품

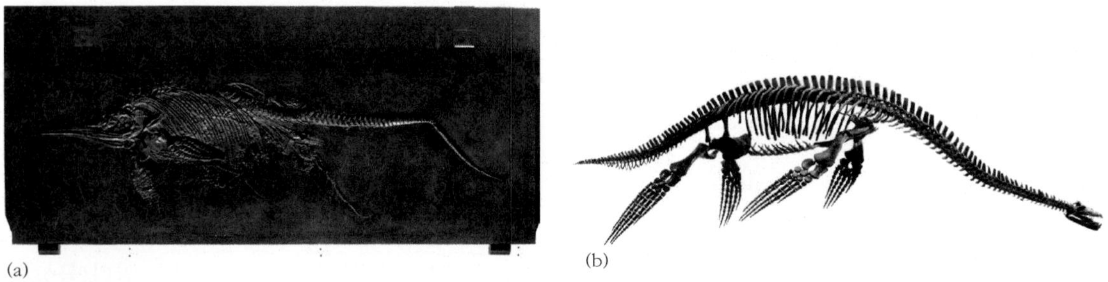

그림 17.9 쥐라기의 해양 파충류: (a) 어룡 스테놉테리기우스(*Stenopterygius*)와 (b) 뱀목어룡 크립토클리두스(*Cryptoclidus*). (Rupert Wild 제공.)

중에는 배안에서 태아가 발육되고 있는 놀랄 만한 어미 어룡의 표품이 있었다. 고래와 돌고래와 같이 어룡은 육지에 알을 낳기 위해 퍼덕거리며 상륙할 수 없었으며, 바닷속에서 새끼를 낳았다.

두 번째로 중요한 해양 파충류는 뱀목어룡류(장경룡류)라는 무리이다. 대부분의 뱀목어룡류는 긴 목과 작은 머리를 가지고 있었다(그림 17.9b). 하지만 플리오사우루스류(pliosaurs)는 더 크고 짧은 목과 큰 머리를 가지고 있었다. 뱀목어룡류는 주로 긴 목을 이용해서 빠르게 이동하는 먹이를 쏜살같이 낚아채는 뱀처럼 주로 물고기를 잡아먹었으며, '나는(flying)' 것과 같은 모습으로 지느러미발을 세게 저으면서 헤엄을 쳤다. 바다에서 네 발을 가진 포식동물의 놀랄 만한 다양성은 공룡과 익룡을 멸종시킨 대규모의 백악기-제3기의 대량멸종이 일어난 6,500만 년에 끝이 났다.

✲ 새의 진화

가장 유명한 화석 중 하나는 가장 오래된 새 화석으로 알려진 시조새(*Archaeopteryx*)이다(그림 17.10). 최초의 시조새 화석은 1861년 독일 남부에 분포하는 후기 쥐라기 퇴적암에서 발견되었으며, 이상적인 '잃어버린 고리(missing link)' 또는 진행 중인 진화의 증거로 찬사를 받았다. 부리, 날개 및 깃털을 가진 이 동물은 분명히 새였다. 하지만 이 동물은 여전히 뼈로 된 파충류의 꼬리, 앞발의 발톱 그리고 이빨을 가지고 있었다. 1861년 이후에 9개 이상의 골격 화석이 더 발견되었으며, 마지막 두 개는 1992년과 2005년에 발견되었다.

시조새는 까치 정도의 크기이며 곤충을 잡아먹고 살았다. 날개와 다리에 난 발톱은 시조새가 분명히 나무를 기어 올라갈 수 있었고, 그의 날개는 활동적으로 나는 새들의 것과 같음을 분명히 보여 준다. 이 새는 대부분의 현생 새처럼 날 수 있을 뿐만 아니라 비행술은 땅에 사는 친척들이 얻을 수 없는 먹이를 쫓아가서 붙잡게 해 주었다. 시조새의 골격은 데이노니쿠스(그림 17.5a)의 골격과 매우 유사하다—특히 앞다리와 뒷다리의 세부 구

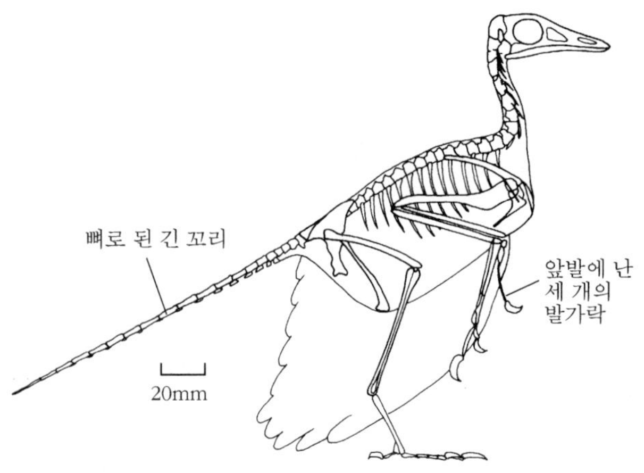

그림 17.10 후기 쥐라기 지층에서 발견된 가장 오래된 새인 시조새(*Archaeopteryx*). (Andrzej Elzanowski 제공.)

조가 유사하며, 새는 나는 작은 수각류 공룡임을 보여 준다.

최근까지 새 화석은 후기 백악기 때까지 여전히 드물었다. 하지만 오늘날에는 깃털을 가진 매우 인상적인 새와 공룡의 수많은 화석이 중국에서 보고되었으며, 놀라운 새로운 화석이 매월 발표되고 있다(**글상자 17.3**). 후기 백악기에 새로운 바닷새가 폭증하였다. 이들은 여전히 이빨을 가지고 있었지만, 꼬리뼈는 현생 조류에서처럼 짧고 작은 혹으로 축소되었다. 또한 이들은 현생 조류의 그 밖의 다른 특징을 가졌다. 날지 못하는 주금류(ratites), 물새의 조상, 펭귄 및 맹금류를 포함하여 현생의 조류 무리는 백악기의 가장 후기와 전기 제3기에 출현하였다. 오늘날 5,000종으로 구성된 홰에 앉는 조류 또는 명금은 마이오세에 폭증하였다.

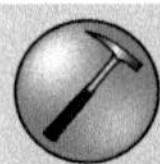

글상자 17.3 랴오닝성의 매우 인상적인 새들

1984년으로 되돌아가서 중국 랴오닝성의 지방 농부들은 그들의 농지에서 발견한 화석을 베이징과 난징에 있는 고생물학자들에게 보내기 시작했다. 화석은 모두 환상적으로 잘 보존되어 있었다. 표피를 가진 물고기, 색깔 무늬가 있는 곤충, 깃털을 가진 새와 공룡, 그리고 털을 가진 초기 포유류이다. 중국의 고생물학자들은 상당히 많은 화석 표본을 발표하였다. 그리고 그들은 화석이 풍부하게 포함되어 있는 많은 톤수의 퇴적암을 회수하기 위해 체계적인 발굴 작업에 착수하였다. 이들 모든 고대 생물들은 석회질 진흙이 쌓여 생물 시체가 부패되기 전에 시체를 고착시킨 호수에서 헤엄쳐 다니거나 호수에 빠진 것으로 생각된다.

지금까지 랴오닝성의 화석 산지로부터 콘푸시우소르니스(*Confuciusornis*)—아마도 가장 잘 알려진 새로운 속—를 포함해서 약 20종의 새들의 이름이 명명되었다(Zhou et al., 2003). 콘푸시우소르니스의 가장 놀라운 표본은 같은 종의 수컷과 암컷 새가 나란히 석판 위에 보존되어 있는 것이다(**그림 17.11**). 수컷은 드림 비슷한 긴 꼬리 깃털을 가지고 있다. 이것은 살아 있을 때 확실히 밝은색을 띠었으며 성을 과시하는 데 사용되었을 것이다. 콘푸시우소르니스는 대략 떼까마귀의 크기이고, 이 새는 턱 안에 이빨이 없고 뼈로 된 꼬리는 작은 혹 모양의 뼈 또는 **미좌골**로 축소된 점에서 시조새보다 더 진화된 것이다. 하지만 중국에서 발견된 새는 날개에 튼튼한 발가락과 발톱을 가지고 있는 점에서 여전히 원시적이다. 그럼에도 불구하고 이 새의 깃털은 현대의 모든 새의 깃털과 비슷하고, 콘푸

(다음 쪽에 계속됨)

시우소르니스 새무리는 현생의 새와 아주 비슷하게 먹이를 쫓아가 덮치고 나뭇가지 위에 우아하게 앉으면서 1억 2,500만 년 전에 중국에 있는 나무 사이를 날개를 치며 날아다녔다.

새뿐만 아니라 공룡도 역시 깃털을 가졌었다! 1995년 이후 랴오닝성에서 발견된 작은 수각아목의 공룡에 관한 일련의 보고서는 많은 육식 공룡들이 비록 날지는 못했지만 깃털을 가지고 있었음을 보여 준다. 깃털은 짐작컨대 처음에는 절연을 위한 것이었을 것이므로, 수각아목의 공룡은 적어도 틀림없이 온혈성이었을 것이다. 그러므로 새들의 진화에 있어서 깃털은 아마 이미 전기 쥐라기에 먼저 생겨났으며 그다음에 시조새가 출현한 후기 쥐라기에 날개가 발달되고 비행하게 되었다.

랴오닝성의 새와 공룡 화석에 대해 더 많은 것은 조우 등(Zhou et al., 2003)의 논문과 http://www.blackwell publishing.com/paleobiology/에 연결된 웹사이트에서 알아보라.

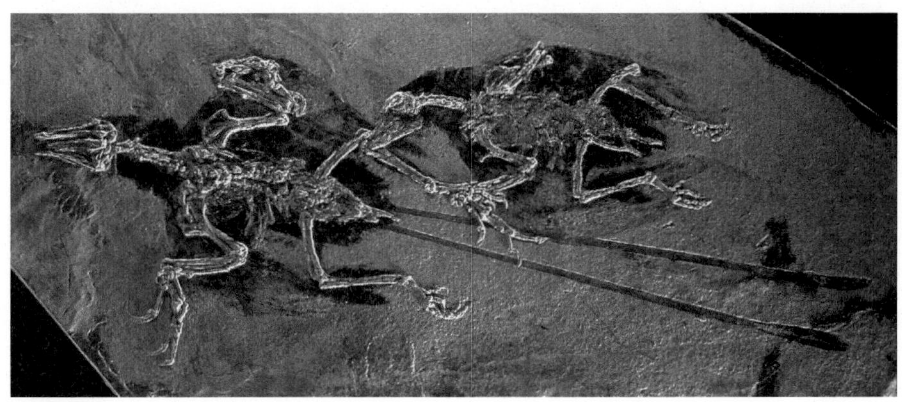

그림 17.11 중국 랴오닝성에서 발견된 전기 백악기의 새 콘푸시우소르니스(*Confuciusornis*)의 두 화석으로 수컷[그림 아래 긴 꼬리 드림(streamer)을 가짐]과 암컷을 보여 준다. (Zhou Zhonghe 제공.)

✲ 포유류의 출현

원시 포유류와 그 이후의 성공

최초의 포유류는 후기 트라이아스기와 전기 쥐라기에는 작은 식충류였으며 아마도 밤에 사냥을 했을 것이다. 포유류는 중생대 대부분 동안 여전히 작았다. 이들은 높은 다양성을 달성하지 못하였으며 아마 공룡에 의해 어떻게든 저지를 당했을 것이다. 식충성, 육식성 및 초식성 포유류의 몇몇 계통이 출현하였으며, 이들 중 일부는 나무를 기어오르는 데 익숙하였다. 대부분의 중생대 포유류는 작았으며, 중국에서의 최근 발견은 예외로 판명되었다(글상자 17.4). 그럼에도 불구하고 초기 포유류 무리의 대부분은 백악기–제3기 대량 멸종을 견뎌 내지 못하고 사라졌다. 제3기까지 살아남은 분기군 중 세 가지는 현생 무리

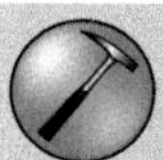

글상자 17.4 포유동물이 공룡을 잡아먹었다는 충격!

중생대의 포유동물에 대한 일반적인 생각은 그들 모두가 상당히 작았으며, 이는 공룡들이 그들을 잡아먹고 얼마든지 크게 성장하는 것을 방해했기 때문이라는 것이다. 중국의 중기 백악기 지층에서 산출된 두 개의 새로운 포유동물 화석은 이러한 생각을 뒤집어 버렸다. 한 개체는 개만큼 컸고, 다른 한 개체는 고양이만큼 컸으며, 이 중 하나는 바로 공룡을 잡아먹었다—일반적으로 인정하는 바와 같이 새끼 공룡의 길이는 겨우 140mm였다.

새로운 화석들은 아주 인상적인 공룡, 조류(글상자 17.3 참조), 도롱뇽, 물고기, 곤충 및 식물이 매우 많이 산출된 중국 랴오닝성의 곳곳에 있는 유서 깊은 화석 산지로부터 발견되었다. 뉴욕의 미국자연사박물관의 대학원생인 후(Hu Yaoming)와 중국에서 온 동료들은 두 개의 새로운 종—레페노마무스 기간티쿠스(*Repenomamus giganticus*)와 레페노마무스 로부스투스(*R. robustus*)—을 기재하였다. 이들 화석 모두는 아주 훌륭한 골격을 기초로 하였으며, 각각의 길이는 1.0m와 0.4m이다. 레페노마무스(*Repenomamus*)는 삼추치류(triconodont)로 다른 것들과 달리 주로 분리된 턱뼈로부터 알려진 무리이며, 전에는 곤충을 잡아먹는 데 특성화된 것으로 여겨졌다. 레페노마무스 로부스투스의 표품의 하나는 각룡류 공룡인 프시타코사우루스(*Psittacosaurus*)의 새끼가 덩어리로 찢겨진 잔해를 그의 위 부위의 흉곽 안에 보유하고 있다(그림 17.12b).

연구 결과가 발표되었을 때 "이것은 착한 사람이 개를 물었다는 이야기이다(This is a good man-bites-dog story)."라고 고생물학자 파디안(Kevin Padian)은 논평하였다. 루오(Luo, 2007)의 논문에 실려 있는 중생대 포유동물에 관한 논평을 읽어 보고, 레페노마무스에 대해 더 많은 것을 알아보라. 그리고 http://www.blackwellpublishing.com/paleobiology/에서 컬러화된 영상을 참조하라.

인 단공류, 유대류 및 태반포유류이다(글상자 17.5).

오늘날 단공류는 오스트레일리아에 한정되어 서식하며 오리너구리와 바늘두더지로 대표된다. 이들 동물은 아마 포유류의 견치류 조상들이 그랬던 것처럼 여전히 알을 낳는 점에서 독특하다. 새끼는 의지할 데 없는 아주 작은 동물로 부화하며 독립적으로 충분히 살 수 있을 정도로 클 때까지 어미의 젖을 먹는다.

포유류는 모든 것을 그들의 이빨 덕을 보고 있다고 종종 말한다. 유대류와 특히 태반포유류는 제3기에 매우 빠르게 폭증하였으며, 이것은 흔히 적응 폭증의 전형적인 예로 여겨진다. 이전에 다소 작고 비슷하게 보인 동물들이 1,000만 년 이내에 박쥐와 쥐처럼, 그리고 원숭이와 고래처럼 전혀 다른 이종(disparate)을 형성할 정도로 다양화한 것은 주목할 만하다. 포유류는 독특하게 이빨 기능이 **분화된** 앞니, 송곳니 및 어금니를 가지고 있다. 물고기, 양서류 및 파충류는 기능이 분화된 이빨을 갖지 않는다—이들의 이빨은 앞쪽에서 뒤쪽까지 거의 동일하다. 기능이 분화된 이빨은 포유류가 막대한 양의 먹이를 취할 수 있게 하며 먹이를 물어뜯는데, 특히 음식을 씹는 데 효율성이 매우 높게 하였다. 높은

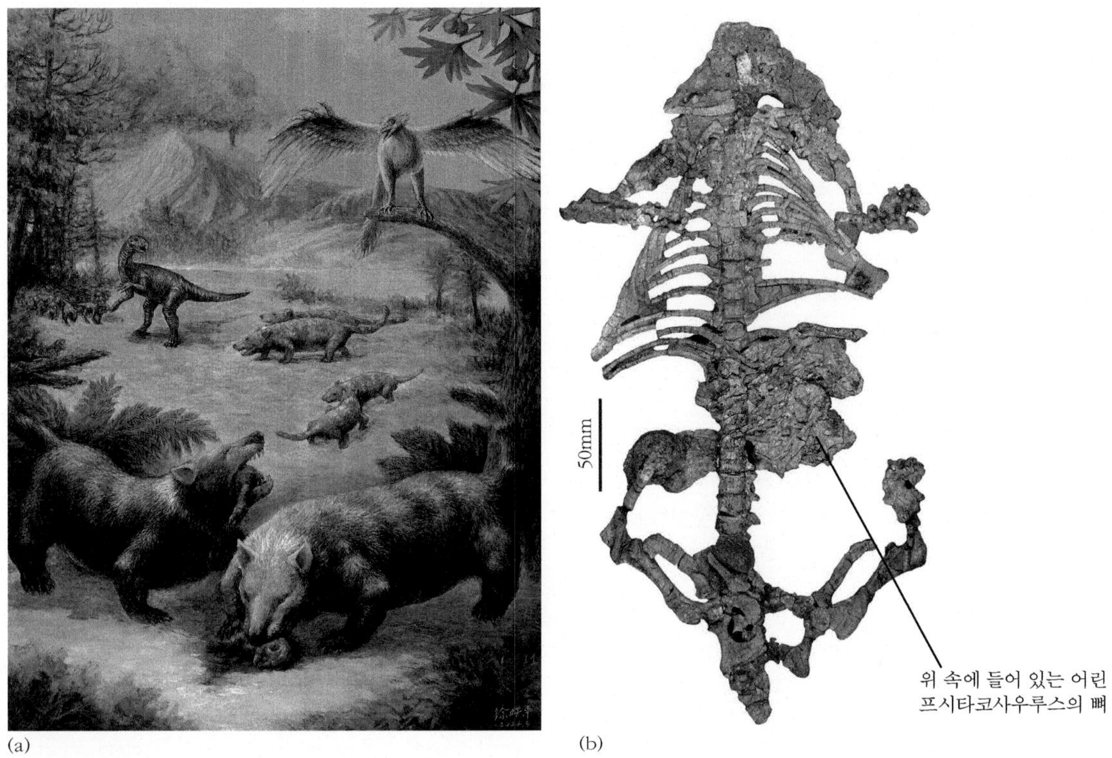

그림 17.12 중국 랴오닝성의 중기 백악기 지층에서 산출된 개 크기의 삼추치류의 포유동물인 레페노마무스(*Repenomamus*): (a) 새끼 프시타코사우루스를 먹고 있는 삼추치류 포유동물의 복원도, (b) 흉곽 내에 들어 있는 프시타코사우루스의 뼈를 보여 주는 표품. (Hu Yaoming 제공.)

물질대사 비율은 영양분이 풍부한 많은 음식을 필요로 하며, 어금니를 음식물 주위와 음식물을 가로질러 움직이며 음식물을 **씹는** 것은 포유류가 그들의 소화계의 능률을 높게 한다. 대부분의 공룡(조각류를 제외하고)은 일반적으로 파충류처럼 씹을 수 없었으며, 또는 적어도 잘 씹을 수 없었다. 그래서 이들은 먹이를 통째로 삼켰으며 아마도 먹이의 대부분을 소화하는 데 실패했을 것이다. 한 가지는 확실하다. 공룡 쪽으로 바람이 불어가는 곳에는 서 있지 마라.

유대류: 육아주머니가 달린 포유류

유대류의 새끼 역시 아주 작고 의지할 데 없이 태어나며 육아주머니 안에서 여러 달 동안 어미의 젖을 먹어야만 한다. 하지만 알을 낳는 것은 벗어났다. 가장 오래된 유대류 화석은 북아메리카의 중기 백악기 지층에서 발견되었다. 이 무리는 제3기에 남아메리카에서 성공적으로 폭증하였으며, 식충류, 육식동물 및 초식동물의 몇몇 계통을 포함한다. 이들

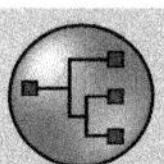

글상자 17.5 포유동물의 분류

현생 포유류는 세 무리－단공류, 유대류, 태반포유류－로 나누며. 이들의 번식 방법이 특징이다. 다양한 원시 무리는 생략하였다.

포유강(class Mammalia)

단공아강(subclass Monotremata)

- 암컷은 알을 낳고, 알에서 갓 부화한 새끼는 육아주머니 속에서 자란다.
- 전기 백악기～현세

후수아강(subclass Metatheria)(유대류와 멸종된 친척)

- 새끼는 미성숙한 상태로 태어난 후 육아주머니 안에서 계속 발달함
- 후기 백악기～현세

진수아강(subclass Eutheria)(태반포유류와 멸종된 친척)

- 새끼들은 발달된 상태에서 태생으로 태어난다. 자궁 안에 있는 동안에는 태반에 의해 영양분을 공급받는다. 오직 주요한 목만을 나열하였다.
- 중기 백악기～현세

아프리카수하강(infraclass Afrotheria)

장비목(order Proboscidea)(코끼리)

- 에오세～현세

이절하강(infraclass Xenarthra)

빈치목(order Edentata)(아르마딜로, 나무늘보, 개미핥기)

- 팔레오세～현세

로라시아수하강(infraclass Laurasiatheria)

북방진수상목(superorder Boreoeutheria)

식충목(order Lipotyphla)('식충류': 고슴도치, 두더지, 뾰족뒤쥐)

- 팔레오세～현세

박쥐목(order Chiroptera)(박쥐)

- 에오세～현세

소(우제)목(order Artiodactyla)(돼지, 하마, 낙타, 소, 사슴, 기린, 영양)

- 에오세～현세

고래목(order Cetacea)(고래와 돌고래)

- 에오세～현세

말(기제)목(order Perissodactyla)(말, 코뿔소, 맥)

- 에오세～현세

육식목(order Carnivora)(개, 곰, 고양이, 하이에나, 바다표범)

- 팔레오세～현세

영장상목(superorder Euarchontoglires)

영장목(order Primates)(원숭이, 유인원, 사람)

- 팔레오세～현세

쥐(설치)목(order Rodentia)(쥐, 들쥐, 다람쥐, 호저, 비버)

- 팔레오세～현세

토끼목(order Lagomorpha)(집토끼와 산토끼)

- 에오세～현세

의 대부분은 같은 혈연관계가 아닌 태반포유류를 딴 곳에서 매우 닮았다. 몇몇 유대류는 개처럼 생겼으며, 틸라코스밀리스(*Thylacosmilis*, 그림 17.13a)는 유럽과 북아메리카의 검 모양의 송곳니가 난 태반포유류 고양이의 모든 특징을 독립적으로 진화시켰다.

유대류는 에오세에 훨씬 따뜻한 남극 대륙을 가로질러 오스트레일리아에 도착한 후 이곳에서 한층 더 다양화하였다. 당시 남극 대륙은 남아메리카의 끝과 오스트레일리아를 연

결시키고 있었다. 한때 이곳에서 오스트레일리아의 유대류는 기능과 몸의 형태에 있어 태반포유류와 나란하게 폭증하였다. 물론 독특한 캥거루를 제외하고 말이다. 플라이스토세에는 거대한 캥거루와 하마 크기의 초식성 디프로토돈(*Diprotodon*, **그림 17.13b**)을 포함하여 거대한 유대류의 동물군이 풍부하고 다양하였다.

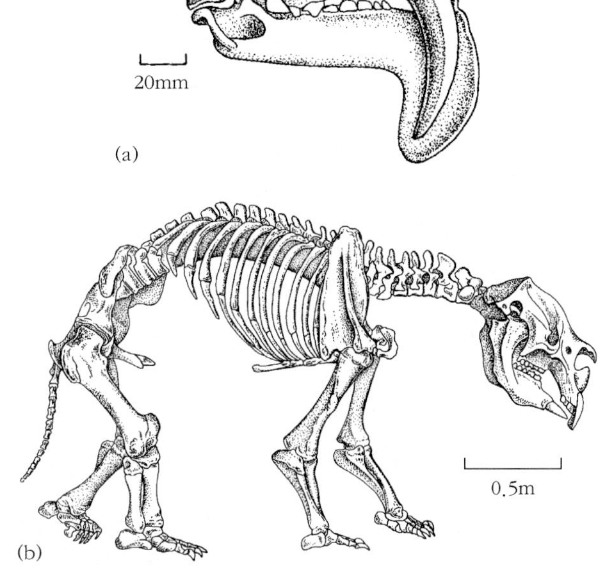

그림 17.13 멸종된 유대류: (a) 남아메리카에서 발견된 검치를 가진 틸라코스밀루스(*Thylacosmilus*), (b) 오스트레일리아에서 발견된 거대한 초식성의 디프로토돈(*Diprotodon*). [Gregory(1951)에 근거.]

태반포유류의 고지리와 다양화

태반포유류는 유대류 경우보다 훨씬 오랫동안 어미의 자궁 안에 들어 있던 새끼를 낳는다. 그리고 이들은 자궁 안에서 태반을 통해 전달되는 피에 의해 영양을 공급받는다. 가장 오래된 태반포유류는 중국의 랴오닝성에서 발견된 중기 백악기의 에오마이아(*Eomaia*)이다. 태반포유류의 많은 화석이 후기 백악기에서 보고되었다. 하지만 대부분은 다소 불완전하다. 따라서 이들의 분류는 때때로 쟁점이 되고 있다.

포유동물학자들은 살아 있는 현생 태반포유류의 주요 무리의 상호 관계를 이해하기 위해 2세기 이상 전력을 다하였다. 소는 말과 관계가 있을까? 박쥐와 원숭이는? 그리고 고래와 바다표범은? 예를 들면 토끼와 설치류는 자매 무리이고, 코끼리는 정체 모를 아프리카 바위너구리와 물에 사는 해우(물소)와 밀접하게 관계가 있다는 것을 보여 주는 형태학적인 일부 증거가 발견되었다. 하지만 믿어졌던 그 밖의 많은 상호 관계는 격렬하게 논쟁이 되고 있다. 그러나 현재는 모든 것이 해결된 것처럼 보인다(**글상자 17.6**).

후기 백악기의 초기 어느 때에 태반포유류분기군은 네 개로 분기되었다. 분기된 첫 번째는 아프리카수하강이었으며, 이 분기군은 아프리카에서 계속하여 진화하였다. 그다음에 이절하강이 남아메리카에서 분리되었다. 북방진수상목은 북반구에 계속 살아 있었으며 이곳에서 로라시아수하강과 영장상목으로 갈라졌다. 따라서 아프리카, 남아메리카 및 로라시아(북아메리카–유럽–아시아)에서의 태반포유류의 분기는 이 무리의 다양화의 핵심이었던 것으로 생각된다. 그리고 이것은 아마 중기 백악기 동안의 주요 대륙의 분리, 아프리카로부터 남아메리카를 분리시킨 남대서양, 그리고 북아메리카, 유럽 및 아시아로

글상자 17.6 포유동물, 형태 및 분자

현존하는 태반포유동물의 분류는 오랫동안 신비에 싸여 있었다. 우리는 고래, 또는 박쥐 혹은 영장류는 무엇인지 알고 있다. 하지만 이러한 주요 목의 동물들은 어떻게 서로 연관되어 있는가? 분자에 의한 계통발생 추정 기술이 답을 밝혀주었다.

이야기는 스피링거(Mark Springer)와 동료들(1997)이 코끼리(장비류목), 바위너구리 및 해우류를 땅돼지(관치목), 텐렉(tenrecs) 및 황금두더지와 연관시키면서 아프리카수하강–아프리카 동물로 이루어진 분기군–을 알아챘을 때부터 시작된다. 마지막 세 그룹은 포유류의 분류에서 다양한 모든 분류군에 지정되었다. 하지만 이들의 유전자는 이들이 코끼리–바위너구리–해우류 무리와 공동의 조상을 공유한다는 것을 보여 준다. 1997년 이후 그 밖의 모든 동물은 정해진 분류군으로 분류되었다(그림 17.14). 남아메리카의 태반포유류와 빈치류는 두 번째 주요 그룹인 이절하강을 이루었다. 그리고 나머지 포유류의 목은 세 번째 주요 분기군인 북방진수상목('북반구 포유동물')을 이루었으며, 로라시아수하강분기군(식충류, 박쥐, 우제류, 고래, 기제류, 육식동물)과 영장상목분기군(영장류, 설치류, 집토끼)으로 나뉜다. 그래서 몇 개의 독립된 분자생물학 연구진은 2~3년간의 연구 과정에서 매우 어려운 문제 중 하나인 생명계통수를 해결하였다[예를 들어, 스피링거 등(Springer et al., 2003)과 아셔(Asher, 2007)].

그러나 이것이 그와 같이 계통발생적으로 어려운 문제를 어떻게 입증하였는가? 몇몇 학자들은 태반포유동물 사이의 주요 분리가 매우 빠르게 일어났으며, 공유된 형태적 특성이 확정되는데 시간이 없었다고 말한다. 그러나 형태학자들은 그러한 특성을 찾으려고 열정을 다하고 있다. 만약 아프리카수하강이 정말로 한 분기군이라면, 공유된 어떤 모호한 해부학적 특징이 이들 모두 사이에 틀림없이 있어야 한다. 탐구는 계속된다.

타부스 등(Tabuce et al., 2008)의 논문에 실려 있는 아프리카수하강에 대한 논평을 읽어 보고, 이 분기군의 형태학적 특징에 관한 연구에 대해 더 많은 것은 http://www.blackwellpublishing.com/paleobiology/에서 찾아보라.

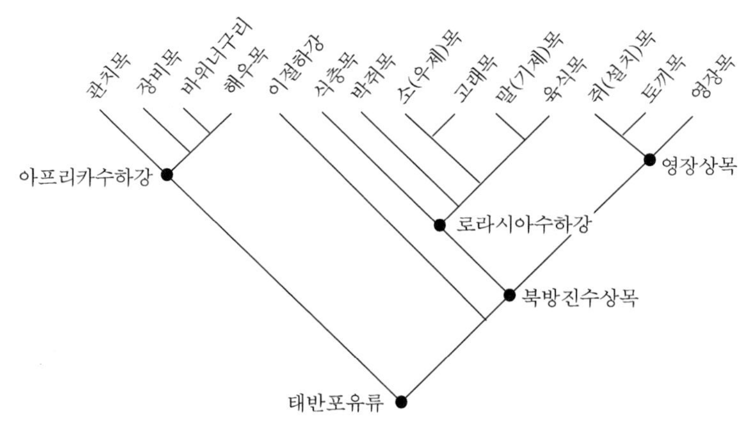

그림 17.14 분자에 의한 증거에 근거하여 작성한 태반포유류의 주요 목의 분기도. 현대의 목 사이에서 네 개의 하부 주요 분기는 후기 백악기에 일어났다. 하지만 현생 태반포유류는 공룡의 멸종 후까지 다양화되지 않았다.

부터 남반구의 대륙들을 분리시킨 그 밖의 다른 바다들과 관계가 있다.

남반구 대륙에서의 태반포유류

아프리카수하강('아프리카 포유류')은 코끼리로 가장 잘 알려져 있다. 오늘날의 아프리카코끼리와 인도코끼리(장비목)는 한때 다양했던 무리의 가엾은 잔존 동물이다. 모에리테리움(*Moeritherium*, 그림 17.15a)과 같은 초기 코끼리의 친척들은 아마 아프리카의 호수와 강에 자란 무성한 식물을 뜯어먹고 살았던 작은 하마처럼 생긴 동물이었다. 그 후에 장비류의 많은 계통이 다양화되었으며, 송곳니가 변형된 화려한 엄니의 외형에 의해 분류되었다. 일부 코끼리는 위턱뼈에 엄니가 나 있고(현생 코끼리처럼), 다른 코끼리는 아래턱에 엄니가 나 있으며, 또 다른 코끼리는 데이노테리움(*Deinotherium*, 그림 17.15b)처럼 양쪽 턱에 엄니가 나 있다. 플라이스토세의 매머드는 북반구의 한랭한 기후의 빙하기에 번성하였으며 1만 년 전에 빙하가 후퇴하면서 죽어 없어졌다.

그 밖의 아프리카수하강 가운데에서 바위너구리와 해우류는 장비류의 가까운 친척이었다. 황금두더지와 텐렉뿐만 아니라 땅돼지(관치목)는 제2의 아프리카수하강 무리를 형성한 것으로 여겨진다.

이절하강 또는 빈치류('이빨이 없음')는 독특한 남아메리카 동물 무리이다. 이들은 현생 아르마딜로, 나무늘보 및 개미핥기와 특히 플라이오세와 플라이스토세에 알려진 이들의 주목할 만한 조상들을 포함한다. 남아메리카에는 글립토돈(*Glyptodon*, 그

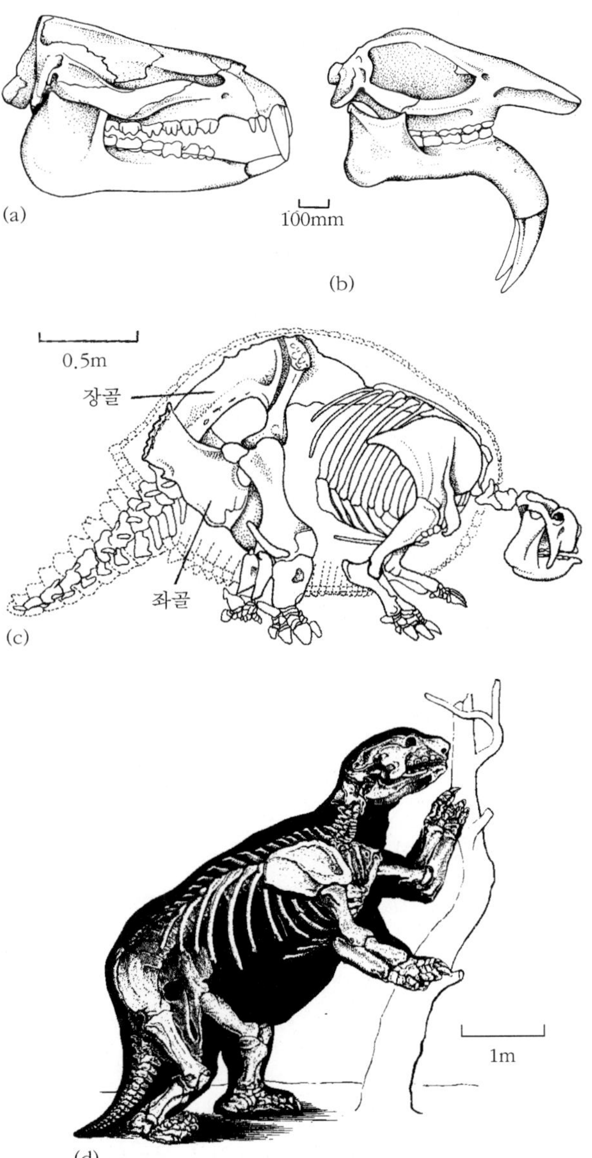

그림 17.15 아프리카수와 이절류: (a, b) 에오세의 장비류 모에리테리움(*Moeritherium*)(a)과 마이오세의 장비류 데이노테리움(*Deinotherium*)(b)의 두개골, (c, d) 아르헨티나에서 산출된 플라이스토의 빈치류 글립토돈(*Glyptodon*)(c)와 밀로돈(*Mylodon*)(d). [Gregory(1951)에 근거.]

림 17.15c)과 같은 거대한 아르마딜로가 살았으며, 몸의 길이가 6m에 달하며 나무꼭대기의 거친 잎을 뜯어먹고 사는 밀로돈(*Mylodon*, 그림 17. 15d)과 같은 거대한 멸종된 나무늘보(ground sloths)도 살았다. 이 멸종된 나무늘보는 1만 1,000년 전까지도 남아메리카에 살았으며, 이들의 준화석(subfossil)의 잔류물은 붉은 색의 털 덩어리와 가끔 자연발생적으로 발화하는 분해되지 않은 똥으로 가득 찬 굴을 포함한다.

'북반구' 태반포유류

로라시아수하강은 현생 태반포유류의 약 절반을 포함하며, 이들은 뾰쪽뒤쥐, 박쥐, 소, 고래 및 사자처럼 다양하다. 식충목(Lipotyphla)은 수십 종의 고슴도치, 두더지 및 뾰쪽뒤쥐로 구성되며, 이들 모두는 긴 주둥이를 갖고 있으며 곤충을 잡아먹고 산다. 가장 오래된 식충목의 나이는 팔레오세이고, 대부분의 화석 형태는 십중팔구 현생 것과 비슷하다. 유일한 예외는 몸의 길이가 0.5m인 가시가 많은 거대한 고슴도치 데이노갈레릭스(*Deinogalerix*)이다.

분기도(그림 17.14 참조)에서 다음 분기군은 오늘날 약 1,000종으로 이루어진 다양한 무리인 박쥐목 또는 박쥐이다. 에오세에서 산출되는 이카로닉테리스(*Icaronycteris*)와 같은 가장 초기 박쥐(그림 17.16a)는 활짝 펼쳐지는 앞발의 네 발가락이 날개 막을 지지해 주는 전형적인 날개 구조를 보여 준다. 뒷다리는 뒤쪽을 향하고 있으며, 이카로닉테리스는 거꾸로 매달려 있을 수 있었다. 이들 박쥐는 또한 큰 눈을 가졌으며 귀 부위는 반향정위(echolocation)를 위해 변형되었다. 현생 박쥐처럼 이카로닉테리스는 큰 눈을 이용해 움직임을 포착하여 밤에 곤충을 사냥하였다. 그리고 이들은 반향에 의해 먹이를 탐지하기 위해 높은 음조의 찍찍 소리를 내보냈다.

다음 분기군은 아마 거의 예측하지 못한 것이다. 대부분의 증거는 고래와 짝수 발가락을 가진 **유제류**(커다란 초식동물)인 우제류를 고래소목이라고 부르는 분기군으로 연관시켜 준다. 예를 들어 고래와 우제류는 도르래처럼 생긴 비슷한 발목관절을 공유한다(고래가 관절을 가지고 있나?)—지금은 아니지만 초기 고래는 관절을 가졌다(다음을 참조). 우제류는 에오세에 출현하였으며(그림 17.16b), 이 무리는 돼지, 하마, 낙타, 소, 사슴, 기린 및 영양을 포함한다. 이들 모두는 짝수(두 개 혹은 네 개)의 발가락을 가진다. 돼지와 하마는 올리고세에 같은 조상을 두었고, 같은 시대에 오레오돈트(oreodont)는 거대한 떼를 지어 북아메리카에 널리 펼쳐져 있는 초원의 풀을 뜯어먹고 살았다. 오레오돈트는 낙타와 반추동물과 연관되어 있다. 최초의 낙타는 다리가 길었으며, 북아메리카 동물로 쉽게 자리를 잡았다. 낙타가 아프리카와 중동 지역으로 이주하여 건조한 환경에 살 수 있도록 적합하게 진화한 것은 그 후에 일어났다.

오늘날 대부분의 우제류는 **반추동물**이다. 이들은 먹은 음식을 첫 번째 위로 보낸 후 다시 입 속으로 음식을 되올려 잘게 씹어서 삼킨다. 복합적인 소화 과정은 반추동물이 그들

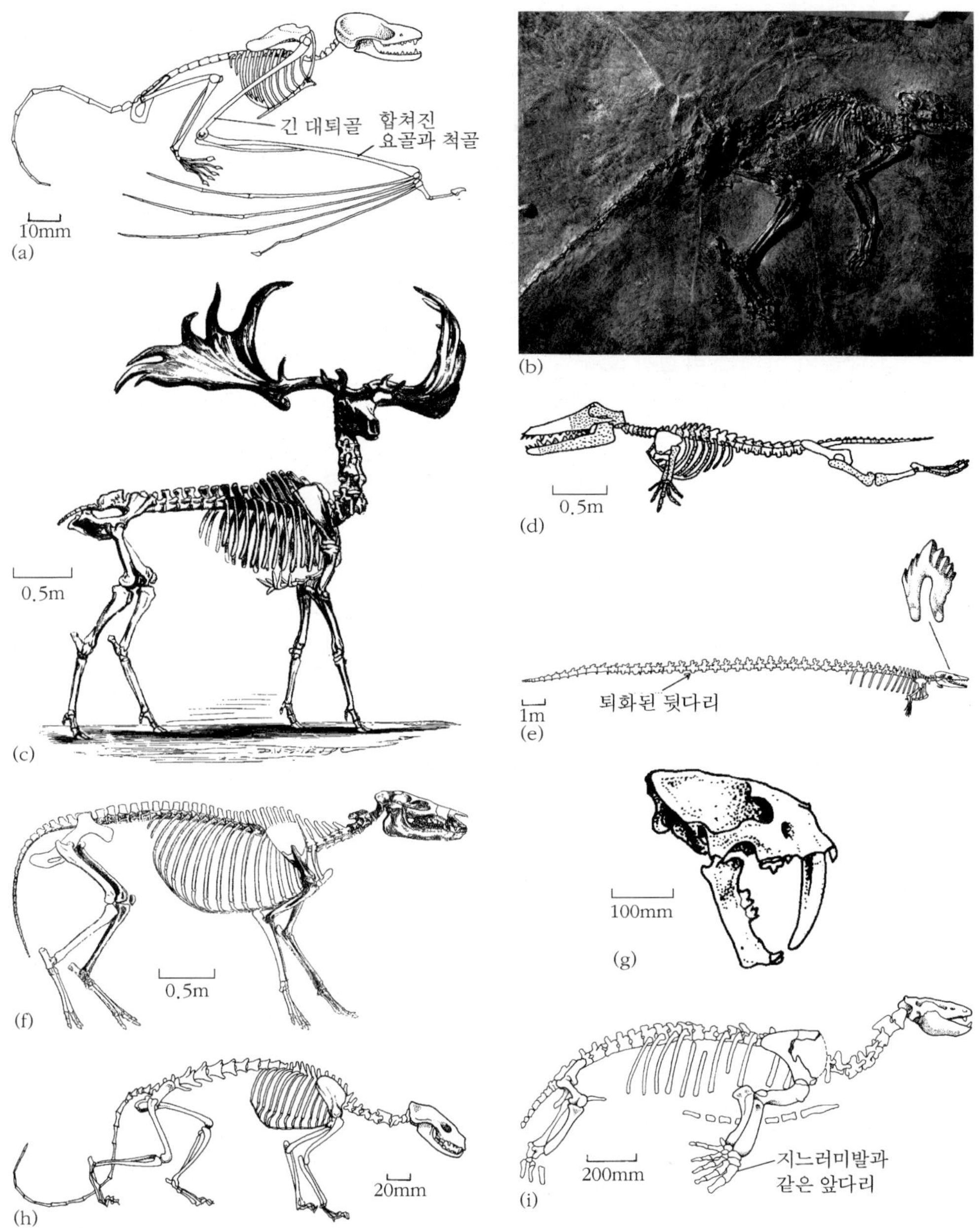

그림 17.16 다양한 로라시아수하강: (a) 에오세 박쥐 이카로닉테리스(*Icaronycteris*), (b) 독일 메셀 지역의 함유셰일 광상에서 산출된 발가락이 네 개 달린 작은 우제류 메셀로부노돈(*Messelobunodon*)으로 완전한 골격과 위 부위에 잘게 다진 식물 물질 덩어리를 보여 준다. (c) 플라이스토세의 거대한 아일랜드 사슴 메갈로세로스(*Megaloceros*), (d) 중기 에오세의 고래 암불로세투스(*Ambulocetus*), (e) 후기 에오세의 고래 바실로사우루스(*Basilosaurus*), (f) 마이오세의 말 네오히파리온(*Neohipparion*), (g) 플라이스토세의 검치 고양이 스밀로돈(*Smilodon*), (h) 에오세의 개 헤스페로시온(*Hesperocyon*), (i) 마이오세 '바다표범' 알로데스무스(*Allodesmus*). [(a)는 Jepsen (1971)에 근거, (b)는 Jens Franzen 제공, (c)와 (e)~(i)는 Gregory(1951)에, (d)는 Thewissen 등(1994)에 근거.]

이 식물성 먹이—일반적으로 풀—로부터 모든 영양분을 흡수하게 하며, 한정된 배설물을 배설한다(소의 균질한 똥을 되새김질을 하지 않는 말의 소화되지 않은 섬유질의 똥과 비교해 보라). 반추동물은 사슴, 소 및 영양의 큰 다양성이 나타났던 중기 마이오세 이후에 크게 번성하였다. 이들 동물은 대개 아일랜드 사슴인 메갈로세로스(*Megaloceros*, 그림 17.16c)에서 볼 수 있는 화려한 모양의 뿔이나 또는 가지진 뿔을 가지고 있다. 모든 경우에 머리장식물은 수컷들 사이에서 영역을 확보하며 짝을 차지하려고 과시하며 싸우는 데 사용되었다.

고래목의 고래는 하천과 호수의 가장자리를 따라 물속에 사는 식물을 먹고살았던 너구리 크기의 우제류에서 진화하였다(Thewissen et al., 2007)—가장 오래된 고래인 암불로세투스(*Ambulocetus*, 그림 17.16d)는 여전히 완전히 발달된 네 다리를 가졌으며, 이들은 우제류의 도르래처럼 생긴 발목뼈(ankle bone)를 보여 준다. 후기 에오세 때까지 바실로사우루스(*Basilosaurus*, 그림 17.16e)와 같은 고래는 매우 커졌으며 몸의 길이가 20m 혹은 그 이상이었다. 바실로사우루스는 신화 속에 나오는 바다뱀처럼 길고 가느다란 몸과 날카로운 이빨로 무장한 상대적으로 작은 머리뼈를 가지고 있었다. 이 화석 고래는 아마 오늘날 이빨이 난 고래처럼 물고기를 잡아먹는 포식자였을 것이다. 현생 모든 고래 중 가장 큰 수염고래는 나중에 출현하였으며, 이들은 극지방의 해수로부터 막대한 양의 작은 갑각류인 크릴새우를 걸러 낼 수 있는 능력에 힘입어 성공하였다.

두 번째 주요한 유제류 무리인 말목(Perissodactyla)은 말, 코뿔소 및 맥으로 이루어지며, 이들 모두는 한 개 혹은 세 개의 홀수 발가락을 가진다. 말은 진화의 전형적인 예를 제공한다. 최초의 말인 히라코테리움(*Hyracotherium*)은 네 개의 앞발 발가락과 세 개의 뒷발 발가락, 그리고 나뭇잎을 뜯어먹는 데 사용한 단순한 이빨을 가진 삼림 지역에 사는 작은 동물이었다. 올리고세와 마이오세 동안 말은 숲을 대체한 새로운 초원지대에 적응하게 되었으며, 이들은 체구가 더 커졌고, 발가락은 퇴화하였으며, 거친 풀을 잘게 씹어 으깨기에 적합한 뿌리가 깊은 어금니를 발달시켰다(그림 17.16f).

맥과 코뿔소는 아마 연관이 있을 것이다. 에오세와 올리고세의 코뿔소는 별로 크지 않은 크기였고, 뛰어 다닐 수 있는 동물이었으며, 일부 초기 말들과 크게 다르지 않았다. 맥은 후에는 드문 무리가 되었으며, 중앙아메리카와 남아메리카 및 동남아시아에 한정되었다. 코뿔소는 잠시 동안 번창했으며, 모든 시대를 통해 가장 큰 육상 포유류였던 올리고세의 인드리코테리움(*Indricotherium*)—어깨까지의 높이가 5.5m이며 몸무게가 15톤임—과 같은 괴물을 탄생시켰다.

육식동물—고양이, 개, 하이에나, 족제비 및 바다표범—은 살코기를 뜯어먹는 데 사용하는 날카로운 어금니[**열육치**(carnassials)]가 특징이다. 고양이는 긴 역사를 가지며, 그 긴 역사 동안에 단도 모양의 이빨과 검 모양의 송곳니 형태가 여러 번에 걸쳐 진화하였다. 스밀로돈(*Smilodon*, 그림 17.16g)과 같은 검 모양의 송곳니를 가진 동물은 초식동물의 몸체에서 큰 살덩어리를 물어 뜯어냄으로써 피부가 두꺼운 큰 초식동물을 잡아먹고 살았다. 검 모양의 송곳니를 가지는 적응은 일부 남아메리카의 유대류에서 독립적으로 진화하였다(그림 17.13a 참조). 헤스페로시온(*Hesperocyon*, 그림 17.16h)과 같은 초기 개는 날씬하며 빠르게 움직이는 동물이었고, 현생 개와 곰의 조상과 가까웠다. 너구리와 족제비와 관련된 일부 육식동물들이 올리고세에 바다로 들어갔으며 바다표범, 바다사자 및 바다코끼리를 발생시켰다. 알로데스무스(*Allodesmus*, 그림 17.16i)와 같은 초기 바다표범은 지느러미발과 같은 넓은 다리를 가졌으며, 물고기를 잡아먹고 살았다.

원숭이-토끼

두 번째 북방진수상목분기군(그림 17.14 참조)은 태반상목(Archonta)과 산서류(Glires)라고 하는 무리의 조합으로 만들어진 긴 단어인 영장상목(Euarchontoglires)이다. 이것은 '진정한 영장류-나무뾰족뒤쥐-설치류 토끼(true primate-treeshrew-rodent rabbits)'와 약간 비슷한 것을 뜻한다. 이 이름은 모든 내력을 말해 준다.

설치목과 토끼목을 대표하는 쥐와 토끼는 하나의 산서류에 속한다. 이들은 뻐드렁니와 번식의 성향을 조상과 공유한다. 설치목은 가장 큰 집단이며, 1,700종 이상의 생쥐, 쥐, 다람쥐, 호저 및 비버로 이루어진다. 이들은 물어뜯는 강력한 이빨 덕분에 성공했다. 앞니는 뿌리가 깊이 박혀 있고 계속 자란다. 그래서 이들 이빨은 나무, 나무 열매 및 과일 껍질을 갉아 내는 데 사용할 수 있다. 파라미스(*Paramys*, 그림 17.17a)와 같은 가장 오래된 설치목은 이미 앞니를 가졌다. 다른 동물들에 의해 무시된 물질을 깨물어 부수는 능력은 여러 번에 걸쳐 빠른 폭증을 일으켰다. 비버, 호저 및 기니피그는 마이오세에 폭증하였다. 기니피그는 몸무게가 1톤이며 크기가 작은 자동차만한 플라이오세의 커다란 모르모트를 포함한다(Rinderknecht & Blanco 2008). 남아메리카의 설치류가 왜 이와 같이 컸는지는 이해하기 어렵다. 토끼와 그들의 친척들(토끼목)은 설치류처럼 다양하지 않다. 올리고세의 이들 화석 동물은 뛸 때 사용하는 긴 뒷다리를 가진다.

원숭이, 유인원 및 사람으로 구성된 영장류는 큰 분기군 태반상목의 일부이다. 이 분기군은 또한 드물게 나무뾰족뒤쥐와 날다람쥐원숭이(피익류)를 포함한다—그러나 가장 큰 관심을 끈 것은 영장류이다.

✻ 인류 계통

초기 영장류

영장류는 현대의 태반포유동물 무리 중 가장 오래된 것 중 하나이다. "영장류(primate는 '제1의'를 뜻하는 *primus*에서 유래)"라는 명칭은 이것을 나타내지 않는다. 하지만 실제로 사람은 영장류이므로 동물들 중에서 '제1위(first)'이다. 호모 사피엔스(*Homo sapiens*, '지

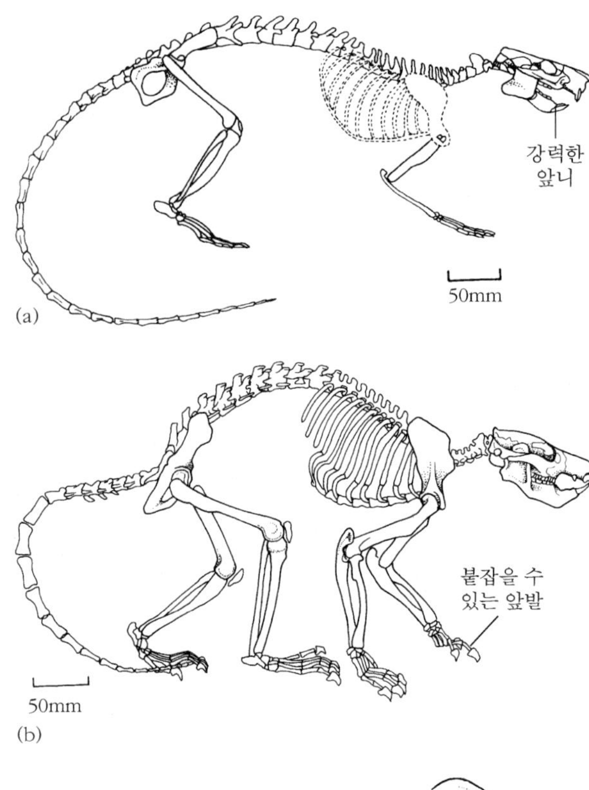

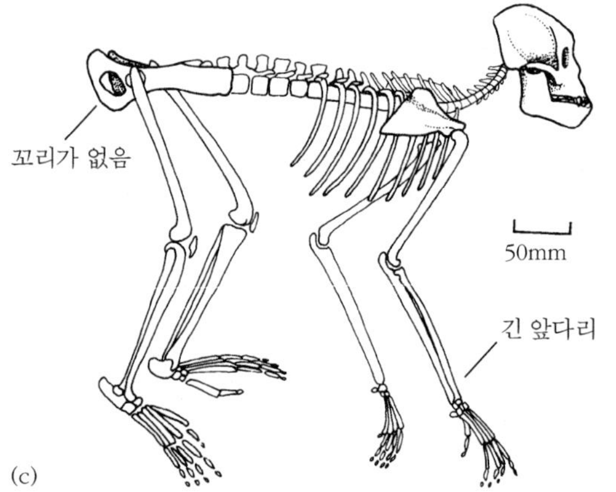

그림 17.17 다양한 영장상목(Euarchontoglirans): (a) 에오세의 설치류 파라미스(*Paramys*), (b) 팔레오세의 영장류 플레시아다피스(*Plesiadapis*), (c) 마이오세의 유인원 프로콘술(*Proconsul*). [(a)는 Wood(1962)에, (b)는 Lewin(1999)에 근거.]

혜로운 사람')라는 이름을 가진 인류는 이름을 선택하는 데 특권을 가졌다. 대부분의 이들 역사에서 영장류는 희귀하고 다소 분명하지 않은 무리였다. 모든 영장류는 숲 속에서의 민첩함(움직임이 자유로운 어깨관절, 잡을 수 있는 손과 발, 민감한 손가락 피부 살), 평균보다 더 큰 뇌, 좋은 쌍안시, 향상된 부모의 양육(한 번에 한 명의 아이를 낳음, 자궁에서 긴 시간 동안 태아를 간직함, 긴 기간 동안 부모가 양육함, 성성숙기의 지연, 긴 수명)과 같은 많은 특징을 공유한다.

플레시아다피스(*Plesiadapis*, **그림 17.17b**)와 같은 영장류의 초기 친척들은 나무를 기어올라가 과일, 열매 및 나뭇잎을 따먹는 다람쥐 같은 동물이었다. 다양한 초기 영장류들이 팔레오세, 에오세 및 올리고세에 폭증하였으며, 현생의 여우원숭이, 로리스원숭이 및 안경원숭이를 발생시켰다.

전형적인 원숭이는 에오세에 출현했으며 남아메리카의 신세계 원숭이와 아프리카, 아시아 및 유럽의 구세계 원숭이 두 무리로 갈라진다. 명주원숭이와 거미원숭이 같은 신세계 원숭이는 납작한 코와 나무 사이를 몸을 날리며 이동하는데 보조 다리로 사용된 **물건을 잡을 수 있는** 꼬리를 가지고 있다. 짧은꼬리원숭이와 비비 같은 구세계 원숭이는 돌출된 좁은 코를 가지며 꼬리는 물건을 잡을 수 없거나 또는 꼬리가 전혀 없다.

유인원은 올리고세 말 전에 구세계 원숭이로부터 진화하였으며, 이 무리는 마이오세에 아프리카에서 폭증하였다. 심지어 프로콘술(*Proconsul*, **그림 17. 17c**)과 같은 초기의 유인원도 꼬리가 없었으며 은연중

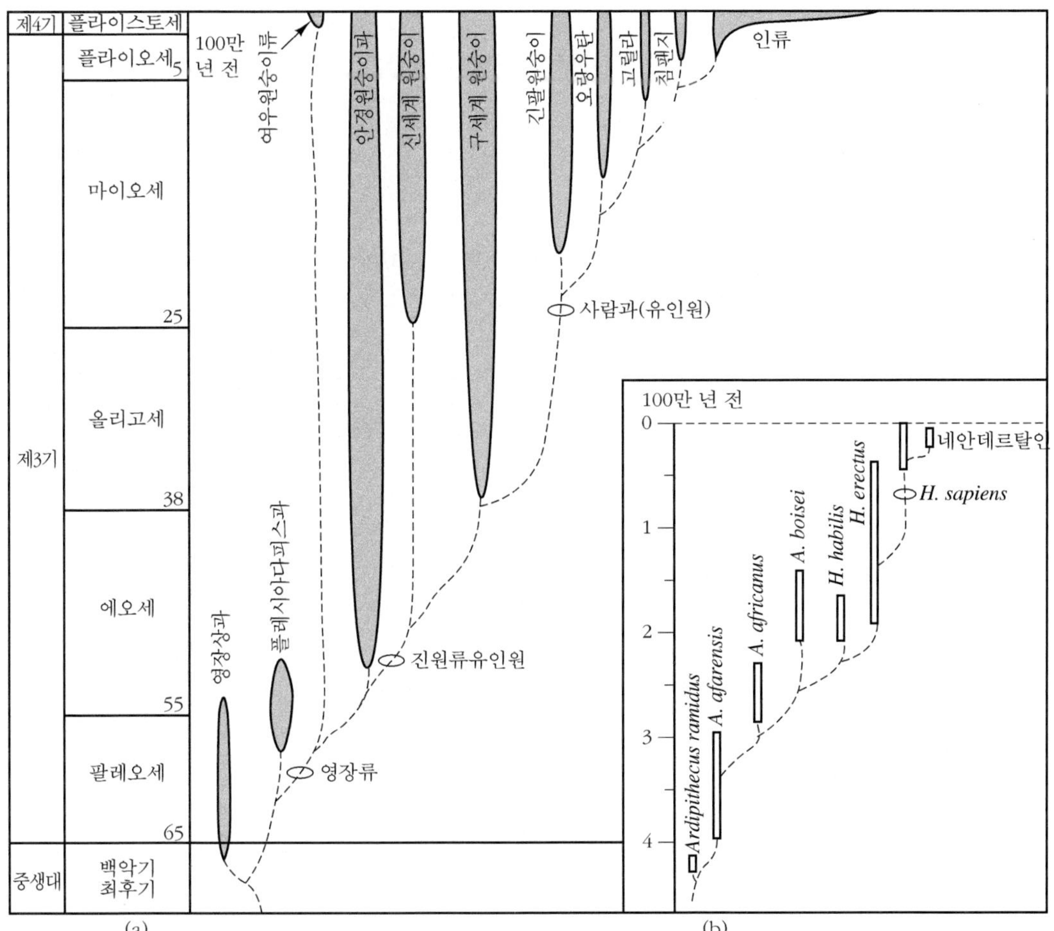

그림 17.18 주요 화석과 살아 있는 무리의 일부를 보여 주는 영장류의 계통(a)과 인류 진화에 대한 자세한 한 가지 견해(b). *A*=오스트랄로피테쿠스(*Australopithecus*)를, *H*=호모(*Homo*)를, M=중생대를 나타냄.

높은 지능을 나타내는 비교적 큰 두개골을 가진다. 이들 유인원은 네 발로 땅 위와 낮은 지대의 작은 시내를 따라 자유롭게 뛰어 돌아다녔으며 과일을 먹고살았다. 유인원들은 중기 마이오세까지 아프리카에서 중동, 아시아 및 남부 유럽으로 널리 퍼져 나갔으며, 이 시기에 현생 유인원 무리의 일부가 탄생하였다. 계통발생학상의 화석과 분자에 의한 증거는 남아시아의 긴팔원숭이가 현생 영장류 중 가장 원시적인 유인원임을 말해 준다. 이들은 2,500만~2,000만 년 전에 갈라져 나왔으며, 뒤이어 오랑우탄이 2,000만~1,500만 년 전에 분기하였다(그림 17.18). 유인원(과 사람)의 진화에 대한 초점은 여전히 아프리카에 있다.

고릴라, 침팬지 그리고 인류는 매우 밀접하게 연관되어 있는 것처럼 보인다. 이들은 많은 해부학적 특징을 공유하며 DNA의 94% 이상이 동일하다. 고릴라는 약 1,000만 년 전에 처음 갈라져 나온 것 같으며, 인류와 침팬지의 조상은 약 800만~600만 년 전에 갈라져 나왔다.

인류의 진화

사람은 큰 뇌와 똑바로 서서 걷는 **이족보행**(bipedalism)에 의해 다른 영장류와 구분된다. 우리는 큰 뇌와 지능이 먼저 진화했다고 생각하는 것을 좋아할지 모른다. 그러나 모든 증거는 사족보행에서 이족보행으로의 변화가 먼저라는 것을 보여 준다. 이러한 현상은 후기 마이오세에 아프리카에서 일어난 기후의 변화 때문에 일어났을 것이다. 유인원의 조상들이 번성했던 아프리카의 대부분은 무성한 숲으로 덮여 있었다. 하지만 당시 기후는 건조했으며, 동아프리카 열곡대는 동쪽에 있는 건조한 초원 지대로부터 서쪽의 숲 지대를 분리시키면서 열리기 시작했다. 숲에 사는 유인원(침팬지와 고릴라)은 서쪽으로 이주하였으며, 아직 남아 있던 유인원(우리 사람의 조상)은 동부의 초원 지대에 여전히 존속하였다. 이들은 적을 찾아내고, 먹을 것을 찾아 먼 거리를 달릴 수 있으며, 음식을 운반하기 위해 팔을 자유롭게 사용하기 위해 똑바로 서야만 했다. 인류는 지능이 특별히 높지 않은 두 발로 걷는 유인원같이 생긴 조상으로부터 진화하였다.

최근까지 가장 오래된 인류 화석의 나이는 약 400만 년이었으며, 이 나이는 인류와 침팬지가 갈라진 시기를 분자 연구로 구한 측정치인 500만 년과 일치하는 것으로 여겨졌다. 그 후 2001년과 2002년 사이에 프랑스의 두 연구진이 600만 년 된 인류 화석을 보고했을 때 세상은 흥분의 도가니로 들끓었다. 이들 화석이 진짜 인류 화석인지, 그리고 어떤 것이 가장 오래된 것인지에 대한 즉각적인 논쟁이 일어났으며, 이에 대한 토론이 활발히 진행되고 있다(글상자 17.7).

글상자 17.7 차이를 인정하고 받아들여라!

파리에 본부를 둔 연구진인 세뉘 등(Senut et al., 2001)이 케냐에서 600만 년 된 새로운 인류 화석 오로린 투게넨시스(*Orrorin tugenensis*)를 발표했던 2001년에 고인류학계는 큰 충격을 받았다. 흔히 인류 화석이 그러하듯이 이 인류 화석은 다소 단편적이었다. 이빨, 턱뼈 조각 및 팔다리 뼈였다. 세뉘(Brigitte Senut)와 그녀의 동료들은 이 인류 화석의 이빨은 오히려 유인원 이빨과 비슷하고 팔뼈는 오로린(*Orrorin*)이 유인원처럼 양손을 번갈아 매달리며 건너갈 수 있었다—즉 유인원과 비슷하게 팔을 번갈아 가며 나무 사이를 이동하는 행동—는 것을 암시한다고 주장하였다. 그러나 대퇴골은 오로린이 똑바로 서서 걸었다는 것을 보여 주었으며, 따라서 이것은 진정한 초기 인류 화석이다. 다

(다음 쪽에 계속됨)

른 고인류학자들은 이들 주장에 대해 의심을 했다. 이들은 화석의 많은 연령은 받아들였다. 하지만 일부 학자들은 화석 전체가 동일한 종에 속하는지에 대해서 의심하였으며, 나머지 그 밖의 학자들은 오로린이 실제로 똑바로 서서 걸을 수 있었는지에 대해 의문을 품었다.

그 후 곧바로 프랑스의 푸아티에(Poitier)에 본부를 둔 다른 연구진이 북아프리카의 차드(Chad) 지역에서 발견한 두 번째로 오래된 인류 화석 사헬란트로푸스(*Sahelanthropus*)를 발표하였다(Brunet et al., 2002). 사헬란트로푸스는 상당히 완벽한 머리뼈(그림 17.19), 턱뼈 파편의 일부 및 이빨에 기초를 두었다. 차드 지역의 퇴적암은 연대 측정이 어렵다. 하지만 연령은 약 700만~600만 년이며, 아마 오로린과 같은 또는 나이가 더 많을 수도 있다. 사헬란트로푸스의 머리뼈는 뇌의 용량이 현생 침팬지와 비슷하게 320~380cm^{3}임을 암시한다. 그러나 이빨은 작은 송곳니를 가진 인류 이빨과 훨씬 더 비슷하다. **대후두공**(foramen magnum)의 위치는 논쟁을 일으켰다. 브뤼네(Michel Brunet)와 동료들은 대후두공—머리뼈에 나 있는 큰 구멍으로 이곳을 통해 척수가 나온다—이 머리뼈 밑에 위치해 있으며, 따라서 사헬란트로푸스는 똑바로 서서 걸었다고 주장한다. 비평하는 사람들은 표품이 확신하기에는 너무 산산 조각나 있다고 말한다. 또한 그들은 대후두공이 머리뼈의 보다 뒤쪽에 나 있으며, 따라서 척수가 수평으로 뻗어나갔고 사헬란트로푸스는 네 발 모두로 서서 걸어 다녔다고 말한다. 이들 비평가들은 뻔뻔스럽게도 사헬란트로푸스(사헬인)가 사헬피테쿠스(*Sahelpithecus*, 사헬유인원)로 다시 명명되어야 한다고 제안하였다.

세뉘 등(Senut et al., 2001)과 브뤼네 등(Brunet et al., 2002)의 논문 원본, 그리고 http://www.blackwellpublishing.com/paleobiology/에 연결된 많은 웹사이트에서 더 많은 것을 읽어보라.

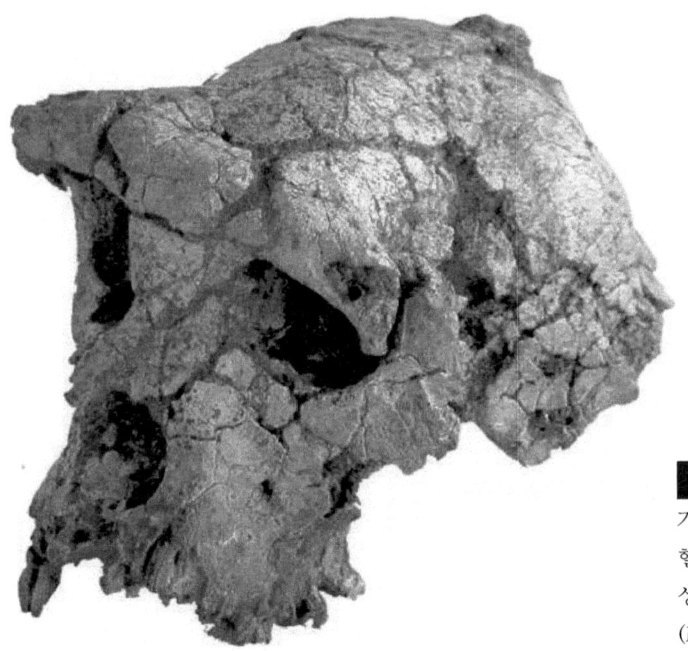

그림 17.19 우리의 가장 오래된 조상인가? 차드의 상부 마이오세통에서 산출된 사헬란트로푸스(*Sahelanthropus*)의 매우 인상적인 머리뼈로 나이는 600만 년 이상이다. (Michel Brunet 제공.)

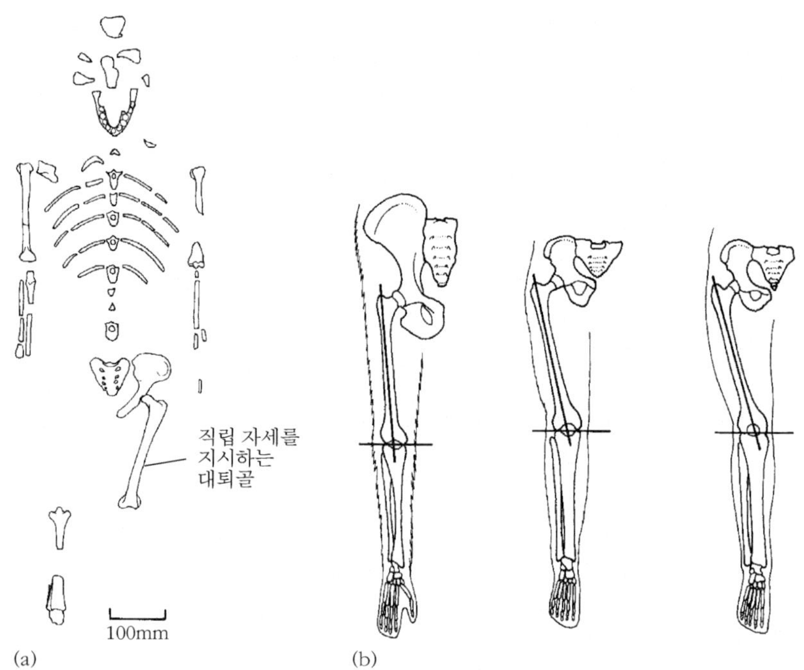

그림 17.20 인류의 이족보행의 기원: (a) '루시'로 알려진 플라이오세의 인류 프레안트로푸스 아파렌시스(*Praeanthropus afarensis*), (b) 유인원의 뒷다리(왼편), 루시(중앙)와 현대 인류의 다리(오른편)의 비교. [Lewin(1999)에 근거.]

1990년대에 연령이 600만 년과 400만 년 사이로 측정된 아프리카의 암석으로부터 수많은 불완전한 인류 화석이 보고되었다. 사헬란트로푸스(*Sahelanthropus*)와 오로린(*Orrorin*)은 이미 벌써 600만 년 전 쯤부터 두 발로 걸어 다녔을지 모른다. 하지만 인류의 이족보행에 대한 가장 오래된 확실한 증거는 암석 연령이 375만 년 된 탄자니아의 응회암(화산재)에 새겨진 인류 발자국 화석의 발견이다. 가장 오래된 실질적인 골격－프레안트로푸스 아파렌시스(*Praeanthropus afarensis*) 화석－은 연령이 약 320만 년인 암석에서 산출되었으며, 이 화석은 또한 한층 진보된 이족보행에 대한 분명한 해부학적 증거를 보여 준다. 하지만 아직도 뇌는 유인원의 뇌 크기이다. 에티오피아에서 발견되었으며, 1970년대에 그의 발견자 요한슨(Don Johanson)이 루시(Lucy)라고 부른 프레안트로푸스 아파렌시스 여성의 유명한 골격(그림 17.20a)은 현대 인류에 상당히 가까운 다리를 가졌다(그림 17.20b). 골반은 유인원에서처럼 길고 수직이기보다는 짧고 수평이고, 대퇴골은 무릎 쪽으로 경사지며, 발가락은 물건을 붙잡는 데 더 이상 사용될 수 없었다. 그러나 루시의 뇌는 겨우 415cm^{3}로 작고, 키는 1～1.2m이다－침팬지와 크게 다르지 않다.

사람 속인 오스트랄로피테쿠스(*Australopithecus*)는 아프리카에서 약 300만 년 전

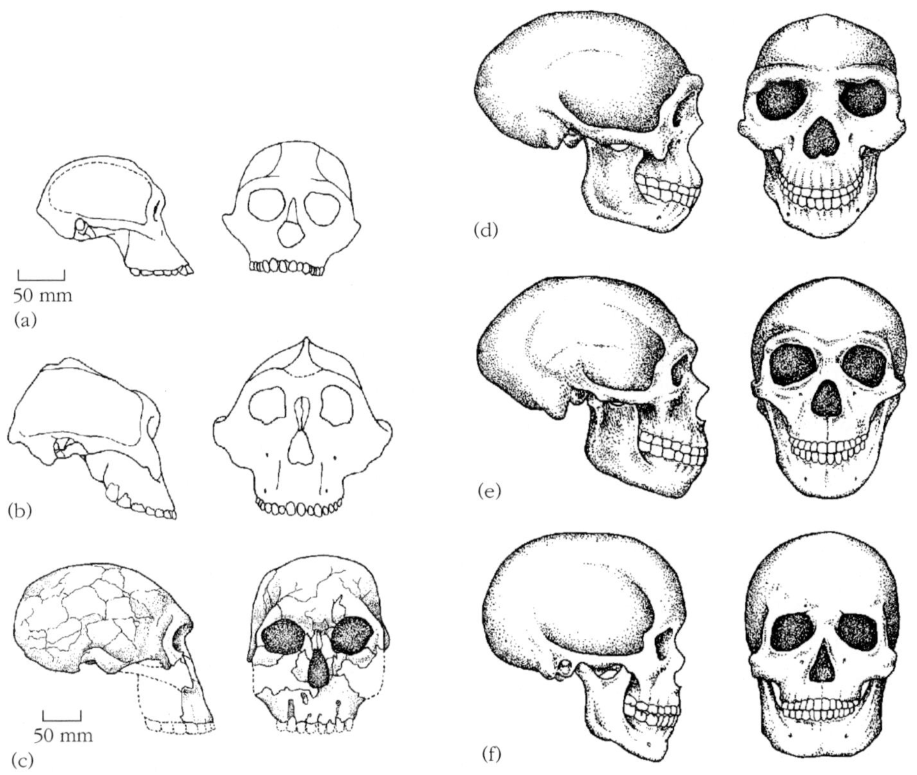

그림 17.21 화석 인류의 두개골의 옆모습과 앞모습: (a) 오스트랄로피테쿠스 아프리카누스, (b) 오스트랄로피테쿠스 보이세이, (c) 호모 하빌리스, (d) 호모 에렉투스, (e) 호모 사피엔스, 네안데르탈인, (f) 현대인 호모 사피엔스. [Lewin(1999)에 근거.]

부터 140만 년 전까지 계속 진화하였으며, 한층 더 작은 종을 발생시켰고, 또한 크고 건장한 일부 종으로 진화하였다(그림 17.21a, b). 다수의 오스트랄로피테쿠스 인류는 키가 175cm에 달하였다. 하지만 이들의 뇌 용량은 550cm^{3}을 초과하지 못했으며, 유인원의 뇌 용량과 다소 비슷하다. 현대인의 뇌 크기로의 도약은 오직 새로운 사람 속 호모(*Homo*)의 발생과 함께 일어났다. 호모의 최초 종인 호모 하빌리스(*H. habilis*, 그림 17.21c)는 240만 년 전부터 150만 년 전까지 아프리카에 살았으며, 뇌의 용량은 630~700cm^{3}였고, 키는 기껏해야 1.3m였다. 호모 하빌리스는 도구를 사용하였을 것이다. 100만 년 이상의 기간 동안 아프리카에서 3종 또는 4종의 서로 다른 인류가 함께 나란히 살았다는 것은 주목할 만한 사실이다.

지금까지 인류 진화의 초점은 전적으로 아프리카에 모아졌다. 하지만 아프리카에서 190만 년 전에 출현한 새로운 종인 호모 에렉투스(*H. erectus*)는 중국, 자바 및 중앙 유럽으로 퍼져 나갔다. 호모 에렉투스는 830~1,100cm^3(그림 17.21d)인 뇌의 크기를 가졌으며, 키는 1.6m에 달했다. 이들 초기 인류 종은 반영구적인 정착생활을 했고, 초보적인 종족 구조를 가졌으며, 조리하는 데 불을 사용할 줄 알았고, 돌과 뼈를 이용하여 도구와 무기를 만들었다는 확실한 증거가 있다.

현대 인류

진정한 현대인 호모 사피엔스(*H. sapiens*)는 40만 년 전경에 출현하였으며, 확실하게는 15만 년 전쯤에 아프리카에서 호모 에렉투스에서 진화하였다. 모든 현대인은 아프리카의 단일 조상으로부터 출현하였으며, 호모 에렉투스 종족은 아시아와 유럽에서 죽어 없어진 것으로 여겨진다. 호모 사피엔스는 9만 년 전쯤에 중동 지역과 유럽으로 퍼져 나갔다. 유럽인의 진화 과정은 특히 잘 알려졌으며, 네안데르탈인이 러시아에서 스페인까지, 그리고 터키에서 남부 영국까지 거의 전 유럽을 점령했던 9만 년 전부터 3만 년 전까지의 시기를 포함한다. 네안데르탈인은 큰 뇌(평균 1,400cm^3), 튀어나온 튼튼한 눈두덩 및 땅딸막하고 건장한 체구를 가졌다(그림 17.21e). 이들은 호모 사피엔스의 혈족으로 마지막 빙하기의 계속된 매우 차가운 추위에서 살아가는 데 적응하였으며, 협동으로 사냥하기, 동물 가죽을 꿰매어 옷 만들어 입기, 그리고 종교적인 신앙을 갖는 것을 포함한 발전된 문화를 가졌다. 일부 고인류학자들은 네안데르탈인에게 고유한 종명 호모 네안데르탈렌시스(*Homo neanderthalensis*)를 붙일 수 있을 정도로 이들을 충분히 다른 별개의 종으로 간주한다.

네안데르탈인은 빙하가 북쪽으로 물러남에 따라 멸종되었으며, 한층 더 새로운 현대인이 중동 지역에서 유럽을 가로질러 전진하였다. 이러한 군체 형성의 새로운 집단이동은 4만 년 전에 아시아를 가로질러 오스트레일리아까지 나머지 세계로 호모 사피엔스(그림 17.21f)가 퍼져 나가는 것과 일치한다. 이들의 이주 시기 측정과 다양한 인류 개체군이 어떻게 관련되어 있는지에 대해 많은 논쟁이 있다. 인도네시아로부터의 새로운 인류 화석의 발견은 다만 18,000년 전에 인도네시아에 살았던 크기가 작은 독특한 사람 종인 호모 플로레시엔시스(*H. floresiensis*)가 존재했는지에 대한 실질적인 논쟁을 불러일으켰다(글상자 17.8).

이와 동시에 현대인이 언제 남북아메리카에 도착했는지에 대해서는 논란의 여지가 있다. 아메리카의 원주민은 시베리아를 가로질러 걸어서 알래스카에 도달했으며, 약 수백 또는 수천 년에 걸쳐 남쪽을 향해 이주했다는 데에는 모두 동의한다. 일반적으로 북아메리카에는 인류가 11,500년 전에 도달했다고들 한다. 그럼에도 불구하고 외관상으로 더 오래된 인류 화석이 때때로 보고되고 있다. 전 세계적으로 발견되며 뇌의 평균 크기가 1,360cm^3(그림 17.21f 참조)인 완전한 이들 현대인은 네안데르탈인의 것보다 더 정교한 도구, 동굴 벽화와 조각 형태의 예술 및 신앙을 보여 준다. 유목의 생활방식은 약 10,000년 전에 정착 생활과 농경 생활로 바뀌기 시작했다.

글상자 17.8 난쟁이 족 호빗에 대한 탐구

2003년 동남아시아의 인도네시아 플로레스 섬에서 아주 예사롭지 않은 인류 화석이 발견되었다. 뼈는 다 자란 여성의 것이며, 키는 그런데도 겨우 1m이다. 그녀는 새로운 인류 종의 표본으로 호모 플로레시엔시스(*Homo floresiensis*)라고 명명되었다. 호모 사피엔스(*H. sapiens*)가 베링 해협을 향해 북부 아시아를 가로질러 활보하고, 유럽에서는 중기 석기시대 사람들이 프랑스 동굴 벽에 멋진 사냥 장면을 그리고 있을 때와 같은 시대에 인도네시아에 독특한 인류 종이 존재했다는 것은 놀라운 주장이다.

플로레스 화석은 일곱 개의 다른 개체 화석뿐만 아니라 다소 완전한 머리뼈와 골격으로 이루어져 있다. 머리뼈(그림 17.22)는 이 인류의 화석이 겨우 380cm^{3}의 뇌의 크기를 가졌음을 보여 준다. 이 인류 화석은 발견자인 오스트레일리아의 뉴잉글랜드대학교의 브라운(Peter Brown)과 동료들에 의해 명확한 신종 호모 플로레시엔시스로 명명되었다(2004). 이들 학자들은 이 화석 인류가 플로레스 섬에서 피그미코끼리와 거대한 도마뱀을 두드러지게 사냥했던 소인들—언론 기관은 곧바로 난쟁이(hobbit)라고 불렀다—의 독특한 개체군에 대한 증거를 보여 준다고 주장하였다. 발견자들은 독특한 이 인류 종은 딴 곳에 사는 그들의 커다란 인류 친척들을 모른 채 섬에서 일정 기간 동안 살았으며, 플로레스 사람들은 **섬왜소화 현상**(island dwarfing)의 결과로 작아지게 되었다고 주장하였다. 일반적으로 이웃한 본토의 종보다 종의 수가 적으며, 각 종은 생태계 내에서 새로운 살 곳을 찾아야 하기 때문에 섬에 고립된 포유동물들은 더 작아진다(또는 때때로 더 커진다)는 것은 상대적으로 흔히 볼 수 있는 현상이다. 플로레스에 사는 코끼리는 의심할 나위 없이 역시 작아져서 이들은 작은 섬 지역에서 살아남을 수 있었다.

논문이 발표되자마자 많은 고인류학자들은 즉각 호되게 비판하였다. 이 인류 화석은 분명히 별개의 다른 종이 될 수 없으며, 단지 호모 사피엔스의 지역적인 변이형으로 피그미족이거나 혹은 유난히 작은 머리와 뇌를 가진, 즉 비정상적으로 **작은 머리**(microcephalic)를 가진 개체의 변이형일 것이다(Jacob et al., 2006). 이것은 아주 작은 머리와 뇌를 가진 별개의 인종인가? 논쟁의 양쪽 과학자들은 표품의 공유를 좋아하지 않으며, 다른 학자들은 표품을 빌려 간 후 이를 돌려주는 것을 거부하고, 표품이 파손되었으며 그리고 그 밖의 부정행위의 잡다한 예라는 것에 대한 비판이 있었다. 주요 견해는 여전히 호모 플로레시엔시스를 진정으로 별개의 다른 종으로 여

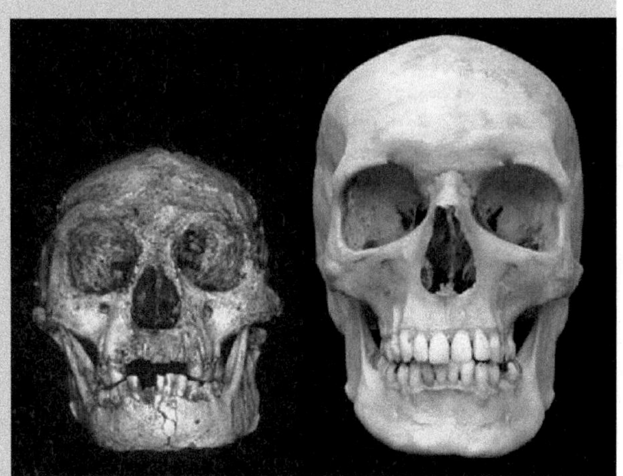

그림 17.22 플로레스인 호모 플로레시엔시스의 머리뼈(왼편)와 진정한 현대인 호모 사피엔스의 머리뼈로 크기에서 큰 차이를 보여 준다. (Paul Morwood 제공.)

기는 것 같다. 하지만 화석 산지의 입장 불가와 법적 문제들은 더 많은 화석의 수집을 어렵게 할 수 있다.

http://www.blackwellpublishing.com/paleobiology/을 통해 얻을 수 있는 웹 프레젠테이션뿐만 아니라 모우드와 반 우스터지(Morwood & van Oosterzee, 2007)의 논문과 쿨로타(Culotta, 2007)의 논문에서 난쟁이 호빗에 대해 더 많은 것을 알아보라.

⚜ 복습 문제

1. 공룡은 왜 그렇게 몸집이 컸는가? 현대 포유동물과 비교해 보고 공룡의 전형적인 크기 범위를 확인해 보자. 그리고 왜 공룡은 포유동물보다 한 차원 더 컸는지에 대한 과거와 현재의 생각에 대해 알아보라.
2. 공룡은 온혈동물이었는가? 이 주제에 대한 1970년대와 1980년대, 그리고 현재까지의 쟁점을 알아보라. 온혈성을 지시하는 데 이용되는 증거의 여러 기준 목록을 만들고 찬반에 대한 논쟁을 평가하라.
3. 포유류는 백악기–제3기 대량멸종 사건 후에 폭발적으로 증가하였는가? 6,500만 년 전의 포유류의 대규모 다양화/적응 폭증(massive diversification/adaptive radiation)에 대한 '고전적(classic)'인 이야기를 조사하라. 그리고 왜 분자에 의한 계통발생학과 시대 측정은 훨씬 이른 다양화를 지시하는 것처럼 보이는지에 대해 고찰해 보라.
4. 빙하기 말인 11,000년 전에 포유동물 동물군에 무슨 일이 일어났는가? 플라이스토세의 포유동물 멸종에 대한 기후 변화와 과잉 살상 가설을 읽고 알아본 후, 논쟁의 어느 편이 가장 좋은 증거를 가지고 있는지 결정하라.
5. 지난 20년 동안 이루어진 새로운 인류 화석의 발견을 추적하여 찾아보라. 그리고 인류 기원의 시기를 밝히는 질문에 집중하라. 1980년, 1990년 및 2000년의 논문에서 가장 오래된 인류 화석은 어느 것인가? 그리고 오늘날의 견해는 무엇인가?

⚜ 더 읽을거리

Benton, M.J. 2005. *Vertebrate Paleontology*, 3rd edn. Blackwell, Oxford.

Brunet, M., Guy, F., Pilbeam, D. et al. 2002. A new hominid from the upper Miocene of Chad, central Africa. *Nature* **418**, 145–51.

Carroll, R.L. 1987. *Vertebrate Paleontology and Evolution*. Freeman, San Francisco.

Chiappe, L.M. 2007. *Glorified Dinosaurs: The origin and early evolution of birds*. Wiley-Liss, New York.

Cracraft, J. & Donoghue, M.J. 2004. *Assembling the Tree of Life*. Oxford University Press, New York.

Culotta, E. 2007. The fellowship of the Hobbit. *Science* **317**, 740–2.

Delson, E., Tattersall, I., Van Couvering, J.A. & Brooks, A.S. 2002. *Encyclopedia of Human Evolution and Prehistory*, 2nd edn. Garland, New York.

Erickson, G.M., Curry-Rogers, K. & Yerby, S. 2001. Dinosaur growth patterns and rapid avian growth rates. *Nature* **412**, 429–33.

Farlow, J.O. & Brett-Surman, M.K. (eds) 1997. *The Complete Dinosaur*. Indiana University Press, Bloomington.

Fastovsky, D.E. & Weishampel, D.B. 2005. *The Evolution and Extinction of the Dinosaurs*, 2nd edn. Cambridge University Press, Cambridge.

Gould, S.J. (ed.) 2001. *The Book of Life*. Norton, New York.

Kemp, T.S. 2005. *The Origin and Evolution of Mammals*. Oxford University Press, Oxford.

Lewin, R. 2004. *Human Evolution*, 5th edn. Blackwell, Oxford.

Lewin, R. & Foley, R. 2003. *Principles of Human Evolution*, 2nd edn. Blackwell, Oxford.

Luo, Z.-X. 2007. Transformation and diversification in early mammal evolution. *Nature* **450**, 1011–19.

Morwood, M. & van Oosterzee, P. 2007. *A New Human*. Smithsonian Books, Washington, DC.

Reisz, R.R., Scott, D., Sues, H.-D. et al. 2005. Embryos of an Early Jurassic prosauropod dinosaur and their evolutionary significance. *Science* **309**, 761–4.

Rose, K.D. & Archibald, J.D. (eds) 2005. *Placental Mammals: Origin, Timing and Relationships of the Major Extant Clades*. Johns Hopkins University Press, Baltimore.

Sander, P.M. & Klein, N. 2005. Developmental plasticity in the life history of a prosauropod dinosaur. *Science* **310**, 1800–2.

Sander, P.M., Mateus, O., Laven, T. & Knötschke, N. 2006. Bone histology indicates insular dwarfism in a new Late Jurassic sauropod dinosaur. *Nature* **441**, 739–41.

Savage, R.J.G. & Long, M.R. 1986. *Mammal Evolution*. British Museum (Natural History), London.

Senut, B., Pickford, M., Gommery, D. et al. 2001. First hominid from the Miocene (Lukeino Formation, Kenya). *Comptes Rendus de l'Académie de Sciences* **332**, 137–44.

Stringer, C.B. & Andrews, P. 2005. *The Complete World of Human Evolution*. Thames & Hudson, London.

Tabuce, R., Asher, R.J. & Lehmann, T. 2008. Afrotherian mammals: a review of current data. *Mammalia* **72**, 2–14.

Weishampel, D.B., Dodson, P. & Osmólska, H. (eds) 2004. *The Dinosauria*, 2nd edn. University of California Press, Berkeley.

Wood, B. & Richmond, B.G. 2007. *Human Evolution: A guide to fossil evidence*. Westview Press, Boulder, CO.

Zhou, Z.-H., Barrett, P.M. & Hilton, J. 2003. An exceptionally preserved Lower Cretaceous ecosystem. *Nature* **421**, 807–14.

참고문헌

Asher, R.J. 2007. A web-database of mammalian morphology and a reanalysis of placental phylogeny. *BMC Evolutionary Biology* **7**, 108. doi 10.1186/1471-2148-7-108.

Brown, P., Sutikna, T., Morwood, M.J. et al. 2004. A new small-bodied hominin from the Late Pleistocene of Flores, Indonesia. *Nature* **431**, 1055–61.

Brunet, M., Guy, F., Pilbeam, D. et al. 2002. A new hominid from the upper Miocene of Chad, central Africa. *Nature* **418**, 145–51.

Carpenter, K. 1982. Skeletal and dermal armor reconstruction of *Euoplocephalus tutus* (Ornithischia: Ankylosauridae) from the Late Cretaceous Oldman Formation of Alberta. *Canadian Journal of Earth Sciences* **121**, 689–97.

Estes, R. 1983. Sauria terrestria, Amphisbaenia. *Handbuch der Paläoherpetologie* **10A**, 1–249. Gustav Fischer, Stuttgart.

Fraser, N.C. & Walkden, G.M. 1984. The postcranial skeleton of the Upper Triassic sphenodontid *Planocephalosaurus robinsonae. Palaeontology* **27**, 575–95.

Gregory, W.K. 1951/1957. *Evolution Emerging*, Vols 1, 2. Macmillan, New York.

Hu, Y., Meng, J., Wang, Y. & Li, C. 2005. Large Mesozoic mammals fed on young dinosaurs. *Nature* **433**, 149–52.

Jacob, T., Indriati, E., Soejono, R.P. et al. 2006. Pygmoid Australomelanesian *Homo sapiens* skeletal remains from Liang Bua, Flores: population affinities and pathological abnormalities. *Proceedings of the National Academy of Sciences, USA* **103**, 13421–6.

Jepsen, G.L. 1970. *Biology of Bats. Vol. 1. Bat Origins and Evolution*. Academic, New York.

Lewin, R. 1999. *Human Evolution*, 4th edn. Blackwell, Oxford.

Newman, B.H. 1970. Stance and gait in the flesh-eating dinosaur *Tyrannosaurus. Biological Journal of the Linnean Society* **2**, 119–23.

Ostrom, J.H. 1969. Osteology of *Deinonychus antirrhopus*, an unusual theropod from the Lower Cretaceous of Montana. *Bulletin of the Peabody Museum of Natural History* **30**, 1–165.

Rinderknecht, A. & Blanco, R.E. 2008. The largest fossil rodent. *Proceedings of the Royal Society B* **275**, 923–8.

Senut, B., Pickford, M., Gommery, D. et al. 2001. First hominid from the Miocene (Lukeino Formation, Kenya). *Comptes Rendus de l'Académie de Sciences* **332**, 137–44.

Springer, M.S., Cleven, G.C., Madsen O. et al. 1997. Endemic African mammals shake the phylogenetic tree. *Nature* **388**, 61–4.

Springer, M.S., Murphy, W.J., Eizirik, E. & O'Brien, S.J. 2003. Placental mammal diversification and the Cretaceous–Tertiary boundary. *Proceedings of the National Academy of Sciences, USA* **100**, 1056–61.

Thewissen, J.G.M., Cooper, L.N., Clementz, M.T., Bajpai, S. & Tiwari, B.N. 2007. Whales originated from aquatic artiodactyls in the Eocene epoch of India. *Nature* **450**, 1190–4.

Thewissen, J.G.M., Hussain, S.Y. & Arif, M. 1994. Fossil evidence for the origin of aquatic locomotion in archaeocete whales. *Science* **263**, 210–12.

Wood, A.E. 1962. The early Tertiary rodents of the family Paramyidae. *Transactions of the American Philosophical Society* **52**, 1–261.

Zhou, Z.-H., Barrett, P.M. & Hilton, J. 2003. An exceptionally preserved Lower Cretaceous ecosystem. *Nature* **421**, 807–14.

제 18 장
화석식물

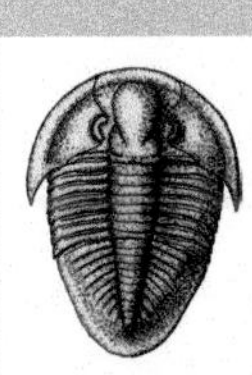

학습 키포인트

- 균류는 선캄브리아 시대부터 오래된 화석 기록이 나타나지만 그들은 진정한 식물이 아니다.
- 녹조류는 녹색식물의 기원에 관계가 있다
- 식물은 오르도비스기와 실루리아기에 걸쳐 육지로 이동하였다. 그것은 관속 조직의 진화, 방수가 되는 표피 조직, 기공 및 내구력이 있는 포자에 의해서 가능하였다.
- 다양한 양치식물이 데본기에 출현했지만, 나무 같은 석송류, 속새류, 양치류 같은 그룹은 석탄기에 나타났다. 이들은 거대한 '석탄 숲'을 형성했다.
- 화분화석학, 화분과 포자를 연구하는 학문은 고환경과 생물층서학에 많은 정보를 제공해 준다.
- 겉씨식물(종자식물)은 석탄기~페름기(메두로사류, 코르다이트류, 소철류)와 중생대(구과류, 은행류, 베네티테스류, 네타류) 동안에 크게 번영하였다.
- 속씨식물(현화식물)은 백악기 동안에 극적으로 퍼져 나갔고, 그들의 성공은 완전하게 보호된 씨앗, 꽃 및 중복 수정에 의해서 이루어졌다.

이름이란 무엇일까? 우리가 '장미'라고 부르는 것은 그 어떤 이름으로라도 여전히 향기로울 것을.

셰익스피어(William Shakespeare)『로미오와 줄리엣』(1597)

식물을 당연한 존재로 여기는 것은 쉽지만, 식물이 없는 세상을 생각해 보라! 숲과 풀이 없다면 우리도 생존할 수 없을 것이다. 식물은 직접적인 방법과(곡식, 채소, 과일, 콩) 간접적인 방법으로(우리가 먹는 가축의 먹이가 되어) 우리에게 식량을 제공한다. 그리고 진핵생물과 원핵생물은 **광합성**의 과정으로 생산되는 산소를 제공해 우리가 호흡을 할 수 있게 해 준다. 식물이 없다면 지형이 황량해질 뿐만 아니라 흙 또한 없을 것이다. 흙은 풍화된 암석과 식물 잔재물로부터 기원된 유기물로 이루어졌다. 그래서 식물이 땅을 덮기 전에는 침식 비율이 오늘날보다 10배 혹은 그 이상으로 높았다. 소나기가 내리면 사막의 와디와 같이 땅에서 모래와 암석 파편을 대량으로 휩쓸어 갔다. 식물의 중요성을 다시 한 번 인식하자.

식물 화석의 연구는 육안으로 보이는 식물의 잔재물을 집중적으로 연구하는 **고식물학**과 주로 화분과 포자를 연구하는 **화분화석학**의 두 영역으로 구분된다. 화분화석학은 보통 미고생물학의 한 분과로 여기는데(9장 참조), 그 이유는 화분학자는 현미경을 사용하고 대부분의 연구가 생물층서 대비에 초점이 맞추어져 있으며, 가끔 상업적인 목적도 있다. 우리는 이 장에서 화분화석학을 다루겠지만 잎, 뿌리, 나무, 꽃, 열매와 씨앗의 연구를 바탕으로 모든 식물의 역사에 대해 집중할 것이다.

식물 화석의 기록은 풍부하고 우리에게 육지로의 이동, 공룡 시대의 식물, 현화식물의 기원과 같은 식물 진화의 여러 단계에 관한 좋은 정보를 제공한다. 많은 화석 산지에서 정교하게 보존된 식물 화석이 나온다. 그리고 이것은 오래된 식물의 잎, 씨앗 및 나무의 세포 구조에 대한 아주 미세한 연구를 할 수 있게 해 준다. 진정한 식물 혹은 **다세포 식물**과 함께 가장 유연 관계가 있는 균류는 비록 현대 분자생물학의 연구에서는 이들 그룹 사이에 서로 특별한 관계가 없다고 하지만 균류와 함께 이 장에서 다룬다.

✲ 식물의 육생화

균류

균류는 곰팡이와 버섯으로 익숙하게 표현되지만 진정한 식물은 아니다. 그것은 다세포 식물(식물계)보다 오히려 다세포동물과 더 가까운 독립된 균계를 구축했다(후생동물). 그러나 균류는 식물학의 전통에 의해 이 장에 포함된다. 균류는 생식 구조에 의해 여러 문으로 분류된다. 어떤 경우에는 화석으로 잘 보존된 특수화된 생식 구조가 발견되었다.

최근까지 첫 번째 보존상태가 양호한 균류 화석은 데본기와 석탄기에서 산출되었다. 현재는 중국의 두샨투오(Doushantuo)층에서 유안(Yuan) 등(2005)이 신원생대(600만 년 전) 지층에서 지의류의 가능성이 있는 화석을 발견했다. 지의류는 보통 비늘로 덮이고 회색을 띠며 나무의 껍질에서 자란다. 그러나 대부분의 사람들이 깨닫지 못하는 점은 지의류는 균류와 시아노박테리아, 혹은 조류와 공생 관계에 있는 두 개의 생물체로 구성되어 있는 것이다. 각각의 협력자는 지의류의 성장에 기여한다. 시아노박테리아 혹은 조류는 광합성을 하여 이산화탄소로부터 포도당을 생성하고 균류는 이러한 공동체를 위해 습기, 영양분과 보호를 제공한다. 두샨투오의 표본은 형태와 심지어 세포 상태까지도 매우 잘 보존되었으며, 대부분의 고식물학자는 새로운 발견에 확신을 가지게 되었다. 오랜 시간 동안 시아노박테리아는 신원생대에 오늘날 사막 지역(예: 유타)에서 그러듯 땅 위에 얇은 표면을 형성하고 광합성을 하며 얇은 토양을 형성했다고 생각되어 왔다. 두샨투오층에서 지의류의 산출은 최소한 수변가 근처에는 육지의 표면이 선캄브리아 시대에 벌써 초록으로 덮여 있었다는 것을 증명했고, 이것은 식물이 육지를 점령하기 훨씬 전의 일이다.

데본기와 석탄기의 균류는 분해자로 부패되고 있는 식물질을 먹이로 삼거나 살아 있는 식물 조직에 붙어 기생식물로 살았다. 예를 들어, 전기 데본기의 라이니 처트(Rhynie chert)에서 발견된 균의 잔존물에서 **균사**의 매트, 조직 섬유 가닥, 일부는 현재의 난균류(oomycete)와 비슷한 생식 구조가 발견되었다(그림 18.1a, b). 라이니 처트는 육상식물과 균류의 공생 관계를 보여 주는 가장 초기의 증거를 명백하게 제공해 준다. 처트에 붙어 있는 식물의 지하경 안에 상당히 많이 뻗어 있는 얇은 벽을 가진 균사는 살아 있는 **수지상체 균근**과 매우 유사하다. 균의 균사를 포함한 광범위한 식물 뿌리의 연계는 현재 식물의 뿌리에서와 같이 용질을 섭취하는 데 중요한 역할을 한다. 식물과 균류의 연계는 육상에서 식물의 역사가 시작될 때부터 시작되었다.

탄구(coal ball)는 다른 균류 그룹에 대한 정보를 제공해 준다. 석탄기 균류인 팔레안시스투루스(*Palaeancistrus*, 그림 18.1c)는 클램프 연결이라고 불리는 균사의 가장자리 끝의 특수화된 갈고리와 함께 매트처럼 생긴 구조 혹은 **균사체**에서 광범위한 균사의 발전을 보여 준다. 이들은 다른 살아 있는 균류 그룹인 담자균아문의 특징이다. 석탄기 이후에는 다른 그룹의 균류가 가끔씩 발견된다. 특히 많은 기록은 현화식물의 방산 이후에 나타나는데, 이때는 특히 습한 열대 기후에서 균류가 새로운 식물 그룹의 뿌리, 줄기와 잎에서 기생생활에 적응했을 때이다.

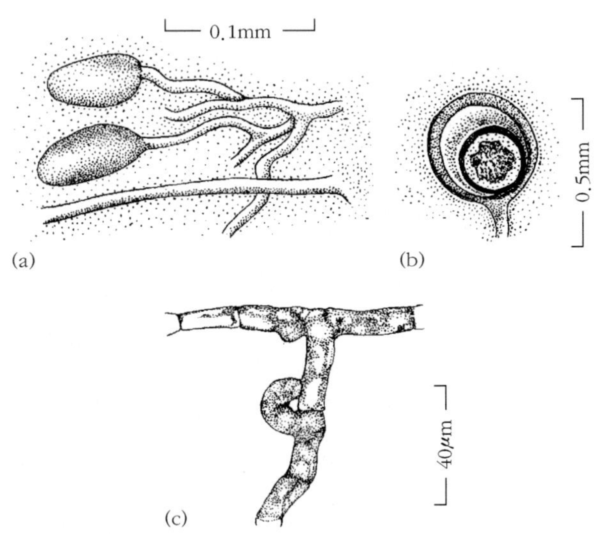

그림 18.1 균류 화석의 예: (a, b) 팔레오미세스(*Palaeomyces*), (a) 스코틀랜드 전기 데본기의 라이니 처트로부터 산출한 아마도 난균류에 속하는 균류는 분리되지 않은 균사 가지를 보여 주고 볼록한 소낭이 가지의 끝에 붙어 있다. (b) 휴면 포자, (c) 북아메리카 펜실베이니아에서 발견된 담자균과 같은 클램프로 연결된 팔레안시스투루스(*Palaeancistrus*). [(a)와 (b)는 Thomas N. Taylor 제공, (c)는 Stewart와 Rothwell (1993)에 근거.]

육지의 녹색화: 이끼, 태류와 뿔이끼

균류, 조류 및 시아노박테리아는 아마도 선캄브리아 시대 후기부터 지표면과 얇은 토양을 형성했을 것이다. 그러나 육지는 최소한 오르도비스기 이전까지는 녹색으로 변하지 않았다. 조류, 균류 및 식물이 바위 표면에서 성장하면서 암석이 알갱이로 분해되는 것을 돕고 그 알갱이가 유기물 잔해에 섞인 뒤 미래의 생명체의 성장을 위한 영양분을 제공한다. 최초의 육상식물은 선태식물이라고 여겨진다. 오늘날 25,000여 종의 선태식물이 있고, 이들은 세 개 그룹으로 구분된다. 태류와 뿔이끼류는 납작한 가지를 갖는 구조를 가지며, 일부는 직립의 가지와 잎을 가지고 있어서 구별된다. 이끼는 가는 줄기와 전형적으로 나선형으로 배열된 잎을 갖는 직립의 식물이다.

선태식물은 육상 환경에 살기 위해 방수의 표피세포, 잎과 줄기 같은 특수한 적응력을 보여 주었다. 많은 뿔이끼류와 이끼류는 수분의 손실을 조절하기 위한 기공을 가지고 있다. 그러나 태류에게는 그러한 기공이 없다. 대형의 소수의 이끼류와 태류는 아주 간단한 유관속 전도계를 갖는다. 일부의 선태식물은 완벽하게 건조될 수 있는 독특한 능력을 가

글상자 18.1 최초의 육상식물

여러 해 동안 고생물학자들은 실루리아기와 데본기에 식물과 동물이 육지로 이동해 왔다고 추측해 왔다. 잘 보존된 초기의 식물과 절지동물의 화석 표본이 실루리아기 중기에서 후기 사이에 발견되었으며, 이들은 작은 물가에서 서식하는 유관속식물과 함께 거미, 전갈 및 곤충의 조상 그리고 다족류 배각류이다. 초기의 육상식물에 대한 힌트는 오르도비스기에서 보고되었다. 예를 들면, 오르도비스기의 토양에서 발견된 뿌리 비슷한 구조 또는 버로우는 이미 육상에 식물이 존재했음을 증명한다. 우리는 식물 없이는 토양을 얻을 수 없기 때문이다. 이 화석화된 토양은 선캄브리아 시대의 12억 년 전보다 오래되었고 미생물이나 조류의 활동으로 형성됐다고 추정된다.

그러나 중기 오르도비스기 아마도 4억 7,000만 년 전에 어떤 사건이 일어났다. 미화석 군집의 특징이 포자의 첫 등장과 함께 극적으로 변한 것이다(그림 18.2). **포자**는 공기로 운반되는 아주 작은 세포이고 육상식물의 특징이다. 그래서 비록 초기 육상식물은 화석으로 아직 발견되지는 않았지만, 그들은 이미 포자를 생산했기 때문에 반드시 존재했을 것이다. 그러나 이들 초기 포자는 육상식물에 의해서 생산되었는가? 아니면 초기 육상생물의 직접적인 녹조류의 선조에 의해서 생산되었는가?

이러한 오르도비스기의 포자는 영국 셰필드대학교의 웰맨(Charlie Wellman) 등이 2003년도에 포자가 아마도 태류와 같이 작은 선태류에 의해서 생산되었을 것이라는 것을 언급하기 전까지 이해하기 힘들었다. 그들의 포자벽에 대한 연구는 현생 태류의 포자벽에 매우 유사함을 보여 주고, 또 포자 덩어리는 표피 안에 쌓여 있으며, 그 모습은 얼핏 태류의 포자낭처럼 보였다. 비관속식물인 선태식물과 같은 식물이 중기 오르도비스기에 육지로 상륙하였고, 후에 진정한 관속식물로 진화했다.

좀 더 자세한 정보는 http://blackwellpublishing.com/paleobiology/를 참조하라.

지고 있지만, 비가 내리면 원상태로 되돌아가 정상처럼 성장한다.

선태식물의 화석 기록은 연속적이지 않다. 이것은 보존 가능성이 낮아서 흔히 생기는 일이다. 그리고 화석 표본 또한 다른 간단한 육지 식물과 구별하기 어렵다. 가장 오래된 선태식물의 화석 기록은 오르도비스기에서 데본기(**글상자** 18.1)의 지층에서 알려져 있지만, 해석은 불확실하다. 예를 들면, 벨기에의 하부 데본계에서 산출된 스포로고니테스(**그림** 18.3)는 바닥의 납작한 부분과 거기에서 위로 솟아난 포자를 갖는 가는 줄기를 갖는 식물의 단계라고 해석되었다. 이 표본은 선태식물의 유일한 특징을 보여 주는데 선태식물의 생식 성장기는 유관속식물의 생식 성장기와는 정반대이다. 캄브리아기에 유연 관계의 가능성이 있는 파라푸나리아(*Parafunaria*)가 중국에서 보고되었다.

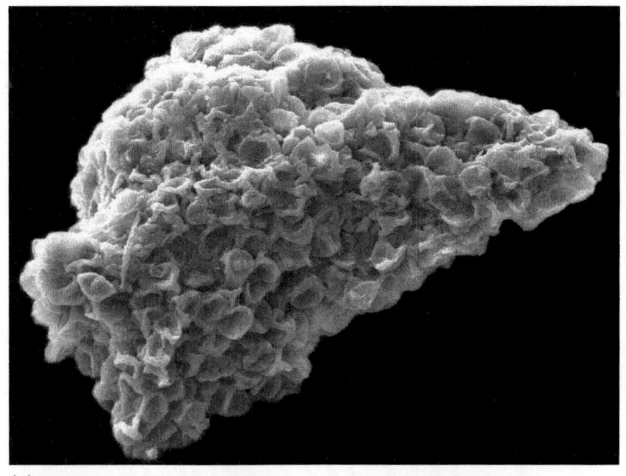

(a)

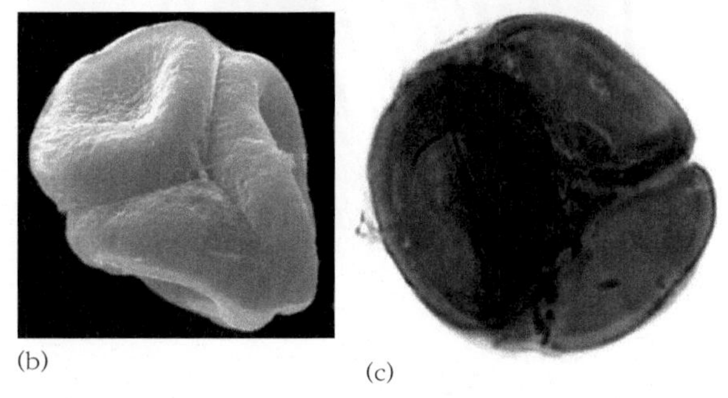

(b) (c)

그림 18.2 육상에서 가장 오래된 관속식물의 증거인가? 오만에서 발견된 중기 오르도비스기의 포자(4억 7,000만 년 전). (a) 전자현미경으로 관찰한 포자 덩어리의 사진, (b) 확대한 사분체 포자, (c) 광학현미경으로 본 사분체 포자. (Charlie Wellman 제공.)

녹색식물의 관계

고식물학자는 녹조식물군 중의 녹조류에서 육상식물의 기원을 오랫동안 찾아왔다. 그리고 분자생물학의 증거는 그들의 긴밀한 관계를 입증했다. 방대한 분기학 연구(Kenrick & Crane, 1997)는 전통적으로 '조류'로 분류된 많은 형태는 육상식물의 가까운 외집단으로 가장 가까운 집단은 윤조강(윤조류 포함한)으로 조금 거리가 있는 집단인 녹조식물군으로 분류했다.

이들 조류 그룹들은 육상식물과 함께 엽록생물 혹은 녹색식물이라(**그림** 18.4) 불리는 거대한 분기군을 형성했다. 이들은 엽록소 *b*와 편모충류의 세포와 엽록체와의 유사성을 갖는 특징을 가진다(Kenrick & Crane, 1997). 이 분기군은 캐나다에서 적조류에 속하는 반지오모파(*Bangiomorpha*)가 산출된 적어도 12억 년 전 시기까지 거슬러 올라간다. 녹색식물(chlorobiont)의 진화는 이러한 초기 단계를 자세하게 추적하기 힘들다. 그 이유는 대체로 크기가 아주 작고 그들의 전체적인 특징이 준세포라서 화석으로 보존되는 경우가

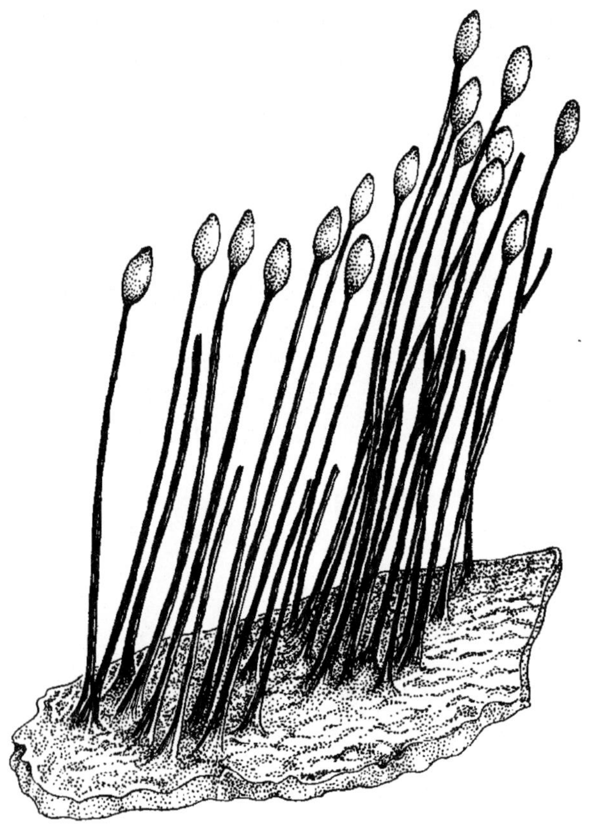

그림 18.3 스포로고니테스(*Sporogonites*), 전기 데본기의 선태류, 하부의 배우체 부분에서 자라난 가는 포자체(높이 20mm)를 보여 준다. [Andrews(1960)에 근거.]

드물기 때문이다. 화석의 발견은 실루리아기와 데본기의 육상식물의 다양성을 향상시킨다.

녹색식물은 다양한 '조류' 그룹으로 나눠어 있고 중요 분기군은 유배식물이다. 후자의 분기군은 두 개의 기본 단계로 나누어진다. 이끼, 태류, 뿔이끼류 같은 비관속식물(선태식물)은 오르도비스기에 진화했고 관속식물(관다발식물)은 중기 실루리아기에 나타났다. 선태식물은 대부분 크기가 작은 반면 관속식물은 크기가 매우 큰 생물체로 진화했다. 이러한 현상은 햇빛을 받기 위한 경쟁을 포함한 여러 가지 이유로 설명될 수 있는데 거대한 크기의 장점으로 긴 수명뿐만 아니라 더 많은 생식력과 개체당 더 많은 산포량을 생산할 수 있는 능력 때문이다. 거대한 크기의 관속식물은 **부름켜**(나무줄기 둘레의 증가를 할 수 있게 해 주는 측면 조직)의 진화와 함께 시작되었다. 그러므로 초기 육상식물들 사이의 '하늘을 향한 경쟁'은 중기 데본기에 거목이라는 결과로 나타났다.

관속식물(**글상자 18.2**)은 이차적으로 비후된 유관속에 의해서 특징지어지는 관다발 식물이며 기반이 되는 그룹으로 리니아류(rhyniopsids)와 석송엽류(석송류와 조스테로필룸류)를 포함한다. 분기도의 중요한 축은 속새류와 양치류이다.

종자식물(종자 생산자)은 전통적으로 겉씨식물과 속씨식물(현화식물)로 나뉜다. 속씨식물은 오늘날 너무도 성공적으로 번영하고 다른 식물과도 쉽게 구별되어 다윈은 속씨식물의 기원을 '진저리 나는 미스터리'로 언급했다. 화석은 네타류(현생종의 수가 적은 그룹) 혹은 중생대에 멸종한 몇 개 그룹의 하나인 베네티테스목 또는 케이토니아목 같은 식물이 속씨식물의 자매 그룹이라는 것을 시사한다. 이어서 더 떨어져 있는 외집단으로 소철류, 구과류+은행류와 메두로사류가 있다. 한편, 분자생물학의 연구(예: Bowe et al., 2000)에서는 겉씨식물이 소철류, 은행류, 구과류 및 네타류로 구성되는 다른 분기군을 형성하지만, 그들의 어느 것도 겉씨식물의 기원에 가까운 것이 없다는 것을 시사한다. 이러

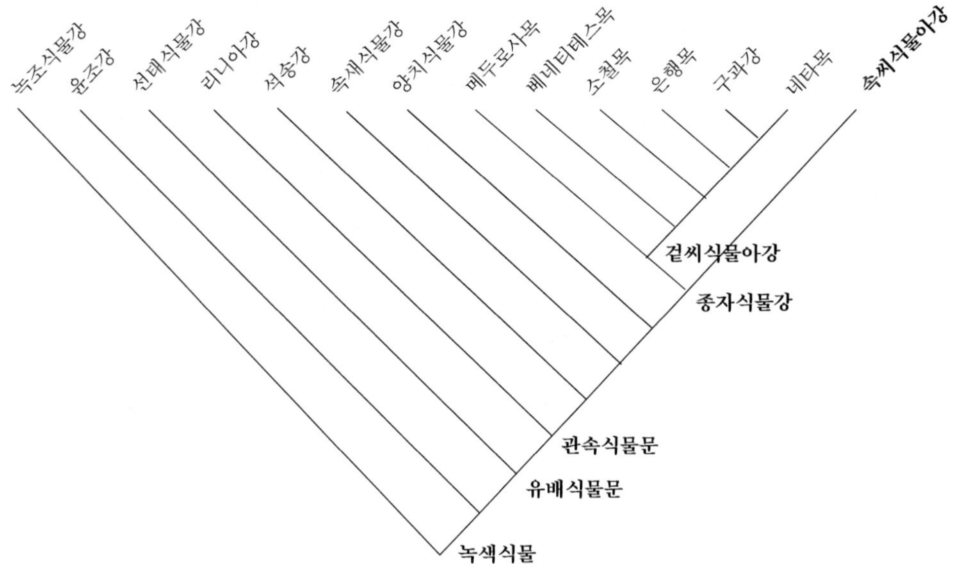

그림 18.4 분기도는 육상 관속식물의 중요한 그룹의 가정된 관계를 보여 준다. 특별한 마디를 갖는 일부의 공유파생형질은 다음과 같다. 엽록생물(엽록소 *b*), 윤조강+유배식물(세포 구조), 유배식물(세대교번), 관다발식물[통도관(헛물관)과 이차적 비후]과 종자식물(종자). 녹색식물의 완전한 계통발생을 수립하기 위해서 'deep green' 프로젝트에 관하여 좀 더 읽어 보자. http://ucjeps.berkeley.edu/bryolab/GPphylo/.

한 결과는 더 많은 연구를 필요로 한다.

관다발 식물의 계통발생(그림 18.5)은 식물 진화의 다른 관점에서 넓은 층서학 범위와 각 그룹의 상대적 빈도를 보여 준다. 계통발생학에서는 육상식물의 진화에서 세 번의 중요한 폭발적 진화가 있었다고 강조한다. 첫 번째는 데본기(리니아강, 조스테로필룸류 그리고 다른 기저의 관속식물), 두 번째는 석탄기와 페름기(석송류, 양치류, 속새류, 소철상 양치류), 세 번째는 백악기(겉씨식물)이다.

육상에서의 생명체의 적응

다음에 열거한 내용은 육상 관속식물의 중요한 적응 방법이다.

1. 내구성의 벽을 갖는 포자 혹은 종자는 건조에 강하다.
2. 잎과 줄기 표면의 큐티클은 수분의 증발을 막는다.
3. 기공 또는 조절 가능한 개구부는 투과성이 낮은 큐티클을 통해 가스를 교환한다.
4. 관속 통도계를 통해 액체를 식물의 각 부위로 이동할 수 있게 한다.
5. 헛물관의 목질화는 무너지는 것을 방지한다. 통도관의 셀룰로오스 세포벽 또는 관속

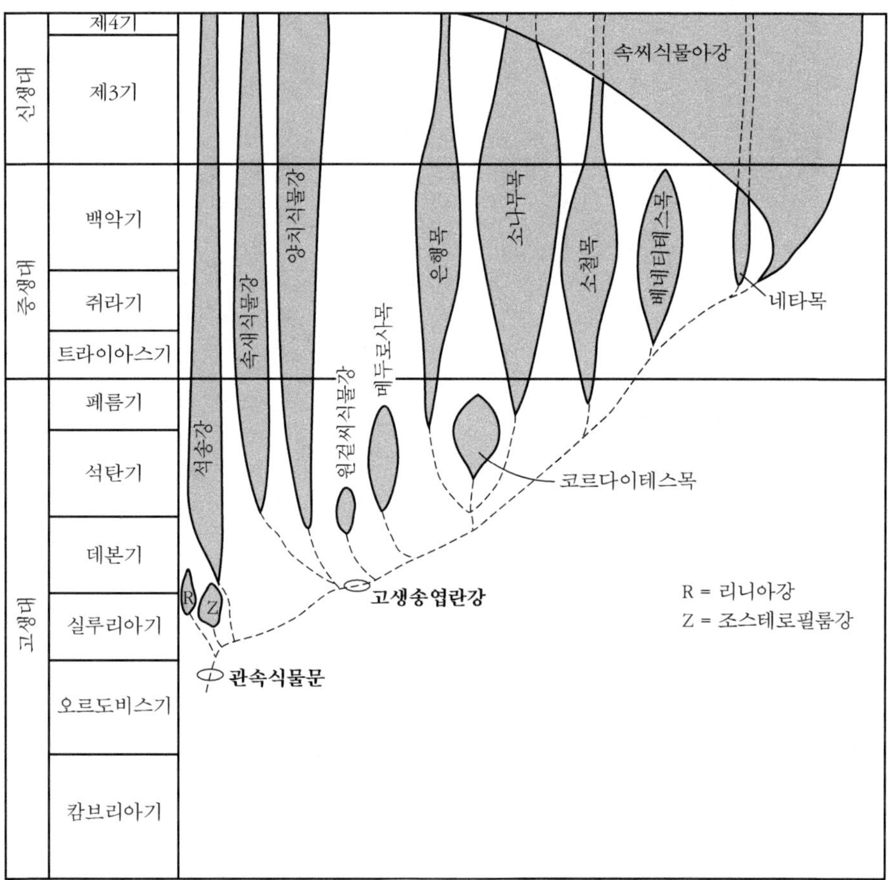

그림 18.5 육상 관속식물의 중요한 그룹의 계통수. 가정된 관계의 패턴은 분기도에 근거하고(그림 18.4), 알려진 층서적 범위의 상세한 내용과 종의 다양성이 추가되었다.

식물의 **헛물관**은 **목질소**로 만들어졌고 강인한 중합체가 모든 나무 조직을 만들어 강도와 방수를 할 수 있게 해 준다.

이러한 중요 적응 방법은 수상식물이 육지로 이동할 때 반드시 극복해야 할 문제들과 연관되어 있다. 식물은 물에서 영양분과 수분을 식물체의 모든 표면에서 흡수했지만, 육지에서는 영양분과 물을 땅에서 흡수하여 내부 조직에 전달해야 했기 때문이다. 육상식물은 일반적으로 토양으로부터 물과 영양분을 흡수하는 특수화된 뿌리를 가지고 있고, 흡수한 물과 영양분은 모든 세포와 연결된 물관을 통해 전달된다. 이러한 과정은 잎과 줄기에서 물이 증발하는 **증산작용**에 의해 일어난다. 물이 식물로부터 빠져나가는 과정을 통해 유체 정역학적으로 액체는 물관으로 빨려 들어온다.

수분 손실은 육상식물에 두 번째로 중요한 문제이다. 수중에서는 물이 자유롭게 식물

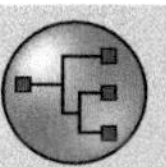

글상자 18.2 관다발식물의 분류

관다발식물은 육상의 관속식물이며, 현생 양치류, 속새류, 구과류와 속씨식물 그리고 다음의 멸종된 분류군을 포함한다. 기초 분류군은 가지의 분지 패턴과 포자의 형태로부터 구별된다.

관다발식물문

리니아강

- 차상 분지된 줄기와 가지 끝에 포자낭이 붙는 간단한 관속식물
- 중기 실루리아기~전기 데본기

석송강

- 측면의 포자낭과 (보통) 작은 잎을 갖는 소형에서 대형 크기의 식물
- 후기 실루리아기~현재

속새강

- 속새: 직립의 줄기와 마디 구조 그리고 마디에서 융합된 윤생엽, 포자낭은 모여서 포자낭수를 이룬다.
- 후기 데본기~현재

양치식물강

- 양치류: 성장함에 따라 곧게 펴지고 차상 분지하는 납작한 잎, 포자낭은 주로 잎의 안쪽에 생기며 군데군데 모여서 그룹을 이룬다.
- 중기 데본기~현재

원겉씨식물강

- 겉씨식물과 같은 목질부를 갖는 식물이지만 포자 산포(양치류 같은) 번식을 하는 식물. 후기 데본기의 아르케오프테리스(*Archaeopteris*) 같은 초기 나무를 포함한 크기가 큰 그룹이다.

종자식물강

겉씨식물아강

메두로사목

- 큰 화분과 독특한 줄기 구조를 가진 원시적인 종자 식물
- 미시시피기~페름기

베네티테스목

- 종자 사이에 포린이 있고 무성한 나무 같은 식물, 길게 갈라진 잎, 배주와 화분낭을 둘러싼 구조를 가지는 꽃 모양의 구과
- 후기 트라이아스기~후기 백악기

소철목

- 줄기 주위에 엽흔이 있는 무성한 나무 같은 식물, 길게 갈라진 잎, 잎처럼 생긴 구조 밑에 있 는 대포자엽 줄기에 붙는 종자
- 미시시피기~현재까지

은행목

- 종자가 달리는 줄기와 부채 모양 혹은 여러 번 갈라진 잎을 갖는 나무
- 후기 트라이아스기~현재까지

구과목

- 구과류: 수지도가 있는 나무, 바늘 혹은 인편엽 같은 모양의 잎
- 미시시피기~현재

네타목

- 잎은 대생이고 목부에 도관이 있으며 암수의 구과는 꽃 모양이다.
- 트라이아스기~현재

속씨식물아강

- 밑씨(배주)가 꽃 내부의 심피 안에 둘러싸여 있고 중복 수정을 한다(두 개의 정핵으로 진화)
- 전기 백악기~현재

안과 밖으로 통과할 수 있는 데 반해 육상식물은 반드시 불침투성의 막(밀랍의 **큐티클**)으로 보호되어야 한다. 기체의 교환과 물의 이동은 많은 육상식물에게 잎의 밑면에 주로 위치한 특수화된 **구멍**(**기공**)을 발달시켰다. 일반적으로 기공의 개폐는 이산화탄소의 농도, 빛의 강도 및 물의 압력에 의존한다.

육상식물의 세 번째 문제는 식물체를 지지하는 힘이다. 물이 자연적으로 수상식물에게 부력을 제공해 식물은 간단히 물에 떠 있게 된다. 대부분의 육상식물은 크기가 작을지라도 광합성을 위해 최대한으로 햇빛을 받기 위해 곧바로 서 있는데, 이것은 골격 지지 구조의 형태를 필요로 한다. 모든 육상식물은 물이 지나가는 관으로 지지되는 단단한 구조로 된 **유체정역학적 골격**에 의지한다. 그리고 어떤 그룹은 나무와 피층의 특정 조직의 **목질화**(목질소가 셀룰로오스 섬유질을 감싸는 과정)를 통해 추가적인 구조적 지지를 발전시켰다.

식물의 생식 주기

식물은 영양생식과 유성생식으로 번식을 한다. **영양생식** 혹은 출아법은 수컷 세포와 암컷 세포가 없고 다른 개체로부터 물질 교환이 없는 무성생식 과정이다. 이것은 많은 식물의 특성이고 자연적이거나 인공적인 방법으로 식물을 증식시킨다.

조류는 영양생식, 무성생식 및 유성생식과 같은 모든 종류의 번식 방법을 이용한다. 유성생식(그림 18.6a)은 같은 종의 두 개체로부터 세포 물질이 결합되는 것을 필요로 한다. **생식세포** 혹은 **배우자**('수컷'으로부터 정자와 '암컷'으로부터 난자)는 **반수체** 상태인 한 세트의 n 염색체를 가지고 있다. 배우자가 결합할 때 접합자를 형성하고 유전자의 수는 2배가 되어 **이배체** 상태 $2n$이 된다. 이배체 식물 단계, **포자체**는 반수체 포자를 생산하고 각자의 반수체 포자는 반수체의 **배우체** 식물 단계로 발달한다. 이것은 배우체가 반수체의 정자와 난자를 생산하는 것이다.

우리가 일반적으로 보는 관속식물(녹색식물)은 포자체이고 배우체는 매우 작다(그림 18.6b). 이와 반대되는 경우는 선태류인데 우리가 볼 수 있는 이끼와 태류는 반수체 배우체이고 포자체는 영양분을 큰 배우체에 의지하는 작은 식물이다(그림 18.6c). 그래서 **스포로고니테스**(그림 18.3 참조)에서 많은 포자체가 크기가 크고 납작한 배우체 부분에서 성장한다. 인간의 경우로 해석하면 이것은 반수체 정자 혹은 반수체 난자가 대다수이고 이배체의 몸(포자체)은 소수인 상태인 것이다.

실루리아기와 데본기의 관속식물

우리는 육상의 비관속 육상식물이 적어도 중기 오르도비스기에 나타났고 관속식물은 중기에서 후기 실루리아기의 4억 2,500만 년 전경에 출현한 것으로 보고 있다. 관속식물은 헛물관, 진정한 관속 통도계를 갖는 것에 의해 특징지어진다. 목질소와 기공은 관속식물

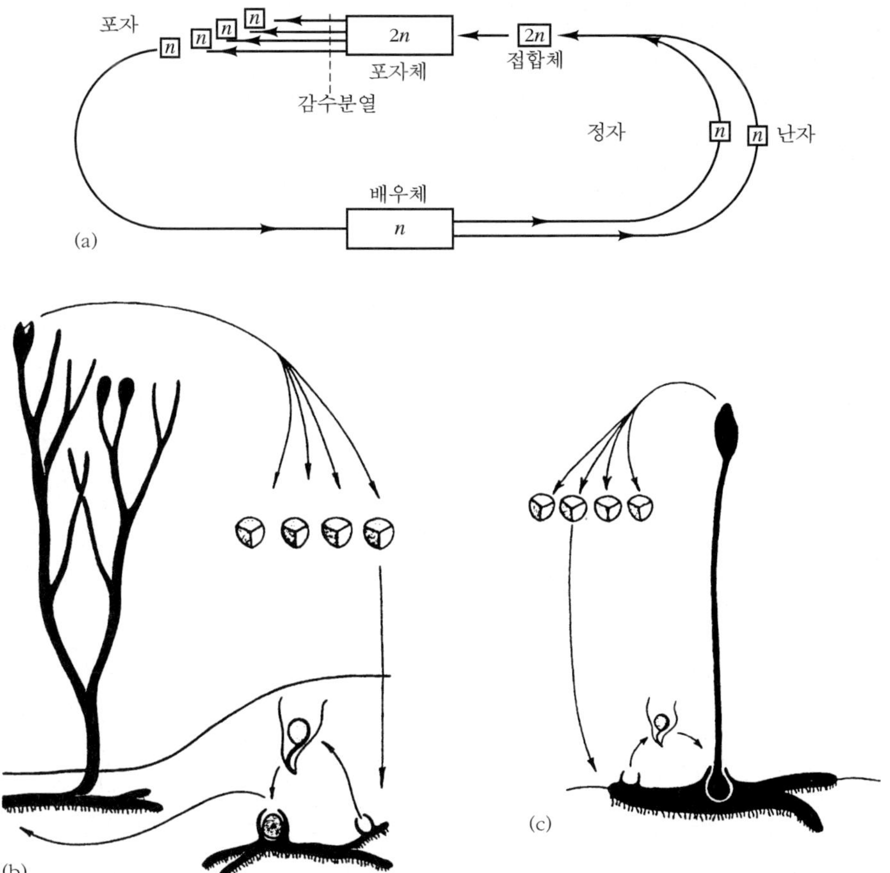

그림 18.6 육상 관속식물(관다발식물) 생활환의 기원: (a) 단순화한 식물 생활환은 세대교번의 단계를 보여 준다. (b) 가상적인 선태식물 생활환과 비교된 우세한 포자체 단계와 감소된 배우체의 가상적인 관다발식물의 생활환, (c) 배우체가 우세적인 단계이고 포자체가 감소된 비독립적인 구조. (여러 자료에 근거.)

에는 일반적이지만, 초기의 형태에는 존재하지 않을 수도 있다.

가장 오래된 관속식물은 남부 아일랜드에서 발견된 중기 실루리아기의 쿡소니아(*Cooksonia*)이고, 이 속은 전기 데본기 말까지 생존했다. 쿡소니아(그림 18.7a~d)는 여러 번 반복적으로 두 개로 갈라지는 둥근 줄기로 이루어졌다. 갈라진 각 가지의 끝에는 모자 모양의 **포자낭**이 있거나 포자를 만드는 구조가 달려 있다. 쿡소니아의 표본은 실루리아기의 수 mm 크기의 작은 표본부터 데본기의 65mm 크기의 커다란 형태까지 있다. 암석에서 떼어 낸 작은 식물편을 산 처리한 후에 프레파라트를 만들어 관찰한 해부학적 연구는 놀랄 만큼 상세한 정보를 제공하였다. 갈라진 포자낭 안에는 포자로 채워져 있고,

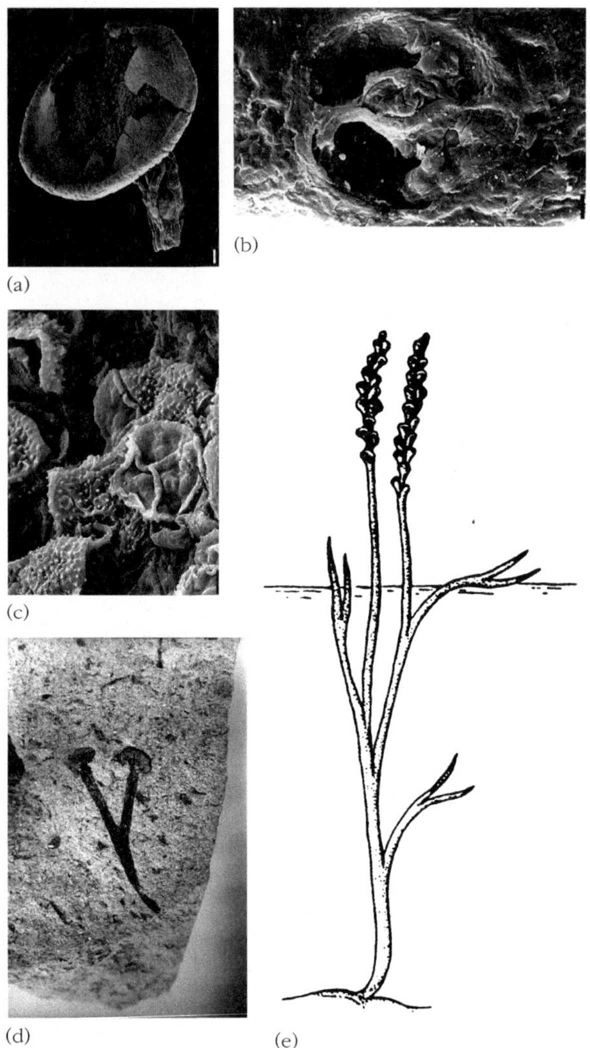

그림 18.7 초기 관속식물. (a~d) 쿡소니아(*Cooksonia*)는 가장 오래된 육상식물이며 웨일스의 실루리아기와 전기 데본기 지층에서 발견되었다. 초기의 웨일스 표본은 짧은 가지 끝에 붙어 있는 완전한 포자낭을 보여 준다(a), 기공(b), 포자(c). 포자낭은 넓이가 1.6mm이고, 기공은 넓이가 40㎛, 포자는 지름이 35㎛이다. (d) 쿡소니아 칼세도니카(*Cooksonia caledonica*), 후기 실루리아기 표본의 복원 모습이며 크기는 대략 60mm이다. (e) 독일의 전기 데본기에서 발견된 조스테로필룸(*Zesterophyllum*)은 높이가 150mm이다. [(a)~(d)는 Dianne Edwards 제공, (e)는 Thomas와 Spicer(1987)에 근거.]

전기 데본기의 관속 통도조직이 표본의 벽을 두껍게 했고, 줄기의 바깥 표면에 기공들이 분포하고 있다는 사실이 밝혀졌다(Edward et al., 1992)

쿡소니아는 리니아강의 일원이며, 관속식물인 관속식물문의 중요한 그룹이다. 리니아강은 스코틀랜드 북동부의 전기 데본기의 라이니 처트에서 가장 잘 알려져 있다. 라이니 처트에는 많은 식물과 절지동물이 규화된 상태로 보존된 퇴적층이다(글상자 18.3). 라이니에서 리니아류의 일부는 높이가 180mm까지 도달했다. 그들은 수평적인 가지 구조와 이를 지지하는 직립의 줄기로 구성됐고, 아마도 이들은 호수 주변의 진흙에서 살았을 것이다.

여러 가지 다른 그룹의 육상 관속식물도 전기 데본기에 출현했다. 조스테로필룸(*Zosterophyllum*, 그림 18.7e)은 리니아류와 많은 특징을 공유한다. 그러나 전자는 줄기의 측면에 많은 포자낭이 붙지만, 후자는 각 가지의 끝에 한 개의 포자낭이 붙는다. 후기 데본기에는 일부 중요한 관속식물은 관목 크기 정도의 3m까지 커졌고, 이것은 미래의 관속식물의 진화가 커지는 쪽으로 나아간다는 것을 암시한다.

✲ 거대한 석탄 숲

석송류, 작고 대형

석송강의 석송은 리니아류와 다른 차상분지 식물과 같은 시기에 출현했다. 그러나 석송류는 가지의 끝이 아닌 수직의 줄기 양옆을 따라 배열된 포자낭과 줄기 주위에 밀접하게 붙어 있는 수많은 작은 잎을 가

글상자 18.3 라이니 처트(Rhynie Chert): 가장 초기의 육상식물을 볼 수 있는 창문

라이니는 스코틀랜드 북동쪽에 50여 가구로 이루어진 외딴 시골 마을이다. 버스는 하루에 한 번 그 마을에 정차한다. 1914년 맥키(William Mackie)라는 의사가 검고 하얀 반점이 있는 처트에서 식물 화석의 흔적을 발견했다. 그는 암석을 일부 떼어 내서 글래스고(Glasgow)로 가져갔다. 거기에서 영국에서 석탄기 식물군의 제일 전문가로 알려진 키드스톤(Robert Kidston)은 처트 내에 거의 완벽하게 보존된 식물 화석이 들어 있다는 것을 확인하였다. 키드스톤과 랭(William Lang, 영국 맨체스터대학 식물학 교수)은 전형적인 전공논문 시리즈(Kidston & Lang, 1917～1921)에서 라이니 처트에 들어 있는 식물들의 미세 단면의 훌륭한 사진을 기재하였다. 이 논문은 라이니 처트를 지구상의 생태계에 기초하여 가장 오래된 육지의 하나로 확립하였다.

라이니 화석은 일곱 개의 육상 관속식물의 잔존물이 들어 있으며, 또한 조류, 균류, 1종의 지의류와 박테리아뿐만 아니라 적어도 여섯 개의 육상과 담수생의 절지동물을 포함하고 있다. 더욱 놀라운 점은 이들의 양호한 보존 상태이다. 마치 순식간에 얼어붙어 영원히 보존된 것처럼 모든 세포와 미세한 부분도 관찰할 수 있다(그림 3.8a 참조).

라이니 생태계는 나무가 높이 솟은 숲이 아니었다. 만약 당신이 전기 데본기의 스코틀랜드를 산책한다면 식물 초록의 변두리는 아마도 연못이나 강 근처로부터 멀리 떨어져 있지 않을 것이고, 가장 큰 식물은 겨우 당신의 무릎을 스쳤을 것이다(그림 18.8). 당신이 무엇인가를 보려면 당신의 손과 무릎을 내리고 돋보기를 가지고 줄기를 자세히 살펴보아야 할 것이다. 가장 큰 식물은 매끈한 줄기와 간단하게 두 개로 갈라지는 줄기와 줄기의 끝에 손잡이 모양의 포자낭이 붙어 있다. 실루리아기의 쿡소니아는 리니아강 식물의 좋은 예이다(그림 18.7a～d 참조). 조스테로필룸(*Zosterophyllum*, 그림 18.7e)과 유연 관계가 있는 아스테로키시론(*Asteroxylon*)은 줄기로부터 나온 작은 비늘 모양의 잎을 가졌다. 이 식물 단면의 현미경적 관찰로부터 이것이 간단한 도관, 기공과 육상의 포자를 가졌던 것으로 나타났다. 식물들 사이에서 기어 다니던 거미 모양의 트리고노타르비드(Trigonotarbids), 곤충 같은 절지동물 및 기타 여러 가지 종류의 화석이 식물 줄기의 빈 공간 안에서 발견되었다. 이들은 따뜻한 물 웅덩이에 사는 갑각류였다.

이러한 발견은 라이니 처트에서 보존 상태가 얼마나 특별했는지를 보여 준다. 화석들은 온천 근처에서 실리카가 풍부하게 들어 있는 물에 잠기면서 규화되었다. 최근의 연구(Trewin & Rice, 2004)로부터 전기 데본기의 스코틀랜드는 활화산 지역이었다는 것이 확인되었고, 이는 아마도 이아페투스해(Iapetus Ocean)의 폐쇄를 수반한 칼레도니아 조산운동과 관련이 있을 것이다. 전기 데본기의 라이니는 현재의 옐로스톤 국립공원과 같았다. 간헐 온천이 분출되고 식물이 실리카가 풍부한 35℃의 물에 잠겨버렸으며 동시에 생태계는 얼어버렸다(혹은 끓거나).

Trewin과 Rice(2004)의 저서와 웹사이트 http://www.blackwellpublishing.com/paleobiology/를 통해 라이니 처트에 대해 좀 더 읽어 보자.

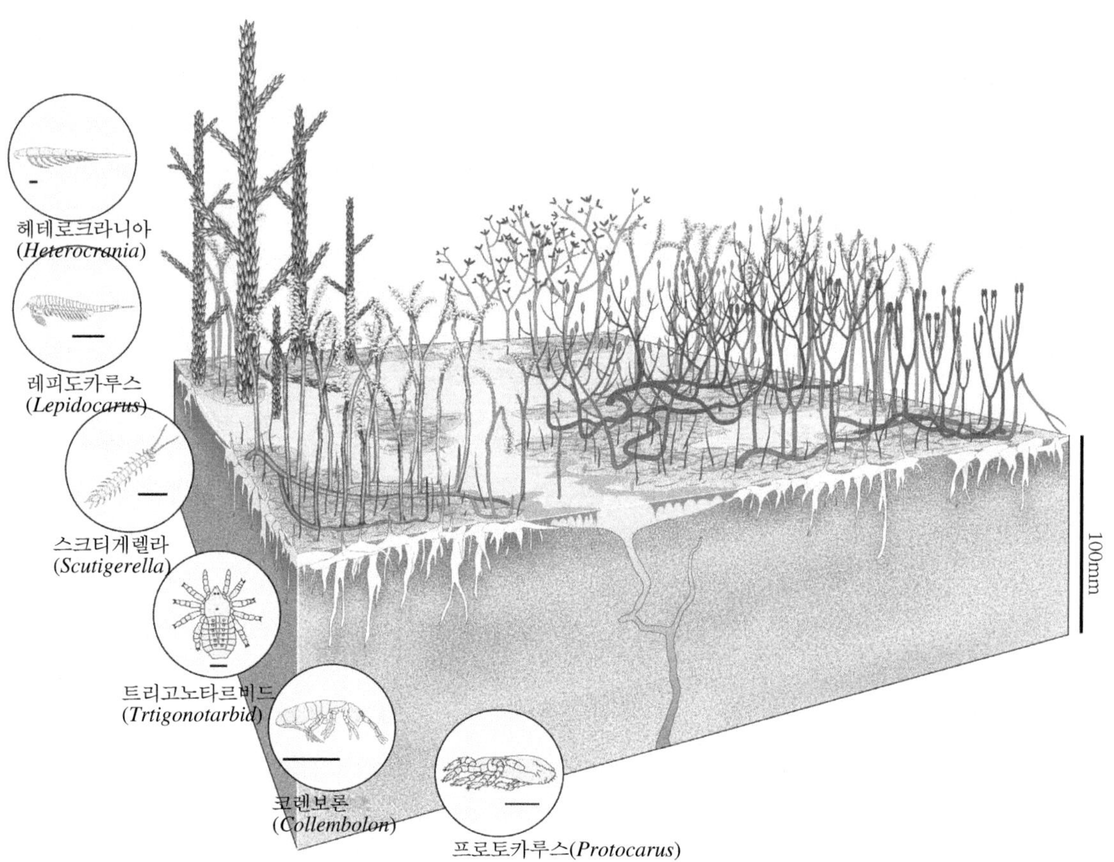

그림 18.8 전기 데본기의 라이니 생태계를 복원한 그림. 가장 흔한 관속식물인 리니아(*Rhynia*)와 아스테로키시론(*Asteroxylon*)이 가장 앞쪽에 있고 물속과 식물 위에서 살았던 작은 절지동물의 골격을 보여 준다. (Nigel Trewin의 정보를 근거로 Simon Powell이 그림.)

지는 것으로 구별된다.

키가 작은 **초본**의 석송류는 데본기와 석탄기를 거치며 생존했고, 그들은 잎, 포자낭의 모양 및 포자의 성질에서 상당한 변화를 보여 주었다. 후기 데본기부터 대부분의 석송류는 가지 끝의 구과에서 발달하는 크고 작은(대포자와 소포자) 두 가지 종류의 포자를 생산했다. 석송류는 오늘날 모두 작은 초본 형태를 이루며 지구상에 1,100여 종이 있다.

석탄기 동안에 몇몇 종류의 석송류 그룹은 거대한 크기에 도달했고, 이들은 거대한 석탄습지 시대의 복원된 장면에 등장하는 우점종의 나무들이다. 가장 잘 알려진 인목(*Lepidodendron*, 석송류)은 높이가 35m 이상의 크기였다. 인목 화석은 200여 년 전부터 알려졌는데 북아메리카 대륙과 유럽에서 상업용 탄전에서 흔하게 발견되었기 때문이다.

처음에는 뿌리, 줄기, 나무껍질, 가지, 잎, 솔방울 및 포자로 분리된 상태로 발견되어 각기 다른 이름으로 명명되었지만 시간이 지나면서 각각의 부분이 하나로 정리되어 전체 식물의 선명한 윤곽을 그리게 되었다(그림 18.9).

거대한 석송류는 석탄 습지의 습윤한 환경에 적응하였다. 이러한 서식지는 펜실베이니아기의 말기와 전기 페름기 동안의 주요한 건조 시기에 축소되었다. 인목과 이와 비슷한 식물들은 모두 멸종했다. 대략 높이 1m 정도의 중간 크기를 갖는 석송류는 중생대 동안에 존재했으나 진정한 교목(수목 같은) 형태는 다시는 나타나지 않았다.

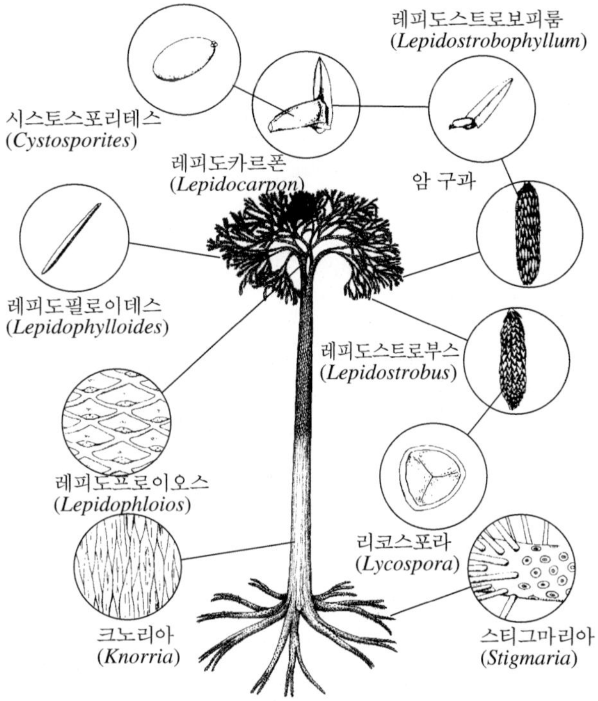

레피도스트로보피룸
(*Lepidostrobophyllum*)
시스토스포리테스
(*Cystosporites*)
레피도카르폰
(*Lepidocarpon*)
암 구과
레피도필로이데스
(*Lepidophylloides*)
레피도스트로부스
(*Lepidostrobus*)
레피도프로이오스
(*Lepidophloios*)
리코스포라
(*Lycospora*)
크노리아
(*Knorria*)
스티그마리아
(*Stigmaria*)

그림 18.9 나무 모양 석송류인 인목(*Lepidodendron*)의 복원도, 유럽과 북아메리카에서 석탄기의 석탄 숲을 구성한 50m 높이의 나무. 완전한 표본은 한 번도 발견된 적이 없지만, 완전한 뿌리 구조인 스티그마리아와 나무 몸통부분의 통나무는 비교적 흔하다. 나무껍질의 조직, 가지, 잎, 구과, 포자 및 종자의 상세한 것은 분리된 기관으로부터 복원되었다.

속새

속새 또는 속새류는 정원사에게 친숙한 작고 유해한 잡초이다. 위로 향한 녹색 줄기와 독특한 마디 구조는 지하의 지하경과 서로 연결되어 있다. 포자낭은 이 그룹의 독특한 특징이다. 포자낭은 구과를 형성하는 줄기를 따라 배열된 우산 모양의 구조 밑에 다섯 개에서 10개의 다발로 그룹 지어져 있다. 속새는 오늘날 그 수가 겨우 15종으로 구성된 작은 분류군이다. 대부분의 종은 작지만, 그중 하나는 높이가 4m 이상까지 다다른다. 속새 그룹의 초기 역사는 이보다 훨씬 종류가 많은 다양성을 보여 준다.

속새는 데본기 동안에 나타났고 석탄기의 형태는 지하경에서 새싹을 낼 수 있는 강기슭에서 번영했다. 속새는 $1m^2$당 10그루 이상의 나무가 살고 있는 대나무와 같이 매우 밀집하게 자란다. 노목(*Calamites*, 그림 18.10a)은 높이가 거의 20m에 달했지만 마디가 있는 줄기와 각 마디에서 윤생엽을 보여 준다. 이것은 현생의 전형적인 작은 속새의 줄기 마디에서 나타난다. 노목의 줄기는 일반적으로 거대한 땅속의 지하경에서 나온다. 속새의 잎은 옆가지를 따라 줄기 마디에서 방사형 다발을 형성한다(그림 18.10b). 그리고 보통 두 가지 종류의 구과가 있는데 그중 하나는 대포자를 만들고(그림 18.10c) 나머지 하나는

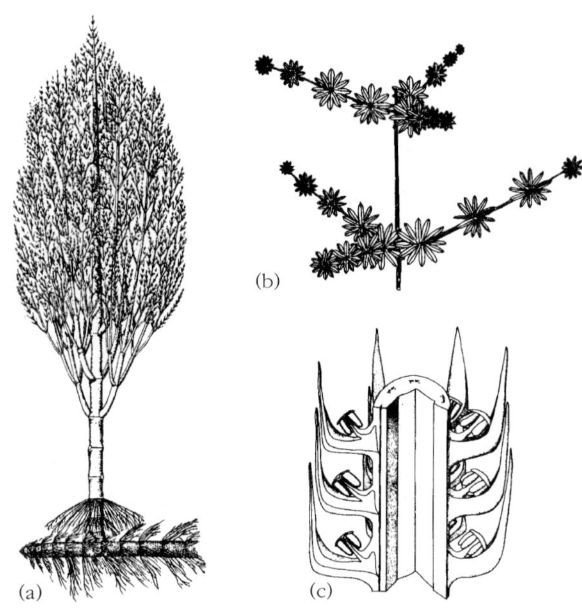

그림 18.10 거대한 석탄기 속새: (a) 노목(*Calamites*), 10m 크기의 나무, (b) 아뉼라리아(*Annularia*), 줄기의 각 마디 부분에 길이 10mm 크기의 잎이 윤생한다. (c) 팔레오스타키아(*Palaeostachya*), 구과 같은 구조의 개략적인 단면, 지름 15mm, 적은 수의 대포자가 들어 있다. [Thomas와 Spicer(1987)에 근거.]

소포자를 만들었다. 대형 속새는 교목 같은 석송류와 함께 펜실베이니아기가 끝날 때 사라졌다. 보통의 나무 같은 2m 정도의 어떤 속새는 페름기와 트라이아스기에도 존재했으나, 후에 축축한 늪 지대에 서식하는 주로 작은 크기의 식물로 변하였다.

양치류-양치엽 혹은 잎?

양치류는 오늘날 친숙한 식물인데 일반적으로 깃이 있는 쪽이 성장함에 따라 곧게 펴지는 가지로 구성된 긴 양치엽을 가진다. 데본기와 석탄기에서 다양한 종류의 양치류 같은 식물들이 알려졌으며, 석탄기에서 양치류가 풍부하게 산출한다. 석송류와 속새, 그리고 사로니우스(*Psaronius*) 같은 석탄기의 양치류의 일부(그림 18.11)는 나무 같았다. 양치엽은 직립의 줄기에서 나오고 현재 열대에서 서식하는 크기가 작은 유연종의 모든 특징을 보여 준다. 석탄기와 페름기의 양치류는 작은 초본성 식물이었다.

오늘날 양치류는 일반적으로 다양한 환경에서 공통적으로 낮게 자라는 초본성 식물이다. 양치류는 회복력이 있는 식물이다. 1980년에 세인트 헬렌산이 크게 폭발한 후에 가장 먼저 두꺼운 화산재층을 뚫고 나타난 생명체는 양치류였다. 양치엽은 불에 타 땅에 떨어졌지만 아직 죽지는 않았다. 그리고 화산폭발 후 몇 주 내에 양치류는 화산재를 뚫고 솟아나와 워싱턴 주의 풍경을 다시 녹색으로 만들기 시작했다.

양치엽은 잎인가 아니면 가지인가? 엄밀히 말하면 그것은 가지이다. 양치엽의 각 부분을 따라서 붙어 있는 각각의 작은 녹색 구조가 잎이다. 따라서 각각의 양치엽은 많은 작은 잎들로 이루어져 있다. 잎은 진화된 식물에게 보통으로 있는 것이고, 양치류와 같은 식물의 작은 잎들의 융합에 의해서 잎의 면이 최대한으로 태양을 향하게 하여 효과적이고 폭넓게 광합성을 위한 구조의 전형적인 잎을 생기게 했다.

양치류는 두 번째의 진화적 방산이 쥐라기와 백악기 동안에 일어났다. 그리고 양치류는 일부의 쥐라기 식물군에서 우세한 식물이 되었다. 오늘날 더 친숙한 낮게 자라는 양치류와 함께 나무 같은 구조의 양치류도 있었다.

아르케오프테리스(*Archaeopteris*): 잃어버린 연결고리?

식물의 진화에서 가장 위대한 발전 중의 하나는 종자이다. 종자는 현대 대표적 식물 그룹인 겉씨식물과 속씨식물의 중요한 특징이다. 다른 식물 그룹인 선태류, 리니아류, 석송류, 속새류 및 양치류에는 종자가 없다. 겉씨식물과 속씨식물 역시 아주 큰 나무로 자랄 수 있게 해 주는 목부 조직이 발달한다. 목질화된 헛물관(유관속 관)은 2차 계통에서 발달한다. 중기에서 후기 데본기 동안에 특별했던 초기 나무인 아르케오프테리스는 중간 단계를 보여 주는 것 같다. 아르케오프테리스는 표면적으로 목성 양치류에 비슷하다. 그러나 그 줄기 부분은 2차 목부 조직의 발달과 현재 구과류에서 볼 수 있는 나이테를 보여 준다.

그림 18.11 목성 양치 사로니우스(*Psaronius*), 높이가 10m이며 북아메리카 펜실베이니아기에서 산출되었다. [Morgan(1959)에 근거.]

✻ 종자를 생산하는 식물

종자의 기원

종자를 갖는 최초의 식물은 후기 데본기 지층에서 산출되었지만 종자 생산자는 석탄기 동안에 현저하게 증가했다. 석탄기가 끝날 무렵에 교목의 석송류, 양치류 및 속새류가 멸종하자 종자식물 또는 겉씨식물이 점차적으로 전 세계 식물군을 지배하게 되었다.

겉씨식물의 종자는 현화식물(속씨식물)처럼 씨방 안에 들어 있지 않고 나출되어 있다. 종자는 밑씨가 수정한 후에 생기고, 구조는 난자를 포함하고 있다. 겉씨식물의 밑씨(**그림 18.12**)는 암컷 생식기관인 **대포자낭**과 외부의 보호막인 **주피**로 구성되어 있다. 주피는 화분립이 들어올 수 있도록 그 끝에 작은 구멍이 열려 있고 주심으로 통한다. 화분립은 **밑씨**에 안착하면 화분관을 통해 정자두부를 암컷 구조인 밑씨의 조직으로 보낼 수 있다(**장란기**). 수정이 되면 밑씨는 종자로 되며, 성숙한 종자는 배, 배젖 및 바깥에 있는 종피로 구성된다. 종피는 종자를 둘러싸서 보호하고, 배젖은 영양물질을 저장한다.

종자를 생산하는 식물은 종자 없이 포자를 생산하여 자유롭게 흩뿌리는 형태로부터 진

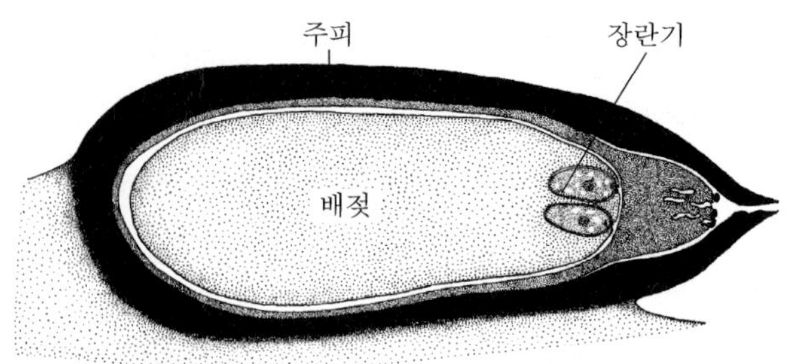

그림 18.12 전형적인 겉씨식물의 종자, 소나무(*Pinus*)의 밑씨가 영양분을 간직하는 배젖으로 둘러싸인 장란기(암컷 구조). 정자는 주피의 끝에 있는 작은 구멍을 통해 들어가고, 화분관을 통과하여 장란기에 도달한다.

화해 왔다. 포자는 보통 화석으로 접하게 되고, 연구와 상업적 목적을 위한 화분학 연구의 기본이 된다(**글상자 18.4**). 양치류와 속새류같이 포자를 산포하는 식물은 각각 수컷과 암컷 배우체로 발달하는 **대포자**와 **소포자**를 배출한다. 수컷 배우자(정자)는 자동성이며 수정을 위해 반드시 암컷 난자에게로 이동해야 한다. 이것은 위험한 일이고 적어도 물을 필요로 하므로 유성 번식은 습기가 있는 환경에 제한된다. 종자식물

글상자 18.4 화분학

화분유형, 화석 화분과 포자는 고대의 환경에 대한 증거를 제공해 준다. 그리고 가끔 다른 화석이 나오지 않을 때 생물층서학에서 중요한 도구가 된다. 화석 화분과 포자는, 특히 육상의 연속적인 암석에서 후기 고생대, 중생대 및 신생대의 생물 층서학의 이해를 위해 필수적이라는 것이 증명되었다. 화분 분석은 또한 제4기 고환경 연구의 일상적인 한 부분이고, 특히 이러한 연구들은 고고학자들에 의해 수행된다. 화분과 포자는 가벼워서 쉽게 육지에서 호수, 강 및 얕은 바다로 날아갈 수 있기 때문에 때때로 해성층과 육성층의 대비에 이용된다.

화분유형은 대부분의 다른 미화석과는 다른데, 그 이유는 그들의 화학 성분 때문이다. 화분 화석은 광물화되어 있지 않지만 그들의 중합화된 유기질의 코트(**외피**)는 매우 강인하다. 이 외피는 거의 모든 산성에 저항성이 강하기 때문에 암석을 녹여 화분을 추출하는 데 불산이 이용된다.

어떤 포자는 좌우 대칭적이다(**그림 18.13**). 근극(近極, proximal pole)은 직선의 선(**단조형**) 또는 3조형(**Y자 구조**)의 발아구에 의해서 나타난다. 열봉(裂縫, laesurae)은 인접 포자와의 접촉흔이고 주로 선 또는 접합면으로 만난다. 퇴적물에서 분산된 형태로 포자를 추출할 때 크기로의 구별은 임의적으로 200㎛ 이상은 대포자, 그 이하는 소포자로 분류한다.

화분립은 보통 작고 크기는 20~150㎛ 범위에 있다. 무발화구(Inaperturate) 화분은 발아구가 없다(**그림 18.13**). 원극(遠極, distal pole)에 있는 하나의 구멍은 겉씨식물, 외떡잎식물 및 원시적인 쌍떡잎식물의 특징이 된다. 무구(無溝, acolpate 또는 asulcate) 화분립은 분명히 발아구가 없다. 그러나 대다수의 화분립은 소나무와 가문비나무처럼 몸 혹은 낭체, 소낭 혹은 기낭을 갖는 낭상(囊狀, saccate)이다. 구(構, colpus)와 조(槽, sulcus)라는 용어는 함몰 혹은 고랑과 비슷하게 쓰인다. 엄격하게 말하면 조(槽)는 화분의 적도를 지나지 않는 구를 말하는 것이다. 일련의 감수분열 동안에 발달한 화분의 끝 쪽에 조(槽)가 있는 단구형 화분은 겉씨식물과 외떡잎 속씨식물에 전형적으로 나타난다. 쌍떡잎 속씨식물에서 보이는 3조형은 3개의 발아공 또는 3방사상으로 대칭인 구(構)가 있다.

(다음 쪽에 계속됨)

사실 모든 화석 화분과 포자는 강인한 외벽의 형태에 의하여 식별되고 분류된다. 다른 화분 분류군의 많은 경우에는 오직 **부분류학**만이 가능하다. 그것은 진화에 영향을 미치지 않는 '형태 체계'이다. 하나의 계획에서 화석 화분과 포자를 모두 묶어 '트르마(turma)'라는 카테고리에 넣는다. 따라서 포자는 Anteturma Sporites와 화분은 Anteturma Pollenites에 속하게 된다. 하지만 식물의 화분과 포자는 보통 뚜렷하게 구별이 되고, 그들은 종, 속 및 심지어 종을 추정하는 데 이용된다.

지질학자는 자주 화분과 포자의 형태를 외피 구조, 발아공, 외형, 모양, 크기와 장식을 나타내는 기호로 기재한다. 포자(S)는 열봉(裂縫)형에 의해 분류된다. c는 3조형, a는 단조형, b는 2조형, 0은 열봉(裂縫)이 없는 것. 화분립(P)은 구구(具溝, colpation) 혹은 단조(單槽, sulcation)형으로 분류된다. a는 단구형, c는 3구형, 0은 발아구가 없는 것.

시대를 통해서 다른 종류의 화분과 포자가 나타났다 사라졌다(그림 18.14). 이것은 일반적으로 식물 진화의 넓은 윤곽과 연관시킬 수 있다. 가장 오래된 포자는 오르도비스기에서 산출하였다(글상자 18.1 참조). 포자의 다양성은 실루리아기를 통해 단조형과 3조형이 증가했다. 그 당시 단조형과 3조형이 없는 소위 크리프토스포아(Cryptospore)로 불리는 것을 포함하여 15개의 포자 형태가 보고되었다. 이들은 흔히 외부가 막으로 둘러싸인 단포체, 2분체 및 4분체에서 발견된다. 부드러운 외막 형태는 실루리아기가 끝날 때까지 우세한 군집이었다. 3조형 발아구가 있는 몇 종류의 단순한 포자 형태는 아마도 선태식물에서 기원되었을 것이다. 그러나 대부분은 관속식물류에서 나왔을 것이다. 흔치 않지만 쿡소니아(*Cooksonia*, 그림 18.7 참조)의 포자낭에 있는 암비토스포리테스(*Ambitosporites*)의 많은 표본에서처럼, 포자는 직접 식물과 관련하여 발견될 수도 있다.

데본기와 석탄기의 화분 식물군은 훨씬 더 다양하다(그림 18.15). 하부 데본계의 라이니 처트의 식물은(글상자 18.3 참조) 한 종류의 포자만 생산하고 모두 장식과 가시가 있는 동형포자였다. 석송류의 단조형과 3조형 포자는 데본기 동안에 나타났고, 소포자와 대포자의 **이형포자**는 후기 데본기에 적어도 11번의 별개의 기원을 갖는 식물에서 나타났다. 다양한 외벽 장식을 갖는 석송류의 대포자도 이 시기에 출현했다. 석탄기의 종자 고사리는 단조형 화분을 생산했고, 구과류는 끝에 발아공이 있는 기낭을 갖는 화분을 생산했다. 단구형 화분은 소철과 은행나무에서 전형적이며, 석탄기와 페름기에 추가되었고 양쪽 다 많은 주름과 기낭을 갖는 화분이다. 페름기 동안에 포자는 트라이아스기까지 지속된 기낭상의 화분보다도 적었다. 겉씨식물은 전기 쥐라기 식물군(그림 18.16)의 주요한 그룹이었으며, 코르다이트목의 단낭, 일부 구과류의 쌍낭, 화석소철목, 소철목 및 은행목의 단구형, 네타목의 다구형, 그리고 다른 구과류의 무구형을 포함한다.

화분 화석은 백악기에 속씨식물의 방산과 함께 극적으로 변했다. 속씨식물의 화분은 이중의 외벽과 종자 또한 이중의 보호막을 가지고 있었다. 첫 번째의 확실한 속씨식물의 화분립이 백악기의 지층에서 보고되었다. 거기에서 크라바티폴레니테스(*Calvatipollenites*)와 같은 화분은 난형이고 단구형이다. 백악기 동안에 단구형 상태는 트리콜피테스(*Tricoplites*)와 같은 3조형이 추가되었다. 단자엽식물의 화분은 단조형이며 좌우 대칭이다. 그리고 쌍자엽식물의 화분은 구(furrow)와 구멍(pore)를 모두 가지고 있다.

화분학에 대하여 좀 더 알아보자. http://blackwellpublishing.com/paleobiology/.

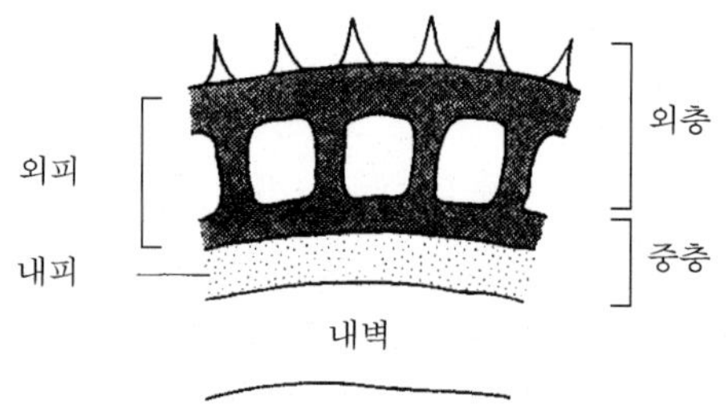

	극 적도
단구형	*Bulomus*
단공형	벼과(Gramineae)
3조형	물이끼(*Sphagnum*)
합구(合溝)	종이풀(*Pedicularis*) 어리연(Nymphoides) 곡정초(*Eriocaulon*)
기낭상	소나무(*Pinus*)
무구공	가래(*Potamogeton*)

2분체	장지체 (*Scheuchzeria*)
4분체	에리카과 (Ericaceae)
	부들 (*Typha*)
다분체	미모사 (*Mimosa*)
	난초과 (Orchidaceae)

그림 18.13 화분과 포자의 기본 형태와 전문 용어, 극관과 적도관을 보여 준다.

은 방수되는 캡슐(종자) 안에 난자를 보관하며 유관속계를 통해 영양분이 공급된다. 종자식물은 정자를 방수된 캡슐(화분)에서 생산하고, 그것이 종자로 이동한다. 수정 후에 배는 이미 준비된 물과 영양 공급 체계를 가진다는 이점(부모 식물에 붙어 있을 때)을 가지며 분산 뒤에도 가뭄에 저항력이 있는 껍질 안에 들어 있어 토양 조건이 습하고 따뜻해지

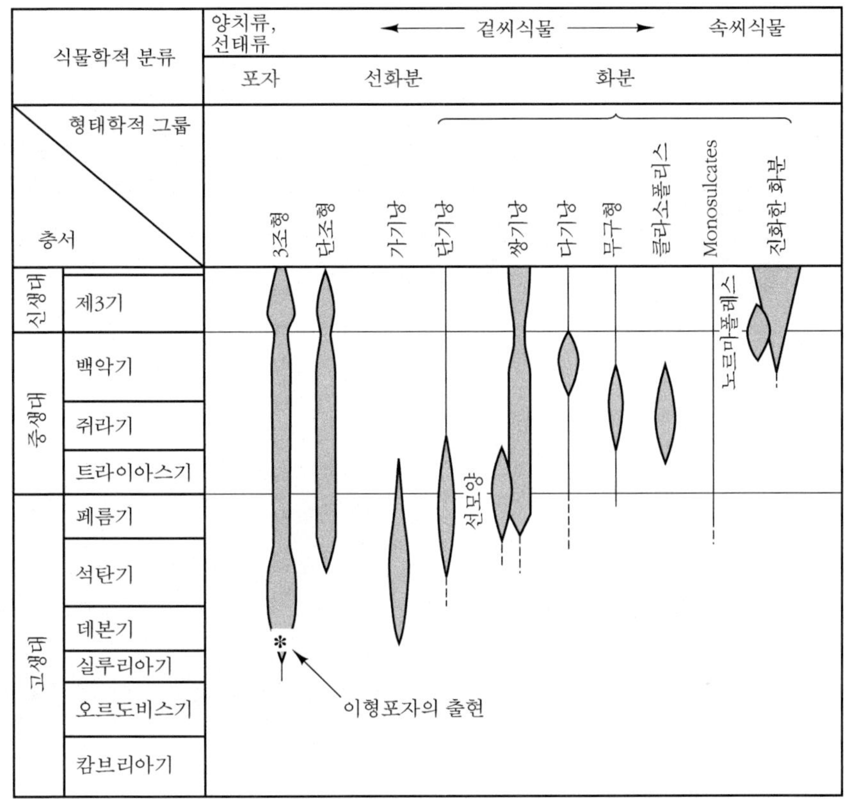

그림 18.14 중요 화분과 포자 분류군의 층서적 분포

는 최적 조건에만 껍질이 열리게 되므로 종자식물은 더 건조한 환경도 정복할 수 있었다.

겉씨식물은 석탄기에 그들의 성공이 밑씨를 유지한 사실과 배의 발달이 부모 식물로부터 특별한 보호를 받았다는 사실에 기인한다고 한다. 게다가 독립생활을 하는 배우체 단계는 없어지고 정자가 이동 시 필요한 물의 필요성이 없어지면서 겉씨식물은 건조한 고지대의 환경에서도 살아갈 수 있게 되었다. 겉씨식물은 아마도 종자를 생산하는 결과로서 특정한 환경에서 적응할 수 있다는 장점이 있었을 것이다. 그러나 겉씨식물이 항상 우세했었다고 가정하는 것은 틀릴 수도 있다. 양치류, 속새류, 석송류 그리고 이끼와 같은 많은 원시적 식물들은, 특히 습한 환경에서 꾸준히 다양화했고, 그들은 종자의 '장점' 없이도 성공적인 진화를 계속해 왔다.

종자 양치류

종자 양치류 혹은 '종자고사리'는 겉씨식물의 유일한 특징을 가지고 있지 않지만, 전통적

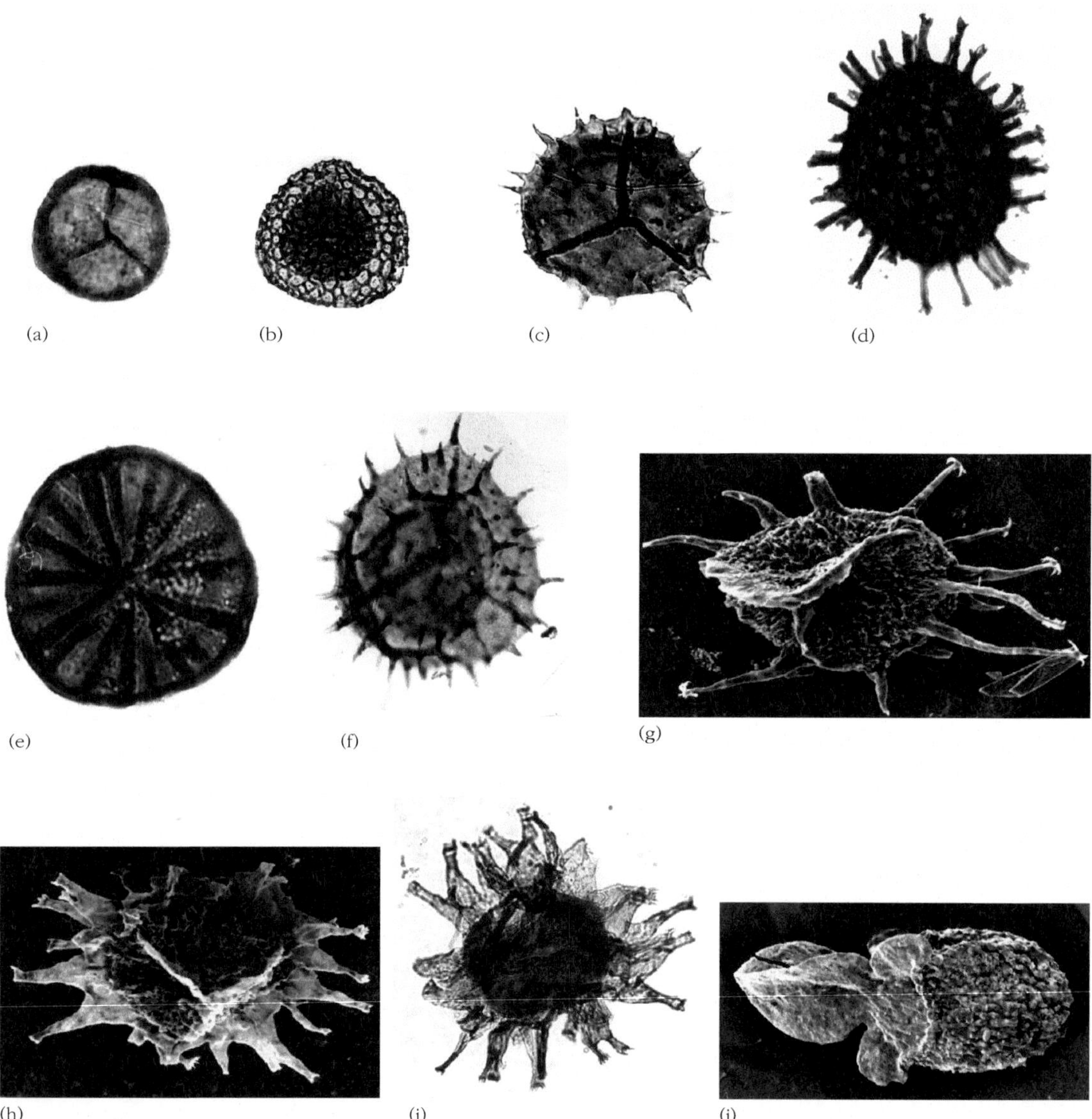

그림 18.15 데본기와 석탄기 포자 분류군의 일부: (a) 레투소트리레테스(*Retusotriletes*), (b) 레투시스포라(*Retusispora*), (c) 스피노조노트리레테스(*Spinozonotriletes*), (d) 라이스트리키아(*Raistrikia*), (e) 엠파니스포리테스(*Emphanisporites*), (f) 그란디스포라(*Grandispora*), (g) 하스코트리스포리테스(*Hystricosporites*), (h, i) 안시로스포라(*Ancyrospora*), (j) 오리토라게니쿠라(*Auritolagenicula*). (a)~(d), (f), (i)는 400배, (e)는 750배, (g)는 90배, (h)는 125배, (j)는 40배 확대. (Ken Higgs 제공.)

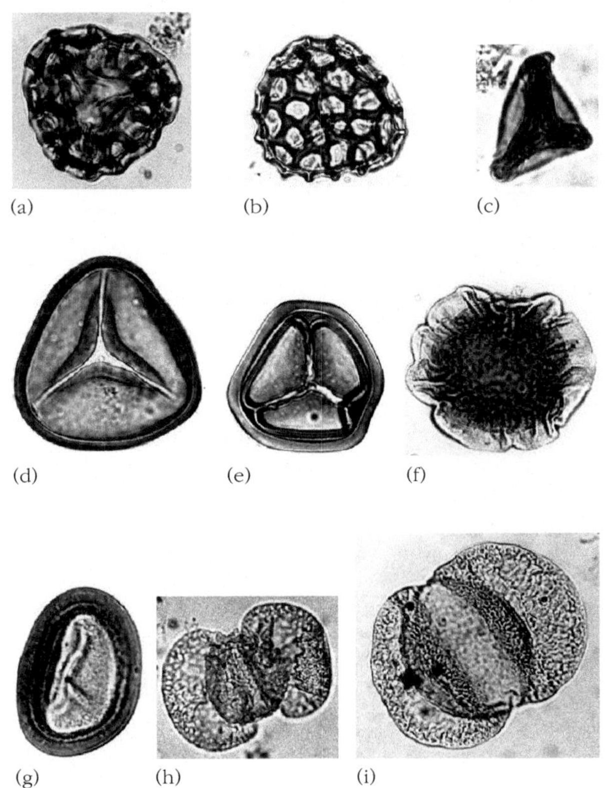

그림 18.16 쥐라기 포자와 화분 분류군의 일부: (a, b) 쿠르키스포리테스(*Klukisporites*). ⓒ 데트마니테스(*Dettmanites*), (d)딕티오필리디테스(*Dictyophyllidites*), (e) 레투소트리레테스(*Retusotriletes*), (f) 칼리아라스포리테스(*Callialasporites*), (g) 크라소폴리스(*Classopolis*), (h) 포도카르피디테스(*Podocarpidites*), (i) 프로토피누스(*Protopinus*). 모두 400배 확대. (Ken Higgs 제공.)

으로 겉씨식물의 중요한 한 강으로 여겨졌다. 그리고 이것은 그들이 여러 가지로 밀접한 관계가 있는 겉씨식물의 측계통 혹은 다계통 군집이라는 것이 명백하다. 종자 양치류는 후기 고생대와 중생대 식물군의 중요한 구성 요소이다.

석탄기와 페름기의 종자 양치류는 여러 그룹에 속한다. 예를 들면, 메두로사목은 겉보기로 목성 양치류와 같이 생겼지만, 밑씨와 화분을 만들지 않는다. 후기 고생대의 또 다른 그룹의 종자 고사리에 속하는 글로소프테리스(*Glossopteris*)(**그림 18.17**)는 높이가 4m에 달했고 사방으로 펼쳐진 혀 모양의 많은 잎을 가지고 있다. 이 종자 고사리는 펜실베이니아기부터 후기 페름기까지 남반구 곤드와나 대륙의 유명한 글로소프테리스 식물군의 중요한 요소였다. 글로솝프테리드목은 트라이아스기까지 존재했고 유연 관계가 불확실한 다수의 다른 종자 양치류는 트라이아스기와 쥐라기 동안에 퍼져 나갔다.

그림 18.17 종자 고사리의 글로소프테리스(*Glossopteris*), 높이 4m이며 오스트레일리아의 후기 페름기에서 산출. [Delevoryas(1977)에 근거.]

협탄층의 식물 생태학

초기 석탄기 식생의 복원도는 많은 양치류, 속새류, 목성 양치류 및 석송류의 식물들이 호수 근처에서 매우 밀집하게 자라고 있는 것을 보여 주는 경향이 있다. 그러나 보다 상세한 연구는 범람원 식생의 거의 대부분이 인목(*Lepidodendron*)과 봉인목(*Sigillaria*)과 같은 석송류와 드물게 노목(*Calamites*) 같은 속새류로 구성된 것을 보여 준다. 종자양치류, 침엽수 및 양치류는 건조한 환경에 적응했다. 그리고 그들은 제방(강 옆에 모래가 날려 쌓인 둑) 같은 높은 지대를 지배했다. 석탄기 동안의 매우 건조한 고지대의 식생에 대한 힌트가 있지만 이들의 화석 기록은 빈약하다. 놀랍게도 가장 잘 보존된 화석 기록은 숲의 대형 산불이 일어난 곳에서 나왔다(글상자 18.5).

석탄기 말기에 접어들어 유럽과 북마메리카에서 환경이 조금 건조해진 결과일지는 몰라도 범람원 식생에 변화가 생겼다. 석송류는 여러 지역의 건조한 땅에 양치류와 종자양치류로 교체되었다. 이러한 늪이 많은 서식지는 후기 석탄기에 와서는 유럽과 북아메리카에서 사실상 사라졌지만 중국에서는 페름기 말까지 지속되었다.

구과류

구과류는 펜실베이니아기부터 현재까지 존재하고 550종 이상으로 구성된 가장 성공한 겉씨식물이다. 현생 구과류는 전 지질시대를 통틀어 가장 키가 크고 장엄한 식물을 포함하는데, 그 식물은 높이가 110m 이상 자랄 수 있고 무게가 대략 1,500톤이나 나가는 북아메리카의 미국삼나무(*Sequioia sempervirens*)이다. 구과류는 건조한 환경에 적응할 수 있게 가늘고 비늘 같은 잎과 두꺼운 외피와 잎의 아래로 잠긴 기공을 포함하는 여러 가지 적응법을 가지고 있다. 모든 적

글상자 18.5 고대 식물 생태의 복원

화석식물에 관한 가장 훌륭한 증거는 현미경으로 조사하는 것이다. 그리고 주사전자현미경(SEM)은 실로 고식물학자가 얻을 수 있는 상세한 정보의 수준에 혁명을 가져왔다. 오늘날 열대우림에서 가끔 거대한 산불이 발생해 수백 에이커의 숲이 타 버린다. 이러한 산불은 무심코 버린 담배와 태양 광선을 집중시킬 병을 버림으로써 시작될 수도 있겠지만, 보통은 자연적인 요인으로 불이 발생한다. 땅 위에서 매우 건조된 가지와 잎에 벼락이 떨어져 대형 화재를 일으킬 수 있으며 오랫동안 화재가 계속된다.

산불은 언제나 파괴적인 것은 아니다. 사실 많은 식물은 때때로 불에 의지해 오래된 나무를 없애고 새로운 줄기가 자랄 수 있게 된다. 그리고 불에 탄 재는 인과 다른 영양분을 제공한다. 산불은 과거에 흔하게 일어났고, 특히 대기 중에 산소 농도가 높았던 석탄기 동안에 열대에서 자주 발생했다. 브리스톨대학의 팔콘-랭(Howard Falcon-Lang) 교수는 이러한 현상을 연구하여 고대 숯(나무가 타고 남은 부분)에서 주목할 만한 상세한 정보를 얻었다. 숯이 주사전자현미경을 통해 조사될 때 불에 탄 나무의 정확한 종류를 식별 가능케 해 주는 세포 아래에 있는 특유한 막공을 찾아냈다(**그림 18.18a**). 현재의 동아프리카와 같이 계절이 있는 열대 기후를 지시하는 나이테와 같은 상세한 정보 역시 보존되었다(**그림 18.18b**).

숯의 분포와 일반적인 북아메리카 석탄기 지층의 퇴적학적 정밀한 연구로부터, 식물의 잔해는 강둑에서 멀리 떨어진 상당히 건조해질 수 있는 고지대에서 화재가 빈번하게 발생했다는 것을 보여 준다(**그림 18.18c**). 산불은 근처의 화산폭발에 의해 시작되었을 수도 있다. 퇴적물을 통한 상세한 조사는 산불이 석탄기 동안에 매우 자주 일어났다는 것을 나타낸다. 화재가 언덕 사면을 약화시켜 때때로 산사태를 유발시켰을 뿐만 아니라 숲의 성장과 재생의 일상적인 부분이었음이 분명하다.

석탄기 산불과 식물 생태계에 관한 팔콘-랭(Falcon-Lang, 2000)의 연구를 좀 더 조사해 보자. http://blackwellpublishing.com/paleobiology/. 그리고 갑작스런 해수면의 상승으로 괴멸적으로 묻혀버린 일리노이주의 거대한 석탄기의 열대우림에 대해 좀 더 읽어 보자(DiMichele et al., 2007).

응 방법은 수분의 손실을 최소화하기 위한 것이다. 강인한 바늘 모양의 잎도 추운 극지방의 겨울에서는 떨어진다. 종자는 나선상으로 배열된 구과에 나선상으로 배열된 강인한 비늘 안에 들어 있다. 보통 구과는 가지의 끝에 달리지만, 화분을 생산하는 구과는 보통 가지의 옆에 붙어 있다.

석탄기와 페름기의 코르다이트목은 초기 구과류의 독특한 그룹이며, 넓고 긴 모양의 잎, 평행맥(**그림 18.19**)을 가진다. 코르다이트목의 일부는 나무와 같았고, 잎은 때때로 1m 길이에 달했으며 주로 측면의 가지에 밀집하여 붙는다. 펜실베이니아기에서 쥐라기 시대의 볼치아목은 잎과 구과의 화석이 풍부하게 발견되었다. 구과는 다양한 구조를 보여 주고, 일부는 끝에 한 개의 수정 가능한 실인편엽이 있다. 이것은 명백하게 현생 구과류로 가는 중간 단계를 보여 준다. 현생 구과류는 거의 모든 실인편엽이 수정이 가

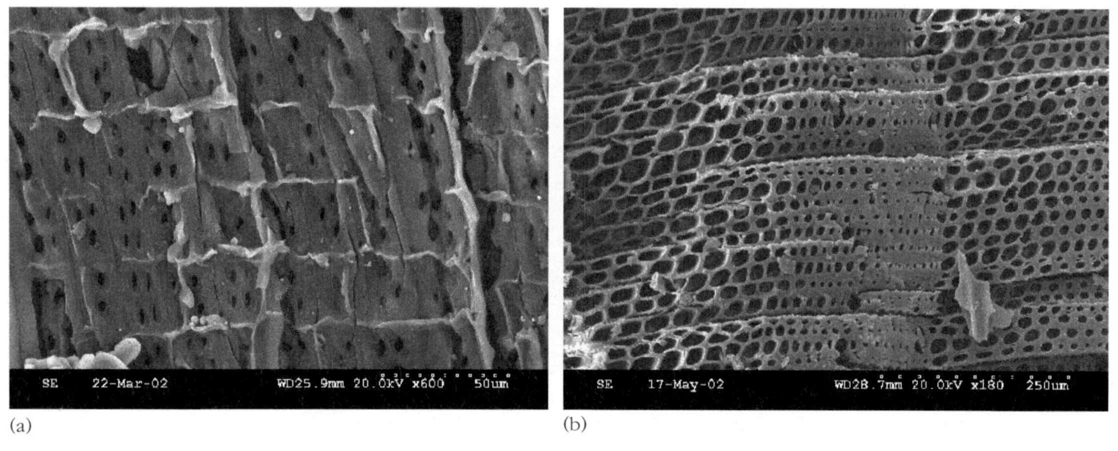

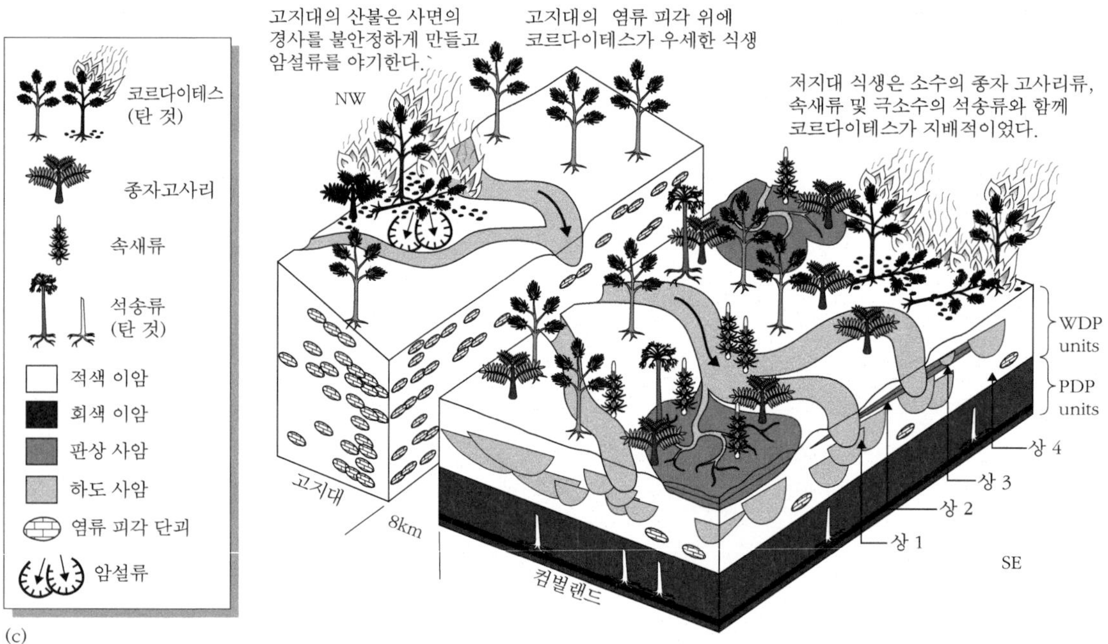

그림 18.18 석탄기 산불과 주사전자현미경의 사용: (a) 고대의 숯은 주사현미경을 통해 분야벽공 같은 멋지고 자세한 정보를 밝혀낼 수 있다. 이러한 조사는 어떤 종의 나무가 탔는지에 대한 증거를 제공해 준다. (b) 나이테의 일부. 얇은 외벽을 갖는 '춘재'(왼쪽)에서 두꺼운 외벽을 갖는 '추재'로의 변화에 주목하라. 이 나이테는 오스트레일리아 북부 혹은 동아프리카의 기후같이 계절성이 있는 열대 기후를 지시한다. 이러한 식물의 잔재와 퇴적물의 연구는 산불이, 특히 건조한 고지대에서 3년에서 35년마다 일어났다는 것을 보여 준다. (c) WDP=배수가 불량한 해안 평야, WDP=배수가 잘되는 해안 평야. (Howard Falcon-Lang 제공.)

능하다.

현생의 구과류는 후기 트라이아스기에서 쥐라기 동안에 방산하였고, 아마도 볼치아목 중의 어느 선조로부터 나왔을 것이다. 중요한 과는 나한송과(남쪽 나한송), 주목과(주목), 아라우카리아과(칠레삼나무), 측백나무과(사이프러스, 주니퍼), 낙우송과(세쿼이아, 미국삼나무, 낙엽송), 개비자나무과 및 소나무과(소나무, 잎갈나무)가 있으며, 잎의 모양과 구과의 특징으로 구별한다. 나한송과와 주목은 구과가 없다.

그림 18.19 초기 구과류인 코르다이테스(*Cordaites*), 25m 정도 크기이다. [Thomas와 Spicer(1987)에 근거.]

다양한 겉씨식물의 분류군

구과류에 비하면 다른 겉씨식물 그룹은 그렇게 넓게 퍼지지 않았다. 오늘날 은행류는 한 개의 종(*Ginkgo biloba*)으로 대표되고, 중국이 원산지이지만, 현재는 북아메리카와 유럽의 도시에서도 볼 수 있는 평범한 나무이다. 은행류는 중생대에 다양했다. 잎 모양은 현생의 부채 모양에서 중생대 분류군 중 일부에서 나타나는 깊게 갈라진 엽형까지 여러 가지로 다양해졌다(그림 18.20a, b). 꽃차례 같은 화분 기관과 자루가 달린 둥굴납작한 밑씨(배주)는 암수가 각각 다른 나무에서 나타난다. 현생의 은행나무(*Ginkgo*)는 겨울이 되면 땅에 떨어지는 낙엽성의 잎을 가진다. 이것은 고대 은행나무의 특징이었을 것이다.

오늘날 소철은 305개 속이 열대와 아열대에 서식하고 있다. 소철은 줄기의 크기가 작은 덩이줄기에서부터 높이 18m에 달하는 야자수 같은 줄기를 갖는 나무이다. 잎은 나무 둘레의 심층부에 부분적으로 엽흔을 남긴다. 북캐롤라이나주의 후기 트라이아스기 지층에서 높이 1.5m에 달하는 레프토시카스(*Leptocycas*, 그림 18.20c) 화석이 발견되었는데, 이 식물의 줄기 표면에는 식물이 성장함에 따라 떨어진 잎이 붙어 있었던 곳의 흔적과 줄기의 꼭대기 근처에서 9~10개의 양치엽이 보존되었다. 많은 다른 소철류는 줄기 전체에 엽저를 보여 준다. 소철의 잎은 수많은 평행한 작은 우편들이 우축에 붙어 있는 간단한 잎 배열 구조를 가진다. 그러나 다른 종류는 나눠지지 않은 잎을 가지고 있다.

베네티테스류 혹은 시카데오이드류는 소철의 잎과 매우 비슷한 잎을 갖는 중생대에 번영한 관목 식물이다. 베네티테스류의 일부는 원줄기의 꼭대기와 부수적인 가지에서 많은 긴 잎이 윤상으로 붙으며, 원줄기는 2m 높이에 달한다.

시카데오이데아(*Cycadeoidea*, 그림 18.20d)와 같이 다른 베네티테스류는 과거에 잎이 붙어 있었던 흔적을 나타내는 엽저로 둘러싸인 불규칙적인 공 모양의 줄기와 줄기 꼭대기에 많은 깃털 모양의 긴 잎을 가진다. 어떤 베네티테스류는 꽃과 같은 구조를 가졌다

(그림 18.21a). 쥐라기와 백악기 시대의 공룡이 나오는 전형적인 장면에서 하나 혹은 여러 종류의 베네티테스류가 배경으로 나온다.

네타목은 화석 기록이 연속적이지 않다. 네타목은 두 개의 후기 트라이아스기 표본과 백악기와 제3기에 약간의 표본이 있고, 현재 3개의 현생속이 있다. 네타목은 백악기 퇴적물에서 매우 풍부하게 나오는 독특한 화분을 갖는다. 이 그룹은 아마도 이 시기에 더욱 다양했을 것이다. 네타목은 상대적으로 현생의 속씨식물보다 겉씨식물에 더 가깝다고 여겨지기 때문에 식물학자 사이에서 명성을 얻었다. 특히, 네타목은 꽃처럼 생긴 구과에 밑씨와 화분을 만드는 기관을 가졌을 것이다(그림 18.21b).

현화식물

꽃과 속씨식물의 성공

속씨식물은 오늘날 가장 성공한 식물이다. 속씨식물은 260,000 종 이상이며 육지의 대부분의 서식지를 지배한다. 인간에 의해 재배되는 대부분의 식용 식물인 밀, 보리, 사과, 양배추, 렌즈콩, 완두, 올리브, 호박 등은 속씨식물이다. 속씨식물은 중생대 동안에 나타났고 백악기 중기에 극적으로 퍼져나갔다.

그림 18.20 다양한 겉씨식물: (a) 현생 은행나무의 잎(*Ginkgo biloba*), (b) 쥐라기의 은행류, 스페노바이에라(*Sphenobaiera paucipartita*), (c) 북아메리카의 후기 트라이아스기에서 산출된 높이 1.5m의 소철 (*Leptocycas gigas*)의 복원도, (d) 북아메리카의 백악기에서 발견된 2m 크기의 베네티테스류에 속하는 시카데오이데아(*Cycadeoidea*)의 복원도. [Delevoryas(1977)에 근거.]

다음은 속씨식물의 중요한 특징을 나타낸다.

1. 밑씨(배주)는 **심피**로 완전히 둘러싸여 있다(**그림** 18.21c). 심피는 밑씨 주위에서 자라는 잎이 변형된 것이라고 여겨지며 안정된 보호막을 제공한다. 속씨식물의 성장 과정에서 심피는 밑씨 주위에서 자라고 융합한다. 그러나 일부 목련류에서 수정이 일어날 때 심피가 완전히 융합하지 않는다.

2. 대부분의 속씨식물의 밑씨는 두 개의 외피 혹은 보호막을 가진다

3. 대부분의 속씨식물은 기둥 모양의 조직으로 분리된 두 겹의 외벽을 갖는 화분을 가진다.

4. 속씨식물은 꽃이 있으며(**그림** 18.21c), 그 구조는 대개 **꽃받침**과 **꽃잎**의 윤생체로 구성된다. 꽃은 심피와 **수술**(수컷의 생식 구조)을 포함한다. 이러한 꽃의 구조는 모든 속씨식물의 표준이 아니다.

5. 속씨식물은 모두 두 개의 정자핵이 수정에 관계되는 중복 수정을 한다. 하나의 정자핵이 난핵과 결합하며 다른 한 개는 다른 핵과 결합하고 분열하여 배의 발달을 위한 영양 공급을 제공한다. 중복 수정은 네타목을 설명할 때 언급하였다.

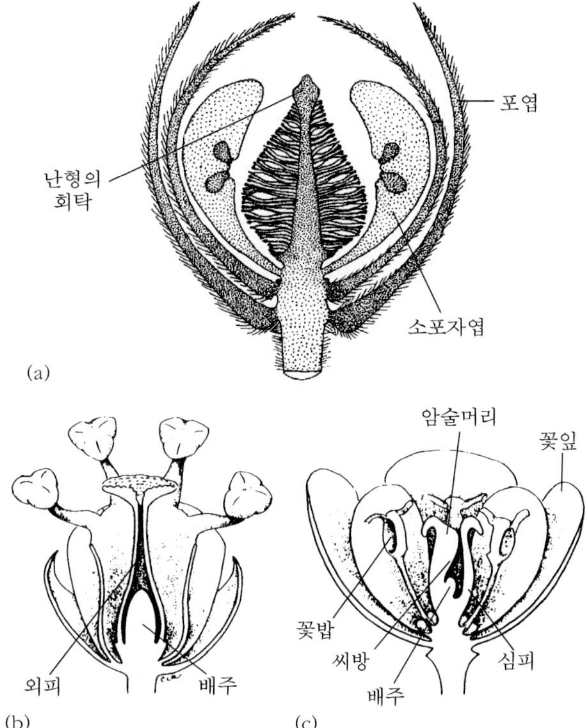

그림 18.21 속씨식물 꽃의 진화: (a) 쥐라기의 베네티테스류인 윌리암소니에라(*Williamsoniella*)의 구과는 자성생식기관, 밑씨가 중앙의 화탁에 있고 그 주위를 웅성생식기관인 소포자엽이 둘러싸고 있다. (b) 네타목의 웰위치아(*Welwitschia*)의 꽃은 중앙 밑씨와 그 주위를 둘러싼 웅성생식기관을 보여 준다. (c) 속씨식물인 매자나무(*Berberis*)의 꽃은 비슷한 형태이지만 종자가 심피에 둘러싸인 모습을 보여 준다.

6. 대부분의 속씨식물은 목질부 헛물관 대신에 물이 이동하는 도관을 가지고 있다. 그러나 이러한 특징은 일부 목련류와 조록나무에는 없고 네타목에만 존재한다.

7. 대부분의 속씨식물은 잎에 그물 같은 형태의 잎맥이 있다.

이러한 특징의 대부분은 속씨식물의 일반적인 특징이라고 여겨진다. 그러나 이들의 특징은 속씨식물만의 특성은 아닐 뿐만 아니라 이러한 특성이 모든 속씨식물에게 나타나지도 않는다. 속씨식물 그룹에서 받아들여질 만한 원거리 형질의 유일한 특성은 밑씨 주위에 있는 심피의 존재로 보인다(위에 열거된 첫 번째 특성).

꽃은 확실히 가장 눈에 띄는 속씨식물의 특성이지만 일부 겉씨식물 그룹도 역시 꽃과 상당히 유사성을 갖는 기관을 가지고 있다. 베네티테스류와(그림 18.21a) 네타목(그림 18.21b)은 중앙에 밑씨가 있는 꽃처럼 생긴 구조와 그 주위를 감싸는 꽃잎과 비슷한 구조를 가지고 있다.

속씨식물의 성공의 비밀은 아마도 꽃과 완전히 감싸진 밑씨일 것이다. 심피는 균류의 감염, 건조 및 환영받지 못하는 초식성의 곤충으로부터 밑씨를 보호한다. 중복 수정은 겉씨식물처럼(그림 18.12 참조) 부모식물이 밑씨의 수정이 확실하게 이루어질 때까지 크게 영양 저장 장소를 만드는 데 에너지를 쓰지 않도록 해 주는 이점을 제공한다고 알려졌다. 화분은 중앙의 씨방 주위에 위치한 긴 수술대의 꽃밥에서 생성된다. 화분립은 동물, 흔히 곤충 혹은 바람에 의해 암술머리로 운반된다. 그리고 화분립은 정자가 통과하는 화분관을 밑씨로 내려 보낸다.

꽃잎은 주로 밝은 색깔이며 특별한 향기와 꿀(설탕물)을 제공하는 것은 곤충에 의한 수정을 확보하기 위한 모든 속씨식물의 적응 방법이다. 어떤 겉씨식물은 이러한 패턴에 힌트를 제공한다. 현생 네타류의 웰위치아(*Welwitschia*)의 꽃은 '꽃잎'이 있다(그림

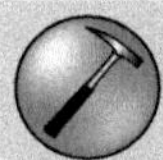

글상자 18.6 곤충의 새로운 활동: 수분

수분을 시키는 곤충은 백악기 이전과 속씨식물의 방산 이전에도 존재했지만, 일부 진화된 겉씨식물의 꽃으로부터 먹이를 얻을 정도로 곤충의 역할은 미미했다. 그러나 백악기 동안에 속씨식물과 곤충의 상호진화가 있었다는 놀랄 만한 증거가 있다(그림 18.22). 여러 식물을 수분시키는 딱정벌레와 파리 그룹은 이미 쥐라기와 전기 백악기에 존재했다. 그러나 아주 성공적인 종류인 나비, 나방, 벌과 말벌은 오로지 백악기와 제3기의 지층에서 화석으로 발견된다.

범세계적인 곤충 동물군들은 백악기와 제3기 동안에 변했다. 그 시기에 상당히 진화된 한 그룹은 막시류인 벌과 말벌이다. 화석 기록으로 처음 나타난 막시류의 잎벌(칼잎벌과)은 트라이아스기 이래 존재했다. 화석 표본의 일부는 잎벌의 내장에서 화분립의 덩어리가 발견되었는데, 이것은 그들이 선호한 먹이라는 것을 명백히 지시한다. 전기 백악기 동안에 구멍벌과의 말벌은 화분을 수집했다는 것을 보여 주는 특수화된 체모와 다리 관절을 가졌다. 다른 말벌 종류인 말벌상과와 진정한 벌의 출현은 후기 백악기에 나타났다.

첫 번째 속씨식물은 특정 곤충과 특수화된 관계를 갖지 못했을 수도 있었고, 여러 종에 의해 수분되었을 수도 있었다. 더 많은 선택적인 식물-곤충 관계가 아마도 후기 백악기 동안에 오늘날 방사형의 대칭적인 꽃을 수분시키는 말벌과 말벌의 기원과 함께 생겼을 것이다. 이러한 종류의 특수한 관계는 꽃의 모양, 제공된 먹이 보상의 측면에서 매개자에 대한 꽃의 증가된 적응과 꽃에 대한 매개체의 증가된 적응에 의해서 나타났다. 후기 백악기의 속씨식물은 매개자에게 화분과 꿀을 제공하는 특수화된 특징을 가진 장미와 비슷하다.

좀 더 자세한 정보를 읽어 보자. http://blackwellpublishing.com/paleobiology/

18.21b). 그리고 그것은 곤충 매개자를 위하여 미각을 돋우는 음식으로 꿀 같은 물을 분비한다. 속씨식물 특성의 진화는 꽃에서 먹이를 얻고 꽃을 수분시키는 새로운 중요 곤충 그룹의 진화와 나란히 했다는 것은 명확하다(**글상자 18.6**).

최초의 속씨식물

지난 한 세기를 지나면서 고식물학자들 사이에는 가장 오래된 속씨식물과 그에 가장 가까운 근연종에 대한 열띤 논의가 있어 왔다. 가장 오래된 속씨식물 화석은 일반적으로 전기 백악기에 출현한 것으로 받아들이고 있다. 그러나 쥐라기와 트라이아스기로부터 속씨식물 화석에 관한 연구가 반복적으로 보고되었지만, 실제로 대부분의 기록은 상당한 논란의 여지가 있다(Friis et al., 2006). 속씨식물이 정말로 속씨식물의 자매 그룹이라면 그렇게 오래된 속씨식물은 분자 계통발생학이 암시하는 것처럼 예상이 될 것이다(Frohlich & Chase, 2007, **그림 18.4** 참조). 이 나무는 속씨식물이 석탄기로부터 유래된 겉씨식물만큼 반드시 오래된 것을 암시한다.

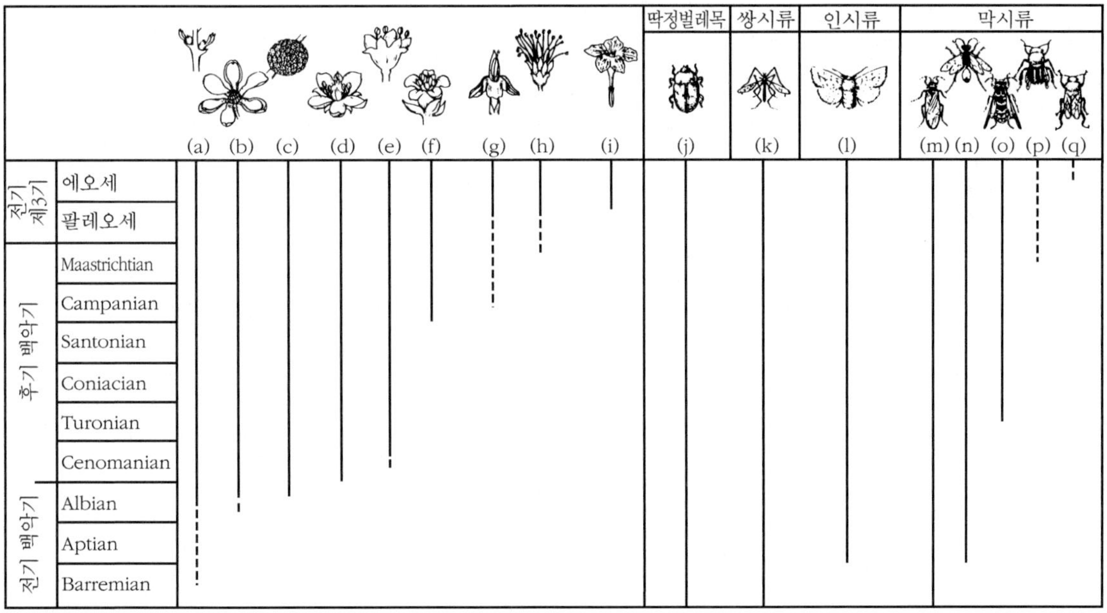

그림 18.22 백악기 전체 범위와 제3기의 초기 동안의 꽃의 구조와 수분 곤충의 상호진화. 중요한 꽃의 종류는 (a) 작고 간단한 꽃, (b) 여러 부분을 갖춘 꽃, (c) 작고 단성의 꽃, (d) 5개의 윤생으로 배열된 꽃, (e) 씨방 위에 있는 꽃잎, 꽃받침 및 수술이 있는 꽃, (f) 융합된 꽃받침이 있는 꽃, (g) 좌우 대칭인 꽃, (h) 붓 모양의 꽃, (i) 깊은 깔대기 모양의 꽃. 수분하는 곤충은 (j) 딱정벌레, (k) 파리, (l) 나방과 나비, (m~q) 여러 가지 그룹의 말벌과 꿀벌, (m) 넓적허리벌아목, (n) 구멍벌과, (o) 말벌상과, (p)꿀벌과, (q) 청줄벌과. [Friis 등(1987)의 정보에 근거.]

(a)

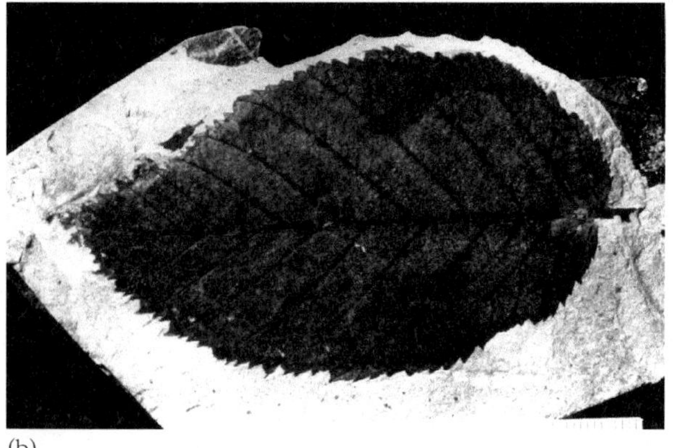
(b)

그림 18.23 북아메리카에서 발견된 화석 속씨식물 잔존물. (a) 메릴랜드에서 발견된 중기 백악기의 초기 상자 모양의 꽃, 스파노메라(*Spanomera*)(10배 확대). (b) 브리티시 컬럼비아의 에오세에서 발견된 자작나무의 잎(*Betula*)(1배 확대). (Peter Crane 제공.)

가장 오래된 꽃의 화석은 전기 백악기 지층에서 발견되었고, 이 화석은 북아메리카, 유럽 및 아시아에서도 발견되었다. 가장 훌륭하고 아마 가장 오래된 화석은 중국의 리아오닝(Liaoning)층에서 산출된 아르케푸루크투스(*Archaefructus*)일 것이다. 2002년에 명명된 이 화석은 최초의 속씨식물 화석이거나 그에 가장 가까운 자매 그룹이라고 하였다. 희귀하고 주목할 만한 이 최초의 속씨식물 화석은 육질의 수술과 안에 화분립이 세트로 들어 있는 꽃의 부드러운 부분이 보존되었는데, 전형적인 현대 속씨식물의 꽃같이 꽃의 부분이 5겹의 대칭을 보여 주었다(Friis et al., 2006). 더욱더 놀라운 꽃의 화석이 제3기의 초기에 알려졌다. 그 화석은 석판석회암, 처트 안 및 호박 안에 보존되었다(**그림 18.23**). 최초 속씨식물에 대한 더 일반적으로 보존된 다른 화석 증거는 화분, 잎, 과일과 목부로 이루어져 있다.

속씨식물의 방산

속씨식물은 백악기 말기까지 35개 과에 이르는 다양성을 갖고 있었다(**그림 18.24**). 백악기 중기의 속씨식물의 성공은 환경적인 스트레스를 거치며 이루어졌을 수가 있다. 초기의 속씨식물은 강둑이나 해안 지역 같은 방해를 받는 일시기성 서식지에 서식했다. 그리고 속씨식물은 조건이 알맞을 때 재빨리 확산하는 기회주의자였다. 게다가 속씨식물의 특별한 번식 체계는 특히 증가된 꽃과 수분 매개체와의 조화라는 관점에서 급격한 종분화를 촉진시켰을 것이다.

속씨식물의 기원에 대한 두 가지 경쟁 가설이 있다. 고초본 가설은 근본 계통이 생명주기가 빠른 작은 식물(초본)에서 기원되었다는 것이다. 반면에 목련군 가설은 근본 혈통이 느린 생명주기와 단순한 꽃이 있는 작은 나무에서 기원되었다는 것이다. 더 오래된 계통발생 분석은 목련류와 월계수류를 가장 근본적인 속씨식물로 보는 경향이 있다. 그리고 이것은 꽃이 생각했던 것만큼 중요한 혁신이 아니라는 것을 제안하는 것처럼 보인다.

고초본 가설은 속씨식물의 가장 큰 규모의 분자와 형태학적 계통발생들로 인해 오늘날 확인되었다(예: Soltis & Soltis, 2004; Haston et al., 2007). 이들은 가장 근본적인 현생의 속씨식물인 암보렐라(*Amborella*)를 발견하였다. 암보렐라는 뉴칼레도니아의 운무림(雲霧林)에서 발견된 흔치 않은 관목의 하층식물이다. 암보렐라는 나선형으로 배열된 꽃 기관과 명백히 다른 원시적인 특징을 가졌다. 속씨식물 나무의 근본에 가까운 것은 고초본의 배열과 키 낮은 식물이다. 후자에는 수련과(수련), 외떡잎식물(생강, 잔디, 야자나무와 근연식물)과 후추목(후추와 근연식물)이 있고, 다음으로 녹나무목(녹나무와 근연식물)과 목련목(목련과 근연식물)이 있다.

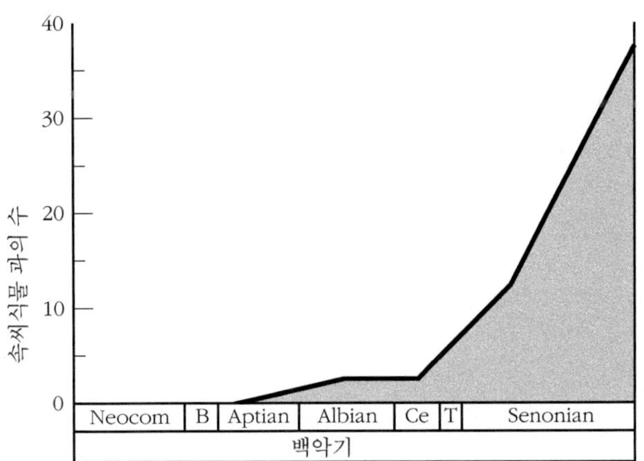

그림 18.24 백악기 동안 속씨식물의 급속한 방산은 속씨식물 과(科)의 숫자의 증가로 나타났다. 백악기 초기에는 존재하지 않다가 말기에 이르러 35개 이상의 과가 나타났다. Neocom=네오코미안, B=바레미안, Ce=세노마니안, T=투로니안을 나타낸다. (여러 자료의 정보에 근거.)

속씨식물을 외떡잎과 쌍떡잎으로 나누는 전통적인 구분은 현재는 더 이상 명백히 적용되지 않는다. 그 이유는 '쌍떡잎 식물'이 새로운 계통발생에서 측계통적이기 때문이다. 외떡잎 식물은 한 분기군을 형성하고, 하나의 떡잎(종자의 영양 저장 장소)과, 3개씩 배열된 꽃 부분과 평행맥을 가지고 있다. '쌍떡잎 식물', 모든 다른 현화식물은 모두 2개의 떡잎, 주로 4개와 5개씩 배열된 꽃의 부분, 망상맥 그리고 특수화된 목부의 관속 조직을 가지고 있다. 이들 두 개의 그룹은 백악기 때에는 쉽게 구분이 가능했다. 제3기 동안에 점점 더 현생의 과가 나타났다. 그래서 적어도 250~400과에 이르며 또는 속씨식물의 현생 과는 일부 종류의 화석 기록을 가지고 있다.

속씨식물과 기후

속씨식물은 육지 고기후의 매우 민감한 지시자이다. 그들은 고기온의 추정, 강우 패턴 및 계절성을 추정하는 데 현존하는 최고의 도구를 제공한다. 이렇게 하여 속씨식물을 이용한 실마리는 많은 현생 식물군을 제3기와 백악기까지 흔적을 찾을 수 있다. 그리고 고식물학자는 현재 목격되는 적응은 과거에도 똑같은 기능을 가졌다고 추정한다.

북아메리카의 후기 백악기에서 속씨식물의 잎에 대한 연구는 이러한 기후 예측이 어떻게 정확한 기후 예측이 될 수 있는지를 보여 준다. 업처치(Upchurch)와 울프(Wolfe)(1987)는 잎의 특징으로부터 기온을 추정하는 방법과 강우량을 측정하는 방법을 고안했다. 예를 들면,

1. 잎의 크기: 가장 큰 잎은 열대 우림에서 발견되고, 잎의 크기는 온도와 습기가 감소하면 줄어든다.
2. 잎의 가장자리: 열대 지역에서 속씨식물의 잎은 대부분 엽연이 매끈하지만, 온대 지역에서는 치상을 갖는 잎이 많다.
3. 잎의 끝: 열대 우림의 잎은 끝이 길게 늘어나 뾰족하다. 이것은 폭우가 내리는 동안 물이 잎에서 잘 떨어질 수 있게 해 준다.
4. 낙엽성: 상록수에 대한 낙엽성 나무(성장률이 낮아지는 기간인 겨울 혹은 건조한 계절 동안에 모든 잎이 일제히 떨어진다)의 비율은 온대 지역에서 최고로 높고, 열대 지역의 나무는 계속하여 더욱 성장해야 하므로 잎을 계속 유지한다.
5. 덩굴식물: 열대 숲에서 특정의 속씨식물은 높은 나무에 매달려 로프 같은 긴 식물로 자란다(타잔 영화 참조). 그러나 이러한 식물은 온대 숲에서는 드물다.
6. 목부의 도관: 동토 또는 건조한 지역에서 도관은 수분 공급이 부족할 때 공기가 관에 들어오는 것을 방지하기 위한 적응 방법을 가지고 있다. 관은 좁고 밀접하게 배열되어 있다.
7. 나이테: 강한 계절성이 있는 기후 지역에서 나무는 따뜻하거나 습한 계절에는 빠르게 자라고, 환경이 춥거나 건조해지면 성장이 느려지거나 멈춘다. 나이테 모양의 변화는 계절성의 정도를 나타낸다.

풍부한 잎의 군집이 북아메리카의 수백 개의 후기 백악기 지역에서 발견되었다. 그리고 이러한 군집과 함께 고기후를 반영한 잎 모양의 변화를 보여 준다(**그림 18.25a**). 수많은 종으로 구성된 식물군에 기초하여 위에서 언급한 엽형의 측정은 후기 백악기 동안 북아메리카에서 고기온의 변화에 대한 자료를 명백히 얻을 수 있다. 기온은 백악기의 지난 500만 년까지 약간의 변화와 함께 20~25℃를 유지하였고(**그림 18.25b**), 다시 기온이 27℃까지 극적으로 상승한 뒤 다시 하강했으며 제3기 초기에 기온이 다시 상승했다.

⚜ 복습 문제

1. 육상의 녹색화를 위한 현재 최고의 증거는 무엇인가? 선캄브리아 시대, 캄브리아기 및 오르도비스기 식물 화석의 고식물학적 증거와 신원생대 시대의 육상식물 그룹의 발산에 대한 분자학적 증거에 대해 읽어 보라. 왜 이러한 시대가 그렇게 많이 차이가 나는 것처럼 보이는가?
2. 최초의 육상식물로 상세하게 알려진 쿡소니아의 자세한 구조에 대해 읽어 보라. 식물의 다른 부분을 위한 모든 화석 증거를 보여 주는 자세한 복원도를 만들어 보라.
3. 최초의 육상식물은 언제 나무 크기에 도달했는가? 2007년 뉴욕 주의 길보아(Gilboa) 지역에서 발견된 완전한 나무에 대해 읽어 보라. 이 발견이 어떻게 육상식물의 진화에 관한 우리의 관점을 바꿨는가?

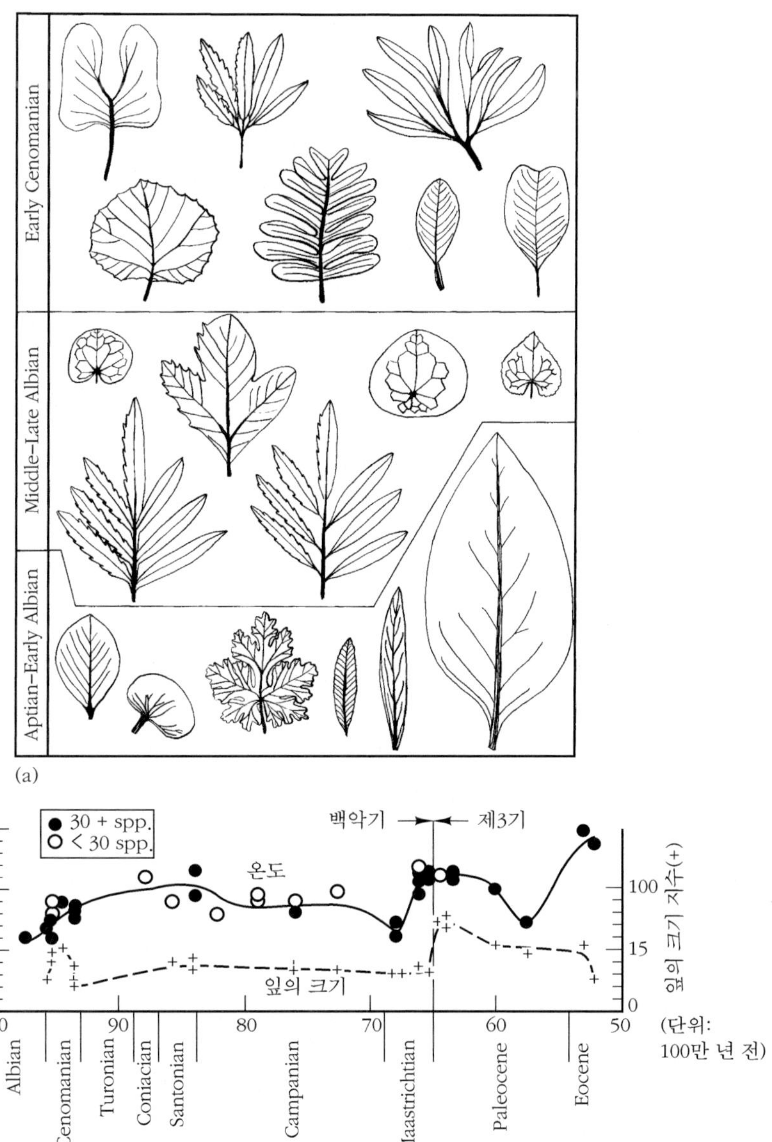

그림 18.25 속씨식물 엽형의 진화와 고기후. (a) 백악기 중기 동안에 북아메리카 식물군의 전형적인 엽형의 표본, 크기, 엽연 및 엽형의 변화를 보여 준다. 평균 잎의 크기는 줄어들고 기온의 상승을 나타낸다. (b) 후기 백악기를 통하여 북아메리카의 저위도 식물군에 대한 잎의 크기 지표(전연의 잎을 갖는 종의 백분율과 평균 잎의 크기). 이 지표는 기온 변화의 결과로 설명하였다. [Upchurch와 Wolfe(1987)의 정보에 근거.]

4. 석탄기의 열대 우림은 어떻게 생겼을까? DiMichele 등(2007)과 이와 연관된 논문과 웹사이트를 읽고 어떻게 석탄기 생태계에 관한 새로운 정보가 새로운 연구로부터 서로 연결되었는지를 찾아보라.
5. 속씨식물은 왜 그렇게 성공했는가? 백악기 동안에 다양한 속씨식물 그룹의 출현과 겉씨식물과 비교해서 속씨식물이 가진 유리한 특징이라고 생각되는 목록을 추적하라. 어떤 적응 방법이 속씨식물의 다양화에 있어서 가장 중요했는가?

더 읽을거리

DiMichele, W.A., Falcon-Lang, H.J., Nelson, W.J., Elrick, S.D. & Ames, P.R. 2007. Ecological gradients within a Pennsylvanian mire forest. *Geology* **35**: 415–18.

Doyle, J.A. 1998. Phylogeny of vascular plants. *Annual Review of Ecology and Systematics* **29**, 567–99.

Falcon-Lang, H.J. 2000. Fire ecology of the Carboniferous tropical zone. *Palaeogeography, Palaeoclimatology, Palaeoecology* **164**, 339–55.

Falcon-Lang, H.J. 2003. Late Carboniferous dryland tropical vegetation in an alluvial-plain setting, Joggins, Nova Scotia, Canada. *Palaios* **18**, 197–211.

Friis, E.M., Chaloner, W.G. & Crane, P.R. 1987. *The Origins of Angiosperms and their Biological Consequences*. Cambridge University Press, Cambridge.

Kenrick, P. & Crane, P.R. 1997. The origin and early evolution of plants on land. *Nature* **389**, 33–9.

Kenrick, P. & Davis, P. 2004. *Fossil Plants*. Natural History Museum, London.

Mauseth, J.D. 2003. *Botany; An introduction to plant biology*, 3rd edn. Jones and Bartlett, Sudbury, MA.

Soltis, D.E., Soltis, P.S., Endress, P.K. & Chase, M.W. 2005. *Phylogeny and Evolution of Angiosperms*. Sinauer, Sunderland, MA.

Stewart, W.N. & Rothwell, G.W. 1993. *Paleobotany and the Evolution of Plants*, 2nd edn. Cambridge University Press, Cambridge.

Thomas, B.A. & Spicer, R.A. 1995. *Evolution and Palaeobiology of Land Plants*, 2nd edn. Chapman and Hall, London.

Trewin, N.H. & Rice, C.M. 2004. The Rhynie hot-spring system: geology, biota and mineralization. *Transactions of the Royal Society of Edinburgh: Earth Sciences* **94**, 283–521.

Willis, K.J. & McElwain, J.C. 2002. *The Evolution of Plants*. Oxford University Press, Oxford.

참고문헌

Andrews Jr., H.N. 1960. Notes on Belgian specimens of *Sporogonites*. *Palaeobotanist* **7**, 85–9.

Bowe, L.M., Coat, G. & dePamphilis, C.W. 2000. Phylogeny of seed plants based on all three genomic compartments: extant gymnosperms are monophyletic and Gnetales' closest relatives are conifers. *Proceedings of the National Academy of Sciences* **97**, 4092–7.

Delevoryas, T. 1977. *Plant Diversification*, 2nd edn. Holt, Rinehart and Winston, New York.

DiMichele, W.A., Falcon-Lang, H.J., Nelson, W.J., Elrick, S.D. & Ames, P.R. 2007. Ecological gradients within a Pennsylvanian mire forest. *Geology* **35**, 415–18.

Edwards, D., Davies, K.L. & Axe, L. 1992. A vascular conducting strand in the early land plant *Cooksonia*. *Nature* **357**, 683–5.

Friis, E.M., Chaloner, W.G. & Crane, P.R. 1987. *The Origins of Angiosperms and their Biological Consequences*. Cambridge University Press, Cambridge.

Friis, E.M., Pedersen, K.R. & Crane, P.R. 2006. Cretaceous angiosperm flowers: innovation and evolution in plant reproduction. *Palaeogeography, Palaeoclimatology, Palaeoecology* **232**, 251–93.

Frohlich, M.W. & Chase, M.W. 2007. After a dozen years of progress the origin of angiosperms is still a mystery. *Nature* **450**, 1184–9.

Haston, E., Richardson, J.E., Stevens, P.F., Chase, M.W. & Harris, D.J. 2007. A linear sequence of Angiosperm phylogeny group II families. *Taxon* **56**, 7–12.

Kenrick, P. & Crane, P.R. 1997. The origin and early evolution of plants on land. *Nature* **389**, 33–9.

Kidston, R. & Lang, W.H. 1917–1921. Old Red Sandstone plants showing structure, from the Rhynie chert bed, Aberdeenshire, Parts I–IV. *Transactions of the Royal Society of Edinburgh* **51**, 761–84; **52**, 603–27, 643–80, 831–54, 855–902.

Morgan, J. 1959. The morphology and anatomy of American species of the genus *Psaronius*. *Illinois Biological Monographs* **27**, 1–108.

Soltis, P.S. & Soltis, D.E. 2004. The origin and diversification of angiosperms. *American Journal of Botany* **91**, 1614–26.

Stewart, W.N. & Rothwell, G.W. 1993. *Paleobotany and the Evolution of Plants*, 2nd edn. Cambridge University Press, Cambridge.

Thomas, B.A. & Spicer, R.A. 1987. *The Evolution and Paleobiology of Land Plants*. Croom Helm, London.

Trewin, N.H. & Rice, C.M. 2004. The Rhynie hot-spring system: geology, biota and mineralization. *Transactions of the Royal Society of Edinburgh: Earth Sciences* **94**, 283–521.

Upchurch Jr., G.R. & Wolfe, J.A. 1987. Mid-Cretaceous to Early Tertiary vegetation and climate: evidence from fossil leaves and woods. *In* Friis, E.M., Chaloner, W.G. & Crane, P.R. (eds) *The Origins of Angiosperms and their Biological Consequences*. Cambridge University Press, Cambridge, pp. 75–105.

Wellman, C.H., Osterloff, P.L. & Mohiuddin, U. 2003. Fragments of the earliest land plants. *Nature* **425**, 282–5.

Yuan, X., Xiao, S. & Taylor, T.N. 2005. Lichen-like symbiosis 600 million years ago. *Science* **308**, 1017–20.

제 19 장 생흔화석

학습 키포인트

- 생흔화석은 생물의 활동을 나타낸다.
- 생흔화석은 화석화된 생물의 행동이나 생물기원 퇴적 구조로 간주된다.
- 생흔화석에는 발자국과 파행흔, 보링(boring), 분립(糞粒)과 분석(糞石), 근침투 구조 및 각종 배설물이 포함된다.
- 생흔화석은 모양 또는 장식(ornamentation)에 의해 명명되며, 흔적을 남긴 생물, 환경 및 층서에 기초하여 명명되지 않는다.
- 하나의 동물에 의해서 다양한 종류의 생흔화석이 만들어지기도 하고, 다양한 종류의 동물에 의해 같은 형태의 생흔화석이 만들어지기도 한다.
- 생흔화석은 한 지층 내부나 표면에서 만들어지며, 원통형으로 보존되고 퇴적층의 표면과 바닥에서 몰드나 캐스트로 보이기도 한다.
- 생흔화석은 이동, 섭식, 경작, 도피 및 휴식 등 행동 양식에 따라 분류될 수 있다.
- 특정한 생흔화석군집(생흔화석상)은 시간이 지남에 따라 반복적으로 나타나며, 퇴적 환경에 대한 단서를 제공한다.
- 생흔화석은 흔히 두꺼운 퇴적층에서 특정 지층을 차지하며 티어링(tiering)의 두께는 시간이 지날수록 증가한다.
- 일부 특별한 경우를 제외하고 생흔화석은 층서를 결정하는 데 제한적이다.

"배심에서 배리모어(Barrymore)는 한 가지 잘못된 진술을 하였다. 그는 사체 주변에 어떠한 흔적도 없었다고 말했다. 그가 관찰하지 못했을 뿐이다. 나는 사체와 조금 떨어진 곳에서 선명한 자국을 보았다."

"발자국?"

"그래, 발자국."

"남자의 발자국? 아니면 여자의 발자국?"

모티머(Mortimer) 박사는 잠시 동안 우리를 이상한 듯이 바라보다가 가라앉은 목소리로 속삭이듯이 말했다.

"홈즈(Holmes) 씨, 자국은 아주 큰 사냥개의 발자국이 있었습니다."

도일(Arthur Conan Doyle)『바스커빌의 사냥개』(1901)

모든 고전적인 탐정소설은 화단에서 발견되는 발자국, 담배꽁초 또는 구겨진 종이와 연관이 있다. 그것들은 사건의 **흔적**이며 노련한 탐정은 그것들로부터 사건의 실마리를 찾는다. 셜록홈즈(Sherlock Holmes)는 발자국으로부터 범인의 키를 추정하여 동료인 왓슨(Watson)을 놀라게 한다. 그러나 이것이 과연 놀랄 만한 일일까?

생흔화석은 고생물의 행동 양식과 활동의 보존된 유해이다. 흔한 예로서 하구나 얕은 바다에서 사는 이매패와 벌레의 버로우(burrow), 해양저 심해 생물의 복잡한 섭식 생흔, 강과 호수 주변의 모래와 점토 위에 보존된 공룡과 다른 육상동물의 발자국이 있다. 언듯 보기에 다소 애매한 것으로 생각되지만 이들은 아주 중요한 내용을 알려 준다(**글상자 19.1**).

모든 생흔화석은 고생물이 살았을 당시의 환경뿐만 아니라 자국을 만든 생물의 생활상

글상자 19.1 톡톡 튀는 좀(bristletails)

고생물학자는 아주 예리한 시력을 가져야 한다. **그림 19.1**의 암석에서 우리는 깨끗하고 약간의 기복이 있는 표면에서 여기저기에 애매하고 작은 자국과 기다란 균열을 볼 수 있다. 하지만 이 암석의 표면에 아주 중요한 무엇이 있을까? 물론 처음에는 잘 눈에 띄지 않을 것이다.

이 암석은 뉴멕시코(New Mexico) 주 남부의 전기 페름기 로블레도산맥층(Robledo Mountains Formation)에서 발견된 것이다(Minter & Braddy, 2006). 이 지층에서는 양서류, 파충류, 전갈, 거미, 노래기 및 곤충의 발자국들이 많이 발견된다. 또한 생흔화석들은 편평한 조간대에 퇴적된 적회색의 실트암 내지 세립질 사암에 잘 보존되어 있다. 건열, 빗방울 자국은 이 지층이 한때 수면 위에 노출되었던 때가 있었음을 지시한다. 이 암석의 표면을 자세하게 관찰해 보면 아래쪽에서부터 위쪽으로 향해 있는 세 개의 화살 모양의 자국을 발견할 수 있다. 자세히 보면 화살 모양의 자국은 위쪽 부분에서 세 개의 예리한 얇은 선과 아래쪽에 상대적으로 흐린 자국이 보인다. 이 생흔화석은 통가녹시크누스(*Tonganoxichnus*)라고 하며 이것은 페름기와 석탄기 이전의 지층에서 보고되었다. 그러나 무엇이 이것을 만들 수 있을까?

이 생흔을 연구한 초창기 연구자들은 통가녹시크누스는 톡톡 튀는 좀과 같은 멸종된 곤충에 의해 만들어졌다고 생각하였다. 톡톡 튀는 좀, 좀 더 구체적으로 말하면 돌좀(machilids)은 오늘날 북아메리카와 유럽의 습한 해안가에 서식하는 날개가 없는 원시적인 곤충이다. 돌좀은 좀벌레와 매우 가까우며 집안의 습기 찬 양탄자 속에서 흔히 발견되며, 몸길이의 10배인 약 100mm까지 튀어 오를 수 있다. 다실렙투스(*Dasyleptus*)와 같은 멸종한 화석은 페름기 지층에서 알려져 있고 그들은 발자국과 완전하게 일치한다. 그 곤충은 아랫부분에서 위쪽 방향으로 톡톡 튀어서 이동하였다. 각 자국의 가장 위쪽에 찍혀 있는 날카로운 홈은 먹이를 잡아먹을 때 사용하던 앞다리의 흔적이며 뒤쪽에 있는 화살 모양의 자국은 복부가 바닥을 치고 앞으로 나아갈 때 생긴 복부의 흔적이다. 따라서 뉴멕시코에서 산출된 희미한 흔적은 약 2억 7,000만 년 전 습기가 많은 모래를 날개가 없는 여러 마리의 곤충이 톡톡 튀면서 가로질러 갔는지를 이야기해 준다.

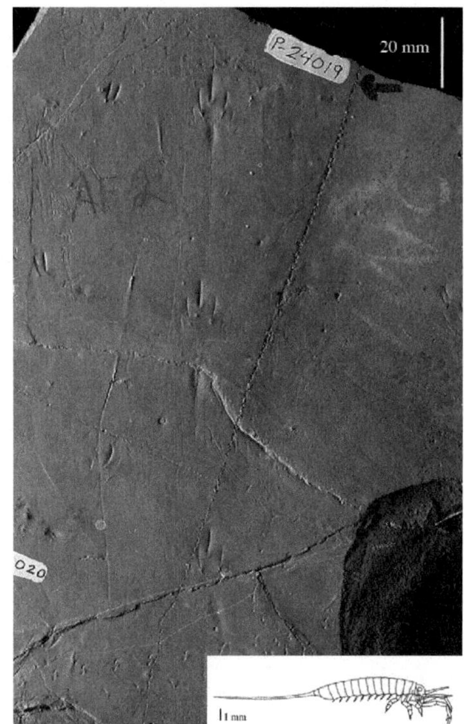

그림 19.1 다실렙투스(*Dasyleptus*)와 같은 날개 없이 톡톡 튀는 벌레의 생흔화석 통가녹시크누스(*Tonganoxichnus*)가 산출된 뉴멕시코주의 로블레도산맥층(후기 페름기)의 세립사암 시료. (Nic Minter 제공.)

을 알려 준다. 생흔화석은 다음과 같은 두 가지 증거를 갖고 있다.

- 고생물학의 일부로서의 생물의 행동
- 퇴적 구조와 같이 퇴적 환경

예를 들면 공룡의 발자국은 발자국을 남긴 공룡 발바닥의 연질부(軟質部)의 모양, 피부의 비늘무늬, 속도 및 그 공룡이 살았던 당시의 환경에 대하여 정보를 제공한다. 또한 공룡의 발자국을 통해 퇴적물이 얕은 물속이나 육상에서 퇴적되었고 기후가 공룡이 살기에 적당하였다는 사실도 알 수 있다.

생흔화석은 여러 퇴적암에서 흔히 발견되며 수 세기 동안 지질학자들에 의해 관찰되어 왔다. 사실상 많은 생흔화석은 해조류 또는 벌레의 화석으로 생각되었던 동물과 식물의 이름이 주어졌다. 물론 처음에는 거대한 새의 것으로 생각되었던 공룡의 발자국은 시작부터 바르게 해석된 유일한 생흔화석이다.

현대적인 생흔화석 연구는 1950년대 독일의 고생물 학자인 자일라허(Adolf Seilacher)에 의해서 시작되었다. 그는 생물의 행동에 근거하여 생흔화석을 분류하였으며 특정한 생흔화석군집은 바다의 수심을 지시함을 알게 되었다. 또한, 생흔화석은 퇴적 환경에 대한 연구가 퇴적암 기록을 이해하는 데 혁명을 가져다주었던 1960년과 1970년대부터 탐사 지질학자들에 의해 폭넓게 활용되었다. 이러한 연구는 그리스어 '생흔(ichnos)'에서 유래된 **생흔(화석)학**(ichnology)이라고 불리는 생흔화석에 대한 학문에 굳건한 과학적 기초를 마련하였다.

생흔화석의 이해

생흔화석의 유형

생흔화석의 종류는 매우 다양하며 발자국, 파행흔, 버로우 및 보링 등 다양한 용어로 설명되고 있다. 또한 생흔화석으로 여길 수 있는 애매한 화석과 퇴적 구조가 있으나, 그렇게 되어서는 안 된다. 주요 생흔화석의 유형은 **표** 19.1에 제시되어 있다.

일부 생흔화석학자들은 스트로마톨라이트(stromatolite)나 일부 점토 마운드(mounds),

표 19.1 생흔화석의 주요 유형과 주요어 정의

분류	용어와 정의
A. 지층 표면의 자국	• **발자국**: 보통 절지동물이나 척추동물에 의해 만들어진 개개의 발자국 세트 • **파행흔**: 보통 벌레의 몸통이나 연체동물 또는 절지동물이 이동하거나 휴식을 취할 때 만들어진 연속적인 자국
B. 퇴적층 속의 구조	• **버로우**: 입자를 밀어내며 이동, 주거, 보호, 섭식 등을 위한 부드러운 퇴적층 속에서 형성된 구조 • **보링**: 석회암, 패각 또는 나무와 같은 딱딱한 저층에 형성된 구조. 입자의 절단에 의해 보호, 주거 또는 탄산염의 추출을 위한 복족류에 의해서 만들어지는 패각의 드릴(drill) 구멍과 같은 생물 침식 섭식 생흔을 포함함
C. 배설물	• **분립과 배설물 고리**: 일반적으로 길이가 10mm보다 짧고 작은 분립 또는 줄 모양의 배설물 • **분석**: 일반적으로 길이가 10mm 이상이고 주로 척추동물에 의해 만들어진 개개의 배설물 덩어리
D. 기타	• **근침투구조**: 성장하는 뿌리 활동의 인상 • **분립이 아닌 펠릿**: 새와 파충류가 먹었던 것을 다시 토해 놓은 펠릿, 갑각류 그리고 그와 유사한 동물들이 흙을 파헤쳐 만든 펠릿

공룡의 둥지, 심하게 **생물 교란**(bioturbated)되거나 재동된 퇴적물과 같은 퇴적물과 생물의 상호작용의 예를 생흔화석에 포함시키기도 한다. 체화석(體化石, body fossil)에 속는 알이나 나뭇조각과 패각을 포함한 튀거나 구르는 물체에 의해 생긴 툴마크(tool marks)와 같은 퇴적 구조는 생흔화석에 포함되지 않는다.

생흔화석의 명명: 생물학적 종이 아니라 형태

생흔화석은 살아 있는 생물이나 식물 및 동물 화석과 같이 흔히 라틴어와 그리스어로 된 공식적인 이름을 가진다. 그러나 생흔화석의 명명법은 체화석과 현생 생물의 그것과는 근본적인 차이가 있다. 생흔화석의 속은 **생흔(화석)속**(ichnogenera, 단수는 ichongenus) 그리고 생흔화석의 종은 **생흔(화석)종**(ichnospecies)이라고 한다.

무척추동물에 의해서 만들어진 생흔화석의 명명에서 중요한 것은 일반적으로 이름이 생흔을 만드는 생물과 전혀 관계가 없다는 것이다. 생흔화석 연구의 초창기에 흔한 U자 모양의 버로우 아레니콜라이테스(*Arenicolites*)는 갯지렁이 아레니콜라(*Arenicola*)의 이름을 따라 명명되었고, 깊은 바다에서 발견되는 사행 파행흔 네라이테스(*Nereites*)는 다모류(多毛類, polychaete) 환형동물 네라이스(*Nereis*)에서 유래하였다. 그러나 대부분 아

레니콜라이테스와 네라이테스는 현생 벌레 아레니콜라와 네라이스와 전혀 관계가 없다. 그러나 척추동물에 의해 만들어진 발자국은 흔히 발자국 생성자와 훨씬 쉽게 대응되며, 이름은 화석을 남긴 생물의 이름을 나타낸다. 예를 들면 큰 세 발가락으로 이루어진 공룡 발자국 이구아노돈이크누스(*Iguanodonichnus*)는 조각류(鳥脚類, ornithopod) 공룡 이구아노돈(*Iguanodon*)에 의해 만들어지지 않았을까?

생흔화석이 추정되는 생물의 이름을 따서 지어져서는 안 되는 원리는 다음과 같은 두 가지 관찰에 근거한다.

1. 한 마리의 동물이 여러 형태의 생흔들을 남길 수 있다.
2. 한 종류의 생흔화석이 여러 종류의 생물에 의해서 만들어질 수 있다.

농게의 일종인 우카(*Uca*)는 최소한 네 가지의 뚜렷한 생흔을 남긴다(**그림 19.2**). 이들은 J자 모양의 주거 버로우, 걸어간 발자국, 별 모양의 섭식 생흔 그리고 분립이며 이들은 배설물 펠릿과 섭식 펠릿뿐만 아니라 각각 고유한 이름을 갖고 있다. 다양한 동물로부터 만들어지는 하나의 생흔화석 예로는 횡적 홈이 뚜렷한 이엽(bilobed)의 휴식 생흔속 루소파이쿠스(*Rusophycus*)를 들 수 있다(**그림 19.3**). 루소파이쿠스는 환형동물, 연체동물 및 두 종의 절지동물을 포함하는 세 가지 문(門, phyla)에 속하는 네 가지 종류의 동물들에 의해서 만들어질 수 있으나 생흔은 매우 유사하여 같은 이름이 주어져야 한다.

추가적으로 고려해야 할 사항은 생흔화석의 이름이 생흔을 남긴 생물의 이름을 따라서 짓는다면, 이름은 그런 해석의 정당성에 따라야 한다는 것이다. 생흔화석의 이름은 동일한 생흔에 대하여 다른 생성자를 제안하였던 모든 고생물학자의 일시적 생각에 따라서 변경될 수 없다. 예를 들면 이구아노돈(*Iguanodon*)의 발자국으로 명명된 이구아노돈이크누스(*Iguanodonichnus*)의 경우, 중간 정도의 크기를 가진 용각류(龍脚類, sauropod)에 의해서도 만들어질 수 있다고 판명된다. 이런 해석이 변할 때 그 이름이 바뀌어야만 하는가? 물론 아니다. 그것은 끝없는 혼란과 불완전성을 가져올 것이다. 생흔을 남긴 생물을 뜻하는 이름을 사용하지 않는 것이 왜 좋은지를 보여 준다.

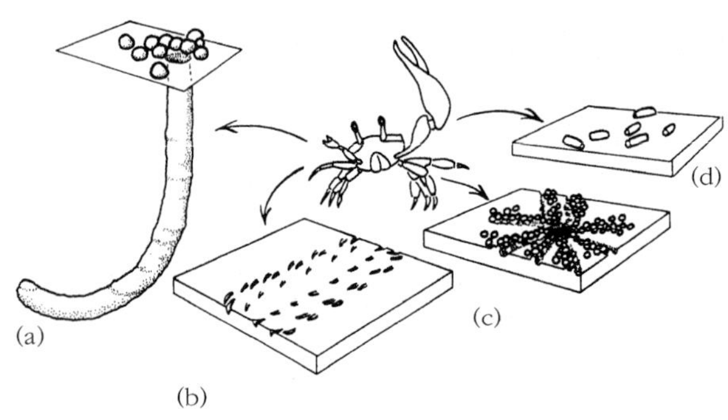

그림 19.2 한 동물이 각각 다른 형태의 많은 생흔화석을 만들 수 있다. 현생 농게(*Uca*)가 만들 수 있는 여러 생흔화석: (a) 'J'자 모양의 주거 버로우[주거 생흔: 실론이크누스(*Psilonichnus*)], (b) 걸어간 생흔[이동 생흔: 디플리크나이테스(*Diplichnites*), (c) 모래로 만든 덩어리로 쌓아 놓은 방사 형태의 포식 생흔, (d) 분립(분석). [Ekdale 등(1984)에 근거.]

생흔화석의 특성은 생흔화석의 외견에 많은 영향을 미치나 명명은 이러한 효과를 고려하지 않는다. 파행흔과 버로우는 입도, 조립질과 세립질 층과 관련된 위치 및 화석이 보존된 퇴적물의 수분 함량에 따라 심하

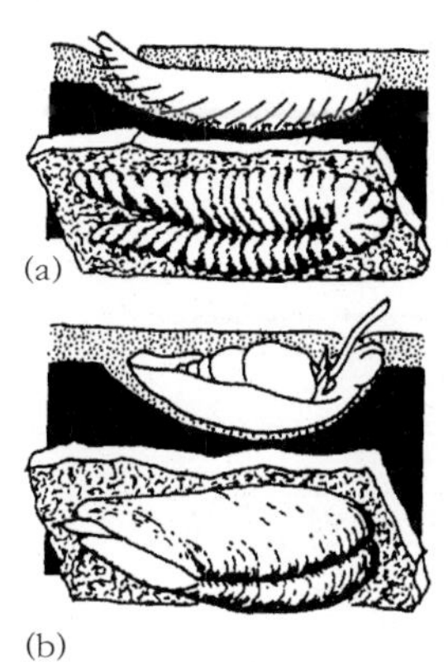

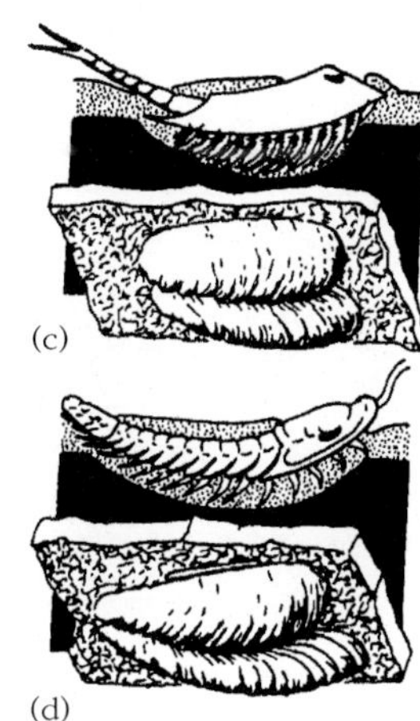

그림 19.3 하나의 생흔화석은 여러 다른 종류의 생물에 의해서 만들어질 수 있다. 여기의 모든 생흔화석은 (a) 다모류 아프로다이트(*Aphrodite*), (b) 네이시드 달팽이(nassid snail), (c) 세각류 새우, 및 (d) 삼엽충에 의해 만들어진 휴식 생흔 생흔속 루소파이쿠스(*Rusophycus*)이다. [Ekdale 등(1984)에 근거.]

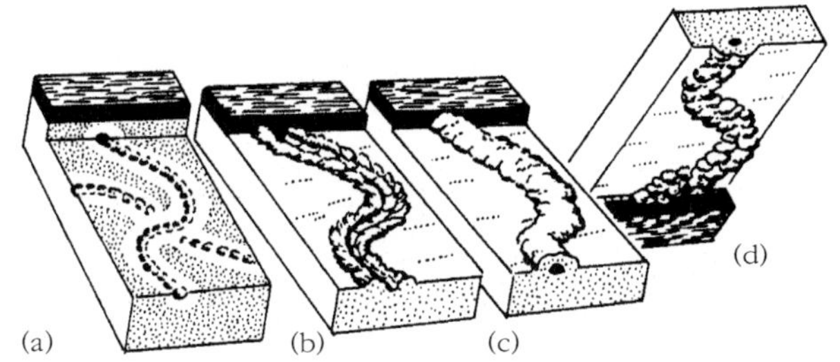

그림 19.4 퇴적물의 다양한 물리적 특성은 외관상 다양한 형태의 생흔화석을 만든다. 지층 내부의 성층면에 나타난 부스러기 섭취 버로우는 다양한 형태를 띠며 각각 다른 이름으로 불린다. (a) 모래에서의 스칼라리투바(*Scalarituba*), (b) 모래와 점토가 섞인 단단한 퇴적층에서의 네라이테스(*Nereites*), (c) 모래와 점토가 섞인 조금 축축한 퇴적층에서의 네오네라이테스(*Neonereites*), (d) 모래와 점토가 섞인 퇴적층의 아래쪽에서의 네오네라이테스(*Neonereites*). [Ekdale 등(1984)에 근거.]

게 변할 수 있다. 이는 하나의 심해 포식 생물에 의해 만들어진 일련의 생흔화석 네라이테스–스칼라리투바–네오네라이테스(*Nereites–Scalarituba–Neonereites*) 혼합체의 예에서 분명하게 볼 수 있다(그림 19.4). 많은 척추동물의 생흔에서는 상황이 다르다. 예를 들면 가끔씩 기다란 단일 공룡의 보행렬을 볼 수 있는데, 개개의 발자국 형태는 퇴적물의 유형과 동물의 행동에 따라 상당히 변할 수 있다. 단일 보행렬에서 발자국마다 다른 이름으로 명명한다면 아주 우스운 일일 것이다.

결론적으로 생흔화석의 이름은 모양 또는 표면 장식을 포함한 형태적 특징에 근거하여 명명되어야 하며 생흔을 남긴 생물이나 보존 상태에 근거하면 안 된다.

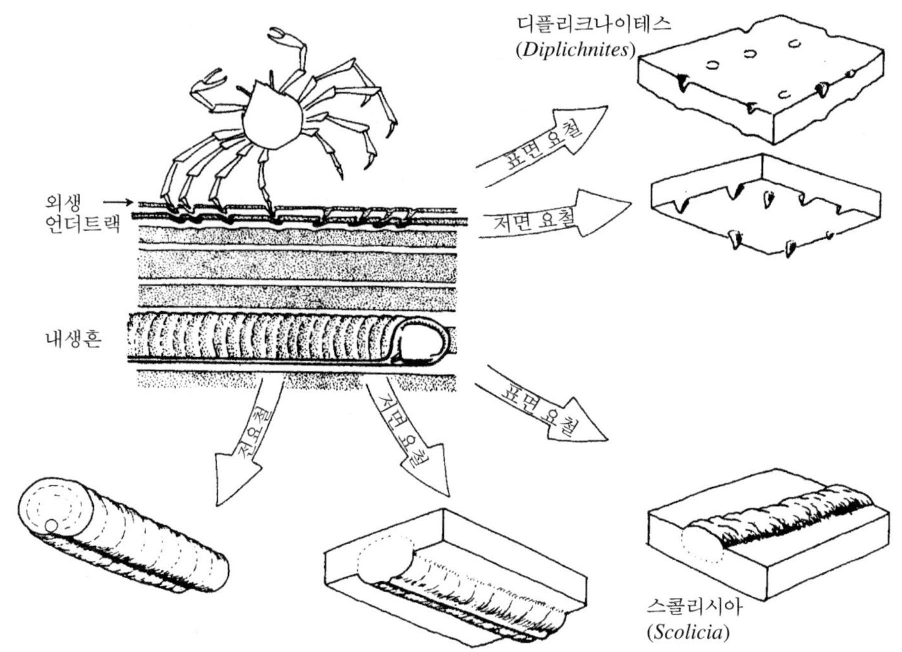

그림 19.5 생흔과 퇴적층의 관계에 근거한 생흔화석 보존에 대한 용어. [Ekdale 등(1984)에 근거.]

생흔화석의 보존

생흔화석은 성층면 위나 퇴적층 내에서 생성된다. 퇴적층과 생흔화석의 관계 및 생흔화석이 보존된 방법이 규명되어야 한다. 1960년대 초 자일라허(Adolf Seilacher)에 의해서 제안된 용어(**그림 19.5**)가 자주 사용되고 있다. 버로우는 3차원 구조이나 암석 속에서 매우 다양한 모양으로 관찰된다. 그들이 3차원으로 구조가 관찰될 경우 **전요철**(full relief)이라고 하며 지층면에서 튀어나와 한 면만 보인다면 **반요철**(semireliefs)이라고 한다. 반요철의 버로우와 지층의 파행흔(trails)은 표면에 나타나는 **표면 요철**(epireliefs) 또는 지층의 바닥에 나타나는 **저면 요철**(hypereliefs)로 나타난다. 저면 요철 보존은 저탁암과 폭풍 퇴적층의 특징인 사암과 이암이 교호된 퇴적층에서 매우 흔히 나타난다(**글상자 19.2**). 여기에서 생흔화석은 사암층의 바닥에서 저면 구조(sole structure)로 가장 잘 보존되는데, 이암이 흔히 벗겨지기 때문이다.

버로우와 표면의 파행흔이 항상 쉽게 구분되지 않는다는 것을 아는 것은 중요하다. 버로우는 퇴적물 내에서 형성되며, 따라서 **내생흔**(endogenic)이다. 그들은 성층면을 따라서 반요철로 관찰된다. 그러나 이후의 침식이나 풍화 작용이 버로우 위의 퇴적층을 제거한다면 버로우는 반요철로 보일 수 있다. 파행흔은 성층면에서 형성되며, 따라서 **외생흔**(exogenic)이고 전형적으로 전요철로 관찰된다. **하족흔**(언더트랙, under track)은 동물이

글상자 19.2 저탁암의 형성 시기

생흔화석의 보존 상태는 생흔화석이 저탁류와 같은 주요 퇴적 사건의 전과 후 어디에서 형성되었는지를 알려 줄 수 있다. 저탁류는 엄청난 양의 퇴적물을 깊은 바다로 운반하는 해저 사태 또는 중력류이다. 웨일스(Wales)와 웨일스 해안가의 하부 사일루리아계 이암과 사암은 심해저 네라이테스(*Nereites*) 생흔상 내의 다른 환경에 속한 생흔화석의 원천으로 오랫동안 알려져 왔다. 크라임스와 크로슬리(Crimes & Crossly, 1991)는 에버리스트위스 그리트층(Aberystwyth Grits Formation)의 사암으로 이루어진 저탁암에서 헬민솝시스(*Helminthopsis*), 팔레오딕티온(*Paleodictyon*) 및 스쿠아모딕티온(*Squamodictyon*) 등의 25개 생흔속을 동정하였다(그림 19.6a, b). 더 세립질인 퇴적물에서 네라이테스(*Nereites*), 딕티오도라(*Dictyodora*), 고르디아(*Gordia*), 헬민소이다(*Helmonthoida*)로 구성된 다른 생흔화석이 산출된다(그림 19.6c, d).

웨일스 분지의 생흔화석에서 한 가지 분명한 것은 아마도 확장되는 선상지의 끝자락에서 나타나는 소규모의 저탁류의 결과이다. 평상시에 생성된 생흔화석과 저탁류가 발생한 이후에 생성된 생흔화석을 나타내는 전-저탁암과 후-저탁암 군집이 동정되었다. 오르(Orr, 1995)는 저탁류 발생 전에 만들어진 지층 표면 파행흔과 얕은 버로우 군집을 나타내는 전-저탁암과 후-저탁암 군집을 동정하였다. 저에너지 저탁류가 휩쓸고 지나간 후에 기존의 퇴적물 상부층이 쓸려 나가고, 전-저탁암 버로우가 사질 저탁암의 바닥에서 볼록한 저면요철로 발견된다. 저탁류가 약해진 이후 후-저탁암 생흔화석 군집이 저탁암 내에 발달되었다(그림 19.6e).

이러한 사실은 생흔화석군집의 해석을 좀 더 명확하게 해 준다. 헬민솝시스와 팔레오딕티온이 사암층에서 동시에 산출될지라도 헬민솝시스는 저탁류가 중단된 직후 만들어진 기회주의적(opportunistics) 후-저탁암 형태이다. 그 후 팔레오딕티온과 다른 생흔화석은 안정된 퇴적물을 차지하기 위해 이동한다.

이동할 때 밟고 지나가는 지층 아래쪽에 놓여 있는 지층의 표면에 남아 있는 발자국 인상이다. 언더트랙과 실제 발자국 화석은 형태학적으로 다르며 실제 발자국과 언더트랙의 형태는 현생동물에 대한 수많은 실험연구를 통해 수행되어 왔다(글상자 19.3).

고행동의 해석

생흔화석은 체화석이 드문 경우 고생물에 대한 지식의 간극을 채워 줄 수 있다. 이러한 연구가 매우 잘 이루어진 두 환경은 심해와 육상이다. 아주 깊은 심해저 생물의 체화석에 대해 알려진 것은 거의 없고, 사실상 오늘날에도 접근하기가 매우 힘든 환경이기 때문에 심해저 현생생물에 대한 내용도 거의 알려진 것이 없다. 그러나 생흔화석은 많은 심해 환경에서 매우 흔하고(그림 19.8), 파행흔과 버로우를 만드는 몸이 연한 생물의 다양성, 얼마나 많은 이 생물들이 복잡하고 얕은 버로우 시스템과 효율적인 섭식 파행흔을 만들었

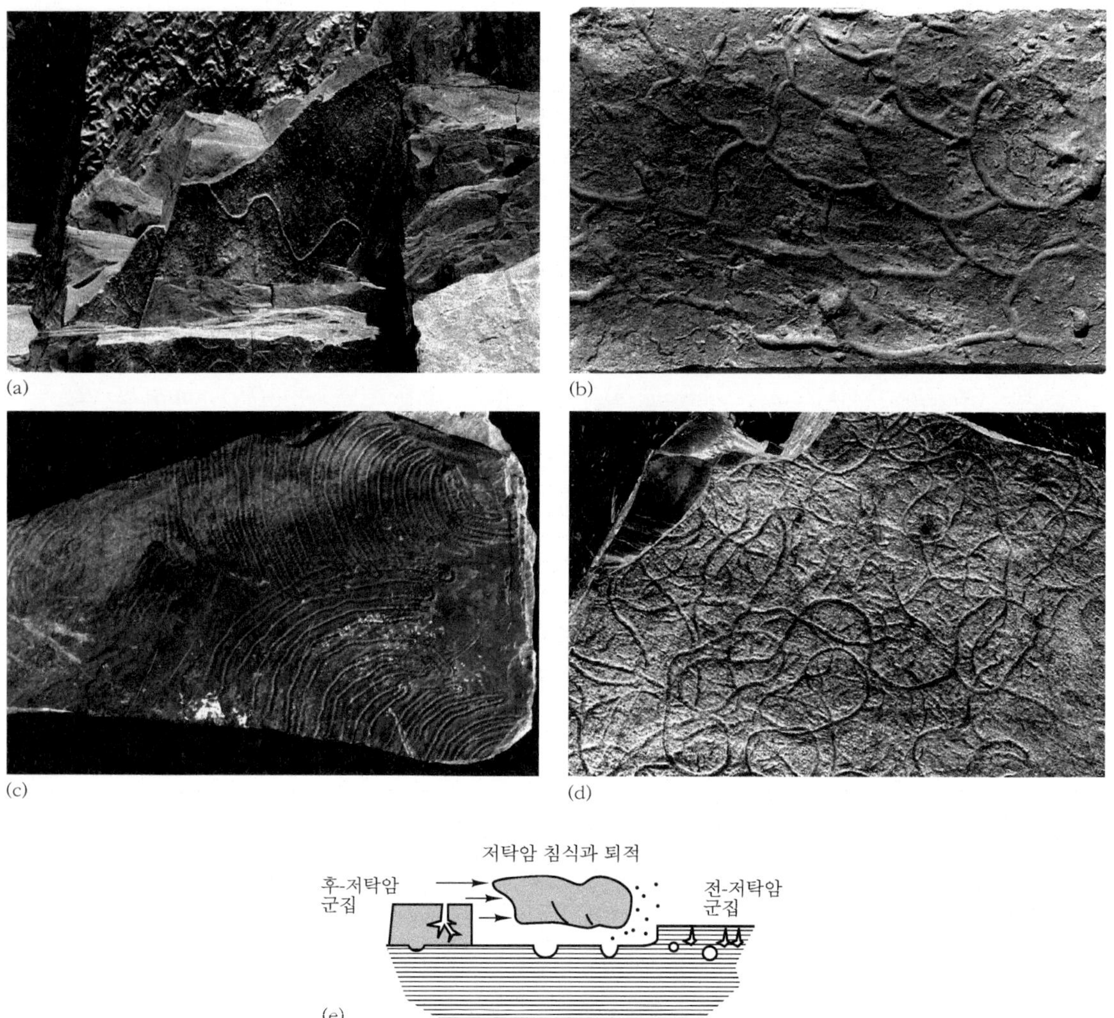

그림 19.6 웨일스 분지(네라이테스 생흔화석상)의 실루리아기 하부 지층의 전형적인 생흔화석들: (a) 헬민솝시스(*Helminthopsis*), (b) 팔레오딕티온(*Paleodictyon*), (c) 네라이테스(*Nereites*), (d) 고르디아(*Gordia*), (e) 전-저탁암과 후-저탁암의 생흔화석군집. (T. P. Crimes 제공.)

는지, 그리고 얼마나 많은 이러한 군집들이 현생누대를 통하여 진화되었는지를 보여 준다. 육상에서는 일부 육성층에 극소수의 체화석이 보존되며, 동물의 유일한 지시자는 풍부한 공룡과 다른 척추동물의 발자국(**글상자 19.4**), 그리고 곤충과 호수에 살던 동물의 발자국과 버로우이다.

생흔화석에 대한 연구의 진전은 자일라허(Seilacher, 1967a)의 행동 범주의 분류이다. 그는 표현된 활동에 따라서 일곱 개의 행동 유형으로 생흔화석을 구분하였다(그

글상자 19.3 에뮤(emu)의 언더트랙

공룡발자국의 전문가들은 오랫동안 언더트랙에 대하여 인지해 왔다. 공룡과 같은 거대한 동물들은 부드러운 퇴적층 위를 걸어갈 때 매우 깊은 발자국을 남긴다. 때때로 발자국의 모양은 공룡이 걸었던 그 지층 아래쪽 약 1미터 또는 그 이상의 깊이에 있는 지층까지 영향을 미치며, 이는 그들을 아래층에서 본다면 많은 공룡 발자국 화석이 실제로는 언더트랙이라는 의미이다.

발자국 모양이 동물의 무게와 퇴적물의 입자 크기 및 수분 함량에 따라 어떻게 변해 가는가에 대한 많은 실험이 있었다. 물론, 덩치가 큰 동물일수록 깊은 발자국을 남긴다. 또한 퇴적물 입자의 크기가 클수록 발자국 화석이 뚜렷하지 못하다. 그리고 동물이 아주 건조한 상태의 퇴적물을 가로질러 갔다면 발자국은 남아 있지 않을 것이다. 수분 함량이 너무 높을 때에는 모래와 점토가 발자국이나 파행흔 안으로 흘러들어 가서 끈적끈적한 진흙투성이를 남길 것이다. 만약 퇴적물이 물기에 살짝 젖어 있을 때에는 완벽한 발자국이 보존될 수 있다.

코펜하겐대학의 대학원생인 밀란(Jesper Milan)은 발자국과 언더트랙(undertracks)을 이해하기 위해 에뮤의 발자국에 대하여 연구하기로 결정하였다(Milan & Bromley, 2006). 에뮤는 오스트레일리아에 살고 있는 날지 못하는 아주 큰 새로 고집이 세기로 유명하다. 따라서 이 새는 연구자들이 연구를 위해 이미 만들어 놓은 경로로 달려가기를 거부하여 아주 많은 애를 먹었다고 한다(그림 19.7a). 결국에 밀란은 에뮤가 준비된 '퇴적물' 위에 아주 선명한 발자국을 남기도록 하는 데 성공하였으며, 이것을 통해 위쪽에서 아래쪽 지층으로 갈수록 언더트랙의 형태가 변화한다는 것에 대하여 명확하게 알게 되었다(그림 19.7b). 이는 생흔화석 연구자들에게 발자국과 언더트랙을 분명하게 동정해야 하며, 깊은 언더트랙으로부터 발자국 생성자의 해부학적 형태를 과도하게 해석하면 안 된다는 것을 경고하고 있다.

(a)

(b)

그림 19.7 실험 생흔학: (a) 에뮤가 의도된 방향으로 걸어가게 하기 위하여 설득하는 대학원생 밀란(Jesper Milan)과, (b) 콘크리트와 모래가 교호된 지층을 에뮤가 걸어갔을 생긴 발자국과 언더트랙. 콘크리트가 완전하게 굳은 다음 모래를 물로 씻어 내고 실리콘을 채웠다. 가장 위층의 발자국(왼발)은 그 아래쪽의 여러 지층에 인상을 남겼으며 깊이가 40mm에 달하는 언더트랙을 남겼다. 아래쪽으로 갈수록 발가락의 폭이 넓어지고 발가락의 윤곽이 불분명해짐을 확인하라. (J. Milàn 제공.)

그림 19.8 심해저의 생흔화석. 포식 파행흔(포식 생흔)인 헬민솝시스(*Helminthopsis*)와 네트워크 버로우 시스템(경작 생흔)인 팔레오딕티온(*Paleodictyon*)이 서로 다른 층준에서 관찰되며, 이 사진은 웨일스의 하부 실루리아계의 에버리스트위스 지층에서 촬영한 것임. (Peter Crimes 제공.)

림 19.10). 벌레의 파행흔이나 공룡의 보행렬처럼 A에서 B로 이동을 나타내는 발자국과 파행흔을 **이동 생흔**(repichnia)이라고 한다. 동시에 이동과 섭식을 포함하는 포식 파행흔을 **포식 생흔**(pascichnia)이라고 한다. 이들은 심해 퇴적물에서 나타나는 전형적으로 돌돌 감기거나 촘촘하게 구불구불한 파행흔이며, 이 환경에서 규칙적인 양상은 제한된 먹이 섭취에 대한 적응이다. 흔하지 않은 일부 심해의 수평 버로우 시스템은 먹이 입자를 얻기 위한 덫이나 조류(algae)를 기르기 위해 만들어진 것으로 보인다. 이들을 **경작 생흔**(agrichnia)이라고 한다. 많은 해양생물은 물론 지렁이에 의해 만들어진 것과 같은 섭식 버로우는 **섭식 생흔**(fodinichnia)이라고 한다. 주거용 버로우와 보링은 **주거 생흔**(domichnia)이라고 한다. 도피 구조 또는 **도피 생흔**(fugichnia)은 갑자기 덮이는 퇴적물 아래의 퇴적층에서 도피하기 위하여 벌레나 이매패 또는 불가사리가 위쪽으로 이동하는

글상자 19.4 공룡의 행동

공룡의 발자국은 아마도 가장 친숙한 생흔화석이며, 또한 공룡 발자국은 공룡이 어떻게 살았는지에 대하여 많은 정보를 알려 준다. 일부 공룡 발자국 산지는 매우 넓은 지역에 때로는 수많은 종의 발자국을 수백에서 수천 개 남겨 놓았으며 이들은 때때로 긴 보행렬을 이루기도 한다. 보행렬을 이용하여 과거에 살았던 생물의 행동 습성을 밝히는 것이 아주 흥미 있는 일이기는 하지만, 그러나 주의를 기울여야 한다! 우선 발자국들이 서로 중첩되었는지의 여부를 확인하여 발자국이 동시에 만들어 진 것인지를 확인하는 것이 중요하다. 매우 바쁘게 이리저리 뛰어다닌 것처럼 보이는 발자국 산지가 활동적인 단 한마리의 공룡에 의해 만들어질 수도 있다.

3차원적인 공룡의 발자국은 매우 드물다. 일반적으로 공룡은 견고한 점토나 모래 위를 뛰어갈 경우 지층의 표면에 발자국을 남긴다. 어떤 경우에 공룡은 부드러운 퇴적물에 빠지게 되고 공룡의 발은 1m 이상 깊이로 들어가게 된다. 공룡이 그러한 상황에서도 움직인다면 끈적끈적한 저층으로부터 발을 끌어당겨야 하고 기묘한 형태의 자국을 남겼을 것이다.

그린란드의 후기 트라이아스기 지층에서의 주목할 만한 발견(Gatesy et al., 1999)은 이를 보여 준다. 로드섬 브라운대학의 게이트시(Sthphen Gatesy)와 그의 동료들은 길쭉하면서도 이상하게 생긴 새발자국 모양의 발자국 화석(그림 19.9a)을 발견하였다. 그 발자국들은 전깃줄로 만든 발가락을 가진 수각류의 것일까? 그들이 발자국이 남아 있는 지층을 보는 순간 공룡 발이 점토층 속으로 빠져 들어갔었다는 것을 볼 수 있었다. 그리고 몸을 앞으로 움직이고 발을 잡아당겼으며, 점토가 기존의 자국 주변으로 되흘러들었고 긴 가운데 발가락에 의해 만들어진 앞쪽을 향한 긴 파행흔을 남겼다. 컴퓨터 시뮬레이션(그림 19.9b)은 발이 점토 속으로 들어가고 보행렬 끝에서 잡아당겨질 때 발이 어떻게 움직였는지를 보여 주었다.

공룡의 발자국에 대하여 더 많은 정보를 원한다면 http://www.blackwellpublishing.com/paleobiology/에 접속하기 바란다.

생흔이다. 도피 생흔은 해빈, 폭풍 퇴적층, 및 저탁류 퇴적물에서 갑작스런 퇴적 작용이 있는 경우에 나타난다. **휴식 생흔**(cubichnia)은 여러 유형이며, 삼엽충, 불가사리 및 해파리의 저면 인상을 포함한다.

발자국과 파행흔은 간혹 그들의 생성자로 나타내지기도 하며, 그 경우 그들의 이동 방법에 대한 정량적 연구의 수행이 가능하다. 예를 들어 절지동물의 발자국은 종종 그들의 수많은 발의 복잡한 이동 양식을 보인다. 공룡 발자국은 공룡이 얼마나 빠르게 뛰었는지를 보여 줄 수 있다(글상자 19.5).

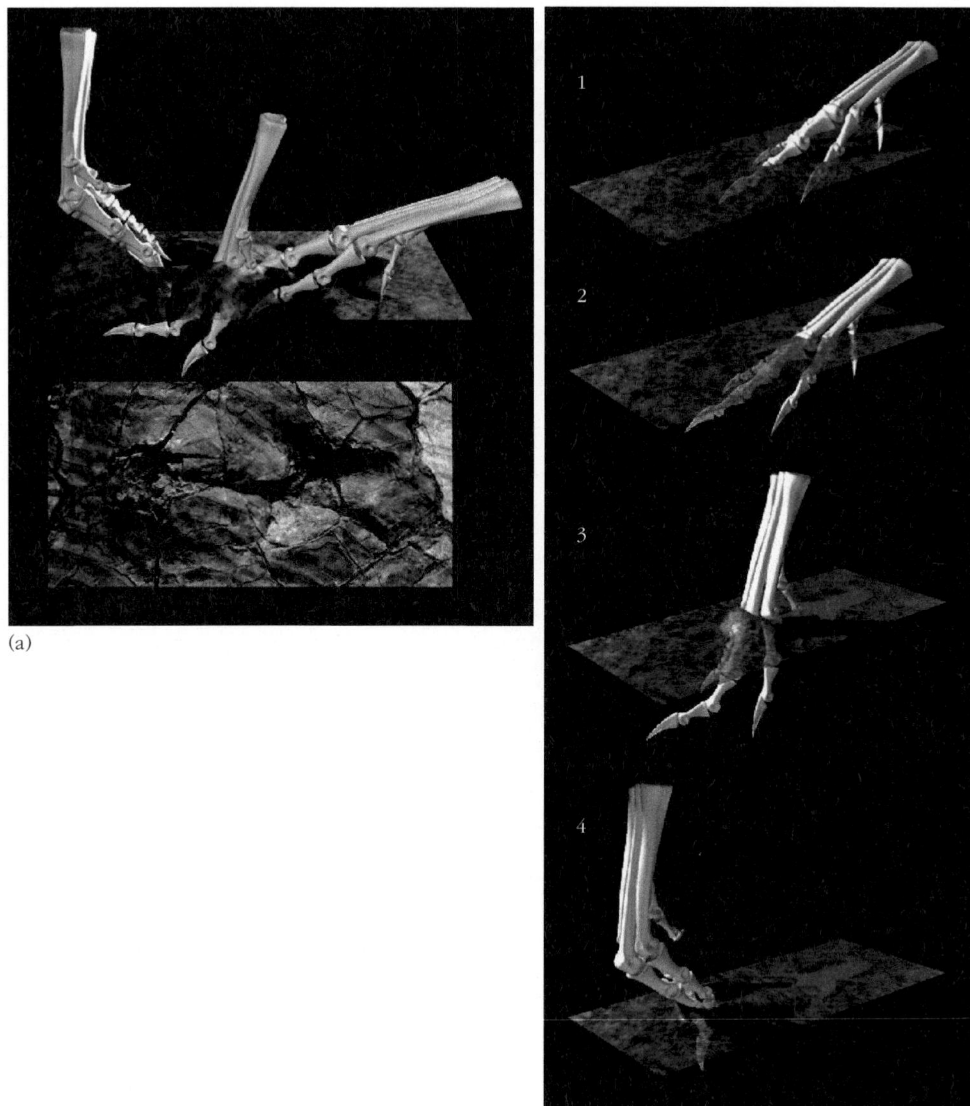

그림 19.9 그린란드의 후기 트라이아스기 지층에서 산출된 수각류의 발자국들. (a) 컴퓨터로 복원된 3차원 그림(위)는 수각류가 왼쪽에서 오른쪽으로 이동하면서 남긴 깊은 발자국이 만들어진 과정을 3단계로 나타낸 것이다. (b) 미끄러운 점토층을 걸어간 공룡의 발의 움직임을 컴퓨터를 활용하여 복원한 3차원 그림. 첫 번째 발가락은 점토층에 뛰어들어 앞으로 나아갈 때 뒤쪽 방향을 향하는 자국(1, 2)을 만들었다. 발이 점토층에 빠질 때 발가락이 들리지 않았기 때문에 발바닥의 인상이 발의 뒤쪽(3)에 남게 되었다. 모든 발가락은 표면 아래에서 합쳐지며 발의 앞쪽에서 함께 나타난다. (Stephen Gatesy 제공.)

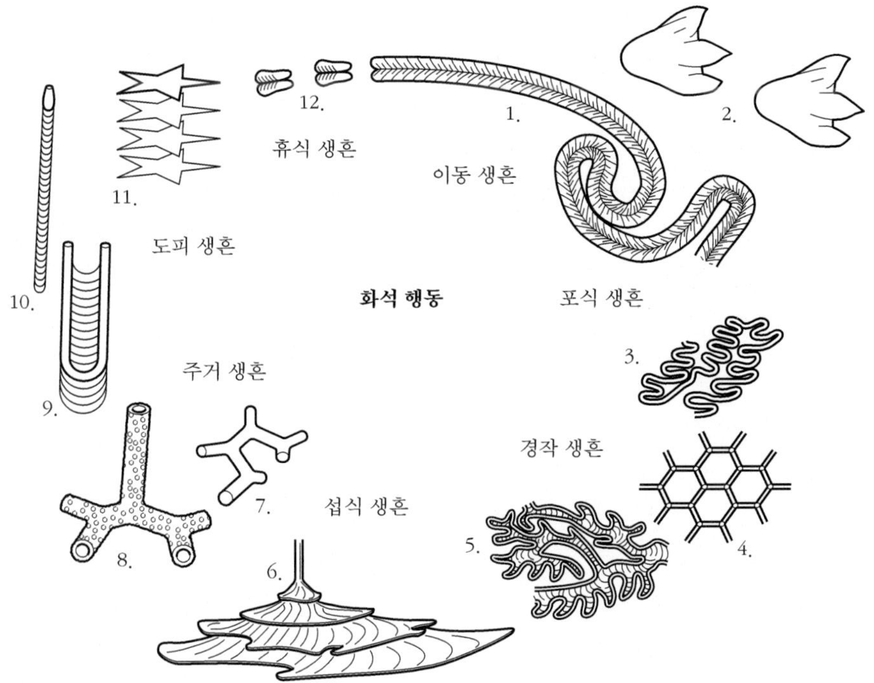

그림 19.10 주요 범주를 보여 주는 생흔화석의 행동학적 분류와 각각의 전형적인 예. 그림의 생흔화석속: 1=크루지아나(*Cruziana*), 2=아노모에푸스(*Anomoepus*), 3=코스모라페(*Cosmorhaphe*), 4=팔레오딕티온(*Paleodictyon*), 5=파이코사이폰(*Phycosiphon*), 6=주파이코스(*Zoophycos*), 7=탈라시노이데스(*Thalassinoides*), 8=오피오모르파(*Ophiomorpha*), 9=다이플로크라테리온(*Diplocraterion*), 10=가스트로케놀라이테스(*Gastrochaenolites*), 11=아스테리아시테스(*Asteriacites*), 12=루소파이쿠스(*Rusophycus*). [Ekdale 등(1984)에 근거.]

✲ 퇴적물 속의 생흔화석

퇴적 환경 지시자로서의 생흔화석

1960년대 생흔화석학자들을 들뜨게 만든 발견은 특정한 생흔화석이 과거 퇴적 환경을 알려 주는 믿을 만한 지시자라는 것이었다. 특별한 생흔화석 또는 생흔화석 군집을 동정하면 수심, 조석과 폭풍 상황 및 염분과 산소의 양 등을 알 수 있다. 이는 캄브리아기 지층이나 백악기 지층이나 암석의 나이에 상관없이 적용된다. 생흔화석은 생흔을 남긴 생물이 매우 다르더라도 그 형태가 매우 동일하게 유지된다.

자일라허(Seilacher, 1964, 1967b)에 의해 발표된 생흔화석의 고환경적 분류는 이후에 수정되고 보완되었으나(Frey et al., 1990), 근본적으로 이는 생흔화석군집을 여러 개의

글상자 19.5 공룡의 이동 속도

당신이 해변을 걸을 때, 특정한 **보폭 거리**(stride length)를 갖는 발자국을 남길 것이다. 만약 당신이 뛰기 시작한다면 보폭은 점점 증가할 것이며, 빨리 걸을수록 보폭이 증가할 것이다. 영국의 생체역학자인 알렉산더(R. McNeil Alexander)는 보폭 거리와 속도 사이에 일정한 관계가 있음을 밝혔다. 이로써 우리는 동물의 크기(바닥에서 엉덩이까지의 높이에 의하여 측정됨)를 고려할 수 있고, 이것은 인간과 같은 이족동물과 말과 같은 사족동물 모두에게 적용된다는 사실도 알게 되었다.

알렉산더(1976)는 그 증거와 공식을 발표하고, 그 공식이 공룡과 같이 멸종한 동물의 이동 속도를 추정하는 데에도 이용될 수 있다고 제안하였다.

$$u=0.25g^{-0.5}d^{1.67}h^{-1.17}$$

여기서 u는 이동 속도, g는 중력가속도, d는 보폭 거리, h는 엉덩이 높이이다(그림 19.11). 개략적인 계산을 위해서 공식은 간단하게 표현될 수 있다.

$$u=1.4(1/h)-0.27$$

엉덩이 높이는 발자국을 남겼을 것으로 추정되는 공룡의 골격 화석으로부터 측정되어야 한다. 하지만 그것이 불가능할 경우, 각각의 중요한 공룡 그룹에 대한 엉덩이 높이와 발의 길이(엉덩이 높이는 발 길이의 4~6배로 공룡 그룹에 따라 다름)의 상당히 예측할 만한 관계를 이용할 수 있으며, 따라서 필요하다면 발자국 산출 암석에서 모든 측정이 수행될 수 있다.

많은 고생물 학자들은 알렉산더 공식을 공룡 발자국에 적용하였고, 많은 미묘한 수정이 제안되었으나 별문제 없이 매우 잘 맞는 것처럼 보인다. 천천히 걸어간 공룡의 경우 사람의 걷는 속도처럼 초속 1~4m의 범위의 속도를 보이며, 먹이를 잡기 위해 빠르게 달려야 하는 작은 육식공룡의 경우, 최대 속도가 초속 10~15m이다. 계산된 최대 속도인 초속 15m는 시속 54km 또는 시속 35마일에 해당되며, 경주마의 달리는 속도와 비슷하거나 시내에서 주행하는 자동차의 속도보다 조금 빠르다. 일부 공룡의 발자국에서 그보다 더 빠른 속도가 주장된 바 있지만 이는 사실이 아닌 것 같다.

온라인으로 공룡의 보행 속도를 계산하려면 http://www.blackwellpublishing.com/paleobiology/를 참조하기 바란다.

생흔상(ichnofacies)으로 구분한다(그림 19.12). 생흔상은 특징적인 생흔화석에 따라 이름이 지어졌으며, 그들은 특별한 퇴적상(sedimentary facies)을 지시한다(글상자 19.6). 생흔상은 생흔화석군집에 근거하여 동정되며, 이름을 지닌 생흔화석이 없더라도 인지될 수 있다.

전형적인 해양 생흔상은 네라이테스(*Nereites*), 주파이코스(*Zoophycos*), 크루지아나(*Cruziana*) 및 스콜라이토스(*Skolithos*)로 이들은 자일라허가 제안했듯이 단순히 수심에만 관계된 것이 아니라 특이한 퇴적 환경, 물의 에너지, 바닥에 퇴적된 퇴적물의 형태, 온

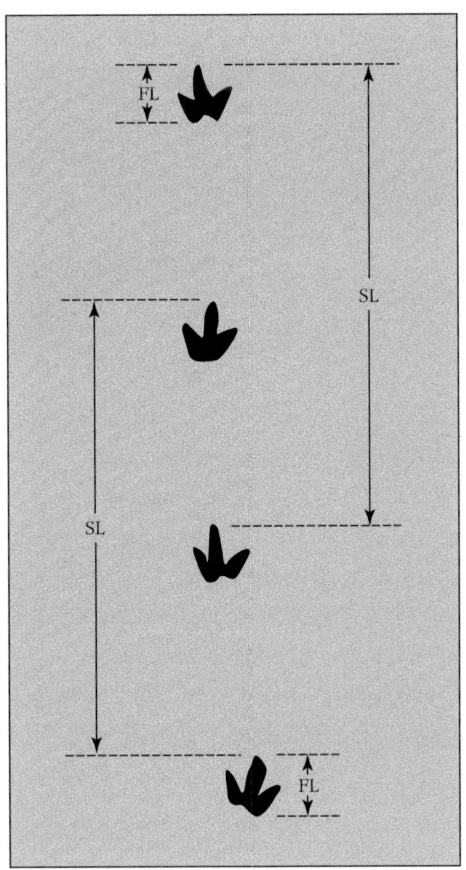

그림 19.11 공룡 발자국의 보폭 거리와 길이를 측정하는 방법을 보여 주는 그림.

도, 화학 성분 및 공급 등과 관계된다. 이들 네 가지 생흔상은 전형적인 평상시의 정상적인 환경 조건에서 만들어진 생흔화석군집과 예외적인 폭풍과 저탁류의 발생 시 만들어지는 특징적인 생흔화석군집을 포함한다. 동일한 장소에서 변성상의 변화가 일어나는 지역에 대한 야외지질조사에서 해양 생흔화석군집의 복잡성을 볼 수 있다(**글상자 19.7**).

스코예니아(*Scoyenia*) 생흔상은 여러 육성 생흔상 중에 하나로 얕은 담수의 존재에 의존하나 실론이크누스(*Psilonichnus*) 생흔상은 육지 환경에서 해안의 해수 영향에 의해 조절된다. 좀 더 자세한 육지 생흔상은 여기에 포함되지 않는다(McIlroy, 2004 참조). 1990년부터 일부 생흔화석학자들은 곤충의 버로우 및 서식지의 방 등의 특징을 갖고 있는 **고토양**(paleosols)과 호수와 호숫가에 퇴적된 퇴적물에서의 생흔상을 제안하였다. 로클리 등(Lockley et al., 1994)과 같은 또 다른 학자들은 서로 다른 형태를 띠는 공룡의 발자국 군집을 구별하는 생흔상을 제안하였다. 그러나 이러한 제안은 전통적인 자일라허

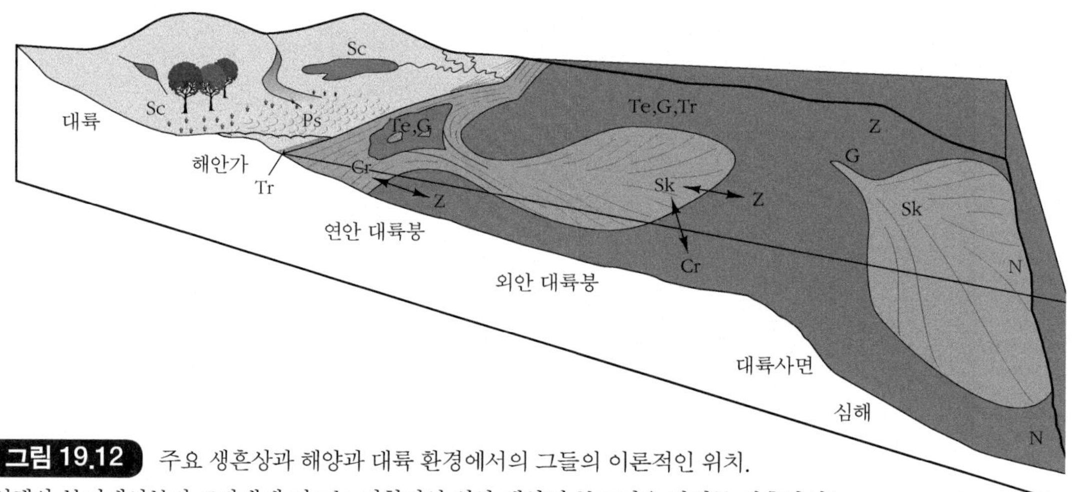

그림 19.12 주요 생흔상과 해양과 대륙 환경에서의 그들의 이론적인 위치. 심해와 분지에서부터 조간대에 이르는 전형적인 외안 해양의 부드러운 퇴적물 생흔상에는 네라이테스[*Nereites*(N)], 스콜라이토스[*Skolithos*(Sk)], 주파이코스[*Zoophycos*(Z)]와 크루지아나[*Cruziana*(Cr)] 생흔상을 포함하며 이들은 다양한 수심과 퇴적물의 조건에서 발생한다. 폭풍-모래 산상지와 저탁암 선상지가 나타내져 있다. 실론이쿠누스[*Psilonichnus*(Ps)] 생흔상은 조상대 습지에서 나타나며 스코예니아[*Scoyenia*(Sc)] 생흔상은 모든 호수와 관련된 대륙 환경을 포함한다. 글로시펀자이테스[*Glossifungites*(G)]는 견고 기반(firmground)을 의미하는 전형적인 생흔상이고, 트라이파나이테스[*Trypanites*(Tr)]는 석회암의 보링을 포함하며, 테레돌라이테스[*Teredolites*(Te)] 생흔상은 나무에 생긴 보링으로 구성된다. [Frey 등(1990)과 다른 자료로부터 수정.]

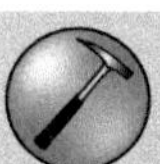

글상자 19.6 아홉 가지 생흔상

네라이테스 생흔상(*Nereites* ichnofacies)(그림 19.3a)은 네라이테스, 네오네라이테스(*Neonereites*) 및 헬민소이다(*Helminthoida*)와 같은 사행 포식 생흔, 스파이로라페(*Spirorhaphe*)와 같은 포식 생흔 및 팔레오딕티온(*Paleodictyon*)과 스파이로데스모스(*Spirodesmos*)와 같은 경작 생흔의 존재에 의해 인지된다. 경작 생흔의 전반적인 개념은 논란이 되고 있음을 주목해야 하며, 다른 학자들이 새로운 관점을 반박하기는 하지만 가장 흔히 인용되고 있는 팔레오딕티온은 연한 부분으로 이루어지고 군체를 이루는 죽은 동물의 몰드로 해석되어 왔다. 수직의 버로우는 전혀 없다. 이 생흔상은 해양저와 심해 분지를 포함한 심해 환경의 지시자이다. 생흔화석은 부유물이 쌓인 점토와 원위 저탁암의 이암과 실트암에서 산출된다.

주파이코스 생흔상(*Zoophycos* ichnofacies)(그림 19.13b)은 주파이코스(Zoophycos)와 같은 복잡한 섭식 생흔에 의해서 특징지어지며, 티어링된 배열의 탈라시노이데스(*Thlassinoides*)와 같은 다른 심해 생흔을 포함하기도 한다. 이 생흔상은 심해와 얕은 대륙붕 사이의 수심 범위에서 나타나며, 저산소 환경과 수반되기도 한다. 또한 이 생흔상은 정상적인 퇴적 작용 조건에서 나타나는 반면에 네라이테스 생흔상(*Nereites* ichnofacies)은 저탁암과 같은 사건 퇴적 작용 동안 유사한 수심에서 나타나는 어울리는 조합이다.

(다음 쪽에 계속됨)

크루지아나 생흔상(*Cruziana* ichnofacies)(그림 19.13c)은 수직의 버로우는 물론 수평의 이동 생흔(*Cruziana*, *Aulichnites*)와 휴식 생흔(*Rusophycus*, *Asteriacites*, *Lockeia*)로 이루어진 풍부하고 다양한 생흔화석을 보인다. 이 생흔상은 정상 파도 기저 아래에 놓이나 폭풍의 영향을 많이 받기도 하는 중부와 원위의 대륙붕 환경을 나타낸다.

스콜라이토스 생흔상(*Skolithos* ichnofacies)(그림 19.13d)은 주거 생흔인 스콜라이토스(*Skolithos*), 다이플로크라테리온(*Diplocraterion*) 및 아레니콜라이테스(*Arenicolites*), 섭식 생흔 오피오모르파(*Ophiomorpha*), 그리고 도피 생흔으로 이루어진 다양성이 낮으나 수직 버로우의 존재에 의해서 인지된다. 이들은 모두 전형적으로 퇴적물이 산발적으로 이동되고 쌓이는 조간대 환경을 지시하며, 생물들은 스트레스가 많은 환경에 빨리 부합할 수 있어야만 한다.

스콜라이토스 생흔상(*Skolithos* ichnofacies)은 처음에 오직 조간대에서만 나타나는 것으로 생각되었으나, 폭풍모래 퇴적층의 상부와 심해 선상지의 상부와 같은 빠르게 모래가 쌓이는 환경에서도 흔히 나타난다.

실론이크누스 생흔상(*Psilonichnus* ichnofacies)(그림 19.13e)은 마카놉시스(*Macanopsis*)와 같이 기저에 주거 방을 갖는 수직 버로우, 실론이크누스(*Psilonichnus*, 유령게의 버로우)와 같은 좁고 경사진 J 모양과 Y 모양의 버로우, 뿌리 생흔, 드리고 간혹 척추동물의 발자국으로 이루어진 다양성이 낮은 군집이다. 이 생흔상은 연안의 후안, 사구 지역 및 조상대 환경에서 전형적으로 나타난다.

스코예니아 생흔상(*Scoyenia* ichnofacies)(그림 19.13f)은 주로 간단한 수평 섭식 생흔(*Scoyenia*, *Taenidium*), 이따금 수직 주거 생활(*Skolithos*), 그리고 하성과 호성 퇴적물과 간혹 적색층의 실트와 모래에 보존된 곤충이나 담수 새우(*Cruziana*)에 의해서 만들어진 이동 생흔으로 이루어진 다양성이 낮은 생흔화석군집에 의해 특징지어진다. 명명되지 않은 생흔상을 나타내는 풍성 모래와 고토양과 같은 지표의 퇴적물은 주거 생흔과 곤충의 이동 생흔 및 공룡과 사족동물의 발자국을 포함하기도 한다.

글로시펀자이테스 생흔상(*Glossifungites* ichnofacies)(그림 19.13g)은 글로시펀자이테스(*Glossifungites*)와 탈라시노이데스(*Thalassinoides*) 같은 주거 생흔과 간혹 식물 뿌리 침투 구조에 의해서 특징지어지나, 다른 행동의 생흔화석은 드물다. 퇴적물은 견고하나 암석화되지는 않았고, 해양 조간대와 얕은 조상대의 견고한 점토와 실트에서 산출되기도 한다. 견고 기반은 침식 작용이 표면의 고화되지 않은 퇴적물을 벗겨 내서 아래의 견고한 층이 노출되는 염습지, 점토층이나 조상대 또는 천해 환경과 같은 저에너지 환경에 발달하기도 한다.

트라이파나이테스 생흔상(*Trypanites* ichnofacies)(그림 19.13h)은 해안선의 암석 또는 해저의 고화된 석회암 경질 기반(hardground)에서 형성된 벌레(*Trypanites*), 이매패(*Gastrochaenolites*), 만각류(*Rogerella*) 및 해면(*Entobia*)의 주거용 보링에 의해 특징지어진다. 현생 예로서 복족류와 성게류에 의해 만들어진 섭식 깍기(scrapings)와 같은 생물 침식 생흔은 흔하나, 화석으로는 거의 보존되지 않는다.

테레돌라이테스 생흔상(*Teredolites* ichnofacies)(그림 19.13i)은 주로 현생 배벌레 테레도(*Teredo*)와 같은 해양 이매패에 의해서 형성되는 나무 내의 보링(특히 *Teredolites*)의 존재에 의해서 인지된다.

웹사이트에서 중요 생흔상에 대해 알기 위해서는 http://www.blackwellpublishing.com/paleobiology를 찾아보라.

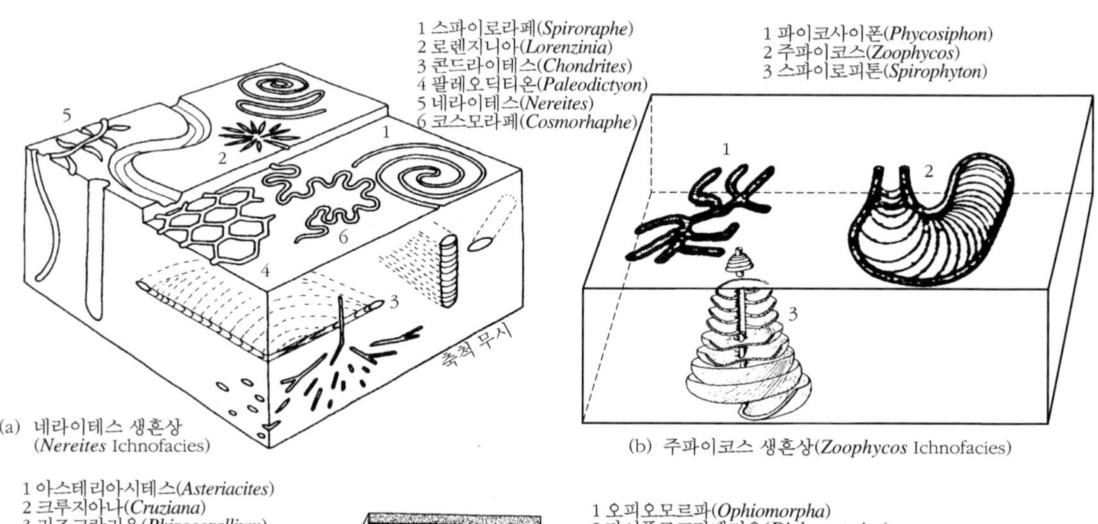

(a) 네라이테스 생흔상(*Nereites* Ichnofacies)

(b) 주파이코스 생흔상(*Zoophycos* Ichnofacies)

1 아스테리아시테스(*Asteriacites*)
2 크루지아나(*Cruziana*)
3 리조코랄리움(*Rhizocorallium*)
4 아울리크니테스(*Aulichnites*)
5 탈라시노이데스(*Thalassinoides*)
6 콘드라이테스(*Chondrites*)
7 테이크이크누스(*Teichichnus*)
8 아레니콜라이테스(*Arenicolites*)
9 로젤리아(*Rosselia*)
10 플라노라이테스(*Planolites*)

축척 무시

(c) 크루지아나 생흔상(*Cruziana* Ichnofacies)

1 오피오모르파(*Ophiomorpha*)
2 다이플로크라테리온(*Diplocraterion*)
3 스콜라이토스(*Skolithos*)
4 모노크라테리온(*Monocraterion*)

축척 무시

(d) 스콜라이토스 생흔상(*Skolithos* Ichnofacies)

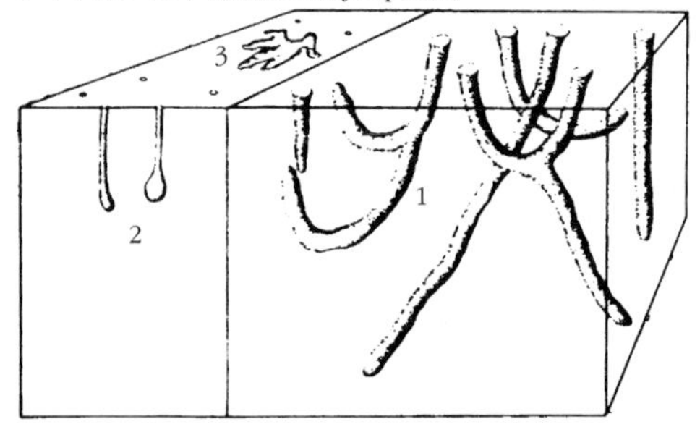

(e) 실론이크누스 생흔상(*Psilonichnus* Ichnofacies)

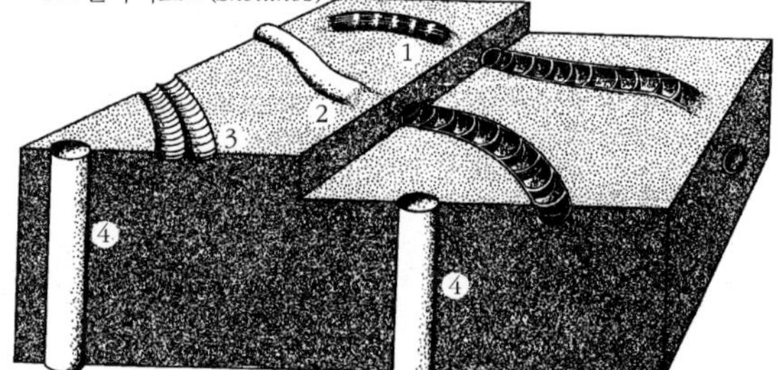

(f) 스코예니아 생흔상(*Scoyenia* Ichnofacies)

그림 19.13 주요 생흔상의 전형적인 화석들을 나타낸 블록 다이아그램: (a) 네라이테스 생흔상(*Nereites* ichnofacies), 저탁암의 바닥에 몰드로 나타남, (b) 주파이코스 생흔상(*Zoophycos* ichnofacies), (c) 크루지아나 생흔상(*Cruziana* ichnofacies), (d) 스콜라이토스 생흔상(*Skolithos* ichnofacies), (e) 실론이크누스 생흔상(*Psilonichnus* ichnofacies), (f) 스코예니아 생흔상(*Scoyenia* ichnofacies), (g) 글로시펀자이테스 생흔상(*Glossifungites* ichnofacies), (h) 트라이파나이테스 생흔상(*Trypanites* ichnofacies), (i) 테레돌라이테스 생흔상(*Teredolites* ichno-

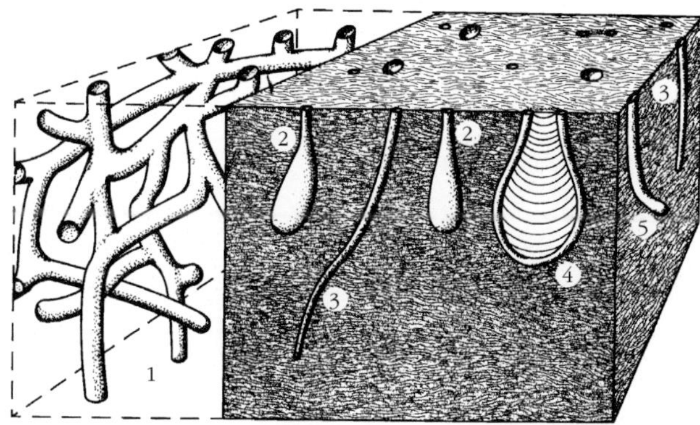

(g) 글로시펀자이테스 생흔상(*Glossifungites* Ichnofacies)

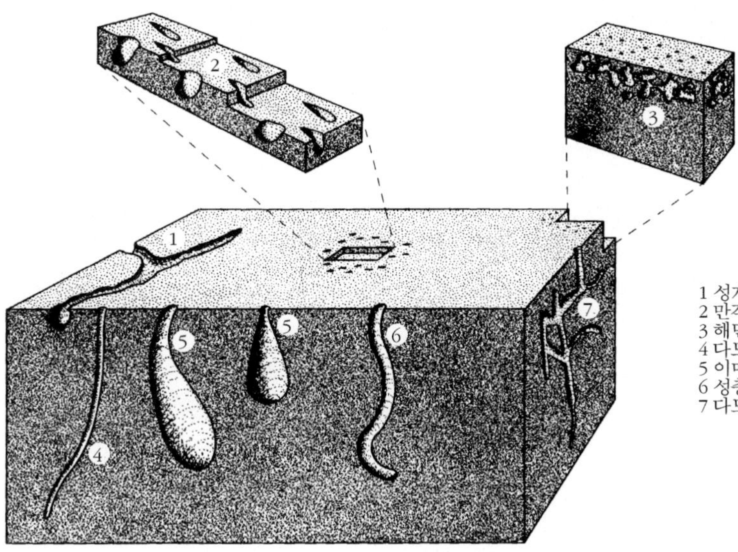

(h) 트라이파나이테스 생흔상(*Trypanites* Ichnofacies)

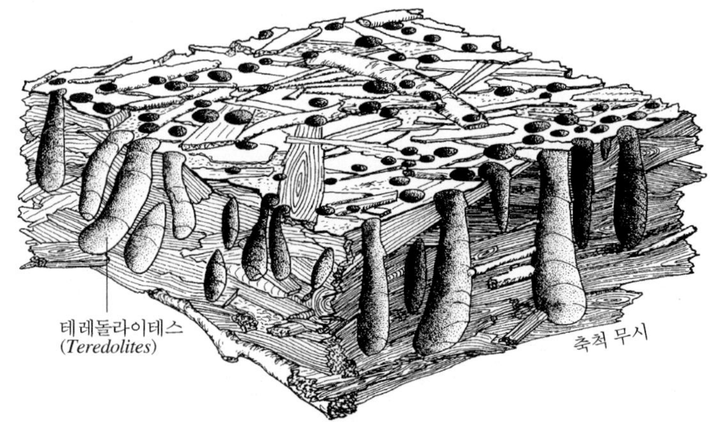

(i) 테레돌라이테스 생흔상(*Teredolites* Ichnofacies)

그림 19.13 **(계속)** facies), 이매패(*Teredolites*)에 의한 수직으로 둥근 모양을 하고 있는 버로우와 거의 수평 방향의 버로우가 특징이다. [Ekdale 등(1984), Frey 등(1990) 및 다른 자료에 근거.]

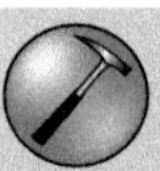

글상자 19.7 교대되는 생흔상

많은 퇴적층은 예상되는 바와 같이 생흔상의 혼합을 보이며, 이는 어느 생흔상도 단일 장소나 수심에 유일하지 않기 때문이다. 캐나다 앨버타의 카디움(Cardium)층은 점토와 사암층에서 풍부한 생흔화석을 산출해 왔다(Pemberton & Frey, 1984)(그림 19.14). 정상적인 조용한 물에서의 퇴적 작용은 점토, 실트 및 세립질 모래층을 만들었고, 주로 상대적으로 영양분이 많은 세립질 퇴적물을 이용하는 활동적인 육식동물과 퇴적물 섭취 동물의 활동을 나타내는 크루지아나(*Cruziana*) 생흔상의 다양한 생흔화석을 나타내었다. 이 퇴적물은 간혹 폭풍에 의한 해류에 의하여 해안 지역에서 깊은 물로 씻겨 내려간 두꺼운 조립질 모래층인 폭풍 퇴적층에 의해 중단되었다. 이런 지층의 생흔화석은 전형적인 스콜라이토스(*Skolithos*) 생흔상을 나타내는 스콜라이토스(*Skolithos*), 오피오모르파(*Ophiomorpha*), 다이플로크라테리온(*Diplocraterion*), 그리고 다양한 도피 생흔이다.

이런 크루지아나 생흔상과 스콜라이토스 생흔상의 생흔화석의 교대에 대한 한 가지 관점은 깊은 외안에서 얕은 외안 환경으로의 반복적인 해수면의 변화가 있었다는 것이다. 그러나 조절은 아마도 역동적인 퇴적 에너지의 변화일 것이다. 스콜라이토스 생흔상의 기회주의적인 생물들은 아마도 조간대로부터 씻겨 내려온 폭풍 퇴적층에 서식처를 이루었고, 그들은 고화되지 않은 퇴적물 깊이의 빠른 변동에 대처할 수 있었다. 폭풍 사건은 의심의 여지없이 크루지아나 생흔상의 대부분의 생물을 죽게 하거나, 그들을 영향을 받는 지역의 주변부로 이주시켰다. 폭풍에 의한 해류가 약해진 후에 느린 퇴적 작용이 재개되었고, 표면습식 생물들이 전 지역에 다시 서식처를 이루었다.

의 생흔상처럼 오랜 시간 동안에 적용된 것이 아니며, 아직도 많은 논쟁의 대상이 되고 있다.

글로시펀자이테스(*Glossifungites*), 트라이파나이테스(*Trypanites*) 그리고 테레돌라이테스(*Teredolites*) 생흔상은 단지 저층에 의해 조절되며, 이론적으로 자일라허의 수심에 따른 생흔상으로 표현된 수심대의 범위를 가로질러 나타날 수 있다. 사실상 그들은 해양의 경계부, 조간대 및 수심이 얕은 대륙붕에 주로 나타나지만, 그것은 필요한 저층의 가장 흔한 산출과 관련된다.

퇴적물 속의 생물

생흔화석은 퇴적물에 따라 그 형태가 크게 좌우된다. 생흔상 체계는 광범위한 퇴적 환경(해양, 대륙, 심해, 대륙붕, 조간대, 호수)과 염분 및 퇴적 속도의 중요한 역할을 강조한다. 퇴적물이 과거의 버로우를 만든 생물과 이동하는 생물에 영향(생물학적 효과)을 주었지만 퇴적물 또한 현생 생흔의 형태에 영향(보존 효과)을 미친다.

퇴적물의 물리적 특징은 생흔화석의 분포에 큰 영향을 미치는데 다음의 네 가지 요인은 특히 중요하다.

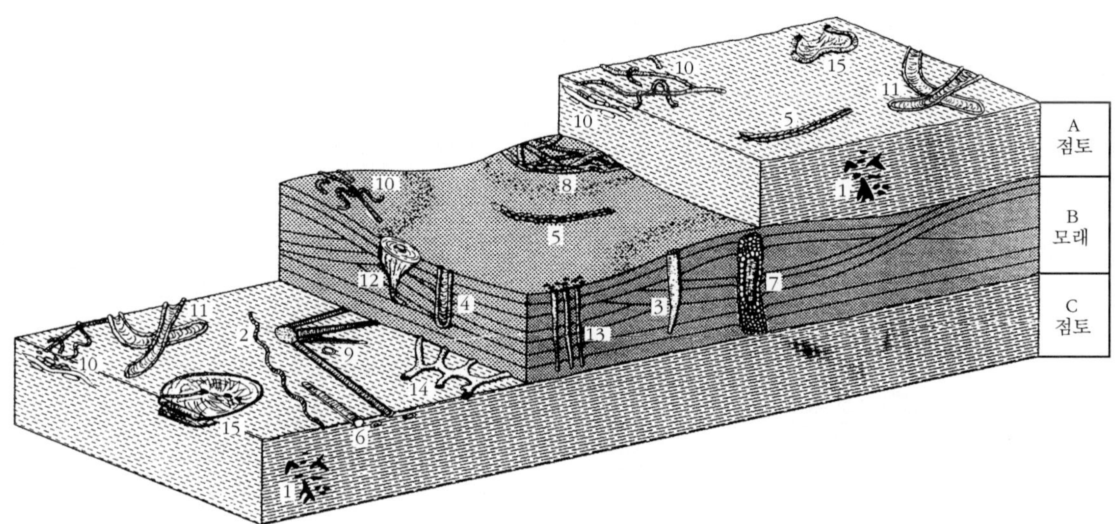

그림 19.14 앨버타 후기 백악기 카디움층의 퇴적물과 생흔화석. 정상적인 세립질 퇴적물(A, C)은 크루지아나(*Cruziana*) 생흔상의 생흔화석을 포함하고, 간헐적인 조립질 모래의 폭풍 퇴적층(B)은 스콜라이토스(*Skilithos*) 생흔상의 생흔화석을 포함한다. 1=콘드라이테스(*Chondrites*), 2=코클리크누스(*Chchlichnus*), 3=시린드리크누스(*Cylindrichnus*), 4=다이플로크라테리온(*Diplocraterion*), 5=자이로코르테(*Gyrochorte*), 6=팔레오파이쿠스(*Paleophycus*), 7=오피오모르파(*Ophiomorpha*), 8=포에비크누스(*Phoebichnus*), 9=테니디움(*Taenidium*), 10=플라노라이테스(*Planolites*), 11=리조코랄리움(*Rhizocorallium*), 12=로젤리아(*Rosselia*), 13=스콜라이토스(*Skolithos*), 14=탈라시노이데스(*Thalassinoides*), 15=주파이코스(*Zoophycos*). [Pemberton과 Frey(1984)에 근거.]

1. 퇴적물의 평균 입자의 크기는 퇴적물을 섭취하여 버로우를 만드는 생물과 버로우 벽에 바를 특정한 퇴적물 입자를 필요로 하는 생물, 그리고 세립질 부유 퇴적물을 피해야 하는 여과섭식 동물에 영향을 미친다.
2. 퇴적물의 안정도, 특히 각각 견고한 저층과 암석화된 저층에 의존하는 글로시펀자이테스(*Glossifungites*)와 트라이파나이테스(*Trypanites*) 생흔상에서 중요하다. 일부 생물은 퇴적물의 안정도에 따라 다른 형태의 버로우를 만든다.
3. 수분 함량, 수프 상태의 퇴적물로부터 트라이파나이테스와 같은 보링(borings)이 만들어질 수 있을 정도로 완전히 고화된 퇴적물을 만든다. 견고 기반(firmground)은 상대적으로 수분이 적으며, 글로시펀자이테스(*Glossifungites*) 생흔상의 독특한 버로우에 의해서 특징지어진다.
4. 퇴적물 속의 화학적 조건, 특히 산소의 양을 말한다. 생흔화석은 완전히 **무산소**(anoxic) 조건에서 희박하거나 없으나, 산소가 매우 적은 **저산소**(dysoxic) 조건에서는 놀랍도록 다양한 동물이 생존한다. 일반적으로 산소가 희박할수록 작은 버로우가 만들어진다.

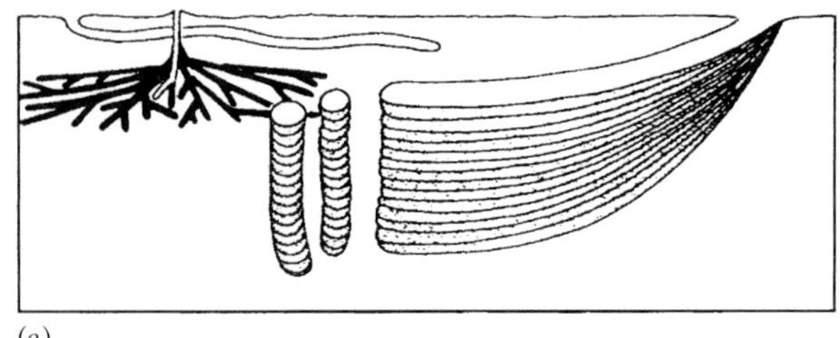
(a)

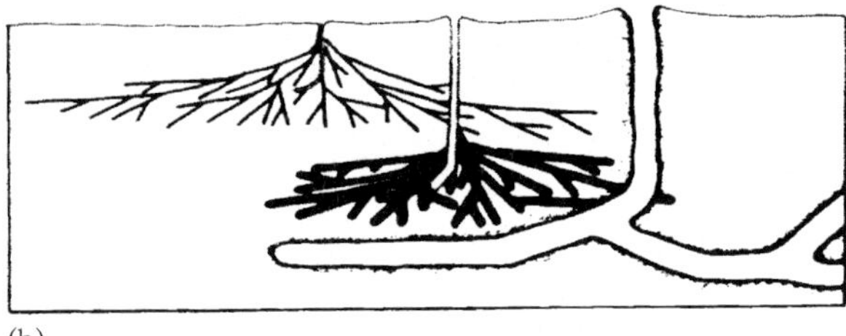
(b)

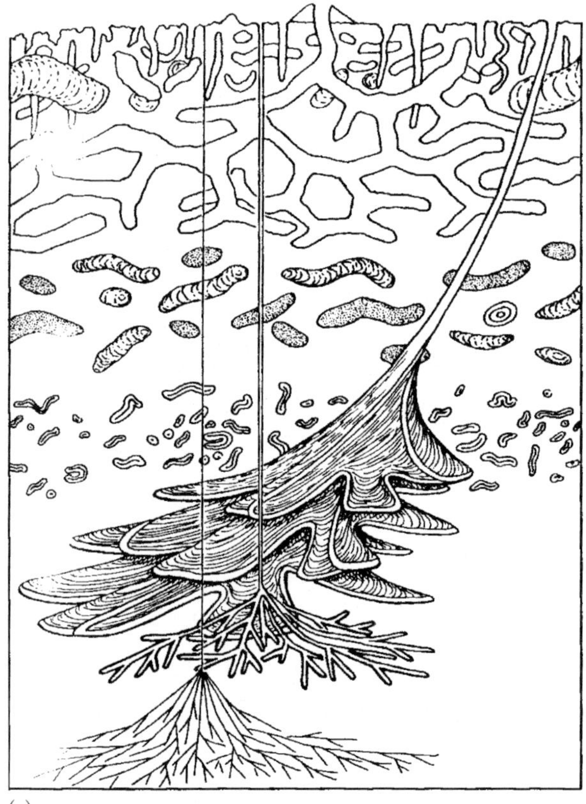
(c)

그림 19.15 버로우를 만드는 생물들이 퇴적물과 수면의 경계층 아래에 있는 특정 깊이의 층을 선호하는 생흔화석 티어링의 예. (a) 스웨덴의 올란드(Öland)에서 산출되는 중기 오르도비스기 석회암에 있는 티어들. (b) 독일의 포시도니엔쉬퍼(Posidonienschiefer)의 초기 중생대 지층에서 발견되는 티어들. (c) 덴마크의 후기 백악기에 발견되는 최소한 9개의 티어들. [Ekdale과 Bromley (1991) 및 다른 자료에 근거.]

버로우를 만드는 생물은 아직 고화되지 않은 퇴적물을 상당히 정교하게 나눌 수 있는데 이를 **티어링**(tiering)이라고 부른다. 해저 퇴적물의 상부 수 cm는 **혼합층**(mixed layer)으로 해류와 함께 이동한 굳지 않은 모래나 수프 같은 점토와 같은 퇴적물과 물의 혼합체이다. 더 깊은 부분은 **역사층**(historical layer)으로 물이 빠져나간 더 오래된 고화된 퇴적물이며, 두 층 사이가 **전이층**(transitional layer)이다. 각각의 버로우를 만드는 생물은 버로우를 만드는 특정 깊이에 한정되며, 일부는 표면 근처의 산화된 퇴적물을 개척하고 다른 생물은 더 깊은 퇴적물로 확장한다. 티어링의 해석은 어려울 수 있는데, 그 이유는 혼합층이 쉽게 교란되고, 생흔이 사라지거나 변형되며, 역사층이 아마도 수개월 또는 수년의 침식과 퇴적을 나타내는 다른 여러 세대의 생흔을 포함할 수 있기 때문이다.

대부분의 버로우를 만드는 생물은 혼합층에 제한되며, 이는 A에서 B로 간단히 이동하는 생물에게 물리적으로 노력을 최소화한다. 유기물질을 먹는 생물 역시 표면층을 선호한다. 더 깊은 버로우를 만드는 생물은 대체로 주거 생흔을 만드는 생물이며, 이곳에서는 생물체가 크거나 위에 있는 산소가 있는 물과 접촉을 유지하기 위하여 긴 수관(siphon)을 갖는다. 산소가 있는 표면 퇴적물과 무산소의 더 깊은 퇴적물이 만나며, 흔치 않은 패각 동물과 황을 산화시키는 박테리아에 의해서 특징지어지는 층인 **산화환원층**(redox layer)에서 섭식하는 기회주의적 생물 역시 존재한다.

어느 특정한 환경에서의 그러한 티어링 양상은 시간에 따라서 복잡성이 증가한다. 중기 오르도비스기의 예에서(그림 19.15a), 표면 아래층은 단순한 수평 버로우 플라노라이테스(*Planolites*)로 채워진다. 이들은 퇴적물 표면 아래 20~30mm의 깊이에서 유기물이 풍부한 층을 개척하는 분지된 섭식 생흔 콘드라이테스(*Chondrites*)에 의해 절단된다. 가장 깊은 버로우는 복상 구조(spreiten structure)를 보이는 테이크이크누스(*Teichichnus*)이며, 이는 최대 깊이 100mm까지 확장된다. 초기 쥐라기 예(그림 19.15b)는 상부층에 작은 콘드라이테스, 더 아래층으로 확장된 새로운 큰 콘드라이테스, 그리고 가장 깊은 층에 주거 생흔 탈라시노이데스(*Thalassinoides*)로 이루어진 0.5m까지 버로우 깊이가 상당히 증가를 보인다. 마지막으로 후기 백악기의 예에서(그림 19.15c), 적어도 9개의 티어링을 보이며, 이는 플라노라이테스, 탈라시노이데스, 테니디움(*Taenidium*), 주파이코스(*Zoophycos*)와 같은 표면 부근의 얕은 버로우로 이루어진 세 개의 층과 최대 깊이 1m에 달하는 가장 깊이 들어가는 크고 작은 콘드라이테스층이다.

생흔화석과 시대

생흔화석은 체화석이 진화하는 방법으로 진화하지 않으며, 그들은 일반적으로 암석의 시대를 결정하는 데 이용될 수 없다. 이것은 주로 생흔화석의 독특한 성질 때문이며, 앞에서 살펴본 바와 같이 생흔화석은 진화하지 않기 때문에 퇴적 환경의 탁월한 지시자이다. 한두 가지 예외가 있으며, 이 중 하나는 결정적인 선캄브리아~캄브리아 경계 구간이다.

캄브리아기 폭발의 시기는 대단히 논쟁의 여지가 많으며, 체화석과 생흔화석의 이야기는 다르다. 캄브리아계의 기저, 즉 선캄브리아~현생누대의 경계는 일반적으로 삼엽충 화석의 최초 출현에 놓여져 왔다. 그러나 최고의 삼엽충 화석은 실질적으로 모노모피크누스(*Monomorphichnus*), 루소파이쿠스(*Rusophycus*), 크루지아나(*Cruziana*) 및 디플리크나이테스(*Diplichnites*)와 같은 최초 삼엽충 생흔화석보다 위 지층에서 산출된다. 이 경계의 아래, 즉 신원생대에 생흔화석은 어떻게 초기 동물들이 캄브리아기 폭발에 이르기까지 점점 복잡하게 되었는지를 기록하고 있다(그림 19.16). 처음으로 나타나는 것은 간단한 얕은 버로우(*Planolites*)이고, 다음은 아케오나사(*Archaeonassa*), 헬민소이디크나이테스(*Helminthoidichnites*) 및 헬민소라페(*Helminthorhaphe*)와 같이 분지되지 않은 수평의 생흔이다(Jensen, 2003). 신원생대의 세 번째로 생흔화석은 간단한 버로우 시스템(*Treptichnus*)과 하부에 삼엽을 갖는 생흔(*Curvolithus*)이 처음으로 기록된다. 캄브리아계의 기저는 분지된 버로우 시스템과 말미잘의 휴식 생흔을 나타내는 트랩티크누스(*Treptichnus*), 자이로라이테스(*Gyrolithes*) 및 버가우에리아(*Bergaueria*)에 의해 특징

	단위	생흔속의 특징 또는 최초 출현	일반적인 특징
캄브리아기 전기	*Cruziana tenella*	2cm *Cruziana*, 1.5cm *Plagiogmus*	절지동물의 홈 생흔, 큰 백필드 버로우
	Rusophycus avalonensis	10cm *Taphrhelminthopsis*, 5cm *Rusophycus*	절지동물의 휴식 생흔, 큰 이중 홈 생흔
	Treptichnus pedum	1cm *Treptichnus*, 5cm *Gyrolithes*, 3cm *Bergaueria*	다양한 수지상 브로우 시스템과 말미잘의 휴식 생흔
신원생대	원생대 III	1cm *Treptichnus*, 1cm *Curvolithus*	최초의 간단한 버로우 시스템. 삼엽의 하부 표면을 갖는 최초의 생흔
	원생대 II	1cm *Archaeonassa*, 1cm *Helminthoidichnites*, 1cm *Helminthorhaphe*	갈라지지 않은 수평 생흔
	?원생대 I	2cm *Planolites*	?최초의 내생동물 생흔

시간 → 복잡성 →

그림 19.16 생흔화석은 선캄브리아~캄브리아기의 경계를 정의하고 캄브리아 폭발에 대한 자세한 설명에 도움을 줄 수 있다. 젠센(Jensen, 2003)은 생흔화석의 복잡성이 증가하는 특징을 이용하여 일곱 가지의 생흔화석대를 밝혔다. 삼엽충의 생존 및 일반적인 절지동물들은 생흔화석이 먼저 나타나고 다음에 체화석이 나타난다. (Simon Powell 그림.)

지어지는 트랩티크누스 페둠대(*Treptichnus pedum* zone)에 의해서 경계가 지어진다.

체화석은 캄브리아기가 시작될 때 해양 동물의 갑작스런 폭발을 보인다. 생흔화석은 선캄브리아 시대 최후기에 장기간에 걸쳐 증가된 복잡성과 그 이후의 새로운 생명체의 폭발에 대한 더 상세한 정보를 준다.

시간에 따른 특정한 생흔화석의 진화에 대한 증거는 거의 없다. 예를 들어서, 네라이테스(*Nereites*)와 같은 포식 생흔과 팔레오딕티온(*Paleodictyon*)과 같은 경작 생흔은 아마도 섭식 효율성의 개선에 대한 증거로 시간에 따라서 더 작아지고 더 규칙적인 것처럼 보인다.

오르 등(Orr et al., 2003)은 해양저에서 시간에 관계된 또 다른 동물 행동의 모습을 발견하였다. 그들은 캄브리아계에서 예외적으로 보존된 특정한 종류의 해양 퇴적군집의 풍부함에 당혹하였다. 버제스 셰일은 가장 유명한 예이나, 연질 조직이 생물광물화(biomineralized) 되도록 훼손되지 않고 남아 있는 것으로 생각되는 많은 대륙붕과 심해의 보존 라거슈테텐(Lagerstäten)이 있다. 이러한 군집은 캄브리아기 전체에 걸쳐서 나타나며 그 이후에는 드물다. 오르 등(Orr et al., 2003)은 이것이 캄브리아기 이후 해양저의 생물 교란 작용의 증가와 특히 경작 생흔과 포식 생흔의 증가와 연계되었다고 제안하였다. 생흔화석의 변화는 심해의 가동성 내생동물은 더욱 다양해지고, 식욕이 왕성해졌으며, 가동성이 더 높아져 왔음을 제안한다. 아마도 천해가 여러 생물로 밀집되었기에 더 많은 무척추동물이 새로운 먹이 공급처를 찾기 위하여 캄브리아기 말기 이후 심해저로 이동한 것으로 생각된다. 그들은 그들이 먹을 수 있는 것을 찾아 어떤 죽은 생물까지 찾아 나섰으며, 버제스 셰일과 같은 예외적인 보존은 다시는 일어나지 않게 되었다.

생흔화석과 석유 산업

생흔화석은 커다란 퇴적 분지를 연구하는 데 강력한 도구이다. 석유 지질학자들은 흔히 저유암인지를 결정하기 위해서 많은 퇴적물의 구조를 이해하기 원하며, 그들은 보통 분지를 가로지르는 지구물리탐사와 독립된 시추공으로부터 연구를 수행해야 한다. 이러한 시추공을 연구하는 퇴적학자들은 간혹 미묘하고 다소 작은 지시자들의 중요성을 알아야 한다.

많은 퇴적물은 동물의 활동에 의해서 **생물 교란**(bioturbated)되거나 휘저어 버린다. 물속에서 퇴적물은 생물에 의해 버로우가 만들어지고 또다시 버로우가 만들어져서 가끔 서로 절단된 버로우들이 밀집된 집합체를 만들기도 한다. 육상에서는 동물이 짓밟아서 퇴적물이 휘저어지기도 한다. 시추 코어에서 보이는 것처럼 퇴적물의 수직 단면에서 생물 교란 작용(bioturbation)의 정도를 나타내기 위해서 여러 가지 척도가 고안돼 왔으며, 드로서와 보티저(Droser & Bottjer, 1989)의 **생흔조직지수**(ichnofabric index)가 가장 널리 이용된다. 이것은 버로우가 있는 퇴적물의 지수를 지정하기 위해서 이용될 수 있는 플래시카드 시스템이다(그림 19.17).

석유 산업을 위해 연구하는 퇴적학자들은 매우 까다로울 수 있는 좁은 시추공 코어의 뜻밖의 단면으로부터 생흔화석을 동정해야 한다(그림 19.18). 그들은 규칙적으로 다음과 같은 시추 코어의 생흔화석 모양을 기록한다(McIlroy, 2004).

- 생흔조직 지수(=생물 교란 작용의 강도)
- 생흔화석의 다양성(높은 다양성은 일반적으로 물이 잘 산화되어 있었고 먹이가 풍부하였음을 의미한다.)
- 생흔화석의 상대적 풍부성(어떤 생흔속이 지배적인가?)
- 생흔화석의 크기(지름이 작은 버로우는 염분 스트레스 또는 저산소량을 지시하기도 한다.)

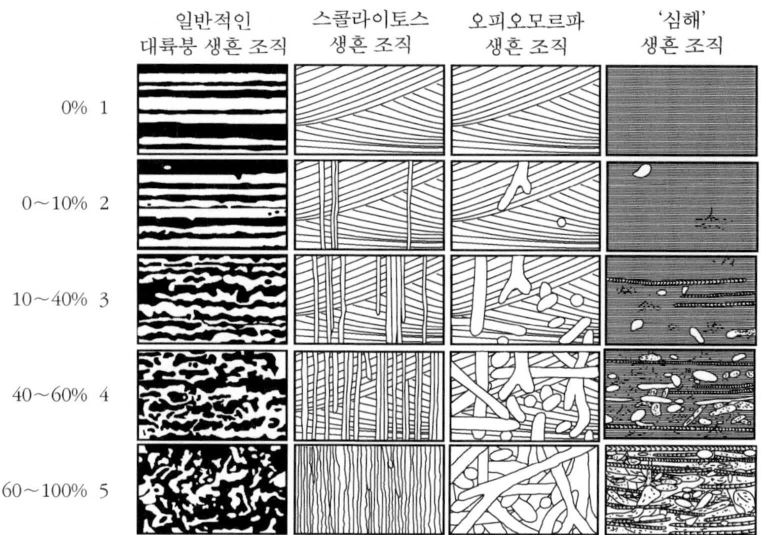

그림 19.17 각각 다른 퇴적 및 생흔상 환경을 지시하는 생흔 조직. 이 그림은 생물 교란에 의해 재동된 퇴적물의 비율을 보여 준다. 수직 단면에서 보는 바와 같이 위에서 아래로 1(생물 교란이 없음)에서 5(심하게 생물 교란을 받음)까지 숫자가 매겨져 있다. (Mary Droser와 Duncan McIlroy 제공.)

- 내생동물의 티어링(깊은 티어링은 산소가 풍부한 저층수 환경을 지시한다.)
- 버로우의 순서(버로우가 독특한 퇴적 사건보다 먼저 또는 나중에 생겼는가?)
- 군락화 양식(연질기반은 위나 아래로부터 군락화되며, 경질기반은 일반적으로 위로부터 군락화된다.)

이런 정보를 퇴적학적 관찰과 함께 종합함으로써 퇴적학자들은 어느 정도 상세하게 시추 코어를 통해 퇴적 작용의 양식을 해석할 수 있다. 석유지질학자들은 흔히 좁은 시추 코어에서 이용할 수 있는 제한된 정보로부터 퇴적상을 해석할 수 있다.

생흔 조직에 대한 연구는 순차층서학의 기초가 되는 열쇠(key) 층서 표면을 인지하는 데 필요한 결정적인 증거를 제공한다. 예를 들면, 해양 홍수 표면 또는 노출된 침식면은 분지 전체를 횡적으로 가로질러서 추적될 수 있는 독특한 생흔 조직에 의해서 지시될 수 있다.

생흔화석은 저유암의 품질을 결정하는 데에도 중요하다. 결정적 요인은 퇴적물의 **공극률**(porosity, 입자 사이의 빈 공간)과 **투수율**(permeability, 유체가 통과할 수 있는 능력)이다. 저유암의 경제적 가치는 생흔화석의 활동에 의해 감소하거나 증가될 수 있으며, 공극률과 투수율은 심한 버로잉(burrowing)과 모래와 점토 입자의 혼합에 의해 감소된다. 따라서 저유암의 가치가 낮아지기도 하며, 생물이 불투수층인 점토층 속으로 버로우를 만들고 공극이 많은 사질층을 연결하게 되면 저유암의 가치가 증가하게 된다. 생흔화석과

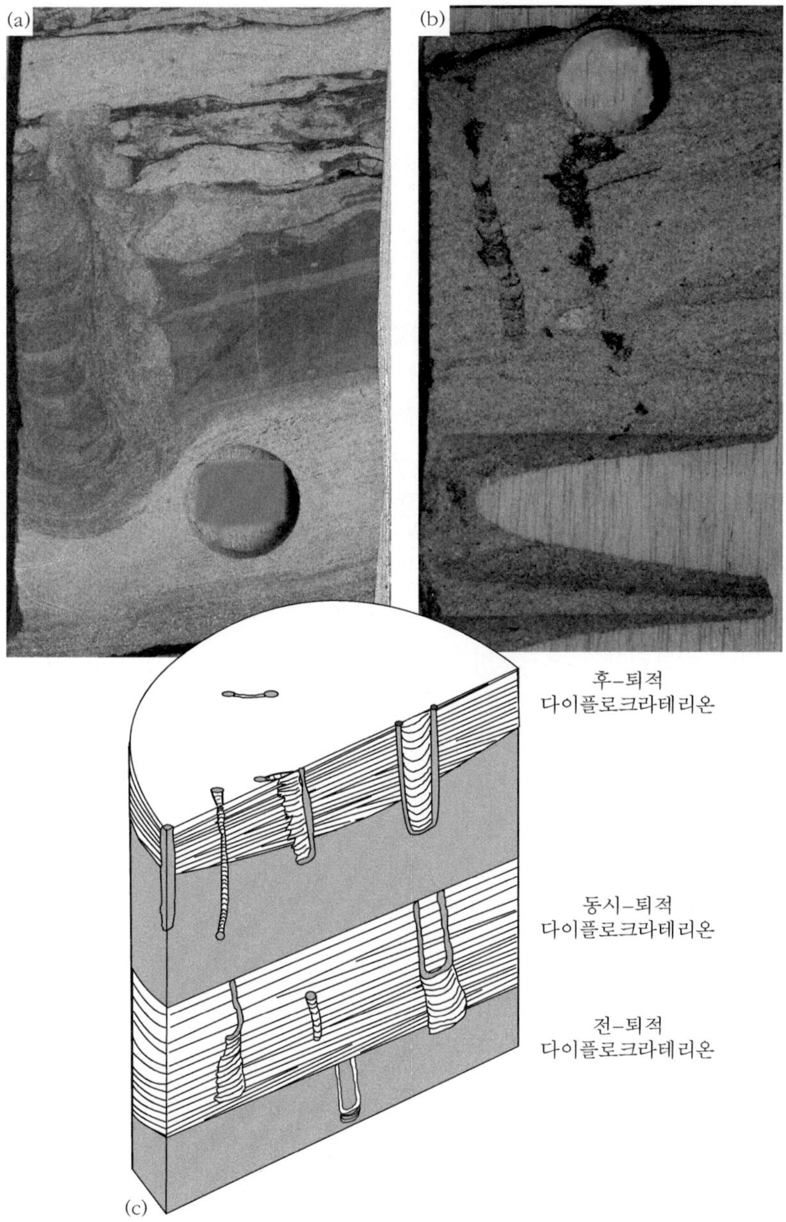

그림 19.18 보링 시추공 코어 속의 생흔화석을 해석하는 것은 어렵다. 코어를 수직(a) 또는 수평(b)으로 자르는 것은 버로우의 흔적을 희미하게 보여 주지만 3차원적 해석에 도움이 된다(c). 이들은 U자 모양의 버로우 다이플로크라테리온(*Diplocraterion*)과 전형적인 스콜라이토스(*Skolithos*) 생흔상이며 조간대를 지시한다. (Duncan McIlroy 제공.)

퇴적물의 이러한 상호작용은 최근에 들어서야 이해하게 되었으며 석유 산업에 널리 이용되고 있다. 세계 경제를 조정하는 결정적인 요인으로서 원유 1배럴의 가격을 생각해 본 사람들이 일부 지질시대의 벌레들의 활동에 의존되고 있는지도 모른다.

⚜ 복습 문제

1. 인류가 남길 수 있는 생흔화석의 종류는 무엇인가? 그림 19.10에서 보인 모든 중요한 범주의 예를 생각하라.
2. 큰 공룡이 작은 공룡보다 빠르게 뛸까? 웹상에서 10개의 공룡 발자국 사진을 찾아서 축척을 확인하고 보폭 거리를 측정하라. 속도를 계산하려고 할 때 알렉산더의 공식(글상자 19.5 참조)을 이용하고, 발자국을 만든 공룡의 추정된 몸 크기에 대한 속도를 그려 보라.
3. 고전적 해양 생흔상(그림 19.12 참조)이 얼마나 잘 들어맞는가? 호수가 다른 환경에서 네라이테스(*Nereites*)와 주파이코스(*Zoophycos*)와 같은 지시 생흔화석의 예를 조사하라. 얼마나 많은 예외가 자일라허(Seilacher)의 생흔상 모델과 같은 체계의 일반적 유용성이 타당하지 않음을 지시하는가?
4. 만약 생명이 시간에 따라 다양화되었다면 생흔화석의 다양성 역시 증가되었을 것으로 예상할 수 있다. 캄브리아기, 오르도비스기, 실루리아기, 석탄기, 쥐라기, 백악기 및 제3기의 생흔화석군집에서 심해 네라이테스(*Nereites*) 생흔상에 대한 10개의 논문을 찾고 명명된 생흔화석의 숫자를 세어 보고, 시대에 대한 숫자를 그려 보라. 심해 생흔화석의 다양성은 과거 5억 년 동안 증가, 감소 또는 정체하였는가? 왜 당신의 결과가 완전하게 설득력을 갖기 위해서 더욱 많은 연구가 필요할까?
5. 생흔화석 연구가 어디에서 석유 산업에 유용한지 예를 찾아보라. 어느 지질시대의 암석과 어느 퇴적상이 시추공의 생흔화석 연구에서 가장 이로울까?

⚜ 더 읽을거리

Bromley, R.G. 1996. *Trace Fossils: Biology, taphonomy and applications*, 2nd edn. Chapman and Hall, London.

Donovan, S.K. (ed.) 1994. *The Palaeobiology of Trace Fossils*. Wiley, Chichester.

Ekdale, A.A., Bromley, R.G. & Pemberton, S.G. 1984. *Ichnology; The use of trace fossils in sedimentology and stratigraphy*. Society of Economic Paleontologists and Mineralogists, Tulsa, OK.

Lockley, M.G. 1991. *Tracking Dinosaurs*. Cambridge University Press, Cambridge.

Maples, C.G. & West, R.R. (eds) 1992. *Trace Fossils*. Short Courses in Paleontology, No. 5. Paleontological Society, Tulsa, OK.

McIlroy, D. (ed.) 2004. *The Application of Ichnology to Palaeoenvironmental and Stratigraphic Analysis*. Special Publication No. 228. Geological Society, London.

Miller III, W. 2005. *Trace Fossils; Concepts, problems, prospects*. Elsevier, Amsterdam.

Seilacher, A. 2007. *Trace Fossil Analysis*, Springer, New York.

✤ 참고문헌

Alexander, R.M. 1976. Estimates of speeds of dinosaurs. *Nature* **261**, 129–30.

Crimes, T.P. & Crossley, J.D. 1991. A diverse ichnofauna from Silurian flysch of the Aberystwyth Grits Formation, Wales. *Geological Magazine* **26**, 27– 64.

Droser, M.L. & Bottjer, D.J. 1989. Ichnofabric of sandstones deposited in high-energy nearshore environments: measurement and utilization. *Palaios* **4**, 598–604.

Ekdale, A.A. & Bromley, R.G. 1991. Analysis of composite ichnofabrics: an example in the uppermost Cretaceous Chalk of Denmark. *Palaios* **6**, 232–49.

Ekdale, A.A., Bromley, R.G. & Pemberton, S.G. 1984. *Ichnology; The use of trace fossils in sedimentology and stratigraphy*. Society of Economic Paleontologists and Mineralogists, Tulsa, OK.

Frey, R.W., Pemberton, S.G. & Saunders, T.D.A. 1990. Ichnofacies and bathymetry: a passive relationship. *Journal of Paleontology* **64**, 155–8.

Gatesy, S.M, Middleton, K.M., Jenkins Jr., F.A. & Shubin, N.H. 1999. Three-dimensional preservation of foot movements in Triassic theropod dinosaurs. *Nature* **399**, 141–4.

Jensen, S. 2003. The Proterozoic and earliest Cambrian trace fossil record; patterns, problems and perspectives. *Integrative and Comparative Biology* **43**, 219–28.

Lockley, M.G., Hunt, A.P. & Meyer, C.A. 1994. Vertebrate tracks and the ichnofacies concept: implications for paleoecology and palichnostratigraphy. *In* Donovan, S.K. (ed.) *The Palaeobiology of Trace Fossils*. Wiley, Chichester, pp. 241–68.

McIlroy, D. 2004. Some ichnological concepts, methodologies, applications and frontiers. *In* McIlroy, D. (ed.) *The Application of Ichnology to Palaeoenvironmental and Stratigraphic Analysis*. Special Publication No. 228. Geological Society, London, pp. 3–27.

Milàn, J. & Bromley, R.G. 2006. True tracks, undertracks and eroded tracks, experimental work with tetrapod tracks in laboratory and field. *Palaeogeography, Palaeoclimatology, Palaeoecology* **231**, 253–64.

Minter, N.J. & Braddy, S.J. 2006. Walking and jumping with Palaeozoic apterygote insects. *Palaeontology* **49**, 827–35.

Orr, P.J. 1995. A deep-marine ichnofaunal assemblage from Llandovery strata of the Welsh Basin, west Wales, UK. *Geological Magazine* **132**, 267–85.

Orr, P.J., Benton, M.J. & Briggs, D.E.G. 2003. Post-Cambrian closure of the deep-water slope-basin taphonomic window. *Geology* **31**, 769–72.

Pemberton, S.G. & Frey, R.W. 1984. Ichnology of storm-influenced shallow marine sequence: Cardium Formation (Upper Cretaceous) at Soebe, Alberta. *Canadian Society of Petroleum Geologists, Memoir* **9**, 281–304.

Seilacher, A. 1964. Biogenic sedimentary structures. *In* Imbrie, J. & Newell, N. (eds) *Approaches to Paleoecology*. Wiley, New York, pp. 296–316.

Seilacher, A. 1967a. Bathymetry of trace fossils. *Marine Geology* **5**, 413–28.

Seilacher, A. 1967b. Fossil behavior. *Scientific American* **217**, 72–80.

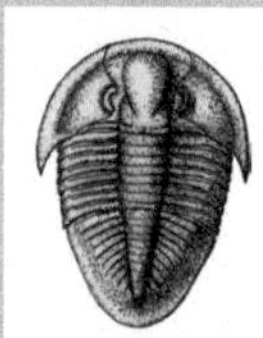

제 20 장
생명체의 다양화

학습 키포인트

- 오늘날 지구상에는 500만~5,000만 종이 있고, 다양성은 거의 확실하게 과거 어느 때보다 높은 수준이다.
- 로지스트 모델에 따라 다양화된 생명체가 전 세계적으로 평형 상태에 달하든지, 아니면 기하 급수적 모델에 따라 지구가 수용할 수 있는 능력에 관계없이 다양성이 계속 확장되는 것인지에 대한 논의가 있다.
- 해양 동물의 다양화에 관한 전통적인 로지스틱/평형 이론은 현재도 뜨겁게 논의되고 있다.
- 한 방향의 진화 경향을 보여 주는 많은 예들은 실제로 좀 더 복잡하다.
- 경쟁력의 능력이 향상되는 쪽으로 변화를 갖는 진화에 진보의 개념은 설명하기 어렵다.
- 과정에서 일어나는 패턴과 혼동하지 않는 것이 중요하다. 과학자들과 일반인들은 너무 자주 그러한 과정을 대안에 대한 검증 없이 경쟁, 적응 및 진전으로 가정해 버린다.
- 진화에서 중요한 과정은(예: 새의 날개와 깃털의 진화, 뱀의 다리가 사라진 진화) 진화나무와 화석으로 잘 기록되어 있다.
- 선택적, 생물학적 및 중요한 과정에 관한 관점은 근본적인 준세포 체계, 복제 체계 및 유전적인 체계에 초점을 맞추고 있다.

우리는 앞으로 나아갈 것이다. 우리는 위로 움직일 것이다. 우리는 전진할 것이다.

부통령 댄 퀘일(1989)

많은 사람들은 생명체의 진화를 진보의 긴 이야기라고 해석했지만, 아마도 퀘일(Quayle)은 그의 진보 방향에 대해 약간 혼동한 것 같았다. 다른 사람들은 진화가 퀘일의 진보 이론에 좀 더 가까웠을 수도 있다고 주장한다. 한 걸음 앞으로, 한 걸음 옆으로, 한걸음 위로, 두 걸음 앞으로… 우리는 이 주제에 대해 후에 더 논의할 것이다.

화석 기록은 풍부하고 환상적인 생명체의 역사에 관한 그림들을 보여 준다. 비록 고생물학자는 조금 더 긴 시간 규모와 불완전한 화석 기록을 상대하지만, 고생물학자는 고고학자나 역사가에 버금가게 성공적으로 과거에 일어났던 일들의 상세한 그림을 하나로 완성한다. 지난 200여 년 동안 고생물학적 탐구는 화석 기록 간의 많은 간격과 모순에도 불구하고 중요한 식물과 동물 그룹의 출현 순서를 지질학적 시간에 따라, 과거의 대륙과 대양에서의 서식지와 그들의 생존 전략, 적응(2~7장 참조)과 진화 패턴에 따라 넓고 정확한 그림을 보여 주었다고 할 수 있다.

✲ 생명체의 다양화

앞으로 가기와 위로 가기

일반적으로 인정되는 진화의 원칙은 지구의 모든 현생과 고대 생명체는 하나의 큰 계통수의 한 부분이라는 것이다. 그리고 선캄브리아 시대에는 한 개의 종이 존재했던 시대가 반드시 존재해야 한다. 오늘날에는 500만~5,000만에 이르는 종이 있고(**글상자 20.1** 참조), 시대에 따른 종(種) 수의 변화 패턴은 과거 35억 년 동안 기록적인 증가의 패턴을 반드시 보여 주어야 한다. 하지만 어떤 종류의 패턴일까?

시대에 따른 종 수의 변화에 대한 정확한 다이어그램 도표를 그리는 것은 중요하다. 그 이유는 너무도 많은 종이 화석화되지 않았고, 다른 것들은 아직 발견되지 않았거나 분류되지 않았기 때문이다. 고생물학자는 신뢰할 수 있는 종류의 화석 기록에 집중하여 결과를 얻었다. 밸런타인(Valentine, 1969)의 첫 번째 중요한 시도는 현생이언 동안에 살았던 천해의 해양 무척추동물의 과의 수를 도표로 표시한 것이다(**그림 20.1a** 참조). 그 패턴은 급격한 증가와 몇 번의 감소를 보여 주었고, 특히 백악기에서 현재까지 극적인 증가율이 나타났다. 밸런타인은 이 패턴이 아마도 모든 생명체의 다양화 패턴을 대변할지도 모른다고 주장했다.

그러나 라우프(Raup, 1972)는 그 도표가 진정한 생명체의 다양화 패턴을 보여 주기보다는 화석 기록의 근원적인 오류를 더 잘 보여 준다고 주장했다. 그는 전기 고생대에 다양성 값이 낮은 이유가 고생대 지층이 귀하고, 그 지층에 들어 있는 화석이 종종 변성되었거나 또는 침식되어 없어졌거나, 그리고 고생물학자의 너무 적은 관심 때문이라는 의견을 제안했다. 그리고 라우프는 진정한 해양 무척추동물의 다양화 패턴은 캄브리아기와 오르도비스기 동안에 현재의 다양성 수준까지 급격하게 증가했고, 그 후 지속적으로 평

글상자 20.1 현재 얼마나 많은 종이 존재하나?

현재까지 170만~180만 종의 식물과 동물이 명명되었으며 공식적으로 기재되었다(약 27만 종의 식물과 100만 종 이상의 곤충). 새로운 종이 발견되는 비율은 생명체의 분류군에 따라 매우 다양하다. 대략 3종의 새로운 조류, 대략 1속의 새로운 포유류와 7,250종의 새로운 곤충이 매년 명명된다.

미래의 어느 시점에서 모든 종이 발견되고 명명될 것이라는 가정하에 세계적인 다양성의 추정치를 만들어 내는 것은 쉬워 보일 수도 있다. 가장 간단한 방법은 아마도 컬렉터 만곡 접근법을 이용하는 것과 서로 다른 그룹에서 새로운 종이 명명되는 비율을 기록하는 방법일 것이다. 이 방법은 분석가가 거의 모든 종이 발견됐다고 결정할 수 있는 조류나 포유류와 같이 집중적으로 연구된 동물군에서는 유효할 수 있다. 그러나 곤충이나 미생물 같은 것은 어떻게 할 것인가? 엄청나게 다양한 이들 그룹은 분류학자가 그 종들을 분류하고 사진을 찍는 것만큼 빠르게 새로운 종이 발견되고 있다. 그들의 엄청난 총수는 무한한 것처럼 보인다. 줄잡아 모든 생명체의 컬렉터 만곡 접근법은 500만 종이 발견되기를 기다린다고 예측한다.

다른 과학자들은 오늘날 지구상에 1억 종의 생명체가 있을 것이라고 예측한다. 이 수치는 표본수집 방법을 기초로 하고 있다. 바꿔 말하면 우리는 모든 생물체를 세거나 추정하는 것을 바랄 수 없다. 그러나 특정한 종류의 생명체에 대해 집중적인 표본을 수집하든가, 아니면 기존의 표본에 기초하여 추정할 수 있다. 가장 잘 알려진 예는 곤충학자 어윈(Terry Erwin)이 1980년대에 계산한 것이다(예: Erwin, 1982). 어윈은 남아메리카의 열대 지역에서 한 종의 나무(*Luehea seemannii*)에 살고 있는 모든 딱정벌레를 수집했다. '수집했단 말'은 '죽였다는 말'의 완곡한 표현이다. 어윈은 나무 밑에 분무기식 살충제를 설치하고 강력한 살충제로 모든 벌레를 죽인 후에 시트 위로 떨어진 벌레들을 수집했다. 어윈은 각 표본에서 12종의 새로운 종을 발견했다. 그는 한 그루의 열대 나무가 1,100종의 딱정벌레를 수용할 수 있다고 예측했고, 실제 160종의 독특한 딱정벌레가 각각의 나무에서 발견됐다. 지구상의 열대에 5만 여 종의 나무가 있다. 만약 한 그루의 나무에서 발견된 지방 고유의 딱정벌레의 종 수가 일반적이라면, 이것은 총 815만 종의 나뭇가지에 사는 열대 딱정벌레 종이 있다는 것을 암시한다(50,000×160). 딱정벌레는 전형적으로 모든 절지동물 종의 40%를 차지한다. 그리고 이것은 열대 나뭇가지에 사는 절지동물의 수가 대략 2,000만 종이라는 것을 예측하게 해 준다. 열대 지방에서는 일반적으로 땅 위에 있는 절지동물보다 나뭇가지에 있는 절지동물이 2배 정도 많으므로 전 세계적으로 3,000만 종의 열대 절지동물이 있다는 것을 예측할 수 있다. 이러한 예측은 논문이 출간되었을 때 놀람으로 다가왔다. 3,000만 종의 열대 절지동물은 전 세계 5,000만 생명체의 다양성을 암시한다. 저명한 일부 생물학자는 심지어 1억 혹은 그 이상이라고 제안하였다.

뒤이어 저자는 루에헤아(*Luehea*)속의 나무는 독특할 정도로 특정 딱정벌레가 많이 사는 나무라는 것과 전 세계적 수치도 5,000만~1억 종이 아닌 1,500만~2,000만 종이 되어야 한다고 지적했다. 토론은 계속 이어졌다. 만약 현생 생물의 다양성에 관한 추측이 너무 어렵다면 고생물학자가 과거의 모든 생물의 다양성에 관한 정확한 추정치를 제공하는 희망은 의미가 없다.

더 많은 현대 생물의 다양성에 관한 자료는 http://www.blackwellpublishing.com/paleobiology/에서 읽을 수 있다.

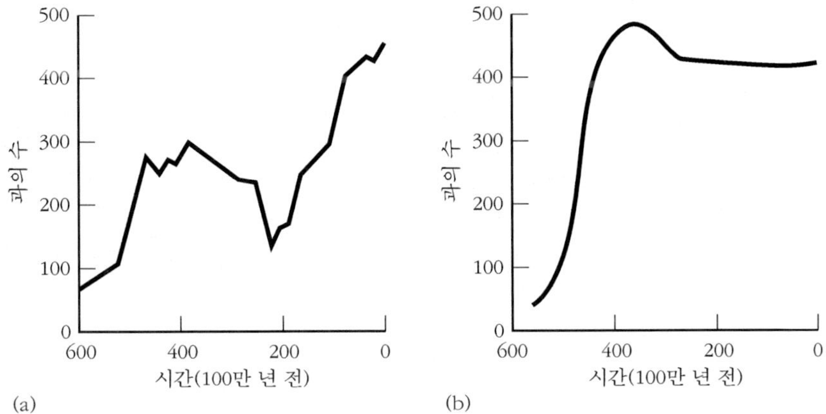

그림 20.1 과거 6억 년 동안 보존 상태가 양호한 화석 기록을 바탕으로 한 해양 무척추동물의 다양화에 관한 두 가지 모델. (a) 화석 기록으로부터 직접 얻은 자료를 바탕으로 하는 경험적인 모델, (b) 고대 암석에서 발견된 빈약한 화석 기록을 수정한 시뮬레이션 모델. [Valentine(1969)과 Raup(1972)의 정보에 근거.]

형 수준이 유지된다고 제안했다(그림 20.1b).

광범위한 규모의 다양화 패턴의 진실에 관한 여러 가지 토론은 1970년 이래 계속 되어 왔고, 그 패턴이 대체적으로 옳다는 많은 제안(저자의 관점)이 있었지만, 반면에 많은 시사와 중대한 도전도 있었다(Smith, 2007). 많은 다양화 도표는 처음에는 느린 다양화 속도와 많은 후퇴 그리고 1억 년 동안 증가율이 둔화되지 않고 급격한 증가율을 보이는 비슷한 패턴을 보여 준다. 이것은 척추동물, 곤충 및 식물에 있어서는 사실이고, 최근의 해양동물 도표는 밸런타인의 원도표와 비교가 가능하다(그림 20.2). 만약 다양화 곡선이 진화에 관련된 무언가를 나타낸다면 그것은 어떻게 해석되어야 할까?

전 세계적인 다양화 패턴의 해석

한 종이 여러 종으로 분화하는 방법에는 여러 가지 길이 있다. 이 길들은 세 가지 수학적 모델의 용어로 표현할 수 있는데 직선, 기하급수적인 곡선 및 로지스틱 곡선으로 대표된다. 첫 번째는 연속된 증가를(그림 20.3a) 나타내고, 두 번째는 대량멸종이 포함된 것이다(그림 20.3b).

직선 모델은 부가적인 증가를 나타내는데, 그것은 고정된 수의 새로운 종이 지질시대의 각 시기에 추가되는 것이다(이러한 증가의 예와 그리고 다른 것은 실제 증가가 있다. 예를 들면 멸종을 뺀 진정한 증가). 진화적 분기 모델의 용어에서 부가적 증가는 지질시대를 통해서 종 분화율이 감소했거나, 아니면 멸종률이 규칙적으로 증가했다는 것을 의미한다. 직선 모델에서 진화 비율의 암시된 감소는 종의 총수가 규칙적으로 증가하고, 그

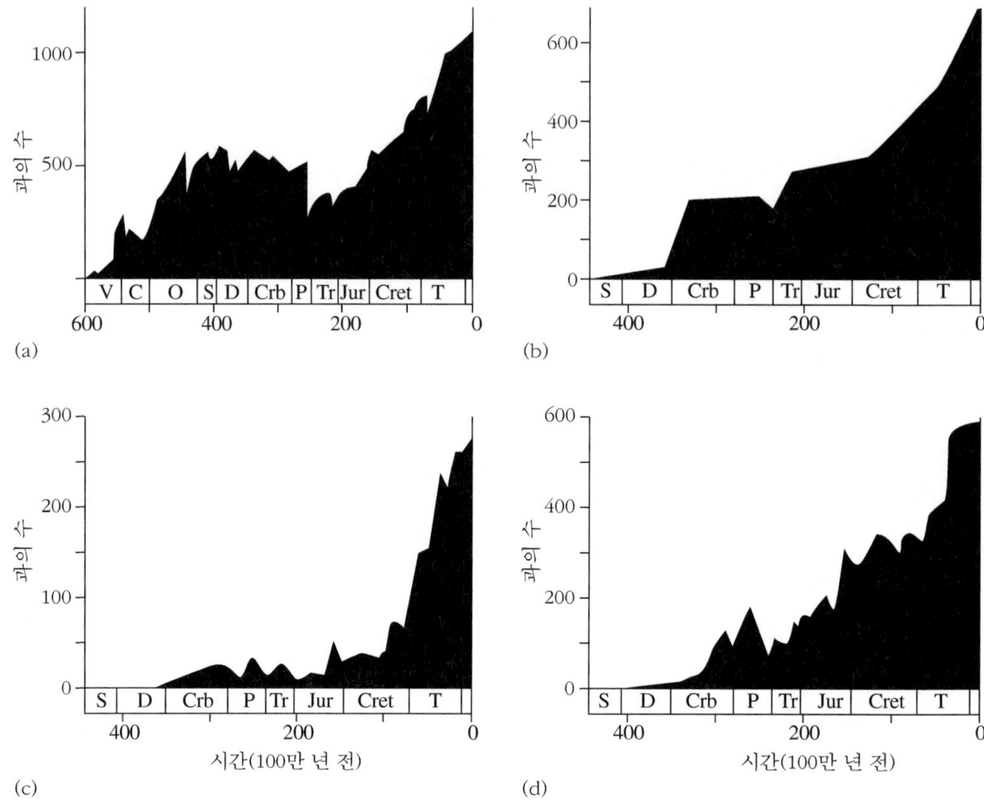

그림 20.2 현생누대 동안에 다세포생물체의 네 그룹의 다양화: (a) 해양 동물, (b) 육상의 관속식물, (c) 육상의 4족 동물, (d) 곤충. 모든 그래프는 처음의 긴 시간 동안의 낮은 다양성과 백악기를 지나면서 급격한 증가를 나타내는 비슷한 모습을 보여 준다. 지질학적 기의 약어는 표준적이다. V는 벤디안, T는 제3기를 나타낸다. (여러 자료에 근거.)

증가 비율이 전반에 걸쳐 고정된 채로 남아 있기 때문에 단순히 나타나는 것이다. 따라서 어느 개별의 진화적인 선과 비율 또는 분화 가능성(종분화)은 반드시 감소한다. 이러한 모델은 불가능하기 때문에 받아들여지지 않았다.

기하급수적 모델은 진화의 분기 모델과 더 일치한다. 만약 종의 분화와 멸종 비율이 대략적으로 계속 유지된다면 각각의 시대에 규칙적으로 다양성이 2배가 된다. 각각의 진화적인 선들의 수준에서 안정된 진화의 비율은 총다양성이 증가하기 시작한 때부터 기하급수적 증가 비율을 확대한다. 이 모델은 각각의 분기군의 다양화 비율과 일반적인 생명체의 다양화에 적용되었다(예: Benton, 1995).

로지스틱 모델은 하나 혹은 그 이상의 전통적인 S자 모양의 곡선을 포함하고, 각 곡선은 초기 기간 동안에 느린 다양성 증가, 급격한 증가 및 다양성에 의존하는 감쇠율의 결과로 나타나는 느린 증가율을 나타낸다. 그리고 안정기는 제한되거나 평형값에 일치한다. 로지스틱 모델은 해양생물의 다양화 패턴을 설명하는 데 이용된다(Niklas et al., 1983).

기하급수적 모델과 로지스틱 모델 중 어떤 모델이 지질시대를 통해서 중요 구간의 다양화를 가장 잘 설명하는지 혹은 다양화의 모든 패턴이 같은 모델의 증가를 고수하는지에 대한 명확한 합의는 없다. 모델의 선택은 진화에 관한 완전히 다른 주장을 할 수 있기에 중요하다.

평형 또는 확장?

만약 로지스틱 모델이 옳다면 생명체는 조절된 방식으로 다양화되어 하나 혹은 그 이상의 평형 상태에 이르렀고, 각 평형 상태는 아마도 제한된 밀도였을 것이다. 바다와 육지가 생물들로 채워짐으로써 지구의 **수용력**을 넘는 다양화는 공간과 먹이 같은 제한 요인들로 멈추게 되고, 종의 총수는 조절될 수 있게 된다. 만약 기하급수적 모델이 옳다면 생명체는 잘 조절되지 않는 방법으로 다양화된다. 그러면 계속적으로 다양화가 일어나 결코 평형 상태로 되지 않는다. 이 확장 모델은 제한받지 않는 다양화 비율을 암시할 필요는 없다. 먹이와 공간 같은 제한은 증가 비율을 늦출 수 있다.

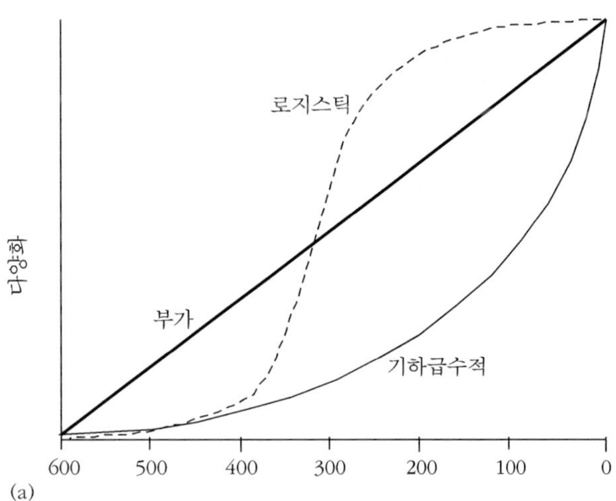

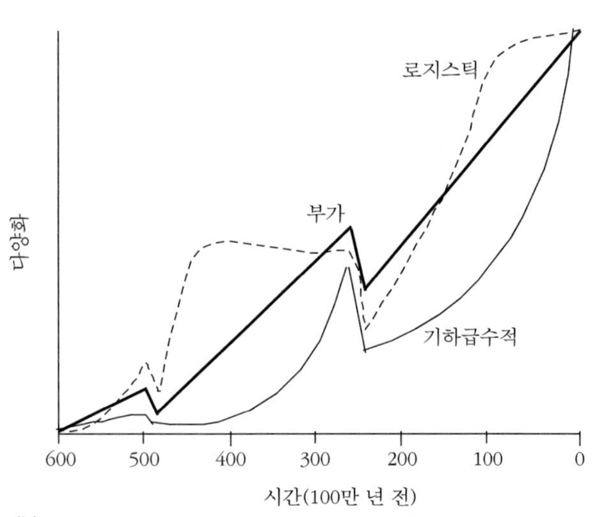

그림 20.3 지난 6억 년 동안의 생명체의 다양화 도표에 관한 이론적인 모델들: (a) 중요 교란의 부재, (b) 두 번의 거대 멸종을 첨가한 것이다.

생명체의 다양화를 위한 **평형 모델**은 영향력이 큰 생태학 이론을 기반으로 하는데, 어느 한 종의 개체가 증가해서 같은 제한된 자원을 기반으로 하는 다른 종을 억압하는 경쟁에서의 전통적인 실험을 포함하고 있다. 특히 셉코스키(Sepkoski, 1984)는 섬의 생물 지리학 이론에 로지스틱 모델(**글상자 20.2**)을 기초로 했다(MacArthur & Wilson, 1967). 지구의 바다를 섬으로 보고 도착률을 진화적 기원 비율로, 지역적 멸종률을 전 세계의 멸종률로 간주했다. 마치 페트리 접시처럼 혹은 섬처럼 세계의 바다는 전 세계 종의 풍부함의

글상자 20.2 해양에서 다양화에 대한 서로 연결된 로지스틱 모델

1970년대와 1980년대의 영향력 있는 논문 시리즈에서 시카고대학의 셉코스키(Jack Sepkoski)는 해양 생명체의 다양화에 대한 새로운 모델을 제시했다(Sepkoski, 1984). 그는 오랜 연구 끝에 모든 해양 동물의 모든 과에 대해 첫 번째 종합적인 데이터베이스를 만들었다. 그리고 이 데이터베이스는 그의 대진화 연구의 근원이 되었다.

셉코스키(1984)는 해양 생명체의 역사를 캄브리아기, 고생대 및 현생(그림 20.4)의 세 가지 대진화적 '동물군'으로 구성하여 시각화하였다. 각각의 '동물군'은 적응한 특정한 집합체와 서로 다른 경쟁적 능력을 가진 동물 그룹의 세트로 이루어져 있다. 캄브리아기 동물군이 고생대 동물군에게 자리를 내어 주고 고생대 동물군이 현생 동물군에게 자리를 내어 주었듯이, 큰 규모의 교체가 오르도비스기와 트라이아스기에 일어났는데, 그것은 새로운 형태가 이미 점유된 공간에 들어가 점령하고 생활 영역을 확장한 결과이다. 고생대 동물군의 위대한 적응력은 동물군이 전 세계적으로 더욱 높은 평형 상태에 달하게 했으며 400개 과에 달했다. 이에 반해 캄브리아기 동물군은 100개 과를 넘지 않았다. 현생 동물군은 아직 전 세계적 평형 다양화 상태에 이르지 않았지만 600개 이상의 과를 가지고 있다.

셉코스키(1984)는 세 가지 '동물군'의 각각에 대해서 모델을 만들었다. 다음은 로지스틱 커브를 설명한다. 확장률은 처음에는 낮다가 지구의 수용력에 이르러서 비율이 평평해지기 전까지 급격한 경사로 확장 비율이 올라간다. 수학적인 공식은 시대를 통해서 발생에서 멸종을 뺀 실제 패턴을 기반으로 하고 있다. 『섬의 생물 지리학 이론』(MacArthur & Wilson, 1967)에서처럼 셉코스키는 처음 단계에서는 발생 비율은 높고 멸종 비율이 낮다고 주장했다(그림 20.5). 좀 더 많은 과가 증가하면서 과들 사이에 경쟁률이 증가하고, 그 결과 발생률은 제한되고 멸종률은 올라가게 된다. 결국에 바다는 가득 차게 되고 멸종률은 정확히 발생률과 균형을 이루게 되며 평형 상태는 완성된다. 평형 상태는 활동적이다. 과들은 계속적으로 만들어지고 현재 존재하는 과들은 새로운 과로 대체된다.

셉코스키 모델의 정식 명칭은 세 단계의 한 쌍 로지스틱 모델이다. 각각의 동물군은 각자의 로지스틱 방정식을 가지고 있고, 세 개의 동물군은 짝지어져 있거나 상호작용한다. 만약 한 동물군이 번성하면 다른 동물군은 쇠퇴한다. 그러나 이 모델이 수학적 관념에 지나지 않거나 실제 생태계와 진화를 우리에게 말해 주고 있는 것인가? 그 모델은 과의 수준으로 구성되어 있고, 종의 수준으로 구성된 것이 아니다. 게다가 이러한 모델은 해양 화석 기록에 대해서만 이치에 맞는 듯이 보인다. 이 모델은 육상식물, 곤충 혹은 척추동물의 다양화에는 적용되지 않았다(그림 20.2 참조). 알로이(Alroy, 2004)는 셉코스키의 자료와 결과를 재분석하여 세 개의 동물군 구성이 부분적으로 논쟁할 수 있는 여지가 있고, 현생 동물군의 증가는 예상한 대로 둔화되고 있다고 했다. 또한 스탠리(Stanley, 2007)는 셉코스키가 그의 모델에서 사용한 불변함은 비현실적이고, 전 세계 해양 다양화 패턴은 보다 기하급수적인 곡선에 가까운 모양이라고 주장했다.

좀 더 자세한 셉코스키와 그의 현생대 생물의 다양성 모델은 http://www.blackwellpublishing.com/paleobiology/에서 확인할 수 있다.

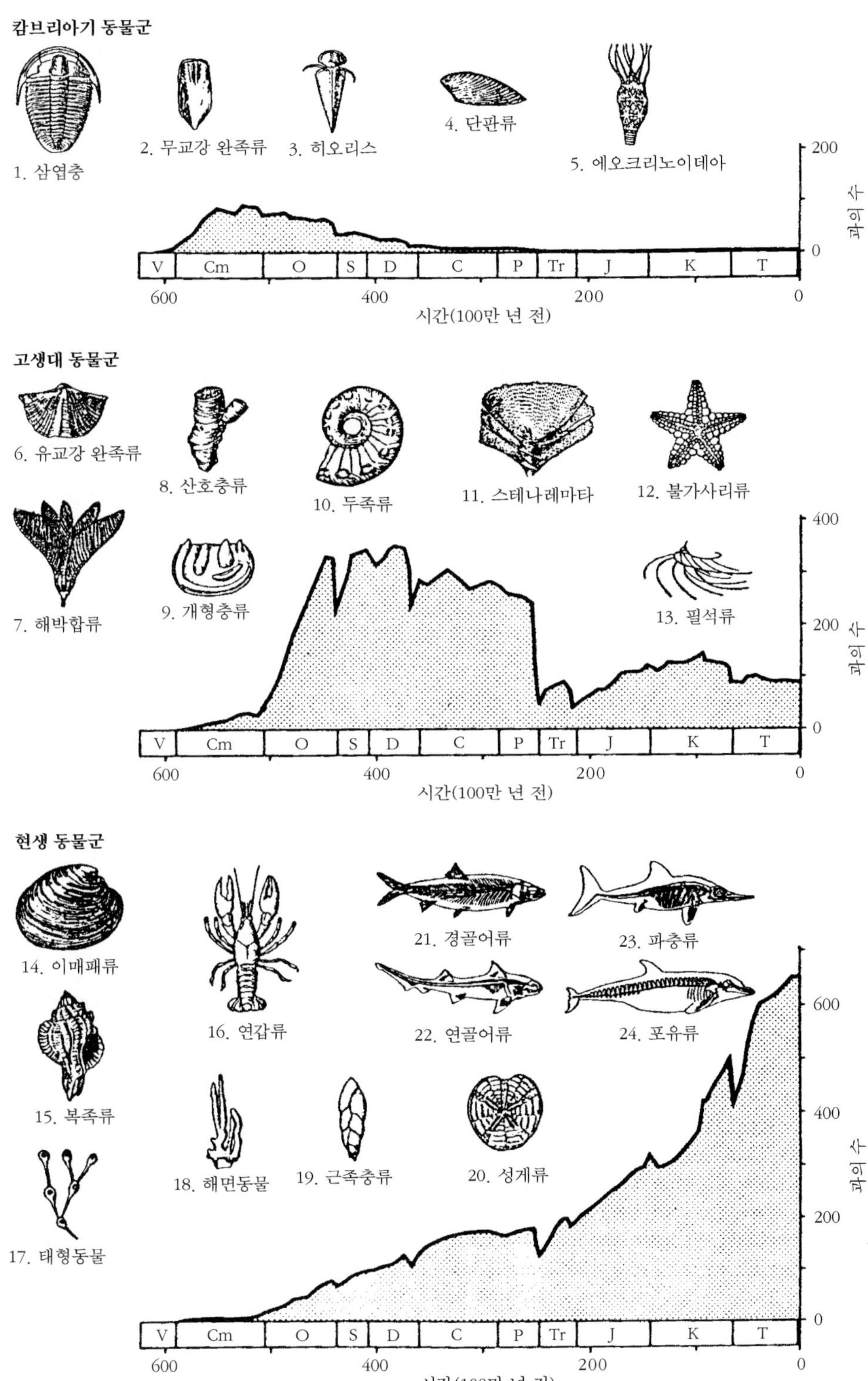

그림 20.4 해양 동물의 세 주요 동물군의 과(科) 다양성의 역사, 캄브리아기상, 고생대상 및 현생상을 보여 준다. 세 개의 상은 서로 더해져 **그림 20.2a**에서처럼 전체적인 다양화 패턴을 만들어 낸다. (V)는 벤디안, (T)는 제3기를 나타낸다. [Sepkoski(1984)에 근거.]

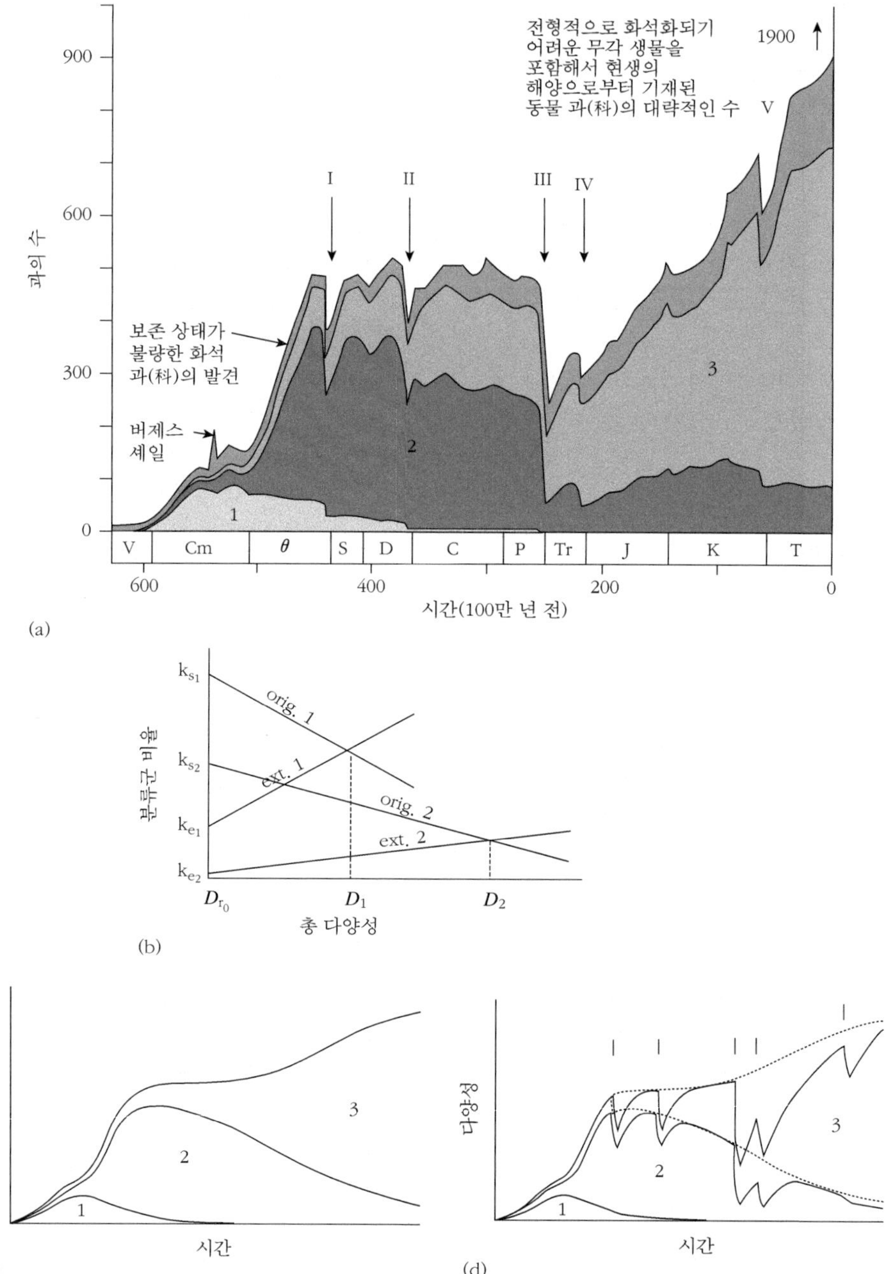

그림 20.5 셉코스키의 해양생물의 다양화를 위한 3상이 연결된 로지스틱 모델. (a) 해양 동물의 과–수준의 다양화 곡선, **그림 20.4**로부터 각각 다르게 색칠된 곳은 세 번의 진화적 '동물상'을 보여 준다. I부터 V까지는 다섯 번의 대량멸종을 나타내고, 왼쪽에서부터 순서대로 후기 오르도비스기, 후기 데본기, 후기 페름기, 후기 트라이아스기 및 제4기～백악기를 나타낸다. (b) 캄브리아기에서 고생대로의 '동물군'의 교체는 평형 다양성 안에서 이동을 포함한다(*D*). 평형 다양성은 발생률(ks)이 멸종률(ke)과 일치할 때 이루어진다(c, d). 서로 연결된 로지스틱 모델은 세 개의 진화적 '동물상' 1, 2 및 3의 전체적인 진행 모습에 대한 간단한 설명을 제공한다(c). 그리고 수직 화살표로 나타낸 변화는 대규모 멸종을 나타낸다(d). [Sepkoski(1979, 1984)의 정보에 근거.]

한계를 표시하는 제한된 수용력을 가진 것처럼 가정되었다. 셉코스키(1984)는 두 번 혹은 세 번의 평형 상태가 지구의 바다를 한동안 지배했었고, 그 후 평형 상태를 초과해 버렸다고 했다. 2001년에 알로이(John Alroy)와 동료는 사실 라우프(Raup, 1972)의 이론이 옳았으며 오르도비스기에 단 한 번의 평형 상태가 정말 있었다고 주장했다(**그림 20.1a 참조**). 셉코스키(**글상자 20.2**)에 의해 확인된 패턴 같은 명백한 단계는 고생대와 중생대의 빈약한 화석 기록의 산물이었다.

평형 상태로의 대안은 지구의 수용력에는 제한이 없거나 아직 수용력의 한계에 도달하지 않았다고 생각하는 **확장 모델**이다. 전체적인 생명체의 다양화 패턴은 물론 수많은 구성 요소 분기군, 어떤 것은 증가하고, 어떤 것은 감소하고, 그리고 나머지는 어느 특정한 시대에 끊임없이 다양화를 유지하는 것을 포함한다. 평형학적인 관점에서는 분기군이 어느 범위에서 서로 반응하여 확장과 수축한다고 보는 대신, 확장적인 관점으로는 각각의 분기군이 어떻게 서로에게 영향을 미치는지에 대한 예측이 없다. 전 세계적 다양성은 아마도 새로운 적응 방법의 출현이나 서식 환경의 변화 및 멸종 사건 후의 회복과 같은 사건들 때문에 반복적으로 확장됐을 수도 있다. 지난 2억 5,000만 년 동안 생명체의 다양화는 바다(십각류, 복족류, 경골 어류)와 육지에서(곤충, 거미류의 절지동물, 속씨식물, 새, 포유류) 특정 분류군의 극적인 방산에 의해서 지배되었다. 이러한 중요 분기군이 진화의 열기가 다 소모되었다거나 다른 생물 환경으로 계속 확장을 하지 않는다는 증거는 적다.

여덟 가지 관찰 기록은 생명체의 다양화에 대한 평형 모델과 확장 모델을 구별할 수 있는 검사 방법을 제공할 것이다. 첫 번째 네 개는 평형 상태를 위한 검사 방법이고, 그다음 네 개는 확장 상태를 위한 검사 방법이다.

1. 전기 캄브리아기에 해양 동물의 진화적인 폭발적 증가가 있었다. 그리고 다양화 비율은 처음의 기하급수적 증가 후에 낮아졌다. 이것은 로지스틱/평형상태의 설명을 강력하게 지지한다.
2. 대량멸종 후에 급속한 반등이 있었다. 지역적 그리고 전 세계적으로 다양성은 비교적 단시간 내에(**그림 20.5 참조**) 멸종 전의 상태로 회복되었다. 이것은 멸종 사건으로 인해 비어 버린 공간의 생태계가 새로운 생태계로 진입하는 데 보다 높은 비율로 다시 채워질 수 있다는 것을 제안한다. 이러한 급격한 반등은 다양성의 로지스틱/균형 모델을 지지한다.
3. 다양화 주기의 마지막 상은 로지스틱 커브가 평형 상태로 가는 모양은 발생률의 감소와 멸종률의 증가와 관련이 있다. 해양 기록은 로지스틱 모델을 위한 증거와 예상치를 대체적으로 입증해 준다.
4. 해양 동물 다양성에서 고생대의 안정기는 평형 상태의 강력한 증거가 된다. 그러나 안정기는 과(科) 단계의 자료 편집물에서만 명확히 나타난다. 속(屬)의 단계에서는 안정기가 낮고 규칙적이지 않다. 아마도 이것은 종(種)의 단계에서는 완전히 사라질

것이다. 고생대의 안정기는 분석 수준의 산물인가? (Benton, 1997)

5. 얼마나 많은 평형 모델이 존재했는지에 대해 평형 모델 지지자들 사이에서 논의가 되었다. 셉코스키는 세 번이라고 주장했고(글상자 20.2 참조), 라우프와 알로이 등은 한 번이라고 했다. 전 세계적인 평형 모델이라는 관점에서는 단 한 번의 평형 상태가 좀 더 이해하기가 쉽다. 그렇지 않으면 각 평형 상태 수준이 진화학적 세계와 생태학적 세계와의 완전한 점검을 대표함으로써 반드시 당위성을 가져야 한다. 우리가 안정기가 끊임없는 확장이라는 것을 인정하기 전에 얼마나 많은 평형 상태가 허용될 수 있는가? (Benton, 1997)
6. 종에 대한 지구 수용력에 대한 증거는 없다. 그리고 평형 모델 뒤에 있는 근본적인 가정은 아직 독립적으로 설명되지 않았다.
7. 육상생물의 방산, 그리고 특정한 주요 해양생물과 대륙 생물의 분기군의 방산은 기하급수적인 패턴을 따르는 것처럼 나타난다. 그리고 증가 비율이 감소한 흔적이나, 평형 상태가 발생한 흔적은 없다. 이러한 방산은 확장 패턴을 강력히 제안한다.
8. 현생 '동물군'은 극적으로 지난 1억 년 동안 방산하였고 평형 수준에 도달한 어떤 흔적도 보여 주지 않는다. 이것은 지난 1억 년 이래 최고의 화석 기록을 대표하는 평형 모델의 약점이다. 초기의 기록보다 생물학적인 패턴에 더 가까운 무언가를 보여 주기를 기대한다.

아마도 최고의 결론은 생명체의 다양화를 설명하기 위한 주도권을 가진 수학적 모델을 찾는 것은 의미가 없다는 것이다. 결국 진화는 모든 종의 수준에서 일어나고, 종들은 항상 변화하는 방법으로 반응하고 상호작용하는 것이다. 환경이 변화하듯이 과(科)와 상위 분류군은 존재하기도 하고 사라지기도 한다. 모든 역사의 변화와 함께(대륙 이동, 해수면의 변화, 대기와 기온의 변화) 다양화의 총합은 근본적인 의미나 조정자가 없는 상당히 불규칙적인 패턴으로 묶여 있다고 주장될 수 있다.

✲ 경향과 방산

경향과 진보

이 쇼는 보통 가정처럼 잘 진행되고 있는가? 적자가 살아남는다는 자연선택에 의한 진화에서 적자는 반드시 그의 조상보다 어떤 면에서 좀 더 나은 점이 있는 것이다. 또한 종의 수도 하나에서 수백만으로 증가했고, 생명체의 범위도 같은 시대에 증가했다. 식물과 동물은 수천 년을 통해 좀 더 커졌고 복잡해졌으며 좀 더 지능적이 되었다. 분명 진화는 많은 이들이 말했듯이 '앞으로 가고 위로 가는' 진보를 말한다.

그러나 용어를 분명히 하는 것은 중요하다. 진화에서 **진보**는 개선을 동반한 변화를 의미한다. 후에 나타난 형태는 그의 조상보다는 좀 더 개선된 방향으로 구성되어야만 한다. 진화적 **경향**은 시대를 통하여 계열 내에서 하나 혹은 그 이상의 형질이 한 방향으로 일어나는 변화이다. 그래서 인류 진화의 경향은 뇌 크기의 증가이고, 만약 이것이 더 큰 뇌가 좀 더 높은 지능을 의미하고 좀 더 나은 진화적 적응력이라고 가정한다면, 이것은 진보라고 분류할 수 있다. 또 다른 경향은 말 발가락의 상실과 크기의 증가이다(**글상자** 20.3). 그러나 말의 진화가 진보를 보여 주는가? 이것은 좀 더 논의하기가 어렵다. 에오세의 숲에서 서식했던 작은 히라코테리움(*Hyracotherium*)은 현생의 평원에서 사는 덩치가 더 큰 말(*Equus*)보다 포식자로부터 숨거나 도망가거나 할 수 있다는 점에서 더 유리하다고 주장할 수 있기 때문에 용어의 사용에 주의해야 한다. 어떤 생명체가 지금까지 살고 있다고 해서 그의 조상보다 더 낫다는 것을 의미하는 것은 아니다.

생명체의 역사에서 진보의 아이디어는 길고 검증된 역사를 가지고 있다. 진화는 성공적인 부모로부터 자식에게 유리한 적응력이 유전되었을 경우에만 꾸준히 진행된다. 그래서 세대를 거치면서 어떤 특징은, 즉 기린 목의 길어짐과 말 크기의 증가와 같은 변화의 경향을 보여 준다. 그러한 생각을 화석 기록으로 옮길 때 세 가지 문제가 있다.

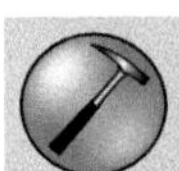

글상자 20.3 말의 진화: 가장 유명한 진화적 경향의 예

말 화석은 보통 19세기 초반에 퀴비에(Cuvier)와 같은 고생물학자에 의해 발견되었다. 1875년에는 확신할 수 있는 진화적 이야기가 마시(Marsh)에 의해 전개되었다. 그의 연구는 북아메리카 대륙의 제3기층에서 발견된 포유류 화석에 대한 일련의 연구에 기반을 둔 것이다. 마시는 에오세에서 발견한 테리어 개 크기의 히라코테리움(*Hyracotherium*)부터 중간 크기를 포함해서 현재의 큰 말에 이르기까지의 진화를 기록할 수 있었다. 그래서 말이 어떻게 시대를 통해서 점점 더 빨라지고 덩치가 더 커졌는지를 설명하는 완벽하고 간결한 진화적 경향을 만들었다.

그러나 사실은 좀 더 복잡하다. 거기에는 한 방향의 변화 패턴이 없었다. 말의 진화계통수(그림 20.6)는 많이 분기를 했고, 작거나 중간 크기 및 덩치가 큰 말의 종이 이미 마이오세에 북아메리카에 공존했다. 북아메리카 대륙에 푸른 목초지가 넓어짐에 따라 올리고세와 마이오세에 말의 다양성은 다리 길이의 신장, 발가락이 네 개 혹은 다섯 개에서 한 개로의 감소 및 치아의 발달에서 무작위적으로 일어났다. 높은 한 개의 발가락은 빨리 달리기 위한 적응의 산물이고, 치아의 발달은 거친 풀을 먹기 위해 필요했다. 오늘날 크기가 비슷한 말속(*Equss*)의 생존자인 말, 당나귀, 얼룩말은 북아메리카 대륙의 전통적인 다양한 종들이 멸종했던 후기 플라이오세에 일어난 참사 같은 변화 사건의 결과로 나타났다. 말속은 넓고 풀밭 초원을 빨리 달리기에 적합하고 히라코테리움은 잎이 많은 나무숲에 숨기에 적합했다. 말속이 좀 더 나은 것인가 아니면 단지 다를 뿐인가?

맥파덴(Macfadden, 1992)의 말의 진화에 대해 좀 더 알고 싶으면 http://www.blackwellpublishing.com/paleobiology/을 읽어 보라.

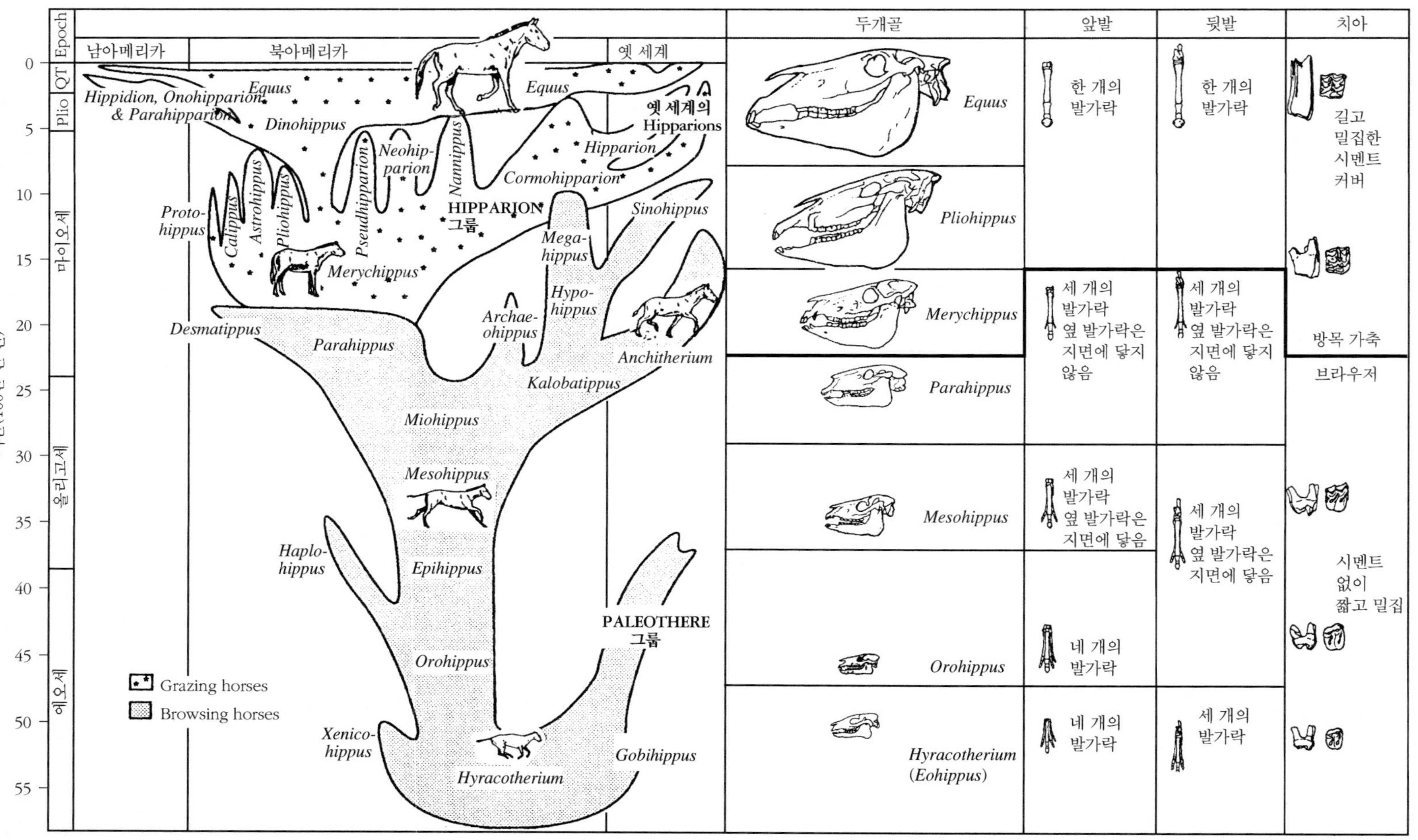

그림 20.6 말의 진화는 몸집의 커짐, 하나의 발가락 및 치아의 발달로 변하는 간단한 한 방향적인 경향으로 해석되었다. 사실은 좀 더 복잡하다: 말의 진화는 가지의 패턴을 가졌고, 현생의 말속으로 이어진 가지는 미리 결정된 것이 아니었다. 마이오세와 플라이오세의 북아메리카 대륙의 말의 다양성을 참조하라. 진화적 단계는 모두 평행하게 일어나지 않는다. 메리키푸스(*Merychippus*)는 윤택이 나는 말이었고 깊게 뿌리가 박힌 치아가 있었지만 세 개의 발가락을 유지했다. [MacFadden(1992)과 다른 자료에 근거.]

1. 환경은 영원히 변하고 어떤 특정한 특징에서 변화를 위한 도태압이 수백만 년 동안 지속이 될 수 있을 것 같지 않다.
2. 고생물학적 증거는 진화의 간단한 설명을 지지하는 데 충분하지 않다(**글상자** 20.3 참조).
3. 시대에 따른 변화의 발생은 진보를 의미하지 않는다. 진보는 증명되고 향상된 적응을 포함한다.

적응적인 방산

대규모 진화의 전통적인 관찰의 하나는 **적응 방산** 혹은 좀 더 적합하게 방산이라고 한다. **방산**은 분기군이 비교적 빠르게 확장할 때이다. 형용사 '적응적인'은 보통 용어 앞에 쓴다. 왜냐하면 방산이 분기군에서 어떤 특정한 적응에 의해 방산이 일어난다는 가정이 있기 때문이다. 특정한 적응에는 새롭고 능률적인 섭식 방식 또는 새로운 서식지를 정복하는 능력이다. 그러나 그것은 패턴과 진보라는 용어를 혼동하는 것은 잘못된 것이다.

패턴은 종의 출현과 멸종 혹은 다른 지리적 영역에서의 산출을 관찰하는 것이다. 예를 들면, **진보**는 패턴을 설명하기 위해 찾아낸 가정이다. 그래서 방산은 패턴이다. 방산이 적응적인지 아닌지에 관계없이 가정의 과정이다. 분기군이 우연에 의해 특정한 시대에 특별한 적응력 없이 퍼져 나가는 것은 가능하다. 아마도 많은 방산이 대규모 멸종 후에 아마도 그랬을 것이다. 생존자들(대규모 멸종을 비껴가 살아남은 동물은 좋은 유전자와 행운의 결과이다.)은 세계가 정상으로 돌아오면서 퍼져 나가 살 수 있었다. 그리고 그들은 방산을 하는 데 특별히 강한 적응력을 가지고 있지 않았을 수도 있다. 다른 종의 집단은 정신적 외상으로부터 살아남았고, 멸종 후의 방산은 전혀 다르게 시작했을 것이다.

논란의 여지가 있지만 가장 잘 알려진 방산은 백악기-제3기(KT) 사건 후의 태반 포유류의 다양화였다(**그림** 20.7). 태반 포유류는 중요한 세 부분으로 나누어졌고 후기 백악기에 약간 다양화되었다. 하지만 그들의 어느 것도 고양이보다 크지 않았다. 팔레오세와 전기 에오세 기간의 1,000만 년 동안 박쥐에서 말까지 그리고 설치류에서 고래의 범위까지 현생 목의 조상을 포함하는 20개의 중요 분기군으로 발전했다. 초기 기간 동안에 전체적으로 목의 다양성은 지금보다 더 다양했다. 방산의 전반부 동안에는 근간의 분기군이 급격하게 방산된 듯하고, 많은 체형과 생태학적 형태가 나타났다. 팔레오세의 우세한 태반 그룹의 절반은 생태계가 채워지고 경쟁이 되는 단계에서 곧 멸종했으며, 좀 더 안정정인 집단 패턴은 KT 대량멸종 후 1,000만 년이 지난 후에 만들어졌다.

태반 포유류의 방산은 흔히 적응 방산으로 설명되고, 그 적응은 태반 포유류를 온혈, 차별화된 치아, 지능 혹은 부모의 보살핌을 가질 수 있게 이끌 수도 있었다. 그들의 어느 것도 혹은 정말 그들의 모든 것이 방산과 후에 태반 포유류의 성공에 대해 합리적인 설명이 될 수 있다. 그러나 이 설명들은 꼭 검증되어야만 하는 가정이라는 것을 기억하는 것

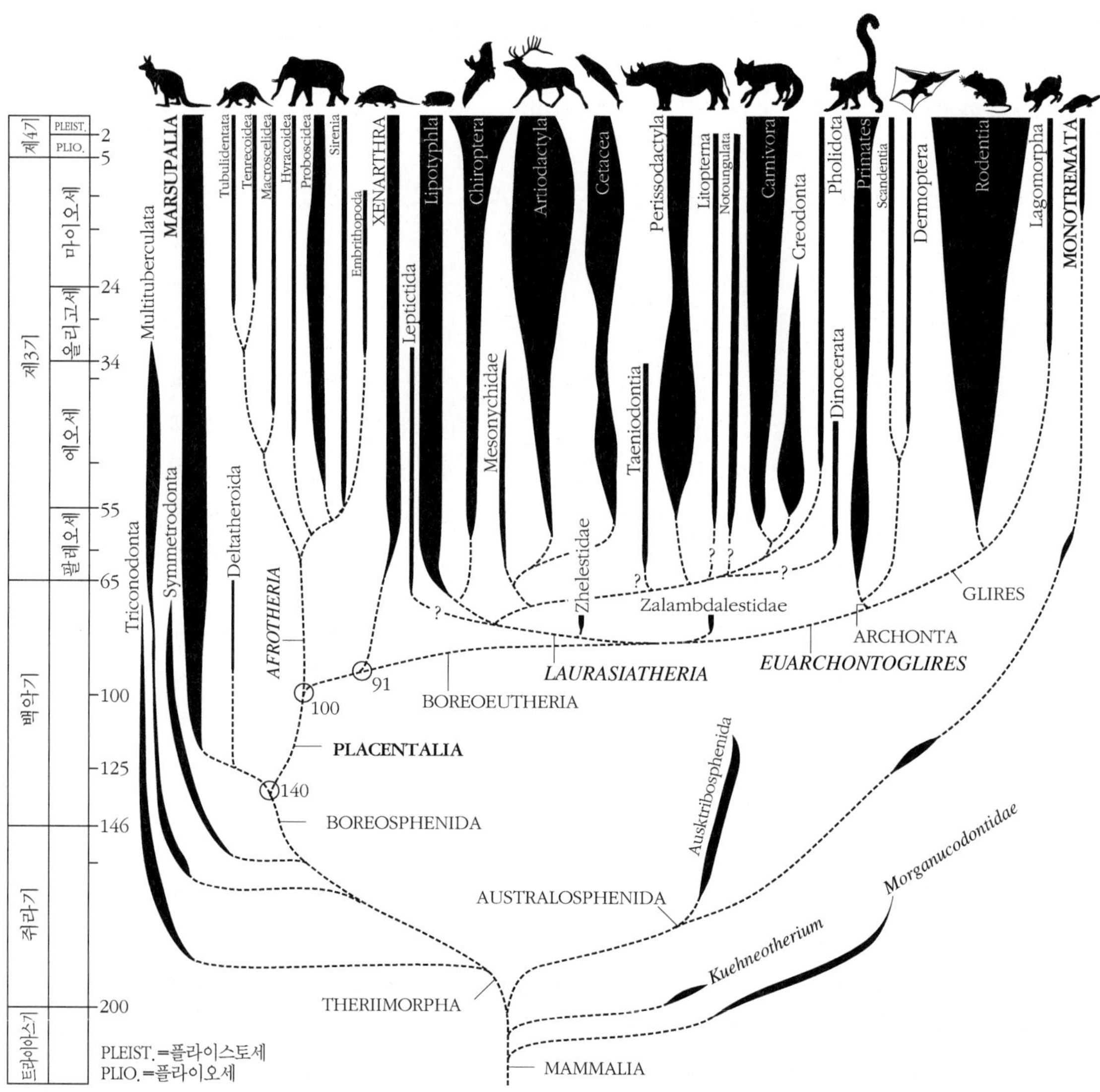

그림 20.7 일반적인 방산의 예, 백악기-제3기 대규모 멸종 후의 태반 포유류의 다양화 패턴. 포유류는 트라이아스기에 출현했고, 쥐라기와 백악기 동안에 느린 비율로 분화했다. 현생의 태반 상목은 후기 백악기에 출현했고 목(目)은 분화하기 시작했다. 공룡이 멸종된 후에 오직 태반 포유류가 본격적으로 분화하기 시작했고 세계적으로 많아지게 되었다. [Benton(2005)으로부터.]

이 중요하다. 첫 번째로, 유대류 또한 후기 백악기에 나타났고, 태반 포유류의 모든 특징을 공유하고 있다. 그러나 왜 유대류는 태반 포유류만큼 퍼져 나가지 못했는가? 두 번째로, 중생대의 포유류는 대부분의 특징을 후기 트라이아스기부터 가지고 있었다. 하지만 왜 그들은 퍼져 나가지 못했는가? 더 우수한 포유류가 공룡과 같은 시대에 출현했을 수도 있다고 가정할 수 있다. 하지만 어쨌든 공룡은 처음에는 우세했고 포유류를 1억 6,000만 년 동안이나 궁지에 몰아넣었다. 가정과 미사여구에 휩쓸리지 않는 것이 중요하다. 그리고 특히 패턴과 과정을 혼동하지 않는 것이 중요하다.

생명의 교체

생명의 교체는 생명체 역사의 명백한 특징이다. 식물의 한 그룹 혹은 동물의 그룹이 다른 것으로 교체되는 것이다. 이매패에 의한 완족류의 교체는 유명한 예이다. 이것은 언제나 진보적인 과정으로 보인다. 일반적인 관점은 완족류가 이매패보다 적응력이 떨어졌고 완족류는 긴 시대의 경쟁에서 명백히 굴복했으며 아마도 수천만 년에서 수억 년 동안 존재했을 것이다. 경쟁은 일반적으로 같은 종 사이나 다른 종과의 사이에서 어떤 상호작용을 하는 것으로 정의되고, 한쪽이 이익을 얻으면 다른 쪽은 고통을 받는다. 간단한 예로 둥지 안에서 새끼 새들 사이의 경쟁이다. 크고 건강한 쪽이 부모로부터 관심을 받고 더 많은 먹이를 먹게 되지만 겁이 많고 작은 형제는 손해를 보게 된다. 경쟁은 과정이고 가정이다. 그리고 어떤 예에서 그것이 입증이 될 때까지 그것이 가정되어서는 안 된다.

굴드와 캘러웨이(Gould & Calloway, 1980)는 완족류 대 이매패의 예를 자세히 살펴보았다. 그리고 그들은 교체가 경쟁에 의해 일어났다고 단순하게 가정하지 않는 것이 옳다고 결정했다. 그들은 장악이 좀 더 복잡하다고 제안한다. 완족류와 이매패는 고생대를 거치면서 거의 끊임없이 다양화를 유지했고 완족류가 좀 더 다양했다(**그림 20.8**). 페름기와 트라이아스기 사이의 대량멸종(2억 5,100만 년 전)은 그들의 다양성을 바로 떨어뜨렸다. 이매패는 회복했고 트라이아스기와 쥐라기 동안에 급격하게 퍼져 나가기 시작했다. 하지만 완족류는 멸종 후의 낮은 다양성 상태를 그대로 유지했다.

다른 중요 생명군의 교체는 비슷한 연구에서 비슷한 결과를 보여 준다. 예를 들면, 다양한 중요 식물 그룹의 시대에 따른 교체는(18장 참조) 경쟁적이라고 간주되어 사용되지만, 거기에는 제한적인 증거만 있을 뿐이다. 후기 트라이아스기의 공룡에 의한 다양한 사지동물 그룹의 교체는 공룡이 느린 이동과 덜 탐욕스러운 선조들을 극복한 과정으로 보인다. 그 후의 연구는 아마도 기후와 식물군의 변화에 의해 조정된 시기에 멸종 사건이 있었고, 초기 공룡의 성공은 그들의 전체적인 우월성보다는 좀 더 좋은 행운 때문이었다고 제안한다. '아메리카의 큰 교체'의 이야기는 파나마 지협의 종료 후에 북아메리카 대륙에 살았던 포유류가 남아메리카 대륙으로 이주하여 그들보다 열등한 남쪽의 근연종들을 도살하는 내용이다. 자료의 엄밀한 연구는 교체가 균형적이었고, 대부분의 침입자는 새로이 할 일을 찾았고, 그 어느 것도 멸종으로 몰아가지 않았다고 제안했다. 아마도 생명 교체의 대다수는 수동적이거나 멸종 사건에 조정되었거나 새로운 그룹의 확산을 위해 자리를 비워 주었을지도 모른다. 만약 이것이 사실이라면 각각의 식물과 동물의 새로운 방

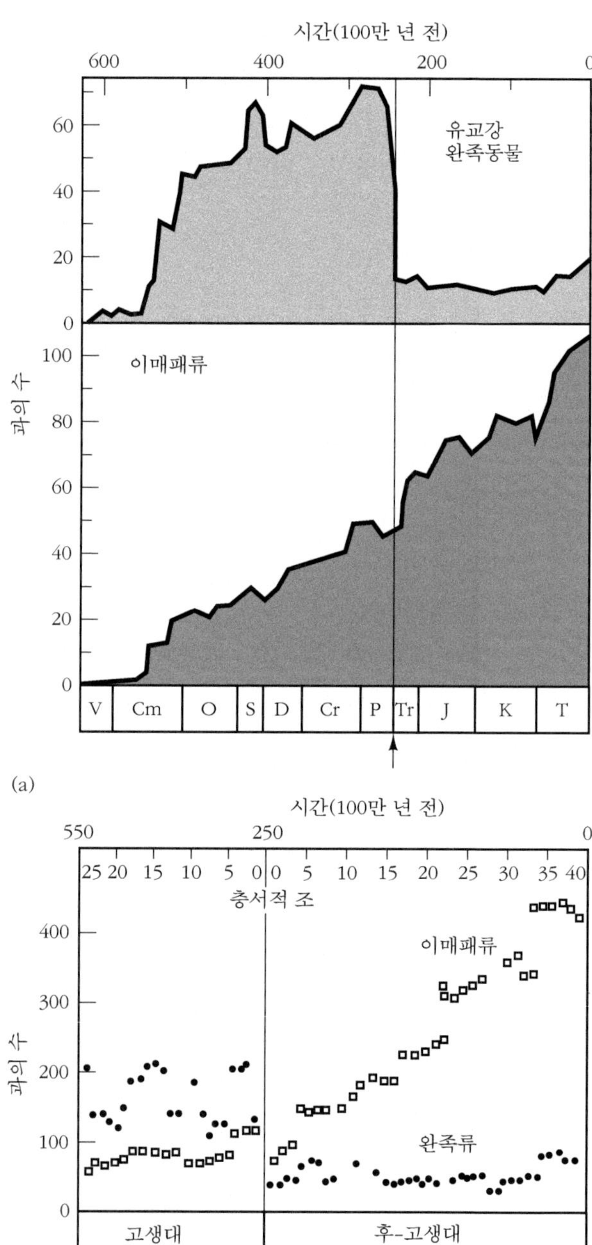

그림 20.8 경쟁적인 교체의 전형적인 예? 유교강 완족류는 고생대의 해저에 많이 살았던 패각 동물이었다. 그리고 이매패는 오늘날 그 역할을 이어받았다. 이매패는 고생대 동안 그리고 심지어 페름기까지도 오랜 시간 동안 완족류와 경쟁했고 결국 경쟁에서 이겼다. (a) 두 그룹 간의 장시간에 걸친 운명의 도표는 이매패의 꾸준한 다양성의 증가와 완족류의 다양성의 감소를 보여 준다. 그러나 완족류는 비록 페름기와 트라이아스기 사이의 대량 멸종 사건에 큰 타격을 받았음에도 불구하고, 고생대 동안에 다양화가 있었다(화살표). (b) 이매패는 대규모 멸종 사건 후에 다시 회복했으나 완족류는 그러지 못했다. [Gould와 Calloway(1980)의 정보에 근거.]

산이 진화적 진보의 릴레이 경주에서 교대를 위해 위로 향하거나 앞으로 향한다는 관점을 유지하기 어렵다.

✲ 중요 단계

고생물학의 연구는 생명체가 어떻게 현재의 놀라운 다양성을 이룩했는지에 대해 많은 연구를 한다. 생명체의 역사에서 몇 개의 큰 사건들이 확인될 수 있고, 토론될 수도 있다. 두 명의 이론 생물학자(글상자 20.4)가 분자 생물학을 바탕으로 해서 8 단계 시리즈를 발표했다. 고생물학의 주제 10개는 토론될 수도 있으나, 우리는 다양성에서 상당한 증가를 가능하게 하는 몇 개의 중요한 적응력을 선정했다(그림 20.9).

적응력 1: 생명체의 기원

생명체의 기원으로 가장 널리 인정을 받고 있는 이론은 생화학적 모델(8장 참조)이며, 복잡한 유기물 분자가 선캄브리아 시대에 자연적으로 합성된 것이다. 최초의 살아 있는 생물체는 아마도 대략 35억 년 전의 암석에서 발견된 박테리아일 것이다. 이들은 크기가 작고 핵이 없는 원핵생물이다. 초기 생명체의 형태는 산소가 없는 환경에서 살았고, 이것은 지구의 역사에 가장 획기적인 변화 중의 하나를 야기시켰다. 바로 대기 중에 산소를 증가시켜 준 것이다.

글상자 20.4 또 다른 여덟 개의 주요 단계

메이너드 스미스와 샤츠마리(Maynard Smith & Szathmáry, 1997)는 생명체의 기원에서 언어를 포함한 인간 사회까지 여덟 개의 주요 단계를 다음과 같이 제시하였다.

1. 복제하는 분자. 증가, 변이 및 유전의 특성을 갖는 첫 번째 목표는 아마도 RNA에 비슷한 복제를 하는 분자일 것이다. 그러나 아마도 좀 더 간단하고 복제가 가능하지만 그것은 다른 구조를 명시하지 않았기 때문에 정보는 제공되지 않았을 것이다. 만약 진화가 좀 더 진행되려면 다른 종류의 복제 분자의 협력이 필요하고, 각각은 다른 것의 복제를 돕는 효과를 가져온다. 이러한 일이 일어나려면 분자 집단이 간단한 세포에 해당하는 어떤 종류의 막이나 간단한 세포에 해당하는 '칸'으로 둘러싸여야만 한다.
2. 독립적인 복제자. 존재하는 생명체에서 자기복제를 하는 분자 혹은 유전자는 끝과 끝이 서로 연결되어 염색체를 형성한다(하나의 세포당 하나의 유전자가 있는 가장 간단한 생명체). 이것은 하나의 유전자가 모두 같은 방법으로 복제될 때 효과를 얻는다. 이러한 대등한 복제는 칸에 있는 유전자들 사이의 경쟁을 예방하고 하나가 실패하면 모두가 실패하게 되어 유전자의 협동을 이끌어낸다.
3. 유전자와 효소로서의 RNA. 현생의 생물체에는 두 종류의 분자 사이에 역할의 구분이 있다. 핵산(DNA와 RNA)은 정보를 저장하고 전달한다. 단백질은 화학 반응을 촉진하고 몸 구조의 대부분을

(다음 쪽에 계속됨)

형성한다(예: 근육, 힘줄, 머리카락). 아마도 초기에는 RNA 분자가 두 가지 기능을 수행했을 것이다. 'RNA 세계'에서 DNA 세계로의 이동과 단백질은 유전적 코드의 진화를 필요로 했고 그것으로 인하여 기본 배열은 단백질의 구조를 결정했다.

4. **진핵생물과 세포기관.** 원핵생물은 별도의 핵이 없으며 한 개의 둥근 염색체를 가진다(보통). 원핵생물은 박테리아와 시아노박테리아(청록조류)를 포함한다. 진핵생물은 막대 모양의 유전자를 포함한 하나의 핵을 가지고 있고 보통 세포기관이라고 불리는 세포 내에 들어 있다. 미토콘드리아와 엽록체를 포함한다. 진핵생물은 단세포인 아메바와 클라미도모나스(*Chlamydomonas*)로부터 인간에 이르기까지 모든 생명체를 포함한다.
5. **유성생식.** 원핵생물과 진핵생물의 일부에서 새로운 개체는 하나의 세포가 두 개로 나눠지는 무성생식으로 증식한다. 대부분의 진핵생물에서는 이와 반대다. 세포 분화에 의한 증식 과정은 서로 다른 개체에 의해 생산된 두 개의 성 세포(혹은 배우체)의 융합으로 발생한 새로운 개체의 유성생식 과정에 의해 방해받는다.
6. **차별화된 세포.** 진핵세포에서 원생생물은 단세포 혹은 세포들의 집합체로 존재하는 것 중에 세포의 종류는 오직 한 종류이거나 종류의 수가 극히 적다. 하지만 동물, 식물 및 균류 같은 다세포생물은 많은 서로 다른 종류의 세포로 구성되어 있다(근육 세포, 신경 세포, 상피 조직의 세포). 각각의 개체는 한 개의 유전 정보만을(이배체는 두 개) 전달하지 않고 수백만 개의 복제를 전달한다. 생물학자의 이해를 위한 흥미로운 질문은 비록 모든 세포가 같은 정보를 가지고 있지만 서로 매우 다른 모습, 구성 및 기능을 가졌다는 것이다.
7. **군체를 이루는 생물.** 대부분의 생명은 단독으로 살며 같은 종의 다른 개체와 상호작용을 하지만, 그렇지 않은 것도 있다. 다른 동물 특히, 개미, 벌, 말벌 및 흰개미는 군체 생활을 하며 소수의 개체가 번식을 한다. 그러한 군체는 초개체(superorganism)로 비유되었는데, 다세포동물이 비슷하다. 생식 능력이 없는 일벌은 한 개체의 몸 세포와 비슷하고, 생식을 하는 개체는 생식계열의 세포와 유사하다. 이러한 군체의 기원은 중요하다. 아마존 열대 우림에 살고 있는 동물 생물량의 1/3이 개미와 흰개미로 구성되어 있다. 아마도 다른 지역의 서식지도 이와 같을 것이다.
8. **영장류 사회—인간 사회, 의식 및 언어의 기원.** 유인원에서 인간 사회로의 이동의 결정적인 단계는 아마도 인간의 의식을 일으키게 하고 우리의 존재를 이해하게 한 언어의 발생이었을 것이다. 다른 동물은 언어의 형태로 의사소통을 하지만 인간의 언어는 좀 더 복잡하다. 정보는 수정되어 저장되고 다음 세대로 전달된다. 그래서 인간의 언어는 유전 코드와 어떤 의미로 비교될 수 있다. 의사소통은 함께 사는 사회를 이루게 하고, 인간에게 그들의 진화의 어떤 요소를 조절할 수 있게 한다.

메이너드 스미스와 샤츠마리(Maynard Smith & Szathmáry, 1997)는 여덟 개 변화 중의 두 개 이외는 모두 유일하고, 한 계열에서 한 번은 일어난다는 것을 주장하였다. 두 개 예외의 첫 번째는 3회 발생한 다세포 생명의 기원이고, 나머지는 여러 차례 발생한 생식 능력이 없는 계급이 있는 군집동물이다. 이러한 변화가 전혀 일어나지 않았는가? 그리고 그것은 생명체 자체의 근원을 포함하고 있는가? 그렇다면 우리는 존재할 수 없다.

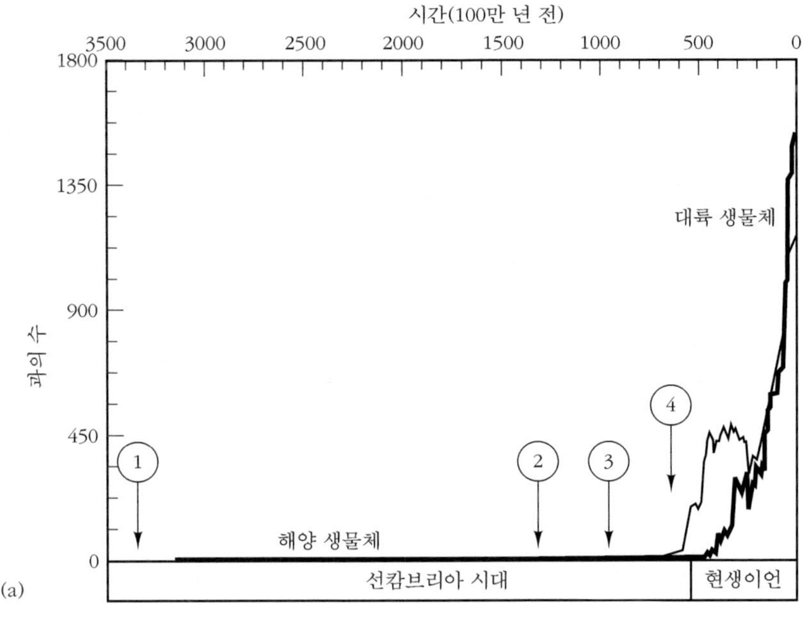

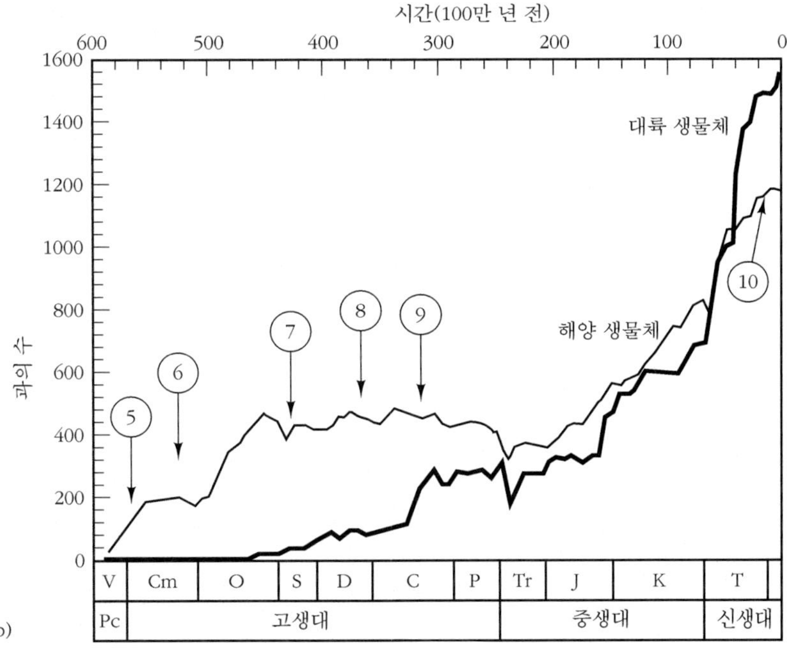

그림 20.9 열 가지 주요 생물학적 발전을 시간대별로 나타낸 생명체의 다양화: 1=생명체의 기원, 2=진핵생물과 성의 기원, 3=다세포, 4=골격, 5=포식, 6=생물 산호초, 7=육생화, 8=나무와 숲, 9=비행, 10=의식. 지난 4억 년 동안 일어난 생명체의 다양화가 도표로 제시되었다. (a) 현생이언 (b). 지질학적 약어 V는 벤디안, Pc는 선캄브리아, Cm은 캄브리아 시대, O는 오르도비스기, S는 실루리아기, D는 데본기, P는 페름기, Tr은 트라이아스기, J는 쥐라기, K는 백악기, T는 제3기를 나타낸다.

적응력 2: 원핵생물과 성의 기원

원핵생물에 반대되는 진핵생물은 일반적으로 크며 세포 기관 안에 막을 갖는 핵이 있고 그 안에 염색체가 들어 있다(8장). 진핵생물은 원핵생물과 근본적인 면에서 다르다. 그들의 세포는 유성생식으로 재생산된다. 가장 오래된 진핵생물의 화석은 확인하기 어렵다. 그러나 분기군은 12억 년 전부터 확립이 잘 되어 있다. 무성생식은 오로지 복제에서만 나타나는 경향이 있다. 그러나 유성생식 동안에 유전 물질의 결합은 유전 물질의 교환, 돌연변이, 재조합 및 집단 내에서 변이의 발달을 가능하게 한다.

적응력 3: 다세포

다세포생물은 진핵생물 세포가 다른 조직 종류와 기관으로 조직된 집단이며, 생물체의 서로 다른 부분이 특별한 임무와 기능을 가지고 있다. 가장 오래된 다세포 진핵생물의 일부는 캐나다의 12억 년의 암석에서 발견되었다. 이 적조류는 대략 20개의 다세포 진핵생물 계열의 하나이다. 분자생물학적 증거는 이들 모든 그룹이 12억 년 정도에 공통조상을 가지는 것으로 나타났다. 다른 어떤 것은 4억 년 후에 후생동물로 되었다.

네 가지의 연구는 최초 후생동물의 탐구에 도움을 준다. 첫째로 체화석 아마도 벌레의 화석으로 생각되는 시노사벨리디테스(*Sinosabellidites*)와 프로토아르엔티콜라(*Proto-arenicola*)가 발견되었다. 이 화석들은 성장륜이 있는 탄소질의 관이며 에디아카라 동물군보다 10억 년이나 더 앞선 선캄브리아 시대의 암석에서 발견되었다. 두 번째로 생흔화석은 생물체의 등급과 이동할 수 있는 구조의 발전을 암시한다. 와이오밍 주의 메디슨 피크의 규암에서 발견된 생흔화석은 아마도 24억 년으로 추정되고 움직일 수 있던 후생동물은 시생누대와 원생누대의 경계 근처에서 존재의 힌트를 준다. 이것은 예상 밖이며 다른 해석이 가능하다. 세 번째로 10억 년 전에 스트로마톨라이트의 감소는 포식자의 존재를 지시한다. 마지막으로 분자 계통학은 처음 후생동물의 발산이 10억~8억 년이라는 것을 지시한다.

적응력 4: 골격

캄브리아기 초기에서 몇백만 년의 간격 동안에 다양한 광물화된 골격이 나타났다. 이들은 중기 캄브리아기의 버제스 셰일 동물군에서 장대하게 나타난다. 광물화된 단단한 부분은 보호, 지지 및 근육이 붙는 곳의 제공 같은 독특한 장점을 부여했다. 포식자 압력이 단단한 부분의 획득을 하게 한 가장 큰 이유였을 것이다. 전기 캄브리아기의 해침 기간 동안에 해양 화학에서 일어난 현저한 변화는 생물체로 하여금 많은 양의 미네랄을 섭취하고 배설하게 했을 것이다. 그리고 전 세계 바다의 높아진 산소 농도는 광물의 침전을 더 쉽게 만들었다.

다양하게 광물화된 관(tube)은 많은 선캄브리아기 화석 군집을 특징짓는다. 이 관을 제외하고 분류적 유사도가 불확실하지만, 잘 알려진 생명체에 골격 구조를 형성하는 다양한 종류가 있다. 방해석(완족동물, 이끼벌레, 삼엽충, 패형충, 산호), 아라고나이트(히오리스, 연체동물), 인회석(혀 모양의 완족류, 코노돈트, 척추동물), 단백석(육방해면류, 방산충) 및 교착성 물질(유공충류).

적응력 5: 포식 관계

후기 선캄브리아기의 에디아카라 동물군은 연체부만으로 구성된 동물이다. 이것은 당시 포식자와 부식자가 없었다는 것처럼 보이며, 또한 초기 캄브리아기 동안에 변하였다. 이매패 각에 보존된 천공의 증거로부터 포식 관계의 형태가 생태계에서 중요한 부분이었다는 것을 지시한다. 갑주와 방어 전략의 급격한 다양화는 캄브리아기 방산의 특징이었다. 포식자–피식자 사이의 포식 관계는 생명체가 계속되는 반복적인 방어적 전략과 공격적 전략의 발전을 의미하는 공진화가 진화적 단계에 중요한 영향력을 주었을 수도 있다. 이러한 '군비 경쟁'은 현생누대 동안에 여러 차례 심해졌다. 천공하는 복족류와 경골류의 어류 같은 새로운 효과적인 포식자가 그들의 먹이의 생활양식에서 극적인 변화의 진화를 초래한 백악기에 가장 현저했다(14장과 16장 참조).

적응력 6: 생물의 산호초

생물의 산호초는 바다의 열대 우림이라고 할 수 있다. 현재의 산호초는 매우 다양하며 여러 색깔을 가진 뇌 모양의 뼈대, 뿔 및 석산호와 함께 오르간 파이프, 부채꼴 산호, 채찍 산호가 있다. 갯가재부터 수염 상어에 이르기까지 수천 종의 생물에게 먹이와 쉼터를 제공한다. 이렇게 거대한 탄산염 구조는 보초에서 환초까지 열대 섬의 다양한 형태를 만든다. 산호초의 기원은 큰 사건이었다.

현생누대를 거치면서 큰 변화가 대량멸종에 의해 나타났고, 산호초의 주요 건설자가 바뀌었다. 첫 번째 암초 뼈대는 전기 캄브리아기 동안에 나타났다. 먼저 독립적이며 집단으로 구성된 다모류 동물의 관과 고배류에 의해 건설되었다(10장 참조). 오르도비스기의 산호초는 조류, 태형동물류, 층공충류 및 주름 산호와 판상 산호가 주를 이루었다(10장과 11장 참조). 판상 산호와 층공충류는 조류와 태형동물과 함께 실루리아기부터 데본기 말까지 산호초를 만든 주요 동물이었다. 석탄기와 페름기의 산호초는 태형동물, 조류 및 석회질의 스펑크노조아 해면에 의해 만들어졌다. 중기 트라이아스기 동안에는 조류, 거품돌산호, 태형동물 및 스펑크노조아 해면에 의해 만들어졌다. 쥐라기와 백악기 산호초는 돌거품 산호, 규산질의 스펑크노조아 해면에 의해 구성되었고, 후기 백악기 동안에 루디스트의 이매패에 의해 보강됐다. 제3기 동안에 돌거품 산호는 현재와 같은 다양성으로 확장했는데, 이들은 현재 생물 산호초를 만드는 데 지배적인 생물이다.

적응력 7: 육생화

육상의 군체는 생명체에 의해 이전에 점령되었던 환경에 주요 새로운 환경을 첨가했다. 처음으로 생명체가 육지에 진출했던 시기를 알기는 매우 어렵다. 토양은 중기 선캄브리아 연계층으로부터 연속적으로 보고되었고, 미생물은 아마도 물가에 있는 녹색을 띤 거품까지 확장하였다. 오르도비스기의 토양은 커다란 식물과 동물이 육지로 이동했음을 보여 준다. 실루리아기까지 잘 발달된 관속 체계, 기공, 왁스로의 피복 그리고 3조형 포자를 가진 쿡소니아(*Cooksonia*) 같은 작은 관속식물이 자리를 잘 잡았다(18장 참조). 새로운 육상식물은 영양분을 얻기 위해 토양에 의지했지만, 그들 역시 전에 단순히 암석만 있었던 환경을 현재 모습의 토양으로 만들었다. 이러한 식물 성장에 의한 육지의 안정화는 침식 비율을 줄였으며, 지구상의 생태계에서 생명체가 가졌던 가장 극적인 영향 중의 하나였다. 육상으로 이동한 무척추동물은 탈수현상, 호흡 및 보다 적게, 지지라는 문제에 직면했다. 이러한 문제들은 방수 피부, 폐 및 골격의 지지에 의해서 극복될 수 있었다. 비록 민달팽이 같은 유체 골격은 성공적이었고, 절지동물의 강화된 외골격은 지지를 제공하고 부드러운 부분을 부착시켜 주는 이상적인 방어적인 외피였다. 전기 데본기까지 키가 작은 녹색식물에 다족류 동물, 곤충 및 아마도 거미류들이 서식하게 되었다. 석탄기 동안에 이들 동물군들은 빈모류 연충, 전갈과 함께 전새류 및 폐를 가진 복족류가 부가되었다(12장과 14장 참조). 척추동물은 데본기 동안에 육지로 이동했고 새로운 식물과 무척추동물을 먹이로 했을 것이다. 석탄기 중기에 파충류가 양막을 갖게 됨으로써 충분히 육생화가 일어났다(16장 참조).

적응력 8: 나무와 숲

육지에서 생활 공간의 확장 후 다음으로 중요한 것은 석탄기 동안에 일어난 숲의 발달이었다. 첫 번째 나무 크기의 식물은 후기 데본기에 나타났으며 원겉씨식물에 속하는 아르케오프테리스(*Archaeopteris*)는 높이가 8m에 달했고, 2차 목부 조직과 성장륜이 있다. 나무는 석탄기에 인목(*Lepidodendron*, 높이 50m)과 봉인목(*Sigillaria*, 높이 30m)과 같은 석송류, 노목(*Calamites*, 높이 20m)과 같은 속새류(*Psaronius*, 3m), 원겉씨식물, 메두로사(*Medullosa*, 높이 10m) 같은 종자고사리, 그리고 초기의 양치류(18장 참조)가 풍부해지고 다양해졌다.

나무 습성의 특징은 새로운 서식지의 수직적 단으로 배열된 범위를 만들었다. 긴 뿌리가 있는 나무는 작은 식물은 접근할 수 없는 곳에서 영양분을 얻을 수 있었고, 식물의 새로운 층의 추가는 그전보다 더 많은 식물이 공간을 가득 메울 수 있게 해 주었다. 곤충과 다른 무척추동물은 토양에서 새로운 잎 찌꺼기 서식지와 마찬가지로, 나무껍질, 잎들 사이 및 열매에 피난하거나 먹이를 먹었다. 나무와 숲의 진화는 곤충의 방산과 그들의 포식자인 거미, 양서류 및 파충류와 마찬가지로 관속식물의 다양화 비율을 높이는 데 극적인 폭발을 이끌었다.

적응성 9: 비행

육상생물의 다음 중요 확장은 하늘이었다. 아마도 나무의 진화는 적응에서 그 이상의 도약을 바로 이끌었다. 다양한 곤충 그룹이 먹을 수 있는 잎과 과일을 찾기 위해 지상을 떠나고 싶어 했으며, 활강과 진정한 비행은 피할 수 없는 일이 되어 버렸다. 곤충은 전기 데본기에 나타났지만, 최초의 진정한 비행자는 석탄기에 나왔다(12장 참조). 펜실베이니아기에서 곤충 그룹의 극적인 다양화가 있었다. 비행은 의심할 여지없이 곤충의 거대한 성공의 단서이다. 오늘날 살아 있는 생명체의 70%를 대표하고 너무 많아서 식별하거나 정확한 수를 세는 것이 힘들 정도로 수백만 종이 있다.

비행은 척추동물 사이에서 30번 이상 나타났다(17장 참조). 후기 페름기와 후기 트라이아스기부터 이궁류의 파충류가 활강했다고 알려져 있다. 최초의 날개를 퍼덕인 척추동물인 익룡류는 후기 트라이아스기에 출현했고, 중생대의 하늘을 지배했으며 날개 길이가 11~15m에 이르렀다. 그리고 지금까지 비행을 한 동물 중 가장 큰 동물이다. 새와 박쥐를 포함하는 현생 척추동물의 비행자는 둘 다 성공한 그룹이며, 둘 다 대부분 곤충을 먹는데, 새는 낮에 박쥐는 밤에 먹이 사냥을 한다. 오늘날 공중에 날 수 있는 척추동물의 또 다른 방법은 활강이다. 날치, 개구리, 도마뱀 및 뱀 그리고 다양하게 활강하는 유대류와 유태반 포유동물같이 활강하는 동물은 확장된 박막을 사용하여 수동적으로 대기로 급강하한다.

식물도 비행과 나는 동물을 이용한다. 많은 식물은 화분과 씨앗의 살포를 위해 바람을 이용한다(18장). 특정 식물의 성장 경향 또한 비행의 경우와 유사하다고 주장될 수 있다. 예를 들어, 열대 우림의 리아나(열대성 칡)는 큰 나무에서 싹을 틔우는 덩굴 식물로 이 나무에서 저 나무로 줄기를 뻗고 자라며, 햇빛의 일부분을 이용한다.

적응력 10: 인식

인간은 아마도 중요한 생물 발전의 목록 어딘가에 특색을 가지고 있을 것이다. 비록 진화에서 인간의 역할을 어떻게 보아야 할지에 대한 관점은 수 세기 동안 완고한 철학자에게 의문이었다. 인류에 의해 초래된 자연계의 극적인 변화는 무엇일까? 그들은 지구의 파괴와 거주자라는 관점에서 부정적인 시각으로 비치는가? 또는 전에 결코 성취되지 않았던 지성과 창조성의 달성이라는 관점에서 긍정적으로 간주하여야 하는가?

환경에 적응하는 능력과 두뇌 때문에 인간은 아주 성공한 종이고 극지방에서 적도에 이르기까지 지구상의 모든 곳에서 많은 수가 살고 있다. 인간은 모든 고도에서 살고 이론적으로 해저나 매우 높은 고도 혹은 다른 행성과 같은 환경을 인간이 생존할 수 있는 적합한 주위 환경으로 만들 수 있다. 호모 사피엔스(*Homo sapiens*)는 살아서 지구를 떠났다가 다시 돌아온 첫 번째 종이다. (수많은 곤충과 미생물이 의심할 여지없이 대기 상층부에 날려 올라가 우주로 날아갔다. 그러나 그들은 그 경험으로 아무런 이득을 얻지 못했다.)

인간이 도구를 만드는 능력은 유일한 것이 아니다. 왜냐하면 많은 종들이 건설을 하고 둥지를 만들고 심지어 도구를 이용하기도 한다. (새와 유인원은 멀리 떨어져 있는 음식을 얻기 위해 가지를 이용했다). 언어 또한 유일한 것이 아니다. 그 이유는 대부분의 동물은 각자의 형태로 의사소통을 하고, 가끔 매우 복잡하기도 하다. 인간이 물건을 만드는 능력과 의사소통의 범위는 그래도 유일하다. 아마도 호모 사피엔스에게만 유일한 것일 것이다. 그러나 우리는 아마도 과거나 미래에서 어떤 일의 존재를 생각할 수 있는 능력인 의식을 절대 알지 못할 것이다.

의식의 직접적인 결과는 아주 짧은 시간보다 훨씬 더 미래에 일어날 일을 앞서서 생각할 수 있는 능력이다. 한 사람 혹은 한 집단이 몇 년의 작업으로 새로운 것을 개발할 수도 있는데 그것은 유일하게 인간에게만 나타난다. 그러나 창조적 과정은 세대를 거쳐 계속될 수도 있다. 다른 어떤 종도 글쓰기를 발명하지 못했다. 그리고 각 인간의 뇌는 다른 사람에 의해 책이나 컴퓨터에 저장된 형태로 기록된 사실상 끝이 없는 축적된 지식에 접근할 수 있다는 의미이다. 인간은 또한 신체적 능력을 다른 어떤 종들이 이룩하지 못한 방법으로 확장했다. 우리의 아주 약한 다리에 유용한 부속물인 비행기로 뉴욕에서 런던까지 몇 시간에 여행하는 것이 가능하며, 우리의 빈약한 시력의 확대인 망원경을 통해 달 표면을 보는 것이 가능하다. 지구 반대편에 있는 어떤 사람에게 고함치지 않고 말하는 것도 가능하다. 사람이 직접 한다면 며칠이 걸릴 수도 있는 완족류의 표본에 있는 표형적 유사점의 추정을 컴퓨터를 이용해 단 몇 분 내에 할 수 있다.

인간 활동의 가치 평가는 순수한 지구 역사의 진화적 관점과는 관련이 없다. 진화에서 성공이라는 용어는 종의 풍부성, 물리적이고 생물적인 환경과 수명에서 그 역할의 크기에 의해 평가된다. 인간은 처음 짧은 시간에 엄청나게 성공했다. 그러나 호모 사피엔스의 종의 지속은 아직 판단할 수 없다. 의식(지각, 인식)을 통해서 호모 사피엔스가 다른 종이 접근하지 못했던 결과를 이룰 수 있다고 여겨 오고 있다. 결국, 인간 의식이 발달하지 않았던 지질학적 근대까지 고생물학 교과서가 집필되고 (바라건대) 구입되어 읽히는 일들이 가능했을까? 지구상의 생명체 역사에 관한 지적 추구는 인간 의식의 한 부분인 것이다.

⚜ 복습 문제

1. 총생물 다양성의 예측에 대해 읽어 보라. 어떤 중요한 이유가 생물학자가 오늘날 지구상의 정확한 종의 수를 예측하는 것을 어렵게 만드는가?
2. 스미스(2007)와 생물 다양성의 역사와 암석 기록의 질에 관한 다른 최근 논문을 읽어 보라.

어떻게 고생물학자가 생물학적(진화적으로) 징후와 지질학적(표본적으로) 징후로 나뉘어 지는가?

3. 진화론자가 진보의 아이디어를 포기하기 어려운 이유는 무엇인가? 혹은 진화론자가 그 아이디어를 포기해야만 하는가? 다윈(Darwin), 심프슨(Simpson), 도브잔스키(Dobzhansky), 마이어(Mayr), 굴드(Gould), 윌슨(Wilson) 및 다른 이의 관점에 대해 읽어 보라.
4. '적응적'이라고 설명되는 열 가지 대규모 방산의 예를 찾아보라. 방산의 가정된 적응 이유는 무엇인가(중요 적응, 신체적과 환경적 유발?) 그리고 다른 가능성 있는 설명은 무엇인가?
5. 진화에 있어서 당신의 열 가지 중요 단계는 무엇인가? 몇 개나 메이너드 스미스와 샤츠마리(1997)가 제안한 것과 일치하는가?

✤ 더 읽을거리

Briggs, D.E.G. & Crowther, P.R. 2001. *Palaeobiology, A synthesis*, 2nd edn. Blackwell, Oxford.

Foote, M. & Miller, A.I. 2007. *Principles of Paleontology*. W.H. Freeman, San Francisco.

Gaston, K.J. & Spicer, J.I. 2004. *Biodiversity*, 2nd edn. Blackwell, Oxford.

MacFadden, B.J. 1992. *Fossil Horses: Systematics, paleobiology, and evolution of the Family Equidae*. Cambridge University Press, Cambridge.

✤ 참고문헌

Alroy, J. 2004. Are Sepkoski's evolutionary faunas dynamically coherent? *Evolutionary Ecology Research* **6**, 1–32.

Alroy, J., Marshall, C.R. & Bambach, R.K. et al. 2001. Effects of sampling standardization on estimates of Phanerozoic marine diversification. *Proceedings of the National Academy of Sciences* **98**, 6261–6.

Benton, M.J. 1995. Diversification and extinction in the history of life. *Science* **268**, 52–8.

Benton, M.J. 1997. Models for the diversification of life. *Trends in Ecology and Evolution* **12**, 490–5.

Benton, M.J. 2005. *Vertebrate Palaeontology*, 3rd edn. Blackwell, Oxford.

Gould, S.J. & Calloway, C.B. 1980. Clams and brachiopods – ships that pass in the night. *Paleobiology* **6**, 383–96.

MacArthur, R.H. & Wilson, E.O. 1967. *The Theory of Island Biogeography*. Princeton University Press, Princeton, NJ.

MacFadden, B.J. 1992. *Fossil Horses: Systematics, paleobiology, and evolution of the Family Equidae*. Cambridge University Press, Cambridge.

Maynard Smith, J. & Szathmáry, E. 1997. *The Major Transitions in Evolution*. Oxford University Press, Oxford.

Niklas, K.J., Tiffney, B.H. & Knoll, A.H. 1983. Patterns in vascular land plant diversification. *Nature* **303**, 614–16.

Raup, D.M. 1972. Taxonomic diversity during the Phanerozoic. *Science* **177**, 1065–71.

Sepkoski Jr., J.J. 1979. A kinetic model of Phanerozoic taxonomic diversity. II. Early Phanerozoic families and multiple equilibria. *Paleobiology* **5**, 222–52.

Sepkoski Jr., J.J. 1984. A kinetic model of Phanerozoic taxonomic diversity. III. Post-Paleozoic families and mass extinctions. *Paleobiology* **10**, 246–67.

Smith, A.B. 2007. Marine diversity through the Phanerozoic: problems and prospects. *Journal of the Geological Society* **164**, 731–45.

Stanley, S.M. 2007. An analysis of the history of marine animal diversity. *Paleobiology* **33**, Special Paper 6, 1–55.

Valentine, J.M. 1969. Patterns of taxonomic and ecological structure of the shelf benthos during Phanerozoic time. *Palaeontology* **12**, 684–709.

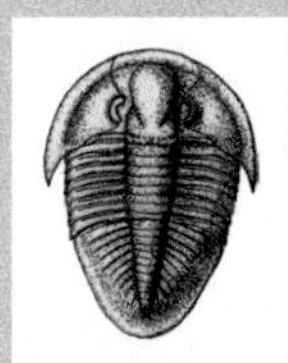

용어 해설

화석과 고생물학적 현상을 기술하는 데 사용되는 전문 용어를 여기에 수록한다. 더 충분한 설명을 찾기 위해서는 색인과 결합된 용어를 사용하라. 생명체의 그룹 이름은 생략하였다. 색인을 참조하라. 필요한 곳에는 복수형(복수:)과 형용사형(형:)을 함께 제시하였다. 용어 사전에 있는 몇 개의 용어 중에 cf.는 '비교'의 의미이다. 고생물학에서 사용된 전문 용어는 일반적으로 과학에서처럼 순수한 라틴어 또는 그리스어이다. 원래의 의미는 따옴표로 나타냈다.

가도관(tracheid) '동맥', 육상식물의 물을 운반하는 관으로 헛물관이라고도 한다.

가설(hypothesis) 수많은 관찰을 설명하는 추정 또는 진술

가설연역법(hypothetico-deductive method) 가설을 증명하기보다는 부정하는 것을 찾는 것으로 이루어진 과학 방법.

가스 하이드레이트(gas hydrates) 심해 혹은 영구 동토층 지역에서 발견되는 얼음 격자에 갇힌 메테인 퇴적물

가슴의(pectoral) '가슴', 흉골의

가슴판(sternite) '가슴', 전갈의 하부 체절을 덮는 갑으로 둘러싸인 몸체(cf. 배판)

가점문(pseudopuncta) 가짜 구멍

각(test) '단지', 성게, 유공충 또는 방산충의 골격

각(valve) 두 각으로 이루어진 완족동물이나 이매패의 패각

각구(aperture) '구멍', 복족류 껍데기의 넓게 열린 구멍

각봉(raphe) 규조 골격의 중앙에 발달된 갈라진 틈

각정(umbo) 완족동물 완각의 어깨 부분, 이매패의 각에서 뾰족한 최초의 성장점(복수: unbones)

각정, 정단, 엽선(apex) '끝' 또는 꼭대기(형: 엽선의)

각피(periostracum) '패각 주위의', 완족동물 또는 연체동물 패각의 각질로 된 바깥 층

간결원칙(parsimony)(복수: parsimonious) 단순, 분기학에서 분기도는 모든 분류군을 연결하는 아마 가장 가까운 계통수 나타낸다는 요건

간보대(interambularcal area, interambu) 성게 골격에서 넓은 판 사이에 발달된 다섯 개의 지대의 하나

간충질(mesogloea) '중앙 아교', 이배엽성의 동물에서 내배엽과 외배엽을 분리시키는

감수분열(meiosis) '감손', 알이나 정자를 생성하기 전에 배수 염색체에서 반수체 상태로 염

색체수의 감소를 포함하는 세포 분열 과정(cf. 유사분열)

강(class) 분류의 구분, 한 개의 목 혹은 두 개 이상의 목으로 된 문을 포함

강모(seta) 강한 털

개각근(diductor muscle, diductor) '끌어당기다', 완족동물의 각을 여는 근육(cf. 폐각근)

개선회(evolute) '밀어서 펴다', 복족류 또는 두족류 각의 나선이 전부이거나 적어도 일부가 노출된 것(cf. 폐선회)

개체발생(ontogeny) 알에서 성체로의 발생 과정

개충(zooid) '작은 동물', 군체의 부분에 사는 각각의 동물

거대 조합(megaguilds) 생활양식과 먹이 섭취 방법에 의해 정의되는 생명체 무리

거초(fringing reef) 대륙의 해안선을 따라서 선상으로 발달하는 산호초, 석호를 동반하지 않는다(cf. 환초, 보초)

격막(dissepiment) '분할', 수평의 또는 거의 수평의 원시 유도체 또는 산호의 골격에서 상판을 지지하는 판의 조직, 수지상 필석류의 군체에서 횡으로 연결된 구조

격막대(dissepimentarium) 산호에서 격막에 의해 점유된 부분

격벽(septum) '울타리', 다양한 동물의 골격 내에 있는 나누어진 벽(복수: septa)

격변(catastrophe) 갑작스런 사건(형: 격변의, cf. 점진적인)

격세유전, 환원유전(반조 현상, atavism) '거슬러 올라가다', 생명체에 다시 나타나는 조상의 특징, 주로 발달의 실수로 일어난다.

견고 기반(firmground) 반고화된 석회질 퇴적물로 이루어진 바다 혹은 강의 바닥(cf. 굳은 지반)

견인근(protractor, protractor muscle) 잡아당기는 근육

견축근(retractor muscle, retractor) 몸을 움츠리게 하는 데 이용되는 골격근(cf. 견인근)

결핵체(concretion) 퇴적물 내의 공극에 방해석과 능철석 같은 교결물이 농집되어 만들어진 불규칙한 형태의 물체

겹눈, 복안(compound eye) 절지동물과 같이 분리된 많은 개안이 모여서 이루어진 눈

겹눈, 복안(holochroal eye) 치밀하게 배열된 많은 작은 렌즈를 가진 눈으로 삼엽충과 그 밖의 많은 절지동물에서 볼 수 있다(cf. 취합안)

경골(tibia) 정강이뼈의 하나(cf. 대퇴골, 종아리뼈)

경단백질(scleroprotein) 필석의 표피를 이루는 단단한 단백질 물질

경작 생흔(agrichnion)(복수: agrichnia) '영농흔적'

경쟁(competition) 모두 제한된 자원을 가진 상태에서 두 개체 혹은 두 개 종의 상호작용. 한쪽이 다른 쪽에 불이익을 줄 때 성공(cf. 기생, 공생)

경질 기반(hardground) 굳은 석회석 퇴적물로 이루어진 바다 또는 강바닥

경포관(stolotheca) '흡입관집', 수지상 필석 포관의 한 유형

경향(trend) (진화에서) 시간에 따른 한 특성의 지속적 변화

경화된(sclerotized) '단단해진'

계(kingdom) 분류에서 가장 큰 부문, 하나 또는 그 이상의 문을 포함한다.

계(system) (층서학)캄브리아계, 오르도비스계 및 실루리아계와 같이 지질시대의 기에 해당하는 시간층서 단위

계통(lineage) 진화하는 가계로 줄곧 유전적으로 직접 연결된 하나 또는 그 이상의 종으로 이루어짐

계통발생(phylogeny) '혈통의 기원', 진화의 형태, 모든 생명체 또는 분기군계의 계통수

계통분류학(sysematics) 생물과 진화 과정의 관계를 연구하는 학문

계통수(dendrogram) '수형도', 관계를 보여 주는 나뭇가지 모양의 그림

계통수(tree of life) 모든 종을 연결한 계통발생적인 나무

계통진화적 점진주의(phyletic gradualism) 진화는 연속적이며 점진적이며 종분화는 계통발생 내에서 점진적인 변화의 일부로서 발생한다는 견해(cf. 단속 평형설)

고개체생태학(paleoautecology) 단 하나의 화석 생물의 생태를 연구하는 학문(cf. 고군체생태학)

고군집생태학(paleosynecology) 화석 생물의 군집을 연구하는 학문(cf. 고개체생태학)

고생물학(paleotology) '먼 옛날의 생명체에 관한 학문', 과거 생물을 연구하는 학문

고생태학(paleoecology) '먼 옛날의 생태학', 화석 생물의 생활과 시대, 그리고 이들에 대해 연구하는 학문

고식물학(paleobotany) 식물 화석을 연구하는 학문

고유의(endemic) 특정 지리적 지역에 국한되는(cf. 세계적)

고지리학(paleogeography) '먼 옛날의 지리', 지질학적인 과거의 대륙과 바다의 분포

고착성(sessile) 생물이 퇴적물에 고정되어 서식하는 성질

고토양(paleosol) '먼 옛날의 토양'

곤드와나 대륙(Gondwanaland) 남아메리카, 아프리카, 인도, 오스트레일리아, 남극 대륙으로 이루어진 고대의 초대륙

곤봉상의(clavate) '곤봉 모양의', 단단한 껍질 · 막으로 싸여 있는(cleidoic) '닫힌', 양막류의 알에 관련하여 사용

골격(skeleton) 생명체의 지지 구조로 일반적으로 광물화된 조직으로 이루어지며 내골격 또는 외골격으로 구분된다.

골격초(framework reef) 기본 구조가 전부 생명체 골격으로 이루어진 암초(산호, 고배동물, 태형동물, 해백합 등)

골반의(pelvic) 엉덩이 환상골의

골침(spicule) '옥수수의 작은 이삭', 해면동물의 골격 부분을 형성하는 작은 침상의 석회질 또는 규질 구조로 골편이라고도 함.

골편(sclerite) 골격의 판

골편, 귓속뼈(ossicle) '작은 뼈', 해백합 줄기의 한 마디, 즉 기둥, 또는 뱀불가사리 팔의 한 마디, 즉 척추

골화되다(ossify) '뼈로 바뀌다'

공생(symbiosis) '함께 사는', 하나 또는 두 종류의 종이 어떤 이득을 얻는 관계에 의해 어느 종도 피해를 받지 않는 가까운 상호의존 상황에서 종이 함께 사는 현상(cf. 경쟁, 기생. 형: symbiotic)

공생자(symbiont) 공생 관계에 있는 한 생물

공유골(coenosteum) 층공충류의 골격

공유파생물질(synapomorphy) 공유된 이차적 특징

공진화(coevolution) '함께 진화', 어떤 방향으로 서로 상호작용하는 두 개 혹은 그 이상의 생명체

공통조상(common ancestor) 특정 단계통군 혹은 분기군을 발생시킨 각각의 생물 혹은 종

공통후예(후손)(common descent) 모든 생명체의 공통된 가계, 공통조상을 통해서 생명체의 기원을 찾음

과(family) 분류에서의 구분 단위, 하나 혹은 하나 이상의 속을 포함하고 하나의 목에 포함되어 있음

과진화경사(peramorphocline) 진화에서 지나치게 발달된 경향

관상, 파셀로이드(phaceloid) 거의 평행한 수많은 관으로 이루어진

관절(articulation) '연결' 화석에서 뼈들이 접촉하고 있는 부분

관절의(articular) 두개골에 방형골을 갖는 파충류의 아래턱 뼈 뒤의 작은 뼈

관족(tube foot) 성게의 골격을 지나 돋아난 작은 근육 조직으로 청소, 섭식 및 이동의 기능을 함.

광공생(photosymbiosis) '빛과 함께하는 생물', 광합성을 하는 식물 또는 조류와 어떤 다른 생명체 사이에서 서로 이익이 되는 상호작용

광물화 작용(mineralization) 광물의 생성 과정. 고생물학에서는 일반적으로 골격의 단단한 구성물의 형성, 또는 화석화 작용 동안 광물 물질에 의한 조직의 치환을 나타냄

광생성(euryotopic) '넓은 장소', 광범위한 생태의 선호(cf. 협생성)

광충 작용(치밀화 작용)(perminerlization) 광물 물질이 생명체의 빈 공간을 거의 완전히 채우는 작용

광합성(photosynthesis) '빛의 생산', 빛의 작용에 의해 이산화탄소와 물이 분해되어 당과 산소를 생산하는 작용

괴상의(massive) 고체

교목상의(arborescent) '나무같이 자라는'

교차다리(furca) '갈퀴', 절지동물의 뒤쪽에 있는 유연한 척추

교착질(agglutinated) '함께 교착된'

교합면(interarea) 완족동물의 경첩 부위에서 외부로 노출된 평탄한 부분

구(口), 심문, 소공(ostium)(복수: ostia) '입', 해면동물의 벽에 난 작은 구멍

구(colpus) '함몰'

구각선(costation) 완족동물과 이매패의 각의 접합부에서 지그재그를 만드는 늑의 패턴

구개(aptychus)(복수: aptychi) 두족류의 각구위에 있는 한 쌍의 덮개판

구멍(foramen) '뚫다', 작은 구멍

구부의(oral) '입의'

구원추, 구구, 위구부(hypostoma) '밑에 있는 구멍', 삼엽충 두부의 밑면에 발달된 판으로 입 부분을 지지했을지 모른다.

군집 분석(cluster analysis) 가장 유사한 생명체 혹은 군집의 무리를 찾기 위한 다변수의 수학적 기술

군집(assemblage) 자연발생 집단을 대표하고 퇴적암에서 발견되는 화석 표본의 수집 혹은 함께 발견되는 종

군집(community) 특정 지역에서 함께 살며 상호작용하는 식물이나 동물 집단

군체(colonial) (산호, 필석, 태형동물 등) 다른 개체들과 연합하여 고정된 채로 살며, 연합하여 초대형 생명체를 이룬다

귀납법(induction) 많은 관찰의 축적으로부터 보편적인 이론을 설정하는 방법(cf. 연역법)

균등성(evenness) 군집 내에서 종의 균등한 존재비에 접근(cf. 우성)

균사, 팡이실(hypha) '섬유', 곰팡이의 일부를 구성하는 가지진 조직의 가닥

균사체(mycelium)(복수: mycelia) '버섯', 균류의 균사로 구성된 매트 같은 구조

극모(cirrus) '곱슬곱슬한', 작고 유동적인 돌기

극미부유생물(picoplankton) 크기가 0.2에서 2㎛ 사이인 아주 작은 부유성 생명체

극상군집(climax community) 특정 시간 동안 적응한 이후에 생긴 최종의 안정된 군집

극한성 생물(extremophile) 극한 환경의 생활에 적응한 생물

근위의(proximal, proximate) 기원지에 가까운(원위와 비교)

근절(myotome) '얇은 근육 조각', 척삭동물의 몸통을 따라 발달된 분리된 근육 덩어리

금세포(choanocyte) 해면동물 특유의 세포이며, 금세포실의 내벽표층을 형성하는 세포이고 편모운동으로 물을 이동시킨다

급매몰, 옵류선 퇴적층(obrution deposit) 생명체를 거의 순간적으로 매몰시키는 매우 빠른 속도의 퇴적 작용에 의해 형성된 풍부한 화석의 집적

기(period) (층서학) 캄브리아기, 오르도비스기 및 실루리아기와 같은 지질시대의 주요 기

본 단위이며 세로 나뉜다. 시간층서 단위의 계와 동등하다.

기공(stoma) '입', 수증기가 통과할 수 있는 잎의 아래에 나 있는 구멍(복수: stomata)

기관(apparatus) 코노돈트에서 완전한 턱 시스템을 구성하는 서로 다른 요소들의 조합

기관(trachea) '동맥', 호흡과 수분 조절에 이용되는 절지동물의 표피를 지나가는 작은 관(복수: tracheae)

기둥, 지주(trabecula) '작은 기둥', 공간을 가로지르는 막대기 같은 구조

기생성(parasitism) '음식 곁에서', 한 종이 다른 종 안에서 또는 그 위에서 사는 생물학적 상호작용으로 해를 끼친다(cf. 경쟁, 공생)

기울어진(declined) '내리막이 되다', 경사진

기저의(basal) 밑에, 해백합류에서 아래에 있는 기저판

기저판(infrabasal) '기저판 아래에 있는', 해백합의 악부에서 기저판 아래에 발달된 판

기형학적(teratological) '기형의', 비정상적 발달과 관련된

기호 논리학(logistic) 로지스트형의: S자 모양의 곡선

꽃받침(receptacle) 꽃의 배주를 포함한 구조

꽃받침(sepal) 꽃잎의 외부에 놓인 꽃의 최외부의 일부

꽃밥(anther) '꽃', 꽃가루를 만들어 내는 꽃의 부분

나선분열동물(spiralian) 나선 궤도를 따르는 초기의 세포분열 순서를 갖는 동물로 연체동물-환형동물-완족동물과 대부분의 편형동물-윤충류가 예이다.

나선추상(trochospiral) '바퀴 나선', 나선과 갈뿔 모양(cf. 평면나선상)

나층, 나환(whorl) 나선 패각에서의 한 바퀴 돌기, 줄기 주위에 잎의 원형 배열

낙엽성의(deciduous) '떨어지다', 겨울에 떨어지는 잎

난소, 씨방(ovary) '알', 암컷 동물에서 알을 만들어 내는 기관, 식물에서 배주를 포함한 구조

난황영양성의 유충(lecithotrophic larva) 짧은 시기의 유생 단계로 먹이를 먹지 않고 노른자에 의존하여 산다.

낭(saccus) 일부 화분 입자의 옆에 있는 빈 구조

내강(alveolus)(복수: alveoli) '약간 쑥 들어간', 치조, 예를 들면 벨렘나이트에서 깊은 내강

내골격(endoskeleton) '골격의 안쪽', (cf. 외골격)

내군(ingroup) 분기계통 연구에서 관심 생명체로 그 밖의 모든 것인 외군과 반대임

내배엽(endoderm) '피부 안쪽', 소화관의 내벽(cf. 외배엽)

내복식의(endogastric) '위 안의'(cf. 외복식의)

내생공생생물(endosymbiont) 다른 생명체와 공생하는 관계에 있으며 자신의 구조로 에워싸인 생명체

내생동물(infauna) 퇴적물 내에 사는 동물(cf. 표생동물)

내생의(endogenic) '안에 형성된', 버로우 같은 퇴적물(cf. 외생)

내선(involute) '안으로 말아 감다', 가장 밖의 나층(coil)에 의해 안쪽 각이 모두 덮이는 복족류 또는 두족류 패각의 나층(cf. 외선, 외권)

내열성의(refractory) 쉽게 파괴되지 않는 탄소의 형태(cf. 휘발성)

내장(viscera) 내부 기관(형: visceral)

내종피(內種皮, tegmen) '덮개', 해백합 캘릭스의 덮개

내주(endostyle) '내부 우리', 척삭동물 소화관의 점액 기관

내형질(endoplasm) '틀의 내부', 세포에서 단백질 물질의 안쪽 부분(cf. 외질)

노플리우스 유충(nauplius larva) '배 모양의 항해', 삼엽충을 포함한 많은 절지동물에서 초기 단계의 유충(cf. 성체기, 중간 유충기, 유년기)

녹조 현상(algal bloom) 조류의 대량의 번성, 호수의 수면에서 발생.

농집 퇴적물(concentration deposit) 표본과 함께 운반된 물리적 퇴적 작용에 의해 형성된 화석의 풍부한 집적(cf. 보존 퇴적물)

눈구멍, 안와(orbit) 눈구멍

늑골(costa) '늑골'

능철석(siderite) 화석을 둘러싼 결핵체에서 흔히 나타나는 탄산염철($FeCO_3$) 광물

다계통군(polyphyletic group) '많은 기원', 한 조상보다 더 많은 조상으로부터 발생한 구성원을 포함한 무리(cf. 단계통군, 측계통군)

다리수염, 각수(pedipalp) '젓는 다리', 절지동물에서 쌍을 이룬 두 번째 부속지 또는 촉수

다분자(multimembrate) '구성원이 많은', (cf. 구성원이 하나인)

다세포의(multicellular) 하나 이상의 세포로 구성된

다실의(multilocular) '방이 많은'

다양성(diversity) 한정된 지역 내 또는 세계적으로 사는 종, 속 또는 과의 수

다양화(diversification) 그룹 또는 전체로서 생명체 종의 수에 있어서의 증가

다형의(polymorphic) '많은 형태의'

단계통군(monophyletic group) '단일 기원', 공통조상의 모든 후손을 포함하는 무리(cf. 측계통군, 다계통군)

단궁형(synapsid) '결합된 측두궁', 아래쪽에 하나의 일시적 구멍을 갖는 사지동물의 두개골(cf. 무궁형, 이궁형)

단백질(protein) 아미노산으로 이루어진 복잡한 유기 화합물

단속 평형(punctuated equilibrium) 진화가 두 가지 방법으로 일어난다는 관점, 즉 생명체의 변화가 거의 없는 긴 기간(평형)이 급격한 변화의 빠른 발생에 의해 중단되며, 이것은 종종 종 분화에 수반된다는 의견(cf. 계통적 점이설)

단열의(uniserial) '하나의 열을 이룬'(cf. 이열의, 삼열의)

단원의(unimembrate) '단일 구성원의'(cf. 다원의)

단조형(monolete) 단 하나만의 틈(slit)을 가진 포자(cf. 3조형)

단주기의(monocyclic) '단 한 주기의'[cf. 쌍주기의(dicyclic)]

단지의(uniramous) '하나로 갈라진'(cf. 이지의)

단체의(solitary) 일반적으로 산호에서처럼 생물이 단독으로 사는(cf. 군체)

단포체, 단분자(monad) '단 하나의 단위', 하나의 단위로 된 포자(cf. 이분체, 사분체)

대(帶, zone) 일반적으로 하나 또는 그 이상의 대화석에 근거하여 설정된 지질시대의 작은 단위이며, 층서학적 통의 세분

대공(osculum) '작은 입', 해면동물의 중앙 체강 내로 뚫린 구멍

대량멸종(mass extinction) 주요 멸종 사건으로 일반적으로 짧은 시간 내에 10% 또는 그 이상의 과(科)와 40% 또는 그 이상의 종의 소멸이 특징임

대륙 이동설(continental drift) 시대를 통하여 대륙과 해양의 상대적인 이동

대미형(macropygous) '둔부가 큰', 두부보다 큰 미부를 가진 삼엽충(cf. 이미형, 소미형)

대비(correlation) 멀리 떨어져 있는 지층이나 암석을 비교하여 동시에 생성되었는지의 여부를 결정하는 일

대진화(macroevolution) '큰 진화', 종 수준과 그 이상에서의 진화로 고생물학자들이 연구하는 진화에 대한 주제(종분화, 계통발생 진화, 경향, 다양화)를 포함한다. 미진화로부터 제외된 진화 부분의 주제

대퇴골(femur) 대퇴골(cf. 종아리뼈, 정강이뼈)

대포자(megaspore) '큰 포자', 종자를 포함한 초기 식물의 큰 포자(cf. 소포자)

대포자낭(megasporangium) 대포자 또는 난

세포를 포함한 구조

대형 패각(macroconch) '커다란 패각', 두족류 종에서 두 가지 형태에서 크기가 큰 것으로 아마 암컷일 것임(cf. 소형 패각)

대화석(zone fossil) 특정 시대를 지시하는 화석종

대화석, 거화석(macrofossil) 미화석과 비교해 볼 때 맨눈으로 볼 수 있는 '큰 화석'

대후두공(foramen magnum) 척수가 지나가는 두개골 뒤쪽의 큰 구멍

더듬이(antenna)(복수: antennae) '더듬이', 혹은 절지동물의 앞쪽의 긴 감각 부속물

덩굴성의(scandent) '기어오르는'

데드 클레이드 워킹('dead clade walking') 어떤 종이 짧은 기간 동안에 일어난 대량멸종에서 생존하고 그 후 바로 사라지는 현상.

도기질의(porcellaneous) 불규칙하게 배열된 아주 작은 방해석 결정으로 구성된

도불러(doublure) 삼엽충 두부 혹은 미부의 두꺼워진 바깥쪽 가장자리

도피 생흔(fugichnion) '도피 생흔'

독립영양생물(autotroph) '독립 섭식', 무기물로부터 영양분을 만드는 생물(cf. 종속영양)

돌기(process) (형태의 기술에서) 돌기

돌로마이트, 백운암(dolomite) 마그네슘과 일반적으로 약간의 철을 함유하고 있는 탄산염암의 한 형태

동물 플랑크톤(zooplankton) '동물 플랑크톤', 플랑크톤의 동물 구성원

동물군(fauna) 특정 장소나 시대의 특징적인 동물

동심원의(concentric) 바깥 원과 평행을 이루며 반복되는 원형 상태

동일과정설의 원리(uniformitarianism) '현재는 과거의 열쇠', 과거의 현상은 현재 나타나는 현상의 관찰로 해석될 수 있다는 지질학과 고생물학의 기본적 원리

동종이명(synonym) '동일한 이름', 이미 명명된 한 생물에 주어진 불필요한 이름(형: synonymous)

동필석체(synrhabdosome) 연결된 무리에 사는 필석체의 집단

동형포자의(homosporous) '동일한 포자를 생산하는'[cf. 이형포자의(heterosporous)]

두 갈래로 갈라진(이분기의)(dichotomous) '두 개로 절개된', 두 방향으로 분지한

두부(cephalon) 삼엽충의 머리 부분(cf. 항문상판, 흉부)

두상화, 삿갓(버섯류), 소두(뼈)(capitula) 따개비의 껍데기

뒤의, 후단의(posterior) 뒤의(cf. 앞의)

뒷머리의, 뒤통수의, 후두의(occipital) 머리 뒤의

듀로파거스(durophagous) 뼈나 조개를 부수어서 섭식

드리워진(impendent) '아래로 매달린'

등(dorsum) '등', 위쪽(cf. 배)

등생장(isometry) '동일한 비율', 성장하는 동안 동일한 비율의 유지

디엔에이(DNA) 유전자와 염색체를 만들고 유전물질을 가지고 있는 생명체의 화학물질

라거슈테테(Lagerstätte)(복수: Lagerstätten) '지하에 묻혀 있는 장소', 예외적으로 뛰어나게 보존된 매우 많은 수의 화석을 포함하고 있는 퇴적층

마디, 결절(node) 분기도에서 갈라지는 지점

마모(abrasion) '마모되다', 해류의 마찰에 의한 과정과 모서리의 제거

마이오스코픽(meioscopic) 미소동물군의 구성원, 일반적으로 크기가 45㎛과 1㎜ 사이인 생명체

말단의(distal) '멀리 떨어진', 근원에서 먼(cf. 기부의)

망상의(reticulate) 망(그물) 모양의

매개 통계학(parameric statics) 분포, 일반적으로 정상 분포에 의해 설명하는 표본의 통계학.

매달린(pendent) '매달려 있는'

맹낭(diverticulum) '샛길', 관상 구조의 곁가지(주로 소화관에)

맹장(cecum) '맹인', 소화관 혹은 외투막의 맹낭 혹은 측면 돌기

머리의(cephalic) '머리의'

먹이 그물(food web) 군집 구성원들의 복잡한 섭식 상호작용

먹이 피라미드(food pyramid) 군집 내, 특히 다량의 제1차 생산자 생물량과 소량의 연속적 소비자량 사이의 생물량 분포의 패턴

먹이사슬(food chain) 군집 내에서 먹이와 소비자 사이에서 단일 방향의 연결

메두사, 해파리(medusa)(복수: medusae) '고르곤(gorgon)', 자포동물 발생 과정에서 해파리처럼 자유롭게 헤엄치는 단계(cf. 폴립)

메테인 생성(반응)(methanogenesis) '메테인을 생성하는', 이산화탄소와 수소를 흡수하는 일부 혐기성 생명체가 이용하는 호흡의 형태

멸종(extinction) 종, 속 또는 과의 소멸

모식 표본(type specimen) 신종을 제안할 때 명명자가 선정한 종의 모든 특징적 형태를 나타내는 표본

모자이크 진화(mosaic evolution) 생명체의 여러 부분의 진화 속도는 다양함

목(目)(order) 분류의 분류군, 하나 또는 그 이상의 과를 포함하며 강에 포함됨

목질부(xylem) 관속식물의 목질 조직으로 가도관이 물을 이동시키고 지지자로서의 역할도 수행함.

목질소, 리그닌(lignin) '나무', 나무 조직

목질화(lignification) 목질소의 퇴적

무궁류(anapsid) '궁이 없는', 측두공이 없는 사지동물의 두개골(cf. 이궁류, 단궁류)

무릎 모양 관절(geniculation) '작은 무릎', 90° 로 굽은

무산소성, 혐기성(anaerobic) 산소가 부족한(cf. 유산소의, 무산소의, 대단히 적은 산소가 있는)

무산소의(anoxic) 산소가 부족한, 혹은 산소가 없는(cf. 유산소의, 대단히 적은 산소가 있는)

무성생식(asexual reproduction) 성 없이 증식이 이루어지는 생식 과정

무체절(amerous) '가르지 않는', 체강이 분리되지 않은(cf. 면체절, 소수 체절, 의체절)

문(phylum)(복수: phyla) 분류의 계통군, 하나 또는 그 이상의 강을 포함하며 계에 포함된다.

문(pylome) 아크리타크 벽에 나 있는 구멍

물에 뜨는(natant) '헤엄을 치는'

미간(glabella) 삼엽충 두부의 솟아 있는 중간 부분

미부(pygidium) 삼엽충의 뒷부분(cf. 두부, 흉부)

미절(telson) 다양한 절지동물의 날카로운 꼬리 부분. 꼬리 마디라고도 함.

미좌골(pygostyle) 새의 융합된 미추로 미단골이라고도 함

미진화(pedomorphosis) '유소년 형성', 유소년기에 (몸에서) 성성숙도에 도달하는 현상(cf. 과형형성)

미진화경사(pedomorphocline) 진화에서 비정규형적인 경향

미척추동물(microvertebrate) 이빨 또는 비늘과 같은 척추동물의 극히 작은 화석

미크라이트(micrite) '극히 작은 방해석', 미립의 방해석으로 나타나는 방해석($CaCO_3$)(cf. 스파리 방해석)

미토콘드리아(mitochondrion)(복수: mitochondria) '실같이 가느다란 낟알', 진핵세포에서 에너지 전달을 돕는 소세포기관

미화석(microfossil) '작은 화석', 오직 현미경으로만 볼 수 있는 화석

밀란코비치 주기(Milankovitch cycles) 지구의 기후에서 지구 운동의 조합된 영향. 세르비아의 토목기사이자 수학자인 밀란코비치(Milutin Milanković)의 이름을 따서 붙임

바이오이뮤레이션(bioimmuration) 일반적으로 외피로 덮인 생명체의 과성장에 의한 연체부 또는 골격의 보존

바이오험, 괴상 생초(bioherm) 다양한 종류의 해양생물에 의해서 만들어진 언덕같이 생긴 구조

반구의(aboral) '입의 반대쪽'

반변형 작용(retrodeformation) 변성된 화석처럼 변형된 구조를 변형되지 않게 하는 과정

반수체(haploid) (세포학에서) 성세포에서 나타나는 염색체의 반수체(cf. 전수체)

반요철(semirelief) 생흔화석이 지층의 표면에 보존된 형태(cf. 전요철)

반추동물(ruminant) 여러 단계로 음식을 소화하는 포유류(예: 낙타, 소)

발달 관련 유전자(developmental genes) 발달에 직접적으로 영향을 주는 유전자

발달(발생)(development) 알에서부터 성체로 되는 과정

발생학(embryology) 발생에 대해 연구하는 학문

발아공(germinal aperture) 포자 혹은 화분립 안의 배우자가 통과하기 위한 구멍

방(chamber) 두족류 혹은 유공충 껍데기의 벽으로 된 구획

방사, 폭증(radiation) (진화에서)분지의 다양성 또는 가지 뻗기

방사분열동물(radialian) 분열 초기에 세포의 방사 유형을 갖는 동물(cf. 나선분열 동물)

방사성 연대 측정(radiometric dating) 모원소(출발 원소)와 자원소(결과 원소)의 자연 방사성 붕괴량의 측정에 의한 암석의 연대 측정

방사판(radial) 자전거 바퀴의 살처럼 중앙점으로부터 바깥쪽으로 갈라짐(cf. 동심원상), 해백합 캘릭스의 기저판 위에 놓인 판

방추 조직(fusellar tissue) 필석의 포피를 구성하는 밴드 같은 조직

방추, 방실(phragmocone) 암모나이트류의 패각에서 초방과 체방을 제외한 주된 부분, 벨렘나이트 패각에서 초와 전갑 사이에 있는 원뿔 모양의 부분(cf. 초, 전갑)

방추형(fusiform) 방추 모양의

방해석(calcite) 껍데기 골격을 가지고 있는 생명체와 석회암에서 일반적으로 나타나는 탄산칼슘의 다양한 형태

방형골(quadrate) 아래턱의 관절을 잇는 파충류 두개골의 뒤쪽 옆 구석에 있는 뼈

배 모양(pyriform) (먹는)배 모양

배꼽, 제(umbilicus) '배꼽', 복족류 패각의 가운데 있는 공동

배삼각공(notothyrium) '뒷문', 완족동물의 등각의 경첩 부위에 발달된 삼각형 모양의 작은 부분으로 교합쌍판의 반대편에 위치함(cf. 교합쌍판)

배설물의(fecal) 배설물 또는 똥

배우자(gamete) '결혼', 난자, 정자와 같은 성세포

배우체(gametophyte) '결혼한 식물', 세대교번을 하는 식물, 유성생식과 관련되고 생식세포를 만들어 내는 단계

배주(ovule) 미발달된 (수정되지 않은) 종자.

배판(tergite) '등판', 전갈의 등쪽 체절을 덮는 갑으로 둘러싸인 몸체(cf. 가슴판)

범세계적 분포의(cosmopolitan) '세계의 시민들', 전 세계적인 또는 거의 전 세계적인(cf. 지방 고유의)

벽간(intervallum) '벽 사이의', 고배류에서 내벽과 외벽 사이에 있는 공간

벽의(mural) 벽 안 또는 벽의

벽측의, 측막의(식물)(parietal) '벽의'

변성 작용(metamorphism) '형태의 변화', 높은 온도와/또는 높은 압력이 포함된 지질학적인 과정으로 일반적으로 지각 내에서의 지구조적 활동에 수반됨

변온동물(ectotherm) '밖의 열', 외부의 열원을

이용하여 자신의 체온을 조절하는 동물

변온동물(poikilotherms) 주위 환경과 같은 체온을 갖는 동물

변이(variation) 유전형이나 표현형 수준에서 평가된 보통 개체군에서 나타나는 개체 사이의 차이

변체절의(metamerous) '부분의 변화', 마디로 된 체강을 가진[cf. 무체절의(amerous), 소수체절의(oligomeous), 의체절의(pseudo-metamerous)]

변태, 탈바꿈(metamorphosis) '형태의 변화', 발생 과정 동안 유생에서 성체 형태로의 변화

변형(deformation) 물리적 스트레칭과 압력에 의해 암석과 화석이 변형되는 것

보대(ambulacral area, amb) '걷는', 극피동물의 외각 표면에 있는 다섯 개의 좁은 판(cf. 간보대)

보존 퇴적물(conservation deposit) 부패와 부식자로부터 보호되어 즉석에서 만들어진 풍부한 화석의 퇴적(cf. 농집 퇴적물)

보존 함정(conservation trap) 생명체가 갇히고 즉각적으로 보존되는 특정한 지역

보초(barrier reef) 섬 또는 대륙의 해안으로부터 떨어져서 이들과 평행하게 발달한 산호초(cf. 환초, 거초)

복부(abdomen) '배', 절지동물의 뒤쪽 몸의 체절(흉곽)

복부(venter) '배', 아래쪽(cf. 배부)

복사뼈(astragalus) 중요한 발목 뼈

복삼각공(delthyrium) '삼각주 문', 육경공과 각의 가장자리 사이에 완족류 육경각의 경첩 부근에 있는 삼각형 모양의 작은 지역(cf. 배삼각공)

복상 구조(sprite) '흔적', 버로우(burrow)의 이전 위치를 나타내는 구조

복제(replication) 복사 또는 복제물

볼침(genal spine) '볼', 삼엽충 두부 후부 측면 부분에서 뾰족한 침으로 돌출한 것

봉합(suture) '꿰맨 솔기', 두 뼈 사이의 견고한 접합. 두족류의 두 방 사이의 접합을 나타내는 불규칙한 선

부가(accretion)(퇴적학과 골격성장에서) 새로운 물질의 첨가에 의한 '성장'

부가체, 단구(terrane) 특정한 지질학적 역사를 갖는 지구조 판

부기골(附肌骨, myophore) '근육을 가진', 이매패에서 근육이 달라붙는 내부 판

부분류학(parataxonomy) '평행 분류학', 비진화적인 분류체계

부속지(appendage) 사지, 사지 같은 것, 몸의 옆에서부터 뻗어 나옴, 주로 운동과 섭식을 하기 위해 사용

부속지가 있는(appendiculate) 부속지가 있는

부식(scavenging) 이미 죽은 생명체를 먹음

부영양화(eutrophication) '좋은 영양', 주로 강에서 조류의 대증식 이후에 조류의 부패로 인해 발생하는 산소 고갈

부적합(incongruence) (분기학) 적합한 특징적인 모양이 없는

부정합(unconformity) 상당한 시간의 경과에 해당하는 암석의 결여

부착기(holdfast) 고배류, 해백합, 수지상 필석류 또는 해초를 암석에 고착시키는 구조

부패(decay) 화학적인 방법 또는 미생물의 공격으로 인한 조직의 붕괴

부포관(bitheca) 수지상 필석에서 포관 형태의 한 종류, 정포관보다 더 작음(cf. 오정포관, 경포관)

부활 분류군(Lazarus taxa) 사라진 다음에 다시 출현한 분류군(하지만 분명히 죽어 없어지지 않고 소생한)

분기군 분석, 분기학(cladistic analysis, cladistics) 공통된 특징과 관련하여 분류군의 분류 혹은 생물 지리적 지역(공유파생형질)

분기군(clade) 단계통군

분기도(cladogram) 많은 분류군의 유사성 관

계를 보여 주는 두 갈래로 분기하는 그림

분류(classification) 생명체에 이름을 붙이고 유연 관계가 있는 상위 분류군에 배열하는 과정, 그런 절차의 최종 결과, 그들의 상정하는 관계를 반영하여 나열한 생명체의 일련의 목록

분류군(taxon) 종, 속, 과, 목, 강 또는 문과 같은 생물의 집단

분류체계(hierarchy) 보다 더 작은 분류군을 고려하는 분류체계로, 생물 분류의 경우 작은 분류 단위를 큰 분류 단위에 포함시킨다.

분류학(taxonomy) '배열', 생물의 형태와 유연 관계를 연구하는 학문

분자시계가설(molecular clock hypothesis) 각각의 단백질 분자는 일정한 아미노산의 치환 비율을 가진다는 가정. 동일한 (이형 동원의) 두 가지 분자 사이에서 차의 양은 공통조상으로부터 거리, 따라서 유연 관계의 근접성을 지시함

분지된(ramified) 가지를 친

분화된(differentiated) (치아의) 어금니, 송곳니, 앞니 등 다양한 종류로 나누어짐

분화석(coprolite) '분암', 화석화된 배설물

비늘형 지느러미살(lepidotrichium)(복수: lepidotrichia) '인편-털', 물고기의 지느러미에 있는 뼈로 된 가는 막대

비매개 통계학(non-parametric statistics) 정상 분포의 가정에 의존하지 않는 통계학의 표본(cf. 매개 통계학)

비조초성의(ahermatypic) (산호의) 투광대 아래에 사는, 주로 차가운 물에서 사는(cf. 조초성의)

비천공의(imperforate) '구멍이 없는'[cf. 구멍이 있는(perforate)]

비트리나이트(vitrinite) 주로 목질 조직으로부터 유래된 검고 빛나는 일차적 석탄의 성분

비틀기(torsion) '비틀어 돌리는'

빗형태(pectiniform) '빗 모양의'

뼈(bone) 인화석과 콜라겐으로 이루어진 척추동물의 특징적인 골격 조직

사분체(tetrad) '네 개의 구성 단위', 넷으로 나누어진 포자(cf. 이분체, 단분체)

사슬형(cateniform) '쇄상의'

사족보행의(quadrupedal) 네 발로 걷는(cf. 이족보행)

산성비, 산성우(acid rain) 약산성의 비, 화산 분출과 오염으로부터 나온 이산화탄소와 다른 가스들이 물에 섞여서 생김

산소가 결핍된(dysoxic) '산소의 심한 부족', 낮은 산소 농도를 가짐(cf. 유산소의, 무산소의)

산호개체(corallite) '산호석', 산호의 골격 부분

산호체(corallum) 산호의 골격 부분

산화 환원 반응(redox) 환원과 산화 상태 사이의 교차점

삼각쌍판(deltidial plates) 몇몇의 완족동물에서 복삼각공을 덮고 있는 판

삼배엽성(triploblastic) '세 개 층으로 된', 외배엽과 내배엽이 제3의 중배엽에 의하여 분리된 대부분의 동물에서 나타나는 몸체 배열(cf. 이배엽성)

삼열봉(trilete) 셋으로 갈라진 슬릿을 갖는 포자(cf. 단열봉)

삼열의(triserial) '세 개의 열'(cf. 이열, 일열)

상(facies) 퇴적된 특정 환경을 나타내는 퇴적물 특징의 특유의 조합

상대성장(allometry) '변화 속도가 서로 다른 성장', 성장하는 동안 비율의 변화(cf. 균등성장)

상동(homology). [형: 상동의(homologous)] 오직 한 번만 나타나는 특징, 하나의 파생형질

상사(체)(analog) 해부학적으로 전혀 다른 기관이지만, 형태학적으로 유사하거나 기능이 비슷한 두 개 혹은 그 이상의 생명체의 특징(형용사 상사의)

상아질(dentine) 치아의 주요 구성 성분, 인회석 형태

상완(stylopod) 척추동물 다리의 근위 부분, 팔 또는 대퇴의 상부(cf. 자각, 액각)

상완골, 위팔뼈(humerus) 척추동물에서 위팔뼈[cf. 요골(radius)과 척골(ulna)]

상조대(supratidal) '조간대 위의', 정상적인 만조선의 윗부분(cf. 조간대)

상판(tabula) '판', 고배류나 산호의 골격 안에 발달된 수평의 격벽(복수: tabulae)

상피(epithelium) 바깥 조직을 이루는 세포층

새판, 아가미판(gill bar) 아가미 구멍을 지지하는 연골 혹은 뼈

생물 교란(작용)(bioturbation) '생물 교란', 동물 또는 식물의 작용으로 인한 퇴적물의 교란

생물 침식 작용(bioerosion) '생명체의 제거', 천공생물의 화학적 및 물리적인 방법에 의해 골격의 물질을 제거함

생물량, 바이오매스(biomass) 생명체의 집합체, 특정 장소와 시대를 대표하는 동물과 식물

생물막(biofilm) 유기물로 이루어진 얇은 피막

생물역학(biomechanics) 생명체가 어떻게 움직이는지의 물리학

생물지리구(biogeographic province) 특수한 동물과 식물이 사는 대규모의 지리학적 지역

생물지리성[생물구특성(성향)](provinciality) 전 세계의 특정 생물지리구의 발달

생물층서학(biostratigraphy) '생물층서학', 화석을 이용하여 암석의 연대 결정

생물학적 비례 원리(biological scaling principle) 생리학과 관계되는 생명체, 그리고 2차원과 3차원 측정에 관련이 있는 생명체의 상대적 크기의 양상

생물학적 종의 개념(biological species concept) 상호교배가 가능하고 번식할 수 있는 개체집단으로서 생물학적 종의 정의(cf. 형태학적 종의 개념)

생식선(gonad) '세대', 성세포를 생성하는 기관, 난소 혹은 고환

생존 지역(refugium) 멸종위기 종에 피난처를 제공하는 파괴적 환경 변화를 피한 서식지(복수: refugia)

생지화학적 순환(biogeochemical cycle) 생명체와 퇴적물을 통한 탄소와 다른 유기 화학물질의 이동

생체지표(biomarker) 생명체의 존재를 지시하는 유기화학물질

생태계(ecosystem) 특정 시간에 특정 장소에서의 생명체와 서식지의 조합

생태공간, 에코스페이스(ecospace) 특정 생명체에 의해 점령된 서식지 범위

생태지위, 생태적 지위(niche) 생명체의 생활양식과 생태학적인 상호작용

생태표현형 변화(ecophenotypic change) 생명체의 일생 동안에 나타나는 표현형의 변화, 유전자형에 따라 나타나지 않고 지역의 환경적 변화에 의해 발생

생흔상(ichnofacies) 특징적인 생흔화석에 바탕을 둔 상

생흔속(ichnogenus)(복수: ichnogenera) 생흔화석의 속

생흔종(ichnospecies) 생흔화석의 종

생흔화석(ichnofossil) '생흔화석'

생흔화석(trace fossil) 버로우나 발자국과 같은 지질시대 생물 활동의 흔적

생흔화석학(ichnology) '생흔 학문', 생흔화석을 연구하는 학문

서식처(habitat) 종 또는 군집이 서식하는 환경

석관(stone canal) 성게의 수관계의 부분

석회화된(calcified) '석회질로 된', 탄산염, 탄산칼슘 혹은 인산칼슘으로 된

선관, 네마(nema) '실', 필석류의 태관(scala) 꼭대기에 발달된 실 같은 구조

선택성(selectivity) 생태학적 특성에 근거하여 멸종 사건 동안 생존을 위한 종간의 구별

선형의(linear) 직선과 같은

섬모(cilium) '속눈썹', 세포에서 나오는 머리카락 같은 끈

섬왜소화 현상(island dwarfing) 섬에서 크기가 작아지는 방향으로의 진화

섭식 생흔(fodinichnion) '섭식 생흔'

섭입(subduction) '아래로 끌어당기는', 판구조론에서 어느 판이 다른 판 밑으로 들어가는 과정

성 선택(sexual selection) 짝짓기 기회를 증진하기 위한 형질의 선별

성근(astrorhiza)(복수: astrorhizae) '별 뿌리', 층공충류의 바깥 표면에 별 모양으로 방사하는 작은 홈, 출수관계

성낭 작용(encystment) 포낭으로 변함

성적 이형(sexual dimorphism) 같은 종의 암수에서 나타나는 다른 형태

성체기(holaspis) '진정한 방패 모양의 보호물', 삼엽충에서 유충의 마지막 단계[cf. 중간 유충기, 노플리우스 유충(nauplius larva), 유년기]

세(epoch) 에오세, 올리고세, 마이오세와 같은 지질 연대의 구분 단위, 기를 세분한 단위이고 여러 조로 구성되어 있음

세계생물계통수(Universal Tree of Life, UTL) 생물의 계통수

세모날(lancet) '날카로운 칼', 블라스토조아의 악부에서 작은 판의 뾰족한 부분

세팔리스(cephalis) 방산충 각의 상부 환

세포학(cytology) 세포를 연구하는 학문

셀룰로오스(cellulose) 식물 세포벽의 주요 구성 요소인 탄수화물

소미형(micropygous) '둔부가 작은', 두부보다 훨씬 작은 미부를 가진 삼엽충. (cf. 이미형, 대미형)

소수체절의(oligomerous) '소수 부분', 세로로 두 개 또는 세 개의 부분으로 나누어진 체강을 가진[cf. 무체절의(amerous), 변체절의(metamerous), 의체절의(pseudometamerous)]

소우편, 우상체(pinnule) '작은 깃털', 해백합 팔에 발달된 깃털 같은 가는 측면 가지

소진화(microevolution) 종 수준 이하의 진화 과정으로 일반적으로 실험실과 야외에서 연구함, 대진화로부터 제외된 진화 부분

소치(denticle) '작은 이빨', 작은 이빨 같은 구조

소포(vesicle) '기포', 유체로 채워진 낭

소포자(microspore) '작은 포자', 초기 종자식물에서 크기가 작은 포자(cf. 대포자)

소포자엽(microsporophyll) 꽃에서 수컷 수정 구조

소형 패각(microchonch) '작은 패각', 두족류 종의 두 가지 형태 중 크기가 좀 더 작은 것으로 아마 수컷일 것임

소화관(alimentary canal) 내장

소화관(enteron) '소화관', 자포동물의 소화관과 호흡강

속(genus) 분류 계급 중에서 종보다 위의 범주

속생의(fasciculate) '다발 같은'

속성 작용(diagenesis) 매몰된 후 암석과 화석에 영향을 주는 물리적 및 화학적 과정

손가락(digit) 손가락 혹은 발가락

송곳니(canine teeth) '개같이', 음식에 구멍을 내는 포유동물의 뾰족한 이빨(cf. 어금니, 송곳니, 대구치, 소구치)

쇄설성의(clastic) '부서진', 침식되고 운반된 물질들로 이루어진 퇴적암

수관(siphon) 음식물 입자와 함께 물을 흡수하고 걸러진 물을 방출하는 데 이용되는 연체동물의 확장될 수 있는 관

수관, 누두(hyponome) 두족류의 머리 밑에 발달된 넓은 관으로 이 관을 통해 물을 분출시켜 추진력을 달성한다.

수술(stamen) '대', 꽃의 화분을 생산하는 구조

수심의(bathymetric) '깊이 측정', 물의 깊이에 관계되는

수온약층(thermocline) '온도 경사', 바다나 호수에서 수온이 급격하게 변하는 층

수지상의(dendroid) '나무 같은', 수지상의

수평 유전자 전달(horizontal gene transfer) 단

순한 생명체 사이에서 유전자 전달, 때때로 '점핑' 유전자라고도 부른다

순차층서학(sequence stratigraphy) 해침, 해퇴 및 무퇴적의 시간에 해당하는 주요 퇴적암체의 퇴적 순서를 연구하는 학문

숨구멍(spiracle) '호흡하다', 무성개체의 입 근처에 있는 구멍. 상어의 머리 뒤에 있는 숨구멍

스테레옴(stereom) '고체', 극피동물 골격 요소의 내부 구조

스트라토피니틱스(stratophenetics) 진화 계통수를 그리기 위해서 시료의 층서적 나이와 그들의 전체적 형태학적 특징을 이용함.

스트로마(stroma) '토대', 연결된 조직을 지지하는 골격

스트로마톨라이트(stromatolite) '층/매트 형태의 암석', 전형적으로 따뜻한 천해에서 남세균과 석회질 진흙의 얇은 교호층에 의해서 형성된 층상 구조

스파리 칼사이트(sparry calcite) 큰 결정으로 나타나는 방해석($CaCO_3$)(cf. 미크라이트)

시간종(chronospecies) '시간종', 화석으로 명명된 종 중에서 같은 진화계열에 있지만 시대적 차이에 의해 형태적으로 다르기 때문에 편의적으로 별종으로 취급하는 종

시간층서학(chronostratigraphy) '시간층서학', 지질시대의 국제적인 표준 구분

시간평균화(time averaging) 다양한 시간의 층에서 단일 층으로 화석이 축적됨.

시그노-립스 효과(Signor-Lipps effect) 화석 산출이 뒤로 갈수록 희미해지는 현상. 관찰된 최후의 화석은 거의 틀림없이 최후 대표 종이 아니라는 관찰

시상 화석(facies fossil) 특정한 퇴적상의 특징이 되는 화석

식도(esophagus) 입과 위 사이에 있는 소화관의 일부

식물 플랑크톤(phytoplankton) '식물 플랑크톤', 플랑크톤의 식물 구성원

식물군(flora) 특정 장소, 시대의 특징적인 식물

신경돌기, 추상돌기(neural spine) 척추의 상부 표면에 발달된 돌기

신관, 콩팥관(nephridium) '신장', 노폐물을 처리하는 신장 같은 구조

신체(corpus) '몸'

심줄(tendon) 근육을 뼈에 달라붙게 하는 섬유질 조직의 줄

심피(carpel) '과일', 속씨식물의 밑씨를 둘러싸는 특화된 구조

심해(abyssal) '바닥이 안 보이는', 대양의 가장 깊은 부분

쓰나미(tsunami) 대형 조석파

아가미, 뚜껑, 구개(operculum)(복수: opercula, 형: opercular) '덮개', 구멍을 막는 덮개 또는 뚜껑

아가미틈(gill slits) 척삭동물에서 발견되는 머리 뒤의 아가미 구멍

아라고나이트(aragonite) 석회니와 다양한 생명체 껍데기에 바늘같이 존재하는 탄산칼슘의 한 형태

아리스토텔레스의 랜턴(Aristotle's lantern) 경첩판과 근육으로 이루어진 극피동물의 턱 구조

아메바(amoeba) '변화', 불규칙한 모양의 단세포 생물

아미노산(amino acid) 단백질의 기본 단위, 21개의 아미노산이 다양한 순서로 연결되어 많은 종류의 단백질을 만든다.

아셀로메이트(acelomate) 체강이 없는

아태관(metasicula) '후기 태관(sicula)', 필석류의 중요한 부분(cf. 원태관)

악부(calyx) '덮개', 꽃받침으로 형성된 꽃의 바깥 부분, 해백합의 몸체를 이루는 컵 모양의 골격

안선(facial suture) 탈피시 외골격이 갈라지는 삼엽충 두부 위의 경계선(cf. 유리 볼)

암석층서학(lithostratigraphy) '암석층서학',

암석의 연계층과 대비

암석학(petrology) '암석을 연구하는 학문'

암석화 작용(petrifaction) '암석으로 변화', 완전한 광물화 작용에 의한 화석화 작용으로 광충작용이라고도 한다.

암술대(style) '깃', 꽃의 암술머리를 포함하는 심피 위의 가는 부분

암술머리(stigma) '끝', 화분을 수정하는 꽃의 암술 부분

앞(anterior) 앞(cf. 뒤)

앞니, 절치(incisor teeth) '자르는', 포유동물 턱의 앞에 나 있는 이빨로 먹이를 먹는 데 사용한다.[cf. 송곳니, 어금니, 작은 어금니(소구치)]

앞어금니, 소구치(premolar teeth) 포유류의 어금니로 대구치 앞에 나 있으며 음식을 씹는 데 사용됨(cf. 송곳니, 어금니, 앞니, 대구치)

앞위턱뼈(premaxilla) 척추동물의 위턱에 발달된 이빨이 나 있는 앞쪽의 작은 뼈(cf. 치조골, 상악골)

양막(amnion) 배아를 둘러싸고 있는 폐쇄란 안쪽의 막(cf. 요막, 융모막)

양면이 볼록한(biconvex) '두 개의 볼록한', 양쪽으로 볼록한 모양

양측의(bilateral) '양면을 갖는'

어금니(구치)(molar teeth) '분쇄기', 포유류의 후벽치의 하나로 음식을 씹는 데 사용함. [cf. 송곳니, 어금니(cheek teeth), 앞니, 작은 어금니(소구치)]

어금니(cheek teeth) 포유동물의 아래턱 뒤쪽에 있는 이빨. 소구치와 대구치로 나누고 음식을 씹을 때 사용됨(cf. 송곳니, 앞니, 큰어금니, 앞어금니)

엑디소조안(ecdysozoans) 상위 분류군(절지동물-선충-새예동물문 등)

엘비스 분류군(Elvis taxa) 분류군이 사라진 다음 얼마의 시간이 지난 후에 다시 비슷한 것으로 대체된 분류군(즉, 수렴하지만 서로 관련이 없는 분류군)

연골(cartilage) 척삭동물에서 콜라겐으로 된 유연하고 지지하는 조직

연안의(littoral) '해안가', 근해(연안)의

연역법(deduction) 기존에 알고 있는 정보로부터 결과를 그리는 것(cf. 귀납법)

연판(lappet) '작은 엽(lobe)', 일부 필석류와 암모나이트류에서 볼 수 있는 옆으로 늘어진 부분

열각(dissoconch) '별도의 각', 훼각류 연체동물의 초기의 각

열대, 셀레니존(裂帶, selenizone) 복족류 각구 슬릿의 채워진 자취

열봉(laesura)(복수: laesurae) '흔적', 이웃하는 포자와의 접촉 흔적

열안(schizochroal eye) 삼엽충에서 큰 공간의 렌즈 수가 감소된 눈(cf. 복안)

열육치(carnassial teeth) '육식성의', 육식동물이 고기를 찢을 때 사용하는 특화된 어금니

염색체(chromosome) '체색', DNA의 긴 가닥, 매칭되는 짝을 가지고 있고, 길게 늘어진 X 모양을 하고 있고, 일련의 유전자로 이루어져 있다.

엽록체(chloroplast) '담록균류의', 식물의 진핵식물에서 광합성 작용을 하는 세포기관

엽리가 있는(foliated) '나뭇잎 같은', 얇은 층으로 구성된

엽상체(thallus) '어린 새가지', 석회질 조류의 골격

엽층(lamina)(복수: laminae) '얇은 판', 얇은 판 또는 층

영양의(trophic) 음식 또는 섭식의

옆줄관, 측선관(lateral line canal) 물고기의 옆면에 나 있는 도관으로 물속에서 물의 흐름을 감지할 수 있는 감각 세포를 가짐

예외적인 보존(exceptional preservation) 생명체의 연질부와 연체부의 보존

5경판의(pentameral) '다섯 개 부분으로 이루

어진'

오토포드(autopod) 척추동물의 사지, 손 또는 발의 끝 부분

오팔, 단백석(opal) 비결정질 규산(SiO_2)

오피올라이트, 사문암(ophiolite) '뱀 무늬 암석', 섭입대에 수반되어 나타나는 화성암 복합체

온실가스(greenhouse gas) 대기의 가열을 촉진시키는 메테인 혹은 이산화탄소와 같은 기체

온혈동물(endotherm) 내부의 방법으로 자신의 체온을 조절하는 동물

완각(brachial valve) 육경공이 없는 완족동물의 각(cf. 육경각)

완돌기(brachiole) 블라스토류의 판에 뚫려 있는 구멍

완전 계통수(complete tree) 영역 내에 알려진 모든 종을 포함하는 계통수 혹은 분기도

외골격(esoskeleton) '외부의 골격'(cf. 내골격)

외군, 소외자(outgroup) 관심의 대상이 되는 분기 계통군의 내군 바깥에 위치한 모든 생명체

외벽(exine) 화분과 포자의 단단한 바깥쪽 벽

외복식(exogastric) '위의 밖'(cf. 내복식)

외비공(naris) 콧구멍

외인성(exogenic) '밖에 형성된', 퇴적물 표면에 생흔 같은 구조가 만들어진 것(cf. 내인성)

외지성(allochthonous) '다른 토양', 다른 곳에서부터 유래된(cf. 현지성)

외투막(mantle) 연체동물의 체조직 부분으로 패각 물질을 분비함

외투막선(pallial line) '외투막', 연체동물에서 패각 안쪽 면과 외투막의 가장자리가 만나는 곳을 나타내는 선

외투막선만입(pallial sinus) 연체동물에서 수관을 수용하는 외투막선의 주름진 부분

외피, 외배엽(ectoderm) '겉 피부', 피부의 겉(cf. 내배엽)

외피, 주피(integument) '덮는, 외피', 피부

외피, 표벽, 상각(epitheca) 규조류의 덮개의 상반부

외피생물(encruster) 기질 또는 다른 생명체 위에 딱딱한 골격을 붙이며 자라는 생명체

외형질(ectoplasm) '겉 틀', 세포에서 단백질 물질의 바깥층

요골(radius) 척추동물의 앞 팔뼈 중의 하나(cf. 상완골, 척골)

요막(allantois) 알의 안쪽에 있는 노폐물을 저장하는 막(cf. 융모막)

요철형(concavoconvex) 한쪽은 오목하고 다른 쪽은 볼록함, 횡단면이 C 모양임

용식(corrosion) 단단한 조직의 화학적 파괴

용해(작용)(dissolution) 고체 또는 화합물이 액체에 녹거나 화학적으로 부서지는 작용

우성(dominance) 군집 중에서 상대적으로 풍부한 종, 특정 종이 다른 종보다 더 많다면 그 종이 우세함(cf. 균등)

우수향(dextral) '오른쪽의'(cf. 좌수향)

운동성의(motile) 운동할 수 있는

원구(blastopore) '새싹 개구부', 점진적으로 선구동물의 입이 되거나, 선구동물의 항문이 되는 포배기 배아의 한쪽에 깊게 들어간 곳

원양성(pelagic) 외해의, 해저 바닥에서 살지 않는 생명체와 서식처를 나타냄(cf. 저서성)

원주(columnal) 바다나리 줄기의 한 부분, 골편

원주형의(columnar) 기둥 같은

원태관(prosicula) 필석류의 태관(sicula)에서 처음 생성된 윗부분

원핵생물(prokaryotes) '핵 이전', 핵이 없는 단세포 기저 생명체로 세균과 남세균을 포함함(cf. 진핵생물)

위구(psudostome) 가짜 입

위구부(peristome) '입 주위의', 성게의 입 구멍

위악대(perignathic girdle) '턱 주위의', 아리스토텔레스 초롱의 성게 골격의 부위

위족(psudopodium) 조직의 확장된 부분으로 헛다리라고도 함.

위턱maxilla) '턱뼈', 척추동물의 위턱에 있는 이빨이 난 주요 뼈[cf. 치조골(premaxilla)]

위항부(periproct) '항문 주위의', 성게의 항문 구멍

유공의, 천공의(perforate) '구멍을 가진'(cf. 비천공의)

유년기(protaspis) 삼엽충의 두 번째 유충 단계(예: 성년기, 중간 유충기, 유생기)

유두돌기(mamelon) 층공석 표면에 발달된 '젖무덤 같은' 작은 돌기

유리볼(free cheek) 탈피될 때 분리되고, 안면 봉합에 의해 중앙 부분과 분리되는 삼엽충 두부의 옆 부분(cf. 안선)

유리질(hyaline) '유리질의', 배열된 아주 작은 방해석 결정으로 이루어진

유사형(homeomorphic) '동일한 형태'

유영동물(nekton) '헤엄을 치는', 외해에서 헤엄을 치는 생명체(cf. 플랑크톤)

유전자 교류(gene flow) 상호교배에 의한 집단 내에서 유전자의 이동

유전자 풀(gene pool) 한정한 집단 내에서 각 생명체의 유전형의 총수

유전자(gene) 생명체의 특정한 특징을 담고 있는 염색체 안의 인식할 만한 염기 순서

유전자형(genotype) 유전자에 포함된 생명체 또는 개체군 특징의 합

유체정역학적인(hydrostatic) '물에 고정된', 물이 떠받치는

유충, 유생, 애벌레(larva)(복수: larvae) 성충과 다른 형태를 가진 유충

유한요소 분석(finite element analysis) 모형이 복잡한 구조에 압박하고 변형을 일으키게 하는 공학기법

유형 성숙(neoteny) '새로운 신축성', 유년기의 형태적인 특징이 성체의 보유에 의한 유형진화(pedomorphosis)

육경(pedicle) '작은 다리', 완족동물을 바닥에 고착시키는 육질의 줄기

육경각(pedicle valve) 완족동물의 패각에서 육경의 구멍이 발달된 껍데기(cf. 등각)

육식동물(carnivore) '육식동물'

의체강의(pseudocoelomate) 많은 배아 동물에서 흔하며 성체 선충류에서 나타남

의체절의(pseudomaetamerous) 분리되지 않은 체강을 가지나 불규칙적으로 복제된 기관(cf. 무체절, 변체절, 올리고체절의)

이궁류(diapsid) '두 개의 아치', 두 개의 측두공이 있는 사지동물의 두개골(cf. 무궁형, 단궁형)

이동 생흔(repichnion) 퇴적물 표면 위를 이동한 생흔

이론(theory) 많은 자연 현상을 설명하는 일반적 설명 또는 연결된 가설 세트

이륜(dicyclic) '이중 원'(cf. 단륜)

이명(binomen) '두 개의 이름', 생명체의 표준 속명과 종명

이명표(synonymy) 하나의 종, 속 또는 과에 적용된 동등한 두 이름

이미형의(heteropygous) '엉덩이가 서로 다른', 두부보다 크기가 약간 작은 미부를 가진 삼엽충[(cf. 대미형, 소미형)]

이배엽성의(diploblastic) '두 층의', 자포동물에서 보이는 두 개의 층으로 되어 있는 체제로서 내배엽과 외배엽은 간층 겔로 나누어져 있지만 체강이 없다(cf. 삼배엽성의).

이배체의(diploid) (세포학에서) 염색체의 정상적인 이배체(cf. 반수체)

이분체, 이분자(dyad) '두 개', 두 개의 포자(cf. 단포체, 사분체)

이새류(dibranchiate) 한 쌍의 아가미를 가지고 있음

이소성 종분화(allopatric speciation) '다른 서식지', 같은 종의 집단에 있는 개체군이 지리적 격리로 인한 분열로 새로운 종의 탄생

이시성(heterochrony) '시간이 서로 다른', 진화에 영향을 미치는 발전의 시간과 속도의 변화

이열배열(biserial) '이열배열로'(cf. 3열, 단열)

이엽의(bilobed) '두개로 갈라진'

이족보행(bipedal) '두 발의', 오직 뒷다리를 사용하여 걸음(cf. 사족보행)

이지형(biramous) '두 개로 갈라진'(cf. 단지형)

이질형(xenomorphic) '이질적인 형태', 다른 지역에 있는 다른 형태

이형(heteromorph) '형태가 서로 다른', 소위 개형충 암컷. 형 이형성(cf. 이미형)

이형꼬리(heterocercal tail) '서로 다른 꼬리', 상어에서처럼 비대칭이며 커다란 상엽을 가진 꼬리지느러미

이형포자의(heterosporous) '서로 다른 포자의', 미포자와 대포자를 생산하는(cf. 동형포자)

익상(alar) '날개 같은'

인골(squamosal) '비늘', 포유류에서 치골(아래턱)과 직접 연결되는 사지동물 두개골의 측면에 있는 주요 뼈

인대(ligament) '묶는 것', (완족동물, 연체동물 및 척추동물에서) 골격 요소를 연접해 주는 섬유질 조직의 관속(管束)

인두(pharynx) '입안의 공간', 척삭동물에서 물이 주입되는 구강, 먹이를 섭취하고 호흡하는 기능을 함

인접한(conterminant) '끝에 가까운'

인편모조류(haptonema) '실을 걸어매다', 석회비늘편모류에서 편모 같은 구조

인회석(apatite) 인산 칼슘, 척추동물의 뼈, 코노돈트, 완족동물과 몇몇 벌레의 전형적인 광물화된 구성 성분

일치(congruence) 동의

잃어버린 고리(missing link) '파충류'와 새 같은 특징의 혼합을 보여 주는 시조새와 같이 두 무리 사이의 중간쯤에 놓인 생명체—일반적으로 화석—에 대한 대중적인 용어

자기층서학(magnetostratigraphy) 자기의 역전에 기반한 층서학

자리(locus)(복수: loci) '당소'

자생보존(authigenic preservation) 화석의 외부 형태의 주물

자세포(cnidoblast) '말미잘 싹', 자포동물의 독성이 있고 쏘는 세포

자연 선택(natural selection) '가장 적합한 생물이 살아남음', 1859년 찰스 다윈이 처음 제안한 진화를 일으키는 과정, 매우 변화하기 쉬운 개체군 내에서 가장 잘 적응하는 생명체가 가장 잘 살아남으며 그들이 획득한 특성을 그들의 후손에게 전달한다. 누적적인 과정이지만 작은 환경 변화의 변천에 영향을 받는 과정이다.

자연발생설(spontaneous generation) 생물이 무생물에서 갑자기 생길 수 있다는 이론

자연척도(Scala naturae) '생명체의 연쇄', 한때 단일한 방향의 진화의 증거로 해석되었던 단순한 생물에서부터 복잡한 생물까지의 생명체의 연쇄

자엽(cotyledon) '컵', 종자의 영양이 저장된 곳.

자포(nematocyst) '실과 같이 생긴 기포', 자포동물의 자세포 내에 발달된 독침

작은 머리의(microcephalic) '작은 머리를 가진', 유별나게 작은 머리와 뇌를 가진 사람 또는 동물

잡식동물(omnivore) '모든 것을 먹는', 식물성 먹이와 동물성 먹이를 먹고 사는 동물

잡을 수 있는(prehensile) '붙잡다', 쉽게 구부리며 붙잡는

장간막(mesentery) '중앙 소화관', 자포동물에서 소화강(gut cavity) 안으로 돋아난 내배엽의 육질 돌기

장골(ilium) 진정한 사지동물 골반의 상부 뼈 [cf. 좌골(ischium)과 치골(pubis)]

장란기(archegonium)(복수: archegonia) '품종 창설자' 식물의 밑씨 안에 있는 자성생식기관

장막(chorion) 폐쇄란의 안에서 난각에 붙는 안쪽 막(cf. 요막, 양막)

재해 분류군(disaster taxa) 멸종 사건 후에 이

어지는 위기의 시점에서 정착된 종

저면 요철(hyporelief) '하부 굴곡', 지층의 밑면에 보존된 생흔화석(cf. 표면 요철)

저서생물(benthos) '깊이', 해저에 살고 있는 생명체(형용사 저서성의, cf. 원양성)

저층(substrate) 아래에 놓인 표면

저탁암(turbidite) 사면을 따라서 심해로 이동하는 저탁류에 의해 형성된 암석

적색층(red beds) 일반적으로 육상의 고온 환경에서 형성된 사암과 이암 등의 적색 퇴적물

적응(adaptation) '잘 어울림' 기능을 가지고 있는 생명체의 어떤 특징, 또한 습득 후의 과정

전 지구적 해수면 변화의(eustatic) '우물 수준', 동시간의 전 지구 해수면의 변화와 연관된

전갑(pro-ostracum) '패각의 앞부분', 벨렘나이트 패각에서 주걱 모양의 얇은 껍데기로 된 부분으로 방추에 붙어 있으며 몸체의 주요 부분을 지지함(cf. 초, 방추)

전도(resupination) 뒤에 놓임

전안와창(antorbital fenestra) '눈구멍 앞에 있는 창', 눈구멍과 콧구멍 사이에 있는 조룡 파충류의 두개골에 있는 구멍.

전엽체(prothallus) 배우체 식물의 발달 초기 단계

전요철(full relief) 3차원으로 나타나는 생흔화석(cf. 반요철)

전진(progression) 시간에 따라 단순한 생명체에서 복잡한 생명체로의 연속물

전진, 진행(progress) 개선에 따른 변화

전체(prosome) '몸체의 앞부분', 키티노조아의 상부 부분

전체부(protosome) '최초의 입', 배의 원구가 입으로 발달하는 동물(cf. 후구동물)

전체절(prosoma) '몸체의 앞부분', 일부 절지동물에서 볼 수 있는 머리와 흉부가 합쳐진 부분

절지동물의 몸 말기(enrollment) 모습을 드러냄

점문(puncta) 구멍

점이설, 점진주의(gradualism) 점진적 점진주의

점진주의적(gradualistic) 점진적인 변화(cf. 급진적)

접번, 경첩(hinge) 완족동물이나 또는 이매패의 닫히고 열리는 두 개의 패각이 부착되어 있는 부위

접합선(commissure) 경첩을 제외하고 완족동물 혹은 이매패의 두 개의 각을 연결하는 선, 포자의 열봉이 연결되는 점

접합자(zygote) '노른자위', 배의 발달의 맨 처음 단계, 두 개의 배우체의 접합 산물

정지(stasis) '조용히 서 있는', 한 계통 내에서 진화적 변화가 거의 없는 긴 기간

정체 퇴적층(stagnation deposit) 무산소 상태에서 보존된 화석층

정포관, 오토세카(autotheca) '독립의 칸', 수지상 필석류에서 포관 형태의 하나. 부포관보다 큼.

조(stage) (층석학에서의) 시간층서 단위, 통(series)의 세분, 일반적으로 여러 대(zones)로 구성됨.

조간대(intertidal) '조수의 사이', 정상적인 만조와 간조 해수면 사이의(cf. 상조대)

조구조 활동(tectonic activity) '건설하는', 흔히 조산 운동에 수반된 단층과 습곡과 같은 지각에서의 물리적 운동

조산 운동(orogeny)(형: orogenic) 산을 형성하는 작용

조아리움(zoarium) 어떤 태형동물 군체의 막대기 같은 골격(복수: zoaria)

조직 캐스트(tissue cast) 지질시대 생물의 조직 인상

조초성의(hermatypic) (산호에서) 광합성대에 한정되며 일반적으로 열대 해양[cf. 비조초성의(ahermatypic)]

족사(byssus) 이매패의 일부가 딱딱한 물질에

부착하기 위한 가는 섬유 다발

종(species) 생물 분류 계급의 최소 단위로서 정상적인 교배가 이루어지고 생식이 가능한 후손을 생산할 수 있는 모든 개체를 포함하는 생물 집단

종분화(speciation) 분열 또는 계통 진화에 의하여 기존의 종으로부터 신종의 형성 과정

종선택(species selection) 종 수준에서의 선택

종속영양생물(heterotroph) '먹는 동물이 서로 다른', 다양한 물질을 먹고사는 생명체[cf. 자양영양생물(autotroph)]

종아리뼈(fibula) 정강이뼈의 하나(cf. 넓적다리, 정강이뼈)

좌골(ischium) 진정한 사족류 골반의 아래 뒤 뼈(cf. 장골, 치골)

좌수향의(sinistral) 왼손 방향의(cf. 우수향의)

좌우 대칭동물(bilaterians) 입부터 항문까지의 소화기관이 있으며 좌우 대칭인 3배엽성 동물

주거 생흔(domichnion) '산 흔적'

주공, 알문(micropyle) '작은 문', 꽃에서 화분관이 난세포로 연결되는 구멍 또는 통로

주둥이, 문(吻)(proboscis) '코끼리 코', 가늘고 긴 코 또는 주둥이 같은 돌출물.

주둥이부리(rostrum) 중둥이 모양의 돌기 또는 머리의 맨 앞부분

주름(ruga) 불규칙한 작은 돌기

주치(cusp) 포유류의 치아 혹은 코노돈트 요소의 뾰족한 돌기

주피(periderm) '덮고 있는 피부', 필석류의 바깥 조직층

중간 유충기(meraspis) '중간 단계의 방패 모양의 보호물', 삼엽충에서 세 번째 단계의 유생[cf. 성체기(holaspis), 노플리우스(nauplius) 유생, 유년기(protaspis)]

중배엽(mesoderm) '중앙 피부', 많은 동물에서 내배엽과 외배엽 사이에서 다양한 기관을 형성하는 조직의 형태

중심이 되는(cardinal) 중요한 또는 실마리

중앙의(median) '중앙'

중합효소 연쇄반응(polymerase chain reaction, PCR) 적은 양으로 핵산(DNA, RNA)을 증식하거나 복제하는 것

쥬고포드(zeugopod) 척추동물 다리, 앞 팔 또는 종아리의 가운데 부분(cf. 오토포드, 스타일로포드)

증산 작용(transpiration) '가로질러 호흡함', 잎의 기공을 통한 식물체 내의 수분 증발 작용

지리적 범위(geographic range) 종, 다른 분류군이 서식하는 모든 지역

지수의(exponential) y축이 x축보다 빠르게 성장하는 기하학적인 성장을 나타내는 곡선

지적 설계(intelligent design, ID) 지구와 생명체는 창조주에 의해 창조되었다는 믿음(cf. 창조론)

지질(lipid) 세포의 지방질 또는 밀납 성분

지질연대 측정(geochronometry) 방사성 연대 결정법과 같은 절대적 방법을 이용한 지질연대 측정

지층 누중의 원리(superposition) '꼭대기 위에 놓이는', 지각 변동으로 역전되지 않은 경우 젊은 지층이 오래된 지층 위에 놓인다는 법칙

지표의(subaerial) '공기 아래의', 육상에서 형성된

지하경, 뿌리 줄기(rhizome) 땅속 줄기로 근경이라고도 함.

진단(diagnosis) 생명체 또는 무리의 특징을 구별하는 간단한 개요

진정후생동물(eumetazoans) 해면동물을 제외한 모든 주요 후생동물 집단을 포함하는 분기군

진주층의(nacreous) 진주층 같은

진핵생물(eukaryote) '핵', 조류, 균류, 식물과 동물을 포함해서 핵을 갖는 단세포 혹은 다세포 생물(cf. 원핵생물)

진화(evolution) '펼침', 시대를 통한 생명체의 변화

질량 중심(center of mass) 동물 질량의 중심 부분

차이(disparity) '다름', 형태학적 변이의 전부

창조론(Creationism) 지구와 생명체가 신성한 존재에 의해 창조됐다는 믿음(cf. 지적 설계)

책허파(lung book) 공기로 숨을 쉬는 거미의 허파로 책의 쪽처럼 많은 층으로 배열되어 있음

척골(ulna) 척추동물의 앞팔뼈의 하나(cf. 상완골, 요골)

척삭(notochord) '등뼈 줄', 초기 척삭동물의 몸을 지지하는 유연한 막대 같은 구조. 척추동물에서는 등뼈의 선임자임

척추(vertebra) 척추동물 등뼈의 요소, 또는 뱀불가사리 팔의 요소

천공판(madreporite) '주된 석판', 성게 골격에서 입 부근에 있는 구멍이 난 판으로 수관계를 외부 환경과 연결시킴

천이계열(sere) 불안정한 군집에서부터 극상 군집에 이르기까지의 천이를 나타내는 식물 또는 표생동물의 군집

첨단향의(국), 향각정적(복)(adapical) 맞은편의 정점 또는 꼭대기

체강(celom) '공동', 동물의 소화관과 몸의 겉 표면 사이에 있는 몸의 공간

체관(siphuncle) 두족류의 방을 통해 확장된 연질 조직의 연결관으로 뿔관이라고도 한다.

체방(body chamber) 두족류의 껍데기에 마지막으로 생긴 방

체세포분열, 유사분열(mitosis) '실처럼 가느다란 것', 정상적인 성장에 관련된 단순한 세포 분열

체절(somite) '몸통', 절지동물의 몸마디

체화석(body fossil) 생명체의 유해, 보통 화석이라고 부름(cf. 생흔화석)

초(guard) 벨렘나이트 각의 총알 모양으로 된 고체의 끝 부분

초(reef) 전체 또는 부분적인 유기적 탄산염 구조(cf. 산호초)

초미플랑크톤, 초미부유생물(nannoplankton) 크기가 2~20㎛ 사이인 아주 작은 부유성 생명체

초본의(herbaceous) '키 작은', 무성한

초식동물(herbivore) '식물을 먹는 동물'

초형형성, 과형형성, 과형발생(peramorphosis) '과발달', 성숙도가 상대적으로 늦게 도달하는 하는 현상(cf. 유형진화)

초호열세균(hyperthermophile) '과도한 열을 좋아하는 세균', 열이 극도로 높은 환경에 사는 데에 적응한 미생물

촉수관(lophophore) '관모를 가진', 완족동물과 태형동물에서 볼 수 있는 먹이 섭취 및 감각기관(형: lophophorate)

최종 공통조상(last universal common ancestor, LUCA) 살아 있는 생명체의 알려진 모든 무리의 조상인 생명체

축(axis) 생명체를 대칭시키는 선, 양치엽의 가운데 줄기(형: 축의)

축주(columella) 산호 군체의 중심을 이루는 산호 골격의 기둥 같은 부분

출아군체형성(astogeny) 군체의 복합적 구조의 성장

충실(zooecium) 태형동물 군체에 있는 상자 같은 거주 방(복수: zooecia)

취석(orsten, stinkstone) 후기 캄브리아기 석회암 단괴로 예외적으로 보존된 독특한 동물군 화석이 산출됨

취합(聚合)의(또는 중합의, polymeric) '많은 마디로 된'

측계통군(paraphyletic group) '평행 기원', 공통조상의 모든 후손이 아니라 일부 후손만 포함하는 무리(cf. 단계통군, 다계통군)

측두공(temporal opening) 사지동물 두개골의 안와 뒤에 있는 구멍

측면의(lateral) 옆의

측생동물류(parazoan) '동물 곁의', 체강이 없

고 세포가 조직 형태로 분화되지 않은 해면동물에서 볼 수 있는 단순한 몸의 윤곽

층(formation) 지역의 맥락에서 식별되고 지도로 표시된 암석 단위, 층원으로 세분되고, 다른 층과 결합하여 층군을 이룸

층군(group) (층서학에서) 광범위한 특징을 공유하는 연속적 순서로 나타나는 여러 개의 층

층리, 성층(stratification) (퇴적학)전형적인 퇴적물에서 보이는 층상 구조. 군집생태학에서는 전형적으로 숲이나 초에서 다른 생물들의 층을 이루는 구조를 층상 구조라고 함.

층상철광층(banded iron formation, BIF) 산소가 부족한 해저에서 철분이 많은 퇴적물과 철분이 없는 퇴적물의 호층으로 이루어진 시생대의 암석

층서(stratigraphy) '단위층의 생성을 기술하는', 지질시대의 암석과 사건의 순서

층서적 범위(stratigraphic range) 화석 종의 겉보기 기원에서부터 멸종까지의 시간

층원(member) (층서학) 한정된 지역 내에서 지질도에 표시할 수 있는 국지화된 암석 단위, 층의 일부를 이룸

층판, 주름살(lamella)(복수: lamellae) '작고 얇은 판', 얇은 판 또는 층

치골(dentary) '이빨이 있는', 척추동물의 아래턱에서 이빨이 있는 뼈(cf. 상악골, 전상악골)

치골(pubis) 전형적 사지동물 골반의 아래 앞쪽 뼈(cf. 장골, 좌골)

치설(radula) 연체동물의 긁어서 먹이를 먹는 섭식 기관

칼리스(calice) '컵', 폴립이 있는 곳에서 산호 골격의 상부의 코랄룸

코앱티브(coaptive) '잘 맞는'

콘굴룸(congulum)(복수: congula) 규조 골격의 밀봉원

콜라겐(collagen) 인회석 결정이 침전되는 곳에 뼈의 유연한 틀을 만들고, 연골을 만드는 유연한 단백질

키틴(chitin) 절지동물의 거의 모든 단단한 부분을 구성하는 단백질

키틴질인산염(chitinophosphate) 키틴과 인산염으로 구성된 단단한 조직

탄산염(carbonate) 탄산칼슘으로 만들어짐

탈구(disarticulation) 부서지고 자연의 연결 상태를 잃은 상태, 전형적으로 골격 부분의

탈피(ecdysis) 탈피

탈피각(exuviae) '벗어던지다', 껍질을 벗음

태각(protoconch) 패각의 최초 생장 부분. 원각 또는 초방이라고도 함.

태관, 시큘라(sicula) 필석체가 형성되는 처음 부분인 작은 원추형 골질

태관자, 버젤라(**胎管刺**, virgella) '작은 가지', 필석의 태관 기저에 있는 뾰족한 구조

태반, 태좌(placenta) '납작한 해면조직(cake)', 암컷 포유류에서 발생 중인 배아에게 양분과 산소를 공급하는 조직

테크노모프(tecnomorph) 가상의 수컷 개형충 (cf. 이형)

투광대(photic zone) '빛', 빛이 투과하는 수괴의 상부 부분, 일반적으로 100m 깊이까지 내려감

투르마(turma) '무리', 포자의 분류에 이용되는 범주 용어(복수: turmae)

툴마크(tool mark) 운반된 물체에 의하여 만들어진 퇴적물 표면의 인상

티어링(tiering) 생흔화석 사이에서 보이는 특별한 형태의 층리로 다른 생흔종은 퇴적물에서 다른 깊이의 지층을 차지함.

파라가스터(paragaster) '위 옆의', 해면동물의 중앙 체강.

파생형질(apomorphy)(복수: apomorphies) '다른 형상으로', 파생된 특징, 오직 진화에서만 발생하는 특징

파쇄(fragmentation) 껍데기나 골격이 작은 조각으로 부서지는 과정

판게아(Pangea, Pangaea) '모든 세계', 오늘날

의 모든 대륙으로 이루어진 먼 옛날의 초대륙

판구조론(plate tectonics) 지구 지각과 맨틀 내에서 대륙의 이동을 일으키는 작용

판상의(tabula) 평평한

팔의(brachial) '팔의', 해백합류의 악부의 기저에 놓이는 판

패각(conch) '껍데기'

패러다임[사고틀]의 변화(paradigm shift) 과학에서의 혁명 또는 한 이론에서 또 다른 이론으로의 변화

펙토콜루스(pectocaulus) 익새류(pterobranchs)에 살고 있는 개충 사이를 연결하는 관

편견(편향)(bias) 한쪽으로 치우친 오류. 오래된 암석에서 일반적으로 화석 보존의 질이 안 좋을 것이라는 것과 같이 관찰이 한쪽으로 오류를 가지고 있을 때

편리공생(commensalism) '함께 섭식', 작은 종이 큰 종에 사는 생물학적인 상호작용, 작은 종이 이익을 얻고 다른 한 종은 아무런 영향을 받지 않음

편모(flagellum) '채찍', 헤엄을 치기 위한 진핵세포의 머리카락 같은 세포기관

편평화(flattening) 상부에서의 압력으로 인한 화석의 압축

평면 나선(planispiral) '평면 나선형의'[cf. 트로코스파이럴(trochospiral)상]

평형(equilibrium) '동등한 균형', 고정된 수준

폐각근(adductor muscle, adductor) '앞으로 당기다', 완족동물의 각을 닫는 근육(cf. 개각근)

포경(stolon) '흡입관', 필석의 포관을 이어 주는 관

포관(theca) '집', 산호, 와편모조류, 또는 규조류의 골격질 벽. 해백합의 캘릭스, 필석 동물의 개별적 주거 챔버

포괄 분류체계(inclusive hierachy) 속 내의 종, 과 내의 속 등과 같이 작은 것이 더 큰 것 내에 들어가는 계열

포낭(cyst) 자성의 '휴지기'의 조류

포배(blastula) '작은 싹', 구부러진, 초기 배아 상태, 한쪽에 깊게 파이고 속이 비어 있는 공 같이 생김, 원구.

포식성(predation) 한 종이 다른 종을 먹고 사는 생물학적 상호작용

포자낭(sporangium) 육상식물의 포자를 포함하는 구조(복수: sporangia)

포자체(sporophyte) '포자식물', 세대교번을 보이는 식물에서 포자를 만들고 무성생식을 시작하는 단계

폴립(polyp) 자포동물 발생 과정에서 말미잘처럼 고착되어 있는 단계

표면 요철(epirelief) '상부의 기복', 층의 상부에 있는 생흔화석(cf. 저면 요철)

표생동물(epifauna) '상부 동물군', 퇴적물의 표면에 사는 동물(cf. 내생동물)

표식 단면(모식단면)(stratotype) 특정 지역에 설정된 층원 또는 층에 대한 층서적 표준 단면

표식생흔(pascichnion) '먹이 섭취 흔적'

표피(cuticle) 많은 식물과 동물에서 외곽을 덮고 있는 각질 단백질

표현형(phenotype) '보이는 형태', 외부로 나타난 생명체 또는 개체군의 특색의 총체

풍도, 존재도, 분포량(abundance) 집단 또는 표본에서 종의 개체수

플랑크톤, 부유생물(plankton) '방랑하는', 바다와 호수 표면의 수 m 깊이 이내에 떠다니며 사는 생명체

플랑크톤영양의 유충(planktotrophic larva) 플랑크톤을 잡아먹고 사는 수명이 긴 유충

플리시(flysch) 성장 중인 조산대나 그 전신으로 여겨지는 지대의 해역에서 볼 수 있는 해성 퇴적물 전체

피각(frustule) '작은 조각', 규조류의 골격

피갑, 피각(lorica) '가죽으로 된 흉갑', 틴티니드(tintinnid)의 바깥 덮개

피골(dermal bone) '피부', 초기에 내배엽 내에 형성된 뼈

필석지(stipe) '기둥', 필석체의 가지

필석체(rhabdosome) 필석의 전체 군체

하각(hypotheca) '상자의 아래 덮개', 규조의 각의 아래 절반(cf. 상각)

하성의(fluvial, fluviatile) 강과 관련된

하족흔, 언더트랙(undertrack) 동물이 이동한 지표의 아래에 보존된 발자국 인상

해면질(spongin) 많은 해면동물의 골격 주위에 형성된 각질의 유기질 물질로 갯솜질이라고도 함.

해침(transgression) '가로질러 통과함', 육지 쪽으로 바다가 들어가는 현상으로 국지적 또는 전 지구적으로 나타남(cf. 해퇴)

해퇴(regression) 육지로부터 바다가 후퇴하는 것으로 국지적이거나 전 지구적일 수 있음(cf. 해침)

허리의, 요추의(lumbar) '허리', 등뼈의 아랫부분

현대종합론(Modern synthesis) 1930년대와 1940년대에 확립된 바와 같이 다윈의 통찰력을 지리적인 변화와 자연 선택, 고생물학(paleobiology)과 유전학의 조합에 바탕을 둔 진화에 대한 현대적 관점

현생 계통발생 계층(extant phylogenetic bracket) (현존하는) 생명체들이 주로 가지고 있는 계통을 형성하는 공통된 특성들을 조상들이 보유했다는 관측

현지성(autochthonous) 원위치에 있음. 다른 곳에서 이동해 오지 않은 것

현탁물식자, 부유물 섭취 동물(suspension feeder) 물에 부유된 작은 음식 입자를 먹는 동물

협각(chelicera) '게의 집게발의 각질', 집게가 있는 절지동물의 집게발

협생성(stenotopic) '좁은 장소', 생태학적 선호가 좁은(cf. 광서의)

형성층(cambium) 나무 둘레가 증가 할 수 있도록 작용하는 식물 조직의 층

형태공간(morphospace) 한 생명체의 형태에 대한 이론적인 최대 범위

형태종 개념(morphological species concept) 외면적인 생김새에 바탕을 둔 종의 인식과 세분(생물학적 종 개념)

형태학(morphlogy) '형태를 연구하는 학문', 생명체의 모양과 형태를 연구하는 학문

호기성(aerobic) '함기', 풍부한 산소(cf. 무산소성, 산소 결핍)

호메오박스 유전자(혹스 유전자 포함)(homeobox genes, including Hox genes) '동일한 상자', 배아 발달 과정에서 방향, 분절 및 사지의 발달을 조절하는 모든 생명체 내에 들어있는 유전자

호열 생물(thermophile) '열을 좋아하는', 고온의 환경에 사는 데 적응된 생물

혹, 결절(tubercle) '작은 뿌리', 골격에서 돋아난 작은 돌출 구조

홈(sulcus) '깊은 주름살', [형: 홈이 있는 sulcate)]

홑눈, 단안(ocellus)(복수: ocelli) '작은 눈', 절지동물에 발달된 단 하나의 눈(cf. 겹눈, 복안)

화분, 꽃가루(pollen) 별개의 다른 꽃에서 생산된 움직일 수 있는 미립의 물질로 정자를 지닌다.

화분학(palynology) 화분과 포자 화석을 연구하는 학문

화산쇄설물층(volcaniclastic deposits) 화산 분출에서 직접 기원된 화산쇄설물이 쌓여 형성된 층

화석(fossil) '발굴물', 과거에 살았던 식물 또는 동물의 유해

화석생성론(taphonomy) '주검에 대한 연구', 생물의 죽음과 암석에서의 그의 최종 상태 사이에서 일어나는 생물학적 및 지질학적 과정에 대한 연구

환초(atoll) 화산섬으로 둘러싸인 암초. 파도 위로 보일 수도 있고, 보이지 않을 수도 있다

(cf. 보초, 거초)

황금 못, 골든 스파이크(golden spike) (층서학) 국제적으로 통용되는 층서 구분에 표시된 아주 짧은 시대의 지질연대와 같은 암석 단면에서의 한 지점

황록공생 조류(zooxanthella) '동물성 노란색', 산호나 이매패에 붙어 사는 광합성 조류(복수: zooxanthellae)

황철석(pyrite) 간혹 무산소 환경에서 퇴적된 흑색 이암과 화석과 수반되며, 금색의 작은 결정으로 나타나는 철과 황으로 구성된 광물(FeS_2)

횡와(recumbent) 옆으로 누운

효과가설(effect hypothesis) 어떤 종 단계의 특성은 개체 단계에서 자연 선택의 부작용으로 발생했다는 아이디어

후경의(reclined) 뒤쪽으로 경사진

후구동물(deuterostome) 배아의 원구가 종종 항문으로 발달되는 동물(cf. 선구동물)

후생동물(metazoan) '후기 동물', 다세포동물

후생식물(metaphyte) '후기 식물', 다세포 식물

후체(opisthosoma) '몸의 뒷부분', 어떤 절지동물의 복부

후체강(metacel) '강(腔)의 변화', 태형동물의 체강

휘발성의(volatile) '날아 흩어지는', 쉽게 파괴되는 탄소의 형태(cf. 내열성의)

휴식 생흔(cubichnion) '휴식 생흔'

흉부(thorax) 절지동물의 가운데 몸체 부분(cf. 복부)

흔적 구조(vestigial structure) 불완전하거나 분명한 기능을 갖지 않았으나 조상에서 한때 어떤 기능을 한 상동 기관으로 보이는 구조

희박화작용(rarefaction) 다른 크기의 시료로부터 컴퓨터로 계산된 종의 풍부성을 표준화하고 비교하기 위한 통계 기법

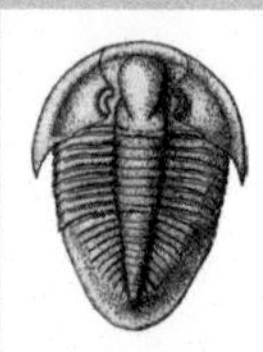

부록 1
층서 도표

국제 층서 도표

국제층서위원회

ICS

Eonothem Eon	Erathem Era	System Period	Series Epoch	Stage Age	Age Ma	GSSP
Phanerozoic	Cenozoic	Quaternary *	Holocene		0.0117	
			Pleistocene	Upper	0.126	
				"Ionian"	0.781	
				Calabrian	1.806	GSSP
		Neogene		Gelasian	2.588	GSSP
			Pliocene	Piacenzian	3.600	GSSP
				Zanclean	5.332	GSSP
			Miocene	Messinian	7.246	GSSP
				Tortonian	11.608	GSSP
				Serravallian	13.82	GSSP
				Langhian	15.97	
				Burdigalian	20.43	
				Aquitanian	23.03	GSSP
		Paleogene	Oligocene	Chattian	28.4±0.1	
				Rupelian	33.9±0.1	GSSP
			Eocene	Priabonian	37.2±0.1	
				Bartonian	40.4±0.2	
				Lutetian	48.6±0.2	
				Ypresian	55.8±0.2	GSSP
			Paleocene	Thanetian	58.7±0.2	
				Selandian	~61.1	
				Danian	65.5±0.3	GSSP
	Mesozoic	Cretaceous	Upper	Maastrichtian	70.6±0.6	GSSP
				Campanian	83.5±0.7	
				Santonian	85.8±0.7	
				Coniacian	~88.6	
				Turonian	93.6±0.8	GSSP
				Cenomanian	99.6±0.9	GSSP
			Lower	Albian	112.0±1.0	
				Aptian	125.0±1.0	
				Barremian	130.0±1.5	
				Hauterivian	~133.9	
				Valanginian	140.2±3.0	
				Berriasian	145.5±4.0	

*제4기의 지위는 아직 결정되지 않았다. 그 기저는 겔라시아절의 기저로 지정될 수 있고 플라이스토세의 기저를 260만 년 전까지 연장할 수 있다. '제3기'는 고제3기와 신제3기로 구성되며 공식적 지위를 갖지 못한다.

Eonothem Eon	Erathem Era	System Period	Series Epoch	Stage Age	Age Ma	GSSP
					145.5±4.0	
Phanerozoic	Mesozoic	Jurassic	Upper	Tithonian	150.8±4.0	
				Kimmeridgian	~155.6	
				Oxfordian	161.2±4.0	
			Middle	Callovian	164.7±4.0	
				Bathonian	167.7±3.5	
				Bajocian	171.6±3.0	GSSP
				Aalenian	175.6±2.0	GSSP
			Lower	Toarcian	183.0±1.5	
				Pliensbachian	189.6±1.5	GSSP
				Sinemurian	196.5±1.0	GSSP
				Hettangian	199.6±0.6	
		Triassic	Upper	Rhaetian	203.6±1.5	
				Norian	216.5±2.0	
				Carnian	~228.7	
			Middle	Ladinian	237.0±2.0	GSSP
				Anisian	~245.9	
			Lower	Olenekian	~249.5	
				Induan	251.0±0.4	GSSP
	Paleozoic	Permian	Lopingian	Changhsingian	253.8±0.7	GSSP
				Wuchiapingian	260.4±0.7	GSSP
			Guadalupian	Capitanian	265.8±0.7	GSSP
				Wordian	268.0±0.7	GSSP
				Roadian	270.6±0.7	GSSP
			Cisuralian	Kungurian	275.6±0.7	
				Artinskian	284.4±0.7	
				Sakmarian	294.6±0.8	
				Asselian	299.0±0.8	GSSP
		Carboniferous	Pennsylvanian Upper	Gzhelian	303.4±0.9	
				Kasimovian	307.2±1.0	
			Pennsylvanian Middle	Moscovian	311.7±1.1	
			Pennsylvanian Lower	Bashkirian	318.1±1.3	GSSP
			Mississippian Upper	Serpukhovian	328.3±1.6	
			Mississippian Middle	Visean	345.3±2.1	GSSP
			Mississippian Lower	Tournaisian	359.2±2.5	GSSP

Eonothem Eon	Erathem Era	System Period	Series Epoch	Stage Age	Age Ma	GSSP
					359.2±2.5	
Phanerozoic	Paleozoic	Devonian	Upper	Famennian	374.5±2.6	GSSP
				Frasnian	385.3±2.6	GSSP
			Middle	Givetian	391.8±2.7	GSSP
				Eifelian	397.5±2.7	GSSP
			Lower	Emsian	407.0±2.8	GSSP
				Pragian	411.2±2.8	GSSP
				Lochkovian	416.0±2.8	GSSP
		Silurian	Pridoli		418.7±2.7	GSSP
			Ludlow	Ludfordian	421.3±2.6	GSSP
				Gorstian	422.9±2.5	GSSP
			Wenlock	Homerian	426.2±2.4	GSSP
				Sheinwoodian	428.2±2.3	GSSP
			Llandovery	Telychian	436.0±1.9	GSSP
				Aeronian	439.0±1.8	GSSP
				Rhuddanian	443.7±1.5	GSSP
		Ordovician	Upper	Himantian	445.6±1.5	GSSP
				Katian	455.8±1.6	GSSP
				Sandbian	460.9±1.6	GSSP
			Middle	Darriwilian	468.1±1.6	GSSP
				Dapingian	471.8±1.6	GSSP
			Lower	Floian	478.6±1.7	GSSP
				Tremadocian	488.3±1.7	GSSP
		Cambrian	Furongian	Stage 10	~492*	
				Stage 9	~496*	
				Paibian	~499	GSSP
			Series 3	Guzhangian	~503	GSSP
				Drumian	~506.5	GSSP
				Stage 5	~510*	
			Series 2	Stage 4	~515*	
				Stage 3	~521*	
			Terreneuvian	Stage 2	~528*	
				Fertunian	542.0±1.0	GSSP

이 도표는 가비 오그(Gabi Ogg)에 의해 그려졌다.
*로 표시된 캄브리아기의 나이는 비공식적이며 비준된 정의를 기다리고 있다.

IUGS

국제지질과학연맹

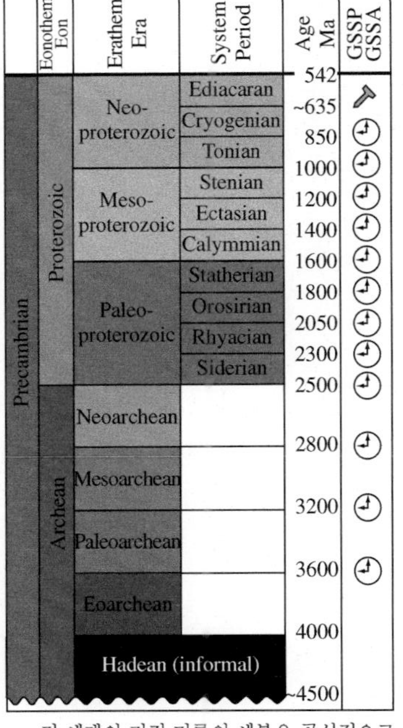

Eonothem Eon		Erathem Era	System Period	Age Ma	GSSP GSSA
				542	
Precambrian	Proterozoic	Neoproterozoic	Ediacaran	~635	GSSP
			Cryogenian	850	GSSA
			Tonian	1000	GSSA
		Mesoproterozoic	Stenian	1200	GSSA
			Ectasian	1400	GSSA
			Calymmian	1600	GSSA
		Paleoproterozoic	Statherian	1800	GSSA
			Orosirian	2050	GSSA
			Rhyacian	2300	GSSA
			Siderian	2500	GSSA
	Archean	Neoarchean		2800	GSSA
		Mesoarchean		3200	GSSA
		Paleoarchean		3600	GSSA
		Eoarchean		4000	
		Hadean (informal)		~4500	

전 세계의 지질 기록의 세분은 공식적으로 그들의 하부 경계에 의해 정의된다. 현생누대(5억 4,200만 년 전부터 현세까지)와 에디아카라기의 기저는 세계표준단면과 지점(GSSP)에 의하여 정의되며, 선캄브리아 시대의 단위는 절대 연대(세계표준층서연대, GSSA)에 의하여 공식적으로 세분된다. 각각의 GSSP에 대한 상세한 내용은 ICS 웹사이트(www.stratigraphy.org)에 게재되어 있다.

현생누대의 단위 경계의 절대 연대는 수정될 수 있다. 캄브리아기의 일부 세는 GSSP 경계에 대한 국제적 동의에 따라 공식적으로 명명될 것이다. 대부분의 아세 경계(예, 압티아 중부와 상부)는 공식적으로 정의되지 않았다.

음영 표시는 세계지질도위원회(www.cgmw.org)에 따랐다.

열거된 절대 연대는 그라드스테인, 오그, 스미스 등의 『지질연대표』(2004, 캠브리지대학출판사)와 오그, 오그 및 그라드스테인의 간결한 지질연대표(인쇄 중)에서 인용되었다.

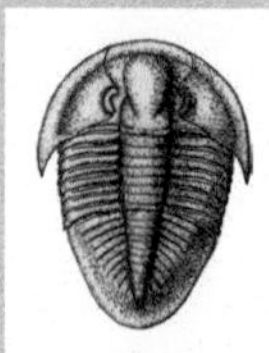

부록 2

고지리도

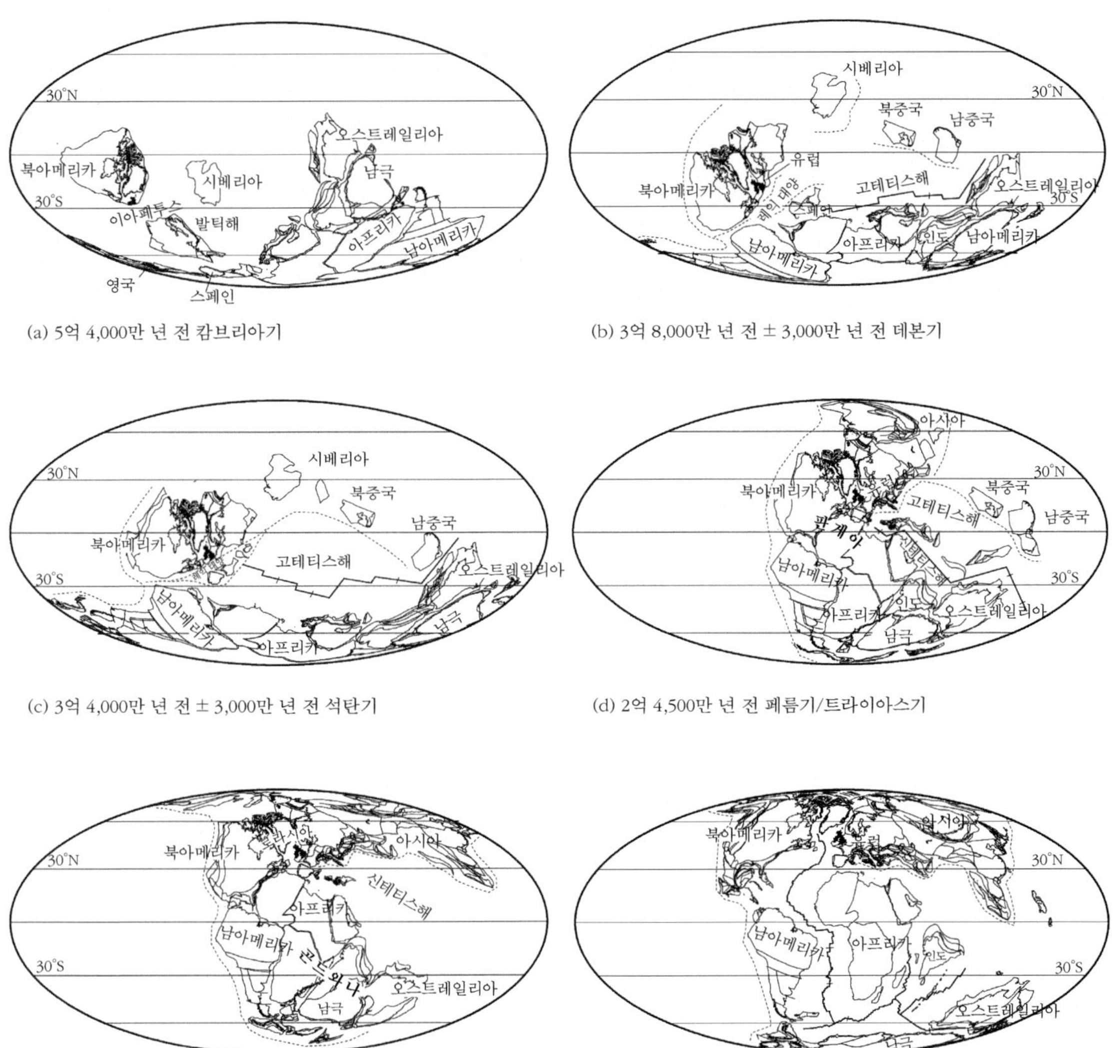

(a) 5억 4,000만 년 전 캄브리아기

(b) 3억 8,000만 년 전 ± 3,000만 년 전 데본기

(c) 3억 4,000만 년 전 ± 3,000만 년 전 석탄기

(d) 2억 4,500만 년 전 페름기/트라이아스기

(e) 1억 8,000만 년 전 쥐라기

(f) 6,500만 년 전 백악기/제3기

지질 시대의 대륙과 해양 분포. 전기 고생대는 이아페투스 대양으로 분리된 저위도와 고위도의 대륙 분포로 특징지어졌다. 후기 고생대 동안 레익 대양이 구세계와 신세계를 분리하였으며, 중생대는 북부 대륙(고위도)과 테티스 대륙(저위도)으로 특징지어졌다.(이들 지도는 저자들의 요구로 노르웨이 지질조사소의 지구역학센터와 노르웨이 과학과 문서 아카데미 고등연구센터의 트론드 토르스비크(Trond Torsvik) 교수에 의하여 제작되었다.)

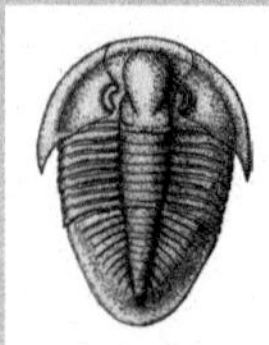

부록 3
영한 용어 대조

abdomen	복부
aboral	대구
abrasion	마모
abundance	풍부, 풍도, 존재도, 분포량
abyssal	심해
accretion	부가
acelomate	아세로메이트
acid rain	산성비, 산성우
adapical	첨단향의(국), 향각정적(복)
adaptation	적응
adductor muscle, adductor	폐각근
aerobic	호기성
agglutinated	교착질
agrichnion(복: agrichnia)	경작 생흔
hermatypic	비조초성의
alar	익상
algal bloom	녹조 현상
alimentary canal	소화관
allantois	요막
allochthonous	외지성
allometry	상대성장
allopatric speciation	이소성 종분화
alveolus(복: alveoli)	내강
ambulacral area, amb	보대
amerous	무체절

amino acid	아미노산
amnion	양막
amoeba	아메바
anaerobic	무산소성, 혐기성
analog	상사
anapsid	무궁류
anoxic	무산소의
antenna(복: antennae)	더듬이
anterior	앞
anther	꽃밥
antorbital fenestra	전안와창
apatite	인회석
aperture	각구
apex	각정, 정단, 엽선
apomorphy (복: apomorphies)	파생형질
apparatus	기관
appendage	부속지
appendiculate	부속지가 있는
aptychus(복: aptychi)	구개
aragonite	아라고나이트
arborescent	교목상의
archegonium (복: archegonia)	장란기
Aristotle's lantern	아리스토텔레스의 랜턴
articular	관절의

articulation	관절
asexual reproduction	무성생식
assemblage	군집
astogeny	출아군체형성
astragalus	복사뼈
astrorhiza(복: astrorhizae)	성근(星根)
atavism	격세유전, 환원유전, 반조현상
atoll	환초
authigenic preservation	자생보존
autochthonous	현지성
autopod	오토포드
autotheca	정포관, 오토세카
autotroph	독립영양생물
axis	축
banded iron formation (BIF)	층상철광층
barrier reef	보초
basal	기저의, 기저판
bathymetric	수심의
benthos	저서생물
bias	편견
biconvex	양면이 볼록한
bilateral	양측의
bilaterians	좌우대칭동물
bilobed	이엽의
binomen	이명
bioerosion	생물 침식 작용
biofilm	생물막
biogeochemical cycle	생지화학적 순환
biogeographic province	생물지리구
bioherm	바이오험, 괴상 생초
bioimmuration	바이오이뮤레이션
biological scaling principle	생물학적 비례 원리
biological species concept	생물학적 종의 개념
biomarker	생체지표
biomass	생물량, 바이오매스
biomechanics	생물역학
biostratigraphy	생물층서학
bioturbation	생물 교란(작용)
bipedal	이족보행
biramous	이지형
biserial	이열배열
bitheca	부포관
blastopore	원구
blastula	포배
body chamber	체방
body fossil	체화석
bone	뼈
brachial	팔의, 상완의
brachial valve	완각
brachiole	완돌기
byssus	족사
calcified	석회화된
calcite	방해석
calice	칼리스
calyx	악부
cambium	형성층
canine teeth	송곳니
capitula	두상화, 삿갓(버섯류), 소두(뼈)
carbonate	탄산염
cardinal	중심이 되는
carnassial teeth	어금니
carnivore	육식동물
carpel	심피
cartilage	연골
catastrophe	격변
cateniform	사슬형
cecum	맹장
cellulose	셀룰로오스
celom	체강
center of mass	질량 중심
cephalic	머리의
cephalis	세팔리스
cephalon	두부

chamber	방	complete tree	완전 트리
cheek teeth	협치	compound eye	겹눈, 복안
chelicera	협각	concavoconvex	요철형
chitin	키틴	concentration deposit	농집 퇴적물
chitinophosphate	키틴인회질	concentric	동심원의
chloroplast	엽록체	conch	소라고둥
choanocyte	금세포	concretion	결핵체
chorion	융모막	congruence	일치
chromosome	염색체	congulum(복: congula)	콘구룸
chronospecies	시간종	conservation deposit	보존 퇴적물
chronostratigraphy	시간층서학	conservation trap	보존 함정
cilium	섬모	conterminant	인접한
cirrus	극모	continental drift	대륙 이동설
clade	분기군	coprolite	분화석
cladistic analysis, cladistics	분기군 분석, 분기학	corallite	산호개체
cladogram	분기도	corallum	산호체
class	강	corpus	신체
classification	분류	correlation	대비
clastic	쇄설성의	corrosion	용식
clavate	곤봉상의	cosmopolitan	세계적인
climax community	극상군집	costa	늑골
cluster analysis	군집분석	costation	구각선
cnidoblast	자세포	cotyledon	자엽
coaptive	코앱티브	Creationism	창조론
coenosteum	공유골	cubichnion	휴식 생흔
coevolution	공진화	cusp	첨단
collagen	콜라겐	cuticle	표피
colonial	군체	cyst	포낭
colpus	구	cytology	세포학
columella	축주	dead clade walking	데드 크레이드 워킹
columnal	경판	decay	부패
columnar	원주형의	deciduous	낙엽성의
commensalism	편리공생	declined	하경사
commissure	접합선	deduction	연역
common ancestor	공통조상	deformation	변형
common descent	공통후손	delthyrium	복삼각공
community	군집	deltidial plates	삼각쌍판
competition	경쟁	dendrogram	계통수

dendroid	수지상의
dentary	치골의
denticle	소치
dentine	상아질
dermal bone	피골
deuterostome	후구동물
development	발달
developmental genes	발달관련 유전자
dextral	우수향
diagenesis	속성작용
diagnosis	특성, 특징
diapsid	이궁류
dibranchiate	이새류
dichotomous	두 갈래로 갈라진
dicyclic	이륜
diductor muscle, diductor	개각근
differentiated	분화된
digit	손가락
diploblastic	이배엽성의
diploid	이배체의
disarticulation	탈구
disaster taxa	재해 분류군
disparity	차이
dissepiment	격막
dissepimentarium	격막대
dissoconch	열각
dissolution	용해(작용)
distal	말단의
diversification	다양화
diversity	다양성
diverticulum	맹낭
DNA	디엔에이
dolomite	돌로마이트, 백운석
domichnion	주거 생흔
dominance	우성
dorsum	등
doublure	도불러
durophagous	듀로파거스
dyad	이분체 이분자
dysoxic	산소가 결핍된
ecdysis	탈피
ecdysozoans	엑디소조안
ecophenotypic change	생태표현형 변화
ecospace	생태 공간, 에코스페이스
ecosystem	생태계
ectoderm	외피, 외배엽
ectoplasm	외형질
ectotherm	변온동물
effect hypothesis	효과가설
Elvis taxa	엘비스 분류군
embryology	발생학
encruster	엔크러스터
encystment	성낭 작용
endemic	고유의
endoderm	내배엽
endogastric	내복식의
endogenic	내생의
endoplasm	내질
endoskeleton	내골격
endostyle	내주
endosymbiont	내생공생생물
endotherm	온혈동물
enrollment	절지동물의 몸 말기
enteron	소화관
epifauna	표생동물
epirelief	표면 요철
epitheca	상각, 표벽, 외피
epithelium	상피
epoch	세
equilibrium	평형
esophagus	식도
eukaryote	진핵생물
eumetazoans	진정후생동물
euryotopic	광생성
eustatic	해수면 변화의

eutrophication	부영양화	formation	층
evenness	균등성	fossil	화석
evolute	개선회	fragmentation	파쇄
evolution	진화	framework reef	골격초
exceptional preservation	예외적인 보존	free cheek	유리볼
exine	외벽	fringing reef	거초
exogastric	외복식	frustule	피각
exogenic	외인성	fugichnion	도피 생흔
esoskeleton	외골격	full relief	전요철
exponential	지수의	furca	교차다리
extant phylogenetic bracket	현생 계통발생 계층	fusellar tissue	방추조직
		fusiform	방추형
extinction	멸종	gamete	배우자
extremophile	극한성 생물	gametophyte	배우체
exuviae	탈피	gas hydrates	가스 하이드레이트
facial suture	안선	genal spine	볼침
facies	상	gene	유전자
facies fossil	시상 화석	gene flow	유전자 교류
family	과	gene pool	유잔자 풀
fasciculate	속생의	geniculation	무릎모양 관절
fauna	동물군	genotype	유전자형
fecal	배설물의	genus	속
femur	대퇴골	geochronometry	지질연대측정
fibula	종아리뼈	geographic range	지리적 범위
finite element analysis	유한요소 분석	germinal aperture	발아공
firmground	견고 기반	gill bar	새궁, 아가미활
flagellum	편모	gill slits	아가미 구멍
flattening	편평	glabella	미간
flora	식물군	golden spike	황금 못, 골든 스파이크
fluvial, fluviatile	하성의		
flysch	플리쉬	gonad	생식선
fodinichnion	섭식 생흔	Gondwanaland	곤드와나 대륙
foliated	엽리가 있는	gradualism	점이설, 점진주의
food chain	먹이사슬	gradualistic	점진주의적
food pyramid	먹이 피라미드	greenhouse gas	온실가스
food web	먹이망	group	층군
foramen	구멍	guard	초
foramen magnum	대후두공	habitat	서식처, 서식지

haploid	반수체	ichnofossil	생흔화석
haptonema	인편모조류	ichnogenus (복: ichnogenera)	생흔속
hardground	경질 기반	ichnology	생흔학
herbaceous	초본의	ichnospecies	생흔종
herbivore	초식동물	ilium	장골
hermatypic	조초성의	impendent	하수
heterocercal tail	이형꼬리	imperforate	비천공의
heterochrony	이시성	incisor teeth	앞니, 절치
heteromorph	이형	inclusive hierachy	포괄 분류체계
heteropygous	이미형의	incongruence	부적합
heterosporous	이형포자의	induction	귀납법
heterotroph	종속영양생물	infauna	내생동물
hierarchy	계층구조(계급구조)	infrabasal	내저판
hinge	접번, 경첩	ingroup	내군
holaspis	성년기	integument	외피 체벽 주피
holdfast	부착기	intelligent design(ID)	지적 설계
holochroal eye	겹눈, 복안	interambularcal area, interambu	간보대
homeobox genes (including Hox genes)	호메오박스 유전자 (혹스 유전자 포함)	interarea	교합면
homeomorphic	유사형	intertidal	조간대
homology (형: homologous)	상동	intervallum	벽간
		involute	내선회
homosporous	동형포자의	ischium	좌골
horizontal gene transfer	수평유전자전달	island dwarfing	섬왜소화 현상
humerus	상완골/위팔뼈	isometry	등생장
hyaline	유리질	kingdom	계
hydrostatic	유체정역학적인	laesura(복: laesurae)	열봉
hyperthermophile	초호열세균	lagersttte(복: lagerstten)	라거슈테테
hypha	균사 팡이실	lamella(복: lamellae)	층판, 주름살
hyponome	수관, 누두	lamina(복: laminae)	엽층
hyporelief	저면 요철	lancet	세모날
hypostoma	위구부, 구원추, 구구	lappet	연판
hypotheca	하각	larva(복: larvae)	유충, 유생, 애벌레
hypothesis	가설	last universal common ancestor(LUCA)	최종공통조상
hypothetico-deductive method	가설연역법	lateral	측면의
ichnofacies	생흔상	lateral line canal	옆줄관, 측선관

Lazarus taxa	부활 분류군, 라자루스 동물군	meraspis	중년기
ecithotrophic larva	난황영양성의 유충	mesentery	장간막
lepidotrichium (복: lepidotrichia)	비늘형 지느러미	mesoderm	중배엽
ligament	인대	mesogloea	간충질
lignification	목질화	metacel	후체강
lignin	목질소, 리그닌	metamerous	변체절의
lineage	계통	metamorphism	변성작용
linear	선형의	metamorphosis	변태, 탈바꿈
lipid	지질	metaphyte	후생식물
lithostratigraphy	암석층서학	metasicula	아태관
littoral	연안의	metazoan	후생동물
locus(복: loci)	자리	methanogenesis	메테인생성(반응)
logistic	기호 논리학	micrite	미크라이트
lophophore	촉수관	microcephalic	작은 머리의
lorica	피갑, 피각	microchonch	소형 패각
lumbar	허리의, 요추의	microevolution	소진화
lung book	책허파	microfossil	미화석
macroconch	대형 패각	micropygous	소미형
macroevolution	대진화	micropyle	주공 알문
macrofossil	대화석, 거화석	microspore	소포자
macropygous	대미형	microsporophyll	소포자엽
madreporite	천공판	microvertebrate	미척추동물
magnetostratigraphy	자기층서학	Milankovitch cycles	밀란코비치 주기
mamelon	유두돌기	mineralization	광물화 작용
mantle	외투막	missing link	잃어버린 고리
mass extinction	대량 멸종	mitochondrion (복: mitochondria)	미토콘드리아
massive	괴상	mitosis	체세포분열, 유사분열
maxilla	위턱	Modern synthesis	현대종합론
median	중앙의	molar teeth	어금니(구치)
medusa(복: medusae)	메두사, 해파리	molecular clock hypothesis	분자시계가설
megaguilds	메가길드	monad	단포체, 단분자
megasporangium	대포자낭	monocyclic	단주기의
megaspore	대포자	monolete	단조형
meioscopic	마이오스코픽	monophyletic group	단계통군
meiosis	감수분열	morphological species concept	형태종 개념
member	층원		

morphlogy	형태(학)
morphospace	형태 공간
mosaic evolution	모자이크 진화
motile	운동성의
multicellular	다세포의
multilocular	다실의
multimembrate	다분자
mural	벽의
mycelium(복: mycelia)	균사체
myophore	부기골(附肌骨)
myotome	근절
nacreous	진주층의
nannoplankton	초미부유생물, 초미플랑크톤
naris	외비공
natant	물에 뜨는
natural selection	자연 선택
nauplius larva	노플리우스 유충
nekton	유영동물
nema	선관, 네마
nematocyst	자포
neoteny	유형성숙
nephridium	신관, 콩팥관
neural spine	신경돌기, 추상돌기
niche	생태지위, 생태적 지위
node	마디, 결절
non-parametric statistics	비매개 통계학
notochord	척삭
notothyrium	배삼각공
obrution deposit	급매몰, 옵류션 퇴적층
occipital	뒷머리의, 뒤통수의, 후두의
ocellus(복: ocelli)	홑눈, 단안점
oligomerous	소수체절의
omnivore	잡식동물
ontogeny	개체발생
opal	오팔, 담백석
operculum(복: opercula) (형: opercular)	아가미, 뚜껑, 구개
ophiolite	오피올라이트/사문암
opisthosoma	후체
oral	구부의
orbit	눈구멍, 안와
order	목
orogeny(형: orogenic)	조산운동
orsten, stinkstone	취석
osculum	대공
ossicle	골편, 귓속뼈
ossify	골화되다
ostium(복: ostia)	구(口), 심문 소공
outgroup	외군, 소외자
ovary	난소, 씨방
ovule	배주
paleoautecology	고개체생태학
paleobotany	고식물
paleoecology	고생태(학)
paleogeography	고지리(학)
paleontology	고생물학
paleosol	고토양
paleosynecology	고군집생태학
pallial line	외투막선
pallial sinus	외투막선만입, 투선만입
palynology	화분학
Pangea, Pangaea	판게아
paradigm shift	근본적 변화/패러다임의 변화
paragaster	파라가스터
parameric statics	매개 통계학
paraphyletic group	측계통군
parasitism	기생성
parataxonomy	부분류학
parazoan	측생동물류
parietal	벽측의, 측막의(식물)

parsimony (복: parsimonious)	간결원칙
pascichnion	포식생흔
pectiniform	빗형태
pectocaulus	펙토콜루스
pectoral	가슴의
pedicle	육경
pedicle valve	육경각
pedipalp	다리수염, 각수
pedomorphocline	유형진화제변
pedomorphosis	유형진화
pelagic	원양성
pelvic	골반의
pendent	하수상
pentameral	5경판의
peramorphocline	과형형성제변
peramorphosis	초형형성, 과형형성, 과형발생
perforate	유공의, 천공의
periderm	주피
perignathic girdle	위악대
period	기
periostracum	각피
periproct	위항부
peristome	위구부
perminerlization	광충작용
petrifaction	암석화작용
petrology	암석학
phaceloid	관상, 파셀로이드
pharynx	인두
phenotype	표현형
photic zone	투광대
photosymbiosis	광공생
photosynthesis	광합성
phragmocone	방추, 방실
phyletic gradualism	계통진화적 점진주의
phylogeny	계통발생
phylum(복: phyla)	문
phytoplankton	식물플랑크톤
picoplankton	극미부유생물
pinnule	소우편, 우상체
placenta	태반, 태좌
planispiral	평면 나선
plankton	플랑크톤, 부유생물
planktotrophic larva	플랑크톤영양의 유충
plate tectonics	판구조론
poikilotherms	변온동물
pollen	화분, 꽃가루
polymerase chain reaction(PCR)	중합효소 연쇄반응
polymeric	취합(聚合)
polymorphic	다형의
polyp	폴립
polyphyletic group	다계통군
porcellaneous	도기질의
posterior	뒤의, 후단의
predation	포식성
prehensile	잡을 수 있는
premaxilla	앞위턱뼈
premolar teeth	앞어금니/소구치/전구치
proboscis	곤충의 주둥이, 장비류의 코
process	돌기
progress	전진, 진행
progression	전진
prokaryotes	원핵생물
pro-ostracum	전갑
prosicula	원태관
prosoma	전체절
prosome	전체
protaspis	유년기
protein	단백질
prothallus	전엽체
protoconch	태각, 원각
protosome	프로토솜

protractor, protractor muscle	견인근	replication	복제
provinciality	생물지리성	resupination	전도
proximal, proximate	근위의	reticulate	망상의
pseudocoelomate	의체강의	retractor muscle, retractor	견축근
pseudomaetamerous	의체절의	retrodeformation	반변형 작용
psudopodium	위족	rhabdosome	필석체
pseudopuncta	가점문	rhizome	지하경, 뿌리 줄기
psudostome	위구	rostrum	주둥이부리
pubis	치골	ruga	주름
puncta	점문	ruminant	반추동물
punctuated equilibrium	단속평형	saccus	낭
pygidium	미부	scala naturae	자연척도
pygostyle	미좌골	scandent	접합성
pylome	문	scavenging	부식
pyriform	배 모양	schizochroal eye	열안
pyrite	황철석	sclerite	골편
quadrate	방형골	scleroprotein	경단백질
quadrupedal	사족보행의	sclerotized	경화된
radial	방사판	selectivity	선택성
radialian	방사분열동물	selenizone	열대(裂帶), 셀레니존
radiation	방사	semirelief	반요철
radiometric dating	방사성 연대 측정	sepal	꽃받침
radius	요골	septum	격벽
radula	치설	sequence stratigraphy	순차층서학
ramified	분지된	sere	천이계열
raphe	각봉	sessile	고착성
rarefaction	레어팩션	seta	강모
receptacle	꽃받침	sexual dimorphism	성적이형
reclined	상경사	sexual selection	성도태
recumbent	횡와	sicula	태관, 시큘라
red beds	적색층	siderite	능철석
redox	산화 환원	Signor–Lipps effect	시그노르–립스 효과
reef	초	sinistral	좌수향의
refractory	내열성의	siphon	수관
refugium	리퓨지움	siphuncle	체관
regression	해퇴	skeleton	골격
repichnion	이동생흔	solitary	단체의
		somite	체절

sparry calcite	스페리 칼사이트	sulcus	홈
speciation	종분화	superposition	지층 누중의 법칙
species	종	supratidal	상조대
species selection	종선택	suspension feeder	부유물 섭취 동물, 현탁물식자
spicule	골침		
spiracle	숨구멍	suture	봉합
spiralian	나선분열동물	symbiont	공생자
spongin	해면질	symbiosis	공생
spontaneous generation	자연발생설	synapomorphy	신아포모피
sporangium	포자낭	synapsid	단궁형
sporophyte	포자체	synonym	동물이명
sprite	복상구조	synonymy	이명표
squamosal	인골	synrhabdosome	동필석체
stage	조	system	계
stagnation deposit	정체 퇴적층	sysematics	계통분류학
stamen	수술	tabula	상판, 판상의
stasis	정지	taphonomy	화석생성론
stenotopic	협서의	taxon	분류군, 분류 단위
stereom	스테레옴	taxonomy	분류학
sternite	가슴판	tecnomorph	테크노모프
stigma	주두	tectonic activity	조구조 활동
stipe	필석지	tegmen	테그멘
stolon	포경	telson	미절
stolotheca	경포관	temporal opening	섭공
stoma	기공	tendon	심줄
stone canal	석관	teratological	기형학적
stratification	층리	tergite	배판
stratigraphic range	층서적 범위	terrane	터레인
stratigraphy	층서(학)	test	각
stratophenetics	스트라토피니틱스	tetrad	사분체, 사분자
stratotype	표식 단면	thallus	엽상체
stroma	스트로마	theca	포관
stromatolite	스트로마톨라이트	theory	이론
style	화주	thermocline	수온약층
stylopod	스타일로포드	thermophile	내열성
subaerial	지표의	thorax	흉부
subduction	섭입	tibia	경골
substrate	저층	tiering	티어링

time averaging	시간균분	unimembrate	단원의
tissue cast	조직 캐스트	uniramous	단지의
tool mark	툴마크	uniserial	단열의
torsion	비틀기	Universal Tree of Life (UTL)	세계생물계통수
trabecula	소주의		
trace fossil	생흔화석	valve	각
trachea	기관	variation	변이
tracheid	가도관	venter	복부
transgression	해침	vertebra	척추
transpiration	증산 작용	vesicle	소포
tree of life	계통수	vestigial structure	흔적 구조
trend	경향	virgella	태관자(胎管刺), 버젤라
trilete	삼열봉		
triploblastic	삼배엽성	viscera	내장
triserial	삼열의	vitrinite	비트리나이트
trochospiral	나선추상	volatile	휘발성의
trophic	영양의	volcaniclastic	화산쇄설성의
tsunami	쯔나미	whorl	나층, 나환
tube foot	관족	xenomorphic	이질형
tubercle	유두돌기	xylem	목질부
turbidite	저탁암	zeugopod	쥬고포드
turma	투르마	zone	대
type specimen	모식 표본	zone fossil	대화석
ulna	척골	zooarium	주아리움
umbilicus	제공	zooecium	충실
umbo	각정	zooid	개충
unconformity	부정합	zooplankton	동물플랑크톤
undertrack	하족흔, 언더트랙	zooxanthella	황록기생조류
uniformitarianism	동일과정설	zygote	접합자

찾아보기

[ㄱ]

[ㄴ]

[ㄷ]

[ㄹ]

[ㅁ]

[ㅂ]

[ㅅ]

[ㅇ]

[ㅈ]

[ㅊ]

[ㅋ]

[ㅌ]

[ㅍ]

[ㅎ]

[기타]

역자 소개

김종헌

공주대학교 사범대학 지구과학교육과 이학사
일본 도쿄가쿠게이대학교 지구과학교육과 교육학석사
일본 큐슈대학교 자연대학 지질학과 이학 박사
현, 공주대학교 사범대학 지구과학교육과 교수

고영구

전남대학교 과학교육과 지학전공 이학사
서울대학교 지질학과 이학석사, 이학박사
현, 전남대학교 사범대학 지구과학교육과 교수

김정률

서울대학교 지구과학교육과 이학사, 이학석사
서울대학교 지질학과 층서학 박사
현, 한국교원대학교 지구과학교육과 교수

박수인

서울대학교 사범대학 지구과학교육과 이학사
서울대학교 대학원 지질학과 이학석사
독일 필립스대학교(마르브르크) 지질고생물학부 이학박사
현, 강원대학교 자연대학 지질학과 교수

서광수

공주사범대학 지구과학교육과 이학사
연세대학교 지질학과 이학석사, 이학박사
현, 공주대학교 자연대학 지질환경과학과 교수

이병수

전북대학교 지구과학교육과 이학사
연세대학교 지질학과 이학석사, 이학박사
현, 전북대학교 사범대학 과학교육학과 겸임교수

이성주

연세대학교 지질학과 이학사, 이학석사, 이학박사
보스턴대학교 생물학과 미생물/미고생물 박사
현, 경북대학교 자연대학 지구시스템과학부 교수

이창진

서울대학교 지구과학교육과 이학사, 이학석사
서울대학교 지질학과 생층서학 박사
현, 충북대학교 명예교수, 중국 절강수인대학 교수

고생물학개론

Introduction to Paleobiology and the Fossil Record

발 행 일 | 2014년 9월 1일 초판 1쇄 발행
저 자 | Michael J. Benton · David A.T. Harper
역 자 | 김종헌 · 고영구 · 김정률 · 박수인 · 서광수 · 이병수 · 이성주 · 이창진
발 행 인 | 구본하
발 행 처 | 도서출판 **박학사**
주 소 | 서울시 마포구 월드컵북로5길 33 동아빌딩 2층
전 화 | (02)3142-3764~5
팩 스 | (02)3142-3766
웹사이트 | www.pakhaksa.co.kr
등록번호 | 제10-2230호

정가 30,000원 ISBN 978-89-98521-17-2